utb 8180

Eine Arbeitsgemeinschaft der Verlage

Böhlau Verlag · Wien · Köln · Weimar
Verlag Barbara Budrich · Opladen · Toronto
facultas · Wien
Wilhelm Fink · Paderborn
Narr Francke Attempto Verlag / expert verlag · Tübingen
Haupt Verlag · Bern
Verlag Julius Klinkhardt · Bad Heilbrunn
Mohr Siebeck · Tübingen
Ernst Reinhardt Verlag · München
Ferdinand Schöningh · Paderborn
transcript Verlag · Bielefeld
Eugen Ulmer Verlag · Stuttgart
UVK Verlag · München
Vandenhoeck & Ruprecht · Göttingen
Waxmann · Münster · New York
wbv Publikation · Bielefeld

Heinz Jeroch, Winfried Drochner, Markus Rodehutscord,
Annette Simon, Ortwin Simon, Jürgen Zentek (Hg.)

Ernährung landwirtschaftlicher Nutztiere

Ernährungsphysiologie – Futtermittelkunde – Fütterung

3., vollständig überarbeitete und erweiterte Auflage

146 Abbildungen
252 Tabellen

Verlag Eugen Ulmer Stuttgart

Prof. Dr. agr. habil. Dr. h. c. Heinz Jeroch war von 1989 bis 1999 Professor für Futterkonservierung und Vorratshaltung bzw. Tierernährung an der Martin-Luther-Universität Halle-Wittenberg. Von 2000 bis 2005 wirkte er als Gastdozent für Tierernährung an der Litauischen Veterinärmedizinischen Akademie und der Litauischen Landwirtschaftlichen Universität in Kaunas, Litauen, sowie der Südböhmischen Universität in České Budějovice, Tschechien.

Prof. em. Dr. agr. Dr. med. vet. Dr. h. c. Winfried Drochner war nach seiner Promotion am Institut für Physiologische Chemie in Köln tätig. Danach folgte er zunächst dem Ruf zum Professor an die Tierärztliche Hochschule in Hananover und war anschließend bis zu seiner Emeritierung Professor für Tierernährung an der Universität Hohenheim.

Univ.-Prof. Dr. agr. Markus Rodehutscord war bis 1999 Oberassistent im Institut für Tierernährung der Universität Bonn und 2000 bis 2008 Professor für Tierernährung an der Martin-Luther-Universität Halle-Wittenberg. Seit 2008 ist er Professor für Tierernährung und leitet das Fachgebiet Tierernährung im Institut für Nutztierwissenschaften der Universität Hohenheim.

Priv.-Doz. Dr. agr. habil. Annette Simon ist an der Humboldt-Universität zu Berlin, Lebenswissenschaftliche Fakultät, Albrecht Daniel Thaer-Institut für Agrar- und Gartenbauwissenschaften beschäftigt und ist dort für die Wissensgebiete Tierernährung und Futtermittelkunde verantwortlich.

Univ.-Prof. a. D. Dr. habil. rer. nat. Ortwin Simon hatte die Professur für Ernährungsphysiologie an der Landwirtschaftlichen Fakultät der Martin-Luther-Universität Halle-Wittenberg inne und wurde nachfolgend zum Professor für Tierernährung am Fachbereich Veterinärmedizin der Freien Universität Berlin berufen.

Univ.-Prof. Dr. med. vet. Jürgen Zentek ist Fachtierarzt für Tierernährung und Diätetik und hatte zunächst an der Veterinärmedizinischen Universität Wien den Lehrstuhl für Klinische Ernährung inne. Im Jahr 2005 wurde er dann an der Freien Universität Berlin, Fachbereich Veterinärmedizin, zum Professor für Tierernährung berufen und leitet das Institut für Tierernährung am Fachbereich Veterinärmedizin.

Bibliografische Information der Deutschen Nationalbibliothek
Die Deutsche Nationalbibliothek verzeichnet diese Publikation in der Deutschen Nationalbibliografie; detaillierte bibliografische Daten sind im Internet über http://dnb.d-nb.de abrufbar.

Wollgrasweg 41, 70599 Stuttgart (Hohenheim)
E-Mail: info@ulmer.de
Internet: www.ulmer.de
Lektorat: Sabine Mann, Ulrike Andres
Herstellung: Jürgen Sprenzel
Umschlaggestaltung: Atelier Reichert, Stuttgart
Satz: Bernd Burkart; www.form-und-produktion.de
Druck und Bindung: Pustet; Regensburg
Printed in Germany

UTB-Band-Nr. 8180
ISBN 978-3-8252-8763-4

Inhalt

6 Energiehaushalt

Klaus Männer

7 Verwertung des Eiweißes und Eiweißbewertung

Ortwin Simon

Teil 2 Futtermittelkunde

14 Körner und Samen

Heinz Jeroch und Olaf Steinhöfel

15 Futtermittel aus der industriellen Verarbeitung pflanzlicher Rohstoffe

Hans Schenkel und Heinz Jeroch

16 Futtermittel auf mikrobieller Basis sowie Algen und daraus gewonnene Erzeugnisse

Hans Schenkel und Heinz Jeroch

17 Futtermittel tierischer Herkunft

Hans Schenkel und Heinz Jeroch

18 Futterfette

Hans Schenkel und Heinz Jeroch

19 Erzeugnisse und Nebenerzeugnisse aus der Lebensmittelindustrie

Hans Schenkel und Heinz Jeroch

20 Ergänzungs- und Zusatzstoffe

Ortwin Simon

21 Futtermittel aus gentechnisch veränderten Organismen 296

Hans Schenkel und Heinz Jeroch

22 Mischfuttermittel

Heinz Jeroch und Jürgen Zentek

23 Konservierung von Futtermitteln

Olaf Steinhöfel

24 Futtermittelbearbeitung und -behandlung

Jürgen Zentek und Heinz Jeroch

25 Futtermittelhygiene

Hans Schenkel und Sven Dänicke

26 Futterwerttabellen ... 365

Hans Schenkel und Heinz Jeroch

Teil 3 Fütterung

27 Fütterung der Schweine

Markus Rodehutscord

28 Fütterung der Pferde

Annette Zeyner und Jürgen Zentek

29 Fütterung der Rinder

Qendrim Zebeli und Markus Rodehutscord

30 Fütterung der Schafe

Herbert Steingaß

31 Fütterung des Geflügels

Heinz Jeroch

Vorwort zur 3. Auflage

Dieser Buchtitel zeichnet sich inhaltlich dadurch aus, dass seit der 1. Auflage 1998 erstmalig ein deutschsprachiges Lehrbuch vorliegt, das in komprimierter Form das aktuelle Wissen des Faches Tierernährung auf den Teilgebieten Ernährungsphysiologie, Futtermittelkunde und Fütterung landwirtschaftlicher Nutztiere beinhaltet. Diese bewährte Herangehensweise, die von Fachkollegen und Nutzern seither positiv bewertet wird, bestimmt auch Aufbau und Inhalt der völlig neu bearbeiteten 3. Auflage.

Für das Hauptkapitel „Ernährungsphysiologie" ist eine Themenauswahl getroffen worden, die das Grundlagenwissen zum Verständnis des Gesamtgebietes vermittelt. Dabei fand der jeweilige Erkenntnisfortschritt die notwendige Berücksichtigung, so z. B. bei den Themen energetische und stoffliche Futterbewertung. Im Kapitel „Futtermittelkunde" nehmen Inhaltsstoffe und Futterwertdaten von Futtermitteln pflanzlicher und tierischer Herkunft einen breiten Raum ein. Weitere inhaltliche Schwerpunkte sind u. a. Futterzusatzstoffe, Mischfuttermittel, Futterkonservierung, Futtermittelhygiene und Futtermittelsicherheit. Auf wichtige technologische Verfahren der Futtermittelbearbeitung wird ebenfalls eingegangen. Das Hauptkapitel „Fütterung" berücksichtigt die Nutztierarten Rinder, Schafe, Schweine, Hühnergeflügel, Puten und Wassergeflügel sowie Pferde.

Anliegen aller Ausführungen ist eine tier- und umweltgerechte Fütterung, die eine stabile Gesundheit der Tiere und die Herstellung hochwertiger Nahrungsmittel zum Ziel hat. Dies betrifft gleichermaßen die konventionelle Fütterung als auch die Fütterung nach den Regeln der ökologischen Landwirtschaft. Zwischen den Hauptkapiteln bestehen für das fachliche Verständnis hinreichende Verknüpfungen. Zudem werden in allen Buchkapiteln aktuelle Entwicklungen und Probleme angesprochen.

Das Herausgeberteam erfuhr eine Erweiterung durch Prof. M. Rodehutscord (Stuttgart-Hohenheim) PD Dr. A. Simon (Berlin) und Prof. J. Zentek (Berlin). Die Gesamtverantwortung für die Hauptkapitel tragen Prof. O. Simon (Ernährungsphysiologie), Prof. H. Jeroch (Futtermittelkunde) und Prof. M. Rodehutscord (Fütterung). Zur Bearbeitung dieser Auflage wurden mit Prof. M. Gierus (Wien), Prof. Q. Zebeli (Wien) und Professorin A. Zeyner (Halle/Saale) weitere Fachkollegen von verschiedenen deutschsprachigen Hochschulen gewonnen, sodass ein enger Bezug zu den aktuellen Lehrinhalten gewährleistet ist. Im Inhaltsverzeichnis sind die Autoren der einzelnen Kapitel ausgewiesen. Die Herausgeber danken den neuen Autoren für ihre Bereitschaft, die 3. Auflage konstruktiv mitzugestalten.

Das Buch wendet sich in erster Linie an die Studierenden der Fachrichtungen Agrarwissenschaften, Veterinärmedizin, Ökotrophologie und Ernährungswissenschaften an den Universitäten sowie der Agrar-, Ernährungs- und Umweltbereiche an den Fachhochschulen. Dieser Titel eignet sich aber gleichermaßen als aktuelle Informationsquelle über das Gesamtgebiet der Tierernährung für Landwirte, Tierärzte, Fütterungsreferenten, Mitarbeiter der Mischfutter- und Futterzusatzstoffindustrie, der Futtermitteluntersuchungsdienste, von Beratungsringen bzw. Beratungsfirmen, Lehrer an land- und ernährungswirtschaftlichen Ausbildungsstätten sowie für Amtspersonen der Land- und Ernährungswirtschaft.

Auch bei der 3. Auflage war die Zusammenarbeit mit dem Eugen Ulmer Verlag Stuttgart kollegial und konstruktiv. Dem Verlag danken wir an dieser Stelle herzlichst, insbesondere Frau Sabine Mann (Lektorin) sowie Herrn Jürgen Sprenzel (Buchherstellung).

Die Autoren wünschen sich eine freundliche Aufnahme der 3. Auflage des Buches bei den Nutzern und sind für kritische Hinweise und fachliche Anregungen im Sinne einer weiteren Qualifizierung des Titels dankbar.

H. Jeroch, W. Drochner, M. Rodehutscord, A. Simon, O. Simon und J. Zentek

Anmerkung: Um eine leichtere Lesbarkeit zu ermoglichen, wird im weiteren Text bei Personen üblicherweise die männliche Form verwendet, wobei selbstverstandlich alle Geschlechtsidentitäten einbezogen sind.

Teil 1
Ernährungsphysiologie

1 Grundlagen der Ernährung

Ortwin Simon und Jürgen Zentek

1.1 Grundbausteine der Biosphäre und molekularer Bauplan des Lebens

1.1.1 Allgemeines

Die Zahl der unterschiedlichen Verbindungen, die in Zellen vorliegen, ist äußerst groß und beträgt bei so einfach aufgebauten Zellen wie dem Bakterium *Escherichia coli* 3000 bis 6000, bei höheren Organismen sind es weitaus mehr. Daher ist es erforderlich, sich im Rahmen der Biochemie mit übergeordneten Stoffklassen zu befassen. Dies ist gut möglich, da die verschiedenen Moleküle im Organismus vorwiegend als Makromoleküle (Polymere) vorkommen. Die Betrachtung derartiger Makromolekültypen, wie Polysaccharide, Proteine, Lipide und Nucleinsäuren, stellt zwar eine Vereinfachung dar, dennoch bleibt die Stoffwechselvielfalt enorm groß.
Die Zellen als kleinste lebensfähige Einheiten aller Lebewesen enthalten als Grundbausteine Nucleinsäuren, Proteine, Lipide/Phospholipide, Polysaccharide und deren Vorstufen, andere organische Verbindungen, anorganische Ionen und Wasser.
Für die Lebensfähigkeit müssen alle diese Grundbausteine vorhanden und in bestimmten Strukturen organisiert sein. Einige isolierte Grundbausteine behalten zwar ihre Funktionsfähigkeit, eine eigenständige Lebensfähigkeit liegt aber nicht vor. Ein isoliertes Enzym (Protein) kann zwar in vitro eine Reaktion katalysieren, erfüllt aber nicht die übrigen Kriterien eines Lebewesens. Auch DNA-Fragmente kann man einer Zelle entnehmen und vervielfachen (replizieren), die DNA kann aber für Lebensvorgänge erst wieder wirksam werden, wenn sie in Zellen integriert wird.

1.1.2 Kohlenhydrate

Der chemischen Zusammensetzung nach sind Kohlenhydrate Hydrate des Kohlenstoffs und bestehen demzufolge aus den Elementen C, H und O. Die allgemeine Summenformel lautet $(C \cdot H_2O)_n$, dabei muss $n \geq 3$ sein. Demnach ist Glycerinaldehyd das einfachste Kohlenhydrat.

Obwohl Kohlenhydrate im tierischen Organismus nur in geringen Mengen vorkommen, sind sie Bestandteil funktionell sehr wichtiger Verbindungen wie Nucleinsäuren oder Verbindungen, die bei der Energiespeicherung von Bedeutung sind (ATP). Ferner kommen im tierischen Organismus Glykogen (Speicherkohlenhydrat) sowie Glucose vor, die bei der Energielieferung im Stoffwechsel eine wesentliche Rolle spielen.
In Pflanzen fungieren Kohlenhydrate sowohl als Reservesubstanzen als auch als Strukturelemente und bilden den Hauptanteil der organischen Substanz. Demnach sind Kohlenhydrate in der Ernährung von Mensch und Tier meist dominierend.
Die molekularen Grundbausteine der Kohlenhydrate sind die Monosaccharide (Sacchar = Zucker). Sie sind durch Säurehydrolyse nicht weiter spaltbar. Monosaccharide kommen allerdings in der Natur in freier Form kaum vor, sondern sind vorwiegend Bestandteile großer Moleküle (Polysaccharide).

1.1.2.1 Monosaccharide

Die mengenmäßig wichtigsten Monosaccharide besitzen ein aus 6 C-Atomen bestehendes Grundgerüst; sie werden daher auch als Hexosen bezeichnet. Sie sind die Grundbausteine der Reservekohlenhydrate Stärke und Glykogen sowie zahlreicher anderer Verbindungen. Dem oben dargestellten Prinzip folgend haben sie alle die Summenformel $C_6H_{12}O_6$.

Abb. 1.1
Die mengenmäßig bedeutendsten Hexosen und Pentosen – Darstellung in offener Form. Die Hexosen und Pentosen haben jeweils die gleiche Summenformel. Sie unterscheiden sich bezüglich der Carbonylgruppe und der Stellung der OH-Gruppen.

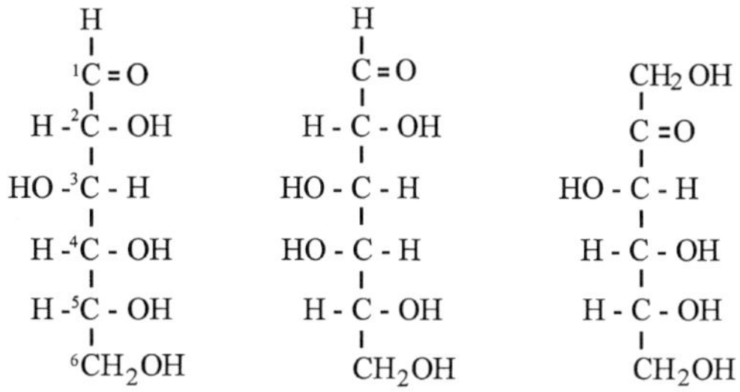

D-Glucose D-Galactose D-Fructose

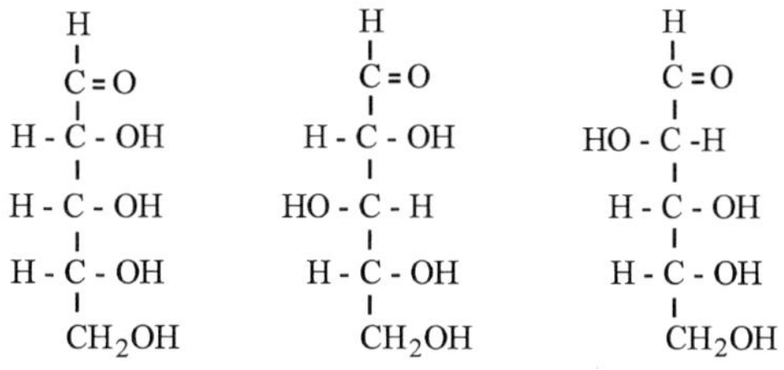

D-Ribose D-Arabinose D-Xylose

Nach der Anzahl der C-Atome kann man die Monosaccharide einteilen in Triosen (3), Tetrosen (4), Pentosen (5), Hexosen (6), Heptosen (7) usw.

Die in der Natur am häufigsten vorkommenden Hexosen und Pentosen sind in Abbildung 1.1 dargestellt.
In wässrigen Lösungen liegen Zucker kaum als langgestreckte Moleküle vor, sondern in einer ringförmigen Struktur. Es kommt dabei zur Umlagerung der Doppelbindung vom Sauerstoff der Carbonylgruppe zu einer OH-Gruppe innerhalb des gleichen Moleküls (Aldehyde → Halbacetale; Ketone → Halbketale). Bei Hexosen, aber auch bei Pentosen, kann entweder ein sechsgliedriger Ring oder ein fünfgliedriger Ring entstehen (→ Abb. 1.2).
Der sechsgliedrige Ring hat die Grundstruktur des Pyrans, daher heißen Monosaccharide mit solch einer Struktur **Pyranosen**, während der fünfgliedrige Ring vom Furan abgeleitet ist und zur Sammelbezeichnung **Furanosen** führt.
Der Ringschluss führt zu einer neuen Konstellation mit weitgehenden Konsequenzen; es entsteht nämlich ein weiteres asymmetrisches C-Atom (→ Abb. 1.3). Dies ist im Falle der Glucose das C_1-Atom, und es wird als anomeres C-Atom bezeichnet.

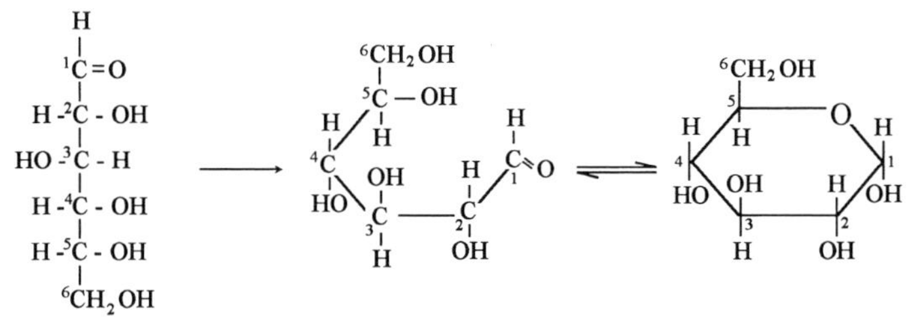

D-Glucose (offene Form) α-D-Glucopyranose

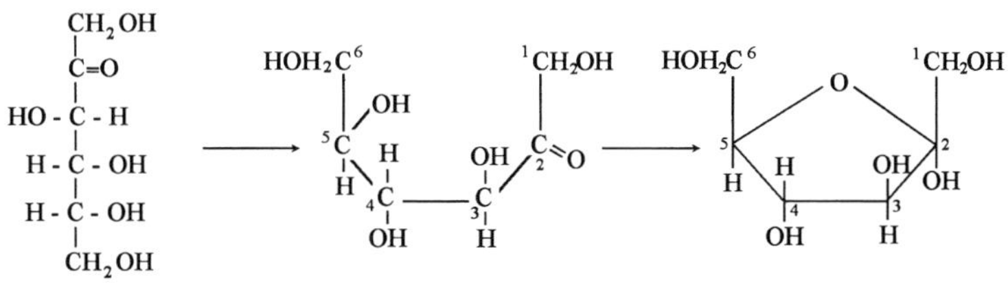

D-Fructose (offene Form) α-D-Fructofuranose

Abb. 1.2
Ringschluss von Hexosen zu Pyranosen bzw. Furanosen.

Abb. 1.3
Anomere α- und β-Form der Glucose.

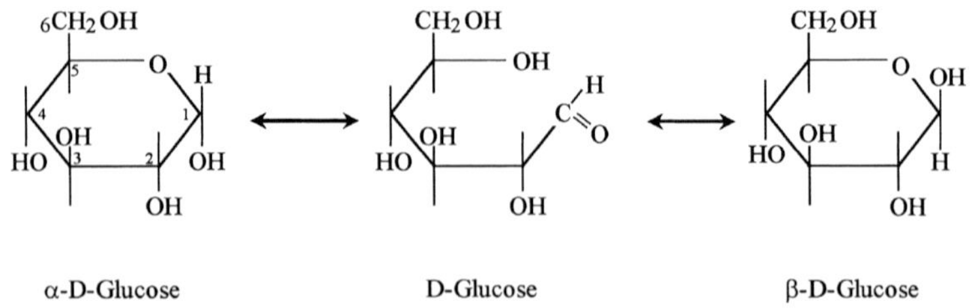

Bei der Ringstruktur der Monosaccharide kann am anomeren C-Atom die OH-Gruppe zwei Stellungen haben. Daher gibt es z. B. bei der Glucose zwei anomere Formen: die α-Form (vereinfacht: OH-Gruppe an C_1 „unten") und die β-Form (OH-Gruppe an C_1 „oben").

In wässrigen Lösungen stellt sich für Glucose ein Gleichgewicht von 63 % in der β-Form und von 37 % in der α-Form ein.

1.1.2.2 Disaccharide und Oligosaccharide

Die Bindungsart, mit der Monosaccharide miteinander verknüpft sind, bezeichnet man als glycosidische Bindung.
Für die Art der Disaccharide sind nicht nur die beteiligten Monosaccharide, sondern auch deren anomere Form entscheidend (→ Abb. 1.4).
Das Disaccharid der α-Glucose, die Maltose, besitzt eine α-glycosidische (1→4) Bindung und unterscheidet sich wesentlich vom Disaccharid der β-Glucose, der Cellobiose, die eine β-glycosidische (1→4) Bindung hat. Die Unterschiede sind so gravierend, dass es sogar unterschiedlicher Enzyme bedarf, um die verschiedenen glycosidischen Bindungen zu spalten. Bei der β-glycosidischen Bindung sind die beiden Glucosemoleküle um 180° zueinander verdreht. Die wichtigsten Disaccharide sind in Tabelle 1.1 aufgeführt.
Bei glycosidischer Verknüpfung von 3–10 Monosacchariden spricht man von Oligosacchariden. Sie kommen in Körnerleguminosen vor (z. B. Raffinose), entstehen aber vorwiegend als Zwischenprodukte des Kohlenhydratabbaus.

1.1.2.3 Polysaccharide

Den Polysacchariden liegt das gleiche Bindungsprinzip wie den Disacchariden zugrunde. Sie bestehen aus sehr vielen Monosacchariden und werden in ihrer Gesamtheit als Glycane bezeichnet. Wenn sie nur eine Art von Monosacchariden enthalten, bezeichnet man sie als Homoglycane (z. B. α-Glucan, β-Glucan, Xylan, Galactan), beim Vorliegen verschiedener Monosaccharide handelt es sich um Heteroglycane (z. B. Arabinoxylan, Galactomannan).

Abb. 1.4
Unterschiede in der Struktur von Maltose und Cellobiose.

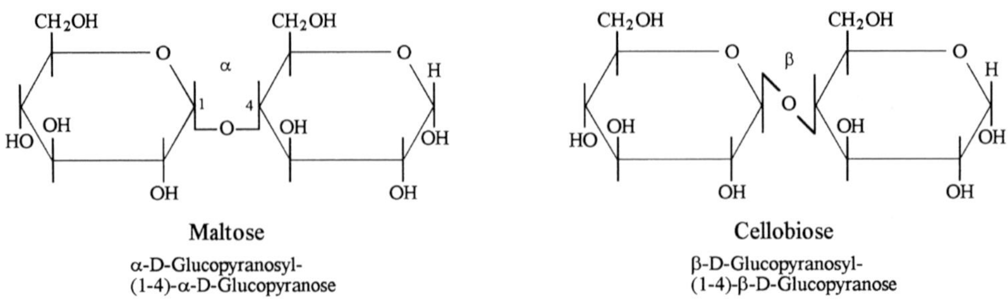

Tab. 1.1
Die wichtigsten Disaccharide und ihr Vorkommen.

Disaccharid	Bindung	Vorkommen
Maltose	α-Glc (1,4) α-Glc	Zwischenprodukt beim Abbau von Stärke und Glykogen
Isomaltose	α-Glc (1,6) α-Glc	Zwischenprodukt beim Abbau von Stärke und Glykogen
Cellobiose	β-Glc (1,4) β-Glc	Zwischenprodukt beim Abbau von Cellulose
Lactose	β-Gal (1,4) α-Glc	Milch von Säugetieren
Saccharose	α-Glc (1,2) β-Fru	besonders in Zuckerrüben, Zuckerrohr

Glc = Glucose; Gal = Galactose; Fru = Fructose
Die Zahlen in den Klammern bezeichnen die C-Atome, zwischen denen die Bindung geknüpft ist.

Insgesamt gesehen sind die Polysaccharide eine sehr heterogene Stoffklasse. Dies liegt einerseits an den unterschiedlichen Monosaccharidbausteinen und deren anomerer Form, aber auch an den unterschiedlichen Positionen, an denen die glycosidische Bindung vorliegt. Neben (1→4) Bindungen kommen z. B. auch (1→3), (1→6) oder (1→2) Bindungen allein oder in Kombination vor. Darüber hinaus sind Quervernetzungen zwischen Polysaccharidketten möglich. Daher ist auch verständlich, dass sich Polysaccharide bezüglich ihrer Eigenschaften, wie Abbaubarkeit oder Löslichkeit, wesentlich voneinander unterscheiden.

Stärke und Glykogen

Stärke ist die wichtigste Nährstoffreserve der Pflanzen, während Glykogen das Reservekohlenhydrat der tierischen Zellen ist. Beide enthalten ausschließlich α-Glucose, sind also α-Glucane.

Stärke liegt in den Zellen in Form unlöslicher Granula vor, den Stärkekörnern. Diese bestehen aus den beiden Fraktionen **Amylose** und **Amylopektin.** Der Amyloseanteil beträgt 20–30 %. Die Amylose ist ein lineares Polymer der α-Glucose, bestehend aus bis zu einigen tausend Einheiten, die ausschließlich α-(1,4) glycosidisch miteinander verknüpft sind. Das alleinige Auftreten dieser Bindungsform führt zur Ausbildung einer spiralförmigen, helikalen Struktur. Diese Struktur ermöglicht den Stärkenachweis mit Iod (Iod-Stärke-Reaktion).

Amylopektin enthält neben (1→4) Bindungen auch (1→6) Bindungen. Nach 24–30 Glucosemolekülen der Basiskette in (1→4) Bindung folgt eine (1→6) Bindung, die zu einer Verzweigung führt. Die Seitenketten enthalten wiederum (1→4) Bindungen (→ Abb. 1.5). Amylopektin kann bis zu 10^6 Glucosereste enthalten und gehört zu den größten natürlichen Makromolekülen.

Die Stärkekörner der einzelnen Getreidearten und der Kartoffel weisen je nach Pflanzenart eine spezifische Form auf. Sie sind 10–50 µm groß und lassen sich anhand der Form, Schichtung, Rissbildung von Hohlräumen und anderen Merkmalen mikroskopisch differenzieren. In den Stärkekörnern liegt eine Anordnung der Polysaccharidketten vor, die zur Entstehung von radiären Kristalliten führt. Wenn die kristallinen Knüpfstellen durch Wasser teilweise gelöst werden und Wasser eingelagert wird, quillt die Stärke und es bildet sich Stärkekleister. Insbesondere durch thermische Behandlungsverfahren von Futtermitteln wird die Stärke in dieser Hinsicht strukturell modifiziert, und man spricht von Stärkeaufschluss bzw. Stärkeverkleisterung. Native Kartoffelstärke ist für Monogastriden schlecht, aufgeschlossene dagegen gut verdaulich.

Glykogen ist das Depotpolysaccharid des tierischen Organismus und ähnelt in der Struktur dem Amylopektin, allerdings treten (1→6) Bindungen in dichterer Folge auf. Die höchsten Glykogenkonzentrationen liegen in der Leber vor. Je nach Ernährungsstatus können sie 0–10 % der Frischmasse betragen.

In der Muskulatur sind die Glykogenkonzentrationen weitaus niedriger (0,5–1 %), das Muskelglykogen ist aber aufgrund des großen Gewebeanteils ebenfalls von großer Bedeutung. Im Bedarfsfall kann Glykogen sehr schnell mobilisiert,

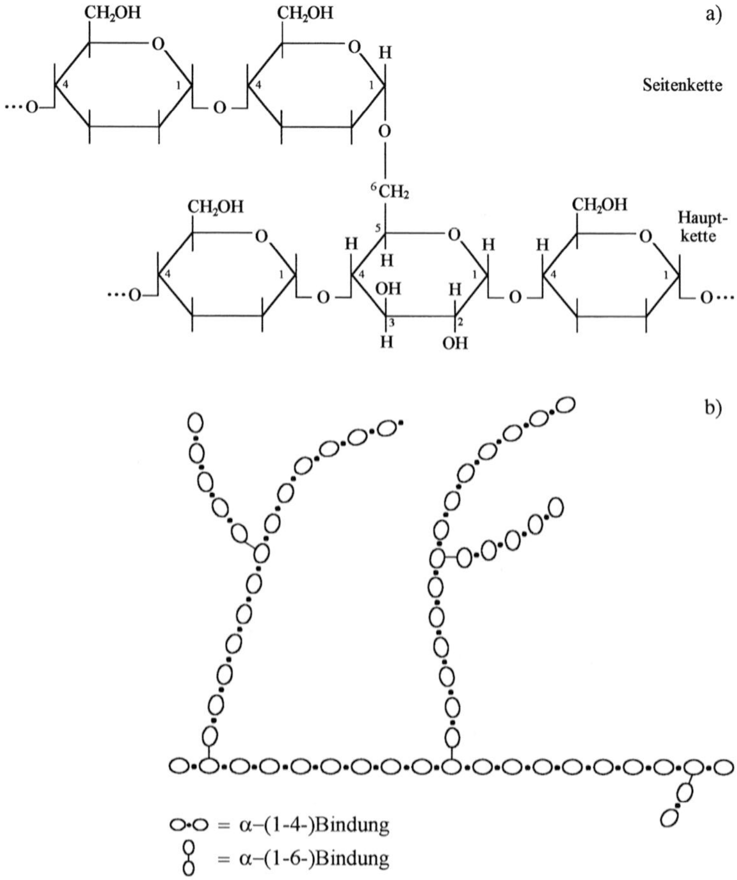

Abb. 1.5
Struktur von Amylopektin und Glykogen. a) Verzweigung der α-(1,6-) Bindungen; b) Ausschnitt aus der Molekülstruktur (hier Glykogen); bei Amylopektin tritt alle 24–30 Glucosereste eine (1→6) Bindung auf, bei Glykogen alle 8–12 Glucosereste.

zu Glucose abgebaut und energetisch genutzt werden. Die relative Molekülmasse des Glykogens kann ebenfalls mehrere Millionen erreichen. Sowohl Stärke als auch Glykogen bilden bei Extraktion mit heißem Wasser aus ihren Granula kolloidale Lösungen.

Nicht-Stärke-Polysaccharide (NSP)

Es hat sich in der Tierernährung bewährt, alle Polysaccharide, die in Pflanzen vorkommen und die nicht der Stärke zuzuordnen sind, als Nicht-Stärke-Polysaccharide zu bezeichnen. Diese Unterteilung ist insofern sinnvoll, als der tierische sowie der menschliche Organismus zwar körpereigene Enzyme bildet, die einen Stärkeabbau bis zur Glucose bewirken, nicht aber Enzyme zum Abbau der NSP. Dazu bedarf es der Einwirkung mikrobieller Enzyme im Verdauungstrakt. Innerhalb der Gruppe der NSP gibt es ebenfalls eine große Vielfalt.

Cellulose, (1→3,1→4) β-Glucane, Arabinoxylane (Pentosane), Mannane, Galactane, Xyloglucane, Inulin und Pektine gehören zu den Nicht-Stärke-Polysacchariden. Da sie vorwiegend in den Zellwänden von Pflanzen vorkommen, werden sie auch unter dem Begriff „pflanzliche Gerüstsubstanzen“ zusammengefasst.

Cellulose

Cellulose ist ebenso wie Stärke ein Polymer der Glucose. Im Unterschied zur Stärke handelt es sich aber bei der Cellulose ausschließlich um das Polymer der anomeren β-Form der Glucose. Es kann Molekülgrößen bis 15000 Glucoseeinheiten erreichen, was zu gravierenden Unterschieden führt. Als wichtigstes Strukturpolysaccharid pflanzlicher

Zellwände ist Cellulose wasserunlöslich und bildet feste, faserige Molekülverbände. Auch in verdünnten Säuren und Laugen ist Cellulose nicht löslich.

Aufgrund der β-Form sind die ausschließlich β-(1,4) glycosidisch miteinander verbundenen Glucosemoleküle jeweils zur benachbarten Glucoseeinheit hin um 180° verdreht. Dies bedingt die Ausbildung langgestreckter, unverzweigter Ketten, die sich parallel zueinander anlagern und über intermolekulare Wasserstoffbrückenbindungen übermolekulare Ordnungszustände ausbilden, bis hin zu Kristallgittern. Auf dieser Basis kommt es zur Ausbildung von Mikrofibrillen, die wiederum miteinander verdrillt sein können und als Bestandteil der Primärwand von Pflanzenzellen diesen die nötige Stabilität verleihen.

Die β-(1,4) glycosidische Bindung kann durch körpereigene Enzyme nicht gespalten werden. Verschiedene Mikroorganismen bilden allerdings solche Enzyme. Aber auch von diesen wird „kristalline“ Cellulose wesentlich langsamer abgebaut als amorphe Cellulose, die nicht einen derartig hohen strukturellen Ordnungsgrad aufweist. Der Anteil amorpher Cellulose kann durch physikalische oder chemische Behandlungsverfahren erhöht werden.

(1→3, 1→4) β-Glucane und Pentosane

Neben der Cellulose kommen in pflanzlichen Zellen auch andere Nicht-Stärke-Polysaccharide vor, die wechselnde Bindungspositionen oder Seitenketten haben und zu „lockereren“ Strukturen führen als bei Cellulose. Dadurch sind sie in Säuren und Laugen leichter löslich und bilden teilweise auch wasserlösliche Fraktionen. Derartige wasserlösliche NSP-Fraktionen führen zu hochviskosen Lösungen mit hohem Wasserhaltevermögen, was die Ursache für antinutritive Effekte sein kann.

Quantitativ wichtige Vertreter sind die (1→3, 1→4) β-Glucane, die besonders im Endosperm von Gerste- und Haferkörnern vorkommen. Wie Cellulose bestehen auch sie nur aus β-Glucose, neben β-(1→4) Bindungen treten aber im Verhältnis 3–4 : 1 auch β-(1→3) Bindungen auf. Dies führt zu einem Abwinkeln der Molekülkette und somit zu aufgelockerten Strukturen (→ Abb. 1.6).

Pentosane haben ein ähnliches Löslichkeitsverhalten wie die (1→3,1→4) β-Glucane, bestehen aber hauptsächlich aus Xylose und Arabinose. Diese Arabinoxylane kommen ebenfalls im Getreide vor, insbesondere in Roggen, Triticale, aber auch Weizen. Sie bestehen aus (1→4) verknüpften Ketten aus β-D-Xylopyranosylresten, die zu einem hohen Anteil über (O→3) und/oder

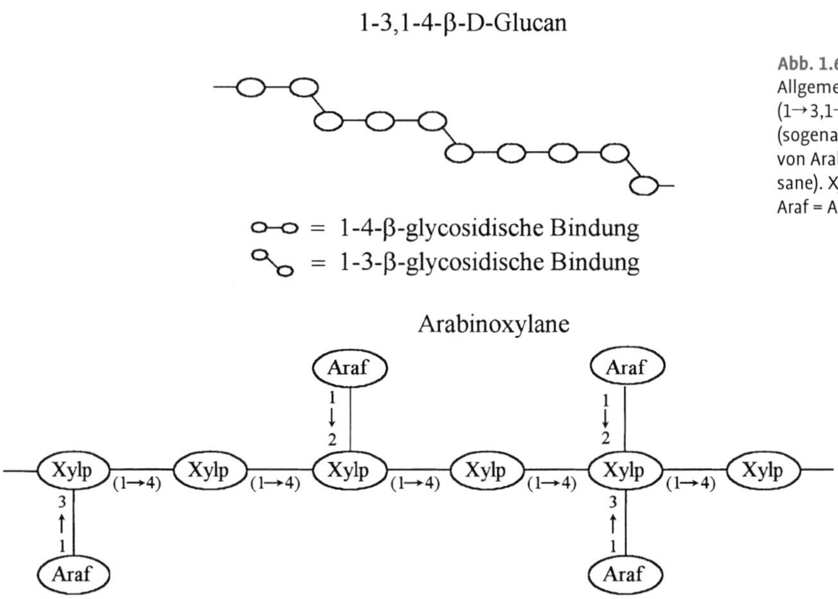

Abb. 1.6
Allgemeine Struktur von (1→3,1→4) β-D-Glucanen (sogenannte β-Glucane) und von Arabinoxylanen (Pentosane). Xylp = Xylopyranose; Araf = Arabinofuranose.

(O→2) Bindungen mit α-L-Arabinofuranosylresten substituiert sind (→ Abb. 1.6). Das Verhältnis von Arabinose zu Xylose variiert je nach Lokalisation im Korn und nach Löslichkeit und beträgt z. B. im Endosperm etwa 0,7–0,8. Neben diesen Fünferzuckern können in geringen Mengen auch andere Monosaccharide enthalten sein. In pflanzlichen Zellwänden spielen ferner noch andere Polysaccharide eine Rolle, wie Polygalacturonsäure (Pektin) oder Arabinogalactane. All die zuletzt beschriebenen NSP werden auch als **Hemicellulosen** bezeichnet.

Pektine

Als Polysaccharide mit Verfestigungs- und Stützfunktionen kommen vor allem in der Mittellamelle und in der Primärwand pflanzlicher Zellen Pektine vor. Sie sind ebenfalls den NSP zuzuordnen und bestehen fast ausschließlich aus D-Galacturonsäureresten (am C_6-Atom -COOH), die über eine α-glycosidische (1→4) Bindung miteinander verknüpft sind. Die Carboxylgruppen sind größtenteils mit Methylalkohol verestert. Die Polygalacturonsäureketten, die bis zu 1000 Monosaccharideinheiten enthalten können, sind über verschiedene Bindungen mit anderen Polysacchariden der Zellwände verbunden.

Inulin ist ein weiteres Reservekohlenhydrat einiger Pflanzenarten, das aus Fructoseeinheiten zusammengesetzt ist, die über 1→2-Bindungen miteinander verknüpft sind. Es kann daher ebenfalls nicht durch körpereigene Enzyme abgebaut werden. Inulin kommt in einigen Pflanzen vor, z. B. in den Knollen von Topinambur und Zichorien.

Lignin

Lignin ist kein Kohlenhydrat. Es geht aber mit verschiedenen NSP strukturelle Verknüpfungen ein, sodass von einem Kohlenhydrat-Lignin-Komplex gesprochen werden kann. Lignin-Hemicellulose-Strukturen füllen die Räume zwischen den Cellulosemikrofibrillen aus und verleihen den Sekundärwänden von Pflanzen eine hohe Stabilität. Lignin befindet sich vor allem in verholzten Pflanzenteilen; in vegetativen Pflanzenteilen nimmt demnach mit fortschreitendem Vegetationsstadium der Ligningehalt zu. Die Grundbausteine des Lignins sind die Phenylpropanderivate Coniferyl- und Sinapinalkohol. Für Tier und Mensch ist Lignin weitestgehend unverdaulich. Aus ernährungsphysiologischer Sicht ist aber ein Lockern des Kohlenhydrat-Lignin-Komplexes insofern von Interesse, als sich dadurch die Zugänglichkeit kohlenhydratabbauender Enzyme zu ihren Substraten verbessert.

Strukturwirksamkeit von NSP-reichen Futtermitteln

NSP- und rohfaserreiche Futtermittel (Heu, Stroh, Grünlandaufwuchs, Silagen) haben physiologische Funktionen, die nur wirksam werden, wenn die Größe der Futterpartikel im Zentimeterbereich liegt. So ist diese Partikelgröße beispielsweise eine Voraussetzung dafür, dass bei Pferden ausreichend lange Kauzeiten vorliegen, um über intensive Speichelbildung und Durchmischung des Mageninhaltes Fehlgärungen im Magen zu vermeiden. Für Wiederkäuer ist eine ausreichende Strukturwirksamkeit des Futters ebenfalls für ausreichenden Speichelfluss sowie für die physiologischen Fermentationsabläufe in den Vormägen notwendig. Daher werden in der praktischen Fütterung Mindestanforderungen an die Versorgung mit kaufähigem Raufutter (Pferd) oder strukturwirksamer Rohfaser bzw. an die physikalisch effektive Faser (NDF) in der Ration (Wiederkäuer) gestellt.

1.1.3 Lipide

Der Begriff Lipid leitet sich von lipos (griech. Fett) ab und bezeichnet Substanzen biologischen Ursprungs, die sehr schlecht wasserlöslich, in organischen Lösungsmitteln aber gut löslich sind. Diese Eigenschaft basiert auf dem Vorhandensein zahlreicher lipophiler[1] (hydrophober) Gruppen. Gute Lösungsmittel für Lipide sind Ether, Chloroform oder Benzin.
Aus chemischer Sicht ist eine Einteilung in Fette (sogenannte Neutralfette, da sie keine Ladung aufweisen) und in andere Stoffe mit gleicher Löslichkeit möglich. Letztere sind unterschiedlicher Natur und haben verschiedene Funktionen (Beispiele):

1 hydrophil/lipophob = gute Löslichkeit in Wasser; lipophil/hydrophob = gute Löslichkeit in organischen Lösungsmitteln.

- Phospholipide: Komponenten von Zellmembranen
- Glycolipide: Cerebroside, Ganglioside
- Steroide: einige Hormone, Cholesterin, Gallensäuren, Vitamine
- Carotinoide: Vitamine, Farbstoffe
- Oberflächenschutz: Wachse, Lanolin, Bienenwachs

1.1.3.1 Neutralfette

Neutralfette gehören zur Stoffklasse der **Carbonsäureester.** Als Alkoholkomponente enthalten sie stets den dreiwertigen Alkohol **Glycerin.** Bei den enthaltenen Fettsäuren handelt es sich um **unverzweigte Monocarbonsäuren.** Im tierischen Organismus und in Pflanzen kommen Fette fast ausschließlich als **Triacylglycerinevor,** die auch als **Triglyceride** bezeichnet werden, d. h. Glycerin ist mit drei, meist unterschiedlichen, Fettsäuren (R_1, R_2, R_3) verestert (gemischte Triglyceride). In grünen Pflanzen kommen auch Mono- und Digalactosylglyceride vor.

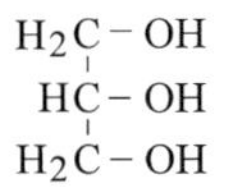

Glycerin

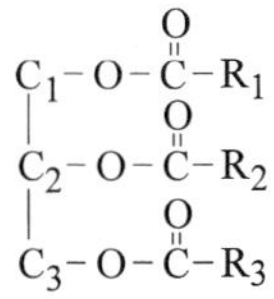

Fette (Triacylglycerine)

Die Eigenschaften der Fette werden von den enthaltenen Fettsäuren bestimmt.

In der Regel enthalten die Fettsäuren eine gerade Anzahl von C-Atomen, da der Synthesemechanismus auf einer Polyaddition von C2-Einheiten basiert.

Die im Tierkörper und in Pflanzen dominierenden Fettsäuren, wie Palmitin-, Öl-, Linol- und Stearinsäure, sind aus 16 oder 18 C-Atomen aufgebaut. Fettsäuren mit < 14 oder > 20 C-Atomen kommen nur sehr selten vor. Die Länge der Fettsäuren hat einen entscheidenden Einfluss auf den Schmelzpunkt. Er steigt mit zunehmender Kettenlänge. Tabelle 1.2 gibt einen Überblick zu den häufigsten Fettsäuren. Als Stoffwechsel-

Tab. 1.2
Übersicht zu den quantitativ wichtigsten natürlichen Fettsäuren.

Symbol[1]	Trivialname	Systematischer Name	Schmelzpunkt (°C)
Gesättigte Fettsäuren			
12 : 0	Laurinsäure	Dodecansäure	43
14 : 0	Myristinsäure	Tetradecansäure	54
16 : 0	Palmitinsäure	Hexadecansäure	63
18 : 0	Stearinsäure	Octadecansäure	70
20 : 0	Arachinsäure	Eicosansäure	75
22 : 0	Behensäure	Docosansäure	81
24 : 0	Lignocerinsäure	Tetracosansäure	83
Ungesättigte Fettsäuren			
16 : 1	Palmitoleinsäure	9-Hexadecensäure	0
18 : 1	Ölsäure	9-Octadecensäure	13
18 : 2	Linolsäure	9,12-Octadecadiensäure	–5
18 : 3	α-Linolensäure	9,12,15-Octadecatriensäure	–11
18 : 3	γ-Linolensäure	6,9,12-Octadecatriensäure	–10
20 : 4	Arachidonsäure	5,8,11,14-Eicosatetraensäure	–50
20 : 5	EPA	5,8,11,14,17-Eicosapentaensäure	–54
22 : 1	Erucasäure	13-Docosensäure	30
24 : 1	Nervonsäure	15-Tetracosensäure	42

1 Zahl der C-Atome : Zahl der Doppelbindungen

Tab. 1.3
Prozentuale Gehalte einiger Fettsäuren in Fetten.

	Palmitinsäure (%)	Stearinsäure (%)	Ölsäure (%)	Linolsäure (%)	Linolensäure (%)	Schmelzpunkt (°C)
Rindertalg	23	24	35	4	1,5	40–50
Schweineschmalz	25	18	43	6	2	34–44
Sojaöl	9	5	19	55	10	–10 bis –16

produkte von Mikroorganismen treten auch Fettsäuren mit nur 2 bis 4 C-Atomen auf. Fettsäuren mit bis zu 5 C-Atomen bezeichnet man als kurzkettige Fettsäuren oder flüchtige Fettsäuren.
Darüber hinaus ist etwa die Hälfte der Fettsäuren einfach oder mehrfach ungesättigt, d. h. sie haben eine oder mehrere C = C-Doppelbindungen im Molekül. Der tierische Organismus ist nicht in der Lage, Fettsäuren mit mehr als einer Doppelbindung zu synthetisieren. Daher werden mehrfach ungesättigte Fettsäuren mit zwei und mehr Doppelbindungen als essenzielle Fettsäuren bezeichnet. Sie haben lebensnotwendige Funktionen und müssen mit der Nahrung zugeführt werden. Zu ihnen gehören zum Beispiel Linolsäure, Linolen- und Arachidonsäure.
Das Vorhandensein von Doppelbindungen hat einen noch größeren Einfluss auf den Schmelzpunkt als die Kettenlänge. Mit steigender Anzahl der Doppelbindungen sinkt der Schmelzpunkt bis auf –50 °C (→ Tab. 1.2).

Die Konsistenz der Fette hängt insbesondere vom Anteil mehrfach ungesättigter Fettsäuren in den Triglyceriden ab. Ihr Anteil ist in Ölen am höchsten (→ Tab. 1.3).

Die Ursache für den geringeren Schmelzpunkt beim Vorliegen von Doppelbindungen liegt in der cis-Konfiguration der Doppelbindungen. Diese führt zu einer starren 30°-Krümmung der Kohlenwasserstoffkette und verhindert auf diese Weise eine dichte Packung (→ Abb. 1.7). Doppelbindungen in cis-Konfiguration führen zu einer Fluidität der Lipide und sind für die Eigenschaften von Membranen von Bedeutung.

Doppelbindungen haben in Fettsäuren fast ausschließlich cis-Konfiguration.

Allerdings können technologische Prozesse, wie die Fetthärtung (Margarine), oder mikrobielle Umsetzungen im Pansen zu einer Isomerierung und Ausbildung der trans-Konfiguration führen (→ Abb. 1.7). So kann bei entsprechenden Fütterungsregimen Milchfett 3–5 % trans-Fettsäuren enthalten. Von der räumlichen Struktur her weisen diese nicht mehr die günstigen Eigenschaften der Fettsäuren mit cis-Doppelbindungen auf und können sogar gesundheitsschädigend sein.

Familien mehrfach ungesättigter Fettsäuren (PUFA = poly unsaturated fatty acids)
Mehrfach ungesättigte Fettsäuren, wie Docosahexaensäure und Eicosapentaensäure, besitzen nachweislich spezifische essenzielle Funktionen im Zentralnervensystem und in Plasmamembranen. Zudem sind sie Bestandteil von Phospholipiden. Ausgangssubstanzen bedeutender PUFA sind Linolensäure und Linolsäure. Von ihnen gehen die Familien der n-3- (ausgesprochen als „n minus drei“) bzw. n-6-Fettsäuren aus (→ Tab. 1.4). Die Bezeichnung n-3 bedeutet, dass die erste Doppelbindung vom Molekülende her am 3. C-Atom ist. Durch schrittweise Desaturierung (Einfügen von Doppelbindungen) und Elongation (Verlängerung des C-Gerüstes um C_2) werden die übrigen PUFA gebildet. Die Fähigkeit zu diesen Stoffwechselwegen ist sehr unterschiedlich. Fische (Hering, Dorsch) weisen im Vergleich zu anderen tierischen Produkten die höchsten Gehalte solcher n-3- und n-6-Fettsäuren auf. Synonym werden auch die Bezeichnungen Omega-3- und Omega-6-Fettsäuren verwendet. In gleicher Weise wie die n-3- und n-6-Fettsäuren bauen sich die Familien der n-7- und n-9-Polyenfettsäuren auf.

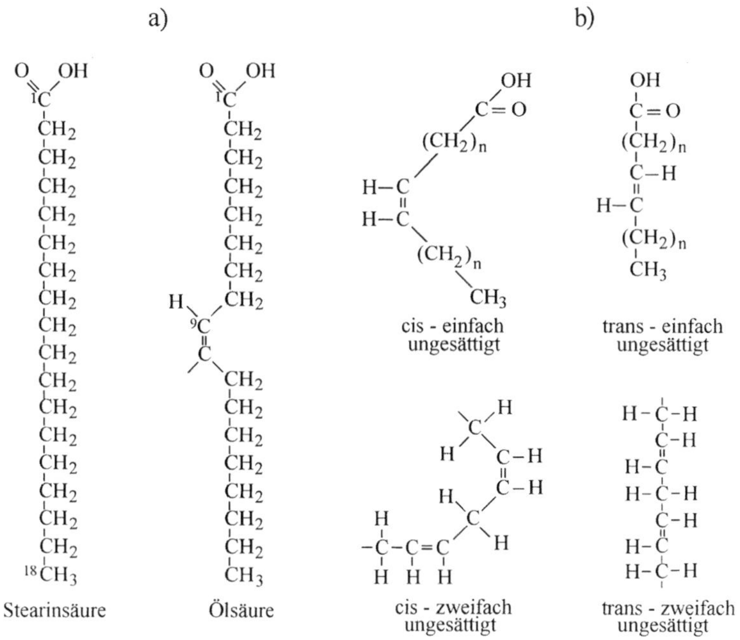

Abb. 1.7
Struktur von Fettsäuren.
a) C_{18}-Fettsäure gesättigt und einfach ungesättigt in cis-Konfiguration.
b) Räumliche Vorstellungen zum Auftreten von Doppelbindungen in cis- und trans-Konfiguration (cis: H-Atome auf einer Seite; trans: H-Atome gegenüberliegend).

Tab. 1.4
Familien der n-3- und n-6-Polyenfettsäuren (synonym $\omega - 3$- und $\omega - 6$-Polyensäuren) (Auswahl).

Serie	Trivialname	Systematischer Name	Lokalisation der Doppelbindungen	Symbol[1]
n-3	α-Linolensäure	Octadecatriensäure	9, 12, 15	18 : 3
	Stearidonsäure	Octadecatetraensäure	6, 9, 12, 15	18 : 4
	Eisosatetraensäure	Eisosatetraensäure	8, 11, 14, 17	20 : 4
	Eicosapentaensäure (EPA)	Eicosapentaensäure	5, 8, 11, 14, 17	20 : 5
	Clupanodonsäure (DPA)	Docosapentaensäure	7, 10, 13, 16, 19	22 : 5
	Docosahexaensäure (DHA)	Docosahexaensäure	4, 7, 10, 13, 16, 19	22 : 6
n-6	Linolsäure	Octadecadiensäure	9, 12	18 : 2
	γ-Linolensäure	Octadecatriensäure	6, 9, 12	18 : 3
	Dihomo-γ-Linolensäure	Eicosatriensäure	8, 11, 14	20 : 3
	Arachidonsäure	Eicosatetraensäure	5, 8, 11, 14	20 : 4
	Docosatetraensäure	Docosatetraensäure	7, 10, 13, 16	22 : 4
	Docosapentaensäure	Docosapentaensäure	4, 7, 10, 13, 16	22 : 5

1 Zahl der C-Atome : Zahl der Doppelbindungen

Eine besondere Kategorie ungesättigter Fettsäuren stellen die konjugierten Linolsäuren dar (CLA = conjugated linoleic acids). Sie entstehen aus Linolsäure durch mikrobielle Isomerierung (Pansen) oder bei technologischen Prozessen. CLA sind dadurch charakterisiert, dass sie konjugierte Doppelbindungen besitzen, wobei es sich um verschiedene positionelle und geometrische Isomere der Linolsäure handeln kann. Die häufigsten Isomere sind die cis-9, trans-11 und die trans-10, cis-12 CLA. Den CLA werden in der Humanernährung verschiedene gesundheitsfördernde Effekte zugeschrieben wie antikanzerogene und antiatherosklerotische Wirkungen. In der Tierernährung bewirken CLA-Zusätze in erster Linie eine Reduktion des Fettansatzes sowie des Milchfettgehaltes. Die Untersuchung der CLA-Wirkmechanismen ist Gegenstand zahlreicher Forschungsvorhaben.
Doppelbindungen ungesättigter Fettsäuren sind sehr reaktionsfreudig und können mit Luftsauerstoff Peroxidgruppierungen bilden. Dies führt nicht nur zum Verderb der Fette (Ranzigwerden), sondern kann auch die Oxidation anderer Fettinhaltsstoffe zur Folge haben, wie die oxidative Zerstörung von Vitamin A bzw. von β-Carotin. Durch Zusatz von Antioxidanzien (z. B. Vitamin E) kann der Peroxidbildung entgegengewirkt werden

Die **Verseifungszahl** und die **Iodzahl** sind Maßzahlen, die für Fette die mittlere Kettenlänge der Fettsäure bzw. deren Gehalt an Doppelbindungen charakterisieren.

Die **Verseifungszahl** gibt die Menge KOH in mg an, die bei der Verseifung von 1 g Fett verbraucht wird. Bei der Verseifung entstehen Glycerin und das Kaliumsalz der Fettsäuren. Es wird demnach desto mehr Kalilauge verbraucht, je mehr Carboxylgruppen pro Masseeinheit vorliegen, d. h. je kurzkettiger die Fettsäuren sind.
Die **Iodzahl** gibt die Iodmenge an, die von 100 g Fett gebunden wird. Iod geht an den Doppelbindungen der ungesättigten Fettsäuren eine Additionsverbindung ein. Je höher die Iodzahl ist, desto mehr Doppelbindungen liegen vor.

Fette sind ideale Verbindungen zur Energiespeicherung!

Fette befinden sich auf einer niedrigeren Oxidationsstufe als Kohlenhydrate und Proteine und liefern deshalb bei der Oxidation größere Energiemengen. Sie sind aber auch aus einem anderen Grund ideale Energiespeichersubstanzen. Als unpolare Substanzen können sie wasserfrei gespeichert werden, während unter physiologischen Bedingungen mit Glykogen und Proteinen immer eine erhebliche Wassereinlagerung stattfindet. Fette haben also auf die Masse bezogen die höchste Energiekonzentration.
Bei Tieren und Menschen wird Fett in Zellen gespeichert, die auf Fettsynthese und Ablagerung spezialisiert sind, den Adipozyten. Fettgewebe befindet sich besonders in der Unterhaut und im Bauchraum. Der Fettgehalt des Körpers steigt mit dem Alter und ist tierartspezifisch. Der Fettanteil im Zuwachs erhöht sich beim Schwein während der Mast auf über 40 %.
Neben der Energiespeicherfunktion bietet Unterhautfett auch einen Wärmeschutz und ist in dieser Hinsicht besonders für wasserbewohnende Warmblüter und für Wassergeflügel von besonderer Bedeutung.

1.1.3.2 Phospholipide (Phosphatide)

Bei dieser Art von Lipiden handelt es sich um Verbindungen, die eine Phosphorsäuregruppe enthalten. Sie kommen in allen Zellen vor und sind insbesondere am Membranaufbau beteiligt. Als Komponenten des Nervengewebes, der Leber und des Eigelbs sind sie quantitativ stark vertreten.

Glycerophospholipide

Die Glycerophospholipide sind die wichtigsten Lipidbestandteile der biologischen Membranen. Von besonderer Bedeutung ist hierbei Lecithin. Es enthält Cholin, das durch Methylierung aus Ethanolamin entsteht. Als Methylgruppendonator fungiert die Aminosäure Methionin.

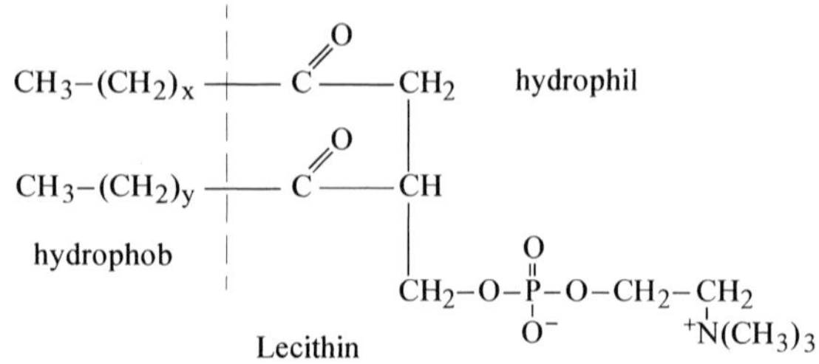

Lecithin

Phosphatidylcholin

Ethanolamin $\xrightarrow{\text{Methylierung}}$ Cholin

Für alle Glycerophospholipide resultiert daraus die besondere Charakteristik der Moleküle:

Glycerophospholipide sind amphiphil. Sie besitzen einen hydrophilen polaren „Kopf“ und einen langgestreckten, hydrophoben unpolaren „Schwanz“. Sie sind die wesentlichste Komponente biologischer Membranen.

Neben den hier erwähnten Stoffen spielt auch eine Reihe anderer Verbindungen (andere Lipide, Glycoproteine, Glycolipide) beim Membranaufbau eine Rolle.

1.1.3.3 Steroide und Carotinoide

Cholesterin, Gallensäuren, D-Vitamine und Steroidhormone sind Steroide und leiten sich vom Steran ab.

Cholesterin ist das im tierischen Organismus am häufigsten vorkommende Steroid. Es ist Hauptbestandteil tierischer Plasmamembranen. Es kommt aber auch in der Galle vor und liegt in Lipoproteinen des Blutplasmas mit einer Fettsäure verestert vor.
Cholansäure hat eine ähnliche Struktur und ist die Ausgangssubstanz zur Bildung der **Gallensäuren**. Sie stellen Stoffwechselprodukte des Cholesterins dar. Salze der Gallensäure haben eine große Bedeutung für die Fettverdauung (→ Kapitel 5.2.1).
Carotinoide sind rote und gelbe Polyenfarbstoffe (Lipochrome). Es handelt sich dabei um ungesättigte Kohlenwasserstoffe, deren Doppelbindungen zum großen Teil konjugiert sind. Zu den Carotinoiden gehören auch die Provitamine A, die Carotine.

1.1.4 Proteine (Eiweiße)

Proteine sind hochmolekulare Verbindungen, deren monomere Bausteine die Aminosäuren sind.

Die Bezeichnung „Protein“ leitet sich aus dem Griechischen ab (proteios = das Erste) und bringt zum Ausdruck, dass Leben prinzipiell das Vorhandensein von Proteinen erfordert. Während die bisher beschriebenen Hauptnährstoffe Kohlenhydrate und Lipide nur aus den Elementen Kohlenstoff, Sauerstoff und Wasserstoff bestehen, enthalten Proteine auch Stickstoff. Der durchschnittliche Gehalt beträgt 16 %. Da Stickstoff einfacher bestimmt werden kann als Protein (Kjeldahl-Bestimmung), wird in der Futtermittelanalytik über den Stickstoff der sogenannte **Rohproteingehalt** bestimmt (N · 6,25).
Zwei der insgesamt 20 in Proteinen vorkommenden Aminosäuren (Methionin, Cystein) enthalten Schwefel, sodass Schwefel ebenfalls Bestandteil von Proteinen ist.

1.1.4.1 Aminosäuren, Struktur und Eigenschaften

Aminosäuren besitzen zwei funktionelle Gruppen, eine Carboxylgruppe (Carbonsäuregruppe (–COOH) sowie eine Aminogruppe (–NH_2), die auch der Bezeichnung Aminosäuren zugrunde liegen.

Es gibt eine sehr große Anzahl von Aminosäuren, die dieser Definition gerecht werden, aber nur 20 kommen in Proteinen vor. Sie werden daher als **proteinogene Aminosäuren** bezeichnet. Einige nichtproteinogene Aminosäuren haben andere Funktionen im Stoffwechsel.

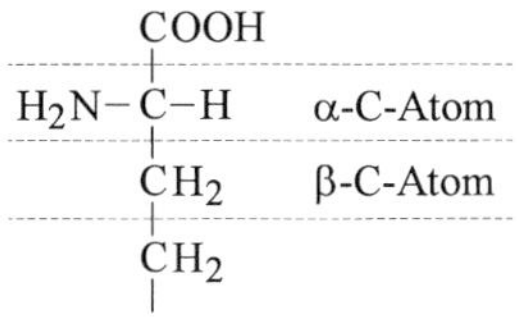

α-Position der Aminogruppe

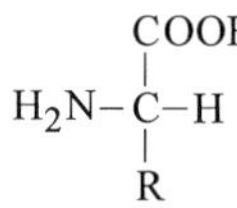

allgemeine Struktur der Aminosäuren

Die proteinogenen Aminosäuren sind in der Regel α-L-Aminosäuren. Das α kennzeichnet die Position der Aminogruppe, nämlich am nächsten C-Atom nach der Carboxylgruppe. Da alle Aminosäuren, bis auf Glycin (das nur zwei C-Atome besitzt), mit dem C_2-Atom ein asymmetrisches C-Atom haben, sind sie, wie auch die Monosaccharide, optisch aktiv und gehören einer stereoisomeren Reihe an: L- oder D-Reihe (vereinfacht: NH_2-Gruppe links bzw. rechts).

In Proteinen kommen nur Aminosäuren der L-Reihe vor.

Der allgemeinen Struktur der Aminosäuren ist zu entnehmen, dass sie sich durch den als „R“ gekennzeichneten Molekülrest unterscheiden.

Aminosäuren als Ampholyte
Aminosäuren kommen eigentlich nur in geladener Form vor. In der Zwitterionenform erscheinen sie allerdings ladungsneutral. Der pH-Wert,

bei dem Ladungsneutralität herrscht, wird als **isoelektrischer Punkt (IP)** bezeichnet.

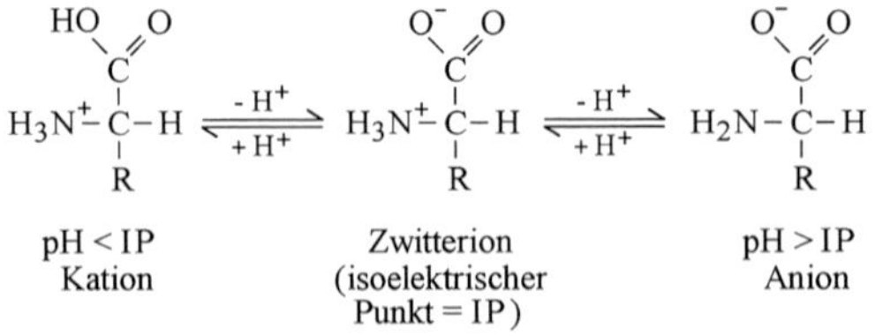

Bei einem pH-Wert unterhalb des IP liegt Protonenüberschuss vor, und die Aminosäure nimmt eine positive Ladung an. Sie liegt dann als Kation vor. Bei einem pH-Wert oberhalb des IP herrscht Protonenmangel, und es wird ein Proton (H^+) abgegeben. Das Molekül wird zum Anion (negative Ladung). Daraus resultiert die gleichzeitige Eigenschaft als Säure und als Base. Die Carboxylgruppe ist als Anion in der Lage, ein H^+ aufzunehmen und bewirkt die Baseneigenschaft. Die positiv geladene NH_3^+-Gruppe kann H^+ abgeben und führt daher zur Säureeigenschaft. Substanzen mit solchen Eigenschaften bezeichnet man als Ampholyte (amphoterisch).

Aminosäuren und Proteine sind Ampholyte und besitzen Pufferkapazität.

Einteilung der Aminosäuren

Aus chemischer Sicht kann man die Aminosäuren anhand des chemischen Aufbaus des Restmoleküls nach verschiedenen Gesichtspunkten einteilen. Häufig wird folgende Einteilung vorgenommen (unter den Aminosäurennamen steht der Dreibuchstaben-Code in Klammern):

Aliphatische Aminosäuren oder neutrale Aminosäuren (langgestreckte, kettenartige Struktur)

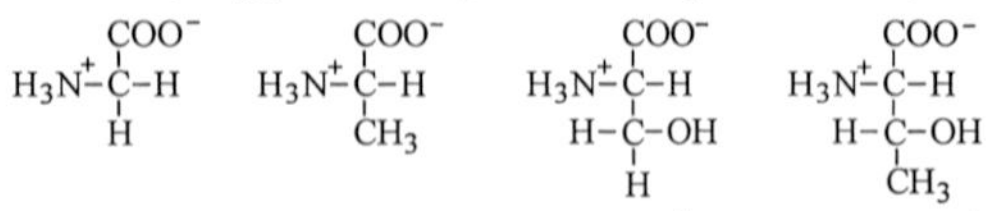

Glycin (Gly) — Alanin (Ala) — Serin[1] (Ser) — Threonin[1] (Thr)

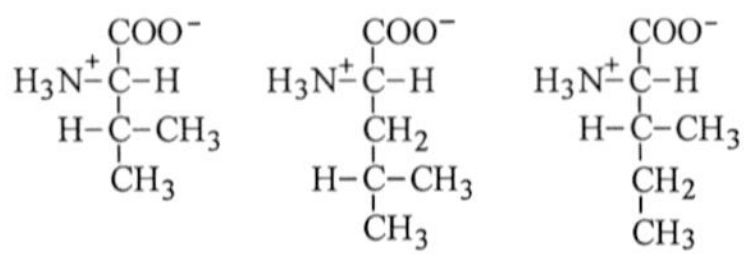

Valin[2] (Val) — Leucin[2] (Leu) — Isoleucin[2] (Ile)

1 Ser und Thr: Aminosäuren mit einer OH-Gruppe im Molekülrest.

2 Val, Leu und Ile: Aminosäuren mit einem verzweigten C-Gerüst (engl. ‚branched chain amino acids', daher häufig als BCAA abgekürzt).

Saure Aminosäuren (Monoamino-Dicarbonsäuren; sie besitzen eine zweite COOH-Gruppe, daher kann die Seitenkette eine zusätzliche negative Ladung haben (COO^-).

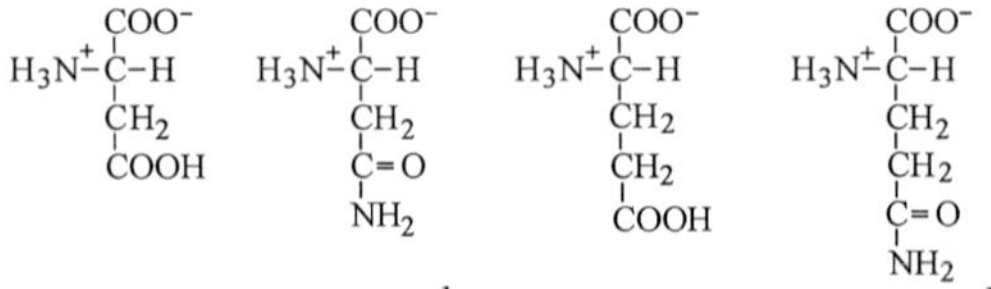

Asparaginsäure (Asp) — Asparagin[1] (Asn) — Glutaminsäure (Glu) — Glutamin[1] (Gln)

1 Asn und Gln: Im Stoffwechsel haben Säureamide von Glu und Asp wichtige Funktionen. Sie entstehen durch NH_3-Anlagerung bei gleichzeitiger Abspaltung von H_2O.

Basische Aminosäuren besitzen neben der Aminogruppe in α-Stellung weitere NH_2-Gruppen, die positive Ladung annehmen können.

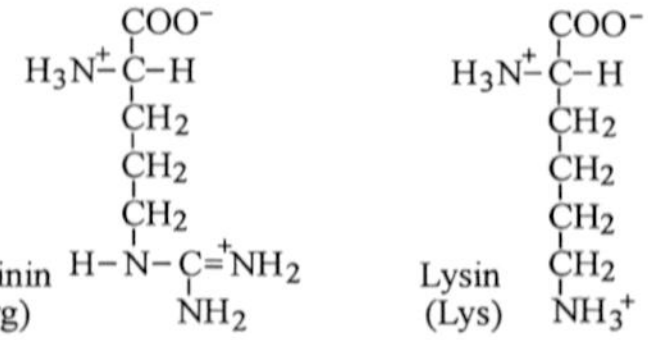

Arginin (Arg) — Lysin (Lys)

Aromatische und heterozyklische Aminosäuren

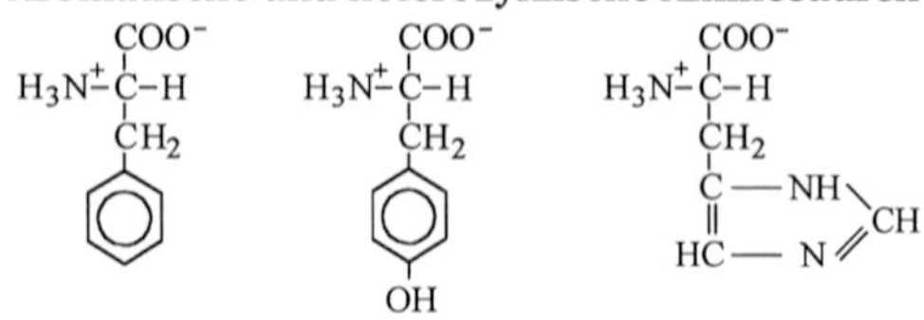

Phenylalanin[1] (Phe) — Tyrosin[1] (Tyr) — Histidin[2] (His)

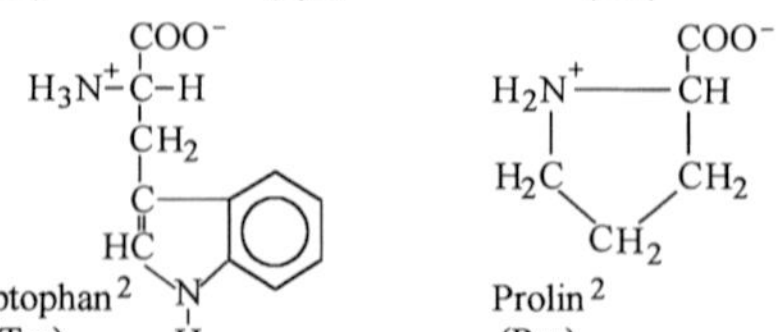

Tryptophan[2] (Trp) — Prolin[2] (Pro)

1 Phe und Tyr: Aromatische Aminosäuren, der Ring wird ausschließlich durch C-Atome gebildet.

2 His, Trp und Pro: Heterozyklische Aminosäuren, der Ring enthält neben C noch andere Elemente.

Schwefelhaltige Aminosäuren

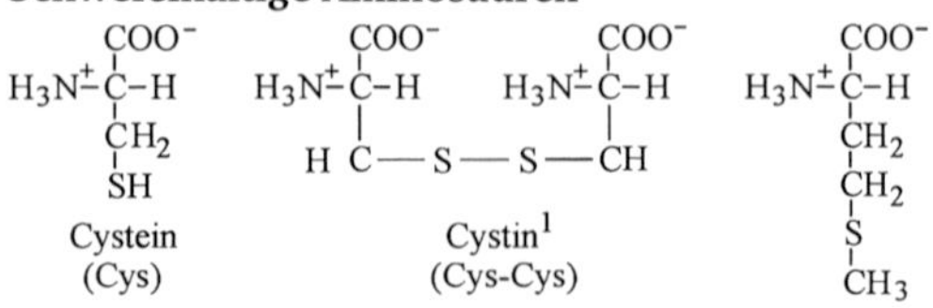

Cystein (Cys) — Cystin[1] (Cys-Cys) — Methionin (Met)

1 Cys-Cys: In oxidierter Form (Dehydrierung) liegt Cys als Cystin vor, das aus zwei Molekülen Cys entsteht. Derartige Disulfitbrücken zwischen zwei Cys-Resten liegen auch in Proteinen vor und sind für die räumliche Struktur von Proteinen von Bedeutung.

Eine weitere Einteilung der Aminosäuren kann nach ernährungsphysiologischen Gesichtspunkten erfolgen.

Aus ernährungsphysiologischer Sicht sind Aminosäuren essenziell, wenn sie nicht im Organismus gebildet werden können. Sie müssen mit der Nahrung zugeführt werden. Nichtessenzielle Aminosäuren können im Stoffwechsel gebildet werden.

Die Einteilung in essenzielle und nichtessenzielle Aminosäuren ist nicht starr aufzufassen. Es gibt tierartspezifische und altersspezifische Unterschiede. Einen Überblick für wachsende Säugetiere gibt Tabelle 1.5.
Aminosäuren, die zwar prinzipiell vom Tier synthetisiert werden können, aber nicht in ausreichendem Umfang, werden häufig als halbessenziell bezeichnet. Dies trifft für Arginin beim wachsenden Schwein zu. Für Geflügel ist Arginin aufgrund eines fehlenden Synthesemechanismus essenziell. Ferner ist Glycin für diese Tiergruppe essenziell. Cystein kann aus der essenziellen Aminosäure Methionin und Tyrosin aus dem essenziellen Phenylalanin gebildet werden. Ein Mangel dieser Aminosäuren würde zwangsläufig einen höheren Bedarf an dem jeweiligen essenziellen Partner bedeuten. Die Essenzialität von Aminosäuren basiert auf der Unfähigkeit des Organismus, das C-Skelett zu synthetisieren. Daher können für fast alle essenziellen Aminosäuren auch die entsprechenden α-Hydroxy- oder α-Ketosäuren verwertet werden. Die Einsatzmöglichkeit dieser Analoga kann aber durch verminderte Futteraufnahme limitiert sein.

Tab. 1.5
Einteilung der Aminosäuren bei wachsenden Säugetieren nach ernährungsphysiologischer Betrachtungsweise.

Essenzielle Aminosäuren	Semiessenzielle Aminosäuren	Nichtessenzielle Aminosäuren
Histidin	Arginin	Alanin
Isoleucin	Tyrosin	Asparaginsäure
Leucin	Cystein	Asparagin
Lysin		Glutaminsäure
Methionin		Glutamin
Phenylalanin		Glycin
Threonin		Prolin
Tryptophan		Hydroxyprolin
Valin		Serin

1.1.4.2 Peptidbindung und Peptide

Die Bindung, mit der Aminosäuren miteinander verknüpft sind, bezeichnet man als Peptidbindung. Dabei geht jeweils die α-Aminogruppe einer Aminosäure unter Wasserabspaltung eine Bindung mit der Carboxylgruppe einer anderen Aminosäure ein.

Auf diese Weise erhält man Peptide, die Kondensationsprodukte von Aminosäuren sind. Je nach Anzahl der in den Peptiden enthaltenen Aminosäurenresten spricht man von **Di-, Tri-, Tetrapeptiden** usw. und allgemein bei 2–10 Aminosäurenresten von **Oligopeptiden** und bei 10–100 (nicht starr) von **Polypeptiden.** Noch längere Peptidketten führen zu Proteinen. Innerhalb eines Peptidmoleküls gibt es eine Orientierung. Das Ende mit der freien NH_3^+-Gruppe wird als N-terminales Ende und dasjenige mit der freien COO^--Gruppe als C-terminales Ende bezeichnet.

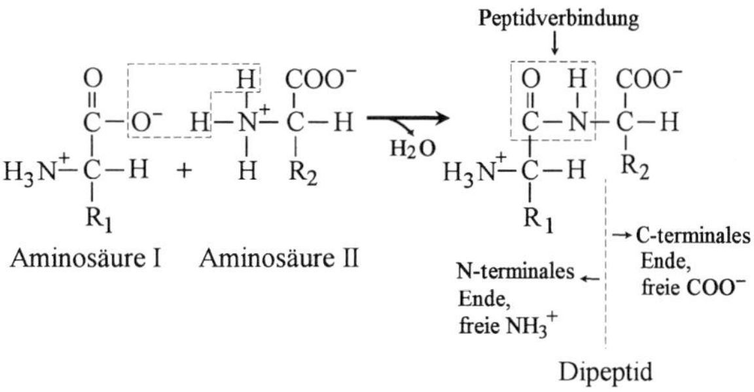

Peptide kommen im Organismus in niedrigen Konzentrationen vor, sie haben aber wichtige Funktionen. Glutathion ist beispielsweise Bestandteil eines Redox-Systems. Auch einige Hormone sind Peptide (Peptidhormone), wie z. B. Oxytocin, Glucagon, Insulin, Gastrin und Cholecystokinin. Einige Antibiotika (z. B. Penicillin) haben ebenfalls Peptidcharakter. Auch starke Gifte sind Peptide, z. B. die Amatoxine des Grünen Knollenblätterpilzes sowie Bienen- und Schlangengifte. Im Verdauungstrakt sowie in allen Zellen entstehen als Zwischenprodukte des Proteinabbaus Peptide, die weiter zu Aminosäuren abgebaut werden.

1.1.4.3 Proteine und ihre Struktur

Proteine können vielfältige biologische Funktionen haben (→ Tab. 1.6).

Im Protein liegt zunächst eine Kette von Aminosäuren vor (meist mehrere Hundert), die über Peptidbindungen miteinander verknüpft sind. Die Aminosäurenreihenfolge (Aminosäurensequenz) in solch einer Kette bezeichnet man als **Primärstruktur** des Proteins.
Wie schon verdeutlicht, besitzen die Molekülreste der Aminosäuren weitere funktionelle Gruppen, die miteinander reagieren oder Ladungen tragen können und die nicht an der Peptidbindung beteiligt sind. Daher liegen die langen Aminosäurenketten nicht als formlose „Fäden" vor, sondern bilden bestimmte Raumstrukturen (**Sekundärstruktur** und **Tertiärstruktur**) aus.

Für die Stabilisierung der Raumstruktur von Proteinen sind vier Bindungsarten verantwortlich:
- Wasserstoffbrückenbindungen
- hydrophobe Bindungen
- Disulfidbindungen
- Ionenbeziehungen

Denaturierung von Proteinen
Bei der Denaturierung von Proteinen wird ihre räumliche Struktur durch Lösen der entsprechenden Bindungen zerstört. Als Folge der Denaturierung verlieren die Eiweiße ihre Funktionsfähigkeit. Eine irreversible Eiweißdenaturierung erfolgt insbesondere durch Hitzeeinwirkung (Kochen), aber auch durch Säureeinwirkung. Hierbei werden Nebenvalenzbindungen und Disulfidbrücken gelöst, und die reaktiven Gruppen reagieren „ungeordnet" miteinander und führen zur Koagulation der Proteine.
Denaturierte Proteine sind proteolytisch leichter abbaubar als native. Außerdem kann man durch Hitzedenaturierung unerwünschte Wirkungen von Proteinen in Nahrungs- und Futtermitteln beseitigen (z. B. Toasten von Sojaextraktionsschrot zur Inaktivierung der Trypsininhibitoren).

1.1.5 Nucleinsäuren

Die Nucleinsäuren enthalten immer drei Grundbausteine: N-haltige Basen, Fünferzucker (Pentosen) und Phosphat. Je nach Art der enthaltenen Pentose unterscheidet man zwischen den Ribonucleinsäuren (RNA – enthält als Zuckerkomponente Ribose) und Desoxyribonucleinsäuren (DNA – enthält Desoxyribose).

Die DNA ist Träger der Erbinformation in allen zellulären Lebensformen sowie den meisten Viren.

Funktionen der DNA
- Steuerung der eigenen Replikation während der Zellteilung
- Steuerung der Transkription der komplementären RNA-Moleküle

Funktionen der RNA
Die RNA hat vielfältigere biologische Funktionen als die DNA, und es gibt entsprechend den unterschiedlichen Aufgaben auch unterschiedliche RNA-Arten:

Tab. 1.6
Biologische Funktionen von Proteinen.

Biologische Funktion	Beispiele
Enzyme (Biokatalysatoren)	Trypsin, α-Amylase, Lipasen, Transaminasen, Urease
Strukturproteine	Kollagen (in Knorpel, Knochen und Sehnen), Keratin, Elastin, Fibrin
Kontraktile Proteine	Actin, Myosin (im Muskel)
Transportproteine	Hämoglobin (O_2-Transport), Albumin, Lipoproteine, Transferrin
Abwehrproteine	Antikörper, γ-Globuline
Regulatorische Proteine	Proteohormone (Parathormon)
Nährstoff- u. Speicherproteine	Gliadin (Weizen), Ovalbumin (Ei), Casein (Milch), Ferritin

- **Messenger-RNA (mRNA);** Boten-RNA. Ist das Transkript der Polypeptid-codierenden DNA-Sequenz, d. h. überbringt sozusagen die genetische Information aus dem Zellkern an die Orte der Proteinsynthese; dient als Matrize bei der ribosomalen Synthese der Polypeptidkette.
- **Transfer-RNA (tRNA);** Schlepper-RNA. Bindet spezifisch die einzelnen Aminosäuren und „schleppt" diese an die Orte der Proteinsynthese.
- **Ribosomale RNA (rRNA).** Ribosomen bestehen etwa zu zwei Dritteln aus RNA und zu einem Drittel aus Protein, d. h. diese RNA hat neben funktionellen Aufgaben auch strukturelle Funktionen.

Bei einigen Viren ist die RNA anstelle der DNA Träger der Erbinformation.

1.1.6 Nucleotide als energiereiche Verbindungen

Damit im Organismus die aus Stoffwechselvorgängen gewonnene Energie auch für verschiedene Leistungen genutzt werden kann, muss sie in eine Form überführt werden, die sowohl eine Speicherung als auch einen Transport sowie eine Reaktivierung erlaubt. Dies wird im Organismus durch sogenannte energiereiche Bindungen realisiert. Das Prinzip solcher Bindungen besteht darin, dass ein Teil der bei einer exergonischen Reaktion frei werdenden Energie mittels einer endergonischen Reaktion festgelegt wird. Solche Reaktionen führen beispielsweise zu bestimmten Bindungen zwischen Phosphorsäureresten.

Das im Organismus bedeutendste Energiespeichersystem geht vom Adenosinmonophosphat (AMP) aus. Es können zwei weitere Phosphorylierungsstufen auftreten, wobei jeweils ein Phosphorsäurerest durch Phosphoanhydridbindung (energiereich) gebunden wird. Daraus resultieren die Verbindungen Adenosindiphosphat (ADP) und Adenosintriphosphat (ATP). Als Energielieferant im Zellstoffwechsel hat ATP die größte Bedeutung.

Die Bindungen zwischen zwei Phosphorsäureresten sind als energiereich zu bezeichnen und werden durch das Zeichen ~ symbolisiert. Bei deren Spaltung wird ein hoher Energiebetrag frei, der im Stoffwechsel wiederum nutzbar ist. Für bestimmte Stoffwechselreaktionen spielen auch andere energiereiche Phosphate eine Rolle, wie beispielsweise GTP (Guanosintriphosphat).

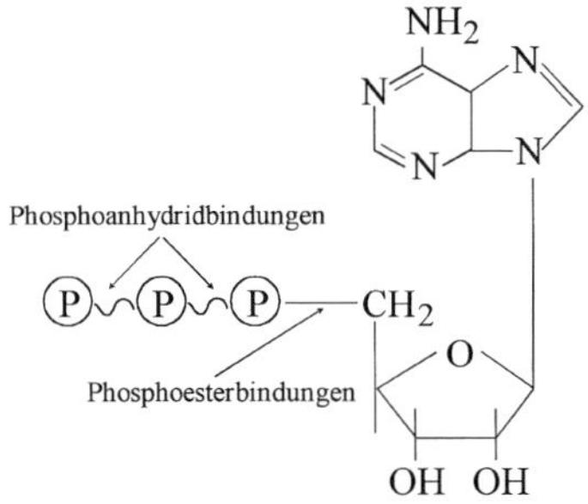

Adenosintriphosphat (ATP)

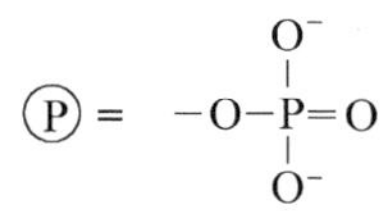

Eine besondere Rolle spielt im Stoffwechsel das **zyklische AMP (cAMP).** Es ist ein sogenannter **second messenger** der Proteinkinasen vom Typ A aktiviert. Diese phosphorylieren verschiedene zelluläre Proteine, die vielfältige Stoffwechselfunktionen haben. cAMP entsteht aus ATP unter Wirkung des Enzyms Adenylatzyklase unter Abspaltung von Pyrophosphat und der Ausbildung einer intramolekularen Diesterbindung (Adenosin-3,5-Mononucleotid).

1.1.7 Nährstoff- und Futtermittelanalytik

1.1.7.1 Allgemeines

Sowohl der Säugetierorganismus als auch die Futtermittel sind zum überwiegenden Teil aus vier Elementen zusammengesetzt: Kohlenstoff, Sauerstoff, Wasserstoff und Stickstoff. Neben diesen Elementen, die im Wasser und den organischen Verbindungen enthalten sind, bilden die anorganischen Stoffe einen quantitativ kleineren Anteil. Die Vielfalt der Verbindungen im tierischen Organismus und in der Pflanze ergibt sich aus der Variabilität der Verknüpfungsmöglichkeiten der genannten Elemente.
Um Futtermittel hinsichtlich ihres Futterwertes mittels chemischer Analyse zu charakterisieren, ist daher eine Elementaranalyse ungeeignet.

Vielmehr müssen durch die chemische Analyse Stoffgruppen erfasst werden, die mit dem Energiegehalt, der Verdaulichkeit und dem Gehalt an speziellen Inhaltsstoffen in Verbindung zu bringen sind. Damit aber in der Praxis mittels einer chemischen Analyse der Wert eines Futtermittels beurteilt werden kann, muss diese einfach und schnell durchführbar sein. Dies geht nur im Rahmen eines Kompromisses zwischen analytischer Gründlichkeit und Zweckmäßigkeit. Solch einen Kompromiss stellt die **(Weender) Futtermittelanalyse** dar, die international zur Grundlage der wissenschaftlichen Rationsgestaltung geworden ist und auch heute noch nicht an Bedeutung verloren hat. Sie findet ebenso bei der Analyse tierischer Gewebe Anwendung.

Dieses Analysenverfahren wird einigen wesentlichen Anliegen einer Futtermitteluntersuchung gerecht, wie der Trennung von Stoffgruppen mit unterschiedlichem Energiegehalt oder der Bestimmung von Parametern zur Schätzung von Verdaulichkeit und energetischem Futterwert. Aus heutiger Sicht müssen aber für die Rationsgestaltung auch Kenntnisse zum Gehalt spezieller Nährstoffe vorliegen. Dazu gehören bestimmte Aminosäuren, Fettsäuren, Kohlenhydrate, Mengen- und Spurenelemente, Vitamine und antinutritive Substanzen, zu deren Analyse weitere Verfahren angewendet werden müssen.

1.1.7.2 Probennahme und -vorbereitung

Die wichtigste Voraussetzung für verwendbare Analysenergebnisse ist eine einwandfreie Probennahme und Probenbehandlung.

Die folgenden Grundsätze sind dabei zu beachten:

- Eine Probe kann nur die Gesamtheit eines Futtermittels repräsentieren, wenn diese aus einer einheitlichen **Partie** (d. h. die Menge eines Futtermittels, die sich nach ihrer sensorischen Beschaffenheit, Deklaration und räumlichen Zuordnung als Einheit darstellt) entnommen wird. Der erste Schritt einer Probennahme ist demzufolge die Abgrenzung von Partien durch sensorische Beurteilungen (Farbe, Geruch, Feuchte, Gefüge, botanische Zusammensetzung).
- Aus der Partie sind räumlich gut verteilt gleich große **Einzelproben** nach dem Zufallsprinzip zu entnehmen, die anschließend zu einer **Sammelprobe** vereinigt werden. Nach intensivem Durchmischen der Sammelprobe wird durch geeignetes Reduzieren (z. B. Probenteiler, Flächenausgrenzung durch Diagonalen eines kreisförmig verteilten Futterstapels) eine **Endprobe** gebildet.
- Die Entnahme der Proben aus der Partie – ob per Hand oder mittels Probenentnahmegerät – hat so zu erfolgen, dass mit der Probennahme keine Veränderung durch Sedimentation, Bröckeln, Reißen, Verunreinigungen bzw. Abpressen erfolgt.
- Futtermittelproben müssen luftdicht verpackt und dem Einfluss äußerer Einwirkungen, wie Luft, Sonnenlicht, Temperatur, Feuchte, Verschmutzung, Kontamination, entzogen werden. Um Veränderungen der Probe von der Probennahme bis zur Untersuchung zu vermeiden, sind Proben mit einem Feuchtegehalt von über 12 % sofort dem Untersuchungslabor zu übergeben oder im Kühlschrank (maximal 2 Tage) bzw. im Gefrierschrank (−18 °C) zu lagern.
- Von jeder Probennahme ist ein Protokoll anzufertigen, das insbesondere Probenbenennung, die Herkunft der Probe, Ort und Zeitpunkt der Probenentnahme und das gewünschte Untersuchungsspektrum enthält. Weitere Angaben zur Probe, wie z. B. sensorische Befunde, können für die Bewertung einer Futtermittelprobe durch die Untersuchungsstelle hilfreich sein.
- Für amtliche Probenahmen gilt die Verordnung (EU) Nr. 691/2013, dort werden auch Analysenverfahren für die amtliche Futtermittelüberwachung vorgegeben.

Zur weiteren Vorbereitung solch einer Probe für die Analyse gehört ein Zerkleinern, sodass insgesamt ein Siebdurchgang von 1 mm erreicht wird. Feuchte Proben müssen in der Regel bei 60 ± 5 °C vorgetrocknet werden.

1.1.7.3 Weender Futtermittelanalyse

Die Futtermittelanalyse wurde in der Form, wie sie hier beschrieben wird, von Henneberg und Stohmann Ende des 19. Jahrhunderts in Weende bei Göttingen erarbeitet. Wesentliche Modifikationen hat es lediglich bei der Analytik der Polysaccharidfraktionen gegeben. Einer ständigen

Weiterentwicklung war natürlich die Analysentechnik unterzogen.
Bei der Weender Futtermittelanalyse werden analytisch die Trockensubstanz, die Rohasche, die Rohfaser, das Rohprotein und das Rohfett bestimmt. Die Fraktion der stickstofffreien Extraktstoffe wird rechnerisch bestimmt. Die Vorsilbe von „Roh"-Fraktionen weist darauf hin, dass es sich jeweils um nicht reine Formen der bezeichneten Komponenten handelt. Da die Analysenergebnisse auch auf Trockensubstanz bezogen werden, ist darauf zu achten, dass alle Einwaagen gleichzeitig erfolgen. Die Weender Futtermittelanalyse wird nach folgendem Schema durchgeführt:

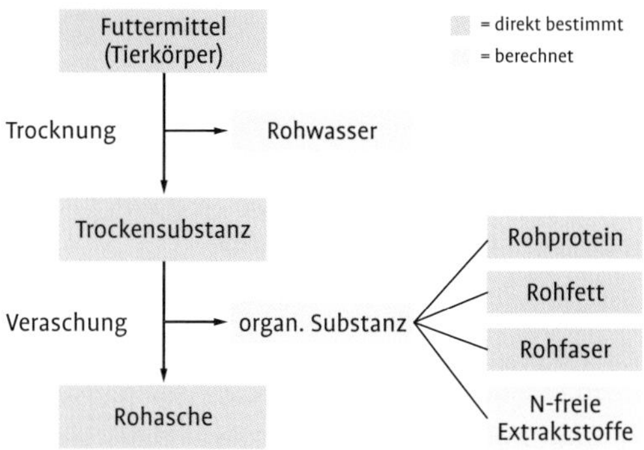

Trockensubstanz (DM = dry matter)/Rohwasser
Futtermittel setzen sich ebenso wie Tierkörper aus Wasser und Trockensubstanz zusammen. Die Nährstoffe sind in der Trockensubstanz enthalten. Durch Trocknung des Materials unter bestimmten Bedingungen ermittelt man den Trockensubstanzgehalt. Normalerweise wird die zerkleinerte Probe bei 103–105 °C bis zur Massekonstanz getrocknet. Bei hitzeempfindlichen Futtermitteln (z. B. fettreiche Futtermittel) müssen schonende Trocknungsverfahren angewendet werden, beispielsweise Vakuum- oder Gefriertrocknung. Die Massedifferenz zum frischen Material (Frischmasse) wird als Rohwasser bezeichnet, weil bei der Trocknung auch einige flüchtige organische Verbindungen, wie niedere Fettsäuren, Alkohole oder Ammoniak, entweichen. Bei Silagen, die größere Konzentrationen dieser flüchtigen Verbindungen mit Nährwert enthalten, sind demzufolge entsprechende Korrekturen des Trockensubstanzgehaltes erforderlich. Bei Futtermitteln, die für die Homogenisierung zu feucht sind, wie Grünfutter, Silagen, Wurzeln und Knollen, ist eine Vortrocknung erforderlich.
Dazu wird eine ausreichende Probe (> 1 kg) grob zerkleinert und anschließend bei 55–60 °C im gut durchlüfteten Trockner so lange getrocknet, bis das Material in einer Mühle fein gemahlen werden kann. Der Masseverlust durch die Vortrocknung wird zur Gesamtfeuchte addiert.
Der Wassergehalt der Futtermittel variiert erheblich. Ein Vergleich der Futtermittel ist deshalb nur auf Trockensubstanzbasis oder bei gleichem Trockensubstanzgehalt (z. B. 88 %) möglich.

Die Trockensubstanz enthält alle Bestandteile, die unter den Trocknungsbedingungen nicht flüchtig sind. Sie errechnet sich aus Frischmasse minus Rohwasser und enthält sowohl organische als auch anorganische Bestandteile. Als Rohwasser bezeichnet man die unter den gleichen Bedingungen flüchtigen Bestandteile (rechnerisch ermittelt).

Rohasche (CA = crude ash)/organische Substanz (OM = organic matter)
Die Trockensubstanz enthält einen verbrennbaren und einen unverbrennbaren Anteil. Zur Bestimmung des nicht verbrennbaren Anteils wird die Probe mit bekanntem Trockensubstanzgehalt bei 550 °C im Muffelofen verascht und der Rückstand als Rohasche bezeichnet. Der Begriff Rohasche für den unverbrennbaren Anteil des Futters wurde gewählt, weil neben den Mineralstoffen auch unverbrennbare Fremdbestandteile (z. B. erdige Verunreinigungen, u. a. Silicate) bei dieser Bestimmung erfasst werden. Bei unsachgemäßer Ernte und Lagerung kann der Fremdanteil der Asche besonders hoch sein. Er vermindert nicht nur den Anteil der Nährstoffe in einer bestimmten Futtermenge, sondern kann sich auch nachteilig auf deren Verdaulichkeit und Resorption auswirken.
Für Futtermittel, bei denen eine hohe Verschmutzung möglich ist (z. B. Rübenblattsilagen), ist eine Differenzierung zwischen Reinasche und anderen anorganischen Bestandteilen sinnvoll. Dazu werden die Rohascheproben mit Salzsäure versetzt und die Mineralstoffe in Lösung gebracht. Den unlöslichen Anteil ermittelt man durch Filtration (z. B. Silicate). Der Rückstand wird als HCl-unlösliche Asche bezeichnet.

Reinasche = Rohasche – HCl-unlösliche Asche

Die organische Substanz errechnet sich aus der Menge an Trockensubstanz und Rohasche:

Organische Substanz = Trockensubstanz – Rohasche

Die organische Substanz besteht überwiegend aus den Hauptnährstoffen: Kohlenhydrate, Eiweiße und Fette.

Rohasche ist der anorganische Anteil an der Trockensubstanz. Er beinhaltet Mineralstoffe und andere anorganische Stoffe (z. B. Silicate). Die Differenz zur Trockensubstanzmenge ist die organische Substanz.

Rohprotein (CP = crude protein)
Der Rohproteingehalt wird aus dem Stickstoffgehalt einer Probe errechnet, wobei von einem mittleren N-Gehalt der Proteine von 16 % ausgegangen wird (N-Gehalt · 6,25 = Rohproteingehalt). Diese Fraktion führt die Bezeichnung Rohprotein, weil neben dem Stickstoff der eigentlichen Eiweiße (Reineiweiß) auch der Stickstoff aus Nicht-Protein-N-Verbindungen (NPN) (z. B. freie Aminosäuren, Säureamide wie Glutamin und Asparagin, Harnstoff, Purine, Pyrimidine, Betain, N-haltige Glucoside u. a.), außer Nitrat-N, erfasst wird. Das heißt, nennenswerte Diskrepanzen zwischen Rohprotein- und Reinproteingehalt treten bei solchen Futtermitteln auf, die hohe NPN-Anteile enthalten. Die Berechnung des Rohproteingehaltes aus der N-Bestimmung (N-Gehalt · 6,25) ist dann fehlerhaft, wenn der N-Gehalt der Proteine größer oder kleiner als 16 % ist, wie dies z. B. für einige Eiweiße zutrifft: Kollagen 17,8 % N (Faktor 5,61), Milcheiweiß 15,7 % N (Faktor 6,37), Casein 15,5 % N (Faktor 6,45).
Die Rohproteinbestimmung erfolgt im Rahmen der Futtermittelanalyse nach dem Prinzip des Kjeldahl-Verfahrens. Dieses Verfahren beinhaltet folgende Schritte:

- Aufschluss durch Nassmineralisierung mit konzentrierter Schwefelsäure. Der gesamte Stickstoff der Probe wird dabei in Ammoniumsulfat überführt.
- Alkalisieren und Destillation in die Vorlage einer Säure (Borsäure-Indikatorlösung). Dabei wird das Ammoniak mit dem Wasserdampf in die Vorlage übergetrieben.
- Titration der Ammoniakmenge in der Vorlage mit normal eingestellter Schwefelsäure (Farbumschlag eines Indikators).
- Berechnung des Rohproteingehaltes.

Zur technischen Realisierung dieses Prinzips der Stickstoffbestimmung gibt es verschiedene Systeme, die sich hinsichtlich der verwendeten Apparatur, der Probenmenge, der Katalysatorgemische, der Vorlagensäure und der Indikatoren unterscheiden.

Der Rohproteingehalt wird aus dem Stickstoffgehalt einer Probe berechnet. Die quantitative N-Bestimmung erfolgt nach dem Kjeldahl-Verfahren. Die Fraktion enthält neben dem Proteinstickstoff auch Nichtprotein-Stickstoff.

Alternativ zum Kjeldahl-Verfahren wird häufig das Dumas-Verfahren angewendet, bei dem nach Totalverbrennung der Probe der Stickstoff im Elementaranalysator bestimmt wird.

Rohfett (EE = ether extract)
Als Rohfett wird bei der Weender Futtermittelanalyse eine Fraktion definiert, die in Fettlösungsmitteln (Diethylether, Petrolether) löslich ist. Sie wird zunächst durch Extraktion mit dem Lösungsmittel im Rückflussprinzip gewonnen (Soxhlet-Apparat). Anschließend wird das Lösungsmittel verdampft und die Masse der extrahierten Stoffe durch Wägung ermittelt. Beim klassischen Verfahren der Rohfettbestimmung ist eine sehr lange Extraktionszeit erforderlich (6–8 Stunden). Die Extraktionszeit kann wesentlich verkürzt werden, wenn eine Hydrolyse mit Salz- oder Schwefelsäure vorgeschaltet wird. Dies beruht primär auf einer Zerstörung der Zellwände des Probenmaterials.
Der Etherextrakt enthält neben den Neutralfetten (Triglyceride) andere Stoffe mit gleicher Löslichkeit, wie z. B. Phosphatide, Wachse, Carotinoide, fettlösliche Vitamine, Steroide, Chlorophylle, ätherische Öle. Diese unterscheiden sich im Nährwert und in den physiologischen Wirkungen von den Neutralfetten.

Rohfett enthält alle Inhaltsstoffe einer Probe, die mit Fettlösungsmitteln extrahierbar sind. Neben den Neutralfetten als Hauptfraktion entsprechen diesem Kriterium auch verschiedene andere Verbindungen.

Rohfaser (CF = crude fibre)
Als Rohfaser wird der organische Rückstand bezeichnet, der nach definierter Säure- und anschließender Alkalibehandlung übrigbleibt.
Nach dem Weender Verfahren wird die Probe mit 0,13 Mol Schwefelsäure 30 Minuten in einem Becherglas gekocht. Nach Auswaschen der Säure auf einem Filter behandelt man die Probe in gleicher Weise mit 0,23 Mol Kalilauge. Anschließend wird mit Wasser und Aceton gewaschen. Die Menge des bei dieser Säure- und Alkalibehandlung unlöslichen organischen Rückstandes wird durch Differenzwägung nach Trocknung und Veraschung der Probe ermittelt. Neuere Apparaturen zur Rohfaserbestimmung erleichtern die Prozedur insofern, als alle Arbeitsgänge bis auf das abschließende Trocknen und Veraschen in einem geschlossenen System erfolgen.
Die Rohfaserfraktion enthält hauptsächlich unlösliche Polysaccharide, die den pflanzlichen Gerüstsubstanzen zuzuordnen sind, wie Cellulose, Hemicellulosen (bestimmte β-Glucane, Pentosane und auch andere NSP) aber auch andere Stoffe wie Lignin, Suberin und Cutin, die ebenfalls in Zellwänden enthalten sein können.

Die Rohfaserfraktion enthält in schwacher Säure und schwacher Lauge unlösliche organische Verbindungen, die größtenteils den pflanzlichen Gerüstsubstanzen zuzuordnen sind.

Allerdings ist ein Teil der Pentosane oder auch der β-Glucane unter diesen Bedingungen löslich und wird daher in der NfE-Fraktion erfasst.

Stickstofffreie Extraktstoffe (NfE = nitrogen free extractives)
Die stickstofffreien Extraktstoffe (NfE) werden in der Weise berechnet, dass zunächst die ermittelten Analysenwerte für Wasser, Rohasche, Rohprotein, Rohfett und Rohfaser addiert werden (g/kg). Aus der Differenz zu 1000 g ergibt sich die Menge an NfE (g/kg). Anhand des bestimmten Trockensubstanzgehaltes kann dann der Wert pro kg TS umgerechnet werden. Das heißt, alle Verbindungen, die in den oben genannten Analysen nicht erfasst wurden, ordnet man rechnerisch der NfE-Fraktion zu. Mit diesem Vorgehen werden primär die α-Glucane (Stärke und Glykogen), alle Zucker und Inulin erfasst, allerdings eben auch lösliche Anteile pflanzlicher Gerüstsubstanzen (z. B. Pektine, Pentosane, β-Glucane).

Die NfE-Fraktion wird rechnerisch ermittelt und erfasst primär leicht lösliche Kohlenhydrate (Stärke, Glykogen, Zucker), aber auch lösliche Anteile pflanzlicher Gerüstsubstanzen.

Einschätzung der Weender Futtermittelanalyse
Als Konventionsanalyse (Übereinkommen zu Analysengängen) liefert die Weender Futtermittelanalyse bei Einhaltung der Vorschriften gut reproduzierbare Ergebnisse. Sie ist einfach durchführbar und wird international einheitlich bereits über einen sehr langen Zeitraum angewendet. Dementsprechend gibt es eine sehr große Datenfülle zu praktisch allen Futterkomponenten. Ferner ist das Verfahren sowohl für Futtermittel als auch für Gewebe- oder Ganzkörperproben sowie Kot-, Digesta- und Harnproben anwendbar. Deshalb hat die Weender Futtermittelanalyse bis heute trotz einiger Mängel ihre Bedeutung nicht verloren.
Die wesentlichen Mängel des Analysenverfahrens sind:

- Es werden nur Stoffgruppen erfasst, die in ihrer chemischen Zusammensetzung und ihrem ernährungsphysiologischen Wert für das Tier nicht einheitlich sind, wie dies bereits an Einzelbeispielen aufgezeigt wurde.
- Nicht alle Rohnährstoffe werden analytisch bestimmt. Dadurch können sich z. B. bei den N-freien Extraktstoffen Analysenfehler summieren. Durch Mehrfachbestimmung in verschiedenen Rohnährstoffgruppen (z. B. N-haltige Phosphatide im Rohfett und im Rohprotein), durch N-Verbindungen mit einem N-Gehalt über 16 % sowie durch die Bildung von Oxiden und Carbonatsalzen bei der Rohaschebestimmung vermindert sich der Anteil an N-freien Extraktstoffen.
- Es werden keine Informationen zum Gehalt besonderer Nährstoffe, wie z. B. bestimmte Aminosäuren oder Fettsäuren, geliefert.
- Der größte Mangel ist aber die Untergliederung der Kohlenhydrate in die NfE- und die Rohfaserfraktion. Anliegen dieser Vorgehensweise war es, zwischen besser verdaulichen und schlechter verdaulichen Kohlenhydraten zu differenzieren. Der Anteil pflanzlicher Gerüstsubstanzen (Cellulose, Hemicellulosen)

wird aber nur zum Teil (bei Stroh z. B. ca. 50 %) in der Rohfaserfraktion erfasst, während der lösliche Anteil in der NfE-Fraktion erscheint. Da diese Stoffe nur bakteriell und insgesamt schlechter verdaulich sind als z. B. Stärke, führt dies zu einer Fehleinschätzung der Nährstoffverwertbarkeit.

Es ist daher verständlich, dass es Bestrebungen gegeben hat, insbesondere die Kohlenhydratanalytik weiter zu entwickeln, und dass weitere Analysenverfahren erforderlich sind, um den Gehalt spezieller Nährstoffe zu bestimmen. Einige werden kurz dargestellt.

1.1.7.4 Kohlenhydratanalytik nach der Detergenzienmethode

Zur Erfassung der Zellwandkomponenten und ihrer stofflichen Differenzierung hat Van Soest (1967) ein Analysenverfahren entwickelt, das als Detergenzienmethode bezeichnet wird. Die Summe der Gerüstsubstanzen erhält man als Rückstand nach dem Kochen der Futtermittelprobe in neutraler Detergenzienlösung (Natriumlaurylsulfat, EDTA, pH 7) und bezeichnet sie als NDF (neutral detergent fibre). Als Rückstand nach dem Kochen mit schwefelsaurer Detergenzienlösung (Cetyltrimethylammoniumbromid in 1 N H_2SO_4) verbleiben im Wesentlichen Cellulose und Lignin. Die so erhaltene Fraktion wird als ADF (acid detergent fibre) bezeichnet. Bei Behandlung mit noch höher konzentrierter (72 %iger) Schwefelsäure wird auch die Cellulose hydrolysiert und der Rückstand enthält als wesentliche Komponente nur noch Lignin. Die entsprechende Fraktion wird als ADL (acid detergent lignin) oder auch Rohlignin benannt. Da bei NDF und ADF nur der unlösliche organische Rest von Interesse ist, muss der jeweilige Rückstand nach Trocknung und Wägung verascht und der Anteil an Rohasche abgezogen werden. Als Hinweis darauf werden diese Fraktionen dann als NDF_{OM} und ADF_{OM} bezeichnet, wobei der Index OM „organic matter" bedeutet.

Das Analysenergebnis der Detergenzienmethode weist folgende Fraktionen auf:

- NDF: enthält Hemicellulosen, Cellulose, Lignin, Asche
- ADF: enthält Cellulose, Lignin, Asche
- ADL: enthält Lignin

Demnach können berechnet werden:

- Hemicellulosen = NDF – ADF
- Cellulose = ADF – ADL

Aus dieser kurzen Darstellung der Detergenzienmethode wird ersichtlich, dass man ebenfalls Stoffgruppen und keine chemisch definierten Substanzen erfasst. Dennoch kann durch dieses Analysensystem und weitere Analysen (Stärke, Zucker, Pektine) die wesentliche Schwachstelle der Weender Analyse beseitigt werden. Durch eine Kombination von Teilen der Weender Analyse (Rohwasser, Rohasche, Rohprotein, Rohfett), der Detergenzienmethode und spezifischen Kohlenhydratanalysen (Stärke, Zucker, Pektine) ist es möglich, die Zellinhaltsstoffe sowie die Zellwandsubstanzen in ihre wesentlichen, ernährungsphysiologisch bedeutsamen Bestandteile aufzutrennen (→ Abb. 1.8). Es verbleibt ledig-

Abb. 1.8
Stoffauftrennung in der Trockensubstanz nach verschiedenen Analysenverfahren am Beispiel Weizenkleie.

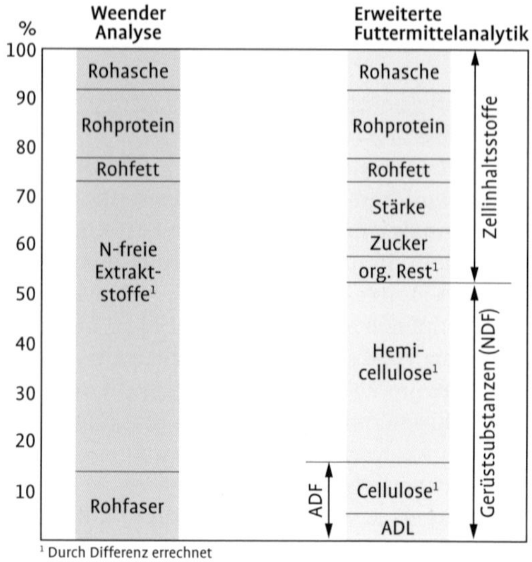

[1] Durch Differenz errechnet

lich ein geringer, nicht näher definierbarer organischer Rest.

1.1.7.5 Analytik spezieller Nährstoffe

Stärke und Zucker

Die amtliche Analyse des Stärke- und Zuckergehalts erfolgt mittels polarimetrischer Methoden. Diese basieren auf der optischen Aktivität von Zuckern, die die Ebene polarisierten Lichtes zu drehen vermögen. Ferner ist eine Direktbestimmung der Kohlenhydrate mithilfe spezifischer Enzyme möglich. Bei der enzymatischen Analyse muss zunächst eine enzymatische Hydrolyse der Oligo- oder Polysaccharide zu Monosaccharid-Einheiten (Substrate) erfolgen. Das zu analysierende Substrat wird mit hochspezifischen Enzymen in definierten Reaktionen zu einem anderen Produkt umgesetzt, und anschließend bestimmt man mithilfe physikalischer oder chemischer Methoden die Abnahme des Substrats oder die Bildung eines Produktes.

(1→3, 1→4) β-Glucane und Pentosane

Aufgrund der möglichen antinutritiven Wirkung dieser Polysaccharide besteht in einigen Fällen ein Interesse an der quantitativen Bestimmung der löslichen und unlöslichen Anteile dieser Substanzen. Die Bestimmung basiert auf der quantitativen Analyse der Monosaccharide (enzymatisch oder nach Derivatisierung gaschromatografisch) nach der schrittweisen Hydrolyse der polymeren Verbindungen durch Enzyme und Säuren.

Aminosäuren

Die Aminosäurenanalytik wird chromatografisch und weitgehend automatisiert durchgeführt. Um den Gehalt der einzelnen Aminosäuren eines Proteins oder eines Proteingemisches bestimmen zu können, müssen drei Schritte vollzogen werden:

- Aufspaltung der Proteine in die einzelnen Aminosäuren durch Hydrolyse mit 6 N Salzsäure,
- Trennung des Gemisches von Aminosäuren,
- quantitative Bestimmung der einzelnen Aminosäuren.

Fettsäuren

Die Gaschromatografie erlaubt eine Auftrennung der verschiedenen kurz- und langkettigen Fettsäuren. Die gaschromatografisch aufgetrennten Fettsäuren können mit dem Flammenionisationsdetektor (FID) quantifiziert werden. Das Bestimmungsverfahren setzt bei pflanzlichen und tierischen Grundsubstanzen eine Extraktion der veresterten Fettsäuren voraus. Nach der Extraktion werden die Fettsäuren üblicherweise als Methylester bestimmt.

Mineralstoffe und Spurenelemente

Eine Vielzahl von Methoden, insbesondere verschiedene Techniken der Atomabsorptionsspektrometrie (Flammen-AAS, Graphitrohr-AAS, Hydrid-AAS, Kaltdampf-AAS), haben sich in der Analytik von Mengen- und Spurenelementen etabliert. Während für die Bestimmung von Mengenelementen wie Ca, K, Mg und Na die Flammen-AAS eingesetzt wird, reicht die Empfindlichkeit dieser Methode für die Bestimmung von Spurenelementen, wie z. B. Se, Ni, Mo, in biologischen Proben oft nicht aus. Mit der Atomisierung im Graphitrohr werden erheblich niedrigere Nachweisgrenzen erreicht. Mithilfe spezieller Techniken zur Trennung des Bestimmungselements von der Matrix (Hydrid, Amalgam) sind Nachweisgrenzen bis in den Sub-ppb-Bereich (< µg/l) erreichbar.

Körperflüssigkeiten können oft direkt eingesetzt werden, während bei der Analyse von festen Proben ein vollständiger Probenaufschluss (Nassveraschung bzw. Mineralisierung im Muffelofen) notwendig ist. Neben AAS-Techniken gibt es für die Bestimmung von Mineralstoffen und Spurenelementen eine ganze Reihe weiterer instrumenteller, technisch teils sehr hoch entwickelter und teurer Analysenverfahren, wie die Plasmaemissionsspektrometrie (ICP-AES), Plasmamassenspektrometrie (ICP-MS) und die Neutronenaktivierungsanalyse (NAA).

Vitamine

Jedes Vitamin hat aufgrund seiner molekularen Struktur und seiner Löslichkeit in Wasser oder Fett eine spezifische Stabilität und unterliegt damit einer charakteristischen Tendenz der chemischen Modifikation, die mit einem Aktivitätsverlust verbunden ist. Für die Bestimmung der Vitamine sind verschiedene analytische Methoden wie Spektralfotometrie, Fluorometrie, Dünnschichtchromatografie und Hochdruckflüssigkeitschromatografie (HPLC) beschrieben. Gegenwärtig wird die HPLC-Bestimmung am häufigsten eingesetzt, da dieses instrumentelle Verfahren meist eine genauere und spezifischere Bestimmung erlaubt als andere Analysentechniken. Biologische Methoden der Vitaminbestimmung (mikrobiologisch, Tierversuche) verlieren zunehmend an Bedeutung.

1.2 Enzyme und ihre Wirkung

1.2.1 Was sind Enzyme?

Enzyme sind hoch effektive biologische Katalysatoren. Es handelt sich dabei um Eiweiße, die in den Zellen gebildet werden und die die gesamte Vielfalt der biochemischen Reaktionen vermitteln.

Die charakteristischen Eigenschaften und Leistungen eines Lebewesens, eines Organs, einer Zelle oder eines Zellkompartiments werden im Wesentlichen durch die dort vorherrschende Enzymausstattung bestimmt. Die enzymatische Katalyse beruht auf der Herabsetzung der Aktivierungsenergie.

1.2.2 Spezifität der Enzyme

Damit ein Enzym katalytisch wirken kann, müssen zunächst zwei Voraussetzungen erfüllt werden:

- Das Substrat muss vom Enzym gebunden werden können.
- Die Position der gebundenen Substrate muss so sein, dass die Reaktion auch katalysiert werden kann.

Dazu gibt es im Enzymmolekül funktionell wichtige Regionen. Das sind einerseits die Substratbindungsstellen, die für die Bindung der Substrate verantwortlich sind, und andererseits die aktiven Zentren, die die Art der Reaktion determinieren.

Substratspezifität

Die Substratbindungsstellen bewirken die Substratspezifität eines Enzyms. Räumlich gesehen sind die Substratbindungsstellen Einkerbungen oder Spalten in der Moleküloberfläche der Enzyme, deren Form komplementär zum Substrat ist, man spricht von einer geometrischen Komplementarität. Allein die Form reicht aber nicht aus, um ein bestimmtes Substrat zu binden, dazu müssen auch geeignete Bindungen zwischen Substrat und Bindungsstelle entstehen können, und das bezeichnet man als elektronische Komplementarität.
Die Wechselwirkungen, die die Bindung zwischen Substrat und Enzym bewirken, sind der gleichen Art wie diejenigen, die zur räumlichen Konformation der Proteine führen, nämlich elektrostatische und hydrophobe Kräfte, Wasserstoffbrückenbindungen sowie Van-der-Waals-Wechselwirkungen. Die Substratbindung funktioniert sinngemäß als Schlüssel-Schloss-Prinzip.

Stereospezifität

Die Substratspezifität ist für viele Enzyme sehr ausgeprägt. So sind für Aminosäuren die enzymatischen Reaktionen für L- und D-Aminosäuren spezifisch. Zum Beispiel kann Trypsin zwar Peptide aus L-Aminosäuren spalten, nicht aber solche aus D-Aminosäuren. Auch Enzyme des Glucosestoffwechsels sind spezifisch für D-Glucose.

Wirkungsspezifität

Die Substratspezifität allein bestimmt aber noch nicht die Art der Reaktion, die mit einem bestimmten Substrat abläuft. So können mit solch einer einfachen Verbindung wie einer Aminosäure unterschiedliche Umsetzungen stattfinden, die alle enzymatisch katalysiert sind (→ Kapitel 1.3.2). Es kann eine oxidative Desaminierung stattfinden, wobei aus der Aminosäure eine Ketosäure und NH_3 entsteht. Diese Reaktion wird durch eine für diese Aminosäure spezifische Oxydase katalysiert. Die gleiche Aminosäure kann aber auch decarboxyliert werden (Decarboxylase), sodass aus der Aminosäure ein Amin und CO_2 entstehen.
Schließlich ist auch die Übertragung der Aminogruppe auf eine andere Ketogruppe möglich (Transaminierung katalysiert durch eine Transaminase). Das heißt, drei verschiedene Enzyme katalysieren bei ein und demselben Substrat drei verschiedene Reaktionen, und diese Spezifität wird als Wirkungsspezifität bezeichnet.
Ursachen für die Wirkungsspezifität sind reaktive Gruppen von Aminosäuren des Enzyms im

aktiven Zentrum, die entweder ionisierbar sind (saure Gruppen), als Elektronendonatoren (nucleophil) oder als Elektronenakzeptoren (elektrophil) fungieren. Serin, Histidin, Tyrosin und saure Aminosäuren sind häufig als funktionelle Aminosäuren im aktiven Zentrum anzutreffen. Die genauen molekularen Mechanismen sind dabei nur in den Fällen bekannt, in denen auch die räumliche Struktur der Enzyme aufgeklärt ist.

Enzymatische Reaktionen sind hochspezifisch. Die Spezifität betrifft die Art der Substrate (Substratspezifität), deren Zugehörigkeit zu stereoisomeren Reihen (Stereospezifität) sowie die Art der katalysierten Reaktion (Wirkungsspezifität).

1.2.3 Cofaktoren und Coenzyme

Viele Enzyme sind nicht reine Eiweiße, sondern enthalten auch eine Nichteiweißkomponente. Wenn diese Komponente einen Teil des aktiven Zentrums bildet, ist sie für die enzymatische Reaktion essenziell und wird als **Cofaktor** bezeichnet. Cofaktoren können Metallionen sein (Zn^{++}, Mg^{++}). Häufig handelt es sich aber um organische Moleküle (z. B. Vitamine); diese werden als **Coenzyme** bezeichnet. Die meisten Coenzyme sind ähnlich wie die Substrate an das Eiweißmolekül gebunden und können leicht dissoziieren. Bei einer festen kovalenten Bindung des Cofaktors an den Proteinanteil spricht man von einer **prosthetischen Gruppe.**
Den katalytisch aktiven Enzym-Cofaktor-Komplex nennt man **Holoenzym** und den enzymatisch inaktiven Proteinanteil **Apoenzym**

$$\underset{\text{(inaktiv)}}{\text{Apoenzym}} + \text{Coenzym} \longleftrightarrow \underset{\text{(aktiv)}}{\text{Holoenzym}}$$

Viele Organismen, besonders Säugetiere, können die Coenzyme nicht synthetisieren. Deshalb müssen sie die Coenzyme selbst oder deren Vorstufen kontinuierlich mit der Nahrung aufnehmen. Verschiedene Vitamine haben Coenzymfunktion bzw. stellen Vorstufen dazu dar. Tabelle 1.7 enthält verschiedene Coenzyme und stellt deren Funktion bei der enzymatischen Katalyse sowie deren Beziehung zu den entsprechenden Vitaminen dar.
Auffällig ist, dass ausschließlich wasserlösliche Vitamine als Coenzymbestandteile auftreten. Werden die entsprechenden Vitamine nicht in ausreichender Menge oder gar nicht aufgenommen, kommt es zu Erkrankungen, die als **Hypovitaminosen** bzw. **Avitaminosen** bezeichnet werden, und die auf Stoffwechselstörungen, bedingt durch den teilweisen oder kompletten Ausfall von bestimmten Enzymaktivitäten, zurückzuführen sind.

Tab. 1.7
Beziehung zwischen Coenzymen und wasserlöslichen Vitaminen.

Coenzym	Funktion	Entsprechendes Vitamin
Pyridoxalphosphat	Transaminierung Decarboxylierung Racematisierung	Pyridoxin (B_6)
Thiaminpyrophosphat	Aerobe Decarboxylierung Übertragung der Aldehydgruppen	Thiamin (B_1)
Coenzym A	Übertragung von Acyl Aerober Abbau und Synthese von Fettsäuren	Pantothensäure
Tetrahydrofolsäure	Übertragung von Carbongruppen	Folsäure
Biotin	CO_2-Übertragung	Biotin
NAD bzw. NADP	H^+- und e-Übertragung	Nicotinsäure
FMN bzw. FAD	H^+- und e-Übertragung	Riboflavin (B_2)

1.2.4 Hemmung der Enzymreaktionen

Es gibt drei Typen der Hemmung enzymatischer Reaktionen, die kompetitive, die nichtkompetitive und die allosterische Hemmung:

- **Kompetitive Hemmung.** Bei der kompetitiven Hemmung konkurrieren andere Moleküle um die Bindungsstellen des Substrats. Derartige Inhibitoren haben eine den Substraten ähnliche Struktur und werden daher auch gebunden, können aber nicht wie das Substrat in die Produkte umgesetzt werden und liegen als Enzym-Inhibitor-Komplex vor. Das Ausmaß der Hemmung wird von den Konzentrationen des Substrats und des Inhibitors bestimmt.
- **Nichtkompetitive Hemmung.** Solch eine Hemmung liegt vor, wenn sich z. B. Schwermetallionen (Cu^{++}, Hg^{++}) an funktionell wichtige Gruppen (SH-) anlagern und dadurch die Enzyme funktionsunfähig machen (Enzymgifte). Auch Cyanidionen (CN^-) blockieren auf diese Art Enzyme der Atmungskette und wirken daher tödlich.
- **Allosterische Hemmung.** Diese Art der Hemmung kommt dadurch zustande, dass der Inhibitor an einer anderen Stelle des Proteins gebunden wird als an der Substratbindungsstelle; dadurch ist aber die Konformation des Enzyms so verändert, dass die Substratbindungsstelle nicht mehr passfähig ist. Nach diesem Prinzip der allosterischen Hemmung funktioniert die Regulation einiger Schlüsselenzyme. Dabei wirken die Endprodukte von Reaktionsketten als allosterische Inhibitoren. Steigt ihre Konzentration, erfolgt eine Hemmung der Schlüsselenzyme, sinkt ihre Konzentration, wird die Hemmung wieder aufgehoben.

1.2.5 Einflussfaktoren auf enzymatisch katalysierte Reaktionen

Substrat- und Enzymkonzentration

Bei niedriger Substratkonzentration ist die Reaktionsgeschwindigkeit von der Substratkonzentration abhängig. Andererseits ist der Substratumsatz bei Substratüberschuss sehr eng mit der Enzymmenge korreliert. Dies ist auch bei Methoden zur Enzymaktivitätsbestimmung zu beachten. Es sind so hohe Substratkonzentrationen einzusetzen, dass die Enzymkonzentration die alleinige den Substratumsatz bestimmende Größe wird.

Wasserstoffionenkonzentration (pH-Wert)

Fast alle Enzyme haben ein **pH-Optimum,** d. h. einen bestimmten pH-Wert, bei dem das Enzym die höchste Reaktionsgeschwindigkeit entwickelt; pH-Werte, die unterhalb oder oberhalb dieses Optimums liegen, führen zu einer Reduzierung der Enzymaktivität. Dies ist in erster Linie mit dem Einfluss der H^+- und OH^--Ionenkonzentration auf ionisierbare Gruppen zu erklären, die sowohl für die Substratbindung als auch im aktiven Zentrum sowie für die Proteinstruktur insgesamt eine entscheidende Rolle spielen. Bei extremen pH-Werten kommt es zur Denaturierung der Enzyme.

Im tierischen Organismus haben die meisten der in den Zellen wirkenden Enzyme ein pH-Optimum in der Nähe des Neutralpunktes. Allerdings gibt es auch innerhalb der Zellen Kompartimente, in denen Enzyme mit abweichenden pH-Optima vorliegen (z. B. Lysosomen pH 5,0).

Bei Enzymen, die im Verdauungstrakt wirken, gibt es Vertreter mit sehr unterschiedlichen pH-Optima. So hat das im Magen wirkende Pepsin ein pH-Optimum bei pH 2 und das im Pankreas gebildete Trypsin ein pH-Optimum bei pH 8–9. Besonders bei Mikroorganismen gibt es Enzyme, die auch bei extremen pH-Werten noch ihre Aktivität behalten.

Temperatur

Alle enzymatischen Reaktionen sind temperaturabhängig. Im unteren Temperaturbereich nimmt die Reaktionsgeschwindigkeit mit steigender Temperatur annähernd linear zu. Wird allerdings eine bestimmte Temperatur überschritten, werden die Enzyme denaturiert (Hitzedenaturierung von Eiweißen). Die Temperatur, bei der die höchste Reaktionsgeschwindigkeit messbar ist, wird auch als Temperaturoptimum bezeichnet. Da bei Warmblütern eine konstante Temperatur von ca. 37 °C im Körper herrscht, gab es keinen Selektionsdruck auf Thermostabilität von Enzymen. So werden auch die meisten Körperenzyme bereits bei Temperaturen oberhalb 40–50 °C denaturiert. In der Biosphäre gibt es aber geradezu unglaubliche Anpassungsformen an ein Leben bei hohen Temperaturen. So gibt es extrem thermophile Bakterien, die aus Geysiren isoliert wurden, die

Tab. 1.8
Enzymklassifizierung nach Reaktionstyp (Beispiele nach Festlegungen der Enzyme Commission).

Hauptklasse	Unterklasse	Katalysierte Reaktion
1. Oxidoreduktasen		Übertragung von Wasserstoff und Elektronen
2. Transferasen		Übertragung funktioneller Gruppen
3. Hydrolasen		Hydrolyse von
	3.1	Estern
	3.2	Glycosiden
	3.3	Ethern
	3.4	Peptiden
	3.5	anderen C-N-Bindungen
	3.6	Säureanhydriden
4. Lyasen		Gruppeneliminierung durch Bildung von Doppelbindungen
5. Isomerasen		Isomerierung (z. B. cis-trans)
6. Ligasen		Kovalente Bindungen gekoppelt mit ATP-Hydrolyse

alle katalytischen Funktionen bei Temperaturen von über 100 °C ausführen können.
Temperaturstabile Enzyme sind bei der Futtermittelherstellung insofern von Interesse, als bestimmte Enzyme als Futterzusatzstoffe eingesetzt werden. Von diesen Enzymen ist zu fordern, dass sie einen Pelletierprozess (70–80 °C) unbeschadet überstehen.

1.2.6 Enzymnomenklatur

Um die Enzymnomenklatur weltweit zu vereinheitlichen, hat die Internationale Union für Biochemie (IUB) ein Schema für die systematische Klassifizierung und Nomenklatur von Enzymen erarbeitet. Innerhalb der IUB ist dafür die **Enzyme Commission** verantwortlich, die für jedes Enzym nach einem bestimmten Schlüssel eine Nummer vergibt, die sogenannte EC-Nummer. Die Enzyme werden dabei nach der von ihnen katalysierten Reaktion klassifiziert und benannt (→ Tab. 1.8).
Danach gibt es sechs Hauptklassen von Enzymen, die wieder in Unterklassen und diese wieder in Unter-Unterklassen weiter unterteilt werden. Jedem Enzym werden zwei Namen und eine vierstellige EC-Nummer zugewiesen. Der erste Name ist eine empfohlene Bezeichnung, die meist ein geläufiger Trivialname ist. Der zweite Name ist ein systematischer Name, der möglichst eindeutig sein soll.
Dies soll am Beispiel eines Enzyms demonstriert werden:

Empfohlener Name: Carboxypeptidase A,
Systematischer Name: Peptidyl-L-Aminosäurenhydrolase,
Nummer: EC 3.4.17.1:
3 = Hauptklasse Hydrolasen,
4 = Unterklasse Peptidbindungen,
17 = Unter-Unterklasse Metall-Carboxypeptidasen,
1 = willkürliche Nummerierung innerhalb der Unter-Unterklasse.

1.2.7 Herstellung und Anwendung von Enzymen

Viele Enzyme werden großtechnisch hergestellt. Dabei gibt es die Möglichkeit der Isolierung von Enzymen aus biologischem Material (z. B. Gewinnung von Labenzym aus Kälbermägen) oder der Herstellung in mikrobiologischen Fermentationsprozessen. Letztere biotechnologischen Verfahren dominieren bei der Enzymherstellung und sind insbesondere in Kombination mit gentechnischen Methoden sehr effektiv.
Es gibt in der Industrie sehr viele Anwendungsgebiete. Im Folgenden seien lediglich einige

Anwendungsbeispiele aus der Lebensmittelindustrie und der Landwirtschaft genannt:

Lebensmittelindustrie

- Stärkeverarbeitung (α-Amylasen, α-Glucosidasen)
- Obst- und Gemüseverarbeitung (Pektinasen)
- Herstellung von Invertzucker (Invertasen)
- Milchverarbeitung (Labenzym/Chymosin)
- Fleischverarbeitung – Tenderizer (= Zartmacher, Peptidasen)

Landwirtschaft

- Futterzusatzstoffe zur Beseitigung antinutritiver Effekte (β-Glucanasen, Pentosanasen)
- Verbesserung der Verwertung pflanzlichen Phytinphosphors (Phytasen)
- Silierhilfsmittel (Cellulasen, β-Glucosidasen)

1.3 Stoffwechsel der Hauptnährstoffe

1.3.1 Einführung

Unter dem Stoffwechsel oder Metabolismus versteht man die Gesamtheit der Prozesse in einem lebenden System, die mit der für die verschiedenen Funktionen notwendige Energiegewinnung und Verwertung in Zusammenhang stehen.

Dabei erfolgt die Kopplung exergonischer Reaktionen der Nährstoffoxidation (bei denen Energie frei wird) mit endergonischen Prozessen, die zur Aufrechterhaltung des lebenden Zustandes notwendig sind. Solche energieverbrauchenden und für die Aufrechterhaltung des Metabolismus notwendigen Prozesse sind z. B. die Verrichtung mechanischer Arbeit, der aktive Transport von Molekülen gegen ein Konzentrationsgefälle und die Synthese von Makromolekülen.

Man kann die Reaktionswege des Stoffwechsels in zwei Kategorien einteilen:

- in diejenigen, die am Abbau von Substanzen beteiligt sind **(Katabolismus)**, und
- in solche, die an Syntheseprozessen beteiligt sind **(Anabolismus)**.

Alle Prozesse im Organismus befinden sich dabei in einem außerordentlich fein regulierten Fließgleichgewicht (auch dynamisches Gleichgewicht oder Steady state).

Dies wird am besten anhand des Stoffwechsels eines ausgewachsenen Tieres oder Menschen deutlich, in einem physiologischen Zustand, in dem die Körperzusammensetzung praktisch unverändert bleibt. So nimmt ein erwachsener Mensch im Verlauf von 40 Jahren mehrere Tonnen an Nährstoffen zu sich sowie etwa 20000 l Wasser, ohne dass sich seine Körpermasse verändert. Dennoch benötigt er diese Nährstoffe, um die Lebensfunktionen (Zustand hoher Ordnung) aufrechtzuerhalten.

Der Stoffwechsel ist die Gesamtheit einer sehr großen Zahl von Reaktionen, und jede dieser Reaktionen wird durch ein spezifisches Enzym katalysiert. Man rechnet damit, dass der Stoffwechsel innerhalb einer einzigen Zelle durch etwa 2000 verschiedene Enzyme katalysiert wird.

Auch in diesem Falle ist es also erforderlich, sich auf die wesentlichen Prinzipien solcher Stoffwechselwege zu konzentrieren. Wenn man nun die grundlegenden Prinzipien des Katabolismus der Hauptnährstoffe in einem Schema zusammenstellt, wird das Wesentliche leicht verständlich (→ Abb. 1.9).

Zunächst werden die komplexen Verbindungen Proteine, Kohlenhydrate und Fette in ihre monomeren Bausteine (besonders Aminosäuren, Glucose, Fettsäuren und Glycerin) zerlegt. Die Kohlenstoffskelette all dieser Verbindungen münden an verschiedenen Stellen in zentrale Abbauwege, bei denen ein zentrales Zwischenprodukt die aktivierte Essigsäure (Acetyl-CoA) ist. Diese zentralen Abbauwege für die C-Gerüste sind die Glykolyse und der Zitronensäurezyklus. Der Kohlenstoff wird dabei zu dem Endprodukt CO_2 oxidiert.

Flankiert wird der schrittweise Abbau (exergonisch) von (endergonischen) Reaktionen, die die dabei freiwerdende Energie speichern.

Die quantitativ wichtigste Reaktion ist dabei die Phosphorylierung des ADP zu ATP. Diese Phosphorylierung kann entweder direkt vonstattengehen oder im Rahmen der oxidativen Phosphorylierung, bei der die Energie aus der Oxidation des Wasserstoffs zu Wasser zur Verfügung steht. Als Wasserstoffüberträgersysteme dienen die Coenzyme NAD, NADP und FAD.

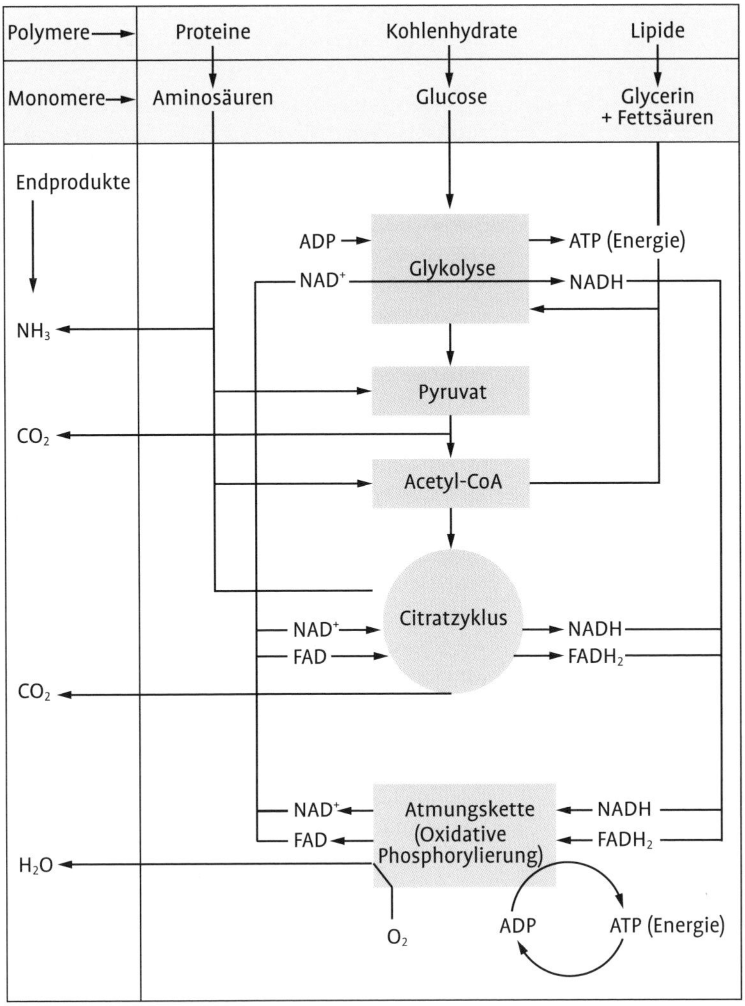

Abb. 1.9
Schema zum Katabolismus der Hauptnährstoffe.

1.3.2 Stoffwechsel der Eiweiße und der Aminosäuren

1.3.2.1 Allgemeines

Die Eiweiße der Gewebe unterliegen einem ständigen und gleichzeitig stattfindenden Auf- und Abbau. Die Synthese der Eiweiße erfolgt aus freien Aminosäuren und aus dem Abbau der Eiweiße resultieren wieder Aminosäuren.

Das dynamische Gleichgewicht zwischen Proteinsynthese und Proteinabbau bezeichnet man als **Proteinumsatz** oder **Proteinturnover** (→ Abb. 1.10).

Abb. 1.10
Schema zum Proteinumsatz beim monogastrischen Tier. GIT = Gastrointestinaltrakt; AS = Aminosäuren.

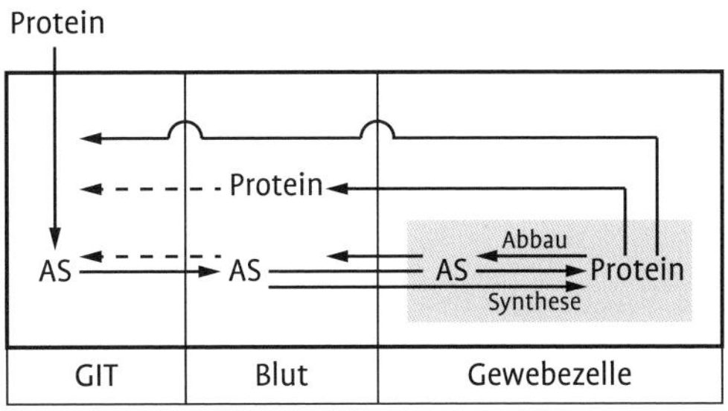

Betrachtet man die Aminosäuren im Gesamtorganismus, so kommen sie in zwei Formen vor, nämlich als freie Aminosäuren und als proteingebundene Aminosäuren. Die Menge proteingebundener Aminosäuren ist 100- bis 1000-mal größer als die der freien Aminosäuren.

Die freien Aminosäuren stammen zum einen aus dem Abbau körpereigener Zellproteine. Zum anderen stammen sie aber natürlich aus der Resorption von Nahrungsaminosäuren, und schließlich kann ein Teil der Aminosäuren (nichtessenzielle) auch vom Organismus synthetisiert werden.

Der quantitativ wichtigste Prozess, bei dem Aminosäuren verbraucht werden, ist die Proteinsynthese. Außerdem werden Aminosäuren aber auch abgebaut (katabolisiert) oder sie dienen der Synthese anderer Substanzen.

1.3.2.2 Aminosäurenstoffwechsel

Aminosäuren haben nicht nur eine Funktion als Eiweißbausteine, sondern sind auch an der Bildung wichtiger Substanzen wie Hormonen, Coenzymen, Nucleinsäuren, Phospholipiden oder anderen Hauptnährstoffen sowie an Redox-Systemen beteiligt.

Beim Ab- und Umbau von Aminosäuren gibt es drei Reaktionen von grundlegender Bedeutung: die oxidative Desaminierung, die Transaminierung und die Decarboxylierung.

Oxidative Desaminierung

Beim Abbau von Aminosäuren ist in fast allen Fällen die Entfernung der α-Aminogruppe der erste Schritt. Der Stickstoff muss in harnfähige Ausscheidungsprodukte umgesetzt werden, während das C-Gerüst letzten Endes in zentrale Abbauwege wie den Zitronensäurezyklus mündet. Die oxidative Desaminierung lässt sich in zwei Schritten darstellen: Im ersten oxidativen Schritt (Dehydrierung) kommt es zur Übertragung von Wasserstoff auf ein Coenzym (NAD), und es entsteht eine Iminosäure als Zwischenprodukt. Im zweiten Schritt wird hydrolytisch NH_3 abgespalten, was zur entsprechenden α-Ketosäure der Aminosäure führt.

Transaminierung

Da Ammoniak toxisch wirkt, ist die Desaminierung im Organismus meist mit einer anderen Reaktion gekoppelt, die NH_3 wieder aufnimmt. In der Regel ist der NH_3-Akzeptor eine α-Ketosäure, die dadurch ihrerseits zur Aminosäure wird. Diese Reaktion bezeichnet man als Transaminierung. Sie wird von Enzymen katalysiert, die Transaminasen oder Aminotransferasen heißen, und sie erfolgt unter Mitwirkung des Pyridoxal-5-Phosphats (PLP).

Die Transaminierung spielt sowohl bei der Synthese von Aminosäuren als auch bei der Elimination des Aminostickstoffs eine essenzielle Rolle. Sie folgt dem summarischen Reaktionsmechanismus:

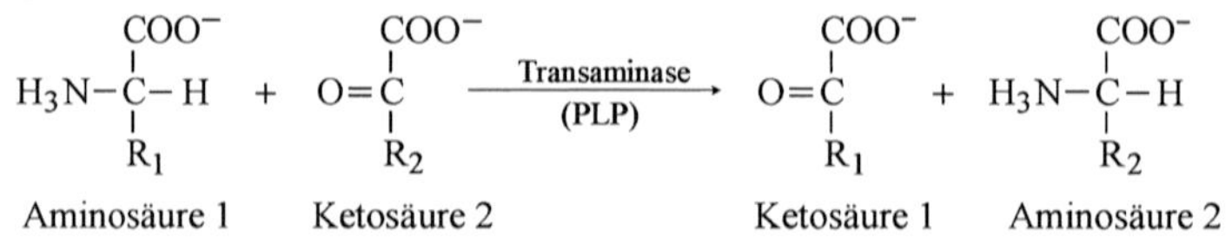

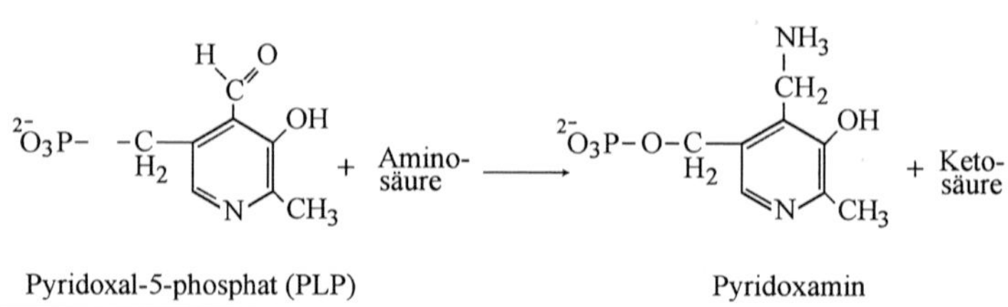

Für die meisten Transaminierungsreaktionen tritt α-Ketoglutarsäure als NH_3-Akzeptor auf, sodass Glutaminsäure entsteht.

$$\text{AS} + \alpha\text{-Ketoglutarsäure} \longleftrightarrow \alpha\text{-Ketosäure} + \text{Glu}$$

$$\text{Glu} + \text{Oxalacetat} \longleftrightarrow \alpha\text{-Ketoglutarsäure} + \text{Asp}$$

In einer zweiten Transaminierungsreaktion wird die Aminogruppe auf Oxalacetat übertragen, der α-Ketosäure der Asparaginsäure. Mit diesen Transaminierungsreaktionen ist zwar noch keine Nettoeliminierung von Stickstoff erfolgt, aber ein wichtiger Schritt, da Aspartat bei der Harnstoffsynthese im Harnstoffzyklus als NH_3-Donator dient (→ Seite 50).

PLP, das bei den Transaminasen als Coenzym fungiert, ist ein Derivat des Vitamins B_6 (Pyridoxin). Es wirkt im aktiven Zentrum der Enzyme und ist im ersten Reaktionsschritt an der Aufnahme der NH_2-Gruppe beteiligt. Dabei entsteht Pyridoxamin-5-Phosphat, das im zweiten Reaktionsschritt diese Gruppe wieder abgibt.

Decarboxylierung

Auch die Enzyme, die die Decarboxylierung der Aminosäuren katalysieren, enthalten als Coenzym PLP.

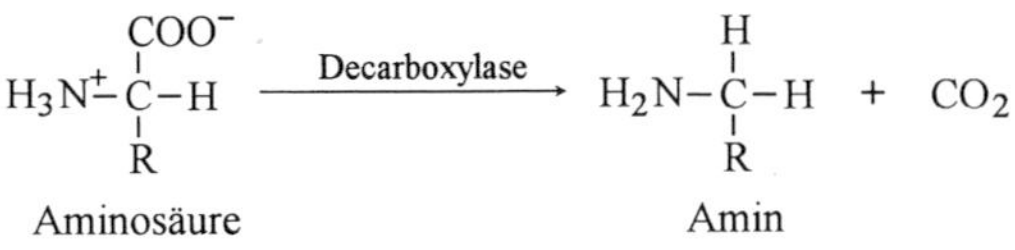

Die Decarboxylierung bedeutet die Abspaltung der Carboxylgruppe, wobei ein Amin entsteht. Die Amine vieler Aminosäuren haben wichtige biologische Funktionen (Gewebshormone oder Neurotransmitter) und werden als biogene Amine bezeichnet.

Oft erfolgt vor der Decarboxylierung noch eine Modifizierung, wie z. B. eine Hydroxylierung. Zu diesen biogenen Aminen, die auf Decarboxylierungsreaktionen von Aminosäuren zurückzuführen sind, gehören Adrenalin, Noradrenalin, Dopamin, Serotonin, γ-Aminobuttersäure (GABA) und Histamin. Adrenalin, Noradrenalin und Dopamin sind alle auf das Tyrosin zurückzuführen. Durch Hydroxylierung wird zunächst Dihydroxyphenylalanin (DOPA) gebildet. Anschließend erfolgt der Decarboxylierungsschritt zum Dopamin und die weitere Umbildung zu Noradrenalin und Adrenalin. All diese Amine haben im Gehirn Neurotransmitterfunktionen. Eine eingeschränkte oder fehlende Dopaminproduktion ist die Ursache der Parkinson-Krankheit (Schüttellähmung) beim Menschen. Adrenalin und Noradrenalin sind außerdem Hormone des Nebennierenmarks.

Auch GABA, Histamin und Serotonin sind im Gehirn als Neurotransmitter wirksam. Serotonin verursacht außerdem die Kontraktion der glatten Muskulatur. Histamin ist an allergischen Reaktionen und an der Kontrolle der Säuresekretion des Magens beteiligt. GABA und Histamin entstehen direkt durch Decarboxylierung von Glutaminsäure bzw. von Histidin. Bei der Bildung von Serotonin wird Tryptophan zunächst hydroxyliert und dann decarboxyliert.

1.3.2.3 Abbau der Aminosäuren

Wie schon weiter oben ausgeführt, ist in der Regel der erste Schritt beim Abbau einer Aminosäure die Desaminierung. Die Eliminierung des Stickstoffs verläuft getrennt vom weiteren Abbau des Kohlenstoffskeletts. Die Kohlenstoffskelette münden entweder in den zentralen Abbauweg Zitronensäurezyklus ein oder in Zwischenprodukte, die in den Fettsäurenstoffwechsel einfließen oder der Gluconeogenese dienen. Der oxidative Aminosäurenabbau liefert etwa 10–15 % der im Stoffwechsel erzeugten Energie eines Tieres.

Glucogene und ketogene Aminosäuren

Die sieben Zwischenprodukte des Stoffwechsels, zu denen proteinogene Aminosäuren abgebaut werden können, sind Pyruvat, α-Ketoglutarat, Succinyl-CoA, Fumarat, Oxalacetat, Acetyl-CoA oder Acetoacetat (→ Abb. 1.11).

Die Aminosäuren lassen sich je nach Abbauweg in zwei Gruppen einteilen, nämlich in solche, deren Kohlenstoffgerüste in Zwischenprodukte umgewandelt werden, die in die Gluconeogenese (Glucosesynthese) einmünden können. Diese Aminosäuren bezeichnet man deshalb als **glucogene oder glucoplastische Aminosäuren.** Als Glucosevorstufen sind Pyruvat, α-Ketoglutarat, Succinyl-CoA, Fumarat und Oxalacetat zu betrachten.

Zu der zweiten Gruppe von Aminosäuren zählen solche, deren Abbau über Acetyl-CoA oder Acetoacetat läuft. Diese Verbindungen können in Fettsäuren oder sogenannte Ketonkörper umgewandelt werden. Deshalb bezeichnet man diese Aminosäuren als **ketogen** bzw. **ketoplastisch.**

Glucoplastische Aminosäuren haben als Zwischenprodukte beim Abbau Pyruvat oder Verbindungen, die im Citratzyklus vorkommen. Sie können zur Gluconeogenese genutzt werden. Ketoplastische Aminosäuren liefern beim Abbau Acetyl-CoA oder Acetoacetat, die zur Bildung von Ketonkörpern führen können.

Als rein glucogene Aminosäuren sind Ala, Cys, Gly, Ser, Arg, Glx, His, Pro, Met, Val, Thr und Asx zu betrachten. Rein ketogen sind nur die Aminosäuren Leu und Lys.

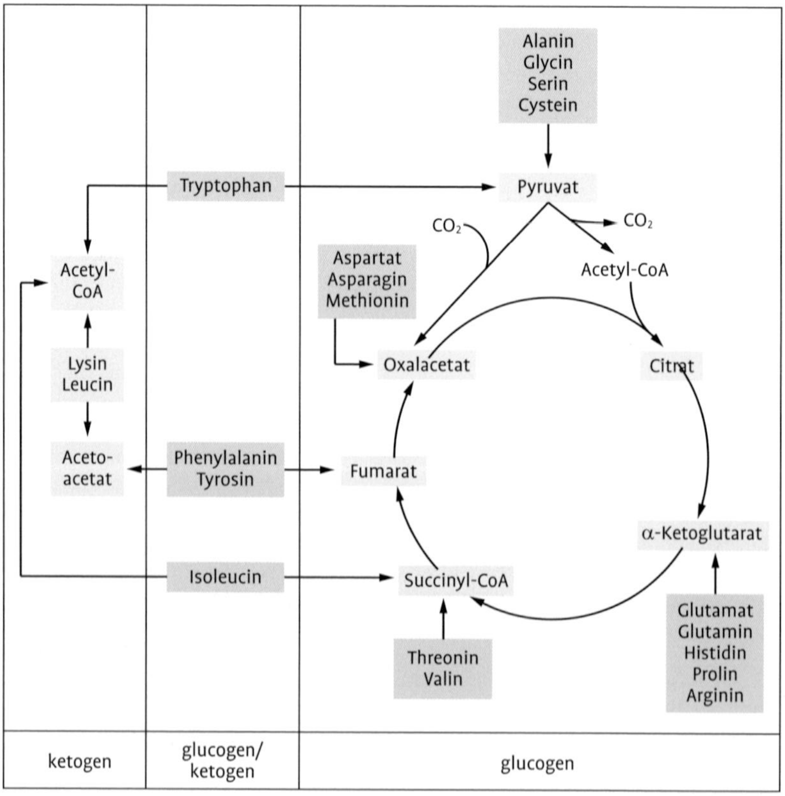

Abb. 1.11 Glucogener bzw. ketogener Abbau von Aminosäuren.

Trp, Ile, Phe und Tyr sind Aminosäuren, die sowohl glucogene als auch ketogene Zwischenprodukte bilden können. Einige Aminosäuren werden durch einfache oxidative Desaminierung direkt zu Substanzen umgesetzt, die Komponenten der zentralen Abbauwege sind, wie z. B. Ala → Pyruvat, Glu → α-Ketoglutarat oder Asp → Oxalacetat. Bei anderen Aminosäuren müssen zahlreiche Reaktionsschritte durchlaufen werden, um zu den entsprechenden Zwischenprodukten zu kommen.
Die Glucosesynthese aus glucoplastischen Aminosäuren (Gluconeogenese) ist in einigen Stoffwechselsituationen von großer Bedeutung. So erfolgt beispielsweise die erforderliche Glucosebildung während des Hungerns auf diesem Wege. Aber auch beim laktierenden Wiederkäuer, bei dem die Stärke im Pansen größtenteils zu flüchtigen Fettsäuren abgebaut wird (→ Kap. 5.2.2.1), ist zur Lactosebildung der Milch eine umfangreiche Gluconeogenese notwendig.

Aminosäuren und C_1-Stoffwechsel
Die Bildung einiger wichtiger Metabolite erfolgt durch Methylierung (C_1-Fragment). Als bedeutendster Methylgruppendonator fungiert die Aminosäure Methionin. Damit aber die Methylgruppe des Methionins leicht abgegeben werden kann, muss zunächst eine Aktivierung erfolgen. Die aktivierte Form des Methionins ist das Adenosylmethionin, das unter ATP-Aufwand gebildet wird. Durch Abspaltung der Methylgruppe entsteht Adenosylhomocystein, das gleichzeitig ein Zwischenprodukt zur Bildung der nichtessenziellen Aminosäure Cystein aus Methionin ist.
Methylierungsreaktionen finden z. B. bei folgenden Syntheseprozessen statt:

$$\text{Ethanolamin} + 3 - CH_3 \longrightarrow \text{Cholin}$$
$$\text{Guanidinoacetat} + - CH_3 \longrightarrow \text{Kreatin}$$
$$\text{Noradrenalin} + - CH_3 \longrightarrow \text{Adrenalin}$$

Als Coenzym für die Übertragung von C_1-Fragmenten dient ferner die Tetrahydrofolsäure (→ Kap. 3.6.7).
Einen Überblick zur Bedeutung von Aminosäuren als Synthesevorstufen anderer Verbindungen und zu besonderen Funktionen von Aminosäuren gibt Tabelle 1.9. Der Übersicht ist zu entnehmen, dass Glutaminsäure und Asparaginsäure im N-Stoffwechsel eine zentrale Stellung haben. Dies trifft sowohl für zahlreiche Transaminierungsreaktionen als auch für die Eliminierung überschüssigen Stickstoffs zu.

1.3.2.4 Bildung harnfähiger Ausscheidungsprodukte des Aminosäuren-N

Da Ammoniak toxisch ist, muss dieser eliminiert werden. Viele im Wasser lebenden Tiere geben ihn einfach in das umgebende Milieu ab. Bei den meisten landlebenden Vertebraten wird der Ammonium-N in Harnstoff überführt und gelangt über den Urin zur Ausscheidung. Ein weiteres N-haltiges Ausscheidungsprodukt ist Harnsäure, die von Vögeln und von landlebenden Reptilien gebildet wird. Für die meisten landwirtschaftlichen Nutztiere ist daher Harnstoff *das* Eliminierungsprodukt für Amino-N. Der Harnstoff wird in der Leber in einem Stoffwechselzyklus gebildet, der 1932 von H. Krebs und K. Henseleit aufge-

Tab. 1.9
Aminosäuren als Synthesevorstufen anderer Verbindungen und besondere Funktionen.

Aminosäure	Synthese von	Funktion
Glycin		Konjugation mit Gallensäuren (Glycocholsäure)
	Serin	Nichtessenzielle Aminosäure
	Purinring	N-haltige Basen der Nucleinsäuren
	Glutathion	Redox-System
Serin	Cystein	Nichtessenzielle Aminosäure
	Phospholipide (Serinkephalin)	Komponente biologischer Membranen
Phenylalanin	Tyrosin	Nichtessenzielle Aminosäure
Tyrosin	Triiodthyronin (T_3), Thyroxin (T_4)	Schilddrüsenhormone
	Dopamin, Adrenalin, Noradrenalin	Neurotransmitter, Hormone
	Melanin	Hautpigment
Prolin	Hydroxyprolin	Wichtige Komponente des Kollagens
Tryptophan	Nicotinsäureamid	B-Vitamin
	Serotonin	Neurotransmitter, Hormon
Histidin	Histamin	Gewebshormon
Methionin	Cystein	Nichtessenzielle Aminosäure
	Adenosylmethionin	Methylgruppendonator
Cystein	Taurin	SH-Gruppe: Bedeutung in Redox-System (Glutation) und Coenzym A
		Konjugation mit Gallensäuren (Taurocholsäure)
Glutaminsäure	(durch oxidative Desaminierung)	NH_4^+-Abgabe für Harnstoffsynthese
	(durch Transaminierung)	Übertragung von NH_4^+
	Glutamin (Säureamid)	Aufnahme und Abgabe von NH_4^+; N-Transport zur Leber
Asparaginsäure	Oxalacetat (durch Transaminierung)	Ausgangssubstrat des Citratzyklus
	Argininosuccinat	Harnstoffsynthese
	Asparagin (Säureamid)	Aufnahme und Abgabe von NH_4^+
	β-Alanin (durch Decarboxylierung)	Komponente der Pantothensäure
	Dihydroorotsäure	Pyrimidinsynthese

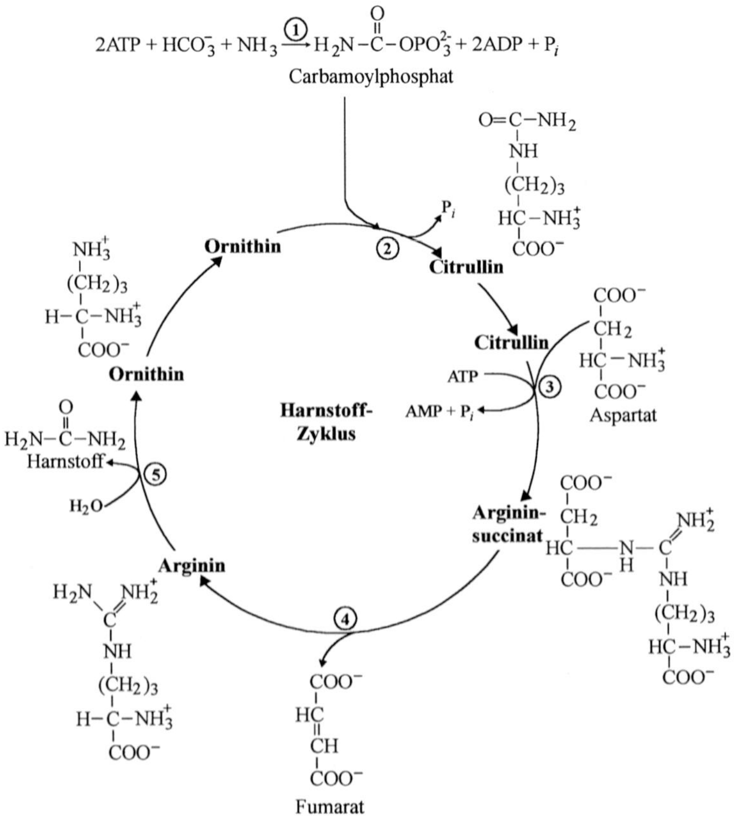

Abb. 1.12
Ablauf des Harnstoffzyklus in fünf Schritten. Jeder Schritt wird durch ein spezifisches Enzym katalysiert, z. B. Schritt 1 durch Carbamoylphosphat-Synthetase oder Schritt 5 durch Arginase.

klärt wurde. Dieser Zyklus heißt Harnstoffzyklus oder Ornithinzyklus (→ Abb. 1.12).

Summarisch gesehen wandelt der **Harnstoffzyklus** zwei Aminogruppen, eine über Ammoniak und eine aus Asparaginsäure, sowie ein C-Atom aus HCO_3^- in das wenig toxische Exkretionsprodukt Harnstoff um. Dies erfolgt auf Kosten von vier energiereichen Phosphatbindungen. Harnstoff ist ungeladen und kann durch biologische Membranen diffundieren. So kann er über die Nieren gut ausgeschieden werden.

Bei Vögeln kann der Harnstoffzyklus nicht ablaufen, weil das Enzym zur Bildung des Carbamoylphosphats (Carbamoylphosphat-Synthetase) fehlt. Bei diesen Tieren erfolgt die Stickstoffeliminierung über Einbau in das Purinringsystem und die anschließende Umbildung zu Harnsäure. Betrachtet man die Herkunft der N-Atome im Purinkern (→ Abb. 1.13), so ist erkennbar, dass zwei davon aus dem Glutamin stammen und eines von Asparaginsäure. Auf diese Weise sind Purine nicht nur als Bausteine der Nucleinsäuren, sondern auch als Zwischenprodukte bei der N-Eliminierung von Bedeutung.

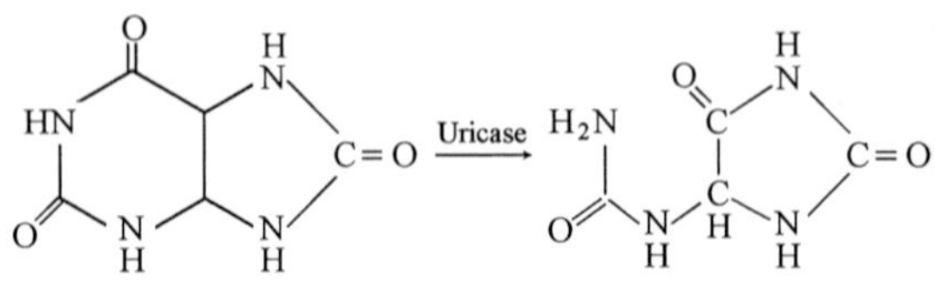

Der weitere Umsatz führt über Xanthin durch Oxidation zur Harnsäure, die von Vögeln über die Niere ausgeschieden wird. Bei Säugetieren entsteht ebenfalls Harnsäure als Abbauprodukt der Nucleinsäuren. Diese wird allerdings, außer beim Mensch und weiteren Hominiden, vor der Ausscheidung in Allantoin umgewandelt.

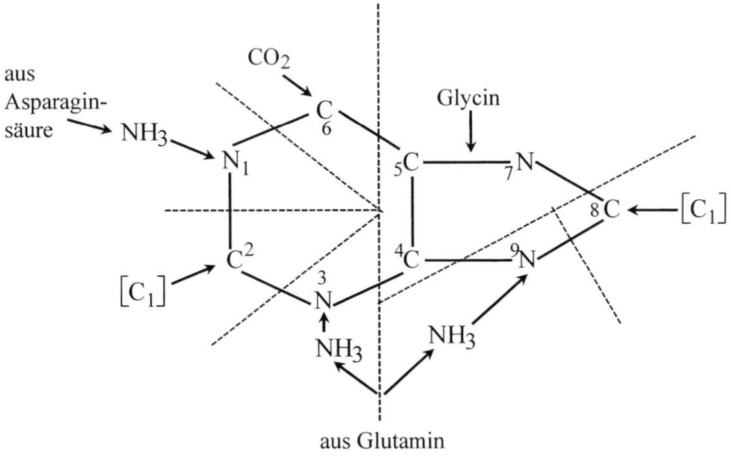

Abb. 1.13
Bildung des Purinrings.

1.3.2.5 Proteinumsatz

Teilprozesse

Es ist seit Längerem bekannt, dass der Proteinbestand des Organismus sich in einem Zustand der permanenten Erneuerung befindet. Dies beinhaltet einen ständigen parallel stattfindenden Ablauf von Proteinsynthese- und Proteinabbauprozessen in den Geweben.

Die Proteinsynthese, als einer der Teilprozesse, lässt sich in drei Schritte untergliedern (→ Abb. 1.14):

- Im ersten Schritt erfolgt eine **Aktivierung der Aminosäuren** unter katalytischer Wirkung von sogenannten „aminosäurenaktivierenden Enzymen“ und unter Energieaufwand durch Spaltung einer energiereichen Bindung von ATP. Es entsteht ein aktivierter Aminosäuren-Enzym-Komplex (E(ASA)).
- Von diesem Komplex aus erfolgt im zweiten Schritt die **Übertragung der Aminosäure auf die tRNA.** Es entsteht die Aminoacyl-tRNA.
- Den dritten Schritt stellt die **Translation** dar. In diesem Schritt dient die mRNA als Matrize, die den genetischen Code für die Primärstruktur der Peptidkette trägt und an die die entsprechenden Aminoacyl-tRNA andocken. Nach Ausbildung der Peptidbindung zwischen den Aminosäuren wird die tRNA wieder freigesetzt. Die Zellorganellen, in denen die Translation stattfindet, sind die Ribosomen.

Der Translationsprozess beinhaltet die Proteinsynthese an den Ribosomen und besteht aus drei Phasen: der Initiation, der Elongation und der Termination. Sowohl die Bindung der Aminoacyl-tRNA als auch die Translokation sind endergone Prozesse.

Abb. 1.14
Schematische Darstellung der Proteinsynthese.

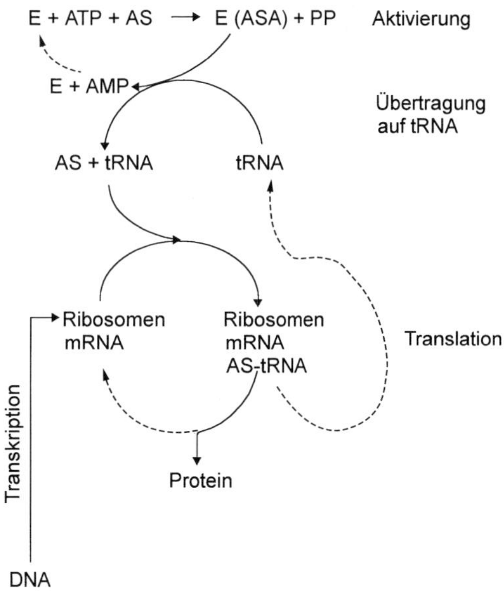

Der Ablauf und die Regulation des intrazellulären Proteinabbaus sind wesentlich weniger gut erforscht. Für den intrazellulären Proteinabbau sind verschiedene Mechanismen bekannt. Dazu gehört der Proteinabbau in den Lysosomen. Dies sind Zellorganellen, die zahlreiche hydrolytische Enzyme aufweisen, darunter auch Exopeptidasen (spalten endständige Aminosäuren ab) und Endopeptidasen (spalten Peptidbindungen im Inneren der Molekülkette). Im Rahmen einer Autophagie bzw. einer Heterophagie sind sie in der Lage, sowohl intrazelluläre als auch extrazelluläre Proteine abzubauen.
Ferner findet ein umfangreicher, selektiver und ATP-abhängiger Proteinabbau im Cytosol an sogenannten Proteasomen statt. Dabei handelt es sich um multikatalytische Proteasen, die aus mehreren Untereinheiten bestehen. Sie haben eine spiralförmige Struktur, die zur Ausbildung eines Tunnels führt, in dem sich die aktiven Zentren der Proteasen befinden. Voraussetzung für den Abbau eines Proteins in diesem System ist meist eine mehrfache Anlagerung eines „Hilfsproteins“, des Ubiquitins.
Endprodukte des Abbaus in den Proteasomen sind kleine Peptide, die durch Exopeptidasen des Cytosols schnell zu Aminosäuren abgebaut werden können. Darüber hinaus sind noch zahlreiche andere Mechanismen der intrazellulären Proteolyse bekannt.

Beziehung zwischen Proteinumsatz und Proteinansatz

Ob der Proteinbestand einer Zelle, eines Gewebes oder des Organismus zu- oder abnimmt, hängt lediglich davon ab, ob die Syntheserate oder die Abbaurate überwiegt. Im Falle des wachsenden Tieres ist also klar, dass die Syntheserate die Abbaurate übersteigen muss, und aus der Differenz ergibt sich der Proteinansatz (→ Abb. 1.15). Dabei ist aber eine bestimmte Syntheserate nicht zwangsläufig mit einem bestimmten Ansatz gekoppelt, sondern der Ansatz der Größe A kann das Resultat des Verhältnisses von Proteinsyntheserate und Abbaurate auf verschieden hohem Niveau sein. Da der Syntheseprozess unter Aufwendung von Energie erfolgt (pro Mol eingebauter Aminosäure wird mit 5 Mol ATP gerechnet), ist verständlich, dass der Energieaufwand für den Proteinansatz im Fall des Beispiels 2 (→ Abb. 1.15a) höher ist als im Beispiel 1. Andererseits wird auch verständlich, dass der Proteinansatz sowohl durch eine einseitige Erhöhung der Proteinsyntheserate als auch durch eine einseitige Senkung der Proteinabbaurate gesteigert werden kann (Ansatz B in → Abb. 1.15b).
Im Erhaltungszustand sind Proteinsyntheserate und -abbaurate gleich, und es findet kein Ansatz statt. Auch bei diesem Proteinumsatz, in dessen Ergebnis lediglich der Proteinbestand erhalten bleibt, kann aber das Niveau unterschiedlich sein, was zu Unterschieden im Energiebedarf führt.
Proteinansatz bedeutet, dass die pro Tag synthetisierte Proteinmenge wesentlich größer sein muss als die angesetzte Proteinmenge. Einen Eindruck zur Größenordnung gibt das folgende Beispiel: Bei einem 30–40 kg schweren Schwein beträgt die pro Tag synthetisierte Proteinmenge 400 g. Aus einer täglichen Zunahme von 550 g resultiert ein Proteinansatz von 80 g, d. h. es wer-

Abb. 1.15
Beziehung zwischen Synthese, Abbau und Ansatz von Proteinen beim wachsenden Tier. a) Gleicher Ansatz bei Veränderung von Synthese *und* Abbau. b) Variierender Ansatz bei Veränderung von Synthese *oder* Abbau.

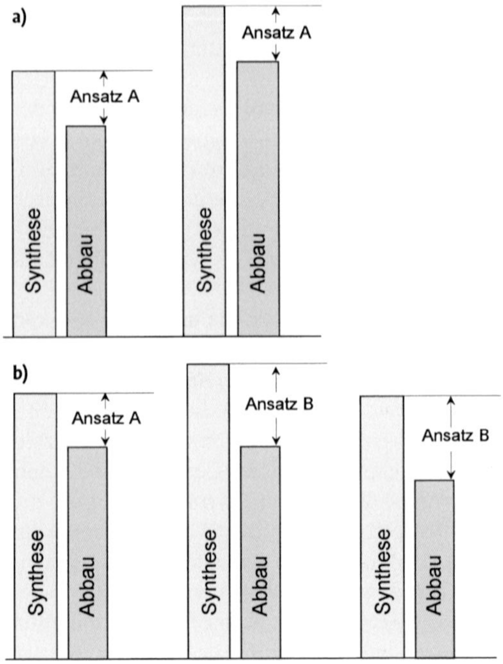

den pro Tag 320 g Protein wieder abgebaut. Anders ausgedrückt werden von der synthetisierten Proteinmenge nur 20 % angesetzt, und dies wird als Effektivität der Proteinsynthese bezeichnet (oder auch Nettoproteinsynthese).
Diese Effektivität ist für die verschiedenen Gewebe sehr unterschiedlich; sie ist in Geweben mit niedrigem Proteinumsatz hoch (Skelettmuskulatur 25–30 %) und in Geweben mit hohem Proteinumsatz niedrig (5–8 % in der Leber). Ferner ist sie von anderen Faktoren abhängig wie Alter, Ration oder Rasse.

Bedeutung eines hohen Proteinumsatzes
In Anbetracht der geringen Effektivität der Proteinsynthese und des hohen Energieaufwandes für die Proteinsynthese stellt sich die Frage nach dem Sinn eines hohen Proteinumsatzes. Im Wesentlichen lassen sich folgende Funktionen eines hohen Proteinumsatzes formulieren:

- Er ist die Grundlage für eine schnelle Änderung der Menge (Aktivität) spezifischer Enzyme (Adaptationsfähigkeit = Anpassungsfähigkeit).
- Er ist unverzichtbarer Teilprozess bei der Zelldifferenzierung und beim Wachstum. Beides ist nur möglich, wenn mit der Bildung neuer Strukturen der Abbau alter Strukturen einhergeht.
- Er ermöglicht die Mobilisation von Proteinen bei nutritivem Mangel an Protein oder Energie (Adaptationsfähigkeit).
- Er bewirkt auch eine limitierte Proteolyse und spielt eine wichtige Rolle beim Processing vieler Proteine (posttranslationale Umwandlung von Vorstufen in das reife, wirksame Protein).

1.3.3 Stoffwechsel der Lipide

Bei der Behandlung der Struktur der Fette wurde bereits verdeutlicht, dass Fette aufgrund ihrer niedrigen Oxidationsstufe einen hohen Energiegehalt haben, der den Energiegehalt von Kohlenhydraten und Proteinen deutlich übersteigt.

Mittlerer Energiegehalt der Hauptnährstoffe
(Bruttoenergie, Brennwert):

Kohlenhydrate	17,5 kJ/g
Proteine	24,0 kJ/g
Fette	39,0 kJ/g

Im Gegensatz zu den Kohlenhydraten kann der Organismus erhebliche Fettmengen in Form von Organ- bzw. Depotfett speichern. Bei Säugetieren beträgt der durchschnittliche Fettgehalt des Körpers 10 %, wobei artspezifisch, altersspezifisch und in Abhängigkeit anderer (nutritiver) Faktoren Abweichungen auftreten. Demnach haben die Fette im Energiehaushalt des Organismus eine zentrale Stellung.
Kohlenhydrate, die im Überschuss aufgenommen werden, werden zum großen Teil in Fette überführt. Auf diese Weise wird die Energie speicherfähig gemacht.
Wie die Gewebeproteine befinden sich auch die Gewebefette in einem dynamischen Gleichgewicht, was bedeutet, dass Fettabbau und Fettsyntheseprozesse permanent parallel ablaufen und der Fettgehalt über die Geschwindigkeit des Abbaus und der Synthese reguliert wird. Am Lipidstoffwechsel sind vor allem beteiligt:

Blutplasma	Transport von Lipiden in Form von Lipoproteinen Transport von Fettsäuren-Albumin-Komplexen
Leber	Aufnahme von Triglyceriden und Cholesterin Bildung von Phospholipiden, Cholesterin, Fettsäuren und Acetonkörpern
Fettgewebe	Depot für Triglyceride Mobilisation von Triglyceriden Synthese von Triglyceriden (aus Kohlenhydraten)
Muskulatur	Oxidation von Fettsäuren und Acetonkörpern Depot für Triglyceride

Während der Fettgehalt der Leber und der Muskulatur in relativ engen Grenzen reguliert wird, kann die Menge des Fettgewebes sehr starken Schwankungen unterliegen.
Mindestens zwei Drittel der Gesamtlipide befinden sich im Fettgewebe und zwar in Form von Neutralfetten. Obwohl die Leber im Fettstoffwechsel eine extrem wichtige Funktion hat, ist der Lipidgehalt der Leber sehr gering; dominierend ist hier die Fraktion der Phospholipide. Bei den extrahepatischen Geweben sind einerseits die Triglyceride der Muskulatur von Bedeutung,

aber auch andere Lipidfraktionen, besonders des Gehirns und der Nervengewebe, leisten einen wichtigen Beitrag.

1.3.3.1 Abbau und Synthese der Fette

Für den Energiehaushalt spielen der Abbau und die Synthese von Triglyceriden die dominierende Rolle und stehen deshalb im Mittelpunkt der folgenden Betrachtung.

Beim Abbau der Fette in den Zellen erfolgt als erster Schritt eine Spaltung der Triglyceride in Glycerin und Fettsäuren. Diese Hydrolyse wird in den Geweben durch verschiedene Lipasen katalysiert.

$$\text{Triglycerid} \xrightarrow{\text{Lipase}} \text{Glycerin} + \text{Fettsäuren}$$

Stoffwechsel des Glycerins und Triglyceridsynthese

Glycerin kann in verschiedene Stoffwechselwege einmünden:

- Resynthese von Triglyceriden
- Synthese von Glycerinphosphatiden
- Gluconeogenese
- Zentrale Abbauwege für C-Gerüste (als Glycerinaldehyd-1-phosphat in der Glykolyse)

Umgekehrt kann aber Dihydroxyacetonphosphat oder Glycerinaldehyd-3-phosphat, das beim Kohlenhydratabbau entsteht, in Glycerin-1-Phosphat umgesetzt werden, das bei der Biosynthese von Neutralfetten und Glycerinphosphatiden benötigt wird.

Bei der Biosynthese von Triglyceriden wird zunächst Glycerin-1-phosphat mit zwei Molekülen aktivierter Fettsäuren verestert. Aktiviert werden die Fettsäuren durch Coenzym A, das nach Bindung der Fettsäuren an den Glycerinrest in den Positionen 2 und 3 wieder freigesetzt wird. Auf diese Weise entsteht eine Phosphatidsäure.

Wird nun im zweiten Schritt eine weitere aktivierte Fettsäure verestert, entsteht ein Triglycerid. Die Phosphatidsäure kann aber auch eine Bindung mit Komponenten eingehen, die zu den Glycerinphosphatiden führen; durch Bindung von Cholin entsteht z. B. auf diese Weise das Lecithin.

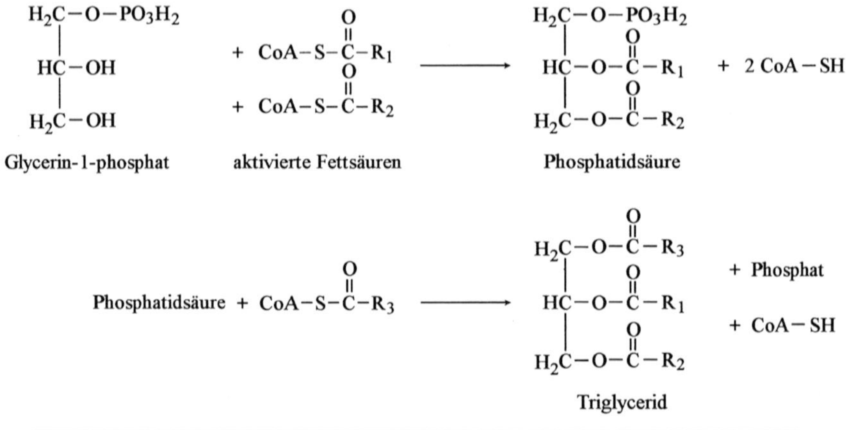

1.3.3.2 Bedeutung des Coenzyms A

Da sowohl bei der Synthese von Triglyceriden als auch bei vielen weiteren Reaktionen die Aktivierung durch Coenzym A eine Rolle spielt, soll die Struktur des CoA in Erinnerung gerufen werden. Wie im Zusammenhang mit den Coenzymen bereits erwähnt, gibt es eine enge Beziehung der Coenzyme zu den Vitaminen. CoA enthält als Bestandteil Pantothensäure (wasserlösliches Vitamin). Weitere Strukturelemente sind ein AMP-Rest, der eine zusätzliche Phosphorylierung an der Ribose aufweist. Die endständige SH-Gruppe stammt von Cystein. Über den Schwefel erfolgt jeweils eine Thiolesterbindung mit der zu aktivierenden Substanz. Zur Aktivierung ist ferner Energie (ATP) erforderlich.

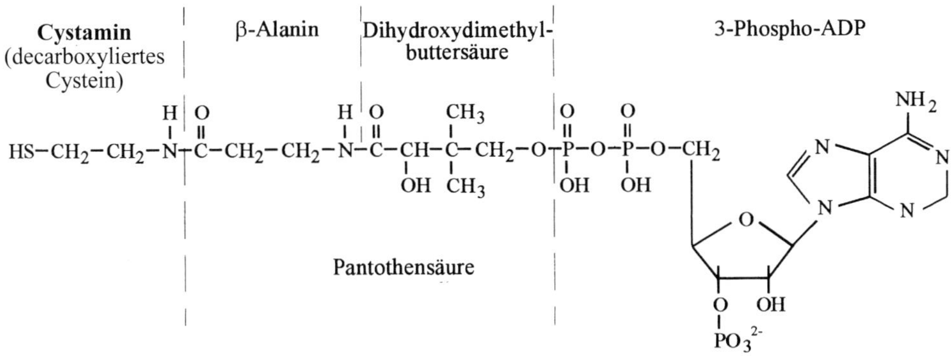

Sowohl im Stoffwechsel der Lipide und Fettsäuren als auch der Kohlenhydrate haben die durch Coenzym A aktivierten Verbindungen aktivierte Essigsäure (Acetyl-CoA) und aktivierte Fettsäuren (Acyl-CoA) eine zentrale Bedeutung.

1.3.3.3 Abbau der Fettsäuren, β-Oxidation

Die Fettsäuren werden durch β-Oxidation abgebaut. Der Ort des Fettsäurenabbaus sind die Mitochondrien. Mitochondrien sind Zellorganellen, die von einer Doppelmembran umhüllt sind und in denen zahlreiche Reaktionen des Energieumsatzes ablaufen.

Damit der Fettsäurenabbau in den Mitochondrien stattfinden kann, müssen diese zunächst aus dem Cytosol in die Mitochondrien transportiert werden. Da weder die Carbonsäuren selbst noch die aktivierte Form (Acyl-CoA) die innere Mitochondrienmembran passieren können, ist zunächst eine Hilfsreaktion erforderlich.

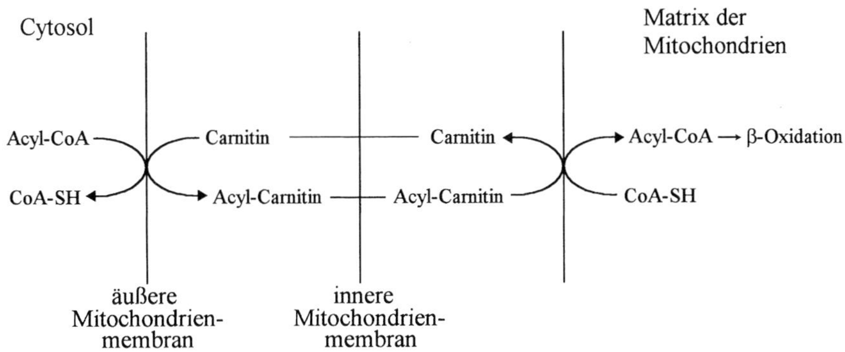

- Im Cytosol werden die Fettsäuren zu Acyl-CoA aktiviert und auf Carnitin (Trimethyl-γ-amino-β-hydroxybuttersäure) übertragen.
- Das entstandene Acyl-Carnitin kann mithilfe eines sogenannten Carrierproteinsystems in das Innere (Matrix) der Mitochondrien transferiert werden.
- Die Acylgruppe wird nun auf mitochondrieneigenes CoA übertragen.

Die Fettsäuren befinden sich in der richtigen Form (Acyl-CoA) am richtigen Ort (Matrix der Mitochondrien) und können der β-Oxidation zugeführt werden (→ Abb. 1.16).

Bei der **β-Oxidation** wird die abzubauende aktivierte Fettsäure durch schrittweise Abspaltung eines C_2-Körpers (Acetyl-CoA) in jedem Schritt um zwei C-Atome verkürzt, bis schließlich die gesamte Fettsäure in Acetyl-CoA überführt ist. Der Name des Abbauweges weist auf das Auftreten von Hydroxy- und Ketogruppen in β-Stellung der Zwischenprodukte hin.

Abb. 1.16
Abbau von Fettsäuren durch β-Oxidation. Ausgangsverbindung ist eine aktivierte Fettsäure (Acyl-CoA).

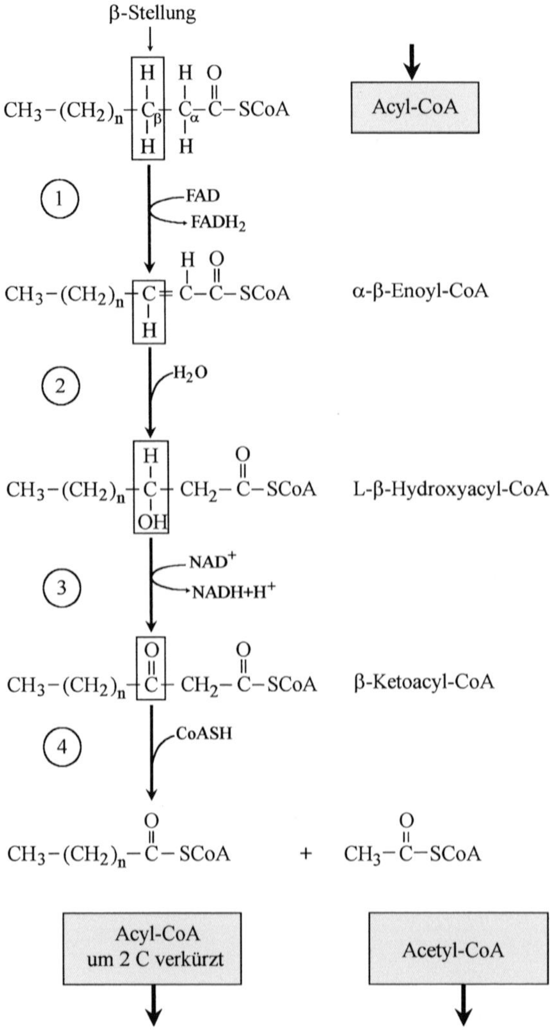

Die β-Oxidation erfolgt in vier Reaktionsschritten:

1. Dehydrierung der Acyl-CoA-Verbindung, H_2 wird von einem Coenzym (FAD) aufgenommen. Es entsteht eine ungesättigte Verbindung (Enoyl-CoA).
2. Hydratisierung der Doppelbindung, sodass in β-Stellung eine Hydroxylgruppe vorliegt (Hydroxyacyl-CoA).
3. Dehydrierung der Hydroxyacyl-CoA-Verbindung; Wasserstoffakzeptor ist NAD, sodass in β-Stellung eine Ketogruppe entsteht (β-Ketoacyl-CoA).
4. Unter Katalyse einer Thiolase wird dann ein Acetyl-CoA-Rest abgespalten bei gleichzeitiger Anlagerung eines neuen CoA-Moleküls.

Da fast alle Fettsäuren eine gerade Anzahl an C-Atomen haben, können sie vollständig abgebaut werden. Aber auch Carbonsäuren mit ungerader C-Atomzahl werden nach dem gleichen Muster abgebaut, nur dass als letztes Fragment Propionyl-CoA übrigbleibt.
Am Ende eines Umlaufs der β-Oxidation erhalten wir Acetyl-CoA und ein um zwei C-Atome verkürztes Acyl-CoA. Für den vollständigen Abbau der Stearinsäure (enthält 18 C-Atome) zu Acetyl-CoA sind demnach 8 Reaktionsumläufe erforderlich. Acetyl-CoA ist eine Schlüsselverbindung in den zentralen Abbauwegen für C-Gerüste und kann weiter zu CO_2 abgebaut werden. Umgekehrt entsteht aber beim Abbau von Kohlenhydraten und einiger Aminosäuren Acetyl-CoA, sodass von diesem Zwischenprodukt ausgehend auch wieder die Synthese von Fettsäuren stattfinden kann.

1.3.3.4 Synthese der Fettsäuren

Obwohl die Fettsäurensynthese als eine schrittweise Anlagerung von C_2-Einheiten abläuft, kann sie nicht als eine einfache Umkehrung des Abbauweges betrachtet werden. Sie findet im Gegensatz zur β-Oxidation im Cytoplasma statt und wird von einem Multienzymkomplex katalysiert. Wesentlicher Bestandteil dabei ist ein „Acyl-Carrier-Protein“ (ACP), das mit der wachsenden Fettsäurenkette verestert ist. Wie auch beim CoA enthält ACP einen Pantothensäureanteil, und die Verbindung zur Acylgruppe erfolgt über den Schwefel eines Cysteaminrestes (Thioester). Dieses Protein hat insgesamt zwei solcher SH-Bindungsstellen.
Ein weiterer Unterschied bezieht sich auf die beteiligten Redox-Systeme. Bei Dehydrierungsreaktionen während der β-Oxidation fungieren NAD und FAD als Wasserstoffakzeptoren. Diese können aber bei den während der Fettsäurensynthese erforderlichen Hydrierungsreaktionen nicht als Wasserstoffdonatoren in Erscheinung treten, sondern hierfür wird NADPH (vorwiegend aus

dem Pentosephosphatzyklus (→ Kap. 1.3.4.3) benötigt. Die Startreaktion bei der De-novo-Synthese der Fettsäuren ist die Carboxylierung des Acetyl-CoA.

Die geschwindigkeitsbestimmende Schlüsselreaktion ist die Carboxylierung von Acetyl-CoA zu Malonyl-CoA. Sie wird von einem biotinabhängigen Enzym, der Acetyl-CoA-Carboxylase, katalysiert.

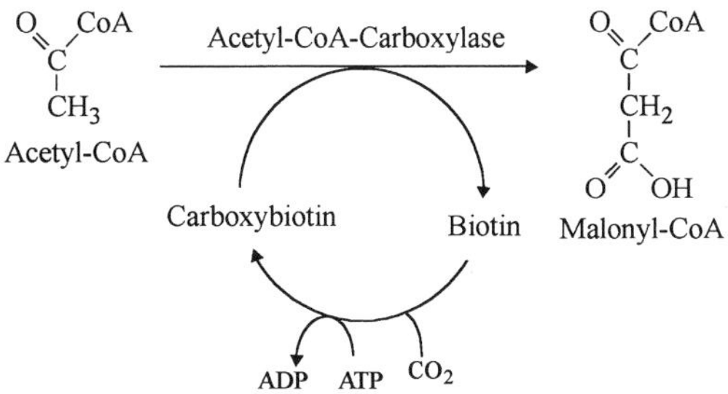

Dabei wird zunächst unter Energieaufwand (ATP → ADP) das Biotin des Enzyms carboxyliert und damit die Carboxylgruppe aktiviert. Diese kann dann auf das Acetyl-CoA übertragen werden und es entsteht Malonyl-CoA (aktivierte Malonsäure). Das Malonyl-CoA wird nun über eine SH-Gruppe an das ACP gebunden, gleichzeitig wird über eine weitere SH-Gruppe Acetyl-CoA oder ein schon längeres Fragment aktivierter Fettsäure (Acyl-CoA) gebunden. Die anschließende Kondensationsreaktion findet unter CO_2-Abspaltung statt, sodass eine Kettenverlängerung um zwei C-Atome erfolgt ist. Die übrigen Reaktionen stellen formal gesehen die Umkehrung der β-Oxidation dar. Die in β-Stellung entstandene Ketobindung wird zunächst hydriert ($NADPH_2$); es entsteht eine Hydroxyacylverbindung. Die nachfolgende Wasserabspaltung führt zu einer ungesättigten Verbindung, einer Enoylverbindung. Mit der zweiten Hydrierungsreaktion, bei der wieder NADPH H^+-Donator ist, entsteht ein Fettsäurenrest, der um zwei C-Atome verlängert ist. Er kann erneut in den beschriebenen Zyklus eingespeist und um weitere zwei C-Atome erweitert werden. Die Schritte der Fettsäurensynthese sind in Abbildung 1.17 dargestellt.

Bei der Bildung von Fettsäuren mit ungerader Anzahl von C-Atomen ist Propionyl-CoA anstelle von Acetyl-CoA die Verbindung, mit der die Synthese startet.

Abb. 1.17
Schema der Fettsäurensynthese. ACP = Acyl-Carrier-Protein.

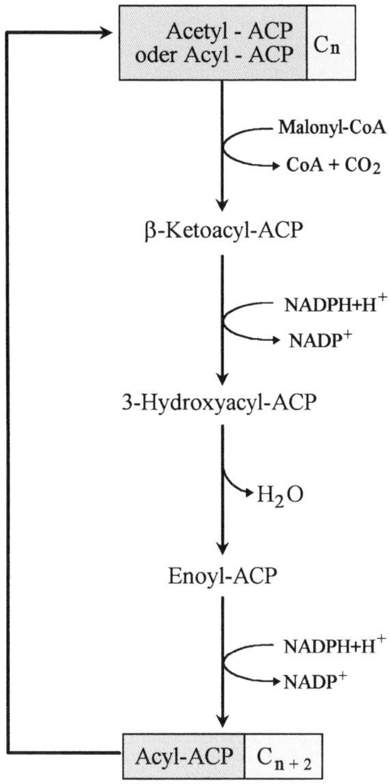

Die Bildung ungesättigter Fettsäuren ist bei Säugetieren sehr eingeschränkt. So kann zwar in der Leber unter Wirkung eines Enzyms (Acyl-CoA-Desaturase) aus Stearinsäure ($C_{18}H_{36}O_2$) Ölsäure ($C_{18}H_{34}O_2$; n-9) gebildet werden, nicht aber die mehrfach ungesättigten Fettsäuren Linolsäure (n-6) und Linolensäure (n-3) sowie die daraus gebildeten mehrfach ungesättigten Fettsäuren (→ Tab. 1.4).

Regulation des Fettstoffwechsels

Neben Glykogen sind Triglyceride die wichtigsten Energielieferanten für den Stoffwechsel. Daher müssen Fettsäurenoxidation sowie -synthese einer Kontrolle unterliegen, die sowohl eine Kurzzeit- als auch eine Langzeitregulation gewährleistet. Da das Enzym Acetyl-CoA-Carboxylase das Schlüsselenzym für die Fettsäurensynthese ist, wirken viele Effektoren auf die Aktivität oder die Synthese dieses Enzyms. Im Sinne einer Langzeitregulation stimuliert z. B. Insulin die Synthese dieses Enzyms und Fasten inhibiert die Synthese. Ähnlich wie bei der Regulation des Kohlenhydratstoffwechsels sind die Hormone des Pankreas – Insulin und Glucagon – Gegenspieler auch bei der Regulation des Fettstoffwechsels. Diese beiden Hormone beeinflussen sowohl die Geschwindigkeit als auch die Richtung des Fettstoffwechsels. Aber auch die Konzentration verschiedener Metabolite beeinflusst die Acetyl-CoA-Carboxylase. So fallen bei Stoffwechselsituationen, bei denen Depotfette zur Energiebedarfsdeckung mobilisiert werden, verstärkt aktivierte Fettsäuren (Acyl-CoA) an. Diese hemmen gleichzeitig das Schlüsselenzym der Fettsäurensynthese. Dagegen wird die Acetyl-CoA-Carboxylase durch einen intensiv ablaufenden Kohlenhydratabbau im Organismus und dem damit verbundenen Konzentrationsanstieg an Citrat, ATP, NADPH + H^+ sowie Insulin aktiviert. Die Regulation des Fettstoffwechsels ist insgesamt komplex und findet unter Beteiligung verschiedener Organe statt.

1.3.3.5 Bildung von Ketonkörpern

Eine Bildung von sogenannten Ketonkörpern findet unter physiologischen Bedingungen immer statt. Dabei entsteht aus dem Acetyl-CoA Aceto-Acetyl-CoA und **Acet-Essigsäure (Acetoacetat).** Diese kann dann durch Decarboxylierung zu **Aceton** umgesetzt oder zu **β-Hydroxybuttersäure** hydriert werden. Die drei zuletzt genannten Verbindungen werden als Ketonkörper bezeichnet, was aus chemischer Sicht nicht ganz richtig, historisch aber so entstanden ist. Unter normalen Bedingungen können Acetoacetat und Hydroxybuttersäure im Organismus verwertet werden, entweder durch Endabbau in der Muskulatur oder für die Fettsynthese in der Milchdrüse. Aceton kann nicht verstoffwechselt werden und wird überwiegend mit der Atemluft ausgeschieden. Durch Erkrankungen, bei denen die Regulation des Kohlenhydratstoffwechsels gestört ist (Diabetes mellitus), oder durch unphysiologische sowie extreme Stoffwechsellagen (Hunger, hochlaktierende Kuh) kann es aber zu einer Anhäufung dieser Verbindungen im Blut kommen und zu Erkrankungen führen, die als Ketose, Ketonämie oder Acetonämie bezeichnet werden.

In all diesen Fällen findet ein verstärkter Energiegewinn aus dem Abbau von Fetten statt bei gleichzeitig stimulierter Gluconeogenese. Dies führt einerseits zu einem erhöhten Anfall von Acetyl-CoA. Die Ketogenese basiert letzten Endes auf einem unvollständigen Abbau von Fettsäuren. Andererseits liegt bei solchen Stoffwechsellagen ein erhöhter Verbrauch von Oxalacetat für die Glucosebildung vor. Die Folge ist ein Mangel an Oxalacetat im Citratzyklus, sodass die Aufnahme des Acetyl-CoA in diesen Zyklus blockiert wird.

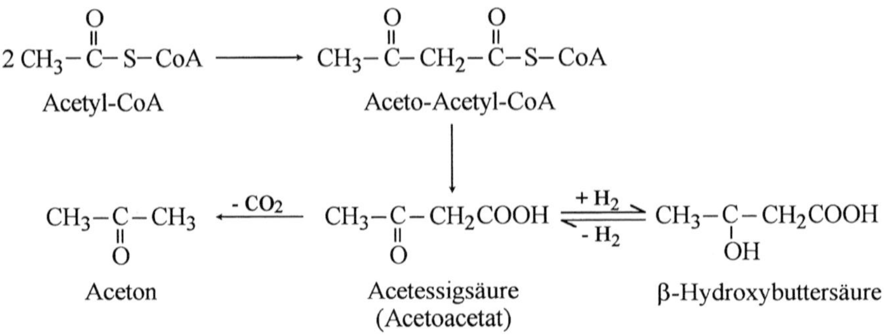

Acetoacetat, Aceton und **Hydroxybuttersäure** werden als **Ketonkörper** bezeichnet. Sie werden verstärkt in Stoffwechselsituationen gebildet, in denen der Energiegewinn in erhöhtem Maße aus dem Abbau von Fetten erfolgt.

Bezüglich des Säure-Basen-Haushalts führen erhöhte Konzentrationen von Acetessigsäure und von β-Hydroxybuttersäure zu einem Protonenüberschuss und damit zu einem pH-Abfall im Blut. Daraus kann eine Acidose (Ketoacidose) resultieren.

1.3.4 Stoffwechsel der Kohlenhydrate und zentrale Abbauwege

Der größte Teil der aufgenommenen Kohlenhydrate dient im tierischen Organismus der Deckung des Energiebedarfs. Beim vollständigen Abbau der Glucose, dem mengenmäßig wichtigsten Monosaccharid, entstehen die Oxidationsprodukte CO_2 und Wasser. Die Abbauwege der Kohlenhydrate können aber auch als zentrale Abbauwege betrachtet werden, da auf verschiedenen Ebenen Zwischenprodukte des Abbaus von Aminosäuren, Fettsäuren und Glycerin in die gleichen Abbaumechanismen einmünden.
Der vollständige Abbau der C-Skelette der Hauptnährstoffe zu CO_2 und Wasser erfordert aerobe Verhältnisse. Jedoch ist auch unter anaeroben Bedingungen ein Energiegewinn beim Glucoseabbau im Rahmen der Glykolyse möglich.

1.3.4.1 Glykolyse

Unter der **Glykolyse** versteht man den Abbauweg der Glucose über Fructose-1,6-biphosphat zu Pyruvat (Brenztraubensäure), wobei pro Mol Glucose 2 Mol ATP erzeugt werden: Glucose (C6) → 2 Pyruvat (C3) + 2 ATP.

Der Begriff leitet sich aus dem Griechischen ab: glykos (süß) und lysis (Auflösung). Die Aufklärung der Glykolyse gelang in den 40er-Jahren des 20. Jahrhunderts. Wesentlichen Anteil daran hatten G. Emden, O. Meyerhof und J. Parnas. Ihre Leistungen würdigend wird die Glykolyse auch Emden-Meyerhof-Parnas-Weg (EMP-Weg) genannt. Eine weitere Bezeichnung ist Fructose-1,6-biphosphat-Weg.
Die Glykolyse ist ein Stoffwechselweg von ganz universeller Bedeutung. Nicht nur, weil im tierischen Organismus 75–90 % der Glucose über diesen Weg abgebaut werden, sondern auch weil Glucose weitestgehend bei allen Lebewesen, von den Mikroorganismen bis zum Menschen, in gleicher Weise über diesen Weg abgebaut wird.
Die Glykolyse verläuft in 10 Einzelreaktionen (→ Abb. 1.18):

- **Reaktionen 1–3:** Doppelte Phosphorylierung und Aktivierung der Hexose zu Fructose-1,6-biphosphat unter Aufwand von 2 Mol ATP je Mol Glucose.

Abb. 1.18
Die 10 Schritte der Glykolyse. Die einzelnen Reaktionen werden von folgenden Enzymen katalysiert: (1) Hexokinase, (2) Glucosephosphatisomerase, (3) Phosphofructokinase, (4) Aldolase, (5) Triosephosphatisomerase, (6) Glycerinaldehyd-3-phosphat-Dehydrogenase, (7) Phosphoglyceratkinase, (8) Phosphoglyceratmutase, (9) Enolase und (10) Pyruvatkinase. P_i = anorganisches Phosphat.

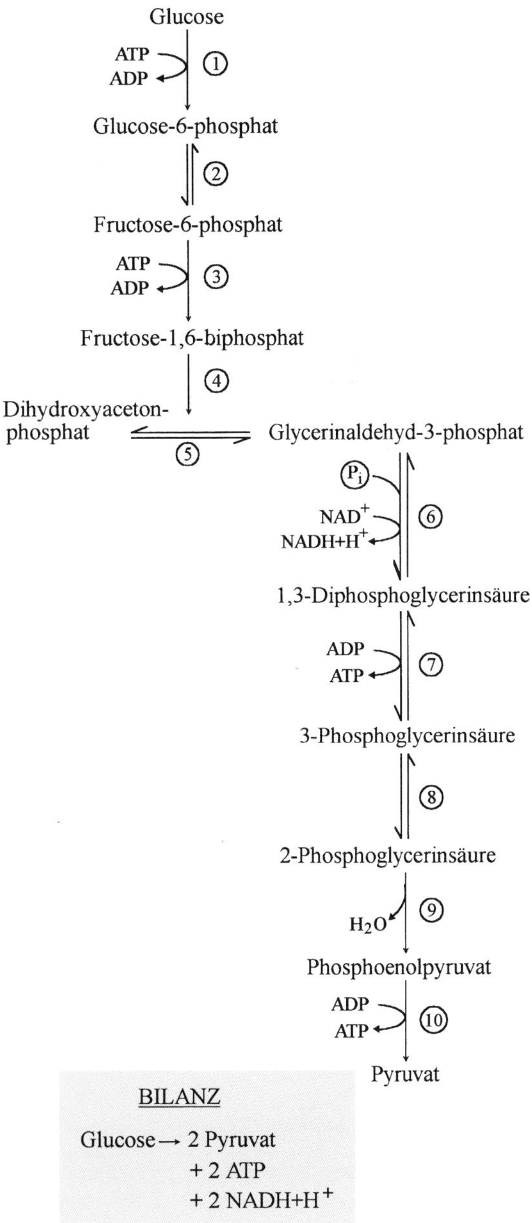

- **Reaktion 4:** Spaltung des Fructose-1,6-biphosphats (C_6) zu den C_3-Verbindungen Dihydroxyacetonphosphat und Glycerinaldehyd-3-phosphat.
- **Reaktion 5:** Einstellung eines Gleichgewichts von 97 zu 3 zwischen den beiden C_3-Verbindungen zugunsten von Dihydroxyacetonphosphat. Im Rahmen der Glykolyse wird lediglich Glycerinaldehyd-3-phoshpat weiter abgebaut.
- **Reaktion 6:** Dehydrierung des Glycerinaldehyd-3-phosphats. Diese Dehydrierungsreaktion ist stark exergonisch und die freiwerdende Energie reicht aus, um anorganisches Phosphat in eine „energiereiche Bindung" zu überführen. NAD^+ dient als Elektronenakzeptor und wird zu NADH reduziert. Aus energetischer Sicht ist die Reaktion 6 von größter Bedeutung.
- **Reaktion 7:** Der aufgenommene Phosphatrest wird direkt auf ADP übertragen und ATP wird gebildet. Diese Reaktion wird als „Substratketten-Phosphorylierung" bezeichnet (im Gegensatz zur Atmungsketten-Phosphorylierung). Von 1 Mol Glucose ausgehend, ergibt sich ein Energiegewinn von 2 Mol ATP.
- **Reaktionen 8 und 9:** Nach Umlagerung des Phosphatrestes und Wasserabspaltung entsteht Phosphoenolpyruvat, dessen Phosphatbindung an C_2 „energiereich" ist.
- **Reaktion 10:** Übertragung der Phosphatgruppe auf ADP. Auf diese Weise werden pro Mol Glucose weitere 2 Mol ATP gebildet, die aber lediglich eine Rückgewinnung des zur Aktivierung eingesetzten ATP darstellt. Endprodukt ist Pyruvat (Brenztraubensäure).

Zusammenfassend kann man die Glykolyse in zwei Stufen untergliedern:

- **Stufe 1** (Reaktionen 1–5). In dieser Stufe wird unter Verbrauch von 2 Mol ATP die Glucose doppelt phosphoryliert und aktiviert. Anschließend wird die doppelt phosphorylierte C6-Verbindung Fructose-1,6-biphosphat in die C3-Verbindung Glycerinaldehyd-3-phosphat gespalten.
- **Stufe 2** (Reaktionen 6–10). Glycerinaldehyd-3-phosphat (2 Moleküle je Molekül Glucose) wird unter Bildung von 4 Molekülen ATP (echter Energiegewinn: 2 Mol ATP pro 1 Mol Glucose) in Pyruvat überführt. Außerdem werden 2 NAD+ zu NADH reduziert.

Der Energiegewinn während der anaeroben Glykolyse ist im Vergleich zur oxidativen Phosphorylierung (→ Seite 64) sehr gering. Allerdings erfolgt dieser Weg der ATP-Bereitstellung sehr schnell; daher ist er bei raschem ATP-Verbrauch, z. B. in der Muskulatur, von größter Bedeutung. Die Regulation der Glykolyse erfolgt z. T. durch Beeinflussung der Reaktion 1. Hierbei spielt sowohl Insulin eine Rolle als auch eine allosterische Hemmung durch Glucose-6-phosphat. Ferner ist Reaktion 3 an der Regulation beteiligt. So wird das katalysierende Enzym Phosphofructokinase z. B. durch hohe ATP-Konzentrationen gehemmt und durch ADP und AMP allosterisch aktiviert. In Reaktion 6 fungiert NAD^+ als allosterischer Aktivator und NADH als Inhibitor.

Umsatz des Pyruvats

Das Pyruvat (Brenztraubensäure) ist eine Schlüsselverbindung, da bis zu dieser Verbindung der Glucoseabbau einheitlich verläuft und sich unterschiedlich fortsetzt – je nachdem, ob anaerobe oder aerobe Bedingungen vorliegen.

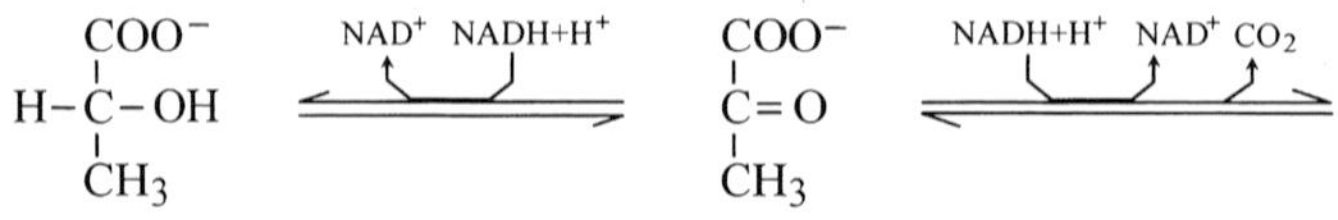

Lactat (Milchsäure) Pyruvat Ethanol

Unter **anaeroben** Bedingungen wird Pyruvat zu Lactat (Milchsäure) umgesetzt. Dies findet bei Sauerstoffmangel im arbeitenden Muskel statt, da das NADH aus Reaktion 6 der Glykolyse regeneriert werden muss, um den Ablauf der Glykolyse aufrechtzuerhalten. Denn unter anaeroben Bedingungen kann NADH in der Atmungskette nicht durch Sauerstoff oxidiert werden, sondern die anfallenden Reduktionsäquivalente werden in diesem Falle auf das Pyruvat übertragen. Auch bei der Silierung von Futtermitteln erfolgt eine Milchsäurebildung durch Bakterien – vorausgesetzt, Substrate sind vorhanden, die zu Pyruvat umgesetzt werden können und es liegen anaerobe Bedingungen vor. Die alkoholische Gärung der Hefen findet ebenfalls von Pyruvat ausgehend unter anaeroben Bedingungen statt. Dabei stammen die Reduktionsäquivalente auch vom NADH aus der Glykolyse. Zusätzlich wird bei der Ethanolbildung CO_2 freigesetzt.

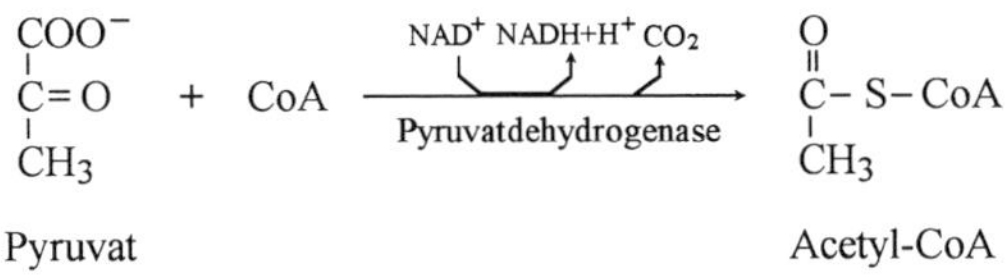

Unter **aeroben** Bedingungen wird in der Zelle das gebildete NADH + H^+ über die Atmungskette durch molekularen Sauerstoff unter Bildung von Wasser oxidiert. Dadurch überwiegt die oxidierte Form des NAD^+ und steht zur Dehydrierung des Pyruvats zur Verfügung. In Anwesenheit von CoA entstehen dann aus Pyruvat Acetyl-CoA (aktivierte Essigsäure), CO_2 und NADH + H^+.
Diese Reaktion wird durch einen Multienzymkomplex (Pyruvatdehydrogenase) katalysiert. Als Coenzym fungiert dabei unter anderem Thiaminpyrophosphat, die aktive Form des Vitamins B_1. Der Pyruvatdehydrogenasekomplex kommt in einer aktiven und einer inaktiven Form vor. Eine Aktivierung erfolgt durch hohe Konzentrationen an Insulin, NAD^+, CoA, Pyruvat und ADP und eine Inaktivierung durch hohe Konzentrationen an NADH, Acetyl-CoA und ATP.

Die Pyruvatdehydrogenase-Reaktion ist stark exergonisch und nicht reversibel. Deshalb kann im tierischen Organismus Pyruvat nicht aus Acetyl-CoA gebildet werden.

Acetyl-CoA kann dann in den weiteren zentralen oxidativen Abbauweg für C-Gerüste einmünden, nämlich den Zitronensäurezyklus.

1.3.4.2 Gluconeogenese

Bei Kohlenhydratmangel werden die Glykogenreserven des Organismus in relativ kurzer Zeit abgebaut. Die Glucoseversorgung muss dann durch Gluconeogenese erfolgen. Insbesondere Wiederkäuer sind in starkem Maße auf die Gluconeogenese angewiesen, da durch die mikrobiellen Umsetzungen im Pansen Glucose nur in sehr geringen Mengen resorbiert wird (→ Kap. 5.2.2). Ferner wird bei laktierenden Tieren zusätzlich Glucose für die Lactosebildung benötigt.
Die Gluconeogenese ist zwar im Prinzip eine Umkehrung der Glykolyse, allerdings müssen drei Reaktionen umgangen werden, nämlich die Reaktionen 10, 3 und 1 (→ Abb. 1.18), da sie irreversibel sind. Besonders Reaktion 10 der Glykolyse (Phosphoenolpyruvat → Pyruvat) ist stark exotherm und daher nicht umkehrbar. Deshalb muss die Startreaktion der Gluconeogenese über den Umweg der Oxalacetatbildung erfolgen:

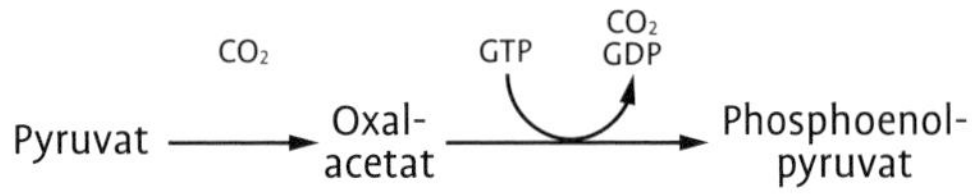

1.3.4.3 Pentosephosphatweg

Da nicht sämtliche Glucose über die Glykolyse abgebaut wird, muss es noch andere Abbauwege geben. Dies sind der Pentosephosphatweg und der KDPG-(2-Keto-3-desoxy-6-phospho-gluconsäure-) Weg. Letzterer spielt nur bei Mikroorganismen eine Rolle, während der Pentosephosphatweg auch bei Tier und Mensch mit spezifischen Funktionen abläuft (→ Abb. 1.19).
Glucose-6-phosphat wird in mehreren Schritten, darunter zwei Dehydrierungen und eine CO_2-Abspaltung, zu Pentose-5-phosphaten abgebaut. Eine Spezifität dieses Abbauweges liegt darin, dass er die Pentosen liefert, die für die Synthese von Nucleinsäuren und Nucleotidenzymen erforderlich sind.
Eine zweite Spezifität ist im Wasserstoffakzeptor bei den Dehydrierungsreaktionen begründet. Im Gegensatz zur Glykolyse ist es hier $NADP^+$. Wie bereits gezeigt wurde (→ Kap. 1.3.3), ist NADPH für die Fettsäurensynthese essenziell. Auch für die Steroidsynthese wird NADPH benötigt. Formal gesehen werden im Pentosephosphatzyklus pro C-Atom der Glucose 2 NADPH + H^+ gebildet, d. h. 12 Mol NADPH + H^+ pro Mol Glucose.

Die wesentlichen Funktionen des Pentosephosphatweges sind die Bereitstellung von NADPH für die reduktive Biosynthese von Fettsäuren und Steroiden sowie die Bildung von Pentosen für die Nucleotidsynthese.

Abb. 1.19
Reaktionen des Pentosephosphatzyklus. Die einzelnen Reaktionen werden durch folgende Enzyme katalysiert:
(1) Glucose-6-phosphat-Dehydrogenase,
(2) 6-Phosphogluconolactonase,
(3) Phophogluconat-Dehydrogenase,
(4) spontan,
(5) Ribulose-5-phosphat-Epimerase,
(6) Ribose-5-phosphat-Isomerase,
(7) Transketolase,
(8) Transaldolase,
(9) Transketolase.

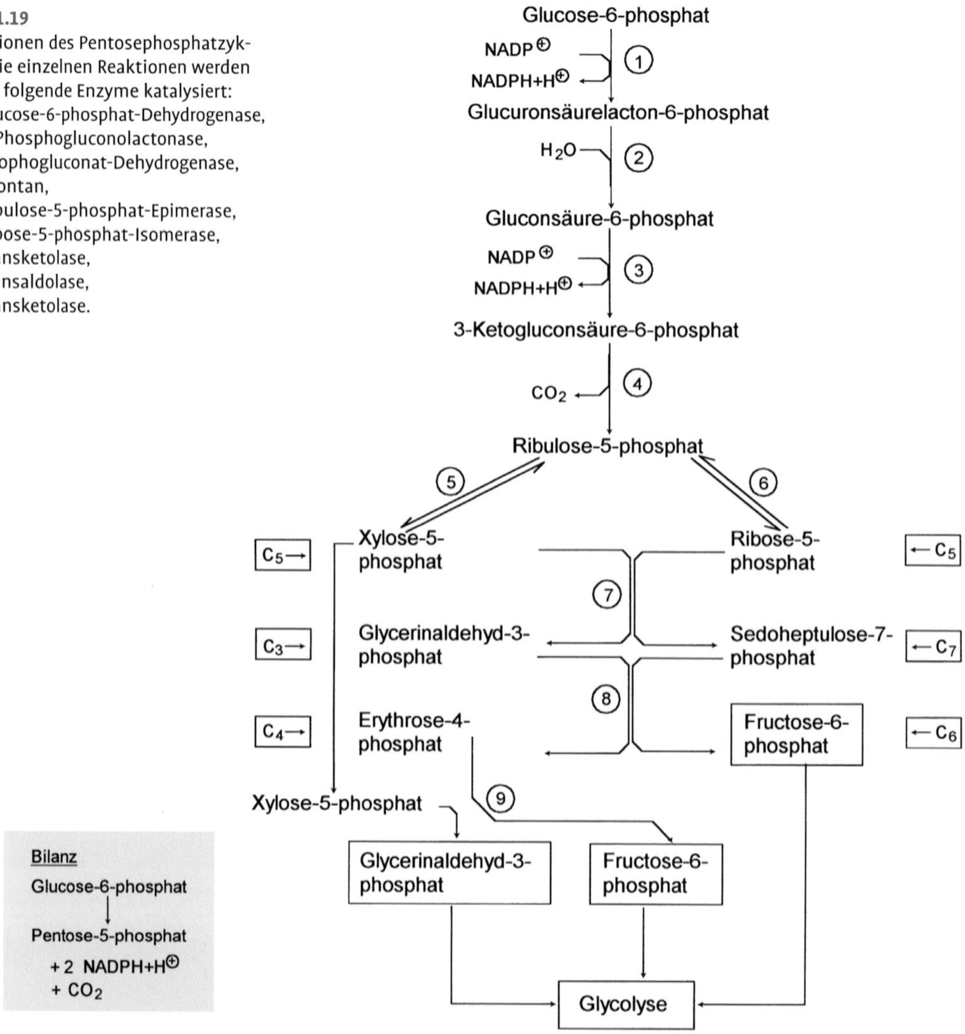

Der Pentosephosphatweg ist besonders in solchen Geweben aktiv, in denen eine intensive Fettsäuren- oder Steroidsynthese erfolgt wie Leber, Fettgewebe, laktierende Milchdrüse, Nebennierenrinde.
Es ist ferner ersichtlich, dass beim weiteren Umsatz der Pentosen Saccharide mit unterschiedlicher Anzahl von C-Atomen entstehen können. Die Endprodukte Glycerinaldehyd-3-phosphat und Fructose-6-phosphat können in die Glykolyse einmünden.
Bei der Regulation des Pentosephosphatweges ist die Reaktion 1 geschwindigkeitsbestimmend. Das diesen Schritt katalysierende Enzym, die Glucose-6-phosphat-Dehydrogenase, wird primär durch die $NADP^+$-Konzentration reguliert.

Umwandlung der Monosaccharide ineinander, Abbau von Fructose und Galactose
Der Stoffwechsel der einzelnen Monosaccharide ist über die beschriebenen Abbauwege miteinander verknüpft. So kann Galactose über Galactose-1-phosphat in Glucose-1-phosphat überführt und Fructose zu Fructose-6-phosphat umgesetzt werden. Beide Verbindungen sind Zwischen-

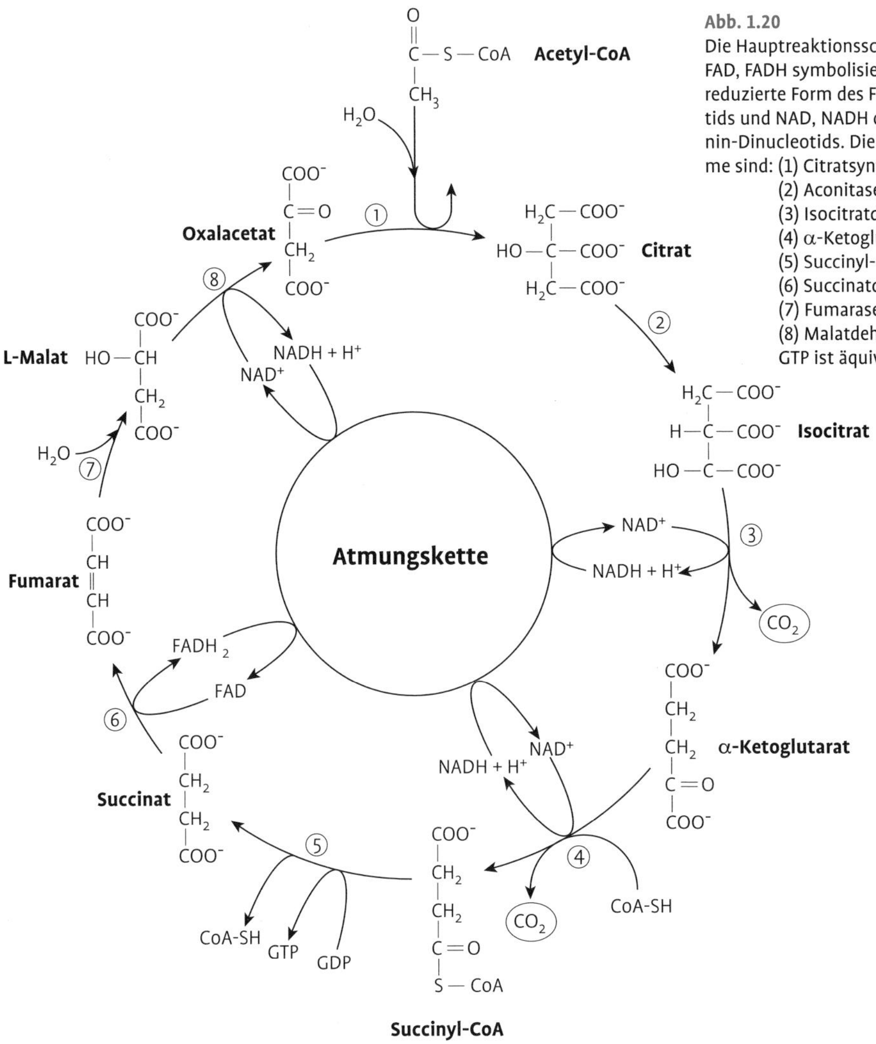

Abb. 1.20
Die Hauptreaktionsschritte des Citratzyklus. FAD, FADH symbolisieren die oxidierte bzw. reduzierte Form des Flavin-Adenin-Dinucleotids und NAD, NADH des Nicotinamid-Adenin-Dinucleotids. Die katalysierenden Enzyme sind: (1) Citratsynthetase,
(2) Aconitase,
(3) Isocitratdehydrogenase,
(4) α-Ketoglutarat-Dehydrogenase,
(5) Succinyl-CoA-Synthetase,
(6) Succinatdehydrogenase,
(7) Fumarase,
(8) Malatdehydrogenase.
GTP ist äquivalent zu ATP.

produkte in der Glykolyse. Selbst Glycerin kann über Glycerinaldehyd und Fructose-1-phosphat in die gleichen Abbauwege münden.

1.3.4.4 Citratzyklus

Der Citratzyklus (Zitronensäurezyklus, → Abb. 1.20) stellt eine Form des oxidativen Abbaus von Kohlenstoffgerüsten dar, die sowohl bei Prokaryonten als auch Eukaryonten stattfindet. Der Zitronensäurezyklus wird auch als Tricarbonsäurezyklus oder Krebs-Zyklus bezeichnet. Er spielt bei katabolen und anabolen Prozessen eine Rolle und ist für die Synthese und Oxidation von Kohlenhydraten, Fettsäuren und Aminosäuren verantwortlich, sodass der Citratzyklus eine Art „Drehscheibe des Stoffwechsels" ist.

Summarisch gesehen wird im Citratzyklus die C_2-Verbindung aktivierte Essigsäure (Acetyl-CoA) in acht Reaktionsschritten zu zwei Molekülen CO_2 oxidativ abgebaut. Die Elektronen werden von den Coenzymen NAD^+ und FAD^+ aufgenommen und in der Atmungskette schrittweise auf Sauerstoff übertragen, was der eigentliche energieliefernde Prozess ist (ATP-Bildung).

Im Citratzyklus selbst findet nur ein sehr geringer Energiegewinn statt und zwar durch ein ATP-Äquivalent in Reaktion 5. Die Startreaktion ist die Verknüpfung der aktivierten Essigsäure mit der Oxalessigsäure zu Zitronensäure. Da der Citratzyklus eng mit der Atmungskette und der ATP-Bildung verknüpft ist, sind die Regulationsmechanismen im Zusammenhang mit dem ATP-Bedarf des Organismus zu sehen. So hemmen beispielsweise hohe Konzentrationen an mitochondrialem ATP oder NADH die Reaktionen 1 und 3, dagegen stimuliert ADP Reaktion 3.
Eine ausreichende Bereitstellung von Oxalacetat ist Voraussetzung zum optimalen Ablauf des Citratzyklus. Die wichtigsten Reaktionen zur Bildung von Oxalacetat sind die Carboxylierung von Pyruvat zu Oxalacetat und die Transaminierung von Aspartat zu Oxalacetat. Abbildung 1.21 verdeutlicht nochmals die zentrale Bedeutung des Citratzyklus für den Stoffwechsel aller Hauptnährstoffe.

1.3.4.5 Atmungskette (oxidative Phosphorylierung)

Die entscheidende energieliefernde Reaktion im Stoffwechsel ist die Reduktion des Sauerstoffs zu Wasser. Würden Wasserstoff und Sauerstoff direkt miteinander reagieren, käme es zu einer explosionsartigen Freisetzung von Energie. Diese ist als „Knallgasreaktion“ bekannt und liefert 239 kJ/Mol Wasser. In der Atmungskette (→ Abb. 1.22) wird jedoch molekularer Wasserstoff nicht direkt auf Sauerstoff übertragen, sondern die Reduktionsäquivalente bleiben vorübergehend an Coenzyme gebunden und werden stufenweise übertragen. Bei der Oxidation von NADH werden so lediglich 218 kJ pro Mol freigesetzt. Ein Teil dieser Energie dient der ATP-Synthese (Wirkungsgrad = 0,4–0,5) und wird konserviert, der Rest wird als Wärme frei. Da die Atmungskette in den Mitochondrien lokalisiert ist, werden diese als „Kraftwerke der Zelle“ bezeichnet.

Abb. 1.21 Bedeutung des Citratzyklus als „Drehscheibe des Stoffwechsels“.

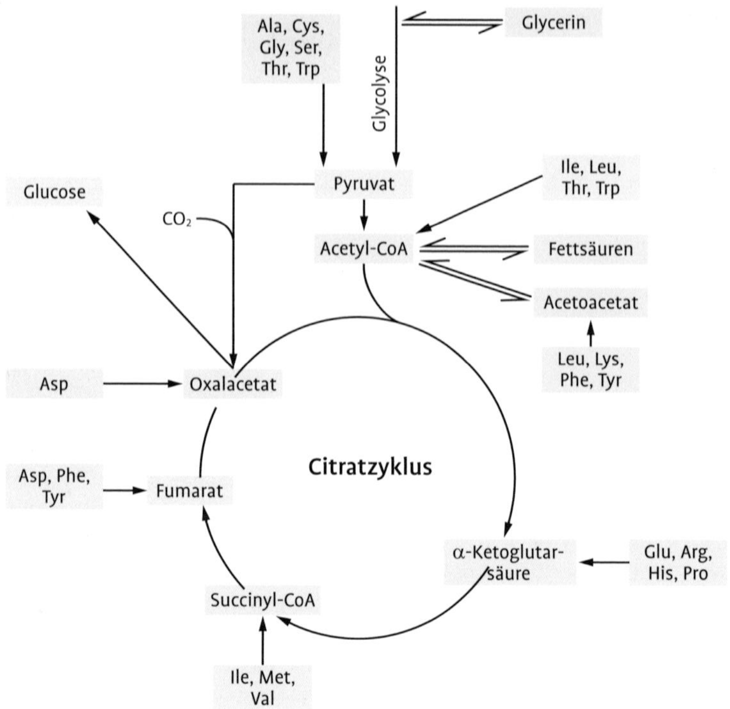

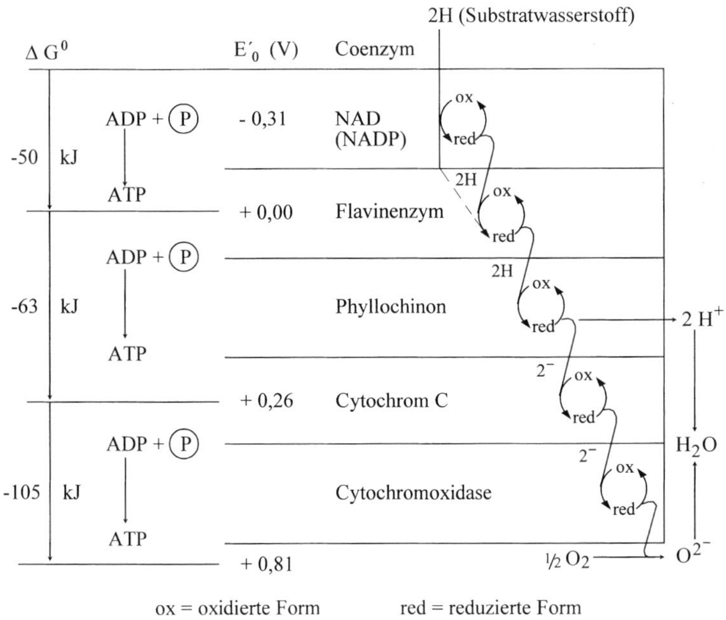

Abb. 1.22
Oxidative Phosphorylierung in der Atmungskette. $\Delta G°$ = Freie Standardenthalpie; E'_0 = Potenzialdifferenz (Elektronenfluss erfolgt immer von Redoxsystemen mit negativem Potenzial zu solchen hin mit positivem Potenzial).

In der Atmungskette wird Sauerstoff durch an Coenzyme gebundenen Wasserstoff zu Wasser reduziert. Diese Reduktion verläuft stufenweise und ist mit der Synthese von ATP gekoppelt.

In der Atmungskette wird der hohe Energiebetrag, der aus der Oxidation des NADH resultiert, mithilfe einer Enzymkaskade in kleinere „Energiepakete" zerlegt. NADH gibt die aufgenommenen Reduktionsäquivalente aus dem oxidativen Nährstoffabbau (β-Oxidation, Glykolyse, Citratzyklus) über eine Reihe enzymatischer Redox-Systeme der inneren Mitochondrienmembran letztendlich an Sauerstoff ab. Dabei sind die Oxidoreduktasen stufenweise angeordnet, und jeder der Proteinkomplexe in der Atmungskette kann den vorhergehenden oxidieren. Die bei der Oxidation des NADH freiwerdende Energie wird genutzt, um über die Mitochondrienmembran einen Protonen-(H^+-)Gradienten aufzubauen, d. h. der Energiegewinn wird zunächst in ein elektrochemisches Potenzial umgewandelt. Die ATP-Synthase, ein weiterer Enzymkomplex der Atmungskette, ermöglicht den Rückstrom der H^+-Ionen und koppelt ihn mit der ATP-Synthese, um die gewonnene Energie schließlich als ATP zur Verfügung zu stellen. Da die Oxidation in der Atmungskette mit einer Phosphorylierung von ADP gekoppelt ist, spricht man hier von der „Atmungsketten-Phosphorylierung" bzw. „oxidativen Phosphorylierung".

Die innere Mitochondrienmembran ist für NADH impermeabel, sodass cytosolisches NADH aus der Glykolyse (NADH und $FADH_2$ fallen größtenteils bei der β-Oxidation und dem Citratzyklus direkt im Mitochondrium an) über ein Shuttle-System ins Mitochondrium geschleust werden muss. Dabei werden die Elektronen im Cytosol zunächst auf membrangängige Substanzen übertragen (z. B. auf Oxalacetat → Malat oder Dihydroxyacetonphosphat → Glycerin-3-phosphat) und anschließend auf mitochondriales NAD^+ oder FAD rückübertragen. Im letzten Fall muss dabei ein Energieverlust in Kauf genommen werden.

Wenn der Wasserstoff in Form von NADH in die Atmungskette gelangt, können pro Sauerstoffatom drei Moleküle anorganisches Phosphat in eine energiereiche Bindung überführt werden. Es werden also drei Moleküle ATP gebildet bei gleichzeitigem Verbrauch von einem Atom Sauerstoff. Daraus ergibt sich ein P/O-Quotient von 3 : 1.

Gelangt der Wasserstoff über $FADH_2$ in die Atmungskette (z. B. aus Reaktion 6 des Citratzyklus oder über den Glycerinphosphat-Shuttle), können bei einem Verbrauch von einem Atom Sauerstoff nur zwei Moleküle ATP gebildet werden, es resultiert ein P/O-Quotient von 2 : 1.
Die dargestellten P/O-Quotienten von 3 : 1 bzw. 2 : 1 stellen die maximale Möglichkeit der ATP-Bildung dar. Es ist aber auch möglich, dass größere Anteile der frei werdenden Energie als Wärme verloren gehen oder im braunen Fettgewebe gezielt zur „chemischen Thermogenese" herangezogen werden, z. B. bei Kältestress von Neugeborenen oder dem Erwachen aus dem Winterschlaf. Da in diesen Fällen weniger oder kein ATP gebildet wird, spricht man von einem „Leerlaufen" bzw. „Entkoppeln der Atmungskette". Hemmstoffe der Atmungskette (z. B. Blausäure) verhindern auf verschiedenen Stufen die Elektronenübertragung, während Entkoppler als Ionophoren wirken und die Ausbildung eines für die ATP-Synthese essenziellen H^+-Gradienten verhindern.
Bei einer Hyperthyreose (Schilddrüsenüberfunktion) wird der Grundumsatz durch Steigerung des O_2-Verbrauchs erhöht und die ATP-Bildung vermindert, damit verringern sich Fleisch- und Fettansatz. Die Regulation der Atmungskette erfolgt im Wesentlichen über den Energieverbrauch. Ist dieser hoch, steigt die ADP-Konzentration, und der Ablauf der Atmungskette sowie die Sauerstoffaufnahme werden stimuliert. Dagegen erfolgt durch ATP und NAD^+ eine Hemmung.

1.4 Funktionen einiger Hormone

Alle Stoffwechselvorgänge eines lebenden Systems unterliegen einer strengen Kontrolle. Dazu sind auf allen Organisationsebenen chemische Signalsysteme erforderlich.
Die Funktionsfähigkeit eines höher organisierten Lebewesens erfordert eine Kommunikation zwischen den verschiedenen Zellen und Organen. Diese interzelluläre Signalübertragung erfolgt durch chemische Botenstoffe, von denen die Hormone die wichtigste Rolle spielen. Der Begriff „Hormon" leitet sich aus dem Griechischen ab und bedeutet antreiben/aufrühren. Als Botensubstanzen wirken die Hormone in äußerst geringen Konzentrationen (10^{-12} bis 10^{-7} mMol/l) und sind daher analytisch nicht einfach zu erfassen. Der Wirkungsmechanismus einiger Hormone ist bekannt, bei anderen bedarf er noch einer Aufklärung.
Die folgende Aufstellung (→ Tab. 1.10) enthält nur einige ausgewählte Hormone. Auch die Angaben ihrer Funktionen sind nicht vollständig und können lediglich als Zuordnung zu Gruppen von Stoffwechselreaktionen aufgefasst werden, in denen sie regulierend wirken. Des Weiteren ist darauf hinzuweisen, dass Hormone in verschiedenen Geweben unterschiedliche Wirkungen haben können und die Wirkung auch von der Anwesenheit von Synergisten und Antagonisten abhängt. Anhand dieser Beispiele ist erkennbar, dass Störungen in der Hormonbildung oder der Ausbildung von Rezeptoren an den Zielzellen zu schweren Stoffwechsel-, Entwicklungs- oder Fortpflanzungsstörungen führen müssen. Die aus dem Bereich der Humanmedizin bekannteste Krankheit, die durch eine mangelnde Hormonbildung verursacht wird, ist der Diabetes mellitus, die Zuckerkrankheit. Sie ist eine häufige Todesursache in Industrieländern. Ursachen sind eine zu geringe Insulinsekretion oder eine unzureichende Stimulierung der Zielzellen durch Insulin.

1.5 Einfluss von Nahrungsfaktoren auf das Immunsystem und die Genexpression

Jürgen Zentek

Das Immunsystem hat die wichtige Aufgabe, den Organismus vor Umwelteinflüssen zu schützen – insbesondere solchen infektiöser Art. Es verfügt dazu über angeborene, unspezifische Mechanismen und weist zudem ein breites Spektrum adaptiver, d. h. spezifischer Reaktionsmöglichkeiten auf. Letztere werden durch den fortlaufenden Kontakt mit antigen wirksamen Substanzen erworben. Immunologische Reaktionen können sich auf der Ebene des Gesamtorganismus oder aber lokal manifestieren, z. B. an der Darmschleimhaut, in den Atemwegen oder im

Tab. 1.10
Funktionen einiger ausgewählter Hormone.

Bildungsort	Hormone	Funktion
Schilddrüse und Nebenschilddrüse	Triiodthyronin (T_3) Thyroxin (T_4) (Aminosäurenderivate, Tyr)	Allgemeine Stimulation des Stoffwechsels durch Beeinflussung der Transkription
	Calcitonin (Peptid)	Antagonist des Parathormons bei der Regulation des Ca-Spiegels ($Ca^{2+}\downarrow$) und Synergist bei der Regulation des Phosphat-Spiegels ($PO_4^{3-}\downarrow$); Regulation des Ca- und P-Stoffwechsels
	Parathormon (Peptid)	Regulation des Ca- und P-Stoffwechsels; Einfluss auf den Plasmaspiegel: $Ca^{2+}\uparrow$, $PO_4^{3-}\downarrow$
Nebennierenmark	Adrenalin (Aminosäurenderivat, Tyr)	Stimulation der Glykogenolyse in Leber und Skelettmuskulatur sowie der Lipolyse; Steigerung von Herzfrequenz und Blutdruck (Stresshormon)
	Noradrenalin (Aminosäurenderivat, Tyr)	Stimuliert Lipolyse im Fettgewebe; senkt periphere Blutzirkulation
Nebennierenrinde	Glucocorticoide (Steroide)	Antagonisten des Insulins; erhöhen Spiegel von Glucose, freien Aminosäuren, Fettsäuren und Harnstoff; stimulieren peripher den Proteinabbau und hemmen die Proteinsynthese; stimulieren die Gluconeogenese in der Leber
	Mineralcorticoide (Steroide)	Regulation des Mineralstoffwechsels auf verschiedenen Ebenen
Pankreas	Insulin (Peptid)	Stimulation „glucoseverbrauchender" Wege, wie Glykogensynthese, Glykolyse, Pentosephosphatweg; Stimulation von Protein- und Fettsynthese
	Glucagon (Peptid)	Antagonist des Insulins, stimuliert glucoseliefernde Reaktionen, wie Glykogenabbau und Gluconeogenese, hemmt die Glykolyse; stimuliert die Lipolyse
Hypophysenvorderlappen	Wachstumshormon bzw. Somatomedine (Peptide)	Wirkt vor allen Dingen über die Bildung von Somatomedinen (insulin like growth factor = IGF) der Leber; Stimulation des Längenwachstums (Knorpel); Steigerung der Proteinsynthese; Hemmung der Fettsynthese
Keimdrüsen	Androgene (Steroide); Bildung bes. im Hoden	Testosteron ist wichtigster Vertreter; Stimulation des Wachstums männlicher Fortpflanzungsorgane und sekundärer Geschlechtsmerkmale; stimuliert anabol die Proteinsynthese; fördert Calcifikation des Knochens
	Östrogene (Steroide) Bildung bes. im Ovar	Stimulation des Wachstums weiblicher Fortpflanzungsorgane und sekundärer Geschlechtsmerkmale; besondere Funktionen für den Stoffwechsel im Uterus und während der Trächtigkeit
	Progesteron (Steroid) Bildung bes. im Ovar	Wichtigstes Trächtigkeitshormon (Gestagen); unterdrückt Ovulation, auch bei externer Zufuhr (hormonelle Kontrazeption)

Tab. 1.10 (Fortsetzung)
Funktionen einiger ausgewählter Hormone.

Bildungsort	Hormone	Funktion
Hypophysenhinterlappen (Neurohypophyse)	Oxytocin (Peptid)	Stimulation der glatten Muskulatur des Uterus während der Geburt sowie der glatten Muskulatur der Milchdrüsen → Milchejektion
	Vasopressin (Peptid)	= Antidiuretisches Hormon (ADH); erhöht die Wasserrückresorption → Aufkonzentrieren des Harns, Senkung des Harnvolumens
Epithelien des Gastrointestinaltrakts	Gastrin (Peptid)	Überwiegend im Magen und Duodenum freigesetztes Hormon: Stimulation der Bildung und Sekretion von HCl in den Belegzellen. Stimuliert Magenbeweglichkeit
	Somatostatin (Peptid)	Gegenspieler von Gastrin, hemmt Sekretion von HCl und Bauchspeichel
	Secretin (Peptid)	Im Duodenum freigesetzt, hemmt Gastrinsekretion. Stimulation der Pankreassekretion eines enzymarmen und bicarbonatreichen Saftes
	Cholecystokinin (Pankreozymin) (Peptid)	Im Duodenum freigesetzt, Stimulation der Pankreassekretion eines enzymreichen Sekrets. Fördert Kontraktion der Gallenblase. Fördert Darmbeweglichkeit, senkt Beweglichkeit des Magens
	VIP (Vasoaktives intestinales Peptid)	Fördert die Durchblutung und erhöht den Tonus der glatten Muskulatur der Darmwand
	GIP (gastric inhibitory polypeptid)	Im Duodenum freigesetztes Hormon, hemmt Magenmotorik und Sekretion von Magensaft
	Serotonin (Amin)	Beeinflusst die Bewegungen der Magen-Darm-Muskulatur
	Endorphine (Peptide)	Hemmung der Darmbeweglichkeit
	Leptin (Peptid)	Im Magen freigesetztes Hormon, hemmt anabole Prozesse, regt Katabolismus an, löst Sättigungsgefühl aus
	Ghrelin (Peptid)	Gegenspieler von Leptin, löst Hungergefühl aus
	Melatonin (Amin)	Stimuliert die Abgabe von Bicarbonat aus den Epithelzellen des Duodenums

Urogenitaltrakt. An diesen Reaktionen sind unterschiedliche Zelltypen beteiligt, die über zelluläre oder humorale Interaktionen ein breites Spektrum von Abwehrmechanismen ermöglichen.

Neben seiner wichtigen Funktion bei der Verdauung und Absorption der Nahrung stellt der Darm das größte Immunorgan des Körpers dar. Seine Immunfunktion ist aus Sicht der Ernährung besonders wichtig, weil die Darmschleimhaut, ähnlich wie die Lunge, eine Grenzfläche zur Außenwelt bildet, an der verhindert werden muss, dass Krankheitserreger in den Körper übertreten. Einerseits dient der Darm also dazu, Nahrungsbestandteile in den Körper aufzunehmen und muss zu diesem Zweck durchlässig (permeabel) sein. Andererseits muss gewährleistet werden, dass Bakterien bzw. Antigene aus dem Darmlumen die Darmschranke nicht unkontrolliert passieren können. Die Entwicklung eines stabilen darmassoziierten Immunsystems ist für die Gesunderhaltung und das Überleben des Organismus notwendig. Bei Neugeborenen ist die Darmbarriere noch nicht geschlossen, was vor allem für die Aufnahme maternaler Antikörper aus der

Muttermilch von besonderer Bedeutung ist. Es ist essenziell, dass der Darm in der Lage ist, mit den Nahrungsbestandteilen, insbesondere den Futtereiweißen, „umzugehen" und eine Toleranz zu entwickeln. Ein stabiles und funktionsfähiges Darmimmunsystem wird als wichtiges Element zur Erhaltung der Tiergesundheit gesehen.

Bei Antigenen handelt es sich um Eiweißmoleküle, die aufgrund ihrer Struktur prinzipiell befähigt sind, mit dem Immunsystem zu reagieren. Die Organisation des Immunsystems im Darm dient der Erkennung von Antigenen, ihrer Verarbeitung und Aufbereitung sowie der Erzeugung einer Reaktion mithilfe der dort ansässigen Immunzellen, im Wesentlichen Lymphozyten und Antikörper sezernierenden Plasmazellen. Kommt es zu einer Sensibilisierung des Immunsystems, kann sich eine Überempfindlichkeit bzw. Allergie gegenüber Futtermitteln bzw. Futterbestandteilen entwickeln. Diese kann sich auf den Verdauungs- bzw. Atmungstrakt sowie auch auf andere Organsysteme auswirken. Allergische Grundlagen werden als wichtige auslösende Ursache betrachtet für verschiedene Erkrankungen, z. B. Darmerkrankungen bei Jungtieren oder auch bei Atemwegsproblemen von Pferden.

Das Immunsystem ist erheblichen Alterseinflüssen unterworfen. Neugeborene Ferkel haben eine niedrige Anzahl von Immunzellen in der Darmschleimhaut, aber bereits nach fünf Tagen erreicht die Zelldichte etwa 10 % der Werte erwachsener Tiere und nimmt in den nächsten Lebenswochen weiterhin zu. Außerdem differenzieren sich die Zellen, d. h. sie spezialisieren sich auf einzelne Teilaufgaben der Immunantwort und stehen untereinander mittels komplexer Signalsysteme in Verbindung. Im Alter von fünf Wochen ist beim Schwein eine gewisse Ausreifung des darmassoziierten Immunsystems festzustellen. Es ist in der Lage, Antigene zu erkennen, die aufgenommenen Informationen weiterzugeben und eine passende Reaktion einzuleiten. Diese Reaktion ist prinzipiell so ausgerichtet, dass gegenüber schädlichen Antigenen, z. B. pathogenen Bakterien, eine Abwehrreaktion, gegenüber unschädlichen Nahrungsbestandteilen aber eine aktive Toleranz, d. h. eine Unempfindlichkeit, resultiert.

Die Darmschleimhaut hat sehr spezifische Eigenschaften, die für die Erfüllung der Abwehrfunktion essenziell sind. Dazu zählen unspezifische Mechanismen, z. B. eine lokal im Schleim vorhandene enzymatische Aktivität, die elektrische Ladung der Darmschleimhäute sowie weitere Faktoren, wie z. B. der pH-Wert. Einen wesentlichen spezifischen Schutzmechanismus des Organismus stellt darüber hinaus das sekretorische Immunglobulin A dar (sIgA). Es verhindert, dass größere Antigenmengen unkontrolliert den Organismus erreichen.

Schon in der frühen Entwicklung des Darms ist nicht nur die Ausbildung der Toleranz gegenüber harmlosen Nahrungsantigenen von Bedeutung, sondern darüber hinaus eine gut funktionierende Abwehr gegen pathogene Keime. Für die Entwicklung des darmassoziierten Immunsystems sind Antigene aus der Umwelt, dem Futter sowie aus der darmeigenen Mikrobiota erforderlich. Sowohl die Ernährung als auch die in der Säugeperiode vorherrschende Mikrobiota verändern sich in den ersten Lebenswochen, insbesondere bei der Aufnahme von Festfutter bzw. beim Absetzen. Eine nicht angepasste Ernährung kann zu Verdauungsstörungen führen, die eine immunologische Basis haben. So kann die Verabreichung von unbearbeitetem, antigenwirksamem Sojaeiweiß sowohl bei Ferkeln als auch bei Kälbern zu einer deutlich messbaren Immunantwort führen. Eiweiße jedoch, die schonend aufbereitet bzw. enzymatisch vorverdaut wurden, verursachen deutlich weniger Veränderungen der Struktur und Funktion der Darmwand.

Aus Sicht der Tierernährung ist die Unterstützung des Immunsystems durch optimierte Futterzusammensetzung von Interesse, um dessen Funktionsfähigkeit zu erhalten. Sowohl Futterkomponenten als auch einzelne Nähr- bzw. Zusatzstoffe können Immunfunktionen beeinflussen. Diätetische Faktoren können direkt oder indirekt über die Interaktion mit der Darmmikrobiota auf das Darmimmunsystem einwirken. Die bedarfsgerechte Versorgung mit Protein bzw. Aminosäuren, Fettsäuren, Vitaminen sowie Spurenelementen ist für eine optimale Reaktionsfähigkeit des Immunsystems notwendig. Unterstützende Effekte konnten auch für Probiotika, Nucleotide aus Hefezellen oder Carotinoide festgestellt werden. Auch die Inaktivierung von immunsuppressiven Substanzen, z. B. Mykotoxinen aus der Gruppe der Trichothecene oder Fumonisine, ist in diesem Zusammenhang relevant. Die Beeinflussung einzelner immunologischer Parameter bzw. Marker durch Fütterungsmaßnahmen kann dazu hilfreiche Informationen geben, sagt aber im Einzelfall noch nichts über eine Wirkung am Tier bzw. im Bestand aus. Letztlich ist bei allen Maßnahmen die entscheidende Frage, ob die Tiergesundheit im Sinne einer verbesserten Widerstandsfähigkeit gegenüber Infektions- und Umwelteinflüssen signifikant verbessert wird.

Einzelne Nährstoffe bzw. Futterinhaltsstoffe können den Stoffwechsel beeinflussen, indem sie auf die Gentranskription, die Translation bzw. die Proteinsynthese einwirken. Diese Nährstoff-Genom- bzw. Nährstoff-Proteom-Interaktionen werden als „Nutrigenomik“ bzw. „Nutriproteomik“ bezeichnet. Die Kenntnis dieser Vorgänge ist wichtig, da dadurch ein grundlegenderes Verständnis der Interaktionen zwischen Ernährung und dem tierischen Organismus erreicht werden kann. Dadurch können zukünftig rasse- bzw. linienspezifische Besonderheiten im Energie- und Nährstoffbedarf besser berücksichtigt werden. Derzeit werden die wissenschaftlichen Grundlagen mithilfe molekularbiologischer Methoden intensiv bearbeitet. Eine wesentliche Bedeutung haben Verfahren, die eine breite Erfassung der Reaktionen des Organismus erlauben, z. B. DNA Microarray Techniken („DNA-Chips“) und neuerdings die Erfassung der Gesamtheit von Reaktionen auf der Ebene der Gen- (metagenomisch) und der Proteinexpression (metaproteomisch).

1.6 Mikroorganismen und ihr Stoffwechsel

Die lebende Materie kann man in drei Reiche unterteilen: Tiere, Pflanzen und Protisten. Die Protisten sind mikroskopisch klein (Bakterien ca. 1 μm, Hefen ca. 10 μm) und werden daher auch als Mikroorganismen bezeichnet. Zu ihnen gehören Bakterien, Pilze, Blaualgen und Protozoen.

Vom Zellaufbau her kann man bei den Mikroorganismen die Eukaryonten (haben einen echten Zellkern) und die Prokaryonten (haben keinen echten Zellkern) unterscheiden. Hauptvertreter der Eukaryonten sind die Hefen und Schimmelpilze, bei den Prokaryonten sind es die Bakterien.

1.6.1 Bedeutung der Mikroorganismen

Die Mikroorganismen, deren Gesamtheit auch als Mikrobiom oder Mikrobiota bezeichnet wird, sind in ihrem Vorkommen ubiquitär, d. h. sie kommen überall vor und haben eine weitaus größere Stoffwechselvielfalt als Pflanzen und Tiere. Praktisch sind sie in ihrer Gesamtheit in der Lage, alle in der Natur gebildeten Stoffe auch wieder abzubauen. Auf diese Weise ist der Kreislauf aller Verbindungen und Elemente gewährleistet.

Mikroorganismen haben sowohl für den Kreislauf des Kohlenstoffs als auch für den Kreislauf des Stickstoffs eine entscheidende Bedeutung.

Beim Stickstoffkreislauf steht das Ammonium im Mittelpunkt. Dies entsteht beim Abbau von Proteinen und Aminosäuren, die aus abgestorbenen Pflanzen und von Tieren stammen und letztlich in den Boden gelangen. In gut durchlüfteten Böden wird Ammonium durch Mikroorganismen im Prozess der Nitrifikation in Nitrit und in Nitrat überführt. Sowohl Ammonium als auch Nitrat können von den Pflanzen als Stickstoffquelle genutzt und assimiliert werden. Liegt im Boden bei anhaltender Nässe Sauerstoffmangel vor, kommt es vermehrt zur Stickstoffentwicklung (Denitrifikation).

Andererseits sind Bakterien und Pilze aber auch zur Stickstofffixierung fähig. Stickstoffbindende Bakterien leben entweder frei oder in Symbiose mit bestimmten Pflanzen (Leguminosen) im Boden.

Da Mikroorganismen, besonders Bakterien, auch den Verdauungstrakt von Tieren besiedeln, sind sie am Nährstoffumsatz des Tieres beteiligt. Dies ist in besonderem Maße bei den Wiederkäuern der Fall, die über ein voluminöses Vormagensystem verfügen, in dem mikrobielle Umsetzungen stattfinden. Bezüglich des N-Umsatzes ist besonders die Fähigkeit der Bakterien, Ammonium zu fixieren, von Bedeutung. Auf diese Weise kann auch aus Ammoniumsalzen oder aus Harnstoff (endogener oder exogener Herkunft) stammendes Ammonium in organische Verbindungen (Aminosäuren) überführt und vom Tier verwertet werden.

1.6.2 Nutzung mikrobieller Stoffwechselleistungen durch den Menschen

Betrachtet man die Einflüsse der Mikroorganismen oberflächlich, meint man, sie seien primär schädliche Organismen, da sie bei Mensch, Tier und Pflanzen oft auch als Krankheitserreger in Erscheinung treten. Es gibt aber eine Vielzahl von Anwendungen, bei denen der Stoffwechsel der Mikroorganismen durch den Menschen genutzt wird (→ Tab. 1.11).

Die Milchsäuregärung wird von verschiedenen Bakterienarten durchgeführt. Man unterscheidet zwischen einer homofermentativen und einer heterofermentativen Milchsäuregärung. Die homofermentative Gärung führt ausschließlich zum Endprodukt Milchsäure, während bei der heterofermentativen Gärung neben Milchsäure auch andere Produkte entstehen wie Essigsäure und Buttersäure. Eine Vielzahl von Bakterienarten sind Milchsäurebildner, z. B.:

	Kokken	Stäbchen
Homofermentativ	*Streptococcus lactis* *Pediococcus cerevisiae*	*Lactobacillus lactis* *L. delbrückii* *L. plantarum*
Heterofermentativ	*Leuconostoc* spec.	*L. brevis* *Bifidobacterium bifidum*

Die Stoffwechselvielfalt der Bakterien ist besonders gut anhand der verschiedenen Gärungstypen zu erkennen. Von der Glucose ausgehend erfolgt bis zum Pyruvat ein einheitlicher Abbauweg. Vom Pyruvat aus verzweigen sich dann die verschiedenen Gärungstypen. In allen Gärungsformen einheitlich ist die Aufnahme von Wasserstoff. Das heißt, es handelt sich in jedem Falle um anaerobe Bedingungen, unter denen für den in der Glykolyse anfallenden Wasserstoff Akzeptoren benötigt werden.

Nutzung von Mikroorganismen zur Antibiotikaproduktion

Als **Antibiotika** bezeichnet man Stoffe, die von Mikroorganismen gebildet werden und das Wachstum anderer Mikroorganismen hemmen oder diese abtöten.

Der Wirkung nach kann man unterscheiden:

- **bakterizide** Antibiotika – töten Bakterien ab,
- **bakteriostatische** Antibiotika – hemmen das Wachstum von Bakterien.

Auf Pilze bezogene Wirkstoffe wirken dementsprechend **fungizid** oder **fungistatisch.**

Die Antibiotika stellen chemisch gesehen keine einheitliche Stoffklasse dar und wirken daher auf unterschiedliche Mikroorganismen auch auf ganz verschiedene Art und Weise. Sie können entweder auf die Zellwandsynthese, die Translation oder die Transkription hemmend wirken.

Tab. 1.11
Klassische mikrobielle Verfahren.

Verfahren	Stoffwechselleistung/Mikroorganismen
Bier- und Weinbereitung	Alkoholische Gärung durch Hefen
Brotbereitung	CO_2-Freisetzung durch Hefen
Herstellung von Milchprodukten	Milchsäurebildung durch Bakterien
Konservierung von Gemüse und Futterpflanzen	Sauerkraut, Silagen durch Milchsäurebildung von Bakterien; Einsatz von Bakterienkulturen als Silierhilfen
Käsebereitung	Schimmelpilze (z. B. *Penicillium camembertii*)
Starterkulturen für die Fleischreifung	Milchsäurebildung durch Bakterien
Mikroorganismen zur Herstellung von Grundchemikalien	
Glycerin	Gesteuerte Hefegärung
Zitronensäure	z. B. *Aspergillus niger*
Aceton, Essigsäure, Butanol, Propanol	Verschiedene

Antibiotika können nur gegen solche Organismen wirken, die keine Resistenz gegen das entsprechende Antibiotikum besitzen. Die Resistenz selbst kann auf verschiedenen Mechanismen basieren. Diese können das Antibiotikum abbauende Enzyme sein, es können Modifikationen der Antibiotika erfolgen oder es kann eine Blockierung der Antibiotikaaufnahme in die Zellen sein. Ausgewählte Antibiotika sind über Jahrzehnte hinweg unter der Bezeichnung „Leistungsförderer" als Futterzusatzstoffe eingesetzt worden. In der Europäischen Union ist diese Art von Futterzusatzstoffen seit dem 1.1.2006 nicht mehr zugelassen. Damit soll sichergestellt werden, dass die Anwendung von Antibiotika als Leistungsförderer in der Nutztierhaltung nicht zur Resistenzbildung gegen Antibiotika beiträgt.

Neuere mikrobiologische Verfahren

In den letzten Jahrzehnten hat die Nutzung von Mikroorganismen für die Produktion einer Vielzahl von Verbindungen stark zugenommen. Dafür seien zwei Beispiele genannt, die auch für die Tierernährung von Bedeutung sind:

- **Mikrobielle Produktion von Aminosäuren:** Mit dem Mikroorganismus *Corynebacterium glutamicum* ist entdeckt worden, dass dieses Bakterium unter Nutzung von Zucker und Ammoniumsalzen als Substrate in der Lage ist, mit hohen Ausbeuten Glutaminsäure zu produzieren. In der Zwischenzeit sind verschiedene andere Bakterienstämme selektiert worden, sodass praktisch alle Aminosäuren in großen Mengen mikrobiell hergestellt werden können. Mikrobiell gewonnene Aminosäuren sind für die Ergänzung von Futtermitteln deshalb von besonderem Wert, da sie ausschließlich in der L-Form vorliegen (bei chemischer Synthese dagegen in der DL-Form).
- **Mikrobielle Produktion von Enzymen:** Diese erfolgt sowohl mit Bakterien (z. B. *Bacillus*-Arten), als auch mit Schimmelpilzarten (z. B. *Aspergillus-*, *Trichoderma-*, *Penicillium-*, *Humicola*-Arten). Für Enzyme gibt es die verschiedenartigsten Anwendungen in der Industrie (Proteasen, Lipasen als Bestandteil von Waschmitteln; Stärkehydrolyse durch Amylasen), in der Lebensmittelindustrie (Chymosin in der Käsebereitung, Pektinasen bei Fruchtsaft) oder in der Landwirtschaft (Phytasen, β-Glucanasen, Xylanasen als Futterzusatzstoffe für Geflügel und Schweine). Ziel der zuletzt genannten Anwendung ist eine verbesserte Verwertung von organisch gebundenem Phosphor bzw. die Beseitigung antinutritiver Effekte durch Nicht-Stärke-Polysaccharide.

Probiotika – Nutzung lebender Keime als Futterzusatzstoffe

Bei den Probiotika handelt es sich um lebensfähige Formen von Mikroorganismen, die dem Organismus kontinuierlich mit dem Futter zugeführt werden (→ hierzu Teil 2, Kap. 20.3.5).

2 Mineralstoffe und Wasser

Annette Simon

2.1 Allgemeines

Die anorganischen Bestandteile des Tierkörpers und von Futtermitteln sind Wasser sowie Mengen- und Spurenelemente (Mineralstoffe). Obwohl Wasser kein Nährstoff im eigentlichen Sinne ist, bildet es die Grundlage für die Ausübung von Lebensfunktionen.

Mineralstoffe gehören zu den unentbehrlichen Futterbestandteilen. Sie haben im Organismus vielfältige Funktionen und können in festen Strukturen als schwerlösliche Salze oder als freie Ionen vorliegen. Entsprechend ihrem Anteil im Organismus, der notwendigen Konzentration im Futter sowie ihren biochemischen Funktionen wird zwischen Mengenelementen und Spurenelementen unterschieden.

Auf detaillierte Angaben zum Bedarf an Mengenelementen und zu Versorgungsempfehlungen mit Spurenelementen wird im Folgenden verzichtet. Sie sind den entsprechenden Kapiteln zur Fütterung zu entnehmen.

Mengenelemente (→ Tab. 2.1): Der mittlere Gehalt im Organismus liegt zwischen 20 und 0,4 g/kg Körpermasse, der Bedarf beträgt 1–35 g/kg Futtertrockensubstanz.

Tab. 2.1
Mengenelemente, Gehalt im Tierkörper und im Blutplasma.

	Mittlerer Gehalt im Gesamtkörper (g/100 g fettfreier Substanz)	Blutplasma (mg/100 ml)
Calcium (Ca)	1–2	9–12
Phosphor (P)	0,7–1	4–9
Magnesium (Mg)	0,04–0,05	2–3
Natrium (Na)	0,1–0,15	330
Kalium (K)	0,2–0,3	20
Chlorid (Cl)	0,1–0,15	370
Schwefel (S)	0,15	–

Funktionen der Mengenelemente:

- Mengenmäßig vorwiegend Baustoffe (→ Tab. 2.2)
- Aktivatoren bzw. Inhibitoren von Stoffwechselprozessen
- Träger biochemischer Reaktionen
- Regulation des Elektrolyt- und Wasserhaushaltes
- Bestandteile von Puffersystemen

Tab. 2.2
Anteil im Skelett gebundener Mengenelemente am Gesamtgehalt im Tierkörper sowie Zusammensetzung der Knochenasche.

	Ca	P	Mg	Na	K
Anteil des Skeletts am Gesamtgehalt im Organismus (in %)	99	80	65	40	< 10
Zusammensetzung der Knochenasche (fett- und wasserfrei)[1] (in %)	36	17	0,8	0,8	–

1 Da der Wassergehalt der Knochen mit dem Alter abnimmt und Knochen auch als Fettspeicher dienen können, wird der Aschegehalt von Knochen häufig auf die wasser- und fettfreie Substanz bezogen.

Tab. 2.3
Einteilung der Spurenelemente.

Elemente mit erwiesener biochemischer Bedeutung als anorganische Bestandteile von essenziellen Körperverbindungen		Elemente mit essenziellem Charakter, deren biochemische Funktion nicht oder nur ungenügend bekannt ist	Weitere im Organismus nachgewiesene Elemente (Begleitelemente, Ultraspurenelemente) (Beispiele)
Mit Mangelerscheinungen; Bedarf relativ gut untersucht	Ohne Mangelerscheinungen in der Praxis	Ohne oder nur experimentell erzeugter Mangel	
Cobalt Eisen Iod Kupfer Mangan Selen Zink	Fluor Molybdän Nickel	Arsen Bor Chrom Lithium Silicium Vanadium Zinn	Aluminium Beryllium Blei Brom Cadmium Strontium Wolfram

Spurenelemente: Die allgemeine Einteilung der Spurenelemente ist in Tabelle 2.3 dargestellt. Der mittlere Gehalt im Organismus liegt mit Ausnahme von Fe unter 50 mg/kg Körpermasse. Für die bedarfsgerechte Versorgung mit Spurenelementen mit potenziellem Mangel sind zwischen 0,05 und 80 mg/kg Futtertrockensubstanz erforderlich.

Funktionen der Spurenelemente:

- Aktivatoren und Bestandteile von Enzymen (Cofaktoren)
- Proteinbestandteile
- in Hormonen enthalten

Durch verbesserte Analysengenauigkeit, Gewährleistung einer spurenelementarmen Umgebung und hochgereinigtes Versuchsfutter wurde auch die Essenzialität zusätzlicher Elemente belegt, für die ein sehr geringer Bedarf besteht und deren ausreichende Zufuhr unter praktischen Fütterungsbedingungen immer gewährleistet ist (→ Tab. 2.3).
Als Kriterien der Essenzialität von Spurenelementen werden gesehen:

- Vorkommen in gesunden Geweben,
- Depletion ruft spezifische Mangelerscheinungen hervor,
- Repletion hebt diese Mangelerscheinungen wieder auf, soweit noch keine irreversiblen Schäden aufgetreten sind.

Weitere Spurenelemente werden im Körper gespeichert, da sie mit dem Futter aufgenommen und nicht wieder ausgeschieden werden (Begleitelemente). Teilweise kann eine überhöhte Zufuhr zu Vergiftungserscheinungen führen.

Der Mineralstoffbestand des Organismus unterliegt ebenso wie dessen organische Bestandteile einem ständigen Umsatz. Der Gehalt an Mengen- und Spurenelementen in einzelnen Organen und Geweben kann von den angegebenen Mittelwerten des Gesamtorganismus stark abweichen. Für einige Elemente gibt es zudem eine hohe Speicherkapazität in der Leber (Cu, Fe) und im Knochengewebe (Ca, P, Zn, F), die den Bedarf für physiologische Aufgaben meist überschreitet. Bei tragenden Tieren ist außerdem eine erhöhte Retention bekannt, die als Trächtigkeitsanabolismus bezeichnet wird. Die betrifft besonders Muttertiere im letzten Drittel der Gravidität bezüglich einzelner Spurenelemente, wie Cu, Zn, Mn, Ni; Fe aber nur partiell. Während der folgenden Laktation können diese Reserven wieder abgebaut werden.
Bei der Angabe des Mineralstoffbedarfs unterscheidet man:

- **Minimalbedarf:** Deckung schließt mit Sicherheit das Auftreten von Mangelsymptomen aus.
- **Optimalbedarf:** Deckung ermöglicht in vielen Fällen erst ein optimales Zusammenspiel aller Stoffwechselvorgänge und eine gewünschte

physiologische Speicherung in den Geweben. Jungtiere haben dabei meist einen höheren Bedarf als ausgewachsene Tiere.

Zur Deckung des physiologischen Bedarfs **(Nettobedarf)** muss für die Angabe des notwendigen Gehaltes im Futter **(Bruttobedarf)** die unterschiedliche Resorptionsrate und **intermediäre Verwertbarkeit** von Mineralstoffen berücksichtigt werden.

Bruttobedarf = Nettobedarf/Verwertbarkeit

Bei Empfehlungen zur Mineralstoffversorgung über das Futter ist die Verwertbarkeit bereits berücksichtigt. Entsprechend können diese Werte als Bruttobedarf definiert werden. Allerdings ist die Einschätzung der Verwertbarkeit von Mineralstoffen nur in begrenztem Maße möglich, da vielfältige Einflüsse wirksam werden können, wie:

- Art der chemischen Bindung des Elements (z. B. Fe und Cu werden als Chelate und Glycinate sowie Se als Se-Methionin bzw. Se-Cystein u. U. besser verwertet als in anorganischer Form),
- Wechselwirkung mit anderen Nahrungsbestandteilen,
- pH-Verhältnisse im Magen-Darm-Trakt, synergistische und antagonistische Interaktionen zwischen Elementen auf den Stufen Resorption, Transport und/oder Speicherung.

Aufgrund von zahlreichen Antagonismen schützt zudem eine bedarfsgerechte Zufuhr eines Elements nicht immer vor sekundärem Mangel durch Überschuss eines anderen Elements.
Bei der Zufuhr von Mineralstoffen ist zu beachten, dass der Gehalt an Mengen- und Spurenelementen in Futterpflanzen stark schwanken kann. Einfluss auf die Gehaltswerte haben:

- Bodenart, pH-Wert (Standort, Düngung)
- Aufnahmevermögen der Pflanzen
- verfütterter Pflanzenteil
- Witterung
- Zusammensetzung des Pflanzenbestandes
- Vegetationsstadium
- Werbungs- und Konservierungsart
- Kontaminationen (Erde, Emissionen)

Die Versorgung von Wiederkäuern und Pferden mit Mineralstoffen wird in größerem Ausmaß durch die geologische Herkunft der Futteranbauflächen beeinflusst als bei anderen landwirtschaftlichen Nutztieren, da der Mineralstoffgehalt von Blättern und Stängeln stärker durch den Standort beeinflusst wird als der von Körnern, Wurzeln und Knollen.
Zur Stabilisierung der Mineralstoffversorgung werden Anpassungsmechanismen wirksam, die Resorption, Speicherung, Mobilisation und Ausscheidung betreffen können (→ Abb. 2.1). Dieses Phänomen des Organismus, elementspezifisch in gewissen Grenzen Schwankungen im Angebot

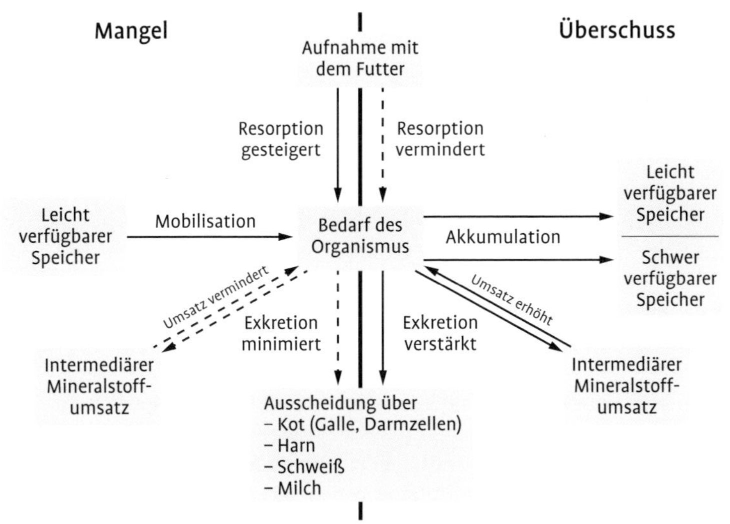

Abb. 2.1 Mögliche Anpassungsmechanismen bei Mangel oder Überschuss an Mineralstoffen im Futter.

verwertbarer Mineralstoffe und/oder im Bedarf ausgleichen zu können, bezeichnet man als **Homöostase.**

Für einzelne Elemente sind die speziellen Möglichkeiten zur Anpassung an einen variierenden Versorgungsstatus jedoch unterschiedlich ausgeprägt:

- strenge Regulation der Resorption, die endogenen Verluste über Kot und Harn bleiben dabei relativ konstant (z. B. bei Fe),
- nahezu vollständige Resorption, Ausgleich über Exkretion (z. B. bei I und F),
- Zusammenwirken von veränderter Resorption und endogener Ausscheidung: bei Cu, Mn, Ni, Zn zum größten Teil Ausscheidung über den Kot; bei Cr, Co, Mb, Se und Si hauptsächlich Ausscheidung über den Harn.

Die Problematik toxischer Elemente ist vielfach darin begründet, dass diese bei hoher Resorptionsrate nicht schnell und umfangreich genug ausgeschieden werden können.

Ebenso wie bei N-Verbindungen kann man den Anteil resorbierter Mineralstoffe nicht durch die Differenz zwischen Aufnahme und Kotausscheidung berechnen, da der Verdauungstrakt auch als Ausscheidungsorgan für Mineralstoffe dient.

Eine Unterscheidung zwischen nicht resorbierten und endogenen Mineralstoffen ist nur durch Markierung der Mineralstoffe im Futter oder des intermediären Mineralstoffpools mit Isotopen möglich.

Beim **Versorgungsstatus** unterscheidet man:

- mangelhafte Versorgung,
  gekennzeichnet durch klinische Symptome,
- suboptimale Versorgung,
  biologische Veränderungen im Stoffwechsel gegenüber dem Optimalzustand, jedoch ohne klinische Symptome,
- optimale Zufuhr,
  gewährleistet volle Gesundheit und Leistungsfähigkeit,
- subtoxische Zufuhr,
  gekennzeichnet durch biochemische Veränderungen im Stoffwechsel; noch ohne klinische Symptome,
- toxische Zufuhr,
  Auftreten klinischer Symptome.

Abb. 2.2
Abhängigkeit des Wachstums von der Spurenelementaufnahme.

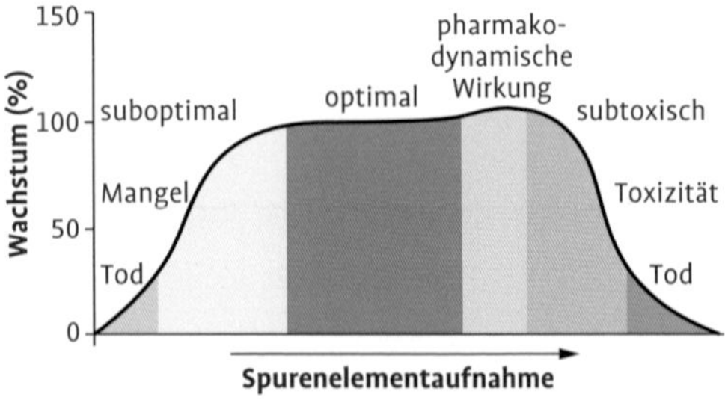

Klinische Symptome werden nur bei ausgeprägtem Mangel und bei Toxizität deutlich. Zwischen Bedarfsdeckung und Toxizität liegt bei einigen Spurenelementen noch der Bereich einer wachstumssteigernden Wirkung (z. B. Cu bei Schweinen) (→ Abb. 2.2). Tolerierte Mengen und toxische Schwellen von Spurenelementen sind in Tabelle 2.4 aufgeführt.

Die **Diagnose** eines **Mineralstoffmangels** ist häufig schwierig, da sich Mangelerscheinungen verschiedener Elemente ähneln und sich zunächst in unspezifischem Leistungsrückgang auswirken. Mangelzustände entwickeln sich häufig langsam und nicht gleichmäßig im Bestand.

Bei überhöhter Zufuhr kann es je nach Empfindlichkeit gegenüber den entsprechenden Mengen- und Spurenelementen zu allgemeinem Leistungsabfall, Störung von Stoffwechselabläufen und Vergiftungserscheinungen **(Toxikosen)** kommen. Insbesondere einige Spurenelemente (z. B. Se, Mo) waren zunächst nur als toxische Futterbestandteile bekannt, bevor deren Essenzialität bewiesen wurde. Bei manchen Spurenelementen können absolute Gehaltswerte ohne Berücksichtigung der chemischen Form sowohl Mangel als auch Toxizität hervorrufen (z. B. Arsen). Begrenzt wirksame Schutzmechanismen des Körpers gegen Intoxikation sind verminderte Resorption bzw. erhöhte Ausscheidung sowie die Bildung von Proteinen (z. B. Metallothionin), die eine besonders hohe Bindungskapazität für einzelne Elemente besitzen und diese festlegen.

Das Blut ist zur **Diagnose des Versorgungsstatus** meist nicht gut geeignet, da dessen Mineralstoffgehalt besonderen homöostatischen Regulations-

Element	Schwelle	Spurenelementgehalte (mg/kg DM)			
		Rind	Schaf	Schwein	Geflügel
Eisen	Toleranz Toxizität	500	500	300[1]/5000	
Cobalt	Toleranz Toxizität	30	30	400	200
Kupfer	Toleranz Toxizität	70 30–40[2]	10 12	250 300–500	300–500
Mangan	Toleranz Toxizität	800		400 1000	
Zink	Toleranz Toxizität	150 500	150 500	1000 2000	1000
Molybdän	Toleranz Toxizität	6	2		200
Selen	Toleranz Toxizität	3 4–5	3 4–5	5 7	3–4 5
Iod	Toleranz Toxizität	10 25–50	10	400–800	
Fluor, leicht löslich	Toleranz Toxizität	30–50	30–50	100	250–350 500

1 Ferkel 2 Kalb

Tab. 2.4 Toleranzschwellen und toxische Schwellen einiger Spurenelemente (nach Kirchgessner).

mechanismen unterliegt. So können beispielsweise bei Mangelversorgung durchaus über der Norm liegende Serum- bzw. Plasmagehalte ermittelt werden.

Für spezielle Mengen- und Spurenelemente werden bestimmte „Indikator"-Organe bzw. Gewebe angegeben, die die Bedarfsdeckung bzw. Belastung reflektieren: pigmentiertes Deckhaar bzw. Gefieder und Bioptate von Hüfthöcker und Leber; beim geschlachteten Tier: Leber, Rippe, Niere und Großhirn.

Die Analyse des Mineralstoffgehaltes des verabreichten Futters kann nur Hinweise auf die Versorgungslage an bestimmten Elementen geben, sagt jedoch nichts über deren spezielle Verwertung aus.

Bei Spurenelementen erfolgt die Mangeldiagnose am besten durch Bestimmung der Aktivität geeigneter Metalloenzyme bzw. der Sättigung bestimmter spurenelementbindender Proteine im Blut (Co: Methylmalonsäure im Harn; Cu: Superoxiddismutase; I: Plasmathyroxin; Fe: Ferritin; Mn: Mn-Superoxiddismutase; Zn: alkalische Phosphatase). Dabei ist es jedoch schwierig, eindeutige Grenzwerte festzulegen. Tabelle 2.5 gibt Aufschluss zu den Möglichkeiten, eine Mineralstofffehlernährung über Untersuchung von Boden, Futter, Plasma, Speichel oder Harn festzustellen.

Bei Metallvergiftungen sind Blut und Harn ebenfalls meist nicht zur Diagnose geeignet, da die Toxizität häufig dadurch verursacht wird, dass eine Metallausscheidung nicht möglich ist. Es kommt daher zur Depotbildung in Knochen, Leber, Nieren und/oder Nervengewebe. Diagnostisch bieten sich hier Biopsien, z. B. der Leber, an.

Richtwerte für Schwermetallkonzentrationen im Futter, bei deren Überschreitung Rückstände in tierischen Produkten auftreten können, sind (mg/kg DM): Cd 0,5–1,0; Hg 1,0; Ni 100; Pb 25 und Zn 500.

Tab. 2.5
Diagnostische Möglichkeiten zur Erkennung einer mineralischen Fehlernährung.

Element	Untersuchung von				
	Boden	Futter	Blutplasma	Speichel	Harn
Natrium	–	+	–	+	+
Kalium	+	+	–	–	–
Calcium	–	+	–	–	+
Phosphor	–	+	–	+	+
Magnesium	+	+	–	–	–
Kupfer	+	+	+	–	–
Eisen	+	+	–	–	–
Zink	+	+	–	–	–
Mangan	+	+	–	–	–
Selen	+	+	+	–	–
Molybdän	+	+	+	–	–
Cobalt	+	+	–	–	–

2.2 Mengenelemente

2.2.1 Calcium und Phosphor

Der Mineralstoffgehalt von Wirbeltieren besteht zu über 70 % aus Ca und P, deren Stoffwechsel untereinander eng verknüpft ist. Ca und P sind die wichtigsten anorganischen Bausteine von **Knochen** und **Zähnen** (→ Tab. 2.2). Die Knochen enthalten weiterhin Mg, Na, K, Cl und F und Spuren anderer Elemente.

Die Mineralsalze werden als Kristalle in die organische Matrix der Knochen, dem Kollagen, eingelagert und verleihen dem Skelett Festigkeit. Ca und P liegen in den Knochen vorwiegend als **Hydroxylapatit** ($Ca_5(PO_4)_3(OH)$) vor. In der elementaren Zusammensetzung der Knochen besteht nur eine geringe Variationsbreite, und das Verhältnis von Ca : P liegt normalerweise bei 2 : 1. Dabei kann die Nahrungszufuhr in bestimmten Grenzen die Knochenzusammensetzung beeinflussen. Isotopenversuche zeigten, dass ein ständiger Austausch zwischen Knochen und Blut und zwischen den verschiedenen Teilen der Knochen stattfindet. Der Austausch ist im porösen Anteil der Knochen am intensivsten. Somit besteht, ebenso wie für den Eiweiß- und Fettumsatz, auch ein dynamischer Umsatz für Ca und P. In den Zähnen werden Ca und P im Gegensatz zum Knochen nur in geringem Umfang umgesetzt. Einmal gebildete Zähne werden nur gering vom intermediären Bedarf oder der Versorgungslage beeinflusst.

Im Blut kommt es zu einer strengen Kompartimentierung des Ca. Im Blutplasma der meisten Spezies liegen 9–12 mg Ca/100 ml vor, wobei die Blutzellen fast Ca-frei sind. Bei Legehennen kann in der Legephase der Ca-Gehalt im Blutplasma noch 3- bis 4-mal höher sein. Die Konzentration des Ca im Blut unterliegt einer ausgeprägten hormonellen Kontrolle.

Phosphor kommt in den Weichgeweben in Konzentrationen von 0,15–0,2 % vor und liegt meist in organischen Verbindungen vor. Blut weist mit 35–45 mg/100 ml einen hohen P-Gehalt auf, der im Gegensatz zu Ca hauptsächlich in den Blutzellen lokalisiert ist. Nur 4–9 mg/100 ml davon liegen – überwiegend im Blutplasma – in anorganischer Form vor; dieser Anteil ist aber aus Sicht der Mineralstoffversorgung von größerem Interesse. Es findet jedoch eine kontinuierliche Umwandlung von anorganischem in organischen Phosphor statt. Der Phosphorgehalt im Blutplasma ist durch Nahrungseinflüsse leichter zu beeinflussen als der Calciumgehalt, sodass es zu Hypo- und Hyperphosphatämien kommen kann.

Funktionen des Ca über die Beteiligung am Knochenaufbau hinaus:

- Kontraktion glatter und gestreifter Muskulatur
- Erregungsleitung der Nerven (stimulierte Acetylcholinsynthese),
- als Bestandteil der Zellmembranen wichtig für deren Permeabilität und damit für den Stofftransport,
- Sekretion verschiedener Hormone und Releasing-Faktoren,
- Aktivator von Trypsin im Verdauungstrakt,
- Aktivator von Thrombokinase (wichtig für die Umwandlung von Blutgerinnungsfaktoren),
- Eischalenbildung,

- Milchbildung,
- Speichelbestandteil (z. B. wichtig für die pH-Regulation im Pansen der Wiederkäuer).

Funktionen des P über die Beteiligung am Knochenaufbau hinaus:

- Bildung von energiereichen Phosphaten (z. B. ATP),
- Bestandteil von Nucleinsäuren
- Beeinflussung der Membranpermeabilität als Bestandteil von Phosphoproteinen,
- Bestandteil von Phospholipiden und Phosphokreatin,
- Aktivierung von Verbindungen (z. B. Hexosephosphat),
- Puffersubstanz in Blut und Zellflüssigkeit (Anionen zum Ladungsausgleich); zusammen mit dem Ca-Ion: Aufrechterhaltung des pH-Wertes,
- Vermittler von Hormonwirkung (z. B. in Form von 3',5'-cAMP).

Regulatoren der Resorption, Speicherung und Mobilisation von Ca und P sind Parathormon (Nebenschilddrüse) und (Thyreo-)Calcitonin (Schilddrüse) sowie die aktiven Formen des Vitamins D (→ Abb. 2.3).

Ca-Resorption

Das **Parathormon** stimuliert in der Niere die Umwandlung von in der Leber aus Vitamin D gebildetem 25-OH-D (25-Hydroxycalciferol) zu $1{,}25(OH)_2$-D (1,25-Dihydroxycalciferol), das den aktiven Transport von Ca^{2+} und PO_4^{3-} durch die Darmwand und die Einlagerung von Ca und P in die Knochen fördert. Die Bildung von Ca^{2+}-bindendem Protein in den Mucosazellen wird auch durch Parathormon angeregt. Dieses Protein ist zusammen mit einer Ca^{2+}-abhängigen ATPase für die Ca-Resorption verantwortlich. Bei ausreichender Vitamin-D-Versorgung ist die Ca-Resorption abhängig vom Bedarf. Neben der Ca-Resorption durch aktiven Transport ist bei einem Konzentrationsgefälle vom Darmlumen zur Darmwand hin auch ein passiver Transport durch Diffusion möglich.

Fördernd auf die Ca-Resorption wirken:

- ausreichende Versorgung mit Vitamin D,
- ausreichende Bildung von Parathormon und damit von Ca-bindendem Protein,
- gute Löslichkeit der Ca-Verbindungen,
- niedriger pH-Wert im Darmlumen (verringerte Bildung von schwer resorbierbarem Tricalciumphosphat),

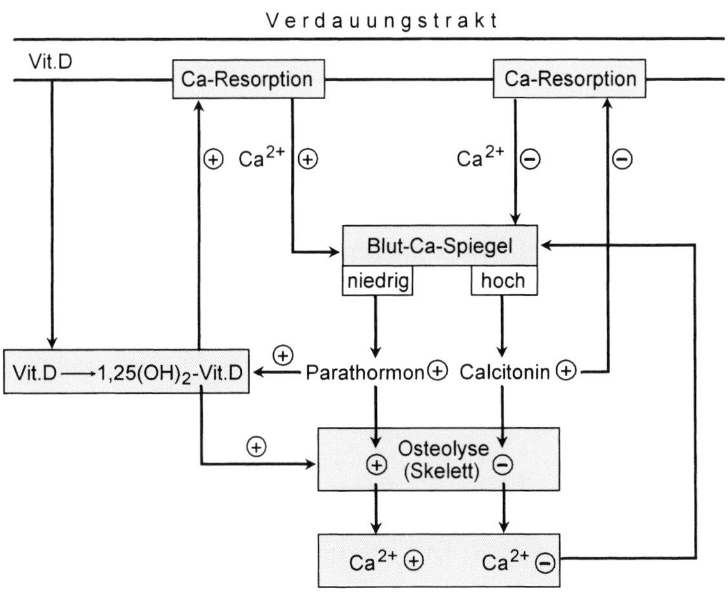

Abb. 2.3
Wechselwirkungen bei der Homöostase des Calciumhaushalts.
⊕ kennzeichnet steigernde Effekte;
⊖ kennzeichnet senkende Effekte.

- Lactose beim monogastrischen Tier (wirkt direkt am Resorptionsort unabhängig von der Vitamin-D-Versorgung),
- Ca-Mangel,
- hoher Bedarf (Trächtigkeit, Laktation).

Hemmend auf die Ca-Resorption wirken:
- Ca-Phytat: In phytinreichen Futtermitteln liegt Ca zum Teil als Komplexverbindung mit Phytinsäure vor, wodurch Ca schlecht verfügbar wird. Calcium aus Ca-Phytat kann ohne Abbau durch pflanzeneigene oder mikrobielle Phytasen im Verdauungstrakt nicht resorbiert werden.
- Oxalsäure: Die Bildung schwerlöslicher Ca-Salze der Oxalsäure verschlechtert die Ca-Resorption. Ca-Oxalat kann in verschiedenen Futtermitteln einen Teil des Ca ausmachen (besonders enthalten in Zuckerrüben, Zuckerrübenblattsilage, Trockenschnitzeln, Luzernegrünmehl). Wiederkäuer können Oxalat in den Vormägen abbauen. Bei Nichtwiederkäuern (Schwein) beträgt die Verwertung nur ein Drittel.
- Ferner wirken hemmend: ein hoher Proteingehalt (durch Alkalisierung), ein Überschuss an P, Mg, Zn, Fe oder Mn sowie eine hohe Zufuhr von Fett oder Fettsäuren. Mit steigendem Alter nimmt die Fähigkeit, Ca zu resorbieren, ab.

P-Resorption

Im Futter liegt P frei oder organisch gebunden vor (hauptsächlich in Phosphatform) und ist fast nur als Orthophosphat resorbierbar (eigentlich Phosphatresorption). Die Resorption erfolgt hauptsächlich im Dünndarm, ist aber auch im Magen und in den Vormägen möglich. Die Höhe ist vom Bedarf abhängig und schwankt je nach Verdaulichkeit der P-Quellen zwischen 20 % und mehr als 90 %, dabei werden anorganische Quellen am besten verwertet.

Die Resorption von P wird **gefördert durch:** Vitamin D, Gegenwart von Ca^{2+}-Ionen, ausreichenden Eiweißgehalt des Futters, organische Säuren, Lactose und ein enges Verhältnis von Ca : P.

Hemmend auf die P-Resorption **wirken:** ein weites Verhältnis von Ca und Mg zu P im Verdauungstrakt, das Vorkommen als Phytin-P bei Nichtwiederkäuern und eine hohe Zufuhr von Fe und Al (bilden unlösliche Phosphate).

Phytinsäure (Phytin-P) ist ein Abkömmling des Inosits und enthält sechs Phosphatreste. Der Phytin-P stellt die Hauptform des organischen P in Getreide, Mühlennachprodukten, Leguminosen, Ölsaaten und deren Verarbeitungsprodukten dar (im Mittel 55–75 % des Gesamt-P).

Bei Wiederkäuern kann durch mikrobielle Phytasen in den Vormägen P freigesetzt und resorbiert werden. Bei Nichtwiederkäuern ist die mikrobielle Phytaseaktivität im Verdauungstrakt nur gering. Die Verwertungshöhe hängt vom Gehalt pflanzeneigener Phytase ab. Die Phytaseaktivität ist in Weizen, Triticale und Roggen hoch, dagegen in Mais, Hafer und Sojaextraktionsschrot vernachlässigbar gering. Die mittlere Verwertung von Phytin-P beträgt beim Schwein ohne Zusatz von Phytase ca. 20–40 % und bei Futtermitteln mit höherem pflanzeneigenem Phytaseanteil ca. 50 %.

Durch Komplexbildung mit Phytinsäure entstehen schwerlösliche Chelate, die auch die Verwertung anderer Mineralstoffe, z. B. Ca, Mg, Fe und Zn, vermindern.

Durch Einsatz mikrobieller Phytasen als Futterzusatzstoff kann die Verwertung von Phytin-P in Schweine- und Geflügelfutter wesentlich erhöht werden.

Die Verwertbarkeit von Phytin-P wird dabei um bis zu 30 % gesteigert. Bei gleichzeitiger Reduktion des P-Gehaltes der Mineralstoffmischungen kann die P-Exkretion bei Schweinen und Geflügel um 25–50 % reduziert werden. In Regionen intensiver Tierproduktion bedeutet dies eine Verminderung der Umweltbelastung.

Bei den Empfehlungen zur Versorgung von Schweinen mit P gibt die deutsche Gesellschaft für Ernährungsphysiologie zur Differenzierung der P-Quellen den verdaulichen P (vP bzw. dP) an. Bei Geflügel erfolgt die Angabe als Nicht-Phytin-P (NPP).

Verwertung von Ca und P

Die Verwertbarkeit von Ca und P liegt bei 60–80 %. Dabei begünstigt ein niedriges Verhältnis von Ca : P von 1,5 : 1 bis 2 : 1 (Legehennen 3 : 1 bis 4 : 1) im Futter sowohl die Resorption als auch den Einbau ins Skelett. Eine Verschiebung dieses Verhältnisses (meistens liegt Ca-Überschuss vor) wirkt sich sehr ungünstig auf die Verwertung aus. Das Ca/P-Verhältnis ist besonders dann bedeutsam, wenn die Vitamin-D-Zufuhr unzureichend, die Mg-Versorgung marginal und die Funktion des Epithels ungenügend sind. Bei ausreichender Vitamin-D-Versorgung und Gesamtzufuhr an Ca und P kann ein Verhältnis von 3 : 1 (Rind 4 : 1, Kälber auch 7 : 1) kompensiert werden.

Speicherung und Mobilisation

Die Speichermöglichkeit für Ca und P ist in den Knochen sehr groß – dabei besonders im gut durchbluteten schwammigen Teil. Calcitonin fördert die Mineralisierung der Knochen und wirkt erniedrigend auf den Blutcalciumspiegel.
Parathormon stimuliert alle Prozesse, die den Ca-Spiegel erhöhen. Dazu gehören die Mobilisation von Ca aus den Knochen sowie die Förderung der Ca-Resorption durch Aktivierung von Vitamin D und Hydroxylierung zu 1,25-Dihydroxy-Vitamin-D (→ Abb. 2.3). Kurze Perioden mangelhafter Ca-Zufuhr (Hochlaktation oder Trächtigkeit) können daher bei entsprechender Anpassungsfähigkeit durch Mobilisation von Ca-Reserven aus dem Skelett ausgeglichen werden.

Bedarf

Der Bedarf für Wiederkäuer liegt bei 0,5– 0,7 % Ca und 0,25– 0,5 % P in der Futtertrockensubstanz. Für wachsende Schweine und Geflügel liegt er in der gleichen Größenordnung. Legehennen haben allerdings mit 3–4 % im Futter einen wesentlich höheren Ca-Bedarf (Eischalenbildung!).

Exkretion von Ca und P

Der Verdauungstrakt ist das Hauptausscheidungsorgan des Ca. Die Galle liefert ca. 20 % des Kot-Ca; Pflanzenfresser sezernieren auch verstärkt P über die Galle.
Die mit dem Harn ausgeschiedenen Anteile werden von der Zufuhr wesentlich beeinflusst. Bei hoher P-Aufnahme ist die Ca-Ausscheidung über den Harn geringer. Bei Huftieren und Kaninchen können bedeutende Mengen Ca über den Harn ausgeschieden werden, insbesondere, wenn die Ca-Zufuhr hoch ist. Carnivoren scheiden P hauptsächlich über die Niere aus. Für die Aufrechterhaltung des Säuren-Basen-Gleichgewichtes wird bei Monogastriden P in größerem Umfang als Phosphorsäure über den Harn ausgeschieden. Ein enges Ca/P-Verhältnis oder ein starker pH-Abfall verstärken die P-Ausscheidung über den Harn. Die Abgabe über die Milch und über die Eier (oder auch Schweiß) ist nur für Ca von Bedeutung.

Störungen der Regulation des Ca-Stoffwechsels

Die **Gebärparese** (Milchfieber, Hypocalcämie) stellt eine Störung der Regelmechanismen des Ca-Stoffwechsels dar. Sie kann vor allem bei Hochleistungskühen unmittelbar nach dem Abkalben auftreten, ist jedoch primär nicht auf eine mangelnde Ca-Zufuhr zurückzuführen.

Die Gebärparese bei Milchkühen wird durch einen plötzlichen Abstrom von extrazellulärem Ca über die Kolostralmilch bei fehlendem Ausgleich über eine erhöhte Ca-Resorption oder einer Ca-Mobilisation aus den Knochen verursacht. Es kommt zur quantitativen bzw. qualitativen Änderung der Hormonrezeptoren an den Erfolgsorganen (Darm, Knochen, Niere).
Begünstigende Faktoren liegen vor bei:

- Rassen mit hohem Milchfettgehalt,
- älteren Tieren ab 3. Laktation (Vitamin-D-Rezeptoren an Enterozyten und Osteoklastenzahl sind vermindert),
- hoher Milchleistung in der vorangegangenen Laktation,
- Zwillingsträchtigkeit,
- exzessiver Ca-Fütterung (> 100 g/d) während der Gravidität (Bedarf 30 g); dies verursacht eine vermehrt passive Resorption bei Abnahme des aktiven Ca-Transportes; die Ca-Mobilisation aus den Knochen sinkt, und es kommt zu einer Verzögerung der Freisetzung von mobilisierbarem Ca,
- exzessiver P-Versorgung (> 80 g/d) durch Hemmung der renalen Aktivierung von Vitamin D,
- gestörtem Kationen (Na^+, K^+)/Anionen (Cl^-, SO_4^{2-})-Verhältnis im Futter:
  - alkalogen: Die Ca-Ionisierung in der Digesta, die Resorption und die Effizienz des Parathormons an Niere und Skelett sind vermindert (Sensibilisierung der Rezeptoren ist herabgesetzt);
  - acidogen: Die Effizienz von Parathormon an Niere und Skelett ist erhöht (Sensibilisierung der Rezeptoren ist hoch).

Äußere Merkmale der Gebärparese:
- nervöse Übererregbarkeit und Krämpfe,
- Festliegen bzw. Koma und
- im Blut ist der Gehalt an Ca und P vermindert.

Im akuten Fall sinkt der Ca-Spiegel im Blut auf <8 mg/100 ml.

Vorbeugende Fütterungsmaßnahmen
Ältere Konzepte basieren auf der Vermeidung hoher Ca-Aufnahmen trockenstehender Kühe. Die regulatorisch effiziente Zufuhr liegt allerdings mit 25 bis maximal 40 g pro Tier und Tag niedriger als in der Fütterungspraxis erzielbar.
Neben den weiterhin gültigen Empfehlungen, wie Sicherung der bedarfsdeckenden Zufuhr während der Trockenstehzeit, Vermeidung hoher Ca-Aufnahmen und puffernder Zusätze, kommt heute eine weitere, sehr effektive prophylaktische Maßnahme zum Einsatz, die auf Veränderung des Säuren-Basen-Gleichgewichts im Stoffwechsel beruht. Bei der Anwendung dieses sogenannten DCAB-Konzepts (dietary cation anion balance) erreicht man die Absenkung des pH-Wertes im Blut durch Verfütterung „saurer Salze" (z. B. $MgSO_4$, $(NH_4)_2SO_4$). Deren Einsatzhöhe richtet sich nach der Kationen-Anionen-Bilanz (DCAB-Wert) im Futter, die für eine effektive Prophylaxe von üblicherweise 100–350 meq/kg DM auf −100 bis −150 meq/kg DM gesenkt werden muss.

$$\text{DCAB-Wert (meq/kg DM)} = \text{Na (\%)} \cdot 435 + \text{K (\%)} \cdot 256 - \text{Cl (\%)} \cdot 282 - \text{S (\%)} \cdot 625$$

Bei dieser Methode kommt es tendenziell zu einer metabolischen Acidose, die als Ausgleichsreaktion auf eine Absenkung des pH-Werts im Blut einen hohen Bedarf an H^+-Ionen und eine Reduktion der H^+-Ausscheidung mit dem Harn nach sich zieht. Dies führt neben einer verstärkten renalen Ca- und P-Ausscheidung zu einer Aktivierung des Parathormons, zu einer verstärkten Ca-Mobilisation aus den Knochen und über die vermehrte Bildung von $1{,}25(OH)_2D$ zu einer verbesserten Ca-Resorption aus dem Darm. Diese Stoffwechsellage ermöglicht nach dem Kalben eine schnellere Reaktion auf den Ca-Abfluss mit der Milch. Die Verfütterung der sauren Salze erfolgt zusammen mit einer reichlichen Ca-Versorgung in den letzten zwei bis drei Wochen der Trockenstehphase (pro Tier bis zu 150 g/d) und muss nach dem Abkalben eingestellt werden. Nachteilig ist die geringe Akzeptanz der Salze, weshalb die Anwendung hauptsächlich auf Gesamtmischrationen (TMR) ausgerichtet ist.
Alle vorbeugenden Maßnahmen haben zum Ziel, den Ca-Überschuss vor Einsetzen der Laktation zu reduzieren bzw. die Ca-Bereitstellung mit Einsetzen der Laktation zu verbessern.
Bei Milchkühen kann Festliegen ähnlich den Symptomen bei Hypocalcämie auch durch **Hypophosphatämie** (Störung im P-Stoffwechsel) verursacht sein, die jedoch nicht ausschließlich auf den Abkalbungszeitpunkt beschränkt ist. Als Ursache kommen z. B. Ca/P-Imbalancen, katabole Stoffwechsellagen, überhöhte Proteinzufuhr, Phosphatdiurese und Saponine in Betracht.

Ca- und P-Mangel
Ein Mangel an diesen Mengenelementen kann in jedem Alter auftreten, besonders bei gleichzeitiger Unterversorgung mit Vitamin D. Es kommt dabei zu einer verminderten Mineralisation der Knochen und dadurch zur Knochenweiche sowie zu einer verstärkten Brüchigkeit bzw. Lahmheit; in der Wachstumsphase sind Missbildungen der Knochen häufiger.
Rachitis (Knochenweiche): Kann bei jungen Tieren, besonders Kälbern und Ferkeln, aber auch bei Lämmern und Fohlen auftreten. Durch entsprechende Fütterungsmaßnahmen heute selten.
Osteomalazie: Tritt bei älteren Tieren auf und bewirkt speziell erhöhte **Knochenbrüchigkeit.** P-Mangel-bedingte Osteomalazie tritt ebenfalls bei Milchkühen auf, manchmal auch bei Sauen.
Osteoporose: Ist für käfiggehaltene Legehennen eine charakteristische Ca-Mangel-Krankheit. Sie führt zur Einstellung der Legetätigkeit und zu Lähmungen.
Bei lang andauerndem Ca-Mangel kommt es weiterhin zu Tetanie, Übererregbarkeit des neuromuskulären Systems und Krämpfen. Sekundär kann auch eine metabolische Acidose den Ca- und P-Haushalt negativ beeinflussen. Die Folgen sind eine Demineralisierung des Skeletts, negative Netto-Säure-Basen-Ausscheidungswerte und negative Ca- und P-Bilanzen.

P-Mangel kann in Abhängigkeit von Dauer und Umfang einen Rückgang der Futteraufnahme, Wachstumsstörungen, erniedrigten P- und Aschegehalt der Knochen, Abriss der Achillessehne bei Jungtieren und Fortpflanzungsstörungen (verminderter Erstbesamungserfolg und erhöhte Abortrate bei verringerter Milchleistung) bewirken.

Ca-Überschuss

Wiederkäuer sind mit Ausnahme der Trockensteher gegenüber einem Ca-Überschuss weniger empfindlich als Schweine und Geflügel.
Folgen eines Ca-Überschusses können sein:

- bei Schweinen sekundärer Zinkmangel (Parakeratose),
- bei Broilerküken, die älter als 5 Wochen sind: Wachstumsdepressionen bei > 11 g Ca/kg DM,
- bei jüngeren Legehennen Legeleistungsdepression (> 40 bis 45 g Ca/kg Alleinfutter),
- verminderte Verwertbarkeit anderer Mineralstoffe, wie Mg, Fe, Mn, I, Zn oder Cu.

P-Überschuss

Ein P-Überschuss kann bei gleichzeitigem Mangel an Ca eine Überproduktion von Parathormon induzieren. Neben der renalen P-Exkretion wird dabei vermehrt Ca aus den Knochen freigesetzt (Osteodystrophia fibrosa). Davon können Monogastriden bei einseitiger Ernährung (Getreide, Fleisch) betroffen sein.
Bei Legehennen führt P-Überschuss zu einer verminderten Eischalenqualität. Ferner ist das Auftreten von Urolithiasis (Harnsteinbildung) bei Pferden, bei der Intensivmast von Lämmern und bei Carnivoren (Katze) bekannt.

2.2.2 Magnesium

Der Stoffwechsel und die Verteilung von Mg im Körper sind eng mit dem Stoffwechsel von Ca und P verbunden. In der Knochenasche sind etwa zwei Drittel des gesamten Mg im Körper enthalten. Mg beeinflusst die **Ausbildung der Matrix** und bewirkt eine höhere Elastizität der Knochen. Der Rest des Mg ist vorwiegend in den Zellen des Weichgewebes oder in extrazellulären Körperflüssigkeiten (ca. 1 %) enthalten.

Funktionen:

- Bestandteil von Skelett und Zähnen,
- neben K der wichtigste mineralische Bestandteil der Zellen,
- Aktivator und Bestandteil von mehr als 300 Enzymen,
- Aufgaben bei der Erregbarkeit der Nerven und Muskelkontraktion (ATP-Nutzung),
- Bedeutung für DNA- und RNA-Synthese.

Mg-Resorption

Resorptionsorte sind bei Monogastriden der Dünndarm und der Dickdarm. Wiederkäuer resorbieren bis zu 80 % in den Vormägen. Die Resorptionshöhe ist vom Alter der Tiere und der Bindungsform des Magnesiums abhängig:

- Säugende Jungtiere — 70–80 %
- Ältere Schweine — ca. 40 %
- Ausgewachsene Wiederkäuer — 15–25 %
- Mg-Fumarat, Mg-Lactat, Mg-Citrat — sehr gut
- $MgCl_2$, MgO — gut
- $MgSO_4$ — kaum

Besondere Einflussfaktoren auf die Mg-Resorption beim Wiederkäuer:

- Hohe K- und niedrige Na-Konzentration — hemmend
- Hoher NH_3-(NPN)-Gehalt im Pansen ($MgNH_4\,PO_4$ ist schwerlöslich) — hemmend
- Hoher Ca-Gehalt — hemmend
- Hohe Konzentration an flüchtigen Fettsäuren — fördernd

Die Mg-Verwertbarkeit aus Grobfuttermitteln ist in der Regel schlechter als aus Konzentraten (Getreide).

Speicherung und Mobilisation

Knochen. Unter Mg-Mangelbedingungen kann bis zu einem Drittel des Mg mobilisiert werden. Bei ausgewachsenen Tieren ist jedoch die Fähigkeit zur Mobilisation von Mg wesentlich geringer. Wiederkäuer können nur etwa 2 % des im Skelett enthaltenen Mg mobilisieren.
Leber. Der Mg-Umsatz ist in der Leber größer als in allen anderen Organen. Dies ist für eine kurzfristige Reaktion auf Änderungen des Mg-Spiegels von Bedeutung.

Exkretion

Mg wird hauptsächlich über den Kot ausgeschieden. Die Nierenausscheidung gewinnt insbesondere bei homöostatischer Regulation an Bedeutung.

Bedarf

Bei bedarfsgerechter Zufuhr von Ca und P (kein Überschuss) liegt der Mg-Bedarf wachsender Tiere bei 0,06 % der Trockensubstanz. Bei üblichen Futterrationen von Nutztieren ist keine Mg-Supplementation erforderlich, ausgenommen in speziellen Situationen (z. B. Weidetetanie). Hohe Ca- und P-Zufuhr erhöht jedoch den Bedarf an Mg.

Mg-Mangel

Mg-Mangel verursacht Wachstumsdepressionen, Schwäche, Störungen der Erregbarkeit von Muskeln und Nerven sowie Hypocalcämie. Eine Mg-Mangelkrankheit mit wirtschaftlicher Bedeutung bei Nutztieren ist die **Weidetetanie** (Synonyme: Grastetanie, Laktationstetanie, hypomagnesämische Tetanie). Bei Vorliegen entsprechender auslösender Faktoren kann neben Weidetetanie auch Stalltetanie auftreten.

Die auslösenden Faktoren der Weidetetanie sind in Abbildung 2.4 dargestellt.

Abb. 2.4
Auslösende Faktoren der Weidetetanie des Rindes.

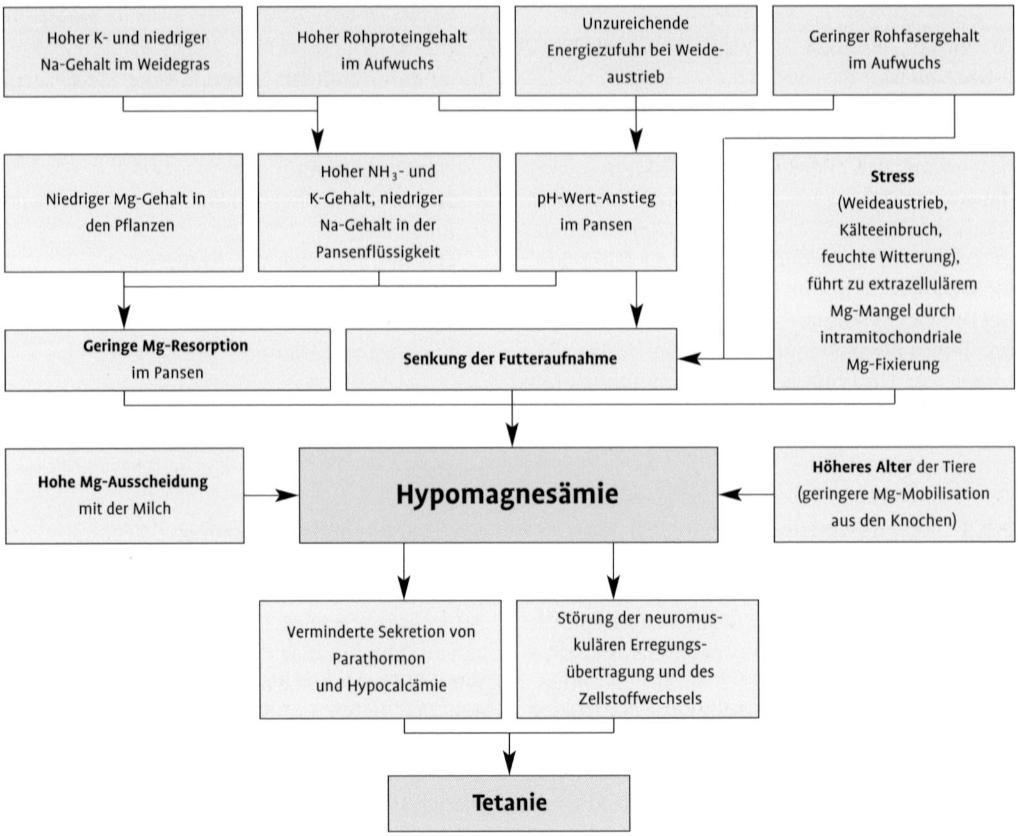

Symptome der Weidetetanie:

- Appetitlosigkeit, Nervosität, Gleichgewichtsstörungen, starre Augen und Muskelkrämpfe, gegebenenfalls Exitus.
- Im Blutserum ist der Mg-Gehalt stark vermindert (< 0,7 mmol/l).
- Ca-Gehalt ist ebenfalls geringfügig verringert.

Maßnahmen zur Prophylaxe der Hypomagnesämie:

Erhöhung der Mg-Aufnahme

- in kritischen Perioden tägliche MgO-Gabe von 50 g/Milchkuh und 7 g/Milchschaf mit dem Kraftfutter (geringes Speichervermögen!),
- Gaben von Mg-Bulletts in das Reticulum (kontinuierliche Abgabe von Mg-Ionen),
- Anreicherung der Tränke mit $MgCl_2$ (300 ml Sole auf 30 l),
- Mg-angereicherte Grobfutterpelletts sollten den Kühen auf der Weide ständig zur Verfügung stehen.

Steigerung der Mg-Konzentration im Aufwuchs

- durch Düngung mit Mg

Verbesserung der Mg-Resorption

- Reduktion der N- und K-Düngung,
- Zufütterung von 30–50 g NaCl pro Tier und Tag,
- Optimierung des Rohfasergehaltes im Futter,
- zeitliche Begrenzung des Weideaufenthaltes (Verbesserung des Rohprotein/Energie-Verhältnisses),
- Unterlassung extremer N- und K-Düngung.

Ausschaltung von Stressfaktoren

Schweine und Geflügel sind normalerweise nicht Mg-Mangel-gefährdet.

Bei Mg-Mangel ist auch bei ausreichender Ca-Aufnahme keine ausreichende Calcifikation des Knochens sichergestellt, da die Wirksamkeit von Parathormon und Vitamin D eingeschränkt sein kann. Dabei kann es aber in verschiedenen Geweben zu pathologischen Calciumablagerungen kommen.

Die sichere Diagnose des Versorgungsstatus kann anhand der Konzentration in Blutserum und Harn erfolgen. Mangel liegt ab < 18 mg/l Blut bzw. < 100 mg/l Harn vor. Die Gefahr des Auftretens von Weidetetanie besteht bei Konzentrationen von < 10 mg/l Blut bzw. < 20 mg/l Harn.

Mg-Überschuss

Mg-Überschuss wird in der Praxis nicht beobachtet. Experimentell erzeugter Mg-Überschuss verursachte bei Schweinen und Rindern Durchfälle; insbesondere bei Fleischfressern ist auch die Bildung von Harnsteinen möglich. Mg-Überschuss kann, speziell bei gleichzeitigen P-Mangel, zu einer vermehrten Ca-Ausscheidung führen.

2.2.3 Natrium, Kalium und Chlorid

Diese Mengenelemente kommen im Gegensatz zu den vorher besprochenen hauptsächlich in Körperflüssigkeiten und Weichgeweben vor. Natrium und Cl sind dabei vorwiegend extrazellulär (Na zu 95 %), K hauptsächlich intrazellulär konzentriert.

Wesentliche biochemische Funktionen von Na, K und Cl:

- Aufrechterhaltung des osmotischen Drucks der Körperflüssigkeiten und des Säure-Basen-Gleichgewichtes.
- Regulation des Flüssigkeitsvolumens und Wasserhaushaltes generell.
- Impulsübertragung im Nervengewebe und Erregungsleitung in den Muskelfasern (Na und K).
- Na ist an der Aufrechterhaltung der Potenzialdifferenz an Membranen, Nerven und Muskelzellen und damit am Nährstofftransport beteiligt (z. B. Glucose und Aminosäuren).
- Die Wirksamkeit von verschiedenen Enzymsystemen ist an Na gebunden.
- Beim Wiederkäuer reguliert das Na-Bicarbonat des Speichels den pH-Wert im Pansen und ist somit an der Regulation der mikrobiellen Fermentation im Pansen beteiligt.
- K aktiviert eine Reihe von Enzymen des Kohlenhydrat- und Fettstoffwechsels.
- Cl ist Bestandteil der Magensalzsäure.
- Cl ist Cofaktor der α-Amylase des Pankreas.

Ernährungsphysiologisch wird diesen Elementen häufig eine geringere Bedeutung zugemessen, da die Bedarfsdeckung unproblematisch ist und Schäden durch überhöhte Zufuhr nur in speziellen Situationen vorkommen. Da aber nur eine geringe Speicherfähigkeit vorliegt und ein Überschuss schnell ausgeschieden wird, ist eine regelmäßige Aufnahme mit der Nahrung wichtig.

Mangelsymptome sind allgemein Appetitlosigkeit, Wachstums- und Leistungsdepressionen sowie Lebendmasseverlust. Bei Na-Mangel kommt es weiterhin zu Lecksucht, Rückgang der Milchmenge (der Na-Gehalt in Milch ist genetisch determiniert), des Milchfettgehalts und der Eiproduktion sowie zu Fortpflanzungsstörungen.

Na, K und Cl werden schnell und **umfangreich (ca. 80 %) resorbiert.** Bis in den Dickdarm kann eine Rückresorption von in den Darm sekretiertem Na, K und Cl erfolgen.

Die **Ausscheidung** erfolgt vorwiegend über die Niere und wird durch Nebennierenrindenhormone gesteuert. Regulationsmechanismen ermöglichen eine gute Anpassung an eine unterschiedliche Versorgung mit diesen Mineralstoffen. Hierbei hat auch das Renin-Angiotensin-System eine wichtige Funktion. Es kontrolliert den Gefäßtonus und die Aldosteronausschüttung und führt zu einem ausreichenden Filtrationsdruck in der Niere (Osmoregulation). Die Na-Ausscheidung erfolgt über die Niere als Phosphat und Chlorid sowie mit der Milch und dem Speichel. Bei schweißbildenden Tieren (Pferde) und beim Menschen kann die Na-Abgabe über den Schweiß bedeutend sein. Dieser erhöhte Verlust ist durch entsprechend erhöhte Zufuhr über das Futter auszugleichen, besonders beim arbeitenden Pferd. Nebennierenhormone können bei erhöhter K-Ausscheidung die Na-Ausscheidung verringern. Die K-Exkretion erfolgt hauptsächlich über den Harn, weiterhin über Milch, Schweiß und Kot.

Ein **Überangebot** an Na, K, Cl ist bei ausreichender Wasseraufnahme meist unproblematisch, da diese Elemente renal ausgeschieden werden können. Eine NaCl-Zufuhr, die die Ausscheidungsfähigkeit übersteigt, verursacht erhöhte Wassereinlagerungen in den Körper (Ödeme). Putenküken sind besonders empfindlich, Hühner- und Entenküken weniger. Letztere vertragen bis zu 4 g NaCl/l Tränkwasser. Schafe und Mastbullen zeigten selbst bei einem NaCl-Gehalt der Ration von 9 % und freier Wasseraufnahme keine Wachstumsdepressionen.

Bei Aufnahme von K-reichem Weidefutter durch Wiederkäuer sind mit Ausnahme eines höheren Kotwassergehaltes und einer gesteigerten renalen Exkretion keine gesundheitlichen Auswirkungen zu erwarten. Überschüssige K-Zufuhr induziert jedoch einen sekundären Na-Mangel und führt zu einer gestörten Mg-Resorption.

Der **Na-Bedarf** liegt bei 0,1–0,2 % der Futtertrockensubstanz und ist von der Tierart und der Konzentration anderer Mineralstoffe abhängig. Mit Ausnahme von Mineralfuttermitteln enthalten Rationskomponenten gewöhnlich nicht ausreichend Na. Bei weniger als 200 mg Na/100 ml Harn ist ein leistungsbeeinträchtigender Mangel zu erwarten.

Der **K-Bedarf** schwankt zwischen 0,2 % und 0,6 % in der Trockensubstanz und wird durch herkömmliche Rationen meist gedeckt, da diese in der Regel das Mehrfache des Bedarfs enthalten. Diagnostische Möglichkeiten zur Ermittlung eines gestörten Na/K-Verhältnisses bestehen in der Analyse von Speichel.

Der **Cl-Bedarf** beträgt etwa 0,1–0,2 % der Trockensubstanz und hängt von der Na- und K-Belastung ab, da die Cl-Ausscheidung mit Harn und über Schweiß an die entsprechenden Ionen gekoppelt ist. Aufgrund des hohen Cl-Gehaltes aller Futtermittel ist unter normalen Bedingungen kein Cl-Mangel zu erwarten.

2.2.4 Schwefel

Schwefel ist Bestandteil der Aminosäuren Cystein und Methionin. In Form von Cystein enthalten Haare, Wolle und Gefieder überdurchschnittlich viel Schwefel (Wolle etwa 4 %). Weiterhin enthalten die meisten Mucopolysaccharide S. Als Sulfat kommt S in geringen Mengen im Blut, Speichel und anderen Sekreten vor.

Schwefel ist auch Bestandteil von Thiamin, Biotin, Taurocholsäure, Chondroitinsulfat (Knorpelbestandteil), Bindegewebe, Knochen, Hornhaut sowie von Hormonen und Enzymen, wie Insulin, Coenzym A, Cytochrom C (Hämoglobinschwefel liegt hier anorganisch vor). Zur Synthese dieser Substanzen werden z. T. Methionin und Cystein als Ausgangsverbindungen benötigt.

Neben der **Resorption** des Schwefels in Form von schwefelhaltigen Aminosäuren kann es auch als Sulfation resorbiert werden. Im Pansen kann Sulfat zu Sulfid oder Hydrosulfid reduziert werden. Diese Sulfide sind schwer resorbierbar und bilden mit anderen Spurenelementen (z. B. Cu)

Komplexe. Bei Nichtwiederkäuern muss die S-Zufuhr in Form der Aminosäuren erfolgen. Bei Wiederkäuern können durch die Pansenbakterien aus anorganischem Schwefel Methionin und Cystein gebildet werden und auf diesem Weg der Bedarfsdeckung dienen.
Schwefel wird **vorwiegend mit dem Harn ausgeschieden**, aber über die Gallensäuren (Taurocholsäure) auch mit dem Kot. Bei Wiederkäuern führt **S-Mangel** zu verminderter Futteraufnahme und verschlechterter Celluloseverdauung.
Zu einer erheblichen Sulfatanreicherung in den Futterpflanzen kann es durch SO_2-Emissionen in Industriegebieten kommen. Dies kann neben einer S-bedingten Toxizität zu einer Blockierung der Cu- und Se-Aufnahme in den Pflanzen und damit zu einem sekundären Cu- und Se-Mangel beim Tier führen.

2.3 Spurenelemente

2.3.1 Eisen

Mit etwa 50–70 mg Fe/kg Körpermasse liegt Fe als Spurenelement oberhalb der für Spurenelemente gesetzten Grenze von 50 mg/kg. Aus Sicht seiner Funktionen im Stoffwechsel (als Bestandteil von Hämoproteinen und anderen prosthetischen Gruppen) wird Fe jedoch zu den Spurenelementen gerechnet. Eisen besitzt ebenso wie Mo und Cu vor allem aufgrund seiner multiplen Oxidationsstufen eine besondere Bedeutung in **Metalloenzymen**, die für Redox-Prozesse im Organismus verantwortlich sind. Biochemisch wichtige Verbindungen, in denen Fe enthalten ist, sind in Tabelle 2.6 angeführt.
Hämoglobin (Hb) ist durch seine reversible Bindungsfähigkeit für den Sauerstofftransport im Blut verantwortlich. Da die roten Blutkörperchen einem permanenten Umsatz unterliegen (mittlere Lebensdauer bei Ratten und Menschen ca. 120 Tage), wird auch Fe relativ schnell ausgetauscht. Der Umsatz in den Speicherorganen Leber und Milz läuft demgegenüber wesentlich langsamer ab.
Myoglobin kommt in hohen Konzentrationen im Muskel vor und dient nicht nur als Sauerstoffspei-

Tab. 2.6
Auswahl Fe-haltiger Verbindungen mit biochemischer Bedeutung.

Verbindung	Anteil am Gesamtbestand des Körpers an Fe (%)	Funktionelle Bedeutung
Hämoproteine		
Hämoglobin	60–70	Sauerstoff- und CO_2-Transport im Blut
Myoglobin	3–20	Sauerstoffspeicher und -transport im Muskel
Cytochrom	0,1–0,4	Elektronentransport in der Atmungskette
Depot-Fe	20–22	
davon Ferritin	18	Speicherform, braungefärbtes Protein, mobilisierbar (hauptsächlich in der Leber aber auch im Knochenmark und der Milz)
Hämosiderin		Speicherform in den Darmzellen und Milz
Transferrin		Fe-Transport im Blutplasma
Haptoglobulin		Transport, bindet in der Leber das durch Hämolyse freigesetzte Hämoglobin
Lactoferrin		Bestandteil der Milch, wirkt antibakteriell

Abb. 2.5
Resorption, Transport und Speicherung von Eisen.

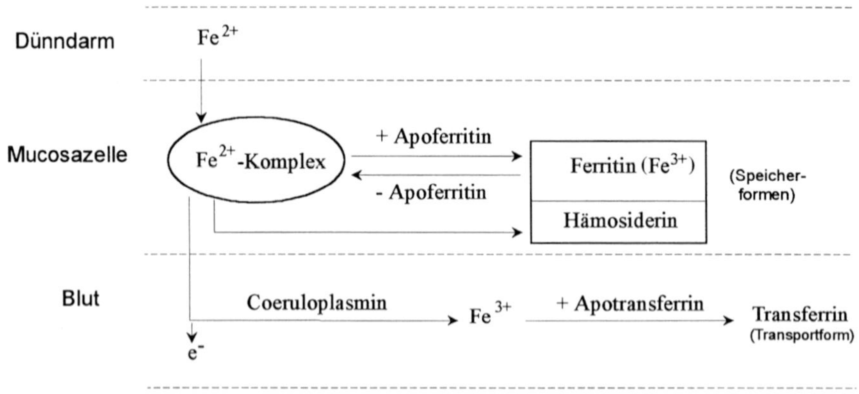

cher, sondern bewirkt in erster Linie eine Erleichterung des Sauerstofftransportes im arbeitenden Muskel. Bei geringer Muskelbelastung ist der Myoglobingehalt niedrig und das Muskelgewebe bleibt hell, ebenso wie bei Fe-Mangel.
In **Ferritin** wird Fe^{3+} gespeichert. Eisen kann nach Spaltung des Ferritins in Apoferritin und Fe wieder freigesetzt werden, muss aber zuvor zu Fe^{2+} reduziert werden (→ Abb. 2.5).
Das wasserunlösliche **Hämosiderin** ist eine weitere Speicherform des Eisens, die in den Zellen mikroskopisch sichtbare Granula bildet. Bei Eisenspeicherkrankheiten kommt es zu einer Vermehrung des Hämosiderins.
Weitere Fe-haltige Enzyme sind Peroxidase, Katalase, Xanthinoxidase (Hämoproteine) und Succinatdehydrogenase (Flavoprotein).

Fe-Resorption
Resorptionsorte des Fe sind hauptsächlich Duodenum und Jejunum, zusätzlich bei Geflügel der Drüsenmagen und bei Wiederkäuern die Vormägen.

Fördernd auf die Resorption wirken:
- die Säuresekretion des Magens,
- die Ferritinsynthese in der Darmschleimhaut durch Fe-Bindung an Apoferritin,
- organische Säuren, wie z. B. Ascorbinsäure, Citrat, Lactat, Pyruvat und Succinat (wahrscheinlich durch Hemmung der Fe-Oxidation und geringere Chelatbildung),
- eine ausreichende Cu-Versorgung und
- hohe Ca-Gehalte bei phytatreichen Rationen (Verdrängung von Fe aus Phytat).

Hemmend auf die Resorption wirken:
- zunehmendes Alter der Tiere,
- Phytat, Antagonisten (Zn, Cd, Co, Cu, Mn),
- Zucker bei Monogastriden sowie
- hohe Gehalte an Ca und P.

Gut resorbierbar ist an Häm gebundenes Fe (Hämoglobin, Myoglobin), schlecht resorbierbar sind Eisensalze (Nichthäm-Eisen). Die Resorptionshöhe ist bei normaler Ernährung gering (10–30 %) und bei Eisenmangel erhöht (40–50 %). Bei Saugferkeln (Fe-arme Milch) beträgt sie bis 95 % und liegt bei Sauen unter 5 %.
Fe^{2+} und Fe^{3+} werden zwar in gleicher Weise von der Mucosa aufgenommen, der Transport des Fe^{2+}-Ions zur Serosagrenzfläche verläuft jedoch schneller als der des Fe^{3+}-Ions. Da der Transport von resorbiertem Fe im Blut erst nach der Aufnahme durch das Protein Apotransferrin ermöglicht wird, ist er bei Proteinmangel vermindert (→ Abb. 2.5). Fe^{2+} wird vor dieser Aufnahme vom Cu-enthaltenden Coeruloplasmin (Synonym: Ferrooxidase I) zu Fe^{3+} oxidiert. Durch die Verbindung von Fe^{3+}mit Apotransferrin entsteht **Transferrin**, das Fe zu den Synthese- bzw. Speicherorten transportiert.

Fe-Exkretion
Resorbiertes Fe wird nicht mehr in nennenswerten Mengen ausgeschieden. Endogene Fe-Verluste gibt es über den Kot (Galle und Darmepithelien), Harn, Haar, Haut, Schweiß und Blut; sie sind bei physiologischer Zufuhr sehr gering. Bei Fe-Überschuss wird Fe in Form von Hämosiderin in den Enterozyten eingelagert und langsam durch die Regeneration des Darmgewebes ausgeschieden.

Fe-Bedarf
Die Versorgungsempfehlungen für Fe liegen bei 40–80 mg/kg DM. Bei erwachsenen, gesunden Tieren mit ausreichendem Fe-Bestand kommt es nur noch zu geringen Fe-Verlusten, d. h. es werden nur geringe Mengen Fe für den Erhaltungsbedarf benötigt. Ein hoher Fe-Bedarf besteht während der Trächtigkeit und des Wachstums sowie für die Eiproduktion.

Fe-Mangel
Bei ausgewachsenen Nutztieren hat Fe-Mangel keine Bedeutung, da pflanzliche Futtermittel Fe-reich sind. Fe-mangelgefährdet sind junge, milchernährte Säuger aufgrund des geringen Fe-Gehaltes der Milch (ca. 0,5 mg/l), geringer Fe-Reserven der Neugeborenen, noch zu geringer Aufnahme Fe-reichen Futters sowie des hohen Fe-Bedarfs durch intensives Wachstum.
Besonders gefährdet sind **Ferkel.** Die Fe-Reserve neugeborener Ferkel beträgt nur 30 mg/kg Lebendmasse, das entspricht etwa einem Viertel des Fe-Vorrats von Kaninchen. Diese Fe-Reserven sind innerhalb von 5 bis 14 Tagen *post partum* erschöpft und der Hb-Gehalt im Blut sinkt von ca. 14 g auf 8 g/100 ml Blut. Der Grenzwert für die Bedarfsdeckung bei Ferkeln beträgt ca. 8 g Hb/100 ml Blut.
Symptome von **Fe-Mangel-Anämie** sind verminderte Krankheitsresistenz (verschlechterte Immunabwehr) sowie Appetitlosigkeit und geringeres Wachstum.
Zur **Prävention** ist in den ersten 2 bis 4 Lebenstagen eine Fe-Injektion (200 mg Fe-Dextran) geeignet. Die Verbesserung der Fe-Versorgung kann unterstützend über Torfbeigaben (Hygiene!) und ab dem 10. Lebenstag auch über Beifutter erfolgen. Teilweise erfolgt die Fe-Aufnahme auch über Sauenkot. In vielen Untersuchungen hat es sich als günstig erwiesen, die Fe-Applikation (200 mg Fe-Dextran) um den 21. Lebenstag zu wiederholen.
Eine Supplementation des Futters tragender oder laktierender Sauen ist nicht zweckmäßig, da die Fe-Resorption und der Übergang von Fe auf den Fötus gering bleiben und keine wesentliche Anreicherung der Milch mit Fe stattfindet.
Im seltenen Fall eines Fe-Mangels bei Wiederkäuern kann dies zu mikrozytärer, hypochromer Anämie, verringerter Belastungsfähigkeit, Tachykardie sowie zu Acidose nach Belastung führen.
Bei Fe-Mangel kann es bei allen Tierarten zu einer erhöhten Aufnahme von Zn, Cd, Pb, Mn und anderen Metallen kommen.

Fe-Toxikosen
Durch die verminderte Fe-Resorption bei hohem Angebot haben Fe-Toxikosen in der Praxis **keine Bedeutung.** Durch Fe-Überschuss kann es aber zu einem **sekundären Mangel von Zn, Mn, Cu und P** (Rachitis) kommen. Andererseits können antagonistische Interaktionen mit Pb, Cd und Mo zu einer Verdrängung dieser Elemente führen. Ein Mg-Mangel kann zu einer hämolytischen Anämie mit Umverteilung und Akkumulation von Fe im Gewebe und damit zu Lipidperoxidation und Membranschäden führen. Auch eine S-Belastung führt zur Akkumulation von Fe in Leber und Nieren. Fe-Überschuss kann bei Broilern, wachsenden Rindern und Schafen zu verminderter Futteraufnahme und Lebendmassezunahme führen.

2.3.2 Kupfer

Kupfer kommt hauptsächlich in der **Leber** vor (Speicher). Säuger werden mit Cu-Reserven geboren, wodurch die Phase geringer Cu-Zufuhr über die Milch überbrückt werden kann. Beim Fötus der Wiederkäuer ist die Speicherfähigkeit in der Leber besonders hoch. Cu ist weiterhin in höheren Konzentrationen im Knochenmark enthalten.

Biochemische Funktionen des Cu
Kupfer ist Bestandteil verschiedener Proteine und Cu-Metalloenzyme, die ausnahmslos Oxidoreduktasen sind (→ Tab. 2.7). Weitere Enzyme sind z. B. Dopamin-β-Hydroxylase, Uricase (Uratoxidase) sowie Diaminoxidase.

Tab. 2.7
Auswahl Cu-haltiger Proteine und Enzyme.

Verbindung	Funktion
Coeruloplasmin (Synonym: Ferrooxidase I)	Oxidation von Fe^{2+} zu Fe^{3+} vor Bindung an Apotransferrin
Superoxiddismutase	Inaktiviert Superoxidradikale, z. B. bei Methämoglobinbildung nach Vergiftung
Cytochrom-C-Oxidase	Reduktion des Sauerstoffs in der Atmungskette
Lysyloxidase	Quervernetzung der ε-Aminogruppen des Lysins, verleiht Kollagen und Elastin Festigkeit; während der Knochenbildung für die Osteoblastenaktivität essenziell
Tyrosinase (Phenoloxidase)	Hydroxylierung des Tyrosins bei Melaninsynthese (Pigmentsynthese); bei Defekt kann Albinismus entstehen
Aminoxidase	Oxidation primärer Amine zu Aldehyden in Catecholamin und anderen primären Aminen

Im Blutplasma ist Cu zu 95 % an das Glycoprotein **Coeruloplasmin** gebunden. Es bewirkt die Oxidation resorbierten Fe^{2+} zu Fe^{3+} vor dessen Bindung an Apotransferrin. Dies ist ein entscheidender vorbereitender Schritt zur Hämoglobinsynthese und erklärt das Auftreten von Anämien bei Cu-Mangel. Coeruloplasmin ist ferner an der Mobilisation und Verwertung von gespeichertem Fe beteiligt.

Cu-Resorption

Die Cu-Resorption erfolgt sowohl im Magen als auch im Dünndarm. Kupfer gehört zu den Elementen, bei denen die Bedarfsdeckung hauptsächlich über eine variierende Resorptionsrate geregelt wird.

Die Resorptionshöhe beträgt 2–40 % und wird von verschiedenen Faktoren beeinflusst:

- Mit steigendem Angebot sinkt die Resorptionsrate.
- Eine sehr geringe Mo-Zufuhr erhöht die Cu-Resorption.
- Andere Nahrungsbestandteile haben starken Einfluss (begünstigend wirken L-Aminosäuren, Vitamin A, Lactose).
- Verschiedene Cu-Quellen weisen eine unterschiedliche Verfügbarkeit auf.

Antagonisten des Cu:

- Überhöhte Mo-Zufuhr (besonders bei Wiederkäuern),
- S, als überhöhte Sulfatgaben oder als schwefelhaltige Aminosäuren bzw. Umweltbelastungen durch S.
- Im Pansen können reaktive Sulfide den Sauerstoff aufgenommener Molybdationen (MoO_4^{2-}) bis zum Oxythiomolybdat (MoS_3^{2-}) oder Tetrathiomolybdat (MoS_4^{2-}) ersetzen. In Verbindung mit **Mo** entstehen Cu-Komplexverbindungen (Thiomolybdate), die sowohl die Cu-Resorption vermindern als auch zu einer geringeren intermediären Verwertung führen, wie im Falle der Resorption löslicher Thiomolybdate.
- Ca (hohe Gaben bei Rindern und Schafen),
- Fe (Resorptionsmechanismen für Cu und Fe in der Mucosa beeinflussen sich gegenseitig),
- Se, Cd, Pb, Ag,
- überhöhte Mengen an Vitamin C und Fructose,
- Zn (Überschuss verhindert Resorption, Leberakkumulation und Plazentatransfer von Cu; im Darmlumen induziert Zn die Bildung von intestinalem Metallothionein, das den Cu-Transport durch die Enterozyten blockiert).

Cu-Exkretion

Die Cu-Ausscheidung erfolgt hauptsächlich über die Galle mit dem Kot, zum großen Teil als unmodifiziertes Coeruloplasmin; nur 0,3–3 % werden über die Niere ausgeschieden. Nach Resorption löslicher Thiomolybdate (→ oben) steigt bei Wiederkäuern die Cu-Exkretion über den Harn.

Der **Cu-Bedarf** landwirtschaftlicher Nutztiere liegt zwischen 5 und 10 mg/kg DM.
Cu-haltige Mineralstoffmischungen sind geeignet, standortspezifischen Cu-Mangel zu verhindern, auch bei Gefahr sekundären Mangels durch Industrieemissionen von S, Mo, Cd. Dabei ist jedoch entscheidend, dass Cu-Verbindungen eingesetzt werden, die keine Komplexe bilden. Durch die Speicherfähigkeit der Leber kann man einem Cu-Mangel bei Jungtieren durch ausreichende Cu-Fütterung der tragenden Muttertiere vorbeugen.
Bei Schweinen kann mit erhöhten Cu-Dosierungen (bis 1000 mg/kg DM) sogar ein zusätzlicher Wachstumseffekt hervorgerufen werden, der z. T. auf die antibakterielle Wirkung im Darmtrakt zurückgeführt wird. Nach geltendem Futtermittelrecht sind allerdings für Ferkel bis 4 Wochen nach dem Absetzen nur 150 mg Cu/kg Alleinfutter und für sonstige Schweine 25 mg Cu/kg Alleinfutter erlaubt. Da bei dieser Dosierung Wachstumsverbesserungen ausbleiben, sind Zulagen in dieser Höhe auch aufgrund von Umweltbelastungen durch Cu abzulehnen.

Cu-Mangel
Primärer Cu-Mangel ist ein Standortproblem und kommt u. a. in Moor- und Torfgebieten vor. Symptome und Erkrankungen sind:

- bei Rindern und Schafen Lecksucht, bei Ziegen Durchfall,
- herabgesetzter Futterverzehr, Wachstumsverlangsamung, Immunsuppression,
- gestörte Ausbildung des Zentralnervensystems (neonatale Ataxie bei Schaflämmern und Kälbern),
- Störung der Skelettbildung (Verformung und erhöhte Brüchigkeit),
- Störungen des Bindegewebsstoffwechsels, Gefäßrupturen,
- Störung der Pigmentierung und Struktur von Haar und Wolle,
- Anämie, mikrozytäre, normochrome Anämie bei Kälbern,
- Pankreasatrophie,
- Falling disease,
- verminderte Konzeptionsrate, Anöstrus, embryonaler Frühtod, Aborte,
- verminderte Milch- und Milchfettleistung.

Die Symptome sekundären Mangels gleichen denen des primären Cu-Mangels. Thiomolybdate senken den Gehalt an Coeruloplasmin, Cytochrom C und Superoxiddismutase.
Bei Cu-Mangel reichert sich Fe in den Mucosazellen an, während die Abgabe in das Plasma abnimmt. Der Cu-Gehalt in Leber, Milz und Haaren ist vermindert.

Cu-Überschuss
Da **Schafe** Cu nicht oder nur begrenzt über die Galle ausscheiden können, sind sie gegenüber Cu-Belastungen besonders anfällig, und es kann bereits ab 15 mg Cu/kg DM zu **Intoxikationen** kommen. Durch ihre antagonistische Wirkung können hier Zinkzulagen die Cu-Toxizität reduzieren. Bei krankhafter Cu-Akkumulation, wie z. B. erbliche Cu-Intoxikationen bei einigen Hunderassen, bei Mäusen („toxic milk mice") und beim Menschen (Morbus Wilson), besteht durch diesen Antagonismus in der oralen Zinktherapie ebenfalls eine Behandlungsmöglichkeit.
Durch die bessere Fähigkeit, Cu über die Galle mit dem Kot auszuscheiden, ist die Empfindlichkeit von Monogastriden gegenüber Cu-Überschuss geringer als bei Wiederkäuern (Schwein, Pferd > Huhn > Ratte). Bei Cu-Vergiftung kommt es zu Hämolyse, Ikterus, Hämoglobinurie und zum Tod.

2.3.3 Cobalt

Physiologische Bedeutung hat Co als Zentralatom des **Vitamins B_{12}** (Cobalamin), und es ist möglicherweise an der Aktivierung von Enzymen beteiligt. Co fördert weiterhin die Resorption von Fe. Bei Wiederkäuern kann bei ausreichender Co-Zufuhr Vitamin B_{12} durch die Pansenbakterien synthetisiert werden. Im Dickdarm findet zwar auch in geringem Umfang eine Cobalaminsynthese statt, es kann aber durch das monogastrische Tier nur über Koprophagie verwertet werden; sie sind anderenfalls auf eine direkte Zufuhr von Vitamin B_{12} mit dem Futter angewiesen. Mehr als 30 % des zugeführten Co werden resorbiert; die Ausscheidung erfolgt über die Niere und die Galle/Kot.
Die Versorgungsempfehlung für Wiederkäuer liegt bei 80 µg Co/kg DM; im Pansensaft sollen

mindestens 20 µg Co/l enthalten sein. Da in Mineralstoffmischungen für Wiederkäuer Co enthalten ist, ist in der Praxis nicht mit einem Co-Mangel zu rechnen.

Co-Mangel ist gekennzeichnet durch Rückgang des Futterverzehrs, Wachstumsdepressionen, megaloblastische Anämie, Granulocytopenie, Immunsuppression, Fettleber, Aborte und Verminderung der Gluconeogenese und des Vitamin-B_{12}-Gehaltes im Blut sowie chronische Auszehrung, Augenausfluss und Fotosensibilität. Je nach Dauer und Umfang des Co-Mangels kann es nach Wochen oder Monaten zum Exitus kommen. Ein Co-Mangel kann durch den Anstieg der Methylmalonsäure im Harn diagnostiziert werden.

Co-Vergiftungen treten erst bei einer Zufuhr von über 100 mg/kg DM auf; die Symptome sind verbunden mit einer verstärkten Erythropoese, Bewegungsstörungen und Speichelfluss.

2.3.4 Iod

Das im Körper befindliche Iod ist zu ca. 90 % in der **Schilddrüse** lokalisiert. Sie enthält 2–5 mg I/g DM in Form von anorganischem Iodid und als organisches Iod (Iodtyrosin). Hormonell wirksame Substanzen sind Triiodthyronin (T_3) und Thyroxin (Tetraiodthyronin, T_4). Die Synthese erfolgt aus Tyrosin und Iod über die Stufen Mono- und Diiodtyrosin.

Die **Resorption** erfolgt vorrangig als Iodid rasch und umfangreich im Magen und im Darm, aber auch über die Haut. Bei Wiederkäuern wird Iod zu 70–80 % im Pansen und Blättermagen resorbiert. In der Schilddrüse wird Iodid sehr schnell aus dem arteriellen Blut extrahiert und durch eine Iodperoxidase zu elementarem Iod (I_2) oxidiert (Iodination), das für die Iodierung der Tyrosinreste zu T_3 und T_4 essenziell ist.

Die **Exkretion** erfolgt hauptsächlich über Nieren und Kot, aber auch über Milch und Eier. Der Iodgehalt in der Milch und in Eiern wird demzufolge über die Iodzufuhr beeinflusst.

Die Versorgungsempfehlungen betragen 0,1–0,5 mg I/kg DM, dabei besteht ein höherer Iodbedarf für Leistungsrichtungen mit hohem Stoffumsatz. Die Versorgung kann man über iodreiche Futtermittel (Fischmehl, getrockneter Seetang und Fischöle), iodangereicherte Mineralstoffmischungen (Tier) bzw. iodiertes Speisesalz (Mensch) verbessern.

Als Grenzwerte für eine ausreichende Versorgung gelten für Rinder 80 µg I/kg pigmentiertes Deckhaar bzw. 30 µg I/l Blutserum. Aufgrund geringer homöostatischer Kontrolle wird der I-Status durch alle Körperteile reflektiert.

Antagonisten des Iodumsatzes:

- Nitrate und Ca (auch im Wasser gelöst),
- Isothiocyanate und Thiocyanate; Vinylthiooxazolidon (Abbauprodukte der Senföle, Glucosinolate), Vorkommen in *Brassica*-Arten (Raps und dessen Produkte),
- Linimarin (in Cassavaknollen),
- Thioharnstoffderivate.

Die wichtigsten Wirkprinzipien antithyreoidaler Substanzen sind:

- die inhibierende Wirkung auf die Iodperoxidase (oxidiert Iodid zu I_2), wodurch die Iodierung des Tyrosins blockiert wird,
- die reduzierende Wirkung auf bereits oxidiertes Iod.

Das Auftreten von **Iodmangel** ist stark standortabhängig. Die Schilddrüse reagiert mit einer starken Vermehrung des Drüsengewebes, und es kommt zur Kropfbildung (Struma, kompensatorische Hypertrophie). Die Hormonbildung ist dann herabgesetzt. Die Symptome der Schilddrüsenunterfunktion (Hypothyreose) sind Wachstums- und Fruchtbarkeitsstörungen (Aborte, Fruchtresorption, veränderter Brunstzyklus), Placentaretention, haarlose Neugeborene, Kretinismus, gesteigerte Morbidität und Mortalität. Die Diagnose eines Iodmangels kann über Serum, Plasma oder Milch erfolgen.

Angeborene Schilddrüsenunterfunktion: Ein Iodmangel von Muttertieren kann bei den Nachkommen Kropfbildung verursachen, dabei sind multipare Tiere besonders gefährdet. Symptome sind vermehrte Totgeburten, bei Nachkommen Lebensschwäche, Anfälligkeit gegenüber Infektionskrankheiten, Defekte in Gehirn- und Skelettentwicklung, Missbildungen, Ödeme und Haarlosigkeit.

Erworbene Schilddrüsenunterfunktion zeigt sich in Kropfbildung, vermindertem Grundumsatz (Trägheit, Verfettung, Lethargie), Myxödem (aufgedunsene Haut, Ödeme, sprödes Haar), Repro-

duktions- und Wachstumsstörungen sowie verminderter Milchbildung.
Weniger häufig kann es auch bei genetisch bedingter **Schilddrüsenüberfunktion** zur Kropfbildung kommen (exophthalmischer Kropf), weswegen Struma nicht spezifisch für Iodmangel ist.
Symptome einer **Iodbelastung** sind Speichelfluss, Abnahme der Milchleistung sowie verminderte T_3- und T_4-Gehalte. Beim Pferd führen zu hohe Iodgaben zur Kropfbildung beim Fohlen.

2.3.5 Mangan

Im Tierkörper sind 0,2–0,3 mg Mn/kg Lebendmasse enthalten. Gewebe mit höherem Mn-Gehalt sind Knochen, Leber (Speicher), Niere und Pankreas. Die Mn-Reserven von Jungtieren sind gering.
Physiologische Funktionen:
- Cofaktor für Phosphorylierungsreaktionen,
- Mucopolysaccharidsynthese,
- Protein-, Cholesterol- und Fettsynthese sind an Anwesenheit von Mn^{++} gebunden,
- Aktivierung weiterer Enzyme (in vitro nachgewiesen: Arginase, Cysteindesulfhydrase, Thiaminase und einige Peptidasen).

Mn wird im Dünndarm rasch resorbiert. Bei ausgewachsenen Tieren beträgt die Resorptionsrate 1–5 %. Bei säugenden Tieren ist die Resorptionsrate mit 15–20 % deutlich höher. Mn wird hauptsächlich über die Galle mit dem Kot ausgeschieden.
Antagonisten sind bei überhöhter Zufuhr Ca, P, Fe, Cu und Zn.
Die Versorgungsempfehlungen liegen bei 20–70 mg Mn/kg DM.
Mn-Mangel kann besonders auftreten bei:
- Futterpflanzen von Mn-armen Böden mit hohem pH-Wert (Moor- und Sandböden),
- Senkung des Mn-Gehalts der Pflanzen durch Kalkdüngung.

Unter praktischen Fütterungsbedingungen sind Kühe, Kälber, Schafe und Hühnerküken mangelgefährdet. Bei Schweinen wurde unter praktischen Bedingungen aufgrund des geringen Mn-Bedarfs (ca. 20 mg Mn/kg DM) noch kein Mn-Mangel beobachtet.

Primärer Mn-Mangel kann durch Mn-angereicherte Mineralstoffmischungen verhindert werden.
Mangelsymptome treten meist aufgrund gestörter Synthese von Mucopolysacchariden und Glycoproteinen auf. Als Folge kommt es zur Verringerung der Schleimproduktion und zur vermehrten Chondrogenese (Knorpelbildung) bei vermindertem Aschegehalt des Skeletts.

Symptome sind:
- vermindertes Wachstum,
- anomale Skelettentwicklung (besonders an den Vorderfußwurzelgelenken sichtbar, beim Geflügel Perosis),
- Störung des Zentralnervensystems (letale Lähmungen, Neugeborenenataxie und Zungenschlagen von Kälbern),
- massive Beeinträchtigung der Fruchtbarkeit (verzögerte sexuelle Reife, Stillbrünstigkeit bei normaler Ovulation; vermehrt Aborte und Totgeburten; lebensschwache Nachkommen, verschobenes Geschlechterverhältnis zugunsten männlicher Tieren, Degeneration des Keimgewebes männlicher Tiere beim Geflügel),
- gestörte Glucosetoleranz,
- gestörte Eischalenbildung (verringerte Eischalenstärke),
- gestörte Blutgerinnung.

Die Diagnose eines Mn-Mangels kann über die Konzentration von Pyruvatdecarboxylase und Mn-Superoxiddismutase im Blutplasma erfolgen.
Mn-Überschuss: Bei mäßigem Überschuss besteht keine Gefahr einer Toxizität, da die Resorptionsrate gering ist und die Ausscheidung schnell. Es bestehen jedoch antagonistische Effekte auf Fe und Ca. Beim Wiederkäuer wird die Pansenfermentation gestört.

2.3.6 Zink

Der Zinkgehalt des Körpers beträgt 20–30 mg/kg Lebendmasse, Zn ist damit nach Fe das häufigste Spurenelement. Die höchsten Konzentrationen liegen in der Netzhaut (bis zu 14 % Zn in der Trockensubstanz), Hoden, Leber, Pankreas, Knochen, Haut und Haaren bzw. Federn, Sperma und Kolostrum vor.

Physiologische Bedeutung

Es sind mehr als 300 Zinkmetalloenzyme und -proteine bekannt, die sich auf die Gruppen Oxidoreduktasen, Transferasen, Hydrolasen, Lyasen, Isomerasen und Ligasen verteilen. Damit ist Zn am Stoffwechsel der Proteine, Kohlenhydrate und Fette sowie der Neurotransmitter beteiligt, stabilisiert Zellmembranen (Bestandteil der Cu-Zn-Superoxiddismutase) und hat Bedeutung bei immunologischen Prozessen. Zn ist weiterhin Bestandteil des Hormons **Insulin.** Die Zinkversorgung wird sowohl über eine Anpassung der Resorption als auch der Ausscheidung reguliert.

Resorption

- im Dünndarm; abhängig von Versorgungsgrad und Antagonisten: zwischen 40 und 80 %,
- bei starkem Mangel wird Zn zu fast 100 % resorbiert,
- eine schlechtere Zn-Resorption liegt bei männlichen Tieren vor.

Zink aus tierischen Proteinträgern ist wesentlich besser verwertbar als aus pflanzlichen Futtermitteln, in denen Zn hauptsächlich an Phytat gebunden vorliegt.

Antagonisten

- Hohe Gehalte an Ca und/oder Phytinsäure (Ca und Zn bilden mit Phytinsäure schwerlösliche Komplexe, insbesondere bei basischem pH-Wert im Dünndarm; ohne Phytase kann Zn aus Phytat nicht zur Resorption freigesetzt werden).
- Bedarfsübersteigende Ca-Gaben führen besonders beim Schwein zu einer Umverteilung des Zn im Körper, wodurch es zum sekundären Zinkmangel kommt.
- Cu und Ni.
- Weiterhin senken Mg, P, Cd und Fe die Zn-Verwertung.

Die **Ausscheidung** erfolgt vorwiegend über den Pankreassaft und die Galle in den Darm sowie mit dem Ejakulat und der Milch.

Die Versorgungsempfehlungen mit Zn liegen zwischen 20 und 70 mg/kg DM.

Die unterschiedliche Verfügbarkeit des Zinks für den Organismus spielt bei den Bedarfsangaben eine Rolle. Zur Vermeidung von Zn-Mangel ist eine Zn-Ergänzung mit Mineralstoffmischungen notwendig.

Zn-Mangel löst folgende Symptome aus:

- reduziertes Wachstum, verringerte Futteraufnahme (keratogene Veränderungen der Zungenoberfläche), Milchleistungsabfall,
- parakeratotische Hautverletzungen durch Störungen der Keratinisierung (Verkrustungen und Risse mit Blutungen an Kopf und Nacken, Zitzen und Euter, Klauen, Fesseln und Schwanzwurzel), Haarausfall, schwache Befiederung,
- verminderte Glucosetoleranz,
- Störungen im Intermediärstoffwechsel, vor allem in der Nucleinsäuren- und Proteinsynthese der Zellen,
- Immunsuppression,
- verzögerte Wundheilung,
- Fruchtbarkeitsstörungen männlicher und weiblicher Tiere bis zur Sterilität (fehlende Hodenentwicklung, mangelnde Libido sexualis, Aborte, Mumifikationen, geringe Geburtsgewichte, Wehenschwäche verbunden mit verlängerter Geburtsphase),
- gestörte Skelettentwicklung, insbesondere das Längenwachstum der Knochen (Zwergwuchs)
- Thymushypotrophie/-atrophie,
- Verschiebung der Verhältnisses von Prostaglandinuntergruppen zugunsten solcher mit entzündungsfördernder Wirkung.

Die **Parakeratose** des Schweins ist die bekannteste Zn-Mangelkrankheit. Sie manifestiert sich in Hautausschlag, Verminderung der Futteraufnahme und Zunahme. Sie ist nicht nur auf Schweine begrenzt, sondern kann auch bei Wiederkäuern (Schafe: Wollausfall) und beim Geflügel im Muskelmagen auftreten.

Sekundärer Zn-Mangel kann entstehen infolge eines Ca-Überschusses und durch überhöhte Glucosinolataufnahme bei Verfütterung von Brassicaarten. Aufgrund ausgeprägter homöostatischer Kontrolle des Zn-Status im Körper wird jedoch ein starkes Absinken des Zn-Gehaltes in den Organen verhindert.

Überschuss: Zink zählt zu den weniger toxischen Spurenelementen. Vergiftungserscheinungen können bei Rindern und Schafen ab 500 mg Zn/kg DM und bei Schweinen ab 2 g/kg DM auftreten, allerdings variierend in Abhängigkeit von der Verbindung. Zum Beispiel sind Sulfate toxischer als Oxide. Da die vermehrten Zn-Ausscheidungen bei Zn-Überschuss umweltbelastend sind, bestehen futtermittelrechtliche Höchstgehalte, die zwischen 150 und 250 mg Zn/kg Alleinfutter liegen (→ Tab. 20.2).

2.3.7 Selen

Die höchsten Se-Konzentrationen liegen in der Leber und den Nieren vor, bei toxischer Zufuhr auch in Haaren, Federn und Hufen. Se gehört zu den Elementen, die lange nur aufgrund ihrer Toxizität bekannt waren; die ernährungsphysiologische Bedeutung von Se wurde erst in den 50er Jahren des 20. Jahrhunderts festgestellt. Se wird rasch in Körpereiweiß eingebaut, wobei S aus schwefelhaltigen Aminosäuren ersetzt wird und L-Selenomethionin sowie L-Selenocystein entsteht.

Physiologische Funktionen:

- Bestandteil von **Glutathionperoxidase;** Teil des intrazellulären Antioxidationssystems, ergänzt die Wirkung des Vitamins E durch Umsetzung von Fettsäurenperoxiden in Hydroxyfettsäuren bei gleichzeitiger Oxidation des Glutathions (GSH):

  $$\text{Fettsäure} - O - OH + 2\ GSH \rightarrow \text{Hydroxyfettsäure} + GSSG + H_2O$$

- Bedeutung bei der Entgiftung von Fettsäurenperoxiden, Wasserstoffperoxid und anderer Hydroperoxide,
- Beteiligung am Prostaglandinmetabolismus
- Bestandteil von Iodthyronindeiodinase (Typ I); wandelt T_4 in biologisch aktives T_3 um (bei Se-Mangel Anreicherung von T_4 im Targetgewebe).

Die Funktion weiterer identifizierter Selenoproteine ist bisher nur teilweise oder nicht bekannt. Fördernd auf die **Se-Resorption** wirken Vitamin A und E. Die Resorption erfolgt rasch und kann 35–100 % des Angebots betragen. Bei Wiederkäuern kann es im Vormagensystem zur Bildung von schwer- bzw. unlöslichen Seleniden kommen, die die Selenresorption erschweren. **Antagonisten** sind S, As, Ag, Ca, Cu sowie hohe Gehalte ungesättigter Fettsäuren und ranziges Fett, Nitrate, Sulfate sowie Vitamin C. Die **Ausscheidung** erfolgt über Kot, Harn und Atemluft (als Dimethylselenid). Die Versorgungsempfehlungen liegen zwischen 0,2 und 0,3 mg/kg DM.
Die Bedarfsdeckung ist eine Standortfrage, da der Se-Gehalt der Pflanzen vom Boden abhängig ist. Aufgrund der geringen Ausprägung der homöostatischen Kontrolle wird der Se-Status durch alle Körperteile reflektiert. Als Indikator ist die Aktivität der Glutathionperoxidase im Vollblut und den Erythrozyten geeignet.

Se-Mangel
Besonders empfindlich sind Wiederkäuer, Pferde und Nutzgeflügel. Es kommt bei fast allen Spezies zu Schädigungen der quergestreiften Muskulatur (der Herzmuskel weniger häufig), beim Geflügel ist auch die glatte Muskulatur betroffen. Bei Jungtieren haben die Erkrankungen einen z. T. schweren Verlauf, bei ausgewachsenen Tieren kommt es häufig nur zu einem allgemeinen Leistungsrückgang, der meist mit Durchfall verbunden ist. Bestimmte Mangelkrankheiten sind mehr oder weniger vom Vitamin-E- oder Se-Status abhängig. Als Ursache gelten unterschiedliche Wirkungsorte und „Reihenschaltung" der Wirkung von Se und Vitamin E. Vitamin E wirkt als lipophile Substanz auf die Membranstruktur, Glutathionperoxidase hingegen im wässrigen Milieu des Cytosols bzw. der Mitochondrienmatrix.
Reine Se-Mangelkrankheiten, bei denen Vitamin E wirkungslos bleibt, sind:

- Se-mangelbedingte Wachstumsverminderungen, die bei allen Nutztieren auftreten können
- Immunsuppression,
- Fruchtbarkeitsstörungen bei Wiederkäuern (u. a. Placentaretention beim Milchrind, Aborte, Totgeburten),
- Verluste durch lebensschwache Neugeborene mit verminderter Saugaktivität,
- Verminderte Schilddrüsenaktivität,
- Pankreasdegeneration beim Küken.

Echte Vitamin-E-Mangel-Krankheiten, bei denen Se wirkungslos bleibt:

- Beeinträchtigung der Fruchtbarkeit bei Schweinen, Geflügel, Kaninchen, Pelztieren,
- Resorptionssterilität bei Schweinen und Ratten (bereits angelegte Embryonen sterben ab und werden resorbiert),
- Encephalomalazie bei Küken,
- Erythrozytenhämolyse.

Abb. 2.6
Risikofaktoren für klinisch erkennbare Störungen bei Se- und Vitamin-E-Mangel (modifiziert nach Scholz 1991).

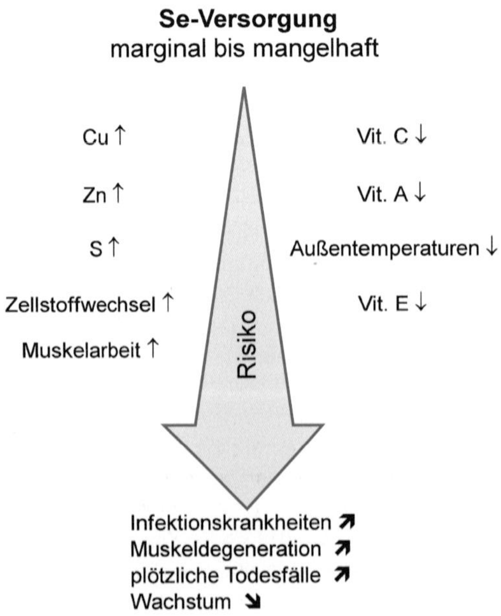

Bei folgenden Krankheiten kann Se und/oder Vitamin E verabreicht werden:

- Exsudative Diathese (Küken),
- Lebernekrose (Hepatosis diaetetica beim Schwein),
- ernährungsbedingte Muskeldystrophie (Synonym „Weißmuskelkrankheit" bzw. „white muscle desease") bei Kälbern, Lämmern, Fohlen,
- Maulbeerherz-Krankheit beim Schwein.

Einflussfaktoren auf klinisch erkennbare Störungen bei Se- und Vitamin-E-Mangel sind in Abbildung 2.6 zusammengefasst.

Se-Überschuss
Vergiftungserscheinungen können bei Wiederkäuern ab 4–5 mg Se/kg DM und bei Pferden ab 2 mg Se/kg DM auftreten (→ Tab. 2.4).
Selentoxizität ist besonders bei Weidetieren häufig. Die klassischen Selenosesymptome beim Pferd sind Vitalitätsschwäche, Auszehrung, Anämie, Steifheit der Gliedmaßen, Gelenkschmerzen, Haarausfall und reheartige Hufbeschwerden. Auch bei Rindern und Schweinen kann es zu Haarverlust, Erblindung und Lahmheit kommen. Die Futteraufnahme geht zurück, und der Tod kann akut oder auch bei mehr chronischen Intoxikationen nach längerer Krankheitsdauer eintreten. Die äußeren Erscheinungen sind von deutlichen pathologischen Veränderungen begleitet, besonders von Leberschäden. Bei Schweinen wurden geringere Konzeptionsraten, vermehrte Totgeburten sowie schwächere und kleinere Ferkel beobachtet. Probleme bei der Fortpflanzung wurden auch bei Schafen und Geflügel registriert. Zur Vermeidung von Se-Überschuss ist die Kenntnis der Böden mit zu hohem Se-Gehalt wichtig.

2.3.8 Molybdän

Der Hauptanteil des Körper-Mo befindet sich im Skelett, höhere Konzentrationen an Mo liegen weiterhin in Leber, Milz und Nieren vor. Es ist als Mo-haltiger Cofaktor Bestandteil von Enzymen, z. B. von Xanthinoxidase (beteiligt an Harnsäuresynthese, daher besondere Bedeutung für Geflügel) und Nitratreduktase.
Molybdän wird rasch und zu mehr als 30 % des Angebots resorbiert und über Harn, Galle/Kot und Milch ausgeschieden. **Antagonisten** des Mo sind Cu, W und Sulfat. Die Versorgungsempfehlungen liegen bei Mensch und Tier unter 100 µg/kg DM und der Bedarf wird normalerweise über die Nahrung gedeckt.

Toxizität
Praktische Bedeutung besitzt Mo-Toxizität nur in bestimmten Gebieten für Weidetiere. Schafe sind dabei wenig empfindlich und Ziegen praktisch unempfindlich. Die Sensibilität der Tiere gegenüber Mo ist bei marginaler Cu-Versorgung erhöht. **Molybdänose** kommt bei Wiederkäuern, speziell bei Kälbern und laktierenden Kühen bei Cu-armem Futter bereits unter 5 mg Mo/kg DM und bei Cu-reichem Futter erst bei mehr als 5 mg Mo/kg DM vor. **Symptome** sind schwere Diarrhoe (Weidedurchfall), Lebendmasseverlust, Anämie, Steifheit der Gelenke, Rückgang der Milchbildung und sekundärer Cu-Mangel. Nitrat- und Nitritvergiftungen sind ebenfalls als Symptome beschrieben.

2.3.9 Fluor

Fluor liegt zu 95 % als anorganisches Fluorid in Knochen und Zähnen vor. Die Aufnahme von F in die Zähne erfolgt nur während der Zahnbildung. Eine ausreichende Zufuhr führt beim Menschen zu verminderter Kariesanfälligkeit. Es gibt ferner Hinweise darauf, dass F das Auftreten von Osteoporose bei alternden Menschen vermindert. Bei Nutztieren ist F-Mangel nicht bekannt.
F-Überschuss führt zur F-Akkumulation und zu Zahnveränderungen, Verdickungen und Formveränderungen der Knochen und Gelenke. Fluorgehalte von bis zu 30 mg/kg DM werden noch von allen Nutztieren ohne Schäden toleriert. Schweine tolerieren bis zu 100 mg, Geflügel 250 mg F/kg DM.

2.3.10 Chrom

Chrom ist Bestandteil des Trypsinmoleküls. Eine Stimulation der Synthese von Cholesterol und Fettsäuren durch Cr gilt weiterhin als wahrscheinlich. Als **Cr-Mangel**erscheinungen werden beschrieben: gestörte Glucosetoleranz bei Ratten (scheinbar verminderte Sensibilität des peripheren Gewebes auf Insulin), Wachstumsdepressionen, geringere Geburtsmassen und kürzere Lebensdauer. Es gibt keine Angaben zum Bedarf.
Überschüssiges Cr reichert sich hauptsächlich in den Nieren, aber auch in Blut, Skelett und Leber an. Durch die Toxizität insbesondere des sechswertigen Chroms werden speziell die Nieren geschädigt.

2.3.11 Nickel

Nickel ist Bestandteil bzw. Aktivator verschiedener Enzyme, z. B. Pankreasamylase, Kohlenmonoxidhydrogenase und von Enzymen der Pansenbakterien (u. a. Urease). Es besteht die Vermutung, dass Ni eine Bedeutung bei der Membranstruktur und bei der Struktur von Nucleinsäuren besitzt. Ni-Mangel kommt in praxisüblichen Rationen nicht vor. Eine Ni-Intoxikation führt zu Störungen des Zn-Stoffwechsels (drastische Zn-Verarmung). Beim Menschen hat die Nickelallergie eine praktische Bedeutung.

2.4 Wasser

Wassergehalt des Körpers und Wasserhaushalt
Wasser ist im engeren Sinne kein Nährstoff, muss aber zur Aufrechterhaltung der Lebensfunktionen regelmäßig aufgenommen werden. Im Stoffwechsel entsteht Wasser bei der Oxidation des Wasserstoffs in einem mehrstufig ablaufenden Prozess der Energiegewinnung – der Atmungskette. Die Menge des dabei gebildeten Wassers beträgt 0,5 ml/g Kohlenhydrat, 0,4 ml/g Eiweiß und 1,1 ml/g Fett. Dieses Stoffwechselwasser deckt nur zu einem geringen Anteil den Wasserbedarf im tierischen Organismus. Daher muss Wasser zusätzlich über die Tränke und die Nahrung (bes. Grünfutter, Silagen) aufgenommen werden.
Der Wassergehalt des Körpers verändert sich altersabhängig und beträgt beim Fötus über 90 %, zur Geburt etwa 80 % und bei ausgewachsenen Tieren ca. 60 %. Dabei besteht eine negative Korrelation zwischen dem Wasser- und Fettgehalt. Trotz des hohen Wassergehaltes des Organismus liegen kaum Wasserreserven vor. Bereits kurzzeitiger Wasserentzug verursacht eine erhebliche Leistungsminderung, und ein Verlust des Körperwasserbestandes von mehr als 10 % führt bei den meisten Tieren zum Tod. Die Aufrechterhaltung des Wasserhaushaltes muss daher durch geeignete Tränk- und Fütterungsmaßnahmen gewährleistet werden. Die Abgabe von Wasser erfolgt über Niere, Darm, Haut und Lunge sowie die Milchdrüse. Darüber hinaus findet bei wachsenden Tieren pro kg Lebendmassezunahme ein Wasseransatz von etwa 700 g statt.

Physiologische Funktionen des Wassers
Aufgrund der asymmetrischen Anordnung der negativen und der positiven Ladung des Wassermoleküls wirkt es als permanenter Dipol. Daher können Wassermoleküle andere geladene Teilchen umhüllen und erfüllen die Funktion eines idealen Lösungs- und Transportmittels. Diese Eigenschaften sind unter anderem für Vorgänge der Verdauung, des Nährstofftransportes bei der Resorption und den Interorganbeziehungen, bei enzymatischen Reaktionen und Entgiftungsprozessen sowie bei der hormonellen Kommunikation von größter Bedeutung.

Des Weiteren erfüllt Wasser bei der Regulation des Wärmehaushaltes essenzielle Funktionen. Dank seiner hohen Wärmeleitfähigkeit ist es in der Lage, die bei Abbauprozessen nach dem 2. Hauptsatz der Wärmelehre zwangsläufig anfallende Wärme von Orten intensiven Stoffwechsels abzuleiten und so eine Überhitzung zu verhindern. Auf diese Weise ist in Verbindung mit der hohen Verdampfungswärme des Wassers (etwa 2260 kJ/kg) die Aufrechterhaltung einer konstanten Körpertemperatur möglich. Aber auch bei Unterkühlung exponierter Körperpartien gewährleistet Wasser durch seine Wärmeleitfähigkeit und den schnellen Transport über das Blut den erforderlichen Wärmeausgleich.

Wasserbedarf und Qualitätsanforderungen

Es ist verständlich, dass der Wasserbedarf großen Schwankungen unterliegt. Wesentliche Einflussfaktoren sind die Umweltbedingungen und die Leistung der Tiere (z. B. Laktation). Deshalb können die folgenden Angaben nur als Richtwerte aufgefasst werden. Eine relativ gute Bezugsgröße für den Wasserbedarf ist die Trockensubstanzaufnahme. Auf dieser Basis beträgt der Bedarf für landwirtschaftliche Nutztiere 2–4 l/kg DM (Rind 4; Schaf, Pferd und Schwein 3; Huhn 2 l/kg DM). Dies bedeutet, dass z. B. für eine laktierende Kuh bei einer Trockensubstanzaufnahme von 20 kg eine Wasserbereitstellung von 80 l gewährleistet sein muss. Orientierungswerte zur Einschätzung der Tränkwasserqualität sind in Tabelle 2.8 angeführt.

Tab. 2.8
Empfehlungen für Orientierungswerte zur Bewertung der Tränkwasserqualität (eingespeistes und im Verteilersystem befindliches Tränkwasser) im Sinne der Futter- und Lebensmittelsicherheit (Angaben nach Bundesministerium für Ernährung und Landwirtschaft, 2017).

Parameter	Orientierungswert
pH-Wert[1]	> 5, < 9
Elektrische Leitfähigkeit (µS/cm)	< 3000
Lösliche Salze, gesamt (g/l)	< 2,5
Oxidierbarkeit[2] (mg/l)	< 15
Ammonium (NH_4^+) (mg/l)	< 3
Arsen (mg/l)	< 0,05
Blei (mg/l)	< 0,1
Cadmium (mg/l)	< 0,02
Calcium[7] (mg/l)	500
Chlorid (mg/l)	< 250[3], < 500[4]
Eisen[7] (mg/l)	< 3
Fluor (mg/l)	< 1,5
Kalium (mg/l)	< 250[3], < 500[4]
Kupfer[8] (mg/l)	< 2
Mangan (mg/l)	< 4
Natrium (mg/l)	< 250[3], < 500[4]
Nitrat (mg/l)	< 300[5], < 200[6]
Nitrit (mg/l)	< 30
Quecksilber (mg/l)	< 0,003
Sulfat (mg/l)	< 500

1 pH < 5: sauer und möglicherweise korrosiv wirkend, Zusatz organischer Säuren kann pH-Wert senken.
2 Maß für organische Substanzen im Wasser (< 5 mg/l für eingespeistes Wasser)
3 Geflügel
4 sonstige Tierarten
5 ruminierende Wiederkäuer
6 Kälber und andere Tierarten
7 Risiko des Zusetzens von Leitungen und Nippeltränken
8 Orientierungswert problematisch für Schafe sowie bei Kälbern mit Milchaustauscher (Cu-arme Milchaustauscher verwenden)

3 Vitamine

Ortwin Simon

3.1 Allgemeines

Die Vitamine und die Lebensnotwendigkeit ihrer Zufuhr mit der Nahrung wurden Ende des 19. und Anfang des 20. Jahrhunderts entdeckt. Bis zum Ende des 19. Jahrhunderts erachteten Wissenschaftler eine Ernährung bestehend aus Kohlenhydraten, Fetten, Eiweißen, Wasser und Salz als auseichend, um die Leistungsfähigkeit, Gesundheit und normales Wachstum von Mensch und Tier zu gewährleisten. Diese Auffassung entsprach dem damaligen Stand des Wissens und wurde auch von Liebig und Rubner vertreten.
Zu ersten Zweifeln an dieser Lehrmeinung führten Versuche des Chemikers Bunge in den 80er Jahren des 19. Jahrhunderts. Er ernährte Versuchstiere mit den oben genannten Nährstoffen in gereinigter Form und stellte fest, dass die Tiere an Gesundheitsschäden unterschiedlicher Art starben. Von diesen Resultaten wurde aber kaum Notiz genommen. Erst Untersuchungen zu Ursachen von Mangelkrankheiten von Eijkman um 1890 waren bahnbrechend. Er fütterte polierten Reis an Hühner und löste dabei Störungen aus, die den Symptomen der Beriberi-Krankheit des Menschen ähnlich waren. Neben Muskelatrophie kommt es bei dieser Krankheit zu Schädigungen des Zentralnervensystems, die zentralnervöse Krämpfe auslösen. Eijkman konnte nachweisen, dass es sich bei der Beriberi-Krankheit nicht um eine Infektion handelte, sondern um eine durch Nahrungsfaktoren bedingte Erkrankung. Zu jener Zeit gab es aber den „Vitamin"-Begriff noch nicht.
Schon davor war allerdings bekannt, dass bei langen Seereisen, bei denen Zwieback und Pökelfleisch die ausschließliche Nahrung bildeten, Skorbut auftrat, was durch Zufuhr von frischem Gemüse, Zitronen oder Orangensaft schnell zu heilen war. Es mussten also in diesen Nahrungsmitteln bisher unbekannte lebensnotwendige Substanzen enthalten sein.
Der Biochemiker Funk schrieb 1912: „Die Krankheiten vom Typ der Beriberi und Skorbut haben ihren Ursprung in dem Mangel bestimmter unbekannter Substanzen in der Nahrung, die unerlässlich für das Leben sind und bereits in unendlich kleinen Konzentrationen wirken". Funk hatte für diese Substanzgruppe auch einen Namen gefunden, nämlich **Vitamine,** weil er annahm, dass es sich um für das Leben (vita) essenzielle Stoffe handele, die organische Stickstoffbasen (Amine) sind bzw. solche enthalten. Dies traf auch auf das Vitamin B_1 (Thiamin) zu, um das es im Zusammenhang mit Beriberi ging. Dass es sich aber nicht bei allen Vitaminen um „Amine" handelt, sollte sich erst später bei der Isolierung der einzelnen Vitamine herausstellen.
Osborne und Mendel isolierten 1913 einen „fettlöslichen Faktor A" aus Butter, der für das Wachstum von Ratten essenziell war. Dieser wurde fast zeitgleich auch von McCollum und Davis als Bestandteil von Butter, Eiern und Fischtran entdeckt. Durch zahlreiche Tierversuche, besonders mit Ratten, Tauben und Meerschweinchen, wurden weitere derartige essenzielle Nahrungsfaktoren gefunden und charakterisiert. Diese als klassisch geltenden Versuche wurden von Hopkins durchgeführt. 1915 wurde aus Bierhefe und Getreidekörnern ein „wasserlöslicher Faktor B" gewonnen, der ebenfalls lebensnotwendig ist. Auf diese Weise nahm die Vitaminnomenklatur ihre Anfänge. Weitere neu entdeckte essenzielle Nahrungsfaktoren wurden entweder mit neuen Buchstaben versehen, oder einem schon vorhandenen Buchstaben wurde eine Indexzahl hinzugefügt. Diese Art der Nomenklatur wird heute nicht mehr in gleicher Form beibehalten. Besonders bei den B-Vitaminen, bei denen sich im Laufe der Zeit herausstellte, dass es sich um eine Vielzahl von Substanzen handelt,

verwendet man meist den Trivialnamen der chemischen Substanz zur Benennung.
Die Reindarstellung der meisten Vitamine gelang in den Jahren 1925–1937. Im Jahre 1933 wurde Vitamin C (Ascorbinsäure – also die antiskorbutisch wirkende Säure) synthetisiert, und es folgten sehr schnell andere, was die Entstehung eines neuen Industriezweiges zur Folge hatte. Es ist bemerkenswert, wie schnell im Fall der Vitamine die wissenschaftlichen Kenntnisse in Medizin, Ernährung und Industrie umgesetzt wurden.
Vitamine ordnet man in der Tierernährung in die Gruppe der Wirkstoffe ein. Mit dem Begriff „Wirkstoff“ wird zum Ausdruck gebracht, dass es sich um Substanzen handelt, die in kleinsten Konzentrationen für den Stoffwechsel wichtige Funktionen ausüben.

Definition: Im klassischen Sinne sind Vitamine niedermolekulare organische Verbindungen, die in kleinsten Mengen lebensnotwendig sind und allen höheren Lebewesen mit der Nahrung zugeführt werden müssen.

Diese Definition ist aus heutiger Sicht insofern einzuschränken, als bekannt ist, dass besonders wasserlösliche Vitamine und Vitamin K von Mikroorganismen des Verdauungstraktes gebildet werden können. Dies trifft vor allem auf den Vormagen von Wiederkäuern zu, wodurch Wiederkäuer bei ungestörter Pansenfermentation in der Regel nicht auf die Zufuhr dieser Vitamine über das Futter angewiesen sind, da sie im Dünndarm resorbiert werden können. Aber auch während der Digestapassage durch den Dickdarm nimmt die Konzentration an B-Vitaminen, und vermutlich auch an Vitamin K, durch mikrobielle Synthese zu. Es wird daher davon ausgegangen, dass bei Nutztieren mit voluminösem Dickdarm, wie Pferden, bei physiologischer Dickdarmfunktion die Versorgung mit den genannten Vitaminen ausreichend ist. Über den Umfang der Resorption dieser Vitamine im Dickdarm existieren jedoch keine gesicherten Kenntnisse. Allerdings können Tiere Vitamine, die im Dickdarm bzw. Blinddarm mikrobiell synthetisiert wurden, auch durch Koprophagie bzw. Caecotrophie (d. h. Aufnahme von Dickdarm- bzw. Blinddarmkot) nutzen, da diese dann während der Dünndarmpassage resorbiert werden können. Weiterhin kann für das Vitamin D_3 im Stoffwechsel eine Vorstufe (Provitamin) gebildet werden, das in die aktivierte Form überführt werden kann.
Wenn man z. B. von Vitamin A, K oder B_6 spricht, wird der Eindruck erweckt, es handele sich dabei jeweils um eine einzige Verbindung. Dies ist aber nicht der Fall. In der Regel ist eine Gruppe chemisch verwandter Verbindungen gemeint, die im Stoffwechsel die gleiche, aber unterschiedlich stark ausgeprägte Vitaminwirkung besitzt.

Wirkungsweise: Vitamine wirken in unterschiedlicher Weise auf den Stoffwechsel. Einige wirken direkt in unveränderter Form (z. B. Vitamine E und C), andere müssen im Stoffwechsel erst in die wirksamen Formen überführt werden (z. B. Vitamin D), und ein Teil der Vitamine besitzt Coenzymfunktion (B-Vitamine).

3.2 Einteilung der Vitamine

Vitamine können nach verschiedenen Gesichtspunkten eingeteilt werden. Aus ernährungsphysiologischer Sicht ist die Einteilung in fettlösliche und wasserlösliche Vitamine sinnvoll, weil das Vorkommen der Vitamine und deren Synthesemöglichkeit durch mikrobiellen Stoffwechsel im Zusammenhang mit deren Löslichkeit stehen.

Tab. 3.1
Einteilung der Vitamine.

Abkürzung/ Name	Fettlöslich	Wasserlöslich	Mit Coenzymfunktion
A/Retinol	+	–	–
D/Calciferol	+	–	–
E/Tocopherol	+	–	–
K/Phyllochinon	+	–	+
B_1/Thiamin	–	+	+
B_2/Riboflavin	–	+	+
B_6/Pyridoxin	–	+	+
B_{12}/Cobalamin	–	+	+
Niacin	–	+	+
Pantothensäure	–	+	+
Folsäure	–	+	+
Biotin	–	+	+
C/Ascorbinsäure	–	+	–

Aus biochemischer Sicht können die Vitamine weiterhin nach deren möglicher Coenzymfunktion eingeteilt werden (→ Tab. 3.1).

3.3 Charakterisierung des Versorgungsgrades mit Vitaminen

Bei graduierter Unter- und Überversorgung mit Vitaminen unterscheidet man zwischen Avitaminose und Hypovitaminose (jeweils Mangel) bzw. Hypervitaminose (Überschuss).

Avitaminose ist die schwerste Form einer mangelnden Vitaminversorgung und Folge eines schweren Mangels eines bestimmten Vitamins. Avitaminosen sind vor allen Dingen aus der Humanernährung bekannt und führen zu spezifischen Erkrankungen wie Skorbut, Beriberi, Nachtblindheit oder Rachitis. Ursachen einer Avitaminose sind eine absolut einseitige Ernährung oder Resorptionsstörungen. In der Fütterung von landwirtschaftlichen Nutztieren kommen Avitaminosen praktisch nicht vor, möglich sind aber schwächere Formen einer Unterversorgung, sogenannte Hypovitaminosen.

Hypovitaminose ist die unzureichende Versorgung mit einem oder mehreren Vitaminen. Hypovitaminosen sind äußerst schwer zu diagnostizieren, weil sie keine spezifischen Mangelsymptome hervorrufen. Anzeichen sind bei wachsenden Tieren Entwicklungsstörungen (Kümmern), verminderte Resistenz gegen Infektionskrankheiten und erhöhte Tierverluste, bei ausgewachsenen Tieren verminderte Leistungen und gestörtes Reproduktionsgeschehen. Beim Menschen treten zusätzlich Müdigkeit, Schwindel und Konzentrationsschwäche auf.

Antivitamine. Vitaminmangelerscheinungen können auch durch sogenannte Antivitamine verursacht werden. Dies sind Substanzen, die sich entweder aufgrund einer strukturellen Ähnlichkeit am Wirkungsort der Vitamine anlagern, die Funktion aber nicht erfüllen können (Vitaminanaloga), oder die in irgendeiner Weise die Vitamine modifizieren (Spaltung, Komplexbildung, Inaktivierung). Da die Beziehung zwischen Vitamin und Vitaminanaloga (Antivitamin) im Sinne einer Konkurrenz um die Bindungsstelle zu sehen ist, kann ein Antivitamin durch Überschuss des betreffenden Vitamins verdrängt werden. Antivitamine kommen in einer Reihe von Futtermitteln sowie als Stoffwechselprodukte von Mikroorganismen vor und sind in ihrer quantitativen Bedeutung noch nicht ausreichend untersucht. Ihnen wird unter anderem durch die Differenzierung zwischen Vitaminbedarf und Vitaminvorsorgungsempfehlung Rechnung getragen.

Gut bekannt sind Cumarinderivate, die als Antagonisten des Vitamins K wirken, dies von der Bindung verdrängen und so die Synthese verschiedener Blutgerinnungsfaktoren hemmen. Verschiedene Folsäureantagonisten hemmen die Umwandlung von Folsäure in Tetrahydrofolsäure (aktive Form).

Hypervitaminosen sind krankhafte Erscheinungen, die als Folge einer zu hohen Vitaminzufuhr entstehen. Sie sind z. B. für Überdosierungen der Vitamine A und D bekannt. Hypervitaminosen können insbesondere bei speicherbaren (fettlöslichen) Vitaminen entstehen, da wasserlösliche Vitamine bei überhöhter Zufuhr über die Niere ausgeschieden werden.

3.4 Vitaminbedarf und Versorgungsempfehlungen

Einheiten zur Angabe von Vitamingehalten

Da Vitamine in Futtermitteln und im Organismus in sehr geringen Konzentrationen vorkommen, war für viele Vitamine zunächst eine exakte Mengenermittlung analytisch nicht möglich. Man hat sie daher anhand ihrer biologischen Wirkung quantifiziert und drückt dies in Internationalen Einheiten (IE, im Englischen IU) aus. Kriterium für die Mengendefinition war dabei im Tierversuch das Vermögen, ein Mangelsymptom gerade zu verhindern oder einen bestimmten experimentell erzeugten Mangel in einer definierten Zeit zu heilen. Zur Vitaminbestimmung wurden auch häufig bestimmte Bakterienstämme und Spezialnährböden genutzt.

Aufgrund der Entwicklung der Analysentechnik ist es heute möglich, die Vitamine mittels chromatografischer Verfahren quantitativ direkt zu bestimmen. Daher werden Angaben zum Vitamingehalt oder Bedarf in zunehmendem Maße in Mengeneinheiten (μg oder mg) gemacht. Für die Vitamine A, D und gelegentlich E sind allerdings noch Angaben in IE üblich, wobei Mengenäqui-

valente definiert sind: 1 IE Vitamin A = 0,344 µg Retinylacetat; 1 IE Vitamin D_3 = 0,025 µg Vitamin D_3; 1 IE Vitamin E = 1 mg DL-α-Tocopherylacetat.
Der **Vitaminbedarf** ist die notwendige tägliche Vitaminzufuhr, um den optimalen Ablauf der physiologischen Stoffwechselvorgänge zu gewährleisten. Mit dieser Definition des Vitaminbedarfs kommt man jedoch nicht immer aus, daher wurden noch die Begriffe Minimal- und Optimalbedarf eingeführt.
Der **Minimalbedarf** ist die erforderliche Vitaminzufuhr zur Aufrechterhaltung der normalen Stoffwechselfunktion und zur Vermeidung von Mangelsymptomen.
Der **Optimalbedarf** ist die erforderliche Vitaminzufuhr, um die volle Leistungsfähigkeit eines Tieres auszuschöpfen.
Die Vitaminzufuhr liegt in der Regel über dem Minimalbedarf, d.h. es gibt keinerlei Mangelerscheinungen und dennoch kann sie im suboptimalen Bereich liegen.
Der Bedarf kann pro Tier und Tag angegeben werden oder pro Masseeinheit Futtermittel. Er differiert von Tierart zu Tierart und ist auch vom Leistungsstadium abhängig. Der Bedarf landwirtschaftlicher Nutztiere an einzelnen Vitaminen liegt zwischen 0,01 und 40 mg/kg DM. Für die wasserlöslichen Vitamine und Vitamin K erfolgt bei Wiederkäuern in der Regel eine Bedarfsdeckung durch die mikrobielle Synthese im Pansen. Vitamin C muss nur bei Primaten (Mensch, Menschenaffe), Meerschweinchen und Fischen (Forelle) mit der Nahrung zugeführt werden.
Ferner sind die Begriffe „Bedarf" (engl. requirement) und **„Empfehlung zur Versorgung"** (engl. allowance oder auch recommended standard) zu unterscheiden. Die Empfehlungen zur Versorgung beinhalten einen Sicherheitszuschlag, sodass die empfohlene Menge 2- bis 5-mal höher liegen kann als der ermittelte Bedarf. Außerdem muss bei der Ableitung der Empfehlung für die Vitaminzufuhr berücksichtigt werden, dass zahlreiche endogene und exogene Faktoren die Vitaminversorgung beeinflussen.
Endogene Einflussfaktoren: Eigensynthese im Organismus, Speicherung in den Geweben, Synthese aus Vorstufen und mikrobielle Synthese im Verdauungstrakt/Verfügbarkeit.
Exogene Einflussfaktoren: Vitaminverfügbarkeit, Synthese aus Vorstufen und Vorkommen von Antivitaminen.

3.5 Fettlösliche Vitamine

Die fettlöslichen Vitamine (A, D, E und K) sind, wie die Lipide, in Fettextraktionsmitteln löslich. Tiere sind auf die Zufuhr dieser Vitamine mit dem Futter angewiesen. Eine Ausnahme stellt das Vitamin K dar, das beim Wiederkäuer bei intakter Pansenfunktion ausreichend mikrobiell gebildet wird. Auch bei monogastrischen Säugetieren ist eine teilweise Versorgung über das intestinale Mikrobiom möglich.

3.5.1 Vitamin A (Retinol) und seine Vorstufen

Vitamin A_1 wird allgemein als Vitamin A bezeichnet und stellt chemisch einen lang gestreckten Polyenalkohol dar (bestehend aus Isopreneinheiten) mit einem endständigen β-Iononring. Der wichtigste Vertreter ist das Retinol, aber auch Retinal und Retinsäure haben Vitamin-A-Wirksamkeit. Bei Süßwasserfischen ist die wirksame Vitamin-A-Form das Vitamin A_2, die 3-Dehydro-Form des Retinols.

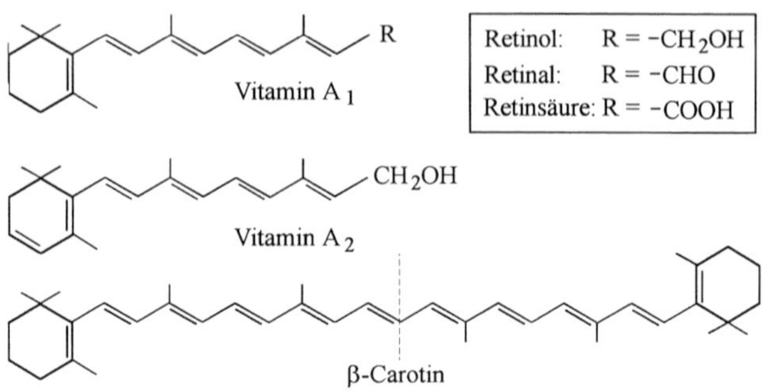

Aufgrund der zahlreichen Doppelbindungen sind Vitamin A und seine Vorstufen oxidationsempfindlich. Erwärmung und Bestrahlung erhöhen diese Instabilität zusätzlich. Deshalb werden Vitamin A enthaltende Präparate auch „gecoated“ d. h. „ummantelt“.
Vitamin A kommt ausschließlich in Futtermitteln tierischer Herkunft vor. Für die Ernährung des Menschen sind fetthaltige Milch und Milchprodukte eine wesentliche Vitamin-A-Quelle. Der Vitamin-A-Gehalt der Milch hängt vom Versorgungsgrad der Tiere mit β-Carotin ab, das Vorstufe des Vitamin A ist.
Vorstufen des Vitamins A sind die Carotine, die ausschließlich in pflanzlichem Material vorkommen. Carotinreich sind z. B. Grünfutter und Möhren. Silierung von Grünfutter und Heubereitung führen zu einer starken Abnahme des β-Carotingehaltes, was auch von der Lagerungsdauer abhängt. Vitamin A selbst kommt in pflanzlichen Futtermitteln nicht vor.
Das β-Carotin ist aus quantitativer Sicht die wichtigste Vorstufe des Vitamins A. Es besteht praktisch aus zwei Molekülen Vitamin A. Sowohl in der Leber als auch in der Dünndarmwand gibt es ein Enzym (15,15'-Dioxygenase), das β-Carotin in zwei Moleküle Retinal spalten kann, welches wiederum in Retinol umsetzbar ist. Es überwiegt allerdings der Abbau der Carotine von einem Molekülende her, sodass von einem Molekül β-Carotin ausgehend auch nur ein Molekül Vitamin A entsteht. Die Umwandlungsmöglichkeit von α-Carotin und γ-Carotin ist insofern von vornherein ungünstiger, als in diesen Provitaminen jeweils ein Iononring modifiziert ist. Im Vergleich zu β-Carotin beträgt deren Vitamin-A-Wirksamkeit etwa die Hälfte. β-Carotin spielt nicht nur aus diesem Grunde die dominierende Rolle, sondern auch, weil es ca. 90 % der in Grünpflanzen vorkommenden Carotine ausmacht.
Die als maximal anzusehende **Umwandlungsrate von β-Carotin in Vitamin A** von 2 : 1 ist nur bei Geflügel und Ratten möglich. Bei anderen Tierarten ist sie deutlich schlechter. Außerdem werden die maximalen Umwandlungsraten nur bei einer Zufuhr in Höhe des Minimalbedarfs erreicht. Ein darüber liegendes Angebot führt zur Herabsetzung der Umwandlungsrate, sodass für die praktische Fütterung eher Umwandlungsraten zwischen 6 bis 20 : 1 realistisch erscheinen. Aber auch nach länger andauernder Carotinunterversorgung ist die Umwandlungsrate verschlechtert (möglicherweise durch geringere Aktivität entsprechender Enzyme). Bemerkenswert ist, dass bei Carnivoren wie Nerz und Katze die Fähigkeit zur Carotinumwandlung offenbar völlig verlorengegangen ist.
Aus diesen Wechselbeziehungen wird deutlich, wie schwierig es ist, Empfehlungen zur Vitaminbedarfsdeckung zu geben, und es wird gleichzeitig verständlich, warum Zufuhrempfehlungen unterschiedlich sein können.

Resorption, Transport und Speicherung von Vitamin A

Bei der Resorption wird Retinol direkt oder nach der Bildung aus Carotinen in den Zellen des Darmgewebes mit Fettsäuren verestert (Retinyl; meist mit Palmitinsäure, aber auch mit Stearinsäure und Ölsäure) und über die Lymphe zur Leber transportiert. β-Carotin kann auch intakt resorbiert und in der Leber und anderen Geweben gespeichert werden.
Resorbiertes Retinyl wird in der Leber fast vollständig zu Retinylpalmitat umverestert und dort gespeichert. Die Leber enthält 75–90 % der Körperreserven an Vitamin A. Kleinere Mengen sind in Nieren, Nebennieren, Lungen und Retina enthalten. Normalerweise wird Retinyl in den Parenchymzellen gespeichert. Bei Überversorgung erfolgt auch eine Einlagerung in Lipozyten, was ein Indiz für Vitamin-A-Hypervitaminose ist.
Zur Mobilisation des Vitamins A aus der Leber ist zunächst die Spaltung des Retinylpalmitats durch eine Hydrolase erforderlich. Dann ist für den Transport im Blut die Bildung eines Komplexes mit dem retinolbindenden Protein (RBP) nötig. Der Komplex aus Retinol und RBP lagert sich an ein tetrameres Präalbumin an, welches außerdem auch das Schilddrüsenhormon Thyroxin transportiert. In dieser Form erfolgt der Transport von Retinol bei normalem Vitaminstatus. Bei Hypervitaminose A liegt Retinol auch frei im Plasma vor. Andererseits weist ein niedriger RBP-Spiegel im Plasma auf einen Vitamin-A-Mangel hin.
Zur Aufnahme des Retinols in eine Zielzelle erfolgt zunächst eine Anlagerung des Komplexes an einen Oberflächenrezeptor, jedoch wird nur das Retinol in die Zelle aufgenommen. Intrazellulär muss Retinol erneut an ein Protein gebunden

werden, an das zelluläre retinolbindende Protein. Dieser Komplex ist offenbar nötig, um an spezifische Kernrezeptoren zu binden. Eine der Wirkungen scheint so die Förderung der Zelldifferenzierung zu sein.

Funktionen und Mangelerscheinungen

Vitamin A wird allgemein eine wachstumsfördernde Wirkung zugeschrieben. Dies findet auf der Ebene der Zelldifferenzierung und auf der Ebene der Genexpression (Proteinsynthese, RNA-Synthetase, Aminoacyl-tRNA-Synthetase) statt. Eine deutliche Wirkung besteht auch für das Knochenwachstum.

Vitamin-A-Mangel bewirkt bei wachsenden Tieren Minderzunahmen, verschlechterte Aminosäurenverwertung, gestörtes Knochenwachstum (mit den Folgeerscheinungen Bewegungsstörungen, Lähmungen, Krämpfe).

Vitamin A ist an der Bildung von Glycoproteinen und Mucopolysacchariden beteiligt und wirkt auch auf diese Weise auf das Wachstum, jedoch in besonderem Maße auf die Epithelbildung. Daher wird Vitamin A auch als „Epithelschutzvitamin" bezeichnet.

Diese Wirkung bezieht sich in erster Linie auf die Schleimhäute der Atmungswege, des Verdauungstraktes, der Harnwege und der Geschlechtsorgane. Typische Veränderungen bei Vitamin-A-Mangel sind Austrocknung, Verhornung, Abschuppung und Verfärbungen der Schleimhäute. Dadurch wird ihre Schutzfunktion herabgesetzt und das Eindringen pathogener Keime erleichtert, was zum gehäuften Auftreten infektiöser Erkrankungen der Atmungswege und des Verdauungstraktes führt. Bei wachsenden Tieren treten dadurch unspezifische Durchfälle (Ferkel und Kälber) und Kokzidiosen bei Geflügel auf.

Fruchtbarkeitsstörungen, wie Atrophien von Hoden und Ovarien und besonders Schädigungen der Uterusschleimhäute, hängen ebenfalls mit einem Vitamin-A-Mangel zusammen. Beschriebene Störungen sind z. B. Unregelmäßigkeiten und Ausbleiben der Brunst, Aborte, Totgeburten, Placentaretentionen.

Bei Geflügel ist der Vitamin-A-Gehalt der Eier vom Versorgungsgrad der Legetiere abhängig. Eine mangelhafte Versorgung der Zuchttiere hat demnach negative Auswirkungen auf die Schlupffähigkeit, die Überlebensrate bei Eintagsküken und die Entwicklung während der ersten Lebenstage. Daher ist bei Zuchttieren für die Bruteierproduktion die Empfehlung zur Bedarfsdeckung mit 12000 IE/kg Futter etwa doppelt so hoch wie für Legehennen in der Produktion von Konsumeiern.

Vitamin A hat überdies Bedeutung für die Stabilität und die Permeabilität von Membranen und es bestehen auch Beziehungen zur Antikörperbildung. Die molekularen Mechanismen dazu sind kaum aufgeklärt.

Am besten bekannt ist der molekulare Mechanismus für die Beteiligung des Vitamins A beim Sehvorgang. Am Sehvorgang in der Retina des Auges sind das Protein Opsin und Retinal beteiligt. Durch Bindung des 11-cis-Retinals an Opsin entsteht das Rhodopsin. Rhodopsin (Sehpurpur) ist der lichtempfindliche Stoff in den Stäbchen der Netzhaut, der sich beim Auftreffen eines Lichtquants in All-trans-Retinal umwandelt. Dadurch kommt es zu einer Konformationsänderung und zu einem Zerfall des Komplexes in Opsin und All-trans-Retinal. Dieser Zerfall löst gleichzeitig einen elektrischen Nervenimpuls aus, der weitergeleitet wird. Sehpurpur ermöglicht die Adaptation des Auges an die Dunkelheit und damit das sogenannte Dämmerungssehen. Daher führt ein Vitamin-A-Mangel zu einer verminderten Anpassungsfähigkeit des Auges an veränderte Helligkeit und bei schwererem Mangel zur Nachtblindheit.

Hypervitaminose A

Bei Vitamin A kann es zu Hypervitaminosen kommen, da die Kapazität des Organismus zur Bildung exkretionsfähiger Ausscheidungsprodukte über Retinsäure begrenzt ist. Allerdings ist eine ernährungsbedingte Hypervitaminose kaum zu erwarten, die Gefahr besteht eher bei unsachgemäßer Handhabung von Vitaminpräparaten. Bei Schweinen sind Störungen des Knochenwachstums in Form von Ausbildung breiter, kurzer Knochen und bei Küken reduzierte Schlupfraten sowie Störungen der Blutgerinnung beobachtet worden. Wenn der Vitamin-A-Gehalt bei Küken längere Zeit 300 mg/kg Futter überschritt, wurden entzündliche Hautveränderungen beobachtet. Begleitet werden diese Erscheinungen natürlich immer von Verzehrsrückgängen und Leistungseinbrüchen.

β-Carotin als eigenständiges Vitamin?!
Eine eigenständige Wirkung des β-Carotins im Fortpflanzungsgeschehen wurde lange Zeit kontrovers diskutiert. Bereits 1942 (Kuhlmann und Galuo) und 1955 (Brüggemann und Niesar) wurden Arbeiten publiziert, die auf eine eigenständige Wirkung des β-Carotins hinwiesen. In der Folgezeit gab es sowohl Befunde für als auch gegen diese Annahme. Nach neueren Arbeiten ist von einer Eigenständigkeit einer β-Carotin-Wirkung auszugehen, die insbesondere im Fruchtbarkeitsgeschehen des Rindes nachgewiesen wurde.
Argumente für eine eigenständige Wirkung von β-Carotin:

- β-Carotin kann im *Corpus luteum* (Gelbkörper) gespeichert werden.
- Es wurde nachgewiesen, dass nicht nur in der Dünndarmwand und in der Leber die zur β-Carotin-Spaltung erforderliche Dioxygenase vorhanden ist, sondern auch in den Gelbkörpern.
- Die Aktivität dieses Enzyms verändert sich parallel mit dem Brunstzyklus. Es wird angenommen, dass auf diese Weise der hohe Vitamin-A-Bedarf, z. B. während der Follikelreifung, durch ein lokal etabliertes System gedeckt werden kann, was über die Mobilisation von Vitamin A aus der Leber nicht möglich wäre.
- Vitamin A ist in den Geweben des Ovars für die Steroidhormonsynthese essenziell.

Bei einem β-Carotin-Mangel werden bei Rindern für Prozesse, die im Ovar stattfinden, folgende Symptome beschrieben: verzögerte Ovulation, schwache Brunstsymptome, verminderter Progesterongehalt in der Corpus-luteum-Phase und gesteigerte Embryonensterblichkeit. Es ist anzunehmen, dass die Verhältnisse bei anderen Tierarten ähnlich sind.
β-Carotin wirkt vermutlich synergistisch mit Vitamin E als Antioxidans in lipidhaltigen Zellen (Ovar), indem es als „Radikalfalle" die Kette der Lipidperoxidation unterbricht. Dabei gehen die Lipidperoxide zwischenzeitlich eine kovalente Bindung mit dem konjugierten System des β-Carotins ein.

3.5.2 Vitamin D (Calciferole)

Die D-Vitamine leiten sich in ihrer Struktur von den Sterolen ab. Man kennt eine Vielzahl von Verbindungen mit Vitamin-D-Wirksamkeit, von denen für die landwirtschaftlichen Nutztiere nur die Vitamine D_2 und D_3 von Bedeutung sind.
Die Vitamine D_2 und D_3 werden unter Einwirkung von UV-Strahlung aus ihren Vorstufen gebildet. Die Vorstufe des Vitamins D_2 ist das Ergosterol. Unter UV-Einwirkung entsteht daraus das Ergocalciferol (D_2). Die UV-Strahlung bewirkt die Spaltung des B-Rings des Sterangerüstes. Ergosterol kommt in Pflanzen vor und wird bei der Heuwerbung oder beim Anwelken von Siliergut durch die Sonneneinstrahlung in Vitamin D_2 überführt. Um Ergosterol der Futterhefen vitaminwirksam zu machen, kann eine künstliche UV-Bestrahlung erfolgen.
Vitamin D_3 ist in tierischen Produkten enthalten. Es unterscheidet sich vom Vitamin D_2 lediglich im Aufbau der Seitenkette.
Die Biosynthese von Vitamin D_3 erfolgt im tierischen Organismus aus Cholesterin (→ Abb. 3.1). In der ersten Reaktion wird in der Leber unter Wirkung des Enzyms Cholesterindehydrogenase

Abb. 3.1
Synthese von Vitamin D_3 im tierischen Organismus und Hydroxylierungsreaktionen zur Aktivierung.

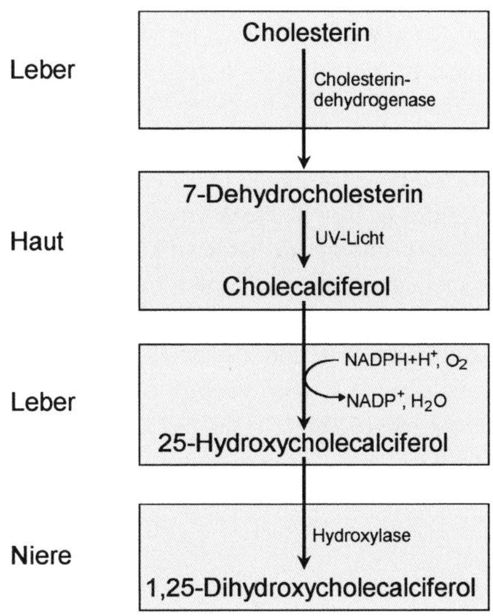

7-Dehydrocholesterin gebildet. Dieses stellt das Provitamin D_3 dar und wird in die Haut eingelagert. Dort erfolgt unter Sonneneinstrahlung die Umwandlung zum Cholecalciferol (Vitamin D_3). Sowohl Ergocalciferol als auch Cholecalciferol werden zwar als Vitamin D bezeichnet, sie sind allerdings im Stoffwechsel kaum oder gar nicht wirksam. Die volle biologische Wirksamkeit wird erst durch doppelte Hydroxylierung erreicht. Die erste Hydroxylierung findet nach Transport in die Leber statt. Zunächst entsteht unter Katalyse einer Hydroxylase 25-Hydroxycholecalciferol, wofür $NADPH_2$ und O_2 benötigt werden. Das 25-Hydroxycholecalciferol kann in der Niere in einer gleichartigen Reaktion weiter zu 1,25-Dihydroxycholecalciferol hydroxyliert werden.
Bei parenteraler Verabreichung ist 25-Hydroxycalciferol 2- bis 5-mal und 1,25-Dihydroxycalciferol 10- bis 25-mal aktiver als das nichthydroxylierte Vitamin, sodass über diese Umwandlungen die Wirksamkeit gesteuert werden kann.

Man muss heute davon ausgehen, dass 1,25-Vitamin D (Calcitriol, 1,25-$(OH)_2D$, Vitamin-D-Hormon) für alle bekannten Wirkungen des Vitamins D verantwortlich ist.

Die Wirkung geht also von einem in der Niere gebildeten Steroidhormon aus, das Vitamin D stellt lediglich eine essenzielle Vorstufe dar. Daher wird zunehmend vom Vitamin-D-Hormon gesprochen. Auch die Tatsache, dass 1,25-D-Vitamin von einem Rezeptor gebunden wird, am Zellkern wirkt und darüber hinaus noch endokrin kontrolliert wird, rechtfertigt diese Zuordnung.
Die Vitamine D_2 und D_3 haben bei Säugetieren die gleiche Wirksamkeit. Bei Geflügel ist allerdings Vitamin D_3 15- bis 30-mal wirksamer als Vitamin D_2. Vitamin D_3 wird in Leber und Haut deponiert. Mangelperioden von einigen Wochen können somit in vielen Fällen überbrückt werden. Allerdings sind die Reserven bei Küken und neugeborenen Säugern gering und nach wenigen Tagen erschöpft.

Funktionen und Mangelsymptome

Die Vitamin-D-Wirkung bezieht sich in erster Linie auf die Beeinflussung des Ca- und P-Stoffwechsels.

Folgende Prozesse werden im Einzelnen beeinflusst:

- Stimulation der Ca-Resorption durch die Regulation der Synthese eines Ca-Transportproteins (Ca-bindendes Protein = CaBP) in den Darmwandzellen,
- Förderung der Synthese des CaBP in der Uterusschleimhaut von Legetieren,
- Beeinflussung der P-Resorption,
- Verminderung der P-Ausscheidung über den Harn durch Verbesserung der Rückresorption in den Nierentubuli,
- Förderung der Mineralisierungsvorgänge in den Wachstumszonen der Knochen,
- Aktivierung der Ca-Mobilisation bei Ca-Mangel als synergistische Wirkung zum Parathormon.

Vitamin D wirkt primär in einem System von Reaktionen, die die Homöostase des Ca-Haushaltes gewährleisten (→ Abb. 2.3). Dabei wird die enge Verflechtung mit der hormonellen Regulation deutlich. So wird bei niedrigem Ca-Spiegel im Blut die Parathormonbildung stimuliert, die ihrerseits die 1,25-Vitamin-D-Bildung in der Niere anregt und so die Ca-Resorption und die Ca-Mobilisation beeinflusst.

Die Möglichkeit der Gabe hoher Dosen von Vitamin D (möglichst in Form einer Injektion von 1,25-Dihydroxycalciferol) zur Prophylaxe der Gebärparese wurde bereits im Zusammenhang mit dem Mineralstoffwechsel erwähnt.

Mangelerscheinungen

Als klassische Krankheit eines Vitamin-D-Mangels gilt die Rachitis des Menschen. Sie kann auch bei wachsenden Tieren auftreten. Typisch bei dieser Erkrankung ist eine mangelhafte Mineralisierung des Knochengewebes. Symptome dieser Erkrankung bei Tieren sind:

- Verkrümmungen der Gliedmaßen und Lähmungserscheinungen (Küken). Bei akutem Mangel hohe Kükenverluste infolge Bewegungsunfähigkeit.
- Geringe Belastbarkeit und Skelettverformungen (O-, X-Beine, Einfallen des Brustkorbes, Verbiegungen der Wirbelsäule).

- Auftreibungen von Gliedmaßengelenken (steifer Gang, Rind).
- Sinken der Ca-Konzentration im Blut und Auftreten von Tetanieerscheinungen (Schwein).

Bei ausgewachsenen Tieren kann durch Vitamin-D-Mangel Osteomalazie auftreten, und bei Legehennen kommt es zur verminderten Eischalenstärke und verschlechterter Schlupffähigkeit.

Hypervitaminose D
Überdosierungen mit Vitamin D können zu Schädigungen führen, die primär auf einer übermäßigen Mobilisation von Ca und P aus den Knochen basieren. Es kommt zu Ca-Ablagerungen in den Arterienwänden, Nierentubuli, Gelenken und anderen Organen.
Diese Hypervitaminose kann in der Praxis durch unsachgemäße Handhabung von Vitaminpräparaten auftreten. Bei Küken treten beispielsweise D-Hypervitaminosen auf, wenn die nutritive Dosis 1000fach überschritten wird.

3.5.3 Vitamin E (Tocopherol)

Vitamin E bezeichnet eine Gruppe von acht Verbindungen, die aus einem Chromanring und einer isoprenoiden Seitenkette bestehen. Je nach Art der Seitenkette unterscheidet man vier Tocopherole (Seitenkette gesättigt) von vier Tocotrienolen (ungesättigt). Der Unterschied innerhalb der Gruppen besteht in der Zahl und der Stellung der Methylgruppen am Chromanring. Danach ergeben sich die Bezeichnungen α-, β-, γ-, δ-Tocopherol usw. bzw. -Tocotrienol. Die biologisch wirksamste Form ist das α-Tocopherol, das in der Regel mit der allgemeinen Vitamin-E-Bezeichnung gemeint ist.
Vitamin E wird in Pflanzen synthetisiert. Es ist besonders in Grünfutter, aber auch in Ölsaatkuchen und Getreide enthalten. Bei Konservierung, Lagerung und Trocknung nimmt der Gehalt ab.
Als Mischfutterzusatz wird ein synthetisch hergestelltes DL-α-Tocopherolacetat verwendet, das durch die Veresterung mit dem Acetatrest stabilisiert wird und wasserlöslich ist. Die DL-Form ist dabei etwas weniger wirksam als die D-Form (1 zu 1,36).

Resorption und Transport
Die Tocopherole liegen in Futtermitteln vorwiegend als Ester vor. Diese werden im Darm gespalten und gemeinsam mit den Fetten und anderen fettlöslichen Vitaminen resorbiert. Im Blut werden sie mit Lipoproteinen transportiert. Hauptspeicherorgan im tierischen Organismus ist neben der Nebenniere die Leber. Innerhalb der Zellen ist Vitamin E zu über 50 % in den Mitochondrien lokalisiert, der Rest verteilt sich auf die Mikrosomenfraktion, das Cytosol und Zellmembranen. Die deponierte Menge korreliert mit der Vitamin-E-Aufnahme. Die Speicherung erfolgt primär im Depotfett, aber auch in der Muskulatur. Adulte Tiere können so große Mengen deponieren, dass Mangelperioden bis zu einem Jahr überbrückt werden können.

Wirkungsweise des Vitamins E
Vitamin E wirkt aufgrund seiner Struktur als einziges Antioxidans unmittelbar in Membransystemen. Es schützt so vor allem die ungesättigten Fettsäuren vor Lipidperoxidation.
Beim Start der Fettoxidation bilden sich Lipidperoxidradikale, die sofort von Vitamin E abgefangen und zu Hydroperoxiden reduziert werden. Dabei wird Vitamin E selbst zum Tocopheroxylradikal oxidiert, aber durch cytosolisches Vitamin C sofort wieder regeneriert. Vitamin C seinerseits wird nachfolgend von Glutathion „recycled". Ob Glutathion Vitamin E auch direkt oder nur indirekt über Ascorbat regenerieren kann, ist noch nicht völlig geklärt.
Selen wirkt mit Vitamin E synergistisch, denn die entstandenen Fettsäure-Hydroperoxide (noch potenziell zelltoxisch) werden durch die selenabhängige Glutathionperoxidase (→ Seite 95) zu Hydroxyfettsäuren abgebaut und damit endgültig entgiftet. Außerdem wirkt Selen über Glutathionperoxidase durch die Entgiftung von freiem Wasserstoffperoxid der Entstehung von organischen Peroxiden bereits entgegen, während Vitamin E als Antioxidans die Kettenreaktion der Lipidperoxidation unterbricht. So können sich Vitamin E und Selen bei der Therapie von Vitamin-E-Mangel-Symptomen teilweise, aber nicht vollständig ersetzen.

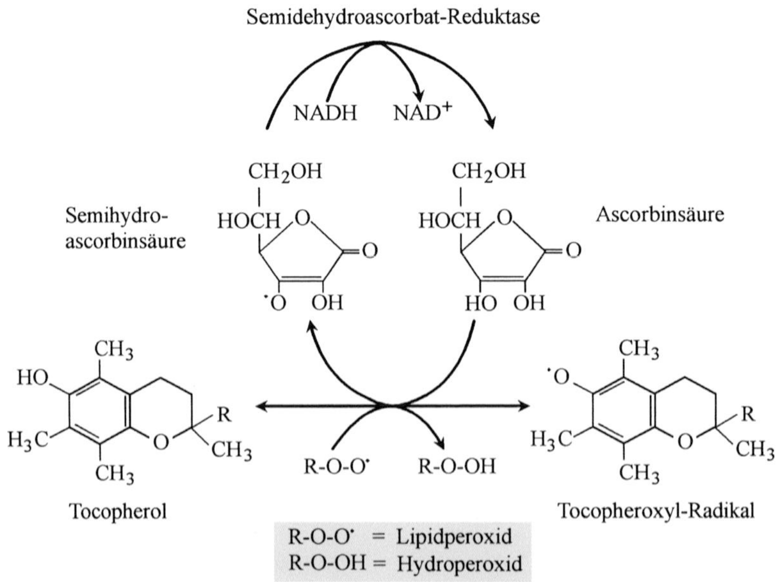

Die Bedeutung der Redoxwirkung der Tocopherole besteht in:

- Schutz von Zellmembranen und subzellulären Membranen (Mitochondrien, Lysosomen, Erythrozyten) vor Zerstörung durch Peroxidbildung der Lipidkomponenten;
- Schutz vor Peroxidbildung aus ungesättigten Fettsäuren in Futter, Darmlumen, tierischen Produkten;
- Synergismus mit Vitamin C und Selen als Antioxidans bei Lipidperoxidation.

Die relativ gute Haltbarkeit von Pflanzenölen ist mit einem hohen natürlichen Tocopherolgehalt zu erklären. Bei dieser Funktion des Vitamins E außerhalb des Organismus ist das γ-Tocopherol die wirksamste Form.
Bei Schlachttieren bewirkt eine hohe Vitamin-E-Speicherung im Organismus auch im Fleisch und in Fleischprodukten einen Schutz vor Oxidationsprozessen (Ranzigwerden).

Mangelerscheinungen
Vitamin-E-Mangel-Symptome betreffen vor allem das reproduktive System. Dazu gehören Fertilitätsstörungen sowohl bei männlichen als auch bei weiblichen Tieren, die im Absterben von Föten bzw. Hodendegeneration begründet sind. Aber auch andere Symptome werden häufig beschrieben, wie:

- Encephalomalazie: eine Schädigung des Kleinhirns, die vorwiegend bei wachsendem Hühnergeflügel auftritt.
- Gelbfettkrankheit (gelbbraune Verfärbung des Fettgewebes bei Pelztieren und Schweinen), verursacht durch übermäßige Fütterung hochungesättigter Fettsäuren. Bei Schweinen bedeutet sie eine Qualitätsminderung.
- Muskeldystrophie (Muskeldegeneration) bei Kälbern, Lämmern und wachsendem Geflügel. Meist ist die Skelettmuskulatur geschädigt, aber auch Herzmuskulatur (Maulbeerherz beim Schwein) und Muskelmagen (bei Puten) können betroffen sein.
- Leberdegenerationen beim Schwein.
- Exsudative Diathese (Kapillarwandschädigungen bei wachsendem Hühnergeflügel).

3.5.4 Vitamin K

Verschiedene Naphthochinonderivate besitzen Vitamin-K-Wirkung. In der Natur kommen zwei Formen des Vitamins K vor, die sich in den verschiedenen Substituenten am C_3-Atom des 2-Methyl-1,4-Naphthochinons unterscheiden:

Vitamin K_1 wird von Pflanzen gebildet, und die Seitenkette besteht aus 20 C-Atomen (4 Isopreneinheiten).
Vitamin K_2 wird von Bakterien und von manchen Pflanzen gebildet; die Seitenkette besteht aus 35 C-Atomen (7 Isopreneinheiten).
Die Versorgung des tierischen Organismus mit Vitamin K kann sowohl über die Aufnahme (Grünfutter) erfolgen als auch durch Resorption von im Verdauungstrakt mikrobiell synthetisiertem Vitamin K. Synthetisch erzeugte K-Vitamine besitzen keine Seitenkette, sondern bestehen nur aus dem Naphthochinonring, z. B. Menadion (wird auch als Vitamin K_3 bezeichnet) und Menadiol (Vitamin K_4).
Die synthetischen K-Vitamine können durch Herstellung in einer Na-Bisulfitform wasserlöslich gemacht werden.

Resorption, Transport und Speicherung

Über den Resorptionsmechanismus gibt es noch Unklarheiten. Während des Resorptionsvorgangs wird die Seitenkette vermutlich abgespalten. Neben aktiven Transportmechanismen gibt es wahrscheinlich auch passive, die auch im Dickdarm wirksam sind. Im Blut liegt Vitamin K in Bindung an Lipoproteine vor. Vitamin K kann nur in geringen Mengen in Leber, Blut und Muskulatur gespeichert werden. Wenn Koprophagie verhindert wird, treten bei Geflügel ohne Futterzusatz nach etwa 2 Wochen Mangelsymptome auf.

Funktion und Wirkungsmechanismus

Vitamin K ist für die Funktion des Blutgerinnungssystems notwendig. Es ist nachgewiesen worden, dass es sowohl für die Prothrombinbildung (Faktor II) als auch für die Bildung weiterer Gerinnungsfaktoren (VII, IX, X) erforderlich ist. Diese müssen neben anderen Faktoren vorhanden sein, um die Umwandlung von Prothrombin in Thrombin zu gewährleisten. Thrombin selbst ist ein Enzym, das das Protein Fibrinogen im Blutplasma zu Fibrin umwandelt. Fibrin ist ein unlösliches Faserprotein und bewirkt die Blutgerinnung.
Der Wirkungsmechanismus des Vitamin K besteht in seiner Funktion als Coenzym einer Carboxylase, die bei den oben genannten Gerinnungsfaktoren (nach der Translation) eine Carboxylierung der Glutamatreste katalysiert. In den Gerinnungsfaktoren entstehen dabei aus mehreren Glutamatresten γ-Carboxyglutamatreste. Diese Reste besitzen dann zwei negative Ladungen und sind eine Voraussetzung für die Bindung von Ca^{++}-Ionen, wodurch die Gerinnungsfaktoren erst funktionsfähig werden.

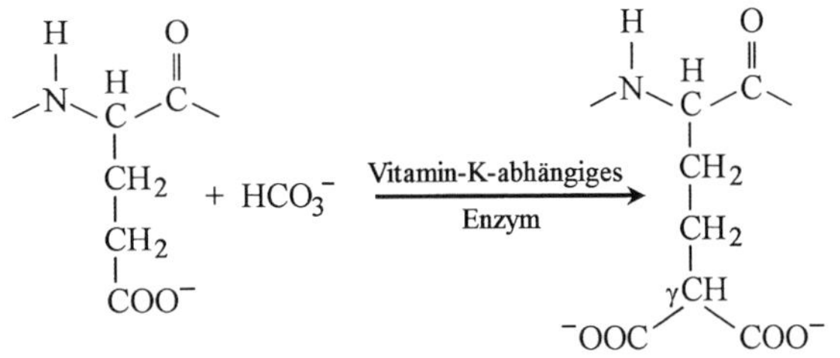

Glutamatrest in Prothrombin — γ-Carboxyglutamat-Rest

Vitamin-K-Mangel bewirkt eine verminderte Carboxylaseaktivität → herabgesetzte Umwandlung von Glutamatresten in γ-Carboxyglutamatreste → verminderte Ca^{++}-Bindung → Funktionsunfähigkeit der Blutgerinnungsfaktoren.

Mangelsymptome

Vitamin-K-Mangel tritt praktisch nur bei Geflügel auf, da hier, gepaart mit einer sehr hohen Wachstumsintensität, die Digestapassage sehr schnell ist. Dazu kommt, dass bei einigen Haltungsformen Koprophagie eingeschränkt ist. Bei den anderen Tierarten (evtl. Ausnahme Ferkel) reicht die intestinale Synthese- und Resorptionskapazität aus.
Sekundärer Vitamin-K-Mangel kann auch durch Resorptionsstörungen entstehen (z. B. Kokzidiose) oder durch antibiotische Behandlungen, die die intestinale Vitamin-K-Synthese durch die Darmbakterien beeinträchtigen.
Der Funktion des Vitamins K entsprechend, treten bei Mangel Blutungen (Hämorrhagien) auf, die bei Geflügel am Brustbein, den Flügeln und den Schenkeln manifest werden und zu Qualitätsminderungen des Schlachtkörpers führen. Häufig sind es aber auch Blutungen im Kleinhirn oder im Verdauungstrakt, die zu Störungen und Leistungsminderung führen.

Antivitamine K

Der bekannteste Antagonist des Vitamins K ist das Dicumarol, das zwar in Pflanzen selbst nicht vorkommt, jedoch dessen Vorstufe, das Cumarin (in verschiedenen Kleearten, bes. Steinklee, Ruch-

gras und einigen Unkräutern). Die Umwandlung in Dicumarol erfolgt durch Schimmelpilze, somit besteht besondere Gefahr bei nicht einwandfreier Grünfutterkonservierung.
Vom Cumarin leiten sich auch Präparate ab, die zur Bekämpfung von Schadnagern eingesetzt werden oder zu therapeutischen Zwecken in der Veterinär- und Humanmedizin Anwendung finden.

3.6 Wasserlösliche Vitamine

Zu den wasserlöslichen Vitaminen gehören die Vitamine der B-Gruppe und Vitamin C. Im Einzelnen sind es Vitamin B_1 (Thiamin), Vitamin B_2 (Riboflavin), Vitamin B_6 (Pyridoxin), Niacin (Nicotinsäure), Biotin, Pantothensäure, Folsäure, Vitamin B_{12} (Cobalamin) und Vitamin C (Ascorbinsäure).
Alle B-Vitamine sind Bestandteile von Enzymen und als Coenzyme meist an der Reaktion mit den Substraten direkt beteiligt (→ Tab. 1.7). Allgemein bewirkt ein Mangel an B-Vitaminen die Herabsetzung der Aktivität einzelner Enzyme oder von Enzymsystemen und damit Stoffwechselstörungen, die in der praktischen Tierernährung meist lediglich einen Grad erreichen, der sich in Leistungsminderung oder herabgesetzter Widerstandsfähigkeit ausdrückt.

Wiederkäuer, bei denen das Vormagensystem ausgebildet ist, sind aufgrund der mikrobiellen Syntheseleistung in den Vormägen nicht auf eine zusätzliche Zufuhr von wasserlöslichen Vitaminen angewiesen. Die mikrobielle Syntheseleistung übertrifft den Bedarf mehrfach. Im Falle des Vitamins B_{12}, das Co als Zentralatom enthält, ist eine ausreichende Versorgung mit diesem Spurenelement Voraussetzung dafür.

Unter spezifischen Bedingungen kann aber auch beim Wiederkäuer die mikrobielle Vitamin-B-Versorgung beeinträchtigt sein, wenn z. B. durch Mangel an Strukturkomponenten im Futter die daraus folgende pH-Absenkung zu einer gehemmten Resorption und Inaktivierung der B-Vitamine führt.
Die bei Bullen beobachtete Gehirnrindennekrose (cerebrocorticale Nekrose, CCN) wurde als intermediärer Vitamin-B_1-Mangel diagnostiziert. Dieser kann insbesondere bei der Bullenmast mit hohem Konzentrateinsatz entstehen.
Die mikrobielle Synthese von B-Vitaminen hat darüber hinaus noch bei Pferden und Kaninchen eine gewisse Bedeutung für die Bedarfsdeckung, während sie bei Schweinen und Geflügel keinen quantitativ nennenswerten Faktor darstellt.
B-Vitamine kommen in allen Grünfuttermitteln sowie deren Konservaten, in Getreide und Mühlennachprodukten vor. Ferner weisen Hefen einen hohen Vitamin-B-Gehalt auf. Im Unterschied zu den fettlöslichen Vitaminen sind die B-Vitamine wesentlich stabiler.
Im Vorkommen stellt das Vitamin B_{12} eine Ausnahme dar, da es ausschließlich in Futtermitteln tierischer Herkunft enthalten ist.
Von den fettlöslichen Vitaminen unterscheiden sich die wasserlöslichen Vitamine auch bezüglich der sehr begrenzten Speicherfähigkeit im Organismus (Ausnahme Vitamin B_{12}), sodass das Tier auf eine kontinuierliche Versorgung mit resorptionsfähigen B-Vitaminen angewiesen ist. Ein Überschuss wasserlöslicher Vitamine wird über die Niere ausgeschieden.

3.6.1 Vitamin B_1 (Thiamin)

Die Entdeckung des Vitamins B_1 war Ende des 19. Jahrhunderts bahnbrechend, weil dessen Mangel als Ursache für die in Asien auftretende Beriberi-Krankheit erkannt wurde.

Thiamin besteht aus einem Pyrimidin- und einem Thiazolring. Die im Stoffwechsel wirksame Form als Coenzym ist das Thiaminpyrophosphat (TPP); im Organismus liegt der überwiegende Teil in dieser Form vor.

TPP ist Coenzym mehrerer enzymatischer Reaktionen, bei denen Aldehydgruppen auf Akzeptoren übertragen werden. Dabei werden die Aldehyde vorübergehend kovalent an den Thiazolring gebunden. Diese Reaktionen sind häufig mit einer Decarboxylierung verbunden.
Enzyme, bei denen TPP als Coenzym fungiert, sind Pyruvatdecarboxylase, Pyruvatdehydrogenase, α-Ketoglutarat-Dehydrogenase und Transketolasen.
All diese Enzyme sind an den Hauptabbauwegen der Kohlenstoffgerüste beteiligt (Glykolyse, Zitro-

nensäurezyklus, Pentosephosphatzyklus), sodass die schweren Stoffwechselstörungen bei Vitamin-B_1-Mangel verständlich sind. Es kommt dabei insbesondere zu einer Anreicherung von Ketosäuren (Pyruvat, α-Ketoglutarat), die im Gehirn und in der Muskulatur die Mangelsymptome (Krämpfe, Lähmungen) verursachen. Ein für Geflügel, aber auch für Schafe und Mastbullen typisches Symptom ist das Rückwärtsbiegen des Kopfes (Opisthotonus).
Bei heute üblichem Mischfutter für Monogastriden ist eine Bedarfsdeckung mit Thiamin an sich gesichert. Mangelsymptome können aber sekundär auftreten. Dafür sind folgende Ursachen möglich:

- Auftreten von Thiaminasen, die das Vitamin inaktivieren (in ungekochtem Fisch; Adlerfarn; mikrobiellen Ursprungs, z. B. durch feuchtes Stroh),
- gestörte mikrobielle Synthese,
- Resorptionshemmung (pH-Absenkung),
- erhöhter Bedarf (z. B. durch verstärkte Milchsäurebildung im Pansen bei kraftfutterreicher Rationsgestaltung).

Derartige sekundäre Vitamin-B_1-Mangel-Krankheiten sind die Farnkrankheit bei Pferden und Rindern sowie die Chastek-Paralyse bei Pelztieren (Nerz, Fuchs).
Symptome für die schon genannte CCN bei wachsenden Wiederkäuern sind: starker Speichelfluss, Zähneknirschen und kurzzeitige Muskelkrämpfe (Verrenkungen des Kopfes = Opisthotonus, Starrezustände).

3.6.2 Vitamin B_2 (Riboflavin)

Riboflavin ist die Grundsubstanz zur Bildung wichtiger Coenzyme, die bedeutendsten sind FMN (Flavinmononucleotid) und FAD (Flavinadenindinucleotid).

$$\text{Riboflavin} + \text{Phosphat} \longrightarrow \text{FMN}$$
$$\text{Riboflavin} + \text{P-P-Rib-Adenin} \longrightarrow \text{FAD}$$

FAD wirkt in der Atmungskette bei der Elektronenübertragung und in gleicher Funktion bei der Aufnahme und Übertragung von Reduktionsäquivalenten im Zitronensäurezyklus. Bei diesen Reaktionen sind die N-Atome 1 und 10 direkt beteiligt, indem daran je ein H-Atom gebunden wird. FMN- und FAD-enthaltende Enzyme werden als Flavoproteine bezeichnet; es gibt eine sehr große Anzahl, die in unterschiedlichen Stoffwechselwegen wirksam sind. Dazu gehören:

FMN-abhängige Reaktionen:

- D- und L-Aminosäureoxidasen (Aminosäurenabbau),
- NAD(P)H-Dehydrogenasen.

FAD-abhängige Reaktionen:

- Acyl-CoA-Dehydrogenase (β-Oxidation, Fettsäurenabbau),
- Xanthinoxidase (Purinbasenabbau),
- Lipoatdehydrogenase (Pyruvatdehydrogenase-Reaktion),
- Succinatdehydrogenase (Citratzyklus).

Aufgrund der Bedeutung für verschiedene Stoffwechselwege ist das Auftreten von Leistungsminderungen bei leichtem Mangel und erhöhte Mortalität bei schwerem Mangel verständlich.
Mangelsituationen können primär bei schnellwachsendem Geflügel auftreten, wo bereits eine leichte Unterversorgung einen verminderten N-Ansatz bewirkt. Ein weiteres Symptom sind Zehenverkrümmungen.
Bei Zuchtgeflügel ist die Vitamin-B_2-Versorgung für die deponierte Menge an Vitamin B_2 im Ei von Bedeutung und damit für die Schlupffähigkeit, die Überlebensrate und die Frühentwicklung nach dem Schlupf. Bei Zuchtsauen kann B_2-Mangel Fertilitätsstörungen verursachen. In der Humanmedizin und bei Schweinen sind Dermatitis und Schleimhautentzündungen als Symptome des Vitamin-B_2-Mangels beschrieben worden.

3.6.3 Vitamin B_6 (Pyridoxin)

Im Wesentlichen wird drei Verbindungen Vitamin-B_6-Wirksamkeit zugesprochen, das sind Pyridoxol (synthetisches Produkt, auch als Pyridoxin bezeichnet), Pyridoxal und Pyridoxamin. Sie unterscheiden sich im Substituenten am C_4-Atom des Pyrimidinringes und können leicht ineinander überführt werden.

Pyridoxal wird in den Geweben unter Wirkung einer Pyridoxalkinase (ATP-abhängig) zur aktiven Form, dem Pyridoxalphosphat (PALP), phosphoryliert.

Coenzymformen des Vitamins B_6

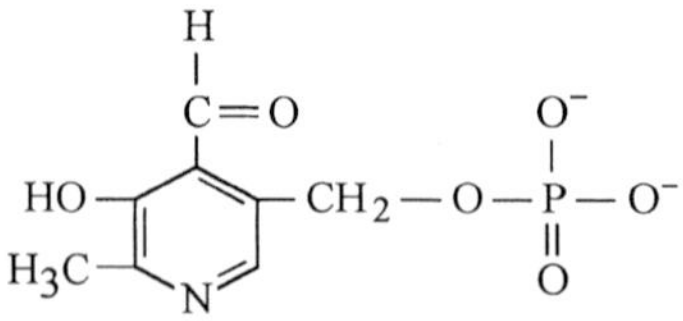

Pyridoxalphosphat, die Aminogruppen-aufnehmende Form

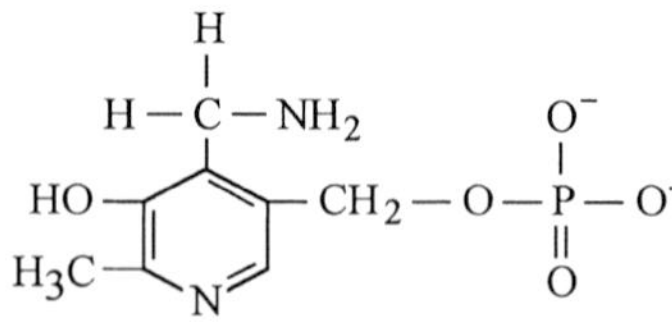

Pyridoxaminphosphat, die Aminogruppen-abgebende Form

PALP ist *das* Coenzym des Aminosäurenstoffwechsels. Es ist bei den Transaminierungsreaktionen direkt beteiligt, indem es eine Aminogruppe einer Aminosäure (AS) aufnimmt und im Rahmen der Enzymspezifität überträgt.

Ferner ist es Coenzym für weitere Reaktionen (PALP-abhängige Enzyme):

- Transaminasen (AS I + α-Ketosäure II → α-Ketosäure I + AS II),
- AS-Decarboxylase (AS → biogene Amine),
- AS-Aldolase (AS-Spaltung zwischen α- und β-C),
- Sphingosinsynthetase (Lipidstoffwechsel).

Bei Mangel an Vitamin B_6 sind entsprechend der Coenzymfunktionen in besonderem Maße der Aminosäurenstoffwechsel, aber auch der Stoffwechsel der anderen Hauptnährstoffe gestört. Folgen sind Wachstumsstörungen und herabgesetzter Proteinanabolismus (verringerte Milchbildung, Muskelatrophien).
Bei Mangel des Vitamins führt der gestörte Abbau von Tryptophan über 3-Hydroxykynurenin zu Hydroxyanthranilsäure (und Nicotinsäure) zu einer Xanthurenausscheidung im Harn. Dies kann bei Tryptophanbelastung der Tiere zur Diagnostizierung eines Vitamin-B_6-Mangels genutzt werden.
Moderater Mangel an Vitamin B_6 bewirkt bei Masttieren (bes. Geflügel) zunächst Minderzunahmen. Ferner werden struppiges Gefieder und verklebte Augenlider beschrieben. Bei Schweinen und Hunden sind Ataxiesymptome, wie spastischer Gang, beschrieben worden. Fortschreitende Unterversorgung führt zu pathologischen Beeinträchtigungen des Nervengewebes, die bei Küken zu nervösen Störungen führten (Gleichgewichtsstörungen, epileptische Anfälle, abnormes Verhalten).

3.6.4 Niacin (Nicotinsäure)

Niacin (synonym: Nicotinsäure) ist ein Pyridinderivat. Die im Stoffwechsel aktive Form ist das Nicotinsäureamid (synonym: Niacinamid). Beide Verbindungen haben die gleiche Vitaminwirksamkeit, da Nicotinsäure im Organismus in die Amidform überführt werden kann.
Niacin wird im Darm in unveränderter Form resorbiert. Es kann aber auch im Intermediärstoffwechsel aus Tryptophan gebildet werden. Diese Fähigkeit der intermediären Bildung ist allerdings bei der Katze nicht vorhanden. Pyridoxinmangel hemmt die Niacinbildung aus Tryptophan. Die Umwandlungsrate ist tierartspezifisch und wird darüber hinaus von Metabolitkonzentrationen beeinflusst.
Nicotinsäureamid ist Bestandteil der Coenzyme:

- Nicotinsäureamid-Adenin-Dinucleotid (NAD^+) und
- Nicotinsäureamid-Adenin-Dinucleotid-Phosphat ($NADP^+$).

Beides sind Redoxsysteme und wirken als Elektronenüberträger in Reaktionen der Glykolyse, des Zitronensäurezyklus, der Atmungskette und bei Syntheseprozessen.

Der Bedarf kann durch exogene Zufuhr gedeckt werden, wobei eine Ergänzung durch die endogene Synthese besteht (evtl. für spezifische Organfunktionen).
Die typische Niacinmangelkrankheit ist die Pellagra des Menschen, eine Dermatitis, die durch raue Haut gekennzeichnet ist sowie durch Pigmentierung der Haut an den dem Licht ausgesetzten Stellen. Pellagra tritt besonders in Ländern auf, in denen Mais das Hauptnahrungsmittel ist, da Mais einen sehr niedrigen Tryptophangehalt aufweist. Bei den Tieren ist die „black tongue

disease" (Schwarze-Zungen-Krankheit des Hundes) eine typische Niacinmangelerkrankung.
Andere beobachtete Veränderungen infolge Niacinmangels sind eher unspezifisch wie:

- Hautveränderungen (Schwein), raues Haarkleid,
- verzögerte, schlechte Befiederung,
- Schädigungen im Gastrointestinaltrakt (Durchfälle, bei Schwein und Geflügel),
- Veränderungen der Beingelenke bei Geflügel (perosisähnlich).

3.6.5 Biotin

Biotin wird von Mikroorganismen gebildet und in pflanzlichem Material befindet sich Biotin vor allem in den Blättern.

Biotin ist Coenzym von Enzymen, die Carboxylierungsreaktionen katalysieren.

Dabei geht die Carboxylgruppe des Biotins mit der ε-Aminogruppe eines Lysinrestes des Apoenzyms eine Bindung ein. In der Coenzymfunktion ist Biotin in der Lage, unter Energieaufwand (ATP-Spaltung) eine Carboxylgruppe aufzunehmen (Carboxybiotin) und auf diese Weise den Übertragungsvorgang zu katalysieren.
Enzyme, die Biotin als Coenzym enthalten, sind z. B.:

- Acetyl-CoA-Carboxylase (Acetyl-CoA + $CO_2 \longleftrightarrow$ Malonyl CoA),
- Propionyl-CoA-Carboxylase (Propionyl-CoA + $CO_2 \longleftrightarrow$ Methylmanonyl CoA),
- Pyruvatcarboxylase (Pyruvat + $CO_2 \longleftrightarrow$ Oxylacetat).

Biotinabhängige Reaktionen sind somit bedeutsam bei der Fettsäurensynthese, Überführung von Propionat in Methylmalonat (besonders wichtig im Stoffwechsel der Wiederkäuer) und von Pyruvat in Oxalacetat, des Weiteren beim Abbau von Leucin und Isoleucin sowie ungeradzahliger Fettsäuren, bei der Purin- und Harnstoffsynthese sowie der Synthese spezifischer Proteine (Serumalbumin, Amylase).

Resorption und Mangelsymptome
Wenn Biotin im Verdauungstrakt nicht in freier Form vorliegt, wird der Proteinanteil vor der Resorption abgespalten. Biotin ist im Darmgewebe sowie in Leber und Nieren begrenzt speicherfähig. Die Untersuchung von Mangelsymptomen ist aufgrund der hohen mikrobiellen Synthese im Verdauungstrakt erschwert. Mangelerscheinungen wurden nur beim Geflügel beschrieben. Es treten dabei borkige Veränderungen der Haut auf, die besonders im Zehenbereich und an den Schnabelenden zu beobachten sind. Perosis und verminderte Schlupffähigkeit können ebenfalls mit Biotinmangel in Zusammenhang stehen.
Bei experimentellem Biotinmangel wurden beobachtet: verminderte Gluconeogenese, reduzierter Kaliumgehalt der Muskulatur (Muskelschmerzen beim Menschen), verminderter Ribonucleinsäuregehalt in der Leber, schorfige Dermatitis, Haarverfärbungen und -ausfall, Lähmungen sowie gestörte Reproduktion und Laktation.
Für Biotin ist das **Antivitamin Avidin** bekannt. Avidin ist ein Glycoprotein, das im Eiklar vorkommt und pro Mol 3 Mol Biotin binden kann. Dieser Komplex ist durch die Verdauungsenzyme nicht hydrolysierbar. Auch aus diesen Gründen ist bei Verfütterung größerer Mengen von Schliereiern oder Brutabfällen ein Erhitzen zur Denaturierung des Avidins erforderlich.

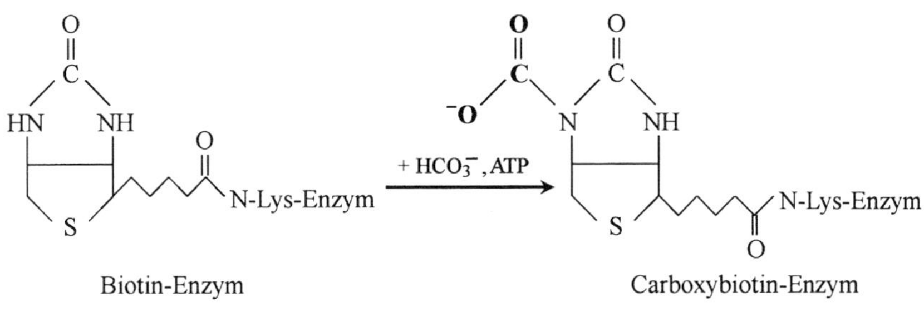

3.6.6 Pantothensäure

Pantothensäure besteht aus β-Alanin und 2,4-Dihydroxy-3,3-dimethyl-Buttersäure. Sie wird von Pflanzen und Mikroorganismen gebildet.

Für den Stoffwechsel ist die Pantothensäure von außerordentlicher Bedeutung, da sie Bestandteil des Coenzym A (CoA) ist. Außerdem bildet sie gemeinsam mit Cysteamin das Pantethein, das bei der Fettsäurensynthese als Pantetheinphosphat in einem Multienzymkomplex wirkt.

Die SH-Gruppe des CoA geht mit den zu aktivierenden Verbindungen eine energiereiche Thioesterbindung ein. Eine solche Bindung liegt beispielsweise im Acetyl-CoA vor.
Durch die energiereiche Thioesterbindung werden folgende Reaktionen ermöglicht:

- Kondensationsreaktionen am C_1-Atom des aktivierten Substrates (dieses Prinzip wird z. B. bei der Kettenverlängerung im Rahmen der Fettsäurensynthese wirksam),
- Oxidation am C_2-Atom des aktivierten Substrates (wie es bei der β-Oxidation der Fettsäuren der Fall ist),
- Carboxylierung der aktivierten Substrate (Acetyl-CoA → Malonyl-CoA).

Der wichtigste Thioester dieser Art, der im Organismus gebildet wird, ist das Acetyl-CoA. Es ist das Endprodukt der Stoffwechselwege von Kohlenhydraten, Aminosäuren und Fetten und gleichzeitig ein Bindeglied im Stoffwechsel dieser Nährstoffe.

Mangelsymptome
Pantothensäuremangel wird meist nur experimentell herbeigeführt. Im Intermediärstoffwechsel werden primär Reaktionen betroffen, die einen hohen Bedarf an CoA-SH haben (z. B. Pyruvatdehydrogenase-Reaktion).
Bei Mangel werden beobachtet: Wachstumsstillstand, Dermatitis und Depigmentierung des Haar- und Federkleides, verringerte Schlupffähigkeit, bei Schweinen spastischer Gang der Hinterextremitäten (Paradeschritt), Ataxien auch bei Fischen sowie Schädigungen der Kiemen und Veränderungen der Schleimhäute verschiedener Organe, verbunden mit Funktionsstörungen.

3.6.7 Folsäure

Folsäure besteht aus einem Pteridinrest, *p*-Aminobenzoesäure und einem Glutaminsäurerest. Es gibt weitere vitaminwirksame Verbindungen, die ähnlich aufgebaut sind und weitere Glutaminsäurereste besitzen. Folsäure kommt besonders in Bakterien und Pflanzen (folium = das Blatt) vor. Sie wird im Dünndarm (Jejunum) gut resorbiert; Konjugate der Folsäure werden davor durch Pankreasenzyme gespalten. Der Transport im Blutplasma erfolgt gebunden an Proteine.

Die biologisch aktive Form ist die Tetrahydrofolsäure. Die Umwandlung erfolgt in zwei Schritten, in denen jeweils $NADPH_2$ zu $NADP^+$ oxidiert wird. Ferner ist an dieser Reaktion auch Vitamin C beteiligt.

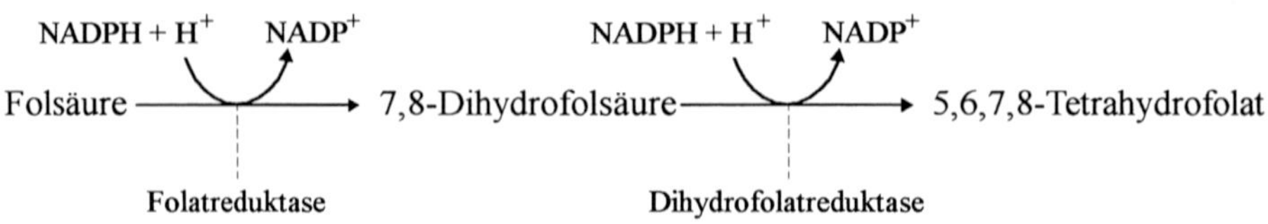

Funktion

Tetrahydrofolsäure ist das Coenzym bei C_1-Übertragungen.

Die zu übertragenden Reste werden dabei an das N_5-Atom des Pteridinrings oder das N_{10}-Atom der *p*-Aminobenzoesäure gebunden. Durch Isomerierung bzw. Dehydrogenasereaktionen sind sie in diesen Bindungen ineinander überführbar. Neben Methylresten werden auch Hydroxyl-, Formyl- und Formiatreste übertragen. Die C_1-Gruppen stammen meist von Serin, Methionin und Histidin.
Beispiele für folsäureabhängige Reaktionen:

- Bereitstellung der C-Atome 8 und 2 bei der Purinsynthese,
- Bereitstellung der Formylgruppe zur Synthese der N-Formyl-Methionin-t-RNA (Start der Proteinsynthese).

- Bereitstellung des Kohlenstoffs für Glycin → Serin,
- Bereitstellung der Methylgruppe von Thymin.
- Methylierung von Ethanolamin zu Cholin (unter Beteiligung aktivierten Methionins),
- Methylierung von Homocystein zu Methionin.

Mangelerscheinungen

Diese basieren hauptsächlich auf Störungen der Purinsynthese und infolgedessen der Nucleinsäuren- und Proteinsynthese im weitesten Sinne und damit auch auf Störungen der Erythrozyten- und Leukozytenbildung.

Klinische Mangelsymptome können in der Praxis beim Geflügel auftreten:

- Veränderungen des Blutbilds (Anämien),
- gestörte Befiederung, Depigmentierung gefärbter Federn,
- Missbildungen (Schnabel, Gliedmaßen),
- verringerte Legeleistung und Schlupfraten,
- Schleimhautveränderungen im Verdauungstrakt → Resorptionsstörungen, Durchfälle.

Durch Sulfonamide wird die Folsäuresynthese von Bakterien kompetitiv gehemmt, da eine Strukturähnlichkeit zur *p*-Aminobenzoesäure vorliegt.

3.6.8 Cobalamin (Vitamin B_{12})

Cobalamine sind aus einem komplizierten Ringsystem bestehende Verbindungen, die als Zentralatom Co enthalten, das verschieden substituiert sein kann.

Vitamin B_{12} ist erst relativ spät, im Jahre 1948, entdeckt worden. Jahrzehnte davor war bereits der sogenannte „animal protein factor“ (APF) bekannt, so benannt, weil eine gesunde Ernährung mit ausschließlich pflanzlichen Proteinen nicht möglich war. Es stellte sich heraus, dass die Wirkung dieses Faktors vom Vitamin B_{12} ausgeht.

Cobalamin kann ausschließlich von Mikroorganismen synthetisiert werden. Wiederkäuer können bei ausreichender Co-Versorgung über deren Syntheseleistung in den Vormägen versorgt werden. Geflügel und monogastrische Tiere sind auf eine Zufuhr von Vitamin B_{12} über das Futter angewiesen, da das im Verdauungstrakt produzierte Vitamin B_{12} nicht in ausreichender Menge resorbiert werden kann. Vitamin B_{12} ist in Futtermitteln tierischer Herkunft enthalten (sehr hoher Gehalt in Leber und Nieren) und wird Mischfutter in der Regel über Vormischungen zugesetzt.

Zur Resorption des Vitamin B_{12} ist das Vorhandensein eines „Intrinsic factors“ essenziell. Dieser ist ein von den Belegzellen des Magenfundus gebildetes Glycoprotein mit einem Molekulargewicht von etwa 50 000. Durch Bindung an Cobalamin entsteht ein wasserlöslicher Komplex, der im Ileum durch Pinocytose resorbiert werden kann. Eine Speicherung in der Leber und in geringerem Umfang in der Muskulatur ist möglich.

Funktion

Die coenzymwirksamen Formen des Cobalamins sind Adenosylcobalamin und Methylcobalamin. Derartige Enzyme sind allgemein an Reaktionen der Wasserstoffumlagerung und der Umlagerung organischer Gruppen beteiligt, im Falle der Methylgruppen meist im Zusammenwirken mit Tetrahydrofolsäure.

Mangelsymptome:

- Beim Menschen ist die perniziöse Anämie am besten beschrieben, eine schwere Störung des Blutbildes.
- Beim Schwein: Durchfälle, Erbrechen, Bewegungsstörungen (Nachhandlähmungen).
- Bei Geflügel besonders veschlechterte Leistungsparameter und gestörte Schlupffähigkeit.

Mangel kann auch sekundär auftreten, infolge von gestörter Bildung des Intrinsic factors oder durch gestörte Resorption (z. B. Entzündungen des unteren Ileumbereichs).

3.6.9 Ascorbinsäure (Vitamin C)

Die Ascorbinsäure ist die Endiolform des 1,4-Lactons der Keto-L-Gulonsäure. Sie ist im Rahmen der Tierernährung von untergeordneter Bedeutung, da fast alle Tierarten Ascorbinsäure aus Glucuronsäure synthetisieren können. Lediglich die Primaten (Mensch, Menschenaffe), Meerschweinchen, Fledermäuse, Regenbogenforelle, einige Vogelarten, Invertebraten und Insekten sind zu dieser Synthese nicht befähigt, und nur für diese gilt auch die klassische Vitamindefinition für die Ascorbinsäure.

Funktionen
Ascorbinsäure wirkt stark reduzierend und wird dadurch selbst in zwei Schritten über Semidehydroascorbinsäure zu Dehydroascorbinsäure oxidiert. Während Dehydroascorbinsäure die Transportform im Organismus darstellt, bildet Ascorbinsäure mit Semidehydroascorbinsäure ein physiologisch wichtiges Redoxsystem mit vielseitigen Funktionen:

- Zusammen mit Eisen oder Kupfer ist Vitamin C Cofaktor vieler Hydroxylierungsreaktionen, indem es die Metalle in ihrem funktionell wichtigen Redoxzustand aufrechterhält, z. B. bei der Hydroxylierung von Lysin und Prolin bei der Kollagensynthese (Aufbau des Bindegewebes) und der Hydroxylierung von Dopamin zu Noradrenalin (Catecholaminsynthese im Nebennierenmark).
- Vitamin C ist ein wichtiges zelluläres Antioxidans bei vielen cytochromabhängigen Hydroxylierungen, die allgemein mit verstärkter Sauerstoffradikalbildung einhergehen, z. B. bei der Steroidsynthese in der Nebennierenrinde und der Entgiftung körpereigener und körperfremder Stoffe in der Leber.
- Regenerierung von Vitamin E (→ Kap. 3.5.3.).
- Elektronenakzeptor bei der Bildung von Tetrahydrofolat aus Folsäure.

Mangelsymptome

- Beim Menschen tritt ein schwerer, Skorbut verursachender Mangel praktisch nicht mehr auf; leichtere Unterversorgung ist allerdings möglich und verursacht Müdigkeit, Infektionsanfälligkeit, Appetitlosigkeit und Neigung zu Spontanblutungen (Nasenbluten). Der Mensch kann Vitamin C in Mengen speichern, die maximal 2 Monate überbrücken können.
- Bei Forellen treten bei Mangel Lordose und Skoliose (Verkrümmungen der Wirbelsäule) auf, wobei es zu starken irreversiblen Verschiebungen der Wirbel kommt.
- Bei Tieren, die zur Ascorbinsäuresynthese befähigt sind, führt Stress (z. B. Hitze) zu einem Absinken des Vitamin-C-Spiegels, sodass über den Sinn einer zusätzlichen Versorgung in spezifischen Fällen nachgedacht wird.

Hypervitaminose C
Aufgrund der geringen Toxizität ist eine Gefahr unter normalen Umständen nicht gegeben, da Vitamin C bei Bedarfsüberschreitung über die Nieren ausgeschieden wird. Bei Applikation von Megadosen Vitamin C wurden folgende Erscheinungen beschrieben: Sinken des Cu-Spiegels im Serum, Nierensteine (Oxalatform), erhöhte Abortrate und evtl. gehemmte Progesteron- und Testosteronbildung.

3.6.10 Stoffe mit vitaminähnlichem Charakter

Es gibt weitere Verbindungen, die im Stoffwechsel gebildet werden können und deren Bedarf weitaus höher liegt als für die besprochenen Vitamine (mehrere 100 bis über 1000 mg/kg Futter) und für die bei bestimmten Tierarten oder Stoffwechsellagen Mangelsymptome beschrieben wurden. Sie sind daher nicht eindeutig den Vitaminen zuzuordnen. Zu diesen Verbindungen gehören Cholin und Inosit. Auch Carnitin hat eine wichtige Funktion im Stoffwechsel, insbesondere für den Transport von Fettsäuren in die Mitochondrien („Shuttle"-Funktion).

Cholin
Cholin wird im Stoffwechsel durch dreifache Methylierung von Ethanolamin gebildet (→ Seite 28). Die wichtigsten Funktionen im Stoffwechsel sind:

- Komponente des Lecithins (Phosphatidylcholin) und des Sphingomyelins. Beides sind Bestandteile biologischer Membranen.
- Methylgruppendonator, dabei wird Cholin zunächst zu Betain oxidiert.
- Acetylcholin (Neurotransmitterfunktion).

Cholin beeinflusst insbesondere den Fettstoffwechsel und den Membranaufbau. Eine ausreichende Cholinversorung hat einen Spareffekt auf die Methioninzufuhr. Andererseits sinkt der Cholinbedarf bei hoher Methioninzufuhr.
Ein Cholinmangel kann praktisch nur bei Geflügel auftreten. Die Enzymkapazität zur Methylierungsreaktion von Ethanolamin zu Cholin reicht beim Geflügel nicht aus, um eine Versorgung durch Eigensynthese abzusichern. Daher ist

eine ausreichende Cholinzufuhr über das Futter besonders bei Broilern zu beachten.
Als Mangelerscheinung ist vor allem das Auftreten von Fettlebern zu nennen. Bei Cholinunterversorgung schaltet die Leber von der Synthese von Phospholipiden auf die Synthese von Triglyceriden um. Diese Umstellung des Stoffwechsels wird bei Methioninmangel gefördert. Ein weiteres Mangelsymptom bei wachsendem Geflügel ist Perosis (Abspringen der Achillessehne nach Gelenkdeformationen).
Bei Ferkeln wurden auch Fehlstellungen der Hinterextremitäten beschrieben (gespreizte Stellung).

Inosit

Inosit kommt im Organismus vorwiegend frei oder als Bestandteil von Inositphosphatiden vor und hat wie das Cholin insbesondere Einfluss auf den Fettstoffwechsel. Es wirkt ebenfalls der Entstehung von Fettlebern entgegen und wurde zur Behandlung des Fettlebersyndroms bei Legehennen eingesetzt. Allgemein wird ein Zusatz von Inosit zu Forellenfutter empfohlen (200–300 mg/kg Futter).

Abschließend sei nochmals darauf verwiesen, dass die molekularen Mechanismen der vielfältigen Vitaminwirkungen nur teilweise erforscht sind.

4 Futteraufnahme und ihre Regulation

Ortwin Simon

4.1 Einleitung

Tiere, die in der Landwirtschaft für Produktionszwecke verwendet werden, besitzen ein sogenanntes genetisches Potenzial für bestimmte Leistungen wie Fleisch- und Fettansatz, Milchleistung, Eibildung usw.
Dieses genetische Potenzial stellt eine theoretische obere Grenze des Leistungsvermögens dar, die experimentell ermittelt werden kann, praktisch aber nie erreicht wird. Ursache dafür ist, dass bei solch einer Betrachtung einzelne Faktoren begrenzend wirken. Ein ganz wesentlicher derartiger Faktor ist die Futteraufnahme, die durch sehr vielfältige Faktoren begrenzt wird.
Die Begrenzung der Futteraufnahme kann folgende Gründe haben:

Von den Tieren und den Haltungsbedingungen ausgehend:
- Fassungsvermögen des Verdauungstrakts,
- Regulationsmechanismen,
- Geschlecht (Hormonstatus),
- klimatische Verhältnisse (Temperatur),
- Belegungsdichte,
- Beleuchtung,
- Art der Futterapplikation (*ad libitum*, periodisch).

Vom Futter ausgehend:
- Energiekonzentration,
- Verdaulichkeit,
- Ausgewogenheit der Zusammensetzung,
- Struktur und Form (Mehl, Pellet, Partikelgröße),
- Gehalt an antinutritiven Stoffen (Toxine, Viskositätsbildner),
- sensorische Reize (Geschmack, Geruch, Farbe, Form).

Unter den landwirtschaftlichen Nutztieren spielt beim Schwein die Beeinflussung der Futteraufnahme durch Geruch und Geschmack die größte Rolle. Bei Wiederkäuern kommt dem Geschmack besonders hinsichtlich der Initiation der Futteraufnahme eine Bedeutung zu, weniger hinsichtlich der aufgenommenen Menge.
In der praktischen Tierernährung wird häufig die Zahl der Mahlzeiten arbeitstechnisch auf zwei oder drei pro Tag begrenzt. Dagegen nehmen die Tiere bei freiem Zugang zum Futter fünf bis zehn Mahlzeiten pro Tag auf. Die Frequenz der Futteraufnahme ist bei jungen wachsenden Tieren höher als bei ausgewachsenen.

Die Häufigkeit der Futteraufnahme sowie die Menge der Aufnahme werden durch Zustände bzw. Stoffwechsellagen geregelt, die wir als **Hunger** und **Sättigung** bezeichnen. Hunger ist der Trieb zur Nahrungsaufnahme. Sättigung ist Stillung des Triebes zur Nahrungsaufnahme.

Ein schon gesättigtes Tier kann man dennoch zur weiteren Nahrungsaufnahme bewegen, indem man in diesem Zustand Futtermittel anbietet, zu denen eine besondere Affinität besteht (Geschmack, Geruch, andere Reize). Hierfür wird der Begriff **Appetit** angewendet, worunter das Verlangen nach einem bestimmten Futtermittel verstanden wird.
Diese Art der zusätzlichen Reizbarkeit ist bei den verschiedenen Spezies unterschiedlich und beim Menschen ganz besonders ausgeprägt und wird häufig auch bei der Hobbytierhaltung beobachtet.
Die Nahrungsaufnahme des Menschen wird zudem wesentlich durch psychische Faktoren und vom Geschmack beeinflusst. In Industriegesellschaften ist die Nahrungsaufnahme in hohem Maße mit „Genuss“ verbunden.

Aus diesen Darlegungen wird bereits deutlich, dass die Regulation der Nahrungsaufnahme sehr komplex sein muss, da sehr verschiedene Elemente beteiligt sind, wie der Geschmack (Maul/Mund), der Magen-Darm-Trakt und das Zentralnervensystem. Die hierbei wirkenden Signale und deren Zusammenspiel sind zurzeit nur teilweise bekannt. Hunger ist demnach in der Wahrnehmung lokalisiert (eine Allgemeinempfindung) und ist als stärkster Trieb einzuschätzen. Der Trieb zur Nahrungsaufnahme dient der Aufrechterhaltung der Körperfunktionen und ist somit ein homöostatischer Trieb.
In der Tierernährung befasst man sich mit der Regulation der Futteraufnahme in erster Linie unter dem Aspekt, diese zu erhöhen, und nur in wenigen Ausnahmefällen (bei z. B. niedertragenden Sauen) mit dem Ziel der Reduzierung. Vor allem bei Hochleistungstieren ist die unzureichende Futteraufnahme ein wesentlicher leistungsmindernder Faktor, so z. B. bei hochlaktierenden Milchkühen oder bei Mastschweinen.
In einem gewissen Umfang kann der zu geringen Nährstoffzufuhr durch Erhöhung der Energiekonzentration bzw. der Konzentration verwertbarer Nährstoffe (z. B. ausgewählte Futterkomponenten, Fettzusätze) entgegengewirkt werden. Dies gelingt besonders bei Wiederkäuern oft nur unzureichend, weil der Anteil energiereicher Konzentrate in den Rationen nicht beliebig erhöht werden kann und weil zur Gewährleistung einer normalen Pansenfunktion und der Gesundheit ein gewisser Grobfutteranteil enthalten sein muss. Darüber hinaus unterliegt die Energieaufnahme einer Kontrolle.
Bisher wurde mit den einfachen Begriffen „Hunger", „Sättigung" und „Appetit" versucht, die freiwillige Futteraufnahme zu beschreiben. Es ist aber so, dass dahinter sehr komplizierte und vielfältige Mechanismen stehen, die zur Auslösung oder zur Befriedigung dieses Triebes führen. Die molekularen Mechanismen sind nur teilweise bekannt. Meist handelt es sich um Arbeitshypothesen, mit denen versucht wird, die Phänomene zu erklären.

4.2 Regulationsebenen der Nahrungsaufnahme

Für die Nahrungsaufnahme sind verschiedene Regulationsebenen denkbar (→ Abb. 4.1):
Initiale Ebene. Auf dieser Ebene wird, durch Hunger ausgelöst, die Suche nach Nahrung eingeleitet. Durch Kontakt mit der Nahrung wird über bedingte Reflexe der Speichelfluss ausgelöst und die Nahrungsaufnahme wird vorbereitet.
Ingestive (präabsorptive) Ebene. Mit der Aufnahme des Futters erfolgt der intensive Kontakt mit der Nahrung, dabei werden Eigenschaften, wie Geschmack, Struktur, Temperatur wahrgenommen und in Informationen umgesetzt.
Digestive Ebene. Im Prozess der Verdauung werden im Verdauungstrakt hochmolekulare Nährstoffe zu niedermolekularen Verbindungen abgebaut, und es entstehen im Verdauungstrakt Stoffwechselprodukte. Diese bewirken die Freisetzung gastrointestinaler Peptide und andere Sättigungssignale.
Metabolische Ebene. Diese betrifft die Wirkung der resorbierten Verbindungen auf Stoffwechselprozesse in den Geweben (Synthese-, Abbau-, Ansatz-, Konzentrationsveränderungen, Metabolite). Die genannten Stoffwechselprozesse führen ebenfalls zur Auslösung von Signalen (Hormone) und zu Informationen, die über afferente Nervenfasern an das Zentralnervensystem weitergeleitet werden.
Die **Verarbeitungsebene** ist das Zentralnervensystem, in dem Signale der anderen Ebenen verarbeitet werden. Es ist davon auszugehen, dass verschiedene Regionen des Hirns beteiligt sind.

Abb. 4.1
Regulationsebenen der Nahrungsaufnahme und ihre Wechselwirkungen.

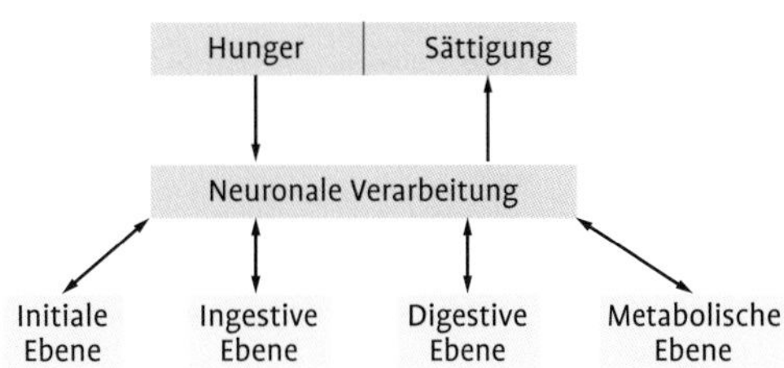

Es gibt z. B. Rezeptoren für Glucose, Aminosäuren, Hormone. Sicherlich wirken aber noch eine ganze Reihe von Substanzen/Hormone als Signale, die noch nicht bekannt sind. Die Signalverarbeitung führt entweder zum Triebzustand „Sättigung“ oder aber zur Fortsetzung der Nahrungsaufnahme oder deren Initiierung.

4.3 Physikalische Faktoren der Regulation

Die Vorstellung, dass dem Sättigungsgefühl physikalische Ursachen zugrunde liegen, ist naheliegend, da sie mit der Füllung des Verdauungstraktes gut erklärt werden konnten. Speziell in Zusammenhang mit der Wiederkäuerernährung hat Settegast um das Jahr 1860 den Begriff „Ballaststoffe“ eingeführt. Er ist davon ausgegangen, dass die Inhaltsstoffe der Futtermittel in zwei Kategorien einzuteilen seien: nämlich in die gut verdaulichen und in solche, die nicht verdaulich sind, wobei die Funktion der letzteren in der Schaffung eines Sättigungsgefühls durch Füllung des Verdauungstraktes besteht und dies eine Voraussetzung für das Wohlbefinden der Tiere sei. Daher wurde für die verschiedenen Tierarten ein Ballaststoffbedarf angegeben (zunächst als alle nicht verdaulichen Inhaltsstoffe verstanden, später durch Lehmann als nicht verdauliche organische Substanz definiert), z. B. für Milchkühe 4,3 kg/d; für Schweine (> 50 kg) 0,2–0,4 kg/d; für Zuchtsauen 0,8–1,2 kg/d.
Der Begriff wird heute in der Tierernährung nicht mehr verwendet, besonders, da sich gezeigt hat, dass die Sättigung in viel engerer Beziehung zur Trockensubstanzaufnahme steht. Er findet aber heute noch in der Humanernährung mit anderer Bedeutung und Interpretation Anwendung.

Füllung des Verdauungstrakts
Bei einer Erhöhung des Innendrucks des Verdauungstraktes (betrifft primär den Magen) ist dieser in allen Bereichen stark dehnungsfähig. Besonders beim Schwein soll die Magenwandspannung regulierend auf die Futteraufnahme wirken. Hierbei erfolgt die Vermittlung über sogenannte Mechanorezeptoren, die Signale über Vagusfasern an das Zentralnervensystem weitergeben. Außerdem ist die Dehnungsfähigkeit durch den Raum in der Bauchhöhle begrenzt und kann auf diese Weise zur Futterverzehrsbegrenzung führen. Damit wird z. B. der Rückgang des Futterverzehrs bei hochträchtigen Tieren erklärt.
Somit ist die Futteraufnahme sowohl von der Lebendmasse der Tiere abhängig als auch vom Körperbau, dem sogenannten Rahmen der Tiere. Bezogen auf die Körpermasse sind unter Wiederkäuern Ziegen zu einer besonders hohen Futteraufnahme fähig. Die tägliche Tockensubstanzaufnahme kann hier 4,6 % der Lebendmasse erreichen, bei Legehennen erreicht sie sogar 7 %.

Passagerate und Abbaubarkeit
In unmittelbarem Zusammenhang mit der Füllung des Verdauungstraktes stehen die Digestapassagerate und die Abbaubarkeit der Rationen. Die Passagerate ist ein Maß für die Verweildauer unverdaulicher Futterkomponenten. Sie wird durch Zusätze von unverdaulichen Indikatorsubstanzen (z. B. Chromoxid, Polyethylenglycol) in die Ration ermittelt, deren Ausscheidung im Zeitverlauf verfolgt wird. Eine langsame Passagerate bedeutet eine Reduzierung der nachfolgenden Futteraufnahme. Bei der Abbaubarkeit wird der Zeitfaktor nicht berücksichtigt, es besteht aber ein enger Zusammenhang.
Beides wird in hohem Maße von der Motilität des Verdauungstraktes bestimmt. Die Motilität wird wiederum von zahlreichen Hormonen, wie Gastrin, Cholecystokinin, Secretin, Glucagon und Neurotensin beeinflusst, deren Sekretion durch die Nahrungsaufnahme induziert wird.

Physikalische Form des Futters (Futterstruktur)
Darunter ist die Partikelgröße zu verstehen, aber auch der Gehalt an pflanzlichen Gerüstsubstanzen. Die einzelnen Tierarten bevorzugen diesbezüglich unterschiedliche Strukturen und reagieren über die Verzehrsmenge.
Geflügel toleriert aufgrund des vorhandenen Muskelmagens auch ganze Körner ohne Einfluss auf den Futterverzehr. Schweine haben bei Trockenfütterung den höchsten Verzehr bei grob geschroteten oder pelletierten Rationen.
Bei den beiden vorgenannten Tierarten beeinträchtigen fein vermahlene Getreiderationen in der Trockenfütterung die Futteraufnahme

(Verklebungen im Schnabel bzw. Maulbereich; Staubbelästigung).
Beim Wiederkäuer ist auf die Zufuhr eines Anteils pansenmotorisch wirksamer Rohfaser zu achten. Darunter sind rohfaserhaltige Rationsbestandteile zu verstehen, deren Größe im Zentimeter-Bereich liegt. Bei totaler Feinvermahlung solcher Bestandteile kommt es zur vollständigen Einstellung der Futteraufnahme.
Andererseits haben hohe Rohfaseranteile eine niedrigere Verdaulichkeit und senken damit die Passagerate und als Folge auch die Futteraufnahme. Durch Vermahlen und Kompaktieren (Pellets) kann dem entgegengewirkt werden, immer unter der Voraussetzung, dass ein erforderlicher Strukturanteil in die Rationen einbezogen wird.

4.4 Zentralnervensystem und Verzehrsregulation

Zur Gesamtregulation der Futteraufnahme tragen neben mechanischen Regulationselementen auch chemische bzw. physiologische Elemente bei. All diese Signale werden im Zentralnervensystem, insbesondere im Hypothalamus verarbeitet und steuern den Verzehr. Es ist versucht worden, im Hypothalamus experimentell ein sogenanntes Hungerzentrum und ein sogenanntes Sättigungszentrum zu lokalisieren. So konnte man durch bilaterale Läsionen in bestimmten Bereichen (ventromedialer Hypothalamus) bei Versuchstieren eine Hyperphagie (griech. phagein = fressen) und Fettsucht herbeiführen. Daraus leitete man die Lokalisation des Sättigungszentrums ab.
Bilaterale Läsionen anderer Bereiche (ventrolateraler Hypothalamus) hatten dagegen bei den Versuchstieren Aphagie und Lebendmasseabnahme zur Folge, und man meinte daher, das Hungerzentrum gefunden zu haben. Es wird zwar auch heute meist von der Existenz dieser beiden Zentren ausgegangen, es gibt aber Hinweise dafür, dass solch eine eng begrenzte Lokalisation für die Futteraufnahmeregulation relevanter Bereiche im Zentralnervensystem nicht möglich ist (auch andere Läsionen waren wirksam). Man geht daher eher von der Annahme aus, dass bei der Verarbeitung der verschiedenen Signale ein neuronales Netzwerk wirksam ist. Neurohormone und Neurotransmitter sind an diesen Regulationsmechanismen beteiligt.

4.5 Chemische und physiologische Signale

Ein wesentliches Prinzip der Futteraufnahmeregulation ist die Aufrechterhaltung des Fettdepots als Energiereserve. Im Englischen wird dies auch mit „animals eat for energy“ ausgedrückt. So ist verständlich, dass der Energiegehalt der Ration wesentlich die Futteraufnahme bestimmt. Andererseits übt auch der Gehalt einzelner Nährstoffe einen Einfluss auf die Verzehrshöhe aus. Dabei können sowohl die Produkte der Verdauung durch körpereigene Enzyme als auch Metabolite des mikrobiellen Umsatzes im Verdauungstrakt Signalfunktion haben.

Energiekonzentration im Futter
Die kompensatorische Futteraufnahme bei Reduzierung der Energiekonzentration im Futter wurde sowohl bei Laborversuchstieren als auch bei landwirtschaftlichen Nutztieren nachgewiesen.
Aus Untersuchungen zum Energie- und Proteinbedarf einer langsamwüchsigen Geflügelrasse (→ Tab. 4.1) wird deutlich, dass auf allen geprüften Proteinversorgungsstufen mit zunehmendem Gehalt an umsetzbarer Energie im Futter die freiwillige Futteraufnahme reduziert wurde. Dabei haben die Tiere offensichtlich die Futteraufnahmemenge auf ein Niveau eingestellt, das zu einer identischen Aufnahme an umsetzbarer Energie führte. Ähnliche Befunde stammen auch aus Versuchen mit Schweinen.
Derartige Beziehungen sind allerdings nur in einem Bereich gültig, in dem keine anderen Limitierungen wirksam werden. Solche können negative Effekte der „Verdünnungssubstanz“ in hohen Konzentrationen oder Überschreitung des Fassungsvermögens des Verdauungstraktes sein.

Tab. 4.1
Einfluss der Energie- und Proteinkonzentration des Futters auf die *ad libitum* Futteraufnahme und die Aufnahme an umsetzbarer Energie (ME) von Mastgeflügel (nach Peter u. a. 1997).

	Energieniveau (MJ ME/kg)	Rohproteingehalt (g/kg Futter)				
		150	175	200	225	250
Täglicher Futterverzehr (g/Tier)	10,9	91,2	93,8	100,2	98,8	100,4
	12,1	80,4	83,6	86,9	85,6	88,1
	13,3	71,8	76,6	80,7	81,4	81,0
Tägliche Energieaufnahme (MJ ME/Tier)	10,9	0,99	1,02	1,09	1,08	1,09
	12,1	0,97	1,01	1,05	1,04	1,07
	13,3	0,96	1,02	1,07	1,08	1,08

Eiweiße und Aminosäuren im Futter
Verzehrseinschränkungen durch diese Komponenten können primär bei Monogastriden bei extremen Rationsgestaltungen auftreten.
Eine starke Über- oder Unterversorgung mit einzelnen Aminosäuren bezeichnet man als Aminosäurenimbalance (dabei handelt es sich nicht um eine Toxizität). Beides führt zu einer Einschränkung der Futteraufnahme. Die Ursachen sind vermutlich die bei imbalanten Aminosäurenmustern zwangsläufig anfallenden höheren Mengen an Abbauprodukten.
Andererseits wird auch die Futteraufnahme durch Überschuss einzelner Aminosäuren eingeschränkt. Über bestimmte Loci im Gehirn können offenbar Aminosäurenimbalancen wahrgenommen werden. In Untersuchungen an Broilerküken zeigte sich, dass sowohl Mangel als auch Überschuss von z. B. Lysin gegenüber dem Bedarf zu einer Einschränkung der Futteraufnahme führt. Der genaue Regelmechanismus für diese Einflüsse ist nicht bekannt, es ist aber anzunehmen, dass er ohne Einbeziehung der Hypophyse abläuft. Ein sehr hoher Proteingehalt bei gleichzeitig niedrigem Kohlenhydratgehalt kann ebenfalls zu Verzehrseinschränkungen führen.

Lipide im Futter
Gemäß dem vorhin genannten Grundprinzip „animals eat for energy" reagieren die Tiere allgemein auf eine Erhöhung des Fettanteils in der Ration mit einer reduzierten Aufnahme. Dies trifft sowohl auf den Wiederkäuer zu als auch auf die Monogastriden.
Beim Wiederkäuer kommt hinzu, dass hohe Fettkonzentrationen die mikrobielle Tätigkeit im Pansen einschränken. Die Folgen sind bei rohfaserreichen Futtermitteln ein langsamerer Abbau der hochpolymeren Verbindungen und damit eine erhöhte Verweildauer im Pansen. Diese bewirkt eine zusätzliche Verzehrsdepression.

Kohlenhydrate im Futter
Bei monogastrischen Tieren wirken sich insbesondere pflanzliche Gerüstsubstanzen über die jeweilige optimale Konzentration für die entsprechende Tierart hinaus ungünstig aus, da sie durch Viskositätsausbildung (Pentosane, 1,3-1,4-β-D-Glucane) und durch Verschlechterung der Verdaulichkeit die Digestapassage reduzieren.
Wiederkäuer sind gegenüber hohen Anteilen leicht fermentierbarer Kohlenhydrate (Zucker, Stärke) empfindlich. Diese bewirken eine starke pH-Absenkung im Pansen, was Verzehrsdepressionen zur Folge hat.

Glucosegehalt des Blutes
Für Monogastriden ist erwiesen, dass der Blutglucosespiegel kurzfristig die Futteraufnahme reguliert. Dabei scheint nicht die absolute Höhe der Glucosekonzentration im Blut die entscheidende Signalwirkung zu liefern, sondern die arteriovenöse Differenz.
Diese Differenz wird im Wesentlichen von zwei Prozessen bestimmt: einerseits die Resorption von Glucose und andererseits der Verbrauch von Glucose in den Geweben (Glykogensynthese, Energielieferung für andere Syntheseprozesse,

Bereitstellung von Metaboliten wie aktivierte Essigsäure). Daraus lässt sich ableiten, dass die Regulation des Futterverzehrs auch leistungsabhängig ist.
Bei Wiederkäuern spielt die Regulation der Futteraufnahme über den Glucosespiegel keine vordergründige Rolle, weil die Kohlenhydrate mikrobiell weitestgehend zu flüchtigen Fettsäuren abgebaut werden und als solche zur Resorption kommen.

Metabolite des Pansenstoffwechsels
Beim Wiederkäuer wird die regulatorische Funktion der Glucose durch die flüchtigen Fettsäuren im Blut übernommen. In erster Linie wirkt der Blutacetatspiegel auf den Futterverzehr, aber auch die Propionat- und Butyratkonzentrationen spielen in dieser Hinsicht eine Rolle.
Eine starke Verzehrsdepression wird auch durch die Anhäufung von Ketonkörpern im Blut induziert. Dies kann besonders bei hochlaktierenden Kühen bei verstärkter Resorption ketogener Metabolite in Kombination mit einem erhöhten Anfall aus dem Abbau von Depotfett vorkommen.
Sehr empfindlich wird beim Wiederkäuer die Futteraufnahme durch die NH_3-Konzentration im Pansen beeinflusst. Erhöhte Konzentrationen von mehr als 40 mg/100 ml Pansensaft führten zu Verzehrsdepressionen bei Milchkühen. Hohe NH_3-Konzentrationen werden durch Proteinüberschuss hervorgerufen, besonders, wenn dieser von einem Energiemangel begleitet wird. Stickstoffmangel, der unter europäischen Fütterungsbedingungen üblicherweise nicht vorkommt, kann die Aktivität der Pansenmikroorganismen reduzieren und somit ebenfalls zu einer Depression der Futteraufnahme führen.

4.6 Signalvermittlung

Wenn bisher der Einfluss physikalischer und chemischer Signale für das Zustandekommen von Hunger und Sättigung besprochen wurde, so ist damit noch nichts über den Mechanismus der Vermittlung gesagt. Die entsprechenden molekularen Mechanismen sind in der Tat auch nur wenig erforscht, man weiß aber, dass die Signalvermittlung auf verschiedenen Ebenen abläuft.

Gastrale Signale
Bei der Signalvermittlung, die von Nährstoffkonzentrationen ausgeht, ist offensichtlich der Magen wesentlich beteiligt. Durch Infusion von Nährstoffen in den Magen konnte eine spontane Depression des Futterverzehrs induziert werden – auch dann, wenn der Pylorus verschlossen war und eine Dehnung des Magens vermieden wurde. Eine Infusion der gleichen Nährstoffe ins Blut hatte nicht den gleichen Effekt. Daraus ist zu folgern, dass die Signalvermittlung tatsächlich über den Magen erfolgt. Die Signalvermittlung scheint humoral (durch Hormone) zu erfolgen, da der Feedback-Mechanismus auch bei denerviertem Magen funktioniert. Es wird die Existenz eines „Sättigungshormons" angenommen.
Bei Wiederkäuern geht man zusätzlich von der Existenz von Chemorezeptoren in den Vormägen aus, die auf die Konzentration flüchtiger Fettsäuren reagieren. Entsprechende Reaktionen werden nur bei Infusion in den Pansen, nicht aber bei Applikation in den Labmagen oder ins Blut beobachtet.

Intestinale Signale
Im Dünndarmbereich scheint es Chemorezeptoren zu geben, die unabhängig von der Konzentration im Blut ansprechen und die besonders auf Glucose und auf Aminosäuren reagieren. Es kann sowohl von nervalen Feedback-Signalen, die ans Gehirn weitergeleitet werden, als auch von humoralen Feedback-Signalen ausgegangen werden, die hierbei wirksam sind. Als intestinales „Sättigungshormon" wird das Peptidhormon Cholecystokinin (CCK) diskutiert, das sowohl die Sekretion des Pankreas als auch die Gallenblasenentleerung kontrolliert.
Nach neueren Untersuchungen kann davon ausgegangen werden, dass neben dem CCK verschiedene andere Peptide (z. B. Bombesin, Neuropeptid Y, Ghrelin) im Verdauungstrakt bzw. im Hypothalamus gebildet werden, die eine Funktion bei der Regulation der Nahrungsaufnahme haben.

Hepatische Signale
Die vom Magen und vom Intestinum ausgehenden Signale sind als präabsorptive Signale zu bezeichnen. Entscheidende Signale zur Herbeiführung der Sättigung wirken aber offensichtlich postabsorptiv, d. h. auf der Ebene des Inter-

mediärstoffwechsels. Es wurde bereits weiter oben auf die Bedeutung des Blutglucosespiegels verwiesen. Die Signalvermittlung ist aber primär in der Leber lokalisiert. Infusionen von Glucose, aber auch von Aminosäuren und Glycerin in die Pfortader sind wesentlich wirksamer als z. B. Infusionen in die Jugularvene. In der Leber sind auf diese Nährstoffe ansprechende Chemorezeptoren nachgewiesen worden, die nervale Signale an das Gehirn weitergeben. Das Sättigungsgefühl wird vermutlich stark durch die ansteigende Glucosekonzentration im Pfortaderblut während der Resorption hervorgerufen.

Lipostatische Signale

Es wurde ebenfalls schon die Beziehung von Energieaufnahme zu den Energiereserven des Organismus erwähnt, sodass auch von der Wirkung lipostatischer Feedback-Signale ausgegangen werden kann. Wird bei Versuchstieren durch Zwangsfütterung das Fettdepot vergrößert, stellt sich im Anschluss daran eine Hypophagie ein und zwar so lange, bis das Fettdepot auf die Ausgangsgröße reduziert ist. Da in dieser Phase durch Fettabbau erhöhte Konzentrationen an Fettsäuren und Glycerin anfallen, kommt diesen Metaboliten auch eine Signalfunktion zu. Das Polypeptid Leptin wirkt zudem als lipostatisches Feedback-Signal und steuert auf diese Weise die Nahrungsaufnahme.

5 Verdauung und Resorption

Ortwin Simon

5.1 Bau des Verdauungstraktes

Die Ernährungsweise aller Tiere ist C- und N-heterotroph. Dies bedeutet, dass weder der Kohlenstoff aus dem CO_2 der Luft noch anorganischer Stickstoff aus Ammonium oder Nitratverbindungen zur Synthese organischer Stoffe genutzt werden kann. Der tierische Organismus ist demnach auf die Zufuhr organischer Verbindungen zur Aufrechterhaltung seiner Lebensfunktionen angewiesen.

Da die Nährstoffe in der Nahrung fast ausschließlich als hochpolymere Verbindungen vorkommen, ist im Verdauungstrakt ein Abbau zu einfacheren Verbindungen erforderlich. Der Organismus ist dafür in verschiedener Hinsicht angepasst:

- durch den Bau des Verdauungstraktes,
- durch die Ausstattung mit entsprechenden Enzymen im Verdauungstrakt und
- durch die Einbeziehung mikrobieller Stoffwechselprozesse in den Substratabbau.

Bezüglich des Baus des Verdauungstraktes gibt es eine generelle Anpassung an die heterotrophe Ernährungsweise; diese besteht in der Ausbildung großer Innenflächen. Dies wird einerseits durch die Länge des Verdauungstraktes realisiert und andererseits durch die Ausbildung von Falten und Zotten in den Innenflächen, die entscheidend zur Oberflächenvergrößerung beitragen. Die luminalen Oberflächen der Resorptionszellen der Dünndarmmucosa sind ebenfalls nicht glatt, sondern durch Ausbildung der Mikrovilli in der Oberfläche weiter vergrößert.

Weiterhin ist der Verdauungstrakt sehr gut an die verschiedenen Ernährungsweisen angepasst. In der Regel gilt, dass Herbivoren (Pflanzenfresser) im Verhältnis zu ihrer Körpergröße sowohl was die Länge des Verdauungstraktes betrifft, als auch was das Fassungsvermögen angeht, den größten Verdauungstrakt besitzen und Carnivoren (Fleischfresser) den kleinsten. Omnivoren (Allesfresser, hierzu zählen u. a. Mensch und Schwein) nehmen in dieser Hinsicht eine Mittelstellung ein. In Abschnitten des Verdauungstraktes, in denen intensive mikrobielle Abbauprozesse stattfinden (Pansen, Dickdarm), ist weniger die Länge von Bedeutung, sondern das Fassungsvermögen. Ferner ist für die Abbauleistung in einem bestimmten Abschnitt die Verweildauer und damit die Zeit entscheidend, die zur Einwirkung von Enzymen oder Mikroorganismen zur Verfügung steht.

Wenn man den Bau des Verdauungstraktes schematisch darstellt, kann man ihn in drei Hauptabschnitte untergliedern, nämlich in den Magen, den Dünndarm und den Dickdarm. Das ursprüngliche Verdauungssystem, wie es bei Insectivoren (z. B. Igel) vorliegt, weist zwar eine funktionelle Differenzierung zwischen Dünndarm und Dickdarm auf, anatomisch liegen aber nur geringfügige Unterschiede vor.

Was die meisten landwirtschaftlichen Nutztiere betrifft, lassen sich die einzelnen Spezies bezüglich des Baus des Verdauungstraktes (Gastrointestinaltrakt = GIT) in vier verschiedene Typen unterteilen (→ Abb. 5.1).

Die Unterschiede bestehen in erster Linie in der Ausbildung des Enddarms und des Magens und den damit verbundenen funktionellen Möglichkeiten einer mikrobiellen Verdauung.

Zum weiteren Verständnis ist es erforderlich zu wissen, dass sowohl aus funktioneller als auch aus morphologischer Sicht der Darm in weitere Abschnitte zu unterteilen ist. Der **Dünndarm** (kleines Intestinum) besteht aus: Duodenum (Zwölffingerdarm), Jejunum (Leerdarm) und Ileum (Hüftdarm). Die Abschnitte des **Dickdarms** (großes Intestinum) sind: Caecum (Blinddarm), Colon (Grimmdarm) und Rectum (Mastdarm).

Abb. 5.1
Schematische Darstellung des Aufbaus des Verdauungstraktes verschiedener Tierarten. Die tatsächlichen Längen- und Größenverhältnisse sind nicht berücksichtigt (nach Püschner und Simon 1988).

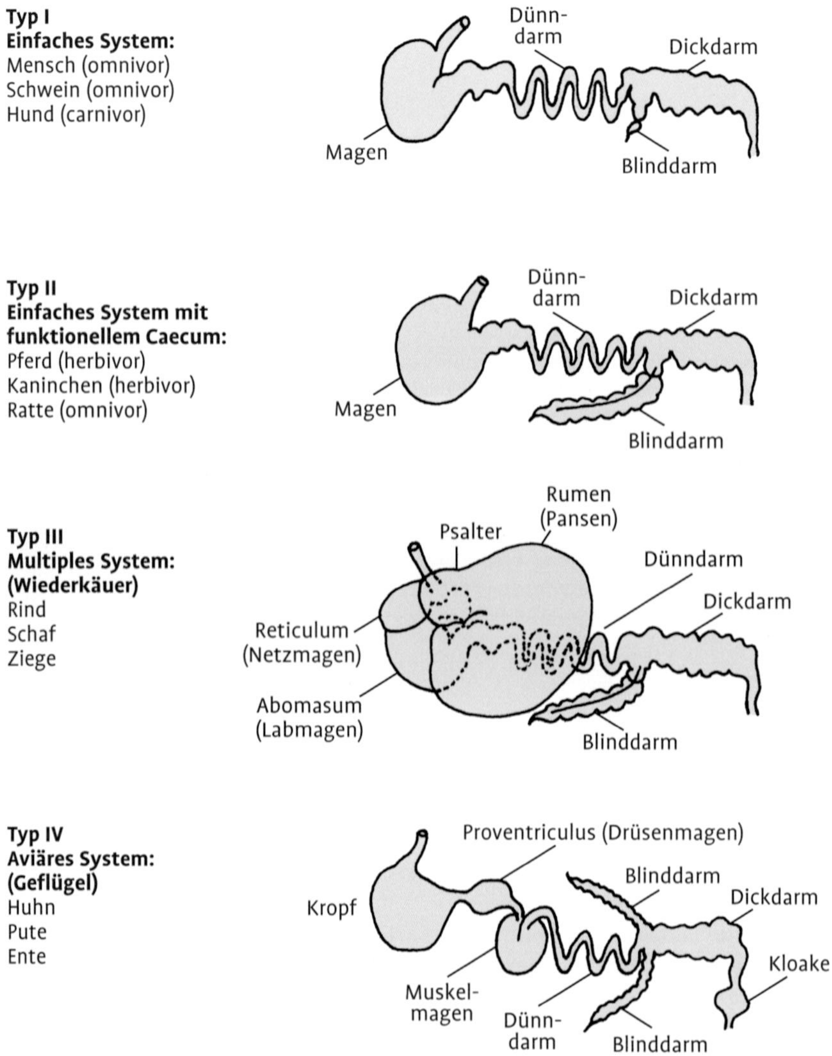

Beim Wiederkäuer spricht man von einem mehrhöhligen Magen mit einem in Kammern unterteilten **Vormagensystem** (Proventriculus), das dem eigentlichen **Drüsenmagen** (Labmagen, Abomasum) vorgelagert ist. Beim Vormagen sind folgende Abschnitte bzw. Abteilungen zu unterscheiden:

- **Pansen** (Rumen): stellt die größte Kammer des Vormagens dar und füllt fast die linke Hälfte der Bauchhöhle aus. Durch sogenannte Pfeiler ist der Pansen in einen dorsalen und einen ventralen Endblindsack unterteilt. Am cranialen Ende des dorsalen Pansensackes mündet die Speiseröhre (Oesophagus) ein. Dieser Teil wird auch als Schleudermagen (= Bestandteil des Magens) bezeichnet. Durch Ausbildung von Zotten ist die Innenfläche des Pansens um ein Mehrfaches vergrößert.

- **Haube** (Netzmagen, Reticulum): cranial gelegene Kammer des Vormagens. Besitzt wabenförmige Netzstrukturen. Wird meist zusammen mit dem Pansen als eine Einheit gesehen (Reticulo-Rumen).
- **Psalter** (Blättermagen, Omasus): besitzt von den Seitenwänden in das Lumen ragende blattförmige Gebilde (erinnern an ein nicht ganz zugeklapptes Buch). Vom Oesophagus entlang der Haubenwand zur Hauben-Psalter-Öffnung verlaufen muskulöse Lippen, die eine Rinne bilden können (Schlundrinne, Haubenrinne).

Tabelle 5.1 vermittelt einen Eindruck vom relativen Fassungsvermögen der einzelnen Abschnitte des Verdauungstraktes. Dabei wird der Unterschied zwischen den verschiedenen Typen im Aufbau des Verdauungstraktes nochmals deutlich. Die Angaben in der Literatur zum absoluten Fassungsvermögen von GIT-Abschnitten sind sehr unterschiedlich. Sehr hohe Werte resultieren aus nicht adäquaten Messmethoden (Füllen mit Wasser). Obwohl bei physiologischer Füllung des Reticulo-Rumens beim Rind 100 l kaum überschritten werden, werden für das Fassungsvermögen bis zu über 200 l angegeben.
Das omnivore Schwein mit dem einfachen System weist annähernd eine gleichmäßige Verteilung des Fassungsvermögens auf Magen, Dünndarm und Enddarm auf. Der Blinddarm ist mit 5 % des Fassungsvermögens fast bedeutungslos. Der Hund hat zwar einen Verdauungstrakt des gleichen Typs, da er aber carnivor ist, spielt eine mikrobielle Verdauung im Dickdarm eine untergeordnete Rolle, und das Hauptfassungsvermögen besitzt mit über 60 % der Magen.
Beim Pferd haben wir es mit einem System des Typs II zu tun, d. h. einem einfachen System mit funktionellem Blinddarm. Dieser hat 16 % des Fassungsvermögens des gesamten Verdauungstraktes und gewährleistet in Verbindung mit dem großen Fassungsvermögen des restlichen Dickdarms (45 %) den erforderlichen Raum für die mikrobiellen Abbauprozesse. Beim Rind mit dem multiplen System der Wiederkäuer sind die Verhältnisse insofern umgekehrt, als das Vormagensystem als große Gärkammer mit etwa 70 % der Volumenkapazität des gesamten Verdauungstraktes den übrigen Abschnitten vorgeschaltet ist.

Tab. 5.1
Relatives Fassungsvermögen einzelner Abschnitte des Verdauungstraktes verschiedener Nutztiere (in Prozent des Gesamtfassungsvermögens auf Volumenbasis).

	Relatives Fassungsvermögen (%)			
	Rind	Pferd	Schwein	Hund
Vormägen	65	–	–	–
Drüsenmagen	6	9	30	63
Dünndarm	18	30	33	23
Caecum	3	16	5	1
Colon und Rectum	8	45	32	13

Beim Geflügel liegen sehr spezifische anatomische Bedingungen vor: Zunächst gelangt das Futter vom Kropf, einer Erweiterung der Speiseröhre, in den Drüsen- und dann in den Muskelmagen. Nach Passage des Dünndarms unterliegt ein Teil des Darminhalts einer mikrobiellen Fermentation in den paarigen Blinddärmen. Je nach Ernährungstyp (grani- oder herbivor) bestehen deutliche Unterschiede in den Größenrelationen der Darmsegmente.

5.2 Verdauung

5.2.1 Verdauung durch körpereigene Enzyme

5.2.1.1 Allgemeines

Als **Verdauung** bezeichnet man diejenigen Prozesse, die im Verdauungstrakt den Abbau überwiegend hochpolymerer Verbindungen der Nahrung zu resorptionsfähigen Bausteinen bewirken.

Der im Verdauungstrakt ablaufende Substratabbau wird durch eine Reihe von Enzymen bewirkt, wovon ein Teil vom Organismus des Tieres oder des Menschen selbst gebildet wird (körpereigene Enzyme), während der andere Teil den Mikroorganismen zuzuordnen ist, die den Verdauungstrakt besiedeln.
Die Verdauungsenzyme gehören der Enzymhauptklasse der Hydrolasen an. Sie katalysieren die Hydrolyse von Ester-, Ether-, Peptid-, Glycosid-,

Säurehydrid-, C-C-, C-Halogen- oder P-N-Bindungen. Durch die Wirkung der körpereigenen Hydrolasen werden mittels der Einlagerung von Wassermolekülen letztlich Proteine in Aminosäuren, Polysaccharide in Monosaccharide und Neutralfette in Glycerol und Fettsäuren gespalten. Das allgemeine Schema einer hydrolytischen Reaktion lässt sich wie folgt darstellen:

$$AB + H_2O \longrightarrow AOH + HB$$

Der Abbau zu den resorptionsfähigen Endprodukten erfolgt durch aufeinanderfolgende Wirkung verschiedener Enzyme. Abbildung 5.2 gibt einen Überblick zu den wichtigsten körpereigenen Enzymen, die an der Hydrolyse der Hauptnährstoffe der Nahrung beteiligt sind.
Viele dieser Enzyme werden über Sekrete der Magenschleimhaut, des Pankreas und der Dünndarmschleimhaut in das Lumen des Verdauungstraktes sezerniert und wirken im Lumen des Verdauungstraktes **(luminale Verdauung).**

Abb. 5.2
Abbau der Hauptnährstoffe durch körpereigene Enzyme zu resorptionsfähigen Produkten im Verdauungstrakt (nur die wichtigsten Enzyme sind berücksichtigt).

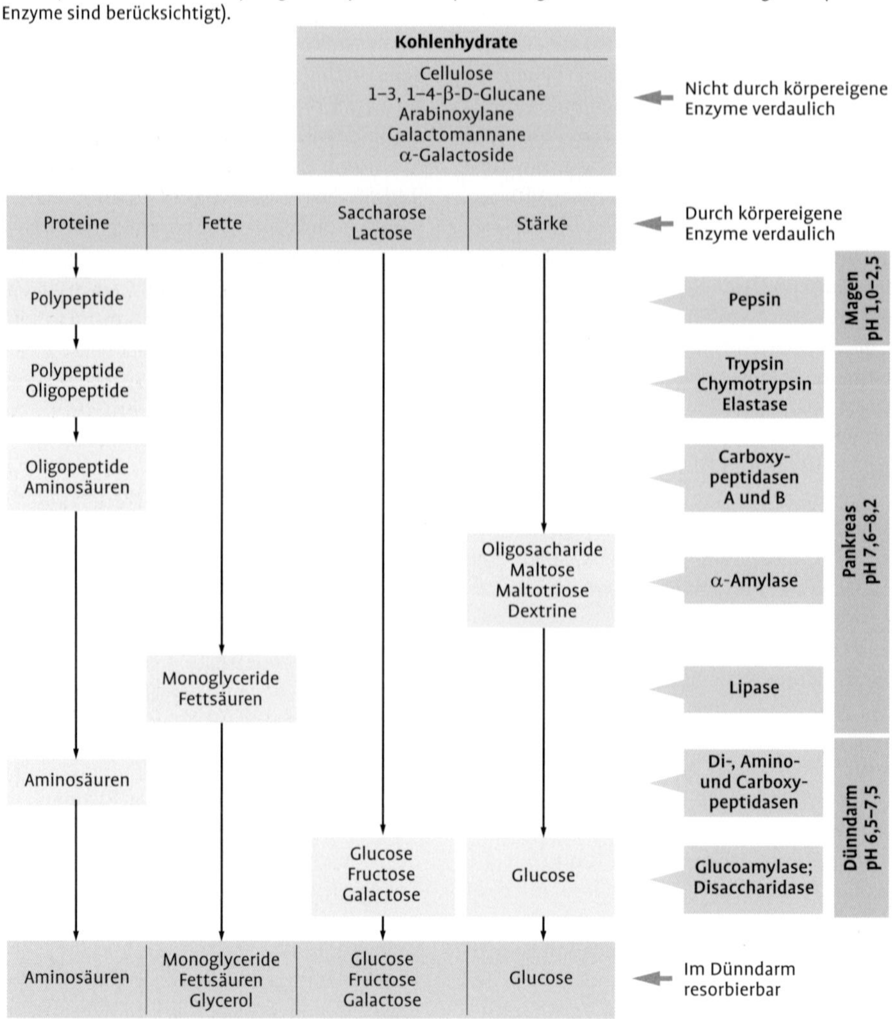

Neben der luminalen Verdauung gibt es im Dünndarm eine sogenannte **Kontaktverdauung** durch membrangebundene Enzyme der Bürstensaumregion der Enterocyten. Hierbei wirken vorwiegend Enzyme, die die luminale Verdauung vervollständigen, wie verschiedene Disaccharidasen, Aminopeptidasen und Monoglyceridlipasen. Auch intrazelluläre Enzyme der Mucosazellen sind am Verdauungsprozess beteiligt, z. B. Dipeptidasen, die spezifische Dipeptide zu Aminosäuren hydrolysieren.

Bedeutung der Regulation des pH-Werts

Enzyme sind in denjenigen Abschnitten am aktivsten, in denen für ihre Wirkung optimale Bedingungen vorliegen. Daher können Bildungsort und Wirkungsort der Verdauungsenzyme unterschiedlich sein. Pepsin hat z. B. seine pH-Optima bei pH 2,0 und 3,5, also in einem pH-Bereich, wie er in der Pylorusregion und zum Teil in der Fundusregion des Magens vorliegt. Der niedrige pH-Wert im Magen resultiert aus der Sekretion von Salzsäure durch die Belegzellen der Fundusdrüsen. Die hohe Wasserstoffionenkonzentration ist für die Aktivierung des Pepsinogens erforderlich und wirkt darüber hinaus bakterizid.
Die Neutralisation des Chymus erfolgt im Dünndarm durch Pankreassekret, Darmsekret und Galle. Aufgrund der relativ distal gelegenen Mündung des Pankreasleiters und der niedrigen Hydrogencarbonatkonzentration im Pankreassaft bei Wiederkäuern, liegt bei diesen im Duodenum und Anfang Jejunum noch ein pH-Wert im sauren Bereich vor. Unter diesen Bedingungen kann Pepsin auch in den proximalen Abschnitten des Dünndarms noch wirken, während die Proteolyse durch Trypsin und Chymotrypsin (pH-Optimum 7,5–8,5) distal verzögert einsetzt.
Die begleitende Sekretion von Substanzen, die zur pH-Wert-Einstellung beitragen, ist eine Voraussetzung zur Ausschöpfung der hydrolytischen Kapazität der Verdauungsenzyme.

Aktivierung von Proenzymen

Luminal wirkende proteolytische Enzyme werden als inaktive Vorstufen (Proenzyme) sezerniert. Auf diese Weise werden die Gewebe der verschiedenen Bildungsorte vor proteolytischer Schädigung geschützt. Der Aktivierungsmechanismus basiert auf einer limitierten Proteolyse. Dabei werden Peptidfragmente des Proenzyms abgespalten, wodurch das Restmolekül die aktive Konformation ausbilden kann.
Abbildung 5.3 zeigt das Prinzip der Aktivierung von proteolytischen Proenzymen durch limitierte Proteolyse.
Wie es einen zellulären Schutz vor Selbstverdauung durch die inaktiven Proenzyme gibt, existiert

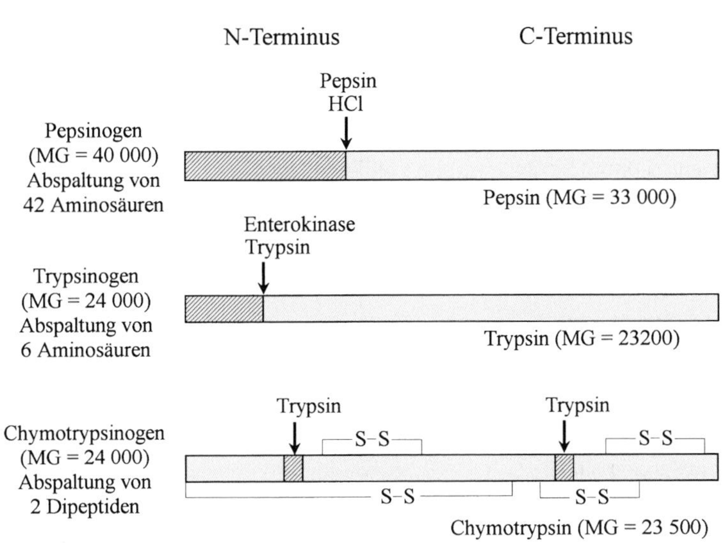

Abb. 5.3
Prinzipien der Aktivierung von inaktiven Proenzymen durch limitierte Proteolyse.
MG = Molekulargewicht (kD)

auch ein luminaler Schutz der Schleimhäute. Dieser wird durch die Sekretion von Glycoproteinen durch spezielle Zellen im Verdauungstrakt gewährleistet. So werden Glycoproteine im Magen durch Nebenzellen gebildet. Im Dünndarm gibt es schleimbildende Becherzellen (Mucinbildung), und die Oberfläche der Mikrovilli ist mit einem kohlenhydratreichen faserigen Material umgeben, der Glycocalyx.

Sekretmengen und Zusammensetzung

Die in den Verdauungstrakt sezernierten Flüssigkeitsmengen sind sehr groß und von physiologischer Bedeutung. Sie sind für das Einweichen der Nahrung und das Abschlucken notwendig (Speichel), sie enthalten die pH-bestimmenden Verbindungen und die Verdauungsenzyme, und sie dienen als Lösungsvermittler.

Eine Flüssigkeitssekretion in den Verdauungstrakt erfolgt über Speichel, Galle sowie die Sekrete von Magen, Bauchspeicheldrüse und Darm. Bei Angaben sezernierter Flüssigkeitsmengen ist zu berücksichtigen, dass einerseits nicht alle Sekretmengen exakt bestimmbar sind und dass besonders die Speichelmenge, aber auch die Beiträge der anderen sekretorischen Organe durch das Futter beeinflusst werden. Insbesondere raufutterartige Komponenten stimulieren die Sekretion. Allein die Speichelmenge beträgt beim Rind 100–200 l/d. Bei Wiederkäuern hat der Speichel eine besondere Bedeutung für die Einstellung des pH-Wertes im Pansen. Der pH-Wert im Speichel von Rindern beträgt 8,2–8,4 und von Schafen 8,4–8,7. Die insgesamt sezernierte Menge übersteigt die aufgenommene Futter- und Flüssigkeitsmenge um ein Mehrfaches. Sie beträgt z. B. beim Schwein etwa 25 l und beim Pferd etwa 90 l/d.

Auch die in den Verdauungstrakt sezernierte Stickstoff- bzw. Proteinmenge ist enorm (→ Tab. 5.2); sie liegt in der Größenordnung der Rohproteinaufnahme mit dem Futter (in diesem Beispiel 260 g/d). Hierbei handelt es sich um Richtwerte, da einerseits die sezernierten Mengen starken Schwankungen unterliegen und andererseits die Bestimmung kompliziert ist. Denn sie erfordert Katheterisierungstechniken, Fistulierungstechniken sowie in vielen Fällen auch die Anwendung einer Isotopenmarkierung; entsprechend liegen nur wenige Daten vor.

Tab. 5.2
Quantifizierung der endogenen Sekrete als N oder Protein beim Schwein (40 kg LM).

Galle (2 g N)	= 12 g Rohprotein
Pankreas	= 16 g Protein
Magen	= 18 g Protein
Dünndarm (16 m · 10 g/m)	= 160 g Protein
+ 16 m · 0,85 g Harnstoff/m	= 40 g Rohprotein
Summe	= 246 g Rohprotein
Durchfluss Ende Dünndarm = Rückresorption > 90 %	= 20 g Rohprotein

5.2.1.2 Verdauung im Magen

Die Mündungsregion der Speiseröhre in den Magen wird als Magenmund (Cardia) bezeichnet. Die anschließende Region ist der Magengrund (Fundus), und der Bereich des Magenausgangs wird als Pylorusregion (Pylorus = Pförtner) bezeichnet. Jede Region ist mit spezifischen Drüsen ausgestattet. Man unterscheidet danach: Cardiadrüsen, Fundusdrüsen und Pylorusdrüsen. Je nach Ausstattung des Magens mit Drüsenschleimhäuten unterscheidet man zwischen einfachen und zusammengesetzten Mägen. Die einfachen Mägen stellen einen muskulären „Sack" dar, der ausschließlich mit Drüsengewebe ausgekleidet ist. Bei den zusammengesetzten einhöhligen Mägen gibt es im Cardiabereich eine Region, die nicht mit Drüsen ausgestattet ist, sondern eine drüsenlose kutane Partie darstellt.

Das Sekret der Cardiadrüsen ist leicht alkalisch und in der Funktion dem Speichel ähnlich. Gelegentlich gefundene proteolytische oder lipolytische Aktivitäten scheinen kaum eine Bedeutung für die Verdauung zu haben.

Bei den **Fundusdrüsen** sind drei Typen von Drüsenzellen zu unterscheiden:

- **Hauptzellen:** In diesen werden die wichtigsten Enzyme der Magenverdauung, Pepsin und Chymosin, gebildet.
- **Belegzellen** sind Bildungsort der Salzsäure und der wesentliche Ort der Flüssigkeitssekretion.
- **Nebenzellen** bilden ein schleimiges Sekret (Glycoproteine); Bildung des Intrinsic-Faktors (Glycoprotein) als essenzieller Bestandteil zur Vitamin-B_{12}-Resorption.

Pylorusdrüsen sondern ebenfalls ein schleimiges Sekret ab, das eine alkalische Reaktion aufweist.
Während bei Carnivoren und beim Menschen ein einfacher einhöhliger Magen vorliegt, haben Schweine und Pferde einen zusammengesetzten Magen. Dabei ist der kutane Bereich, in dem bereits mikrobielle Umsetzungen stattfinden können, unterschiedlich groß (Milchsäurebildung ist nachweisbar).
Wiederkäuer besitzen einen zusammengesetzten mehrhöhligen Magen, wobei die Magenabschnitte mit drüsenloser Schleimhaut als Vormägen ausgebildet und deutlich vom Drüsenmagen (= Labmagen) abgetrennt sind.
Hinsichtlich der Verdauung durch körpereigene Enzyme ist besonders das enzymhaltige Sekret der Fundusdrüsen von Bedeutung. Eine besondere Leistung stellt weiterhin die Salzsäurebildung in den Belegzellen der Fundusdrüsen dar. Gegenüber der Wasserstoffionenkonzentration im Blut findet dabei eine Aufkonzentration um den Faktor 10^6 statt und eine pH-Absenkung von 7,4 auf etwa 1. Dies erfolgt in einem energieaufwendigen Prozess.
Neben der pH-Regulation und der Pepsinaktivierung kommt der Salzsäure des Magens eine weitere wichtige Funktion zu, nämlich als bakterizid wirkende Substanz. Bei ungenügender Salzsäureproduktion steigt die Gefahr, dass pathogene Keime den Magen ohne Schädigung passieren können.

Verdauung der Hauptnährstoffe im Magen

Eine **Kohlenhydratverdauung** im Magen findet nur bei Tierarten statt, deren Mundspeichel eine Amylase (Ptyalin) enthält. Dies trifft neben dem Menschen auf das Schwein zu. Ptyalin kann in den oberen Schichten des Magens den Abbau von α-Glucanen einleiten und wirkt so lange, bis der pH-Wert in den sauren Bereich absinkt. Aus quantitativer Sicht spielt aber dieser Kohlenhydratabbau nur eine untergeordnete Rolle.
Die **Fettverdauung** spielt im Magen quantitativ ebenfalls nur eine untergeordnete Rolle. Bei den einzelnen Tierarten kann zwar eine Magenlipase mit unterschiedlicher Aktivität nachgewiesen werden, deren pH-Optimum liegt aber im neutralen bis schwach basischen Bereich. Schon aus diesem Grunde ist eine Aktivitätsentfaltung im Magen eingeschränkt. Außerdem ist die Magenlipase um den Faktor von etwa 1000 weniger aktiv als die Pankreaslipase. So hat durch den Digestarückstau in den Pylorusbereich des Magens gelangende Pankreaslipase im Magen einen größeren Einfluss als Magenlipase selbst.

Eiweißverdauung im Magen: Die Hauptwirkung der in den Magen sezernierten Enzyme besteht in der Eiweißverdauung. Dabei ist die Wirkung des Pepsins vordergründig.

Eiweiße sind aus 20 verschiedenen Aminosäuren zusammengesetzt, daher ist für deren Spaltung das Aufeinanderwirken von Enzymen mit verschiedenen Spezifitäten erforderlich. Pepsin ist eine Endopeptidase und spaltet daher Peptidbindungen im Inneren der Moleküle, wobei solche Peptidbindungen stark bevorzugt werden, an denen aromatische Aminosäuren beteiligt sind (Tyr, Phe). Es werden aber auch Peptidbindungen hydrolysiert, an denen andere Aminosäuren beteiligt sind. Daraus wird verständlich, dass im Ergebnis dieser Proteolyse keine Aminosäuren, sondern nur Peptide entstehen können.
Ein weiteres proteolytisches Enzym des Magensaftes ist das Magenkathepsin, dessen pH-Optimum bei 3–4 liegt. Dieses Enzym ist besonders wichtig bei sehr jungen Säugetieren, die ausschließlich von Milch ernährt werden. Dadurch liegt eine hohe Pufferkapazität vor, und der pH sinkt nicht unter 3–5. Außerdem liegt in diesem Entwicklungsstadium erst eine relativ niedrige Pepsinkonzentration vor. Eine geringe gastrische Lipaseaktivität führt zu einem Fettaufschluss.
Im Magen junger Kälber, Lämmer, aber auch Ferkel wird außerdem Chymosin (Labferment, Rennin) gebildet, dessen Wirkungsoptimum um pH 5 liegt. Es wirkt nur sehr schwach proteolytisch, führt aber zur Gerinnung der Milch. Dabei wird lösliches Casein in das unlösliche Paracasein umgesetzt.
Zur Bedeutung des Eiweißabbaus im Magen ist zu bemerken, dass der proteolytische Abbau durch Pepsin keine Voraussetzung für den vollständigen Abbau von Nahrungsproteinen ist. So ist auch die nahezu vollständige Rückresorption von in den Dünndarmbereich sezernierten Proteinen verständlich.

5.2.1.3 Verdauung der Hauptnährstoffe im Dünndarm

Duodenum, Jejunum und zum Teil Ileum sind die Hauptorte der Verdauung durch körpereigene Enzyme. Da diese Segmente gleichzeitig auch Hauptresorptionsorte sind, muss hier der Abbau bis zu resorptionsfähigen Produkten erfolgen.

Verschiedene Enzyme gelangen mit dem Sekret des Pankreas bzw. mit dem Darmsekret in das proximale Dünndarmlumen. Andere Enzyme sind Membrankomponenten der Epithelzellen, in einigen Fällen wirken sie auch innerhalb der Resorptionszellen.

Verdauung der Eiweiße im Dünndarm

Im Dünndarmlumen wirken primär proteolytische Enzyme, die vom Pankreas sezerniert werden. Dies sind die Endopeptidasen Trypsin, Chymotrypsin und Elastase. Ihre bevorzugte Spezifität ist unterschiedlich. Während Trypsin insbesondere Bindungen mit den basischen Aminosäuren Arginin und Lysin spaltet, hydrolysiert Chymotrypsin bevorzugt Bindungen mit aromatischen Aminosäuren (Tyr, Phe, Trp), aber auch mit Leucin und Methionin. Elastase spaltet vorrangig Bindungen, an denen neutrale Aminosäuren beteiligt sind.
Die Carboxypeptidasen A und B sind Exopeptidasen und spalten vom C-terminalen Ende der Peptidkette her endständige Aminosäuren ab, wobei die Spezifität wieder verschieden ist.
Die Sekretion der Pankreasenzyme wird durch die Futteraufnahme stimuliert. Bei dieser Regulation spielen Hormone des Gastrointestinaltraktes, wie Secretin und Pankreozymin, eine wichtige Rolle.

Für die praktische Fütterung ist von Bedeutung, dass in einigen Futtermitteln (z. B. Produkte von Sojabohnen) Peptide vorhanden sind, die mit Trypsin (aber auch Chymotrypsin) einen Enzym-Inhibitor-Komplex bilden, der nicht hydrolysiert werden kann. Solche Substanzen **(Trypsininhibitoren)** können durch Dampferhitzen (Toasten) weitestgehend inaktiviert werden.
Der weitere Abbau zu Aminosäuren erfolgt durch verschiedene Aminopeptidasen, die membrangebunden sind und vom N-Terminus her einzelne Aminosäuren abspalten (Exopeptidasen). Ferner wirken Dipeptidasen und Tripeptidasen, die vermutlich intrazellulär nach Resorption der entsprechenden Peptide ihre Wirkung entfalten.

Verdauung der Fette im Dünndarm

Der Abbau der Fette (Triglyceride) erfolgt hauptsächlich im Dünndarm durch Wirkung der Pankreaslipase. Dazu ist auch die Anwesenheit einer Colipase erforderlich, die mit der Lipase einen Komplex ausbildet, der sich an den Lipid-Wasser-Grenzschichten anlagert. Durch die Wirkung der Pankreaslipase entstehen überwiegend Fettsäuren und Monoglyceride, da die Abspaltung der Fettsäuren an den C_1- und C_3-Positionen stattfindet. Die Resorption erfolgt zum überwiegenden Anteil als Gemisch von Fettsäuren und Monoglyceriden. Monoglyceride können aber auch durch eine Monoacylglyceridlipase der Enterocyten weiter hydrolysiert werden. Dabei entstehendes wasserlösliches Glycerol wird ebenfalls resorbiert.
Obwohl die Galle keine Verdauungsenzyme enthält, trägt sie dennoch wesentlich zur Fettverdauung bei. Dies ist in der Unterstützung der Fettverdauung durch die emulgierende Wirkung der Gallensäuren begründet.

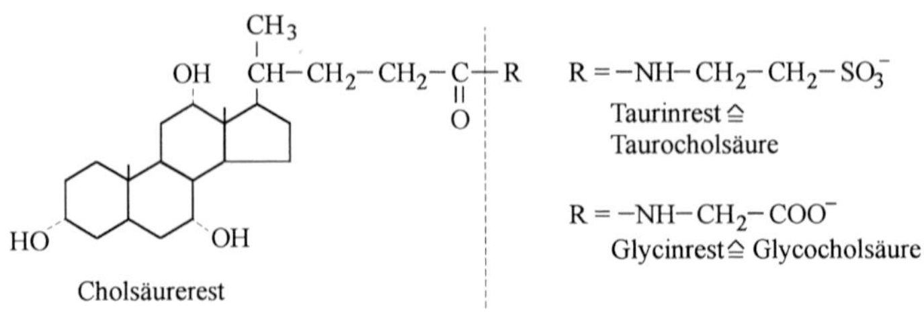

Gallensäuren sind Steroide und werden in der Leber aus Cholesterin gebildet. Vor der Sekretion werden sie mit Glycin oder Taurin (Derivat des Cysteins) konjugiert, und es entstehen Glycocholsäure bzw. Taurocholsäure. Diese sind hochlöslich und bilden einen lipophilen (Steranrest) und einen hydrophilen (Glycin- bzw. Taurinrest) Pol aus. Dadurch ist eine Emulgation der Fette möglich, was die Angriffsmöglichkeit der wasserlöslichen Enzyme durch die resultierende Oberflächenvergrößerung verbessert.
Neben Neutralfetten können im Dünndarm auch andere Lipide hydrolysiert werden. So gibt es eine Phospholipase A, die die Hydrolyse von Lecithin zu Fettsäuren und Lysolecithin bewirkt, sowie eine Cholesterolesterase.

Verdauung der Kohlenhydrate im Dünndarm

Die Verdauung der Kohlenhydrate durch körpereigene Enzyme beschränkt sich auf die Polysaccharide Stärke und Glykogen sowie auf einige Disaccharide. Sie erfolgt durch Enzyme des Pankreas bzw. durch membrangebundene Enzyme hauptsächlich im Dünndarm.

Die α-Glucane Stärke und Glykogen werden durch α-Amylasen des Pankreassekretes gespalten. Dies sind Endoglucanasen, die im Inneren der Moleküle 1,4-α-glucosidische Bindungen hydrolysieren. Als Produkte entstehen Maltose, Maltotriose, Oligosaccharide und Fragmente, die aus dem Abbau des Amylopektins und des Glykogens stammen und eine 1,6-Bindung aufweisen. Letztere werden auch als α-Dextrine oder α-Grenzdextrine bezeichnet. Das 1,6-α-Disaccharid der Glucose wird als Isomaltose bezeichnet.
All diese Produkte werden durch Enzyme der Bürstensaumregion der Epithelzellen bis zu Glucose, dem resorptionsfähigen Produkt, abgebaut. Der Endabbau zur Glucose erfolgt durch Exoenzyme wie Glucoamylase, 1,6-α-Glucosidase sowie Maltase, Isomaltase und durch Maltotriase. In der Bürstensaumregion sind weitere Disaccharidasen lokalisiert, wie Fructosidase (Saccharase), die Saccharose in Glucose und Fructose spaltet sowie β-Galactosidase (Lactase), die Milchzucker zu Glucose und Galactose hydrolysiert. Lactase fehlt allerdings bei Geflügel völlig, und bei Säugetieren sinkt deren Aktivität mit zunehmendem Alter stark. Daraus können besonders bei älteren Tieren Lactoseunverträglichkeiten resultieren. Auch für andere Disaccharidasen gibt es tierartspezifisch altersabhängige Veränderungen.

Verdauung der Nucleinsäuren im Dünndarm

Mit Ausnahme der bakteriellen DNA liegen Nucleinsäuren in Form von Nucleoproteinen vor. Der Proteinanteil wird in der für Proteine beschriebenen Weise enzymatisch hydrolysiert. Die Nucleinsäuren werden im Dünndarm unter Wirkung von Ribonucleasen und Desoxyribonucleasen zu Oligonucleotiden abgebaut. Als Endprodukte des Abbaus können Nucleoside, Purin- und Pyrimidinbasen, Pentose-1-Phosphat und Phosphat entstehen.
Die Ribonucleaseaktivität ist besonders bei Wiederkäuern hoch, da durch die mikrobielle Besiedlung der Vormägen eine große Menge Bakterien in den Dünndarm gelangt. Der Nucleinsäurenanteil bei Bakterien macht etwa 20 % des Gesamtstickstoffs der Bakterien aus. Im Dünndarm können 70–80 % der Nucleinsäuren verdaut werden.

5.2.1.4 Regulation der Expression und Sekretion von Verdauungsenzymen

Für die verschiedenen Verdauungsenzyme gibt es eine durch die Substrate ausgelöste Adaptation. Die molekularen Mechanismen dieser Regulation können auf verschiedenen Ebenen wirken. Diese Ebenen sind die Transkription, die Translation sowie die Stabilität der primären Expressionsprodukte. Bei luminal wirkenden Verdauungsenzymen des Magens und des Pankreas kommt noch die Ebene der Sekretionsrate dazu.
Die Sekretionsrate sekretorischer Zellen wird von verschiedenen Effektoren reguliert. Dazu gehören neurokrine Substanzen, endokrine Modulatoren und parakrine Effektoren. Die Säuresekretion im Magen wird z. B. sowohl durch Acetylcholin (neurokrin), durch Gastrin (endokrin) als auch durch Histamin (parakrin) angeregt, wobei es für alle drei Effektoren an der Plasmamembran der Belegzellen distinkte Rezeptoren gibt. Die gleichen Substanzen stimulieren auch die Pepsinogenfreisetzung der Hauptzellen. Auch zwei weitere Peptidhormone, Secretin und Cholecystokinin, wirken in gleichem Sinne. Sie regen die Sekretion der wässrigen bzw. der Enzymkomponente des Pankreas an.

Typische postnatale Veränderungen bei Säugetieren sind eine Abnahme der Lactaseaktivität und ein allmählicher Anstieg der Aktivitäten von Enzymen, die für die Hydrolyse pflanzlicher Kohlenhydrate (Sacharose, Stärke) erforderlich sind.
Im Dünndarm von Ferkeln fällt die Lactaseaktivität insbesondere innerhalb der ersten beiden Wochen stark und dann allmählich bis zur 8. Woche ab. Dagegen ist die Saccharaseaktivität in der ersten Lebenswoche kaum nachweisbar und steigt dann an. Parallel dazu erhöhen sich die Aktivitäten von Isomaltase und Maltase.
Die Aktivitäten der Pankreasenzyme verändern sich ebenfalls in den ersten Lebenstagen und -wochen. Das Maximum der Amylaseaktivität wird bei Ferkeln 4–8 Wochen nach der Geburt erreicht. Bei Geflügel entwickeln sich nach dem Schlüpfen die Aktivitäten der Pankreasenzyme ebenfalls allmählich. Die Aktivitäten von Amylase, Lipase, Trypsin und Chymotrypsin erreichen im Dünndarminhalt von Broilerküken erst nach 17, 4, 11 bzw. 11 Tagen ihre Maxima. Eine ähnliche Entwicklung liegt für die Amylase- und die Trypsinaktivität bei Puten vor.
Diese Veränderungen sind zum Teil entwicklungsbedingt, aber auch das Ergebnis von Induktions-Repressions-Mechanismen. Das Verhältnis der Verdauungsenzyme zueinander variiert diätspezifisch. Die Induzierbarkeit der α-Amylase durch Stärke, aber auch durch Glucose, von Trypsin und Chymotrypsin durch Casein bzw. enzymatische Caseinhydrolysate, und der Lipase durch Triglyceride bzw. durch Fettsäuren gilt als gesichert. Anhand des schnellen Abfalls der Lactaseaktivität und des drastischen Anstiegs von Glucoamylase in der Mucosa von früh abgesetzten Ferkeln lässt sich die Substratinduzierbarkeit dieser intestinalen Enzyme gut nachweisen. Über die dabei wirkenden Mediatoren liegen weniger gesicherte Erkenntnisse vor.
Ein wichtiger Regulationsmechanismus für die Synthese von Verdauungsenzymen wirkt auf der Transkriptionsebene, nachweisbar durch die Menge translatierbarer mRNA der einzelnen Enzyme. Für die Expression der Amylase liegt aber vermutlich eine posttranskriptionale Kontrolle vor.
Die physiologische Bedeutung der Adaptation von Synthese und Sekretion der Verdauungsenzyme ist nicht klar, da allgemein ein großer Überschuss der Verdauungsenzyme im Verhältnis zu den Substraten vorliegt.

5.2.2 Mikrobielle Verdauung

Als Mikroorganismen sind im Verdauungstrakt Bakterien, Protozoen, Pilze und im weiteren Sinne Viren vorhanden. In ihrer Gesamtheit werden sie auch als die Mikrobiota oder das Mikrobiom bezeichnet. Da die Entwicklungsbedingungen für Mikroorganismen (Temperatur, Feuchtigkeit, pH-Wert) im Verdauungstrakt günstig sind, ist dort stets eine artenreiche, vielseitige Population anzutreffen. Dabei stellen die verschiedenen Mikroorganismen in sich ein Ökosystem dar, bei dem wechselseitige Abhängigkeiten nachweisbar sind.
Obwohl in allen Abschnitten des Verdauungstraktes eine beträchtliche mikrobielle Besiedlung vorliegt (Bakterienkeime pro ml im Pansen 10^9–10^{11}, im Dünndarm 10^4–10^8, im Dickdarm 10^8–10^{10}), ist das Ausmaß der mikrobiellen Umsetzungsprozesse im Vormagensystem der Wiederkäuer und im Dickdarm am größten. Ein wesentlicher Grund dafür ist die längere Verweilzeit in diesen Abschnitten. Über die quantitative Bedeutung einer mikrobiellen Verdauung im Drüsenmagen- und Dünndarmbereich der einzelnen Tierarten liegen nur unzureichende Kenntnisse vor. In diesen Abschnitten wird Milchsäure als vorwiegendes mikrobielles Stoffwechselprodukt gebildet.
Bei allen Pflanzenfressern findet in erheblichem Ausmaß eine mikrobielle Verdauung statt. Die beste Anpassung an die mikrobielle Verdauung pflanzlicher Futtermittel liegt bei den Wiederkäuern vor, da das Vormagensystem dem Drüsenmagen vorgeschaltet ist und die aus den Vormägen stammenden Mikroorganismen durch körpereigene Enzyme verdaut und die Nährstoffe zum großen Teil noch im Dünndarm resorbiert werden können. Der Umfang der mikrobiellen Verdauung im Dickdarm ist je nach Ausprägung des Dickdarms tierartspezifisch unterschiedlich.

5.2.2.1 Mikrobielle Verdauung in den Vormägen

Beim Wiederkäuer liegen auf verschiedene Weise ideale Voraussetzungen für die mikrobielle Verdauung im Reticulo-Rumen vor (Verhältnisse beim Rind dargestellt):

- Die Vormägen sind großlumige Gärkammern mit konstanter Temperatur.
- Die für die Fermentation erforderlichen großen Flüssigkeitsmengen werden über den Speichel bereitgestellt.
- Durch $NaHCO_3$ des Speichels erfolgt eine Abpufferung des Panseninhaltes.
- Kontinuierliche Nährstoffversorgung exogen (Futteraufnahme) und endogen (Mineralstoffe, NH_3 und Schleimstoffe über den Speichel).
- Regelmäßige Durchmischung durch Pansenkontraktionen (7–15 Kontraktionen in 5 Minuten).
- Intensive Zerkleinerung der Futterpartikel durch das Wiederkauen. 30–70 Minuten nach Beendigung der Futteraufnahme wird in mehreren Perioden Vormageninhalt in die Maulhöhle befördert (Rejektion), intensiv gekaut (auch Überführung kristalliner in amorphe Cellulose) und wieder abgeschluckt.
- Regelmäßige Abgabe der Gärgase (Eruktion, 5- bis 8-mal in 10 Minuten).
- Kontinuierliche Entfernung der mikrobiellen Stoffwechselprodukte durch Resorption.

Mikroorganismenpopulation in den Vormägen und ihr Stoffwechsel

Da in den Vormagenraum so gut wie kein Sauerstoff gelangt und die geringe Menge schnell verbraucht wird, kann man immer von anaeroben Bedingungen für die Mikroorganismen ausgehen. Folglich können die zur Energiegewinnung zur Verfügung stehenden Substrate lediglich unter anaeroben Bedingungen vergoren werden.

Die Gesamtkeimzahl im Panseninhalt ist außerordentlich hoch. Im Mittel kann mit 10^9–10^{11} Bakterien, bis zu 10^6 Protozoen und bis zu 10^5 Pilzen je Gramm Panseninhalt gerechnet werden.
Im gesamten Pansen des Rindes beträgt allein die Bakterienfrischmasse etwa 3–7 kg. Die Keimzahl und die Zusammensetzung der Mikroorganismenpopulation werden sehr stark von der Fütterung beeinflusst.

Einen Überblick zu den für den Stoffwechsel wichtigsten **Bakterienarten** und ihrer Eigenschaften im Pansen gibt Abbildung 5.4. Die bedeutendste Leistung der Pansenbakterien ist sicherlich der Abbau von Cellulose und anderer Nicht-Stärke-Polysaccharide. Sie sind aber aufgrund der Enzymausstattung auch zum Abbau anderer

Gattung/Art	cellulolytisch[1]	amylolytisch	saccharolytisch	pectinolytisch	proteolytisch	lipolytisch	Glycerol-Fermentation	Lactatbildung	Lactatverwertung	Methanbildung	säuretolerant	säureempfindlich
Aerovibrio lipolytica						●						
Bacteroides amylophilus		●			●							
Bacteroides ruminicola		●	●	●	●			●				
Fibrobacter succinogenes	●	●										●
Butyrifibrio fibrisolvens	●	●	●	●	●							●
Eubacterium limosum										●		
Eubacterium ruminantium					●							
Lachnospira multiparus				●	●							
Megasphera elsdenii							●		●		●	
Methanobacterium ruminantium										●		
Ruminococcus albus	●											●
Ruminococcus flavefaciens	●											●
Selenomonas ruminantium		●	●		●		●	●			●	
Streptococcus bovis		●			●			●				●
Veilonella alcalescens									●			
Vibrio succinogenes										●		

[1] Cellulolytische Bakterien bilden in der Regel auch Enzyme, die zur Hydrolyse von Hemicellulosen in der Lage sind.

Abb. 5.4 Wichtigste Bakterienarten des Panseninhalts und ihre Charakterisierung (Gesamtzahl: 10^9 bis $10^{11} \cdot g^{-1}$).

Nährstoffe fähig. Zwischen den einzelnen Bakterienarten gibt es zahlreiche Wechselwirkungen. So werden hochpolymere Substrate durch extrazelluläre Enzyme einiger Bakterienarten hydrolysiert, die entstehenden Produkte können aber auch von anderen Arten genutzt werden. In Reinkultur bilden Pansenbakterien Substanzen, wie Succinat, Lactat oder Alkohol, die im Pansensaft kaum nachweisbar sind. Der Grund dafür ist die schnelle Verwertung dieser Produkte durch andere Arten.

Besonders bei stärkereicher Fütterung kann durch *Streptococcus bovis* und *Selenomonas ruminantium* in erheblichen Mengen Lactat entstehen. Wenn die Kapazität der lactatverwertenden Arten überschritten wird, kommt es zur Lactatanhäufung im Panseninhalt, die mit einer Senkung des pH-Wertes verbunden ist. Unter diesen Bedingungen kann es zu einer Verschiebung im Verhältnis der Bakterienarten kommen, insbesondere zu einer Abnahme der Zahl der säureempfindlichen cellulolytischen Bakterien und zu einer Zunahme der Zahl säuretoleranter Arten, die unter diesen Bedingungen erhöhte Proliferationsraten aufweisen.

Bei kurzfristigem vorübergehendem Abfall des pH-Wertes im Pansen unter pH 6 spricht man von einer subakuten **Pansenacidose,** die zu einer Einschränkung der Futteraufnahme und der Leistung führt. Die akute oder chronische Pansenacidose führt zu hochgradigeren klinischen Veränderungen. Diese umfassen Nekrosen der Pansenzotten, Entzündungen und Funktionseinschränkungen des Verdauungssystems und Stoffwechselstörungen.

Die Gesamtbakterienzahl wird maßgeblich von der Zufuhr leicht löslicher Kohlenhydrate beeinflusst. Allgemein gilt: Hohe Keimzahlen findet man bei stärkereicher Fütterung und bei Weidegang. Raufuttergaben (Heu, Stroh) führen zu einer Abnahme der Gesamtkeimzahl.

Die Gesamtkeimzahl der **Protozoen** ist im Pansen mit 0 bis 10^6/g niedriger als die der Bakterien. Da Protozoen aber mit 20–200 µm 10- bis 100-mal größer als Bakterien sind, können sie dennoch bis zu 50 % der Mikroorganismenmasse ausmachen. Es handelt sich überwiegend um Ciliaten. Holotriche Protozoen nehmen lösliche Zucker auf und erreichen bei Grünfutter Konzentrationen bis 10^4/g; entodiniomorphe Protozoen sind in der Lage, Stärkekörner und Pflanzenpartikel aufzunehmen und können Keimzahlen bis zu 10^6/g erreichen. Protozoen ernähren sich aber primär durch die Aufnahme von Bakterien.

Den Protozoen kommt vor allem bei stärkereichen Rationen eine Bedeutung zu, da sie durch Aufnahme ganzer Stärkekörner eine schnelle bakterielle Fermentation und damit eine starke pH-Wert-Absenkung unterbinden können. Andererseits nehmen die Protozoen bis zu 50 % der Pansenbakterien auf und bedingen dadurch eine NH_3-Freisetzung und N-Rezyklierung im Pansen. Insofern ist ihre Bedeutung für das Wirtstier umstritten. Ihr Stoffwechsel ist auch nicht gut untersucht, weil es bisher kaum gelingt, Protozoen in Abwesenheit von Bakterien zu kultivieren.

Wiederkäuer sind offensichtlich nicht auf die Anwesenheit der Protozoen angewiesen, wie mit protozoenfreien Tieren gezeigt wurde. Bei Jungtieren erfolgt eine Protozoenbesiedlung erst durch Kontakt mit anderen Tieren.

Durch häufiges Füttern und proteinreiche Rationen wird die Protozoenanzahl erhöht; dagegen wird durch Hunger, hohe Anteile pelletierten Futters und hohe Konzentratgaben die Zahl der Protozoen bis unterhalb der Nachweisgrenze reduziert.

Das Vorkommen von **Pilzen** im Pansen hat man erst in den 70er-Jahren des 20. Jahrhunderts entdeckt. Die entsprechenden Keime wurden davor den Protozoen zugeordnet. Die Gesamtzahl kann bis zu 10^5/g betragen. Es handelt sich in erster Linie um phycomycetische Zoosporen, wie *Neocallimastrix frontalis*, *Piromonas communis* und *Sphaeromonas communis*. Diese Pilze bilden auf Pflanzenpartikeln Rhizoide und Sporangien und penetrieren das Pflanzenmaterial. Ihre besondere Bedeutung scheint in der initialen Besiedlung von Lignocellulose zu liegen. Die höchsten Keimzahlen werden bei Verfütterung rohfaserreicher, schlecht verdaulicher Rationen gefunden.

Im Folgenden sollen die komplexen Verdauungsvorgänge im Vormagen anhand der Umsetzungen der Hauptnährstoffe Kohlenhydrate, Eiweiße bzw. N-Verbindungen und Fette im Einzelnen veranschaulicht werden. Eine entscheidende Rolle spielen dabei nicht nur Abbauprozesse, sondern auch wertvolle Syntheseprozesse, wie Eiweiß- und Vitaminsynthese.

Umsatz der Kohlenhydrate im Pansen

Aufgrund der verschiedenen mikrobiellen Enzyme in den Vormägen können qualitativ alle Polysaccharide sowie Oligo- und Dissaccharide, die in Futtermitteln vorkommen, zunächst zu Monosacchariden abgebaut werden. Diese werden aber von den Pansenwand nicht resorbiert, sondern nahezu vollständig anaerob zu kurzkettigen Carbonsäuren (als FFS = flüchtige Fettsäuren oder als SCFA = short chain fatty acids bezeichnet) abgebaut. Als quantitativ wichtigste Endprodukte entstehen Acetat, Propionat, und Butyrat (Salze der Essig-, Propion- und Buttersäure) sowie Methan und Kohlendioxid. Darüber hinaus entsteht bei diesen Prozessen Wärme. Praktisch erfolgt die Bildung aller kurzkettigen Carbonsäuren aus allen Kohlenhydraten über Pyruvat. Ein vereinfachtes Schema dazu ist in Abbildung 5.5 dargestellt. Sowohl die Acetat- als auch die Propionatbildung kann auf zwei verschiedenen Wegen erfolgen. Die Propionsäurebildung über Lactat (Acrylatweg) findet verstärkt bei Verabreichung leichtlöslicher Kohlenhydrate statt und wirkt einer Lactatanhäufung entgegen.

Während die kurzkettigen Carbonsäuren vorwiegend über die Pansenschleimhaut resorbiert werden, erfolgt die Abgabe der Pansengase durch Eruktion. Die Pansengase enthalten außer CO_2 und CH_4 noch geringe Mengen N_2 und H_2.

Die Methanbildung hat einerseits die Funktion, den H_2-Überschuss abzufangen, gleichzeitig wird aber auch dabei das Gasvolumen auf ein Fünftel reduziert, da Gase das gleiche Molvolumen von 22,4 l haben.

$$CO_2 + 4\,H_2 \longrightarrow CH_4 + 2\,H_2O$$

$$\text{Gasvolumen} = 22{,}4\,l + 89{,}6\,l \longrightarrow 22{,}4\,l$$

Die Methanabgabe beträgt beim Schaf 30–50 l und beim Rind 50–200 l/d. Sie bedeutet einen

Abb. 5.5
Schema zum mikrobiellen Kohlenhydratumsatz im Pansen.

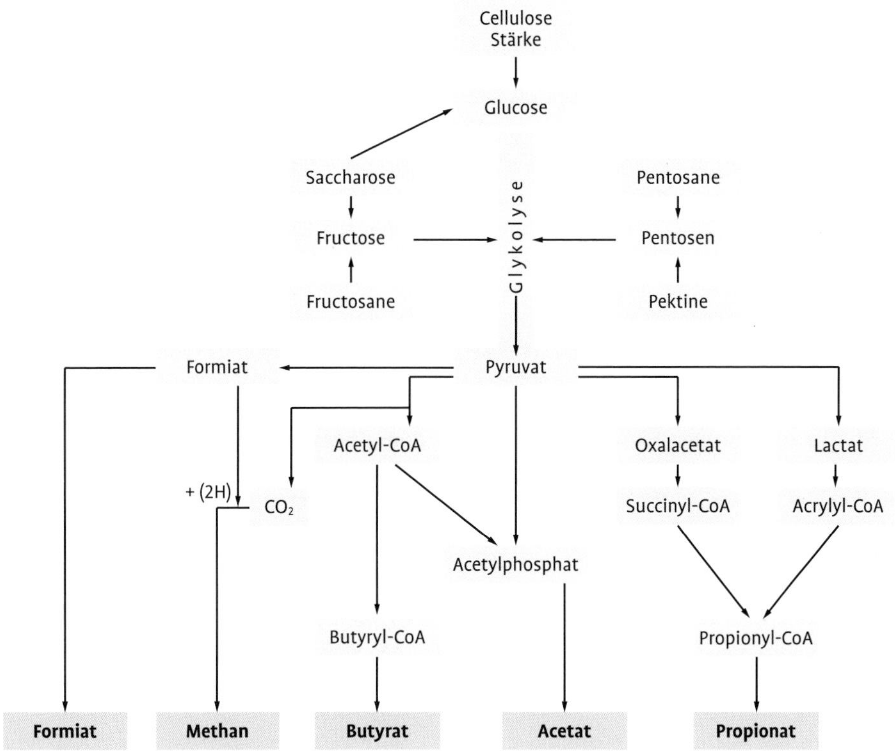

Energieverlust der Größenordnung von 8–11 % bei Rationen mit hoher Verdaulichkeit und von 14–16 % bei Rationen mit niedriger Verdaulichkeit. Die zur Resorption gelangenden kurzkettigen Carbonsäuren enthalten 70–87 % der Kohlenhydratenergie, in Abhängigkeit der einzelnen Carbonsäuren zueinander. Weitere etwa 10 % gehen als Gärungswärme verloren.
Aufgrund des Energieverlustes durch die Methanbildung, aber auch, weil die Methanemission wesentlich zum Treibhauseffekt und damit zur Klimabeeinflussung beiträgt, werden Anstrengungen unternommen, durch Rationsgestaltung sowie Einflussnahme auf die Fermentationsprozesse im Pansen die Methanbildung zu reduzieren.
Sowohl das Verhältnis der einzelnen kurzkettigen Carbonsäuren zueinander als auch die Fermentationsrate sind stark von der Art der abgebauten Kohlenhydrate abhängig. Cellulosereiche Futtermittel führen zu einem hohen relativen Anteil an Essigsäure und zu geringen Anteilen an Propion- und Buttersäure. Demgegenüber reduzieren stärkereiche Rationen den Acetatanteil und erhöhen die Anteile an Propionat und Butyrat. Noch drastischer wirken sich in gleichem Sinne Rationen mit hohem Zuckergehalt aus. Als Richtwerte für das molare Verhältnis (Mol/100 Mol kurzkettiger Carbonsäure) von Acetat : Propionat : Butyrat sind bei einer „Milchkuhration" 67 : 15 : 12 und für eine „Bullenmastration" 50 : 30 : 15 zu betrachten.
Die kurzkettigen Fettsäuren werden entsprechend dem Konzentrationsgefälle zwischen Pansensaft und Blut bereits im Pansen resorbiert. Diese Resorption kann sowohl als Anion als auch als undissoziierte Säure erfolgen. Die freien Fettsäuren werden rascher resorbiert als die Fettsäurenanionen. Die Resorptionsgeschwindigkeit für kurzkettige Fettsäuren nimmt mit sinkendem pH-Wert des Panseninhalts zu, weil dabei der Anteil an freien Fettsäuren gegenüber den Fettsäurenanionen ansteigt. Von der Propionsäure wird etwa ein Fünftel während der Passage durch die Pansenwand in Lactat umgesetzt, das in der Leber in die Gluconeogenese einmündet.
Der schnellsten Fermentation unterliegen Zucker (innerhalb von 2 Stunden, mit einem Maximum nach 1 Stunde). Die höchste Fermentationsrate für Stärke liegt bei 3 Stunden nach der Aufnahme, während die Fermentationsrate für Cellulose bis zur 12. Stunde allmählich ansteigt. Hemicellulosen werden im Pansen rascher als Cellulose abgebaut.
Gerüstsubstanzen dienen nicht nur als Substrate für den mikrobiellen Abbau, sondern sind auch bezüglich der Anforderungen der Wiederkäuer an die Futterstruktur von Bedeutung. Die Aufnahme von z. B. Grünfutterstoffen sowie deren Feucht- und Trockenkonservate oder Stroh gewährleistet eine normale Pansenfunktion (Pansenmotorik, Wiederkautätigkeit, Speichelproduktion, stabile pH-Werte und eine normale morphologische Beschaffenheit der Pansenschleimhaut).

Protein- und Stickstoffumsatz im Pansen

In den Vormägen der Wiederkäuer findet ein bedeutender Protein- und Stickstoffumsatz statt. Die wesentlichen Prozesse sind in Abbildung 5.6 schematisch dargestellt.

- Im Pansen werden Futterproteine größtenteils durch proteolytisch wirkende Mikroorganismen zu Aminosäuren hydrolysiert und nahezu vollständig desaminiert. Aus dem Abbau der Futterproteine im Pansen resultieren hauptsächlich NH_3 und kurzkettige Carbonsäuren (aus den C-Gerüsten).
- Der im Pansen nicht abgebaute Anteil der Futterproteine gelangt unverändert in das Labmagen-Dünndarm-Segment. Diese Proteine bezeichnet man als „Durchflussprotein" (DFP; oder UDP = undegraded protein).
- Parallel dazu findet eine mikrobielle Synthese von Aminosäuren (NH_3 als N-Quelle) und Proteinen statt. Die gebildeten Bakterien- und Protozoenproteine können bei Passage in das Labmagen-Dünndarm-Segment zur Aminosäurenbedarfsdeckung des Wirtstierorganismus genutzt werden. Als NH_3-Quelle für die bakterielle Proteinsynthese können neben Futterproteinen auch Nicht-Protein-Stickstoffverbindungen (NPN) dienen, wie z. B. Ammoniumsalze, Harnstoff und Säureamide. Darüber hinaus kann auch im Intermediärstoffwechsel (Leber) gebildeter Harnstoff vorwiegend über den Speichel in den Pansen rezykliert und von den Mikroorganismen zur Proteinsynthese genutzt werden. Dieser Weg der N-Rezyklierung wird als **rumenohepatischer Kreislauf** bezeichnet und kann bis zu 50 % des intermediär

Abb. 5.6
Schema zum Stickstoffumsatz beim Wiederkäuer.

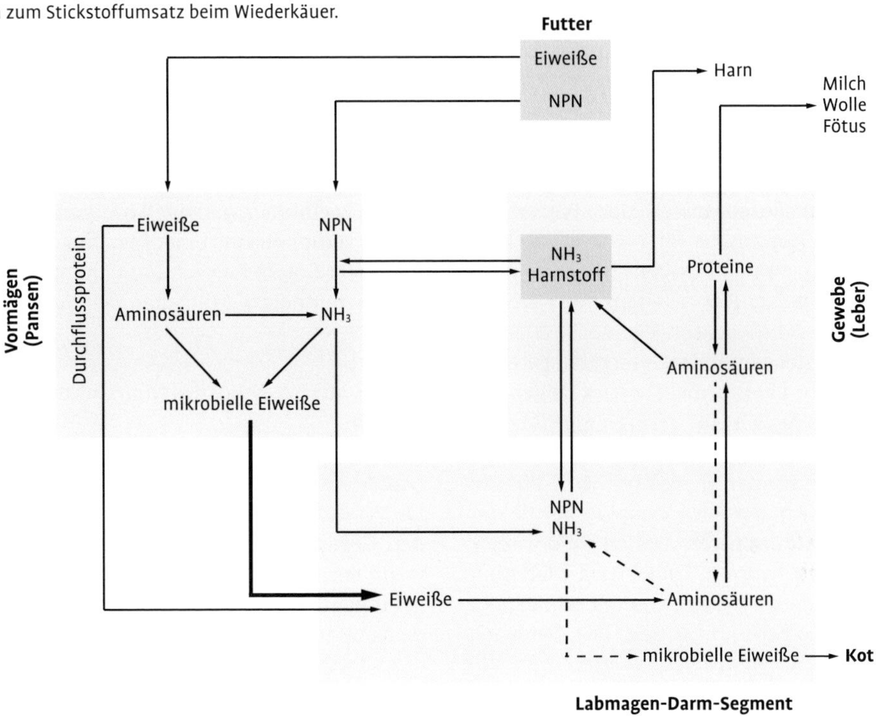

gebildeten Harnstoffs betreffen. Das Ausmaß der N-Rezyklierung auf diesem Wege ist abhängig von der N-Versorgung.

Die NH_3-Konzentration im Pansen hängt von der Bildungsgeschwindigkeit, dem Verbrauch für Synthesevorgänge und vom Abtransport bzw. der Resorptionsrate ab. Sie unterliegt starken Schwankungen; Normalwerte sind 10–25 mg/100 ml. Zu einer Überschreitung dieser Werte kann es insbesondere bei Aufnahme leicht löslicher Futterproteine und niedrigem Gehalt leicht verdaulicher Kohlenhydrate (Stärke) in der Ration kommen. Auf Konzentrationserhöhungen über 40 mg NH_3/100 ml Pansensaft reagieren Wiederkäuer bereits mit reduzierter Futteraufnahme. Der mit dem Anstieg der NH_3-Konzentration verbundene Anstieg des pH-Wertes im Pansen kann zur **Pansenalkalose (pH > 7,0)** führen und eine metabolische Alkalose mitverursachen.
Andererseits sind für die Aufrechterhaltung der Bakterienpopulation mindestens 5 mg NH_3/100 ml Pansensaft erforderlich. Um den Stickstoffbedarf der Pansenmikroorganismen zu decken, müssen die Rationen mindestens 80 g CP/kg DM enthalten.
Nitrat- und Nitritionen können im Pansen zu NH_3 reduziert werden und dienen dann ebenfalls als N-Quelle. Eine hohe Nitrataufnahme mit dem Futter sowie Störungen in der Nitratreduktion (Nitritanreicherung) können jedoch zu Gesundheitsstörungen führen. Resorbiertes Nitrit bewirkt eine Senkung des Gehaltes an O_2-aufnahmefähigen Hb im Blut durch Bildung von Methämoglobin.
Hinsichtlich der Rationsgestaltung für Wiederkäuer ist es wichtig, sich zu vergegenwärtigen, dass die Aminosäurenzufuhr für das Wirtstier von den in den Dünndarm gelangenden Proteinen abhängt. Dies sind zum überwiegenden Teil im Pansen synthetisierte Mikroorganismenproteine und weiterhin im Pansen nicht abgebaute Futterproteine (UDP). Der Anteil an UDP verschiedener Futtermitteln variiert im Mittel zwischen 5 und

45 % (→ Kap. 7.4). Mit steigenden Leistungen nimmt die Bedeutung des UDP zu, da die mikrobielle Proteinsynthese bei der Milchkuh über die Deckung des Erhaltungsbedarfs hinaus lediglich für 12–15 kg Milch pro Tag ausreicht.

Umsatz der Fette im Pansen

Der mikrobielle Stoffwechsel im Pansen modifiziert das Fettsäurenmuster der Futterfette (→ Abb. 5.7). Zunächst erfolgt eine weitgehende Lipolyse sowohl von Triglyceriden als auch von Phospholipiden. Das resultierende Glycerol mündet in die Stoffwechselwege der Kohlenhydrate. Die aus den Lipiden stammenden Fettsäuren werden im Pansen nicht weiter abgebaut, und es findet lediglich eine geringfügige Resorption von $C_{12:0}$- und $C_{14:0}$-Fettsäuren statt.

Von den ungesättigten Fettsäuren wird nur ein geringer Anteil in die Phospholipide der Bakterien eingebaut. Ansonsten werden sie teilweise oder vollständig hydriert. Dabei wird wiederum ein Teil durch Isomerierung von der cis-Form in die trans-Form überführt (→ Seite 26). Demnach wird das Fettsäurenmuster im Pansen dahingehend modifiziert, dass sich der Anteil gesättigter Fettsäuren erhöht und trans-Fettsäuren gebildet werden. Diese Veränderungen sind der Grund für den hohen Sättigungsgrad und den relativ hohen Schmelzpunkt der Wiederkäuerfette sowie für das Auftreten von trans-Fettsäuren in Milch- und Körperfetten von Wiederkäuern. Je nach Rationszusammensetzung kann der Gehalt an trans-Fettsäuren im Milchfett von Kühen bei 1–7 % der Gesamtfettsäuren liegen.

Die Kapazität zum Fettumsatz im Pansen ist sehr begrenzt. Bereits ein Fettgehalt über 5 % in der Ration beeinträchtigt die Mikroorganismenpopulation, verbunden mit einer Abnahme des Abbaus von Nicht-Stärke-Polysacchariden im Pansen sowie verminderter Milchmengen- und Fettleistung.

Quantitative Aspekte des Nährstoffumsatzes im Pansen

Einen Gesamtüberblick zum Umsatz der Hauptnährstoffe im Pansen gibt Abbildung 5.8. Da die Endprodukte der in den Vormägen stattfindenden Gärung größtenteils durch die Vormagenwand resorbiert werden, fließt wesentlich weniger organische Substanz in den Labmagen als mit dem Futter abgeschluckt worden ist. Das Ausmaß des Nährstoffabbaus im Pansen ist von einer Vielzahl von Faktoren abhängig, sodass die folgenden Zahlenangaben nur als Orientierungswerte aufgefasst werden können.

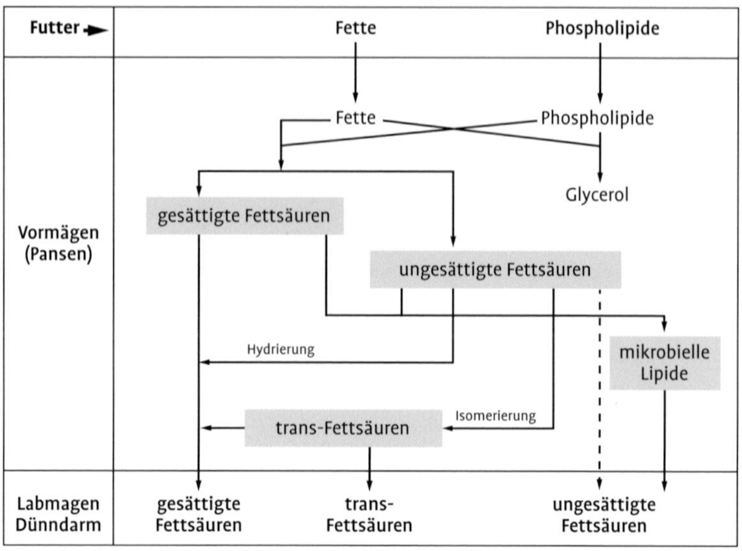

Abb. 5.7 Besonderheiten des mikrobiellen Umsatzes der Fettsäuren beim Wiederkäuer.

Abb. 5.8
Verdauung und Resorption der Hauptnährstoffe beim Wiederkäuer.

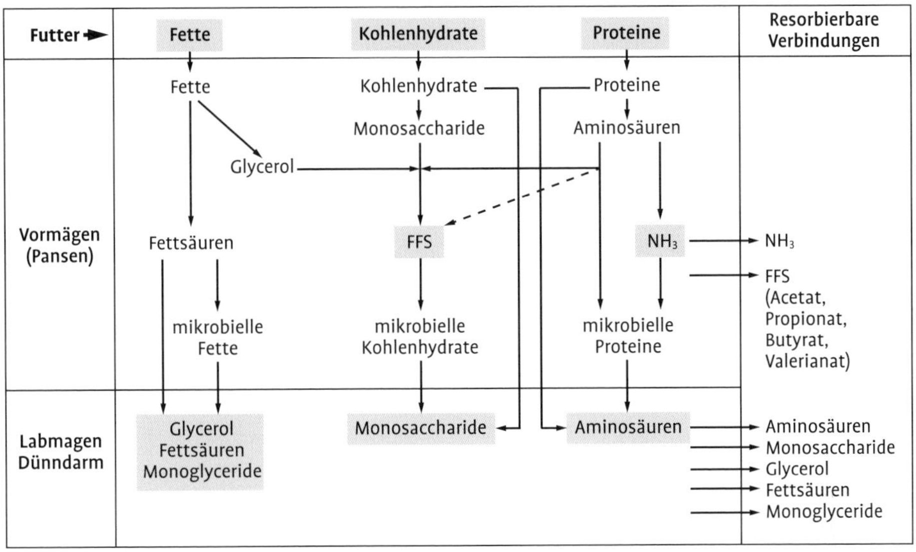

Der auf die Vormägen entfallende Anteil der gesamten Nährstoffverdauung liegt bei 50–70 %, ist für die einzelnen Nährstoffe unterschiedlich und wird von der Art der Futtermittel, der Höhe der Trockensubstanzaufnahme und der Verweildauer in den Vormägen beeinflusst.

Die Abbaubarkeit der Stärke im Pansen ist von der Herkunft und der technologischen Behandlung abhängig und liegt zwischen 70 und über 90 %. Die Abbaubarkeit der nativen Maisstärke liegt etwa um 15 % niedriger als die anderer Getreidestärken. Dies bedeutet, dass beim Wiederkäuer aus der Stärkeverdauung größtenteils flüchtige Fettsäuren resorbiert werden und nur ein geringer und variabler Anteil an Glucose, und zwar aus dem in den Dünndarm gelangenden Stärkeanteil (Bypassstärke). Dabei ist zu berücksichtigen, dass die Verdauungskapazität für Stärke im Dünndarm begrenzt ist und beispielsweise bei Kühen oberhalb von 1,5 kg/d die Stärkeverdaulichkeit im Dünndarm stark abfällt. Demnach muss der intermediäre Glucosebedarf zu einem sehr hohen Anteil durch Gluconeogenese gedeckt werden. Besonders hochlaktierende Tiere müssen eine enorme Syntheseleistung erbringen (der Lactosegehalt der Milch beträgt 46 g/kg).

Die Gluconeogenese kann aus glucogenen Aminosäuren sowie aus Metaboliten des Pansenstoffwechsels erfolgen. Der wichtigste Metabolit dieser Art ist das Propionat, das in der Leber über Oxalacetat und Phosphoenolpyruvat zur Gluconeogenese verwertet werden kann. Lactat kann ebenfalls zur Gluconeogenese genutzt werden, dies ist aber größtenteils ebenfalls auf Propionat zurückzuführen. Aus Acetat und Butyrat ist eine direkte Glucosebildung im Organismus von Säugetieren nicht möglich. Bei gleichzeitigem Defizit in der Energieaufnahme und intensiver Gluconeogenese kommt es zur verstärkten Mobilisation von Körperfettreserven, verbunden mit einer erhöhten Ketonkörperbildung und mit der Gefahr einer Ketose.

Kurzkettige Fettsäuren sind darüber hinaus auch Substrate für die Fettsynthese. Aus Acetat und Butyrat können sowohl Körperfett als auch Milchfett synthetisiert werden. Für die Bildung von Milchfett spielt vor allem das Acetatangebot eine wesentliche Rolle. Faktoren, die den Anteil an Acetat an den Gesamtfettsäuren im Pansen verändern, können den Fettgehalt der Milch beeinflussen (z. B. der Rohfasergehalt der Ration, die Struktur des Futters).

Bei ausreichender Stickstoffzufuhr ist die Bildung von mikrobiellem Protein im Pansen von der verfügbaren Energie abhängig. Als Orientierungswert kann man mit einem Ertrag von 10 g mikrobiellem Protein je MJ umsetzbare Energie rechnen; bezogen auf Kilogramm verdauliche organische Substanz sind es 80–300 g mikrobielles Protein.
Bezüglich der Abbaubarkeit der Futterproteine im Pansen ist zwischen Futterproteinen mit hoher (75–95 %), mittlerer (65–85 %) und niedriger (55–75 %) intraruminaler Abbaubarkeit zu differenzieren (→ Kap. 7.4). Leicht abbaubar sind z. B. Proteine aus Frischgras oder Weizen (Korn), dagegen haben Proteine z. B. aus Sojaextraktionsschrot oder Körnermais eine niedrige intraruminale Abbaubarkeit. Dies ist bei der Rationsgestaltung zu berücksichtigen.

5.2.2.2 Mikrobielle Verdauung im Dickdarm

Ebenso wie die Pansenschleimhaut bildet die Dickdarmschleimhaut keine Verdauungsenzyme. Mit 10^8–10^{10} Bakterien/g Digesta werden im Dickdarminhalt Keimkonzentrationen erreicht, die mit denen des Panseninhaltes vergleichbar sind. Für die Passage durch den Dickdarm benötigen kotpflichtige Partikel etwa die 2- bis 3fache Zeit gegenüber der Passage durch den Dünndarm, allerdings eine kürzere Zeit als für die Passage durch den Pansen. Die wichtigste Funktion des Dickdarms dürfte für alle Tierarten die Resorption von Wasser und von Elektrolyten sein.
Die Bedeutung der Dickdarmverdauung für die Nährstoffversorgung des Tieres ist einerseits abhängig von der Größe des Dickdarms und der Verweildauer der Digesta, aber auch von dem für die entsprechende Tierart üblichen Rationstyp. Als Substrate gelangen in dieses Segment bei allen Tierarten vor allen Dingen Substanzen endogenen Ursprungs (z. B. Enzyme, Epithelzellen) und aus dem Futter stammende Nährstoffe, die bis zum Dünndarmende nicht verdaut und resorbiert wurden. Dies sind in erster Linie Nicht-Stärke-Polysaccharide, aber bei einigen Tierarten fütterungsbedingt auch geringe Mengen Stärke, Zucker oder Futterproteine.
Die mikrobielle Verdauung im Dickdarm unterscheidet sich von der des Pansens vor allen Dingen hinsichtlich der zur Verfügung stehenden Substrate. Während im Pansen auch die leicht fermentierbaren Komponenten des Futters vorhanden sind, beschränkt sich die Dickdarmverdauung auf oben genannte Verbindungen.
Für **Carnivoren** (Katze, Hund) ist die Dickdarmverdauung nur von untergeordneter Bedeutung. Da das Futter protein- und fettreich, aber arm an pflanzlichen Gerüstsubstanzen ist, werden bei diesen Tierarten im Dickdarm vor allen Dingen Proteine mikrobiell umgesetzt, und es kommt zu einem hohen Anfall von NH_3, aber auch von Abbauprodukten wie Indol und Skatol, die den typischen Kotgeruch bei diesen Tierarten verursachen.
Wie schon am relativen Fassungsvermögen des Dickdarms zu erkennen ist (→ Tab. 5.1), spielt bei omnivoren Tierarten (Schwein) und besonders bei herbivoren Nichtwiederkäuern (Pferd, Kaninchen) die Verdauung in diesem Abschnitt eine weitaus größere Rolle. Bei den zuletzt genannten Tierarten gibt es ferner Unterschiede bezüglich der Fermentation in den einzelnen Abschnitten. Während beim Pferd die mikrobielle Verdauung im Caecum und vor allen Dingen im Colon stattfindet, erfolgt sie beim Kaninchen vorwiegend im Caecum.
Insgesamt liegt die mikrobielle Verdauungsleistung bei **herbivoren Nichtwiederkäuern** unter derjenigen der **Wiederkäuer,** die mit dem mikrobiellen Umsatz in den Vormägen und zusätzlich im Dickdarm in dieser Hinsicht eine ideale Anpassung aufzuweisen haben.
Verständlicherweise ist das Ausmaß der mikrobiellen Verdauung bei **Omnivoren** (Schwein, aber auch Mensch) im Sinne einer Nährstoffversorgung für das Wirtstier weitaus geringer als bei herbivoren Nichtwiederkäuern. Ein ausreichendes Angebot an im Dickdarm fermentierbaren Kohlenhydraten (in der Humanernährung als Ballaststoffe bezeichnet) scheint aber aus einer anderen Sicht von Bedeutung zu sein. Einerseits führt die Bildung von kurzkettigen Fettsäuren zu einer pH-Wert-Absenkung und damit zu einer Einschränkung der Entwicklungsbedingungen, z. B. von coliformen Keimen. Andererseits kann durch die Energiebereitstellung aus dem Kohlenhydratabbau im Dickdarm ein größerer Anteil des aus dem Proteinabbau stammenden NH_3 als mikrobielles Protein gebunden und über den Kot ausgeschieden werden.

Letzteres bedeutet eine teilweise Umlenkung der N-Ausscheidung und eine Entlastung des Intermediärstoffwechsels, da resorbiertes NH_3 im Rahmen der Harnstoffsynthese in der Leber entgiftet und über die Niere ausgeschieden werden muss. Beides kann gesundheitsfördernd wirken.
Im Gegensatz zu Säugern hat der Dickdarm bei **Vögeln** keinen Colonabschnitt aufzuweisen, er ist vielmehr insgesamt als Mastdarm anzusehen. Die am Übergang vom Dünndarm zum Dickdarm abzweigenden paarig angelegten Blinddärme können beim Huhn eine Länge von über 20 cm erreichen. Das Ausmaß des Abbaus von organischer Substanz im Dickdarm des Huhns ist deutlich geringer als beim Schwein. Die bei geeigneten Haltungsbedingungen zu beobachtende Neigung der Hühner, Teile der eigenen Exkremente aufzupicken (Koprophagie) gilt gleichfalls als eine besondere Art, Syntheseleistungen der Mikroorganismen des eigenen Dickdarms zu nutzen.

Aus dem **mikrobiellen Kohlenhydratabbau** im Dickdarm resultieren, wie auch beim Abbau im Pansen der Wiederkäuer, kurzkettige Fettsäuren. Es entstehen in quantitativer Reihenfolge vor allen Dingen Acetat, Propionat und Butyrat.

Die kurzkettigen Fettsäuren können im Dickdarm resorbiert und vom Wirtstier energetisch genutzt werden. Es ist allerdings für die Verwertung der scheinbar verdauten Kohlenhydrate der mit der mikrobiellen Fermentation verbundene Energieverlust zu berücksichtigen.
Beim Schwein können etwa 10–30% des Energieerhaltungsbedarfs aus den Fermentationsprodukten des Dickdarms gedeckt werden. Beim Pferd ist die Bedeutung des Blinddarms für die Energieversorgung deutlich höher: Über die Hälfte des Erhaltungsbedarfs können hier durch die Faserfermentation abgedeckt werden.

Als **N-haltige Verbindungen** gelangen in das Dickdarmlumen sowohl nicht resorbierte Futterproteinanteile sowie Verbindungen endogenen Ursprungs, wie Sekretproteine, abgestoßene Dünndarmepithelzellen, Komponenten der Galle, Harnstoff und Mikroorganismen aus den proximalen Abschnitten. Die mikrobielle proteolytische Aktivität ist im Dickdarm sehr hoch. Daraus resultierende Aminosäuren werden nicht resorbiert, sondern nahezu vollständig desaminiert und decarboxyliert.

Das aus der Desaminierung stammende NH_3 dient entweder der mikrobiellen Aminosäuren- und Proteinsynthese im Lumen des Dickdarms oder es wird resorbiert und unterliegt im Intermediärstoffwechsel den bereits beschriebenen Stoffwechselwegen. Im Dickdarm gebildetes Bakterienprotein kann nur vom Wirtstier verwertet werden, wenn Koprophagie vorliegt. Im Dickdarm durch Decarboxylierung gebildete und resorbierte biogene Amine belasten in der Regel den Intermediärstoffwechsel.
Der mikrobielle Lipidumsatz im Dickdarm ist quantitativ unbedeutend. Allerdings werden Gallensäuren dekonjugiert (Abspaltung der Glycin- bzw. Taurinreste) und teilweise hydriert.

Mikrobielle Vitaminsynthese im Verdauungstrakt
Die Mikroorganismen des Verdauungstraktes sind zu einer Vitaminsynthese fähig, die beim Wiederkäuer unter Bedingungen einer wiederkäuergerechten Fütterung zur Deckung des Bedarfs der Vitamine des B-Komplexes sowie von Vitamin K ausreicht. Die Synthese von Vitamin B_{12} setzt eine ausreichende Cobalt-Zufuhr voraus. Durch Antivitamine im Futter oder durch andere nutritive Einflüsse kann aber die Vitaminsynthese im Pansen gestört sein und eine Bedarfsdeckung infrage stellen (→ Kap. 3). Über die Bedeutung der mikrobiellen Synthese wasserlöslicher Vitamine im Dickdarm von herbivoren Nichtwiederkäuern für die Bedarfsdeckung des Wirtstiers gibt es unterschiedliche Angaben.

5.2.3 Resorption

5.2.3.1 Allgemeines
In den vorangegangenen Kapiteln sind die Futteraufnahme und die Verdauung als wesentliche Voraussetzung für die Nährstoffversorgung der Tiere dargestellt worden. Damit aber die verschiedenen Endprodukte der Verdauung als Energielieferanten, Baustoffe für die Synthese verschiedener körpereigener Verbindungen oder als Effektoren verschiedener Art wirksam werden können, müssen sie aus dem Lumen des Magen-Darm-Kanals zunächst in das Lymph- bzw. Blutgefäßsystem gelangen. Dieser Vorgang wird als Resorption bezeichnet. Im englischsprachigen Raum verwendet man dafür den Begriff „absorption".

Resorption ist die transepitheliale Passage von Nährstoffen (transzellulär, parazellulär) im Verdauungstrakt. Hierzu zählen auch Nährstoffe, die im Epithel verstoffwechselt werden.

Für die Beurteilung von Resorptionsvorgängen ist zu berücksichtigen, dass aufgrund des Stoffwechsels der Zellen der Magen-Darm-Wand im Abtransportsystem (Lymphe, Blut) andere Metabolite erscheinen können als aus dem Lumen des Verdauungstraktes aufgenommen wurden. So werden z. B. während der Resorption in der Pansenwand Buttersäure zum großen Teil in β-Hydroxybuttersäure (Ketonkörper) oder Propionat in Lactat und Pyruvat umgesetzt. Ferner findet ein Stofftransport durch Epithelien und Membranen in beide Richtungen statt, sodass man mit der Differenz von Stoffbewegungen eigentlich einen „Nettotransport" ermittelt. Dies kann eine Nettoresorption oder Nettosekretion sein, je nachdem, ob die Fluxrate zur serosalen bzw. zur mucosalen Seite hin überwiegt.

5.2.3.2 Resorptionsmechanismen

Der Resorption liegen sowohl passive als auch aktive Transportmechanismen zugrunde. Der passive Transport folgt immer einem Gradienten (chemisch, elektrisch oder osmotisch) und ist nicht energieabhängig. Ein „Bergauftransport" (von einem Kompartiment niederer Stoffkonzentration in ein Kompartiment hoher Stoffkonzentration) ist auf diese Weise nicht möglich. Diffusion, Osmose und Bulk flow sind derartige passive Transportmechanismen. Der aktive Transport ist energieabhängig, d. h., er erfordert eine Spaltung von ATP und ermöglicht einen „Bergauftransport".

Diffusion. Die Diffusion ist ein passiver Transportmechanismus, der möglich ist, wenn für die entsprechende Verbindung ein Konzentrationsgefälle vom Lumen des Verdauungstraktes zum abführenden Gefäßsystem besteht und wenn die betreffenden Stoffe die Membran durchdringen können. Ammoniak und Harnstoff folgen diesem Transportprinzip. Im Falle von Ionen spielt neben der Konzentration in den beiden Kompartimenten auch der elektrochemische Gradient (Potenzialdifferenz zwischen den Kompartimenten) eine Rolle. Hiervon ist beispielsweise der Elektrolyttransport betroffen.

Osmose. Ein Flüssigkeitstransport zwischen zwei Kompartimenten kommt zustande, wenn die Membran, die die Kompartimente trennt, zwar für das Wasser permeierbar ist, nicht aber für die in den Kompartimenten gelösten Stoffe (z. B. Glucose). Bei Konzentrationsunterschieden in den beiden durch die Membran getrennten Räumen entsteht ein osmotischer Gradient, der die Bewegung des Wassers zum Raum mit der höheren Stoffkonzentration hin bewirkt. Dieses Prinzip liegt der Wasserresorption zugrunde.

Bulk flow oder Solvent drag. In bestimmten Bereichen des Verdauungstraktes (z. B. proximaler Dünndarm) findet eine erhebliche Wasserresorption auf parazellulärem Wege statt (→ Abb. 5.9). Dabei können im Wasser gelöste Stoffe mittransportiert werden, sofern sie nicht zu groß sind, um die „tight junctions" zwischen den Epithelzellen passieren zu können. Dieser Transport wird als

Abb. 5.9
Schematische Darstellung eines einschichtigen Epithels des Magen-Darm-Kanals. Die luminale Membran der Epithelzellen ist dem Darmlumen zugewandt, die übrigen Membranen werden als basolateral bezeichnet. Tight junctions sind Verschmelzungen benachbarter Plasmamembranen und stellen eine Art Verschlusszonen dar. Mit J_{ms} bzw. J_{sm} sind Transportprozesse von der mucosalen zur serosalen Seite bzw. umgekehrt gekennzeichnet (nach Martens, 1995).

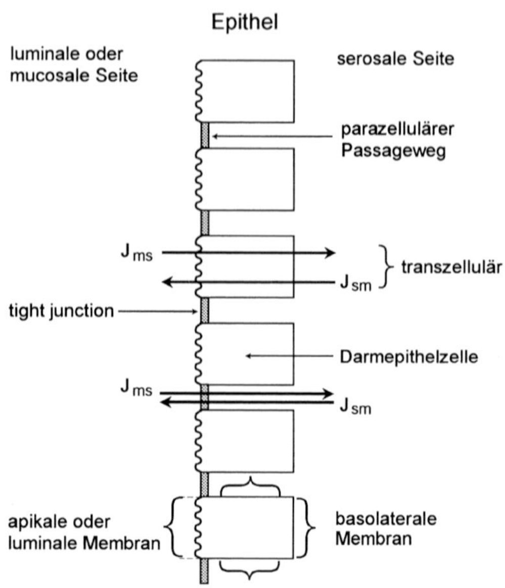

„bulk flow“ bezeichnet und ist besonders für Elektrolyte von Bedeutung.

Erleichterte Diffusion. Dieser Transportmechanismus wird für Substanzen wirksam, die aufgrund ihrer Eigenschaften die Zellmembran schlecht permeieren können, die Permeabilität durch Bindung an eine Trägersubstanz (Carrier) aber erhöht wird. Für den Substrat-Carrier-Komplex besteht ein Konzentrationsgefälle, und nach der Diffusion durch die Membran zerfällt der Komplex. Derartige Prinzipien liegen der Resorption langkettiger Fettsäuren zugrunde.

Aktiver Transport. Während des Verdauungs- und Resorptionsprozesses werden bei der Verdauung entstehende Verbindungen nahezu vollständig aus dem Lumen des Verdauungstraktes entfernt und gelangen ins Blut, wo höhere Konzentrationen vorliegen. Das bedeutet, für diese Substanzen liegt ein „Bergauftransport“ vor, der – wie eingangs erwähnt – energieabhängig ist. Der aktive Transport findet transzellulär statt und ist von größter Bedeutung, da z. B. Zucker und Aminosäuren auf diese Weise resorbiert werden.

Pinocytose. Unter Pinocytose versteht man eine Aufnahme von Makromolekülen (oder Partikeln) durch Abschnürung der lumenwärtigen Membran einer resorbierenden Zelle unter Ausbildung einer intrazellulären Vakuole. Als Resorptionsmechanismus hat die Pinocytose vermutlich nur während der ersten Lebensstunden von Säugern für die Aufnahme von Immunglobulinen aus dem Kolostrum eine quantitative Bedeutung.

5.2.3.3 Resorptionsorte

Die Resorption erfolgt über das Epithel, das den Magen-Darm-Kanal auskleidet. Dies kann sowohl transzellulär (durch die Epithelzellen hindurch) als auch parazellulär (zwischen den Zellen) erfolgen.

Eine Resorption von Nahrungsinhaltsstoffen bzw. deren Verdauungsprodukten findet in allen Abschnitten (Magen/Vormägen, Dünndarm und Dickdarm) statt, allerdings ist eine differenzierte Betrachtung erforderlich.

Der bedeutendste Resorptionsort für die Hauptnährstoffe ist der Dünndarm. Dieser ist durch die Ausbildung sehr großer Oberflächen an diese Funktion angepasst.

Da im Magen monogastrischer Tiere im Wesentlichen lediglich eine teilweise Verdauung von Eiweißen stattfindet, kann schon aus diesem Grunde keine quantitativ bedeutende Resorption in diesem Abschnitt erfolgen. Wie aber im Kapitel 5.2.2 dargestellt wurde, werden bei Wiederkäuern sowohl die Futtereiweiße als auch die Kohlenhydrate in den Vormägen zum überwiegenden Teil abgebaut, und dieser Anteil gelangt auch nicht in Form der Metabolite in den Dünndarm, sodass deren Resorption bereits in den Vormägen erfolgen muss. Es findet daher vor allen Dingen im Pansen die Resorption der aus der mikrobiellen Verdauung in den Vormägen stammenden kurzkettigen Fettsäuren statt. Ferner werden der nicht in der mikrobiellen Synthese fixierte Ammoniak sowie Natrium, Chlorid, Kalium und Magnesium ebenfalls über das Pansenepithel resorbiert.

Hauptresorptionsort für die Verdauungsprodukte der Hauptnährstoffe, die durch körpereigene Enzyme entstehen, ist der Dünndarm. Auch die meisten Mineralstoffe und Vitamine werden in diesem Abschnitt resorbiert.

Trotz der großen Unterschiede in Bau und Funktion des Dickdarms verschiedener Tierarten gibt es bezüglich der Resorption Gemeinsamkeiten. Es findet bei allen keine Resorption von Zuckern, Aminosäuren und Fetten in quantitativ bedeutendem Ausmaß statt, eine Resorption von kurzkettigen Fettsäuren erfolgt dagegen tierartspezifisch und in Abhängigkeit von der Ration in unterschiedlichem Ausmaß. Transportmechanismen für Elektrolyte und Wasser überwiegen.

5.2.3.4 Resorption einiger Verdauungsprodukte

Kurzkettige Fettsäuren

Der Transport der kurzkettigen Fettsäuren aus dem Lumen des Pansens über die Pansenwand in das Blut wird einerseits mit Diffusionsprozessen erklärt. Aufgrund der hohen Fermentationsrate im Pansen besteht ein Konzentrationsgefälle zur Blutseite hin. Die Resorptionsrate nimmt mit steigender Konzentration der Säuren zu. Es existieren auch aktive Transportmechanismen, insbesondere der Monocarboxylat-Cotransporter 1 (MCT1) und der Apicale Anionen-Austauscher 2 (AE2).

Vieles spricht dafür, dass die Resorption der kurzkettigen Fettsäuren in undissoziierter Form erfolgt. In dieser Form sind sie nämlich lipophil und können daher leichter durch die Zellmembran diffundieren als in Ionenform. Bei pH-Wert-Absenkung liegt ein höherer Anteil der Fettsäuren in undissoziierter Form vor, und man findet unter derartigen Bedingungen eine Erhöhung der Resorptionsgeschwindigkeit. Die Lipophilie der undissoziierten Fettsäuren nimmt mit zunehmender Kettenlänge zu, daher ist die Resorptionsgeschwindigkeit für Butyrat > Propionat > Acetat. Bei physiologischen pH-Werten liegen die kurzkettigen Fettsäuren überwiegend als Anionen vor. Um in die undissoziierte Form überführt zu werden, ist eine Protonierung erforderlich; die Vorstellungen dazu sind im Teil A der Abbildung 5.10 dargestellt. Eine Resorption in Ionenform würde einen Ionenaustausch erfordern, wie im Teil B der Abbildung dargestellt.

Monosaccharide

Kohlenhydrate werden im Dünndarmbereich in Form von Monosacchariden resorbiert, wobei mengenmäßig die Resorption von Glucose dominiert, deren Transport auch am besten untersucht ist. Glucose wird aktiv mithilfe eines membranständigen Carrierproteins und unter Cotransport von Natrium resorbiert. Die Bindung des Natriums an das Carrierprotein ist offensichtlich die Voraussetzung zur Bindung und zum Transport der Glucose. Der eigentliche Energieaufwand für den Glucosetransport besteht in der Aufrechterhaltung eines Konzentrationsgradienten für das Natrium. Dies wird mithilfe einer Na/K-ATPase aus der Zelle befördert. Die Glucose passiert die basolaterale Membran der Epithelzellen durch carriervermittelte Diffusion. Mithilfe der gleichen Mechanismen wird auch Galactose resorbiert. Im Gegensatz dazu gibt es zur Resorption von Fructose getrennte Carrier, die wahrscheinlich einen passiven Transport gewährleisten. Das Auftreten anderer Monosaccharide im Dünndarmlumen ist unter normalen Ernährungsbedingungen unwahrscheinlich und auch wenig untersucht.

Abb. 5.10
Mögliche Modelle zur Resorption kurzkettiger Fettsäuren (SCFA). A: Transport in undissoziierter Form, mit Angabe eines Protonierungsmechanismus; B: Transport in Ionenform unter Einbeziehung eines „Ionenaustauschers" (nach Martens, 1995).

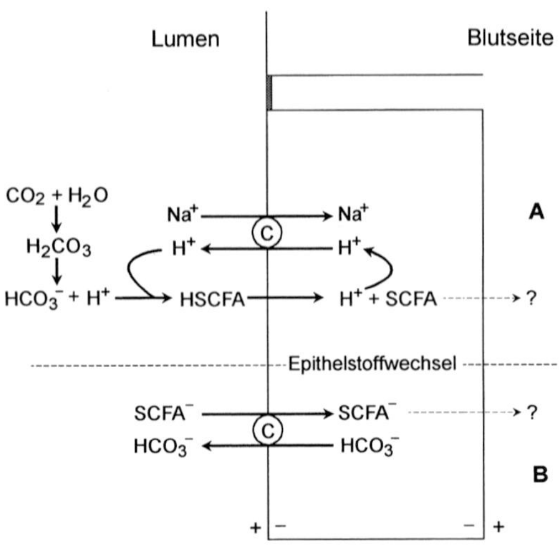

Aminosäuren und Peptide

Aminosäuren werden wie auch Glucose durch aktiven Transport und in den meisten Fällen natriumabhängig mittels Carrier resorbiert. Das heißt, in diesen Fällen ist die eigentliche Triebkraft des Transports wiederum die Aufrechterhaltung des Natriumgradienten.

Da Proteine aus 20 verschiedenen Aminosäuren bestehen, ist verständlich, dass es auch mehrere Carrier geben muss. Die Angaben zur Anzahl solcher Carrier sind unterschiedlich, man kann aber von der Existenz von unterschiedlichen Carriern für saure Aminosäuren, basische Aminosäuren, Gruppen neutraler Aminosäuren und Iminosäuren (Prolin, Hydroxyprolin) ausgehen. Einzelne Aminosäuren können über mehrere Systeme resorbiert werden. Für die meisten Aminosäuren ist der Transport stereospezifisch mit Bevorzugung der L-Form.

Zahlreiche Untersuchungen haben gezeigt, dass Aminosäuren in Form von Di- oder Tripeptiden im Dünndarm schneller resorbiert werden als Gemische der entsprechenden Aminosäuren. Da während der Verdauung der Eiweiße durch die Wirkung der Endopeptidasen Oligopeptide entstehen, kann man davon ausgehen, dass unter physiologischen Bedingungen die Peptidresorption eine quantitative Bedeutung hat. Nach Passage der apikalen Membran der Epithelzellen werden die Peptide intrazellulär weiter zu Aminosäuren hydrolysiert.

Die Resorption von Aminosäuren oder niederen Peptiden stellt für den Organismus einen Schutz dar, da native Eiweiße aufgrund ihrer Spezifität als „Fremdkörper" antigen wirken. Lediglich bei

Säugern besteht während der ersten Lebensstunden die Möglichkeit der Resorption nativer Antikörper (Gammaglobuline) aus dem Kolostrum. Die zeitlich begrenzte Aufnahmemöglichkeit durch Pinocytose im Dünndarm wird durch die geringe Salzsäurebildung im Magen und durch kolostrumeigene Proteinaseinhibitoren begünstigt. Da sowohl die Fähigkeit der Resorption der Immunglobuline als auch deren Vorhandensein im Kolostrum zeitlich begrenzt sind, ist die sachgerechte Versorgung der Neugeborenen für die Immunisierung von besonderer Bedeutung.

Lipide

Die Anforderungen an die Resorptionskapazität für Fette sind sehr unterschiedlich. Rationen auf Getreidebasis haben einen sehr niedrigen Fettgehalt, werden aber durch Fettzusätze pflanzlicher oder tierischer Herkunft häufig energetisch aufgewertet. Dadurch, aber auch durch Einbeziehung von Ölsaaten oder Nebenprodukten der Ölherstellung können Rationen für landwirtschaftliche Nutztiere erhebliche Fettanteile enthalten. Eine wesentliche Rolle spielt in diesem Zusammenhang die Herkunft der Fette. Allgemein gilt, dass kurzkettige und ungesättigte Fettsäuren besser resorbiert werden als langkettige und gesättigte Fettsäuren. Da letztere gleichzeitig hohe Schmelzpunkte der Fette bedingen, besteht auch dazu ein Zusammenhang.

Verdauung und Resorption der Lipide sind sehr eng miteinander verknüpft. Wie bereits auf Seite 132 dargestellt, entstehen durch das Zusammenwirken von Pankreaslipase, Colipase und Gallensäuren im Dünndarm überwiegend 2-Monoglyceride und freie Fettsäuren. Während kurzkettige Fettsäuren bedingt wasserlöslich sind, liegt für die übrigen Hydrolyseprodukte keine Wasserlöslichkeit vor. Dies wird aber durch Umhüllung mit Gallensäuren erreicht. Dabei orientiert sich deren hydrophile Seite nach außen und die hydrophobe Seite nach innen. So entstehen zirkuläre Gebilde mit hydrophilen Oberflächen, die als Mizellen bezeichnet werden. Im Kern enthalten diese Mizellen neben Monoglyceriden und Fettsäuren auch andere Lipide, wie Cholesterin, Lecithin und fettlösliche Vitamine. An der Mucosaoberfläche dissoziieren die Gallensäuren von den übrigen Komponenten.

Die bisher beschriebenen Prozesse der Lipidresorption kann man als **luminale Phase** bezeichnen. Der Resorptionsvorgang erfordert aber noch zwei weitere Phasen, die auch als **mucosale** und **sekretorische Phasen** bezeichnet werden (→ Abb. 5.11).

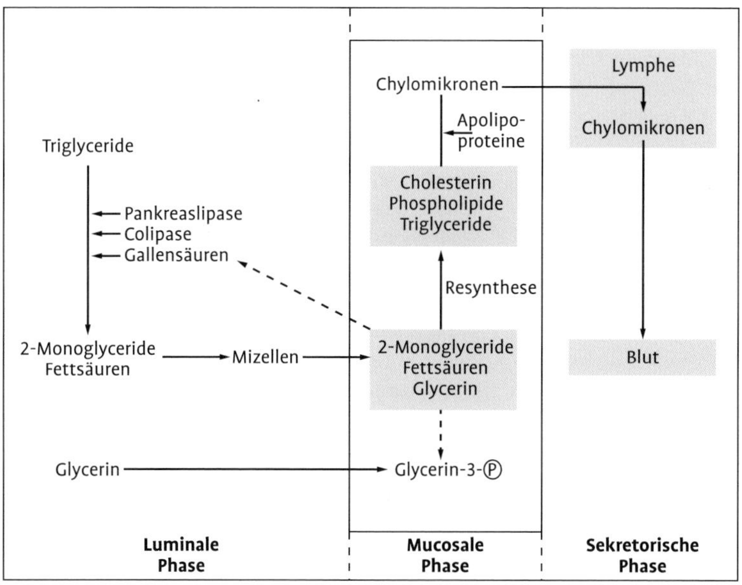

Abb. 5.11 Schematische Darstellung der Lipidresorption.

Die Fettsäuren und die Monoglyceride gelangen unter Mitwirkung spezifischer Bindungsproteine in das Innere der Epithelzellen. Die Transportmechanismen für die übrigen Lipide sind nur teilweise bekannt. In der mucosalen Phase erfolgt eine intrazelluläre Resynthese von Triglyceriden und Phospholipiden, wobei insbesondere die langkettigen Fettsäuren mit den Monoglyceriden bzw. mit Glycerin verestern. Die resynthetisierten Produkte gelangen in den Golgi-Apparat, wo unter Mitwirkung von Apolipoprotein B die Chylomikronen entstehen. Die Chylomikronen bestehen aus einer äußeren hydrophilen Proteinschicht, die die hydrophoben Substanzen (Triglyceride, Phospholipide, Cholesterin und andere Lipide) umhüllt. Die Chylomikronen sind demnach Lipoproteine, die als Transportmedium dienen, um die Lipide in wässrigem Medium suspendierbar zu machen und sie über die laterale Membran aus den Mucosazellen auszuschleusen. Die Ausschleusung erfolgt in die Lymphbahnen und via *Ductus thoracicus* in die venöse Region des großen Blutkreislaufs.
Die zuletzt beschriebenen Prozesse sind der sekretorischen Phase zuzuordnen. Der Transport von Lipiden zwischen den Organen erfolgt mithilfe verschiedener Lipoproteine, die entsprechend ihrer Dichte bezeichnet sind (z. B. LDL = low density lipoproteins, HDL = high density lipoproteins), wobei Lipoproteine an bestimmte Rezeptoren der Gewebezellen binden.
Fettsäuren mit bis zu 10 (12) C-Atomen können auch direkt ins Blut übergehen. Nicht zur Veresterung genutztes Glycerin wird entweder in den Mucosazellen verstoffwechselt oder mündet in zentrale Stoffwechselwege der Leber.

Resorption der Vitamine
Fettlösliche Vitamine werden größtenteils gemeinsam mit den Fetten resorbiert und mit den Lipoproteinen weitertransportiert.
Die wasserlöslichen Vitamine werden ebenfalls im Dünndarm resorbiert, wobei die Resorptionsgeschwindigkeit mit zunehmender Molekülgröße abnimmt. Zur Resorption des Vitamins B_{12} ist die Kopplung an ein in der Pylorusregion des Magens gebildetes Glycoprotein (auch als „Intrinsic factor" bezeichnet) erforderlich. Weitere Ausführungen zur Resorption von Vitaminen sind Kapitel 3 zu entnehmen.

Resorption der Nucleinsäuren
Die aus der Hydrolyse durch Nucleasen resultierenden Nucleoside, Purin- und Pyrimidinbasen werden im Dünndarm mithilfe spezifischer Na^+-Cotransport-Systeme resorbiert.

5.3 Nährstoffverdaulichkeit und ihre Bestimmung

5.3.1 Scheinbare und wahre Verdaulichkeit

Die mit der Nahrung aufgenommenen Nährstoffe werden nicht vollständig verdaut bzw. resorbiert, sondern zum Teil mit dem Kot wieder ausgeschieden. Der nicht mit dem Kot ausgeschiedene Nährstoffanteil wird als verdaut betrachtet.

Unter Nährstoffverdaulichkeit versteht man das Verhältnis der verdauten Nährstoffmenge zur aufgenommenen Nährstoffmenge während einer definierten Zeit. Die Nährstoffverdaulichkeit (VK) wird in Prozent angegeben oder als Koeffizient im Bereich von 0 bis 1.

$$\text{VK}\ (\%) = \frac{\text{F} - \text{K}}{\text{F}} \cdot 100\,\%$$

F = Nährstoffmenge im Futter,
K = Nährstoffmenge im Kot.

Die Verdaulichkeit kann für einzelne Nährstoffe (z. B. Rohprotein, Stärke, Aminosäuren, Fette, Mineralstoffe) oder erfassbare Nährstofffraktionen (Trockensubstanz, organische Substanz usw.) ermittelt werden, auch die energetische Nutzung des Futters lässt sich so definieren.
Bei dieser Art der Verdaulichkeitsbestimmung handelt es sich praktisch um eine Bilanz des Verdauungstraktes. Da einige Nährstoffe aber im Verdauungstrakt nicht nur resorbiert werden, sondern auch in das Lumen des Verdauungstraktes sezerniert werden, kann eine Verdaulichkeitsbestimmung dieser Art zu Fehlinterpretationen führen, weil der Nährstoffanteil endogener Herkunft als nicht resorbierter Nährstoffanteil aus dem Futter betrachtet wird.
Besonders bei Proteinen und Mineralstoffen werden hohe Anteile endogener Herkunft mit dem

Kot ausgeschieden. Um die Verwertbarkeit dieser Nährstoffe aus dem Futter besser beurteilen zu können, ist es sinnvoll, die Kot-Nährstoffausscheidung um den endogenen Anteil zu korrigieren. Die auf diese Weise errechnete Verdaulichkeit wird als **wahre Verdaulichkeit** und die nach der oben angegebenen Gleichung berechnete als **scheinbare Verdaulichkeit** bezeichnet. Die wahre Verdaulichkeit hat nur für Rohprotein, Aminosäuren oder Mineralstoffe eine Bedeutung. Die wesentliche Schwierigkeit besteht hierbei in der Ermittlung der endogenen Anteile im Kot. Bezüglich des endogenen N-Anteils (auch Darmverluststickstoff = DVN) kann mit N-freien Rationen bzw. mit Rationen, die steigende N-Anteile enthalten, versucht werden, die entsprechenden Werte zu erhalten. Eine andere Möglichkeit ist, den endogenen Stickstoff mit dem Stabilisotop ^{15}N zu markieren. Für die Bestimmung des endogenen Anteils der Mineralstoffe ist die Isotopenmarkierung der einzig gangbare Weg.

$$wVK\ (\%) = \frac{F - (K - E)}{F} \cdot 100\,\%$$

wVK = wahre Verdaulichkeit,
E = endogene Nährstoffmenge im Kot.

5.3.2 Praecaecale Verdaulichkeit

Die bisher beschriebene Nährstoffverdaulichkeit basiert auf der Betrachtungsweise des gesamten Verdauungstraktes. Da sich aber die Endprodukte der Verdauung des Magen-Dünndarm-Bereichs von denen der mikrobiellen Verdauung im Dickdarm unterscheiden (→ Seite 127 ff.), ist zur Einschätzung der Nährstoffverfügbarkeit für den tierischen Organismus in einigen Fällen eine getrennte Verdaulichkeitsbestimmung für diese beiden Abschnitte erforderlich. Man bestimmt hierbei die Nährstoffverdaulichkeit bis zum Ende des Ileums, daher wird häufig von der „ilealen Verdaulichkeit" gesprochen. Exakter ist allerdings die Bezeichnung „praecaecale Verdaulichkeit", denn die Verdaulichkeit wird für den gesamten Bereich des Magen-Darm-Kanals bis zum Caecum bestimmt.
Kenntnisse dieser Art sind besonders für die Verhältnisse bei Monogastriden erforderlich. Bei diesen Tierarten werden Kohlenhydrate praecaecal als Monosaccharide resorbiert, im Dickdarm dagegen in Form der energieärmeren kurzkettigen Fettsäuren.
Noch komplizierter ist es, Verdaulichkeitswerte für Aminosäuren zu interpretieren. Experimentell konnte nachgewiesen werden, dass Proteine und Aminosäuren, die in den Dickdarm gelangen, bei Schweinen vollständig verdaut und resorbiert, d. h. im Kot nicht ausgeschieden wurden. Allerdings erfolgt dabei keine Resorption von Aminosäuren, sondern lediglich von mikrobiellen Abbauprodukten, und der resultierende Stickstoff wird mit dem Harn ausgeschieden. Da in den Dickdarm gelangender Stickstoff etwa zur Hälfte endogenen Ursprungs ist und darüber hinaus im Dickdarm auch eine mikrobielle Synthese von Aminosäuren und Proteinen stattfindet, haben die Kot-Aminosäuren auch von der Zusammensetzung her kaum etwas mit den Aminosäuren im Futter zu tun.
Aus diesem Grunde ist man zum Teil dazu übergegangen, in Futtermitteltabellen für Schweine und Geflügel die praecaecale Aminosäurenverdaulichkeit anzugeben. Dies ist sicher exakter, als die Verdaulichkeit der Aminosäuren für den gesamten Verdauungstrakt anzugeben. Allerdings muss auch hierbei berücksichtigt werden, dass das Aminosäurenmuster im Lumen des terminalen Dünndarms weitgehend durch endogene Sekrete geprägt wird und der endogene Anteil nicht konstant ist, sondern durch verschiedene Faktoren beeinflusst wird. Auch praecaecal können eine scheinbare und eine wahre Verdaulichkeit unterschieden werden.

5.3.3 Bestimmung der Verdaulichkeit

Eine Bestimmung der Verdaulichkeit ist nur im Tierversuch möglich. Tierversuche sind aber sehr arbeitsaufwendig und meist mit einer starken Bewegungseinschränkung der Tiere verbunden. Daher sind zahlreiche Anstrengungen unternommen worden, sogenannte *In-vitro*-Methoden zu entwickeln, die für eine Schätzung der Nährstoffverdaulichkeit geeignet sind.

5.3.3.1 Verdaulichkeitsbestimmung im Tierversuch

Die klassische Methode der Verdaulichkeitsbestimmung ist die **Sammeltechnik.** Zu diesem Zweck müssen die Versuchstiere in Stoffwechselkäfigen untergebracht sein, die geeignet sind, sowohl die Futteraufnahme als auch die Kotmenge exakt zu erfassen, d. h., es muss auch eine saubere Trennung der Exkremente in Kot und Harn erfolgen.

Eine weitere Voraussetzung ist, dass die Tiere in einer Vorperiode auf das zu prüfende Futtermittel eingestellt werden. Während dieser Periode sollen Reste des zuvor verabreichten Futters den Verdauungstrakt restlos verlassen haben. Die Dauer dieser Vorperiode richtet sich nach der Passagedauer durch den Verdauungstrakt und soll bei Schweinen 7 Tage und bei Rindern 10–14 Tage betragen. In der anschließenden Hauptperiode erfolgt dann die quantitative Kotsammlung. Um Tag-zu-Tag-Schwankungen auszuschließen, erstreckt sich auch die Hauptperiode auf mehrere Tage. Da auch tierindividuelle Unterschiede auszugleichen sind, müssen Verdaulichkeitsuntersuchungen an einer statistisch ausreichenden Zahl von Versuchstieren durchgeführt werden.

Viele Futtermittel oder Rationskomponenten, deren Verdaulichkeit ermittelt werden soll, können nicht allein verfüttert werden, weil dadurch verschiedene Erfordernisse der Rationsgestaltung nicht eingehalten werden könnten (z. B. zu hoher Fett- oder Proteingehalt, Fehlen von Strukturkomponenten). In diesen Fällen ist die Verdaulichkeitsbestimmung in zwei Teilversuchen, jeweils aus Vor- und Hauptperiode bestehend, durchzuführen **(Differenzversuche).**

Im ersten Teilversuch wird eine Grundration oder ein Futtermittel verabreicht, deren alleinige Verabreichung möglich ist (z. B. Heu für Wiederkäuer, Gerste für Schweine), und es wird dafür die Nährstoffverdaulichkeit ermittelt.

Im zweiten Teilversuch wird das zu prüfende Futtermittel zugelegt und erneut die Nährstoffverdaulichkeit bestimmt. Diese Versuchsanlage wird als **Zulageversuch** bezeichnet. Probleme dabei sind, dass durch die Zulage die Rationsmenge und die Zusammensetzung nicht zu sehr verändert werden dürfen und dass andererseits die Zulage hoch genug sein muss, um Differenzen in der Nährstoffverdaulichkeit sicher ermitteln zu können. Eine weitere Möglichkeit der Versuchsanlage ist der teilweise Ersatz der Grundration durch das zu prüfende Futtermittel **(Substitutionsversuch).**

Aus der Beschreibung der Sammeltechnik wird deutlich, dass eine Hauptschwierigkeit die verlustfreie Sammlung großer Kotmengen über lange Zeiträume ist. Um diese Schwierigkeit zu umgehen, wurde die sogenannte **Indikatormethode** (oder **Markermethode**) entwickelt. Als Indikatoren werden Substanzen verwendet, die selbst nicht verdaut werden, quantitativ ausgeschieden werden und eine homogene Verteilung in Futter, Chymus und Kot aufweisen. Wenn diese Voraussetzungen erfüllt sind, kann die Verdaulichkeit eines Nährstoffes anhand des Verhältnisses zum Indikator in Futter und Kot errechnet werden. Hierfür ist keine quantitative Sammlung des Kotes notwendig. Als Indikatoren oder Marker werden meist Cr_2O_3, TiO_2, HCl-unlösliche Asche oder auch Lignin eingesetzt.

$$VK\ (\%) = 100 - 100\ [(IN_F \cdot NS_K)/(IN_K \cdot NS_F)]$$

IN_F und IN_K: Konzentration des Indikators im Futter bzw. im Kot
NS_F und NS_K: Konzentration des Nährstoffs im Futter bzw. im Kot.

Zur Bestimmung der praecaecalen Verdaulichkeit können sowohl die Sammeltechnik als auch die Indikatormethode angewendet werden, wenn den Tieren am Ende des Dünndarms zur Probennahme geeignete Fisteln eingesetzt werden oder Ileumchymus nach Schlachtung entnommen wird. Für die Sammeltechnik ist eine Brückenfistel erforderlich, mit deren Hilfe der anflutende Chymus quantitativ in bestimmten Zeitintervallen gesammelt wird und nach Entnahme eines Aliquots zur Analyse wieder in den distalen Teil der Fistel rückgeführt wird. Für die Indikatormethode reicht das Anlegen einer sogenannten T-Fistel, die lediglich eine stichprobenartige Probennahme zulässt.

5.3.3.2 Schätzmethoden und *In-vitro*-Methoden

Insbesondere zur Beurteilung der Abbaubarkeit von Futtermitteln bei Wiederkäuern sind Schätzmethoden entwickelt worden. Eine davon ist die sogenannte Nylonbeuteltechnik. Sie wird an Wiederkäuern, die mit Pansenfisteln versehen sind, durchgeführt. In die Nylonbeutel, die eine definiert enge Maschenweite haben, werden die zu untersuchenden Futtermittel eingeschweißt und durch die Fistel in den Panseninhalt gehangen. Nach einer festgesetzten Zeit (24–72 Stunden) werden die Beutel entnommen und der im Beutel verbliebene (nicht abgebaute) Rest an Trockensubstanz, organischer Substanz, Rohfaser usw. je nach Fragestellung ermittelt.
Eine weitere Variante der Nylonbeuteltechnik, die auch bei Monogastriden angewendet werden kann, ist, mit „mobilen" Beuteln zu arbeiten. Diese werden in der Regel über Fisteln in den Verdauungstrakt eingebracht und nach Ausscheidung mit dem Kot in gleicher Weise analysiert. Hierbei ist zu prüfen, ob die Passagezeit der Beutel sich in physiologischen Grenzen bewegt.
Ein weiterer Test zur Beurteilung der mikrobiellen Abbaubarkeit von Futterstoffen ist der Hohenheimer Futterwerttest (HFT; engl. „gas test"). Die Abbaubarkeit wird dabei anhand der Gasbildung (CO_2 und CH_4) bei Inkubation der Prüfsubstanz mit Pansensaft *in vitro* ermittelt. Das heißt, es werden Spendertiere für den Pansensaft benötigt, und es ist eine Standardisierung des Pansensaftes erforderlich. Im Ergebnis wird die Gasbildung je 200 mg zu prüfendes Futter ermittelt.
Bei anderen *In-vitro*-Methoden werden mit der gleichen Zielstellung hintereinander Inkubationen mit Cellulasen und Pepsin-HCl eingesetzt. Als Ergebnis erhält man die Menge enzymlöslicher organischer Substanz (ELOS). Auch zur Simulation der Proteinverdaulichkeit wurden verschiedene *In-vitro*-Tests entwickelt, die auf der sequenziellen Aufeinanderfolge proteolytischer Enzyme oder Enzymgemische basieren. Die Ergebnisse der Gasbildung und der ELOS sind nicht als Verdaulichkeitsbestimmung an sich zu betrachten, sondern werden zur Bestimmung des Energiegehalts von Wiederkäuerfutter genutzt. Sie sind *In-vitro*-Parameter der regressiv abgeleiteten Schätzgleichungen und verbessern deren Schätzgenauigkeit.

Das Problem aller *In-vitro*-Untersuchungen ist, dass die Abbaubarkeit bestimmter Nährstoffgruppen geprüft wird und eine Korrelation zur im Tierversuch gemessenen Verdaulichkeit nur bedingt und auf bestimmte Futtermittel eingeschränkt möglich ist. Dennoch gibt es zahlreiche Fragestellungen (vergleichende Untersuchungen), bei denen auch diese Techniken eine hohe Aussagefähigkeit haben. Sie sind für Routineuntersuchungen geeignet.

5.3.4 Beeinflussung der Verdaulichkeit

Die Verdaulichkeit eines Futtermittels lässt sich durch verschiedene Faktoren beeinflussen. Da die verschiedenen Tierarten in sehr unterschiedlichem Ausmaß zur Verdauung pflanzlicher Gerüstsubstanzen in der Lage sind, ist verständlich, dass die Verdaulichkeit der Rohfaser, aber auch anderer Nährstoffe bei den verschiedenen Tierarten, differiert und dass die Nährstoffverdaulichkeit in erster Linie von der Rationszusammensetzung beeinflusst wird. Aber auch die Futtermenge, technologische Verfahren der Futterzubereitung und Verarbeitung sowie antinutritiv wirkende Inhaltsstoffe können die Nährstoffverdaulichkeit verändern.
Vergleicht man z. B. die Rohfaserverdaulichkeit aus Kleeheu, so ergeben sich für Wiederkäuer 50–60 %, für Pferde etwa 35 % und für Schweine 10–20 %. Der Rohfasergehalt beeinflusst aber auch die Verdaulichkeit aller anderen Nährstofffraktionen und dies wiederum bei den verschiedenen Tierarten in unterschiedlichem Ausmaß. Je 1 % Rohfaser in der Ration wird die Verdaulichkeit der organischen Substanz um folgende Prozentanteile gesenkt: Rind 0,88 %, Pferd 1,26 %, Schwein 1,68 % und Huhn 2,33 % (Werte nach Axelson). Ferner ist zu berücksichtigen, dass die Rohfaserfraktion unterschiedlich zusammengesetzt ist – besonders der Lignifizierungsgrad ist hierbei von Interesse – und demnach auch in unterschiedlichem Maße wirken kann. Bei Wiederkäuern kann eine Erhöhung des Anteils leichtlöslicher Kohlenhydrate (Stärke und Zucker) durch Veränderungen in der Bakterienpopulation (Zurückdrängen cellulolytischer Bakterien) zu einer Verschlechterung der Verdaulichkeit von Cellulose und der organischen Substanz der Grundration führen.

Für die Rohproteinverdaulichkeit spielt auch der Anteil an endogenem Stickstoff eine entscheidende Rolle. So führen alle Rationskomponenten, die den Anteil an Darmverluststickstoff erhöhen (wie native Rohfaser, Trypsininhibitoren, Lectine), zu niedrigeren Werten für die scheinbare Rohproteinverdaulichkeit.

Bei Monogastriden hat die Futtermenge kaum einen Einfluss auf die Verdaulichkeit. Für Wiederkäuer ist eine Abnahme der Trockensubstanzverdaulichkeit mit steigender Futtermenge nachgewiesen worden. Da aber gleichzeitig die Energieverluste über Harn und Methan sinken, ist die Energieversorgung der Tiere kaum beeinträchtigt.

Der Einfluss antinutritiver Stoffe bzw. technologischer Verfahren der Futteraufbereitung auf die Verdaulichkeit wird im Kapitel 24 behandelt.

6 Energiehaushalt

Klaus Männer

6.1 Grundlagen

Alle Lebewesen sind auf die Zufuhr von Energie angewiesen, die sich letztlich unter Einbeziehung komplexer energetischer Umwandlungsprozesse aus der Sonnenenergie generiert. Eine wesentliche Grundlage für das heutige Verständnis des Energiehaushaltes von Tieren geht auf Untersuchungen von Lavoisier (1743–1794) zurück. Ihm gelang es erstmals nachzuweisen, dass die für die Aufrechterhaltung der Lebensvorgänge erforderliche Energie aus der Verbrennung von Nährstoffen resultiert. Entsprechend können aus der chemischen Zusammensetzung von Futtermitteln Rückschlüsse auf deren energetischen Wert abgeleitet werden. Die Bereitstellung intermediär verfügbarer Energie erfolgt hauptsächlich über Kohlenhydrate, Fette und Proteine aus dem Futter. Kurzfristig kann die Energie auch aus dem Abbau von Körpersubstanzen bezogen werden. Stoffwechselprozesse sind mit einer Vielzahl von Energieumwandlungsprozessen verbunden, die sich auf der Grundlage biochemischer Reaktionswege und energetischer Messungen differenzieren lassen. Dabei kann z. B. chemische Energie in mechanische (Muskelaktivität) bzw. elektrische Energie (Erregungsleitung) und letztlich in Wärmeenergie umgewandelt werden. Trotz der in der modernen Physik postulierten strikten Trennung zwischen Materie und Energie ist es in der Tierernährung üblich, die Energie als Eigenschaft der organischen Substanzen zu definieren, da die über die Futtermittel zugeführte bzw. im Tierkörper gespeicherte chemische Energie in Wärme umgewandelt werden kann. Entsprechend sind energetische Untersuchungen immer mit Wärmeenergiemessungen gleichzusetzen.

Nach dem derzeit gültigen internationalen Einheitensystem wird die Energieeinheit in Joule (J) gemessen. Ein Joule ist diejenige Energiemenge, die erforderlich ist, um 1 kg Masse bei einer Beschleunigung von 1 m pro Sekundenquadrat längs einer Strecke von 1 m zu bewegen ($1\ J = kg \cdot m^2 \cdot s^{-2}$). Da 1 J einer Wattsekunde entspricht, kann mit dieser Einheit auch die vom Tier geleistete Arbeit (Bewegungs- und Zugleistung) charakterisiert werden. In vielen Ländern (z. B. USA) wird die Kalorie (cal) weiter als energetische Einheit verwendet, wobei 1 cal derjenigen Wärmemenge entspricht, die für die Erwärmung von 1 g Wasser von 14,5 auf 15,5 °C erforderlich ist. Diese entspricht 4,1855 J.

Zunächst war es fraglich, inwieweit die für die Physik und Mechanik aufgestellten thermodynamischen Gesetze von Carnot (1824) und Mayer (1842) auch auf die im Organismus ablaufenden chemischen Reaktionen Anwendung finden können. Joule erbrachte den Nachweis, dass „Arbeit" und „Wärme" äquivalent sind. Auf dieser Basis postulierte von Helmholtz (1847) die **Gültigkeit des 1. Hauptsatzes der Thermodynamik** für biologische Prozesse. Danach bleibt in einem abgeschlossenen System die gesamte Energie unabhängig von den ablaufenden Reaktionen konstant. Betrachtet man Futter und Tier als geschlossenes System, gilt folgende Summengleichung:

$$I = V + H + R + A$$

I = Energieaufnahme,
V = Energieverluste in den Ausscheidungen,
H = Abgabe von Wärme,
R = Energie in tierischen Produkten,
A = Gerichtete Bewegungsleistungen.

Die Wärmeabgabe basiert zum einen auf die mit der Nahrungsaufnahme verbundene Verdauungs-, Transport- und Resorptionsarbeit einschließlich nachgeschalteter Reaktionen des Proteinstoffwechsels (Proteinturnover, -synthese und Exkretion renaler N-Metabolite) und zum anderen auf dem oxidativen Abbau zur Aufrechterhaltung der Lebensvorgänge und den energetischen Transformationsverlusten im Leistungszustand (Wachstum, tierische Produkte, gerichtete Bewegungsleistungen).

Für das Verständnis der Energieumwandlungsprozesse im Organismus ist auch der **2. Hauptsatz der Thermodynamik** von großer Bedeutung. Dieses Gesetz wurde erstmals von Carnot im Jahre 1824 und damit noch vor dem 1. Hauptsatz formuliert.

Hieraus geht hervor, dass freiwillig ablaufende Energieumsetzungen im Organismus nur von einem Zustand höherer Ordnung (höheres Energieniveau) in Richtung eines Zustands geringerer Ordnung (niedrigeres Energieniveau) ablaufen können, niemals jedoch umgekehrt. Entsprechend verläuft der oxidative Abbau von Nährstoffen im Organismus irreversibel. Aufgrund dieser Irreversibilität kann der Organismus aber nur ca. 45 % der bei der Oxidation theoretisch verfügbaren Energie nutzen. Die dabei entstehende freie Wärme wird als Entropie charakterisiert. Zusammen mit Wärme wird deshalb immer Entropie übertragen. Da die Entropie in einem geschlossenen System jedoch niemals negativ sein kann, nimmt die Entropie entweder immer zu (irreversible Prozesse) oder bleibt konstant (reversible Prozesse).

Da Biosynthesen überwiegend von kleineren Molekülen ausgehen, darf die Entropie nicht abnehmen. Entsprechend können Syntheseprozesse nur dann ablaufen, wenn gleichzeitig Energie über andere Reaktionen bereitgestellt wird. Entsprechendes gilt auch für Bewegungsleistungen und innere Arbeitsleistungen (u. a. Ionentransporte). Die wechselseitig ablaufenden energiespeichernden und -verbrauchenden Stoffwechselvorgänge werden auch als gekoppelte Reaktionen definiert. Die Quantifizierung der damit einhergehenden Energieumwandlungsprozesse dient als Grundlage für die energetische Bedarfsermittlung.

6.2 Energieumsatz

Der Energieumsatz beschreibt die Energiemenge, die ein Lebewesen zur Aufrechterhaltung der Lebensfunktion und für die Leistung benötigt. Bei gleichzeitiger Berücksichtigung der über das Futter bereitgestellten Energie kann eine Energiebilanz abgeleitet werden. Eine ausgeglichene Energiebilanz liegt dann vor, wenn so viel Energie umgesetzt wird wie über das Futter aufgenommen wird. Wird dagegen weniger Energie über das Futter bereitgestellt, müssen körpereigene energetische Reserven zum Ausgleich mobilisiert werden (negative Energiebilanz).

6.2.1 Energetische Effizienz bei oxidativen Prozessen

Wie bereits ausgeführt, kann die bei chemischen Abbaureaktionen (überwiegend oxidativ) freiwerdende Energie im Organismus nur teilweise als sogenannte chemische Energie gespeichert werden. Dabei spielt es keine Rolle, ob körpereigene oder resorbierte Nährstoffe Verwendung finden. Als Energiespeicher dienen energiereiche kovalente Bindungen, die die bei der hydrolytischen Spaltung frei werdende Energie für Syntheseprozesse zur Verfügung stellen können (→ Kap. 1.1.6). Je nach Verbindung können hierbei zwischen 29 und 54 kJ/Mol gespeichert werden. Hauptspeicherform ist das ATP.

Aufgrund der unterschiedlichen biochemischen Reaktionsschritte beim oxidativen Abbau sind bei der Effizienz der energetischen Fixierung nährstoffabhängige Einflüsse zu berücksichtigen. Unter Voraussetzung einer optimalen Kopplung zwischen Oxidation und ATP-Bildung lässt sich unter Heranziehung ausgewählter biochemischer Stoffwechselwege die ATP-Bildung substratspezifisch ableiten. So werden beispielsweise von jeweils 1 Mol Acetat, Propionat, Butyrat, Glucose oder Stearinsäure 10, 18, 27, 38 bzw. 146 Mol ATP gebildet. Vergleicht man die je Nährstoff speicherbare chemische Energie mit dem Energiegehalt des zu oxidierenden Nährstoffs zeigt sich, dass letztendlich nur maximal 45 % der im Ausgangssubstrat enthaltenen Energie gespeichert werden. Die verbleibenden 55 % stehen als Wärmeenergie zur Verfügung. Bei der Oxidation von Aminosäuren können dagegen nur ca. 28 % als chemische Energie gespeichert werden. Diese geringere Energieausbeute ist auf die energetisch nicht nutzbaren Aminogruppen zurückzuführen und auf den damit verbundenen zusätzlichen energetischen Aufwand für die Entgiftung im Rahmen des Ornithinzyklus zu Harnstoff (4 Mol ATP/μmol) bzw. Harnsäure (8 Mol ATP/μmol). Unter Berücksichtigung des Energiegehaltes im Substrat und der hieraus resultierenden potenziellen Energiespeicherungskapazität kann je nach Ausgangssubstrat ein Energieaufwand von 74–94 kJ für die Bildung von 1 Mol ATP unterstellt werden. Die bei der ATP-Bildung entstehende Wärme kann allerdings nur zur Thermoregulation genutzt werden, wodurch aber besonders unter Kältebedingungen die energetisch aufwendigen Stoffwechselprozesse zur Wärmebildung zumindest partiell eingespart werden können.

6.2.2 Energetische Effizienz für Biosynthesen

In der landwirtschaftlichen Produktion ist die energetische Effizienz bei der Umwandlung der über das Futter zugeführten Nährstoffe in die Leistungsprodukte (Körperansatz, Milch-, Legeleistung, gerichtete Bewegungsleistungen) ein wichtiger ökonomischer Faktor. Auf der Grundlage optimaler intermediärer Stoffwechselreaktionen kann die energetische Verwertung der Nährstoffe für Synthesen theoretisch abgeleitet werden. Dabei wird der Energiegehalt des synthetisierten Endproduktes dem Energiewert des Ausgangsstoffes und dem für die Syntheseleistung erforderlichen energetischen Aufwand gegenübergestellt.

In Tabelle 6.1 sind ausgewählte energetische Wirkungsgrade von Nährstoffen für Biosynthesen aufgelistet. Hierbei ist jedoch zu berücksichtigen, dass die berechneten Werte nur als Schätzgrößen anzusehen sind, da im Stoffwechsel die Reaktionswege weit variabler und damit auf die Energieeffizienz bezogen auch suboptimaler ablaufen können. Dies trifft insbesondere für die Proteinsynthese zu, da der Energieaufwand für die Synthese der Nucleinsäuren (DNA, RNA) und für den Proteinturnover nur geschätzt werden kann. Bei der Summierung der Energieaufwendungen für die Aktivierung der Aminosäuren, für die Peptid- und RNA-Synthese sowie für den Transport der Aminosäuren und für die Synthesen aller hierbei beteiligten Enzyme ist davon auszugehen, dass je Mol eingebauter Aminosäuren 8 Mol ATP benötigt werden. Wird Eiweiß aus Eiweiß gewonnen, liegt die energetische Verwertung unter Berücksichtigung des energetischen Aufwandes für den Turnover des angesetzten Proteins zwischen 55 und 62 %. Bleiben Energieaufwendungen für den Proteinturnover unberücksichtigt, liegt die Verwertung sogar zwischen 77 und 83 %.

Tab. 6.1
Energetischer Wirkungsgrad von Nährstoffen für Syntheseprodukte.

Synthese	Energetischer Wirkungsgrad (in %)
Fettsynthese	
Glucose → langkettige Fettsäuren	73–86
Acetat → langkettige Fettsäuren	63–76
Butyrat → langkettige Fettsäuren	69–79
Ethanol → langkettige Fettsäuren	63–77
Protein → Körperfett	65
Nahrungsfett → Körperfett	70–95
Kohlenhydrate → Körperfett	74–86
Acetat + Glycerin → Körperfett	65–76
Kohlenhydratsynthese	
Lactat → Glucose	78–86
Propionat → Glucose	75–82
Glucoplastische Aminosäuren → Glucose	59–74
Glucose → Glykogen	97
Glucose → Lactose	96–98
Propionat → Lactose	71–80
Proteinsynthese	
Eiweiß → Eiweiß	55–62

6.2.3 Energetische Effizienz auf der Grundlage von Stoffwechseluntersuchungen

Aufgrund der genannten Einschränkungen bei der theoretischen Ableitung des Wirkungsgrades der Nährstoffe für Biosynthesen sind für energetische Effizienzstudien Stoffwechselversuche unverzichtbar. Dabei wird der Aufwand an Futterenergie dem Energieertrag in Form energetischer Leistungen gegenübergestellt. Hierbei ist zu berücksichtigen, dass die Futterenergie auch zur Abdeckung des Erhaltungsbedarfs und des Stoffumsatzes sowie für die Reproduktion benötigt wird. Unter Einbeziehung weiterer alimentärer sowie umweltbezogener Einflüsse kann der Energieertrag bezogen auf die Futterenergie je nach Betriebsform somit zwischen 8 % (Mutterkuhhaltung) und 21 % (Schweinemast) variieren. Diese weitgefasste energetische Effizienz ist aber für die Fütterungspraxis wenig hilfreich. Dementsprechend ist die Aufteilung des Energietransfers auf energetische Prozesse im Rahmen des Erhaltungs- und Leistungsstoffwechsels die am häufigsten verwendete Ebene. Entscheidend dabei ist, dass die Angaben zum Energiebedarf und zur Energiebereitstellung über das Futter auf einer gemeinsamen Energiestufe vorgenommen werden. Nur unter dieser Voraussetzung kann der Energiebedarf einerseits und der energetische Futterwert andererseits für die energetische Kalkulation der Futterration sowie zur Abschätzung des Produktionserfolgs (Leistungsvorhersage) in der Tierhaltung herangezogen werden.

6.2.3.1 Energieumwandlungsstufen

Die über das Futter aufgenommene Energie kann nur partiell für die Stoffwechselprozesse bereitgestellt werden. Für die Beurteilung des energetisch nutzbaren Anteils hat sich ein kaskadenartiges Bilanzschema bewährt, das sich an den mit der Umwandlung der Nahrungsenergie verbundenen Verlusten orientiert. Im Einzelnen unterscheidet man vier Stufen (→ Abb. 6.1).

Die Bruttoenergie (GE = Gross Energy) wird auch Brennwert genannt und ist die bei vollständiger Verbrennung der Nahrung im Bombenkalorimeter freiwerdende Wärmeenergie.

Der Sauerstoffverbrauch korreliert dabei direkt mit der gebildeten Wärme. Aufgrund der Proportionalität zwischen Sauerstoffverbrauch und Anzahl an C-Atomen resultieren unterschiedliche Brennwerte (Fette > Proteine > Kohlenhydrate). Auf dieser Stufe der energetischen Bewertung würden sich allerdings für Stärke und Holz vergleichbare Brennwerte ergeben, obwohl Holz nahezu unverdaulich und somit ohne energetischen Nutzen ist. Hinzu kommt, dass die Bruttoenergie für Proteine eine vollständige Oxidation unterstellt, und damit u. a. die Energieverluste über renale N-Metabolite unberücksichtigt bleiben. Prognosen über die energetische Umwandlungseffi-

Abb. 6.1 Umwandlungsstufen der Futterenergie.

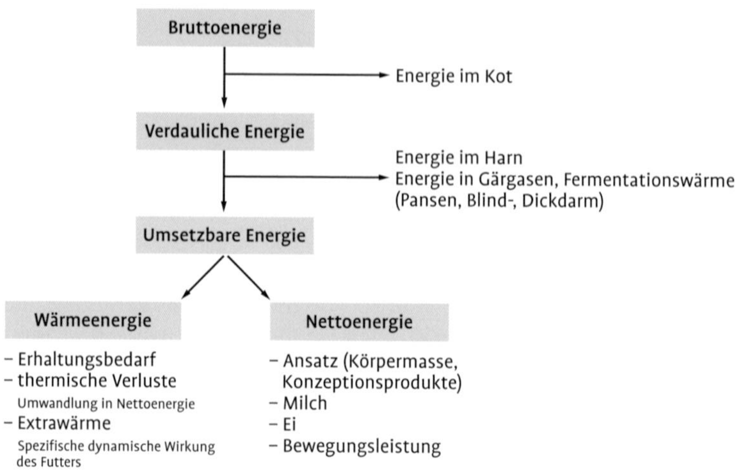

zienz können somit auf dieser Energiestufe nicht erfolgen. Damit wird nachvollziehbar, dass zumindest die Verdaulichkeit bei der energetischen Bewertung berücksichtigt werden sollte.

Die verdauliche Energie (DE = Digestible Energy) kann auch bei Monogastriden selbst unter ausschließlicher Verwendung von hochverdaulichen Nährstoffen und Proteinträgern mit hoher biologischer Wertigkeit nur näherungsweise zur Beurteilung herangezogen werden. Unberücksichtigt bleiben die bei der Proteinaufnahme zu berücksichtigenden unvermeidbaren renalen Verluste und die insbesondere bei Wiederkäuern und Pferden relevanten Gärgasverluste im Intestinaltrakt.

Zur Bestimmung der **umsetzbaren Energie** (ME = Metabolizable Energy) bzw. präziser, der scheinbar umsetzbaren Energie (AME = Apparent Metabolizable Energy) müssen daher die Energiegehalte des Harns und der Gärgase von der verdaulichen Energie subtrahiert werden. Die Energieverluste über den Harn werden im Wesentlichen durch den Abbau von Aminosäuren zu N-Metaboliten (u. a. Harnstoff, Harn- bzw. Hippursäure) bestimmt. Bei ausschließlicher Harnstoffausscheidung liegt der renale Energieverlust bei etwa 3,8 kJ/g verdaulichem Rohprotein. Besonders hoch sind die renalen Energieverluste bei Wiederkäuern und Pferden, da hier auch phenolische Komponenten über den Harn entgiftet werden müssen. Im Mittel betragen z. B. die renalen Energieverluste beim Pferd 8 kJ/g Protein. Weiterhin müssen bei Rindern insbesondere durch die Methanbildung im Pansen und Dickdarm bis zu ca. 8 % der Bruttoenergie in Abzug gebracht werden. Die Gärgasverluste sind beim Pferd jedoch deutlich niedriger und stehen in enger Beziehung zum Rohfasergehalt der Ration. Im Mittel werden deshalb bei Pferden 2 kJ/g Rohfaser als Methanenergie veranschlagt. Beim Schwein und Geflügel liegen die Fermentationsverluste je nach Zusammensetzung der Ration bei max. 1,5 bzw. 0,5 % der Bruttoenergie.

Die ME steht dem Organismus zur Erhaltung der Lebensfunktionen (Atmung, Verdauung, Kreislauf, Exkretion, Nervenfunktion) und für Syntheseleistungen zur Verfügung.

Der prozentuale Anteil der umsetzbaren Energie an der Bruttoenergie **(Umsetzbarkeit)** wird von der Tierart und dem jeweiligen Futterspektrum sowie bei Wiederkäuern zusätzlich von der Futtermenge beeinflusst. Rationen mit hoher Verdaulichkeit, wie sie beispielsweise bei Ferkeln, Mastschweinen und Geflügel Verwendung finden, haben eine mittlere Umsetzbarkeit von 75–80% und damit eine vergleichsweise geringere Schwankungsbreite. Bei Wiederkäuern liegt die Umsetzbarkeit aufgrund der geringeren Verdaulichkeit und der höheren Gasbildung allerdings nur bei 60 %. Die energetischen Verluste über den Harn können bei den einzelnen Tierarten mehr oder weniger stark variieren. Im Mittel können hierfür je g aufgenommenen N 30–35 kJ angesetzt werden. Die ME steht dem Organismus jedoch nicht vollständig zur Verfügung, da mit der Futteraufnahme zusätzliche energetische Verluste verbunden sind, die nicht ausschließlich auf die Verdauungsarbeit zurückgeführt werden können. Rubner (1909) definierte diese Energieverluste als spezifisch dynamische Wirkung des Futters. Ursächlich hierfür sind mit der ATP-Bildung gekoppelte oxidative Prozesse und die energetischen Aufwendungen für die mit der Kauarbeit und Verdauung verbundenen Leistungen, die sich auf insgesamt 5 % der ME belaufen können. Hinzu kommt die Wärmebildung in Zusammenhang mit der stärkeren Belastung des Kreislaufapparates und der Organtätigkeit. Die tatsächlich nutzbare Energie ist somit geringer als die umsetzbare Energie.

Für die Berechnung der **Nettoenergie** (NE = Net Energy) wird deshalb auf der Grundlage der ME die gesamte nicht nutzbare Wärmeenergie in Abzug gebracht. Sie entspricht damit der Energie im tierischen Produkt (Nettoenergie-Produktion) bzw. beim nichtproduktiven Tier dem Erhaltungsumsatz (Nettoenergie-Erhaltung). Diese auch als Gesamtwärmeproduktion berechnete Wärme schließt neben der bereits genannten spezifisch dynamischen Wirkung des Futters und der Fermentationswärme auch die im Rahmen des Erhaltungsumsatzes anfallende Wärme und die mit der Leistung in Zusammenhang stehenden energetischen Transformationsverluste ein. Es gibt folglich nicht die NE, sondern spezielle NE für Erhaltung, Wachstum, Laktation, Gravidität und gerichtete Bewegungsleistungen. Das in den USA verwendete NE-System für Rinder definiert deshalb für ein einzelnes Futtermittel bis zu vier verschiedene NE-Werte. Entsprechendes trifft auch für andere Tierarten zu (Schwein, Geflügel, Pferd). Sofern die Energieverluste konstant sind, erlauben die NE-Systeme genaue Bedarfsangaben. Diese Genauigkeit wird jedoch dadurch relativiert, dass die einzelnen Komponenten der thermischen Energieverluste u. a. je nach Futtermittel und Rationszusammensetzung bzw. Konfektionierung stark variieren können. Nach Vermorel (1997) kann z. B. allein der mit der Futteraufnahme verbundene Energieverlust je nach Futtermittel bei Pferden zwischen 1 und 28 % der ME variieren.

Die Effizienz der Umwandlung von umsetzbarer Energie in Nettoenergie entspricht dem energetischen Wirkungsgrad. Dabei unterscheidet man den Gesamtwirkungsgrad (Verhältnis der umsetzbaren Energie zur Nettoenergie unter Einbeziehung des Erhaltungsumsatzes) und die Teilwirkungsgrade (Verhältnis der um den Erhaltungsbedarf verminderten umsetzbaren Energie zur Nettoenergie für spezielle Leistungen, → Abb. 6.2).

Zur Differenzierung werden die Teilwirkungsgrade (k) mit tiefgestellten Indizes versehen. Dabei steht k_m für Erhaltung (engl. maintenance), k_p und k_f für den Protein- und Fettansatz, k_l für Laktation, k_g für Konzeptionsprodukte (Gravidität), k_o für den energetischen Ansatz im Ei (ovum) und k_a für Arbeit.

6.2.4 Methodik der Energiewechselmessung

Grundlage für die Rationsberechnung und Abschätzung des Produktionserfolges, d. h. der Leistungsvorhersage, ist der energetische Bedarf und die energetische Verwertung des aufgenommenen Futters bei den einzelnen Tierarten und Produktionsrichtungen. Voraussetzungen hierfür sind Energiewechselmessungen. Diese erfordern sowohl eine quantitative energetische Bilanzierung der über das Futter aufgenommenen Bruttoenergie und der über Kot, Harn, Methan, Milch bzw. Föten abgegebenen bzw. im Tierkörper angesetzten Bruttoenergie als auch die Messung der Wärmeabgabe. Nachfolgend werden die beiden wichtigsten Methoden beschrieben.

6.2.4.1 Direkte Kalorimetrie

Die in Zusammenhang mit der Erhaltung der Lebensvorgänge und der Leistung umgesetzte Energie wird in Wärme umgewandelt und nach außen abgegeben.

Für die Messung dieser Wärmeenergie stehen verschiedene Apparaturen zur Verfügung. Das erste sogenannte Eiskalorimeter wurde von Lavoisier entwickelt und basiert auf dem Prinzip des adiabatischen Bombenkalorimeters, wobei die Brennkammer durch eine Tierkammer ersetzt ist. Die äußere Hülle enthält ein Eis-Wasser-Gemisch (0 °C). Die von Tieren abgegebene Wärme bringt das Eis zum Schmelzen. Die Wärmeabgabe wird dann aus der Menge des Schmelzwassers und dessen Schmelzwärme berechnet (334 J/g). In heutigen Messapparaturen kann die vom Tier abgegebene Wärmemenge z. B. als Wärmefluss über netzartig um die isolierte Kammerwand installierte Wärmeleiter ermittelt werden (Gradienten-Kalorimeter). Diese Messsysteme weisen einen höheren Genauigkeitsgrad auf und ermöglichen auch größere Kammern, die sich u. a. auch für Langzeitstudien eignen.

6.2.4.2 Indirekte Kalorimetrie

Aufgrund der höheren Praxisrelevanz und des geringeren apparativen Aufwandes wurde das Verfahren der direkten Kalorimetrie zunehmend durch die indirekte Kalorimetrie ersetzt.

Da die vom Tier gebildete Wärme als Folge der im Stoffwechsel schrittweise ablaufenden Oxidationsprozesse anzusehen ist, kann eine konstante Beziehung zwischen Wärmebildung, Sauerstoffverbrauch und Kohlendioxidproduktion unterstellt werden.

Vorausgesetzt, dass die bei der Oxidation je Liter Sauerstoff frei werdende Wärme bekannt ist, lässt sich aus dem Sauerstoffverbrauch die vom Tier gebildete Wärme indirekt messen. Oxidierbare und damit energetisch zu verwertende Substrate sind die über das Futter zugeführten und verdauten Kohlenhydrate, Fette und Proteine. Während Fette und Glucose (wichtigster Vertreter der resorbierten Kohlenhydrate) vollständig zu Kohlendioxid und Wasser oxidiert werden können, wird der bei der Oxidation der Aminosäuren verbleibende Stickstoff u. a. in Harnstoff überführt und renal ausgeschieden. Nachfolgend sind beispielhaft die Reaktionsabläufe für die vollständige Oxidation von Glucose, Palmitat und Alanin wiedergegeben:

$$C_6H_{12}O_6 + 6\,O_2 \longrightarrow 6\,CO_2 + 6\,H_2O \quad 2826\,\text{kJ Wärme}$$
$$C_{16}H_{32}O_2 + 23\,O_2 \longrightarrow 16\,CO_2 + 16\,H_2O \quad 10132\,\text{kJ Wärme}$$
$$2\,CH_3CH(NH_2)COOH + 6\,O_2 \longrightarrow 6\,CO_2 + 6\,H_2O \quad 2721\,\text{kJ Wärme}$$

Da Gase etwa das gleiche Molvolumen von 22,4 l haben, sind z. B. für die Oxidation von 1 Mol Glucose 6 · 22,4 l = 134,4 l O_2 erforderlich. Gleichzeitig werden dabei 2826 kJ Wärmeenergie frei. Auf den Verbrauch an O_2 bezogen werden je Liter damit 21,03 kJ Wärme frei. Dieser Wert wird als **Wärmeäquivalent** definiert.

Der **respiratorische Quotient (RQ)** definiert das Verhältnis der CO_2-Produktion aus Kohlenhydraten, Fetten und Proteinen zum O_2-Verbrauch (V_{O2}). Für die Oxidation von Glucose berechnet sich danach ein RQ-Wert von 1,00. Fette enthalten wesentlich weniger Sauerstoff als Kohlenhydrate. Demnach ist zur vollständigen Oxidation mehr O_2 erforderlich, und es ergibt sich ein RQ-Wert von 0,71 bei einem Wärmeäquivalent von 19,7 kJ/l O_2. Die RQ-Werte für die Oxidation von Proteinen liegen dazwischen. Entsprechend resultieren für Alanin ein RQ-Wert von 0,84 und ein Wärmeäquivalent von 20,3 kJ/l O_2. Damit erlaubt diese Methode nicht nur die Ermittlung der Wärmeproduktion (heat production, HP) des Tieres [$HP = V_{O2} \cdot (4{,}44 + 1{,}43 \cdot RQ)$], sondern liefert gleichzeitig auch Kenntnisse über den Umfang an assimilierten Kohlenhydraten und Fetten sowie unter Berücksichtigung der renalen N-Metabolite auch über den Anteil an oxidierten Aminosäuren. Diese Beziehungen können jedoch nicht für Syntheseprozesse angewandt werden. Bei der Fettsynthese aus Kohlenhydraten würde der RQ-Wert aufgrund des unterschiedlichen O_2-Gehaltes über 1,3 ansteigen.

Bei der Berechnung der Wärmeproduktion ist neben den ausgeschiedenen N-Metaboliten (u. a. Harnstoff) zusätzlich die über die Methanmenge charakterisierte Fermentationswärme zu berücksichtigen. Die Wärmeproduktion lässt sich nach folgender Formel berechnen:

$$HP\,(kJ) = 16{,}18 \cdot O_2\,(l) + 5{,}02 \cdot CO_2\,(l) - 2{,}17 \cdot CH_4\,(l) - 5{,}99 \cdot \text{Harn-N}\,(g).$$

Für die genaue Darstellung des Energieumsatzes sind jedoch neben den Anteilen an oxidierten Nährstoffen auch die im Tierkörper einschließlich tierischen Produkten angesetzten Substrate von großem Interesse. Deshalb wird das Verfahren der indirekten Kalorimetrie mit der Kohlenstoff- und Stickstoffbilanz kombiniert.

Hierbei wird unterstellt, dass der energetische Ansatz oder Abbau nur in Form von Fett und Protein erfolgt. Die Kohlenhydratfraktion bleibt hierbei unberücksichtigt, da der Anteil im Tierkörper unter den üblichen Haltungs- und Fütterungsbedingungen mit durchschnittlich 0,8 % konstant gehalten wird.

Bei der Erstellung der Bilanzen werden nach einer bis zu 4-wöchigen Vorperiode in der sich anschließenden 6- bis 8-tägigen Untersuchungsperiode die über das Futter aufgenommenen C- und N-Anteile den C- und N-Verlusten über Kot, Harn, Kohlendioxid und Methan gegenübergestellt. Zur Berechnung des Energieansatzes wird unterstellt, dass der C- und N-Anteil im Protein durchschnittlich 52 % bzw. 16 % und der C-Anteil im Fett im Mittel 76,7 % beträgt (Energiegehalt: 23,8 kJ/g Protein; 39,7 kJ/g Fett). Aus den Ergebnissen der C- und N-Bilanzen kann die Wärmeproduktion aus der Differenz zwischen den Energiewerten von Futter, Kot, Harn bzw. Methan und der angesetzten Energie im Körper berechnet werden. Einschränkend ist festzustellen, dass z. B. aus einer positiven N-Bilanz nicht auf die Proteinsyntheserate geschlossen werden kann. Viele Untersuchungen belegen, dass positive N-Bilanzen nur ca. 20 % der gesamten Proteinsyntheserate widerspiegeln (→ Kap. 1.3.2.5).

6.2.4.3 Methodisches Vorgehen von Gaswechselmessungen zur indirekten Kalorimetrie

Die Messung des Gaswechsels beinhaltet den Verbrauch an Sauerstoff und die Produktion von Kohlendioxid und Methan. Die Gasmessung erfolgt in sogenannten Respirationskammern, die nach unterschiedlichen Prinzipien arbeiten.

In **geschlossenen Systemen** befindet sich das Versuchstier in einer nach außen abgedichteten Kammer. Die Kammerluft wird kontinuierlich im Kreislauf über Absorber für Kohlendioxid und

Wasserdampf geleitet. Die Sauerstoffzufuhr ist dabei so eingestellt, dass der in der Kammer befindliche atmosphärische Druck konstant gehalten werden kann. Die absorbierte CO_2-Menge und der aus der O_2-Zufuhr abgeleitete O_2-Verbrauch dienen als Grundlage für die Bestimmung der Gesamtwärmeproduktion.
Voraussetzung hierfür ist die absolute Dichtigkeit der Respirationskammer. Da diese Voraussetzung versuchstechnisch kaum einzuhalten ist, wird häufiger die **Methode des offenen Belüftungssystems** eingesetzt. Hierbei wird kontinuierlich Luft abgeleitet und gleichzeitig Frischluft zugeführt. Zur Aufrechterhaltung eines geringen Unterdrucks in der Kammer ist die zugeleitete Luftmenge immer etwas kleiner als die abgesaugte Luft. Nach Analyse der Frischluft und der aus der Kammer abgesaugten Luft lässt sich – unter Berücksichtigung der exakt bestimmten abgesaugten Luftmenge – die CO_2-Produktion und der O_2-Verbrauch ermitteln. Bei diesem System sind mögliche Undichtigkeiten der Kammer aufgrund des kontinuierlichen Unterdruckes weit weniger gravierend als unter Verwendung des geschlossenen Systems.
Nachteil beider Systeme ist, dass die Tiere nicht unter den Bedingungen freier Bewegungsmöglichkeit gemessen werden können. Für derartige, mehr auf die Bewegungsaktivität ausgerichtete Messungen können tragbare Atemluftmessgeräte eingesetzt werden, die eine Volumenbestimmung der Atemluft und die Entnahme von repräsentativen Proben für die Gasanalysen erlauben.

6.2.4.4 Vergleichende Schlachtkörpertechnik

Energieumsatzmessungen können auch auf der Grundlage vergleichender Ganztierkörperuntersuchungen vorgenommen werden. Hierbei wird der Ganztierkörper (ohne Digesta) am Versuchsende analysiert und mit den entsprechenden Analysenwerten von gleichartigen Geschwistern zu Versuchsbeginn verglichen.

Voraussetzung hierbei ist jedoch, dass die während des Versuchs aufgenommene Futtermenge exakt bestimmt wird. Aus der Differenz zwischen aufgenommener umsetzbarer Energie und dem energetischen Ansatz im Tierkörper lässt sich die Wärmeproduktion bestimmen. Eine Differenzierung von Erhaltungs- und Leistungsbedarf ist dabei jedoch nicht möglich. Nachteil dieser Methode ist auch, dass weder zeitliche Verlaufsstudien der Wärmeproduktion noch tierindividuelle Messungen vorgenommen werden können.

6.2.4.5 Weitere Methoden

Um die Nachteile der oben genannten Messmethoden zu umgehen, stehen insbesondere für Gaswechselmessungen unter „Feldbedingungen" isotopische Messmethoden für die CO_2-Produktion mit $^{14}CO_2$ bzw. ^2H und ^3H zur Verfügung. Im Vergleich zur indirekten Kalorimetrie liegt dabei die Überschätzung der CO_2-Produktion nur bei 2–4 %. Nachteil dieser Methode ist jedoch, dass der RQ-Wert nicht gemessen wird, sondern als Schätzgröße in die weiteren Berechnungen einfließt. Des Weiteren kann die Wärmeproduktion auch auf der Grundlage der Herz- bzw. Atmungsfrequenz abgeschätzt werden. Da die Herzfrequenz direkt mit dem Sauerstoffverbrauch zusammenhängt, kann man bei erhöhter Herzfrequenz auf einen erhöhten Sauerstoffverbrauch schließen und somit auch auf den Energiebedarf. Diese Methode kann insbesondere für die Bestimmung des Energiebedarfs für gerichtete Arbeitsleistungen herangezogen werden.

6.2.5 Energetische Verwertung der Nährstoffe

Auf der Grundlage der Energiewechselmessungen lassen sich exakte Angaben über die Verwertung der über das Futter aufgenommen umsetzbaren Energie für Erhaltung und Leistung (u. a. Wachstum, Milch, Eier) ableiten. In Tabelle 6.2 sind für einige ausgewählte Tierarten die energetischen Wirkungsgrade der Nährstoffe bei Fütterung im Erhaltungs- und Leistungszustand in Prozent der ME ausgewiesen.
Der Energieaufwand für den Leistungsstoffwechsel wird im Gegensatz zum Erhaltungsstoffwechsel nicht nur von den Ausgangsstoffen, sondern auch von der Art der synthetisierten Substanzen beeinflusst.
Für die Verwertung von Kohlenhydraten und Fetten lässt sich insgesamt eine gute Übereinstimmung mit den aus den bioenergetischen Reaktionen abgeleiteten Wirkungsgraden erkennen. Bei Proteinen ergeben sich dagegen erhebliche Unterschiede zwischen den biochemisch berech-

neten und den gemessenen Werten. Ursächlich hierfür ist neben der sich in N-Bilanzen nicht widerspiegelnden Proteinturnoverrate auch die biologische Wertigkeit des Futterproteins, die Höhe des Proteingehaltes im Futter sowie die Energieaufwendungen für die renalen N-Metabolite. Damit kann für die Berechnungen der Energiekosten für Protein nur der experimentell ermittelte Wirkungsgrad herangezogen werden.

Aufgrund der im Pansen stattfindenden mikrobiellen Umsetzungen mit der Folge von energetischen Verlusten (Fermentationswärme, Methan) und der dem Wirtstier zur Verfügung gestellten Fermentationsprodukte (flüchtige Fettsäuren) bestehen bei Wiederkäuern im Vergleich zu Monogastriden erhebliche Unterschiede in den experimentell ermittelten Verwertungsbereichen für die Leistung (einschließlich Erhaltung). Bei Infusion der Nährstoffsubstrate in den Labmagen ergeben sich jedoch mit Monogastriden vergleichbare Werte. Aus der Differenz in der energetischen Verwertung eines in den Labmagen infundierten bzw. oral aufgenommenen Nährstoffs können die mit der mikrobiellen Fermentation verbundenen Energieverluste geschätzt werden. Der Einfluss der mikrobiellen Fermentation wird bei der Infusion von Glucose und Casein in den Pansen bzw. Labmagen besonders deutlich. Bei Infusionen in den Pansen ist mit einer um 24 bzw. 22 % geringeren Energieverwertung für den Körperfettansatz zu rechnen als bei Infusion in den Labmagen. Demgegenüber ist bei Wiederkäuern die Energieverwertung von Stärke mit 64 % gegenüber Nichtwiederkäuern nur um 15 % reduziert. Ursächlich hierfür ist die Tatsache, dass ein Teil der Stärke unabgebaut den Pansen passiert und im Dünndarm verdaut wird. Zulagen von Saccharose weisen dagegen mit einer Energieverwertung von 57 % deutlich niedrigere Werte als Stärke auf, da Saccharose im Pansen einer vollständigen mikrobiellen Fermentation unterliegt.

Fette werden bei Wiederkäuern im Vergleich zu Nichtwiederkäuern um 20 bzw. 30 % schlechter verwertet. Die geringere Verwertung ist überwiegend in depressorischen Effekten der Futterfette auf die Fermentationsabläufe im Pansen begründet. Die insgesamt deutlich geringere Energieverwertung des Wiederkäuers im Vergleich zu Monogastriden ist insbesondere auf die Fermentationswärme (ca. 6 % der GE) und Methanbildung (ca. 8 % der GE) im Vormagensystem zurückzu-

Nährstoffe	Tierart	Energetischer Wirkungsgrad (in % der ME)	
		Erhaltung	Erhaltung + Leistung
Kohlenhydrate	Monogastriden	97	78
	Geflügel	94	77
	Wiederkäuer	90	79
Fette	Monogastriden	98	85
	Geflügel	95	78
	Wiederkäuer	–	79
Proteine	Monogastriden	77	64
	Geflügel	80	55
	Wiederkäuer	70	45
Kohlenhydrate + Proteine + Fette	Monogastriden	85	70
	Geflügel	90	75
	Wiederkäuer	70	50

Tab. 6.2 Energetische Verwertung der Nährstoffe unter Erhaltungs- und Leistungsbedingungen (einschließlich Erhaltung).

führen. Die niedrigste Energieverwertung ist bei extrem rohfaserreichen Rationen zu erwarten (30–35 %). Hierbei ist allerdings zu berücksichtigen, dass bei Monogastriden die energetische Verwertung unter diesen Fütterungsbedingungen deutlich geringer ausfallen würde.
Die energetische Verwertung der kurzkettigen Fettsäuren hängt sowohl bezogen auf den Erhaltungsstoffwechsel als auch auf den Körperfettansatz in hohem Maße von den molaren Verhältnissen ab. Während im Erhaltungszustand die Verwertung zwischen 59 % (Acetat) und 87 % (Propionat) anzusetzen ist, liegen die entsprechenden Verwertungsbereiche für den Körperfettansatz zwischen 33 % (Acetat) und 62 % (Butyrat). Demgegenüber lässt die energetische Verwertung der ME für die Milchsynthese mit 56–65 % eine vergleichsweise geringe Abhängigkeit vom jeweiligen Fettsäurenmuster erkennen. Als Ursache sind die geringeren Aufwendungen für die Fettsynthese aufgrund des hohen Anteils kurzkettiger Fettsäuren im Milchfett, die geringen Energiekosten für Milchzucker aus Glucose und die direkte Verwendung der Aminosäuren für die Milchproteinsynthese anzuführen. Diese Voraussetzungen sind allerdings nur für wiederkäuergerechte Rationen zutreffend. Zu geringe Rohfaser- und Strukturgehalte sowie überhöhte Rohproteingehalte haben dagegen eine deutliche Verringerung der Teilwirkungsgrade für die Milchbildung zur Folge.

6.3 Energiebedarf

Die notwendige Zufuhr an Energie über das Futter orientiert sich im Wesentlichen an den jeweiligen energetischen Bedarfsansprüchen. Je höher der Leistungsbedarf, umso höher ist die erforderliche Energiezufuhr. Aber auch Tiere, die keine Leistung vollbringen, bedürfen für die Aufrechterhaltung der Lebensvorgänge einer nicht unbeträchtlichen Energiezufuhr, die als Erhaltungsbedarf charakterisiert wird.

6.3.1 Grundumsatz

Der niedrigste Energieumsatz eines endothermen Tieres ist dann gegeben, wenn das Tier im thermoneutralen Bereich in absoluter Ruhe verharrt und die Verdauungsarbeit weitgehend ausgeschaltet ist. Der hierbei messbare Energieumsatz wird als Grundumsatz bezeichnet.

Am Grundumsatz sind die Organe mit unterschiedlicher Intensität beteiligt. Der Anteil an stoffwechselaktiven Organen wird z. B. bei Ratten auf ca. 75 % geschätzt (Herz 9–11 %, Niere 6–7 %, Leber 5–10 %, Atmung 6–7 %, nervale Funktion 10–15 %, Muskulatur 25 %). Demgegenüber gestaltet sich die Beurteilung der am Grundumsatz beteiligten Stoffwechselwege als weit schwieriger. Bei der oxidativen Phosphorylierung können z. B. aufgrund der variablen Effizienz der Protonenpumpen nur ca. 80 % der umgesetzten Energie in ATP überführt werden. Ein großer Teil der Energiespeicher (u. a. ATP) wird für die RNA- und Proteinsynthese benötigt (25 % des Grundumsatzes), wobei deutliche Unterschiede in den jeweiligen Körperkompartimenten bestehen. Während der Verdauungstrakt ca. 75 % des ATP-Verbrauchs für den Proteinturnover beansprucht, benötigt das Herz hierfür nur 3 % seines ATP-Verbrauches. Für die Aufrechterhaltung des Stoffaustausches über die Ionenpumpen wird ebenfalls ein Anteil von ca. 25 % des Grundumsatzes unterstellt. Auch hier gibt es deutliche Unterschiede zwischen den einzelnen Organen.
Kleiber konnte 1967 nachweisen, dass der Grundumsatz im Wesentlichen durch die Körpermasse beeinflusst wird. Aus physikalischen Gründen kann jedoch der Energiebedarf nicht linear proportional der Körpermasse entsprechen. Dies veranschaulichte Kleiber am Beispiel eines Ochsen. Hätte ein Ochse denselben Energieumsatz je kg Körpermasse wie eine Maus, so müsste seine Körpertemperatur auf über 100 °C ansteigen, um die dabei entstehende Wärme an die Umgebung abzugeben. Die zwischen Grundumsatz und Körpermasse bestehenden allometrischen Zusammenhänge spiegeln sich in der exponentiellen Beziehung zwischen Sauerstoffverbrauch und der Körpermasse wider:

$$V_{O2} = a \cdot LM^b$$
bzw. logarithmisch: $\log V_{O2} = \log a + b \log LM$

V_{O_2} = Sauerstoffverbrauch (l),
LM = Lebendmasse (kg),
a = y-Achsenschnittpunkt,
b = Anstieg.

Im Vergleich zwischen den Tierspezies zeigte sich, dass der Energieumsatz der 3/4-Potenz der Lebendmasse entspricht. Der von Kleiber errechnete Exponent betrug 0,739 und wurde vereinfachend auf 0,75 gerundet. Damit war die ursprüngliche Annahme widerlegt, nach der die unter Grundumsatzbedingungen gemessene Wärmemenge der 2/3-Potenz der Lebendmasse folgt (Rubners Oberflächengesetz).

Für vergleichende Darstellungen des Energieumsatzes verschiedener Tiere wurde deshalb $kg^{0,75}$ als Einheit der metabolischen Lebendmasse bzw. Körpergröße ($LM^{0,75}$) festgelegt.

Hierbei ist zu berücksichtigen, dass der von Kleiber angegebene Exponent auf der Basis großer Lebendmasseunterschiede (Maus, Elefant) abgeleitet wurde. Nach neueren Untersuchungen liegen die Exponenten je nach Tierart zwischen 0,66 und 0,75. Die physiologischen Ursachen für die exponentielle Beziehung zwischen Lebendmasse und Energieumsatz sind nicht bekannt. Erklärungsansätze für die Exponenten von 0,66 und 0,75 bieten jedoch die Oberflächentheorie und die Strukturtheorie. Die **Oberflächentheorie** kann nach wie vor nicht ausgeschlossen werden, da in mehreren Tiergruppen ein Exponent von 0,66 für allometrische Beziehungen gilt. Hinzu kommt, dass offensichtlich auch die sogenannten inneren Oberflächen am Stoff- und Energieumsatz beteiligt sind, zumal die Gewebe kleinerer Tiere stärker kapillarisiert sind und daher eine höhere Stoffwechselrate aufweisen als die Organe größerer Tiere. Nach der **Strukturtheorie** nimmt der Skelettanteil bei großen Tieren im Vergleich zu kleinen Tieren deutlich zu (Maus 5 %, Elefant 30 %). Da das Skelett im Vergleich zu stoffwechselaktiven Organen nur einen geringen Energieumsatz aufweist, nimmt die Stoffwechselrate bei größeren Tieren mit zunehmendem Skelettanteil ab. Für diese Beziehung konnte ein Exponent von 0,75 ermittelt werden. Die Strukturtheorie wird weiterhin durch mathematische Modelle zur Vorhersage des Einflusses der Lebendmasse auf die Verzweigung von Blutgefäßen in den einzelnen Gewebekompartimenten unterstützt. Da diese den Gesetzmäßigkeiten der fraktalen Geometrie unterliegt, lässt sich ebenfalls auf einen Exponenten von 0,75 für die Lebendmasse schließen.

Aus den bei adulten Tieren mit unterschiedlicher Körpergröße durchgeführten Grundumsatzmessungen ist abzuleiten, dass der Grundumsatz pro Tag für alle endothermen Tierarten im Mittel 293 kJ/kg $LM^{0,75}$ beträgt.

Da alters- und geschlechtsbedingte Einflüsse sowie die stoffliche Zusammensetzung des Tierkörpers modifizierend wirken können und es bei Tieren grundsätzlich schwierig ist, die Muskelaktivität so weit einzuschränken, dass vergleichbare Grundumsatzmessungen vorliegen, ist die Grundumsatzrate nur als orientierende Messgröße anzusehen, zumal beim Wiederkäuer der Pansenstoffwechsel keine Nüchterungsphase erlaubt.
Die unter Grundumsatzbedingungen vom Tier abgegebene Wärme ist gleichzeitig als Mindestwärmeproduktion bei Nahrungsentzug anzusehen. Innerhalb dieser thermoneutralen Zone sind die Thermoregulationsmechanismen minimal belastet. Bei Unter- oder Überschreiten dieser Temperaturzone, die durch die sogenannte kritische untere bzw. obere Temperatur begrenzt ist, muss der Organismus die Wärmebildung steigern (z. B. durch Entkopplung der oxidativen Phosphorylierung, Kältezittern, Veränderung des Muskeltonus) oder die Wämeabgabe forcieren (z. B. durch Schwitzen, Hecheln, Vasokonstriktion, -dilatation). Beide Anpassungsmechanismen sind mit zusätzlichen Energieaufwendungen verbunden, die allerdings zahlreichen Einflussfaktoren unterworden sind. So ist z. B. eine Zunahme an thermischer Isolation mit einer Abnahme der unteren kritischen und partiell auch der oberen kritischen Temperatur verbunden. Die die thermische Isolation bestimmenden Faktoren sind u. a. die ontogenetische Entwicklung, Kondition, Luftbewegung, Beschaffenheit des Haar- bzw. Federkleides (Dichte, Länge, Feuchtegehalt), Tierkörpergröße und die Liegeflächenbeschaffenheit.

6.3.2 Erhaltungsbedarf

Für die praktische Bedarfsberechnung sind die Grundumsatzmessungen somit wenig hilfreich. Unter tierartspezifischen Haltungs- und Fütterungsbedingungen wird die für die Funktionserhaltung lebenswichtiger Organe und für die Leistungsbereitschaft erforderliche Zufuhr an Energie als energetischer Erhaltungsbedarf definiert. Neben dem Grundumsatz schließt der Erhaltungsbedarf zusätzliche Energie für die Verdauung, Resorption und den Umsatz der Nährstoffe sowie ungerichtete Bewegungsleistungen zur Aufrechterhaltung der Gesundheit und die Wärmeregulation ein. Dabei kann davon ausgegangen werden, dass bei Tieren unter den Bedingungen des Erhaltungsumsatzes eine ausgeglichene Energiebilanz vorliegt. Diese ist dann gegeben, wenn ein Tier so viel Energie umsetzt wie es als metabolisierbare Energie mit dem Futter aufnimmt. Unter diesen Bedingungen entspricht die Wärmeabgabe der Summe aus Grundumsatz zuzüglich der spezifisch dynamischen Wirkung des Futters und der mit der ungerichteten Bewegungsleistung verbunden freigesetzten Wärme. Diese zusätzliche Wärme entspricht unter den Bedingungen des Erhaltungsbedarfs der durch die Futteraufnahme ermöglichten Einsparung an abgebauter Körperenergie.

Im Vergleich zum Grundumsatz kann unter Bedingungen des Erhaltungsbedarfs die zusätzliche Wärmebildung unterhalb des thermoneutralen Bereichs zur Wärmeregulation herangezogen werden. Damit liegt die untere kritische Umgebungstemperatur im Erhaltungsbedarfsbereich immer unter der für Grundumsatzbedingungen geltenden Temperaturzone. Andererseits ist aber die obere kritische Temperatur niedriger, d. h., die Energieaufwendungen für die gesteigerte Wärmeabgabe beginnen bereits früher als bei genüchterten Tieren. In der Regel reicht die unter Erhaltungsbedingungen frei werdende Wärme aus, den Wärmebedarf der Tiere zur Konstanthaltung der Körpertemperatur ohne zusätzliche Energieaufwendungen zu decken.

Bezogen auf die Differenz zwischen der Wärmebildung unter Grundumsatz- und Erhaltungsbedingungen spricht man in diesem Zusammenhang auch von dem Teilwirkungsgrad für die Erhaltung (k_m). Die Verwertung der umsetzbaren Energie für die Erhaltung liegt zwischen 70 und 75 %. Die für die Erhaltung benötigter Nettoenergie variiert bei adulten Säugetieren zwischen 0,25–0,35 MJ/kg $LM^{0,75}$. Praxisrelevanter ist jedoch, den Erhaltungsbedarf als das Vielfache des Nüchternumsatzes (Wärmeproduktion 24–48 Stunden postprandial unter thermoneutralen Bedingungen und Einbeziehung ungerichteter Bewegungsleistungen) anzugeben. Dabei ist jedoch zu berücksichtigen, dass die Teilwirkungsgrade unterhalb der Erhaltungsbedarfsdeckung als Folge der zur Kompensation erforderlichen Mobilisation der im Tierkörper gespeicherten Nährstoffe günstiger sind als bei Tieren, die oberhalb des Erhaltungsbedarfs gefüttert werden. Entsprechend sind Unterschätzungen des Erhaltungsbedarfs auf der Grundlage des Nüchternumsatzes nicht auszuschließen. Es ist deshalb genauer, die Verwertung der Nährstoffe für den Erhaltungsstoffwechsel auf einem weitestgehend dem Erhaltungsbedarf entsprechenden Energieniveau zu bestimmen.

Der Erhaltungsbedarf wird deshalb in der Regel auf der Basis von Energie-, C- und N-Bilanzen bei unterschiedlichem Futteraufnahmeniveau (oberhalb des Erhaltungsbedarfs) ermittelt. Dabei wird die jeweilige Aufnahme an umsetzbarer Energie den entsprechenden energetischen Ansatzwerten im Tierkörper und gegebenenfalls in den Leistungsprodukten gegenübergestellt. Mittels linearer Regression lässt sich hieraus die Aufnahme an umsetzbarer Energie berechnen, bei der eine ausgeglichene Energiebilanz vorliegt, d. h. die Energieretention einen Wert von Null einnimmt.

Eine weitere, allerdings weniger genaue Methode, ist die Abschätzung des Erhaltungsbedarfs auf der Grundlage der Gewichtskonstanz bzw. der Körperkondition (Body Condition Scoring) bei Tieren, die nicht in Leistung stehen. Voraussetzung hierfür ist aber die Kenntnis der dabei über das Futter aufgenommenen ME. In Tabelle 6.3 sind die derzeit empfohlenen Erhaltungsbedarfswerte zusammengefasst. Allgemeinverbindliche Angaben können als Folge der vielfältigen Einflussfaktoren jedoch hieraus nicht abgeleitet werden. Wesentliche Einflussfaktoren auf die Höhe des Erhaltungsbedarfs sind durch das Tier selbst (z. B. Körpermasse, Körperaktivität, Geschlecht, Alter, Haarkleid, Unterhautfettgewebe, Erkran-

Tab. 6.3
Orientierungswerte für den energetischen Erhaltungsbedarf im thermoneutralen Bereich für verschiedene Tierarten und Leistungsstufen (Angaben je kg $LM^{0,75}$).

	MJ	Energiestufe
Pferd		
Vollblut	0,64	ME
Warmblut	0,52	ME
Pony	0,40	ME
Rind		
Kalb	0,53	ME
Mastrind	0,53	ME
Milchkuh	0,49	ME
	0,29	NEL
Schaf	0,43	ME
Schwein		
Ferkel (5 → 20 kg LM)	0,73 → 0,65	ME
Mastschwein (30 → 120 kg LM)	0,55 → 0,44	ME
Zuchtsau	0,44 → 0,37	ME
Geflügel		
Legegeflügel	0,46	ME
Mastgeflügel	0,48	ME

kungen, Fieber) sowie durch die Haltung (z. B. Einzel- bzw. Gruppenhaltung, Weide- bzw. Stallhaltung, Wärmeisolation, Art der Liegefläche, Umgebungstemperatur, relative Feuchte, Luftgeschwindigkeit, Schadstoffkonzentration) und Fütterung (z. B. Futterzusammensetzung [Rohprotein- und Rohfasergehalt], Konfektionierung, Fütterungstechnik) gegeben. So erfordern Temperaturen unterhalb der thermoneutralen Zone eine zusätzliche tägliche Wärmeproduktion von 15 kJ/kg $LM^{0,75}$ pro 1 °C (ca. 3 % des Erhaltungsbedarfs). Ungünstige witterungsbedingte Einflüsse können z. B. bei Weidetieren zu einem Mehrbedarf von über 50 % des Erhaltungsbedarfs führen. Bei in Leistung stehenden Tieren sind Unterschreitungen der thermoneutralen Zone mit geringeren Mehraufwendungen verbunden, da diese durch die energetischen Transformationsverluste bei der Produktion von Leistungsprodukten mehr oder weniger stark kompensiert werden können.

Der energetische Erhaltungsbedarf der modernen Mastgenotypen dürfte als Folge der Leistungsverbesserung und damit des höheren Anteils an Protein in der Körpermasse, welches intensiveren Synthese- und Abbaubauprozessen unterliegt als Körperfett, auf höherem Niveau liegen als bei den in früheren Energieumsatzmessungen eingesetzten Tieren.

Weiterhin ist zu berücksichtigen, dass die exponentielle Beziehung zwischen Körpermasse und Energieumsatz sich während der Wachstumsphase kontinuierlich verändert. Ursächlich sind u. a. altersbedingte Effekte auf die Körperzusammensetzung, Aktivität und Wärmeregulation.

6.3.3 Leistungsbedarf

Energie, die über den Erhaltungsbedarf hinaus zugeführt wird, steht für die Leistung zur Verfügung. Hierbei sind jedoch nicht nur die mit der Biosynthese verbundenen energetischen Transformationsverluste, sondern auch der mit der höheren Futteraufnahme korrelierte Anstieg der spezifisch dynamischen Wirkung (Verdauung, Atmung, Kreislauf und Exkretion) zu berücksichtigen.

Die bei unterschiedlichen Leistungen anfallenden thermischen Verluste werden durch die Teilwirkungsgrade charakterisiert, wobei die Nettoenergie in den Produkten bzw. die zu leistende gerichtete Bewegung in Relation zu der für die Leistung verfügbaren umsetzbaren Energie (ME-Aufnahme – ME für Erhaltung) gesetzt wird (→ Abb. 6.2). Die tierart- und leistungsspezifischen Teilwirkungsgrade sind in Tabelle 6.4 ausgewiesen. Die aufgeführten Teilwirkungsgrade können allerdings neben experimentellen Fehlerquellen auch durch die unterschiedlichen Produkt- und Futterkomponenten einer nicht zu unterschätzenden Beeinflussung unterliegen. Beispielhaft hierfür kann die unterschiedliche Effizienz von Kohlenhydraten, Fetten und Proteinen für die Körperfettsynthese angeführt werden. Die Berechnung des Leistungsbedarfs setzt neben dem Umfang auch die stoffliche Zusammensetzung der Leistungsprodukte voraus. Da mit Ausnahme

Abb. 6.2
Energieumsatz auf der Grundlage der umsetzbaren Energie.

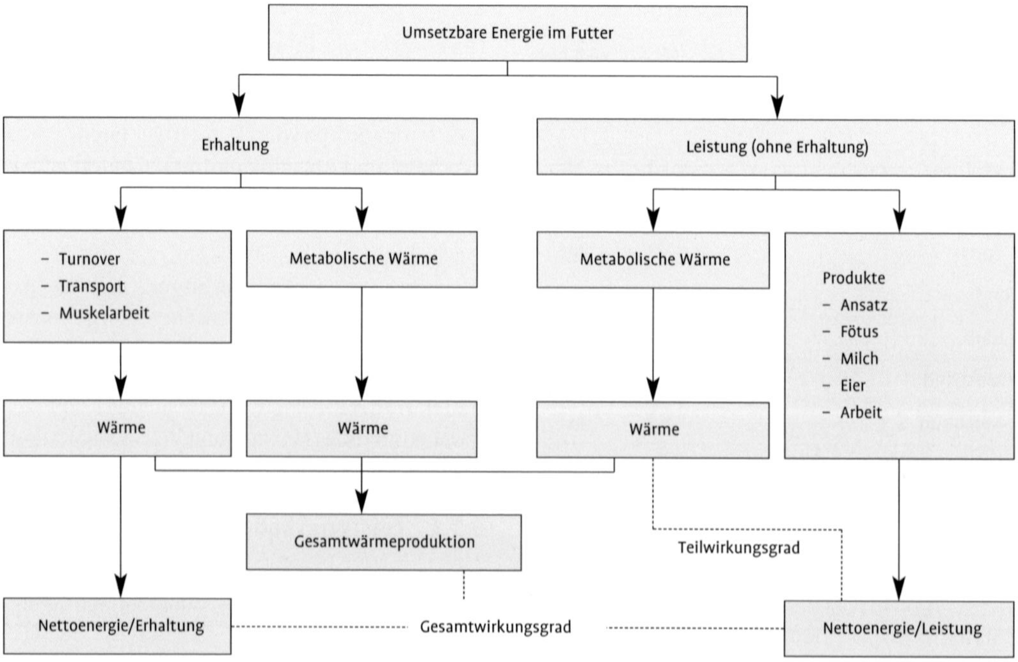

des Hühnereis der Gehalt an Rohprotein und Rohfett in den Produkten nie konstant ist, werden für praktische Belange die Teilwirkungsgrade für den energetischen Protein- und Fettansatz gemittelt.

Demgegenüber besteht bei Wiederkäuern eine deutlich geringere Abhängigkeit vom Mengenverhältnis der Energielieferanten, da bei Fütterung wiederkäuergerechter Rationen die primäre energetische Versorgung über die flüchtigen Fettsäuren aus der Pansenfermentation erfolgt.

Tab. 6.4
Mittlere Verwertung der für die Leistung verfügbaren umsetzbaren Energie für verschiedene Teilleistungen (tierart- und leistungsspezifische Teilwirkungsgrade).

Teilwirkungsgrad	Pferd	Rind	Schwein	Geflügel
k_m (Erhaltung)	0,60	0,72	0,75	0,75
k_p (Proteinansatz)		0,35	0,56	0,45
k_f (Fettansatz)		0,64	0,74	0,75
$k_p + k_f$	0,70 → 0,60	0,40	0,65	
k_l (Laktation)	0,65	0,60	0,70	
k_g (Gravidität)	0,18–0,22	0,20	0,22	
k_o (Eibildung)				0,68
k_a (Arbeit)	0,25–0,30			

Die Effizienz wird bei Wiederkäuern in erster Linie durch die komplexen Effekte der Gesamtration beeinflusst, wobei als Variable die **Umsetzbarkeit** der Energie (q; q = ME/GE) herangezogen wird. So ist z. B. für den Teilwirkungsgrad der Milchleistung (k_l) folgende Abhängigkeit gegeben: k_l= 0,35q + 0,420. Entsprechend besteht bei q-Werten zwischen 0,4 und 0,7 eine Variation des Teilwirkungsgrads k_l zwischen 0,56 und 0,66. Auch die Teilwirkungsgrade für den energetischen Ansatz im Tierkörper (k_{p+f}= 0,78q + 0,006) unterliegen je nach der Umsetzbarkeit q einem Schwankungsbereich von 0,32–0,55.
Als Folge der hohen Bedarfsansprüche und der damit verbundenen vergleichsweise hohen Verdaulichkeit ist beim Schwein bzw. Geflügel der Futteranteil an Kohlenhydraten, Fetten und Proteinen relativ konstant. Entsprechend dürften sich bei bedarfsgerechter Fütterung rationsbedingte Effekte nur in sehr geringem Umfang auf die Teilwirkungsgrade auswirken.

Der Gesamtbedarf an Energie errechnet sich aus dem Erhaltungsbedarf und dem Nettobedarf für die Leistung (Protein-, Fettansatz, Konzeptionsprodukte, Abgabe über Milch bzw. Ei, gerichtete Bewegungsleistung) wobei die jeweiligen Teilwirkungsgrade des ME-Bedarfs für die Leistung berücksichtig werden müssen (→ Abb. 6.2).

Nachfolgend werden beispielhaft einige Berechnungen für Teilbedarfsleistungen erläutert.

6.3.3.1 Teilbedarf für die Reproduktion

Der zusätzliche Bedarf für den Ansatz in Konzeptionsprodukten einschließlich der Adnexe (Eierstöcke und Eileiter) während der Gravidität ist zunächst gering, sodass der Gesamtbedarf sich nur unwesentlich vom Erhaltungsbedarf unterscheidet. Im letzten Drittel der Gravidität steigt der Mehrbedarf allerdings deutlich. Dieser energetische Mehrbedarf wird nicht zuletzt aus fütterungstechnischen Gründen gemittelt und täglich gleichmäßig zugeteilt.

Die Verwertung der umsetzbaren Energie für den intrauterinen Ansatz (k_g) liegt mit durchschnittlich 0,2 auf niedrigem Niveau. Der geringe Teilwirkungsgrad ist im Wesentlichen darin begründet, dass der Erhaltungsbedarf der heranwachsenden Föten nicht als Teilleistung erfasst wird und Aminosäuren im graviden Uterus in nicht unerheblichem Umfang für die Energiebereitstellung genutzt werden (bis ca. 40 %). Die damit verbundenen Energieverluste schlagen sich deshalb in einer verringerten Umwandlungsrate der für die Reproduktion erforderlichen umsetzbaren Energie nieder, was den sehr geringen Wert für k_g erklärt.

Der tägliche Nettoenergieansatz in den Konzeptionsprodukten der **Kuh** wird in Abhängigkeit von der Trächtigkeitsdauer nach folgender Gleichung berechnet:
Nettoenergieansatz (MJ/d) = $0{,}044 \cdot e^{0{,}0165 \cdot t}$
e = 2,71828, t = Zeit nach Konzeption in Tagen.

Unter Berücksichtigung des Teilwirkungsgrades k_g von 0,2 ergibt sich hieraus der Leistungsbedarf (Beispiel 240. Trächtigkeitstag: 11,55 MJ ME). In den letzten 6 Wochen vor der Geburt müssen zusätzlich die Energieaufwendungen für das Eutergewebe Berücksichtigung finden, die als Nettobedarf im Mittel mit 1,25 MJ je Tier und Tag angesetzt werden, was bei k_g = 0,2 eine zusätzliche Energiezufuhr von 6,25 MJ ME bedeutet. Insgesamt müssen somit für Fötus und Reproduktionsorgane in den letzten 6 Wochen der Gravidität täglich 18–30 MJ ME zusätzlich aufgewendet werden.
Für **Mutterschafe** berechnet sich der Energieansatz im Fötus und den Reproduktionsorganen nach der Formel
Energieansatz (MJ/d) = $0{,}00445 \cdot (t + 13)^{4{,}4266}$
(t = Zeit nach Konzeption in Tagen).

Unter Berücksichtigung des Teilwirkungsgrades k_g von 0,2 ergibt sich für das 1., 2. und 3. Drittel der Gravidität ein Zusatzbedarf von 0,1, 0,5 und 2,2 MJ ME je Tier und Tag.
Bei **Sauen** ist zunächst der Körpermasseverlust während der vorangegangenen Laktation von im Mittel 20 kg auszugleichen. Für die Schätzung des Energiegehaltes für den Körpermasseausgleich werden 14 MJ/kg bei einem gemittelten Teilwirkungsgrad (k_{p+f}) von 0,66 unterstellt. Daraus ergibt sich während der gesamten Trächtigkeit von 114 Tagen eine mittlere Tageszunahme von 175 g, die 3,71 MJ ME (2,45 MJ/0,66) erfordert. Der intrauterine Energieansatz von 12 Föten einschließlich Adnexe beträgt während der letzten 4 Wochen der Gravidität im Mittel 1,52 MJ/d. Unter Berücksichtigung des Teil-

wirkungsgrades (k_g = 0,22) ergibt sich ein Zusatzbedarf von 6,91 MJ ME/d. Für den Energieansatz im Gesäuge werden zusätzlich 0,56 MJ/d bzw. 2,55 MJ ME im Durchschnitt der letzten 4 Wochen der Gravidität beansprucht.
Bei **Stuten** steigt der Energieansatz für Frucht und Föten erst ab dem 8. Trächtigkeitsmonat stark an. Nach neueren Untersuchungen ist der Energieansatz je kg LM mit 82 kJ anzusetzen. Hinzu kommt der über den O_2-Verbrauch gemessene oxidative Energieumsatz von 403 kJ/kg LM. Der tägliche energetische Gesamtbedarf beträgt somit 485 kJ/kg LM des Fohlens. Die Verwertung der ME für Frucht und Adnexe verbessert sich gering von anfänglich 18 % auf letztlich 22 %.

6.3.3.2 Teilbedarf für das Wachstum

Voraussetzung für die Bedarfsableitung sind Kenntnisse über die Ansatzwerte von Rohfett und Rohprotein je Tier und Tag. Detaillierte Angaben liegen bisher für Jung-, Mastrinder, Saug- und Aufzuchtferkel, Mastschweine sowie für Broiler und Legehennen vor. Aufgrund der zahlreichen Einflüsse auf die Höhe und stoffliche Zusammensetzung (Rasse, unterschiedliche Ernährungsintensität, Haltung, Klima) sind die nachfolgenden Angaben deshalb nur als Schätzgrößen einzustufen.

Der Zusatzbedarf für das Wachstum ergibt sich aus dem täglichen Energieansatz in Form von Fett und Protein unter Berücksichtigung der Teilwirkungsgrade für den energetischen Protein- und Fettansatz.

Häufig ist man gezwungen, Mischfaktoren (k_{p+f}) einzusetzen. Hierbei ist jedoch zu berücksichtigen, dass k_p und k_f keine Konstanten darstellen. Da im Laufe der Aufzucht bzw. Mast die Proteinansatzwerte relativ konstant bleiben, die Fettansatzwerte sich dagegen kontinuierlich erhöhen, verändern sich die Mischfaktoren kontinuierlich im Sinne einer günstigeren Effizienz. Als Folge des höheren Energiegehaltes im Fett nimmt der energetische Aufwand für den Körperansatz insbesondere während der Mast trotz günstigerer Effizienz kontinuierlich zu. Aufgrund der damit verbundenen Zunahme an Körpermasse erhöht sich gleichzeitig der energetische Aufwand für den Erhaltungsbedarf.

Bei **Ferkeln** wird im Gewichtsbereich 5–20 kg für den Ansatz von 1 g Protein 45 kJ (k_p = 0,5) bzw. für 1 g Fett 42–52 kJ (k_f = 0,95–0,75) veranschlagt. Dementsprechend sind für 1 kg Zunahme einschließlich Erhaltung 22–25 MJ ME bei einem durchschnittlichen Teilwirkungsgrad k_{p+f} von 0,70 erforderlich. Bei **Mastschweinen** (30–100 kg LM) beträgt der Teilwirkungsgrad für den Protein- und Fettansatz 0,56 (k_p) bzw. 0,74 (k_f). Hieraus errechnet sich unter Berücksichtigung der Bruttoenergiegehalte von Protein (22,6 kJ/g) und Fett (39,0 kJ/g) ein Energiebedarf je g Protein- und Fettansatz von 40,4 bzw. 52,7 kJ ME. Bei bekannter Zusammensetzung des Zuwachses kann hieraus der Teilbedarf für das Wachstum kalkuliert werden. Dank züchterischen Fortschrittes werden auch noch in höheren Gewichtsbereichen (bis 120 kg) günstigere Proteinansatzwerte bei gleichzeitigem niedrigen Fettansatz erzielt. Bei der zunehmenden Bedeutung der Ebermast ist auch zu berücksichtigen, dass intakte männliche Tiere im Vergleich zu Börgen einen um ca. 10 % größeren Erhaltungsbedarf aufweisen. Weiterhin zeigen Eber bei gleichen Zunahmen einen deutlich geringeren Fettansatz und damit einen relativ besseren Proteinansatz als Börge. Damit verringert sich entsprechend auch der Energiegehalt je kg Ansatz.
Für die Verwertung der ME für den energetischen Ansatz während der Aufzucht von **Kälbern und Jungrindern** wird ein einheitlicher Mischfaktor von k_{p+f} = 0,40 unterstellt. Der Energiegehalt im angesetzten Protein und Fett beträgt 22,6 bzw. 39,0 kJ/g. Aus dem so kalkulierten Energieansatz kann unter Berücksichtigung der energetischen Verwertung der ME von 40 % und des Erhaltungsbedarfs (0,53 MJ ME/kg $LM^{0,75}$) der Gesamtbedarf abgeleitet werden. In der **Jungrindermast** werden Teilwirkungsgrade für den Protein- und Fettansatz von 0,47 und 0,84 ausgewiesen. Die Effizienz des Gesamtzuwachses variiert je nach Geschlecht, Fütterungsbedingungen und Rasse. Für die Berechnung des energetischen Bedarfes für Wachstum wird derzeit ein Wirkungsgrad (k_{p+f}) zwischen 0,43 und 0,40 verwendet.
Bei wachsenden **Broilern** sind für 1 g Protein- bzw. Fettansatz 55 (k_p 0,44) bzw. 42 kJ ME (k_f 0,94) zu veranschlagen. Unter Berücksichtigung

der altersbedingten Einflüsse auf die Körperzusammensetzung nimmt der Teilwirkungsgrad für den Zuwachs (k_{p+f}) von 0,73 auf 0,61 ab.

6.3.3.3 Teilbedarf für die Laktation

Der zusätzliche Bedarf für die Laktation ist abhängig von der Zusammensetzung der Milch und der Milchmenge. Postpartal und in der Phase der maximalen Laktationsleistung kann der hierfür erforderliche Bedarf teilweise nur durch die gleichzeitige Inanspruchnahme von Körperreserven gedeckt werden. Bei der **Kuh** ist der mittlere Energiegehalt der Milch bezogen auf fettkorrigierte Milch (12,8 % DM, 4 % EE, 3,5 % CP) mit 3,17 MJ je Liter anzusetzen. Da die Verdaulichkeit der Energie mit steigendem Fütterungsniveau leicht abnimmt, werden zu deren Korrektur je Liter Milch zusätzlich bei höheren Milchleistungen (> 20 l/d) 0,13 MJ addiert. Für Milch mit hiervon abweichender Zusammensetzung kann der Bedarf nach folgenden Formeln angepasst werden:

Bei bekanntem Fettgehalt:
NEL (MJ/kg) = 0,41 · EE (%) + 1,51.

Bei bekanntem Fett- und Proteingehalt:
NEL (MJ/kg) = 0,38 · EE (%) + 0,21 · CP (%) + 0,95.

Bei bekanntem Fett- und DM-Gehalt:
NEL (MJ/kg) = 0,18 · EE (%) + 0,21 · DM (%) – 0,24.

Der Energiegehalt der **Schafmilch** liegt im Mittel bei 4,8 MJ/l. Die variierenden Fett- (6–9 % EE) und Proteingehalte (4–6 % CP) in der Schafmilch können jedoch im Einzelfall zu Unter- bzw. Überschätzungen führen. Der Teilwirkungsgrad für die Milchbildung k_l beträgt 0,6. Entsprechend sind im Mittel 8 MJ ME/l anzusetzen.
Der durchschnittliche Energiegehalt der Milch von **Sauen** wird mit 5,1 MJ/kg angegeben. Unter Berücksichtigung des Teilwirkungsgrades für die Milchbildung von 0,70 müssen somit 7,14 MJ ME/l Milch zugeführt werden. Da in den ersten 4 Wochen der Laktation eine Linearität zwischen Energieaufnahme und Ferkelwachstum unterstellt werden kann, sind je kg Wurfzunahme 21,7 MJ Milchenergie zu veranschlagen. Andererseits können über die Einschmelzung körpereigener Speicher je kg Körpermasseverlust zusätzlich 20 MJ für die Milchbildung bereitgestellt werden. Bei einem Teilwirkungsgrad von 0,89 bei der Umwandlung dieser Energie in Milchenergie entspricht dies einer energetischen Bereitstellung von ca. 17,8 MJ/l. Für 12 Ferkel, die im Mittel 200 g/d zunehmen, errechnet sich ein Mehrbedarf von 74,4 MJ ME (12 · 0,2 · 21,7/0,70).
Bei **Stuten** erreicht die Milchmenge schon am Ende des 1. Trächtigkeitsmonates ihr Maximum, um danach wieder zurückzugehen. In Abhängigkeit vom Laktationszeitpunkt (t = Zeit in Tagen) kann die Milchproduktion mit folgender Formel berechnet werden:

$$\text{Tägliche Milchmenge (g/kg LM}^{0,82}) = 66\,t^{0,1727} \cdot e^{-0,00539}\,t \; (e = 2,71828).$$

Der Teilwirkungsgrad für die Milchbildung wird auf 0,65 geschätzt. Der Zusatzbedarf für die Laktation beträgt somit für eine 600 kg schwere Stute am 30. Laktationstag: 19,2 kg Milch · 2,15 MJ = 41,28 MJ bzw. 63,5 MJ ME/d (41,28/0,65).
Bei fast allen säugenden Tieren wird im Frühstadium der Laktation zum Ausgleich des Energiedefizites körpereigenes Gewebe mobilisiert. Bei der Umwandlung von Körper- in Milchenergie, die mit durchschnittlich 80 % angegeben wird, müssen auch die thermischen Verluste bei der vorangegangenen Umwandlung der umsetzbaren Energie des Futters in den Körperenergieansatz berücksichtigt werden. Entsprechend müssen die energetischen Wirkungsgrade bei der Mobilisation körpereigener Substanzen somit deutlich niedriger angesetzt werden (Kühe: 40 %, Stuten: 46 %, Sauen: 50 %).

6.3.3.4 Teilbedarf für die Eibildung

Der durchschnittliche Energiegehalt im **Hühnerei** (mit Schale) liegt im Mittel bei 0,65 MJ je 100 g. Der geschätzte Teilwirkungsgrad für Eibildung k_o wird mit 0,68 angegeben. In Abhängigkeit von der Legeleistung (LL: Zahl der Eier je 100 Hennen pro Tag) und der Eimasse (EM) wird der zusätzliche Bedarf wie folgt berechnet:

ME (MJ/d) = LL (%) · EM (g) · 0,65 : 68 · 100.

6.3.3.5 Teilbedarf für gerichtete Bewegungsleistungen

Bewegungsleistungen werden vom Tier in vielfältiger Weise verrichtet. Neben horizontalen und vertikalen Eigenbewegungen, die in der Regel mit Ortsveränderungen verbunden sind, sind auch alle mit der Futteraufnahme verbundenen Muskelbewegungen einschließlich Kauen und Wiederkauen sowie Herz-, Atem-, Magen- und Darmtätigkeit zu berücksichtigen. Letztere im Tier ablaufenden Muskelbewegungen und die mit der Haltung verbundenen ungerichteten Bewegungsleistungen sind bereits im Erhaltungsumsatz berücksichtigt. Mechanische Arbeit ist definiert als Produkt aus Kraft mal Weg. Die Einheit der Arbeit ist das Joule (J). Messungen von gerichteten Bewegungsleistungen können nur bei vertikaler Eigenbewegung auf einer schiefen Ebene mit unterschiedlichem Steigungswinkel sowie bei horizontalem und vertikalem Transport (Zugarbeit) vorgenommen werden. Hiervon abweichende Bewegungsleistungen können nur näherungsweise angegeben werden.

Die Verwertung der umsetzbaren Energie für vertikale Eigenbewegung und Zugarbeit liegt im Mittel bei 33 %. Hierbei sind jedoch aus methodischen Gründen die gegenüber dem Ruhezustand auftretenden Energieausgaben für gesteigerte Herz- und Atemtätigkeit einbezogen. Unter Ausschluss dieser Energieaufwendungen verbessert sich die Energieverwertung auf durchschnittlich 38 %. Es ist davon auszugehen, dass etwa 90 % der bei der Hydrolyse von ATP zu ADP und Phosphat freiwerdenden Energie für die Muskelkontraktion und damit für die mechanische Arbeit genutzt werden können. Die energetischen Verluste bei der Umwandlung der umsetzbaren Energie in Bewegungsleistungen liegen somit in erster Linie in der unterschiedlichen Effizienz der über das Futter aufgenommenen Nährstoffe bezüglich der Bildung energiereicher Phosphate (z. B. ATP) begründet. Da Kohlenhydrate gegenüber Fetten und Proteinen ein um 4 % bzw. 22 % höheres ATP-Bildungsvermögen aufweisen, darf eine Abhängigkeit der Energieverwertung von der Nährstoffzusammensetzung unterstellt werden.

Den Energiebedarf für Eigenbewegung und Zugarbeit bestimmt im Wesentlichen der Steigungswinkel und die Geschwindigkeit. Pferde haben mit 1,5 J/kg LM und Meter im Verhältnis zu anderen Tieren den niedrigsten Energiebedarf für Horizontalbewegungen. Rinder, Schafe und Schweine benötigen für dieselbe Arbeit 2–3 J/kg LM und Meter. Die Energieausgaben für Horizontal- und Vertikalbewegungen verhalten sich beim Pferd wie 1 : 20. Bei anderen Tierarten ist das Verhältnis enger. Der anhand der Arbeitsdauer bzw. nach Pulswerten berechnete Leistungsbedarf wird für das Pferd mit durchschnittlich 0,19 MJ ME/kg $LM^{0,75}$ bzw. 0,18 ± 0,07 MJ ME/kg $LM^{0,75}$ angegeben.

Der Energiebedarf für das Stehen lässt aus versuchsmethodischen, anatomisch-physiologischen und individuellen Gründen eine hohe Schwankungsbreite erkennen. Für Rinder, Schafe, Hühner und Schweine ergeben grobe Schätzungen einen Energiebedarf von 0,5, 1, 4 und 5 kJ je kg LM und Stunde. Für das Pferd liegen bisher keine Angaben vor. Für das Aufstehen sind bei Rindern und Schafen im Mittel zwischen 4,5 und 5,0 kJ/kg LM anzusetzen. Demgegenüber bedarf das Hinlegen nur etwa 50–60 % des beim Aufstehen zugrunde gelegten Energiebedarfes.

Der Energiebedarf für Futteraufnahme und Wiederkauen schließt Bewegungsleistungen ein, die nicht unmittelbar mit der Futteraufnahme verbunden sind. Hinzu kommt, dass auch Futterart und Form des Futterangebotes die Bedarfsgröße beeinflussen. Für Pferde, Wiederkäuer und Hühner wird ein Energiebedarf von 2–3, 1,5–2 und 8 kJ je kg LM und Stunde angegeben. Damit dürfte z. B. eine einstündige Futteraufnahme den täglichen Energieerhaltungsbedarf um 2–3 % erhöhen. Der Energiebedarf für die Wiederkautätigkeit liegt in der Größenordnung von 1 kJ je kg LM und Stunde. Bezogen auf eine Wiederkautätigkeit von ca. 8 h/d und einer Körpermasse von 650 kg werden hierfür ca. 5,2 MJ/d beansprucht.

Der anteilige Energieumsatz der in dem Erhaltungsbedarf einbezogenen ungerichteten Bewegungsleistungen dürfte je nach Tierart sowie Haltungs- und Fütterungsmanagement auf den Gesamtenergieumsatz bezogen bei 10–20 % liegen.

6.3.3.6 Teilbedarf für die Wollbildung

Der Energiegehalt der Schafwolle beträgt im Mittel 24 MJ/kg. Die Wolle setzt sich zu fast 80 % aus Protein, 16 % aus Rohfett und 3 % aus Rohasche zusammen. Das Wollwachstum wird auf 10–20 g/Tier und Tag geschätzt. Für den Teilwirkungsgrad für die Wollbildung wird der für den Körperenergieansatz beim wachsenden Wiederkäuer abgeleitete Wert übernommen. Bei Lämmern und ausgewachsenen Schafen werden für den täglichen energetischen Wollansatz 0,1 MJ bzw. 0,2–0,3 MJ unterstellt. Unter Berücksichtigung des mit dem energetischen Körperansatz identischen Teilwirkungsgrades für die Wollbildung (k_w) von 0,35 ist von einem Teilleistungsbedarf von 0,29 bzw. 0,57–0,86 MJ ME je Tier und Tag auszugehen.

6.3.4 Faktorielle Bedarfsableitung

Die Ableitung des Gesamtenergiebedarfs erfolgt auf der Grundlage des Erhaltungsumsatzes (Aufrechterhaltung der Leistungsfähigkeit) und der Leistung (Reproduktion, Wachstum, Milch, Eimasse, Wolle, gerichtete Bewegungsleistungen) unter gleichzeitiger Einbeziehung der den einzelnen Leistungen zugeordneten Teilwirkungsgrade. Der energetische Gesamtbedarf, der letztendlich für die Fütterung die entscheidende Maßzahl ist, ergibt sich aus der Aufsummierung des Bedarfs für Erhaltung und Einzelleistungen. Als Folge der oben genannten Einflussfaktoren auf den Erhaltungsbedarf und die Teilwirkungsgrade und die gerade bei wachsenden Tieren nicht exakt festlegbaren Energieansatzwerte sind Abweichungen zwischen dem faktoriell abgeleiteten und dem aktuellen Gesamtbedarf nicht ausgeschlossen. Andererseits gestattet die faktorielle Bedarfsableitung bei Vorhandensein neuer experimenteller Daten eine sofortige Fortschreibung und damit weitere Verbesserung der Bedarfsvorhersage. In verschiedenen Ländern bestehen Gremien (z. B. Deutschland: Gesellschaft für Ernährungsphysiologie [GfE], Ausschuss für Bedarfsnormen; USA: National Research Council [NRC]; Frankreich: Institut National de Recherche Agronomique [INRA]; Niederlande: Centraal Veevoederbureau in Nederland [CVB]), die zur Ableitung entsprechender Bedarfsnormen Gruppen von Sachverständigen berufen. Diese fassen den Wissensstand zum jeweiligen Zeitpunkt zusammen.

6.4 Energetische Futtermittelbewertungssysteme

Ziel der energetischen Futterbewertung ist es, sowohl den Energiebedarf der Tiere als auch die Bereitstellung der Energie über das Futter auf einer vergleichbaren Ebene vorzunehmen. Dies setzt allerdings voraus, dass sich der Energiebetrag der Futterkomponenten austauschbar und damit additiv verhält. Die aktuellen Futtermittelbewertungssysteme können als verallgemeinerungsfähige Empfehlungen angesehen werden, die je nach Kenntnisstand weiterentwickelt werden müssen. Grundlage sind in der Regel Energiewechselmessungen, die Daten über alle energetischen Verluste bei der Umwandlung der Futterenergie in die Energie für Erhaltung und Leistung liefern.

Da eine routinemäßige Bewertung der Futtermittel mittels Respirationsversuche aufgrund der aufwendigen quantitativen Erfassung der Kot- und Harnverluste sowie des Gasaustausches kaum möglich ist, wurden aus Verdaulichkeits- und Respirationsversuchen auf der Grundlage eines breit angelegten Rationsspektrums Regressionsgleichungen für die Berechnung des energetischen Futterwertes abgeleitet. Prinzipiell können als Bewertungsmaßstab alle in Abbildung 6.1 aufgeführten Energiestufen mit Ausnahme der Bruttoenergie herangezogen werden.
Die **verdauliche Energie** als mögliche Stufe der energetischen Futtermittelbewertung wird nur noch bei kleinen Nagern verwendet.
Die Bewertung auf der Ebene der **umsetzbaren Energie** ist dagegen die heute übliche Form der Futtermittelbewertung für Schweine, Geflügel und Pferde. Auf der Basis von Stoffwechselversuchen wird hierbei die Energie bestimmt, die für Stoffwechselprozesse zur Verfügung steht, wobei die energetischen Verluste über Gärgase und N-Metabolite im Harn in Abzug gebracht werden. Aufgrund der unterschiedlichen Verdauungs- und Stoffwechselprozesse (mikrobielle Verdauung, Verwertung der Aminosäuren) können jedoch nur tierartspezifische ME-Gehalte in Futtermitteln ermittelt werden. Altersbedingte Einflüsse auf die Verdauungsprozesse bleiben dabei jedoch bisher meist unberücksichtigt.

Die umsetzbare Energie kann auch bei Wiederkäuern eingesetzt werden, da die Verdaulichkeit eng mit der Abbaubarkeit im Pansen und dadurch mit der Gasbildung korreliert. Entsprechend findet diese Bewertungsstufe bei Kälbern, sowie Jung- und Mastrindern sowie kleinen Wiederkäuern (Schafe, Ziegen) Verwendung. Für Milchkühe ist die umsetzbare Energie jedoch sehr ungenau, da die bei der Überführung der umsetzbaren Energie in Milchenergie auftretenden thermischen Verluste für die Milchbildung weitaus stärker durch die Umsetzbarkeit (q) beeinflusst werden als bei wachsenden Wiederkäuern.

Entsprechend wird die energetische Bewertung der Futtermittel bei Milchkühen auf der Stufe der **Nettoenergie** vorgenommen, das heißt man beurteilt die Futtermittel hinsichtlich ihrer Fähigkeit, Milchenergie zu liefern. Unabhängig hiervon gibt es Bestrebungen, die Nettoenergie auch bei Schweinen und Geflügel als Bewertungssystem für Futtermittel einzuführen, obwohl bei üblicher Rationsgestaltung die Abhängigkeit der Teilwirkungsgrade von der Umsetzbarkeit deutlich geringer ist als bei Wiederkäuern. Um für die unterschiedlichen Leistungsrichtungen keine unterschiedlichen Bewertungsmaßstäbe zu verwenden, legt man vereinfachend nur eine Leistungsrichtung fest. Aufgrund der unterschiedlichen Teilwirkungsgrade für die einzelnen Leistungsrichtungen sind derartige Vereinfachungen zwangsläufig mit systematischen Fehlern verbunden. Hinzu kommt, dass die Nettoenergie der Einzelfuttermittel nicht mit der Nettoenergie der aus diesen Einzelfuttermitteln konzipierten Gesamtration übereinstimmen muss. Nach derzeitigem Kenntnisstand lässt sich bisher bei Monogastriden kein Vorteil der Energiebewertung auf der Stufe der NE ableiten.

Nachfolgend werden die derzeit für die Bundesrepublik Deutschland gültigen Systeme für die energetische Futtermittelbewertung bei den einzelnen Tierarten vorgestellt.

6.4.1 Futtermittelbewertung auf der Basis der umsetzbaren Energie

6.4.1.1 Schweine

Bei Schweinen wird die Verdaulichkeit u. a. durch den Anteil der in den Dickdarm gelangenden Nährstoffe beeinflusst. Dies trifft insbesondere für Hemicellulosen und Pektine zu, die mikrobiell zu flüchtigen Fettsäuren fermentiert werden. Die damit verbundenen Energieverluste (Methan, Fermentationswärme) und die geringere Effizienz der resorbierten flüchtigen Fettsäuren im Intermediärstoffwechsel werden im Vergleich zu der in Form von Glucose absorbierten Stärke auf 15 % geschätzt. Dieser energetische Verlust wird bei der Berechnung auf der Stufe der verdaulichen Nährstoffe dadurch berücksichtigt, indem der Faktor für Stärke von 0,0175 um 15 % auf 0,0147 gemindert wird. Vergleichbare Verluste können auch für andere nur partiell verdauliche Kohlenhydrate, wie z. B. nicht erhitzte Stärke aus Kartoffeln, unterstellt werden. Die ME für das Schwein wird, wenn nicht im Stoffwechselversuch ermittelt, nach folgender Formel aus den verdaulichen Nährstoffen berechnet, wobei die verdaulichen Rohnährstoffe in g je kg DM angegeben werden:

$$ME_s \text{ (MJ/kg DM)} = 0{,}0205 \text{ DCP} + 0{,}0398 \text{ DEE} + 0{,}0173 \text{ Stärke} + 0{,}0160 \text{ Zucker} + 0{,}0147 \text{ (DOM} - \text{DCP} - \text{DEE} - \text{Stärke} - \text{Zucker)}$$

Bei dieser Berechnungsweise geht man für Stärke und Zucker von einer nahezu vollständigen Verdauung im Dünndarm aus. Die um die verdaulichen Fraktionen DCP, DEE, Stärke und Zucker verminderte verdauliche organische Substanz (DOM) entspricht weitestgehend der im Dickdarm bakteriell fermentierbaren Substanz. Für Futtermittel mit hohen Pektingehalten ist die Formel aufgrund des geringeren Bruttoenergiewertes gegenüber der Stärke jedoch nicht geeignet. Unsicherheiten bestehen auch im Hinblick auf das Energielieferungsvermögen von Protein. Je nach Stoffwechsellage kann das Protein zumindest theoretisch entweder ausschließlich zum Aufbau von Körperprotein oder für die ATP-Bildung bzw. für den Fettansatz herangezogen werden. Entsprechend ist die energetische Verwertung des Proteins für den Ansatz höher als bei der

mit Desaminierung und Harnstoffausscheidung einhergehenden Metabolisierung. Da jedoch die geringere oder günstigere energetische Nutzung des Proteins nicht der energetischen Futterbewertung zugeordnet werden kann, sondern ausschließlich bei der Bedarfsableitung zu berücksichtigen ist, dürften diese Unsicherheiten aufgrund des festgelegten Regressionsfaktors von 0,0205 jedoch für praxisübliche Rationen nur eine untergeordnete Rolle spielen.
Aus einer Vielzahl parallel vorgenommener Stoffwechsel- und Verdauungsversuche konnte die Effizienz der energetischen Verwertung der einzelnen Nährstoffe ermittelt werden. Danach können für die energetische Verwertung von Stärke/Zucker, Protein und Fett 75,7, 62,3 bzw. 85,9 % unterstellt werden. Durch Multiplikation der in der ME-Gleichung angegebenen Faktoren mit der jeweiligen Verwertung lässt sich die Nettoenergie berechnen. Die energetische Futtermittelbewertung auf der Basis der NE unterscheidet sich damit gerade für fett- oder proteinreiche Futtermittel teilweise erheblich von der ME. Proteinreiche Futtermittel werden bei Bewertung auf NE-Basis relativ unter-, fettreiche Futtermittel dagegen relativ überbewertet. Inwieweit die Bewertung des Energielieferungsvermögens von Futtermitteln auf der Basis der Nettoenergie gegenüber der umsetzbaren Energie vorteilhafter ist, wird gegenwärtig kontrovers diskutiert. Auch auf der Stufe der NE variiert der Energiewert für Protein je nach Proteinversorgungsniveau, Proteinqualität und Leistungsvermögen. Hinzu kommt, dass auch der Erhaltungsbedarf auf der Stufe der Nettoenergie angegeben werden muss. Es kann nicht davon ausgegangen werden, dass die Verwertung der einzelnen Nährstoffe bezogen auf den Ansatz bzw. auf die Deckung des Erhaltungsbedarfs übereinstimmt. Auch können höhere Bewegungsaktivitäten bzw. energetische Aufwendungen für die Thermoregulation nicht über die Nettoenergie für den Ansatz erfasst werden. Nach gegenwärtigem Kenntnisstand können die unterschiedlichen Bedarfsansprüche deshalb nach wie vor auf der Basis der ME befriedigend charakterisiert werden.

6.4.1.2 Aufzuchtkälber, Aufzuchtrinder, Mastrinder sowie Schafe und Ziegen

Da die Teilwirkungsgrade bei wachsenden Wiederkäuern einschließlich Schafe und Ziegen keine Proportionalität bei variierender Umsetzbarkeit der Einzelfuttermittel aufweisen, erfolgt aus pragmatischen Erwägungen die energetische Futtermittelbewertung ebenfalls auf der Basis der umsetzbaren Energie (Berechnung → Kap. 6.4.2). Die Effekte der von der Umsetzbarkeit der Futtermittel beeinflussten Teilwirkungsgrade spiegeln sich in entsprechenden Bedarfsmodifikationen wider. Allerdings wird der in Futtermitteln variierende Rohproteingehalt bei der Berechnung der ME mit einem Korrekturglied (0,002134 CP) berücksichtigt. In der Berechnungsformel verwendet man allerdings das verdauliche Rohprotein. Da alle energetischen Umsetzungen sich letztlich in der ATP-Energie-Bilanz manifestieren (Chudy, 2003), ist es aus energetischer Sicht unerheblich, auf welcher Stoffwechselebene der Energietransfer erfolgt, sodass das verdauliche Protein auch für diese genannten Tierarten bzw. -kategorien eine relevante Bezugsgröße darstellt.

6.4.1.3 Geflügel

Wegen der gemeinsamen Ausscheidung von Kot und Harn kann die umsetzbare Energie beim Geflügel sicher bestimmt werden. Im Unterschied zu Fetten und Kohlenhydraten besteht für Proteine eine erhebliche Differenz zwischen verdaulichem und umsetzbarem Nährstoff. Wird Protein nur energetisch genutzt, wird der gesamte Aminostickstoff im Wesentlichen über die Harnsäure ausgeschieden. Wird hingegen Protein auch angesetzt, wird weniger Harnsäure ausgeschieden. Entsprechend wird die Futtermittelbewertung auf der Stufe der ME höher oder niedriger ausfallen. Um den Einfluss der alters- und leistungsbedingten unterschiedlichen Proteinretention bzw. N-Ausscheidung auf die ME auszuschalten, erfolgt deshalb beim Geflügel eine N-Korrektur für den retinierten Stickstoff (36,5 kJ/g retinierten Stickstoff), d. h. der Energiegehalt von Futtermitteln wird so berechnet werden, als ob jedes Tier eine N-Retention von 0 aufweist. Der resultierende Maßstab ist die N-korrigierte scheinbare (engl. apparent) umsetzbare Energie (AME_N bzw. auch $ME_{N\text{-korr}}$). Die entsprechende Formel lautet:

$$AME_N\ (kJ/g) = \frac{\text{Energieaufnahme (kJ)} - \text{Energie der Exkreta (kJ)} - 36{,}5\ kJ/g\ N \cdot [\text{N-Aufnahme (g)} - \text{N in Exkreta (g)}]}{\text{Futteraufnahme (g)}}$$

Unter Berücksichtigung dieser Korrektur wird die ME je nach Leistungsvermögen und Rohproteingehalt der Ration um bis zu 4% vermindert. Bedarfsgerechte Rationen lassen jedoch durch die N-Korrektur keine Verbesserung der energetischen Futtermittelbewertung erwarten. Entsprechendes trifft auch für die sogenannte „wahre ME" nach Sibbald zu, bei der zusätzlich die endogenen Energieverluste in Kot und Harn von der „scheinbaren ME" abgezogen werden. Da die verdauliche Rohfaser beim Geflügel nur einen unwesentlichen energetischen Beitrag liefert, wird für die Berechnung der AME_N-Gehalte eine vereinfachte Berechnungsformel verwendet:
ME_{Nkorr} (MJ/kg DM) = 0,0183 · „umsetzbares" CP + 0,0388 ·„umsetzbares" EE + 0,0173 · „umsetzbare" NfE
Die tabellierten ME-Gehalte der beim Geflügel eingesetzten Futtermittel gelten streng genommen nur für Legehennen. Es ist davon auszugehen, dass gerade bei Küken aufgrund der limitierten enzymatischen Verdauung niedrigere Werte unterstellt werden können. Auch die Übertragbarkeit der tabellierten ME-Gehalte auf Futtermittel für Enten, Gänse und Puten dürfte aufgrund der ernährungsphysiologisch bedingten Unterschiede ebenfalls mit Unter-, aber teilweise auch mit Überschätzungen verbunden sein.

6.4.1.4 Pferde

Bei üblichen Heu-Kraftfutter-Rationen ist unter Erhaltungsbedingungen mit einer Umsetzbarkeit der DE von ca. 85% zu rechnen. Feldstudien zeigten jedoch, dass sich im Leistungsbereich für die Energiebewertung auf der Stufe der DE eine systematische Unterschätzung des Energiebedarfs um im Mittel 8% gegenüber der Stufe ME nachweisen ließ. Entsprechend wurde im bisherigen DE-System bei der Berechnung des zusätzlichen Bedarfs für gerichtete Bewegungsleistungen die Umsetzbarkeit überschätzt. Die Verdauung der Rohfaser ist beim Pferd im Unterschied zum Wiederkäuer nur mit geringen Energieverlusten in Form von Methan verbunden (2 kJ je g Rfa). Andererseits muss bei Einsatz proteinhaltiger Futtermittel mit hohen Energieverlusten über den Harn insbesondere in Form von Hippursäure gerechnet werden (8 kJ je g CP). Inzwischen liegen erste regressionsanalytische Ableitungen zum ME-Wert der verdauten Nährstoffe vor.

$$ME_{Pferd}\ (MJ/kg\ DM) = 0{,}01192\ DCP + 0{,}04228\ DEE + 0{,}00793\ DCF + 0{,}01676\ DNfE$$

6.4.2 Futtermittelbewertung auf der Grundlage der Nettoenergie-Laktation (NEL)

Wie bereits erwähnt ist die Bewertung des Futters auf der Stufe der ME wegen der Variation des Teilwirkungsgrades für die Milchbildung in Abhängigkeit von der Umsetzbarkeit zu ungenau. Andererseits setzt die Bewertung der Futtermittel auf der Basis der Nettoenergie-Laktation voraus, dass die Verwertung der umsetzbaren Energie für Milch und Körperansatz bei laktierenden Kühen vergleichbar ist und die Teilwirkungsgrade für die Erhaltung und Milchbildung sich in Abhängigkeit von der Umsetzbarkeit proportional verhalten. Da diese Voraussetzungen bei wiederkäuergerechten Rationen vorliegen, können der Erhaltungs- und Ansatzbedarf ohne Verlust an Genauigkeit in Nettoenergie-Laktation angegeben werden. Der im Vergleich zur Milchbildung höhere Teilwirkungsgrad für die Erhaltung (k_m = 0,72) sowie die mit steigendem Ernährungsniveau einhergehende Verminderung der umsetzbaren Energie wird durch entsprechende Ab- bzw. Zuschläge berücksichtigt. Die Veränderungen der Teilwirkungsgrade in Abhängigkeit von der Umsetzbarkeit sind u. a. auf variierende thermische Verluste, auf Effekte der spezifisch dynamischen Wirkung des Futters und auf ein weiteres C_2/C_3-Verhältnis bei rückläufiger Umsetzbarkeit zurückzuführen.
Die Berechnung der NEL kann dann anhand nachfolgender, aus Energiebilanzen abgeleiteter Formel erfolgen:

$$NEL\ (MJ/kg) = 0{,}6\ [1 + 0{,}004\ (q - 57)]\ ME\ (MJ/kg),$$
$$\text{bei } q = (ME/GE) \cdot 100.$$

Der Faktor von 0,6 stellt den Teilwirkungsgrad für die Laktation dar. Die Umsetzbarkeit der

Energie (q) errechnet sich aus der Division von umsetzbarer Energie und Bruttoenergie. Der q-Wert beträgt z. B. für schlechtes Heu ca. 47, für gutes Heu ca. 57 und für Getreideprodukte ca. 75. Für jede Einheit, die q höher oder niedriger liegt als 57, nimmt der Anteil NEL, der aus der ME zur Verfügung steht, um 0,4% zu oder ab, woraus sich der Wert 0,004 in der o. g. Formel ergibt. Für die Anwendung der Formel hat sich folgende Vorgehensweise bewährt:

1. Berechnung der GE

Die Bruttoenergie eines Futtermittels kann aus den nach der Weender Analyse ermittelten Rohnährstoffgehalten berechnet werden:

$$GE\ (MJ/kg) = 0{,}0239\,g\ CP + 0{,}0398\,g\ EE + 0{,}0201\,g\ CF + 0{,}0175\,g\ NfE$$

2. Berechnung der ME

Hierfür wird folgende, aus Energiewechselmessungen bei Ochsen mit 92 verschiedenen Rationen regressionsanalytisch abgeleitete Formel verwendet:

$$ME\ (MJ/kg) = 0{,}0147\,g\ DCP + 0{,}0312\,g\ DEE + 0{,}0136\,g\ DCF + 0{,}0147\,g\ DNfE + 0{,}00234\ CP.$$

3. Berechnung der Umsetzbarkeit (q)

$$q = (ME : GE) \cdot 100$$

4. Berechnung von k_l

$$k_l = 0{,}6\ [1 + 0{,}004\ (q - 57)]$$

5. Berechnung der NEL

$$NEL\ (MJ/kg) = ME\ (MJ/kg) \cdot k_l$$

Die als Ausgangsgröße für die NEL-Berechnung verwendete umsetzbare Energie einer Ration für Milchkühe ist im Gegensatz zu der umsetzbaren Energie der Einzelfuttermittel von der Körpermasse, dem Ernährungsniveau und dem Proteinansatz abhängig. Während die Körpermasse und das Ernährungsniveau negativ mit dem Gehalt an umsetzbarer Energie in der Ration korrelieren, ist der Proteinansatz dagegen positiv mit der umsetzbaren Energie in der Ration korreliert. Da der mit 0,8% je Einheit Ernährungsniveau unterstellte Rückgang der umsetzbaren Energie jedoch gleichzeitig mit einem Anstieg an umsetzbarer Energie von 3,6 kJ je Gramm Proteinansatz verbunden ist, liegt die durch die Einflussgrößen Ernährungsniveau und Proteinansatz bedingte Abweichung von der errechneten umsetzbaren Energie aufgrund der Gegenläufigkeit dieser Einflussgrößen im Bereich von 1% und damit im Fehlerbereich der Schätzung.

Entsprechend kann die umsetzbare Energie einer Ration aus der Summe der berechneten umsetzbaren Energie der einzelnen Futtermittel ermittelt werden. Bei dem Vergleich verschiedener europäischer Bewertungssysteme für Milchkühe anhand von Simulationsstudien (Kaustell et al., 1997; Vermorel und Couloun, 1998) konnte gezeigt werden, dass bis Milchleistungen von 30 l/d nur marginale Unterschiede festzustellen waren. Bei höheren Milchleistungen wiesen dagegen alle Systeme eine Futterzuteilung aus, die den tatsächlichen Bedarf nicht deckte. Generell kann geschlussfolgert werden, dass das derzeitige Bewertungssystem den NEL-Gehalt von Futtermitteln bei hohen Milchleistungen und damit einhergehender hoher Futteraufnahme überschätzt und bei niedrigen Milchleistungen und damit entsprechend geringerer Futteraufnahme unterschätzt. Mögliche verbesserungswürdige Schwachstellen des derzeitigen NEL-Systems für Milchkühe sind u. a. die nicht korrekte Einschätzung der Verdaulichkeitsdepression pro Einheit Ernährungsniveau und das Auftreten nicht additiver Effekte (z. B. ruminale Depression der CF-Verdaulichkeit durch NfE).

6.5 Formeln zur Schätzung energetischer Futterwerte

Im Unterschied zu den bisher vorgestellten Energiebewertungen auf der Basis tierexperimenteller Untersuchungen werden nachfolgend Formeln ausgewiesen, die eine Schätzung des Energiegehaltes von Futtermitteln ermöglichen, ohne die dazu eigentlich erforderlichen Verdauungsuntersuchungen durchführen zu müssen. Diese Schätzformeln basieren auf umfänglichen Daten aus tierexperimentellen Untersuchungen, aus denen mittels geeigneter statistischer Verfahren Vorhersagemodelle generiert werden konnten. Der durch Verzicht auf entsprechende Verdauungsversuche geringere Aufwand erklärt die weitverbreitete Nutzung dieser Schätzformeln, die für Mischfutter auch rechtsverbindlich sind. Aussagen hinsichtlich der optimalen Wahl der Futterrezeptur können hieraus jedoch nicht abgeleitet werden. Hinzu kommt, dass die Voraussage des energetischen Futterwertes insbesondere von Grundfuttermitteln sehr gute bis gute Qualitätsstufen voraussetzt. Die Formeln werden vom Ausschuss für Bedarfsnormen der Gesellschaft für Ernährungsphysiologie fortlaufend aktualisiert und publiziert. Nachfolgend sind einige Schätzgleichungen ausgewiesen. Neben den Nährstoffgehalten gehen zur Berechnung insbesondere für Wiederkäuerfutter auch *In-vitro*-Parameter (Gasbildung nach HFT oder ELOS) mit ein. Diese Parameter dienen der Verbesserung der Schätzgenauigkeit. Die *In-vitro*-Parameter und Nährstoffgehalte sind in der Datenbank „Futtermittel der DLG" (http://datenbank.futtermittel.net) verfügbar.

Einzel- und Mischfuttermittel für Pferde (Kienzle und Zeyner 2009)

$$\text{ME (MJ/kg DM)} = -3{,}54 + 0{,}0129\ \text{CP} + 0{,}00420\ \text{EE} - 0{,}0019\ \text{CF} + 0{,}0185\ \text{NfE}$$

(Rohnährstoffe in g/kg DM; Gültigkeitsbereich: CF < 350 g/kg DM; EE < 80 g/kg DM)

Einzel- und Mischfuttermittel für Schweine (GfE 2006, GfE 2008)

Einzelfuttermittel

$$\text{ME (MJ/kg DM)} = 0{,}0205\ \text{DCP} + 0{,}0398\ \text{DEE} + 0{,}0173\ \text{Stärke} + 0{,}0160\ \text{Zucker} + 0{,}0147\ \text{DOR}$$

(Rohnährstoffe in g/kg DM; DOR (verdaulicher organischer Rest) = DOM – (DCP + DEE + Stärke + Zucker))

Mischfuttermittel

$$\text{ME (MJ/kg DM)} = 0{,}021503\ \text{CP} + 0{,}032497\ \text{EE} + 0{,}016309\ \text{Stärke} + 0{,}014701\ \text{OR} - 0{,}021071\ \text{CF}$$

(Rohnährstoffe in g/kg DM; OR (organischer Rest) = OM – (CP + EE + Stärke + CF))

Bei Mischfuttermitteln, die mehr als 60 g EE, 80 g CF oder 250 g CP bzw. weniger als 150 g CP/kg DM enthalten, verringert sich die Schätzgenauigkeit.

Mischfuttermittel für Geflügel (WPSA 1984)

$$\text{AME}_\text{N}\ \text{(MJ/kg uS)} = 0{,}01551\ \text{CP} + 0{,}03431\ \text{EE} + 0{,}01669\ \text{Stärke} + 0{,}01301\ \text{Zucker}$$

(Rohnährstoffe in g/kg uS)

Einzel- und Mischfuttermittel für Wiederkäuer

Die Bestimmung der Energiegehalte von Futtermitteln für Wiederkäuer erfolgt aus versuchstechnischen Gründen (u. a. gute Standardisierbarkeit) in der Regel auf Basis von Verdaulichkeitsbestimmungen bei Hammeln. Alle Berechnungen beziehen sich auf die ME. Die Schätzgleichungen sind mit ausreichender Sicherheit sowohl für Rinder als auch für Schafe und Ziegen anwendbar. Ist eine Angabe in NEL erforderlich, benötigt man allerdings auch den GE- und CF-Gehalt. Für die Umrechnung gilt:

$$\text{NEL (MJ/kg DM)} = 0{,}6\ [1 + 0{,}004\ (q - 57)]\ \text{ME (MJ/kg DM)}$$

Einzelfuttermittel (GfE 2001)

$$\text{ME (MJ/kg DM)} = 0{,}0312\ \text{DEE} + 0{,}0136\ \text{DCF} + 0{,}0147\ \text{DNfE} + 0{,}00234\ \text{CP}$$

Grasprodukte (GfE 2008)

$$\text{ME (MJ/kg DM)} = 5{,}51 + 0{,}00828\ \text{ELOS} - 0{,}00511\ \text{CA} + 0{,}002507\ \text{EE} - 0{,}00392\ \text{ADF}_\text{OM}$$

(Rohnährstoffe in g/kg DM; ELOS: enzymlösliche organische Substanz)

oder

$$\text{ME (MJ/kg DM)} = 7{,}81 + 0{,}07559\ \text{Gb} - 0{,}00384\ \text{CA} + 0{,}00565\ \text{CP} + 0{,}01898\ \text{EE} - 0{,}00831\ \text{ADF}_\text{OM}$$

(Rohnährstoffe in g/kg DM; Gb: Gasbildung in ml/200 mg DM)

Maisprodukte (GfE 2020)

$$\text{ME (MJ/kg DM)} = 9{,}46 + 0{,}00336\ \text{ELOS} - 0{,}00636\ \text{ADF}_\text{OM} + 0{,}01829\ \text{EE} + 0{,}00865\ \text{CP} - 0{,}01474\ \text{CA}$$

(Rohnährstoffe in g/kg DM; ELOS: enzymlösliche organische Substanz)

Mischfuttermittel (GfE 2009)

$$\text{ME (MJ/kg DM)} = 7{,}17 - 0{,}01171\ \text{CA} + 0{,}00712\ \text{CP} + 0{,}01657\ \text{EE} + 0{,}00200\ \text{Stärke} - 0{,}00202\ \text{ADF}_\text{OM} + 0{,}06463\ \text{Gb}$$

(Rohnährstoffe in g/kg DM; Gb: Gasbildung in ml/200 mg DM)

Gesamtmischrationen (GfE 2004)

$$\text{ME (MJ/kg DM)} = 6{,}0756 + 0{,}19123\ \text{EE} + 0{,}02459\ \text{CP} - 0{,}000038\ \text{CF}^2 - 0{,}002139\ \text{EE}^2 - 0{,}000060\ \text{CP}^2$$

oder

$$\text{ME (MJ/kg DM)} = 1{,}5473 + 0{,}00764\ \text{ELOS} + 0{,}23292\ \text{EE} - 0{,}000021\ \text{CF}^2 - 0{,}002760\ \text{EE}^2$$

(Rohnährstoffe in g/kg DM; ELOS: enzymlösliche organische Substanz)

7 Verwertung des Eiweißes und Eiweißbewertung

Ortwin Simon

7.1 Allgemeines

Bei monogastrischen Tieren werden Nahrungseiweiße nahezu vollständig im Dünndarm in Form von Aminosäuren oder Peptiden resorbiert. Im Erhaltungsstoffwechsel, bei dem kein Eiweißansatz stattfindet, sind sie für den Ersatz von Aminosäuren erforderlich, die aufgrund kataboler Prozesse im Rahmen des Proteinumsatzes oder durch Verlust über den Verdauungstrakt nicht wieder in Gewebeproteine eingebaut werden können. Ferner müssen Aminosäuren zugeführt werden, die zur Bildung anderer Metabolite erforderlich sind (→ Kap. 1.3.2).
Im Leistungsstoffwechsel besteht darüber hinaus ein Bedarf an Aminosäuren für die Bildung der in den Leistungsprodukten enthaltenen Eiweiße (Lebendmassezuwachs, Milch-, Ei-, Wollbildung). In beiden Stoffwechselsituationen handelt es sich also nicht um einen Proteinbedarf, sondern um einen Bedarf an Aminosäuren, die je nach Art der Leistung im Stoffwechsel in einem bestimmten Verhältnis zueinander zur Verfügung stehen müssen.
Bezüglich der erforderlichen Bereitstellung mit der Nahrung ist zu beachten, dass nichtessenzielle Aminosäuren prinzipiell im Stoffwechsel gebildet werden können, während essenzielle Aminosäuren in der gesamten erforderlichen Menge mit der Nahrung zugeführt werden müssen. Das heißt, die Qualität von Nahrungsproteinen hängt von deren Aminosäurenzusammensetzung sowie der Verdaulichkeit der Aminosäuren ab und wird insbesondere vom Gehalt an essenziellen Aminosäuren bestimmt. Diejenige essenzielle Aminosäure, die gegenüber dem Bedarf den relativ stärksten Mangel aufweist, begrenzt die Bildungsmöglichkeit der entsprechenden Eiweiße und wird daher als **begrenzende oder limitierende Aminosäure** bezeichnet.
Trotz dieser relativ einfachen Zusammenhänge kann man allein aus dem Gehalt an Aminosäuren in einem Futtermittel nur unzureichend dessen Proteinqualität voraussagen. Einerseits sind dazu die Kenntnisse über den Bedarf der einzelnen Aminosäuren noch nicht genügend präzisiert, andererseits sind aber auch genaue Kenntnisse über die Verfügbarkeit der Nahrungsaminosäuren erforderlich. Die Verfügbarkeit bezieht sich sowohl auf die Verdaulichkeit als auch auf die intermediäre Verfügbarkeit.
In der Vergangenheit hat man verschiedene Versuche unternommen, um Maßstäbe zur Beurteilung der Proteinqualität zu entwickeln. Als Kriterien wurden einerseits die Wirkung auf die Tiere selbst und andererseits chemisch-analytische Daten herangezogen. Hierzu werden im folgenden ausgewählte Beispiele dargestellt.

7.2 Tierexperimentelle Methoden der Proteinbewertung

7.2.1 PER (protein efficiency ratio, Proteinwirkungsverhältnis)

Der PER-Wert ist im Experiment mit wachsenden Tieren einfach zu ermitteln, da als Kriterium für die Eiweißqualität lediglich die mit der Rohproteinzufuhr erzielte Lebendmassezunahme ermittelt wird:

$$PER = \frac{\text{Lebendmassezunahme (g)}}{\text{Rohproteinverzehr (g)}}$$

Wesentliche Kritikpunkte dieses von Osborne und Mendel 1919 vorgeschlagenen Bewertungsmaßstabs bestehen darin, dass die Lebendmassezunahme nicht nur von der Nahrungsproteinqualität abhängt, sondern von mehreren Faktoren und dass die Zusammensetzung des Zuwachses (Protein-, Fett-, Wassergehalt) altersabhängig sowie tierartspezifisch ist. Darüber hinaus ist der ermittelte PER-Wert von der Höhe der Rohproteinzufuhr abhängig mit für verschiedene Proteinträger typischen Kurvenverläufen.

7.2.2 Proteinbewertung mithilfe der N-Bilanz

Ein wesentlich spezifischeres Kriterium für die Verwertung der Nahrungseiweiße durch das Tier ist die Stickstoffbilanz. Sie kann beim monogastrischen Tier eine Eiweißbilanz ersetzen, da in deren Futtermittel Nichtprotein-Stickstoffverbindungen nur in sehr geringen Mengen vorkommen.

$$\text{N-Bilanz} = \text{N-Aufnahme} - \text{Kot-N} - \text{Harn-N}$$

Ein Problem der N-Bilanz besteht in der verlustfreien Sammlung des Harn- und Kotstickstoffs. Alternativ dazu kann (besonders bei kleineren Versuchstieren) der N-Ansatz gemessen werden. Dieser basiert auf der Ganzkörperanalyse und erfordert die Schlachtung mehrerer Paralleltiere jeweils zu Beginn bzw. zum Ende einer Versuchsperiode.

$$\text{N-Ansatz} = B - B_0$$

B_0 = Menge Körper-N zu Versuchsbeginn
B = Menge Körper-N zu Versuchsende

„N-Ansatz“ und **„N-Retention“** werden heute als synonyme Begriffe verwendet. Früher wurde unter dem retinierten N die Summe aus N-Bilanz (Ansatz) und dem Stickstofferhaltungsbedarf (NEB) verstanden. Der NEB beinhaltet den Darmverluststickstoff (DVN) und den endogenen Harnstickstoff (EHN). Diese stellen die endogenen Stickstoffverluste über Kot und Harn dar und werden in der Regel in einer Periode proteinfreier Ernährung ermittelt. Aus diesem Grunde ist es durchaus korrekt, diese N-Menge als intermediär verwertet zu betrachten.

Mit steigender N-Zufuhr erhöht sich die N-Bilanz in Abhängigkeit von der Proteinqualität mit unterschiedlicher Steilheit. Um eine bestimmte N-Bilanz zu erreichen, ist bei einem hochwertigen Protein eine geringere N-Zufuhr erforderlich als bei einem Protein niedriger Qualität. Auch zur Aufrechterhaltung des N-Gleichgewichtes (Null-Bilanz) werden unterschiedliche N-Mengen der einzelnen Nahrungsproteine benötigt.

7.2.2.1 Biologische Wertigkeit

Die biologische Wertigkeit (BW) ist ein Bewertungsmaßstab, der auf Thomas und Mitchell (1923) zurückzuführen ist. Bei der BW wird sowohl berücksichtigt, dass nur der resorbierte Stickstoff tatsächlich verwertet werden kann und dass er dann intermediär sowohl dem N-Ansatz als auch dem Ersatz der endogenen N-Verluste dient.

$$BW = \frac{\text{N-Bilanz} + \text{NEB}}{\text{N-Aufnahme} - (\text{Kot-N} - \text{DVN})} \cdot 100$$

NEB = Stickstofferhaltungsbedarf
DVN = Darmverluststickstoff

Demnach gibt die BW an, wieviel Gramm Körpereiweiß von 100 g resorbiertem (wahr verdautem) Nahrungseiweiß ersetzt oder gebildet werden können. Proteine, deren resorbierte Aminosäuren ein Muster aufweisen, das weitgehend der Zusammensetzung der zu synthetisierenden Proteine entspricht, haben eine hohe BW und umgekehrt (→ Tab. 7.1).

Tab. 7.1
Vergleich der biologischen Wertigkeit einiger Futterproteine für Ratten und Schweine.

Futtermittel	Biologische Wertigkeit (in %)	
	für Ratten	für Schweine
Fischmehl	82	84
Sulfitablaugenhefe	67	75
Sojaextraktionsschrot	65	60
Sesamextraktionsschrot	72	43
Futtererbsen	57	68
Süßlupinen	49	68
Luzerne	72	66
Rotklee	52	60

Die BW-Bestimmung basiert zwar auf der N-Bilanz, stellt aber höhere Anforderungen an die Versuchsdurchführung, da eine saubere Kot-Harn-Trennung erforderlich ist. Die Ermittlung zuverlässiger Werte für DVN und EHN stellt ein weiteres Problem dar. Die Übertragbarkeit solcher Werte, die in Perioden N-freier Fütterung ermittelt wurden, muss in ihrer Gültigkeit für andere Rationen angezweifelt werden. Die endogenen Harnausscheidungen sind beispielsweise durch Proteinmenge und -qualität beeinflussbar. Der Anteil an DVN wird darüber hinaus durch Art und Menge von NSP-Komponenten sowie die Trockensubstanzaufnahme beeinflusst. Daher ist auch verständlich, dass BW-Werte nur vergleichbar sind, wenn sie unter standardisierten Bedingungen durchgeführt werden und dass BW-Bestimmungen bei unterschiedlichem Bedarf oder an verschiedenen Tierarten auch zu unterschiedlichen Ergebnissen führen (→ Tab. 7.1). Mit steigender Proteinzufuhr nimmt die ermittelte biologische Wertigkeit erheblich ab.
Auch ein weiterer Aspekt erschwert die Anwendbarkeit der BW für Belange der praktischen Fütterung. In praktischen Rationen sind Proteine aus verschiedenen Proteinträgern enthalten. Selbst wenn die BW für die Proteine der einzelnen Proteinträger bekannt ist, kann daraus nicht auf die BW einer Mischung dieser Proteine geschlossen werden. Der Grund sind sogenannte Aminosäurenergänzungswirkungen, die nach Kombination zweier Proteinquellen zu einer höheren BW führen können als für die einzelnen Proteine (z. B. Gerste BW = 70, Kartoffeln BW = 73; Mischung gleicher Anteile auf DM-Basis BW = 82).
Die biologische Wertigkeit wird als Beurteilungskriterium zur Einschätzung der Eiweiß- und Aminosäurenbedarfsdeckung in der praktischen Fütterung nicht herangezogen. Sie hat aber eine Bedeutung für vergleichende Untersuchungen von Nahrungsproteinen. Bevorzugte Versuchstiere dafür sind Laborratten.

7.2.2.2 Nettoproteinverwertung (NPU; net protein utilisation)

Der NPU-Wert wurde von Miller und Bender (1955) vorgeschlagen.

Wie auch bei der biologischen Wertigkeit wird der NEB auf der Verwertungsseite berücksichtigt; als Bezugswert dient allerdings nicht die wahre Verdaulichkeit des Stickstoffs, sondern die N-Aufnahme.

$$\text{NPU} = \frac{\text{N-Bilanz} + \text{NEB}}{\text{N-Aufnahme}} \cdot 100$$

Experimentell ist die NPU etwas einfacher zu bestimmen als die BW, weil keine Kot-Harn-Trennung erfolgen muss. Die Aussagefähigkeit der Werte sowie deren Bedeutung für die praktische Fütterung sind in gleicher Weise eingeschränkt wie für die biologische Wertigkeit.
Auch weitere Bewertungsmaßstäbe auf Basis der N-Bilanz, wie der „produktive Proteinnutzwert", bei dem die N-Bilanz auf die N-Aufnahme bezogen wird, haben keine praktische Bedeutung erlangt.

7.3 Proteinbewertung auf Basis chemisch-analytischer Daten

Aufgrund der Erkenntnis, dass die unterschiedliche Qualität von Nahrungsproteinen in deren Aminosäurenzusammensetzung begründet ist, gab es Versuche, die Proteinqualität auf Basis der Aminosäurenanalyse der Nahrungsproteine zu beurteilen. Routinemäßig einsetzbare Analysenverfahren stehen dafür seit Jahrzehnten zur Verfügung.

7.3.1 Eiproteinverhältnis (EPV)/ Milchproteinverhältnis (MPV) und „chemical score"

Bei den Beurteilungsmaßstäben EPV und MPV wird der prozentuale Gehalt der essenziellen Aminosäuren im Testprotein mit deren prozentualem Gehalt im Eiprotein bzw. Milchprotein ins Verhältnis gesetzt (→ Abb. 7.1).

$$\text{EPV (MPV)} = \frac{\text{AS im Testprotein (\%)}}{\text{AS im Ei-(Milch-)Protein (\%)}} \cdot 100$$

Dabei werden die Vergleichsproteine als „vollwertig" betrachtet. Für Hafer- und dem Weizenprotein ergibt sich das niedrigste Verhältnis für Lysin. Außerdem wird der Unterschied zwischen den beiden Getreideproteinen deutlich.

Abb. 7.1
Milchproteinverhältnisse (MPV) für Hafer- und Weizenprotein.

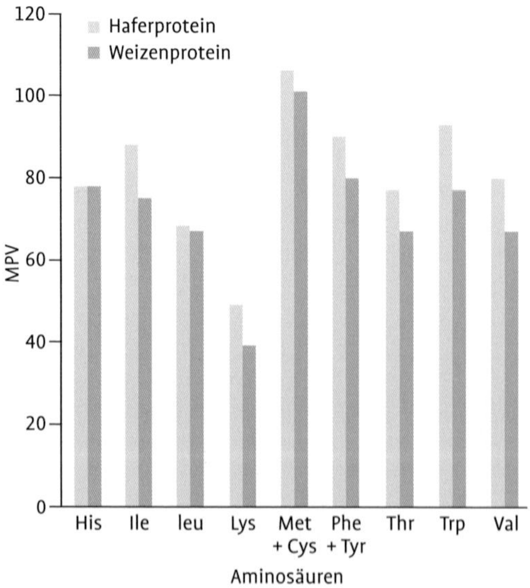

Eine Vereinfachung dieser Bewertungsmaßstäbe wurde von Mitchell und Block (1946) vorgeschlagen, wonach nicht mehr das Verhältnis für alle essenziellen Aminosäuren ermittelt wird, sondern nur noch für die zuerst limitierende Aminosäure. Der so erhaltene Wert wird als **„chemical score"** bezeichnet.

Eine grundsätzliche Schwäche dieser Bewertungssysteme liegt in der Wahl der Bezugsproteine. Diese können nicht den tatsächlichen Aminosäurenbedarf widerspiegeln. Bei genauer Kenntnis des Aminosäurenbedarfs für eine definierte Leistung kann allerdings dafür der relative Anteil der essenziellen Aminosäuren als Bezugsgröße eingegeben werden. Dennoch sind diese Methoden wenig zur Vorhersage tierischer Leistungen und als Grundlage zur Rationsgestaltung geeignet, weil die Verwertbarkeit der Aminosäuren nicht berücksichtigt wird. Diese kann insbesondere bei solchen Futtermitteln stark variieren, die bei der Verarbeitung hitzebehandelt werden. Auch anderen Methoden, die auf der Aminosäurenanalyse der Futtermittel basieren, wie EAA-Index (essential amino acid index) und Eck-Aminosäuren-Index, haften prinzipiell die gleichen Schwächen an.

7.3.2 Verfügbarkeit des Lysins

Von allen Aminosäuren kann bei Lysin die Verfügbarkeit am stärksten beeinträchtigt werden. Die ε-Aminogruppe dieser Aminosäure liegt auch bei Einbau in eine Peptidkette in freier Form vor und kann mit Aldehydgruppen (z. B. von Zuckern und Polysacchariden) über Bildung einer Schiffschen Base und Amadori-Umwandlung zu N-substituierten 1-Amino-1-desoxy-2-Ketosen führen. Reaktionen dieser Art gehören zum Typ der Maillard-Kondensation, und die entstehenden Reaktionsprodukte sind enzymatisch nicht hydrolysierbar. Aufgrund dessen sind die an der Reaktion beteiligten Aminosäuren nicht resorbierbar.

Reaktionen dieser Art finden besonders bei hochwertigen eiweißreichen tierischen Futtermitteln, wie Magermilchpulver oder Fischmehlen statt und bedeuten eine starke Qualitätsminderung der Eiweiße. Die Beeinträchtigung der Lysinverfügbarkeit kann durch Bestimmung des Rohproteingehaltes oder des Lysingehaltes jedoch nicht erkannt werden.

Carpenter und Ellinger haben 1955 eine Methode zur Bestimmung des verfügbaren Lysins vorgestellt. Sie basiert auf der Bestimmung freier ε-Aminogruppen des Lysins.

In geringerem Umfang können bei Hitzebehandlungen von Futtermitteln auch Kondensationsprodukte von Aminogruppen mit anderen Reaktionspartnern auftreten, die ebenfalls die Verdaulichkeit senken.

7.4 Proteinbewertung für Wiederkäuer

Aus der Darstellung des Protein- und Stickstoffumsatzes im Pansen (→ Kap. 5.2.2) ist bereits abzuleiten, dass alle bisher dargestellten Prinzipien der Proteinbewertung für Wiederkäuer keine Gültigkeit haben können. Durch den weitestgehenden mikrobiellen Abbau der Futterproteine und wegen der mikrobiellen Aminosäuren- und Proteinsynthese im Pansen hat das Muster der im Dünndarm zur Resorption gelangenden Aminosäuren kaum eine Beziehung zur Aminosäurenzusammensetzung der Futterproteine.

Abb. 7.2
Besonderheiten des Eiweißumsatzes im Pansen des Wiederkäuers.

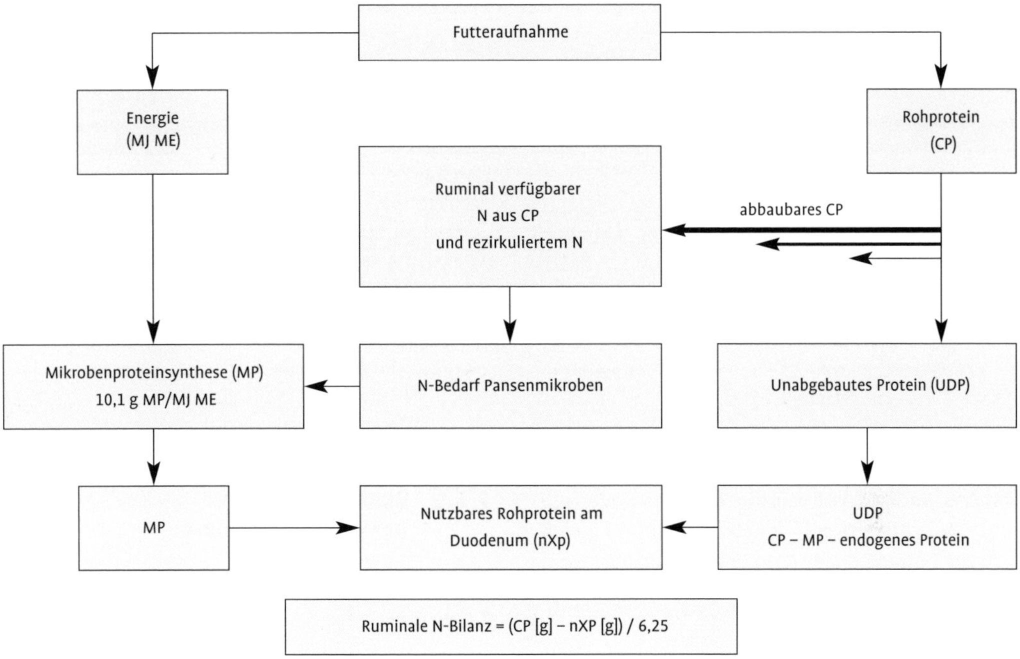

Daher sind für die Protein- und Aminosäurenversorgung des Wiederkäuers andere Aspekte von Bedeutung (→ Abb. 7.2). Ein Aspekt ist die Bereitstellung an fermentierbaren Kohlenhydraten und der damit verbundene Gehalt an umsetzbarer Energie. Die für das Tier nutzbare mikrobielle Proteinmenge beträgt etwa 10 g/MJ umsetzbarer Energie unter der Voraussetzung einer ausreichenden Stickstoffzufuhr (teilweise Deckung des mikrobiellen N-Bedarfs ist über den ruminohepatischen Kreislauf möglich). Ferner gelangen im Pansen nicht abgebaute Futterproteine (UDP, Durchflussproteine) in den Dünndarm, deren Anteil vom Futtermittel abhängt und durch verschiedene Faktoren beeinflussbar ist (→ Tab. 7.3). Das heißt, um Hinweise auf die Aminosäurenversorgung des Wiederkäuers zu erhalten, sind die Menge an mikrobiellem Protein und an Durchflussprotein sowie deren Aminosäurengehalte einzuschätzen.

Der nXP-Wert ist demnach ein theoretischer Wert, der sich aus der Energiezufuhr und dem UDP ergibt. Zur Einschätzung der Proteinversorgung wird daher eine weitere Angabe benötigt, die ruminale N-Bilanz (RNB). Sie ergibt sich aus der Differenz zwischen Rohproteinaufnahme und dem nutzbaren Protein am Duodenum. Der Wert kann sowohl positiv als auch negativ sein. Die Gesamt-Tagesration ist so zu gestalten, dass die RNB zwischen 0 und + 50 g liegt.

Experimentell kann die in den Dünndarm gelangende Menge an Aminosäuren durch Anlegen einer Fistel am Duodenum ermittelt werden. Aufgrund dieser sehr aufwendigen Versuchstechnik gibt es nur wenige Versuchsdaten dazu. Für die Proteinbedarfsdeckung wird daher bei der Rationsberechnung das am Duodenum nutzbare Rohprotein berücksichtigt.

Einerseits können Futterproteine niedriger Qualität durch die mikrobielle Syntheseleistung aufgewertet werden oder sogar unspezifische Stickstoffquellen (NPN-Verbindungen) zur Bildung mikrobieller Eiweiße genutzt werden. Andererseits können hochwertige Futterproteine im

Tab. 7.3
Klassifizierung einiger Futtermittel nach der intraruminalen Abbaubarkeit des Rohproteins (DLG, 1995).

Abbaubarkeit des Rohproteins (in %)		
65 (55–75)	75 (65–85)	85 (75–95)
Trockengrün	Kartoffeln	Frischgras
Sojaextraktionsschrot	Luzernesilage	Zuckerrübenblatt/-silage
Trockenschnitzel	Futterrüben	Grassilage
Pressschnitzel	Maissilage	Wiesenheu
Biertreber	Kleesilage	Ackerbohnen
Fischmehl	Erdnussextraktionsschrot/-expeller	Erbsen
Kartoffelschlempe	Maiskeimextraktionsschrot	Gerste (Korn)
Maiskolbensilage	Maiskleberfutter	Hafer (Korn)
Maiskleber	Rapsextraktionsschrot/-kuchen	Roggen (Korn)
Mais (Korn)	Weizenkleie	Weizen (Korn)
Leinextraktionsschrot/-kuchen	Sonnenblumenextraktionsschrot/-expeller	Sojaschalen
Citrustrester		

Pansen nahezu vollständig abgebaut werden, was einer „Abwertung" der Proteinqualität gleichkommt. Diese Aspekte sind bei der Rationsgestaltung in Betracht zu ziehen.

7.5 Aminosäurenbedarf und Aminosäurenbedarfsdeckung

Um zu einer optimalen Rationsgestaltung zu gelangen, muss über eine Proteinbewertung die Deckung des Aminosäurenbedarfs für eine bestimmte Leistung eingeschätzt werden können. Da bei Monogastriden sowohl ein Bedarf an einzelnen Aminosäuren, an einer bestimmten Gesamtzufuhr an Stickstoff und auch an einem entsprechenden Verhältnis zum Energiegehalt besteht, kann die Qualität eines Futterproteins nicht mit einer einzigen Zahl ausgedrückt werden, sondern erfordert mehrere Kennziffern zur Charakterisierung. Kenntnisse zum Aminosäurengehalt der Futterproteine, aber auch zur Resorbierbarkeit der Aminosäuren und zum konkreten Aminosäurenbedarf (bezüglich Tierart, Leistungsrichtung und -niveau), sind dazu wichtige Voraussetzungen. Für die Bewertung der Nahrungsproteine als auch für die Bedarfsangaben müssen dabei die gleichen Einheiten verwendet werden.

7.5.1 Bestimmung des Aminosäurenbedarfs

Der Bedarf an Aminosäuren wird nach dem Dosis-Wirkungs-Prinzip bestimmt. Einer Grunddiät, in der die zu prüfende Aminosäure im Mangel vorliegt (die übrigen Komponenten werden bedarfsdeckend und möglichst konstant gehalten), wird die entsprechende Aminosäure in mehreren Stufen zugesetzt. Man prüft dann die Wirkung der Aminosäurenzufuhr auf eine bestimmte Leistung. Als bedarfsdeckend wird die Menge der Aminosäurenzufuhr betrachtet, bei der 95 % der maximalen Leistung erzielt werden (→ Abb. 7.3). Zur Ermittlung dieses Wertes gibt es verschiedene Auswertungsverfahren der Kurvenverläufe. Der Abbildung ist auch zu entnehmen, dass die Aminosäurenzufuhr in unterschiedlicher Weise angegeben werden kann und die Wirkung an verschiedenen Leistungsparametern messbar ist. Bei wachsenden Tieren werden meist Lebendmassezunahme oder N-Bilanz als Leistungskriterien herangezogen. Die meisten Untersuchungen gibt es hierfür an Schweinen und Geflügel und für die erstlimitierenden Aminosäuren. Es ist wesentlich schwieriger, in anderen Stoffwechselsituationen, wie Laktation, Gravidität oder Erhaltung, eine Aminosäurenbedarfsbestimmung vorzunehmen, da die Tiere z. B. in der Laktation eine mangelnde Zufuhr an Aminosäuren durch Abbau von Körperproteinen kompensieren können,

Abb. 7.3
Aminosäurenbedarfsbestimmung nach dem Dosis-Wirkungs-Prinzip.

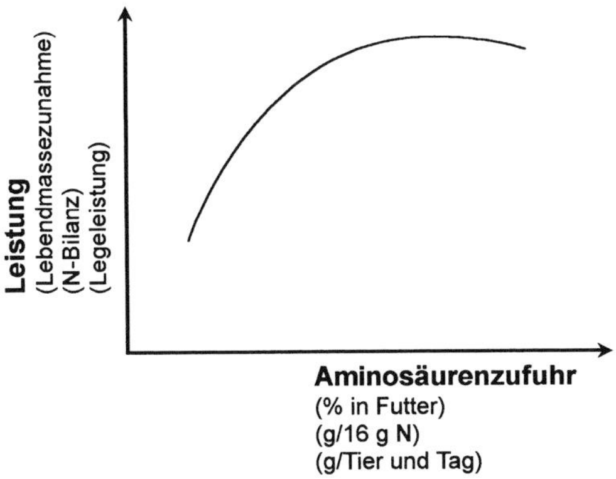

sodass kein unmittelbarer Effekt auf die Milcheiweißbildung besteht und keine einfach erfassbaren Leistungskriterien vorliegen.
Eine weitere wichtige Frage ist die Basis, auf der die Aminosäurenzufuhr beurteilt wird. Aus theoretischer Sicht wäre die beste Beurteilungsbasis die Menge intermediär verfügbarer Aminosäuren, die durch ein Futtermittel bereitgestellt werden. Derartige Werte könnten aber nur unter sehr hohem experimentellen Aufwand ermittelt werden und sind daher für die Fragestellung nicht praktikabel. Eine Beurteilung auf Basis der verdaulichen Aminosäuren wäre vom Aufwand vertretbar. Dagegen spricht aber die weitgehende Prägung des Aminosäurenmusters im Kot durch endogene Sekrete und durch Produkte mikrobieller Synthese, was die Beurteilung der Verdaulichkeit der Futteraminosäuren erschwert oder unmöglich macht. Bei der Bestimmung der praecaecalen Aminosäurenverdaulichkeit werden die genannten Nachteile weitgehend eliminiert. Daher wird in der Schweine- und Geflügelfütterung verstärkt dazu übergegangen, die Aminosäurenbedarfsdeckung nicht mehr über Bruttoaminosäuren, sondern auf der Basis der praecaecal verdaulichen Aminosäuren zu beurteilen.
Das entscheidende Kriterium für die Aminosäurenbedarfsdeckung ist der Vergleich von Bedarf und der Bereitstellung durch das Futter. Bei Diskrepanzen zwischen diesen Größen können entweder verschiedene Proteinträger in der Weise kombiniert werden, dass der Bedarf an den einzelnen Aminosäuren gedeckt wird, oder die im Mangel vorliegenden Aminosäuren werden in Form synthetischer Aminosäuren ergänzt. Die Bedarfsdeckung wird in der Regel nur für die am häufigsten limitierenden Aminosäuren Lysin, Methionin (+ Cystin), Tryptophan und Threonin geprüft (die sogenannten „Eckaminosäuren“).

7.5.2 „Ideales Protein“ und unausgeglichene Aminosäurenzufuhr

Weichen im Nahrungsprotein die relativen Anteile der einzelnen Aminosäuren zueinander vom „Aminosäurenbedarfsmuster“ ab, führt dies in jedem Fall zu einer reduzierten Aminosäuren- und Proteinverwertung, unabhängig davon, ob sie im Mangel oder im Überschuss vorliegen. Limitieren im Mangel aufgenommene Aminosäuren den Eiweißansatz, muss der relativ darüber liegende resorbierte Anteil aller anderen Aminosäuren katabolisiert werden und der Stickstoff über Leber und Niere ausgeschieden werden. Auch im Überschuss zugeführte Aminosäuren müssen auf gleiche Weise eliminiert werden.

Weicht das Aminosäurenmuster der aufgenommenen Proteine so stark von dem Bedarfsmuster ab, dass Verzehrs- und Wachstumsdepressionen auftreten, spricht man von **Aminosäurenimbalancen**.

Mögliche Ursachen von Imbalanceerscheinungen sind Konzentrationsveränderungen, die auf die Verzehrsregulation wirken, Konkurrenz von Aminosäuren um Transportsysteme in den Geweben oder die Beeinträchtigung des Stoffwechsels anderer Aminosäuren durch hohe Konzentration bestimmter Aminosäuren. Letzteres wird auch als **Aminosäurenantagonismus** bezeichnet. Antagonismen sind beispielsweise zwischen Leucin und Isoleucin/Valin, Lysin und Arginin oder Serin und Threonin bekannt.
Treten negative Effekte bei Überdosierung einzelner Aminosäuren auf, die nicht mit der Verzehrsdepression erklärt werden können, spricht man von **Aminosäurentoxizität.** Solche Erscheinungen sind bei Überdosierung von Methionin beobachtet worden.
Ein **„ideales Protein“** wäre ein Nahrungsprotein, bei dessen Resorption ein Aminosäurengemisch in den Stoffwechsel gelangen würden, dessen

Muster genau dem Aminosäurenbedarf entspricht, d.h. durch Reduzierung oder Steigerung der Zufuhr keiner der Aminosäuren die Verwertung verbessert werden kann. Fuller und Mitarbeiter haben das Konzept des „idealen Proteins" für wachsende Schweine weiterentwickelt. Dabei wurde ein faktorieller Bedarf für Erhaltung bzw. für Proteinansatz berücksichtigt. Als Basis dienten die praecaecal verdaulichen Aminosäuren. Da der Aminosäurenbedarf für Erhaltung im Vergleich zum Aminosäurenbedarf für den Proteinansatz beim wachsenden Schwein sehr gering ist, wird das Muster des „idealen Proteins" weitestgehend von der Zusammensetzung der angesetzten Proteine geprägt und verändert sich bei Zugrundelegung unterschiedlicher Wachstumsintensitäten wenig. Bei der Realisierung dieses Konzeptes liegen in der Bestimmung der praecaecalen Aminosäurenverdaulichkeit die größten Schwierigkeiten.

7.5.3 Aminosäurenbedarfsdeckung und Stickstoffausscheidung

Aus der bisherigen Darstellung wird klar, dass bei einer dem Bedarf angepassten Aminosäurenzufuhr die Verwertung des zugeführten Stickstoffs am höchsten ist, was gleichzeitig bedeutet, dass die Stickstoffausscheidung am niedrigsten sein wird. Dies ist nicht nur im Sinne der Nährstoffökonomie von Interesse, sondern auch ein wesentliches Anliegen einer umweltschonenden Tierhaltung. In der Tierhaltung sind die Emissionen von Stickstoff, Phosphor und Methan kritische Punkte. Es ist einzuschätzen, dass durch eine bedarfsangepasste Rationsgestaltung z.B. bei Mastschweinen, die Stickstoffausscheidung deutlich gesenkt werden kann.

Eine sehr wirksame Vorgehensweise besteht dabei in der Ergänzung von Futtermischungen mit niedrigem Proteingehalt mit den limitierenden Aminosäuren in synthetischer Form (→ Abb. 7.4). Im dargestellten Beispiel wird veranschaulicht, wie bei niedriger Proteinversorgung allein durch Lysinzulagen der N-Ansatz erhöht und die N-Ausscheidung reduziert werden können. Die Rohproteinzufuhr wird dabei durch die Lysinzufuhr nur geringfügig erhöht. Mit Blick auf die Umweltbelastung durch die Tierhaltung resultiert ein weiteres Kriterium, das bei einer Rationsgestaltung zu berücksichtigen ist, nämlich die Höhe der N-Ausscheidung pro Einheit erzeugtes Produkts (Milch, Fleisch, Eier).

Abb. 7.4
Einfluss einer steigenden Lysinaufnahme auf den N-Ansatz und die N-Ausscheidung bei Schweinen unter Bedingungen einer niedrigen Proteinaufnahme (nach Kirchgessner et al. 1994).

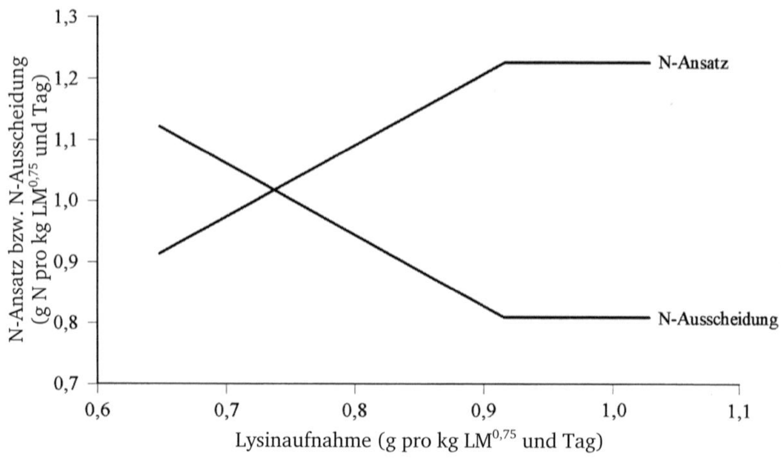

N-Ansatz: $y = 1{,}24 - 1{,}25\,(0{,}91 - x)$ $R^2 = 97\,\%$ $s_{y \cdot x} = 2{,}1\,\%$

N-Ausscheidung: $y = 0{,}82 + 1{,}25\,(0{,}91 - x)$ $R^2 = 94\,\%$ $s_{y \cdot x} = 4{,}4\,\%$

Teil 2 Futtermittelkunde

8 Einleitende Bemerkungen

Heinz Jeroch

Die Produktion von Futtermitteln hat für die Landwirtschaft und die Tierhaltung eine zentrale Bedeutung. Etwa 70% der pflanzlichen Bruttoproduktion werden in Deutschland für die Tierfütterung als Futtermittel entweder direkt (z. B. Grünfutter, Grünfutterkonservate, Kartoffeln, Futterrüben, Getreidekörner) oder nach Verarbeitung (z. B. Getreide als Mischfutterkomponente) verwendet. Des Weiteren fallen bei der industriellen Verarbeitung pflanzlicher (u. a. Getreide, Zuckerrüben) und tierischer Rohstoffe (z. B. Milch) in beachtlichem Umfang Nebenprodukte an, deren Nutzung als Futtermittel für die Versorgung landwirtschaftlicher Nutztiere mit Energie und Nährstoffen im Sinne des Ressourcenschutzes zunehmende Bedeutung hat. Dadurch wird die direkte Futtererzeugung entlastet und bei einer Reihe von Nebenprodukten eine nachhaltige Nutzung erreicht. Sowohl pflanzliche als auch tierische Rohstoffe und verschiedene für Futterzwecke genutzte Nebenprodukte stellen hochwertige Nahrungsmittel dar bzw. können dazu verarbeitet werden. So sind vor allem monogastrische Nutztiere in gewisser Weise Nahrungskonkurrenten des Menschen.

Darüber hinaus liefert die Industrie Futtermittel und Futterzusatzstoffe, die vor allem zu einer Aufwertung der in den landwirtschaftlichen Betrieben erzeugten Futtermittel und der industriellen Nebenprodukte im Rahmen einer vollwertigen Ernährung der Nutztiere beitragen. Diesem Ziel dient ebenfalls das breitgefächerte Mischfuttersortiment, für dessen Herstellung neben inländischen in erheblichem Umfang auch importierte Futtermittel verwendet werden.

Futtermittel dienen primär der Versorgung landwirtschaftlicher Nutztiere mit Energie und Nährstoffen, um die vom Tierhalter erwarteten Leistungen zu realisieren. Darüber hinaus müssen sie aber auch sicherstellen, dass in die tierischen Produkte wie Fleisch, Milch und Eier keine die menschliche Gesundheit gefährdenden Substanzen gelangen. Futtermittel sind ein wichtiges Element in der Nahrungsmittelkette. Die tierische Gesundheit und das Wohlbefinden von Tieren darf weder durch eine ungeeignete Auswahl von Futtermitteln, hygienische Mängel oder Kontaminanten gefährdet werden. Deshalb sind Futtermittel von der Erzeugung bis zum Einsatz einer prozessorientierten Kontrolle und Überwachung zu unterziehen. Dies betrifft alle Ebenen der Futtermittelerzeugung, des Futtermitteltransports, der Futtermittellagerung und -konservierung sowie den Einsatz in der Fütterung. In den letzten Jahren erfolgten von der EU umfassende gesetzliche Regelungen, die in die nationalen Gesetze und Verordnungen über Lebensmittel und Futtermittel überführt wurden.

9 Definition und Einteilung der Futtermittel

Heinz Jeroch

Im Sinne der Verordnung (EG) Nr. 178/2002 sind Futtermittel „Stoffe oder Erzeugnisse, auch Zusatzstoffe, verarbeitet, teilweise verarbeitet oder unverarbeitet, die zur oralen Tierfütterung bestimmt sind". Eine weitergehende Beschreibung der Futtermittelkategorien ist in der Verordnung (EG) Nr. 767/2009 im Artikel 3 zu finden. Die ernährungsphysiologische Zweckbestimmung der Futtermittel wird durch die von Wöhlbier (1977) erfolgte Definition des Futtermittelbegriffes im Vergleich zu den Formulierungen des Gesetzgebers eindeutiger ausgedrückt: „Futtermittel sind solche Stoffe, die vom Tier *per os* aufgenommen werden oder aufgenommen werden können, die auf den Stoffwechsel des Tieres sich auswirken und die als einzelne gesonderte Komponente dem Futter beigemengt werden."

Obgleich Arzneimittel nach der Definition des Gesetzgebers eindeutig ausgeklammert werden, bestehen dennoch bei einigen Produkten bzw. Substanzen Abgrenzungsprobleme, z. B. bei Kokzidiostatika, die in der Europäischen Union als Futterzusatzstoff gelistet sind.

Es ist verboten, ein Futtermittel, das den Anforderungen nach Artikel 6 Absatz 1 der Verordnung (EG) Nr. 767/2009 nicht entspricht, in den Verkehr zu bringen oder zu verfüttern.

Verboten sind zum Beispiel Tierkot, Verpackungsmaterialien, Klärschlamm und gebeiztes Saatgut. Futtermittel unterliegen heute vielfältigen Kontrollen und Definitionen. Die in der EU verwendeten Futtermittel sind im Katalog der Einzelfuttermittel (VO (EU) Nr. 2017/1017) gelistet. Werden sie unter der dort genannten Bezeichnung in den Verkehr gebracht, müssen sie den dort genannten Anforderungen genügen. Ist dies nicht der Fall, werden sie unter der entsprechenden Bezeichnung im Feed Material Register gelistet (www.feedmaterialregister.eu). Die meisten Futtermittel, die in Deutschland in der Nutztierfütterung eingesetzt werden, sind auch in der Positivliste für Einzelfuttermittel enthalten, die von der Normenkommission für Einzelfuttermittel bearbeitet und vom Zentralausschuss für Landwirtschaft herausgegeben wird. Es handelt sich hier um eine freiwillige Wirtschaftsvereinbarung. Futterzusatzstoffe unterliegen besonderen Regelungen, die in der Verordnung (EG) Nr. 1831/2003 festgelegt sind.

Futtermittel lassen sich nach verschiedenen Prinzipien einteilen. Hierzu zählen insbesondere:

Verwendungszweck:

- Einzelfuttermittel
- Mischfuttermittel, z. B.
  - Alleinfutter
  - Ergänzungsfutter
  - Mineralfuttermittel
  - Diätfuttermittel
- Futterzusatzstoffe

Botanische Merkmale, Herkunft und Erzeugung:
Dabei werden folgende Hauptgruppen unterschieden:

- grüne Futterpflanzen und ihre Konservate
- Stroh und andere faserreiche Produkte
- Wurzeln und Knollen
- Körner und Samen
- Nebenprodukte aus der Verarbeitung pflanzlicher Rohstoffe
- Futtermittel tierischer Herkunft
- Futtermittel auf mikrobieller Basis
- mineralische Futtermittel

Konsistenz:
- Raufutter (Heu, Stroh)
- Saftfutter (Grünfutter, Silagen, Wurzeln, Knollen)

Wassergehalt:
- Trockenfutter
- halbfeuchte Futtermittel
- Brei- oder Flüssigfuttermittel

Hauptinhaltsstoffe:
- energiereiche Futtermittel (Futterfette, stärke- und zuckerreiche Futtermittel)
- proteinreiche Futtermittel
- mineralische Futtermittel

Gebrauchswert- und einsatzorientierte Aspekte:
- Grobfuttermittel (Grünfutter, Grünfutterkonservate, Stroh)
- Konzentrate (Futtermittel mit hohem Energie- und/oder Rohproteingehalt je kg Trockensubstanz; z. B. Getreide, Leguminosen, Extraktionsschrote)

Betriebs- und marktwirtschaftliche Gesichtspunkte:
- Im landwirtschaftlichen Betrieb unterscheidet man zwischen betriebseigenen Futtermitteln (Grundfuttermitteln) und Zukaufsfuttermitteln.
  Gesamtwirtschaftlich werden die Futtermittel in die wirtschaftseigenen (im landwirtschaftlichen Betrieb erzeugte und unmittelbar dort zur Verfütterung kommende Futtermittel) und Handelsfuttermittel (handelsfähige Futtermittel) unterteilt, die im allgemeinen Produkte mit geringem Wassergehalt und ausreichender Lagerfähigkeit umfassen.

In Anlehnung an deutschsprachige Standardwerke der Tierernährung und Futtermittelkunde wird nachfolgend das zuerst genannte Einteilungsschema verwendet.

10 Futtermittelrechtliche Vorschriften[2]

Hans Schenkel

Herstellung, Handel und Verfütterung von Futter sind in der Bundesrepublik Deutschland gesetzlich geregelt. Maßgebend ist seit September 2005 das Gesetz zur Neuordnung des Lebens- und Futtermittelrechts (LFBG)[3]. Hierdurch wird das bisherige Futtermittelgesetz in Anlehnung an die europäischen Regelungen (→ Weißbuch für Lebensmittelsicherheit, 2000[4]; Verordnung (EG) Nr. 178/2002[5]) mit der Rechtssetzung im Bereich Lebensmittel zusammengeführt. Das Gesetz ist als Rahmengesetz konzipiert und legt die allgemeinen Richtlinien, Regeln und Normen fest. Es enthält eine Reihe von Ermächtigungen, nach denen das zuständige Fachministerium in Übereinstimmung oder Abstimmung mit weiteren betroffenen Ministerien gegebenenfalls mit Zustimmung des Bundesrats weitere Details regelt. Die Umsetzungen werden zumeist über die Futtermittelverordnung geregelt. Dieses untergesetzliche Regelwerk enthält auch die Vorgaben zum Beispiel hinsichtlich der Höchstwertregelungen für unerwünschte Stoffe sowie die Vorgaben zur Deklaration einzelner Inhaltsstoffe.

Entscheidend beeinflusst werden die nationalen futtermittelrechtlichen Regelungen durch die Vorgaben der Europäischen Union. Von dort erfolgen futtermittelrechtliche Regelungen auf drei Ebenen: Verordnungen, Richtlinien und Empfehlungen.

Verordnungen der EU sind in den Mitgliedsstaaten unmittelbares Recht. Richtlinien sind Regelungen, die nach entsprechenden Vorgaben und Fristen in nationales Recht umzusetzen sind, während die Empfehlungen und Stellungnahmen keinen rechtsverbindlichen Charakter haben. Die Futtermittelverordnung dient daher auch der Umsetzung der EU-Richtlinien in nationales Recht.

Zweckbestimmung der futtermittelrechtlichen Regelungen

Während in den Anfängen der futtermittelrechtlichen Regelungen der Schutz des Landwirtes vor Täuschungen im Vordergrund stand, sind es in jüngerer Zeit vor allem der Schutz des Menschen und der Tiere vor Beeinträchtigungen der Gesundheit (Futter- und Lebensmittelsicherheit). Die wichtigsten Ziele der Futtermittelgesetzgebung sind aufgrund der §§ 1 und 17–25 (LFGB) neben dem Schutz vor Täuschung, vor allem die Vorbeugung gegen eine bzw. die Abwehr einer Gefahr für die menschliche Gesundheit sowie der tierischen Gesundheit. Weitere Ziele sind die Erhaltung und Verbesserung der Leistungsfähigkeit der Nutztiere, der Erhalt und die Förderung der Qualität der von den Nutztieren gewonnenen Lebensmittel sowie der Schutz vor einer Gefahr für den Naturhaushalt durch in den tierischen Ausscheidungen vorhandene unerwünschte Stoffe. Wie bereits erwähnt, dienen die nationalen futtermittelrechtlichen Regelungen auch der Umsetzung von Rechtsakten von Organen der Europäischen Union.

2 Im Folgenden können nur einige allgemeine Grundsätze und Zusammenhänge dargestellt werden. Hinsichtlich der aktuellen Entwicklungen sei hingewiesen auf die Veröffentlichungen im Amtsblatt der Europäischen Union, dem Bundesgesetzblatt sowie laufend aktualisierte Publikationen (z.B. Petersen, Kruse (Hrsg.) (2017): Futtermittelrecht. Behr's Verlag, Hamburg).

3 Gesetz zur Neuordnung des Lebensmittel- und Futtermittelrechts, BGBl I, 55, 2618–2669, 2005.

4 Kommission der Europäischen Gemeinschaften: Weißbuch zur Lebensmittelsicherheit, KOM (1999), 719 endg., 2000

5 Verordnung (EG) Nr. 178/2002 des Europäischen Parlaments und des Rates vom 28. Januar 2002 zur Festlegung der allgemeinen Grundsätze und Anforderungen des Lebensmittelrechtes, zur Errichtung der Europäischen Behörde für Lebensmittelsicherheit und zur Festlegung von Verfahren zur Lebensmittelsicherheit. Amtsbl. Europ. Gemeinschaften L 31, 1–24.

Begriffsbestimmungen

Im Nachfolgenden soll auf einige wichtige Begriffsbestimmungen im futtermittelrechtlichen Bereich eingegangen werden, wie sie unter anderem im Gesetz zur Neuordnung des Lebensmittel- und des Futtermittelrechtes, der Futtermittelverordnung sowie der sogenannten Basisverordnung VO (EG) Nr. 178/2002 festgelegt sind.

Unter Bezug auf die VO (EG) Nr. 178/2002 wurde im Gesetz zur Neuordnung des Lebensmittel- und des Futtermittelrechtes im Unterschied zu früheren Definitionen der **Futtermittelbegriff** neu gefasst. *Futtermittel sind demzufolge (LFBG § 2 (4); VO Nr. 178/2002 Art. 3 Nr. 4): Stoffe oder Erzeugnisse, auch Zusatzstoffe, verarbeitet, teilweise verarbeitet oder unverarbeitet, die zur oralen Tierfütterung bestimmt sind.* Auch die **Futtermittelzusatzstoffe** sind futtermittelrechtlich geregelt und gruppiert (VO (EG) Nr. 1831/2003[6]).

Außer den **Einzelfuttermitteln bzw. Futtermittelausgangserzeugnissen** sind verschiedene Mischfuttermittel zu unterscheiden. Neben den Alleinfuttermitteln, welche allein den Nährstoffbedarf der Tiere abdecken, gibt es eine Reihe von Ergänzungsfuttermitteln, die in Kombination mit Einzelfuttermitteln oder weiteren Ergänzungsfuttermitteln die Gesamtration bilden. Eine Sonderrolle kommt dabei den Mineralfuttermitteln und den Melassefuttermitteln zu. Milchaustauschfuttermittel können sowohl als Alleinfuttermittel als auch als Ergänzungsfuttermittel eingesetzt werden. Eine besondere Rolle haben auch die Diätfuttermittel. Dies sind Mischfuttermittel, die dazu bestimmt sind, den besonderen Ernährungsbedarf von Tieren zu decken, bei denen insbesondere Verdauungs-, Resorptions- oder Stoffwechselstörungen vorliegen oder zu erwarten sind. Diese sind in der Richtlinie 2008/38/EG der Kommission mit dem Verzeichnis der Verwendung von Futtermitteln für besondere ernährungszwecke zusammengestellt.

Eine wichtige Definition im Zusammenhang mit neueren futtermittelrechtlichen Regelungen ist die des Futtermittelunternehmens bzw. -unternehmers, da viele Regelungen, insbesondere Gebote und Verbote, auf diese Gruppe abzielen. Vor allem im Rahmen der Futtermittelhygieneverordnung (VO (EG) Nr. 183/2005[7]) wird hier die Primärproduktion an Futtermitteln mit einbezogen, sodass unter bestimmten Voraussetzungen auch der Landwirt Futtermittelunternehmer ist.

Verbote zur Gefahrenabwehr

Die Gefahrenabwehr für die Gesundheit von Tier und Mensch sowie für den Naturhaushalt, wie sie im LFBG beschrieben werden, sind in einzelnen Regelungen der Futtermittelverordnung umgesetzt (z. B. Unterabschnitt 2).

Die Richtlinie 2002/32 EG in ihrer jeweils gültigen Fassung enthält für verschiedene unerwünschte Stoffe Höchstwerte, die in Futtermitteln oder Futtermittelzusatzstoffen nicht überschritten werden dürfen. Hierzu zählen u. a. verschiedene anorganische Stoffe, verschiedene chlorierte Kohlenwasserstoffe, Mykotoxine und toxische Unkrautsamen. Die Verordnung (EG) Nr. 396/2005 enthält in ihren Anhängen I und II die geltenden Rückstandshöchstgehalte an Pestiziden in Futtermitteln. In der VO (EG) Nr. 767 sind im Anhang III, Kapitel 1 verbotene Materialien gelistet, deren Inverkehrbringen oder Verwendung in der Tierernährung eingeschränkt oder verboten sind (u. a. Exkremente, mit Gerbstoffen behandelte Häute, Verpackung und Verpackungsteile, mit Pflanzenschutzmitteln behandeltes Saat- und Pflanzgut).

Spezifische futtermittelrechtliche Regelungen ergeben sich im Zusammenhang mit der Verhütung, Kontrolle und Tilgung bestimmter transmissibler spongiformer Encephalopathien (TSE) (VO (EG) Nr. 999/2001[8]) und den damit in Zusammenhang stehenden Regelungen. Kernpunkt ist dabei das Verfütterungsverbot von aus Säugetieren gewonnenen Proteinen an Wiederkäuer und die Ausweitung des Verbotes auf Tiere und Erzeugnisse tierischen Ursprungs.

6 Verordnung (EG) Nr. 1831/2003 des Europäischen Parlamentes und des Rates vom 22. September 2003 über Zusatzstoffe zur Verwendung in der Tierernährung. Amtsbl. Europ. Gemeinschaft L 268, 29.

7 Verordnung (EG) Nr. 183/2005 des Europäischen Parlamentes und des Rates vom 13. Januar 2005 mit Vorschriften zur Futtermittelhygiene. Amtsbl. Europ. Gemeinschaft L35, 1–22.

8 Verordnung (EG) Nr. 999/2001 des Europäischen Parlamentes und des Rates mit Vorschriften zur Verhütung, Kontrolle und Tilgung bestimmter transmissibler spongiformer Enzephalopathien.

Zwischenzeitlich wurden einige gesetzliche Regelungen geschaffen, die zumindest bei Nichtwiederkäuern den Einsatz einiger tierischer Futtermittel wieder ermöglichen, da von ihnen kein oder nur ein äußerst geringes Risiko einer TSE-Übertragung ausgeht, wie z. B. Gelatine aus Nichtwiederkäuer-Herkünften, Dicalciumphosphate aus Knochen, bestimmte Proteinhydrolysate und Blutbestandteile.

Allgemeine Regeln für den gewerbsmäßigen Verkehr

Einer der wesentlichen Beweggründe bei der Einführung futtermittelrechtlicher Regelungen war ursprünglich der Schutz vor Täuschungen und Verfälschungen. Dies ist auch Bestandteil des LFGB (§ 19). Danach ist es verboten, Futtermittel unter irreführender Bezeichnung, Angabe oder Aufmachung in den Verkehr zu bringen. Ferner ist es verboten, nachgemachte Futtermittel in den Verkehr zu bringen.

Bestimmungen für die Werbung

Für Futtermittel gilt nach § 20 des LFGB ein Verbot der krankheitsbezogenen Werbung, d. h. es ist verboten, beim Verkehr mit Futtermitteln – ausgenommen Diätfuttermittel – oder in der Werbung Aussagen zu verwenden, die sich auf die Beseitigung oder Linderung von Krankheiten oder auf die Verhütung solcher Krankheiten, die nicht Folge mangelhafter Ernährung sind, beziehen.
Im Folgenden soll kurz auf einige Regelungen im Zusammenhang mit den Einzelfuttermitteln (Futtermittelausgangserzeugnisse), den Zusatzstoffen sowie verschiedenen Arten von Mischfuttermitteln eingegangen werden.

Regelungen für Einzelfuttermittel

Gemäß dem Gesetz zur Neuordnung des Lebensmittel- und Futtermittelgesetzes sind „Einzelfuttermittel Stoffe, die mit oder ohne Futterzusatzstoffen, dazu bestimmt sind, in unverändertem, zubereitetem, bearbeitetem oder verarbeitetem Zustand an Tiere verfüttert zu werden; ausgenommen sind Stoffe, die überwiegend dazu bestimmt sind, zu anderen Zwecken als zur Tierernährung verwendet zu werden".
Die große Zahl der verwendeten Einzelfuttermittel ist dem europäischen Katalog der Einzelfuttermittel (VO (EU) 2017/1017) und dem Register (Feed Material Register) zu entnehmen. Auf Wirtschaftsvereinbarungen beruhen weitere Zusammenstellungen wie die Positivliste, die vom Zentralausschuss der Landwirtschaft herausgegeben wird, oder die Zusammenstellung von GMP-Plus in den Niederlanden.

Regeln für Zusatzstoffe und Vormischungen

Die Futtermittelzusatzstoffe wurden mit der VO (EG) Nr. 1831/2003 neu geregelt. Nach Artikel 2 (2) a dieser VO (→ LFBG § 3 (14)) sind Zusatzstoffe Stoffe, Mikroorganismen oder Zubereitungen, die keine Futtermittelausgangserzeugnisse oder Vormischungen sind und bewusst Futtermitteln oder Wasser zugesetzt werden, um eine oder mehrere der nachfolgend genannten Funktionen zu erfüllen (Artikel 5, Abs. 3):

- positive Beeinflussung der Beschaffenheit des Futters,
- positive Beeinflussung der Beschaffenheit der tierischen Erzeugnisse,
- positive Beeinflussung der Farbe von Zierfischen oder -vögeln,
- Deckung des Ernährungsbedarfs der Tiere,
- positive Beeinflussung der ökologischen Folgen der Tierproduktion,
- positive Beeinflussung der Tierproduktion, der Leistung und des Wohlbefindens der Tiere, insbesondere durch Einwirkung auf die Mikrobiota in Magen und Darm oder die Verdaulichkeit der Futtermittel,
- kokzidiostatische oder histomonostatische Wirkung.

Futterzusatzstoffe dürfen nur in Verkehr gebracht werden, wenn sie zugelassen sind. Eine Zulassung darf ausschließlich auf Grundlage der VO (EG) Nr. 1831/2003 bzw. gemäß den Artikeln 53 und 54 der VO (EG) Nr. 178/2002 erteilt, verweigert, verlängert, abgeändert, ausgesetzt oder widerrufen werden. Der Ablauf und die Form der Zulassung werden in den Artikeln 7–9 der VO (EG) Nr. 1831/2003 beschrieben.

Die Futterzusatzstoffe werden je nach Funktionsweise und Eigenschaften einer oder mehrerer der nachstehenden Kategorien zugeordnet (Artikel 6 VO (EG) Nr. 1831/2003):

- technologische Zusatzstoffe: jeder Stoff, der Futtermitteln aus technologischen Gründen zugesetzt wird,
- sensorische Zusatzstoffe: jeder Stoff, der einem Futtermittel zugesetzt die organoleptischen Eigenschaften dieses Futtermittels bzw. die optischen Eigenschaften des späteren Lebensmittels verbessert oder verändert,
- ernährungsphysiologische Zusatzstoffe,
- zootechnische Zusatzstoffe: jeder Zusatzstoff, der die Leistung oder den Gesundheitszustand von Tieren oder die Auswirkungen auf die Umwelt positiv beeinflusst,
- Kokzidiostatika und Histomonostatika.

Gemäß Artikel 17 der Zusatzstoff-VO (VO (EG) Nr.1831/2003) hat die EU-Kommission ein Register der Zusatzstoffe ins Internet eingestellt: (http://ec.europa.eu/food/food/animalnutrition/feedadditives/registeradditives_en.htm).
Eine grundlegende Voraussetzung für die Zulassung sind neben dem Nachweis der Wirksamkeit entsprechend der aufgeführten Kategorien, dass der Zusatzstoff

- sich nicht schädlich auf die Gesundheit von Tier und Mensch oder auf die Umwelt auswirkt,
- nicht in einer Weise dargeboten wird, die den Anwender irreführt,
- keinen Nachteil für den Verbraucher durch die Beeinträchtigung der Beschaffenheit der tierischen Erzeugnisse mit sich bringt
- und ihn bezüglich der Beschaffenheit der tierischen Erzeugnisse nicht irreführt.

Regelungen für Mischfuttermittel
Dis bisherigen Regelungen für Mischfuttermittel wurden in die VO (EG) Nr. 767/2009 integriert. Mischfuttermittel sind dabei nach Artikel 3 (2h) eine Mischung aus mindestens zwei Einzelfuttermitteln, mit Futtermittelzusatzstoffen oder ohne Futtermittelzusatzstoffe, die zur oralen Fütterung in Form eines Alleinfuttermittels oder eines Ergänzungsfuttermittels bestimmt sind. Die Verordnung regelt insbesondere die Anforderungen an die Sicherheit und das Inverkehrbringen einschließlich der jeweiligen zwingenden und freiwilligen Angaben zur Kennzeichnung.
Das Bundesamt für Verbraucherschutz und Lebensmittelsicherheit hat in Zusammenarbeit mit dem Bundesministerium für Ernährung, Landwirtschaft und Verbraucherschutz einen Leitfaden zur Kennzeichnung von Einzelfuttermitteln und Mischfuttermitteln herausgegeben.

Amtliche Futtermittelüberwachung
Die Überwachung der futtermittelrechtlichen Regelungen obliegt gemäß Abschnitt 7 des Lebensmittel- und Futtermittelgesetzbuches den Ländern – soweit es gesetzlich nicht anderweitig geregelt ist. Die zuständigen Behörden des Bundes und der Länder arbeiten dabei eng zusammen. Die Bundesländer können für die Durchführung der Überwachung spezifische Vorschriften erlassen. Wesentliche Vorgaben hierzu hat die Europäische Union in der VO (EG) 2017/625 über amtliche Kontrollen und andere amtliche Tätigkeiten zur Gewährleistung der Anwendung des Lebens- und Futtermittelrechts und der Vorschriften über Tiergesundheit und Tierschutz, Pflanzengesundheit und Pflanzenschutzmittel gegeben.
Die Überwachung erstreckt sich nicht nur auf die Herstellung und den Verkehr von Futtermitteln, sondern schließt auch die Fütterungsvorschriften mit ein. Neben den analytischen Kontrollen spielen daher Betriebsinspektionen und Buchprüfungen einschließlich der Überprüfung von Mischprotokollen eine wichtige Rolle. Besondere Bedeutung kommt der Rückverfolgbarkeit der eingekauften und in den Handel gebrachten Futtermittel zu. Für die amtliche Futtermittelüberwachung bildet die Futtermittel-Probenahme- und Analysenverordnung ein wichtiges Arbeitsinstrument (→ z. B. VO (EG) Nr. 152/2009 Verordnung zur Festlegung der Probenahmeverfahren und Analysenmethode für die amtliche Untersuchung von Futtermitteln). Hier spielt die Normierung der verschiedenen Analysenmethoden sowie die Einrichtung gemeinschaftlicher und nationaler Referenzlabors zur Qualitätssicherung eine herausragende Rolle.

Rechtliche Aspekte zu Futtermitteln im ökologischen Landbau

Zusätzlich zu den allgemeinen futtermittelrechtlichen Regelungen sind im ökologischen Landbau die Vorgaben der entsprechenden europäischen Verordnungen zum ökologischen Landbau zu berücksichtigen, so vor allem der VO (EU) 2018/848[9], welche die bisherige Basisverordnung VO (EG) 834/2007 ablöst. Im Hinblick auf die Fütterung ist eine der zentralen Forderungen, dass die Tiere nahezu ausschließlich mit Futtermitteln aus dem ökologischen/biologischen Landbau versorgt werden, wobei der Großteil möglichst im eigenen Betrieb erzeugt wird.

In der Verordnung sind die Vorgaben für die Herstellung und Verarbeitung der Futtermittel definiert. Die Verwendung ionisierender Strahlen ist untersagt. Gentechnisch veränderte Organismen (GVO) sowie durch GVO hergestellte Erzeugnisse dürfen nicht in Futtermittel und deren Herstellung verwendet werden. Die europäischen Regelungen enthalten auch die Vorgaben für die Kommission hinsichtlich der Zulassung von Erzeugnissen und Stoffen, die in der ökologischen/biologischen Produktion verwendet werden dürfen (Artikel 24 der Verordnung), insbesondere auch für die Verwendung von Produkten, die nicht aus der ökologischen Produktion kommen. Im Anhang 2, Teil II, der Verordnung wird detailliert auf Vorschriften für die Tierproduktion für die einzelnen Nutztiere eingegangen. So wird beispielsweise geregelt, wie hoch der Anteil an Futtermitteln sein muss, der aus dem eigenen Betrieb kommt, wie die Umstellungsperiode geregelt ist oder welche Bedingungen gelten, wenn Futtermittel oder Futtermittelzusatzstoffe eingesetzt werden sollen, die nicht aus der ökologischen/biologischen Erzeugung kommen. Neben den allgemeinen Vorschriften für die Futtermittelproduktion enthält die Verordnung im Teil IV des Anhangs 2 spezifische Produktionsvorschriften für verarbeitete Futtermittel.

Konnten bislang vor allem bei Nichtverfügbarkeit bestimmter Komponenten, v.a. bei Proteinfuttermitteln, bis zu 5 % der Gesamtration aus der konventionellen Produktion eingesetzt werden, wird dies durch die neue Verordnung zukünftig deutlich eingeschränkt. Ziel ist die Versorgung mit 100 % Futter aus ökologischen/biologischem Anbau. Bislang sind die Jungtiere noch ausgenommen, zumal sie besonders auf die ausreichende Zufuhr mit essentiellen Aminosäuren angewiesen sind. Deshalb wurden hier bislang vor allem Kartoffeleiweiß und Kleber aus der Stärkeproduktion eingesetzt.

Die einzelnen Fachverbände haben darüber hinaus weitergehende Anforderungen formuliert, z. B. hinsichtlich der zu verwendeten Proteinfuttermittel. Das Forschungsinstitut für biologischen Landbau (FiBL) veröffentlich jährlich eine Betriebsmittelliste, die die Futtermittel und Futtermittelzusatzstoffe enthält, an der sich auch die verschiedenen deutschen Bioverbände in ihren Listungen orientieren. Differenzen zwischen den verbandsspezifischen Vorgaben und der europäischen Verordnung bestehen zum Beispiel hinsichtlich der Sommerfütterung. Hier schreiben die Bioverbände Weidegang oder zumindest Grünfutter in der Sommerperiode vor. Unterschiede gibt es auch in der Möglichkeit des Einsatzes von Fischmehl, welches in der europäischen Verordnung im Geflügelbereich zulässig ist. Zudem wird in der Verordnung bei Schweinen und Geflügel auch Wert auf das Raufutterangebot gelegt.

9 Verordnung (EU) 2018 des europäischen Parlaments und des Rates vom 30. Mai 2018 über die ökologische/biologische Produktion und die Kennzeichnung von ökologischen/biologischen Erzeugnissen sowie zur Aufhebung der Verordnung (EG) Nr. 814/2007 des Rates; Amtbl EU L150, 1–92, 2018.

11 Grünfutter

Olaf Steinhöfel, Martin Gierus und Heinz Jeroch

11.1 Allgemeine Angaben

Als Grünfuttermittel bezeichnet man die oberirdische Biomasse (Stängel, Blätter, Blüten, Samen) von Futterpflanzen, die ihr Wachstum bzw. ihre Entwicklung zum Nutzungszeitpunkt in der Regel noch nicht abgeschlossen haben. Grünfuttermittel zeichnen sich durch folgende gemeinsame Merkmale aus und unterscheiden sich dadurch von anderen Futtermittelgruppen:

- Sie bilden eine heterogene Futtermittelgruppe, deren Futterwert stark von der Pflanzenart, der botanischen Zusammensetzung (bei Mischbeständen), vom Entwicklungsstadium und den biotischen und abiotischen Umweltfaktoren abhängig ist (→ Abb. 11.1).
- Grünfutterpflanzen bestehen aus vegetativen (Stängel bzw. Halm, Blätter) oder aus einem Gemisch von vegetativen und generativen (Blüten, Samen) Pflanzenorganen. Der Anteil der einzelnen Pflanzenorgane verändert sich im Verlauf des Wachstums (→ Abb. 11.2). Sowohl durch die Verschiebung dieser Anteile als auch durch die stoffliche Veränderung der einzelnen Fraktionen ist der Futterwert einer Grünfutterpflanze stark vom Zeitpunkt der Nutzung abhängig.
- Durch den hohen Wassergehalt (≈ 65–85 %) sind Grünfuttermittel voluminöse und bei fehlender geeigneter Konservierung leicht verderbliche Futterstoffe.
- Grünfutterpflanzen zeichnen sich durch einen hohen Gehalt an Gerüstsubstanzen (Zellwand) aus, insbesondere Strukturkohlenhydraten, die nur durch mikrobiell gebildete und damit körperfremde Enzyme abgebaut werden können. Deshalb sind Grünfuttermittel und die daraus hergestellten Konservate in erster Linie Futtermittel für Wiederkäuer, Pferde und Kaninchen sowie zur Faserversorgung von monogastrischen Nutztieren geeignet.
- Im jungen Entwicklungsstadium ist Grünfutter reich an Mineralstoffen, Provitaminen und Vitaminen; die Blattfraktion enthält reichlich Rohprotein mit mittlerer biologischer Wertigkeit. Grüne Pflanzen sind in der Regel fettarm.

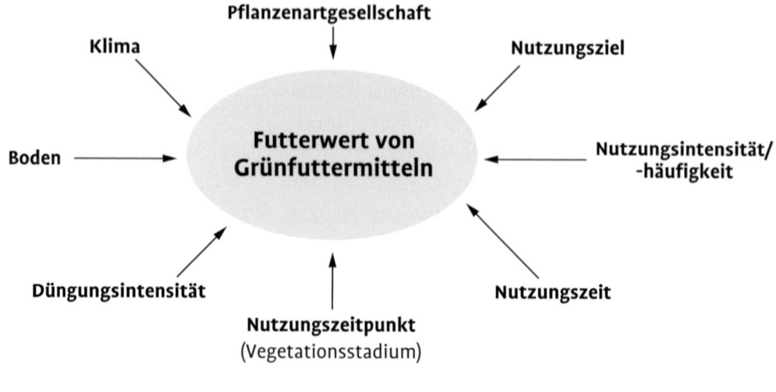

Abb. 11.1 Einflussfaktoren auf den Futterwert von Grünfutter.

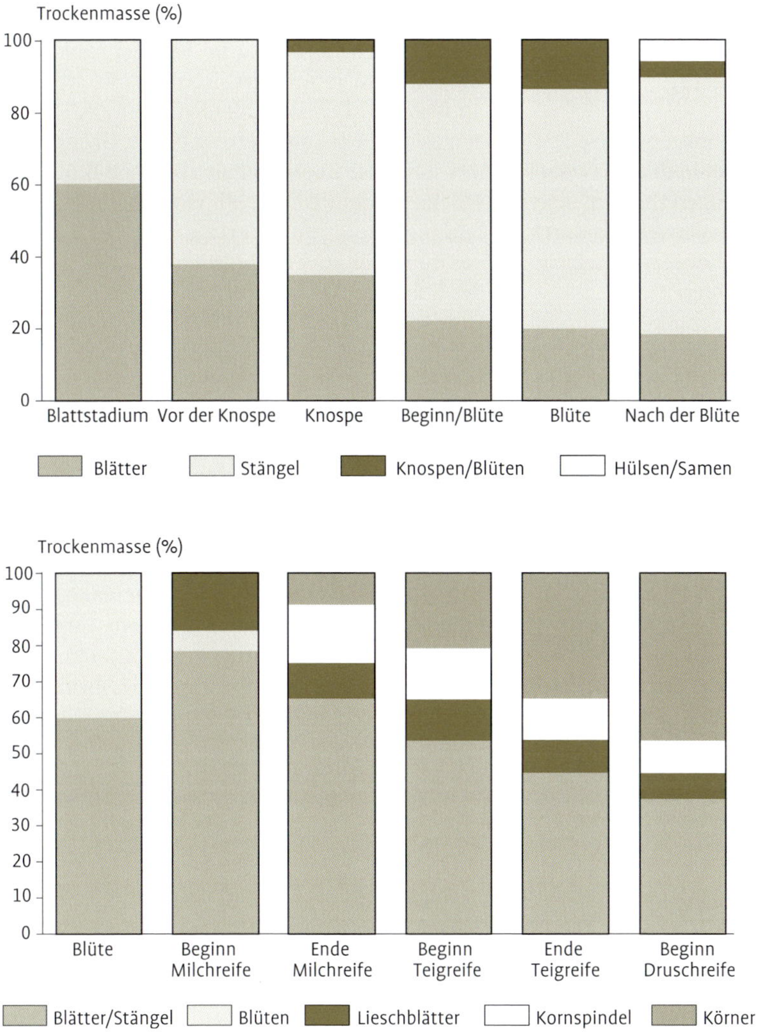

Abb. 11.2
Anteil wichtiger botanischer Bestandteile an der Luzerne- (oben) bzw. Maispflanze (unten) in unterschiedlichen Entwicklungsstadien.

Grünfuttermittel werden sowohl auf dem Grünland als auch im Ackerfutterbau erzeugt. Auf dem Grünland existieren vorrangig natürlich entstandene, vor allem von den Standortverhältnissen (Klima, Boden) abhängige, aber auch von der Nutzung (Mäh- oder Weidenutzung) beeinflusste, z. T. langjährig bestehende Artengemeinschaften (permanente Grünlandflächen). Demgegenüber handelt es sich im Ackerfutterbau um Reinbestände bzw. kontrollierte Pflanzenmischungen (temporäre Grünlandflächen). In Abhängigkeit ihrer Einordnung in die Fruchtfolge kann hierbei nach Hauptfrucht-, Zwischenfrucht- und Zweitfruchtfutterbau unterschieden werden. Außerdem kann beim Anbau einiger Marktfrüchte (z. B. Zuckerrüben- und Feldgemüseanbau) Grünfutter als Koppelprodukt anfallen. Hinsichtlich der Nutzungsform des Grünfutters ist zwischen Weide- und Mähfutternutzung zu unterscheiden. Das gemähte Futter dient der Frischverfütterung oder es werden daraus Konservate (Silage, Heu, Trockengrün), insbesondere für die vegetationsarme bzw. -freie Zeit, aber auch für eine ganzjährige Konservatfütterung, hergestellt.

11.2 Inhaltsstoffe und Futterwert

11.2.1 Energieliefernde Inhaltsstoffe (Kohlenhydrate, Fette)

Die organische Masse der Grünfutterpflanzen besteht überwiegend aus **Kohlenhydraten**, wobei jedoch diese Stoffklasse heterogen zusammengesetzt ist. Dies ist sowohl für die Verwertung durch das Nutztier als auch für die Konservierungseignung von erheblicher Bedeutung.

Der Aufbau blattreicher Pflanzenmasse während der ersten Phase der Pflanzenentwicklung ist durch die Bildung hoher Anteile an Zellinhalt gekennzeichnet. Dieser enthält reichlich **wasserlösliche Kohlenhydrate**, die vereinfachend oft als Zucker bezeichnet werden. Als wasserlösliche Kohlenhydrate werden neben Fructan (Speichersubstanz bei C_3-Pflanzen) auch Glucose, Fructose und Saccharose bezeichnet. Neben der Stärke (Speichersubstanz bei C_4-Pflanzen) gehören diese auch zu den Nichtstrukturkohlenhydraten. Der Zuckergehalt ist abhängig von der Pflanzenart. Bei Gräsern variiert der Gehalt zwischen 60 und 290 g/kg DM und liegt damit in der Regel deutlich höher als bei den Leguminosen (30–80 g/kg DM). Leguminosen können begrenzte Mengen Stärke im Stängel speichern. Bis zur Blüte vermindert sich die Konzentration an wasserlöslichen Kohlenhydraten. Bei Pflanzen mit hohem Samenertrag (Mais, Grüngetreide) steigt der Zuckergehalt zwischen Blüte und Milchreife deutlich an. Mit zunehmender Kornbildung erfolgt eine Verlagerung des Zuckers aus den vegetativen Pflanzenteilen zum Aufbau der Stärke in den generativen Organen.

Durch das einsetzende Streckungswachstum der Grünfutterpflanzen findet eine verstärkte Synthese und Einlagerung von **Cellulose** und **Hemicellulosen** in die Zellwände der Stängelfraktion statt. Mit fortschreitender Entwicklung wird dieser Prozess von einer zunehmenden **Lignifizierung** begleitet. Die Gehalte an Gerüstsubstanzen (Rohfaser, neutrale Detergenzienfaser [NDF]) steigen an, und innerhalb der Gerüstsubstanzen erhöht sich der Ligninanteil. Bei Pflanzenarten mit potenziell hohem Samenertrag (Mais, Getreide, großsamige Leguminosen) wird jedoch dieser Prozess durch die Ausbildung der stärkereichen generativen Organe (Samen)

Abb. 11.3
Veränderung des Gehaltes an Rohfaser, Zucker, Stärke und Rohprotein in unterschiedlichen Entwicklungsstadien von Deutschem Weidelgras und Silomais.

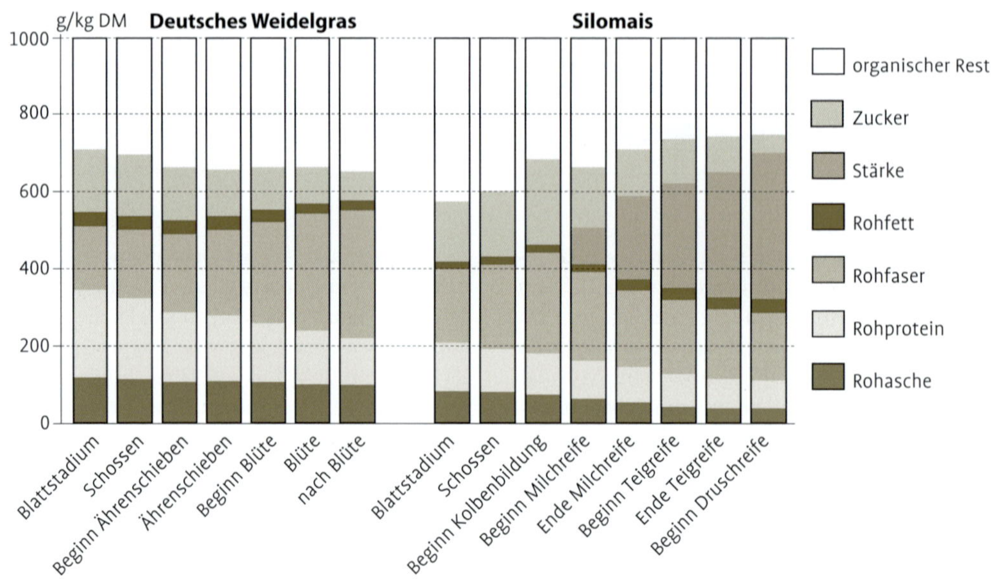

überlagert. Der **Stärkegehalt** von Getreide- bzw. Silomaisganzpflanzen ist insbesondere vom Körner- bzw. Kolbenanteil abhängig. Dieser wiederum wird durch das Reifestadium, die Sortenwahl und die Schnitthöhe bei der Ernte beeinflusst. Bei kolbenreichem Silomais, Ende der Teigreife, kann dieser ≥ 350 g/kg DM betragen. Der Gehalt an Rohfaser stagniert bzw. nimmt beim Silomais mit zunehmender Kolbenausbildung und -reife ab. Am Beispiel von Weidelgras und Silomais vermittelt Abbildung 11.3 die Veränderungen bei den Gehalten an Zucker, Stärke und Rohfaser.

Grünfutter enthält relativ wenig **Rohfett.** Es ist vorrangig in den Chloroplasten der Blätter lokalisiert. Etwa 25 % der Rohfettfraktion entfallen auf Fettbegleitstoffe, u. a. Provitamine, Vitamine, Farbstoffe sowie geruchs- und geschmacksbeeinflussende Substanzen. Letztere Stoffe, die in einigen Pflanzen besonders reichlich vorkommen (z. B. in Kruziferen, Hahnenfuß, Lauchgewächsen, Kresse), können die sensorischen Eigenschaften der Milch mehr oder weniger stark beeinträchtigen. Der hohe Anteil an ungesättigten Fettsäuren im Grünfutterfett beeinflusst vor allem bei Weidegang und Grasverfütterung die Fettkonsistenz der Rohmilch (weiche „Weidebutter") und des Fleisches. Zum Teil wird dieser Effekt bewusst genutzt, um den Gehalt an CLA und Omega-3-Fettsäuren im Butterfett zu steigern. Mit fortschreitender Vegetation und Übergang ins generative Entwicklungsstadium verringert sich sowohl der Fettgehalt als auch der Anteil an ungesättigten Fettsäuren.

11.2.2 Rohprotein

Der Rohproteingehalt in Grünfuttermitteln kann zwischen 50 g/kg DM bei überständigen Grasaufwüchsen (z. B. Winterweiden) und 300 g/kg DM bei jungem intensiv gedüngtem Pflanzenmaterial sowie bei kleinkörnigen Leguminosen (Luzerne, Klee) schwanken. Einen wichtigen Einfluss übt auch hier das **Blatt-Stängel-Verhältnis** aus. Der abnehmende Masseanteil der rohproteinreichen Blattfraktion mit zunehmender Vegetationsdauer bewirkt einen Rückgang des Rohproteingehaltes in der Gesamtpflanze (→ Abb. 11.3). Während der vegetativen Entwicklung ist **junges Pflanzenmaterial** auch deshalb rohproteinreicher, weil die Nährstoff- und insbesondere Stickstoffaufnahme im Jugendstadium der Pflanzen dem Aufbau der pflanzlichen Biomasse vorauseilt. Ein hohes Angebot an pflanzenverfügbarem Nitrat- bzw. Ammoniumstickstoff im Boden (z. B. hohe Stickstoffdüngung) verstärkt diesen Prozess (Luxuskonsum). Mit steigender N-Düngung je ha erhöht sich der Rohproteingehalt in den Pflanzen.

Leguminosen sind durch ihre Fähigkeit, Luftstickstoff symbiotisch zu binden, vom verfügbaren Bodenstickstoff unabhängiger und bei vergleichbarem Entwicklungsstadium deutlich rohproteinreicher als Gräser (→ Tab. 26.1). Auch viele **Kräuter** besitzen aufgrund ihres höheren Blattmasseanteils an der Gesamtpflanze einen höheren Rohproteingehalt als Gräser. Der Leguminosen- bzw. Kräuteranteil kann den Rohproteingehalt von Gemengen bzw. Grünlandaufwüchsen verändern.

Der Anteil an **Reinprotein** am Rohprotein beträgt beim Grünfutter im Mittel 65–75 %, da in den vegetativen Pflanzenteilen die Eiweißsynthese aus niedermolekularen Stickstoffverbindungen noch im Gange ist. Mit zunehmender Reife der Pflanzen und Übergang ins generative Entwicklungsstadium nimmt der Reinproteinanteil zu. Der bereits erwähnte Luxuskonsum bei einem Überangebot an pflanzenverfügbarem Stickstoff bewirkt, dass bei hohen Stickstoffgaben der Reinproteinanteil zugunsten des NPN-Anteils im Futterrohprotein sinkt. Unter diesen Bedingungen steigt vor allem der Nitratgehalt an.

Neben der Rohproteinmenge im Grünfutter hat auch deren Qualität eine gewisse Bedeutung. Bei einer Verfütterung an monogastrische Nutztiere, die sich nur auf wenige Einsatzgebiete beschränkt (z. B. extensive Haltungsformen, u. a. Weidemast der Gänse, güste und niedertragende Sauen), interessiert die Aminosäurenzusammensetzung des Grünfutterproteins. Es ist im Vergleich zum Getreideeiweiß lysinreicher, erreicht aber nicht den Lysinanteil vom Sojaeiweiß (→ Tab. 26.2). Leguminoseneiweiß enthält an den Eckaminosäuren höhere Anteile als Grasprotein. Die für Wiederkäuer bedeutsame ruminale Abbaubarkeit des Futterproteins variiert innerhalb dieser Futtermittelgruppe beachtlich (→ Tab. 26.1). Sie beträgt bei Silomais ca. 65 % und bei jungem intensiv gedüngtem Gras bis 95 %. Eine geringere ruminale Abbaurate geht zwar mit einem höheren Anteil des unabgebauten Rohproteins einher, allerdings nicht immer mit einer höheren Qualität (ungünstigeres Aminosäurenmuster). Zwischen dem Rohproteingehalt und der ruminalen Abbaubarkeit des Grünfutterproteins besteht eine positive Korrelation.

11.2.3 Mineralstoffe

Der Gehalt an Mineralstoffen im Grünfutter unterliegt zahlreichen Einflussfaktoren und damit auch mehr oder weniger großen Schwankungen. Vor allem bei den Spurenelementen bestehen starke Schwankungen im Gehalt. Es sind neben der Pflanzenart und dem Pflanzenalter vor allem der Standort (pH-Wert, geologisches Ausgangsmaterial für die Bodenbildung), die Düngung, die Witterungsbedingungen während des Wachstums (Temperatur, Niederschlagsmenge) und Industrieemissionen, die die Gehalte beeinflussen (→ Tab. 11.1).

Leguminosen und nichtlegume Kräuter sind im Allgemeinen wegen des tieferen Wurzelwerkes mineralstoffreicher als Gräser. Zu den mineralstoffärmeren Futterpflanzen zählt der Silomais. Mit fortschreitender Vegetation vermindert sich der Mineralstoffgehalt mehr oder weniger. Folgeaufwüchse enthalten dagegen in der Regel höhere Konzentrationen als der erste Aufwuchs. Über den mittleren Gehalt an wertbestimmenden Mengenelementen in ausgewählten Grünfutterpflanzen bzw. Pflanzengemischen (Grünlandaufwuchs) informiert Tabelle 26.4. Gemessen an den Anforderungen der Wiederkäuer ergeben sich nachfolgende Hinweise:

- In Leguminosen und im Zuckerrübenblatt liegt ein sehr weites Ca/P-Verhältnis vor.
- Mit Ausnahme von Zuckerrübenblättern ist der Na-Gehalt im Grünfutter sehr gering.

Tab. 11.1
Beeinflussung des Mineralstoffgehaltes von Grünfutter durch Standort, Düngung und Klima

		Ca	P	Mg	Na	Mn	K	Cu	Se	Zn	I	Co
Standort	Saure Böden	▼	▼			▲		▼	▼	▲		
	Meernahe Standorte										▲	
	Muschelkalk/Keuper/Löß					▼				▼		
	Gneis					▼				▼		▼
	Geschiebelehm							▼	▼	▼		
	Diluviale Sande							▼				
	Moor/Torf							▼				
	Verwitterungsböden								▼			
Düngung	P-Düngung		▲									
	Reichliche K-Düngung			▼	▼		▲					
	Reichliche Ca-Düngung					▼				▼		
Klima	Längere Trockenheit		▼			▼				▼		
	Hohe Niederschläge	▼										
Emission und Umweltgifte	Schwefel							▼	▼			
	Schwermetalle							▼	▼	▼		

▼ Abnahme ▲ Anstieg

- Gräser und Grünlandaufwuchs enthalten im frühen Entwicklungsstadium relativ wenig Mg.
- Grünfutter ist generell reich an Kalium. Bei übermäßiger K-Düngung (z. B. durch Gülle) kommt es zu einer weiteren K-Akkumulation in den Pflanzen.
- Der Spurenelementgehalt von Grünfutter unterliegt starken standortspezifischen Schwankungen.

11.2.4 Provitamine und Vitamine

Grünfutter ist mit wenigen Ausnahmen reich an Provitaminen und Vitaminen. Vitamin A liegt ausschließlich in seinen Vorstufen vor, den Carotinen, wobei das β-Carotin überwiegt (> 90 %). Besonders carotinreich sind junge blattreiche Futterpflanzen. Stängelreiche Pflanzen, wie Silomais und Futterkohl, enthalten dagegen weniger Vitamin-A-Vorstufen. Auch Rübenblätter zählen zu den carotinärmeren Grünfutterstoffen (< 100 mg/kg DM). Mit fortschreitender Vegetation vermindert sich der Carotingehalt im Grünfutter jedoch deutlich (→ Abb. 11.4). Für die Geflügelfütterung ist vor allem der reichliche Gehalt an Carotinoiden (Eidotter- und Hautpigmente) in jungen blattreichen Pflanzen bzw. daraus hergestellten Grünmehlen bedeutsam. Jedoch besitzen diese keine Vitamin-A-Wirksamkeit.

Lebende Pflanzen enthalten in der Regel nur geringe Vitamin-D_2-Mengen. Eine Ausnahme bildet teigreifer Silomais. In reichlicher Konzentration ist jedoch Ergosterol vorhanden, das nach Schnitt und Feldtrocknung durch die UV-Strahlen des Sonnenlichts in Vitamin D_2 umgewandelt wird.

Auch Tocopherole, vor allem α-Tocopherol, Vitamin K und fast alle Vitamine des B-Komplexes (außer Vitamin B_{12}) kommen im Grünfutter reichlich vor, wenngleich letztere (Vitamin K, B-Vitamine) nur beim Grünfuttereinsatz an monogastrische Nutztiere von Bedeutung wären, da sie in den Vormägen der Wiederkäuer durch Pansenmikroben in ausreichender Menge gebildet werden.

Abb. 11.4
Carotingehalt im Grünfutter in Abhängigkeit vom Entwicklungsstadium.

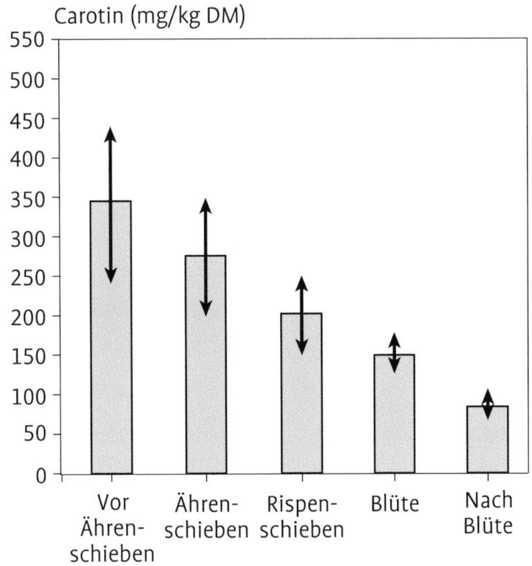

11.2.5 Antinutritive und toxische Substanzen

Neben den genannten wertbestimmenden Inhaltsstoffen können Grünfutterarten auch wertmindernde (antinutritive) und toxische Substanzen enthalten bzw. mit Letzteren kontaminiert sein. Das Vorkommen dieser Stoffe muss bei der Fütterung beachtet werden. Um Leistung, Gesundheit und Milchqualität nicht negativ zu beeinträchtigen, kann eine Begrenzung der Einsatzmenge erforderlich sein bzw. im Extremfall eine Verfütterung sogar ausschließen. Über das Vorkommen und die Wirkung von bedeutsamen Inhaltsstoffen mit möglicher schädlicher Wirkung informiert Tabelle 11.2. Die Gehalte können in den Pflanzen beachtlich variieren. Wesentliche Einflussfaktoren sind Genotyp, Standort, Entwicklungsstadium und klimatische Bedingungen während der Vegetationsperiode.

Insbesondere bei der Nutzung von Grünlandaufwüchsen besteht die Gefahr, dass **Giftpflanzen** aufgenommen werden, welche gesundheitliche Schäden bei den Tieren bewirken. Im Zuge der Extensivierung und Denaturierung von Grünland ist im verstärkten Umfang mit Giftpflanzen zu

Tab. 11.2
Antinutritive Inhaltsstoffe in Grünfuttermitteln – Wirkungen, Bewertung und Gegenmaßnahmen (nach Weissbach 1993, erweitert)

Stoffgruppe	Stoffe (Beispiele)	Vorkommen	Wirkung	Bewertung/ Gegenmaßnahmen
Glucosinolate	Allyl-ITC 3-Butenyl-ITC 3-Indolyl-ITC 2-Hydroxyl-3-butenyl-ITC (ITC = Isothiocyanat)	Kohl, Raps, Rübsen und deren Bastarde	Störungen der Schilddrüsenfunktion, Wachstums- und Fruchtbarkeitsstörungen, Geschmacksveränderung der Milch	Einsatzrestriktion (→ Tab. 11.6)
Cyanogene Glucoside	Vicianin Linamarin Dhurrin	Ackerbohne Weißklee, Rotklee Sorghum-Arten	Leistungsminderung und Intoxikation durch freigesetzte Blausäure	Sehr geringe Konzentrationen (Leguminosen), die bei üblichen Einsatzmengen nicht nachteilig sind; Einsatzbegrenzung bei Sorghum-Arten
Alkaloide	Perlolin Hordenin Histamin	Weidelgräser, Schwingelarten Gerste, Hafer Knaulgras	Höchstens schwach giftig	Keine nachteiligen Wirkungen bekannt
	Tryptamin-Alkaloide	Rohrglanzgras	Verzehrshemmend, giftig	Einsatzrestriktion
	Lupinin Spartein Angustifolin	Lupinen	Verzehrshemmend, giftig, Leberschädigungen	In Süßlupinen minimale Gehalte, unbedenklich; Bitterlupine wird von den Tieren kaum gefressen
Isoflavone	Biochanin Formononetin	Rotklee, Weißklee	Schwach östrogene Wirkung, Fruchtbarkeitsstörungen	Bei praxisüblicher Aufnahme keine nachteiligen Effekte bekannt
	Cumöstrol Trifoliol Medicagol Lucernol	Luzerne, Weißklee	Schwach östrogene Wirkung, Fruchtbarkeitsstörungen	Einsatzbegrenzungen (→ Tab. 11.6)
Sterole	Vitamin-D-Agonist	Goldhafer (kommt bevorzugt in Höhenlagen ab 700–800 m vor)	Verkalkungen (u. a. Weichgewebe, Aorta); „Calcinose" (Vitamin-D-Hypervitaminose)	Einsatzrestriktion, 1 kg Goldhafer entspricht etwa 150 000 IE Vitamin D_3
Cumarine	Dicumarol	Steinklee, Gräser	Verzehrshemmend, leistungsmindernd	Kein Fütterungsrisiko bei Gehalten von < 2 % in der Gesamtration
Tannine		Leguminosen	Verminderung der Proteinverdaulichkeit	Auswirkungen auf den Futterwert nicht bekannt
Saponine		Luzerne, andere Leguminosen, Rübenblatt	Tympanie auslösend, hämolysierende Wirkung	Einsatzbegrenzungen (→ Tab. 11.6)
Photosensibilisierende Substanzen		Schwedenklee, Buchweizen, Steinklee	Entzündung nicht pigmentierter Körperstellen bei Sonneneinwirkung	Bei Verfütterung kein Aufenthalt der Tiere im Freien
Oxalsäure, organische Säuren		Rübenblatt	Durchfall	Einsatzbegrenzung (→ Tab. 11.6)

rechnen. Eine Übersicht zu fütterungsrelevanten Giftpflanzen vermittelt Tabelle 11.3.
Durch den Befall von Grünfutter mit Verderb anzeigenden Mikroorganismen ist eine Kontamination des Futters mit **Mykotoxinen** nicht auszuschließen (→ Kap. 25). Besonders anfällig dafür ist Silomais. Eine Mykotoxinbelastung im Mais wird provoziert, wenn er in engen, getreidereichen Fruchtfolgen angebaut wird, wenn ungünstige Witterungsbedingungen während der Vegetation (Trockenheit oder Niederschläge) herrschen oder wenn phytosanitäre Grundsätze (Schädlingsbefall, fehlende Rotte von Pflanzenresten) und Pflegemaßnahmen (Stoppelreste, Grünlandpflege) vernachlässigt werden. Die Gefahr einer Kontaminierung des Futters mit sogenannten Feldpilzen (Fusarien) und endophytischen Pilzen besteht auch bei der Spätnutzung von Grasbeständen. Hier ist auch mit höheren Alkaloidgehalten zu rechnen.
Im Zusammenhang mit der Erörterung der Rohproteinfraktion erfolgte der Hinweis, dass im Grünfutter unterschiedliche Mengen an **Nitrat** enthalten sein können. Diese N-haltige Verbindung ist ein normaler Bestandteil vor allem von jungem Grünfutter und wird von den Pansenbakterien über Nitrit zu Ammoniak reduziert und zur Proteinsynthese genutzt. Nitrat kann sich aber durch überhöhte Düngung im Pflanzenmaterial anreichern. Zudem bietet Nitrat (über Nitrit und NO) im Siliergut einen Schutz gegen Buttersäurebildung aus Clostridien.
Bei erhöhtem Gehalt im Grünfutter besteht jedoch die Gefahr, dass Nitrat und das vielfach giftigere Nitrit in hoher Konzentration vorliegt und in das Blut gelangt. Bei längerer Zwischenlagerung und Erwärmung des geschnittenen Futters wird Nitrat zu Nitrit reduziert, sodass Nitrit bereits bei der Verfütterung im Grünfutter vorliegt. Nitrit reagiert nach der Absorption mit dem Hämoglobin zu Methämoglobin, das dadurch seine Fähigkeit zum Sauerstofftransport verliert. Insgesamt sind je kg DM NO_3-Gehalte von ca. 7 g (Konservate), 15 g (Grünfutter – Stall) bzw. 20 g (Weide) nicht zu überschreiten. Nitratreicheres Futter ist zu verschneiden, um die Gesamtaufnahme (maximal 8–12 g NO_3/100 kg LM) zu begrenzen. Eine langsame Gewöhnung der Tiere an nitratreiches Futter ist wichtig.

Nitratreich sind in der Regel junge Gramineen, aber auch kruzifere Zwischenfrüchte. Bei feuchtkühler Witterung, geringer Globalstrahlung sowie reichlicher N-Düngung steigen im Allgemeinen die NO_3-Gehalte aller Grünfutterpflanzen an.

11.2.6 Verdaulichkeit, energetischer Futterwert und Energieertrag

Die Veränderungen im morphologischen Pflanzenaufbau, der spezifischen Anteile vegetativer und generativer Pflanzenteile und der chemischen Zusammensetzung der einzelnen Pflanzenorgane bzw. der Gesamtpflanze während des Entwicklungsstadiums haben auch Auswirkungen auf Verdaulichkeit und energetischen Futterwert. Diese Veränderungen müssen bei der Ermittlung des optimalen Nutzungszeitpunkts Berücksichtigung finden. Dabei verhalten sich die Futterpflanzen jedoch nicht einheitlich, bzw. es können zwei Typen von Futterpflanzen bzw. Nutzungsformen unterschieden werden.

Nutzung im vegetativen Stadium
Zu dieser Gruppe zählen Gräser, Klee, Luzerne, Gemenge aus diesen samt Begleitkräutern, Grüngetreide und Kruziferen. Grünschnittpflanzen bestehen vorwiegend aus vegetativem Pflanzenmaterial (Blätter, Stängel). Mit fortschreitendem Alter sind Verdaulichkeit und somit energetischer Futterwert rückläufig (→ Abb. 11.5). Dies ist vor allem auf folgende Ursachen zurückzuführen:

- zunehmender Anteil der Zellwandsubstanzen und Rückgang des höherverdaulichen Zellinhaltes,
- vor allem durch Lignifizierung bedingte deutliche Verdaulichkeitsabnahme der Zellwandkohlenhydrate,
- eingeschränkte Verdaulichkeit des an sich hochverdaulichen Zellinhaltes durch Einschluss und Umhüllung durch Zellwandsubstanzen.

Während die Energiedichte mit fortschreitendem Alter stetig abnimmt, steigen jedoch Trockensubstanz- und Energieertrag weiter an (→ Abb. 11.6). Eine hohe Energiedichte, die zur Aufnahme hoher Energiemengen aus dem Grundfutter notwendig ist (→ Tab. 11.4), kann demzufolge

Tab. 11.3
Giftpflanzen – Vorkommen, giftige Inhaltsstoffe, Schäden, Toxizität (nach Liebenow und Liebenow 1993; Ulbrich et al. 2004)

Standort (vorrangig)	Pflanzenart	Giftige Inhaltsstoffe	Effekte/ Schäden	Toxizität (Mengen/d)	Bemerkungen
Gräben, Teichränder	Wasserschierling (*Cicuta virosa* L.)	Cicutoxin, Cicutol,	Erbrechen, starke Krämpfe, Tod infolge Atemlähmung	Rind: 4 kg letal Pferd: 2 kg letal	Besonders giftig: Wurzelstock
	Gefleckter Schierling (*Conium maculatum* L.)	Coniin, γ-Conicein (Alkaloide)	Erregung, Bewegungsstörungen, Lähmungen der quergestreiften Muskulatur, Tod infolge Atemlähmung	Rind: 4 kg letal Pferd?	Höchster Alkaloidgehalt in unreifen Früchten
	Sumpfdotterblume (*Caltha palustris* L.)	Protoanemonin	Entzündungserscheinungen, Nekrosen, Vergiftungen	Keine Angaben	Wegen scharfen Geschmacks der Pflanzen meist nur geringe Aufnahme
	Wasserpferdesaat (*Oenanthe aquatica* L.)	Cicutoxin	Durchfall, Krämpfe, Tachykardie, Tod durch Atemlähmung	Rind: 500 g frisches Rhizom Pferd: 250 g frisches Rhizom	Giftstoff vorwiegend in Wurzeln
Waldwiesen und Waldrand	Adlerfarn (*Pteridium aquilinum*)	Thiaminase, thiamininaktivierender Faktor, Coffeoylshikimi-, säure, blausäurehaltige Glucoside	Rind: Hämaturie, Gastroenteritis, Blutharnen, „Blutschwitzen", Knochenmarkschädigungen Pferd: Ataxie, motorische Störungen, Krämpfe infolge Vitamin-B_1-Mangel	Rind: 0,5 kg DM getrockneter Farn/kg LM letal Pferd: 2–3 kg/d über 1 Monat	Rind: Symptome entwickeln sich nach 1 bis 3 Monaten
Feuchte Wiesen/ Weiden, Gräben	Sumpfschachtelhalm (*Equisetum palustre* L.)	Palustrin, Palustridin, (Alkaloide), Thiaminase	Rind: Durchfall, Lebendmasseverlust, bitter schmeckende Milch Pferd: zentrale Störungen, „Taumelkrankheit" (Vitamin-B_1-Mangel)	Rind: 5–10 % im Futter toxisch Pferd: Heu mit > 20 % über 1 Monat	Schadstoffe auch in Silage und Heu
	Hahnenfuß (*Ranunculus acris, bolbosus, sceleratus* u. a.)	Ranunculin, Saponine	Schleimhautentzündungen, Durchfall, Nieren- und Leberschäden, schwere Störungen des zentralen Nervensystems, Tod infolge Atemlähmung	Tödliche Vergiftungen nur bei massenhaftem Vorkommen im Weidegras	Besonders giftig *R. sceleratus* (Gifthahnenfuß), Heu ungiftig

Tab. 11.3 (Fortsetzung)
Giftpflanzen – Vorkommen, giftige Inhaltsstoffe, Schäden, Toxizität (nach Liebenow und Liebenow 1993; Ulbrich et al. 2004)

Standort (vorrangig)	Pflanzenart	Giftige Inhaltsstoffe	Effekte/ Schäden	Toxizität (Mengen/d)	Bemerkungen
Trockene Wiesen, Wegränder	Graukresse (*Berteroa incana*)	Glucosinolate, Alkaloide	Ödembildung in Gliedmaßen, Lahmheit, erhöhte Temperatur	Pferde (beschriebene Symptome bei 30 % Anteil im Heu)	
	Kreuzkraut (*Senecio*-Arten)	Pyrrolizidin-Alkaloide	Unruhe, Appetitlosigkeit, Bewegungsstörungen, blutiger Durchfall, Leberschäden	Rind: 1–5 % der LM letal Schaf: > 2 kg letal	Junge Pflanzen am giftigsten, Giftstoffe auch in Heu und Silage enthalten
	Wolfsmilch (*Euphorbia cyparissias* L., *E. helioscopia* L.)	Phorbolester	Magen-Darm-Entzündung, Durchfall, Krämpfe, Lähmung, Hautreizung	Unbekannt	Giftstoffe vorwiegend im Milchsaft, Futteraufnahme sistiert, da ätzende Wirkung, Schadstoffe auch im Heu wirksam
	Tüpfel-/Hartheu bzw. Johanniskraut (*Hypericum perforatum* L.)	Photosensibilisierende Substanzen (Hypericin), Alkaloide	Photodermatitis (Lichtempfindlichkeitskrankheit), besonders empfindlich: Pferde und Schafe	Pferd: 40 % der Ration bei intensiver Bestrahlung	Schadstoffwirkung bleibt im Heu erhalten
Warmtrockene Standorte (Kalkböden)	Frühlings-Adonisröschen (*Adonis vernalis* L.)	Steroidglucoside (ca. 30)	Gastrointestinale Reizerscheinungen	Pferd: 10 % im Heu toxisch	Vergiftungen infolge des scharfen Pflanzengeschmackes selten
Wiesen der Mittelgebirge und Voralpen	Blauer Eisenhut (*Aconitum napellus* L.)	Diterpen-Alkaloide (Aconitin u. a.)	Erregung, Tobsucht, Atemlähmung (führt zum Tod)	Pferd: 300 g frische Wurzeln Rind: 8 % im Heu letal	Alkoloide hauptsächlich in der Knolle (bis 3 %), zählen zu den wirksamsten Pflanzengiften
	Weißer Germer (*Veratrum album* L.)	Alkaloide der Steroidgruppe	Tränen- und Speichelfluss, Durchfall, Kolik, Krämpfe, Lähmung	Pferd: 1 g und Rind 2 g Frischmaterial pro kg	Schäden meist nach Heuverfütterung
Wiesen der Mittelgebirge und Voralpen	Herbstzeitlose (*Colchicum autumnale* L.)	Alkaloide (Colchicin u. weitere)	Erbrechen, blutiger Durchfall, Atemnot, Herz- oder Atemlähmung	Pferd und Rind: 1–2,5 kg Frischfutter letal	Giftstoffe auch in der Milch, Vergiftungen vorwiegend im Frühjahr (Samen) und im Herbst durch Blütenaufnahme

nur durch rechtzeitigen Schnitt im frühen Entwicklungsstadium gewährleistet werden.

Der jeweils optimale Erntetermin ist immer ein Kompromiss zwischen Futterwert und Flächenproduktivität. Dabei können die Zielvorgaben für den optimalen Nutzungszeitpunkt variieren, da diese von folgenden Faktoren abhängig sind:

- von der **Tierart,** die gefüttert werden soll,
- vom Fütterungserfolg, den man erwartet **(Leistungserwartung),**
- von der Rolle, die das Grünfuttermittel in der Rationsgestaltung spielt (z. B. als Alleinfuttermittel, Ergänzungsfuttermittel, Ausgleichsfuttermittel, Strukturfuttermittel, Sättigungsfuttermittel oder Energieverdünner) **(betriebliches Fütterungskonzept),**
- ob es frisch verfüttert oder konserviert werden soll **(Konservierungseignung),**
- von der Ertragsvorstellung bei der futterbaulichen Erzeugung dieser Futtermittel (z. B. Masseertrag, Energieertrag oder Nährstoffertrag) **(Flächenproduktivität).**

Es gibt verschiedene Methoden zur Optimierung des Schnittzeitpunktes von Grünfutter. Folgende sind dabei hervorzuheben:

- **Tabellen- und Erfahrungswerte.** Im langjährigen Mittel ist der optimale Schnittzeitpunkt auf wenige Tage begrenzt. Von Vegetationsbeginn bis zum günstigsten Zeitpunkt der Nutzung benötigen Grasbestände ca. 30–40 Wuchstage. Der mittlere Rohfaserzuwachs in der Hauptvegetationsphase des ersten Aufwuchses beträgt täglich 4–5 g je kg DM.
- **Wuchshöhe.** Das charakteristische Wuchsverhalten bestandsbildender Gräser bzw. Leguminosen prägt auch deren Höhenwachstum. In der futterbaulichen Literatur werden z. B. für bestandsbildende Obergräser des Grünlandes 30–40 cm und für Luzerne 45–55 cm als optimale Pflanzenhöhe für schnittwürdige Bestände angegeben. Da die Wuchshöhe sowohl von der botanischen Zusammensetzung des Bestandes als auch von Umwelteinflüssen (Klima, Düngung, Bodenverhältnisse) stark abhängig ist, hat diese Methode nur in Ausnahmefällen

Abb. 11.5
Verdaulichkeit der organischen Substanz und Energiedichte von Welschem Weidelgras und Silomais bei unterschiedlichen Entwicklungsstadien.

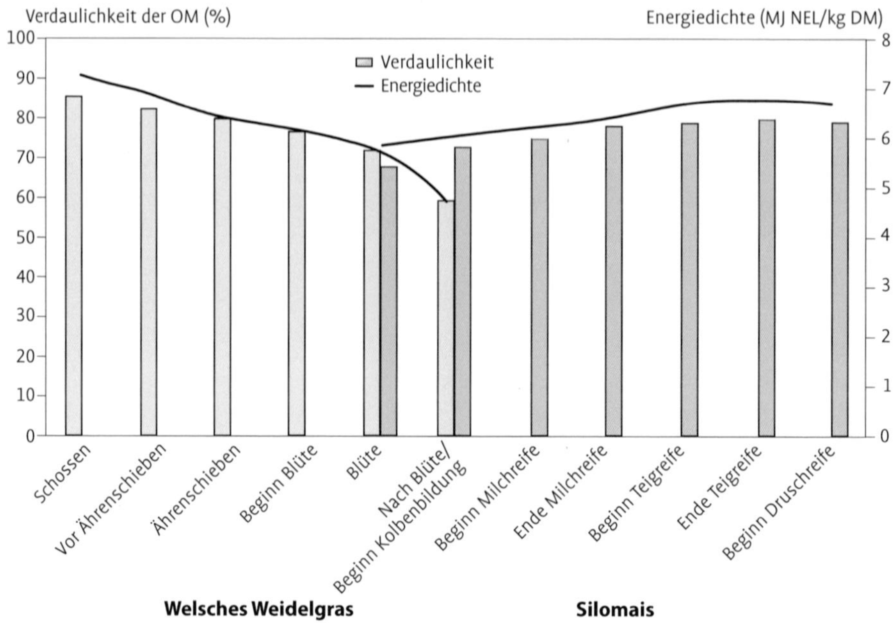

Abb. 11.6
Veränderung des Energieertrages und der Energiedichte eines Grasaufwuchses im Verlauf des ersten Aufwuchses.

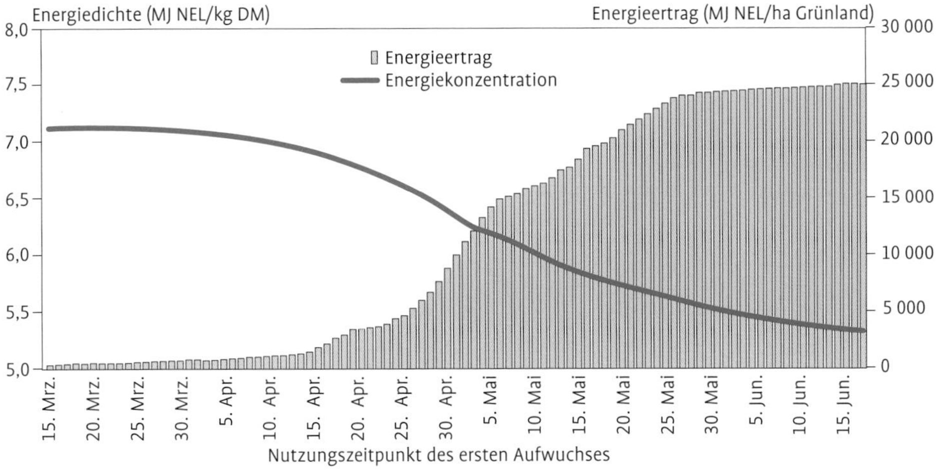

Bedeutung. Nasse Witterung oder hohe N-Gaben verursachen z. B. ein starkes Stängelwachstum, während trockene Witterung schon bei geringer Wuchshöhe den schnellen Übergang ins generative Entwicklungsstadium einleitet.

- **Botanische Beurteilung des Entwicklungsstadiums der Hauptbestandsbildner.** Folgende Stadien werden als günstiger Termin für den Schnitt von Futteraufwüchsen für die Wiederkäuerfütterung und Silierung genannt: Grasbestände zum Zeitpunkt des Schossens bis Beginn des Ähren- bzw. Rispenschiebens, Klee und Luzerne in der Knospe. Bei Klee-Gras-Gemenge zieht man i. d. Regel die Graskomponente zur Entscheidungsfindung heran.

Tab. 11.4
Einfluss des Rohfasergehaltes und der Energiedichte unterschiedlich alter Grasaufwüchse auf die Leistungsgrenze von Milchviehrationen

	Vegetationstage nach dem optimalen Schnittzeitpunkt			
	0	**4**	**8**	**12**
Futterwertparameter				
Rohfasergehalt (g/kg DM)	240	260	280	300
Energiegehalt (MJ NEL/kg DM)	6,6	6,4	6,1	5,9
Grünfutteraufnahme und Fütterungserfolg				
Trockensubstanzaufnahme (relativ %)	100	92	82	80
Energieaufnahme (relativ %)	100	89	79	71
Milchleistung (relativ %)	100	80	64	50
Leistungsgrenze durch Rohfaserverdrängung				
(kg Milch/Kuh und Tag)	36	32	28	24
(kg Milch/Kuh und Jahr)	8400	7500	6600	5600

- **Laboranalytische oder physikalische Bestimmung von Zellwandbestandteilen.** Für die Erzeugung von Grassilagen wird beispielsweise ein optimaler Gehalt an neutraler Detergenzienfaser (NDF_{OM}) und Säure-Detergenzienfaser (ADF_{OM}) von 400–480 g/kg DM bzw. 230–270 g/kg DM angestrebt.

Nutzung im generativen Stadium

Bei dieser Nutzungsform wird ein Gemisch aus vegetativen und generativen Pflanzenteilen geerntet. Aufgrund ihres potenziell hohen Samenertrages eignen sich hierzu Mais-, Körner- oder Kolbenhirse-, Getreide- sowie Körnerleguminosenganzpflanzen, wobei vor allem der Silomais dominiert. Den Verdaulichkeitsrückgang der vegetativen Teile kompensiert bei diesen Pflanzen der Zuwachs an höherverdaulichen generativen Teilen nach der Blüte. Dadurch verbleibt die Energiedichte auf einem relativ hohen Niveau. Bei Maisganzpflanzen steigt der energetische Futterwert sogar an (→ Abb. 11.7). Erst bei nahezu vollständiger Kornfüllung und mit beginnender Druschreife kann die fortschreitende Verholzung der Restpflanze nicht mehr ausgeglichen werden, und die Verdaulichkeit der organischen Substanz der Gesamtpflanze geht zurück. Die Ernte sollte daher Ende der Teigreife erfolgen. Durch höheren Schnitt (längere Stoppel) kann der Futterwert noch gesteigert werden, weil dadurch der hochverdauliche Kolbenanteil zulasten des geringer verdaulichen Stängelanteils im Siliergut ansteigt und außerdem die Verdaulichkeit des Maisstängels von oben nach unten stark abnimmt. Aufgrund der züchterischen Bearbeitung gibt es deutliche Unterschiede in der Restpflanzenverdaulichkeit. Zum genannten Erntezeitpunkt werden gleichzeitig auch die Maxima im Trockenmasse- und Energieertrag erreicht.

Futterwert von Grünlandaufwüchsen

Die Inhomogenität von Grünlandaufwüchsen erschwert die Bewertung ihres Futterwertes. Im Gegensatz zu reinen Beständen bzw. gezielt angebauten Gemengen, bei denen die Verdaulichkeit eine relativ sichere Funktion des Entwicklungsstadiums darstellt, muss bei Grünlandaufwüchsen die botanische Zusammensetzung berücksichtigt werden. Die Bestandszusammensetzung (Bestandstyp und Pflanzengesellschaft) des Grünlandes ist insbesondere abhängig von der Nutzungsintensität (Düngung, Schnitthäufigkeit/Nutzungszeitpunkt, Weidetierbesatz), der Grünlandpflege und von standortspezifischen Bedingungen (Klima, Boden, Wasserhaushalt). Eine energetische Futterbewertung kann entweder über die getrennte Bewertung der Hauptbestandsbildner (summarische Ermittlung) oder mithilfe der Verdaulichkeitsschätzung (z. B. Hohenheimer Futterwerttest, Enzymlöslichkeit der OM) vorgenommen werden. Durch eine Reduzierung der Düngung, Pflege sowie Nutzungshäufigkeit (Extensivierung) und

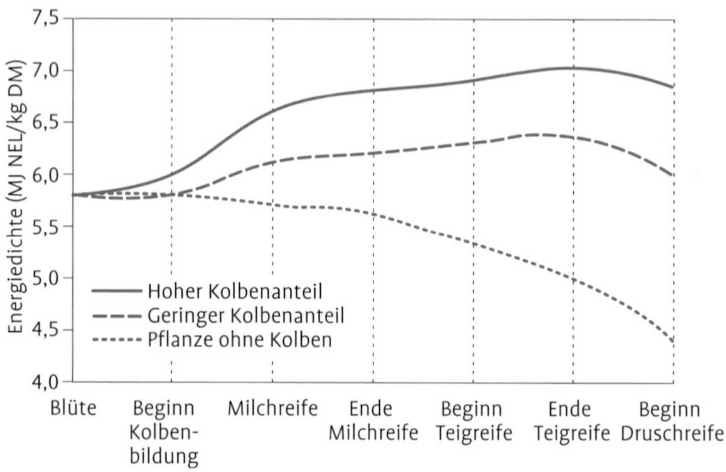

Abb. 11.7 Energiedichte von Silomais in Abhängigkeit vom Entwicklungsstadium und vom Kolbenanteil.

durch späte Nutzungszeitpunkte (Biotop- und Artenschutz) kann man den Futterwert und die Konservierungseignung maßgeblich verändern. Zu den wichtigsten futterwertbestimmenden Veränderungen zählen die Zunahme der Artenvielfalt, die insbesondere mit einem **Anstieg des Leguminosen- und Kräuteranteils** verbunden ist, und das **späte Entwicklungsstadium** zur Nutzung.
Die wichtigsten Pflanzenvertreter des Grünlandes sind Gräser, Leguminosen und Begleitkräuter. Durch intensive Nutzung (reichliche Düngung, mehrmalige Schnitt- oder Weidenutzung/Jahr) wird die Artenvielfalt auf angepasste Arten reduziert (grasbetonte Aufwüchse) und durch extensive Nutzung die Artenvielfalt erhöht (leguminosen- bzw. kräuterbetonte Aufwüchse). Die Düngung des Grünlandes bewirkt in erster Linie eine Ertragssteigerung und Dominanz der Gräser. Hinsichtlich des Futterwertes unterscheiden sich gedüngte von ungedüngten Aufwüchsen nur geringfügig, d. h. nur dann, wenn ein Luxuskonsum an Düngernährstoffen stattfindet (→ Abb. 11.8). Bei langfristig vollständigem Verzicht auf Düngung und Pflege wird der Aufwuchs des Grünlandes jedoch zunehmend ungerichtet artenreicher und ertragsärmer.
Gräser können nach ihrer Nutzungsart in Weide- bzw. Mähtypen eingeteilt werden. **Weidetypen** besitzen bei relativ geringer Wuchshöhe eine hohe Triebzahl und Bestandsdichte. Sie haben durch eine frühere Nutzung im Entwicklungsstadium mehr Blatt- als Halmtriebe (hohes Blatt-Stängel-Verhältnis). Daher kann nach der Nutzung das Wachstum unmittelbar fortgesetzt werden. Die Pflanzen sind durch feine Halme und schmale Blattspreiten gekennzeichnet. Gräser des Weidetyps sind häufig protein-, mineralstoff- und vitaminreicher als Gräser des Mähtyps, und der tägliche Zuwachs an Gerüstsubstanzen ist vergleichsweise geringer. Aufgrund ihres Habitus werden Weidetypen auch als „Untergräser" bezeichnet. Zu ihnen zählen im klassischen Sinne z. B. Ausdauerndes Weidelgras, Wiesenrispe und Rotschwingel.
Mähtypen sind dagegen hochwüchsig. Ihre Triebzahl und Bestandsdichte sind geringer. Der höhere Wuchs resultiert aus einer stärkeren Halmausbildung, aber auch aus einer späteren Nutzung im Entwicklungsstadium. Die Pflanzen haben somit

Abb. 11.8
Einfluss der Grünlanddüngung auf Energieertrag und Ertragsanteile von Gras bzw. Weißklee (nach Riehl, 2006).

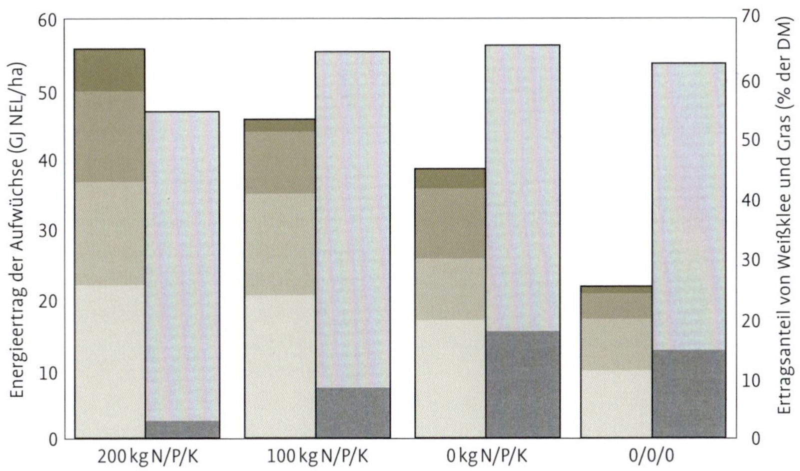

	200 kg N/P/K	100 kg N/P/K	0 kg N/P/K	0/0/0
CP-Gehalt im Aufwuchs (g/kg DM)	177	177	180	185
Energiegehalt im Aufwuchs (MJ NEL/kg DM)	6,79	6,19	6,14	6,15

Weißklee | Wertvolle Gräser | 1. Aufwuchs | 2. Aufwuchs | 3. Aufwuchs | 4. Aufwuchs

grobe Halme und starke Blattspreiten. Aus dem hohen Halmanteil resultiert neben dem höheren Zuwachs an Gerüstsubstanzen im Vergleich zu Weidetypen ein langsameres Nachwachsen nach der Nutzung, da geschnittene Halme sich nicht regenerieren. Die Bildung von jungen Seitentrieben bzw. der Austrieb von Achselknospen sind notwendig. Der zweite und dritte Schnitt dieser Aufwüchse besitzt im gleichen Entwicklungsstadium einen geringeren Anteil an Gerüstsubstanzen als der relativ grobstänglige erste Aufwuchs. Die Verdaulichkeit der Folgeaufwüchse ist jedoch häufig schlechter, da der Übergang in die generative Entwicklungsphase der Gräser schneller erfolgt. Als ausschließliche Mähtypen, die wegen ihrer Wuchsform auch als „Obergräser" bezeichnet werden, gelten z. B. Rohrglanzgras, Wiesenfuchsschwanz, Wiesenschwingel, Wiesenlieschgras, Knaulgras und Glatthafer.

Der Anteil an **Leguminosen und Kräutern** beeinflusst den Futterwert von Grünlandaufwüchsen erheblich. Sie sind protein-, mineralstoff- und vitaminreicher als Gräser. Während eine grasreiche Wiese im Ährenschieben ca. 160 g CP/kg DM beinhaltet, kann bei einer klee- und kräuterreichen Wiese im vergleichbaren Stadium mit ca. 220 g CP/kg DM gerechnet werden. Mit zunehmender Schnittzahl sinkt der Rohproteingehalt häufig ab, was einerseits durch den schnelleren Übergang vom vegetativen ins generative Entwicklungsstadium (Blatt-Stängel-Verhältnis) und andererseits auch in der Reduzierung der N-Düngung sowie Dominanz der Gräser begründet sein kann.

Mit zunehmendem Leguminosen- und Kräuteranteil im Grünland steigt der Ca-Gehalt an, wodurch z. B. Folgeschnitte häufig Ca-reicher als der erste Aufwuchs sind. Intensive Nutzung und N-Düngung von Grünlandaufwüchsen bewirken eine Reduzierung des Leguminosen- und Kräuteranteils zugunsten von Gräsern und damit einen niedrigeren Ca-Gehalt im Grünfutter.

Leguminosenreiche Bestände besitzen zudem eine höhere Nutzungselastizität, d. h. mit fortschreitender Vegetation verändert sich ihr Futterwert in geringerem Umfang (langsamerer Zuwachs an Gerüstsubstanzen und geringerer Rückgang der Energie- und Rohproteindichte) als dies bei grasreichen Beständen der Fall ist. Zu den wichtigsten Leguminosen des Grünlandes zählen Weißklee, Hornklee, Wiesenrotklee, Schwedenklee, Wiesenplatterbse und Zaunwicke; zu den wichtigsten Kräutern gehören Löwenzahn, Spitzwegerich, Sauerampfer, Schafgarbe und Frauenmantel. Trotz ihres z. T. hohen Futterwertes sollte der Kräuteranteil 10 % im Pflanzenbestand nicht übersteigen, weil diese Kräuter häufig ertragsschwach sind.

Spezielle Kräuter sind auf dem Grünland unerwünscht. Sie verschlechtern den Futterwert, beeinträchtigen die Futteraufnahme durch Stacheln und Brennhaare (u. a. Disteln, Brennnessel) sowie rasch verholzende Stängel (Rasenschmiele, Binsenarten) und können gesundheitliche Störungen verursachen (Giftpflanzen, → Tab. 11.3). Spezielle Naturschutzmaßnahmen (Biotopschutz, Schutz für Bodenbrüter) ermöglichen z. T. erst eine spätere Nutzung. Damit sind weitere Veränderungen der chemischen Zusammensetzung (Anstieg des Gehaltes an Gerüstsubstanzen, Rückgang von Zucker- und Rohproteingehalt) sowie von Verdaulichkeit und energetischem Futterwert verbunden. Diese verlaufen zunächst intensiv, später aber verhalten und stagnieren dann weitgehend (→ Tab. 11.5).

11.3 Einsatzempfehlungen

Bei mittleren Leistungen kann Grünfutter durchaus das einzige Futtermittel für Wiederkäuer bilden. Andererseits kann auch die Notwendigkeit bestehen, den Grünfuttereinsatz in der Wiederkäuerfütterung zu beschränken, um nachteilige Einflüsse auf Leistung und Gesundheit auszuschließen. Als Ursachen für eine Restriktion können in Betracht kommen:

- die Nährstoffzusammensetzung: z. B. unzureichende Strukturwirksamkeit, hoher CP- oder Ca-Gehalt;
- Verschmutzungen, z. B. durch Erde während der Ernte (→ Tab. 24.1), d. h. für jedes Prozent mehr an Rohasche, bedeutet die Verschmutzung eine Minderung von etwa 150 kg Milch/Kuh und Jahr;
- Gehalt an unerwünschten Inhaltsstoffen und Schadstoffen (→ Tab. 11.2);
- Besatz mit Giftpflanzen (→ Tab. 11.3).

Tab. 11.5
Nährstoffgehalt und Futterwert des Grünlandaufwuchses bei Spätnutzung

Erntetermin	Rohasche (g/kg DM)	Rohprotein (g/kg DM)	Rohfaser (g/kg DM)	Gesamtfaser (NDF) (g/kg DM)	Verdaulichkeit (% der OM)	ME (MJ/kg DM)	NEL (MJ/kg DM)
01. 06.	63	153	207	487	–[1]	–	–
10. 06.	60	142	228	513	–	–	–
19. 06.	58	131	273	569	68,5	9,40	5,51
28. 06.	55	120	299	625	–	–	–
07. 07.	53	110	308	651	–	–	–
16. 07.	52	100	312	663	58,5	8,09	4,62
25. 07.	50	91	315	670	–	–	–
03. 08.	49	85	316	674	–	–	–
12. 08.	49	85	318	677	55,5	7,70	4,33

1 Nicht geprüft

Die in Tabelle 11.6 mitgeteilten Einsatzrestriktionen berücksichtigen vor allem den Gehalt an antinutritiven Substanzen. Grundsätzlich sind verdorbene Grünfutterpflanzen bzw. Grünfutterkonservate fütterungsuntauglich.

Tab. 11.6
Einsatzgrenzen verschiedener Grünfuttermittel (in kg Frischmasse je Tier und Tag)

Grünfuttermittel	Milchrind 650 kg LM	Mastrind 450 kg LM	Schaf 65 kg LM	Pferd 600 kg LM	Tragende Sau
Grünfutter mit 10 g Nitrat je kg DM*	35	25	3	10	5
Grünfutter mit 15 g Nitrat je kg DM*	25	15	2	5	2
Leguminosen (Luzerne, Rotklee u. a.)	15	7	4	15	10
Grünmais	35	35	4	20	10
Markstammkohl, Rübsen, Raps	10	5	1	6	4
Zuckerrübenblatt	15	15	3	0	10

* maximal 10 g NO_3/100 kg LM

12 Stroh

Olaf Steinhöfel und Martin Gierus

Als Stroh wird die ausgewachsene oberirdische Biomasse verschiedener Kulturpflanzen (Getreide, Leguminosen, Ölfrüchte, Gräser) bezeichnet, deren Samen durch Dreschen entfernt wurden.

Die beim Druschvorgang ebenfalls anfallende Spreu (Spelzen, Schalen, Hülsen) bildet bei der heute üblichen Mähdreschertechnologie keinen eigenständigen Ernterückstand mehr. Der jährliche Strohanfall beläuft sich in Deutschland auf etwa 30 Mio. t.

12.1 Inhaltsstoffe und Futterwert

Mit fortschreitender Entwicklung der Pflanzen erfolgt eine Verlagerung der mobilisierbaren Nährstoffe aus den vegetativen Pflanzenorganen in die reifenden Samen. Um dem aufrecht stehenden Halm bzw. Stängel die erforderliche Festigkeit zu geben, findet eine Lignineinlagerung in die Zellwände statt. Stroh besteht deshalb weitgehend aus **Gerüstsubstanzen** mit hohem Anteil an **Lignin** (80–130 g/kg DM) und weiteren inkrustierenden Substanzen (Cutin, Suberin, Kieselsäure). Mit der Rohfaserbestimmung wird annähernd nur die Hälfte der Zellwandsubstanzen erfasst, da insbesondere Hemicellulosen, aber auch Teile von Cellulose und Lignin, bei der Bestimmung in Lösung gehen und rechnerisch als N-freie Extraktstoffe ausgewiesen werden, obgleich Stroh kaum Zucker und Stärke enthält. Durch die Detergenzienmethode erfolgt demgegenüber eine weitgehende Erfassung der Zellwandsubstanzen im Stroh. Der Gehalt an **neutraler Detergenzienfaser** bewegt sich zwischen 750 und 850 g/kg DM (Getreidestroh). Vergleichsweise zum proteinarmen Getreidestroh ist Leguminosenstroh beachtlich reicher an Rohprotein. In der Rohaschefraktion ist reichlich Silicium vertreten. Vitamine findet man in Stroh kaum.

Wiederkäuer sind mithilfe der durch Pansenmikroben gebildeten Enzyme in der Lage, Zellwandkohlenhydrate abzubauen. Dieser prinzipiellen Möglichkeit stehen jedoch die inkrustierenden Substanzen als Barriere gegenüber, so nur eine begrenzte Verdauung der Zellwandkohlenhydrate möglich ist. In Abhängigkeit von der Strohart liegt die **Verdaulichkeit** der organischen Substanz zwischen 45 und 50 %. Die blattreicheren Sommergetreide- (Gerste, Hafer), Grassamen- und Leguminosenstroharten sind in variierendem Ausmaß besser verdaulich als Wintergetreidestroh (Roggen, Weizen). Die vorhandenen Unterschiede wirken sich entsprechend auf den **energetischen Futterwert** aus. Verglichen mit den Getreidekörnern ist die Energiedichte von Getreidestroh um rund 50 % niedriger. Getreidestroh zählt somit zu den energiearmen Futterstoffen.

Über Inhaltsstoffe und Futterwertdaten verschiedener Stroharten informiert Tabelle 26.1.

12.2 Strohbehandlung zur Steigerung des Futterwertes

Das Hauptziel der verschiedenen Methoden der Strohbehandlung besteht in der Steigerung der Energieaufnahme der Wiederkäuer aus Stroh durch höheren Strohverzehr und/oder erhöhte Verdaulichkeit der organischen Substanz des Strohes. Eine gesteigerte Strohaufnahme lässt sich durch Kompaktierung von Häckselstroh bzw. Strohmehl erreichen. Durch Auflockerung des Lignin-Kohlenhydrat-Komplexes oder gar Lignineliminierung werden die Zellwandkohlenhydrate für die cellulolytischen Enzyme der Pansenmikroben umfassender verfügbar, wodurch deren Verdaulichkeit mehr oder weniger ansteigt.

Am häufigsten werden chemische Behandlungen des Strohs eingesetzt. Chemische Behandlungen zielen insbesondere auf die Spaltung von Lignin-Hemicellulose-Verbindungen ab, sodass Pansenmikroben besseren Zugang zu den Zellwandkohlenhydraten haben. Zur Durchführung im landwirtschaftlichen Betrieb sind folgende chemische Behandlungen geeignet:

- **Ammoniakbegasung von Stroh:** Dafür bieten sich aktuell zwei Verfahrenslösungen an: 1. das Einbringen von wasserfreiem Ammoniak in folienumwickelte oder -verpackte Strohpressballen: Dabei wird das wasserfreie NH_3 mittels einer Dosierlanze in das Stroh eingebracht (2–5 kg/100 kg Stroh). 2. Das Vermischen von Feuchtstroh (> 40 % Feuchte) mit Futterharnstoff: Dabei werden 3–4 kg Harnstoff je 100 kg Stroh vermischt. Sollte keine deutliche Wärmeentwicklung erfolgen (> 40 °C) ist der Zusatz ureasehaltiger Einzelfuttermittel (z.B. Sojamehl) oder spezieller Zusatzstoffe sinnvoll. Nach einer Wartezeit (Aufschlussdauer) von 6 bis 8 Wochen kann das Stroh gelüftet und verfüttert werden. Im Vergleich zu unbehandeltem Stroh ist der Verzehr höher. Den vom Stroh zusätzlich gebundenen Stickstoff können die Pansenbakterien als N-Quelle nutzen.
- **Aufschluss mit Lauge:**
  - Natronlauge (NaOH): Hierzu bieten sich insbesondere drei Verfahren an. Bei Variante 1 wird während des Häckselns auf das zerkleinerte Stroh Natronlauge (4–5 kg/100 kg Stroh) aufgesprüht. Bei den nachfolgendem Temperaturanstieg im kompakt gelagerten Stroh ist der Aufschluss nach etwa vier Tagen beendet. Bei der 2. Variante wird gehäckseltes und gemahlenes Stroh vor der Kompaktierung (Pelletieren, Brikettieren) mit NaOH (2 kg/ 100 kg Stroh) besprüht. Als 3. Variante bietet sich das vom Sodagrain abgeleitete Verfahren an. Feuchtes gehäckseltes Stroh (>40 % Feuchte) wird im Futtermischwagen intensiv mit 2–4 kg Ätznatron vermischt und kompakt abgelagert. Generell bewirkt die Kombination einer Druckbehandlung (> 4 bar) mit der Natronlaugebehandlung eine deutliche Verbesserung der Aufschlusseffekte. Als Indikator kann auch hier die Temperaturerhöhung auf >40 °C genutzt werden.
  Zur Ausscheidung des Na-Überschusses nehmen die Tiere jedoch mehr Wasser auf. Bei höheren Temperaturen ist die Obergrenze der Na-Aufnahme aber geringer, und eine Na-Belastung für das Tier wird durch mangelndes Tränkwasser verschärft.
  - Andere Laugen: infrage kommen KOH und $Ca(OH)_2$, welche alternativ zu NaOH eingesetzt werden können. Die Einsatzmenge bei $Ca(OH)_2$ liegt bei 3–8 kg/100 kg Stroh, für KOH liegt die Einsatzmenge 40 % höher als NaOH. Zu beachten ist die geringere technische Ausrüstung, mittlerer Arbeitsschutz bei einer Wartezeit (Aufschlussdauer) von 6 bis 8 Wochen bei $Ca(OH)_2$ im Vergleich zu NaOH und KOH. $Ca(OH)_2$ und KOH besitzen eine Düngewirkung bei Ausscheidung, während NaOH zu einer Bodenbelastung führen kann.
- **Säurebehandlung:** Die Behandlung von Stroh mit verdünnter HCl in Kombination mit einer hydrothermischen Behandlung (Dämpfen, z. T. wird auch Kochen beschrieben) wird als sehr effektiv eingeschätzt, ist aber aktuell wenig praxisrelevant.
- **Feuchtkonservierung mit Harnstoff:** Bei der Einlagerung von Feuchtstroh (50–60 % DM) im Horizontalsilo wird gleichmäßig Harnstoff verteilt (4–6 kg/100 kg DM Stroh). Das Enzym Urease bewirkt in dem feuchten Milieu die Harnstoffspaltung unter Freisetzung von NH_3, das neben seiner konservierenden Wirkung den Gerüstsubstanzkomplex auflockert. Auch bei diesem Verfahren reichert sich Stickstoff im Stroh an.
- **Aufschluss mit Hilfe von Pilzen:** Beim aktuell einzig beschriebenen biologischen Aufschlussverfahren für Stroh wird mit dem Zusatz von Pilzkulturen gearbeitet. Die von Pilzen produzierten Lactasen und Peroxidasen sind in der Lage, Polyphenole zu spalten und damit die Inkrustierung des Lignins zu lockern. Das Wachstum der Pilze ist dabei abhängig von der Umgebungstemperatur, dem Feuchtegehalt des Strohs und der Dauer der Beimpfung. Aufgrund der Verluste (insbesondere bei Fruchtkörperentwicklung und damit durch die Pilzernährung selbst) ist der Effekt stark abhängig

von der Dauer und Effektivität der Myzelbildung. Die Isolation von spezifischen Pilzenzymen und deren Einsatz für enzymatische Aufschlussverfahren ist aktuell unwirtschaftlich und damit noch nicht praxisreif.

Durch die genannten Behandlungsmethoden steigt die Verdaulichkeit der organischen Substanz um 10–15 Einheiten, wobei Lauge wirksamer als Ammoniak ist.

12.3 Einsatzempfehlungen

Für Fütterungszwecke eignet sich nur Stroh einwandfreier Qualität. Wesentliche Anforderungen sind nachfolgend zusammengefasst:

Kriterium	Forderung	Bemerkung
Farbe	Arteigen	–
Geruch	Frisch	Nicht muffig oder fremdartig
Organischer Fremdbesatz	Nicht zulässig	Schimmel, giftige Pflanzenteile
Anorganischer Fremdbesatz	Nicht zulässig	Sand, Steine, Glas, Metallteile
Rohaschegehalt	< 180 g/kg DM	–
Trockensubstanzgehalt	> 84 %	Nach Einlagerung

Als Futterstroh vorgesehene Strohpartien sind unmittelbar nach dem Mähdrusch in Scheunen und Bergeräumen einzulagern. Bei ungünstigen Witterungsbedingungen bietet sich die Feuchtstrohkonservierung mit Harnstoff an (→ Kap. 23.2). Stroh kann unterschiedlichen Aufgaben in der Fütterung dienen:

- Bei Wiederkäuern mit höheren Leistungen kommt ein Einsatz von unbehandeltem Stroh in Verbindung mit höheren Kraftfuttermittelgaben nur als Strukturfutter in Betracht, wenn Silagen und andere Grobfuttermittel knapp sind.
- Bei Weidebeginn kann das Strukturdefizit zur freien Aufnahme durch Stroh anstelle von Heu und Silagen ausgeglichen werden. Die gleiche Aufgabe kann Stroh auch bei der Verfütterung von Schlempe, Treber und Pülpe an Wiederkäuer erfüllen.
- Stroh als Notfutter: bei Futterknappheit sollten zunächst ältere Jungtiere (>2 Jahre) und Trockensteher bei einer Höchstmenge von 4–6 kg/d bevorzugt werden.
- In der extensiven Rinderhaltung kommt Stroh vorrangig als Sättigungsfuttermittel zum Einsatz. Durch Häckseln und Einsatz von Melasse wird allgemein eine etwas höhere Futteraufnahme erreicht.
- Für Pferde und Kaninchen hat Stroh (als Häcksel) als Strukturlieferant zum optimalen Ablauf der Dickdarmverdauung Bedeutung.
- Verschiedentlich findet Stroh als Energieverdünner in Futterrationen für güste und niedertragende Zuchtsauen und Zuchtgeflügel Verwendung.
- Aufgeschlossenes Stroh eignet sich begrenzt als Futtermittel in Rationen für Milchkühe (<20 kg Milch/d) und Mastbullen bei mittleren Leistungen. Aufgrund des angehobenen energetischen Futterwertes und einer gesteigerten Aufnahme kann Aufschlussstroh einen Beitrag zur Energieversorgung leisten.
- Einsatzbegrenzungen durch NaOH-aufgeschlossenes Stroh liegen bei der Na-Aufnahme. Bei $Ca(OH)_2$ ist der Ca-Gehalt der Ration zu berücksichtigen. Etwa 30 % (Ammoniak) und 50 % (Harnstoff) des eingesetzten N sind beim Wiederkäuer ernährungsphysiologisch relevant.

13 Knollen und Wurzeln

Heinz Jeroch und Olaf Steinhöfel

13.1 Allgemeine Angaben

Zu dieser Futtermittelgruppe, die im deutschen Sprachgebrauch auch die Bezeichnung Hackfrüchte führt, gehören die Knollen der Kartoffelpflanze (*Solanum tuberosum*), die als Beta-Rüben bezeichneten Varietäten von *Beta vulgaris* aus der Familie der Chenopodiaceae (Zuckerrübe, Futterzuckerrübe, Gehaltsrübe, Massenrübe, Rote Rübe), Mohrrübe bzw. Möhre (*Daucus carota*) von den Doldengewächsen (*Apiaceae* oder *Umbelliferae*) sowie die aus der Familie der Cruciferae stammenden Brassica-Rüben [Kohlrübe oder Wruke (*Brassica napus*) und Wasserrübe oder Stoppelrübe (*Brassica rapa*)]. In Ausnahmefällen werden die Knollen der aus Nordamerika stammenden Topinamburpflanze (*Helianthus tuberosus*) sowie Zichorienwurzeln (*Cichorium intybus*) als Futtermittel verwendet. In tropischen Regionen sind v. a. die Wurzelknollen der Maniokpflanze (*Manihot esculenta*), die auch als Cassava oder Tapioka bezeichnet werden, für die Ernährung von Mensch und Tier von Bedeutung. Regional werden außerdem die Süßkartoffeln (*Ipomoea batatas*) sowie Yamswurzeln (verschiedene Arten der Familie Dioscoreaceae) und Taro (*Colocasia esculenta* Schott) zur Stärkeerzeugung und als Futterstoffe genutzt. Folgende gemeinsame Merkmale zeichnen die verschiedenen Knollen und Wurzeln aus:

- Bei allen erwähnten Pflanzen werden die als Sprossknollen oder Wurzeln ausgebildeten Speicherorgane, in denen Reservekohlenhydrate in Form von Stärke, Zucker oder Inulin eingelagert sind, als Futtermittel verwendet.
- Charakteristisch für Knollen und Wurzeln ist ihr hoher Wassergehalt, der in Abhängigkeit von Art und Sorte bei 75–90 % liegt.
- Die Trockensubstanz besteht überwiegend aus Kohlenhydraten des Stärke- (Kartoffeln, Maniok), des Saccharose- (Rüben) oder des Inulintyps (Topinambur).
- Typisch ist ein relativ niedriger Rohproteingehalt mit einem beachtlichen NPN-Anteil. Die Proteinqualität (Schweine, Geflügel) ist jedoch unterschiedlich. Sie reicht von gut (Kartoffeleiweiß) über mittel (Mohrrübeneiweiß) bis schlecht (Maniokeiweiß).
- Der Rohfasergehalt ist niedrig. Aufgrund der geringen Lignineinlagerung in die Zellwände ist die Faser aber höher verdaulich als bei Getreide und Grünfutter.
- Knollen und Wurzeln sind ausgesprochen fettarm.
- Der Mineralstoffgehalt in der Trockensubstanz ist geringer als im Grünfutter oder Getreide.
- Der Gehalt an Provitaminen und Vitaminen ist, wenn man von Ausnahmen (z. B. β-Carotin in Möhren) absieht, ernährungsphysiologisch bedeutungslos.
- Knollen und Wurzeln besitzen ohne konservierende Maßnahmen nur eine begrenzte Lagerfähigkeit.

13.2 Kartoffeln

Die Kartoffelanbaufläche betrug 2017 in Deutschland rund 250000 ha. Von dieser Fläche wurden ~11,3 Mio. t geerntet und davon lediglich ~0,5 Mio. t als Futtermittel eingesetzt (= 4,5 % der Erntemenge). Bei der Verwendung dominiert eindeutig der Nahrungsmittelbereich (~67,5 %); es folgen die industrielle Verwertung (~23 %) und der Pflanzkartoffelbedarf (~5 %). Vor allem bei der industriellen Verwertung (Stärkegewinnung, Spiritusherstellung) fallen wertvolle Futtermittel als Nebenprodukte an (→ Kap. 15.3.2 und 15.4).

13.2.1 Gehalt an Hauptnährstoffen

Der **Trockensubstanzgehalt** der Kartoffel liegt im Bereich von 18–30 %. Frühe und mittelfrühe Sorten sind trockensubstanzärmer als später ausreifende. Zum Nährstoffgehalt von rohen und gedämpften Kartoffeln enthält Tabelle 26.1 Angaben. Es handelt sich hierbei um mittlere Gehalte. So kann der Hauptinhaltsstoff der Kartoffel, die **Stärke**, zwischen 650 und 800 g/kg DM variieren. Zwischen DM-Gehalt und Stärkegehalt besteht eine enge Beziehung. Der Stärkegehalt (y [%]) lässt sich daher aus dem DM-Gehalt (x [%]) nach folgender Gleichung berechnen: $y = x - 5{,}7$ (Schwankungsbereich 5–7). An der Fraktion der N-freien Extraktstoffe beträgt der Stärkeanteil 80–90 %.

Die Körner der Kartoffelstärke enthalten 21 % Amylose und 79 % Amylopektin. Diese Relation stimmt weitgehend mit den Anteilen dieser Fraktionen in den Getreidestärken überein. Der wesentliche Unterschied beider Stärkearten besteht in ihrer Dichte. Die das rohe Kartoffelstärkekorn durchziehenden Kapillaren weisen einen weitaus geringeren Durchmesser auf als die Gefäße der Getreidestärke. Hierdurch wird die im Dünndarm des monogastrischen Tieres vorliegende Pankreasamylase, die das Stärkekorn von der Mitte her angreift, am Eindringen gehindert. Vom äußeren Rand des Stärkekorns her ist die Effizienz der Enzymwirkung sehr gering. Um eine enzymatische Verdauung der Kartoffelstärke im Dünndarm zu ermöglichen, muss deshalb die Struktur der Stärkekörner zerstört werden. Dies erreicht man durch hydrothermische Behandlung (Dämpfen). Dabei werden die H-Brücken zwischen den Stärkemolekülen gespalten und die hierdurch freigewordenen OH-Gruppen hydrolysiert. Dadurch quillt das Stärkekorn bis es aufplatzt, und es tritt die sogenannte Verkleisterung ein. Die Pankreasamylase kann dann in das Stärkekorn eindringen und gemeinsam mit weiteren Enzymen die Kartoffelstärke bis zur Glucose abbauen.

Neben der Stärke enthält die Kartoffel geringe **Zuckermengen** (10–30 g/kg DM), die als Glucose, Fructose und Saccharose vorliegen. Der Zuckergehalt wird durch die Lagerungstemperatur beeinflusst. Bei 4 °C ist der Zuckergehalt aufgrund eines enzymatischen Gleichgewichtes am niedrigsten. Sofern die Lagerungstemperatur auf den Gefrierpunkt abfällt, steigt der Zuckergehalt stark an. Hieraus resultiert der süße Geschmack zu kalt gelagerter Kartoffeln. Die Kartoffel enthält weiterhin 45–55 g Pektin/kg DM, das vorwiegend in der Interzellularsubstanz lokalisiert ist und diese verfestigt.

Der **Rohproteingehalt** variiert zwischen 60 und 90 g/kg DM. Vom Gesamt-N entfallen etwa 50 % auf NPN-Verbindungen. Diese bestehen zur Hälfte aus freien, nicht proteingebundenen Aminosäuren. Frühreife Sorten weisen bei vergleichbarer N-Düngung höhere NPN-Anteile in der Rohproteinfraktion auf als späte Sorten. Die Gehalte an **Rohfett** (< 5 g/kg DM) und an **Rohfaser** (25–30 g/kg DM) sind gering.

13.2.2 Gehalte an Mineralstoffen und Vitaminen

Ähnlich wie bei den Getreidearten ist der P-Gehalt der Kartoffel um das 3- bis 5fache höher als der Ca-Gehalt (→ Tab. 26.4), wobei der P in anorganischer Bindungsform vorliegt und gut verdaulich ist. Bei hohem Kartoffeleinsatz in der Fütterung (z. B. Mastschweine) kann der P-Anteil einen beachtlichen Beitrag zur Bedarfsdeckung liefern. Im Vergleich zu dem relativ niedrigen Na-Gehalt (0,5 g/kg DM) liegt ein erheblicher Überschuss an K (22 g/kg DM) vor, der als nachteilig zu werten ist.

Die Kartoffel enthält geringe Mengen an Vitaminen der B-Gruppe (2,2 mg B_2, 0,8 mg B_1, 16 mg Nicotinsäure, 4,0 mg Pantothensäure und 0,8–2,0 mg Folsäure je kg DM). Für die menschliche Ernährung hat der hohe Gehalt an Vitamin C (bis 1 g/kg DM in frisch geernteten Kartoffeln) Bedeutung.

13.2.3 Gehalt an antinutritiven Substanzen

In der Kartoffel ist eine Reihe von Stoffen enthalten, die leistungsdepressiv wirken können (→ Tab. 13.1). Es wurden 10 verschiedene Arten von Glucoalkaloiden identifiziert, unter denen Solanin und α-Chaconin am verbreitesten sind (ca. 95 % vom Gesamtgehalt). Der Solaningehalt frischer Kartoffeln variiert zwischen 100 und 500 mg/kg DM. Unter Lichteinfluss grün gewordene oder keimende Kartoffeln können bis 2,5 g/kg DM enthalten. Noch höhere Konzentrationen (~ 13–34 g/kg DM) wurden in Kartoffelkeimen ermittelt. Die Keime sind daher vor der Fütterung vollständig zu entfernen. Ein Solaningehalt bis ~ 150 mg/kg FM (~ 750 mg/kg DM) wird beim Schwein als unbedenklich angesehen.
Von Bedeutung sind weiterhin die in der Kartoffel vorliegenden Trypsin- und Chymotrypsininhibitoren, die die Wirksamkeit des Trypsins und des Chymotrypsins herabsetzen. Von diesen werden einige im Bereich von 50–75 °C inaktiviert, während sich die übrigen noch bei 90 °C als stabil erwiesen. Vor der Kartoffelverfütterung an monogastrische Tiere ist es daher notwendig, nicht nur die Kartoffelstärke aufzuschließen, sondern auch die vorhandenen Inhibitoren zu inaktivieren. Während der Stärkeaufschluss schon bei 65–70 °C erfolgt, bedarf es zur Inaktivierung der Inhibitoren einer Erhitzung auf 90–100 °C. Das Herabsetzen der Dämpftemperatur von 90 °C auf 70 °C im Rahmen eines zeitweilig empfohlenen Kurzdämpfverfahrens wirkte sich deshalb nachteilig auf die Tageszunahmen der Mastschweine aus. Das Glucolalkaloid Solanin wird auch bei höheren Dämpftemperaturen nicht oder nur in geringem Maße zerstört. Da das Solanin im Dämpfkondensat in Lösung geht, sollte dieses nicht verfüttert werden.

Tab. 13.1
Antinutritive Inhaltsstoffe in Knollen und Wurzeln.

Stoffgruppe	Chemische Verbindung(en)	Wirkungen	Vorkommen	Bewertung	Gegenmaßnahmen
Proteine	Protease-inhibitoren (Trypsin-, Chymotrypsin-inhibitoren)	Minderung der Protein-verdaulichkeit	Kartoffel	Wirksam bei Verfütterung roher Kartoffeln bzw. Kartoffelsilage aus rohen Kartoffeln an Monogastriden	Thermische Behandlung (Dämpfen, Trocknen), dadurch Inaktivierung
Gluco-alkaloide	Solanin, α-Chaconin	Entzündliche Reizwirkung im Verdauungstrakt, Absorptionsstörungen, Lähmung des Atmungszentrums und des motorischen Systems	Kartoffel-knollen und Kartoffel-keime	Unbedenkliche Konzentrationen in den heutigen Kartoffelsorten, sehr hohe Konzentrationen in Lichtkeimen und grün gewordenen Knollen	Keimentfernung vor der Verfütterung, Dämpfen bzw. Kochen zerstört Glucoalkaloide infolge ihrer Thermolabilität
Glucoside	Cyanogene Glucoside (Linamarin, Lotaustralin)	HCN-Vergiftung (Atmungsgift); strumigene Wirkung durch Thiocyanat (Rhodanid), das bei der Detoxifikation von HCN entsteht	Maniok	Beachtliche Variation im Gehalt	Restriktiver Einsatz (→ Kap. 13.6)
	Glucosinolate	Störungen der Schilddrüsen-funktion, Geschmacks-veränderung der Milch	Kohlrüben, Stoppelrüben	Relativ hohe Konzentrationen in Stoppelrüben, dagegen niedrige in Kohlrüben	Einsatzbegrenzungen (→ Kap. 13.4)

13.2.4 Verdaulichkeit, energetischer Futterwert und Proteinqualität

In der **scheinbaren Verdaulichkeit** der organischen Substanz (→ Tab. 26.1) unterscheiden sich rohe und gedämpfte Kartoffeln beim Wiederkäuer nur in geringem Maße. Bei den Werten für Schweine fällt auf, dass sich die Verdaulichkeiten der OM für rohe Kartoffel und gedämpfte Kartoffel ebenfalls nicht grundlegend unterscheiden, was in der Vergangenheit verschiedentlich zur Überschätzung des Futterwertes roher Kartoffeln führte. Aufgrund der unterschiedlichen Orte der Stärkeverdauung bei rohen und gedämpften Kartoffeln und der dabei jeweils anfallenden unterschiedlichen Abbauprodukte (vorrangig FFS bei roher Kartoffelstärke, vorrangig Glucose bei aufgeschlossener Kartoffelstärke) sind jedoch beim energetischen Futterwert thermisch behandelte Kartoffeln den rohen Knollen deutlich überlegen (→ Tab. 26.1). Auch für das Geflügel trifft dies zu. Die Ursache hierfür liegt darin, dass bei monogastrischen Nutztieren rohe Kartoffelstärke zu einem wesentlichen Anteil im Dickdarm mikrobiell mit geringer energetischer Effizienz abgebaut wird, während aufgeschlossene Stärke überwiegend im Dünndarm einer enzymatischen Verdauung unterliegt.

An fistulierten Schweinen wurde im Dünndarm eine Verdaulichkeit der rohen Stärke im Bereich von 20–40 % ermittelt, während die aufgeschlossene Stärke gedämpfter Kartoffeln zu 90–95 % im Dünndarm enzymatisch verdaut wird.

Tabelle 26.1 enthält Angaben zum **energetischen Futterwert** von rohen und gedämpften Kartoffeln. Er liegt in der Größenordnung von Gerste und Weizen (Schweine/Geflügel: gedämpfte Kartoffeln). Kartoffelflocken und Kartoffelschnitzel (Trockenprodukte) sind im energetischen Futterwert mit gedämpften Kartoffeln vergleichbar.

Das Kartoffelprotein ist aufgrund seiner relativ hohen Anteile an Lysin, Methionin + Cystin und weiteren essenziellen Aminosäuren für Schweine und Geflügel hochwertig (→ Tab. 26.2). Für die essenziellen Aminosäuren wurden in Experimenten an wachsenden Schweinen und Broilerküken hohe (> 80 %) bis sehr hohe (> 90 %) praecaecale Verdaulichkeiten ermittelt.

Mit 8,5 MJ NEL je kg DM sind rohe Kartoffeln auch ein sehr energiereiches Futtermittel für Wiederkäuer. Die Kartoffelstärke wird in den Vormägen deutlich langsamer als die Getreidestärke abgebaut. Die mittlere Beständigkeit der Stärke liegt bei ca. 30 %. Höhere Werte erreichen nur Körnermais und Hirse (40 %). Dies ist in der Fütterung hochleistender Wiederkäuer von Vorteil. Einerseits wird die Futterenergie durch den enzymatischen Abbau der Stärke im Dünndarm deutlich besser genutzt als über den Pansenstoffwechsel. Andererseits ist dadurch die rohe Kartoffel im Vergleich zu Getreide besonders pansenschonend. Dies gilt ausdrücklich nicht für wärmebehandelte Knollen. Im Erhitzungsprozess wird die Stärke aufgeschlossen und in den Vormägen schnell zu kurzkettigen Fettsäuren abgebaut. Dadurch steigt das Risiko der Acidose.

Es ist mittlerweile bekannt, dass durch Retrogradierung, d. h. durch Erhitzen und anschließendes Abkühlen von Stärke, sog. retrogradierte Stärke (RS3) entsteht, welche durch Kristallisation für die Verdauungsenzyme von monogastrischen Nutztieren wieder unzugänglich wird. Ein Aufschluss erfolgt somit erst durch die Mikrobiota im Darm. Dort trägt der Aufschluss u. a. zur Butyratbildung bei und wirkt präbiotisch. Die Datenlage reicht noch nicht aus, um diese Effekte genau zu quantifizieren. Es sollte jedoch dazu anregen, gedämpfte Kartoffeln nach der Wärmebehandlung nicht abzukühlen, sondern an monogastrischen Nutztiere möglichst warm zu verfüttern. Beim Wiederkäuer könnte dagegen das Abkühlen die ruminale Beständigkeit der Stärke deutlich steigern, was gegen eine Warmverfütterung spricht.

Die Kartoffel ist relativ proteinarm und hat eine negative RNB. Der UDP-Gehalt der Kartoffel ist mit 20 % eher gering.

13.2.5 Einsatzempfehlungen

Für die Humanernährung nicht benötigte Kartoffeln werden gegenwärtig vorwiegend in rohem Zustand an Rinder verfüttert. An Milchkühe können täglich bis 10 kg/Tier und an weibliche Jungrinder sowie Mastrinder (> 200 kg LM wegen der Gefahr der Schlundverstopfung) bis 1,5 kg/100 kg LM in roher und unzerkleinerter Form verfüttert werden. In der Pferdefütterung besteht die Möglichkeit, mit täglichen Gaben von 12–15 kg gedämpften Kartoffeln bis zu 4 kg Hafer zu ersetzen. In der Vergangenheit wurden Kartoffeln vorrangig frisch gedämpft oder gedämpft siliert in der Schweinemast eingesetzt. Derzeitig wird die Kartoffelmast kaum noch durchgeführt. In Abhängigkeit vom Stärkegehalt der Kartoffeln sind bei diesem Mastverfahren je Tier und Tag 1,0–1,5 kg Ergänzungsfutter sowie zusätzlich Kartoffeln bis zur Sättigung zu verabreichen. Die tägliche Verzehrshöhe liegt im Mittel der Mastzeit (30–115 kg LM) im Bereich von 4,0–4,6 kg/Tier. An Geflügel sollten Kartoffeln grundsätzlich in gedämpfter Form gefüttert werden. Legehennen nehmen täglich bis zu 50 g als Rationsbestandteil auf.

13.3 Beta-Rüben

Während von der Zuckerrübe in erster Linie die bei der Zuckerherstellung anfallenden Nebenprodukte zur Fütterung verwendet werden, erfolgt der Anbau der gehaltvolleren Futterrüben sowie der Massenrüben ausschließlich für den Einsatz in der Fütterung. Von der Roten Rübe werden gelegentlich Überschüsse aus der Nahrungsproduktion als Futtermittel verwendet.

13.3.1 Inhaltsstoffe

Der DM-Gehalt variiert zwischen 10 % (Masserübe) und 23 % (Zuckerrübe). Eine Mittelstellung nehmen die Gehaltsrüben mit 15–18 % ein. Hauptinhaltsstoff der Beta-Rüben ist die **Saccharose**. Zuckerrüben enthalten von diesem Disaccharid 700–800 g/kg DM und Massen- und Gehaltsrüben zwischen 500 und 600 g/kg DM. Der Gehalt an **Rohprotein** liegt bei 60–90 g/kg DM. Von den als Rohprotein erfassten Stoffen entfallen 40–60 % auf **NPN-Verbindungen** (Glutaminsäure, Glutamin und Betain). Bei hohem N-Dünger-Einsatz kann der Nitratgehalt bis 20 g/kg DM betragen. Der **Rohfettgehalt** ist mit 4–7 g/kg DM für den Futterwert bedeutungslos. Auch der **Rohfasergehalt** ist minimal und infolge des geringen Ausmaßes der Lignifizierung hoch verdaulich. Die **Gerüstsubstanzen,** die bei der Weender Analyse anteilig auch in der NfE-Fraktion erfasst werden, sind Cellulose (60–90 g/kg DM), Pentosane (70–80 g/kg DM), Pektine (100 g/kg DM) und Lignin (15–20 g/kg DM).

Rüben enthalten des Weiteren organische Säuren, insbesondere **Oxalsäure,** und das Alkaloid **Saponin.** Von den Mengenelementen dominieren Na, K und Cl, während die Gehalte an Ca und P gering sind (→ Tab. 26.4). Der Spurenelementgehalt schwankt standortabhängig. Der Vitamingehalt ist nicht erwähnenswert.

13.3.2 Verdaulichkeit und energetischer Futterwert

Beta-Rüben sind hochverdauliche Futtermittel. Die **Verdaulichkeit** der organischen Substanz bewegt sich zwischen 80 und 90 % (→ Tab. 26.1). Der **energetische Futterwert** (→ Tab. 26.1) liegt im unteren Bereich der Getreidefrüchte. Beim Schwein nimmt der Gehalt an umsetzbarer Energie von der Zuckerrübe bis zur Roten Rübe infolge des Anstieges an NSP (insbesondere Pektine) ab. Die Verdaulichkeit der Rüben wird durch anhaftenden Schmutz herabgesetzt. Daraus resultiert je nach Verschmutzungsgrad eine mäßige bis erhebliche Senkung des Energiegehaltes. Rüben sind deshalb vor der Verfütterung gründlich zu säubern (→ Kap. 24.1).

13.3.3 Einsatzempfehlungen

Für Wiederkäuer besitzen Rüben hervorragende Verzehrseigenschaften. Die Hauptenergiequelle (70 % der DM) sind wasserlösliche Kohlenhydrate (vorrangig Saccharose). Der Zuckergehalt begrenzt wiederum den Einsatz beim Wiederkäuer, da dieser sehr schnell in den Vormägen in Lösung geht und fermentiert wird. In der Summe muss der Anteil von Zucker an der Wiederkäuerration auf maximal 6–7 % der DM begrenzt bleiben. In den Zellwänden der Rüben finden sich neben Cellulose und Hemicellulosen vor allem Pektine. Der Pektingehalt in der Rübe beträgt ca. 100 g je kg DM. In den Vormägen werden Pektine über Galacturonsäuren sehr langsam abgebaut und fermentiert. Deshalb gelten entzuckerte Rüben auch als besonders pansenschonend. Die Rohproteinfraktion von Beta-Rüben hat in der Fütterung keine Bedeutung. Der NPN-Anteil (insbesondere

Betain, Glutamin, Glutaminsäure) beträgt über 50 %. Bei hoher N-Düngung kann der Nitratgehalt auf über 10 g je kg DM ansteigen.
Massen- und Gehaltsrüben sind vorrangig Futtermittel für Wiederkäuer. Sie werden gern gefressen. Wegen des Gehaltes an Betain (Geschmacksbeeinflussung der Milch), des reichlichen Zuckergehaltes (Acidosegefahr) und der nur minimalen Strukturwirksamkeit sind die Einsatzmengen zu begrenzen. Milchkühe sollten maximal 3 kg DM aus Futterrüben (entspricht etwa 25 kg Massenrüben und 20 kg Gehaltsrüben) erhalten. Wenn Zuckerrüben als Futtermittel zur Verfügung stehen, sind ebenfalls die 3 kg DM der Richtwert für den maximalen Einsatz in der Milchkuhfütterung (~ 8 kg Zuckerrüben/Tier und Tag). Zu beachten ist, dass die Summe der DM-Aufnahme aus Beta-Rüben bzw. deren Verarbeitungsprodukten (Zuckerrübenschnitzel, Melasse) 3 kg/Tier und Tag nicht überschreiten sollte. Für Jungrinder und Mastrinder sind 0,6 kg DM/100 kg LM und Tag der Grenzwert für die Verfütterung von Beta-Rüben (entspricht etwa 6,0 kg Massenrüben, 4 kg Gehaltsrüben bzw. 2,5 kg Zuckerrüben). An Mutterschafe können täglich bis zu 0,5 kg DM und an ausgewachsene Pferde maximal 0,65 kg DM/100 kg LM Beta-Rüben als Rationskomponente verabreicht werden.
Saubere und gemuste Zuckerrüben eignen sich aufgrund ihrer hohen Energiekonzentration auch für die Schweinefütterung, insbesondere für die Mast ab etwa 35 kg LM in Kombination mit einem eiweißreichen Ergänzungsfutter (1,5 kg/Tier und Tag). Für güste und tragende Sauen sind Rüben vorteilhafte Grundfuttermittel (bis zu ~ 6 kg Zuckerrüben oder 10 kg Gehaltsrüben oder ~ 15 kg Massenrüben; Zuckerrüben gemust, Futterrüben geschnitzelt).

13.4 Brassica-Rüben

Rübenartige Wurzeln, die zu Fütterungszwecken genutzt werden, sind bei den Kreuzblütlern die Kohlrübe oder Wruke und die Stoppelrübe bzw. Wasserrübe oder Turnips.

13.4.1 Inhaltsstoffe

Beide Rübenarten sind sehr wasserreich. In der Trockenmasse sind die Rohnährstofffraktionen wie folgt vertreten (je kg DM): Rohasche 90 (Kohlrüben)/125 g (Stoppelrüben), Rohprotein 110/135 g, Rohfett 20/12 g, Rohfaser 110/110 g und N-freie Extraktstoffe 670/618 g. Etwa 50–65 % der N-freien Extraktstoffe entfallen auf **Di- und Monosaccharide** (Saccharose, Glucose, Fructose). Das **Rohprotein** besteht zu ~ 50 % aus NPN-Verbindungen. Eine Anreicherung erfährt diese Rohnährstofffraktion bei der überwiegenden Verfütterung von Stoppelrüben mit dem Kraut. Als futterwertmindernde Inhaltsstoffe enthalten Kohlrüben und Stoppelrüben **Glucosinolate** (→ Tab. 13.1), wobei letztere Rübenart relativ hohe Konzentrationen aufweisen kann. Bei Stoppelrüben mit Blatt besteht außerdem das Problem der Nitratanreicherung nach vorhergehender reichlicher N-Düngung.

13.4.2 Verdaulichkeit und energetischer Futterwert

Die **Verdaulichkeit** der organischen Substanz liegt bei 80 % (Wiederkäuer). Je kg DM sind in Futterwerttabellen folgende **Energiewerte** ausgewiesen (je kg DM): Kohlrüben 12,41 MJ ME bzw. 7,88 NEL, Stoppelrüben 12,07 MJ ME bzw. 7,65 NEL und Stoppelrüben mit Blättern 11,98 MJ ME bzw. 7,55 NEL.

13.4.3 Einsatzempfehlungen

Kohlrüben und auch Stoppelrüben werden vorrangig an Rinder verfüttert. Bei Milchkühen ist die tägliche Gabe auf 1,5–2 kg DM (~ 15 kg Originalsubstanz) zu beschränken. Höhere Mengen verursachen Geschmacksveränderungen bei der

Milch und den daraus hergestellten Produkten (z. B. Butter). Die Zuteilung hat nach dem Melken zu erfolgen, um einen Abbau der spezifischen Inhaltsstoffe, der etwa 6 Stunden erfordert, zu ermöglichen. Reichliche Kohlrübenverfütterung bewirkt eine feste und bröcklige Butter. Längerfristige Fütterung hoher Kohlrüben- und Stoppelrübengaben kann das Auftreten der sogenannten Kohlanämie zur Folge haben. Genannte Futtermittel enthalten als hämolytischen Faktor S-Methylcystein-Sulfoxid. Diese Verbindung wird durch Enzyme der Pansenbakterien in Dimethyldisulfid überführt, das hämolytisch wirkt.
Sowohl bei wachsenden Rindern als auch bei Schafen sollte die Tagesgabe keinesfalls 10–15 % der Gesamt-DM überschreiten.

13.5 Mohrrüben

Die Trockensubstanz (110–140 g/kg Futtermittel) besteht zu 50 % aus **Mono- und Disacchariden** (jeweils ~50 %). Außerdem enthalten Mohrrüben geringe Stärkeanteile (~50 g/kg DM). Vom **Rohproteingehalt** (88 g/kg DM) entfällt die knappe Hälfte auf NPN-Verbindungen (vorrangig Glutamin und Asparagin). Ernährungsphysiologisch von Bedeutung ist der hohe Gehalt an **Carotin** (500–1000 mg/kg DM), das überwiegend als β-Carotin vorliegt. Die **Verdaulichkeit** der organischen Substanz ist für Wiederkäuer, Pferde und Schweine mit 90, 96 bzw. 87 % sehr hoch.
Folgende **Energiewerte** sind in Futterwerttabellen ausgewiesen (jeweils je kg DM): 11,8 MJ (Pferde), 12,2 MJ (Wiederkäuer) bzw. 10,3 MJ (Schweine) ME und 7,7 MJ NEL. Mohrrüben sind aufgrund ihrer guten diätetischen Wirkung und ihres Carotingehaltes besonders für junge Tiere wertvoll. Folgende Tagesgaben werden empfohlen: Fohlen 1,0–1,5 kg, Stuten 2,0–5,0 kg, Rennpferde 1,0–2,0 kg, weibliche Jungschweine 1,0–2,0 kg, tragende und laktierende Sauen 1,5–3,0 kg, Milchkühe 10,0–15,0 kg. Als Obergrenzen gelten für Milchrinder 20 kg, für Jung- und Mastrinder 5 bzw. 2 kg je 100 kg LM, für Ziegen und Schafe 1,6 kg Mohrrüben.

13.6 Maniok (Tapioka, Cassava)

Unter den tropischen Kulturen hat die aus den nördlichen Teilen des tropischen Südamerikas stammende und weltweit zwischen dem ~23. Grad nördlicher und südlicher Breite angebaute Maniokpflanze eine vorrangige Bedeutung erlangt. Die ursprüngliche Bezeichnung der zur Familie der Euphorbiaceae (Wolfsmilchgewächse) gehörenden Maniokpflanze (*Manihot esculenta* Crantz) lautet in Südamerika Manioca, Mandioca oder Yuca. Im englischen Sprachgebiet wird sie Cassava und in Südostasien Tapioka genannt. Letzterer Name ist auch in Mitteleuropa gebräuchlich.
Die Maniokwurzeln sind in der tropischen Klimazone ein Grundnahrungsmittel. Überschüsse werden als Futtermittel verwendet und zu diesem Zweck auch exportiert. Die Verarbeitung der Wurzeln erfolgt vorwiegend in den Anbauländern. Sie werden, falls notwendig, gewaschen, wahlweise geschält und geschnitzelt. Die anschließende Trocknung erfolgt häufig im Freien unter Sonneneinwirkung. Neben Schnitzeln (Chips) sind von Maniok außerdem Mehl und vor allem Pellets (verbesserte Transport- und Lagerfähigkeit) auf dem Futtermittelmarkt erhältlich.

13.6.1 Inhaltsstoffe

Tabelle 26.1 enthält Angaben zum Nährstoffgehalt von Maniokprodukten. Wesentlicher Inhaltsstoff ist **Stärke**, deren Anteile bei Maniokmehl die Gehalte in der Kartoffel übertreffen. Der **Rohproteingehalt** ist weitaus niedriger als in den einheimischen Wurzeln und Knollen und besteht außerdem zu 40–60 % aus NPN-Verbindungen. Mit den ausgewiesenen **Rohfasergehalten** wird jedoch etwa nur die Hälfte der Zellwandsubstanzen wiedergegeben. Denn der Gehalt an NDF beträgt 100–150 g/kg DM. Von Bedeutung ist, dass die Nährstoffzusammensetzung beachtlich schwanken kann. Bei einer Analyse von Maniokproben wurden für verschiedene Inhaltsstoffe folgende Variationsbreiten ermittelt: Stärke 557–737 g/kg DM, Rohasche 26–94 g/kg DM und Sand 2–66 g/kg DM. Hohe **Rohasche-** bzw. **Sandgehalte** resultieren aus unzureichender Säuberung vor der Verarbeitung und/oder Verunreinigungen bei der Freilufttrocknung. Des Weiteren beeinflusst das

Schälen der Wurzeln die Nährstoffanteile in Maniokprodukten (insbesondere den Hauptinhaltsstoff Stärke). Deshalb wird vor der Verwendung eine Analyse empfohlen.
In der Maniokwurzel ist das Blausäureglucosid Linamarin und in geringerer Konzentration Lotaustralin enthalten (→ Tab. 13.1). Bei Unterbrechung des Wachstums infolge Trockenheit kann auch freie Blausäure vorliegen. Nach Zerkleinerung der Wurzeln erfolgt durch das in der Wurzel vorhandene Enzym Linamarase in Gegenwart von Wasser eine Aufspaltung der Glucoside in Glucose, Blausäure und Aceton.

13.6.2 Verdaulichkeit und energetischer Futterwert

Maniokprodukte werden von allen Tierarten sehr gut verdaut (→ Tab. 26.1). Bei den energetischen Futterwertdaten (→ Tab. 26.1) besteht eine recht gute Übereinstimmung mit den Energiedichten der Kartoffel (Ausnahmen rohe Kartoffeln bei Schwein und Geflügel) und der fettärmeren Getreidearten mit geringem Rohfasergehalt. Bei Maniokfuttermitteln handelt es sich um ausgesprochene Energiefuttermittel.
In der Tierernährung wird Maniok vornehmlich als energiereiches Einzelfuttermittel im Mischfutter für Schweine und Geflügel verwendet. Die Bedeutung hat aber in den vergangenen Jahren sehr stark abgenommen. Die ruminale Stärkebeständigkeit (ca. 15 %) ist mit der von Getreide vergleichbar. Auch die ruminale Abbaurate des Rohproteins weist mit ca. 85 % sehr hohe Werte aus, womit die knapp 3 % CP für die Proteinversorgung von Wiederkäuern von ungeordneter Bedeutung sind. Maniok sollte in der Wiederkäuerernährung ausschließlich dann als Getreideersatz betrachtet werden, wenn es preislich attraktiv ist.

13.6.3 Einsatzempfehlungen

Maniokprodukte gelangen in erster Linie in Mischfuttermitteln zum Einsatz. Folgende Höchstanteile werden empfohlen (Werte nach dem Schrägstrich gelten für stärkereichere Produkte aus geschältem Maniok. Für Geflügel gelten nur diese.): Milchleistungsfutter 20/30 %, Rindermastfutter 20/40 %, Kälberaufzuchtfutter 15/15 %, Alleinfutter für tragende Sauen 15/20 %, Alleinfutter für laktierende Sauen 10/30 %, Ferkelfutter (> 15 kg LM) 0/15 %, Mastschweinefutter 20/40 %, Legehennenfutter 15 %, Broilermastfutter 10 %, Putenmastfutter 5–10 %, Wassergeflügelmastfutter 10–15 %. Als Ursachen für diese Restriktionen kommen variierende Nährstoffgehalte (differenzierte Qualitäten), Schadstoffkonzentrationen und Akzeptanzprobleme wegen zu feiner Beschaffenheit (bei nicht pelletierten Futtermischungen) infrage.

13.7 Weitere Knollen für Futterzwecke

Verschiedentlich werden die Wurzelknollen folgender Pflanzen als Futtermittel verwendet: **Bataten** oder Süßkartoffeln, **Yamswurzeln, Taro, Zichorie, Topinambur.** Mit Ausnahme der Topinamburknollen enthalten die aufgelisteten Knollen Stärke als Reservekohlenhydrat. In Topinambur findet man demgegenüber das Polysaccharid **Inulin,** ein Fructosan. Durch die β-glucosidische Verknüpfung der Fructoseeinheiten ist eine Spaltung nur durch mikrobielle Enzyme im Verdauungstrakt möglich. Deshalb verwertet das Schwein Inulin im Vergleich zur aufgeschlossenen Kartoffelstärke beachtlich schlechter.

14 Körner und Samen

Heinz Jeroch und Olaf Steinhöfel

14.1 Allgemeine Angaben

Für Fütterungszwecke werden die Samen und Früchte verschiedener Pflanzenarten genutzt. Hierzu zählen v. a.:

- Getreidefrüchte: insbesondere Gerste (*Hordeum vulgare*), Hafer (*Avena sativa*), Mais (*Zea mays*), Sorghumhirse/Milocorn (*Sorghum bicolor*), Roggen (*Secale cereale*), Weizen (*Triticum* sp.), Triticale (Weizen-Roggen-Kreuzungsprodukt, *Triticosecale* Wittm.);
- Leguminosensamen: vorrangig Ackerbohnen (*Vicia faba*), Erbsen (*Pisum sativum*), Süßlupinen (*Lupinus* sp.);
- unverarbeitete ölhaltige Samen: insbesondere Leinsaat (*Linum usitatissimum*), Rapssamen (*Brassica napus*), Sojabohnen (*Glycine max*);
- andere Körnerfrüchte, z. B. Buchweizen (*Fagopyrum esculentum*).

Diese Produkte gelangen entweder unzerkleinert oder nach vorangegangener Bearbeitung (→ Kap. 24) als Einzelkomponenten oder Mischfutterbestandteile zur Verfütterung. Sie sind außerdem Rohstoffe für eine umfangreiche industrielle Verarbeitung, wobei die hierbei anfallenden Nebenprodukte Futtermittel bilden (→ Kap. 15).

Folgende gemeinsame Merkmale zeichnen die verschiedenen Körnerfrüchte aus:

- Es sind jeweils trockensubstanzreiche Produkte; ihre Lagerfähigkeit ohne konservierende Maßnahmen (→ Kap. 23.2) erfordert einen Mindest-DM-Gehalt von 88 % und eine Lagertemperatur < 15 °C.
- In unzerkleinerter Form bleiben unter optimalen Lagerungsbedingungen wesentliche Qualitätseigenschaften der Körner als Futtermittel relativ lange erhalten.
- Es handelt sich in der Regel um gut bis sehr gut verdauliche Futtermittel, die energie- und/oder proteinreiche Konzentratfuttermittel darstellen.
- Kleine Körner der gleichen Art sind in der Regel reicher an Rohprotein, Rohfaser und Mineralstoffen als größere bzw. normal ausgebildete Körner, die höhere prozentuale Anteile an Reservestoffen (Stärke, Fette) enthalten und dadurch auch einen höheren energetischen Futterwert besitzen.
- Körnerfrüchte sind, gemessen an den Bedarfsanforderungen der Nutztiere, v. a. Ca- und Naarm. Vom deutlich höheren P-Gehalt liegen jedoch > 50 % in organischer Bindungsform vor (Phytinsäure und deren Salze).
- An Vitaminen enthalten Körnerfrüchte v. a. die des B-Komplexes (außer Vitamin B_{12}) und Vitamin E. Vorstufen des Vitamins A (mit Ausnahme von Mais und Sorghumhirse) und Vitamin D_2 kommen nicht vor.

Neben den herkömmlichen Methoden der Pflanzenzüchtung wird seit den 90er-Jahren des letzten Jahrhunderts in zunehmendem Maße die Gentechnik weltweit (allerdings nicht in Europa) angewandt, insbesondere bei der Züchtung von Mais, Raps und Soja (→ Kap. 21). Das Ziel der gentechnischen Maßnahmen besteht derzeitig im Erhalt von Sorten, die erhöhte Resistenzen bzw. Toleranzen gegenüber Schädlingen bzw. Pflanzenschutzmitteln aufweisen (Gentechnisch veränderte Organismen [GVO] der 1. Generation). Inhaltsstoffe und Futterwert sind davon praktisch unbeeinflusst (→ Kap. 21). Des Weiteren verwendet man gentechnische Verfahren, um Inhaltstoffe der Pflanzen gezielt zu verändern (z. B. Erhöhung der Gehalte an essenziellen Aminosäuren, Reduzierung der Konzentrationen an antinutritiven Substanzen). Aus der Sicht der Tierernährung werden diese Zuchtprodukte als GVO der 2. Generation bezeichnet.

14.2 Getreide

Der Begriff Getreide bezieht sich auf die zur Körnernutzung angebauten Gramineen.

Anbaufläche 2019:	6,4 Mio. ha
Erntemenge:	44,7 Mio. t
davon	
Weizen	51,5 %
Gerste	26,3 %
Mais	8,5 %
Roggen u. Wintermenggetreide	7,4 %
Triticale	5,0 %
Hafer und Sommermenggetreide	1,3 %

Von der produzierten Menge wurden im letzten Jahrzehnt rund 60 % als Futtermittel verwendet.

14.2.1 Morphologischer Aufbau des Getreidekorns

Zum besseren Verständnis der Ausführungen zu Inhaltsstoffen und Futterwert der Getreidekörner sowie den Nebenprodukten ihrer Verarbeitung erscheint es zweckmäßig, zunächst den Kornaufbau zu beschreiben; er ist am Beispiel des Weizens in Abbildung 14.1 dargestellt.

Abb. 14.1
Morphologischer Aufbau des Weizenkorns.

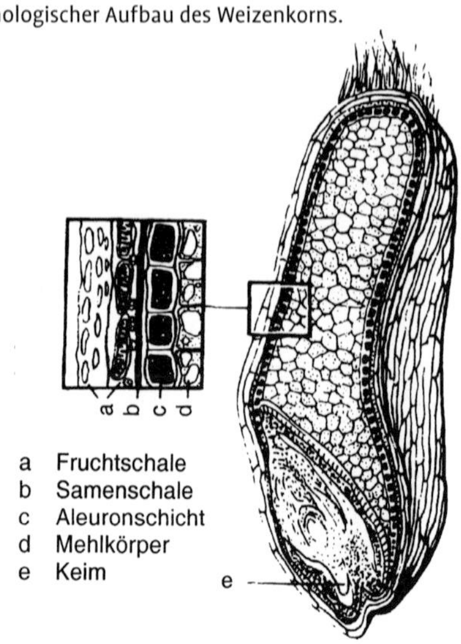

Das Getreidekorn ist eine Schließfrucht (Karyopse). Man unterscheidet im Wesentlichen drei Bestandteile: Schale, Mehlkörper (Endosperm) und Keimling (Embryo). Die Spelzen gehören nicht zum eigentlichen Korn. Die Schale wird durch das Verwachsen der Fruchtschale (Perikarp) mit der Samenschale (Testa) gebildet. Erstere besteht hauptsächlich aus Zellwandkohlenhydraten und Lignin (Gerüstsubstanzen). In der Samenschale findet man neben Gerüstsubstanzen außerdem noch Eiweiß und Mineralstoffe.
Den überwiegenden Teil des Korns nimmt das Endosperm ein, das sich aus der Aleuronschicht (äußere Zellschicht bzw. Zellschichten des Endosperms) und dem eigentlichen Mehlkörper (Stärkeendosperm) zusammensetzt. In stofflicher Hinsicht unterscheidet sich die Aleuronschicht deutlich vom Stärkeendosperm. Sie enthält keine Stärke, aber reichlich Eiweiß sowie Fett, Vitamine, Farbstoffe und Enzyme.
Wichtigster Inhaltsstoff des eigentlichen Mehlkörpers ist Stärke. Zucker kommt nur in geringer Konzentration vor. Zwischen den Stärkekörnern befindet sich Klebereiweiß, dessen prozentualer Anteil im Mehlkörper von außen nach innen abnimmt. Auf den an der Kornbasis liegenden Keimling entfallen mit Ausnahme von Mais (8–10 %) etwa 3 % der Kornmasse. Im Keimling ist der überwiegende Teil des Rohfettes vom Korn lokalisiert. Mineralstoffe und Vitamine (E, B-Komplex) sind neben Rohprotein ebenfalls reichlich im Keimling enthalten. Auf die nicht zum eigentlichen Korn gehörende Spelze entfällt bei den bespelzten Arten Gerste, Hafer und Reis folgender Anteil der jeweiligen Körner: 9–13 % (Sommergerste), 10–14 % (mehrzeilige Wintergerste), 23–28 % (Hafer) bzw. 18–28 % (Reis). Bei flachkörnigen Getreidefrüchten steigt der Spelzenanteil beachtlich an.

14.2.2 Gehalt an Hauptnährstoffen

Zum Nährstoffgehalt der einzelnen Getreidearten vermittelt Tabelle 26.1 Angaben. Es handelt sich hierbei um Mittelwerte aus umfangreichen Analysen deren Einzelwerte beachtliche Schwankungen aufweisen. Wesentliche Ursachen für die Variabilität in der Nährstoffzusammensetzung sind genetische Faktoren (u. a. Sorteneinfluss), Witterungsbedingungen (Niederschläge, Temperatur) während Kornbildung und -reife, Nährstoffversorgung (insbesondere N-Düngung), Agrotechnik, Anbauregion. Analysen von sortenreinen Weizenproben aus Sachsen-Anhalt (5 Standorte mit jeweils 34 Sorten, n = 170) ergaben folgende Variationsbreiten für die Inhaltsstoffe (je kg DM, mittlerer Gehalt jeweils in der Klammer): Rohasche 8–22 g (14 g), Rohprotein 74–152 g (121 g), Rohfaser 16–34 g (23 g), Rohfett 17–33 g (22 g), NDF 70–121 g (97 g), Stärke 525–656 g (591 g) und Zucker 14–31 g (23 g).

Die wichtigste Rohnährstofffraktion des Getreides bilden infolge des bereits beschriebenen Kornaufbaus die **N-freien Extraktstoffe.** In ausgereiften Körnern bestehen sie vorwiegend aus **Stärke;** der **Zuckergehalt** (Mono- und Disaccharide) ist dagegen gering.

Die N-freien Extraktstoffe beinhalten auch Teile der Gerüstsubstanzen bzw. Zellwandkohlenhydrate. Durch den hohen Stärkeanteil ~450–725 g/kg DM (→ Tab. 26.1) sind die Getreidefrüchte vorrangig energieliefernde Futtermittel.

Die Stärke der verschiedenen Getreidearten unterscheidet sich u. a. in der Struktur (Anteile der beiden Stärkekomponenten Amylose und Amylopektin) sowie in Form und Größe der Stärkekörner. Diese Unterschiede haben Auswirkungen auf den Stärkeabbau im Pansen der Wiederkäuer. Während Mais- und Milocornstärke im Vergleich zu den anderen Getreidestärken langsamer abgebaut werden und rund 30 % unverändert den Pansen passieren, erfolgt der Abbau der übrigen Stärken zu rund 90 %; es gelangt somit deutlich weniger Stärke in den Dünndarm. Die unterschiedliche Abbaubarkeit der Getreidestärken im Vormagensystem ist insbesondere bei der Fütterung der Hochleistungskuh bedeutsam.

Für monogastrische Nutztiere hat jedoch auch der Rohproteingehalt aufgrund des häufig hohen Getreideanteils in den Futtermischungen bzw. Rationen Bedeutung, denn je nach Höhe des Eiweißgehaltes und dessen Wertigkeit sind unterschiedliche Anteile an Eiweißfuttermitteln in den Futtermischungen bzw. -rationen zur Gewährleistung der tierart- und leistungsabhängigen Gehalte an Rohprotein und Aminosäuren erforderlich.

Der **Rohproteingehalt** in den Getreidearten variiert zwischen 90 und 150 g/kg DM. Mais und Reis haben die proteinärmsten Körner; die Spitze nehmen bei diesem Inhaltsstoff Weizen und Triticale ein. Für die praktische Fütterung ist von Bedeutung, dass der Rohproteingehalt bei den einzelnen Arten vom jeweiligen Mittelwert beachtlich abweichen kann. Deshalb sollte stets sowohl bei der Verwendung als Komponente in Mischfuttermitteln als auch in hofeigenen Mischungen der Rohproteingehalt der jeweiligen Charge bzw. Partie analysiert werden.

Der Schalen- bzw. Spelzenanteil der Körner bestimmt die Höhe des **Rohfaseranteils.** Rohfaserarm sind die unbespelzten Arten (Mais, Milocorn, Weizen, Roggen, Triticale). Der spelzenreiche Hafer enthält von den inländischen Getreidearten den höchsten Rohfasergehalt. Gerste nimmt beim Rohfasergehalt eine Mittelstellung zwischen den unbespelzten Arten und dem reich bespelzten Hafer ein. Bei dieser Spezies sind die mehrzeiligen Winterformen etwas rohfaserreicher als die zweizeiligen Winter- und Sommerformen. Durch Miternte der rohfaserreichen Kolbenfraktionen (Lieschen, Spindel) bei der Erzeugung von Maiskolbenfuttermitteln ergeben sich im Vergleich zu den faserarmen Maiskörnern höhere Rohfasergehalte (→ Tab. 26.1).

Mit der Rohfaserbestimmung wird auch beim Getreide nur ein Teil der Zellwandsubstanzen erfasst. Der Gesamtgehalt an Gerüstsubstanzen (insbesondere Cellulose, 1-3,1-4-β-D-Glucane, Hemicellulosen (Arabinoxylane), Pektine, Lignin) in den Körnerfrüchten ist nicht nur wesentlich höher, sondern es gibt auch deutliche Unterschiede im Vorkommen an spezifischen Zellwandkohlenhydraten (insbesondere β-Glucane und Arabinoxylane) zwischen den Getreidearten (→ Tab. 14.3), die von erheblicher Bedeutung für die Fütterungseignung sein können (→ Kap. 14.2.5 und Tab. 14.2).

Auch im **Rohfettgehalt** bestehen Unterschiede bei den Getreidearten. Mais und Hafer als die Arten mit dem höchsten Fettanteil liegen im Bereich von 45–55 g/kg DM, Milocorn um 35 g/kg DM und die übrigen Getreidefrüchte zwischen 15 und 25 g/kg DM. Neben seinem positiven Einfluss auf den energetischen Futterwert des Getreides ist insbesondere das Rohfett der fettreicheren Getreidearten eine potenzielle Quelle an essenziellen Fettsäuren. Außerdem enthält das Getreidefett reichlich Ölsäure. Die Lipidfraktion besteht somit überwiegend aus ungesättigten Fettsäuren. Dies ist bei der Lagerung (Gefahr der Antooxidation, d. h. Peroxidbildung) und Rationsgestaltung (insbesondere bei Mastschweinen Veränderung der Fettqualität) zu beachten.

14.2.3 Mineralstoffgehalt

Zum Mineralstoffgehalt (Mengenelemente) in Getreidekörnern enthält Tabelle 26.4 Angaben. Getreidekörner sind Ca-arm. Bei hohem Getreideanteil in den Futterrationen für Schweine und Geflügel besteht demzufolge ein beachtliches Defizit zu den erforderlichen Gehalten im Futter. In reichlicheren Mengen ist P vorhanden: 2,7 (Sorghumhirse) bis 4,2 (Weizen) g/kg DM. Jedoch liegen ~45–70 % des Gesamtgehaltes als Phytatphosphor vor. Für die P-Freisetzung aus dieser organischen Bindungsform als Voraussetzung für eine Absorption ist das Enzym Phytase erforderlich, das von Bakterien im Verdauungstrakt gebildet wird und in Getreidekörnern selbst enthalten ist. Die bakterielle Enzymaktivität im Verdauungstrakt beim Schwein und bei Geflügel ist im Vergleich zu den Wiederkäuerarten jedoch gering. Zudem bestehen auch beachtliche Unterschiede in der korneigenen Phytaseaktivität innerhalb der Getreidearten (sehr hoch: Roggen (3600–4800 FTU/kg DM); hoch: Triticale (1650–2650 FTU/kg DM), Weizen (1350–2650 FTU/kg DM); mittel: Gerste (500–1100 FTU/kg); gering bzw. kaum vorhanden: Hafer, Mais, Sorghumhirse (> 150 FTU/kg DM)). Dies hat zur Folge, dass der verfügbare P-Anteil am Gesamtgehalt bei Weizen, Roggen, Triticale für Schweine bzw. Hühner ~45–70 % bzw. ~50–55 % beträgt, dagegen bei Mais, Sorghumhirse und Hafer nur ~20 % (Schweine) bzw. ~10–25 % (Hühner). Durch Ergänzung getreidereicher Futterrationen für Monogastriden mit mikrobiell erzeugten Phytasen (→ Kap. 13.3.5) lässt sich die P-Ausnutzung je nach Anteil einzelner Getreidearten mehr oder weniger steigern.

Gemessen an den erforderlichen Gehalten im Futter ist Getreide Na-arm. Die Gehalte an Spurenelementen variieren z. T. erheblich zwischen den Getreidearten (→ Tab. 14.1). Sie unterliegen hinsichtlich ihres Gehaltes verschiedenen exogenen Einflüssen (Bodenart, Standort, Witterungsbedingungen). Außerdem ist verschiedentlich deren Verfügbarkeit eingeschränkt (z. B. an Phytinsäure gebundenes Zink).

14.2.4 Vitamingehalt

Aus der Gruppe der fettlöslichen Vitamine enthält Getreide die Vitamine E und K. Lediglich im Körnermais, in den Maiskolbenfuttermitteln und in Sorghumhirse kommen außerdem noch Provitamine des Vitamins A (vor allem β-Carotin) vor. Ernährungsphysiologisch bedeutsam ist v. a. der Vitamin-E-(α-Tocopherol-)Gehalt in den Getreide-

Tab. 14.1
Mittlerer Spurenelementgehalt in Getreidekörnern[1].

Getreideart	Spurenelement (mg/kg DM)					
	Eisen	Mangan	Zink	Kupfer	Selen	Iod
Gerste	44,4	15,0	24,2	5,01	0,17	0,009[2]
Hafer	69,1	29,2	20,0	3,64	0,22	–[3]
Mais	22,4	5,34	21,3	2,04	0,10	0,013[2]
Roggen	29,8	19,7	24,0	4,26	0,20	–[3]
Triticale	31,5	29,8	24,4	4,94	–[3]	–[3]
Weizen	40,9	32,1	22,4	4,27	0,12	–[3]

1 Rodehutscord et al. (2016), 2 Schöne et al. (2017), 3 keine neueren Daten aus Deutschland verfügbar

körnern, obgleich er beachtlichen Einflüssen unterliegt. Hierzu zählen neben dem genetischen Einfluss (Gerste ist z. B. deutlich Vitamin-E-reicher als Weizen) die Witterungsbedingungen während der Ernte (in regenreichen Jahren geringere Gehalte), der physiologische Zustand der Körner auf dem Halm (Vitamin-E-Verlust beim Keimvorgang, Auswuchsgetreide ist Vitamin-E-arm), die Konservierungsart (Feuchtsilierung mit oder ohne Silierzusätze ist verlustreicher als Trocknung) und die Lagerungsdauer (20–50 % Aktivitätsverlust bei 6-monatiger Lagerung der Körner).

Die vorrangig in den Außenschichten der Getreidekörner lokalisierten Vitamine des B-Komplexes (außer Vitamin B_{12}) besitzen für die Versorgung monogastrischer Nutztiere mit diesen essenziellen Futterinhaltsstoffen erheblichen Stellenwert. Bei dieser pauschalen Wertung darf jedoch nicht übersehen werden, dass es zwischen den Getreidearten z. T. beachtliche Unterschiede gibt und außerdem die analytisch ermittelten Gehalte für Tiere verschiedentlich nur partiell verfügbar sind (z. B. Niacin für Küken im Mais, Biotin für Küken in den Getreidearten Weizen, Gerste, Hafer und Milocorn).

14.2.5 Gehalt an antinutritiven Substanzen und Kontamination mit unerwünschten Stoffen

In den Getreidearten und den Nebenprodukten ihrer Verarbeitung kommen auch Inhaltsstoffe vor, für die nachteilige Einflüsse auf Leistung und Gesundheit der Nutztiere bekannt sind (→ Tab. 14.2). Hierzu zählen Tannine, Verdauungsenzyminhibitoren sowie einige Nicht-Stärke-Polysaccharide (1-3,1-4-β-D-Glucane, Arabinoxylane), die neben ihrem Nährstoffcharakter auch antinutritive Wirkungen verursachen können. Neuere Analysenwerte sind in Tabelle 14.3 zusammengestellt. Außerdem ist eine Kontamination der Körnerfrüchte mit unerwünschten Stoffen, wie Mutterkornalkaloiden und Mykotoxinen, möglich (→ Kap. 25.2.2). Das Vorkommen von antinutritiven und unerwünschten Substanzen muss bei der Fütterung beachtet werden. Es kann den Einsatz damit belasteter Getreidearten bzw. -partien einschränken oder eine Verfütterung verbieten (→ Tab. 14.2 und → Kap. 14.2.10).

14.2.6 Verdaulichkeit und energetischer Futterwert

Die **Verdaulichkeit** der Getreidenährstoffe wird v. a. vom Gesamtgehalt an Gerüstsubstanzen und den Konzentrationen spezifischer Zellwandkohlenhydrate beeinflusst. Die unlöslichen Anteile sind für Monogastriden nicht nur weitgehend unverdaulich, sondern sie behindern außerdem auch die Verdaulichkeit des an sich hochverdaulichen Zellinhaltes (Stärke, Eiweiß, Fett). Darüber hinaus kann der lösliche Anteil von NSP durch Gelbildung Verdauungs- und Resorptionsprozesse beeinträchtigen. Insbesondere Küken und junge Ferkel werden davon betroffen (→ Tab. 14.2).

Die in der Regel an adulten bzw. älteren wachsenden Tieren ermittelten Verdauungswerte für die organische Substanz der verschiedenen Getreidearten und Maiskolbenprodukte sind Tabelle 26.1 zu entnehmen. Hochverdaulich (Verdaulichkeit der OM ~ 85–90 %) sind für alle Tierarten die rohfaserarmen Getreidefrüchte. Tierartbedingte Unterschiede bestehen kaum. Lediglich die OM des Roggens verdaut das Geflügel schlechter als Wiederkäuer und Schweine. Dies dürfte durch den höheren Anteil spezifischer NSP (Arabinoxylane, β-Glucane) in den Roggenkörnern verursacht werden.

Bei den Getreidearten mit mittlerem und höherem Rohfasergehalt werden jedoch Abweichungen zwischen den Tierarten sichtbar, die v. a. aus dem unterschiedlichen Verdauungsvermögen der Faserfraktion resultieren. Es ergeben sich dadurch folgende Reihenfolgen bei der OM-Verdaulichkeit: Getreide mit mittlerem Rohfasergehalt: Wiederkäuer = Pferd = Schwein > Geflügel; Getreide mit höherem Rohfasergehalt: Wiederkäuer > Pferd > Schwein > Geflügel. Der Anstieg des Rohfasergehaltes im Getreide wirkt sich somit am deutlichsten beim Geflügel auf die OM-Verdaulichkeit aus.

Aus den vorangegangenen Ausführungen ist abzuleiten, dass die Getreidearten Mais und Sorghumhirse die energiereichsten Körnerfrüchte sind (→ Tab. 26.1). Neben ihrem geringen Rohfaser- und hohen Stärkegehalt trägt hierzu v. a. ihr höherer Fettanteil bei. Ein steigender Anteil an Zellwandbestandteilen und eine damit verbundene rückläufige OM-Verdaulichkeit verursachen in

Tab. 14.2
Antinutritive Inhaltsstoffe in Getreidearten.

Stoffgruppe	Chemische Verbindung(en)	Wirkungen	Vorkommen	Bewertung	Gegenmaßnahmen
Nicht-Stärke-Polysaccharide	β-Glucane (löslicher Anteil)	Gesteigerte Viskosität des Darminhaltes, Beeinträchtigung von Verdauung und Resorption, herabgesetzte Futterdurchgangszeit, veränderte Darmmikrobiota im vorderen Darmabschnitt, klebrige und wasserreichere Exkremente (Geflügel)	Gerste, Hafer, Roggen	Antinutritiv wirksam bei Küken	Einsatzbegrenzung, Abbau durch Futterenzyme (→ Kap. 13.3.5)
	Arabinoxylane (löslicher Anteil)		Roggen, Triticale, (Weizen)	Antinutritiv wirksam v. a. bei Küken und Ferkeln (Roggen und Triticale); bei Küken Weizen (?)	Einsatzverzicht bzw. -begrenzung, Abbau durch Futterenzyme (→ Kap. 20.3.5)
Proteine	Protease-inhibitoren	Trypsinhemmende Wirkung	Roggen	Minimale Aktivität	Nicht erforderlich
Phenolderivate	Tannine	Futteraufnahmesenkung, Hemmung proteolytischer Verdauungsenzyme	Sorghumhirse, Gerste	Moderne Sorghumhirsesorten relativ tanninarm, Gerstenkonzentrationen unbedenklich	Wegen Schwankungen im Tanningehalt bei Sorghumhirse Einsatzbeschränkungen erforderlich (→ Tab. 14.4), Gehalt in Gerste unbedenklich
	Alkylresorcinole	Futteraufnahmesenkung, Wachstumsstörungen	Roggen, Triticale, Weizen	Absteigende Konzentrationen von Roggen zu Weizen, die insgesamt unbedenklich sind	Nicht erforderlich
Chelatbildner	Phytinsäure	Ca- und P-Bindung, Interaktion zu Zn und weiteren Spurenelementen	In allen Getreidearten	Stark herabgesetzte Verfügbarkeit in Getreidekörnern mit sehr geringer korneigener Phytaseaktivität (Mais, Sorghumhirse, Hafer)	Ergänzung der Futterrationen monogastrischer Nutztiere mit mikrobieller Phytase (→ Kap. 20.3.5)

Tab. 14.3
Mittlere Gehalte an Arabinoxylanen (Pentosanen) und 1,3–1,4-β-Glucanen in Getreidekörnern (g/kg DM)[1].

Getreideart	Arabinoxylane		1,3–1,4-β-Glucane		Extraktviskosität (mPa · s)
	Gesamt	Löslich	Gesamt	Löslich	
Gerste	65[1]/77[2]	9/10	37/47	24/24	–[4]
Hafer	102/–	9/–	36/–	27[3]/–	4,8
Roggen	86/85	29/31	18/20	–/7	12,3
Triticale	111/55	14/13	–/7	–/1	5,3
Weizen	59/64	14/14	6/6	–/2	2,4
Mais	37/–	8/–	~1/–	–/–	1,0

1 Jeroch et al. (1999), 2 Rodehutscord et al. (2016), 3 Degutyte-Fomins (2002), 4 nicht bestimmt

erster Linie die Abstufung im **energetischen Futterwert** innerhalb der Zerealien. Hafer enthält aufgrund seines hohen Faseranteils vergleichsweise zu Mais ~25 % weniger umsetzbare Energie. Der relativ niedrige energetische Futterwert des Roggens für das Geflügel wird durch den Gehalt an antinutritiven Substanzen in dieser Getreideart verursacht (→ Tab. 14.3). Bei den Maiskolbenfuttermitteln beeinflussen die jeweiligen Anteile an den mitgeernteten rohfaserreichen Kolbenfraktionen (Spindeln, Lieschen) und mitunter Teile der restlichen Maispflanze beim Lieschkolbenschrot den energetischen Futterwert.

Von den tabellierten Werten des energetischen Futterwertes (→ Tab. 26.1) sind beachtliche Abweichungen möglich. Wenn die Energiemessungen an Jungtieren (Ferkel, Küken) erfolgen, werden nicht immer die Werte älterer oder adulter Tiere erreicht. Verschiedene Tabellenwerke berücksichtigen bereits diesen Sachverhalt und weisen getrennte Energiewerte für wachsendes und adultes Geflügel aus. Die Umsetzbarkeit der Bruttoenergie kann durch höhere Gehalte an löslichen NSP, z. B. in Weizenkörnern, beeinträchtigt werden. Nach australischen Untersuchungen mit Hühnerküken variierte der Gehalt an umsetzbarer Energie in 81 geprüften Weizenherkünften zwischen 9,2 und 15,0 MJ/kg DM. Dieser enorme Schwankungsbereich konnte in eigenen Untersuchungen nicht bestätigt werden. Dennoch ist die ermittelte Differenz von 1,2 MJ ME zwischen energieärmerem (13,6 MJ ME/kg DM) und energiereicherem Weizen (14,8 MJ ME/kg DM) für die Fütterungspraxis bedeutsam.

14.2.7 Proteinqualität

Die **Verdaulichkeit des Getreideproteins** liegt bei den verschiedenen Nutztierkategorien in folgenden Bereichen: Wiederkäuer 70–80 %, Pferd 70–85 % Schweine 75–85 % und Geflügel 70–80 %. Einen wesentlichen Einfluss hat der Rohfasergehalt, d. h. mit seiner Zunahme in den Körnern ist in der Regel ein Verdaulichkeitsrückgang verbunden. Noch ausgeprägter ist die negative Korrelation zwischen dem Anteil fasergebundenen Rohproteins und der Rohproteinverdaulichkeit. Nachteilig auf die Rohproteinverdaulichkeit bei Schwein und Geflügel wirken außerdem antinutritive Inhaltsstoffe. Das reichliche Vorkommen solcher Substanzen, v. a. in Roggen, bewirkt in erster Linie die vergleichsweise zu Weizen deutlich schlechtere Eiweißverdaulichkeit.

Das Getreideeiweiß ist – gemessen an den Anforderungen monogastrischer Nutztiere – durch ein unausgeglichenes Aminosäurenmuster gekennzeichnet. Es enthält v. a. wenig Lysin; aber auch weitere für die Versorgung bedeutsame essenzielle Eiweißbausteine findet man in den Zerealienproteinen in nicht ausreichenden Konzentrationen.

Die im Allgemeinen geringe bis mäßige biologische Wertigkeit der Getreideeiweiße ergibt sich aus ihrer Zusammensetzung, d. h. den relativen Anteilen der verschiedenen Proteinfraktionen am Gesamteiweiß. Es dominieren die lysinarmen Speicherproteine (Prolamine, Gluteline) des Endosperms (Mehlkörper), deren Anteil am Gesamtprotein bei fast allen Getreidearten zusammen 70–90 % beträgt. Die in der Minderheit vorhandenen lysinreicheren Albumine und Globuline sind vorwiegend in der Aleuronschicht und im Keimling lokalisiert. Deshalb ist das Eiweiß der Mühlennachprodukte (→ Kap. 15.2.1) und des Keimlings wertvoller als das des Gesamtkorns, dagegen ist aber Klebereiweiß (z. B. Maiskleber; → Kap. 15.3.1) durch seine einseitige AS-Zusammensetzung (ausgesprochen lysinarm) von geringer Wertigkeit.

Neben dieser allgemeinen Einschätzung des Getreideeiweißes dürfen jedoch artbedingte Unterschiede in der Aminosäurenzusammensetzung, die für die Fütterungspraxis von Bedeutung sind, nicht unerwähnt bleiben (→ Tab. 26.2). Hafer, Gerste, Roggen und Triticale heben sich z. B. beim Lysinanteil mehr oder weniger deutlich positiv von Mais, Weizen und Sorghumhirse ab. Vor allem aufgrund der unterschiedlichen Gehaltswerte an diesem Baustein fällt die biologische Wertigkeit im Allgemeinen in der Reihenfolge Hafer, Roggen, Gerste, Triticale, Weizen, Mais und Sorghumhirse ab. Bezogen auf 1 kg Futtermittel (88 % DM) enthalten folgende Getreidearten nachstehende Lysingehalte: Triticale 4,2 g, Roggen 3,8 g, Gerste 3,4–4,2 g, Weizen 3,2 g, Mais 2,6 g. Im Vergleich zur Anforderung an den Lysingehalt im Schweinemastfutter (Anfangsmast 10–11 g/kg, Endmast 7–8 g/kg) sind die Defizite unterschiedlich groß und erfordern bei einer

Maisration (Anfangsmast) einen höheren Anteil eines lysinreichen Eiweißfuttermittels in der Ration als bei einer Futtermischung auf Gerstebasis. Die Aminosäurengehalte in den einzelnen Getreidefrüchten sind außerdem keine konstanten Größen. Sie korrelieren in der Regel eng mit den Rohproteinkonzentrationen und können mittels Regressionsgleichungen berechnet werden, wenn der Rohproteingehalt vorher analysiert wurde (→ Abb. 14.2).

Nach Lysin, der ersten leistungsbegrenzenden Aminosäure in allen Getreideproteinen für Nichtwiederkäuer, folgen in der Limitierungsrangfolge beim Schwein Threonin und Tryptophan – außer bei Mais und Maiskolbenfuttermitteln, bei denen Tryptophan aufgrund des ausgesprochen niedrigen Anteils nach Lysin folgt. Dies gilt auch für hochtragende, laktierende und wachsende Pferde. Für Sportpferde mit geringer Leistungsanforderung erscheint bei typischer Heu/Heulage-Getreide-Fütterung Threonin erstlimitierend zu sein. Für das Geflügel ergeben sich nachstehende Reihenfolgen der Limitierung: bei Mais und Maiskolbenfuttermitteln: Lysin, Tryptophan, Methionin; bei allen anderen Getreidearten: Lysin, Threonin, Methionin.

Ein weiteres Kriterium der Getreideproteinqualität für monogastrische Nutztiere ist die praecaecale AS-Verdaulichkeit (→ Kap. 5.3.2). Wie das Beispiel „Lysin“ beim Schwein zeigt, bestehen beachtliche Unterschiede in der Verdaulichkeit: Hafer 95 %, Weizen 88 %, Triticale 84 %, Mais 79 %, Gerste 73 %. Aber auch bei weiteren essenziellen AS variiert die Verdaulichkeit (→ Tab. 26.2). Deshalb empfiehlt die Gesellschaft für Ernährungsphysiologie für die Schweinefütterung die Bewertung der Futtermittel und den Bedarf der Tiere auf der Basis der pcd Aminosäuren vorzunehmen (→ Kap. 27). Inzwischen liegen für die pc Verdaulichkeit auch Werte für das Geflügel vor (→ Tab 26.3), die einen Einfluss der Getreideart, des Tieralters und der Enzymergänzung erkennen lassen. Bei den Legehennenwerten ist ein Rückgang der pc Verdaulichkeit in folgender Reihenfolge sichtbar: Mais > Weizen > Triticale > Roggen. Beim Pferd wurden pc AS-Verdaulichkeiten zwischen 79 und 82 % gemessen, mit den höchsten Werten für Hafer.

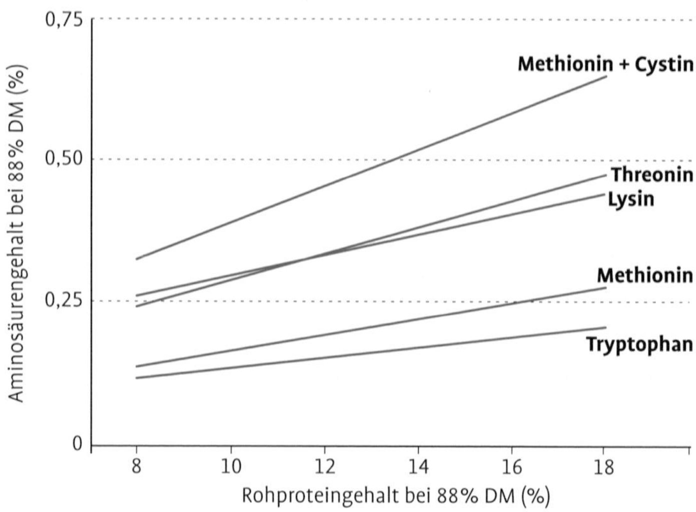

Abb. 14.2 Beziehung zwischen Rohprotein- und Aminosäurengehalten in Weizen und Schätzgleichungen zur Berechnung des Aminosäurengehaltes von Weizen (Evonik, 2016).

Lysingehalt (%)	= Rohproteingehalt (%) · 0,018 + 0,116
Methioningehalt (%)	= Rohproteingehalt (%) · 0,014 + 0,024
Methionin- plus Cystingehalt (%)	= Rohproteingehalt (%) · 0,032 + 0,069
Threoningehalt (%)	= Rohproteingehalt (%) · 0,023 + 0,059
Tryptophangehalt (%)	= Rohproteingehalt (%) · 0,009 + 0,044

Die Pflanzenzüchtung bemüht sich seit Längerem, die Qualität des Getreideproteins zu erhöhen. Züchterisch (mit konventionellen Zuchtmethoden) verbesserte Formen gibt es v.a. von Gerste, Mais und Milocorn. Diese Zuchtprodukte zeichnen sich insbesondere durch einen höheren Lysinanteil des Eiweißes im Vergleich zu den jeweiligen konventionellen Sorten aus. Er resultiert aus Relationsverschiebungen bei den Proteinfraktionen (Zunahme an Albuminen und Globulinen, Abnahme an Prolaminen und Glutelinen). Als Beispiel soll der Zuchtfortschritt bei Körnermais genannt werden. Normalhybriden enthalten 105 g CP/kg DM, 2,9 % Lysin im CP und besitzen eine biologische Eiweißwertigkeit (Schwein) von 66; lysinreiche Hydriden enthalten 104 g CP/kg DM, 4,4 % Lysin im CP, und die biologische Wertigkeit des Eiweißes (Schwein) liegt bei 76. Die praktische Nutzung dieses Zuchtfortschrittes bei der Proteinqualität ist bisher vorrangig an den geringeren Erträgen und weiteren Nachteilen gegenüber leistungsfähigen Normalsorten gescheitert. Die durch eine späte zusätzliche N-Düngung zum Zeitpunkt des Ähren- bzw. Rispenschiebens erzielbare Steigerung des Rohproteingehaltes in den Körnern resultiert vorrangig aus der Bildung lysinarmer Speicherproteine, sodass sich der relative Lysinanteil im Getreideprotein vermindert (leichter Rückgang der biologischen Wertigkeit). Im Vergleich zum beachtlichen Anstieg des Rohproteingehaltes nimmt die Lysinkonzentration in der Futtertrockenmasse deshalb nur gering zu.
In der Wiederkäuerfütterung ist Getreide erstrangig ein Energiekonzentrat, das zum Ausgleich proteinreicher Futtermittel eingesetzt wird. Da in der Hochleistungsfütterung relativ viel Getreide zum Einsatz kommt, ist der Beitrag zur Proteinversorgung mit 9 % (Körnermais) bis 13 % (Weizen) jedoch nicht unbedeutend. Der UDP-Gehalt vom Getreiderohprotein schwankt zwischen 15 % (Hafer, Roggen, Triticale) über 25 % (Weizen, Gerste) bis 50 % (Körnermais).

14.2.8 Futterwert von erntefrischem Getreide

Nach der Mähdruschernte vollzieht sich in den ersten Tagen und Wochen in den Körnern ein Nachreifeprozess. Man versteht darunter in der Hauptsache den Entquellungsvorgang der kolloiden Kornbestandteile. Dabei wird Wasser abgegeben, das Getreide „schwitzt“. Außerdem ist zum Zeitpunkt der Ernte und unmittelbar danach die Enzymaktivität in den Körnern sehr niedrig und steigt erst später wieder an. Bei einigen Getreidearten äußert sich die Nachreife in einer stark verminderten Keimkraft. Bekannt ist auch, dass Getreide nach der Ernte einen hohen Besatz an verderbnisanzeigenden Oberflächenkeimen aufweist. Im „Schwitzprozess“ befindliches Getreide soll eine geringere Fütterungseignung besitzen. Bei Einsatz dieses Getreides können Verdauungsstörungen auftreten, die u.a. einen Leistungsabfall zur Folge haben. Von den einzelnen Nutztierarten sollen besonders Schweine und Pferde empfindlich gegenüber „Frischgetreide“ sein. Vor allem die Verfütterung von erntefrischem Roggen kann gesundheitliche Störungen und Leistungsminderungen verursachen. Stärke und Eiweiß durchlaufen einen „Alterungsprozess“. Dadurch wird insbesondere die ruminale Abbaubarkeit dieser Nährstoffe verlangsamt, was sich günstig auf deren Eignung in der Wiederkäuerfütterung auswirkt.
Aufgrund ungünstiger Erfahrungen bei der Verfütterung von Frischgetreide sollte ein Einsatz möglichst erst nach 4-wöchiger Lagerung erfolgen. Wenn eine Verwendung nicht zu umgehen ist, muss der Anteil von erntefrischem Getreide auf maximal 30 % des zulässigen Getreideanteils in den Mischfuttermitteln bzw. hofeigenen Mischungen für die verschiedenen Tierarten und Nutzungsrichtungen beschränkt werden (→ Tab. 14.4).

14.2.9 Futterwert von Auswuchsgetreide

In Jahren mit feuchtwarmer Witterung im Erntezeitraum kann es zum Auswuchs beim Getreide kommen, d.h. die Körner keimen bereits in der Ähre bzw. Rispe. Vor allem Lagergetreide ist davon betroffen. Auswuchsanfällig sind besonders Roggen, Triticale und Hafer, aber auch Weizen kann Auswuchs aufweisen. Gerste verbleibt dagegen nach Erreichen der Mähdruschreife längere Zeit in der Keimruhe und ist deshalb weniger gefährdet.
Bei Auswuchsgetreide besteht immer die Gefahr der Kontamination mit Pilztoxinen (→ Kap. 25.2.2),

Tab. 14.4
Empfehlungen für Höchstanteile an den verschiedenen Getreidearten in Ergänzungsfutter (Kälber) und Alleinfutter (Lämmer, Schweine, Geflügel).

Tierart/Nutzungsrichtung	Anteil in der Futtermischung (%)						
	Mais	Sorghumhirse	Weizen	Roggen	Triticale	Gerste	Hafer
Kälber	o. B.[1]	30	o. B	10	25	o. B.	50
Mastlämmer	50	25	o. B.	10	25	o. B.	o. B.
Sauen	30[2]/40[3]	30/20	o. B.	20/10	40/30	o. B.	o. B./35
Saugferkel	50	0	o. B.	0	20	10	10
Absetzferkel	50	10	o. B.	10	30	25	15
Mastschweine	o. B.	25[4]/30[5]	o. B.	30/40	35/50	o. B.	15/25
Zuchthennen	o. B.	20	o. B.	10	30	40	20
Legehennen	o. B.	30	o. B.	20	30	40	20
Küken	o. B.	20	20[6]	5	20	10–20	20[7]
Junghennen	30	20	30[6]	15	30	30–40	20–30
Broiler	o. B.	20	20[6]	5	20	10–20	20[7]
Zuchtputen	o. B.	25	o. B.	10	30	45	20
Mastputen	o. B.	20	20[6,8]/30[6,9]	5	15/20	10/20	10[7]
Zuchtenten	o. B.	20	o. B.	10	25	60	20
Mastenten	30	30	406	5	20	20–30	10
Zuchtgänse	o. B.	25	o. B.	10	25	60	30
Mastgänse (Schnellmast)	30	25	40[6]	5	20	30–40	20

1 o. B. = ohne Beschränkung, 2 güste und tragende Sauen, 3 säugende Sauen, 4 Anfangsmast, 5 Endmast, 6 Weizen mit höheren Gehalten an löslichen NSP, 7 geschälter Hafer bzw. Nackthafer, 8 bis 5. Lebenswoche, 9 ab 5. Lebenswoche
Richtwerte für die Getreidearten Gerste, Hafer, Roggen, Triticale und pentosanreicheren Weizen sind nur verbindlich, wenn keine weitere Getreideart mit kritischem Gehalt an spezifischen NSP verwendet wird.

da bereits auf dem Feld ein erhöhter mikrobieller Befall der Körner infolge feuchter Witterung stattfinden kann. Er muss nicht unbedingt sichtbar sein. Das Pilzwachstum kann sich z. B. auch unter der Haferspelze vollziehen.

Der Keimvorgang führt zur Mobilisation von Stärke und Reserveeiweiß, zu gesteigerter Atmung und Nährstoffumwandlung in den Keimen. Letztere gehen jedoch beim Mähdrusch und der Körnernachbehandlung weitgehend verloren, sodass dadurch ein Masse- und Nährstoffverlust eintritt, der in seinem Ausmaß von Dauer und Intensität der Keimung abhängt. In der Rohnährstoffzusammensetzung der Körner ohne Keime vollzieht sich mit Ausnahme von extremem Auswuchs keine gravierende Veränderung. Innerhalb der N-freien Extraktstoffe nimmt der Stärkeanteil ab, und es erhöht sich die Zuckermenge. Durch den Abbau von Reineiweiß reichern sich Eiweißspaltprodukte an. Im späteren Verlauf des Keimvorganges erfolgt eine beachtliche Mobilisation des im Phytat festgelegten Phosphors. Von Auswuchs betroffenes Getreide erfährt keine erhebliche Verminderung der Verdaulichkeit und des energetischen Futterwertes, vorausgesetzt, dass es sofort nach der Ernte sorgfältig konserviert wird.

Außerdem können beim Auswuchsgetreide biochemische Veränderungen auftreten. Die im

Getreidefett reichlich vorhandenen ungesättigten Fettsäuren neigen zur Peroxidbildung und fördern dadurch die Zerstörung von Vitamin E. Bei einer Verfütterung von Auswuchsgetreide an Schweine und Geflügel muss deshalb mit Vitamin-E-Mangel-Symptomen gerechnet werden. Sowohl das Vorkommen von Fettabbauprodukten als auch ein verminderter Vitamin-E-Gehalt in Auswuchsgetreide können ebenso wie die Anreicherung mit Pilztoxinen die Fütterungseignung von Auswuchsgetreide stark einschränken bzw. verbieten. Es ist deshalb nicht an empfindliche Tiere (Kälber, Ferkel, hochtragende und säugende Sauen, Küken, Zuchtgeflügel) zu verfüttern. Bei allen weiteren Tierarten und Nutzungsrichtungen sollte der Anteil an Auswuchsgetreide maximal 30 % der Gesamtgetreidemenge der Futtermischung bzw. -ration betragen. An Wiederkäuer sollten nur geringe Mengen verfüttert werden, weil die im Auswuchsgetreide vorhandenen Amylasen einen unerwünscht schnellen Stärkeabbau verursachen, der zu Acidosen führen kann.

14.2.10 Spezifische Futterqualitätseigenschaften einzelner Getreidearten und Einsatzempfehlungen

Gerste

Zur Verfütterung gelangt hauptsächlich Wintergerste. Gegenüber den zweizeiligen Sommer- und Wintergersten sind mehrzeilige Wintergersten etwas rohfaserreicher und im energetischen Futterwert geringfügig niedriger (→ Tab. 26.1). Diese Getreideart ist besonders für **Mastschweine** ein vorteilhaftes Futtermittel. Mit Gerste als Getreideanteil in den Futterrationen kann den Anforderungen an Verdaulichkeit und Energiegehalt optimal entsprochen werden. Außerdem liegt der Rohfasergehalt in einem verdauungsphysiologisch günstigen Bereich. Auch für **Zuchtsauen** ist Gerste ein geeignetes Energiefuttermittel.

Dagegen sind in der **Ferkelfütterung** Einsatzbeschränkungen erforderlich. Sie ergeben sich v. a. aus dem zu hohen Rohfasergehalt (bewirkt Verdaulichkeit der organischen Substanz < 80 %) und möglichen ungünstigen Effekten des Spelzenanteils (Entmischungsprobleme, Verzehrsminderung, Schleimhautverletzungen). Andererseits wirkt die Rohfaserfraktion der Gerste stabilisierend auf die Verdauungsprozesse beim Ferkel. Dieser diätetische Vorteil der Gerste gegenüber den anderen Getreidearten lässt sich durch die Verwendung teilgeschälter Gerste noch besser nutzen, da höhere Rezepturanteile möglich sind (ungeschälte Gerste 10–25 %, teilgeschälte Gerste keine Einsatzbeschränkung; → Tab. 14.4).

In den Futterrationen für **Aufzucht-** und **Mastgeflügel,** insbesondere in den ersten Lebenswochen, begrenzt v. a. der Gehalt an β-Glucanen den Mischungsanteil (maximal 10–20 %). In Verbindung mit einer Enzymergänzung der Futtermischungen sind jedoch höhere Anteile möglich. Beim Mastgeflügel – insbesondere Broiler und Mastputen – setzt jedoch der Gehalt an umsetzbarer Energie Einsatzgrenzen. In der **Legehennenfütterung** kann Gerste durchaus die einzige Getreideart im Körnerfutter bzw. Mischfutter bilden. Hinweise auf einen höheren Schmutzeieranteil bei gerstereichem Legehennenfutter lassen jedoch eine Begrenzung auf 40–50 % im Alleinfutter zweckmäßig erscheinen, wenn keine Supplementierung mit Enzympräparaten erfolgt, die β-Glucanase enthalten.

Für **Wiederkäuer** und **Pferde** ist Gerste ein sehr geeignetes, energiereiches Konzentratfuttermittel. Die Verfütterung einwandfrei gequetschter Gerste (ohne scharfkantige Teile, die die Labmagenschleimhaut verletzen können) begünstigt die Vormagenentwicklung bei **Kälbern.**

Hafer

Die rohfaserreiche Spelze, die mit einem Anteil von ~25 % am Aufbau des Haferkorns beteiligt ist, verursacht die vergleichsweise zu anderen Getreidearten relativ niedrige Verdaulichkeit der organischen Substanz und die daraus resultierende mäßige Energiekonzentration (→ Tab. 26.1). Hafer ist deshalb für monogastrische Nutztiere, außer für **Pferde** und **Kaninchen,** nur bedingt als Konzentratfuttermittel geeignet. Trotz der schlechteren Verdaulichkeit wird Hafer in begrenztem Umfang gern in der Fütterung eingesetzt. Für die dem Hafer nachgesagten günstigen Eigenschaften, insbesondere in der Jungtieraufzucht und bei Verfütterung an Zuchttiere, werden dessen höherer Gehalt an essenziellen Fettsäu-

ren, Vitamin E und phenolischen Antioxidanzien verantwortlich gemacht. Unumstritten ist die diätetische Wirkung des Haferschleimanteils.
Höhere Haferanteile sind in Konzentratmischungen für **Milchkühe, Mastbullen** und **Zuchtsauen** möglich. Dagegen verbietet der hohe Rohfasergehalt größere Mengenanteile bis auf wenige Ausnahmen (z. B. Ausmast der Spätmastgänse, extensive Aufzuchtverfahren, Legeruhe) in den Futterrationen für **wachsende Schweine** und **Geflügel**. Haferkerne sind ein energiereiches Futtermittel, dessen Einsatz in Kükenrationen aufgrund des β-Glucan-Gehaltes jedoch auf maximal 20 % zu begrenzen ist, wenn keine Enzymergänzung erfolgt. Im Mastfutter für ältere Schweine (Endmast) erfordert der reichliche Gehalt an ungesättigten Fettsäuren ebenfalls eine mengenmäßige Begrenzung.

Sorghumhirse (Milocorn)
Sorghumhirse wird in zahlreichen Varietäten in Nordamerika, Afrika und Südostasien angebaut, zunehmend auch in Europa, u. a. in Deutschland. Diese Hirseart unterscheidet sich in der Rohnährstoffzusammensetzung und im energetischen Futterwert nur wenig vom Körnermais, von dem sich auch die Bezeichnung ableitet („corn" im amerikanischen Englisch = Mais). Ähnlich dem Mais besitzt Hirse eine hohe Stärkequalität. Sie ist in Wiederkäuerrationen ein idealer Lieferant pansenbeständiger Stärke.
Von den Getreideproteinen enthält das Sorghumhirseeiweiß den geringsten Lysinanteil (→ Tab. 26.2). Nachteilig auf den Futterwert kann sich der Tanningehalt auswirken, der in Abhängigkeit von Varietät und Sorte erheblich streut. Neuzüchtungen sollen nur noch geringe Tanninmengen enthalten bzw. praktisch tanninfrei sein. Tanninarme Herkünfte sind Körnermais im Futterwert annähernd ebenbürtig. Sorghumhirse hat gegenüber Mais den Vorteil, dass die Fettqualität der Schlachttiere kaum beeinträchtigt wird. Die Lipidfraktion enthält weniger ungesättigte Fettsäuren, insbesondere auch weniger Linolsäure. Jedoch ist die Konzentration an Carotinoiden vergleichsweise zu Mais geringer.
Beim Einsatz von Sorghumhirse in der praktischen Fütterung sind aber aufgrund von möglichen Schwankungen des Tanningehaltes Einsatzbeschränkungen notwendig. Die Höchstanteile sollten deshalb in den Futtermischungen für **monogastrische Nutztiere** ~20–30 % betragen (→ Tab. 14.4). Speziell für die Verwendung beim Monogastrier stehen aktuell auch tanninarme Sorten zur Verfügung.

Körnermais und Maiskolbenfuttermittel
Aufgrund seines hohen Energiegehaltes wird Körnermais bevorzugt in den Mastmischungen des **Scharrgeflügels** (Broiler, Mastputen) eingesetzt. In der **Wassergeflügelmast** ist die ausschließliche Verwendung von Mais als Energiefuttermittel wegen vermehrter Fettbildung und Beeinträchtigung der Fettqualität nicht zweckmäßig; die obere Grenze im Rationsanteil liegt bei 30 %. In **Geflügelaufzuchtmischungen** sollte der Maiseinsatz aus nährstoffökonomischer Sicht restriktiv erfolgen. Außerdem begünstigen hohe Maisanteile bei unkontrollierter Fütterung im Junghennenabschnitt die Fettbildung (u. a. vermehrte Fettablagerung im Eierstock). Verfettete Junghennen sind weniger leistungsfähig. In der **Legehennenfütterung** gewährleistet der Einsatz von Körnermais eine reichliche Versorgung mit Linolsäure sowie Carotinoiden (Dotterpigmenten) und ist deshalb eine bevorzugte Getreideart.
Um Qualitätsmängel des Schlachtkörpers (zu weiches Depotfett) zu vermeiden, sollte in der **Endmast von Schweinen** der Maisanteil in Getreiderationen 40 % nicht überschreiten. Für **Sauenfutter** werden maximale Anteile von 30 % (tragende Sauen) bzw. 40 % (säugende Sauen) und für **Ferkelfutter** 50 % empfohlen. Im Ferkelfutter sollte jedoch der Mais hydrothermisch aufgeschlossen sein. Diese Behandlung verbessert vor allem die Stärkeverdaulichkeit. Auch für **Wiederkäuer** ist Körnermais ein geeignetes Konzentratfuttermittel, insbesondere in Kombination mit stärkearmem proteinreichem Grobfutter (Weidegras, Grassilage). Wenn kolbenreiche Maissilagen und Lieschkolbensilagen zum Einsatz kommen, ist jedoch ein moderater Körnermaiseinsatz angezeigt, damit die Menge an pansenstabiler Stärke nicht die enzymatische Abbaukapazität im Dünndarm überschreitet. Es ist jedoch zu berücksichtigen, dass Maisstärke während der Silierung (auch bei Feuchtkornsilierung) ihre ruminale Beständigkeit deutlich verliert. Im Mittel sinkt diese im Vergleich zu frischer oder getrockneter Stärke von 40 auf 10 %. Aus diesem Grund ist es

sinnvoll, auch bei stärkereichen Milchkuhrationen Körnermais zu füttern, um eine acidotische Stoffwechsellage zu vermeiden. In der Rindermast kann sich ein höherer Einsatz von Körnermais zu Silomaisrationen nachteilig auf die Qualität des Schlachtkörperfettes (erhöhter Anteil an ungesättigten Fettsäuren) auswirken.
Mit Säuren konservierte Feuchtmaiskörner und siliertes Feuchtkörnerschrot sind hinsichtlich Inhaltsstoffen und Energiegehalten je kg DM nahezu mit Körnermais identisch. Als ernährungsphysiologische Vorteile sind der Säuregehalt und die deutlich höhere P-Verdaulichkeit (insbesondere bei Körnermaissilage) zu nennen. Die Säurekonservierung und die Silierung können den Hygienestatus verbessern. Für den Fütterungseinsatz sind Kenntnisse des DM-Gehalts der jeweiligen Chargen erforderlich. Die maximalen Anteile (bei 88 % DM) in Futtermischungen bzw. -rationen entsprechen den Empfehlungen für Körnermais.
Neben Körnermais stehen außerdem Maiskolbenfuttermittel, vorrangig als Silagen (Lieschkolbenschrotsilage [LKS], Maiskolbenschrotsilage [MKS], Maiskorn-Spindel-Gemisch-Silage [CCM-Silage]) als Energiefuttermittel zur Verfügung (→ Abb. 14.3). Durch den Gärprozess wird Phytin-Phosphor hydrolysiert. Dadurch ist die P-Verdaulichkeit für Schweine und Geflügel im Vergleich zu Körnermais deutlich höher.
CCM-Silage ist ein vielseitig einsetzbares Futtermittel, dessen Rohfaser- und Energiegehalt durch den mitgeernteten Spindelanteil variiert werden kann. Bei allen landwirtschaftlichen Nutztieren besteht für CCM-Silagen eine hohe Aufnahmewilligkeit. In erster Linie wird dieses Feuchtkonzentrat an **Mastschweine** verfüttert. In der Endmast sollte analog zu Körnermais eine Begrenzung erfolgen (→ Tab. 14.4). Anstelle von Getreide kann CCM-Silage ebenfalls an **Zuchtsauen** verfüttert werden. Für tragende Sauen sind rohfaserreichere Silagen besser geeignet als solche mit niedrigem Spindelanteil. Letztere Qualität bildet aber bei säugenden Sauen die Voraussetzung für einen weitgehenden Verzicht auf Getreide in der Ration. Der relativ hohe Rohfaser- und Milchsäuregehalt wirken sich insbesondere in der Zeit vor dem Abferkeln aus diätetischer Sicht günstig aus, da er die Futterpassage im Verdauungstrakt beschleunigt und dazu beiträgt, Verstopfungen und Fehlgärungen zu vermeiden. Für **Ferkel** ist CCM-Silage ein sehr brauchbares Diätfuttermittel, das im Vergleich zur bewährten Weizenkleie noch den Vorteil der Milchsäurewirkung (u. a. pH-Senkung) im Magen aufweist. Ihr Einsatz unterstützt neben anderen Maßnahmen einen störungsfreien Übergang von der Milch- zur Festfutterernährung. CCM-Silage bildet auch eine Alternative für Körnermais in der **Geflügelfütterung.** Sie enthält ebenso wie das Maiskorn reichlich Linolsäure und Carotinoide. Durch Variation des Spindelanteils im Ernteprodukt lassen sich Rohfasergehalt und Energiegehalt den Ansprüchen der einzelnen Geflügelarten und Produktionsrichtungen anpassen.

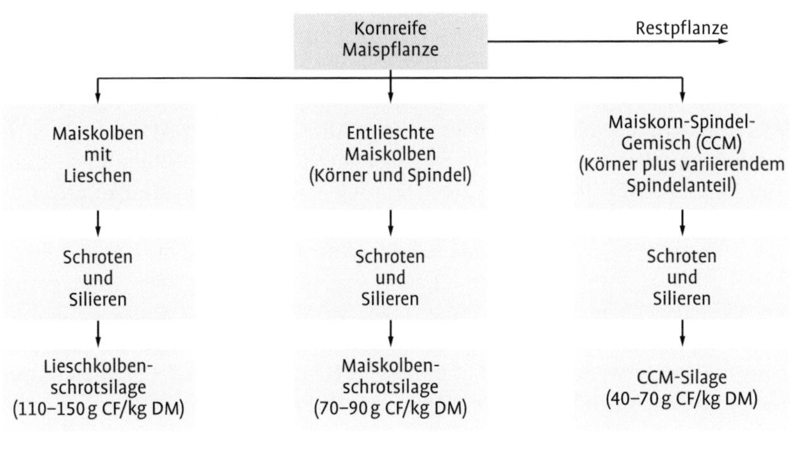

Abb. 14.3 Silagen aus Maiskolbenfuttermitteln.

Für **Kälber** und **Lämmer** ist CCM-Silage ein vorteilhaftes Futtermittel, das Getreide voll ersetzen kann.
Lieschkolbensilage stellt vorrangig für **Wiederkäuer** und **Pferde** ein geeignetes Konzentratfuttermittel dar.
Als Einsatzgebiet für die derzeit kaum noch produzierte **Maiskolbensilage** kommen insbesondere die Sauen-, Pferde- und Wiederkäuerfütterung in Betracht.

Reis
Reis wird fast ausschließlich nach vorangegangener Bearbeitung als Nahrungsmittel verwendet. Entspelzter bzw. polierter Reis, auch als brauner bzw. weißer Reis bezeichnet, ist im Vergleich zum unbearbeiteten Korn v. a. wesentlich rohfaser- und rohascheärmer. Der Futterwert der bearbeiteten Reiskörner ist deutlich höher als der von Rohreis (→ Tab. 26.1). Die Verdaulichkeit der organischen Substanz steigt z. B. beim **Huhn** von 74 % (Rohreis) auf 90 % (entspelzter Reis) bzw. 96 % (polierter Reis) an. Zerkleinerte unbearbeitete Reiskörner (Rohreis) können deshalb bei monogastrischen Nutztieren nur geringe Rationsanteile bilden. Dagegen sind die bearbeiteten Reiskörner, soweit sie für Fütterungszwecke zur Verfügung stehen (z. B. als Bruchreis), dem Körnermais im Futterwert ebenbürtig. Sie enthalten jedoch keine Pigmentstoffe und sind linolsäurearm. Beide Aspekte müssen v. a. bei der Verwendung als Geflügelfuttermittel beachtet werden.
Reis spielt in der **Wiederkäuerfütterung** in Deutschland und Europa kaum eine Rolle. Roher Reis zeichnet sich durch eine ruminale Stärkebeständigkeit (ca. 25–30 %) aus, die zwischen Getreide und Körnermais liegt. Der hohe UDP-Gehalt von 40 % wird aufgrund des geringen Rohproteingehaltes von Reis (ca. 9 % der DM) kaum wirksam. Die ruminale Beständigkeit von Stärke und Protein geht bei Wärmebehandlung von Reis nahezu vollständig verloren.

Roggen
Diese Getreideart wird verschiedentlich noch als Problemfuttermittel bezeichnet, und es existiert eine gewisse Zurückhaltung bei der Verwendung in Futterrationen für Monogastriden. Als Gründe werden genannt: erhöhter NSP-Gehalt (gesamt und löslich), mögliche Verunreinigung mit Mutterkorn (→ Kap. 25.2.2, Tab. 25.10) und Akzeptanzprobleme. Die ungünstige Wirkung des löslichen Anteils der NSP (Pentosane [Arabinoxylane], β-Glucane, Fructane) im Korn schwächt sich jedoch mit zunehmendem Alter der Tiere ab; Legehennen und Mastschweine tolerieren höhere Anteile im Futter als Ferkel und Küken ohne nachteilige Wirkung auf Leistung und Gesundheit. Inzwischen gibt es beim Roggen einen züchterischen Fortschritt bezüglich fütterungsrelevanter Inhaltsstoffe. Neue Hellkorn-Hybridsorten zeichnen sich durch einen höheren Rohproteingehalt und durch geringere Konzentrationen an Gesamtpentosanen und löslichen Pentosanen aus. Roggenkörner weisen eine sehr hohe Phytaseaktivität auf.
Im **Saugferkelfutter** sollte Roggen nicht enthalten sein, um jegliches Risiko für eine ungünstige Beeinflussung der Verdauungsprozesse durch die spezifischen Roggenkohlenhydrate (NSP) auszuschließen. Dagegen ist sein Einsatz im **Mastschweinefutter** durchaus möglich. Für die Anfangsmast können bis 20 %, für die Endmast bis 40 % in Alleinfuttermischungen empfohlen werden. Im Alleinfutter für **güste** und **niedertragende Sauen** kann der Roggenanteil bis 20 % betragen. Futterrationen **hochtragender** und **säugender Sauen** sollten maximal 10 % Roggen enthalten.
Eine ausgesprochen hohe Empfindlichkeit gegenüber den löslichen NSP des Roggens besitzen **Küken.** Bereits ein Anteil von 5–10 % kann Minderzunahmen verursachen. In den Startermischungen ist deshalb im Interesse einer ungestörten Entwicklung von einem Roggeneinsatz Abstand zu nehmen. Ab der 3. bis 4. Lebenswoche sind 5 % einsetzbar. In Verbindung mit wirksamen Enzympräparaten (→ Kap. 20.3.5) können jedoch höhere Mengen verwendet werden. Mit zunehmendem Alter des Geflügels schwächt sich die ungünstige Wirkung der NSP im Roggen ab. Einsatzprüfungen mit den neuen Hellkornhybridgenotypen erfolgten bisher noch nicht. **Legehennen** tolerieren deutlich höhere Anteile im Mischfutter als Küken. In ausbilanzierten Rationen sind Anteile bis zu 30–40 % möglich, ohne dass Gefahr für Leistung, Gesundheit und Eiqualität besteht. Für praktische Rationen liegen die Empfehlungen jedoch niedriger (→ Tab. 14.4).
In den Futtermischungen für **Kälber** und **Lämmer** ist der Roggenanteil auf 10 % zu begrenzen. In

der **Rindermast** kann das Kraftfutter 30 % Roggen enthalten. Für **Milchkühe** sind Tagesgaben bis 4 kg möglich. Begrenzend wirkt hier eher die Gesamtstärkemenge der Ration und nicht futtermittelspezifische Effekte. Roggen eignet sich auch als Energiefuttermittel für **Arbeitspferde,** wobei sein Anteil im Kraftfutter ein Drittel nicht überschreiten sollte. An **wachsende Pferde, trächtige** und **säugende Stuten** sollte kein Roggen verfüttert werden.
Roggen ist stets im abgelagerten Zustand, d. h. nicht erntefrisch (→ Kap. 14.2.8) zu verfüttern. Frischer Roggen verursacht wesentlich intensivere mikrobielle Aktivitäten im Magen und Dünndarm als abgelagerte Körner. Die Leistungen sind dadurch noch stärker beeinträchtigt.

Triticale

Triticale als „neuere Getreideart" ist aus der Kreuzung von Weizen mit Roggen hervorgegangen. Im Anbau sind derzeit vorrangig Wintertriticalesorten. Der mittlere Nährstoffgehalt und die energetischen Futterwertdaten von Wintertriticale sind weitgehend mit den Werten von Weizen identisch. Bei Triticale existiert ebenfalls eine deutliche Variablität im Nährstoffgehalt, insbesondere sorten- und umweltbedingt, die sich auch auf den energetischen Futterwert auswirkt. Vorteilhaft ist die hohe Phytaseaktivität in Triticale. Vergleichsweise zu Roggen ist der Gehalt an löslichen NSP niedriger. Jedoch weisen neuere Untersuchungen auf eine beachtliche Variation hin. Symptome, die für Roggenverfütterung typisch sind, werden bei höheren Triticaleanteilen im Kükenfutter in abgeschwächter Form festgestellt.
Ausgehend von der bisher nicht einheitlichen Bewertung der Futterwirkung von Triticale sowohl bei verschiedenen Nutzungsrichtungen des Geflügels als auch bei Schweinen, leitet sich die Empfehlung ab, die Triticaleanteile in den Alleinfuttermischungen für **Schweine** und **Geflügel** zu begrenzen (→ Tab. 14.4). Bei Ergänzung der Futtermischungen mit NSP-hydrolysierenden Enzymen (→ Kap. 20.3.5) sind höhere Rezepturanteile möglich. Auch in den Aufzuchtmischungen für **Kälber** und **Lämmer** ist ein restriktiver Einsatz dieser Getreideart zweckmäßig (→ Tab. 14.4). Für **Wiederkäuer** mit voll funktionsfähigem Vormagensystem besteht dagegen keine Einsatzbeschränkung.

Weizen

Diese spelzenfreie Getreideart zählt zu den energiereichen Getreidefrüchten. Die chemische Zusammensetzung des Weizens variiert im Vergleich zu den anderen Getreidarten mit Ausnahme von Triticale stärker, insbesondere bei den Futterwert prägenden Inhaltsstoffen wie Rohprotein, Stärke und NSP. Aufgrund seines niedrigen Rohfasergehaltes und der hohen Verdaulichkeit der organischen Substanz sollte Weizen bevorzugt bei **Schweinen** und **Geflügel** zur Verfütterung gelangen. Einsatzbeschränkungen wegen leistungsmindernder und gesundheitsschädigender Inhaltsstoffe bestehen in der Regel nicht. Eine Restriktion (→ Tab. 14.4) ist jedoch in den Futtermischungen für wachsendes Geflügel angebracht, weil mitunter Weizenherkünfte mit erhöhten Gehalten an löslichen Arabinoxylanen als Futtermittel zur Verfügung stehen (→ Tab. 14.3). Bei einer Verfütterung solcher Partien könnten Leistungsminderungen auftreten. Diese Einsatzbeschränkung ist allerdings hinfällig, wenn die Futtermischungen mit NSP-hydrolysierenden Enzymen (→ Kap. 20.3.5) ergänzt werden. Problematisch für Hühner- und Putenküken sind proteinreiche (kleberreiche) Weizenherkünfte, die bei höheren Anteilen in den Futtermischungen zu Schnabelverklebungen führen, in deren Folge Schnabeldeformationen (Kreuzschnäbel) auftreten. Die Futteraufnahme wird dadurch deutlich beeinträchtigt. Die Folge sind Wachstumdepressionen. Diese ungünstige Eigenschaft erfordert eine starke Einsatzbegrenzung (< 20 %) bei kleberreichen Weizenherkünften in schrotförmigen Futtermischungen, jedoch nicht, wenn diese in pelletierter Form verfüttert werden.
Die Weizenstärke wird in den Wiederkäuervormägen sehr schnell abgebaut. Um eine mögliche Übersäuerung des Pansens durch die schnelle Freisetzung von kurzkettigen Fettsäuren zu verhindern, sind Restriktionen für Weizen und Getreide in Summe von max. 4 bzw. 6 kg für eine 650 kg schwere Milchkuh und 0,5 bzw. 0,6 kg je 100 kg LM beim Aufzuchtrind in der Tagesration einzuhalten. Weizen besitzt von den Getreidearten mit bis zu 14 % den höchsten Gehalt an Rohprotein in der Trockenmasse. Weizenprodukte, bei welchen der Stärkekörper bzw. Teile davon durch Verarbeitung entzogen wurden, sind zum Teil sehr proteinreich (Kleie 16 %, Grießkleie

17,5 %, Futtermehle 20 %, Weizenkleber > 80 % CP in der DM). Die ruminale Beständigkeit des Rohproteins ist mit ca. 20 % etwas höher als bei Roggen und Triticale (15 %) und etwas geringer als bei Gerste (25 %). Es gibt Hinweise, dass aufgrund des hohen Histidingehaltes im Weizeneiweiß und der raschen Säuerung im Pansen durch Decarboxylierung verstärkt das biogene Amin Histamin gebildet wird. Histamin steht im Verdacht, Durchblutungsstörungen in der Lederhaut der Klauen zu verursachen und damit Klauenerkrankungen zu provozieren.

14.3 Körnerleguminosen

Zur Erzeugung proteinreicher Konzentratfuttermittel werden vorrangig Ackerbohnen (*Vicia faba* L.), Erbsen (*Pisum sativum* L.) und Süßlupinen (*Lupinus* sp. L.) angebaut. Von Ackerbohnen, Erbsen und Lupinen existieren verschiedene Arten, Varietäten bzw. Convarietäten, die sich nicht nur in botanischen Merkmalen, sondern auch teilweise im Nährstoffgehalt und Futterwert unterscheiden. Neben diesen Hülsenfrüchten gelangen mitunter Samen weiterer Vertreter dieser Pflanzenfamilie zur Verfütterung, z. B. Gartenbohnen (*Phaseolus*-Arten) und Wicken (*Vicia sativa* L.). Auch die ölreichen Sojabohnen (*Glycine max*) werden in gewissem Umfang verfüttert (→ Kap. 14.4), vor allem aus dem in den letzten Jahren in Deutschland und in weiteren EU-Ländern etablierten Anbau.
Die Anbaufläche von Körnerleguminosen (ohne Sojabohnen) betrug 2016 in Deutschland rund 190000 ha; sie hat damit in den letzten Jahren deutlich zugenommen. Die Erntemenge belief sich auf 496000 t, davon entfielen rund 90% auf Ackerbohnen und Erbsen. Bei Erbsen dominieren die weißblühenden tanninarmen bis tanninfreien Sorten. Das Sortenspektrum bei Ackerbohnen umfasst inzwischen neben buntblühenden und tanninarmen weißblühenden Genotypen auch Herkünfte mit sehr stark reduziertem Gehalt an Pyrimidinglucosiden (Vicin, Convicin). Bei Süßlupinen wird inzwischen fast ausschließlich die gegen Anthraknose (Pilzkrankheit) wenig anfällige Blaue Süßlupine angebaut. Die Lupinenzüchtung ist u. a. auf eine weitere Reduzierung der Alkaloidkonzentration ausgerichtet, die deutlich unter dem Grenzwert von 0,05 % Gesamtalkaloide liegt.

14.3.1 Gehalt an Hauptnährstoffen

Der Nährstoffgehalt von Ackerbohnen, Erbsen und Lupinen ist in Tabelle 26.1 ausgewiesen. Aktuelle Analysendaten vermittelt Tabelle 14.5. Ackerbohnen und Erbsen zählen zu den stärkeführenden Hülsenfrüchten (ebenfalls die verschiedenen Bohnenarten und Wicken), ihr Rohproteingehalt ist im Vergleich zu den stärkearmen Süßlupinensamen niedriger. Von den verschiedenen Lupinenspezies weist *L. luteus* (Gelbe Lupine) mit 430 g/kg DM den höchsten Rohproteingehalt auf, es folgen *L. albus* (Weiße Lupine) und *L. angustifolius* (Blaue Lupine).
Süßlupinen sind deutlich faser- und fettreicher als Ackerbohnen und Erbsen. Neuzüchtungen von Weißen Süßlupinen erreichen Fettanteile von ~ 100 g/kg DM; dies entspricht fast der halben Fettmenge von Sojabohnen. Das Fettsäurenmuster des Leguminosenfettes ist gekennzeichnet durch einen hohen Anteil (60–90 %) ungesättigter Fettsäuren, vorrangig Ölsäure und Linolsäure. Die fettreichen Lupinen sind somit eine potenzielle Quelle für essenzielle Fettsäuren.

Tab. 14.5
Ergebnisse eines bundesweiten Monitorings (2015 und 2016) zum Nährstoffgehalt von Körnerleguminosen (g/kg DM)[1].

Leguminose	Rohasche	Rohprotein	Rohfett	Rohfaser	aNDFom	Stärke	Zucker
Ackerbohnen (n = 92)	38	293	18	101	158	428	33
Erbsen (n = 55)	34	224	19	66	106	532	55
Blaue Süßlupinen (n = 54)	49	332	61	157	247	103	52

1 Weber (2017)

Tab. 14.6
Antinutritive Inhaltsstoffe in Körnerleguminosen.

Stoffgruppe	Chemische Verbindung(en)	Wirkungen	Vorkommen	Bewertung	Gegenmaßnahmen
Phenolderivate	Tannine	Futteraufnahmesenkung, Hemmung proteolytischer Enzyme, herabgesetzte Proteinverdaulichkeit	Ackerbohnen, Erbsen	Nachteilige Effekte erst bei relativ hohen Anteilen in Schweine- und Geflügelrationen	Anbau weißblühender Sorten, deutlich tanninärmer als buntblühende Herkünfte bzw. fast tanninfrei
Proteine	Lectine	Verdauungsstörungen, Durchfall, Nierenschäden, Beeinträchtigung körpereigener Abwehrmechanismen	*Phaseolus*-Arten, Ackerbohnen, Erbsen	Konzentrationen in Ackerbohnen und Erbsen gering	Thermische Behandlung von *Phaseolus*-Arten
	Proteaseinhibitoren	Trypsin- und chymotrypsinhemmende Wirkung, Pankreashypertrophie und -plasie, Wachstumsdepressionen	Ackerbohnen, Erbsen, Lupinen	Kaum Bedeutung in Lupinen, etwas stärker in Ackerbohnen und Erbsen	Bei praxisüblichen Einsatzmengen nicht erforderlich
Glucoside	Pyrimidinglucoside (Vicin, Convicin)	Störung des Fettstoffwechsels, verminderte Legeleistung und Einzeleimasse, Befruchtungs- und Schlupfleistungsdepression	Ackerbohnen, Wicken	Nachteilige Effekte insbesondere bei Zuchthennen und Zuchtsauen festgestellt	Anbau von Sorten mit stark reduzierten Gehalten, Einsatzrestriktionen bei Legehennen und Zuchthennen sowie Zuchtsauen
	Saponine	Oberflächenaktive und hämolytische Eigenschaften, Anti-Vitamin-D-Wirkung	Ackerbohnen, Erbsen, Lupinen	Über nachteilige Wirkungen bisher nichts bekannt	Nicht erforderlich
	α-Galactoside	Störung der Verdauungsvorgänge durch übermäßige Bildung von Gärgasen	Lupinen, Ackerbohnen, Erbsen	Nachteilige Effekte erst bei höheren Anteilen festgestellt	Ergänzung mit geeigneten Futterenzympräparaten
	Cyanogene Glucoside	Vergiftungserscheinungen durch freigesetzte Blausäure	Wicken, *Phaseolus*-Arten	Mangels neuerer Experimente nicht möglich	Thermische Behandlung von *Phaseolus*-Arten, Einsatzrestriktion (Wicken)

Tab. 14.6 (Fortsetzung)
Antinutritive Inhaltsstoffe in Körnerleguminosen.

Stoffgruppe	Chemische Verbindung(en)	Wirkungen	Vorkommen	Bewertung	Gegenmaßnahmen
Alkaloide	Spartein, Lupinin, Lupanin, Hydroxylupanin, Angustifolin	Leberschädigung, Atemlähmung, Futteraufnahmesenkung	Bitterlupinen, nur Spuren in Süßlupinen	Bereits geringe Gehalte können Akzeptanz und Leistung beeinflussen	Restalkaloidgehalt ≤ 0,04 %, Alkaloidgehalt im Züchtungsprozess überwachen
Chelatbildner	Phytinsäure	Bindung von Mengen (P, Ca)- und Spurenelementen, dadurch schlechtere Verwertung	In allen Leguminosen	Herabgesetzte Verfügbarkeit (insbesondere P)	Ergänzung der Futterrationen mit mikrobieller Phytase (→ Kap. 20.3.5)
Antivitamine		Aktivitätsminderung von Niacin	Ackerbohnen	Für Fütterungspraxis bedeutungslos	Wenn erforderlich (höherer Ackerbohnenanteil in der Ration), Ausgleich durch Niacinzusatz

Neben beachtlichen Zuckeranteilen (Mono- und Disaccharide) enthalten Körnerleguminosen z. T. recht hohe Konzentrationen an Oligosacchariden der Raffinosegruppe (Ackerbohnen 35–55 g/kg DM, Erbsen 50–70 g/kg DM, Süßlupinen 60–95 g/kg DM), für deren Abbau landwirtschaftliche Nutztiere keine eigenen Enzyme besitzen und wofür die mikrobielle Enzymkapazität bei monogastrischen Nutztieren begrenzt ist. Wegen ihrer flatogenen Eigenschaften werden die Oligosaccharide in Körnerleguminosen auch zu den antinutritiven Substanzen gezählt (→ Tab. 14.6). Bei praxisüblichen Einsatzmengen bzw. den Einsatzempfehlungen (→ Tab. 14.7) sind nachteilige Effekte nicht zu erwarten.

14.3.2 Mineralstoff- und Vitamingehalt

Ebenso wie Getreidekörner sind Leguminosensamen Ca-arm (1,5–2,7 g/kg DM), aber gleichfalls reicher an P (4,9–5,4 g/kg DM), der jedoch zu 60–70 % als Phytat-P vorliegt. Dadurch ist die P-Ausnutzung aus Leguminosen insbesondere bei wachsenden Monogastriden erheblich eingeschränkt, zumal nur geringe korneigene Phytaseaktivitäten nachgewiesen wurden. Als relativ niedrig muss ebenfalls die Na-Konzentration beurteilt werden. Gemessen an den erforderlichen Konzentrationsnormen im Futter liegen die Gehalte an Spurenelementen nur partiell in einem günstigen Bereich. Außerdem kann deren Absorption durch den hohen Phytingehalt beeinträchtigt werden.
Hülsenfruchtsamen sind fast carotinfrei. Der Anteil von α-Tocopherol am Gesamttocopherolgehalt ist niedrig. Einige Vitamine des B-Komplexes weisen recht günstige Gehalte auf (z. B. Vitamin B_1, Vitamin B_6, Cholin). Andererseits soll die Niacinverfügbarkeit aus Ackerbohnen durch einen Inhibitor beeinträchtigt sein.

14.3.3 Gehalt an antinutritiven Inhaltsstoffen

Leguminosenkörner enthalten verschiedene antinutritive Substanzen (→ Tab. 14.6), die ihren Anteil in Futterrationen einschränken können bzw. vor der Verfütterung grundsätzlich eine thermische Behandlung (*Phaseolus*-Bohnen) erfordern, wenn Leistungsminderungen und gesundheitliche Störungen ausgeschlossen werden sollen.

14.3.4 Proteinqualität

Die Proteinqualität, die den Futterwert von Körnerleguminosen für monogastrische Nutztiere maßgeblich beeinflusst, wird in starkem Maße von der Aminosäurenzusammensetzung des Proteins bestimmt. Für Lysin, Methionin bzw. Methionin plus Cystin, Tryptophan, und Threonin vermittelt Tabelle 26.2 die entsprechenden Gehalte. Vergleichsweise zu den Getreidekörnern (→ Tab. 26.2) sind die Leguminoseneiweiße deutlich lysinreicher. Auffällig ist der geringe Gehalt an schwefelhaltigen Aminosäuren im Protein einheimischer Körnerleguminosen. Im Vergleich zum Sojaprotein liegt die Met-Konzentration um 30–50% niedriger und unterschreitet auch deutlich die Konzentration im Getreideeiweiß.
Wie auch bei weiteren pflanzlichen Proteinträgern (Extraktionsschrote, Einzellerprotein) sind die Thioaminosäuren (Met, Cys) die erstlimitierenden Eiweißbausteine. Sie erweisen sich als eindeutig wertbegrenzend beim Leguminosenprotein. Ackerbohneneiweiß enthält etwa die gleiche Lysinkonzentration wie Sojaprotein (→ Tab. 26.2), während das Erbseneiweiß den Wert dieses Vergleichsproteins noch übertrifft. Von den einheimischen Leguminosen weisen Süßlupinen die niedrigsten Lysinanteile auf, wobei jedoch Artenunterschiede existieren (→ Tab. 26.2). Andererseits enthält das Lupinenprotein reichlich Arginin.
Über die pc Verdaulichkeit der essenziellen Aminosäuren beim Schwein informiert Tabelle 26.2. Bei mehreren AS (Met, Cys, Thr, Trp) liegt die Verdaulichkeit bei den Lupinen beachtlich über den Werten von Ackerbohnen und Erbsen, während bei anderen (z.B. Lys) die Verdaulichkeit sich auf annähernd gleichem Niveau bewegt. Mit 82–84% beim Lysin wird die Lys-Verdaulichkeit von Sojaextraktionsschrot nicht erreicht (87%), übertrifft jedoch deutlich die von Rapsextraktionsschrot (73%).
Inzwischen liegen auch Daten zu den pcd Aminosäuren beim Geflügel vor (→ Tab. 26.3), die jedoch noch Lücken aufweisen. Bei den untersuchten Leguminosenarten an Legehennen, Broilern und Mastputen überwiegt eine hohe pc Verdaulichkeit. Analog zu den Untersuchungsergebnissen beim Getreide (→ Kap. 14.2.7) ist ein Einfluss der Geflügelkategorie zu erkennen. Mit Legehennen wurden etwas höhere Verdaulichkeiten als mit Broilern und Mastputen ermittelt und beim Vergleich der Mastgeflügelarten rangieren bei Sojabohnen Broiler überwiegend vor Mastputen.
Für die Wiederkäuerfütterung und insbesondere für die Fütterung der Hochleistungskühe ist neben dem absoluten Rohproteingehalt in den Körnerleguminosen auch die Geschwindigkeit und die Höhe des Rohproteinabbaus in den Vormägen von Interesse, die die Menge an nutzbarem Rohprotein beeinflussen. Der Anteil an pansenbeständigem Rohprotein (UDP) liegt in der Größenordnung von 15–25% (Lupinen höher als Ackerbohnen und Erbsen und bei den Ackerbohnen buntblühende Sorten [höherer Tanningehalt] etwas höher als weißblühende Sorten) und unterschreitet damit deutlich den UDP-Anteil von getoastetem Sojaextraktionsschrot (~35%). Durch hydrothermische Behandlung der Körner kann jedoch der UDP-Anteil erheblich gesteigert werden (z.B. bei Ackerbohnen von 15 auf 30%). Des Weiteren ist die Stärkebeständigkeit insbesondere bei Erbsen sehr gering (ca. 10%). Sie kann durch hydrothermische Behandlung deutlich erhöht werden.

14.3.5 Verdaulichkeit und energetischer Futterwert

Entsprechende Daten enthält Tabelle 26.1. Die Nährstoffe der Körnerleguminosen werden von Wiederkäuern und Schweinen sehr gut verdaut. Beim Geflügel wirken sich jedoch die beachtlichen Faser- und Oligosaccharidanteile in den Körnern nachteilig auf die Verdaulichkeit der organischen Substanz und somit auf den energetischen Futterwert aus. Erbsen und die fettreicheren Weißen Süßlupinen sind für Schweine und Geflügel die energiereicheren Vertreter innerhalb der Körnerleguminosen. Der energetische Futterwert lässt sich durch Schälen der Körner beachtlich steigern (→ Tab. 24.4). Weitere Möglichkeiten der Futterwerterhöhung von Körnerleguminosen werden im Kapitel 24 dargelegt.

14.3.6 Einsatzempfehlungen

Körnerleguminosen sollen aufgrund ihrer nährstoffmäßigen Zusammensetzung in erster Linie einen Beitrag zur Protein- und Aminosäurenversorgung monogastrischer Nutztiere leisten. Sie sind infolge ihrer Proteinqualität (lysinreich, relativ geringer Gehalt an schwefelhaltigen Aminosäuren) und ihrer guten Verdaulichkeit in der **Schweinefütterung** vorteilhafte Proteinfuttermittel für Futterrationen auf der Basis von Getreide und Getreideprodukten. Vor allem empfiehlt sich ihr Einsatz in der Schweinemast. Durch das methioninreichere Getreideprotein erfolgt ein Ausgleich der Defizite in den Körnerleguminosenproteinen, aber auch an weiteren essenziellen Aminosäuren, wie Threonin und Tryptophan (außer bei Mais).

Beim Einsatz in **Geflügelmischungen** verdient die Absicherung der Konzentrationsnormen an schwefelhaltigen Aminosäuren besondere Aufmerksamkeit. Dieses Defizit lässt sich vorteilhaft durch technisches Methionin ausgleichen, jedoch nicht bei ökologischen Rezepturen. Erhöhte Anteile von Körnerleguminosen in Geflügelfuttermischungen verursachen einen Abfall des Energiegehaltes unter die geforderten Konzentrationsnormen, wenn eine Auffettung nicht möglich ist oder Mais nicht ausreichend zur Verfügung steht.

Für die Geflügelfütterung (insbesondere für Elterntiere) besitzt der reichliche Linolsäuregehalt im Lupinenfett einen ernährungsphysiologischen Stellenwert. Beim Einsatz von Körnerleguminosen in den Futtermischungen bzw. -rationen für Schweine und Geflügel ist eine ausreichende Er-

Tab. 14.7
Empfehlungen für Höchstanteile an Körnerleguminosen in Ergänzungsfutter (Kälber) und Alleinfutter (Lämmer, Schweine, Geflügel).

Tierart/ Nutzungsrichtung	Ackerbohnen (%)	Erbsen (%)	Süßlupinen (%)
Kälber	15	20	20
Mastlämmer	30	30	20
Sauen	15[1]/15[2]	25/25	20/15
Saugferkel	0	10	0
Absetzferkel	5	30	5
Mastschweine	15[3]/25[4]	40/40	15/20
Zuchthennen	5/20[7]	20[5]/30[6]	10
Legehennen	10/20[7]	20/30	15
Küken	15	20/30	15
Junghennen	15	20/30	20
Broiler	15	20/30	15
Zuchtputen	5/20[7]	15/25	10
Mastputen, 1. – 4. Woche	10	15/20	10
Mastputen, ab 5. Woche	15	20/30	15
Zuchtenten	5/20[7]	20/30	15
Mastenten	15	20/30	15
Zuchtgänse	5/20[7]	20/30	10
Mastgänse (Jungtiermast)	20	20/30	10

1 güste und tragende Sauen, 2 säugende Sauen, 3 Anfangsmast, 4 Endmast, 5 buntblühende Sorten, 6 weißblühende Sorten, 7 Sorten mit stark reduzierten Gehalten an Vicin und Convicin

gänzung mit Mineralstoffen und Vitaminen zu gewährleisten.

Körnerleguminosen können auch in der **Wiederkäuerfütterung** zum Ausgleich des Proteindefizits in der Ration (z. B. Maissilage als Grundfutter) eingesetzt werden. Als Futtermittel für Hochleistungskühe sind den Körnerleguminosen in unbehandelter Form Grenzen gesetzt (→ Kap. 14.3.4). Die Protein- und Stärkebeständigkeit (hier insbesondere Erbsen) ist sehr gering (ca. 15 bzw. 10 %) und kann durch hydrothermische Behandlung deutlich erhöht werden (auf ca. 45 bzw. 20 %). Zu beachten ist zudem der erhöhte Fettgehalt von Lupinen. Es werden jeweils je Kuh und Tag maximal 3,5 kg Ackerbohnen, Erbsen bzw. Süßlupinen empfohlen. Nach neueren Versuchsergebnissen sind von hydrothermisch behandelten Leguminosenkörnern höhere Einsatzmengen möglich. Die in Tabelle 14.7 ausgewiesenen Empfehlungen zum Körnerleguminosenanteil in Futtermischungen für Kälber, Lämmer, Schweine und Geflügel berücksichtigen sowohl ernährungsphysiologische als auch praxisrelevante Belange (u. a. realisierbare Rationsgestaltung, kein erhöhtes Produktionsrisiko). Die nicht unerhebliche Variation im Gehalt an antinutritiven Inhaltsstoffen ist ein weiterer Grund, dass in Versuchen durchaus bewährte Rationsanteile für den praktischen Einsatz nicht aufrechtzuerhalten sind. Die Empfehlungen für Süßlupinen treffen nur bei einem Restalkaloidgehalt < 0,05 % zu.

Durch Bearbeitung bzw. Behandlung der Leguminosenkörner (→ Kap. 24) ist eine Einsatzerweiterung möglich. Gartenbohnen (z. B. *Phaseolus vulgaris* L.) sowie tropische Bohnenarten sind generell vor der Verfütterung einer thermischen Behandlung zu unterziehen, um die reichlichen Konzentrationen an Lectinen abzubauen, denn bereits geringe Rationsanteile unbehandelter Bohnen verursachen gesundheitliche Schäden.

14.4 Fettreiche Samen

In erster Linie sind fettreiche Samen Rohstoffe für die Ölgewinnung (→ Kap. 15.7). In gewissem Umfang kommen diese aber auch direkt als Futtermittel zum Einsatz, vor allem Sojabohnen (u. a. mitunter auch Rapssaat und Sonnenblumensamen). Eine längere Tradition hat die Verwendung von Leinsamen als Diätfuttermittel, insbesondere bei Kälbern und Pferden.

Zum Nährstoffgehalt und Futterwert vermittelt Tabelle 26.1 Daten. Die Zahlen zum energetischen Futterwert basieren erst auf wenigen Untersuchungen und sind deshalb mit einer gewissen Unsicherheit behaftet. Aktuelle Analysendaten von im Inland angebauten Sojabohnen können Tabelle 14.8 entnommen werden. Ölreiche Samen sind aufgrund ihres Nährstoffgehaltes sowohl Energie- als auch Proteinträger. An monogastrische Nutztiere sollten grundsätzlich getoastete Sojabohnen verfüttert werden. Auch bei der Rapssaat wirken technische Behandlungen qualitätsverbessernd (→ Kap. 24) und erweitern dadurch auch das Einsatzspektrum und den möglichen Rationsanteil. Sonnenblumensamen sind an Schweine und Geflügel wegen des hohen Schalenanteils in geschälter Form in der Fütterung einzusetzen.

Über Einsatzrichtlinien informiert Tabelle 14.9. Das Vorkommen an antinutritiven Substanzen (→ Tab. 15.4), der Fettgehalt sowie der hohe Anteil an ungesättigten Fettsäuren erfordern Beschränkungen im Mischfutteranteil bzw. in der Tagesgabe.

Den im wässrigen Medium schleimbildenden Stoffen des Leinsamens (Gemisch aus verschiedenen Kohlenhydraten der Epidermiswände) werden eine Reihe günstiger Eigenschaften zugeordnet, u. a. Stimulation der Darmperistaltik und Beseitigung von Verdauungsstörungen. Leinsamenschrote kommen deshalb v. a. in der Kälberaufzucht als

Tab. 14.8
Mittlerer Nährstoffgehalt von Sojabohnen aus Anbau in Deutschland (je kg DM).

Quelle	Rohasche (g)	Rohprotein (g)	Rohfett (g)	Rohfaser (g)	aNDFom (g)	Stärke (g)	Zucker (g)
Steinhöfel (2017) (n = 15)	56	365	220	89	169	82	74
Weber (2017) (n = 26)	57	368	227	74	148	39	95

Tab. 14.9
Empfehlungen für Höchstmengen an fettreichen Samen.

Futtermittel	Relativer Anteil (%) im Mischfutter für				
	Milchkühe[1]	Mastrinder[1]	Schweine[2]	Geflügel[2]	
				Masttiere	Legetiere
Rapssamen	5	5	10	10	10[3]
Sojabohnen	10	10	15[4]	15[4]	10[4]
Sonnenblumensamen bzw. -kerne	5	5	5[5]	5–10[5]	10–15[5]

1 Ergänzungsfutter, 2 Alleinfutter,
3 An braunschalige Eier legende Hennenherkünfte ohne bzw. unzureichender TMA-Oxidaseaktivität 0 %, Einsatz nur nach vorgeschalteter Behandlung zum Sinapinabbau möglich (→ Kap. 24),
4 Nach Toasten (→ Kap. 24), 5 Sonnenblumenkerne

Bestandteil der Tränke bzw. des Aufzuchtfutters zum Einsatz. Das Vorkommen von cyanogenen Glucosiden erfordert jedoch eine Einsatzrestriktion (~10 % im Kälberaufzuchtfutter). Durch Erhitzen der Leinsamenkörner (→ Kap. 24.5) oder Aufbrühen des Leinsamenschrotes mit 70 °C heißem Wasser vor der Tränkezubereitung werden die Blausäure freisetzenden Enzyme inaktiviert. Dadurch sind höhere Einsatzmengen möglich.

14.5 Buchweizen

Buchweizen (*Fagopyrum esculentum* Moench) zählt zu den Knöterichgewächsen (Polygonaceae) und ist aus dieser Pflanzenfamilie die einzige landwirtschaftlich genutzte Art. Sein Anbau zur Körnernutzung war früher auch in Mitteleuropa auf sehr leichten, sandigen Böden verbreitet. Der ertragreichere Roggen hatte ihn aber praktisch verdrängt. Im Rahmen des ökologischen Landbaus gelangt Buchweizen neuerdings wieder zum Anbau. Die Samen und ihre Verarbeitungsprodukte dienen zwar in erster Linie der menschlichen Ernährung, dennoch ist auch eine Verwendung als Futtermittel nicht auszuschließen. Über Inhaltsstoffe und Futterwert dieser Körnerfrucht informiert Tabelle 26.1.

Die Buchweizenkörner sind von einer harten und rohfaserreichen Schale umgeben, auf die 20 % und mehr der Gesamtkornmasse entfallen. Dadurch enthalten die Körner ebenso wie Hafer einen relativ hohen Rohfasergehalt. Verdaulichkeit und energetischer Futterwert sind somit nur mittelmäßig. Dagegen ist nach Entfernen der Schale, die selbst für Wiederkäuer nur einen geringen Futterwert besitzt, das entschälte Korn ein hochverdauliches und energiereiches Futtermittel. Mit etwa 130 g (intakte Körner) bzw. 145 g (geschälte Körner) CP/kg DM liegt dieser Inhaltsstoff in der Größenordnung von Gerste, Weizen und Triticale. Das Buchweizenprotein weist jedoch ein deutlich günstigeres Aminosäurenmuster auf als Getreideeiweiße. Es enthält rund 5,5 g Lysin/16 g N (Gerste 3,6 g/16 g N). Auch die Konzentration an weiteren essenziellen Aminosäuren (u. a. Tryptophan, Threonin, Methionin) liegt z. T. beachtlich höher als bei Getreide. Das relativ ausgewogene AS-Spektrum bewirkt somit eine Überlegenheit in der Proteinqualität gegenüber Getreideproteinen. Dies erklärt auch die früher bevorzugte Verwendung von Buchweizengrütze (aus entschälten Körnern) in der Kükenaufzucht. Geschälter Buchweizen ist ein vorzügliches Energiefuttermittel für monogastrische Nutztiere, das vergleichsweise zu Getreide außerdem einen höheren Beitrag zur Rohprotein- bzw. Aminosäurenversorgung leistet. In der Samenschale von Buchweizen sind fotosensibilisierende Substanzen vom Dimethylnaphthodianthron-Typ, auch als Fagopyrin bezeichnet, enthalten.

Das Vorkommen an Fagopyrin erfordert Einsatzbeschränkungen, wenn eine Freilandhaltung der Tiere erfolgt. In der älteren Literatur werden für Hühner etwa 30 g Buchweizenschrot je Tier und Tag als Höchstmenge genannt, das entspricht etwa einem Anteil von 25 % im Alleinfutter.

15 Futtermittel aus der industriellen Verarbeitung pflanzlicher Rohstoffe

Hans Schenkel und Heinz Jeroch

15.1 Allgemeine Angaben

Die nachfolgenden Ausführungen konzentrieren sich v. a. auf Verarbeitungsstrecken, die im Inland angesiedelt sind und überwiegend einheimische Rohstoffe verarbeiten. Das Ziel der einzelnen Verarbeitungstechnologien besteht in der Erzeugung hochwertiger Produkte (Lebensmittel, Lebensmittelausgangserzeugnisse, Genussmittel, Industrierohstoffe usw.) bei höchstmöglicher Ausnutzung des jeweiligen pflanzlichen Rohstoffes. Die dabei anfallenden Nebenprodukte tragen jedoch ebenfalls zur Wertschöpfung bei und sind somit keinesfalls Rückstände, die irgendwie verwertet werden müssen. Ihr Einsatz in der Fütterung landwirtschaftlicher Nutztiere unter Berücksichtigung ihrer spezifischen Eigenschaften (u. a. Inhaltsstoffe, Beschaffenheit, Haltbarkeit) leistet einen beachtlichen Beitrag zur Energie- und Nährstoffversorgung. Es handelt sich um Einzelfuttermittel, die z. B. im europäischen Katalog der Einzelfuttermittel (VO (EU) Nr. 2017/1017) sowie in der Positivliste für Futtermittel konkret bezeichnet und beschrieben sind. Außerdem sind anzugebende Inhaltsstoffe festgelegt (→ auch VO (EG) Nr. 767/2009) und in der Positivliste noch zusätzlich Differenzierungsmerkmale und Anforderungen zur besseren futtermittelkundlichen Charakterisierung aufgeführt.
Im Einzelnen werden die Nebenprodukte abgehandelt, die in den folgenden Bereichen anfallen:

- Mehl- und Schälmüllerei
- Stärkeherstellung
- Spiritusherstellung
- Mälzerei und Brauerei
- Obstverarbeitung
- Ölindustrie
- Zuckerindustrie

Die sehr heterogene Nebenproduktpalette unterscheidet sich von den jeweiligen Ausgangsmaterialien sowohl in der Beschaffenheit als auch der chemischen Zusammensetzung. Der dem jeweiligen Verfahren zugrunde liegende Inhaltsstoff im Ausgangsmaterial ist in den Nebenprodukten in deutlich geringerer Konzentration enthalten.
Mitunter werden auch die Hauptprodukte aus der Verarbeitung als Futtermittel verwendet (z. B. Pflanzenöle, Haferkerne, Zucker), die futtermittelrechtlich und in der Positivliste den Nebenerzeugnissen in allen Belangen gleichgestellt sind.

15.2 Nebenprodukte der Mehl- und Schälmüllerei

Bei der Verarbeitung von Getreidekörnern und Leguminosensamen fallen verschiedenartige Nebenprodukte an. Es sind Futter- bzw. Nachmehle, Kleien und Spelzen bzw. Schalen.
Im Vergleich zu den Ausgangsmaterialien enthalten die Verarbeitungsrückstände v. a. geringere Stärkeanteile sowie mehr Rohprotein und/oder Faser. Sie sind reicher an Phosphor und Vitaminen des B-Komplexes. Der energetische Futterwert ist mit wenigen Ausnahmen niedriger.

15.2.1 Nebenprodukte der Mehlmüllerei

Rohstoffe der Mehlmüllerei sind in Deutschland fast ausschließlich Roggen und Weizen. Auf weitere im Ausland zum Einsatz kommende Getreidearten (z. B. Mais) wird nicht eingegangen. Vor der eigentlichen Verarbeitung, die in Abbildung 15.1 vereinfacht dargestellt ist, muss das

Getreide zunächst gereinigt werden. Dies vollzieht sich in zwei Schritten. Bei der sogenannten „Schwarzreinigung“ werden Verunreinigungen verschiedener Art (Erdbrocken, Staub, Sand, kleine Steine, Metallteile, Unkrautsämereien, Fremdgetreide, durch parasitische Pilze veränderte Körner [z. B. Mutterkorn], verkümmerte, notreife und zerbrochene Körner) entfernt. Hierzu durchläuft das Getreide mehrere Reinigungsstufen unter Verwendung von Aspirateur, Magnet, Steinausleser und Trieur. Von den Abfällen sind nur die aussortierten Fremdgetreidearten sowie Klein- und Bruchkörner der zur Verarbeitung kommenden Körnerart als Futtermittel zugelassen.

Während der anschließenden „Weißreinigung“ wird die Kornoberfläche mittels Scheuermaschine gereinigt. Bei dieser mechanischen Bearbeitung kommt es zu einer mehr oder weniger starken Abtrennung der obersten Zellschicht der Fruchtschale. Der rohfaserreiche Abrieb (2–4 % der Gesamtkornmasse) führt die Bezeichnung Schälkleie und wird in der Regel der Kleie zugemischt. Lediglich bei der Herstellung von Vollkornmehlen kann Schälkleie ein eigenständiges Nachprodukt bilden. Außerdem wird bei dieser Art der Reinigung ein Teil der Keime, bei Roggen mehr als bei Weizen, abgeschlagen, die gleichfalls Bestandteil der Schälkleie sind.

Während der eigentlichen Vermahlung der Roggen- und Weizenkörner werden durch stufenweises Zerkleinern mit zwischengeschalteter Siebung und/oder Sichtung Backschrote, Grieße, Dunst und verschiedene Mehle aus dem Mehlkörper hergestellt. Dabei erfolgt eine Abtrennung der Schalenteile, Aleuronzellen und Keime, die die Hauptbestandteile für die anfallenden Nebenprodukte (Nachmehl, Futtermehl, Grießkleie, Kleie, Keime) bilden. Bei höherer Ausmahlung (≈ 80 %) fallen nur Grießkleie und Kleie als Rückstände an. Aus wirtschaftlichen Gründen erfolgt nicht in jedem Fall eine getrennte Gewinnung der Nebenprodukte. Als Mischung werden sie unter der Bezeichnung Kleie in den Handel gebracht.

15.2.1.1 Inhaltsstoffe und Futterwert

Vergleichsweise zu den ganzen Körnern steigen mit zunehmendem Schalenanteil in den Nebenprodukten die Gehalte an Rohfaser (Gesamtfaser) und Rohasche (Mineralstoffe) an, während der Stärkegehalt deutlich abnimmt (→ Tab. 26.1). Außerdem sind die Rückstände gegenüber den Ausgangsmaterialien reicher an Rohfett und

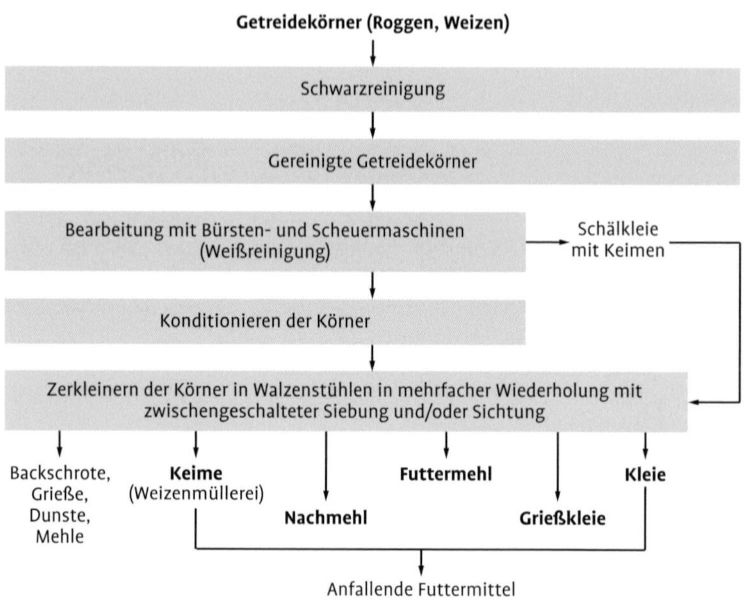

Abb. 15.1 Verfahrensschema der Mehlmüllerei.

Rohprotein (→ Tab. 26.1) und enthalten höhere Konzentrationen an Vitaminen des B-Komplexes und an Vitamin E.
Verdaulichkeit und energetischer Futterwert sind mit Ausnahme der selten anfallenden Nachmehle stets niedriger als die der intakten Körner (→ Tab. 26.1). Der Rückgang im energetischen Futterwert fällt für das Schwein und v. a. für das Geflügel deutlicher aus als für Wiederkäuer (→ Abb. 15.2). Für Wiederkäuer und Schweine ist Roggenkleie etwas wertvoller als Weizenkleie. Die Proteinqualität der Nachprodukte übertrifft die der Roggen- und Weizenkörner aufgrund der Anreicherung mit den lysinreicheren Globulinen und Albuminen der äußeren Kornschichten (→ Kap. 14.2.7). Bezogen auf 1 kg DM enthalten Futter-, Nachmehle und Kleien höhere Konzentrationen an ernährungsphysiologisch bedeutsamen essenziellen Aminosäuren als die jeweiligen Getreidekörner (→ Tab. 26.2).
Soweit Weizenkeime nicht einer anderweitigen Verwendung (pharmazeutische Industrie, Spezialnahrungsmittel) zugeführt werden, bilden sie wegen ihrer reichlichen Gehalte an Rohprotein (hohe biologische Wertigkeit), Rohfett, Vitaminen (E, B-Komplex) und Mineralstoffen (P, Mg, Mn, Zn, Cu, Co) ein hochwertiges Futtermittel.

15.2.1.2 Einsatzempfehlungen

Der Einsatz von Mühlennachprodukten bei den einzelnen Nutztierarten und Produktionsrichtungen wird v. a. von deren Verdaulichkeit und damit ihrem energetischen Futterwert bestimmt. Daneben sind Verzehrs- und diätetische Eigenschaften zu beachten. In den Futtermischungen bzw. -rationen für Schweine und Geflügel lassen sich Kleien infolge ihrer mäßigen Verdaulichkeit der OM (Schwein ≈ 75 %, Geflügel ≈ 60 %) nur begrenzt einsetzen (bis maximal 20 % in Alleinfuttermischungen), wenn hohe Leistungen erwartet werden. Für die Schweinemast ist Roggen- gegenüber Weizenkleie aufgrund ihres höheren energetischen Futterwertes besser geeignet. Lediglich in den Rationen bzw. Mischungen für güste und niedertragende Sauen sowie in bestimmten Phasen bzw. Fütterungsprogrammen der Geflügelaufzucht und während der Legeruhe (z. B. Wassergeflügel) sind höhere Anteile möglich und auch vorteilhaft. Weizenkleie hat dabei den Vorzug gegenüber Roggenkleie.
Weizenkleie ist außerdem eine sehr günstige Komponente für das Ferkelfutter nach dem Absetzen (diätetische Wirkung der Kleierohfaser). Wegen der Futterstruktur sollten auch die höherverdaulichen Nachmehle auf Anteile bis zu 30 %

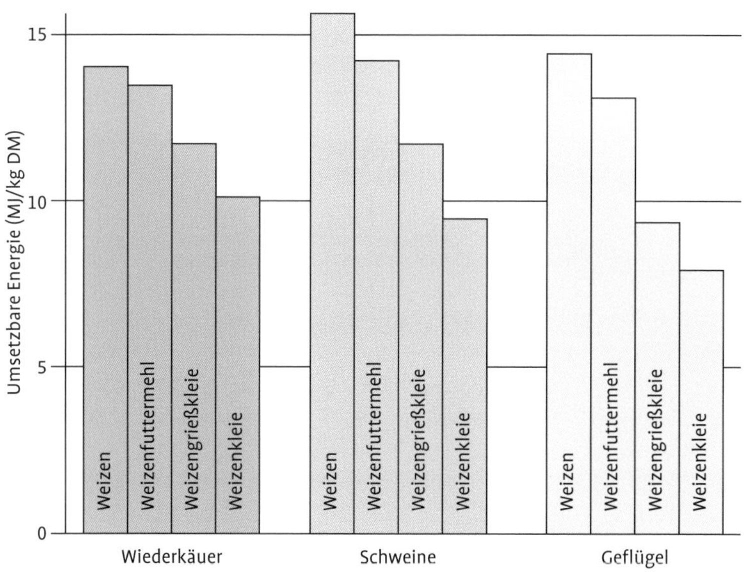

Abb. 15.2 Energetischer Futterwert von Weizen und den Nebenprodukten der Weizenvermahlung (DLG-Futterwerttabellen – Wiederkäuer, 1997, – Schweine, 1991; Jahrbuch für die Geflügelwirtschaft 1997).

beschränkt bleiben. Das stark staubende oder nach dem Anfeuchten pappige Futter beeinträchtigt die Futteraufnahme. Bei pelletiertem Futter entfällt diese Begrenzung.

Bevorzugtes Einsatzgebiet für Kleien sollte die Wiederkäuerfütterung sein, da Rinder und Schafe die Nährstoffe besser verdauen und außerdem auf den Verzehr voluminöser Futtermittel eingestellt sind. Wenn Weizenkeime für die Verfütterung zur Verfügung stehen, sind sie an männliche Zuchttiere und in der Jungtieraufzucht in kleinen Gaben einzusetzen. Dadurch wird das Futter hinsichtlich des Mineralstoff- und Vitaminangebotes aufgewertet.

Mühlennachprodukte sind wegen einer Zerstörung der Zellstrukturen und damit hoher Substratverfügbarkeit für Keime nur begrenzt lagerfähig. Bereits bei leicht erhöhtem Wassergehalt als Folge einer Wasseraufnahme, z. B. aus der umgebenden Luft oder aus Kondensationsprozessen, können sie leicht schimmeln sowie dumpf, muffig und klumpig werden. Außerdem tritt schnell Milbenbefall auf. Bei den fettreichen Keimen besteht bereits nach kurzer Lagerung die Gefahr der Fettverderbnis, sodass ein alsbaldiger Verbrauch erforderlich ist.

15.2.2 Nebenprodukte und Produkte der Schälmüllerei

In den Schälmühlen gelangen bespelzte oder schalenreiche Getreidearten (Gerste, Hafer, Hirsen, Reis) und Leguminosen (insbesondere Erbsen) zur Verarbeitung, aus denen vorrangig Nährmittel hergestellt werden. Je nach Verwendungszweck der Schälprodukte werden die Körnerfrüchte in ein- oder mehrmaligen Arbeitsgängen geschält und danach weiteren Bearbeitungen unterzogen (→ Abb. 15.3).

Die anfallenden Nebenprodukte bei der Verarbeitung von Hafer, Gerste und Erbsen vermittelt Abbildung 15.3. Sie sind bis auf die Futtermehle sehr rohfaserreich und weisen mäßige bis geringe Energiedichten auf (→ Tab. 26.1). Für monogastrische Nutztiere kommen deshalb lediglich Futtermehle und Gerstenkleie als Rationskomponenten in Betracht. Schälkleien, Spelzen und Schalen eigenen sich z. B. als Weideergänzungsfutter.

Verschiedentlich werden auch entspelzte bzw. geschälte Hafer- bzw. Gerstenkörner (→ Tab. 24.4) als Komponenten in Futtermischungen für Jungtiere (Kälber, Ferkel, Küken) verwendet. Vor allem Haferfutterflocken sind hochverdaulich sowie energiereich und somit sehr geeignet für die Jungtierfütterung. Durch das Herstellungsverfahren (Quetschen zwischen dampfbeheizten Walzen) werden Enzyme (Lipasen, Peroxidasen) des Ha-

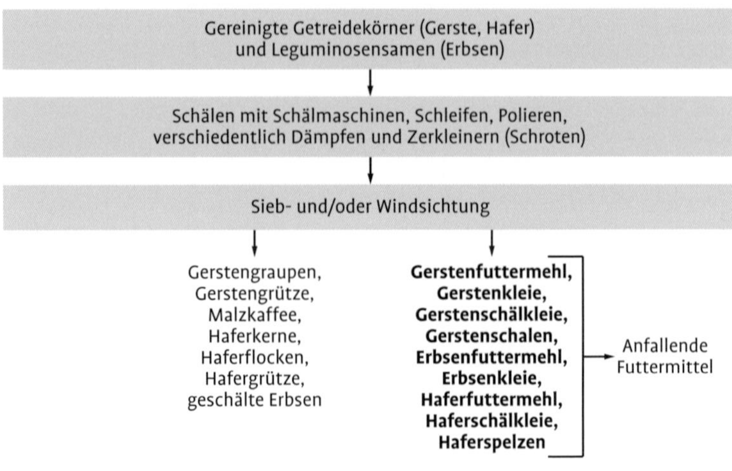

Abb. 15.3 Verfahrensschema der Schälmüllerei.

ferkorns zerstört, was die Lagerfähigkeit beeinträchtigen kann (→ Kap. 25).
Wertvolle Futtermittel liefert die Reisverarbeitung. Dazu zählen Bruchreis (Anfall bei der Herstellung von poliertem oder glasiertem Reis), Reisfuttermehle und Reiskeime. Ausgewählte Futterwertdaten von diesen Produkten enthält Tabelle 26.1. Man verwendet sie vorrangig als Mischfutterkomponenten.

15.3 Nebenprodukte der Stärkeindustrie

Zur Stärkegewinnung werden Getreidefrüchte (Mais, Weizen, Roggen, Reis, Sorghumhirse u. a.), stärkehaltige Knollen (Kartoffeln, Maniok u. a.) sowie neuerdings auch Erbsen verwendet. In Deutschland sind Mais, Weizen und Kartoffeln die wesentlichen Rohstoffe für die Stärkeindustrie. Die Verarbeitung der im morphologischen Aufbau und der chemischen Zusammensetzung unterschiedlichen Ausgangsmaterialien erfolgt nach verschiedenen Verarbeitungstechnologien. Die anfallenden Nebenprodukte unterscheiden sich und werden deshalb getrennt abgehandelt.

15.3.1 Nebenprodukte bei der Stärkegewinnung aus Mais und Weizen

Das Herstellungsverfahren für Maisstärke ist vereinfacht in Abbildung 15.4 dargestellt. Die dabei auftretenden Nebenprodukte sind in der Reihenfolge ihres Anfalls Maisquellwasser, Maiskeimkuchen (nach Abpressen des Öles) und Maisfasern und Maiseiweiß (Maiskleber). Aus diesen Rück-

Abb. 15.4
Verfahrensschema der Maisstärkegewinnung.

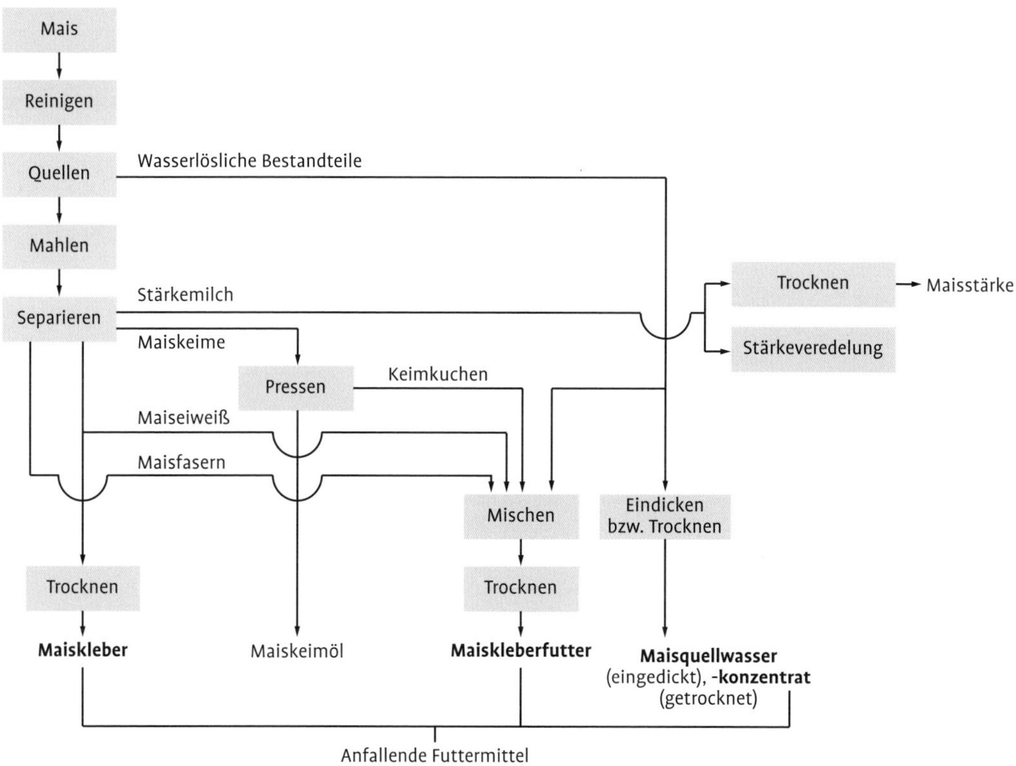

ständen werden in der Mischstation standardisierte Futtermittel mit unterschiedlichem Kleberanteil hergestellt. Dadurch variiert insbesondere der Rohproteingehalt, der anzugeben ist. Außerdem bilden Maiskleber, Maiskeimöl und mitunter auch Maisquellwasser eigenständige Produkte, wobei das Keimöl kaum als Futtermittel verwendet wird (VO (EU) Nr. 2017/1017).
Abweichend zur Maisstärkeerzeugung erfolgt bei der Stärkegewinnung aus Weizen zunächst eine Trockenvermahlung der gereinigten Körner (→ Abb. 15.5). Neben der hierbei anfallenden Kleie (enthält u. a. die Keime) sind Fasern, wasserlösliche Bestandteile und ein Teil des Klebers als Rückstände beim mehrstufigen Nassseparieren die weiteren Komponenten für die als Weizenkleberfutter bezeichnete Mischung, die getrocknet und pelletiert in den Handel gelangt. Ein weiteres Produkt aus dem Prozess der Weizenstärkegewinnung ist Vitalkleber (modifiziertes Weizeneiweiß), der insbesondere in der Lebensmittelindustrie verarbeitet wird und kaum als Futtermittel dient.

Inhaltsstoffe und Futterwert
Gegenüber den Ausgangsstoffen sind Kleber und Kleberfutter deutlich stärkeärmer, sehr proteinreich (Kleber) bzw. mehr oder weniger eiweißreicher (Kleberfutter) (→ Tab. 26.1). Das Protein ist aufgrund seiner ungünstigen Aminosäurenzusammensetzung (→ Tab. 26.2), d. h. seiner geringen Gehalte an Lys (Weizenprodukte) und Lys und Trp (Maisprodukte) von geringer Qualität. Maiskleber ist reich an Carotinoiden (Lutein, Zeaxanthin).
Der energetische Futterwert nimmt von Kleber über eiweißreiches Maiskleberfutter zu proteinärmerem Mais- bzw. Weizenkleberfutter deutlich ab. Letztere Produkte sind aufgrund der Anreicherung mit Zellwandsubstanzen beachtlich energieärmer als die jeweiligen Getreidekörner. Maisquellwasser besteht vorwiegend aus Rohprotein (40–45 % der DM), N-freien Extraktstoffen (lösliche Kohlenhydrate, organische Säuren, ≈ 35 % der DM) und ist reich an Mineralstoffen und Vitaminen des B-Komplexes (außer Vitamin B_{12}).

Abb. 15.5
Verfahrensschema der Weizenstärkegewinnung.

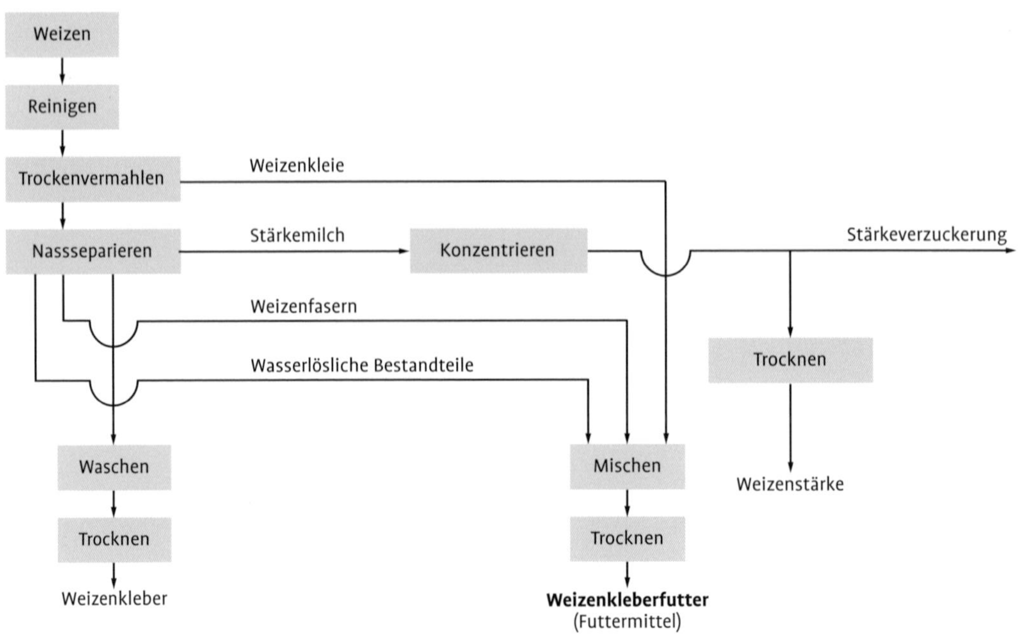

Einsatzempfehlungen
Sowohl proteinärmere Maiskleberfutter als auch Weizenkleberfutter sind durch ihren Rohfasergehalt vorrangig in der Wiederkäuerfütterung einzusetzen (→ Tab. 15.1). Auch rohfaserärmere und damit besser verdauliche, proteinreichere Maiskleberfutter sowie der sehr eiweißreiche Maiskleber ermöglichen infolge der schlechten Proteinqualität nur einen begrenzten Einsatz in Futterrationen bzw. Futtermischungen für monogastrische Nutztiere (→ Tab. 15.1). In Wiederkäuerrationen eignen sie sich als Proteinergänzung zu proteinärmeren Grundfuttermitteln (z. B. Maissilage, Rüben, Pressschnitzelsilage).
Der carotinoidreiche Maiskleber ist eine gute Pigmentquelle v. a. für Legehennenmischungen. In Geflügelrationen auf der Basis inländischer pflanzlicher Eiweißfuttermittel (Körnerleguminosen, Kuchen aus der Kaltverpressung von Ölsaaten) lässt sich durch die Integration von Maiskleber die Versorgung mit S-haltigen Aminosäuren verbessern.
Maisquellwasser soll außer den bereits genannten Inhaltsstoffen unbekannte Wachstumsfaktoren (unidentifed growth factors, UGF) enthalten und kam deshalb v. a. in der Geflügelfütterung (USA) zum Einsatz. Unabhängig davon lässt sich durch geringe Rationsanteile (Trockenprodukte) v. a. der Gehalt an Vitaminen des B-Komplexes anreichern (Futtermischungen für wachsendes Geflügel, Zuchthennen, Ferkel).

15.3.2 Nebenprodukte aus der Kartoffelstärkegewinnung

Ein vereinfachtes Schema der Stärkegewinnung aus Kartoffeln vermittelt Abbildung 15.6. Nach Abscheiden des Fruchtwassers aus den Kartoffelreibseln und Abtrennen der Rohstärkemilch fällt Pülpe als Rückstand an. Dieses Nebenprodukt enthält vom Ausgangsmaterial die Zellwandbestandteile und außerdem verfahrensbedingt unterschiedliche Stärkeanteile. Mitunter findet auch eine Trocknung der Pülpe statt. Das im Fruchtwasser enthaltene Kartoffeleiweiß wird durch Zusatz von Säure koaguliert, ausgefällt und als Kartoffeleiweiß in getrocknetem Zustand vermarktet. Durch Vereinigung von Pülpe und Kartoffeleiweiß entsteht ein Futtermittel mit der Produktbezeichnung „Kartoffelpülpe, eiweißreich“.

Inhaltsstoffe und Futterwert
Entsprechende Daten sind in Tabelle 26.1 ausgewiesen. Kartoffelpülpe ist ein faserreiches Futtermittel, das aber noch einen beachtlichen Reststärkeanteil enthält. Demgegenüber handelt es sich

Tab. 15.1
Empfehlungen für Höchstmengen an Nebenprodukten der Getreidestärkeherstellung in der Nutztierfütterung

Tierart/Nutzungsrichtung	Menge je Tier und Tag bzw. Anteil im Mischfutter		
	Maiskleberfutter	Weizenkleberfutter	Maiskleber
Milchkühe	4,0 kg	2,0 kg	2,0 kg
Kälber bis 4. Monat[1]	25 %	25 %	15 %
Weibl. Jungrinder ab 4. Monat	0,30 kg/100 kg LM	0,30 kg/100 kg LM	0,20 kg/100 kg LM
Mastrinder	0,35 kg/100 kg LM	0,40 kg/100 kg LM	0,25 kg/100 kg LM
Sauen, tragend[2]	20 %	25 %	15 %
Sauen, säugend[2]	20 %	20 %	15 %
Mastschweine, Anfangsmast[2]	20 %	20 %	15 %
Mastschweine, Endmast[2]	15 %	15 %	5 %
Legehennen[2]	15 %	10 %	10 %

1 Ergänzungsfutter, 2 Alleinfutter

bei Kartoffeleiweiß um ein Produkt, das fast nur aus Rohprotein von hoher Qualität besteht. Die Kartoffelpülpe, eiweißreich, weist einen beachtlichen Rohproteingehalt auf, der dem von Körnererbsen entspricht. Aufgrund des reichlichen Fasergehaltes ist der energetische Futterwert von Kartoffelpülpe aber nur mittelmäßig.

Einsatzempfehlungen

Herkömmliche Pülpe und eiweißreiche Pülpe sollten bevorzugt in der Wiederkäuerfütterung zum Einsatz kommen. Es sind Tagesgaben bis zu 25 kg FM bei Milchkühen und bis zu 20 kg FM bei Mastrindern möglich. Bei Verwendung in der Schweinefütterung muss durch Erhitzen eine Verkleisterung der Reststärke und eine Zerstörung der Trypsin- und Chymotrypsininhibitoren erreicht werden. Kartoffeleiweiß eignet sich vorteilhaft zur Ergänzung des lysinarmen Getreides in der Schweine- und Geflügelfütterung.

15.4 Nebenprodukte der Brennerei

Im Brennereigewerbe wird Spiritus (Ethanol) auf dem Wege der alkoholischen Gärung erzeugt. Hierzu können Materialien dienen, die vergärbare Zucker oder in vergärbare Zucker überführbare Polysaccharide (z. B. Stärke) enthalten. Die Stärke der Getreidekörner (vorrangig Weizen und Roggen) und der Kartoffelknollen bildet in Deutschland eine wesentliche Ausgangssubstanz für die Spiritusherstellung. Daneben werden verschiedene zuckerhaltige Materialien (z. B. Zuckerrüben, Melasse, Obst) verwendet.
Neben den herkömmlichen Brennereien gibt es inzwischen auch in Deutschland wie bereits seit den 1990er-Jahren in mehreren europäischen Ländern (z. B. Frankreich) und auf dem amerikanischen Kontinent (insbesondere in den USA und Brasilien) große Produktionskapazitäten (Bioethanolanlagen), die Ethanol ausschließlich für

Abb. 15.6
Verfahrensschema der Kartoffelstärkeherstellung (anfallende Futtermittel in Fettdruck).

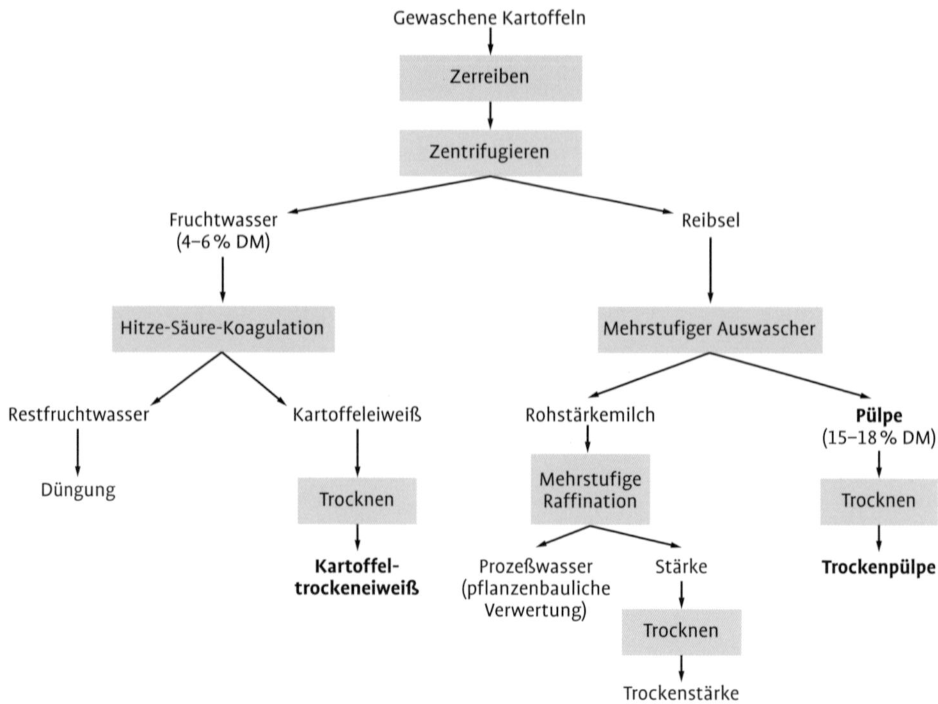

die Verwendung als Biokraftstoff erzeugen. Für die Bioethanolherstellung sind derzeit vor allem Mais (USA), Zuckerrohr (Brasilien) und in Europa verschiedene Ährengetreidearten (Weizen, Roggen, Triticale) die Ausgangsmaterialien. Aber auch weitere zuckerreiche (z. B. Zuckerrüben), stärkereiche (z. B. Kartoffel) und aufbereitete cellulosereiche Rohstoffe (z. B. Stroh) könnten Rohstoffe sein. Der Herstellungsprozess von Bioethanol ist weitgehend analog zum Verfahren in den konventionellen Brennereien (→ Abb. 15.7).

Die Spiritusherstellung aus Getreide und Kartoffeln gliedert sich im Prinzip in die folgenden Teilprozesse: Rohstoffzerkleinerung, thermischer Stärkeaufschluss, enzymatische Stärkeverzuckerung, alkoholische Gärung und Destillation (Brennen). Im Verlauf der Destillation fallen ein alkoholreiches Destillat (Rohspiritus) sowie ein sehr wasserreicher (5–10 % DM) alkoholfreier Destillationsrückstand an, der als Schlempe bezeichnet wird. Abbildung 15.7 vermittelt vereinfacht den technischen Ablauf am Beispiel der Getreidebrennerei.

Die Schlempe hat nur eine kurze Haltbarkeit und ist außerdem wegen des hohen Wassergehaltes nur sehr begrenzt transportgeeignet. Deshalb werden die in den konventionellen Brennereien anfallenden Schlempemengen vorrangig an Rinder im nahen Umkreis frisch verfüttert. Diese Verwertungsform ist bei den großen Schlempemengen der Bioethanolanlagen nicht möglich. Sie werden getrocknet und oft anschließend pelletiert (Trockenschlempe, Trockenschlempepellets) oder zumindest abgepresst (Pressschlempe mit ≈ 35–40 % DM). Die Pressschlempe ist gut silierbar z. B. in Folienschläuchen (→ Kap. 23.2) und kann durch chemische oder biologische Siliermittel (→ Kap. 23.2) kurzfristig haltbar gemacht werden.

Abb. 15.7
Verfahrensschema der Spiritusherstellung aus Getreide.

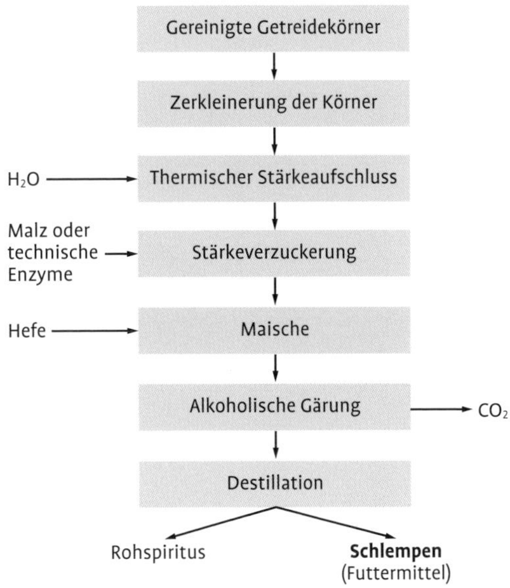

Inhaltsstoffe und Futterwert

Die nachfolgenden Ausführungen sind vorrangig auf Getreide- und Kartoffelschlempen ausgerichtet. Sie enthalten nur noch geringe Stärke- und Zuckermengen, aber alle anderen Inhaltsstoffe (Rohprotein, Rohfett, Rohfaser bzw. Gerüstsubstanzen, Mineralstoffe) der verarbeiteten Rohstoffe und zwar in der Trockensubstanz in relativ höheren Anteilen als in den Ausgangsmaterialien. Durch die Vermehrung der Hefezellen während des Gärprozesses kommt es darüber hinaus zu einer weiteren erheblichen Rohproteinanreicherung (ebenfalls mit Vitaminen des B-Komplexes) und Aufwertung des Eiweißes. In der Brennerei entsteht demzufolge aus kohlenhydratreichen Rohstoffen ein proteinreiches Futtermittel (→ Abb. 15.8). Die Verdaulichkeit der Schlempen (Getreide, Kartoffel) liegt in einem günstigen Bereich, nicht nur für Wiederkäuer, sondern auch für Schweine.

Ein Vergleich des energetischen Futterwertes der verschiedenen Schlempen (Wiederkäuer, Schweine) ergibt folgende Rangfolge: Maisschlempe > Weizenschlempe > Roggenschlempe > Kartoffelschlempe > Rüben- und Rübenmelasseschlempen > Obstschlempen. Maisschlempe ist in den Futtermitteltabellen mit 13,75 MJ (Schweine) bzw. 12,68 MJ ME/kg DM (Wiederkäuer) und 7,47 MJ NEL/kg DM ausgewiesen.

Einsatzempfehlungen

Frische Schlempen eignen sich vor allem für die Verfütterung an Rinder. Dabei sind folgende Grundsätze zu beachten:

- Allmähliche Gewöhnung der Tiere an die Schlempefütterung.

Abb. 15.8
Vergleich der Nährstoffgehalte von Weizen und Weizenschlempe (Angaben je kg DM) (DLG-Futterwerttabellen – Wiederkäuer 1997).

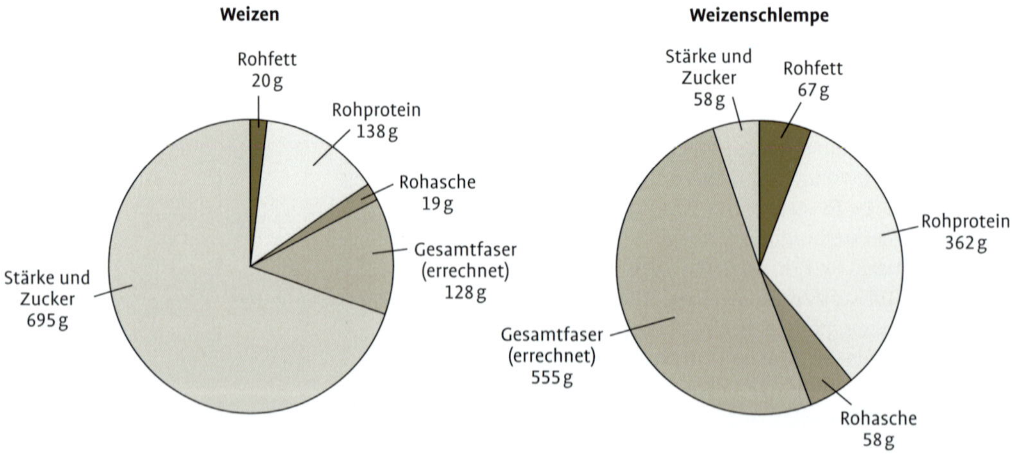

- Schlempe noch warm verfüttern, Zwischenlagerung von über 24 Stunden ist zu vermeiden.
- Die strukturfreie Schlempe erfordert bei Wiederkäuern die Berücksichtigung strukturreicher Futtermittel (Heu, Stroh) in den Rationen.
- Milchkühen ist Schlempe nach dem Melken zu verabreichen, um eine mögliche Geschmacksveränderung der Milch auszuschließen.
- Die Schlempegaben sollten pro Tier und Tag folgende Mengen nicht überschreiten:
  - Milchkühe ≤ 35 kg (≤ 2 kg DM),
  - Mastrinder ≤ 12 kg/100 kg LM (≤ 0,7 kg DM/100 kg LM),
  - Jungrinder (> 1 Jahr) 5 kg/100 kg LM (0,3 kg DM/100 kg LM).
- Für Mastschweine sind steigende Mengen bis 7 kg pro Tier und Tag einsetzbar, Zuchtsauen sollten keine Schlempe erhalten.
- Transportbehälter, Zwischenlagerungseinrichtungen, Rohrleitungen und Futterkrippen, die mit Schlempe in Berührung kommen, sind nach jeder Nutzung gründlich zu reinigen, ansonsten sind Gärungsprozesse und bakterielle Infektionen zu erwarten, die u. a. Durchfallerscheinungen verursachen.

Kühlt die Schlempe auf Temperaturen unter 20 °C ab, können bei den Tieren Erkrankungen auftreten. Die Ursachen für den beim Übergang zur Schlempefütterung mitunter auftretenden Schlempehusten sind durch Essigsäure und Alkohol ausgelöste Schleimhautreizungen im Kehlkopfbereich. Die Schlempemauke wird durch Verfüttern zu großer Mengen Kartoffelschlempe und schlechte Vergärung der Maische verursacht. Die Erkrankung, von der vorrangig Rinder betroffen sind, äußert sich in einem entzündlichen Ausschlag an den unteren Teilen der Gliedmaßen und am Unterbauch.

In der **Bioethanolproduktion** fallen **Trockenschlempen** (DDGS, engl. dried distillers' grains with solubles) an, welche die Bestandteile der Dick- und Dünnschlempen enthalten und daher einen hohen Energie- und Proteingehalt aufweisen. In der Nährstoffzusammensetzung gibt es Unterschiede in Abhängigkeit vom Ausgangsmaterial (Mais, Weizen oder Weizen mit gewissen Gersteanteilen).

Vielseitig einsetzbare Futtermittel sind die Getreidetrockenschlempen, insbesondere als Mischfutterkomponente. Der hohe Anteil an nicht im Pansen abbaubarem Rohprotein (≈ 40 % UDP) der relativ protein- und energiereichen Trockenschlempen (→ Tab. 26.1) empfiehlt diese Produkte insbesondere als Komponente im Mischfutter für Hochleistungskühe (bis 30–35 %). In der Rindermast kann Trockenschlempe bis 20 % in der Gesamtration enthalten sein. Aber auch für monogastrische Tiere bieten sich Trockenschlempen als Mischungskomponente an, deren Anteil vor allem vom Rohfasergehalt und den Anforderungen an den Energiegehalt des Alleinfutters bestimmt werden. Für tragende Sauen bzw. säugende Sauen sind Anteile bis 10 bzw. 5 % und für Mastschweine bis 10 % im Alleinfutter zu empfehlen. Die relativ hohen Anforderungen an den Energiegehalt im Mastfutter für Broiler und Mastputen begrenzen den Mischungsanteil auf 5 %. In den Futtermischungen für das Aufzuchtgeflügel kann der Anteil bis 10 % ansteigen. Für Junghennenaufzuchtfutter und Legehennenfutter sind bis 10 % zu empfehlen. Bei den genannten Mengen in den Futtermischungen für Schweine und Geflügel sind die Trockenschlempen auch potenzielle Quellen für Vitamine des B-Komplexes, außer für Vitamin B_{12}. Bei hohen Anteilen in der Ration ist darauf zu achten, dass die Trockenschlempe einen geringen Lysingehalt aufweist.

15.5 Nebenprodukte der Bierbrauerei

Ausgangsmaterial für die Bierproduktion ist vorrangig zweizeilige Sommergerste. Zur Herstellung des untergärigen Gerstenbieres darf nach dem deutschen Reinheitsgebot nur Gerste, Hopfen, Hefe und Wasser verwendet werden. In geringem Umfang bildet auch Weizen den Rohstoff, aus dem jedoch obergäriges Bier gebraut wird. Außerhalb Deutschlands dienen noch weitere Getreidearten (Mais, Reis, Hafer, Roggen) der Bierbereitung.
Die wichtigsten Arbeitsgänge der Biererzeugung sind vereinfacht in Abbildung 15.9 dargestellt. Diesem Verfahrensschema können auch die dabei anfallenden Nebenprodukte entnommen werden.
Dem eigentlichen Brauvorgang ist das Mälzen der Getreidekörner vorgeschaltet. Der Zweck des Mälzens liegt in der Bildung von Amylasen, die für den Abbau der Getreidestärke zu vergärbarem Zucker erforderlich sind. Vor diesem Arbeitsschritt wird das Getreide zunächst vorgereinigt (Absonderung von Fremdbestandteilen) und danach einer Hauptreinigung unterzogen (Abtrennung von Bruch- und nicht vollwertigen Körnern, Grannen und Unkrautsamen). Das gereinigte Getreide wird durch Anfeuchten und gesteuerte Lagerungsbedingungen zum Keimen gebracht. Das gekeimte Getreide wird als Grünmalz bezeichnet. Der Keimprozess wird durch schonendes Trocknen (Darren) unterbrochen. Bei der nachfolgenden Bearbeitung in der Malzputzmaschine erfolgt die Abtrennung der Keime vom Darrmalz. Die Keime kommen als lose oder pelletierte Malzkeime in den Handel. Beim Reinigungs- und Poliervorgang des Darrmalzes fällt Malzstaub an, der entweder den Keimen oder dem Treber zugesetzt wird. Das zerkleinerte Malz wird in Maischpfannen mit warmem Wasser angesetzt. Bei diesem Vorgang bauen die Amylasen die Stärke nahezu vollständig zu Maltose ab. Nach beendeter Verzuckerung werden die unlöslichen Teile durch Filtration von der süßen Würze abgetrennt. Sie führen die Bezeichnung Treber.
Anschließend wird die Würze nach Zugabe von Hopfen gekocht. Nach dem Einbittern folgt das Absondern von Trubstoffen und Hopfentreber. Der gefilterten und abgekühlten Würze werden Hefen der Gattung *Saccharomyces* zugesetzt. Bei der nun einsetzenden alkoholischen Gärung vermehrt sich die Hefe sehr stark. Sie wird nach Abschluss der Gärung abgetrennt und als „Brauereihefe“ oder „Bierhefe“ bezeichnet.
In der Reihenfolge ihres Anfalls bilden somit Malzkeime, Biertreber, Trub und Hopfentreber sowie Bierhefe die Nebenprodukte. Die geringen Mengen an Trub und Hopfentreber werden in der Regel dem Biertreber zugesetzt. Außer den Malzkeimen sind die weiteren Nebenprodukte wasserreich und müssen deshalb nach dem Anfall verfüttert werden. Verschiedentlich wird Wasser abgepresst (z. B. Biertreber), oder es erfolgt eine Kurzzeitkonservierung (Bierhefe), Silierung (Treber) oder technische Trocknung (Treber, Hefe). Über Inhaltsstoffe und Futterwert von Malzkeimen und Treber informiert Tabelle 26.1. Die Bierhefe wird in Kapitel 16 abgehandelt.

Malzkeime

Gerstenmalzkeime bestehen ausschließlich aus Keimwurzeln, während Weizenmalzkeime auch noch Blattkeime enthalten. Als junges Pflanzengewebe sind Malzkeime zwar rohproteinreich, jedoch können bis 50 % dieser Nährstofffraktion auf NPN-Verbindungen entfallen. Den wesentli-

Abb. 15.9
Verfahrensschema der Malz- und Bierherstellung.

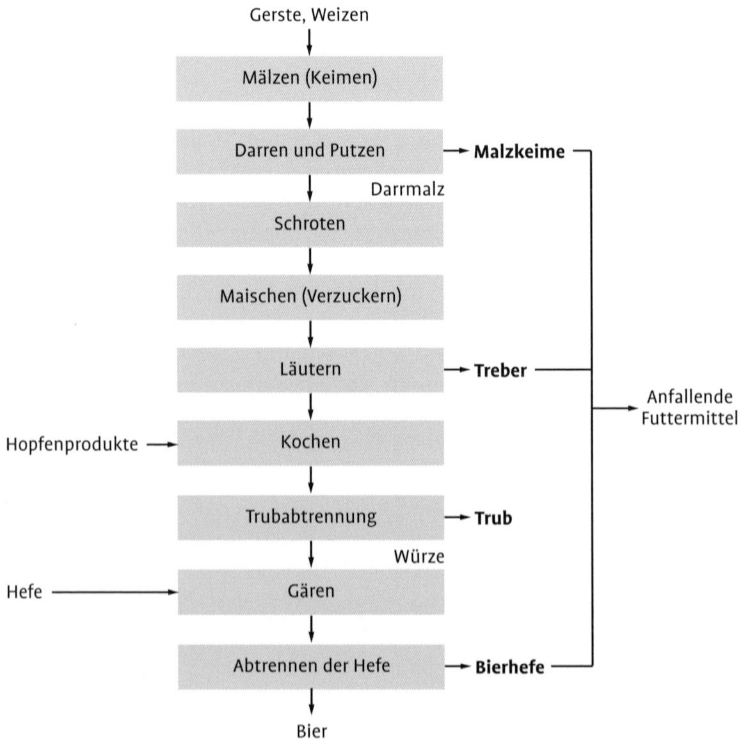

chen Inhaltsstoff bilden Faserkomponenten, die neben dem NPN-Gehalt den Einsatz von Malzkeimen in der Fütterung monogastrischer Nutztiere stark begrenzen. Die Verdaulichkeit der organischen Substanz liegt beim Schwein lediglich bei knapp 60 %; demgegenüber beträgt sie beim Wiederkäuer 70 %. In erster Linie sind deshalb Malzkeime ein Proteinfuttermittel für Rinder und Schafe, zumal die Abbaubarkeit des Eiweißes im Pansen mäßig ist.
Die Einsatzempfehlungen belaufen sich auf 0,5 bis maximal 1 kg pro Kuh und Tag bzw. bis 10–15 % im Kraftfutter. Höhere Mengen können einen herben Milchgeschmack verursachen. In Kraftfutter für Mastrinder sind bis 10 % möglich. Eine Verfütterung an Schweine und Geflügel kommt nur bei Nutzungsrichtungen bzw. Geflügelarten in Betracht, die geringere Anforderungen an den Energiegehalt des Alleinfutters stellen (z. B. güste und niedertragende Sauen, Junghennen, Wassergeflügel). Der Anteil sollte in den Rationen dennoch 10 % nicht überschreiten.

Biertreber
Dieses Nebenprodukt verbleibt nach dem Abtrennen der Würze. Während bei herkömmlicher Technologie der DM-Gehalt in der Größenordnung von 20 % liegt, fällt nach neueren Technologien im Sudhausbereich ein trockensubstanzreicheres Produkt an (≥ 30 %), auch als abgepresster Biertreber bezeichnet. Biertreber enthält alle ungelöst gebliebenen Bestandteile des Malzes. Vor allem sind es Gerüstkohlenhydrate, Eiweißstoffe, Rohfett, nicht in Zucker umgewandelte Stärke und die wasserunlöslichen Mineralstoffe, v. a. Ca- und P-Verbindungen. Demgegenüber fehlen die wasserlöslichen Mineralstoffe und Vitamine. Vergleichsweise zu den Ausgangsmaterialien enthält Biertreber das 3- bis 4fache an Zellwandkomponenten und das Doppelte an Rohprotein (→ Abb. 15.10) und ist somit als faserreiches Futtermittel mit beachtlichem Rohproteingehalt einzustufen. In der chemischen Zusammensetzung unterscheiden sich die nach herkömmlicher bzw. neuer Technologie anfallenden

Abb. 15.10
Vergleich der Nährstoffzusammensetzung von Sommergerste (Braugerste) und Biertreber (Angaben je kg DM) (DLG-Futterwerttabellen – Wiederkäuer 1997).

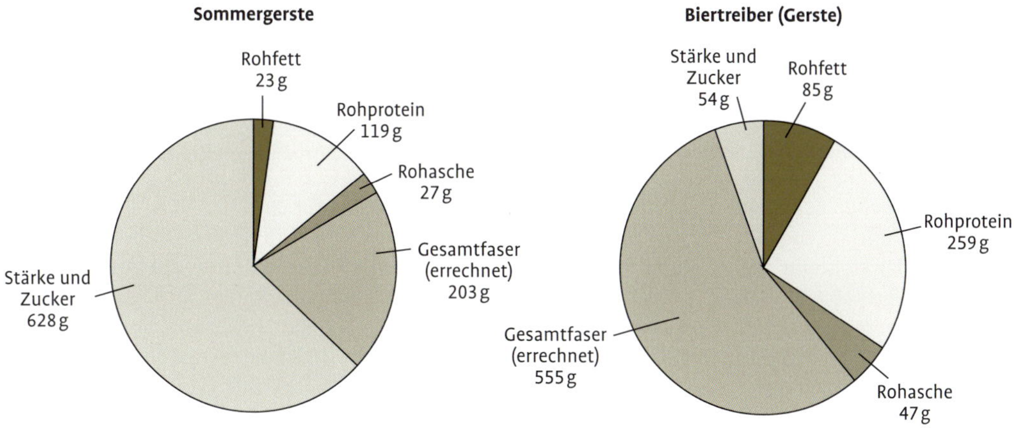

Treber kaum. Der reichliche Fasergehalt beeinträchtigt v. a. die Verdaulichkeit der organischen Substanz beim Schwein (50 %); sie erreicht beim Wiederkäuer auch nur 65 %, d. h. annähernd den Wert von Weizenkleie (67 %).
Aufgrund seiner Nährstoffzusammensetzung ist Biertreber in erster Linie ein Wiederkäuerfuttermittel. Er eignet sich gut zur Ergänzung energiereicher und hochverdaulicher Rationskomponenten wie Maissilage, Maiskolbensilagen und Getreide.
Biertreber hat eine diätetische Wirkung (verbessert die Kotkonsistenz) und besitzt einen hohen Anteil an UDP. Dies führt bei moderaten Energiegehalten zu ansehnlichen nXP Gehalten.

Folgende Tagesgaben an einwandfrei frischem bzw. siliertem Biertreber können empfohlen werden:

- Milchkühe: 6–12 kg FM je Tier und Tag,
- Jung- und Mastrinder: 0,5–1,5 kg FM je 100 kg LM und Tag,

Biertreber kann siliert werden. Wegen des geringen Zuckergehaltes sind Silierzusätze (z. B. Melasse) erforderlich. Das Öffnen des Silos darf erst nach Abkühlung unter 20 °C (frühestens nach 4–6 Wochen) erfolgen. Der Zusatz von 0,2 % Kaliumsorbat und Natriumbenzoat oder Propionsäure erlaubt eine 14-tägige Zwischenlagerung des trockenen substanzreicheren Biertrebers unter Dach.
Die niedrige Verdaulichkeit lässt kaum einen Einsatz in der Schweinefütterung zu, außer bei güsten oder niedertragenden Sauen (3–6 kg pro Tier und Tag).
Trockentreber gelangt v. a. im Rindermischfutter zum Einsatz (10–20 %iger Anteil). Er kann durchaus auch in Pferdemischfuttermitteln verarbeitet werden. In den Futtermischungen für Schweine und Geflügel sind nur geringe Anteile (≈ 5 %) möglich; sie lassen sich steigern (10–15 %), wenn nur mittlere Anforderungen an Verdaulichkeit und Energiegehalt der Futterrationen bestehen (z. B. güste und niedertragende Sauen, Junghennen, Wassergeflügel).

15.6 Nebenprodukte der Obstverarbeitung

Bei der Verarbeitung von Obst (insbesondere Äpfel, Birnen, Trauben) zu Saft oder alkoholischen Getränken fallen Nebenprodukte an, die die Bezeichnung **„Trester“** führen. Aus Importen stammen Citrustrester. Diese Nebenprodukte bestehen v. a. aus Kämmen (Trauben), Schalen, Kerngehäusen, Kernen und wechselnden Anteilen des Fruchtfleisches (-markes) der verarbeite-

ten Früchte. In Abhängigkeit vom Ausgangsmaterial verbleiben 25–40 % der Originalsubstanz als Trester mit einem DM-Gehalt zwischen 10–20 %. Es handelt sich um ausgesprochen faserreiche Produkte, deren nährstoffmäßige Zusammensetzung in Tabelle 26.1 ausgewiesen ist. Wesentliche Teile der Faserfraktion entfallen auf Pektine und Hemicellulosen. Weintrester sind außerdem sehr ligninreich. Die Kerne liefern den Rohfettanteil. Die Inhaltsstoffe unterliegen jedoch beachtlichen Schwankungen, die v. a. vom Ausgangsmaterial, von der Art der Saftgewinnung und der weiteren Aufbereitung verursacht werden. Wenn beispielsweise Trester zur Pektingewinnung genutzt werden, dann verändert sich nicht nur der Nährstoffgehalt, sondern auch der Futterwert ist deutlich vermindert (→ Tab. 26.1). Trester sind aufgrund ihrer Inhaltsstoffe Futtermittel für Wiederkäuer, jedoch für diese Nutztierkategorie von unterschiedlichem Wert (→ Tab. 26.1). Bedingt durch den hohen Ligningehalt sind Weintrester und entpektinierte Trester nur gering bis mäßig verdaulich, und der energetische Futterwert liegt in der Größenordnung von Stroh. Einen guten bis sehr guten Futterwert besitzen demgegenüber Obst- und Citrustrester. Es handelt sich um Energiefuttermittel, die in ihren Eigenschaften eine gewisse Ähnlichkeit mit Pressschnitzeln (→ Kap. 15.8) aufweisen.
Trester können frisch, siliert oder getrocknet verfüttert werden. Als Trockenprodukte gelangen v. a. Citrustrester zum Einsatz. Sie können in beachtlichem Umfang das Getreide in den Kraftfuttermischungen für Milchkühe und Mastrinder ersetzen (bis 30 % in den Futtermischungen). Besondere Beachtung ist bei der Tresterverfütterung der Rohprotein- und Mineralstoffergänzung beizumessen. Weintrester eignet sich als Futtermittel lediglich bei geringen Leistungsanforderungen. Bei Schweinen und Pferden werden Trester begrenzt als Faserträger eingesetzt. Ein weiterer Einsatzbereich liegt in der Wildfütterung.

15.7 Nebenprodukte der Ölindustrie

15.7.1 Allgemeine Angaben

Von den zur Ölgewinnung genutzten Pflanzenarten hatten 2018 an der jährlichen Weltproduktion (≈ 472 Mio. t) Sojabohnen (76 %), Rapssamen (16 %), Sonnenblumensaat (11 %) und Baumwollsaat (9,5 %) die größte Bedeutung. Die Hauptanbauländer sind die USA, Brasilien und Argentinien, wobei in diesen Ländern überwiegend genmodifizierte Sorten zur Aussaat kommen. Am Gesamtaufkommen an Rapssaat sind im Wesentlichen Kanada (20,3 Mio. t), die EU (20,0 Mio. t), China (13,3 Mio. t) und Indien (8,4 Mio. t) beteiligt. Raps ist mit großem Abstand die wichtigste Ölpflanze in Deutschland, wie auch in weiteren mittel- und nordeuropäischen Ländern. Der hohe ernährungsphysiologische Wert des Rapsöles für die menschliche Ernährung und die steigende Nutzung des Rapsöles für technische Zwecke (Biodieselerzeugung) haben den Rapsanbau maßgeblich stimuliert.
Von allen Nebenprodukten der pflanzliche Rohstoffe verarbeitenden Industrie sind die Nachprodukte der Ölindustrie die wichtigste Futtermittelgruppe für die Nutztierfütterung. Der größte Teil der Nachprodukte kommt aus der deutschen Ölindustrie. Der Verbrauch im Wirtschaftsjahr 2017/2018 betrug 8,35 Mio. t, wobei rund 73,5 % der Nebenprodukte als Mischfutterkomponenten verarbeitet wurden und der Rest direkt verfüttert wurde. Von der Gesamtmenge entfallen auf die Nebenprodukte von Rapssaat 48,5 %, von Sojabohnen 41,5 %, von Sonnenblumensamen 5,6 %, von Palmkernen 3,5 % und von weiteren Ölsaaten 0,9 %.
Von den mehr als 50 Pflanzenarten, die zur Öl- bzw. Fettgewinnung genutzt werden, sollen außerdem noch Erdnüsse, Kopra (Kokosnussendosperm), Leinsaat, Öl- und Babassupalmkerne, Saflor-, Sesam- und Mohnsaat sowie Maiskeime genannt werden. Für die Nebenprodukte aus der Ölindustrie sind folgende **produktübergreifende Merkmale** herauszustellen:

- Die Rückstände aus der Verarbeitung fettreicher Samen, Früchte oder anderer Pflanzenteile, denen auf mechanischem Wege oder mithilfe von Extraktionsmitteln bzw. einer

Kombination beider Verfahren das Fett zu einem großen Anteil bis fast vollständig entzogen wird, sind vorrangig proteinreiche Futtermittel, haben jedoch eine große Variationsbreite beim Rohproteingehalt.
- Die Proteinqualität ist mäßig bis gut.
- Auf Verdaulichkeit und energetischen Futterwert nehmen insbesondere Schalen- bzw. Hülsenanteile und Restölgehalte Einfluss.
- Es handelt sich um Futtermittel, die hohe Konzentrationen an Phosphor, jedoch überwiegend in organischer Bindungsform, Magnesium, Spurenelementen und Vitaminen des B-Komplexes (außer Vitamin B_{12}) enthalten.
- Qualitätsmindernd wirkt sich bei zahlreichen Verarbeitungsrückständen das Vorkommen an antinutritiven und toxischen Substanzen aus. Vor der Verfütterung sind deshalb Behandlungen zu deren Beseitigung bzw. Reduzierung erforderlich (→ Kap. 24), um Einsatzrestriktionen aufzuheben bzw. abzuschwächen.

15.7.2 Verfahren der Ölgewinnung

Das Öl kann im Press- oder Extraktionsverfahren bzw. durch Kombination beider Verfahren gewonnen werden. In den modernen Anlagen erfolgt der Ölentzug fast ausschließlich durch Extraktion (fettärmere Rohstoffe, z. B. Sojabohne) oder durch eine Kombination von Pressen und Extraktion (fettreichere Weichsaaten, wie Raps, Sonnenblumen, Lein).

Beide Verfahren sind vereinfacht in Abbildung 15.11 dargestellt. Nach Reinigen, Schälen bzw. Enthülsen bei schalen- bzw. hülsenreichen Ausgangsmaterialien (z. B. Baumwoll- und Sonnenblumensaat, Erdnüsse) und Zerkleinern der Rohstoffe schließen sich entweder Flockieren (Sojabohne) oder Konditionieren in Wärmepfannen (u. a. Raps) an. Das konditionierte Material durchläuft danach eine kontinuierlich arbeitende Schneckenpresse, die einen großen Teil des Gesamtölgehaltes entzieht.

Die Extraktion erfolgt in der Regel mit dem Lösungsmittel Hexan. Dabei wird das Öl fast vollständig entfernt. Als Nebenprodukt verbleibt Extraktionsschrot.

Für den Futterwert und die Fütterungseignung der Extraktionsschrote ist die anschließende Behandlung mit überhitztem Wasserdampf im Toaster außerordentlich bedeutsam. Dabei werden einerseits noch verbleibende Reste des Lösungsmittels beseitigt, zum anderen erfolgt eine Inaktivierung von Hemmstoffen, insbesondere von Trypsininhibitoren, die v. a. in Sojabohnen bzw. Sojaextraktionsschrot enthalten sind, sowie des Enzyms Myrosinase in Rapsextraktionsschrot. Außerdem entweichen bereits gebildete Abbauprodukte der Glucosinolate, die durch Einwirkung der Myrosinase während des Verarbeitungsprozesses entstanden sind. Die getoasteten Extraktionsschrote werden anschließend getrocknet und abgekühlt. Etwa 90 % der Rapssaat wird in Deutschland nach dem in Abbildung 15.11 dargestellten Verfahren verarbeitet.

Bei der Ölgewinnung durch Pressen ist zwischen den folgenden Verfahren zu differenzieren:
- Anwendung hydraulischer Pressen im diskontinuierlichen Verfahren (älteres Verfahren, nur noch wenig in der Anwendung). Als Rückstand entstehen plattenförmige Kuchen mit einem Restölgehalt bis 12 %.
- Abpressen mit kontinuierlich arbeitenden Schneckenseiherpressen (sogenannte Expellerpressen) nach vorangegangener Konditionierung der zerkleinerten Saat in Wärmepfannen. Bei diesem Verfahren wird in getrennten Pressen zunächst vorgepresst und dann fertig gepresst. In den modernen Doppelschneckenpressen sind Vor- und Fertigpressen zu einer Einheit zusammengefasst. Es fallen als Pressrückstand scherbenförmige Stücke an, die mit „Expeller“ oder „Schilfer“ bezeichnet werden und einen Restölgehalt von 5–8 % aufweisen.
- Kaltpressen mittels kontinuierlich arbeitender Schneckenpresse. Dieses Verfahren kommt in den dezentralen Anlagen zur Anwendung, die Rapssaat für die Ölverwendung im Nichtnahrungsmittel-Bereich (insbesondere zu Biodiesel) verarbeiten. Der Rückstand fällt in Form von Chips oder Pellets an und kann im Restölgehalt zwischen 12 und 18 % variieren.

In Abhängigkeit vom angewandten Verfahren der Ölgewinnung verbleibt somit ein unterschiedlicher Ölanteil in den Nebenprodukten, während sich die weiteren Inhaltsstoffe der verarbeiteten Ölsaat mit zunehmendem Ölentzug in diesen anreichern, wie in Abbildung 15.12 am Beispiel der

Abb. 15.11 Verfahrensschema für die Ölgewinnung aus Sojabohnen (links) und Rapssaat (rechts).

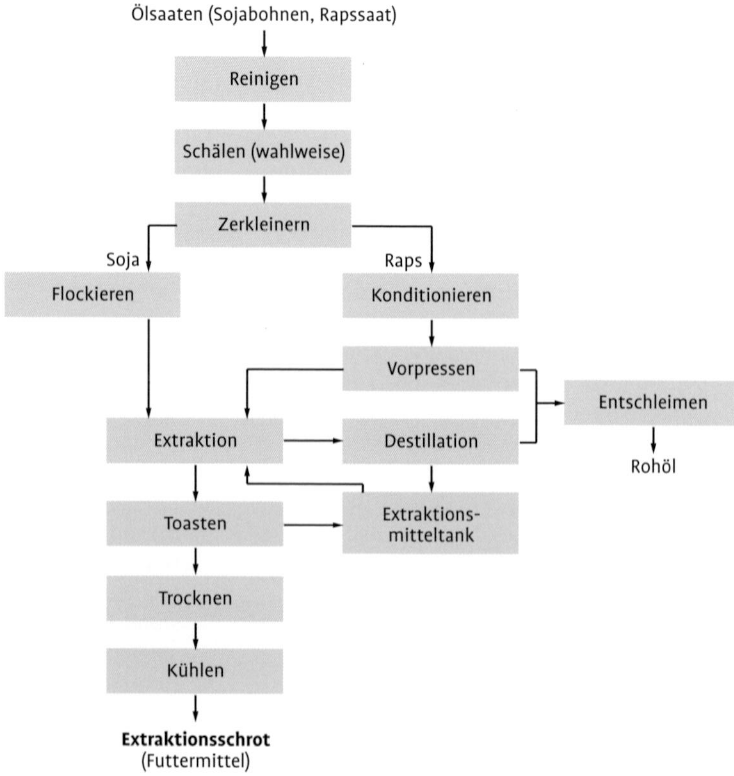

Rapssaatverarbeitung gezeigt wird. Die ausschließlich durch Abpressen des Öles anfallenden Nebenprodukte bezeichnet man futtermittelrechtlich generell als Kuchen. Nach wie vor wird aber in der Öl- und Futtermittelindustrie für den fettärmeren Kuchen aus den Doppelpressanlagen die Bezeichnung „Expeller" verwendet.

Futtermittelrechtlich ist es möglich, dem Extraktionsschrot von Soja, Raps und Sonnenblumen die im Herstellungsprozess anfallenden Bleicherden und Filtrationshilfsstoffe, die auch Rohlecitine enthalten, wieder zuzugeben. Das Produkt wird dann als Extraktionsschrotfutter bezeichnet. Zusätzlich kann auch der Soapstock (Alkalisalze der Fettsäuren, Lauge und auch emulgiertes Pflanzenöl) aus der Ölaufarbeitung enthalten sein. Auch dies muss der Kennzeichnung zu entnehmen sein.

15.7.3 Rohproteingehalt und Proteinqualität

Für die Bewertung der Ölsaatenrückstände als Futtermittel sind in erster Linie ihre Rohproteingehalte und die Proteinqualitäten entscheidend. Der **Rohproteingehalt** variiert bei den im Handel befindlichen Produkten außerordentlich stark (→ Tab. 15.2). Erdnussextraktionsschrot aus enthülster Saat nimmt mit nahezu 600 g CP/kg DM die Spitze ein. Palmkernextraktionsschrote können dagegen nur bedingt als Eiweißfuttermittel bezeichnet werden. Wesentlichen Einfluss auf den Rohproteingehalt in den Verarbeitungsrückständen nehmen:

- der Rohprotein- und Rohfettgehalt in den Rohstoffen,
- das teilweise oder vollständige Entfernen der Hülsen bzw. Schalen vor dem Ölentzug,
- das Verfahren der Ölgewinnung,
- eine nachträgliche Auffettung bzw. Schalenanreicherung von Extraktionsschroten.

Abb. 15.12
Veränderung des Rohfett-, Rohprotein- und Fasergehaltes während der Ölgewinnung aus Rapssaat (Angaben bezogen auf DM) (eigene Analysendaten).

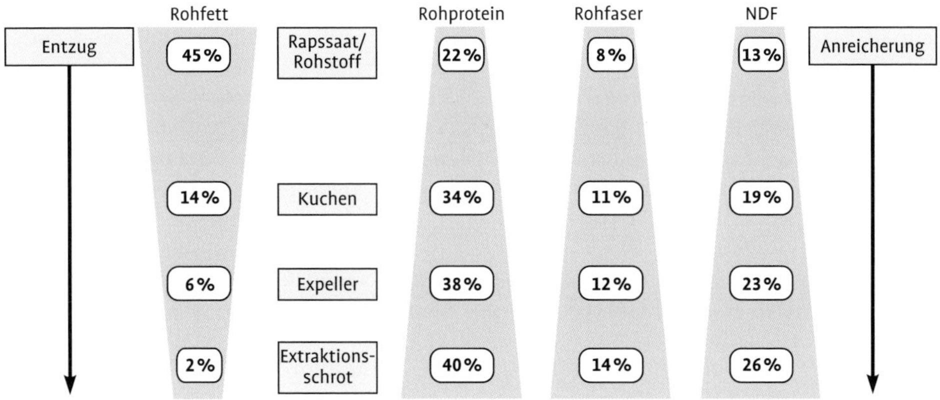

Tab. 15.2
Rohproteingehalt in Extraktionsschroten. Quelle: DLG-Futterwerttabellen – Wiederkäuer (1997) – Schweine (2014)

Einteilung nach dem Rohproteingehalt	Ausgangsprodukt	Rohprotein-gehalt (g/kg DM)
Hoch	Erdnüsse	
	– enthülste Saat	568
	– teilenthülste Saat	521
	Sojabohnen	
	– geschälte Saat	545
	– ungeschälte Saat	509
Mittel	Baumwollsamen	
	– geschälte Saat	501
	– teilgeschälte Saat	412
	Rapssamen (00-Typ)	
	– geschälte Saat	435
	– ungeschälte Saat	399
	Leinsamen	385
	Sonnenblumensamen	
	– geschälte Saat	439
	– teilgeschälte Saat	379
Mäßig	Kokospalmkerne	238
	Ölpalmkerne	188

Bei Ölfrüchten mit hohem Hülsen- bzw. Schalenanteil (z. B. Erdnüsse, Sonnenblumensaat) wirkt sich deren Entfernung sehr deutlich auf den Rohproteingehalt aus (→ Tab. 15.3). Demgegenüber fällt bei der Sojabohne der Schäleffekt geringer aus. Bei der einheimischen Ölfrucht Raps würde das Schälen ebenfalls eine Proteinanreicherung im Extraktionsschrot und Kuchen bewirken (→ Tab. 15.2). Ein Schälen der Samen erfolgt jedoch derzeit noch nicht, wenngleich dadurch u. a.

Tab. 15.3
Einfluss der Höhe des Schalen- (bzw. Hülsen-)Anteils auf den Rohproteingehalt von Extraktionsschroten. Quelle: DLG-Futterwerttabellen – Wiederkäuer (1997) – Schweine (2014)

Ölsaat	Vorbehandlung	Rohprotein-gehalt (g/kg DM)
Erdnüsse	Mit Hülsen	370
	Teilenthülst	521
	Enthülst	568
Sonnenblumensaat	Ungeschält	324
	Teilgeschält	379
	Geschält	439
Baumwollsaat	Ungeschält	358
	Teilgeschält	412
	Geschält	501
Sojabohnen	Ungeschält	510
	Geschält	548

auch eine Qualitätsverbesserung des Rapsöls erzielt wird. In Abhängigkeit vom Ausmaß des Fettentzuges steigt der Rohproteingehalt im Rückstand an. Extraktionsschrote enthalten mehr Rohprotein als Expeller, diese wiederum mehr als Kuchen.

Die **Proteinqualität** der für die Fütterung monogastrischer Nutztiere in Betracht kommenden Ölsaatrückstände ist sehr unterschiedlich (→ Tab. 26.2). Von allen Produkten nehmen die aus der Sojabohne gewonnenen mit reichlich 6 g Lys/16 g N eine führende Stellung ein. Die S-haltigen Aminosäuren sind demgegenüber im Sojaeiweiß nicht optimal vertreten. Dies wirkt sich besonders limitierend in Geflügelfuttermischungen aus, wenn keine SAS-reicheren Proteinträger bzw. technisches Methionin bei der Rezepturgestaltung berücksichtigt werden.

Ein relativ günstiges Aminosäurenmuster weist auch das Rapsprotein auf (→ Tab. 26.2). Vergleichsweise zum Sojaprotein liegt der Anteil an Methionin und Cystin etwas höher. Alle weiteren Ölsaatrückstände sind durch relativ niedrige Lysingehalte gekennzeichnet.

Jedoch werden die essenziellen Aminosäuren von Rapsextraktionsschrot und Rapskuchen im Vergleich zu denen des Sojaextraktionsschrotes schlechter verdaut (→ Tab. 26.2). Der Hauptgrund ist der deutlich höhere Gehalt an Zellwandsubstanzen mit hohem Ligninanteil. Die Unterschiede in der Verdaulichkeit werden deutlich geringer, wenn die Rapsnebenprodukte aus verarbeiteter, geschälter Rapssaat stammen.

Für Wiederkäuer, insbesondere für Hochleistungskühe, ist der Anteil an unabbaubarem Rohprotein (UDP) in Nebenprodukten ein wichtiges Qualitätsmerkmal. Neben dem Energiegehalt beeinflusst dieser Anteil die Menge an nutzbarem Rohprotein (nXP). Im UDP-Anteil unterscheiden sich die Nebenprodukte erheblich: Sonnenblumenextraktionsschrot 25 %, Rapskuchen 30 %, Raps- und Sojaextraktionsschrot 35 %, Kokos- und Palmkernextraktionsschrot 50 %.

15.7.4 Gehalt an Kohlenhydraten und Faser, Verdaulichkeit und energetischer Futterwert

Die bei der Ölgewinnung anfallenden Futtermittel enthalten mit Ausnahme der Getreidekeimrückstände nur geringe **Stärkeanteile** (≤ 100 g/kg DM). Auch der **Zuckeranteil** unterschreitet in der Regel 100 g/kg DM. Demgegenüber sind verschiedentlich sehr hohe **Gerüstsubstanzgehalte** (Zellwandkohlenhydrate plus Lignin) für Ölsaatrückstände typisch. Rückstände aus der Verarbeitung ungeschälter Erdnuss-, Baumwoll- und Sonnenblumensaat sowie aus der Babassu- und Palmkernverarbeitung enthalten mehr als 50 % Gerüstsubstanzen in der Trockensubstanz. Die Verdaulichkeit solcher Produkte ist selbst für Wiederkäuer nur mittelmäßig.

Durch Schälen bzw. Enthülsen vermindert sich der Fasergehalt zwar deutlich, dennoch sind die Gehalte mit Ausnahme des Sojaextraktionsschrotes noch beachtlich (→ Tab. 26.1). Dies trifft auch für die Rapsprodukte zu. Die Zusammensetzung der Gerüstsubstanzfraktion variiert zwischen den Produkten erheblich. Rapsextraktionsschrot enthält gegenüber Sojaextraktionsschrot die 9-mal höhere Menge an Lignin, während der Gehalt an NDF um 65 % höher ist.

In verschiedenen Ölsaatrückständen sind außerdem noch **Oligosaccharide** der Raffinosegruppe analysiert worden, für deren Abbau landwirtschaftliche Nutztiere keine körpereigenen Verdauungsenzyme besitzen. Die Hydrolyse erfolgt durch bakterielle Enzyme, deren Effizienz bei monogastrischen Tieren deutlich geringer als bei Wiederkäuern ist.

Futterwertdaten über ausgewählte Extraktionsschrote vermittelt Tabelle 26.1. Für alle Tierkategorien besitzt Sojaextraktionsschrot die höchste Verdaulichkeit und den höchsten energetischen Futterwert. Fasergehalt und -zusammensetzung beeinflussen maßgeblich Verdaulichkeit und energetischen Futterwert der Extraktionsschrote. Kuchen und Expeller sind aufgrund ihres höheren Fettanteils energiereicher als Extraktionsschrote der gleichen Ölfrucht.

15.7.5 Gehalte an Mineralstoffen und Vitaminen

Gegenüber Getreidekörnern enthalten Extraktionsschrote erheblich mehr Ca (→ Tab. 26.4). Der P-Anteil ist zwar hoch, jedoch analog zu anderen pflanzlichen Futtermitteln liegen 50–75 % als Phytat-P vor. Dessen Nutzung ist durch das weitgehende Fehlen von futterbürtigen Phytasen gering. Die Spurenelementgehalte (Zn 44–74 mg, Cu 7–25 mg, Se 0,1–1,0 mg, Mn 33–75 mg, I 0,3–0,7 mg [jeweils je kg DM]) sind bei den Extraktionsschroten aus Rapssaat, Sojabohnen und Sonnenblumensaat (geschält) für die Versorgung bedeutsam.
Die Konzentrationen an Vitaminen des B-Komplexes. entsprechen dem Gehalt in Getreide. Expeller und Kuchen sind relativ reich an Vitamin E.

15.7.6 Vorkommen an antinutritiven Inhaltsstoffen und unerwünschten Stoffen

Eine Übersicht zu diesen Inhaltsstoffen, die bei entsprechender Aufnahme antinutritiv wirken können, vermittelt Tabelle 15.4. Gleichzeitig sind Maßnahmen für deren Reduzierung bzw. Beseitigung aufgeführt. Für folgende Ölsaaten und deren Verwertungsrückstände sind im Futtermittelrecht (Richtline 2002/32/EG) Höchstgehalte (je kg bei 88 % DM) an unerwünschten Stoffen festgelegt:

- 0,02 mg Aflatoxin B_1 in allen Ölsaaten und den Nebenprodukten ihrer Verarbeitung,
- 350 mg Blausäure in Leinkuchen, 250 mg in Leinsamen,
- 6000 mg freies Gossypol in Baumwollsaat,
- 1200 mg freies Gossypol in Baumwollsaatkuchen und Baumwollsaatmehl.

15.7.7 Einsatzempfehlungen

Wesentliche Aspekte, die die Einsatzhöhen von Extraktionsschroten in den Futterrationen für monogastrische Nutztiere beeinflussen, sind v. a. die Proteinqualität, der energetische Futterwert und antinutritive Substanzen bzw. Schadstoffe. Bei Expeller und Kuchen kommt noch der Fettanteil bzw. der Gehalt an mehrfach ungesättigten Fettsäuren hinzu. Diese Nährstofffraktion setzt auch dem Einsatz von fettreicheren Ölsaatenrückständen in der Wiederkäuerfütterung Grenzen. Demgegenüber tolerieren Wiederkäuer infolge der im Pansen stattfindender Abbauprozesse die antinutritiv wirkenden Inhaltsstoffe wesentlich besser als Geflügel und Schweine sowie Kälber und Lämmer in den ersten Lebensmonaten.
Die in Tabelle 15.5 zusammengestellten Höchstmengen bzw. -anteile berücksichtigen Schwankungen bei den ungünstigen Futtermittelbestandteilen, um jegliches Produktionsrisiko zu vermeiden. Obgleich die Rückstände der Rapsverarbeitung aus Doppelnullqualitäten deutlich geringere Glucosinolatkonzentrationen als herkömmlichen Sorten aufweisen, sind diese dennoch als problematisch anzusehen und erfordern Einsatzbeschränkungen bzw. einen Einsatzverzicht. Nach neueren Untersuchungen und den Erfahrungen der Fütterungspraxis sind Raps- und Sojaextraktionsschrot unter Beachtung der unterschiedlichen Energiegehalte und Proteinwerte in der Wiederkäuerfütterung voll austauschbar.

15.7.8 Nebenprodukt aus Biodieselproduktion

In den letzten Jahren entstanden erhebliche Produktionskapazitäten für Biodiesel. In der Regel wird für die Herstellung Rapsöl verwendet. Aber auch andere pflanzliche Öle und tierische Fette könnten Ausgangsstoffe sein. Als Nebenprodukt bei der Umesterung der Öle bzw. Fette zu Fettsäuremethylestern (Biodiesel) fällt Glycerol an. Außer als Rohstoff für die chemische Industrie und die Pharmaindustrie sowie zur Biogasgewinnung kann dieses Nebenprodukt in der Fütterung landwirtschaftlicher Nutztiere eingesetzt werden
In der Positivliste für Einzelfuttermittel des Zentralausschusses für Landwirtschaft sind zwei Produkte aufgeführt: Reinglycerol mit mindestens 99 % Glycerol (Pharmaqualität) und Rohglycerol mit mindestens 80 % Glycerol. Der Methanolgehalt in letzterem Produkt sollte unter 0,5 % liegen. Für Rohglycerol werden folgende Angaben zum energetischen Futterwert gemacht: 12,5 MJ NEL/kg, 15,0 MJ ME (Schwein)/kg, 14,6 MJ ME

Tab. 15.4
Antinutritive bzw. toxische Substanzen in ölreichen Samen und Früchten sowie deren Verarbeitungsrückständen

Produkt	Substanz(en)	Wirkung	Maßnahmen zur Schadstoffreduzierung bzw. -beseitigung
Sojabohnen	Trypsininhibitoren	Pankreasvergrößerung, schlechtere Proteinverdaulichkeit	Wasserdampfbehandlung (Toasten, → Abschnitt 17.5)
	Phytinsäure	Bindung von Mengen (P, Ca)- und Spurenelementen, dadurch schlechtere Verwertung	Ergänzung der Futterrationen mit mikrobieller Phytase
Rapssaat	Glucosinolate	Strumigen, verzehrs- und wachstumsdepressiv	Partieller Abbau durch Toasten und Abführung der Spaltprodukte mit dem Dampfstrom; weitere Reduzierung durch züchterische Maßnahmen
	Phytinsäure	s. Sojabohne	s. Sojabohne
	Tannine	Hemmung proteolytischer Enzyme, schlechtere Proteinverdauung	Nicht erforderlich bei Einsatzmengen entsprechend Tabellen 14.9 und 15.5
	Sinapin	Fischiger Geruch und Geschmack der Eier durch Abbauprodukt Trimethylamin bei Hennen mit fehlender bzw. unzureichender Trimethylaminoxidaseaktivität	$NaHCO_3$-Behandlung mit nachfolgendem Expandieren (→ Abschnitte 17.4, 17.5)
Baumwollsaat	Gossypol	Freies Gossypol: Fe-Bindung → hämolytische Erscheinungen, Eidotterverfärbungen, Störung des Proteinstoffwechsels, Hemmung der Spermatogenese, herabgesetzte Schlupffähigkeit	Sorten mit vermindertem Gehalt anbauen, Hitzebehandlung, Einsatz von Fe-Salzen
	Malvalia- und Sterculiasäure (zyklische Fettsäuren)	Verfärbung von Eidotter und Eiklar	Im Öl enthalten, deshalb sind Extraktionsschrote unbedenklich
Leinsaat	Cyanogene Glucoside (Linostatin, Neolinostatin)	Vergiftungserscheinungen durch freigesetzte Blausäure	Toasten (→ Abschnitt 17.5)
Erdnüsse, Baumwollsaat	Mykotoxine, insbes. Aflatoxin	Leistungsminderung, Leber- und Nierenschädigung, Schwächung der körpereigenen Abwehr, Todesfälle	Vermeiden der Kontamination durch optimale Lagerung; Toxinbeseitigung durch chemische (z. B. mit Ammoniak, Natriumbisulfit) und physikalische Methoden (Bestrahlung, adsorbierende Substanzen) möglich, aber sehr aufwendig

Tab. 15.5
Empfehlungen für Höchstanteile (%) an ausgewählten Nebenprodukten aus der Ölsaatenverarbeitung in den Futtermischungen für Wiederkäuer, Schweine und Geflügel

Tierart/ Nutzungsrichtung	Baumwollsaat-extraktionsschrot[1]	Leinextraktionsschrot	Kokoskuchen	Palmkernkuchen	Rapsextraktionsschrot	Rapskuchen	Sonnenblumenextraktionsschrot
Milchkühe[2]	20	20	20	30	35	20	20[4]/30[5]
Kälber[2]	5	10	10	10	15	10	5/15
Weibliche Jungrinder[2]	20	25	25	20	40	30	40/50
Mastrinder[2]	35	35	20	35	35	25	25/50
Mastlämmer[3]	0	20	20	5	20	15	5/25
Zuchtsauen[3]							
tragend	0	10	25	0	5	4	10/15
säugend	0	10	15	0	5	3	5/5
Saugferkel[3]	0	3	5	0	0	0	0/0
Absetzferkel[3]	3	10	10	0	0	0	5/5
Mastschweine[3]	10	10	10	0	10	5	0/10
Zuchthennen[3]	0	3	7	0	10[6]	5[6]	0/5
Legehennen[3]	0	3	7	0	10[6]	5[6]	0/5
Küken[3]	3	2	5	0	15	10	0/3
Junghennen[3]	3	2	5	0	15	10	0/5
Broiler[3]	3	2	3	0	15	10	0/3
Zuchtputen[3]	0	3	5	0	5	5	0/5
Mastputen[3]							
1.–4. Woche	3	2	3	0	5	5	0/5
> 5. Woche	3	3	5	0	7,5	7,5	0/5
Zuchtenten[3]	0	3	5	0	5	5	0/10
Mastenten[3]	3	2	5	0	10	5	0/5
Zuchtgänse[3]	0	3	5	0	5	5	0/10
Mastgänse[3]	3	2	5	0	10	5	0/1

1 aus geschälter Saat, 2 Ergänzungsfutter, 3 Mischfutter, 4 aus ungeschälter Saat
5 aus geschälter Saat, 6 bei Legehennenherkünften mit fehlender bzw. unzureichender TMA-Oxidaseaktivität kein Einsatz, wenn nicht vorher behandelt (→ Tab. 24.6 u. Abschnitt 17.4)

(Geflügel)/kg. Aus Glycerol, das bei der Biodieselherstellung anfällt, kann aber auch mittels immobilisierter Zellen 1,2-Propandiol hergestellt werden. Ein anderer großtechnischer Syntheseweg von 1,2-Propandiol erfolgt über Wasseranlagerung an Propylenoxid, wie es im Katalog für Einzelfutter beschrieben ist.
Aufgrund seiner glucoplastischen Wirkung wird ein Einsatz von Glycerol bei Hochleistungskühen um den Geburtszeitpunkt und in der ersten Laktationsphase analog zur Verwendung von Propylenglycol empfohlen (zur Prophylaxe von Stoffwechselstörungen, u. a. der Ketose). Als Einsatzmengen pro Kuh und Tag werden 200–500 g genannt. Des Weiteren ist eine Verwendung in der Schweine- und Geflügelfütterung als Energiefuttermittel in Anteilen von 10 % (Schweinealleinfutter) und 5 % (Geflügelalleinfutter) möglich. Glycerol ist außerdem ein effektiver Pelletstabilisator.

15.8 Nebenprodukte der Zuckerrübenverarbeitung

Im gemäßigten Klimabereich bildet die auf hohen Zuckergehalt (≈ 75 % der DM) gezüchtete Zuckerrübe (*Beta vulgaris* ssp. *vulgaris* var. *altissima*) den Rohstoff für die Zuckergewinnung (Weißzucker). Geschichtlich älter ist die Nutzung von Zuckerrohr (*Saccharum officinarum*) als Ausgangsmaterial, das jedoch nur unter tropischen Bedingungen wächst. Beide Rohstoffe enthalten jeweils das Disaccharid Saccharose.

15.8.1 Verfahren der Zuckerherstellung

Die Zuckerrübenverarbeitung geschieht in mehreren Schritten (→ Abb. 15.13). Zunächst werden die Rüben gewaschen und geschnitzelt, danach erfolgt die Zuckerextraktion bzw. Diffusion. Es fallen der zuckerhaltige Rohsaft und extrahierte Schnitzel an. Die extrahierten Schnitzel, zunächst als Diffusions- oder Nassschnitzel bezeichnet, werden fast ausschließlich zu Futterzwecken genutzt.

Der Rohsaft, der den zu gewinnenden Zucker enthält, wird über verschiedene Behandlungsstufen durch Kalk- und Kohlendioxidzusatz (Scheidung, Saturation) gereinigt. Im Saft gelöste Stoffe wie Pektine, Eiweiße, hochmolekulare Zucker (Arabane, Galactane), Phosphat, Oxalat, Citrat, Farbstoffe u. a. werden dadurch ausgefällt. Der dabei anfallende Scheideschlamm besteht v. a. aus kohlensaurem Kalk und wird meist getrocknet als Düngemittel verwendet. Nach der Scheidung und Saturation liegt der Saft als Dünnsaft mit 12–15 % DM vor. Er wird zu Dicksaft mit 65–68 % DM eingedampft.
In Kochapparaten wird der Zucker in einem mehrstufigen Prozess aus dem Dicksaft zur Kristallisation gebracht und abzentrifugiert. Es entstehen Rohzucker und Melasse. Durch nochmaliges Auflösen und erneute Kristallisation wird der Rohzucker von Melasseresten befreit und damit zu Weißzucker. Im Mittel fallen bei der Verarbeitung von 1 t Zuckerrüben 135 kg Weißzucker und 540 kg Diffusionsschnitzel (60 kg Trockenschnitzel) sowie 40 kg Melasse an.

Die Nebenprodukte unterscheiden sich erheblich im Trockensubstanzgehalt und in der Nährstoffzusammensetzung. Ihre wertbestimmenden Inhaltsstoffe sind v. a. verschiedene Zucker, Hemicellulosen und Pektine. Sie besitzen keine strukturwirksame Rohfaser. Dem allgemein geringen Gehalt an P steht bei der Melasse eine hohe K-Konzentration gegenüber.

15.8.2 Inhaltsstoffe, Futterwert und Einsatzempfehlungen

Eine zusammenfassende Darstellung von Inhaltsstoffen und Futterwertdaten der Nebenprodukte der Zuckerrübenverarbeitung enthält Tabelle 26.1.

15.8.2.1 Extrahierte Zuckerrübenschnitzel

Sie werden nach dem Anfall zunächst als Diffusions- bzw. Nassschnitzel (8–13 % DM) bezeichnet. In der Regel erfolgt eine Weiterverarbeitung durch Abpressen zu Pressschnitzeln (≈ 20–25 % DM), die durch Heißlufttrocknung (Trockenschnitzel) bzw. durch Silierung (Pressschnitzelsilage) konserviert werden (→ Kap. 23.2). Infolge des Zuckerentzuges bilden v. a. **Zellwandkohlenhydrate** und **Rohasche** die wesentlichen Inhalts-

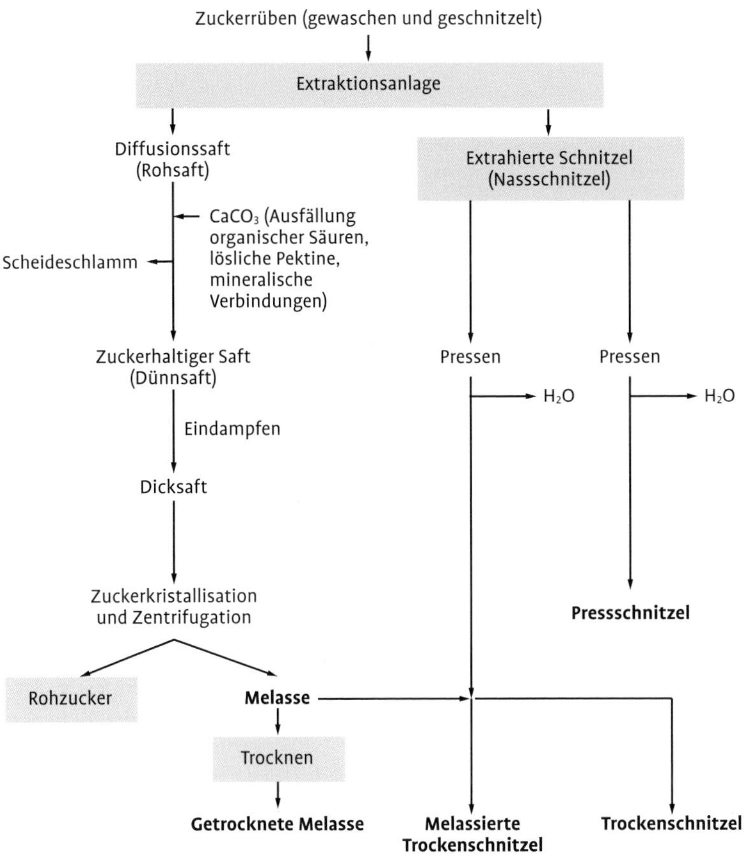

Abb. 15.13 Verfahrensschema der Zuckerherstellung aus Zuckerrüben (anfallende Futtermittel in Fettdruck).

stoffe. In der Gerüstkohlenhydratfraktion sind v.a. Pektine (20–25 % d. DM) und Hemicellulosen vertreten. Den Pektinen verdanken die Schnitzel ihre Struktur und Quellfähigkeit.

Der Rohproteingehalt der Schnitzel ist gering; die Aminosäurenzusammensetzung des Proteins aber vergleichsweise zum Getreideprotein (Gerste) günstiger (5,9 bzw. 3,6 g Lysin/100 g CP). Die Unterschiede im Nährstoffgehalt je kg DM sind zwischen Nassschnitzeln, Pressschnitzeln bzw. Pressschnitzelsilage und Trockenschnitzeln gering. In Abhängigkeit vom Herstellungsverfahren bzw. der jeweiligen Charge bleiben Schwankungen im Nährstoffgehalt nicht aus. Mit Blick auf die hohen Energiekosten wird der überwiegende Teil der Schnitzel als Pressschnitzel zur Silageherstellung abgegeben. Am Markt finden sich auch teilentpektinisierte Rübenpressschnitzel.

Die **Verdaulichkeit** der OM der extrahierten Schnitzel beträgt beim Wiederkäuer etwa 85 %, die Energiedichte 7,4 MJ NEL bzw. 12,0 MJ ME/kg DM. Bedingt durch die Abbauspezifik des Pektins im Verdauungstrakt der Wiederkäuer stellen extrahierte Zuckerrübenprodukte eine wertvolle Energiequelle für die Wiederkäuerfütterung dar. Im Pansen erfolgt die Fermentation langsamer als die von Zucker und Stärke, sodass einerseits der Pansen-pH-Wert kaum abfällt (> 6,0), andererseits günstige Bedingungen für den Faserabbau von Grundfuttermitteln bestehen. Sie bewirken bei grundfutterreichen Rationen eine Steigerung des Futterverzehrs und der Faserverdauung. Bei Sicherung eines ausreichenden Angebotes an strukturwirksamer Rohfaser, Protein und Phosphor können in der Milchviehfütterung bis zu 30 % und für wachsende Rinder bis zu

50 % der DM der Rationen aus extrahierten Schnitzeln (Pressschnitzel, -silage, Trockenschnitzel) stammen.
Nichtwiederkäuer verwerten extrahierte Schnitzel wesentlich schlechter als Wiederkäuer, da bei diesen der Pektinabbau erst im Enddarm mithilfe bakterieller Pektinasen erfolgt und die Abbauprodukte energetisch nur mangelhaft verwertet werden können. Es entstehen hohe CH_4-Ausscheidungen und thermische Energieverluste. Der Gehalt an **umsetzbarer Energie** von extrahierten Schnitzeln beträgt deshalb nur 56 % von dem der Gerste, obwohl die scheinbare Verdaulichkeit der organischen Substanz nur unwesentlich niedriger liegt. Für die Schweinefütterung sind extrahierte Schnitzel deshalb nur bedingt geeignet. Ein Einsatz bei Mastschweinen führt zu deutlichen Leistungsminderungen und ist nicht zu empfehlen; geeignet sind sie als Rationskomponente für güste und niedertragende Sauen. Die geringe Energiedichte ist für die Fütterung genannter Sauenkategorien vorteilhaft.

15.8.2.2 Melasse

Der DM-Gehalt des braunen, sirupartigen Rückstandes schwankt zwischen 60 und 80 %. Wichtigster wertbestimmender Bestandteil ist **Zucker** (vorwiegend Saccharose, daneben noch Glucose, Fructose und Raffinose). Neben Zucker enthält Melasse alle wasserlöslichen Nichtzuckerstoffe der Zuckerrübe. Hierzu zählen N-haltige organische Verbindungen (neben freien Aminosäuren, wie Asparaginsäure und Glutaminsäure auch Nitrat und v. a. Betain) und Mineralstoffe, v. a. Kalium.
Bei der weiteren Entzuckerung der Zuckerrübenmelasse nach verschiedenen Methoden fällt teilentzuckerte Melasse an. Aus Importen und aus der Raffination von Rohzucker aus Zuckerrohr kommt auch Zuckerrohrmelasse in den Handel. Der Zuckeranteil entspricht etwa dem der Zuckerrübenmelasse. Demgegenüber ist der Gehalt an N-haltigen Verbindungen deutlich niedriger.
Die **Verdaulichkeit** der organischen Substanz beträgt 90 % (Schweine, Wiederkäuer). Die **Energiedichte** der Melasse ist vom Zuckergehalt abhängig. Für zuckerreiche Melasse sind in den Futtermitteltabellen 12,29 MJ ME (Wiederkäuer) bzw. 7,88 MJ NEL sowie 13,28 MJ ME (Schwein) je kg DM ausgewiesen.
Melasse kann in begrenzten Mengen an verschiedene Tierarten (Wiederkäuer, Pferde, Schweine) verfüttert werden. Wegen des hohen Gehaltes an leicht fermentierbarem Zucker wird Melasse auch als Silierzusatz für schwervergärbare Futterstoffe (→ Kap. 23.2) genutzt. In der Wiederkäuerfütterung ist Melasse auf 15 % der DM-Aufnahme zu begrenzen. Bei zu hohen Einsatzmengen und unzureichendem Rohfaseranteil in der Ration droht eine Störung der Pansenfermentation (Acidose). Wenn die Rationen noch weitere zuckerreiche Futtermittel enthalten, ist die Einsatzmenge weiter zu reduzieren. Es ist darauf zu achten, dass Wiederkäuer allmählich an die Melassefütterung gewöhnt werden.
Die günstigste Form der Melasseverabreichung stellt ihre homogene Vermischung mit den weiteren Rationskomponenten dar (z. B. in Gesamtmischrationen). Vorteilhaft ist der Melassezusatz bei der Pelletierung von faserreichen Futtermitteln. Die Handhabung von Melasse ist wegen ihrer zähflüssigen, sirupartigen Konsistenz schwierig. Verschiedentlich erfolgt deshalb eine Bindung an Trägersubstanzen (u. a. Haferschalen, Kleie, Maniokmehl) unter Zusatz von Mineralstoffen, Vitaminen sowie NPN-Verbindungen. Diese Mischung wird anschließend in Blöcke (Melassefuttermittel) gepresst.
In der Schweinefütterung werden als maximale Einsatzmengen für Melasse 20 % der DM angegeben. Dabei ist es zweckmäßig, mit dem Melasseeinsatz erst bei einer Lebendmasse > 40 kg zu beginnen. An Tiere ab 15 kg ist der Melasseeinsatz auf 10 % der Futter-DM zu begrenzen. Für die Schweinefütterung sind nur zuckerreiche Melassen geeignet. Der hohe Zuckergehalt und die staubbindende Wirkung machen zuckerreiche Melassen auch zu beliebten Komponenten in der Pferdefütterung. Melassen werden wegen ihrer staubbindenden Wirkung oft in Mischfuttermitteln (ca. 2 %) verarbeitet.

15.8.2.3 Zuckerrübenmelasseschnitzel

Dieses Futtermittel entsteht durch Trocknung melassierter Pressschnitzel. Durch den Melassezusatz werden Zucker, aber auch NPN-Verbindungen und Mineralstoffe (insbesondere Ca und K) angereichert.
Melasseschnitzel sind wie Trockenschnitzel ausgesprochene Wiederkäuerfuttermittel. Darüber

hinaus können sie auch vorteilhaft in der Pferdefütterung eingesetzt werden. Für Wiederkäuer bewirkt die Melassierung eine geringe Verbesserung der Verdaulichkeit und des Energiegehaltes der Schnitzel. Die Einsatzkriterien bei der Fütterung entsprechen weitgehend denen von Trockenschnitzeln. Auf eine ausreichende Versorgung mit strukturwirksamer Rohfaser ist besonders zu achten.

15.8.2.4 Futterzucker

Als Futterzucker kann sowohl Rohr- als auch Rübenzucker eingesetzt werden. Futterzucker ist hochverdaulich (≥ 95 %) und energiereich (→ Tab. 26.1). Bevorzugtes Einsatzgebiet für Futterzucker ist die Schweinefütterung. In energetisch und nährstoffmäßig ausbilanzierten Futtermischungen sind Anteile bis 15 % möglich. Man findet ihn häufig in Spezialfutter für Saugferkel. Kälber verfügen nicht über das Enzym Saccharase im Verdauungstrakt. Deshalb kommt ein Einsatz in Milchaustauscher- und Aufzuchtfutter kaum in Betracht, lediglich zur Geschmacksverbesserung sind 2–3 % möglich. In der Literatur gibt es auch positive Berichte zum Einsatz bei frischlaktierenden Kühen (Steigerung der Futteraufnahme, Stabilisierung des Energiestoffwechsels)

Im Magen-Darm-Kanal von Küken ist die Saccharaseaktivität zunächst gering und steigt mit zunehmendem Alter an. Deshalb ist in Startermischungen kein Zucker zu verwenden und danach auf 5–10 % zu begrenzen. Adultes Geflügel (z. B. Legehennen) verwertet den Futterzucker gut. Jedoch steigt bereits bei Anteilen ≥ 15 % in der Futtermischung die Wasseraufnahme stark an; die Exkremente sind feuchter und klebrig mit nachteiligen Folgen für die Stallhygiene und die mechanische Exkrementbeseitigung bzw. Einstreubeschaffenheit.

16 Futtermittel auf mikrobieller Basis sowie Algen und daraus gewonnene Erzeugnisse

Hans Schenkel und Heinz Jeroch

16.1 Allgemeine Angaben

Als Futtermittel mikrobieller Herkunft werden Produkte bezeichnet, die vorrangig aus mikrobieller Zellmasse bestehen. Man nutzt hierbei gezielt die rasche Vermehrung und das intensive Wachstum insbesondere speziell gezüchteter Hefen, Bakterien, Mikropilze und Mikroalgen zur Erzeugung eiweißreicher Futtermittel, die auch die Bezeichnung „Einzellerproteine" (single cell protein, SCP) führen. Demgegenüber stehen bei den verschiedenen Verfahren der alkoholischen Gärung (→ Kap. 15.4 und 15.5) die Gärungseigenschaften der Hefen im Vordergrund. Die dabei in gewissem Umfang stattfindenden Zellsubstanzvermehrungen bilden Nebenprodukte des Gärungsgewerbes (z. B. Bierhefe).

Eine wichtige Gruppe stellen die Nebenerzeugnisse aus der Biotechnologie dar, die anfallen, wenn mithilfe Fermentation spezielle Erzeugnisse wie Aminosäuren, Vitamine, organische Säuren oder andere Produkte produziert werden.

Die Nutzung von Hefen zur Futtereiweißproduktion setzte im Ersten Weltkrieg ein, dabei enthielten die Nährlösungen Ammoniak als einfache Stickstoffverbindung, Melasse als Kohlenstoffquelle sowie Mineralstoffe. In den Folgejahren kamen weitere Kohlenstoffquellen hinzu, wie zuckerhaltige Nebenprodukte der Molkereien und Käsereien sowie Sulfitablaugen aus der Celluloseherstellung.

Im Zusammenhang mit der Entwicklung der Biotechnologie erfuhr die Produktion von Futtermitteln auf mikrobieller Basis einen enormen Aufschwung. In der großtechnischen Kultivierung von Mikroorganismen bei gleichzeitiger Erschließung neuer C-haltiger Nährsubstrate (n-Alkane, Ethanol, Methanol, Methan, Essigsäure, Kohlendioxid) sah man eine große Möglichkeit zur Lösung des Eiweißproblems sowohl in der Tier- als auch in der Humanernährung. Diese Erwartungen haben sich bislang nicht erfüllt. Neben den im Vergleich zu hochwertigen pflanzlichen Eiweißfuttermitteln hohen Kosten dieser Produkte können bei der Verwendung nichtkonventioneller Rohstoffe toxikologische Probleme auftreten. Die frühere „Bioproteinrichtlinie", welche die Zulassung solcher Futtermittel regelte, ist in der VO (EG) Nr. 767/2009 über das Inverkehrbringen und die Verwendung von Futtermitteln aufgegangen.

Derzeit werden Hefen als Futtermittel verwendet. Die nachfolgenden Ausführungen sind deshalb vorrangig dieser Gruppe von Einzellerproteinen gewidmet.

Für Futtermittel auf mikrobieller Basis lassen sich folgende gemeinsame Eigenschaften formulieren:

- Es handelt sich um rohproteinreiche Produkte, wobei die Bakterienbiomasse mit 75 % CP in der DM den höchsten Gehalt aufweist.
- Ein beachtlicher Anteil der Rohproteinfraktion entfällt bei den schnell wachsenden Einzellern auf nichteiweißartige Verbindungen, vorrangig Nucleinsäuren. Diese Inhaltsstoffe besitzen für monogastrische Nutztiere keinen Proteinwert.
- Die Qualität des Hefeproteins ist durch den relativ niedrigen Gehalt an Methionin und Cystein beeinträchtigt.
- Als Inhaltsstoffe folgen dem Rohprotein mengenmäßig die Zellwandkohlenhydrate, deren

Abbau im Verdauungstrakt nur durch mikrobielle Enzyme möglich ist.

- An leicht hydrolysierbaren Kohlenhydraten enthalten Einzellerproteine ≤ 10 % der DM.
- Manche der enthaltenen Kohlenhydrate verfügen über diätetische (präbiotische) Wirkung, z. B. Mannane und Glucane.
- Neben dem reichlichen Gehalt an gut verfügbarem Phosphor und beachtlichen Spurenelementkonzentrationen sind v. a. die hohen Gehalte an Vitaminen des B-Komplexes (außer Vitamin B_{12}) herauszustellen.

16.2 Hefen

Zur Hefeproduktion nutzt man verschiedene Gattungen, die auf die Verwertung unterschiedlicher Nährsubstrate spezialisiert sind. Die dabei gewonnenen Produkte führen häufig die genutzte Kohlenstoffquelle im Namen (z. B. Melassehefe, Molkenhefe, Sulfitablaugenhefe), mitunter wird der Hefestamm in der Bezeichnung mitgeführt (z. B. Torulahefe).

Der Katalog der Einzelfuttermittel (VO (EG) 2017/1017) auf der Basis der VO (EG) Nr. 767/2009 weist zwei Gruppen von Hefen aus: Hefen und Hefen aus der Biodieselherstellung.

Die Gruppe der Hefen umfasst alle Hefen, die aus *Saccharomyces cerevisiae, Saccharomyces carlsbergiensis, Kluyveromyces lactis, Kluyveromyces fragilis, Torulaspora debrueckii, Cyberlindnera jadiniii, Saccharomyces uvarum, Saccharomyces ludwigii* und *Brettanomyces* ssp. in meist pflanzlichen Nährlösungen gewonnen wurden – u. a. in Melasse, Zuckersirup, Alkohol, Brennereirückstände, Getreide und stärkehaltigen Erzeugnissen, Obstsaft, Molke, Milchsäure, Zucker, hydrolysierten Pflanzenfasern und Fermentationsnährstoffen wie Ammoniak oder Mineralsalzen. Die Hefen aus der Biodieselherstellung umfassen alle Hefen und deren Teile, die aus *Yarowina lipolytica* auf Pflanzenölen sowie Entschleimungsrückständen und Glycerinfraktionen aus der Herstellung von Biokraftstoffen gewonnen werden.

Hefen werden auch im Bereich der Futterzusatzstoffe eingesetzt, wie zum Beispiel die speziellen probiotisch wirkenden Lebendhefen oder Se-Hefen und daraus hergestellte Produkte zu Spurenelementsupplementierung.

Ein vereinfachtes Verfahrensschema der mikrobiellen Biomasseproduktion vermittelt Abbildung 16.1.

Die als Nebenerzeugnis bei der Bierherstellung (→ Kap. 15.5) als Hefe der Gattung *Saccharomyces* anfallende Bierhefe ist ein wichtiges Futtermittel. Sie liegt in flüssiger Form vor und gelangt in dieser Beschaffenheit überwiegend zur Verfütterung. Vor dem Einsatz sind jedoch die Hefezellen durch Erhitzen (5 min bei 80 °C) abzutöten. Das gleiche Ziel wird durch Propionsäurezusatz (1 %) erreicht. Außerdem übt diese Säure eine konservierende Wirkung aus, wodurch eine Lagerung bis 4 Wochen möglich ist. Eine Trocknung von Bierhefe erfolgt selten.

Aus Bierhefe werden auch zahlreiche Produkte (Zellwände, Zellinhalte) gewonnen, die als Präbiotika in der Fütterung eingesetzt werden. Im Katalog der Einzelfuttermittel sind sie als Hefeerzeugnisse gelistet (Nr. 12.1.12).

Abb. 16.1
Verfahrensschema der mikrobiellen Biomasseproduktion.

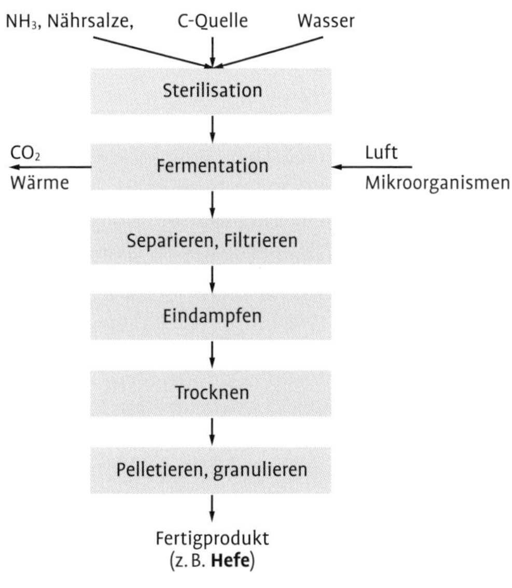

16.2.1 Inhaltsstoffe

Wesentlicher Inhaltsstoff in Hefen ist das **Rohprotein.** Sein Anteil kann zwischen 400 g/kg DM und 700 g/kg DM variieren. Vor allem die auf dem jeweiligen Rohstoff gezüchtete Hefepopulation und die technologischen Bedingungen bei der Herstellung beeinflussen den Rohproteingehalt. In dieser Nährstofffraktion ist im Gegensatz zu pflanzlichen und tierischen Eiweißfuttermitteln ein beachtlicher Anteil an NPN (≈ 20 %) enthalten, v. a. an Nucleinsäuren und Nucleotiden, die sich infolge der hohen Reproduktionsrate der Mikroorganismen anreichern. Diese N-haltigen Verbindungen besitzen aber für monogastrische Nutztiere keinen Proteinwert.

Bei Schweinen und Geflügel gelangt ein hoher Anteil der Verdauungsprodukte von Nucleinsäuren zur Absorption; es besteht aber eine ausreichende Kapazität diese intermediär abzubauen. Die renalen Ausscheidungsprodukte sind Allantoin (Schweine) bzw. Harnsäure (Geflügel).

Die beachtliche **Kohlenhydratfraktion** (≈ 350–500 g/kg DM) besteht zu einem hohen Anteil aus Zellwandkohlenhydraten (Glucogalactane, Galactomannane), die bei monogastrischen Nutztieren erst im Dickdarm durch mikrobielle Enzyme abgebaut werden können. Diese Kapazität ist beim Geflügel sehr gering. Auf leicht hydrolysierbare Kohlenhydrate (Stärke, Zucker) entfallen 50–100 g/kg DM, die sich aus Hefeglykogen, den Pentosen der Nucleinsäuren und bei Kohlenhydrathefen aus Substratresten zusammensetzen und gut verdaulich sind.

Der **Rohfettgehalt** liegt im Bereich von ≈ 35–90 g/kg DM und wird von den Fermentations- und Aufbereitungsbedingungen beeinflusst. Im Etherextrakt ist ein beachtlicher Phosphatidanteil vertreten. Beim Fettsäurenmuster dominieren die ungesättigten Fettsäuren mit einem beachtlichen Linolsäureanteil.

Die **Mineralstoffe** in den Hefen stammen v. a. aus den verwendeten C-Quellen (z. B. Melasse, Sulfitablaugen, Molke) sowie aus den zugesetzten Nährsalzen und in geringem Maße aus Metallabtrag der verschiedenen Apparaturen. Hefen sind P-reich (12–17 g/kg DM), und der Phosphor ist für monogastrische Tiere auch gut verfügbar. Der Ca-Gehalt wird vom verwendeten Nährsubstrat bzw. dessen Aufbereitung beeinflusst. Molken- und Sulfitablaugenhefen enthalten deshalb deutlich mehr Ca als z. B. Melassehefen. Die Gehaltswerte an weiteren Mengenelementen sowie an Spurenelementen unterliegen gleichfalls Schwankungen, sie übertreffen jedoch die Konzentrationen in den meisten pflanzlichen Futtermitteln.

Hefen sind reich an **Vitaminen** des B-Komplexes (außer Vitamin B_{12}) und können selbst bei geringem Rationsanteil einen beachtlichen Beitrag zur Versorgung mit diesen Vitaminen leisten. Durch UV-Bestrahlung kann das in Hefen enthaltene Ergosterol in Vitamin D_2 umgewandelt werden. Diese Möglichkeit nutzte man in früheren Jahren zur Herstellung eines Vitamin-D_2-reichen Produkts, das v. a. zur Absicherung des Vitamin-D-Bedarfes von Schweinen und Kälbern zum Einsatz kam. Erwähnenswert ist auch der beachtliche Vitamin-E-Gehalt in einigen Hefen.

16.2.2 Proteinqualität, Verdaulichkeit und energetischer Futterwert

Da es sich bei den Hefen um Eiweißfuttermittel handelt, steht die **Proteinqualität** als Qualitätsparameter im Vordergrund. Das Aminosäurenmuster der verschiedenen Hefen zeichnet sich durch einen hohen Lysinanteil aus, der den des Sojaproteins übertrifft und annähernd die Werte hochwertiger tierischer Proteine erreicht (→ Tab. 26.2). Demgegenüber fällt der Gehalt an S-haltigen Aminosäuren relativ niedrig aus und unterschreitet noch die Konzentration beim Sojaprotein. Durch Ergänzung mit DL-Methionin bzw. den Hydroxyanaloga dieser Aminosäure erfährt das Hefeprotein eine deutliche Qualitätsaufwertung, die v. a. bei höheren Hefeanteilen in Geflügelfuttermischungen außerordentlich bedeutsam ist.

Das Hefeeiweiß ist gut bis sehr gut verdaulich (Schwein > 80 %, Geflügel > 75 %), wobei herkunftsbedingte Unterschiede bestehen. Bei der Verdaulichkeit der Rohkohlenhydrate (Rohfaser plus N-freie Extraktstoffe) gibt es erhebliche tierart- und herkunftsbedingte Unterschiede. Schweine sind hierbei dem Geflügel deutlich überlegen (z. B. Molkenhefe: Schwein 74 %, Geflügel 32 %). Lösliche Ligninverbindungen in Sulfitablaugenhefen verursachen niedrigere Rohkohlenhydratverdaulichkeiten im Vergleich zu Hefen, die auf anderen C-Quellen produziert werden. Vorrangig daraus resultieren die Unterschiede im **energetischen Futterwert** zwischen den Hefeherkünften. Mit Ausnahme der Sulfitablaugenhefen weisen alle weiteren Hefen Energiedichten in der Größenordnung anderer proteinreicher Futtermittel auf. Erstgenannte Produkte besitzen einen vergleichsweise niedrigen Energiegehalt, der demjenigen rohfaserreicher Futtermittel wie Weizenkleie etwa entspricht.

16.2.3 Einsatzempfehlungen

Aufgrund ihres hohen Lysingehaltes sind Hefen Eiweißfuttermittel für Kälber, Schweine und Geflügel. In ausbilanzierten Futtermischungen sind Anteile von 10–15 % möglich, deren Realisierung jedoch von der Produktbeschaffenheit und Futterangebotsform abhängt. Sprühgetrocknete Produkte lassen wegen ihrer Beschaffenheit und der damit verbundenen Staubbelastung nur geringe Rationsanteile zu, wenn das Futter in Mehlform und trocken (wie in der Geflügelhaltung üblich) verabfolgt wird. Andere Trocknungsverfahren, Pelletieren bzw. Anfeuchten des Futters können Abhilfe schaffen. Bei Ferkeln hat sich Trockenfutterhefe als Diätfuttermittel (probiotische Wirkung spezifischer Zellwandoligosaccharide) nach dem Absetzen bewährt (geringere Abpufferung der Magensäure vergleichsweise zu Fischmehl oder Sojaextraktionsschrot, Aktivierung der Milchsäurebakterien).
Als Einsatzgebiet für frische Bierhefe kommt in erster Linie die Schweinemast bei der Anwendung von Flüssigfutter in Betracht. Die Tagesmenge pro Tier sollte zu Mastbeginn 1,5 kg betragen und kann bis Mastende auf 4 kg gesteigert werden.
Auch in der Rinderfütterung kann flüssige Bierhefe erfolgreich eingesetzt werden, wenn durch hohe Rationsanteile an energiereichen Futtermitteln (Maissilage, Maiskolbensilage, Rüben, Pressschnitzelsilage, Getreide) ein Proteindefizit besteht. Milchkühe können bis 15 kg je Tier und Tag erhalten, Mastbullen bis 2 kg/100 kg LM und Tag. Für einen gezielten Einsatz flüssiger Bierhefe ist die Kenntnis des DM-Gehaltes erforderlich, weil dieser erheblich variieren kann (8–30 %, mittlerer Gehalt 15 %). Er sollte deshalb regelmäßig bestimmt werden.

16.3 Erzeugnisse und Nebenerzeugnisse aus der Fermentation mit Bakterien und Pilzen

Durch die Entwicklung biotechnologischer Verfahren haben Nebenerzeugnisse und Erzeugnisse aus der Fermentation mit Pilzen und Bakterien vor allem als Proteinträger deutlich zugenommen. So sind neben den älteren Einweißfermentationserzeugnissen aus *Methylophilus methylotrophus* und *Methylococcus capsulatus* mittlerweile Fermentationsnebenerzeugnisse aus der Herstellung von Aminosäuren mittels *Escherichia coli* (K12), *Corynebacterium glutamicum* und *Brevibacterium lactofermentum* verfügbar. Auch aus der Produktion von Enzymen und organischen Säuren (z. B. Zitronensäure) fallen entsprechende Fermentationsnebenprodukte an.
Als Fermentationsprodukte auf der Basis pflanzlicher Substrate weist der Katalog der Einzelfuttermittel Erzeugnisse aus Arten von *Lactobacillus*, von *Trichoderma viride*, *Bacillus subtilis* und *Aspergillus oryzae* aus.

16.4 Algen und daraus gewonnene Erzeugnisse

Vor allem in vielen Küstenregionen werden Algen seit Langem als Futtermittel eingesetzt. In jüngster Zeit werden sie, vor allem Mikroalgen, intensiver als Fett- oder Proteinquelle diskutiert. Sowohl im Katalog der Einzelfuttermittel (VO (EG) 2017/1017) als auch in der Positivliste für Einzelfuttermittel sind sie und ihre Produkte zu finden. Der Katalog listet Algen, Trockenalgen, Algenextraktionsschrot, Algenöl und Algenextrakt, wobei jeweils die Art anzugeben ist. In der Positivliste sind drei Arten speziell genannt: *Schizochytrium limacinum*-Algen, *Chlorella*-Algen und *Spirulina*-Algen. Erstere ist durch einen hohen Fett-, die beiden anderen durch einen höheren Proteingehalt charakterisiert. Als Makroalgen ist in beiden Zusammenstellungen auch Seealgenmehl gelistet, das vor allem aus Braunalgen besteht.
Ein Problem kann bei Mikroalgen die relativ stabile Hülle sein, die aufgebrochen werden muss,

um den Verdauungsenzymen den Zugang zum Zellinnern zu ermöglichen.
Als wertgebende Inhaltsstoffe sind je nach Art Protein und/oder Fett sowie spezielle Inhaltsstoffe (Carotinoide, spezielle NSP u. a.) zu nennen. Zu beachten sind der zum Teil hohe Gehalt an Iod. Außerdem können erhöhte Gehalte an Schwermetallen auftreten. Bei einigen Herkünften ist darüber hinaus auf das Vorhandensein von Algentoxinen (z. B. Microcystine) zu achten.
Hinsichtlich der Einsatzhöhe von Mikroalgen als Ersatz herkömmlicher Proteinquellen wie Sojaextraktionsschrot liegen bislang unterschiedliche Ergebnisse vor. In der Broilermast wurden bis zu 5 % in der Gesamtration erfolgreich eingesetzt, in der Schweinemast könnte evtl. fast die Hälfte des Sojaproteins durch Algen wie Spirulina ersetzt werden, wenn ein entsprechender Ausgleich an Aminosäuren (v. a. Lysin, Cystein) erfolgt. Allerdings ist zu berücksichtigen, dass derzeit die Aminosäurengehalte aufgrund unterschiedlicher Kultivierungsverfahren oder Nährmedien schwanken. Probleme könnten auch die Futterakzeptanz und die Pigmentierung von Fett und Fleisch durch den hohen Carotinoidgehalt darstellen.

17 Futtermittel tierischer Herkunft

Hans Schenkel und Heinz Jeroch

17.1 Allgemeine Angaben

Zu den Futtermitteln tierischen Ursprungs zählen:

- Milch und Milchverarbeitungsprodukte,
- Produkte von Landsäugetieren und Geflügel sowie
- Fisch und Fischverarbeitungsprodukte.

Futtermittel aus weiteren Meerestieren, z. B. Krebstiere (u. a. Garnelen, Krabben, Krill), Weichtiere (z. B. Muscheln), werden nicht behandelt, da ihr Aufkommen gering ist und ein Einsatz in der Fütterung landwirtschaftlicher Nutztiere kaum erfolgt.
Als unmittelbare Folge des vermehrten Auftretens transmissibler spongioformer Encephalopathien, speziell der BSE beim Rind, besteht in den Ländern der EU seit 2001 ein Fütterungsverbot für die proteinhaltigen Erzeugnisse von Landsäugetieren und Geflügel an Lebensmittel liefernde Tiere (VO (EG) Nr. 999/2001).
Nach dem generellen Verbot jeglicher Verfütterung tierischer Bestandteile an Nutztiere wurde relativ bald die Verfütterung von Fischmehl an Schweine und Geflügel, Di- und Tricalciumphosphat aus entfetteten Knochen, Plasmaprodukte und bestimmte Blutprodukte wieder zugelassen. Erhalten blieb das sogenannte „Kannibalismusverbot“. Dies kann beim Einsatz sogenannter „processed animal proteins“ ein Problem darstellen, wenn keine getrennte Erfassung der Schlachtnebenprodukte möglich ist, denn Nebenprodukte einer Tierart dürfen nicht an dieselbe Tierart verfüttert werden.
Die VO (EG) Nr. 999/2001 enthält einerseits das generelle Verbot und zugleich im Anhang IV die mittlerweile wieder geltenden Ausnahmen von diesem Verbot sowie die dafür einzuhaltenden Bedingungen.

Für tierische Futtermittel lassen sich folgende gemeinsame Merkmale herausstellen:

- In fast allen Produkten bildet das Rohprotein den dominierenden Inhaltsstoff. Deshalb führen sie auch die Bezeichnung „tierische Eiweißfuttermittel“.
- Von wenigen Ausnahmen abgesehen, besitzt das Eiweiß eine gute bis sehr gute biologische Wertigkeit. Diese Futtermittel werden daher vordergründig zur Deckung des Protein- und Aminosäurenbedarfs monogastrischer Tiere eingesetzt. Allerdings stehen Produkte aus fleischreichen Schlachtkörperteilen von warmblütigen Landtieren durch das Verfütterungsverbot vornehmlich für die Fütterung von Pelztieren und Heimtieren zur Verfügung.
- Außer der Lactose in Milch und Milchprodukten enthalten die weiteren Vertreter dieser Futtermittelgruppe praktisch keine Kohlenhydrate.
- Die überwiegende Zahl der Futtermittel ist reich an Calcium und hochverdaulichem Phosphor.
- Für monogastrische Tiere hat der Vitamin-B_{12}-Gehalt einen hohen Stellenwert, denn dieses Vitamin fehlt in pflanzlichen Futterstoffen.
- Sie enthalten keine antinutritiven Inhaltsstoffe.

17.2 Milch und Milchverarbeitungsprodukte

Bei den zu besprechenden Produkten handelt es sich stets um Kuhmilch und die bei ihrer Verarbeitung anfallenden Nebenerzeugnisse. Vollmilch findet vor allem in der Jungtierfütterung Anwendung. Außer der Kolostralmilch, die nur im eigenen Betrieb verfüttert werden darf, sind in der Positivliste für Einzelfuttermittel noch zwei getrocknete Kolostralmilchpräparate gelistet, die auf einen bestimmten Gehalt an Immunglobulinen (IgG) eingestellt sind.

17.2.1 Milchverarbeitung und anfallende Produkte

Das Prinzip der Milchverarbeitung besteht in der Abtrennung der Fett- und Caseinfraktion (→ Abb. 17.1). Dabei fallen zunächst Rahm und Magermilch an. Vom Rahm kann die Butter (Butterfett) von der Buttermilch getrennt werden. Die Magermilch kann getrocknet werden (Magermilchpulver) oder zu Casein und Molke getrennt werden. In Abhängigkeit von der Caseinfällung bleibt entweder Süßmolke (Fällung durch Labferment, pH 6,2–6,6) oder Sauermolke (Fällung durch Milchsäuregärung oder Säurezusatz, pH 4,5–4,7) zurück. Des Weiteren erfolgt häufig eine weitere Auftrennung insbesondere der Casein- und Molkefraktion in weitere Produkte, die ebenfalls Futtermittel darstellen, in die Lebensmittelproduktion gehen oder andere industrielle Rohstoffe darstellen. Beispiele sind Retentate und Permeate aus Molke, Caseinpulver oder Lactose. Wegen der hohen Elektrolyt- und Lactosegehalte wird die Molke häufig teilentmineralsiert und teilentzuckert.

Da Milchprodukte sehr schnell verderben und im halbgesäuerten Zustand Verdauungsstörungen verursachen, dürfen sie grundsätzlich nur in ganz frischem oder dicksaurem Zustand verfüttert werden. In beträchtlichem Umfang erfolgt deshalb eine Haltbarmachung der Produkte durch Trocknung, wenngleich der enorme Wasserentzug sehr kostenaufwendig ist. Auf diese Weise entstehen u. a. Magermilchpulver, Buttermilchpulver sowie Süß- und Sauermolkenpulver, die vorrangig zur Herstellung von Spezialfuttermitteln dienen, wie z. B. Milchaustauscher für Kälber, Lämmer und Ferkel.

17.2.2 Inhaltsstoffe und Futterwert

Die unmittelbar nach der Geburt des Kalbes anfallende Kolostralmilch (Kolostrum) ist im Vergleich zur Normalmilch wesentlich eiweiß-, mineralstoff- und vitaminreicher, enthält aber geringere Fett- und Lactoseanteile (→ Tab. 26.1). Auch die Zusammensetzung der Eiweißfraktion unterscheidet sich wesentlich von derjenigen der Normalmilch. Über die Hälfte des Eiweißes besteht nämlich aus der Globulinfraktion, besonders aus γ-Globulinen (Immunglobulinen). Jedoch in wenigen Tagen normalisiert sich die Zusammensetzung, sodass etwa nach einer Woche die für die Kuhmilch typische Zusammensetzung vorliegt.

Abb. 17.1
Verfahrensschema der Milchverarbeitung (als Futtermittel genutzte Produkte in Fettdruck).

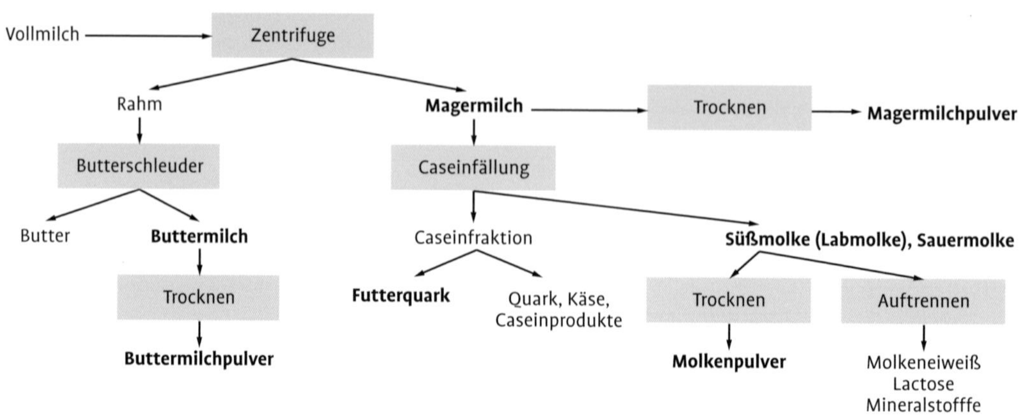

Magermilch enthält mit Ausnahme des entzogenen Fettes und der fettlöslichen Vitamine alle weiteren Nährstoffe der Vollmilch. Magermilch und Buttermilch sind im Nährstoffgehalt nahezu identisch. Von den Nährstoffen der Vollmilch findet man in der Molke noch die gesamte Lactose (Süßmolke) bzw. den nicht zu Milchsäure abgebauten Anteil der Lactose (Sauermolke), die Globulinfraktion des Milcheiweißes (≈ 20 % vom Gesamteiweiß), Mineralstoffe (außer im Caseinkomplex gebundenes Ca bei der Süßmolke) und Vitamine des B-Komplexes. Molke kann deshalb nur bedingt als Eiweißfuttermittel bezeichnet werden.
Das Eiweiß aller Milchprodukte ist von hoher biologischer Wertigkeit und wird lediglich vom Fischmehleiweiß erreicht. Im Vergleich zum Sojabohneneiweiß (→ Tab. 26.2) enthält das Milcheiweiß v. a. deutlich mehr Methionin. Eine Qualitätsbeeinträchtigung können Milchprodukte jedoch bei der Trocknung und Lagerung erfahren. Bei höheren Trocknungstemperaturen (> 105 °C) finden zwischen Lactose und verschiedenen Aminosäuren, insbesondere Lysin, aber auch zwischen den reaktionsfähigen Gruppen des Proteinmoleküls, Umsetzungen statt, die jeweils zu enzymresistenten Verbindungen führen (→ Kap. 7.3.2). Gleiche Reaktionen vollziehen sich auch, wenn der DM-Gehalt < 950 g/kg beträgt oder die Lagerungsbedingungen aufgrund der Hygroskopizität der Produkte eine unerwünschte Wasseraufnahme ermöglichen. Damit die hohe Rohprotein- und AS-Verdaulichkeit auch bei Verarbeitungsprodukten erhalten bleibt, sind schonende Trocknungsverfahren anzuwenden und optimale Lagerungsbedingungen zu gewährleisten.
Die Verdaulichkeit (organische Substanz, Rohprotein) ist sehr hoch (> 90 %). Auf DM-Basis zählt Vollmilch zu den energiereichsten Produkten. Der energetische Futterwert der Molke entspricht nahezu dem der Gerste. Milchprodukte sind relativ reich an Calcium und Phosphor mit jeweils hoher Verdaulichkeit. Demgegenüber enthalten sie ausgesprochen wenig Mangan und Eisen. Der bei entsprechender Versorgung der Milchkühe relativ hohe Gehalt der Vollmilch an fettlöslichen Vitaminen wird bei der Milchfettabtrennung entzogen, sodass die Nebenprodukte nur noch Spuren davon aufweisen. Dagegen bestehen im Gehalt an wasserlöslichen Vitaminen zwischen dem Rohstoff Milch und den Verarbeitungsprodukten nur geringe Unterschiede. Herauszustellen sind die relativ hohe Vitamin-B_2-Konzentration und der beachtliche Vitamin-B_{12}-Gehalt.

17.2.3 Einsatzempfehlungen

Die Kolostralmilch sollte die erste Nahrung der Neugeborenen sein und so früh wie möglich angeboten werden, denn Konzentration und Absorption der enthaltenen Immunglobuline (Antikörper) nehmen bereits 12 Stunden nach der Geburt rapide ab. Abgemolkenes Kolostrum ist körperwarm zu verabreichen. Bei Verenden des Muttertieres oder akutem Milchmangel kann Kälbern, Lämmern und Fohlen das Kolostrum von Ammen verabfolgt werden.
Der Einsatz von Vollmilch in der Fütterung ist weitgehend auf Jungtiere begrenzt. Gegenüber Magermilch als Eiweißquelle für Kälber und Ferkel besteht kein Vorteil. Beim Einsatz von Magermilch ist aber eine Fremdfettanreicherung und Ergänzung mit fettlöslichen Vitaminen erforderlich.
Frische und dicksaure Magermilch sowie Trockenmagermilch sind wertvolle Proteinträger für Schweine, insbesondere Ferkel, aber auch für weitere Säugetiere (Fohlen, Kaninchen, Pelztiere). Demgegenüber ist der Einsatz in der Geflügelfütterung zu begrenzen, weil das Geflügel keine Lactase bildet und der Lactoseabbau durch bakterielle Lactase begrenzt ist. In Alleinfuttermitteln sollte der Anteil 3–4 % (wachsende Tiere) bzw. 5 % (Legetiere) nicht überschreiten, um Verdauungsstörungen und erhöhten Exkrementwassergehalt zu vermeiden.
Buttermilch ist hinsichtlich des Einsatzes etwa der Magermilch gleichzusetzen. Im Vergleich zu Magermilch und Buttermilch lassen sich Frischmolken wesentlich schwieriger in der Fütterung einsetzen. Der geringe DM-Gehalt und die damit verbundene niedrige Nährstoffkonzentration begrenzen selbst bei Mastschweinen, dem traditionellen Einsatzgebiet, die Einsatzmengen. Zur Sicherstellung hoher Zunahmen ist deshalb bei steigenden Gaben mit fortschreitender Mastdauer die tägliche Menge pro Tier auf 10–15 kg zu begrenzen und mit einem auf die Molkeinhaltsstoffe abgestimmten Mischfutter zu kombinieren. Wesentlich besser für den Einsatz in der Schweine-

mast eignet sich eingedickte Molke (30–40 % DM). Molkepulver werden, wie auch Magermilchpulver und Buttermilchpulver als Komponenten für Milchaustauscher verwendet.

17.3 Futtermittel aus Fischen

Die wichtigsten Vertreter dieser Futtermittelgruppe sind die verschiedenen Arten von Fischmehlen. Frischfisch kommt praktisch nur bei Pelztieren zum Einsatz. Da die Herstellung von Fischsilagen nicht mehr üblich ist, wird auf Ausführungen hierzu verzichtet. An weiteren Produkten sind Fischpresssaft (Nebenprodukt der Fischmehlherstellung), Fischlebermehle (Rückstand bei der Fischölgewinnung) und Fischöle zu nennen (→ Kap. 18).

17.3.1 Fischmehl

Als Ausgangsmaterialien für die Fischmehlherstellung dienen neben ganzen Fischen außerdem Fischteile und Fischabfälle, die bei der Herstellung von Fischfilets und Fischkonserven anfallen. Der Begriff „ganze Fische" bezieht sich sowohl auf untermaßige Speisefische, Beifang (nicht zu Speisezwecken geeignete Fischarten und andere Meerestiere), wegen unsachgemäßer Behandlung oder zu langer Lagerfristen auf den Fangschiffen für die menschliche Ernährung nicht mehr absetzbare Fische und auch speziell für die Fischmehlproduktion gefangene Fische.
Der Fischfang zur ausschließlichen Nutzung des Fangs für die Fischmehlherstellung ist in den letzten Jahrzehnten stark rückläufig und wird derzeit in gewissem Umfang im Rahmen der Küstenfischerei (Südamerika: Chile, Peru; Afrika: Angola) betrieben. Bei den Fischabfällen sind kollagen- und mineralstoffreiche Teile des Fischkörpers, wie Köpfe, Knochen, Gräten, Flossen, Haut und Schuppen, durch die Entfernung der Hauptmasse des Muskelfleisches relativ angereichert.

17.3.1.1 Herstellungsverfahren

Die Verarbeitung des Rohmaterials (ganze Fische, Fischabfälle) erfolgt entweder nach dem Trocken- oder Nassverfahren. Das **Trockenverfahren** wird ausschließlich für die Verarbeitung von Magerfischen angewendet. Zu dieser Kategorie zählen Fische, deren Körperfett vorrangig in der Leber lokalisiert ist und bei denen die Leber vor der Verarbeitung entfernt wird. Der Fischkörper enthält im Gegensatz zu den Fettfischen relativ wenig Fett. Wichtige Vertreter der Magerfische sind Fische der Dorschfamilie (insbesondere Kabeljau, Schellfisch, Seelachs), der Seehecht und Plattfische (u. a. Scholle, Flunder, Heilbutt). Das Verfahren umfasst folgende Arbeitsschritte: Zerkleinern der Rohware, Sterilisieren der zerkleinerten Rohware (unter Vakuum), Verdampfen des Gewebewassers (unter Vakuum), Abpressen des Fischöles sowie Brechen und Mahlen des Presskuchens.
Das **Nassverfahren** ist sowohl für die Verarbeitung fettreicher als auch fettarmer Fische und deren Abfälle geeignet und die verbreitetste Methode. Die einzelnen Verfahrensstufen vermittelt Abbildung 17.2. Zur Gruppe der Fettfische, in deren Muskelgewebe in beachtlichem Umfang Fett eingelagert ist, zählen insbesondere Heringe, Rotbarsch, Makrelen und Thunfischarten.
Der erste Arbeitsschritt ist wiederum das Zerkleinern der Rohware. Dem folgt der Kochprozess, der gleichzeitig Aufschluss der Gerüsteiweiße und Fettaustritt aus dem Muskelgewebe, Sterilisation sowie Vorentwässerung umfasst. Bei dem anschließenden Pressen wird das fettreiche Presswasser entzogen, das in einem weiteren Arbeitsgang in Fischöl und Presswasser (fish solubles) aufgetrennt wird. Verfahrensbedingt enthält das Presswasser noch einen Teil des Fischfettes (deshalb die Bezeichnung „teilentfettetes Presswasser"). Der beim Abpressen zurückbleibende Kuchen wird zerkleinert, getrocknet und gemahlen. Das anfallende Presswasser unterliegt einer unterschiedlichen weiteren Bearbeitung. Entweder es gelangt nach vorangegangener Eindickung gemeinsam mit dem zerkleinerten Kuchen zur Trocknung, oder in mehreren schonenden Trocknungsgängen entsteht ein eigenständiges Produkt in pasten- oder pulverförmiger Konsistenz. Mit Presswasser angereicherte Fischmehle führen die Bezeichnung „Vollmehl". Fischmehle, die ausschließlich oder überwiegend aus einer Fischart hergestellt werden, können nach dieser Art bezeichnet werden (z. B. Dorschmehl, Heringsmehl, Sardinen-/ Sardellenmehl, Menhadenmehl).

Für die hygienische Unbedenklichkeit von Fischmehlen ist zunächst das Sterilisieren der zur Verarbeitung gelangenden Materialien ein unverzichtbarer Arbeitsgang, durch den pathogene Mikroorganismen, besonders Salmonellen, abgetötet werden. Die erzeugten Fischmehle müssen mindestens 88 % DM aufweisen, die bei Transport und Lagerung keinesfalls unterschritten werden dürfen, damit mikrobieller Verderb nicht begünstigt wird.
Die Qualitätserhaltung des hochwertigen Fischproteins erfordert schonendes Trocknen. Um die Oxidation des Fischfettes einzuschränken und oxidationsempfindliche Vitamine zu schützen (z. B. Vitamin A), erfolgt ein Antioxidanszusatz. Dieser Futterzusatzstoff schränkt außerdem die Gefahr einer Selbsterhitzung beim Fischmehl ein. Diese aufgezeigten Maßnahmen sind für die Qualität von Fischmehlen und deren Einsatzwürdigkeit von enormer Bedeutung.

17.3.1.2 Inhaltsstoffe und Futterwert

Der Gehalt an futterwertbestimmenden Inhaltsstoffen in Fischmehlen wird vorrangig vom Ausgangsmaterial und dem Herstellungsverfahren bestimmt. Bei der Beurteilung bildet das **Rohprotein** den wichtigsten Nährstoff. Verarbeitete ganze Fische ergeben in der Regel Futtermittel mit höherem Rohproteingehalt als bei anteiliger oder ausschließlicher Verarbeitung von Fischabfällen. Dadurch ist eine beachtliche Variationsbreite bei diesem Rohnährstoff unvermeidbar. Deshalb erfolgt auch die Einteilung der Fischmehle nach dem Rohproteingehalt. Der Rohproteingehalt liegt in der Regel zwischen 550 und 750 g/kg FM (entspricht ≈ 600–830 g/kg DM). Sortenreine Fischmehle sind proteinreicher als solche aus mehreren Fischarten und/oder Fischabfällen.
Das Fischprotein zählt zu den hochwertigsten Eiweißen. Ein Vergleich mit dem Aminosäurenmuster von Trockenmagermilch (→ Tab. 26.2) zeigt bei den S-haltigen Aminosäuren eine leichte Überlegenheit. Das Aminosäurenmuster unterliegt jedoch Schwankungen. Zu Fischmehl verarbeitete Fische mit hohem Fleischanteil ergeben ein Protein mit höheren Anteilen an Lysin und S-haltigen Aminosäuren im Vergleich zu Produkten, die überwiegend aus Fischabfällen mit hohem Gehalt an Gerüst- und Leimeiweißen bestehen. Durch Fehler bei der Verarbeitung, v. a. bei Überhitzung, wird infolge der Maillard-Reaktion (→ Kap. 7.3.2) die Verdaulichkeit des Rohproteins und der Aminosäuren (v. a. Lysin) herabgesetzt.
Neben Rohprotein enthalten Fischmehle z. T. recht hohe **Fettanteile** (10–12 % in der DM). Das Fischfett besteht zu einem hohen Anteil aus mehrfach ungesättigten Fettsäuren (→ Tab. 18.1), die einerseits zur Bedarfsdeckung mono-

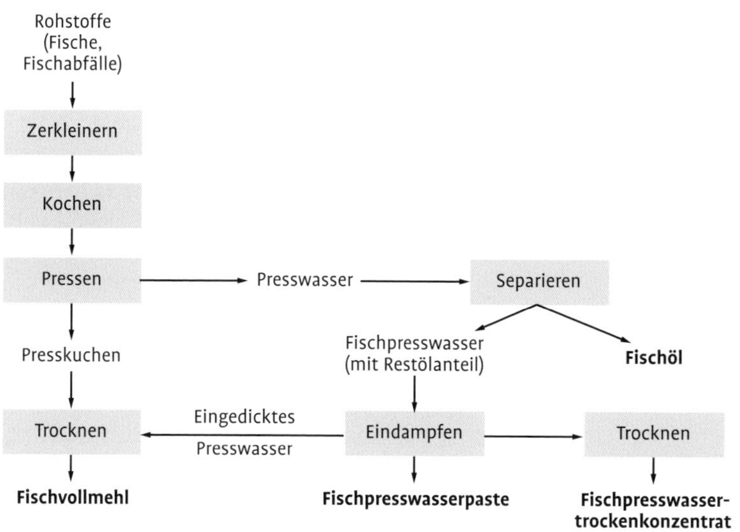

Abb. 17.2 Verfahrensschema der Fischmehlherstellung (anfallende Futtermittel in Fettdruck).

gastrischer Nutztiere mit essenziellen Fettsäuren beitragen, aber andererseits negative Effekte u. a. auf die Produktqualität auslösen können, wenn die Grenzwerte für den Fischölgehalt in Alleinfuttermischungen überschritten werden (Mastschweinefutter 6 g/kg, Legehennenfutter 15 g/kg, Broilermastfutter 12 g/kg, Mastputenfutter 8 g/kg, Mastentenfutter 6 g/kg). Mit diesen Restriktionen für den Fischölgehalt soll außerdem verhindert werden, dass die in Verbindung mit den Fischölen auftretenden Geruchs- und Geschmacksstoffe über den Stoffwechsel der landwirtschaftlichen Nutztiere verstärkt in die Lipide der tierischen Erzeugnisse (Fleisch, Speck, Eier) eingelagert werden und sensorische Veränderungen bei den tierischen Produkten verursachen.
Fischmehle sind generell auch mineralstoffreiche Futtermittel. Der Gehalt an **Mengen- und Spurenelementen** variiert aber beachtlich. Steigende Anteile an Fischabfällen im Ausgangsmaterial, aber auch Beifang (Krebse, Muscheln) erhöhen insbesondere die Ca- und P-Gehalte v. a. zulasten des Rohproteingehaltes und der Proteinqualität. Aber auch die vorrangig verarbeitete Fischart beeinflusst den Gehalt an beiden Mengenelementen. Unerwünscht sind zu hohe Gehalte an Calciumcarbonat, Kochsalz und Sand. Eine Anreicherung mit $CaCO_3$ erfolgt bei erhöhtem Beifanganteil (Muscheln, Krebse) im Ausgangsmaterial. NaCl-reiche Fischmehle ergeben sich z. B. aus der Verarbeitung gesalzener Fische. Erhöhte Sandanteile (HCl-unlösliche Asche) resultieren aus der Fischtrocknung am Küstenstrand. Diese Art der Trocknung ist in äquatornahen Gebieten Afrikas und Asiens z. T. noch üblich.
Besonders hervorzuheben sind die beachtlichen Iod- und Selenkonzentrationen in Fischmehlen, die deutlich höher als in Milchverarbeitungsprodukten sind (z. B. ≈ 3 mg I/kg DM in Fischmehlen gegenüber ≈ 1 mg I/kg DM in Trockenmagermilch). Sie werden bereits bei geringen Fischmehlanteilen im Futter monogastrischer Tiere versorgungswirksam.
Die Konzentration an fettlöslichen Vitaminen variiert beachtlich (abhängig von Fettgehalt, Leberanteil und Trocknungsart). Vollmehle sind gegenüber Fischmehlen ohne Fischpresssaftergänzung reich an Vitaminen des B-Komplexes (außer Vitamin B_1 und Pantothensäure), insbesondere an Vitamin B_{12}.

Bedingt durch den Fettgehalt und fehlende Faserkomponenten sind Fischmehle hochverdaulich und energiereich. Die Verdaulichkeit der organischen Substanz bewegt sich in Abhängigkeit vom Rohprotein-, Rohfett- und Rohaschegehalt bei 80–90 %, die umsetzbare Energie beträgt ≈ 14–17 MJ/kg DM (Schwein) bzw. ≈ 10–14 MJ/kg DM (Geflügel).

17.3.1.3 Einsatzempfehlungen

Fischmehle zählen aufgrund des hohen Rohproteingehaltes, der ausgezeichneten Eiweißqualität sowie der hohen Iod- und Vitamin-B_{12}-Konzentrationen zu den wertvollsten Eiweißfuttermitteln. Ihre Einsatzgrenzen werden neben dem Produktpreis v. a. durch den Fettgehalt und das Fettsäurenmuster des Fischfettes, die an das Fischöl gebundenen Geruchs- und Geschmacksstoffe sowie den NaCl-Gehalt vorgegeben.
Vor allem in der Geflügelfütterung lassen sich durch Fischmehlintegration in die Futtermischungen die Defizite an S-haltigen Aminosäuren sehr gut beheben. Aber auch der hohe Gehalt an weiteren essenziellen Eiweißbausteinen und deren ernährungsphysiologisch günstige Relation ermöglichen beim Einsatz in Schweine- und Geflügelfuttermischungen ein ausgewogenes Aminosäurenangebot, auch unter dem Aspekt einer reduzierten N-Ausscheidung. Die Fischmehlanteile bewegen sich in Schweine- und Geflügelalleinfuttermischungen in der Regel zwischen 20 g/kg und 80 g/kg.

17.3.2 Weitere Fischprodukte

Bei der Fischölgewinnung aus den Lebern der Magerfische fällt als Nebenprodukt **Lebermehl** an. Der Gehalt an Rohprotein und Rohfett ist abhängig vom Grad des Fettentzuges (z. B. ≈ 800 g CP und ≈ 50 g EE je kg FM nach weitgehendem Fettentzug). Die Proteinqualität entspricht etwa der des Fischmehls. Der Gehalt an fettlöslichen Vitaminen variiert insbesondere in Abhängigkeit vom Restfettanteil. Das Einsatzgebiet sind vorrangig Futtermischungen für wachsende Tiere, wobei Anteile von 20–40 g/kg Alleinfutter üblich sind.
Bevor fettlösliche Vitamine aus chemischen Synthesen zur Ergänzung der Futterrationen mono-

gastrischer Nutztiere und von Milchaustauschern Fütterungspraxis wurden, bildeten insbesondere **Lebertrane** und **Fischöle** bedeutsame Vitaminträger (Vitamine A, D_3 und E). Ein sehr bekanntes Produkt war Dorschlebertran.
Die bei der Fischmehlherstellung nach dem Nassverfahren anfallenden teilentfetteten **Presssäfte** (fish solubles) enthalten neben Rohfett, wasserlöslichen N-Verbindungen und Mineralstoffen auch die wasserlöslichen Vitamine des Fischkörpers. Trockenprodukte kommen als Träger von Vitaminen des B-Komplexes (sehr reich an Vitamin B_{12}) insbesondere in Geflügelfuttermischungen (1–2 %iger Anteil) zum Einsatz.
Ein neueres Produkt ist Fischproteinhydrolysat, das aus Fischen oder Fischteilen durch Säurehydrolyse hergestellt wird. In der Durchführungsverordnung Nr. 889/3008 ist festgelegt, dass ein Einsatz von Fischhydrolysat auf Jungtiere beschränkt ist.

17.4 Futtermittel aus warmblütigen Landtieren

Hans Schenkel

Wie bereits erwähnt, enthält der Anhang IV zur Verordnung (EG) Nr. 999/2001 eine Aufzählung von Ausnahmen vom Verbot der Fütterung. Beim Wiederkäuer betrifft dies Milch und Milcherzeugnisse sowie Eier und Eierzeugnisse. Außerdem betrifft dies Nichtwiederkäuer-Kollagen und -Gelatine sowie hydrolysiertes Protein aus Teilen von Nichtwiederkäuern und Wiederkäuerhäuten und -fellen. Auch für die Nichtwiederkäuer ist eine Reihe von Produkten erlaubt, wenn bei der Herstellung die geforderten Bedingungen eingehalten wurden. Dies betrifft insbesondere hydrolysiertes Protein, Mineralstoffe tierischer Herkunft, verschiedene Blutprodukte und Fischmehle.
Auch die Futtermittelverordnung geht im § 15 auf die Ausnahmen vom Verfütterungsverbot ein, insbesondere unter dem Aspekt der Risikobewertung beim Einsatz pflanzlicher Futtermittel mit erhöhten Befunden an Knochenteilen. Für die erforderliche Risikobewertung hat das Bundesministerium einen entsprechenden Leitfaden veröffentlicht.
Die Positivliste des Zentralausschusses für Landwirtschaft enthält insbesondere verschiedene proteinreiche Blutprodukte (50 bis über 90 % CP) wie Schweineplasmapulver, Hämoglobinpulver, Proteinhydrolysat aus Schweinehämoglobin. Weiterhin sind zum Beispiel Hydrolysate aus Schweinedarmmucosa oder aus der Gelatineproduktion enthalten.
Eine weitere wichtige Proteinquelle sind Eiprodukte wie u. a. Eipulver und Eiklar, die in der Positivliste für Einzelfuttermittel gelistet sind. Auch hier gilt es, wie bei den anderen tierischen Nebenprodukten, die Vorschriften der VO (EU) Nr. 1069/2009 EU und der Durchführungsvorschrift 142/2011 in der jeweils gültigen Fassung zu beachten.

17.5 Insekten

Hans Schenkel

In der Literatur liegt eine Reihe von Untersuchungen vor, die belegen, dass Insekten bzw. daraus hergestellte Erzeugnisse (Protein, Fett) in der Fütterung landwirtschaftlicher Nutztiere eingesetzt werden können. Viele Insektenmehle weisen zum Beispiel ein sehr günstiges Aminosäurenmuster auf und können daher nennenswerte Anteile pflanzlicher Proteinträger in der Ration ersetzen. Die Larven der Soldatenfliege sowie des Mehlkäfers enthalten neben einem hohen Anteil an Rohprotein (ca. 45 %) auch höhere Mengen an Rohfett, sodass in der Regel zu Herstellung von Insektenmehlen eine Entfettung auf unter 10 % Rohfett erfolgt. Hinsichtlich des Proteinwertes muss bei höheren Rationsanteilen eine Ergänzung mit einigen Aminosäuren, insbesondere an Met und Cys, erfolgen.
Allerdings müssen diese Erzeugnisse von Landtieren und die daraus gewonnenen Erzeugnisse den Anforderungen der VO (EG) Nr. 1069/2009 und der korrespondierenden Durchführungsverordnung (EU) Nr. 142/2011 genügen. Außerdem enthält die VO (EG) Nr. 999/2001 weitere Beschränkungen. Das darin enthaltende Verbot der Verfütterung von verarbeitetem tierischen Protein (PAP) wurde allerdings dahingehend gelockert, dass ein Einsatz bei Tieren in Aquakultur

möglich ist. Allerdings schreibt die VO (EU) Nr. 142/2011 im Anhang X vor, dass das Protein aus folgenden Insektenarten gewonnen werden muss: Soldatenfliegen (*Hermetia illucens*), Mehlkäfer (*Tenebrio molitor*) und Heimchen (*Acheta domesticus*). Ferner sind Bedingungen für die Ernährung der Insekten festgelegt.

Auch bei höheren Anteilen von Insektenprodukten in den Futtermischungen konnte in Versuchen gezeigt werden, dass bei lebensmittelliefernden Tieren eine gute Akzeptanz vorliegt. Unklar sind noch mögliche Einflüsse auf die Produktqualität.

Inwieweit in absehbarer Zeit ein Einsatz von Insekten bei lebensmittelliefernden Landtieren erfolgen kann, ist derzeit noch offen.

18 Futterfette

Hans Schenkel und Heinz Jeroch

18.1 Futterfettquellen

Fast alle Futtermittel enthalten Fett, wenngleich in unterschiedlichen Anteilen und unterschiedlicher Zusammensetzung. Während bei einer Reihe Futtermittel pflanzlicher Herkunft der Fettanteil überwiegend gering ist (z. B. Grünfutter, Knollen und Wurzeln, Getreidekörner), weisen die zum Einsatz kommenden Ölsaaten sowie die fettreichen Nebenprodukte ihrer Verarbeitung (z. B. Rapskuchen) höhere Fettgehalte auf. Auch einige Futtermittel tierischer Herkunft enthalten beachtliche Fettmengen.

Darüber hinaus werden seit mehreren Jahrzehnten sowohl pflanzliche als auch tierische Fette als Futtermittel verwendet. Nach dem Katalog für Einzelfuttermittel und der Positivliste für Futtermittel stehen derzeitig folgende Produkte zur Verfügung:

- Pflanzenfett oder Pflanzenöl: Baumwoll-, Erdnuss-, Mais-, Raps-, Sojaöl, Palmkern-, Kokosfett u. a., außer Rizinusöl,
- Fischöl: raffiniertes und gehärtetes Fischöl, Tierfett,
- Destillations- und Raffinationsfettsäuren, die bei der destillativen bzw. Laugenentsäuerung von pflanzlichen Fetten und Ölen anfallen, ausgenommen Rizinusöl,
- Salze von Fettsäuren, die bei der Verseifung von Fettsäuren entstehen.

Fette können vielfältig bearbeitet werden (z. B. Härtung, Umesterung) und gelangen neben ihrer ursprünglichen Beschaffenheit auch als gezielt hergestellte (hinsichtlich Fettsäurenmuster, Schmelzpunkt etc.) Mischfette z. T. zusammen mit Phospholipiden in den Handel.

Neben den Triglyceriden, die auch als Neutralfette bezeichnet werden, spielen auch Mono- und Diglyceride als Futtermittel eine Rolle. Bei der Aufarbeitung von Ölen und Rohfetten pflanzlicher Herkunft fallen Fettsäurendestillate aus der physikalischen Raffination an, die neben den Triglyceriden auch freie Fettsäuren, Sterole und Tocopherole enthalten können. Weiterhin führt die Positivliste für Einzelfuttermittel Fettsäuren aus der chemischen Raffination auf, die bei der Entsäuerung von Ölen und Fetten anfallen.

18.2 Ziele des Fetteinsatzes

Die Ziele bzw. Vorteile des Fetteinsatzes in der Fütterung landwirtschaftlicher Nutztiere sind vielfältig. Sie lassen sich wie folgt zusammenfassen:

- Substitution des Milchfettes in der Kälberernährung.
- Energetische Aufwertung von Futtermischungen bzw. Futterrationen. Dadurch kann einerseits den Anforderungen der Tiere an den Energiegehalt optimal entsprochen werden (z. B. in der Broiler- und Putenmast), und zum anderen können in größerem Umfang andere, energieärmere Futtermittel als Rationskomponenten zum Einsatz kommen.
- Absicherung des Bedarfes an essenziellen Fettsäuren.
- Verbesserung der Absorption von Carotinoiden (Dotter- und Hautpigmenten) und fettlöslichen Vitaminen einschließlich ihrer Vorstufen.
- Positive Effekte auf die Tiergesundheit (z. B. Prophylaxe des Fettlebersyndroms bei der Legehenne).
- Gezielte Einflussnahme auf das Fettsäurenmuster tierischer Produkte (z. B. Eifettanreicherung mit Omega-3-Fettsäuren, bessere Streichfähigkeit der Butter).

- Verbesserung der Futterakzeptanz.
- Technologische Vorzüge bei der Mischfutterherstellung und Fütterungspraxis (weniger Staubbelastung, geringerer Energiebedarf beim Pelletieren, verminderte Entmischungsgefahr bei Schrotfutter u. a.).

Nachteile, die durch Futterfetteinsatz möglich sind, sind eine verminderte Ca- und Mg-Verdaulichkeit, geringere Pellethärte (wenn kein nachträgliches Aufsprühen erfolgt); eine bedarfsübersteigende Energieaufnahme und eine stärkere Verfettung der Masttiere (nur bei nicht ausbilanzierten Rationen hinsichtlich des Rohprotein-[Aminosäuren-]Energie-Verhältnisses). Leistungsdepressionen und gesundheitliche Störungen bei Qualitätsmängeln des Futterfettes sind ebenfalls möglich.

18.3 Fettsäurenmuster von Futterfetten

Über das Fettsäurenmuster von fütterungsrelevanten pflanzlichen und tierischen Fetten informiert Tabelle 18.1. Es handelt sich hierbei um mittlere Anteile der jeweils mengenmäßig wichtigsten Vertreter bei den einzelnen Fetten. Die Zahl der insgesamt in Futterfetten analysierten Fettsäuren übersteigt die in Tabelle 18.1 aufgeführten um ein Mehrfaches. Das Milchfett der Wiederkäuer ist das am vielfältigsten zusammengesetzte Fett. Des Weiteren ist anzumerken, dass die relative Zusammensetzung in einem weiten Bereich variieren kann, wofür v. a. Genotyp und Vegetationsbedingungen (Klima, Standort) der entsprechenden pflanzlichen Rohstoffe bzw. Art, Ernährung und Haltungsbedingungen der die

Tab. 18.1
Mittlere Fettsäurenzusammensetzung einiger tierischer und pflanzlicher Fette (nach Literaturdaten und eigenen Analysen)

Fettsäure(n)[2]	Relativer Anteil der Fettsäuren an den Gesamtfettsäuren (%)[1]							
	Rindertalg	Schweineschmalz	Heringsöl	Kokosfett	Sojaöl	Maiskeimöl	Leinsaatöl	Rapsöl
Gesättigte Fettsäuren								
C 12 : 0				48				
C 14 : 0	2	1	3	18				
C 16 : 0	28	27	11	9	11	7	5	5
C 18 : 0	24	13	< 1	3	4	2	4	2
Einfach ungesättigte Fettsäuren								
C 16 : 1			6					
C 18 : 1	40	47	21		23	35	17	59
C 20 : 1			12	6				1
Mehrfach ungesättigte Fettsäuren								
C 18 : 2	2	8	< 1	2	54	54	14	21
C 18 : 3		1	< 1		8	1	57	11
C 20 : 4		1	13					
C 20 : 5			6					
C 22 : 5			18					
C 22 : 6			5					

1 Differenz zu 100 % sind weitere hier nicht aufgeführte Fettsäuren
2 Trivialnamen und systematische Namen (→ Tab. 1.2)

Abb. 18.1
Veränderung der Fettkennzahlen während des Fettverderbs.

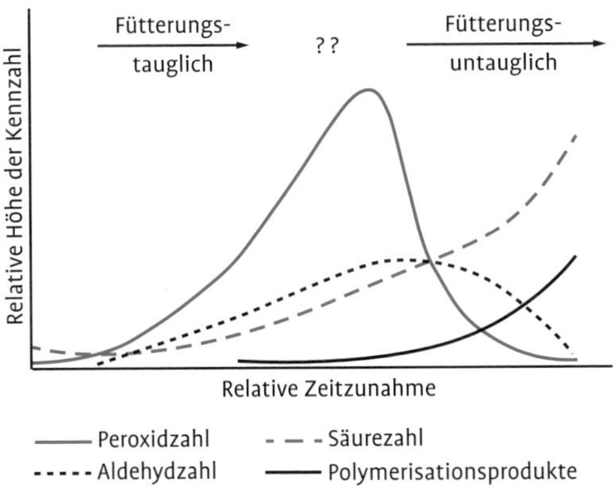

Fette erzeugenden landwirtschaftlichen Nutztiere verantwortlich sind.
Am Fettaufbau sind fast ausschließlich geradzahlige, unverzweigte aliphatische Monocarbonsäuren mit verschiedenem Sättigungsgrad und 4–26 Kohlenstoffatomen beteiligt. Ein geringer Gehalt an Fettsäuren mit ungerader Zahl an Kohlenstoffatomen, mit verzweigter Kette sowie an trans-Fettsäuren ist für das Milch- und Körperfett der Wiederkäuer typisch und das Ergebnis des Mikrobenstoffwechsels in den Vormägen.
Bei den meisten pflanzlichen und tierischen Fetten überwiegen Fettsäuren mit 16 und 18 C-Atomen. Lediglich bei einigen Fetten tropischer Ölfrüchte (Kokos, Palmkern) wird das Fettsäurenprofil von C14- und C16-Fettsäuren geprägt. Mit Ausnahme von Palmkern-, Kokos-, und Babassufett enthalten pflanzliche Fette wesentlich höhere Mengen an ungesättigten Fettsäuren als tierische Fette. Insbesondere trifft dies für die mehrfach ungesättigten und essenziellen Fettsäuren Linolsäure (zwei Doppelbindungen) und α-Linolensäure (drei Doppelbindungen) zu. Zu den ernährungsphysiologisch suspekten Fettsäuren zählen insbesondere Malvalia- und Sterculiasäure (Cyclopropensäuren) in Baumwollsaatöl und die Erucasäure im Rapsöl alter Sorten.

18.4 Fettqualitätsveränderungen

Neben der chemischen Zusammensetzung der Fette bestimmen deren „äußere" Eigenschaften (Aussehen, Geruch, Geschmack), die durch den Frischezustand gekennzeichnet werden, den ernährungsphysiologischen Wert und die Fütterungseignung. Fette sind keinesfalls unangreifbare Substanzen. Sie unterliegen verschiedenen Veränderungen, die durch mikrobielle, enzymatische und chemische Umsetzungen und deren Zusammenwirken verursacht werden. Dabei kann man drei Wege des Fettverderbs unterscheiden: Hydrolyse der Triglyceridmoleküle, oxidative Veränderungen der Fettsäuren und Polymerisation von Fettsäuren.
Durch **hydrolytische Spaltung (enzymatisch, chemisch)** der Neutralfette fallen freie Fettsäuren an. Sie lassen sich analytisch mit der Säurezahl erfassen. Freie Fettsäuren sind zwar physiologische Substanzen, die auch im Verdauungstrakt bei der Fettverdauung vorliegen, jedoch weisen kurz- und mittelkettige freie Fettsäuren einen intensiven Geruch und Geschmack auf, was sich nachteilig auf die Futteraufnahme auswirken kann. Freigesetzte langkettige Fettsäuren sind demgegenüber geschmacklich neutral.
Von größerer Bedeutung sind **oxidative Veränderungen** des Futterfettes. Einem oxidativen Angriff sind v. a. Fettsäuren mit zwei und mehr Doppelbindungen ausgesetzt; solche sind in zahlreichen pflanzlichen Fetten und Seetierfetten stärker vertreten (→ Tab. 18.1). Die relative Oxidationsgeschwindigkeit verhält sich in der Reihenfolge Stearin-, Öl-, Linol- und Linolensäure wie 1 : 100 : 1200 : 2400. Bei der Autoxidation der Fettsäuren entstehen zunächst geschmack- und geruchslose Hydroxyperoxide, die analytisch über die Peroxidzahl erfassbar sind. Im weiteren Prozess der Fettoxidation bilden sich aus den Hydroxyperoxiden unter Wasserabspaltung Aldehyde, Ketone, Fettsäuren und Polymerisationsprodukte, die in frischen Fetten nicht vorkommen und die mit den durch die Hydrolyse freigesetzten mittel- und kurzkettigen Fettsäuren die „Ranzigkeit" des Fettes bewirken. Durch die Aldehydzahl und Säurezahl lässt sich der fortgeschrittene Fettverderb charakterisieren.

Das Verhalten von Peroxid-, Aldehyd- und Säurezahl im Verlauf der Fettveränderung ist in Abbildung 18.1 dargestellt. Hierzu ist anzumerken, dass diese Kennzahlen nach Beginn des Fettverderbs einer fortlaufenden Veränderung durch parallel stattfindende Abbau- und Umbauprozesse unterliegen. Nachteilige Effekte verursachen die Hydroxyperoxide durch die Übertragung des Sauerstoffs auf leicht oxidierbare Futterinhaltsstoffe (Vitamin A, D, E, Carotine, Carotinoide), die dadurch zerstört werden. Als Folgeerscheinung kann Vitaminmangel auftreten. Außerdem sind durch die entstehenden Carbonylverbindungen sensorische Veränderungen beim Schlachtkörper- und Eifett möglich.

Der oxidative Fettverderb lässt sich durch natürliche (Vitamin E, Vitamin C) oder/und synthetische Antioxidanzien verhindern bzw. verzögern. Die Stabilisation gefährdeter Fette sollte durch entsprechende Zusätze unmittelbar nach deren Gewinnung bzw. Herstellung (Mischfette) erfolgen. Eine weitere Präventivmaßnahme ist eine möglichst kurzzeitige Lagerung bei tiefen Temperaturen unter weitgehendem Sauerstoffabschluss. Die Anforderungen an die Reinheit der Futterfette (→ Positivliste für Futtermittel) sind zu gewährleisten, weil Verunreinigungen die Autoxidation begünstigen.

Eine weitere Erscheinung bei der Fettverderbnis ist die **Polymerisation von Fettsäuren.** Sie tritt insbesondere bei Hitzeeinwirkung auf, sodass bei Frittier- und Bratfetten mit thermisch geschädigten Fettsäuren zu rechnen ist. Bei ihrer Verfütterung können toxische Effekte auftreten. Dieser Nachweis wurde v. a. an Labortieren erbracht.

Da Frittier- und Bratfette zu den Speiseabfällen zählen, besteht allerdings ein Verfütterungsverbot an Lebensmittel liefernde Tiere (→ Kap. 10).

18.5 Verdaulichkeit und energetischer Futterwert

Die Verdaulichkeit von Futterfetten liegt meist im Bereich von 75 % bis nahezu 100 %. Sie wird v. a. durch folgende Faktoren beeinflusst:

- **Kettenlänge und Sättigungsgrad der Fettsäuren bzw. der von diesen Parametern abhängige Schmelzpunkt:** Unterhalb der Körpertemperatur schmelzende und daher im Darmlumen flüssige Fette werden leichter emulgiert als höherschmelzende. Beim Anstieg des Schmelzpunktes über 40 °C nimmt die Verdaulichkeit noch verhältnismäßig wenig, bei Schmelzpunkten über 50 °C stark ab.
- **Interaktionen zwischen den einzelnen Fettsäuren in Triglyceridgemischen:** Tierisch-pflanzliche Mischfette sind höher verdaulich als sich rechnerisch aus dem gewogenen arithmetischen Mittel der einzelnen Verdauungswerte vorhersagen lässt. Die Verdaulichkeit von Fetten mit hohem Anteil langkettiger gesättigter Fettsäuren lässt sich durch geringen Zusatz (5–10 %) linolsäurereicher Öle deutlich verbessern.
- **Stellung der höher ungesättigten Fettsäuren im Triglyceridmolekül:** Wenn sich die Palmitin- (C 16 : 0) und Stearinsäure (C 18 : 0) in zweiter Stellung befinden (Schweineschmalz), ist die Verdaulichkeit weniger beeinträchtigt als bei einer Außenposition der Fettsäuren (Talg).
- **Fettanteil im Futter:** Bei geringerem Anteil werden auch Fette mit relativ hohem Schmelzpunkt gut verdaut; ab > 4 % Futterfettanteil ist jedoch die Verdaulichkeit solcher Fette rückläufig.
- **Teilchengröße der Fettpartikel:** In Milchaustauschern (Kälber, Ferkel) sollte der Fetttröpfchendurchmesser bei 2–4 µm liegen (bei Vollmilch beträgt sie ≈ 2,5 µm), um durch eine möglichst große Oberfläche eine hohe Wirksamkeit der Lipasen zu erreichen. Eine günstige Fetttröpfchengröße bzw. stabile Verteilung erreicht man durch Homogenisieren in Verbindung mit Emulgatoren.
- **Tieralter:** Beim Geflügel ist in den ersten Lebenswochen die Fettverdaulichkeit infolge begrenzter Gallensaft- und Lipasesekretion geringer als später.

Abb. 18.2
Energetischer Futterwert ausgewählter pflanzlicher und tierischer Fette (DLG-Futterwerttabellen – Schweine 1991 – Wiederkäuer 1997; WPSA, 1989).

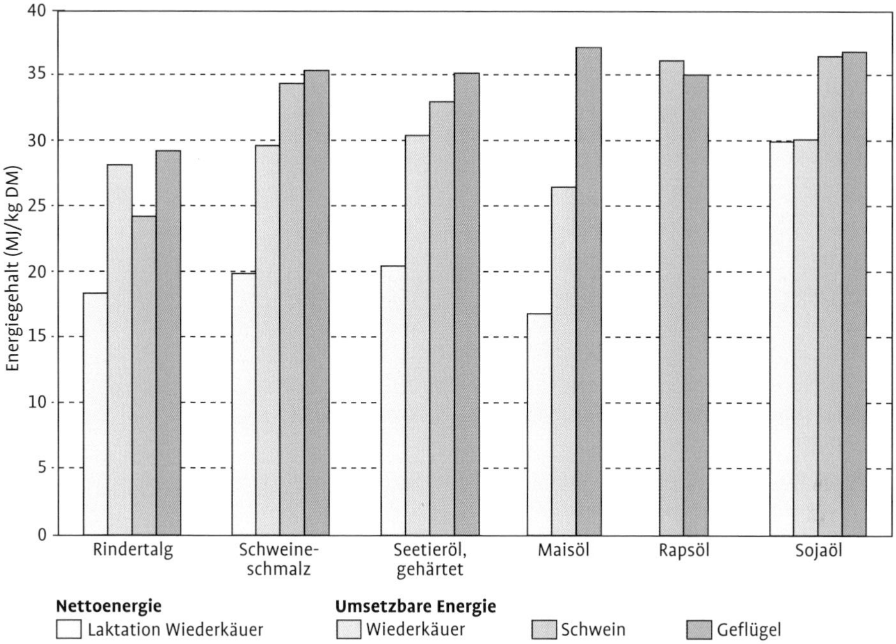

- **Viskositätssteigernde Futterinhaltsstoffe:** Lösliche Nicht-Stärke-Polysaccharide (→ Kap. 14.2.5) erhöhen die Digestaviskosität und erschweren den Kontakt zwischen Fett und fettspaltenden Sekreten. Dadurch verschlechtert sich die Fettverdaulichkeit v. a. bei Küken und Ferkeln. Davon werden höherschmelzende Fette stärker betroffen als flüssige Fette.
- **Seifenbildung:** Unter den mineralischen Elementen können Ca^{++} und Mg^{++}-Ionen durch die Bildung wasserlöslicher Erdalkaliseifen die Fettsäurenabsorption beeinträchtigen (umgekehrt hemmen hohe Fettanteile im Futter die Absorption dieser Elemente). Diese gegenseitige Einflussnahme ist insbesondere beim Auffetten von Legehennenrationen, die viel Ca enthalten, gegeben.

Der energetische Futterwert hängt vom Bruttoenergiegehalt und von der Verdaulichkeit der Fette ab. Die Bruttoenergie variiert je nach Kettenlänge und Sättigungsgrad der am Fettaufbau beteiligten Fettsäuren zwischen etwa 37 MJ/kg und 41 MJ/kg. Durch zunehmende Kettenlänge steigt der Brennwert an, eine höhere Zahl an Doppelbindungen vermindert ihn. Die aufgelisteten Einflussgrößen auf die Fettverdaulichkeit sind im Prinzip auch auf den energetischen Futterwert übertragbar. Pflanzliche Öle weisen die höchste Energiedichte auf, es folgen Schweineschmalz und Rindertalg (→ Abb. 18.2).

18.6 Einsatzempfehlungen

Futterfette kommen bislang vorrangig bei monogastrischen Nutztieren, einschließlich Kälbern und Lämmern in der präruminalen Phase, zum Einsatz. Auf die unterschiedlichen Aspekte ihrer Verfütterung wurde bereits eingegangen. Der jeweilige Rationsanteil wird insbesondere von der Zielsetzung beeinflusst, ist vom Preis abhängig und es muss die Verträglichkeit beachtet werden. Diese liegt bei

Tab. 18.2
Anforderungen an Futterfette[1] (DLG-Arbeitskreis Futterfette 1979)

		Rind[3]	Kalb, Lamm, Ferkel	Schwein	Küken, bis 4 Wo und Mastgeflügel	Übriges Geflügel
Relativer Anteil der Fettsäuren (%)						
C 6 : 0 bis C 12 : 0	max.	20	–[2]	20	20	20
C 14 : 0 bis C 16 : 1		–	–	–	–	–
C 18 : 0	max.	–	20	20	20[4]	20
C 18 : 1		–	–	–	–	–
C 18 : 2	max.	–	12	12	–	–
C 18 : 3	max.	3	2	2	2	2
Summe aus ein- und zweifach ungesättigten FS mit über 18 C-Atomen	max.	3	3	3	3	3
Summe der gesamten ungesättigten FS mit über 18 C-Atomen und mehr als 2 Doppelbindungen	max.	1	1	1	1	1
Summe der gesamten ungesättigten FS mit über 18 C-Atomen	max.	5	5	5	5	5
Summe der gesamten ungesättigten FS mit über C 14 : 1	max. min.	– –	70 30	70 30	70 30	70 30
Summe der gesamten gesättigten FS mit über C 18 : 0	max.	5	3	3	3	5

1 Die Angaben beziehen sich auf Fette und Öle im Sinne der FMV, 2 Keine Begrenzung
3 Die Anforderungen an spezielle Futterfette für Wiederkäuer sind noch zu definieren
4 Bei Küken bis 4 Wochen Lebensalter darf der Gehalt an gesättigten Fettsäuren mit mehr als 16 C-Atomen 15 % nicht überschreiten

monogastrischen Nutztieren weit oberhalb der praxisrelevanten Empfehlungen, die für die einzelnen Tierarten bzw. Produktionsrichtungen nachfolgend aufgelistet sind und sich auf die Futter-DM beziehen: Kälber, Zuchtsauen (Hochträchtigkeit und Laktation) 8 %, Mastschweine 6 %, Ferkel 5 %, Legehennen 3–6 %, Broiler und Mastputen 3–5 % (1.–3. Lebenswoche) bzw. 9 % (> 3. Lebenswoche), Zucht- und Mastkaninchen 4–6 %.

Auch beim Wiederkäuer kann Futterfett in die Ration integriert werden, wobei die Summe aus den Fettanteilen der Komponenten und dem supplementierten Fett 5 % in der DM nicht überschreiten sollte. Bei höheren Mengen wird der Kohlenhydratabbau im Pansen gestört, und es kommt zu einer Verminderung der Futteraufnahme. Bei Einsatz pansengeschützter Fette kann der Fettgehalt in der DM bis 10 % betragen.

Zur Verfütterung kommende Fette dürfen keine Qualitätsmängel, v. a. keine oxidativen Veränderungen aufweisen. Die von der DLG (1979) formulierten Anforderungen an Futterfette (→ Tab. 18.2) sind auch unter diesem Aspekt zu sehen. Die bekannte Einflussnahme des Fettsäurenmusters der Futterfette auf das Fettsäurenprofil von Tierkörperfett, Eifett und ebenso Milchfett ist beim Futterfetteinsatz stets auch im Hinblick auf die Produktqualität einschließlich ihrer Erhaltung und Verarbeitungseigenschaften zu berücksichtigen.

19 Erzeugnisse und Nebenerzeugnisse aus der Lebensmittelindustrie

Hans Schenkel und Heinz Jeroch

19.1 Allgemeine Angaben

Nach dem Katalog der Einzelfuttermittel und der Positivliste der Futtermittel handelt es sich bei dieser Gruppe unter anderem um

- Erzeugnisse und Nebenerzeugnisse der Back- und Teigwarenindustrie,
- Erzeugnisse und Nebenerzeugnisse der Süßwarenindustrie,
- Erzeugnisse und Nebenerzeugnisse der Konditorei- und Speiseeisindustrie sowie
- Nebenerzeugnisse der Fertignahrungsindustrie.
- Die Positivliste führt zudem als zusätzliche Kategorie sog. ehemalige Lebensmittel. Dies sind Lebensmittel, ausgenommen wiederverwertbare Reste aus der Speisenzubereitung, die in völliger Übereinstimmung mit dem EU-Lebensmittelrecht hergestellt wurden, aber aus praktischen oder logistischen Gründen oder wegen Problemen bei der Herstellung oder wegen Mängeln der Verpackung oder sonstiger Art nicht für diesen Zweck bestimmt sind. Sie dürfen bei der Verwendung als Futtermittel kein Gesundheitsrisiko bergen (VO (EU) 2017/2017, Anhang Teil A Nr. 3).

Hinsichtlich der futterwertbestimmenden Inhaltsstoffe liegt eine erhebliche Variation vor. Für die einzelnen Produktgruppen gibt es deshalb Vorgaben für anzugebende Inhaltsstoffe. Die Abgabe als Futtermittel ist im Originalzustand, aber auch getrocknet möglich und die Produkte müssen frei von Verpackungen und Verpackungsteilen sein. Zum Futterwert liegen nur begrenzte Werte vor. Die hauptsächliche Verwendung erfolgt in der Schweinemast. Von den oben aufgeführten Gruppen dürften die Erzeugnisse und Nebenerzeugnisse der Back- und Teigwarenindustrie die größte Bedeutung haben; sie werden deshalb nachfolgend etwas ausführlicher besprochen.

19.2 Produkte und Nebenprodukte der Back- und Teigwarenindustrie

Größere Backwarenbetriebe fertigen auf erzeugnisspezifischen Produktionslinien Brot, Kleingebäck sowie Konditoreiwaren. Diese gliedern sich in folgende Prozessstufen: Rohstoffannahme, -lagerung und -aufbereitung, Teigbereitung und -bearbeitung, Backprozess, Nachbehandlung und Verpackung. Das Mehl wird mit Tankwagen angeliefert und pneumatisch in die Annahmesilos gefördert. Auch bei der Teigbereitung und nach dem Backprozess gibt es fütterungswürdige Produkte, wie nicht qualitätsgerechte Erzeugnisse, Kuchenränder, Kuchen-, Zwieback- und Feingebäckabfälle. Außerdem fällt das sogenannte Backfutter (unverkaufte, überlagerte Backwaren) an, das sich vorrangig aus den verschiedensten Brotsorten, Brötchen und Kuchenresten zusammensetzt. Aber auch überlagerte Dauerbackwaren bereichern das Sortiment.

19.2.1 Inhaltsstoffe und Futterwert

Die Nebenprodukte enthalten wenig **Rohfaser,** aber hohe Anteile an N-freien Extraktstoffen (vorrangig Stärke und Zucker). Für Feingebäckabfälle bzw. überlagerte Erzeugnisse ist außerdem ein beachtlicher **Fettgehalt** typisch. Der **Roh-**

proteingehalt liegt in der Größenordnung des Getreides. Die Produkte sind vergleichsweise zu Getreidekörnern in der Regel mineralstoffärmer, wenn nicht Zusätze (z. B. NaCl, Iod) erfolgten. Mit dem Vorkommen an Vitaminen des B-Komplexes (außer Vitamin B_{12}) ist zu rechnen, wenngleich Verluste beim Herstellungsprozess nicht auszuschließen sind.
Alle Produkte sind **hochverdaulich** und **energiereich.** Auf der Basis von experimentellen Verdaulichkeitswerten wurden nachstehende Gehalte an umsetzbarer Energie je kg DM errechnet: Altbrot 16,45 MJ, Butterkeks 18,42 MJ, Waffeln 22,57 MJ. Brot übertrifft damit die Energiedichte von Getreide.
Das Aminosäurenmuster des Eiweißes ist mit Ausnahme von Vollkornprodukten noch einseitiger zusammengesetzt als die Zerealienproteine. Der Backprozess bewirkt in der Regel eine Proteinschädigung, die v. a. die Verdaulichkeit der Aminosäure Lysin, aber auch weiterer essenzieller Eiweißbausteine mehr oder weniger vermindert. Durch Zusätze bei der Teigbereitung (insbesondere Zucker, Fette, Backhefe, Salz, Aromastoffe) und die dabei z. T. notwendige Sauerteigmikrobiota (Mischbrot, Roggenbrot) weisen die Abfälle einen angenehmen Geruch auf und werden deshalb gern gefressen.
Aufgrund der Tatsache, dass immer mit Schwankungen im Nährstoffgehalt bei den Produkten der Backwarenindustrie zu rechnen ist, sollten deshalb bei höheren Einsatzmengen kontinuierlich Futtermittelanalysen durchgeführt werden. Besondere Beachtung verdient auch der DM-Gehalt der Produkte aus der Sicht der Zwischenlagerung. Sie ist nur möglich, wenn dieser Gehalt ≥ 88 % beträgt. Wenn keine Nachtrocknung erfolgt, sind feuchtere Produkte innerhalb von 2 bis 3 Tagen zu verfüttern, um v. a. einen Pilzbefall, aber auch weitere Qualitätsbeeinträchtigungen zu vermeiden. Mit Schimmel befallene Partien sind nicht fütterungstauglich.

19.2.2 Einsatzempfehlungen

Die Erzeugnisse und Nebenerzeugnisse der Backwarenindustrie werden vorzugsweise in der Mastschweinefütterung eingesetzt, eignen sich aber durchaus auch für Ferkel, Zuchtsauen, Geflügel und Rinder. Da es sich um ausgesprochene Energiefuttermittel handelt, verdient die optimale Ergänzung mit Eiweiß (Aminosäuren), Mineralstoffen und Vitaminen besondere Beachtung.
Altbrot (-mehl) hat im Vergleich zu Getreide wie Gerste und Weizen einen höheren Energiegehalt, während der Rohproteingehalt etwa vergleichbar ist. Deutlich höher ist der Rohfettgehalt und der Gehalt an Rohasche sowie ganz besonders an Natrium.
Der Anteil sollte bei Mastschweinen nicht mehr als ein Drittel der Rationstrockensubstanz betragen. Diese Empfehlung gilt auch bei einer Verfütterung an Mastgeflügel. Bei fettreicheren Produkten sind geringere Mengen angebracht, um u. a. Fettqualitätsmängel beim Tierkörperfett zu vermeiden. An alle weiteren Nutzungsrichtungen bei Schweinen und Geflügel ist der Rationsanteil auf maximal 20 % der DM einzustellen. Bei einer Verfütterung an Mastrinder und Milchkühe ist die Tagesgabe auf ≈ 1–2 kg/Tier zu begrenzen. Bei Mastbullen liegt die Empfehlung bei ca. 0,2 kg je 100 kg LM. Trockenprodukte (z. B. Brot, Brötchen) eignen sich durchaus auch als Futtermittel für Pferde und Kaninchen.

20 Ergänzungs- und Zusatzstoffe

Ortwin Simon

20.1 Allgemeine Angaben

Diese Substanzgruppe umfasst Produkte unterschiedlicher Art und Wirkung. Ergänzungs- und Zusatzstoffe werden futtermittelrechtlich teilweise als Einzelfuttermittel (Mengenelemente) behandelt, zum überwiegenden Teil jedoch als Zusatzstoffe. Ergänzungs- und Zusatzstoffe sollen im Wesentlichen die folgenden Aufgaben erfüllen:

- fehlende bzw. unzureichende Gehalte an Nährstoffen in Futterrationen bzw. Futtermischungen ergänzen,
- die Leistung bei landwirtschaftlichen Nutztieren stabilisieren bzw. steigern (höhere Futteraufnahme, verbessertes Wachstum bzw. mehr Eier, geringerer Futter-, Nährstoff- bzw. Energieaufwand, geringere Tierverluste),
- die Nährstoffausscheidung in den tierischen Exkrementen vermindern,
- die Qualität tierischer Produkte erhalten, erhöhen bzw. verbessern,
- die Qualität und Fütterungseignung von Futterstoffen erhalten bzw. erweitern,
- die Lagerungs-, Transport- oder Verabreichungseigenschaften der Futtermittel bzw. Futtermischungen verbessern,
- im Rahmen der intensiven Geflügelhaltung vor verbreitet vorkommenden Krankheiten schützen (Kokzidiose, Histomoniasis).

20.2 Ergänzungsstoffe – Mengenelemente

Zu den Ergänzungsstoffen mit Nährstoffcharakter gehören Verbindungen, die Mengenelemente enthalten.

Die in den bisher besprochenen Einzelfuttermitteln natürlicherweise vorkommenden Mengenelemente reichen in der Mehrheit nicht für eine vollständige Bedarfsdeckung der landwirtschaftlichen Nutztiere aus. Hinzu kommt, dass v. a. Phosphor in Getreidekörnern, Leguminosensa-

Tab. 20.1
Gehalte an Mengenelementen in mineralischen Einzelfuttermitteln (Beispiele)[1].

	Ca (%)	P (%)	Na (%)	Mg (%)
Calciumcarbonat	37,0			
Calciumchlorid	34,6			
Calciumsulfat	26,2			
Magnesiumoxid				52,0
Magnesiumchlorid				11,9
Natriumchlorid			38,3	
Natriumcarbonat			43,0	
Natriumbicarbonat			26,6	
Monocalciumphosphat	16,0	22,7		
Dicalciumphosphat	26,0	17,5		
Monoammoniumphosphat	–	25,5		
Natriumphosphat	–	24,0	20,0	
Calcium-Natrium-Phosphat	31,0	18,0	6,0	
Magnesiumphosphat	3,0	12,0	–	25,0
Eierschalen, getrocknet	33			
Kohlensaurer Algenkalk	33			
Seealgenmehl	35	14		

1 Gehalte an Mengenelementen können je nach Ausgangsprodukt und Konfektionierung variieren, müssen aber deklariert werden.

men, Ölfrüchten sowie deren Verarbeitungsprodukten für monogastrische Nutztiere aufgrund seiner organischen Bindung nur partiell nutzbar ist. Außerdem ist das Mengenverhältnis der einzelnen lebensnotwendigen Elemente in den meisten Futterstoffen keinesfalls den jeweiligen Bedürfnissen der Tiere angepasst. Es gibt insgesamt 40 verschiedene Einzelfuttermittel, die für eine Ergänzung der Futterrationen mit den Mengenelementen Ca, P, Na und Mg infrage kommen. Aus dieser umfangreichen Palette sind in Tabelle 20.1 einige Produkte mit ihren Gehalten an einzelnen Elementen ausgewiesen. Die unterschiedlichen mineralischen Einzelfuttermittel gelangen entweder als einzelne Komponente, Bestandteil von Mineralfutter oder von Mischfuttermitteln zur Verfütterung.

20.3 Futterzusatzstoffe

20.3.1 Einteilung der Futterzusatzstoffe

In der Europäischen Union werden die Futterzusatzstoffe gemäß der EG-Verordnung Nr. 1831/2003 auf Grundlage ihrer unterschiedlichen Funktionen in folgende Kategorien eingeteilt:

- technologische Zusatzstoffe (Konservierungsmittel, Antioxidationsmittel, Emulgatoren, Stabilisatoren, Bindemittel, Verdickungsmittel, Geliermittel, Stoffe zur Beherrschung einer Kontamination mit Radionukliden, Trennmittel, Säureregulatoren und Silierzusatzstoffe, Vergällungsmittel, Stoffe zur Verringerung der Kontamination von Futtermitteln mit Mykotoxinen, Stoffe zur Verbesserung der hygienischen Beschaffenheit),
- sensorische Zusatzstoffe (Farb- und Aromastoffe),
- ernährungsphysiologische Zusatzstoffe (Vitamine, Provitamine, Spurenelemente, Aminosäuren sowie deren Salze und Analoga, Harnstoff und seine Derivate),
- zootechnische Zusatzstoffe (Substanzen, die die Nährstoffverdaulichkeit verbessern, Darmflorastabilisatoren [Mikroorganismen oder andere definierte Stoffe, die bei der Verfütterung an Tiere eine positive Wirkung auf die Mikrobiota im Verdauungstrakt haben], Stoffe, die die Umwelt günstig beeinflussen und sonstige zootechnische Zusatzstoffe),
- Kokzidiostatika und Histomonostatika, welche krankheitsvorbeugende Mittel sind und zur Abtötung oder Wachstumshemmung von Protozoen vor allem bei Masthühnern, Truthühnern, Junghennen, aber auch Mastkaninchen eingesetzt werden.

Die jeweils zugelassenen Substanzen sind dem aktuellen Register für Futterzusatzstoffe der Europäischen Kommission zu entnehmen.
Es handelt sich hierbei um sehr unterschiedliche Substanzen bzw. Organismen, die eine sehr niedrige Dosierung (Größenordnung g/t) gemeinsam haben. Um Fehldosierungen auszuschließen und Homogenität der Futtermischungen zu gewährleisten, werden an die verarbeitenden Betriebe besondere Anforderungen gestellt.
Bezüglich der chemisch-physikalischen Eigenschaften gibt es eine große Diversität. Zu den Futterzusatzstoffen gehören neben chemisch definierten anorganischen oder organischen Substanzen (z. B. Spurenelemente, Aminosäuren, Vitamine, Konservierungsmittel) auch Makromoleküle mit spezifischen katalytischen Eigenschaften (Enzyme) sowie lebensfähige Formen von Mikroorganismen (Präparate vegetativer Bakterienzellen und Bakteriensporen sowie Hefen). Aufgrund der Vielfalt der Futterzusatzstoffe sind auch die Hauptwirkungsbereiche sehr unterschiedlich und betreffen sowohl die Futtermittel als auch den Verdauungstrakt, den Intermediärstoffwechsel und die erzeugten Lebensmittel tierischer Herkunft.
Die Zulassung von Futterzusatzstoffen unterliegt kontinuierlichen Veränderungen. Daher sind die jeweils gültigen Vorschriften dem aktuellen Futterzusatzstoffverzeichnis (Gemeinschaftsregister der Futterzusatzstoffe) zu entnehmen.

20.3.2 Technologische Zusatzstoffe

Technologische Zusatzstoffe dienen der Verbesserung der Verarbeitungsprozesse von Futtermitteln sowie deren Stabilität und Haltbarkeit. Dies soll anhand einiger Beispiele verdeutlicht werden.

Stabilisatoren und Emulgatoren: Hierbei handelt es sich primär um Substanzen mit emulgierender Wirkung, die es ermöglichen, stabile Emulsionen aus zwei eigentlich nicht miteinander mischbaren Flüssigkeiten herzustellen, wie es beim Mischen einer öligen mit einer wässrigen Phase der Fall ist. Emulgatoren reichern sich an den flüssig-flüssigen Grenzschichten an und reduzieren auf diese Weise die Grenzflächenspannung zwischen den Flüssigkeiten. Bei den Emulgatoren handelt es sich um Lecithine, Ester von Mono-, Di- und Triglyceriden sowie um Salze von Speisefetten. Ihr Einsatz ist z. B. bei der Herstellung von Milchaustauschern erforderlich.

Bindemittel: Bindemittel können mit dem Ziel eingesetzt werden, in technologischen Verfahren, wie der Kompaktierung von Futtermitteln (z. B. Pelletieren, Extrudieren) den Produkten Stabilität zu verleihen. Als Bindemittel werden z. B. Ligninosulfonate, Carboxymethylcellulose oder Polymethylcarbamid verwendet.

Konservierungsmittel: Als Konservierungsmittel sind vor allem organische Säuren und ihre Salze zugelassen. Es handelt sich dabei um eine Vielzahl von niedermolekularen Verbindungen mit einem Molekulargewicht < 200, wie z. B. Ameisensäure, Fumarsäure, Milchsäure und Propionsäure. Die Zulassungen basieren auf dem Nachweis einer antimikrobiellen Wirkung im Futtermittel und damit einer Hemmung gegenüber bakteriellem und pilzlichem Verderb. Dies schließt nicht aus, dass organische Säuren wie zootechnische Zusatzstoffe wirken (→ Kap. 20.3.5). Anorganische Säuren (Salzsäure und Schwefelsäure) sind allerdings nur für Silagen zugelassen.

Silierzusatzstoffe: Prinzipiell dienen diese Zusatzstoffe der Unterstützung des Gärverlaufes im Silierprozess und der Vermeidung von Fehlgärung. Sie werden drei Untergruppen zugeordnet: Enzyme, Mikroorganismen und chemische Substanzen. Enzyme werden zur Freisetzung vergärbarer Substrate aus den Kohlenhydraten eingesetzt (α-Amylasen, β-Glucanasen, Xylanasen und Cellulasen). Bei den Mikroorganismen handelt es sich um Milchsäurebakterien (Impfkulturen), die größtenteils zu den Gattungen *Lactobacillus, Enterococcus* und *Pediococcus* gehören. Als chemische Substanzen sind z. B. Ameisensäure, Propionsäure und deren Salze, Na-Benzoat, Na-Nitrit sowie Hexamethylentetramin zugelassen.

20.3.3 Sensorische Zusatzstoffe

Wie aus der Bezeichnung zu entnehmen ist, beeinflussen die Zusatzstoffe dieser Kategorie die durch die Sinnesorgane wahrnehmbaren Eigenschaften der Futtermittel und zum Teil auch der Produkte, wie Farbe, Geschmack und Geruch. Hinter dem Begriff **„Aromastoffe“** verbirgt sich mehr als nur Geruch, da es sich bei Aroma um den olfaktorischen Gesamteindruck eines Futtermittels handelt, wobei auch Substanzen eine Rolle spielen, die erst in der Mundhöhle freigesetzt und im Nasen-Rachen-Raum wahrgenommen werden. Dennoch werden Stoffe, die z. B. als Geruchsstoffe wirken oder eine appetitanregende Wirkung haben, als Aromastoffe beschrieben. Die meisten Zusatzstoffe dieser Kategorie kommen natürlich vor, Ausnahmen bilden einige Süßstoffe, wie Saccharinnatrium und Neohesperidin-Dihydrochalkon.

Ziel des Einsatzes der Aromen und der appetitanregenden Stoffe ist es, die Futteraufnahme insbesondere nach dem Absetzen von Säugetieren und während der Mast zu verbessern bzw. Verzehrsdepressionen bei Komponentenwechsel im Futter zu vermeiden. Bei Jungtieren (Ferkel, Kälber) werden nach dem Absetzen häufig Süßstoffe eingesetzt.

Kräuter und Produkte aus Kräutern zählt man gegenwärtig ebenfalls zu den sensorischen Zusatzstoffen, mit der Begründung, dass es sich um Substanzen handelt, deren Zusatz den Geruch oder die Schmackhaftigkeit von Futtermitteln verbessert.

Die als Futterzusatzstoffe eingesetzten **Farbstoffe** gehören zu den Carotinoiden. In der Natur kommen mehrere Hundert Carotinoide vor. Das bekannteste ist das β-Carotin, das zwar kaum pigmentierende Wirkung hat, aber von den meisten Tierarten in Vitamin A umgesetzt werden kann. Es gibt aber eine Vielzahl von pigmentierenden Carotinoiden, die bei Einlagerung in Haut, Eidotter oder Fleisch gelbliche bzw. rötliche Färbung bewirken, wovon einige als Futterzusatzstoffe eingesetzt werden. Obwohl Carotinoide auch wichtige physiologische Funktionen haben, ist Hauptanliegen dieses Einsatzes einerseits, Lebensmitteln eine dem Verbraucherwunsch entsprechende Farbnote zu verleihen, und andererseits, bei Ziervögeln und Zierfischen Farbenpracht des Gefieders bzw. der Haut zu bewirken. Der quantitativ größte Einsatz erfolgt im Legehennenfutter, in dem sowohl gelbe Carotinoide (Lutein, Zeaxanthin) als auch in geringeren Mengen rote Carotinoide (Canthaxanthin, Citranaxanthin, Capsanthin) verwendet werden. Ziel ist es, eine gewünschte gelbe bis rötliche Färbung des Dotters einzustellen. Bei Broilern und Enten kann aber auch eine goldgelbe Färbung der Haut bewirkt werden, wie es in manchen Regionen von den Verbrauchern gewünscht wird. Bei wildlebendem Lachs und bei Forellen entsteht durch die Einlagerung von Astaxanthin (in Crustaceen enthalten) eine Rosafärbung des Fleisches. Diese kann durch Astaxanthinzusätze im Futter auch in Zuchtanlagen erreicht werden. Die Gewinnung der Carotinoide erfolgt hauptsächlich aus Tagetes- und Paprikaextrakten.

20.3.4 Ernährungsphysiologische Zusatzstoffe

Spurenelemente: Analog zu den Mengenelementen wird auch der Bedarf zahlreicher Spurenelemente häufig nicht aus den natürlichen Gehalten in den Rationskomponenten gedeckt. Außerdem kann die Konzentration auch beim gleichen Futtermittel erheblich variieren, und die Verfügbarkeit für das Tier unterliegt verschiedenen z. T. gravierenden Einflüssen. Deshalb sind Ergänzungen mit Spurenelementen erforderlich.

Tab. 20.2
Futtermittelrechtlich zugelassene Spurenelementverbindungen (Beispiele) und Höchstgehalte an Spurenelementen in Alleinfuttermischungen (88 % DM)

Element	Zugelassene Verbindungen	Tierart	Höchstgehalt [mg/kg Alleinfutter]
Eisen	-carbonat, -chlorid, -citrat, -fumarat, lactat, -oxid, -sulfat, -aminosäurenchelat	Ferkel (bis 1 Woche vor dem Absetzen)	250 mg/d
		Schafe/Rinder und Geflügel	500/450
		Heimtiere	600
		Sonstige Tierarten	750
Zink	-lactat,- acetat, -carbonat, -chlorid, -oxid, -sulfat, -aminosäurenchelat	Kälber (Milchaustauscher) und Salmoniden	180
		Fische , Sauen, Kaninchen, andere Fischarten	150
		Katzen und Hunde	200
		Andere Arten und Kategorien	120
Mangan	-carbonat, -chlorid, -oxid, -sulfat, -aminosäurenchelat	Fische	100
		Sonstige Tierarten	150
Kupfer	-acetat, -carbonat, -chlorid, -methionat, -oxid, -sulfat, -aminosäurenchelat	Saugferkel und Ferkel bis 4 Wochen nach dem Absetzen	150
		Wiederkäuer (präruminant) Milchaustauscher und Alleinfuttermittel	15
		Schafe	15
		Sonstige Rinder	30
		Krebstiere	50
		Sonstige Tierarten	25
Iod	Calciumiodat, Kalium- und Natriumiodid	Pferde	4
		Fische	20
		Milchkühe und Legehennen	5
		Sonstige Tierarten	10
Cobalt	-acetat, -carbonat, -chlorid, -sulfat, -nitrat	Wiederkäuer mit voll entwickeltem Pansen, Equiden, Hasentiere, Nagetiere, herbivore Reptilien und Zoosäuger	1
Selen	Natriumselenit, -selenat, organische Selenverbindungen	Alle Tierarten	0,5

Über die futtermittelrechtlich zugelassenen Spurenelementverbindungen und die jeweils zulässigen Höchstgehalte an einzelnen Spurenelementen in Alleinfuttermischungen gibt Tabelle 20.2 Auskunft. Die Versorgung der Tiere erfolgt entweder als Bestandteil von Mineralfutter oder Mischfuttermittel. Eine gleichmäßige Verteilung der geringen Zusätze in den Mischfuttermitteln erreicht man meist über eine Vormischung, und die Einmischung darf nur von dafür autorisierten Betrieben erfolgen.

Vitamine: Eine bedarfsgerechte Vitaminversorgung landwirtschaftlicher Nutztiere ist insbesondere bei intensiven Haltungsformen aus den Gehalten der Rationskomponenten nicht gewährleistet. Verschiedentlich fehlen einzelne Vitamine vollständig. Außerdem variiert der Vitamingehalt in den Futtermitteln beachtlich, und es treten bei den fettlöslichen Vitaminen bzw. deren Vorstufen während der Ernte, Konservierung und Lagerung deutliche Verluste auf.

Durch technisch hergestellte Vitamine ist eine gezielte, d. h. auf den Bedarf ausgerichtete Versorgung möglich. Als Zusatzstoffe sind die fettlöslichen Vitamine A, D, E und K sowie die Palette der B-Vitamine und Vitamin C zugelassen. Ihr Einsatz erfolgt als Supplemente in Mischfuttermitteln (als Komponenten der Vormischung) und als Mineralfutter. Für die Vitamine A und D_3 sind Höchstgehalte vorgegeben, um Hypervitaminosen auszuschließen und eine erhöhte Vitamin-A-Akkumulation im Nahrungsmittel Leber zu verhindern (Verbraucherschutz).

Vitamine sind in einem unterschiedlichen Ausmaß empfindlich gegenüber Erwärmung, Lichteinstrahlung (UV) und Kontakt mit Sauerstoff oder anderen Reaktionspartnern. Um empfindliche Vitamine zu stabilisieren, werden z. B. Derivate hergestellt (Tocopherolacetat statt Tocopherol), oder es erfolgt ein „Coaten" (Mikroverpackung) der Präparate, bzw. es werden zusätzlich andere Antioxidanzien zugesetzt.

Aminosäuren und deren Hydroxyanaloga: Durch den Einsatz freier Aminosäuren einschließlich ihrer Hydroxyanaloga kann der Bedarf monogastrischer Nutztiere an limitierenden essenziellen Aminosäuren effektiver gedeckt werden als durch die Kombination verschiedener Proteinträger. Die Ergänzung ermöglicht einerseits die Aufwertung von Futterrationen bzw. -mischungen mit defizitären Aminosäurengehalten und zum anderen eine bedarfsgerechte Aminosäurenversorgung bei reduziertem Rohproteingehalt. Dadurch lässt sich die N-Ausscheidung über den Harn deutlich vermindern.

Neben Lysin und Methionin werden zunehmend auch Threonin und Tryptophan eingesetzt. Als Lysinquellen stehen L-Lysin-Konzentrat (flüssig), L-Lysin-Monohydrochlorid, L-Lysin-Monohydrochlorid-Konzentrat (flüssig) sowie L-Lysin-Sulfat und seine Nebenerzeugnisse aus der Fermentation zur Verfügung.

Beim Methionin gibt es Präparate, die für alle Tierarten zugelassen sind und solche nur für Wiederkäuer bzw. für Fische. Für die Ergänzung der Futterrationen monogastrischer Nutztiere sind DL-Methionin, L-Methionin, Natrium-DL-Methionin (flüssig) sowie verschiedene Selenomethionin- und Zinkmethionin-Verbindungen verfügbar, wobei Letztere als Spurenelementverbindungen zugelassen sind. Außerdem werden Hydroxyanaloga des Methionins eingesetzt: DL-2-Hydroxy-4-(methylthio)buttersäure und dessen Ca-Salz. Die Hydroxyanaloga besitzen keine volle Methioninwirksamkeit. Beim äquimolaren Vergleich mit DL-Methionin beträgt ihre Wirksamkeit bei Geflügel und Schweinen 77–82 %.

Außerdem sind noch pansenstabile DL-Methioninpräparate für den Einsatz bei Wiederkäuern und DL-Methionyl-DL-Methionin für Fische und Krebstiere zugelassen. Weiterhin sind L-Threonin, L-Tryptophan und seit 2016 auch L-Arginin, L-Cystein, L-Isoleucin, L-Valin und L-Tyrosin (für alle Tierarten) sowie Histidin (für Salmoniden) zugelassen. Der Einsatz freier Aminosäuren bzw. ihrer Analoga erfolgt entweder als Bestandteil von Alleinfuttermischungen, Ergänzungsfutter oder Mineralfutter.

Nicht-Protein-Stickstoff (NPN)-Verbindungen: Unter NPN wird Stickstoff verstanden, der nicht im Eiweiß gebunden ist und durch die Pansenbakterien für die Eiweißbildung genutzt werden kann. Nichteiweißartige Stickstoffverbindungen sind generell in Futtermitteln enthalten. Sie werden außerdem großtechnisch hergestellt. Folgende Präparate sind zugelassen: Harnstoff, Harnstoffphosphat, Isobutylidendiharnstoff und Biuret. Der weitaus wichtigste Vertreter dieser Stoffgruppe ist Harnstoff, der als Pulver oder granuliert angeboten wird. Seine starke Hygroskopizi-

tät kann die Lagerung und weitere Verarbeitung beeinträchtigen. Dieser Nachteil lässt sich durch Beschichten der Harnstoffpartikel mit amorpher Kieselsäure (SiO_2), Wachs und anderen Substanzen beseitigen. Dieses Ummanteln (Coaten) verlangsamt außerdem die ansonsten zu rasche Harnstoffhydrolyse (schnelle Ammoniakfreisetzung) im Pansen.
Die NPN-Verbindungen dienen zur Aufwertung proteinarmer Futterrationen bei Wiederkäuern. Der Einsatz erfolgt in erster Linie als Bestandteil des Kraftfutters bzw. Mineralfutters oder als Zusatz zum Grundfutter (z. B. bei der Maissilierung). Harnstoff findet zudem als Konservierungsmittel Anwendung, dabei findet durch das freigesetzte Ammoniak eine gewisse N-Anreicherung im Konservat (Getreide, Stroh) statt.

20.3.5 Zootechnische Zusatzstoffe

Futterenzyme: Alle in der EU als Futterzusatzstoffe zugelassenen Enzyme sind mikrobiellen Ursprungs und werden biotechnologisch mit Schimmelpilz- und Bakterien-Produktionsstämmen hergestellt. Die kommerziellen Enzympräparate können dabei mehrere Enzyme mit verschiedenen Substratspezifitäten enthalten (Multienzympräparate) oder nur ein Enzym (Monoenzympräparate). Die Anwendungsziele für den Einsatz von Futterenzymen sind:

- Abbau antinutritiv wirkender Futterinhaltsstoffe, womit gleichzeitig eine erhöhte Verfügbarkeit anderer Nährstoffe erreicht wird.
- Abbau von Nährstoffen, für deren Verdauung zu resorptionsfähigen Produkten keine körpereigenen Enzyme gebildet werden.
- Eine quantitative Ergänzung körpereigener Enzymaktivitäten.

Eine wichtige Gruppe von Enzymen, die als Futterzusatzstoffe Anwendung finden, sind Enzyme mit Aktivitäten zur Spaltung bestimmter Nicht-Stärke-Polysaccharide (NSP-hydrolysierende Enzyme). Insbesondere ein hoher Anteil löslicher NSP von 1,3–1,4-β-Glucanen und Arabinoxylanen (Pentosanen), führt zu einer Viskositätserhöhung im Verdauungstrakt von Tieren, bei denen der mikrobielle Nährstoffabbau im Verdauungstrakt gering ist. Unlösliche NSP können als Zellwandkomponenten eine Barriere zwischen Verdauungsenzymen und Substraten sein. Die antinutritiven Effekte dieser NSP bestehen in einer Verminderung der Nährstoffverwertung, der Leistung und Verursachung von Durchfällen. Effekte löslicher und unlöslicher NSP lassen sich durch Zusätze von entsprechenden Enzympräparaten (mit β-Glucanase-Aktivität bzw. Xylanaseaktivität) aufheben oder mildern. Eine mögliche positive Enzymwirkung ist von der Tierart, dem Alter und den Futterkomponenten abhängig. Bezüglich der Wirksamkeit für verschiedene Tierarten bzw. Getreidearten kann folgende Rangfolge aufgestellt werden:

- Putenküken > Broilerküken > Entenküken > Ferkel > Legehennen (?) > Mastschweine (?)
- Roggen > Gerste > Hafer > Triticale > Weizen (bei hohem Gehalt an löslichen NSP, ansonsten?) > Mais (?)

Die Kennzeichnung mit „?“ weist auf keinen eindeutigen Nachweis der Wirksamkeit hin.

Neben den NSP-hydrolysierenden Enzymen haben mikrobielle **Phytasen** als Futterzusatzstoffe große Bedeutung erlangt. Diese Enzyme katalysieren die hydrolytische Abspaltung von Phosphorsäureresten aus Phytinsäure (Hexaphosphorsäureester des Inositols). In Getreide und Leguminosen liegen ca. 50–80 % des Phosphors als Phytin-P vor. Die Phytin-P-Verwertung liegt bei Schwein und Geflügel allgemein bei 20–40 %. Darüber hinaus bildet Phytinsäure mit Ca-, Mg-, Fe- und Zn-Ionen schwerlösliche Chelate, sodass auch die Verdaulichkeit dieser Mineralstoffe beeinträchtigt wird. Durch Phytasezusätze kann bei Schweinen und Geflügel sowohl die P-Verwertung als auch die der anderen komplex gebundenen Elemente wesentlich verbessert werden. Bei entsprechender Rationsgestaltung kann dadurch die P-Exkretion um 25–50 % reduziert werden. Diese Verminderung der P-Emission durch die Tierhaltung ist dabei ein umweltrelevanter Aspekt.
Der Einsatz von Enzymen zur quantitativen Ergänzung körpereigener Enzyme (Amylasen, Proteasen, Lipasen) scheint nur in Ausnahmefällen gerechtfertigt zu sein.
Mikroorganismen (Probiotika): Diese Zusatzstoffe werden auch unter der Bezeichnung „Darmflorastabilisatoren“ geführt. Bei den als Futterzusatz-

stoffen zugelassenen Mikroorganismen handelt es sich um lebensfähige, getrocknete vegetative Zellen ausgewählter Stämme von Bakterien oder Hefen sowie um Präparate, die Bakteriensporen enthalten. Sie werden meist in der Größenordnung von 10^9 Keimen pro kg Alleinfutter eingesetzt und können verschiedenen Habitaten entstammen (Verdauungstrakt, Boden, Früchte/Pflanzen). Der Einsatz erfolgt vor allem bei Jungtieren (Kälber, Ferkel, Küken) und es werden aufgrund einer Modifikation der intestinalen Mikrobiota positive Wirkungen für das Tier postuliert. Dies betrifft insbesondere eine verminderte Durchfallhäufigkeit und gelegentlich auch verbesserte Leistungsparameter.

Die Wirkungsmechanismen sind noch nicht vollständig aufgeklärt. Neueren Untersuchungen zufolge bewirken aber Modifikationen der intestinalen Mikrobiota ein Zurückdrängen verschiedener pathogener Keime sowie eine Beeinflussung der Funktion der Darmschleimhaut und des darmassoziierten Immunsystems.

Im Sinne des Verbraucherschutzes werden an Mikroorganismen, die als Futterzusatzstoffe eingesetzt werden, hohe Sicherheitsanforderungen gestellt. So müssen sie apathogen sein, dürfen keine Toxine bilden und vorhandene Antibiotika-Resistenzgene dürfen nicht auf transferierbaren Elementen lokalisiert sein. Sie müssen unbedenklich für Mensch, Tier und Umwelt sein. Bei den in der EU zugelassenen Mikroorganismen handelt es sich vorwiegend um verschiedene Stämme des Bakteriums *Enterococcus faecium* und der Hefe *Saccharomyces cerevisiae* sowie um Sporenpräparate von ausgewählten *Bacillus*-Arten und um Vertreter der Bakteriengattungen *Lactobacillus* oder *Pediococcus*.

Andere zootechnischen Zusatzstoffe: Hierbei handelt es sich um eine sehr heterogene Gruppe von Substanzen, die mit dem Ziel verbesserter zootechnischer Leistungen zugelassen sind. Neben Benzoesäure und Na-Benzoat sind es z. B. Kombinationspräparate, die organische Säuren sowie verschiedene ätherische Öle bzw. nur ätherische Öle oder ätherische Öle in Kombination mit Kräutern und Gewürzen enthalten.

Da bei dieser Art von Futterzusatzstoffen viel in Forschung und Entwicklung investiert wird, ist der aktuelle Stand der Zulassungen schnell veränderbar und daher jeweils zu erkunden.

21 Futtermittel aus gentechnisch veränderten Organismen

Hans Schenkel und Heinz Jeroch

In einigen Ländern, insbesondere den USA, Kanada, Argentinien und Brasilien, hat in den letzten Jahren der Anbau gentechnisch veränderter Pflanzen deutlich zugenommen. Dies betrifft im Hinblick auf die Fütterung die Kulturen Sojabohnen, Raps, Baumwolle, Mais und Zuckerrüben. Diese können direkt oder über Nebenprodukte zur Verfütterung anstehen. Darüber hinaus können Futtermittel und vor allem Futterzusatzstoffe mithilfe gentechnisch veränderter Organismen hergestellt werden.

Gentechnisch veränderte Organismen (GVO) unterliegen einer ausgiebigen Begutachtung und einem komplexen Zulassungsverfahren sowie einem Monitoring nach erfolgter Freisetzung[10]. Nach den derzeitigen rechtlichen Regelungen besteht eine Deklarationspflicht[11] für Futtermittel einschließlich aller Zusatzstoffe, die aus GVO bestehen, diese enthalten oder aus GVO hergestellt wurden. Nach derzeitiger Rechtsauffassung besteht keine Kennzeichnungspflicht bei Produkten, die mithilfe von GVO hergestellt wurden, jedoch keine GVO-Bestandteile enthalten (z. B. Futterzusatzstoffe, die fermentativ mit gentechnisch veränderten Mikroorganismen hergestellt wurden).

Hinsichtlich der Futtermittel, die aus GVO-Pflanzen anfallen, stehen insbesondere Raps-, Soja- und Maisprodukte im Vordergrund. Die derzeit auf dem Markt befindlichen Pflanzen bzw. Produkte entstammen alle der sogenannten 1. Generation, d.h. es handelt sich um Pflanzen, die gegenüber bestimmten Pflanzenschutzmitteln oder gegenüber bestimmten Erregern oder Schädlingen resistent sind. Hinsichtlich der Nährstoffzusammensetzung zeigen Untersuchungen eine weitgehende Übereinstimmung mit den nicht veränderten Ausgangspflanzen.

Die sogenannte zweite Generation umfasst Pflanzen, in denen substanzielle Veränderungen vorliegen. So können verschiedene wertgebende Inhaltstoffe verändert sein, wie z. B. die Zusammensetzung der Stärke in Kartoffeln, Veränderung des Fettsäuren- und/oder des Aminosäuremusters, die Reduktion oder das Fehlen sogenannter antinutritiver Faktoren. Anhand derzeitiger Anträge bei der EU kann man schlussfolgern, dass diese Zielstellungen derzeit noch eindeutig in der Minderheit sind.

Neben den Fragen der unkontrollierten Ausbreitung freigesetzter gentechnisch veränderter Organismen oder Änderungen in den Resistenzen gegenüber verschiedenen Krankheiten interessiert in der Tierernährung und Futtermittelkunde vor allem die langfristige Auswirkung der Verfütterung von gentechnisch veränderten Pflanzen auf das Tier bzw. auf die vom Tier stammenden Lebensmittel.

Von verschiedenen Autoren (Flachowsky und Aulrich 2001, Kuiper et al. 2004[12]) wurden die bisher publizierten Ergebnisse wissenschaftlicher Untersuchungen zum Einsatz von Futtermitteln aus gentechnisch veränderten Pflanzen der ers-

10 Z. B.: Guidance document of the scientific panel on genetically modified organisms for the risk assessment of genetically modified microorganisms and their derived products intended for food and feed use. EFSA J. 374, 1–115, 2006.

11 Derzeit geregelt in den VO (EU) Nr. 1829/2003 und 1830/2003.

12 Kuiper, H. A., König, A., Kleter, G. A., Hammes, W. P., Knudsen, I. (2004): Safety assessment, detection and traceability, and societal aspects of genetically modified foods. Food Chem. Toxicol. 42: 1195–1202; Flachowsky, G., Aulrich, K. (2001): Genetically modified crops (GMO) in animal nutrition. Übers. Tierernährung 29, 45–79.

Tab. 21.1
Vergleich ausgewählter Inhaltsstoffe von isogenen und transgenen Maiskörnern und Sojabohnen (nach Flachowsky und Aulrich 2001)

Inhaltsstoffe	Isogener Mais	Transgener Mais[1]	Isogener Mais	Transgener Mais[2]	Isogene Sojabohnen	Transgene Sojabohnen[3] Linie 40-3-2	Transgene Sojabohnen[3] Linie 61-67-1
Nährstoffe (g/kg DM)							
Rohasche	15	16	19	18	50	52	52
Rohprotein	108	98	120	119	416	414	413
Rohfett	54	56	31	35	155	163	161
Rohfaser	23	25	34	30	71	69	71
N-freie Extraktstoffe	800	805	796	798	381	371	375
Stärke	710	708	692	701	–	–	–
Mengenelemente (g/kg DM)							
Calcium	0,3	0,4	1,2	0,5	–	–	–
Phosphor	3,7	3,2	4,0	3,9	–	–	–
Magnesium	1,2	1,2	1,7	1,5	–	–	–
Aminosäuren (g/kg DM)							
Lysin	2,9	3,0	3,3	3,2	26,1	25,6	25,8
Methionin	2,2	2,1	2,6	2,5	5,5	5,5	5,4
Cystin	2,5	2,4	3,0	2,7	–	–	–
Threonin	–[4]	–	–	–	16,0	15,6	15,8
Tryptophan	–	–	–	–	5,9	5,9	5,9
Fettsäuren (% der Gesamtfettsäuren bzw. g/100 g Fett)							
Palmitinsäure	12,4	12,5	11,5	11,8	–	–	–
Ölsäure	31,1	28,6	27,7	27,4	19,7	19,7	19,8
Linolsäure	50,0	51,2	57,0	56,3	52,5	52,3	52,5
Linolensäure	–	–	–	–	8,0	8,2	8,1
Antinutritive Substanzen							
Lektine[5]	–	–	–	–	3,0	2,6	3,2
Trypsininhibitor (mg/g DM)	–	–	–	–	22,6	23,7	22,6

1 BT (*Bacillus thuringiensis*)-Mais 2 Pat (Phosphino-tricinacetyl-transferase)-Mais
3 Gt (Glyphosat-Toleranz)-Sojabohnen 4 keine Analysen 5 hämagglutinierende Einheiten je mg Protein

ten Generation im Vergleich zu isogenen Ausgangspflanzen zusammenfassend ausgewertet. Es wurde dabei festgestellt, dass keine gerichteten Unterschiede hinsichtlich der Inhaltsstoffe bestehen (→ Tab. 21.1). In Bt-Mais-Produkten wurden häufiger weniger Mykotoxine (insbesondere an Deoxynivalenol, Zearalenon und Fumonisinen) gefunden. Im Tierversuch ergaben sich keine Unterschiede in der Verdaulichkeit der Energie und der Nährstoffe, in der Tiergesund-

Tab. 21.2
Futterwertdaten von Maissilagen aus isogenen und transgenen Maisganzpflanzen sowie Mast- und Schlachtleistung von Schwarzbunten Jungmastbullen bei Verfütterung dieser Silagen (nach Flachowsky und Aulrich, 2001)

Parameter	Isogener Mais (Cesar)	Transgener (Bt-) Mais
Trockensubstanz (g/kg FM)	337	321
Rohnährstoffe (g/kg DM)		
Rohasche	45	42
Rohprotein	84	87
Rohfett	29	28
Rohfaser	186	191
N-freie Extraktstoffe	656	652
Verdaulichkeit OM (%)	75	74,5
Umsetzbare Energie (MJ/kg DM)	10,95	10,91
Aufnahme Maissilage (kg/Tier und Tag)	18,8	18,7
Aufnahme umsetzbarer Energie (MJ/Tier und Tag)	91,2	88,6
Zunahme (g/Tier und Tag)	1487	1482
Energieaufwand (MJ ME/kg Zunahme)	61,5	60,1
Schlachtausbeute (%)	52,4	52,8
Bauchhöhlenfett (kg/Tier)	49,6	48,7

heit, der Leistung der Tiere sowie der Zusammensetzung der erzeugten Lebensmittel tierischer Herkunft (→ Tab. 21.2). Dies wurde sowohl in relativ kurzfristigen Bilanzversuchen als auch in langfristigen „Mehr-Generationen-Versuchen" an Wachteln festgestellt.

Im Zusammenhang mit der Sicherheitsbewertung stellt sich auch häufig die Frage nach dem Schicksal der veränderten DNA, die über die GVO-Futtermittel in die Ration eingetragen werden. Hierzu ist festzuhalten, dass im Vergleich zur üblichen Aufnahme an Fremd-DNA mit dem Futter der Anteil gentechnisch veränderter Abschnitte äußerst gering ist. Im Rahmen verschiedener futtermitteltechnologischer Verfahren (Extraktionsverfahren, Silierung) wird DNA auch abgebaut. Ein weiterer Abbau erfolgt während der Passage durch den Verdauungstrakt. Dennoch lässt sich ein Transfer von DNA-Spuren in Organe und Gewebe nicht ausschließen und konnte experimentell auch nachgewiesen werden. Es gibt allerdings keine Hinweise, dass sich transgene DNA anders verhält als native Pflanzen-DNA. Da pflanzliche Promotoren im tierischen und menschlichen Organismus nicht aktiv sind und die Bruchstücke über spezifische Entsorgungssysteme wieder eliminiert werden, ist die Ausprägung unerwünschter Eigenschaften nicht möglich. Eine weitere Sorge ist eine mögliche unerwünschte Wirkung durch neuartige Proteine, die durch die gentechnische Veränderung gebildet werden. In bisherigen Fütterungsversuchen konnte gezeigt werden, dass sowohl bei Wiederkäuern als auch bei Nichtwiederkäuern diese „Novelproteine" im Verdauungstrakt abgebaut werden. Es ergeben sich keine Hinweise aus der Literatur, dass die neu ausgeprägten Proteine sich im Magen-Darm-Trakt anders verhalten als herkömmliche Proteine.

Die Diskussion wurde im Zusammenhang mit den neuen Verfahren des „Genome Editing" neu entfacht. Der Europäische Gerichtshof hat entschieden, dass auch solche Methoden wie CRISPR/Cas unter die bisherigen gentechnischen Regelungen fallen.

22 Mischfuttermittel

Heinz Jeroch und Jürgen Zentek

22.1 Allgemeine Bemerkungen

Mischfuttermittel sind fast ausschließlich Mischungen aus zerkleinerten, lufttrockenen Einzelfuttermitteln (insbesondere Getreide und Nebenprodukte aus der Verarbeitung pflanzlicher Rohstoffe) sowie Ergänzungs- und Zusatzstoffen (→ Kap. 20). Die Einzelfuttermittel (mindestens zwei Arten) werden nach Art und Menge so kombiniert und mit Ergänzungs- und Zusatzstoffen supplementiert, dass die Mischungen den gewünschten Fütterungseffekt bewirken. Die Herstellung der Mischfuttermittel erfolgt nach modernen Produktionsverfahren in einem spezifischen Industriezweig, der Mischfutterindustrie, oder auch direkt im landwirtschaftlichen Betrieb. Innerhalb der Mischfutterindustrie besteht ein gesonderter Produktionszweig, der Mineralfuttermittel erzeugt, die sich größtenteils aus mineralischen Einzelfuttermitteln zusammensetzen. Des Weiteren gibt es spezielle Hersteller/Unternehmen für die Produktion von Vormischungen (Prämixen). Sowohl für die Mischfutterproduktion (einschließlich der zuliefernden Wirtschaftszweige) als auch den Mischfutterhandel existieren umfassende gesetzliche Regelungen (→ Kap. 10 und Kap. 22.5 bis 22.7), insbesondere zur Sicherheit der Käufer, der Nutztiere, der Verbraucher von tierischen Nahrungsmitteln und der Umwelt. Schon seit Jahrzehnten nimmt das Mischfutter einen festen Platz in der Fütterung landwirtschaftlicher Nutztiere ein. Mischfuttermittel sind eine wichtige Grundlage für eine leistungsfähige und effektive Tierproduktion, die dadurch Nahrungsmittel mit hoher Qualität und Sicherheit ressourcen- und umweltschonend erzeugen kann. Der Leistungsanstieg in den letzten Jahrzehnten, z. B. in der Geflügelwirtschaft, wäre ohne Einsatz von Mischfutter nicht möglich gewesen. Bei der Fütterung von Hochleistungskühen sind neben hochwertigen Grundfuttermitteln die Milchleistungsfutter und Mineralfutter wichtige Ergänzungsfutter für eine vollwertige Ernährung. Für die Herstellung von tierart- und leistungsgerechten Futtermischungen im landwirtschaftlichen Betrieb bilden die vielfältigen Ergänzungsfuttermittel aus der Mischfutterindustrie eine in der Regel notwendige Supplementierung mit essenziellen Nährstoffen.

Die Jahresproduktion an Mischfutter in Deutschland beträgt 23,8 Mio. t (Stand 2018). Von der Gesamtproduktion entfallen etwa 30,8 % auf Mischfuttermittel für Rinder, 39,8 % auf Schweinemischfutter, 26,8 % auf Geflügelmischfutter, 1,0 % auf Mischfuttermittel für Pferde und 1,6 % auf andere Tierarten.

Über die zur Mischfutterherstellung verwendeten Einzelfuttermittel und -gruppen (Wirtschaftsjahr 2018/2019, jeweilige Gesamtmengen und prozentuale Anteile am Gesamtfuttermitteleinsatz) informiert die folgende Übersicht:

- 11,57 Mio. t Getreide (48,5 %)
- 6,02 Mio. t Nebenprodukte der Ölindustrie (25,3 %)
- 1,62 Mio. t Mühlennachprodukte (6,8 %)
- 0,62 Mio. t zuckerhaltige Futtermittel (2,6 %)
- 0,45 Mio. t Maiskleberfutter (1,9 %)
- 0,24 Mio. t Getreidetrockenschlempe (1,0 %)
- 0,19 Mio. t Körnerleguminosen (0,8 %)
- 0,01 Mio. t Citrus- und Obsttrester (0,1 %)
- 3,12 Mio. t sonstige Futtermittel (13,0 %)

Die mit deutlichem Abstand mengenmäßig wichtigsten Rohstoffgruppen sind demzufolge das Getreide und die Nebenprodukte aus der Ölgewinnung. Zur Gruppe „Sonstige Futtermittel“ zählen insbesondere weitere Nebenprodukte aus der Verarbeitung pflanzlicher und tierischer Rohstoffe

Tabelle 22.1
Vergleich des Energiegehaltes und der Inhaltsstoffe von Wintergerste mit den Anforderungen an Alleinfutter für Mastschweine (Angaben pro kg bei 88 % DM).

Umsetzbare Energie/ Inhaltsstoffe	Wintergerste	Alleinfutter bis 60 kg LM	Alleinfutter 60–90 kg LM	Alleinfutter ab 90 kg LM	Abweichung (%)
Umsetzbare Energie (MJ)	12,6	13,0	13,0	12,5	– 3 bis + 1
Rohprotein (g)	110	185	165	150	– 41 bis – 27
pcd[1] Lysin (g)	2,4	9,1	7,4	6,2	– 74 bis – 61
pcd Methionin + Cystin (g)	3,0	5,1	4,1	3,5	– 41 bis – 14
pcd Threonin (g)	2,5	6,0	4,9	4,1	– 58 bis – 39
pcd Tryptophan (g)	0,8	1,6	1,3	1,1	– 50 bis – 27
Calcium (g)	0,6	7,0	6,0	5,0	– 91 bis – 88
verd. Phosphor (g)	1,6	2,9	2,3	1,9	– 45 bis – 16
Vitamin A (IE)	0	4000	3000	3000	– 100
Vitamin D (IE)	0	300	200	200	– 100

1 pcd: praecaecal verdauliches

sowie pflanzliche Öle bzw. Fette, Mineralstoffe und Prämixe. Der Anteil der einzelnen Rohstoffe im Mischfutter unterliegt im Verlauf der Zeit aufgrund verschiedener Einflussfaktoren Veränderungen. Hierzu zählen die Preiswürdigkeit (z. B. Preisrelationen zwischen den Komponenten, bewertet nach Energie und Nährstoffgehalt), die Verfügbarkeit von Einzelfuttermitteln (Einflussfaktoren insbesondere Erntezeit, Erntemengen, Lagerbestände, Verarbeitungsmengen der Ernährungsindustrie), administrative Eingriffe (z. B. Verfütterungsverbote; Beispiele: Produkte von Säugetieren und Geflügel, tierische Fette an Wiederkäuer), Höchst-/Mindestgehalte und auch politische Rahmenbedingungen.
Einzelfuttermittel können bei ihrer Verfütterung an landwirtschaftliche Nutztiere nicht gleichzeitig den Bedarf an Energie, Rohprotein (Aminosäuren), Mineralstoffen, Vitaminen und weiteren essenziellen Futterinhaltsstoffen decken, selbst hochwertiges Weidegras nicht (u. a. Na-Defizit). Es ergeben sich sowohl mehr oder weniger große Versorgungslücken als auch bedarfsüberschreitende Aufnahmen, wie das extreme Beispiel „Wintergerste“ in Tabelle 22.1 zeigt. Daraus folgt, dass einerseits das genetische Leistungspotenzial der Tiere unzureichend ausgeschöpft wird, andererseits durch das unausgewogene Energie- und Nährstoffangebot keine optimale Verwertung des Futters (Umwandlung der Futterinhaltsstoffe in tierische Leistungen) möglich ist. Darüber hinaus resultiert daraus insbesondere eine höhere Ausscheidung von Stickstoff über den Harn, der zu einer erheblichen Belastung der Umwelt führen kann. Außerdem können gesundheitliche Störungen auftreten und auch nachteilige Einflüsse auf die Qualität der tierischen Produkte sind möglich. Durch entsprechende Mischfuttermittelzusammensetzung, d. h. durch eine sachgemäße Kombination von Einzelfuttermitteln in Verbindung mit Ergänzungs- und Zusatzstoffen, lassen sich die Ansprüche der Tiere an Energie und Nährstoffen optimal erfüllen. Diese Feststellung trifft sowohl für Allein- als auch für Ergänzungsfuttermittel zu (→ Kap. 22.2).
Mit der Herstellung und dem Einsatz von Mischfuttermitteln sind vor allem folgende Vorteile verbunden:

- Neue Erkenntnisse der Ernährungsphysiologie und Futtermittelkunde können kontinuierlich bei der Rezepturgestaltung berücksichtigt werden. Dies betrifft u. a. die wertbestimmen-

den Inhaltsstoffe, Bewertung der Futtermittel, verdauungsphysiologische Anforderungen, Futtermittelrestriktionen und die Ergänzung mit Futterzusatzstoffen.
- Der Einsatz von Mischfutter ermöglicht eine effektive Versorgung der Tiere mit Energie und Nährstoffen entsprechend dem Bedarf.
- Im Gemisch treten ungünstige Eigenschaften von Einzelfuttermitteln zurück, die ansonsten bei alleiniger Verfütterung einen negativen Einfluss auf Leistung und Gesundheit der Tiere bewirken könnten.
- Durch spezielle Technologien (Zerkleinern, Homogenisieren, Hitzebehandlung, Pelletieren u. a.; → Kap. 24) lässt sich nicht nur eine Qualitätsverbesserung einzelner Komponenten und der Mischung erreichen, sondern es ergeben sich weitere Vorteile, die u. a. den Transport, die Lagerung, die Futterdarbietung und -aufnahme sowie die Fütterungs- und Arbeitshygiene betreffen.
- Wenn in den Herstellungsprozess thermische Behandlungen integriert sind (z. B. Pelletieren, Expandieren, Pasteurisieren; → Kap. 24.5), wird ein hoher Hygienestatus des Futters erreicht.
- Die Sicherung einer gleichbleibenden Qualität erfolgt durch den Mischbetrieb selbst, durch externe Qualitätssicherungssysteme und durch entsprechende Behörden im Sinne einer ständigen Qualitätskontrolle der verwendeten Komponenten und der produzierten Mischfuttermittel.
- Absicherung der Qualität durch branchenübergreifende Qualitätsstandards/Systeme, die in Europa auch über Ländergrenzen hinweg Gültigkeit haben (z. B. HACCP und GMP).

22.2 Einteilung und Verwendungsart

Mischfuttermittel werden nach verschiedenen Aspekten eingeteilt und bezeichnet:
- **Verwendungszweck:** Milchaustauscher-Futtermittel (als Alleinfuttermittel), Alleinfuttermittel, Ergänzungsfuttermittel einschließlich Mineralfuttermittel und Melassefuttermittel, Diätfuttermittel
- **Leistungs- und Alterskategorie:** z. B. Starter, Aufzucht mit Altersklassen, Zucht, Mast mit Gewichtsklassen, Milchrinder, Lege-/Zuchtgeflügel
- **Tierart:** Rinder, Schweine, Schafe, Pferde, Hühner, Puten u. a.

Unter **Alleinfuttermitteln** sind Mischungen zu verstehen, die die für eine bedarfsgerechte Versorgung notwendigen Gehalte an Energie, Protein (Aminosäuren), Mineralstoffen und Vitaminen aufweisen und mit verschiedenen Zusatzstoffen u. a. zum Zwecke der Optimierung der Verdauungsprozesse, der Leistungsstabilisierung, der Futterqualitätserhaltung und der Krankheitsprophylaxe ergänzt sein können. Sie kommen in der Regel ohne Zufütterung weiterer Futtermittel zum Einsatz, d. h. sie sind bei ausschließlicher Verfütterung bedarfsdeckend an Energie und Nährstoffen. Alleinfuttermittel ermöglichen den höchsten Grad der Vereinfachung in der Futterdarbietung.

Ergänzungsfuttermittel dienen zur Aufwertung und Komplettierung betrieblicher Futtermittel (z. B. Grundfutter, Getreide) mit Energie, Nähr- und Mineralstoffen, Vitaminen und Zusatzstoffen. Sie sind hinsichtlich Zusammensetzung und Inhaltsstoffen auf die im Betrieb verfügbaren Futtermittel ausgerichtet. Durch gezielte Kombination mit diesen wird eine vollwertige Ernährung der Tiere erreicht. Mischfuttermittel dieser Kategorie werden vor allem in der Rinder-, Pferde- und Schweinefütterung eingesetzt. Sie haben aber auch eine gewisse Bedeutung in der Geflügelfütterung in Kombination mit Getreide.

Auch mit der Fütterung von **Mineralfuttermitteln** (enthalten neben Mengenelementen in der Regel Spurenelemente und Vitamine und im Bedarfsfall auch technische Aminosäuren) wird das Ziel verfolgt, unzureichende Gehalte in den Rationskomponenten aufzubessern, d. h. eine bedarfsorientierte Versorgung mit genannten Nährstoffen zu gewährleisten. Die Zusammensetzung der Mineralfutter kann gezielt auf die Rationszusammensetzung ausgerichtet werden. Mineralfutter werden außerdem zur Herstellung von Alleinfuttermischungen und Ergänzungsfuttermitteln im landwirtschaftlichen Betrieb verwendet.

Auch die **Melassefuttermittel** sind wie die Mineralfuttermittel ein spezifisches Ergänzungsfutter-

mittel. Sie werden unter Verwendung von Melasse hergestellt und müssen mindestens 14% Gesamtzucker, berechnet als Saccharose, enthalten.
Vormischungen (Prämixe) gelten nicht als Mischfuttermittel im futtermittelrechtlichen Sinn. Sie werden zur gewerbsmäßigen Abgabe von „anerkannten Vormischbetrieben" oder von „anerkannten Mischfutterherstellern" für die innerbetriebliche Verwendung zwecks Einbringen von Zusatzstoffen (Spurenelemente, Vitamine, Aminosäuren und weitere,→ Kap. 20.3) in Mischfuttermittel hergestellt. Ein direkter Verkauf an landwirtschaftliche Betriebe ist untersagt.
Diätfuttermittel sind Alleinfutter oder Ergänzungsfutter, die einen „besonderen Ernährungszweck" im Rahmen der Prophylaxe oder Therapie, insbesondere bei Verdauungs-, Resorptions- und Stoffwechselstörungen erfüllen sollen. Sie sind ausführlich in der Futtermittelverordnung einschließlich eines Verzeichnis der für Diätfuttermittel festgesetzten Verwendungszwecke und ihrer wesentlichen ernährungsphysiologischen Merkmale beschrieben (Anlage 1). Beispiele für Indikationen sind Verringerung der Gefahr des Milchfiebers bei Milchkühen, Verringerung der Gefahr der Verstopfung bei Zuchtsauen oder Verringerung der Gefahr des Fettlebersyndroms bei Legehennen.

22.3 Mischfutterberechnung

Das zu produzierende Mischfutter soll die Energie- und Nährstoffansprüche der zu versorgenden Tierart, Nutzungsrichtung bzw. Altersklasse allein (Alleinfutter) oder als Ergänzungsfutter in Kombination mit weiteren Futtermitteln optimal erfüllen. Eine wirtschaftliche Fütterung kann nur dann erfolgen, wenn neben der optimalen Futterzusammensetzung gleichzeitig auch die Futterkosten möglichst gering sind. Außerdem hat die Mischfutterzusammensetzung eine hohe Produktqualität zu gewährleisten, und das Mischfutter darf nicht ernährungsbedingte Störungen und Krankheiten verursachen bzw. begünstigen. Weiterhin sollte das zur Verfütterung kommende Mischfutter einen Beitrag zur umwelt- und ressourcenschonenden Fütterung leisten. Diese Zielstellungen sind bei der Rezepturgestaltung des jeweiligen Mischfuttertyps zu berücksichtigen. Die Berechnung der Mischfutterzusammensetzung erfolgt über lineare Optimierung mithilfe spezieller Computersoftware. Hierzu werden insbesondere die folgenden Ausgangsdaten/Ausgangsbedingungen benötigt bzw. berücksichtigt:

- Inhaltsstoffanforderungen an die einzelnen Mischfuttertypen (z. B. Schweinemast-Alleinfutter im ersten Mastabschnitt), Verhältnisse zwischen einzelnen Nährstoffen bzw. zwischen Energie und Nährstoffen,
- Kundenwünsche hinsichtlich Mischungskomponenten, Inhaltsstoffen und Zusatzstoffen,
- Inhaltsstoffe der zur Verfügung stehenden Einzelfuttermittel,
- verfügbare Komponenten und deren Mengen,
- Einsatzgrenzen von Einzelfuttermitteln (Höchstanteile) bzw. Vorgaben für bestimmte Futtermittel,
- technische und ernährungsphysiologische Restriktionen (z. B. max. mögliche Zugabe an flüssigen Komponenten, max. Fettanteile), die dann für die jeweilige Mischung als Maximum- und Minimumrestriktion festgelegt werden, und
- Preise aller Rohstoffe (Komponenten) sowie der Zusatzstoffe. Mit den Kosten der Rohstoffe (Komponenten) wird dann auf den billigsten Mischpreis für den jeweiligen Mischfuttertyp optimiert.

Grundsätzlich dürfen nur Einzelfuttermittel und Futterzusatzstoffe verwendet werden, die in der Positivliste für Futtermittel gelistet bzw. in der Europäischen Union zugelassen sind.
Am Ende des Rechenprozesses wird die amtliche Deklaration mit den erforderlichen Komponenten- und Inhaltsstoffangaben, ergänzenden Informationen sowie dem Preis ausgedruckt. Für alle nicht in der Mischung berücksichtigten Komponenten wird für den Formulierer ein „Schattenpreis" angegeben. Dieser Schattenpreis besagt, wie billig diese(s) Futtermittel hätte(n) sein müssen, um in der Mischung berücksichtigt zu werden.

22.4 Herstellung

Die Herstellung von Mischfuttermitteln ist an bestimmte Voraussetzungen gebunden, die auch im landwirtschaftlichen Betrieb erfüllt sein müssen. Sie umfassen die Lagerhaltung zahlreicher Einzelkomponenten, ihre Aufbereitung und Qualitätsermittlung, eine leistungsfähige Mischtechnik, die u. a. ein exaktes Vermischen von Mineralstoffen, Vormischungen und weiteren Futterzusätzen mit den Hauptkomponenten gewährleistet, den Einsatz spezieller Einzelfuttermittel und flüssiger Komponenten sowie die Qualitätskontrolle der fertigen Mischungen. Eine besondere Form der Mischfutterproduktion ist die Verarbeitung von Futterzusatzstoffen in Spezialbetrieben zu Vormischungen. Das Prinzip der Mischfutterherstellung ist in Abbildung 22.1 dargestellt. Einzelne Verfahrensschritte können davon durchaus abweichen. Das Beschichten bzw. Aufsprühen von Substanzen (Fette, Enzyme, Probiotika) kann z. B. an verschiedenen Stellen erfolgen (auch nach dem Pelletiervorgang bzw. dem Kühlen der Pellets). Des Weiteren finden zusätzliche Technologien bei der Mischfutterherstellung Anwendung wie Expandieren und Extrudieren (→ Kap. 24.5) und spezielle Hygienisierungsverfahren. Durch Integration des Expanders im Herstellungsprozess ergeben sich viele Vorteile. Die Pelletfestigkeit wird damit bei Mischungen mit höheren Anteilen

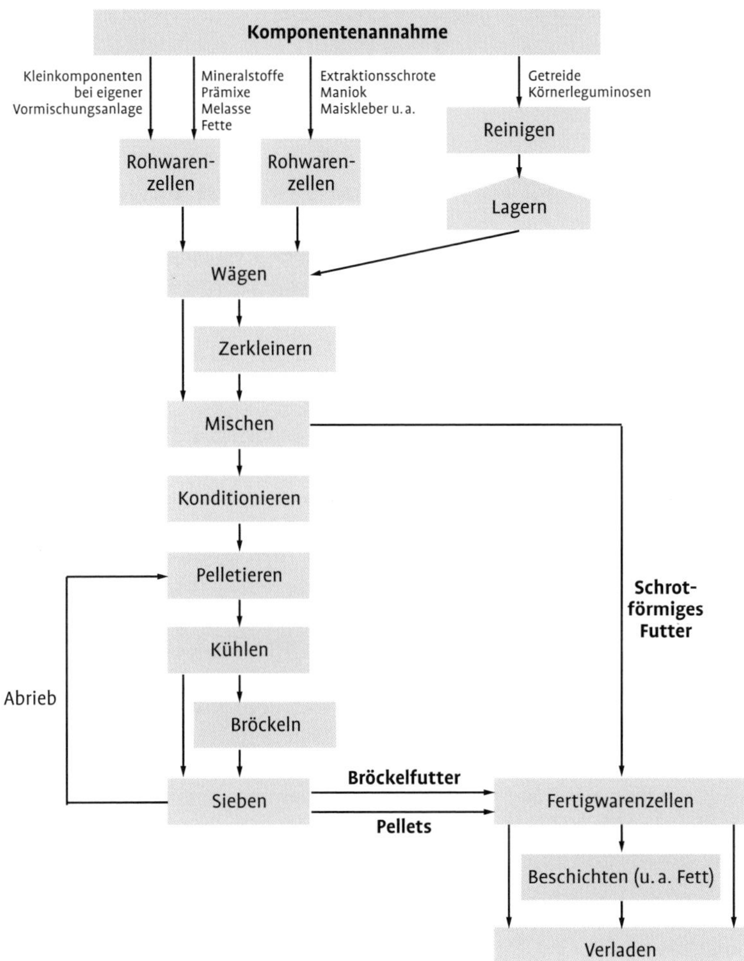

Abb. 22.1 Technologischer Ablauf der Mischfutterherstellung.

schwer pelletierbarer Komponenten (z. B. Kleien, Sojabohnen) verbessert. Die Flexibilität in der Komponentenauswahl ist dadurch höher, und die Pelletqualität wird auch bei Zusatz höherer Flüssigkeits- bzw. Fettmengen nicht beeinträchtigt. Zunehmend wichtig ist eine zuverlässige Hygienisierung des Futters (Reduktion von gesundheitsgefährdenden Bakterien, wie u. a. Salmonellen). Das Expandieren des Futters ist eine Alternative zum Pelletieren mit dem Vorteil eines höheren Hygenisierungseffektes im Vergleich zum konventionellen Pelletieren. Der Extruder kommt vor allem bei der Herstellung von Katzen- und Hundefutter sowie Fischfutter (Aquakultur) zum Einsatz. Bezüglich der Keimzahlreduzierung im Futter wirkt die Extrusion am effektivsten. Zur Dekontamination von schrotförmigem Futter ist das Pasteurisieren ein sehr wirksames Behandlungsverfahren.

Eine gute Mischfutterqualität lässt sich auch mit modernen stationären und fahrbaren Mischaggregaten in landwirtschaftlichen Betrieben und Unternehmen erzielen, wenn die genannten Voraussetzungen erfüllt sind. In der Regel ermöglichen diese Anlagen jedoch keine spezifischen Arbeitsschritte, wie z. B. Pelletieren, Granulieren und Beschichten. Außerdem bestehen Grenzen bezüglich Homogenität und Verschleppung.

Etwa 75 % des industriell hergestellten Mischfutters wird derzeit pelletiert. In Mehlform kommen vorrangig nur bestimmte Geflügelmischfutter (Legehennenfutter, Küken- und Junghennenaufzuchtfutter; Gründe → Kap. 31) in der Fütterung zum Einsatz. Durch die Pelletierung des Mischfutters entstehen u. a. folgende Vorteile:

- Technologisch: Reduziertes Volumen (= Vorteile für Transport und Lagerung), keine Entmischung von der Herstellung bis zum Futtertrog, verbesserte Fließfähigkeit.
- Ernährungsphysiologisch: Partielle Inaktivierung antinutritiver Substanzen, Nährstoffaufschluss (= z. T. verbesserte Nährstoffverdaulichkeit).
- Zootechnisch: Geringere Futterverluste, keine selektive Auswahl von Futterkomponenten, erhöhter Futterverzehr bei energieärmeren Futtermischungen, mitunter höhere Leistungen (z. B. Geflügelmast).
- Hygienisch: Staubentwicklung minimiert (= bessere Umwelt- und Arbeitshygiene), deutlich verminderte Keimzahl, vermindertes Risiko für mikrobiellen Verderb durch Oberflächenreduzierung (= längere Haltbarkeit).

Um mögliche Verhaltensstörungen durch Pelletfütterung zu vermeiden, ist Bröckelfutter (gebrochene Pellets, „Crumbles") anstelle von Pellets zu verfüttern (= längere Beschäftigung mit der Futteraufnahme, Vorteile des Pelletierens bleiben aber weitgehend erhalten).

22.5 Allgemeine Anforderungen

Entsprechend der FMV gelten für Mischfutter allgemeine Anforderungen. Diese werden nachfolgend kurz vorgestellt:

- **Wassergehalte:** Der Gehalt an Feuchtigkeit darf in Mischfuttermitteln, ausgenommen Mischfuttermittel aus ganzen Körnern, Samen oder Früchten folgende Werte nicht überschreiten (bezogen auf Originalsubstanz): bei Milchaustauschern sowie anderen Mischfuttermitteln mit Anteilen von > 40 % Trockenmilcherzeugnissen 7 %, bei Mineralfuttermitteln mit organischen Bestandteilen 10 % und ohne organische Bestandteile 5 % sowie bei sonstigen Mischfuttermitteln 14 %. Diese Anforderungen gelten nicht, wenn der Feuchtigkeitsgehalt angegeben ist.
- **Gehalte an HCl-unlöslicher Asche:** In Mischfuttermitteln – ausgenommen Mischfuttermittel aus ganzen Samen, Körnern oder Früchten – darf der Gehalt an HCl-unlöslicher Asche höchstens betragen: bei Mischfuttermitteln, die überwiegend aus Nebenerzeugnissen der Reisverarbeitung bestehen 3,3 % der DM und bei sonstigen Futtermitteln 2,2 % der DM. Diese Anforderungen sind aufgehoben für Mischfuttermittel mit Bindemitteln mineralischen Ursprungs, Mineralfuttermittel, Mischfuttermittel, die überwiegend aus Schnitzelerzeugnissen von Zuckerrüben bestehen, sowie Mischfuttermittel für Nutzfische, die mehr als 15 % Fischmehl enthalten, wenn der Gehalt an HCl-unlöslicher Asche angegeben ist.
- **Spurenelemente:** Zum Einsatz dürfen nur zugelassene Spurenelementverbindungen kommen, die im Gemeinschaftsregister der Futter-

zusatzstoffe aufgeführt sind. Dieses ist im Internet in der jeweils aktualisierten Form einsehbar. Für die Konzentrationen an den Spurenelementen Eisen, Zink, Mangan, Kupfer, Iod, Kobalt und Selen in Alleinfuttermitteln sind Höchstgehalte (Bezug: mg/kg Futter bei 88 % DM) vorgegeben. Dadurch soll neben dem toxikologischen Aspekt vor allem eine Belastung der Tiere, übermäßige Einlagerung in verschiedene Organe (z. B. Kupfer in der Leber) sowie ein vermehrter Eintrag in die Umwelt vermieden werden. Andererseits müssen, um einem Eisenmangel insbesondere bei Mastkälbern vorzubeugen, Milchaustauscher-Alleinfuttermittel für Kälber bis 70 kg LM mindestens 30 mg Eisen je kg (88 % DM) enthalten. Bei Kälbern mit über 70 kg LM muss ein auf die Gruppe bezogener durchschnittlicher Hämoglobinwert von mindestens 6 mmol/l Blut erreicht werden, der als Indikator einer ausreichenden Eisenversorgung angesehen wird.

- **Mineralische Einzelfuttermittel:** Mischfuttermittel für Nutztiere enthalten Mineralstoffergänzungen. Mengenelemente bzw. ihre Salze sind mineralische Einzelfuttermittel.
- **Vitamingehalte:** Für das Vitamin D (D_2, D_3, hydroxyliertes Vitamin D) und für das Vitamin A sind Höchstgehalte in Mischfuttermitteln festgelegt. In Ergänzungsfuttermitteln dürfen Höchstgehalte überschritten werden, wenn sichergestellt ist, dass die mit der Gesamtration aufgenommene Menge nicht höher ist als der für das Alleinfutter festgelegte Wert. Die Gründe für diese Festlegung sind Vermeidung von Hypervitaminosen sowie Verbraucherschutz (Vitamin-A-Speicherung in der Leber).
- **Sonstige Zusatzstoffe** (→ Kap. 20): In amtlichen Register der Futterzusatzstoffe sind für die einzelnen Kategorien die zugelassenen Verbindungen (Name, chemische Bezeichnung, Beschreibung), deren Verwendungszweck (Tierart/Tierkategorie, Höchstalter der Tiere, Dosis [min., max.]) und weitere Bestimmungen, wie Verwendungsbeschränkungen und Einsatzempfehlungen, hinterlegt.
- **Unerwünschte Stoffe:** Hierbei handelt es sich um Stoffe, die in Futtermitteln enthalten sein können (→ Kap. 10), d. h. nicht vollständig zu vermeiden, aber generell unerwünscht sind. Um die Gesundheit der Nutztiere nicht zu gefährden sowie einen Transfer in die tierischen Produkte (Verbraucherschutz) zu verhindern, sind Höchstgehalte festgelegt.

22.6 Deklaration

Mischfuttermittel dürfen nur entsprechend der futtermittelrechtlichen Regelungen zur Kennzeichnung von Einzel- und Mischfuttermitteln gemäß der Verordnung (EG) Nr. 767/2009 (auf den Sackanhängern, Fracht- oder Begleitpapieren) in Verkehr gebracht werden:

- **Bezeichnung:** Aus der Bezeichnung muss hervorgehen, ob das Mischfuttermittel ein Alleinfuttermittel, Ergänzungsfuttermittel, Mineralfuttermittel, Melassefuttermittel, Milchaustausch-Alleinfuttermittel oder Milchaustausch-Ergänzungsfuttermittel ist und für welche Tierart oder Tierkategorie (Nutzungsrichtung, Altersstufe) es verwendet werden soll.
- **Zusammensetzung:** Bei Mischfuttermitteln für landwirtschaftliche Nutztiere sind alle enthaltenen Einzelfuttermittel in absteigender Reihenfolge anzugeben („halboffene Deklaration"). Dieses kann mit den Prozentanteilen erfolgen („offene Deklaration"). Anstelle der Nennung von Einzelfuttermitteln einer Futtermittelkategorie (z. B. Gerste, Weizen, Hafer) ist bei Heimtierfutter auch die Gruppenbezeichnung (Getreide) möglich.
- **Gentechnisch veränderte Organismen (GVO):** Bei Einsatz von Futtermitteln, Futterbestandteilen und Futterzusatzstoffen, die aus GVO hergestellt wurden, muss eine Kennzeichnung durch folgenden Vermerk erfolgen: „Dieses Produkt enthält (Bezeichnung des/der Organismus/Organismen), genetisch verändert". Diese Kennzeichnungspflicht ist auch verbindlich für solche Futterbestandteile, die keinen Nachweis der GVO bei der Herstellung aus GVO mehr zulassen (z. B. Sojaöl).
- **Gehalte an Inhaltsstoffen:** Bei allen Alleinfuttermitteln und Ergänzungsfuttermitteln (außer Mineralfuttermittel) sind die Gehalte an Rohprotein, Rohfett (außer Melassefuttermittel) Rohfaser und Rohasche zu deklarieren. Wenn Mischfuttermittel für Wiederkäuer NPN-Ver-

bindungen enthalten, ist außer dem Gesamtgehalt an Rohprotein zusätzlich derjenige Rohproteinanteil auszuweisen, der sich aus dem Stickstoff der enthaltenen NPN-Verbindungen ergibt. Die Angabe des Gesamtzuckergehaltes (berechnet als Saccharose) beschränkt sich auf Melassefuttermittel. Zusätzlich ist für Schweine- und Geflügelfuttermittel (Alleinfutter, Ergänzungsfutter) der Gehalt an Lysin und Methionin auszuweisen. Bei Mineralfuttermitteln besteht Deklarationspflicht für die Gehalte an Calcium, Natrium, Phosphor (jeweils alle Tierarten bzw. Tierkategorien) und Magnesium (nur Mineralfutter für Rinder, Schafe und Ziegen). Außerdem ist der Gehalt an verschiedenen Mengenelementen anzugeben, wenn bestimmte Konzentrationen in Melassefuttermitteln und in anderen Ergänzungsfuttermitteln (z. B. ≥ 5 % Calcium in Ergänzungsfuttermitteln außer Melassefuttermittel) überschritten werden.

- **Erlaubte zusätzliche Inhaltsstoffangaben:** Neben den vorgeschriebenen Inhaltsstoffangaben dürfen zusätzlich angegeben werden, z. B. bei Alleinfuttermitteln: Wasser, Stärke, Gesamtzucker, Lysin, Methionin, Cystin, Threonin, Tryptophan, Calcium, Kalium, Magnesium, Natrium, salzsäureunlösliche Asche, Energie (nach Berechnung mit den Schätzgleichungen in → Tab. 22.2).
- **Zusatzstoffe:** Grundsätzlich sind die supplementierten Zusatzstoffe namentlich mitzuteilen. Weitere Angaben sind abhängig von der Art des Zusatzstoffes. Hierzu zählen: Gehalt an wirksamer Substanz (Vitamine, Enzyme, Mikroorganismen, Zusatzstoffe zur Verhütung der Histomoniasis oder der Kokzidiose), Gehalt an Elementen (Spurenelementverbindungen, z. B. Cu aus Kupfer-II-sulfat), Endtermin der Garantie des Gehaltes oder Haltbarkeitsdauer vom Herstellungsdatum an (Vitamine, Enzyme, Mikroorganismen, Zusatzstoffe zu Verhütung der Histomoniasis oder der Kokzidiose), EG-Registriernummer (Enzyme, Mikroorganismen), Anerkennungs-Kennnummer des Herstellungsbetriebes (Zusatzstoffe zur Verhütung der Histomoniasis oder der Kokzidiose). Hinzu kommen Hinweise auf das Höchstalter oder die Wartezeit sowie für eine Reihe von Zusatzstoffen eine Gebrauchsanweisung oder Empfehlung für den sicheren Gebrauch, so z. B. bei Zusatzstoffen zur Verhütung der Kokzidiose und der Histomoniasis, bei Kupfer und Mikroorganismen. Bei Ergänzungsfuttermitteln, die einen höheren Gehalt an Zusatzstoffen haben, als er für entsprechende Einzelfuttermittel zulässig ist, sind besondere Hinweise für den Rationsanteil erforderlich, damit die für die Gesamtration verbindlichen Höchstgehalte eingehalten werden. Es besteht somit gegenüber dem Tierhalter eine ausführliche Informationspflicht. Zahlreiche Zusatzstoffe durchlaufen derzeit den Prozess der Neuregistrierung und damit einer Änderung der Kennzeichnung/Deklaration. Die jeweils dann gültigen Vorgaben sind zu beachten und in den Deklarationen umzusetzen.
- **Herstellungsdatum:** Es ist das konkrete Herstellungsdatum (Tag, Monat, Jahr) anzugeben sowie die Ablaufzeit der Mindesthaltbarkeit.
- **Name und Anschrift des Herstellers** müssen dokumentiert sein, einschließlich der betriebsspezifischen Anerkennungs-Kennnummer.
- **Fütterungshinweise:** Für Mischfuttermittel mit bestimmten Zusatzstoffen, bzw. wenn die Bezeichnung eine sachgerechte Verwendung nicht sicherstellt, hat der Hersteller Einsatzhinweise mitzuteilen.
- **Zusätzliche Angaben:** Es sind die vom Gesetzgeber festgelegten Hinweise für die sachgerechte Verwendung mitzuteilen. Spezielle Angaben können bei Futtermitteln für besondere Ernährungszwecke (Diätfuttermittel) gemacht werden.

Nachfolgend ein Beispiel für die Mischfutterdeklaration von der Deutschen Tiernahrung Cremer GmbH & Co. KG, Düsseldorf:

- **Bezeichnung:** 3117800 deuka all-mash NG Lege 1, Mehl, Alleinfuttermittel I für Legehennen
- **Inhaltsstoffe:** Rohprotein 18,0 %; Lysin 0,85 %; Methionin berechnet als Methioninäquivalente 0,43 %; Calcium 3,70 %; Phosphor 0,50 %; Natrium 0,16 %; 11,4 MJ ME/kg; Rohfett 4,7 %; Rohfaser 4,0 %; Rohasche 12,2 %
- **Zusatzstoffe je kg:** Ernährungsphysiologische Zusatzstoffe: 10000 IE Vitamin A (3a672a) als Retinylacetat / 2500 IE Vitamin D (E 671) als Vitamin D_3 / 20 mg Vitamin E (3a700) als all

Tab. 22.2
Formeln zur Abschätzung des energetischen Futterwertes von Mischfuttermitteln (Nährstoffe in g/kg Futter DM).

Energie-stufe	Tierart	Gleichung	Anmerkung
Umsetz-bare Energie	Pferd[1]	ME (MJ/kg DM) = – 3,54 + 0,0129 CP + 0,00420 EE – 0,0019 CF + 0,0185 NfE	Gültigkeitsbereich: CF <350 g/kg DM EE <80 g/kg DM
Umsetz-bare Energie	Rinder, Schafe, Ziegen[2]	ME (MJ/kg DM) = 7,17 – 0,01171 CA + 0,00712 CP + 0,01657 NfE + 0,002 Stärke – 0,00202 ADF_{OM}, + 0,06463 Gasbildung (ml/200 mg DM)	
Netto-energie Laktation	Milch-kühe[2]	NEL (MJ/kg DM) = 0,6 [1 + 0,004 (q – 57)] · ME	q = (ME/GE) · 100 GE (MJ/kg DM) = 0,0239 CP +0,0398 EE + 0,0201 CF + 0,0175 NfE
Umsetz-bare Energie	Schweine[2]	ME (MJ/kg DM) = 0,021503 CP + 0,032497 EE – 0,021071 CF + 0,016309 Stärke + 0,014701 organischer Rest	Organischer Rest = OM – (CP + EE + CF + Stärke)
Umsetz-bare Energie	Geflügel[3]	ME (MJ/kg DM) = 0,1551 CP + 0,3431 NfE + 0,1669 Stärke + 0,1301 Gesamtzucker	Gesamtzucker ausgedrückt als Saccharose

1 GfE (2014), 2 FMV, Anlage 2 (2019), 3 Verordnung (EG) Nr. 152/2009

rac-alpha-Tocopherylacetat / 25 mg Eisen (E 1) aus Eisen-(II)-Sulfat / 0,6 mg Iod aus Calciumiodat, wasserfrei (3b202) / 8 mg Kupfer (E 4) aus Kupfer-(II)-Sulfat, Pentahydrat / 80 mg Mangan (E 5) aus Mangan-(II)-oxid / 60 mg Zink (3b605) aus Zinksulfat, Monohydrat / 0,2 mg Selen (E 8) aus Natriumselenit; Zootechnische Zusatzstoffe: 300 PPU 6-Phytase (EC 3.1.3.26) (4a12) / 1500 VU Endo-1,3(4)-beta-Glucanase EC 3.2.1.6 (4a1604i) / 1100 VU Endo-1,4-beta-Xylanase EC 3.2.1.8 (4a1604i); Sensorische Zusatzstoffe: 6,3 mg Canthaxanthin (2a161 g), 3,4 mg Lutein (E161b)

- **Zusammensetzung:** Mais 30,9 % / Weizen 30,5 % / Sojaextr.schrotfutter mit Soapstock, dampferh.18,2 % / Calciumcarbonat 9,1 % / Sonnenblumenextr.schrotfutter mit Soapstock 6,0 % / Pflanzenfettsäuren (Sonnenblume, Palm) 2,3 % / Maiskleberfutter 1,4 % / Monocalciumphosphat 0,35 % / Natriumchlorid 0,27 % / Palmöl 0,255 %
- **Fütterungsempfehlung:** Als Alleinfutter zur freien Aufnahme anbieten.
- **Hersteller:** Deutsche Tiernahrung Cremer GmbH & Co. KG 40221 Düsseldorf, Weizenmühlenstraße 20
  - QS-ID: 4031735001716
  - KAT-ID-NR.: D-40221-01
  - VLOG geprüft.
  - Dieses Futtermittel wird gemäß Paragraph 2 der Geflügel-Salmonellen-VO im Rahmen unseres HACCP-Prüfplanes risikoorientiert auf Salmonellen untersucht.
  - N (Stickstoff) 28,8 g, P_2O_5 (Phosphat) 11,5 g
  - „Kennnummer der Partie“ = Lieferscheinnummer bzw. Sacketikett.
  - Nettomasse und „Mindesthaltbarkeitsdatum“ siehe Sackaufdruck bzw. Lieferschein.
  - Mindesthaltbarkeitsdauer gilt bei hygienischer, kühler und trockener Lagerung. Bei unsachgemäßer Lagerung keine Haftung.
  - IDTF Nummer 40218 Mischfutter ohne tierisches Eiweiß

22.7 Qualitätskontrolle

Gewerblich hergestelltes Mischfutter wird in Deutschland in vielfältiger Weise und mit großer Gründlichkeit kontrolliert. Die Qualitätskontrolle des Mischfutters vollzieht sich dabei auf drei Ebenen: Eigenkontrolle durch den Mischfutterhersteller, die amtliche Futtermittelkontrolle und die freiwillige Qualitätsüberwachung durch verschiedene Institutionen, oft auch im Auftrag des Handels.

- **Eigenkontrolle durch den Mischfutterhersteller:** Eine eigene Qualitätskontrolle erfolgt durch die **Mischfutterhersteller.** Diese beinhaltet ausgewählte Inhaltsstoffe, mikrobiologische Kontaminanten und unerwünschte Stoffe. Zum einen dienen diese Untersuchungen zur Überwachung der Rohstoffe (Komponenten) und produzierten Mischfuttermittel bezüglich der wertbestimmenden Inhaltsstoffe. Bei Importfuttermitteln aus Übersee werden die Proben entweder bei der Verschiffung oder bei Ankunft im Hafen gezogen. Konkrete Rohstoffdaten sind für die Mischfutterberechnung eine wichtige Voraussetzung. Mit der Kontrolle der fertigen Mischungen soll sichergestellt werden, dass die deklarierten Inhaltsstoffe in den produzierten Mischungen auch vorliegen. Des Weiteren werden im Rahmen von Qualitätssystemen potenzielle Schadfaktoren überwacht, damit diese, z. B. durch Ausschluss möglicher belasteter Rohstoffe, nicht in den Herstellungsprozess gelangen. Dadurch soll eine höchstmögliche Lebensmittelsicherheit vonseiten der Mischfutterindustrie gewährleistet werden, denn diese ist ein bedeutsames Glied in der Herstellungskette von Lebensmitteln tierischen Ursprungs. Die hierbei zur Anwendung kommenden Qualitätsmanagementsysteme (z. B. DIN EN ISO 9000ff., GMP- [Good Manufacturing/Managing Practice] Regelwerk, HACCP-System, Qualitätssicherungsprogramm QS (Qualität und Sicherheit)) sind übergreifend, d. h. neben den Mischfutterherstellern sind die Rohstoffproduzenten (auch der Landwirt als Futtergetreideproduzent), die Rohstoffhändler, Transportunternehmen, Mischfutterhändler und Tierhalter eingebunden. Die Anwendung dieser Systeme setzt eine Zertifizierung voraus und zur Sicherstellung ihrer Einhaltung erfolgen periodische Überprüfungen (Audits). Diese Systeme sichern sowohl die Rohstoffe für die Mischfutterherstellung als auch die Prozesse und Produkte der Mischfutterherstellung ab. Notwendige Analysen werden entweder im ebenfalls zertifizierten betriebseigenen Labor und/oder durch anerkannte Untersuchungseinrichtungen durchgeführt. Die Analysendaten sind dem Mischfutterkäufer und der Öffentlichkeit nicht zugänglich.
- **Amtliche Futtermittelkontrolle:** Diese führen die hierfür zuständigen Überwachungsbehörden in den einzelnen Bundesländern durch. Die Kontrolle erstreckt sich auf die Mischfutterhersteller, Vertriebsunternehmen (Handel, Genossenschaften, Importeure) und den Tierhalter. Untersucht werden Einzelfuttermittel, Vormischungen von Zusatzstoffen zur Einmischung in Mischfuttermittel und die Mischfuttermittel nach den folgenden Kriterien: ordnungsgemäße Kennzeichnung, deklarierte Komponenten sowie deren Anteile und Qualität, Energie und Nährstoffgehalte, Gehalte an Zusatzstoffen, Gehalte an unerwünschten Stoffen und Schadstoffen (z. B. Mykotoxine, Schwermetalle, Dioxine), Vorhandensein verbotener Stoffe (z. B. Tiermehl) und Vorkommen nicht mehr zugelassener Stoffe (z. B. antibiotische Leistungsförderer). Neben der Kontrolle futterwertrelevanter Inhaltsstoffe entsprechend der Deklaration beinhaltet die Überwachung auch Stoffe, die eine Gefahr für die Nutztiere sowie für die Verbraucher von tierischen Lebensmitteln und die Umwelt darstellen. Die Untersuchung der Proben führen die Landwirtschaftlichen Untersuchungs- und Forschungsanstalten (LUFA) sowie andere amtliche Untersuchungseinrichtungen durch. Bei Beanstandungen und Abweichungen werden die Futtermittelhersteller und -inverkehrbringer informiert bzw. auch sanktioniert.
- **Qualitätsüberwachung durch Institutionen:** Eine Veröffentlichung von Untersuchungsergebnissen mit entsprechender Wertung kann nur auf privatwirtschaftlicher Basis erfolgen. Dadurch erhält der tierhaltende Betrieb, der Mischfutter in der Fütterung einsetzt, Informationen über die Qualität der Mischfuttermittel

der verschiedenen Hersteller. Das Ziel dieser Kontrolleinrichtungen ist, den Tierhaltern objektive Daten zur Mischfutterqualität der verschiedenen Hersteller zur Verfügung zu stellen. Ähnlich wie bei der „Stiftung Warentest" werden durch gemeinnützige Vereine bzw. Stiftungen Mischfuttermittel nach streng festgelegten und öffentlich transparenten Regeln für die Probenahme, Analytik und Bewertung **vergleichenden Tests** unterzogen und die Untersuchungsbefunde unter Nennung von Marke und Hersteller veröffentlicht. Beim **Verein Futtermitteltest e. V. (VFT)** bilden neben der Deklarationstreue (Inhaltsstoffe auf dem Packzettel sind auch im Futter laboranalytisch nachweisbar), ernährungsphysiologische Anforderungen sowie ökologische Parameter (geringe Standardausscheidung von N und P je tierisches Produkt) weitere Bewertungskriterien. Dadurch ist es möglich, dass eine Qualitätsabwertung aus ernährungsphysiologischer und/oder ökologischer Sicht erfolgen kann, obgleich die deklarierten Gehalte durch die Analysendaten nicht infrage gestellt werden.

In der **Vergabe von Gütezeichen** besteht eine weitere Möglichkeit der Qualitätsüberwachung. Die bekannteste und älteste Form ist das **DLG-Gütezeichen** von der Deutschen Landwirtschafts-Gesellschaft. Mischfutter und Mineralfutter mit diesem Qualitätssiegel zeichnen sich dadurch aus, dass sie nach im Gütezeichen festgelegten Qualitätsvorschriften (DLG-Mischfutterstandards) hergestellt werden und einer strengen Kontrolle mit der Veröffentlichung aller Einzelergebnisse unterliegen. Die Mischfuttermittel sind außerdem in das DLG-Futterberatungsprogramm integriert. Zusätzlich zum DLG-Gütezeichen hat die DLG den **Kodex für Mischfutter** geschaffen (2002). Darin verpflichten sich die Hersteller u. a. zur Einhaltung zusätzlicher Anforderungen bei den Rohstoffen, der Einbeziehung von Handel und Transport in die Qualitätssicherung und der Gewährleistung der Rückverfolgbarkeit jeder ausgelieferten Mischfutterpartie.

23 Konservierung von Futtermitteln

Olaf Steinhöfel

23.1 Ziele der Konservierung

Das Wort Konservierung ist vom lateinischen *conservare* (bewahren bzw. erhalten) abgeleitet und bedeutet sinngemäß Haltbarmachung (Verlängerung der Haltbarkeit). Das Ziel der Futterkonservierung besteht darin, Futtermittelnährstoffe über einen längeren Zeitraum durch Inaktivierung mikrobieller und futtermittelspezifischer Enzyme vor Zersetzungsprozessen, d. h. vor Autolyse, Oxidation, Hydrolyse und mikrobiellem Abbau, quantitativ und qualitativ zu schützen, eine Anreicherung mit nicht erwünschten Stoffen zu minimieren und Nährstoffumstrukturierungen nur in einem unvermeidbaren oder erwünschten Maße zuzulassen.

Bei der Konservierung gehen durch verfahrensbedingte unvermeidbare Stoffumwandlungen Energie und Nährstoffe verloren. In Abhängigkeit vom jeweiligen Verfahren und Grad seiner Beherrschung treten außerdem vermeidbare Verluste auf. Dazu gehören die sogenannten mechanischen Verluste, die durch Bearbeitung und Umschlag der Futtermittel im Zusammenhang mit der Konservierung entstehen. An den nichtmechanischen Verlusten sind die Nährstoffgruppen in unterschiedlichem Maße beteiligt. Vorrangig gehen leicht lösliche und gut fermentierbare Nährstoffe, vor allem Kohlenhydrate, verloren. Diese sind hoch verdaulich, wodurch eine gewisse Abnahme der Verdaulichkeit der Konservate eintritt. Die übrigen Nährstoffe werden weniger bzw. nur bei intensiveren Verderbprozessen oder bei Saftaustritt in Mitleidenschaft gezogen. Der DM- bzw. OM-Verlust bei der Konservierung von Futtermitteln gilt in den bisherigen Bewertungsansätzen als wesentlichster Maßstab für den Konserviererfolg. Qualitative Futterwertänderungen, wie im Punkt „Ziele der Konservierung" beschrieben, werden weniger berücksichtigt bzw. es wird unterstellt, dass der DM- bzw. OM-Verlust ein hinreichender Indikator für das Verlustgeschehen darstellt. In Tabelle 23.1 sind Erwartungswerte über Verluste bei der Futterkonservierung angegeben.

Die Konservierung kann einen mehr oder weniger starken Effekt sowohl auf die klassischen Futterwertparameter als auch auf spezifische Nährstoffqualitäten und in der Folge auf Umfang und Dynamik des ruminalen Abbaus sowie ihre partielle bzw. Gesamtverdaulichkeit ausüben, welche bei der Beurteilung des Konserviererfolges zu berücksichtigen sind. Folgende Veränderungen sind hier zu beachten:

Veränderung der Verdaulichkeit/Energiedichte durch Verluste:

- selektiv mechanische Verluste durch Bearbeitung im Zusammenhang mit der Konservierung,
- Verluste an organischer Substanz durch Atmung, Fermentation, Saftaustritt und Verderb und in der Folge Abnahme von löslichen Nährstoffen, Verdaulichkeit und Energiedichte sowie Zunahme von Asche.

Veränderung der Nährstoffqualität durch pflanzeneigene und mikrobielle Enzyme:

- Fermentation von vergärbaren Zuckern in flüchtige Fettsäuren, Alkohole und Ester,
- Proteolyse von Reinprotein bzw. Desmolyse (Desaminierung und Decarboxylierung) von Aminosäuren z. B. in Ammoniak, Carbonsäuren und Amine,
- Erhöhung der ruminalen Proteinbeständigkeit (UDP) und Maillard-Reaktionen durch Wärmeeinwirkung,
- Lipolyse und Oxidation von Futterfettsäuren und fettlöslichen Bestandteile, wie z. B. Vitaminen,

Tab. 23.1
Verlusterwartungswerte an organischer Masse bei der Futterkonservierung (in %).

	Bedingungen		
	günstig	ungünstig	davon unvermeidbar
Feldverluste			
< 1 Tag Feldliegezeit	1–3	> 4	1
1–2 Tage Feldliegezeit	4–6	> 10	3
3–4 Tage Feldliegezeit	6–8	> 12	5
> 4 Tage Feldliegezeit	8–12	> 18	7
Silierverluste			
Gärung und Restatmung	4–6	> 8	3
Sickersaftbildung	0–4	> 6	0
Aerober Stoffabbau an der Futterstockoberfläche	1–3	> 5	0
Aerobe Nachlagerung und Silageentnahme	1–2	> 6	< 1
Heuwerbung			
Dürrheubereitung	4–6	> 8	3
Kaltbelüftung	8–10	> 12	5
Warmbelüftung	6–8	> 10	2
Heißlufttrocknung			
Trocknungsprozess	4–6	> 7	3
Lagerung des Trockengutes	1	> 1	> 1

- Reduktion bzw. Komplexbildung von Mineralstoffen,
- Strukturänderung von Stärke und Zellwandkohlenhydraten und verändertes ruminales Abbauverhalten,
- Deaktivierung/Detoxifizierung antinutritiver bzw. toxischer Verbindungen und Inhaltsstoffe.

Veränderung durch hygienische Kontaminationen und Verderb:
- Anreicherung mit Boden und darin enthaltenen biotischen/abiotischen Stoffen,
- Belastung mit Keimen, Sporen und deren Stoffwechselprodukten bei mikrobiellem Verderb,
- Hitzeschädigung von Nährstoffen durch aerobe Umsetzungen,
- Reduktion von Nitrat zu Nitrit durch Zwischenlagerung und Luftentzug.

Veränderung durch mechanische Bearbeitung:
- Verringerung der Strukturwirksamkeit durch Reduzierung der Partikellänge,
- Erhöhung von diversen Stoffen durch Abrieb von Bedarfsgegenständen bei der Bearbeitung und Lagerung,
- Veränderung der Wasserlöslichkeit und Quellfähigkeit und damit der Strukturwirkung beim Wiederkäuer.

23.2 Verfahren der Konservierung

Zur Haltbarmachung von Futtermitteln können folgende Wirkprinzipien einzeln oder in Kombination genutzt werden:

- **physikalische Verfahren**
  - Herabsetzung der Wasseraktivität (a_w-Wert) durch Entzug aktiven Wassers (Trocknung, Tiefgefrieren, Eindampfen),
  - Keimabtötung/-reduzierung durch Wärmezufuhr (Erhitzen),
  - Reduktion der mikrobiellen und enzymatischen Aktivität durch Wärmeentzug (Kühlung, Gefrieren),
  - Reduktion der mikrobiellen und enzymatischen Aktivität durch Einwirkung ionisierender Strahlen (Bestrahlung),
  - Sauerstoffentzug durch Evakuieren (Vakuumieren);
- **chemische Verfahren**
  - Herabsetzung oder Steigerung des pH-Wertes (Säuren, Laugen, Salzen) und Hemmung anaerober Bakterien (NO_3/NO_2, Harnstoff/NH_3) durch Zusatz von Konservierungsmitteln (chemische Konservierung),
  - Reduktion der mikrobiellen und enzymatischen Aktivität durch konservierenden Rauch (Räuchern),
  - Herabsetzung der aktuellen Wasseraktivität (a_w-Wert) durch Zusatz hygroskopischer Stoffe (Salzen, Zuckern),
  - Sauerstoffentzug durch Begasen mit CO_2 (Begasung);
- **biologische Verfahren**
  - Sauerstoffentzug durch Folienabdeckung und Reduzierung des pH-Wertes durch spontane oder induzierte Milchsäure- bzw. alkoholische Gärung (Gärung, Silierung).

Aufgrund wirtschaftlicher Relevanz (Kosten, DM-Verluste) haben sich in der Futterkonservierung die folgenden Verfahren durchgesetzt:

- **Silierung** (Kaltsilierung von Grünfutterpflanzen, Heißsilierung von Saftfuttermitteln, Trockensilierung von Feuchtheu, Feuchtgetreide und Körnerleguminosen),
- **Chemische Konservierung** (Zusatz von Konservierungsmitteln),
- **Trocknung** (Wasserentzug durch Heißlufttrocknung, kalte bzw. warme Belüftungstrocknung, Bodentrocknung),
- **Kühlung** (Mietenlagerung von Hackfrüchten).

23.2.1 Silierung

Als Silierung wird die Haltbarmachung von Futternährstoffen unter Luftabschluss durch pH-Wert-Absenkung verstanden, wozu die spontane bakterielle Gärsäurebildung, insbesondere Milchsäure, genutzt wird. Die Milchsäuremenge, welche für eine stabile Haltbarmachung notwendig ist, hängt insbesondere vom DM-Gehalt des Siliergutes und den Einlagerungstemperaturen ab. Aufgrund wirtschaftlicher Relevanz (Kosten, DM-Verluste) haben sich folgende Verfahren der Silierung durchgesetzt:

- **Kaltsilierung:** Spontane Milchsäuregärung unter Luftabschluss von Futtermitteln mit ≤ 50 % DM und < 40 °C mit oder ohne Zusatz von Siliermitteln zur Unterstützung des Gärverlaufes für Gras, kleinkörnige Leguminosen, Futterraps, Grünlandaufwüchse, Silomais, Hirse, Zuckerrübenblatt, Hackfrüchten und Ganzpflanzen von Silomais, Getreide, Körnerleguminosen sowie Ölfrüchten.
- **Heißsilierung:** Spontane Milchsäuregärung unter Luftabschluss von Futtermitteln mit ≤ 50 % DM und > 40 °C mit oder ohne Zusatz von Siliermitteln zur Verbesserung der aeroben Stabilität für Zuckerrübenpressschnitzel, Biertreber, Pressschlempen, Pülpen und Trester.
- **Trockensilierung:** Luftdichte Lagerung von Futtermitteln ab etwa 55–86 % DM mit oder ohne Zusatz osmotoleranter Milchsäurebakterien sowie mit oder ohne Rückbefeuchtung für Grünfuttermittel (Heulage), Getreide, LKS, CCM, Körnermais, Körnerleguminosen und Futtermischungen (TMR). Der Begriff Trockensilierung ist nicht in jedem Fall korrekt, da der Konserviereffekt zum Teil eher durch die Trocknung und das CO_2-Mileau unter Luftabschluss begründet ist als durch die Milchsäuregärung. Korrekterweise ist es eine Kombination von Wasserentzug, Luftentzug und Silierung, erfolgt aber nach nahezu gleichem technischen Verfahren wie die Silagebereitung und soll deshalb hier zugeordnet werden.

23.2.1.1 Kaltsilierung von Grünfutterpflanzen

Vergärbarkeit von Grünfutterpflanzen

Als Vergärbarkeit, auch Silierbarkeit, wird die aufgrund der chemischen Zusammensetzung des Futters vorhandene Siliereignung bezeichnet. Der **Zuckergehalt** – in diesem Zusammenhang als Summe der wasserlöslichen von Milchsäurebakterien nutzbaren Kohlenhydraten verstanden – ist der wichtigste Faktor für die Vergärbarkeit, da er das Substrat für die Milchsäurebildung und damit für die biologische Ansäuerung darstellt. Zu den wasserlöslichen Kohlenhydraten zählen neben den Monosacchariden (insbesondere Glucose und Fructose) und den Disacchariden (insbesondere Saccharose und Maltose) auch die Oligosaccharide, wie Fructane oder Raffinose. Analytisch wird die Summe an silierfähigen wasserlöslichen Kohlenhydraten (Zucker) über die Anthron-Methode (kolorimetrische Messung nach Anthronzugabe in schwefelsaurer Lösung) bzw. in Abhängigkeit der entsprechenden Standards über die HPLC-Methode (Trennung über Flüssigchromatographie und Identifizierung sowie Quantifizierung über mitlaufende Standards) nachgewiesen. Die noch häufig anzutreffende Anwendung der Methode nach Luff-Schoorl (Reduktion der Kupfer (II)-Ionen im alkalischen Milieu durch Zucker und Rücktitration des Reagenzes) erfasst nur reduzierende Zucker und damit die Stoffgruppe nur unvollständig. Nach neueren Studien ist zu vermuten, dass auch Polysaccharide, wie Hemicellulose, Pektine oder Stärke, partiell durch Milchsäurebakterien anaerob verstoffwechselt werden können. Dies ist von der Enzymausstattung (Xylanasen, Pektinasen, Amylasen) der Bakterienspezies abhängig, welche entweder produkttypisch sind oder über Silierhilfsmittel zugesetzt werden. Auch osmotische Verhältnisse und Einlagerungstemperatur zeigen hier einen Einfluss. Neben dem Zuckergehalt wird die Vergärbarkeit eines Futtermittels durch die Pufferkapazität, den DM-Gehalt und den Besatz an epiphytischen Milchsäurebakterien und mikrobiellen Gärschädlingen, wie z. B. Clostridien, bestimmt.

Als **Pufferkapazität** bezeichnet man das Verhalten von Inhaltsstoffen mit puffernder Wirkung (z. B. Rohprotein, basische Mineralstoffe) auf die Ansäuerung. Sie wird in diesem Zusammenhang durch die erforderliche Milchsäuremenge in g/kg DM des Siliergutes definiert, die zur Ansäuerung auf pH 4,0 notwendig ist. In Abhängigkeit von der Pufferkapazität ist demnach eine unterschiedliche Milchsäure- und damit Zuckermenge erforderlich, um eine bestimmte Absenkung des pH-Wertes zu erreichen. Deshalb wird der Quotient aus Zuckergehalt und Pufferkapazität **(Z/PK-Quotient)** des Siliergutes berechnet und als Maß für die mögliche biologische Säuerung des Siliergutes betrachtet.

Der **DM-Gehalt** ist für die Vergärbarkeit bedeutsam, weil von ihm die Zellsaftkonzentration und damit die osmotischen Bedingungen bzw. die Wasseraktivität für die Fermentation abhängen. Eine Erhöhung des DM-Gehaltes führt zu einer Verminderung der Geschwindigkeit mikrobieller Stoffwechselvorgänge und zu einer Verschiebung der pH-abhängigen Wachstumsgrenze der Clostridien in die Richtung des Neutralpunktes. Ab einem DM-Gehalt von ca. 55 % ist die Aktivität der Milchsäurebakterien aufgrund fehlender Osmotoleranz soweit reduziert, dass die Milchsäurebildung alleine nicht mehr ausreicht, um konservierend zu wirken. Siliergüter mit einem DM-Gehalt von 55–86 % sind nur durch den Luftabschluss (CO_2-Mileau) lagerfähig und in der Regel nach Öffnung bzw. ungewolltem Luftzutritt aerob äußerst instabil. Als Beispiel können hier die Heulagen genannt werden.

Der **kritische pH-Wert** gibt die Aciditätsgrenze für die sichere Verhinderung des Wachstums der Clostridien in Abhängigkeit vom DM-Gehalt an. Der DM-Gehalt bestimmt somit, abhängig vom Z/PK-Quotient des Siliergutes, das Maß der notwendigen Ansäuerung. Weissbach et al. (1974) haben dies über den **Mindesttrockensubstanzgehalt** (DM_{min}) für das Gelingen der Silierung über die Gleichung $DM_{min} = 450-80 \cdot Z/PK$ definiert. Der DM_{min} gibt die obere Grenze des Unsicherheitsbereiches für die Erzeugung buttersäurefreier Silagen bei sorgfältiger Silierung an (→ Tab. 23.2). Deshalb ist insbesondere bei Gras- und leguminosenreichen Grünfutterpflanzen ein Anwelken der Schnittgüter notwendig. Zur Bewertung der Vergärbarkeit von Siliergütern formulierten Schmidt et al. (1971) einen **Vergärbarkeitskoeffizienten** (= DM (%) + 8 · Z/PK-Quotient) als Kriterium für buttersäurefreie Silagen. Bei Vergärbarkeitskoeffizienten von über 45 und > 10^5 Milchsäurebakterien je g Siliergut können mit großer Sicherheit buttersäurefreie Silagen er-

Tab. 23.2
Erreichbarer pH-Wert und notwendiger DM_{min}-Gehalt bei unterschiedlichem Z/PK-Quotienten.

Z/PK-Quotient	Erreichbarer pH-Wert	DM_{min} (g/kg FM)
3,8	4,10	150
3,1	4,20	200
2,5	4,35	250
1,9	4,45	300
1,2	4,60	350
0,6	4,75	400
0,3	4,85	450
0,2	5,00	500

zeugt werden (Weissbach und Honig 1996). Die wesentlichen Parameter der Silierbarkeit eines Futtermittels sind somit futtermittelspezifisch geprägt (→ Tab. 23.3).

Dem **Nitrat** wird bei der Vergärung eine inhibitorische Funktion für das Clostridienwachstum und damit die Buttersäuregärung zugesprochen. Für die sichere Erzeugung buttersäurefreier Silagen werden > 3 g Nitrat je kg DM gefordert. Aufgrund düngerechtlicher Beschränkungen sind diese Konzentrationen in Futterpflanzen kaum noch zu erreichen.

Neben der chemischen Eignung für die Silierung sind auch mikrobiologische Faktoren für den Siliererfolg von Bedeutung. Insbesondere der **epiphytische Ausgangskeimbesatz,** welcher wesentlich die Fermentationsgeschwindigkeit und damit die Säuerung steuert, spielt eine gewichtige Rolle. Zum Nachweis können sowohl mikrobiologische als auch molekulargenetische Testverfahren genutzt werden.

Ein komplexer Test zur Bestimmung der Vergärbarkeit und zur Ermittlung der limitierenden Faktoren von Siliergütern ist der **Rostocker Fermentationstest (RFT)** (Pieper et al. 1996). Der RFT ist eine *In-vitro*-Methode, bei welcher aufbereitetes Siliergut jeweils ohne Zusatz, mit Zugabe von Zucker, mit Zugabe von Milchsäurebakterien und mit Zugabe von Zucker und Milchsäurebakterien im Trockenschrank bebrütet und über die pH-Wert-Veränderung bewertet wird. Die Methode wurde durch Zierenberg et al. (2002) weiterentwickelt, indem der osmotische Druck und somit der DM-Gehalt durch Zugabe von Kaliumchlorid differenziert eingestellt werden kann. Damit kann auch die Osmo- und die Thermotoleranz der Milchsäurebakterien untersucht werden.

Notwendige Silierbedingungen

Umweltfaktoren (z. B. Niederschläge, Temperatur, Globalstrahlung), Standort (z. B. Bodenmineralien), Düngung (z. B. N, Kalk) und Produktionstechnik (z. B. Verschmutzung, Lufteinfluss und DM-Änderung durch Welken oder Verdichten) können die Vergärbarkeit jedoch sowohl positiv als auch negativ beeinflussen. Um optimale Bedingungen für das Wachstum der Milchsäurebakterien zu schaffen und Gärschädlinge zu unterdrücken, sind praktikable und wirtschaftlich akzeptierte Verfahrenslösungen und Verfahrensketten zu schaffen, welche streng kontrolliert und zeitlich optimiert abgestimmt sind. Dies betrifft z. B. die Bestandspflege, die Reduzierung von Wetterrisiken, die Optimierung des Schnitt- bzw. Reifetermins, die verschmutzungsarme Ernte, Bergung und Einlagerung, die Einstellung optimaler DM-Gehalte durch Anwelken bzw. Abreifen, die Zerkleinerung und Aufbereitung des Siliergutes für eine optimale Verdichtung, die zeitliche Minimierung aeroben Einflusses vom Schnitt bis zur Siloabdeckung, die Optimierung des Verdichtungsprozesses und sofortige Abdeckung bzw. Einschließen mit Folien, den gegebenenfalls sinnvollen Einsatz von Siliermittelhilfsmitteln oder die Sicherung einer ausreichenden anaeroben Gärungsphase und Siloreifung von mindestens 8 Wochen. Auf eine detaillierte Beschreibung technischer Lösungen und deren Vernetzung kann an dieser Stelle nicht eingegangen werden.

Optimales Reifestadium

Der Aufbau blattreicher Pflanzenmasse während der ersten Phase der Pflanzenentwicklung ist durch die Bildung hoher Anteile an Zellsaft gekennzeichnet. Dieser Zellsaft ist reich an Zucker, welcher als Energiequelle für die säurebildenden Bakterien bei der Silagebereitung von Bedeutung ist. Andererseits enthält der Zellsaft auch den Hauptteil an N-haltigen Verbindungen und Mineralstoffen, d. h. den puffernden Substanzen. Mit

Tab. 23.3
Mittlere Vergärbarkeitskennzahlen ausgewählter Grünfutterpflanzen.

Futterpflanze	DM (g/kg FM)	Zucker [1] (g/kg DM)	Pufferkapazität (PK) (g Milchsäure/kg DM)	Z/PK-Quotient	Vergärbarkeits-koeffizient	DM_{min} (g/kg)
Mais	320	230	35	6,6	81	
Zuckerrübenblatt	145	285	52	5,5	59	
Markstammkohl	155	290	66	4,4	51	
Welsches Weidelgras	180	220	58	3,8	48	
Grünhafer	220	130	40	3,3	48	
Deutsches Weidelgras	190	165	47	3,5	47	
Gräser (allgemein)	200	115	47	2,4	39	258
Süßlupine	150	115	46	2,5	35	250
Grünroggen	160	135	56	2,4	35	258
Knaulgras	200	95	52	1,8	34	306
Rotklee	200	115	69	1,7	34	314
Wiesenlieschgras	210	75	46	1,6	34	322
Wiesenschwingel	190	90	60	1,5	31	330
Wiesenrispe	190	80	57	1,4	30	338
Luzerne	200	65	74	0,9	27	378

1 Summe der wasserlöslichen Kohlenhydrate

zunehmender Pflanzenentwicklung nimmt der Gehalt an diesen Stoffen in der Pflanze ab, da der Anteil der Blattfraktion an der Gesamtpflanze sinkt, während der Stängelanteil steigt. Durch das einsetzende Streckungswachstum der Zellen und der Gesamtpflanze erfolgt eine verstärkte Synthese und Einlagerung von Zellwandkohlenhydraten in die Zellwände der Stängelfraktion. Mit fortschreitender Entwicklung wird dieser Prozess durch eine Lignifizierung (Verholzung) begleitet. Der Fasergehalt steigt und die Verdaulichkeit der organischen Substanz, d. h. der Futterenergiegehalt, sinkt. Zudem findet mit dem Wachstum eine Zunahme des DM-Gehaltes statt. Bei Silomais und Getreideganzpflanzen kann durch Ausbildung stärkereicher, hoch verdaulicher Körner mit zunehmender Reife der Reduzierung der Verdaulichkeit entgegengewirkt werden. Mit zunehmender Vegetation sinken der Restpflanzen- bzw. Strohanteil und damit der Fasergehalt dieser Ganzpflanzen. Grünfutterpflanzen optimal zu schneiden, heißt zunächst den Zeitpunkt zu nutzen, an welchem das Siliergut und in Folge das Konservat einen Futterwert besitzt, der in der Rationsgestaltung hilft, die Leistungserwartungen zu erfüllen. Anderseits muss für das Gelingen der Silierung dieser Pflanzen ausreichend Zucker, wenig puffernde Substanzen, ausreichend epiphytische Milchsäurebakterien und ein angepasster DM-Gehalt vorhanden sein. Beide Aspekte definieren das Optimum der Pflanzenreife für die Silierung.

Das optimale Entwicklungsstadium für **Gras- und Leguminosenaufwüchse** wird zu Beginn des Ähren-/Rispenschiebens bzw. der Knospe erwartet. Die Faserfraktionen von pflanzlichen Gerüstsubstanzen (z. B. Rohfaser, ADF oder Lignin) sind wichtige Indikatoren für die Veränderung des Futterwertes. Für Gras- und Leguminosenaufwüchse liegt das Optimum bei 22–24 % Rohfaser in der DM. Der mittlere tägliche Rohfaserzuwachs in der Hauptvegetationsphase des ersten

Aufwuchses beträgt bei Futterroggen ca. 8 g, bei Gras 4–4,5 g, bei Klee 2,5–3 g und bei Luzerne ca. 4 g je kg DM.

Für **Silomais** werden DM-Gehalte im Kolben von 60–65 % angestrebt. Der tägliche Trockenmassezuwachs liegt in den letzten 4 Wochen vor Erreichen des optimalen Bereiches bei 7–10 g je kg Kolben-Frischmasse. Bei **Getreidepflanzen** ist der optimale Zeitpunkt zur Ernte beim Übergang von der Milch- in die Teigreife zu erwarten. Bei Gerste liegt dann der DM-Gehalt in der Ähre bei 45–50 % und bei Weizen 35–45 %. Ab der Milchreife nimmt der DM-Gehalt der Ähre um 0,5 (nass-kühle Witterung) bis 1 % (sonnig-warme Witterung) und der der Gesamtpflanze um 0,3–0,4 % täglich zu.

Neben der Optimierung des Schnittzeitpunktes und der gezielten Wahl der Getreideart und -sorte kann man das Kolben-Restpflanzen- bzw. Korn-Stroh-Verhältnis bei Silomais und Getreideganzpflanzen auch durch die Schnitt- bzw. Stoppelhöhe beeinflussen.

Anaerobe Bedingungen

Das Gelingen und das Verlustgeschehen bei der Gärfutterbereitung werden wesentlich durch die Zeit bestimmt, in welcher Siliergut bzw. Silage der Luft ausgesetzt ist. Der Grund ist der Veratmungsverlust. Die Pflanzenzellwände geben nach dem Schnitt ihren Schutz für den zuckerreichen Zellinhalt auf. Es beginnen intensive Atmungsvorgänge, bei denen die leichtlöslichen Kohlenhydrate verstoffwechselt werden. Bei Niederschlägen können diese auch aus dem Futter ausgewaschen werden. Je Feldliegetag steigt der Rohfasergehalt um 4–6 g je kg DM. Auch während der Einlagerung ins Silo nimmt der Rohfasergehalt des Siliergutes im Mittel täglich um ca. 3 g je kg DM zu. Die Veratmung des Restsauerstoffs unter der Folie und die mikrobielle Vergärung im Silo provozieren weitere Energieverluste. Erwartet werden muss hier ein Zuwachs an Rohfaser vom Siloabschluss bis zur fertigen Silage von 10–15 g je kg DM. Bei Siloanschnitt der fertigen Silage werden bei Luftzutritt die konservierten, leichtlöslichen Nährstoffe und Gärprodukte weiter veratmet. Zum Teil konnte ein Rohfaserzuwachs von bis zu 7 g/kg DM vom Siloanschnitt bis in den Futtertrog gemessen werden.

Eine wesentliche Voraussetzung für das verlustarme Silieren ist somit die schnelle Schaffung anaerober Lagerungsbedingungen, um den aeroben Stoffabbau zu beenden. Hier spielt neben der zügigen Einlagerung des geernteten Siliergutes (24-Stunden-Silage) und der luftdichten Verpackung mit Folien die Verdichtung des Siliergutes eine entscheidende Rolle. Im optimalen Silierbereich für viele Siliergüter von 30–40 % werden Lagerungsdichten von ca. 200 kg DM/m³ angestrebt (→ Abb. 23.1) .

Abb. 23.1 Notwendige Lagerungsdichte im Siliergut bei minimalem DM-Verlust (nach Honig, 2002).

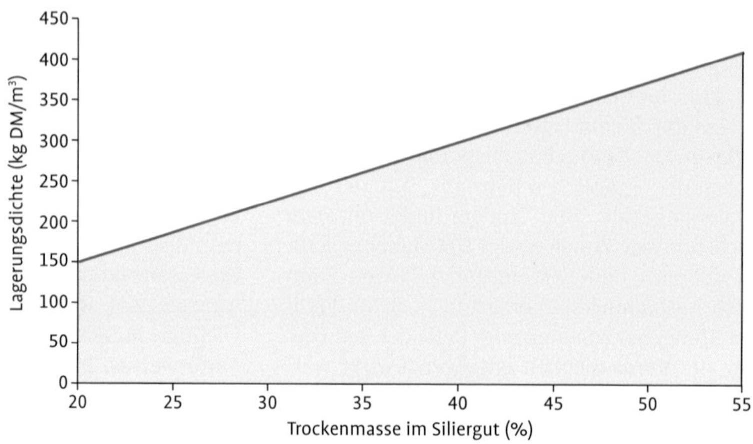

Verschmutzung

Aufwüchse von Wiesen und Weiden besitzen in der optimalen Schnittzeitspanne natürliche Rohaschegehalte von ca. 80 g je kg DM. Von der Wiese über das Silo bis in den Futtertrog steigt dieser um ca. 15 g. Der Grund ist hier die Reduzierung der organischen Bestandteile. Rohaschegehalte über 100 g je kg DM sind immer ein Indikator für Verschmutzung. Nur 2–3 % Zusatzverschmutzung können bei der gegenwärtigen Technik der Futterernte toleriert werden. Erde ist der Haupteintragspfad von buttersäurebildenden und proteinabbauenden Bakterien. Auf dem Grünland müssen alle Arbeitsvorgänge so durchgeführt und frequentiert werden, dass die Narben dicht geschlossen bleiben. Hierzu zählen, neben den bekannten Vorbereitungs-, Pflege- und Düngungsmaßnahmen, die Minimierung des Befahrens. Befahren werden sollten nur tragfähige Böden mit einer Bereifung und einem Reifendruck, die sensibel angepasst werden. An Regentagen und solange Tau auf der Pflanzenoberfläche ist, sollten die Flächen möglichst nicht befahren werden. Die Schneide-, Schwader-, Wende- und Häckslertechnik muss sorgfältig dem Standort angepasst und eingestellt werden. Die Schnitthöhe darf auf sensiblen Standorten nicht unter 10 cm betragen. Die Feldliegezeit muss reduziert und die Arbeitsgänge des Wendens und Schwadens auf ein Minimum eingeschränkt werden. Bei erhöhter Staubentwicklung muss das Fahren eingestellt oder die Fahrgeschwindigkeit, trotz arbeitswirtschaftlicher Konsequenzen, deutlich reduziert werden. Silos müssen vor der Nutzung absolut sauber sein. Ein Überfahren des Futters mit den Rädern der anliefernden Fahrzeuge ist zu vermeiden. Die Reifen des Fahrzeuges, das das Festfahren übernimmt, sind vor dem Einsatz peinlich genau zu reinigen. Das Futter sollte bei Anlieferung auf einer sauberen Bodenplatte vor dem Silo abgekippt werden und von dort mit dem Radlader zum Silo verbracht werden.

Verhinderung von Gärsaftbildung

Bei der Silierung von Futtermitteln mit geringen DM-Gehalten (bei > 5 m Silostapelhöhe < 28 % DM) fällt Gärsaft an. Die Menge hängt vom DM-Gehalt des Siliergutes und seiner Druckbelastung im Futterstock (Höhe und Dichte) ab (→ Abb. 23.2). Etwa 2/3 des Gärsaftes fallen in den ersten 2–4 Wochen Gärdauer an. Wenn dies bei der Siloanlage nicht berücksichtigt wird, kann der Futterstock abreißen und rutschen, was hohe Verluste provoziert. Der Gärsaft ist stark reduzierend (chemischer Sauerstoffbedarf [CSB-Wert] ca. 90 g O_2-Verbrauch/l) und besitzt beachtliche Säure- und Nährstoffgehalte, die zur Beeinträchtigung von Gewässern und besonders des Grundwassers führen können. Er darf deshalb nicht in Vorfluter, Grundwasser und Kanalisationen gelangen, sondern ist vollständig zu erfassen und zu beseitigen. Seit 2017 gilt eine Verordnung über Anlagen zum Umgang mit wassergefährdenden Stoffen (AwSV). Die Verordnung regelt alle Anlagen, in denen mit wassergefährdenden Stoffen umgegangen wird, und enthält auch Regelungen zur Bauweise und zum Betrieb von Anlagen, bei welchen Jauche, Gülle und Silosickersaft anfällt (JGS). Sie betrifft damit im Besonderen die Futtersiloanlagen.

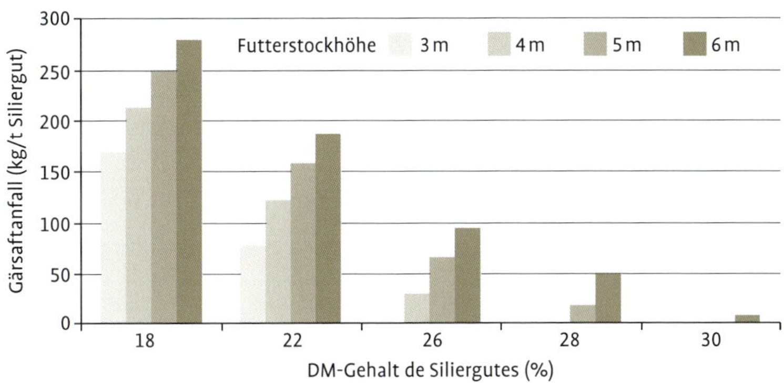

Abb. 23.2 Erwarteter Gärsaftanfall in Abhängigkeit vom DM-Gehalt von Grassilagen und der Futterstockhöhe (mod. Peters und Weissbach, 1977).

Fermentation wasserlöslicher Kohlenhydrate und Bewertung des Siliererfolges
Unter aeroben Bedingungen werden die wasserlöslichen Kohlenhydrate (Zucker) relativ schnell durch pflanzeneigene Enzyme und aerobe Mikroorganismen veratmet. Dabei wird Wärmeenergie, CO_2 und Wasser freigesetzt und der Verderb des Futters eingeleitet. Die Atmung verläuft in vereinfachter Form nach folgender Gleichung:

$$\underset{\text{Glucose}}{C_6H_{12}O_6} + 6\ O_2 \rightarrow 6\ CO_2 + 6\ H_2O + 2835\ kJ$$

Der anaerobe Stoffabbau kann durch Absenkung des pH-Wertes unter die Aktivitätsgrenze der im Siliergut befindlichen anaeroben Mikroben zum Erliegen gebracht werden. Dieses erfolgt durch Säuren, die als Stoffwechselprodukte der Mikroorganismen gebildet werden. In Tabelle 23.4 sind die Ansprüche und Stoffwechselaktivitäten der wichtigsten Mikroorganismen für die Silierung zusammenfassend und vereinfacht dargestellt. Daraus wird erkennbar, dass nur die Milchsäurebakterien durch Bildung ihres Stoffwechselproduktes Milchsäure (starke Säure) und wegen ihrer vergleichsweise hohen Säuretoleranz in der Lage sind, eine ausreichende pH-Wert-Absenkung zu bewirken.

Milchsäure ist geruchlos, gut verträglich für die Tiere und wirkt hemmend auf Clostridien. Alle anderen am Silierprozess beteiligten Mikroben sind mehr oder weniger als Gärfutterschädlinge anzusehen und deren Stoffwechselprodukte sind Indikatoren für Fehlgärungen. In den Silagen kommen bis zu 20 verschiedene Milchsäurebakterienarten vor, die vor allem den Gattungen *Lactobacillus, Enterococcus, Pediococcus* und *Leuconostoc* angehören. Nach ihrem Stoffwechseltyp wird nach homofermentativen und heterofermentativen unterschieden.

Die homofermentative Milchsäuregärung verläuft in vereinfachter Form nach folgender Gleichung:

$$\underset{\text{Glucose}}{C_6H_{12}O_6} \rightarrow 2\ \underset{\text{Milchsäure}}{CH_3CHOHCOOH} + 197\ kJ$$

Dabei entsteht nur ein minimaler Masseverlust; es gehen nur ca. 3 % der Energie der Glucose verloren. Beim heterofermentativen Gärungstyp entsteht neben Milchsäure noch Ethanol sowie/oder Essigsäure, Mannitol und CO_2. Das bedingt höhe-

Tab. 23.4
Ansprüche und Stoffwechselaktivität der wichtigsten Mikroorganismen für die Silierung.

Mikroorganismen	Verhalten zu Luftsauerstoff	Aktivitätsgrenze bei pH	Kohlenhydrat-vergärung	Eiweißabbau
Milchsäurebakterien	Fakultativ bis obligat anaerob	3,0–3,6	Stark zu Milchsäure, Alkohol, CO_2, H_2O, (Essigsäure)	Ohne
Coli-Aerogenes-Gruppe (coliforme Keime)	Fakultativ anaerob	4,3–4,5	Stark zu Essigsäure, CO_2, H_2O, (Ameisensäure)	Ohne oder schwach
Clostridien				
Saccharolyten	Obligat anaerob	4,2–4,4	Stark zu Buttersäure, CO_2, 2 H (Essigsäure)	Ohne
Proteolyten	Obligat anaerob	4,2–4,4	Ohne	Stark zu Amin + CO_2, Carbonsäure + NH_3
Fäulnisbakterien (*Pseudomonas*, *Alcaligenes*-Arten)	Aerob bis fakultativ anaerob	4,2–4,8	Stark	Sehr stark
Hefen	Aerob bis fakultativ anaerob	1,3–2,2	Stark zu Alkohol, CO_2, H_2O (Acetaldehyd)	Vorhanden
Schimmelpilze	Obligat aerob	2,5–3,0	Stark	Stark

re Verluste und eine geringere Absenkung des pH-Wertes.

$C_6H_{12}O_6 \rightarrow C_2H_4(OH)COOH + C_2H_5OH + CO_2 + H_2O$
Glucose Milchsäure Alkohol

$3\ C_6H_{12}O_6 \rightarrow$
Fructose
$C_2H_4(OH)COOH + CH_3COOH + 2\ C_6H_{14}O_6 + CO_2 + H_2O$
Milchsäure Essigsäure Mannitol

Der auf den Futterpflanzen vorhandene epiphytische Keimbesatz enthält mehr oder weniger Milchsäurebakterien. Diese sind durch optimale Silierbedingungen zu fördern. Für ihre Entwicklung und Stoffwechselleistung haben, wie bereits erwähnt, anaerobe Bedingungen, ausreichend vergärbare Kohlenhydrate, die Temperatur und der pH-Wert und gegen die Säuerung puffernde Substanzen entscheidenden Einfluss. Die übrigen Mikroben können durch Luftabschluss (aerobe Bakterien, Schimmelpilze und Massenvermehrung der Hefen) sowie durch Absenkung des pH-Wertes (*Coli-Aaerogenes*-Gruppe, Clostridien und Fäulnisbakterien) eliminiert oder stark unterdrückt werden.

Besonders gefährliche Gärfutterschädlinge sind die **Clostridien,** weil sie die Fähigkeit besitzen, Milchsäure und Protein abzubauen und den völligen Verderb der Silage einzuleiten. Clostridienkeime können die Milch infizieren und stellen deren Käsereitauglichkeit infrage (Spätblähung bei der Hartkäserei). Buttersäurehaltige Silagen sind deshalb für Milchvieh nur bedingt geeignet. Das Hauptstoffwechselprodukt der Saccharolyten ist die Buttersäure. Die Buttersäurebildung durch die Saccharolyten verläuft nach folgenden Gleichungen:

$C_6H_{12}O_6 \rightarrow CH_3(CH_2)_2COOH + 2\ CO_2 + 2\ H_2 + 3\ H_2O$
Glucose Buttersäure

$2\ C_2H_4(OH)COOH \rightarrow$
Milchsäure
$CH_3(CH_2)_2COOH + 2\ CO_2 + 2\ H_2 + H_2O$
Buttersäure

Das aktuell wichtigste Kriterium zur Bewertung des Siliererfolges ist der Verlust an Trockenmasse bzw. Futterenergie während der Konservierung. Aus diesem Grund sind die Konzentrationen an Butter- und Essigsäure sowie Ethanol entscheidende Indikatoren des Siliererfolges. In Tabelle 23.5 sind die DM-Verluste der wichtigsten Fermentationswege während der Silierung zusammengestellt.

Tab. 23.5
Verluste bei verschiedenen Fermentationswegen (McDonald et al., 1991).

	DM-Verluste (%)
Milchsäurebakterien, homofermentativ Glucose oder Fructose + 2 ADP + 2 P_i → 2 Milchsäure + 2 ATP + 2 H_2O	0
Milchsäurebakterien, heterofermentativ A Glucose + ADP + P_i → Milchsäure + Ethanol + CO_2 + ATP + H_2O	24
Milchsäurebakterien, heterofermentativ B 3 Fructose + 2 ADP + 2 P_i → Milchsäure + Acetat + CO_2 + 2 ATP + H_2O	4,8
Clostridien 2 Milchsäure + ADP + P_i → Buttersäure + CO_2 + 2 H_2 + ATP + H_2O	51,1
Hefe Glucose + 2 ADP + 2 P_i → 2 Ethanol + 2 CO_2 + 2 ATP + 2 H_2O	48,9

P_i = Phosphat inorganic / freies Phosphation

Der Fermentationsverlauf bei der Silierung lässt sich in vier bis fünf Phasen untergliedern, die nachfolgend in Anlehnung an Weissbach (1968) und Pahlow u. a. (2006), kurz charakterisiert werden:

1. Der aerobe Stoffwechsel der Pflanzenzellen und der von Epiphyten (besonders aerobe Sporenbildner) bleiben bestehen, solange Sauerstoff vorhanden ist. Bei raschem Luftabschluss dauert diese Phase nur wenige Stunden.
2. Es tritt eine schnelle Vermehrung fakultativ anaerober Keime (z. B. *Coli-Aerogenes*-Arten), sowie zunehmend von Milchsäurebakterien, ein. Die Zeitdauer beträgt ein bis zwei Tage.
3. Die Milchsäurebakterien erreichen den Höhepunkt ihrer Entwicklung bei Umschichtung der Milchsäurebakterienpopulation zu säuretoleranten Typen, wofür ein bis zwei Wochen (Hauptgärphase) benötigt werden.
4. Die Milchsäurebildung erlischt wegen zu niedrigem pH-Wert oder Mangel an vergärbaren Kohlenhydraten. Wird der kritische pH-Wert (Aktivitätsgrenze für Clostridien) unterschritten, sind die Silagen stabil (→ Abb. 23.3).
5. Wird der kritische pH-Wert nicht erreicht (labile Lagerungsphase), kann eine 5. Silierphase folgen (Umkippen der Silagen). Es kommt entweder zur Entwicklung von Clostridien, die Milchsäure und Protein abbauen, wodurch der pH-Wert ansteigt, Fäulnisprozesse einsetzen und der völlige Verderb der Silagen eintreten kann (→ Abb. 23.4). Oder – insbesondere bei zuckerreichen Siliergütern – es entwickeln sich Hefen, welche eine alkoholische Gärung provozieren.

Neben den Gärsäuren können, insbesondere in zucker- und stärkereichen Siliergütern, durch Hefen, Enterobakterien und auch spezifische Milchsäurebakterien auch Alkohole gebildet werden. Ethanolgehalte von >1,5 % DM gelten als unerwünscht. Unter aeroben Bedingungen können Milch- und Essigsäure mit Ethanol zu Ethyllactat bzw. Ethylacetat verestern. Silagen mit derartigen Stoffwechselprodukten weisen einen typisch lösungsmittelartigen Geruch auf und werden von Nutztieren schlecht bzw. nicht gefressen. Die Veresterung verläuft nach folgenden Gleichungen:

$CH_3COOH + C_2H_5OH \rightarrow C_4H_8O_2 + H_2O$
Essigsäure Alkohol Ethylacetat

$C_2H_4(OH)COOH + C_2H_5OH \rightarrow C_5H_{10}O_3 + H_2O$
Milchsäure Alkohol Ethyllactat

Zur Beurteilung der Gärqualität von Futtermitteln hat man aufgrund wissenschaftlicher Untersuchungen einen Bewertungsschlüssel (DLG 2006) erarbeitet. Basis der Bewertung sind chemische Untersuchungsbefunde der Silagen. Zur Bewertung werden Merkmale des Gärungsverlaufes und Nährstoffabbaues im Silo herangezogen, die sich chemisch-analytisch in der fertigen Silage nachweisen lassen. Als wesentlichstes Maß

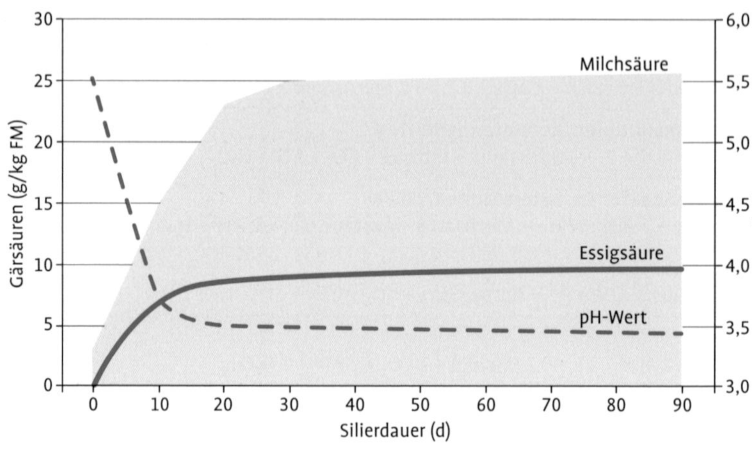

Abb. 23.3 Erwarteter Gärverlauf bei der Grünfuttersilierung.

Tab. 23.6
Beurteilung der Gärqualität von Grünfuttersilagen (DLG 2006).

Buttersäure		Essigsäure		pH-Wert	
DM (%)	**Punkte**	**DM (%)**	**Punkte**	**pH**	**Punkte**
bis 0,3	90	bis 3	0	**< 30 % DM**	
> 0,3–0,4	81	> 3–3,5	− 10	bis 4,0	10
> 0,4–0,7	72	> 3,5–4,5	− 20	> 4,0–4,3	5
> 0,7–1,0	63	> 4,5–5,5	− 30	> 4,3–4,6	0
> 1,0–1,3	54	> 5,5–6,5	− 40	> 4,6	− 5
> 1,3–1,6	45	> 6,5–7,5	− 50	**30–45 % DM**	
> 1,6–1,9	36	> 7,5–8,5	− 60	bis 4,5	10
> 1,9–2,6	27	> 8,5	− 70	> 4,5–4,8	5
> 2,6–3,6	18			> 4,8	0
> 3,6–5,0	9			**30–45 % DM**	
> 5,0	0			bis 5,0	10
				> 5,0–5,3	5
				> 5,3	0

Gesamtbewertung	
Punkte	**Bewertung**
100–90	Sehr gut
89–72	Gut
71–52	Verbesserungsbedürftig
51–30	Schlecht
< 30	Sehr schlecht

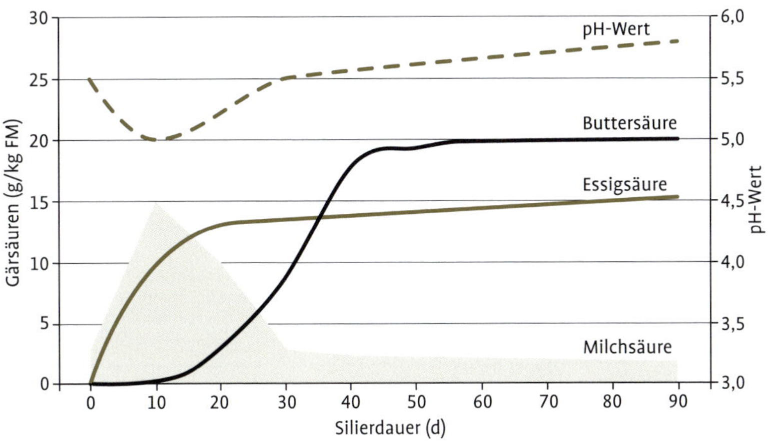

Abb. 23.4
Gärverlauf beim Umkippen von Silagen.

für den Siliererfolg (Gärqualität) werden die Silierverluste genutzt. Weitere Parameter, wie der Futterwert, die Akzeptanz durch landwirtschaftliche Nutztiere oder die aerobe Stabilität der Silage, werden damit nicht erfasst. Wie Untersuchungen von Kaiser et al. (2006) gezeigt haben, lässt sich die Gärqualität mit hinreichender Sicherheit aus den Gehalten von Buttersäure und Essigsäure ableiten. Die früher stärker gewichtete Einbeziehung des pH-Wertes wurde abgeschwächt. Der pH-Wert einer fertigen Silage gibt zwar Hinweise über den Grad der stattgefundenen Säuerung, er steht aber nur in geringer Beziehung zur Gärqualität der fertigen Silage.
Tabelle 23.6 informiert über die Vorgehensweise bei der Beurteilung der Gärqualität von Grünfuttersilagen mit dem aktuellen DLG-Bewertungsschlüssel. Der Buttersäuregehalt und Essigsäuregehalt sowie der pH-Wert werden durch Punktzahlen einzeln bewertet und aus der Gesamtpunktzahl wird ein zusammenfassendes Urteil abgeleitet. Die Bewertung gilt nur für Silagen, welche sensorisch nicht bereits verschimmelt, verschmutzt oder verdorben sind.

Veränderung der Proteinqualität und deren Bewertung

Auch in der Rohproteinfraktion laufen während der Silierung insbesondere von Grünfutterpflanzen umfangreiche Abbau- und Umbauprozesse ab, die den Futterwert der Silagen mitbestimmen (→ Abb. 23.5).
Das Futterrohprotein lässt sich nach dem Schema von Licitra et al. (1996) in fünf Fraktionen unterteilen (→ Abb. 23.6). Die Fraktion (A) besteht aus NPN-Verbindungen (NH_3, freie Aminosäuren, N-haltige Basen und Säuren, Harnstoff). Diese Verbindungen tragen nicht zum Durchflussprotein (UDP) bei und werden im Pansen umgesetzt. Die B-Fraktionen bestehen aus Reinprotein, welches entweder nicht an die Faser gebunden ist (B1), an die NDF gebunden ist, aber leicht in Lösung geht (B2), oder aber an die ADF gebunden ist und leicht in Lösung geht (B3). Alle Fraktionen tragen in unterschiedlichem Ausmaß zum UDP bei. Die Fraktion C ist unlöslich an die ADF gebunden und gilt deshalb als nahezu unverdaulich.
Während der Silierung findet ein erheblicher mikrobieller Abbau des in der Grünpflanze vorhandenen Reineiweißes statt. Dieser Vorgang wird als Proteolyse bezeichnet (→ Abb. 23.7). Die Be-

Abb. 23.5
Veränderung der Proteinqualität während der Silierung von Grünfutterpflanzen.

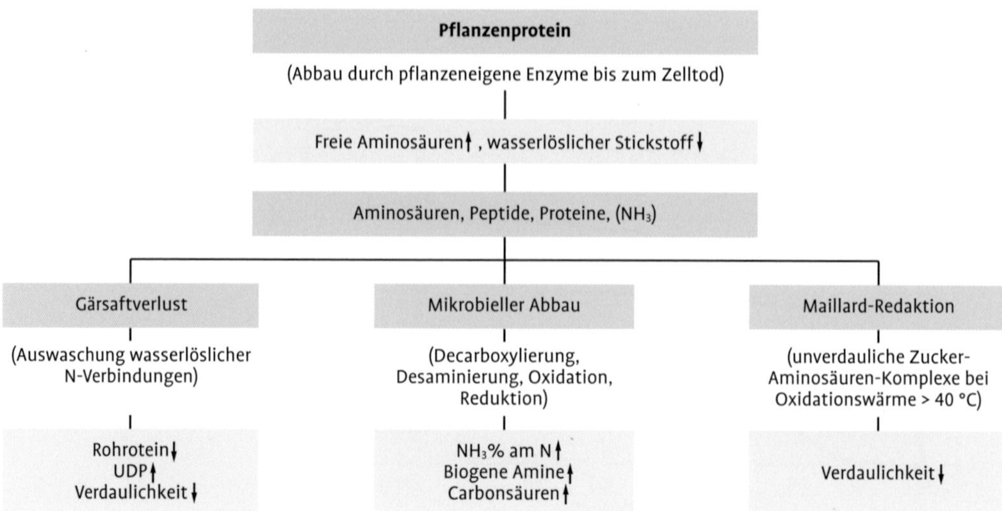

Abb. 23.6
Darstellung der Rohproteinfraktionen (mod. nach Licitra et al., 1996).

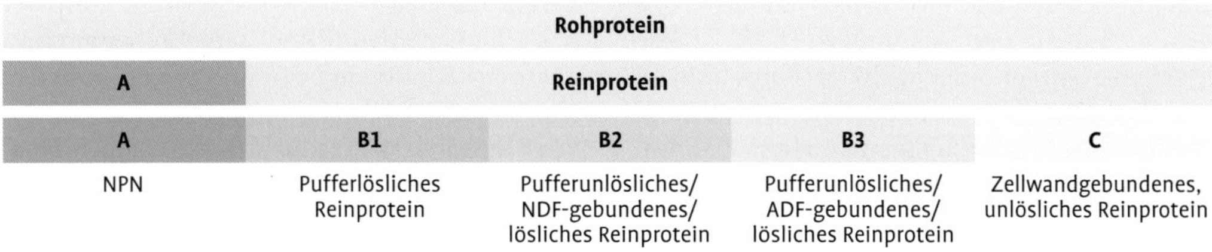

deutung für den Futterwert der Silage besteht in der Reduzierung des Reineiweißes und damit im Absinken des Durchflussproteins (UDP) und des nutzbaren Rohproteins (nXP).
Die Auswirkungen auf den Futterwert von Silagen sind in der Tabelle 23.7 am Beispiel von Kleegras zusammengestellt.
Neben der Proteolyse gibt es aber weitere qualitätsmindernde Abbau- und Umbauprozesse. Die Fraktion A (NPN-Verbindungen) besteht zunächst aus einem hohen Anteil an freien Aminosäuren und einem geringeren Anteil an Nicht-Aminosäure-Stickstoff (→ Abb. 23.8).

Tab. 23.7
Einfluss der Silierung auf die Rohproteinfraktionen von Kleegras (%) (Richardt und Steinhöfel, 2000).

Fraktionen[1]	Grünfutter	Silage
NPN-Verbindungen (A)	27,6	63,1
Reinprotein (B_{1-3}, C)	72,4	36,9
Proteinlöslichkeit (A, B_1)	31,8	66,1
unverdauliches Reinprotein (C)	6,3	7,0
UDP 8[2]	40	26
UDP 5[2]	33	18

1 Fraktionierung nach Licitra et. al. (1996),
2 UDP 5 bzw. UDP 8 = UDP kalkuliert für angenommene Passageraten aus dem Pansen von 5 bzw. 8 %/h; Schätzung nach Shannak et. al. (2000)

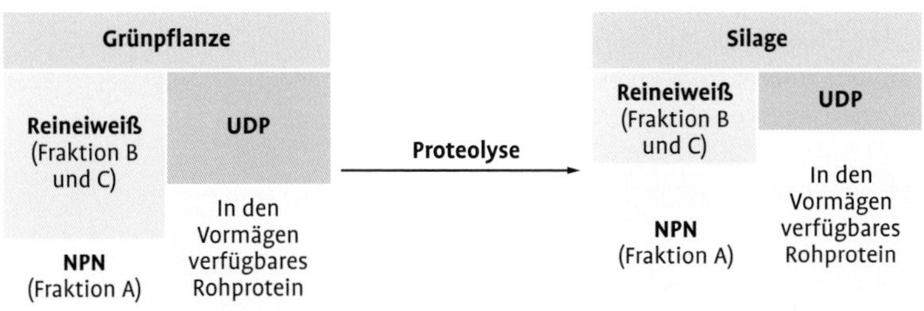

Abb. 23.7
Änderung der Rohproteinfraktionen bei der Silierung durch Proteolyse (Richardt und Steinhöfel, 2009).

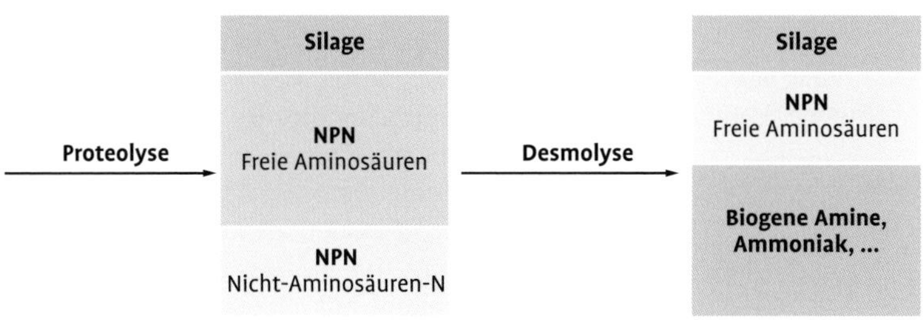

Abb. 23.8
Änderungen der NPN-Fraktion bei Fehlgärung durch Desmolyse (Richardt und Steinhöfel, 2009).

Durch Fehlvergärungen von überwiegend proteolytischen Clostridien kommt es zum desmolytischen Abbau von Aminosäuren (Decarboxilierung, Desaminierung) zu Carbonsäuren, biogenen Aminen und Ammoniak (NH_3). Diese Fraktionen wirken sich negativ auf Futteraufnahme, Tiergesundheit und Fruchtbarkeit aus und sind deshalb in Silagen zu minimieren. Der Ammoniak-Gehalt gilt als wesentlicher Indikator für diesen Abbau, die Anwesenheit biogener Amine sowie den Verlust an Reineiweiß und sollte deshalb in die Beurteilung der Silagequalität einbezogen werden (→ Tab. 23.8).
In den ersten sieben Tagen der Hauptgärphase kommt es oft zu einer intensiven Gasbildung. Im Gasgemisch könnten hochgiftige **nitrose Gase** (NO_x) enthalten sein, welche sich in der Lunge zu salpetriger Säure lösen und schwere Verätzungen verursachen können. Sie wirken noch nach mehrstündiger Verzögerung bei Mensch und Tier tödlich. Das Gas entsteht bei Sauerstoffabschluss durch die Reduktion von Nitrat bzw. Nitrit. Nitrose Gase haben bei höherer Konzentration einen beißenden, stechenden Geruch, sind bräunlich gefärbt, schwerer als Luft und treten daher oft am tiefsten Rand der Abdeckfolien aus. Der Gehalt an nitrosen Gasen ist insbesondere bei proteinreichen Siliergütern, suboptimaler N-Düngung und nach dem Einsatz nitrat- bzw. nitrithaltiger Siliermittel im Silostapel erhöht. Als positiven Nebeneffekt ihrer Entstehung ist eine clostridienhemmende Wirkung zu erwarten. Die Produktion nitroser Gase ist auf etwa fünf bis sieben Tage beschränkt. Wenn die Gase nicht entweichen können, werden sie im weiteren Silierverlauf innerhalb der folgenden etwa sechs Wochen abgebaut. Nach der üblichen Reifephase der Silage von mindestens 40 Tagen, besteht keinerlei Gefahr mehr bei der Siloöffnung. Ein Ablassen des Gases ist nicht notwendig.

Tab. 23.8
Bewertung des Proteinabbaus in Grünfuttersilagen.

Anteil des NH_3-N am Rohprotein-N (%)	Grad des Proteinabbaus
< 10	Gering
10–20	Erhöht
21–25	Deutlich erhöht
> 25	Stark erhöht

Aerobe Stabilität
Nach der Beendigung der anaeroben Lagerungsphase bei Siloöffnung tritt Luftsauerstoff in den Silostock ein. Es kommt in Abhängigkeit von der Verdichtung zu einem mehr oder weniger intensiven Gasaustausch von kohlendioxidreicher Innenluft und der sauerstoffreichen Außenluft. Durch den Zutritt von Sauerstoff verstoffwechseln insbesondere säuretolerante Hefen, aber auch aerobe Bakterien, z. B. *Acetobacter*, mehr oder weniger stark Gärsäuren und ggf. vorhandenen Restzucker. Die Folgen sind der Anstieg des pH-Wertes und die Einleitung von Verderbprozessen durch weniger säuretolerante Schimmelpilze und auch Listerien. Indikatoren für diesen Prozess sind neben dem pH-Wert-Anstieg, der Anstieg an milchsäureabbauender Hefekonzentration (> 10^5 KBE/g DM), die Erhöhung der Temperatur (Atmungswärme), die Verringerung des DM-Gehaltes aufgrund von Wasserbildung, der Verbrauch an Sauerstoff und Bildung von Kohlendioxid sowie der Verlust an organischer Substanz und Trockenmasse sowie die Bildung eines Lagerpilzbesatzes (Penicillien, Aspergillen, Mucor) mit mehr oder weniger starker Mykotoxinbildung. Die Silagen widerstehen dem aeroben Stoffabbau in unterschiedlichem Maße. Die hauptsächliche Veratmung erfolgt nach folgender Gleichung:

$$\underbrace{C_2H_4(OH)COOH}_{\text{Milchsäure}} + 3\,O_2 \rightarrow 3\,CO_2 + 3\,H_2O + 1410\text{ kJ Wärme}$$

Da respiratorische oder mikrobiologische/molekulargenetische Methoden in der praktischen Silagebewertung zu aufwendig sind, wird zur Bewertung der aeroben Stabilität von Silagen vereinfacht die entstehende Stoffwechselwärme der beteiligten Mikroorganismen nach Luftzutritt genutzt. Die Zeitdauer, die eine Silage unter diesen Bedingungen braucht, um gegenüber der Raumtemperatur eine um 3 °C höhere Temperatur zu erreichen, wird aktuell als aerobe Stabilität gewertet (Honig, 1990). Dies bleibt ein Kompromiss, da nicht alle mikrobiellen Verderbprozesse eine messbare Wärmeentwicklung provozieren.

Aus diesem Grund sollten pH-Wert-Veränderungen, die Wasserbildung und die Kohlendioxidbildung als Indikator der Respiration und sensorische Bewertungen während der aeroben Lagerungsphase den Befund absichern.

Folgende Maßnahmen können die aerobe Stabilität von Silagen erhöhen:

1. Verringerung der Keimbelastung bei der Ernte, beim Anwelken und bei der Bergung des Silierguts.
2. Verringerung der Hefekonzentration in den Silagen (< 100.000 Hefen/g) durch Reduktion der Sauerstoffverfügbarkeit bei der Einlagerung und in der Hauptgärphase, d. h.
   - Lagerdichten über 200 kg DM je m^3 (sicheres, gleichmäßiges CO_2-Milieu),
   - DM-Gehalt des Silierguts von 30–40 %,
   - Optimierung der Anschnittsflächen (< 0,1–0,15 m^2/Kuh),
   - Silobefüllzeiten von maximal 2–3 Tagen,
   - Reduktion der Gasdurchlässigkeit durch geeignete Folien und Silowände,
   - Häcksellängen von maximal 6–8 mm bei Silomais und 30 mm bei Gras,
   - bei GPS muss aufgrund der stabilen und elastischen Halmröhrchenstruktur (Auffedern, Strohmatteneffekt) mit erhöhten Lufteinschlüssen gerechnet werden, welche eine maximale theoretische Häcksellänge von 6 mm erzwingen,
   - schnelle pH-Wert-Senkung durch Siliermitteleinsatz.
3. Einsatz von Silier- bzw. Konservierungsmitteln, welche den oxidativen Abbau der Milchsäure durch Hefen reduzieren bzw. verhindern, d. h.
   - chemische oder biologische Siliermittel mit heterofermentativen Milchsäurebildnern,
   - Konservierungsmittel, wie z. B. Propionsäure, Benzoesäure, Sorbinsäure, Sulfit, Ameisensäure bzw. deren Salze, Harnstoff, Kochsalz,
   - zuckerhaltige Zusätze, wie z. B. Melasse, dürfen nur bei zuckerarmen Siliergütern zugesetzt werden, da sonst mit einer starken Hefevermehrung, sowohl in der Hauptgärphase als auch bei der Auslagerung der Silagen, zu rechnen ist.

Therapeutische Maßnahmen sind oft weniger wirksam bzw. teuer. Das Reagieren auf eine Silagenacherwärmung beschränkt sich auf folgende Maßnahmen:

- Vermeidung jeglicher Auflockerung und Zwischenlagerung der Silage.
- Erhöhung des täglichen Entnahmevorschubes (im Sommer > 40 cm, im Winter > 20 cm); bei einer Temperatur von < 10 °C geht die Aktivität der Hefen deutlich zurück.
- Erhaltung der Lagerdichte der Silage im Silo bei der Entnahme durch geeignete Entnahmetechnik (z. B. Blockschneider).
- Wenn Zwischenlagerung nicht vermeidbar ist, nur in Blöcken oder Ballen, nicht als aufgelockertes Schüttgut lagern.
- Oberflächenkonservierung mit Säuren oder Salzen (kein Schutz der Silage hinter dem Anschnitt).
- Abdecken der Anschnittsflächen mit außen weißer und innen schwarzer Folie (Reflexion der Wärmeeinstrahlung).
- Siloöffnung in den Sommermonaten im Norden, nicht im Süden (Reduktion von Sonneneinwirkung) und nicht in Hauptwindrichtung (stärkere Luftzirkulation).
- „Umsilieren" der kalten Silagen (warm gewordene Silagepartien aussondern) mit chemischen Silier- oder Konservierungsmitteln.

Silierzusätze

Silierzusätze sichern und stabilisieren den Konservierungserfolg durch Verbesserung der Vergärbarkeit von Siliergütern und durch Unterstützung des gewünschten Gärverlaufs, durch Unterdrückung von Gärschädlingen, Einschränkung von Verlusten und Erhöhung der aeroben Stabilität von Silagen. In der EU-Verordnung 1831/2003 werden die Siliermittel im Sinne des Futtermittelrechts als zulassungspflichtige Zusatzstoffe (Kategorie: Technologische Zusatzstoffe) verstanden. Aus Gründen der Verbesserung der Transparenz und der Rechtssicherheit veröffentlicht das BVL eine tagesaktuelle konsolidierte Liste für alle in der Tierernährung zugelassenen Futtermittelzusatzstoffe (http://www.bvl.bund.de). In dieser Liste sind alle in der EU zugelassenen Silier- und Konserviermittel gelistet. Die Kombination von Einzelfuttermitteln zum Zwecke der Verbesserung der Vergärbarkeit

und des Siliererfolges, wie z. B. Futterzucker bzw. zuckerreiche Futtermittel (Melasse, Zuckerrüben), ist nicht zulassungspflichtig und deshalb nicht gelistet.
Es ist eine Vielzahl von konservierungswirksamen Substanzen bekannt, von denen verschiedene als Einzelsubstanzen oder als Gemische in Handelspräparaten enthalten sind. Nach der Wirkungsrichtung können folgende Gruppen unterschieden werden (→ Tab. 23.9).
Milchsäurebakterien-Impfkulturen (MBI) bestehen aus auf biotechnologischem Wege hergestellten, vermehrungsfähigen Lactobakterien, die überwiegend in gefriergetrockneter, hochkonzentrierter Form angeboten und in flüssigen Suspensionen oder in Granulatform dem Siliergut zugegeben werden. Mit ihnen soll die geringe Keimdichte von Milchsäurebakterien im epiphytischen Keimbesatz ergänzt und damit folgende Effekte erreicht werden:

- Beschleunigung der homofermentativen Milchsäurebildung und damit schnelle Absenkung des pH-Wertes,
- Unterdrückung einer möglichen Buttersäuregärung,
- Minimierung der Essigsäuregärung (Siliererfolg) bzw. gezielte Essigsäurebildung (aerobe Stabilität),
- Minimierung des Proteinabbaues,
- Reduzierung der Gärverluste,
- Verbesserung der Verzehrs- und Futterwerteigenschaften der Silage.

Die zurzeit im Handel zugelassenen MBI-Präparate beinhalten ähnliche Stämme (vor allem *Lactobacillus-* sowie *Pediococcus-* und *Enterococcus*-Arten), weisen aber in Abhängigkeit von ihrer Herkunft, Konzentration und dem Herstellungsverfahren gewisse Wirkungsunterschiede auf. Eine wesentlich unterschiedliche Wirkungsweise wird mit dem Einsatz homofermentativer im Vergleich zu heterofermentativer Milchsäurebakterien bezweckt. Während Erstere der Steuerung des Gärungsprozesses durch Beschleunigung der Milchsäuregärung in leicht und mittelschwer silierbarem Siliergut dienen sollen, haben die heterofermentativen Milchsäurebakterien die Aufgabe, neben Milchsäure geringe Mengen Essigsäure zu produzieren, um die Hefen zu hemmen und letztlich die aerobe Stabilität der Silagen zu verbessern.

Chemische Zusätze zur Steuerung des Gärverlaufs sind Stoffe mit selektiv mikrobiozider Wirkung unterstützt durch pH-Wert-Absenkung, die unerwünschte Mikroben unterdrücken und damit die Milchsäuregärung fördern sowie einen möglicherweise auftretenden Milchsäureabbau hemmen. Dafür eingesetzt werden Säuren, insbesondere Ameisensäure oder Propionsäure, in Konzentrationen, die eine gewisse Ansäurung unterstützen, sowie Substanzen mit vorrangiger Hemmstoffwirkung, wie z. B. Natriumnitrit, Hexamethylentetramin, Pyrosulfit, Benzoe- und Sorbinsäure. Mittel mit den Produktgruppen Propionat, Benzoat und Sorbat haben zugleich den Effekt der Hemmung von Hefen und Schimmelpilzen, wodurch die aerobe Stabilität der Silagen verbessert wird.

23.2.1.2 Heißsilierung von Saftfuttermitteln

Feuchte Nebenprodukte (Saftfuttermittel) wie Pressschnitzel aus der Zuckerindustrie, Biertreber aus der Brauerei oder Getreideschlempe aus der Ethanolherstellung unterscheiden sich von herkömmlichen Grünfuttersilagen und verlangen eine besondere Siliertechnik. Verfahrensbedingt besitzen sie einen geringen Gehalt an wasserlöslichen Kohlenhydraten (Restzuckergehalt 1–5 %), eine geringe bis mittlere Pufferkapazität, in Abhängigkeit vom Abpressverfahren (Zerkleinerungsgrad, Pressdruck, Einsatz von Presshilfsmitteln) einen hohen Wassergehalt (12–50 % DM) und verlassen mit etwa 50 °C den Produktionsprozess. Aufgrund der hohen Temperaturen sind diese Nebenprodukte auch sehr keimarm. Verderbnisanzeigende Keime sind in der Regel nicht nachweisbar. Trotz der scheinbar ungünstigen Silierbarkeit dieser Saftfuttermittel, silieren sie bei Einhaltung strenger Silierregeln sehr gut. Die Futterwertveränderung durch die Silierung ist sehr gering. Die Energiedichte nimmt um weniger als 0,1 MJ NEL/kg DM ab. Die Basis liefern hitzetolerante Milchsäurebakterien, welche effizient den verfügbaren Restzucker und aufgeschlossene Polysaccharide (z. B. Pektine, Hemicellulose) verstoffwechseln und so zur schnellen pH-Wert-Absenkung beitragen.
Aufgrund des Behandlungsverfahrens und der hohen Temperaturen ist die Enzymlöslichkeit der Nährstoffe sehr hoch, was einerseits eine geringe aerobe Stabilität, andererseits aber eine schnelle anaerobe Säuerung unterstützt. Entscheidend bei

Tab. 23.9
Überblick der Siliermitteltypen (Weissbach, 2005).

Produktgruppe	Wirkungsweise	Wirkungsrichtung nach DLG-Prüfrichtlinien	Vorzugsweise anzuwenden bei
Homofermentative Milchsäurebakterien	Steuerung des Gärungsverlaufes durch beschleunigte Milchsäuregärung und pH-Absenkung, dadurch indirekte Hemmung von Fehlgärungserregern	1b oder 1c	Leicht und mittelschwer vergärbares Siliergut, dessen DM um höchstens 50 g/kg unter DM_{min} liegt (Gras, Klee, Getreideganzpflanzen)
Heterofermentative Milchsäurebakterien	Steuerung des Gärungsverlaufs in der Weise, dass neben Milchsäure genügend Essigsäure für die Hemmung von Hefen entsteht	2	Leicht vergärbares Siliergut, insbesondere solches mit hohem DM-Gehalt (Maisganzpflanzen, Maiskolbenprodukte, stark angewelktes Gras)
Siliersalze und Siliersalzlösungen auf Basis von Nitrit, Formiat, Benzoat, Sulfit oder Hexamethylentetramin	Steuerung des Gärungsverlaufs durch Hemmung von Fehlgärungserregern, dadurch indirekte Förderung von Milchsäuregärung und pH-Absenkung	1a, 1b	Mittelschwer und schwer vergärbares Siliergut, dessen Anwelkgrad um bis zu 100 g DM/kg unter DM_{min} liegt (Gras, Klee, Luzerne)
Siliersalze und Siliersalzlösungen auf Basis von Propionat, Benzoat oder Sorbat	Hemmung von Hefen und Schimmelpilzen durch die aus den Salzen in der Silage freigesetzten Säuren (Propionsäure, Benzoesäure usw.)	2	Leicht vergärbares Siliergut, insbesond. solches mit hohem DM-Gehalt (Maisganzpflanzen, Maiskolbenprodukte, stark angewelktes Gras), sowie Silage aus Feuchtkorn, Trebern, Schlempe und Pressschnitzeln
Siliersäuren auf Basis von insbesondere Ameisensäure allein oder in Abmischungen mit anderen Säuren, in einzelnen Produkten teilweise durch Ammoniak abgepuffert	Direkte pH-Absenkung, dadurch Einschränkung der Gärungsintensität; bei hoher Dosis: Unterdrückung aller Gärungen, bei moderater Dosis: Hemmung von Fehlgärungserregern	1a, 1b	Mittelschwer und schwer vergärbares Siliergut, dessen Anwelkgrad um bis zu 100 g DM/kg unter DM_{min} liegt (Gras, Klee, Luzerne)
Siliersäuren auf Basis von insbes. Propionsäure allein oder in Abmischungen mit anderen Säuren, in einzelnen Produkten teilweise durch Ammoniak abgepuffert	Direkte Hemmung von Hefen und Schimmelpilzen bei gleichzeitiger pH-Absenkung	2	Leicht vergärbares Siliergut, insbesond. solches mit hohem DM-Gehalt (Maisganzpflanzen, Maiskolbenprodukte, stark angewelktes Gras), sowie Silage aus Feuchtkorn, Trebern, Schlempe und Pressschnitzeln

Anmerkungen:
- Es werden nur die Primäreffekte benannt.
- Gelegentlich werden auch andere Stoffe eingesetzt, wie z. B. Melasse, Enzympräparate, Harnstoff und Mineralstoffe.
- Es werden auch Präparate angeboten, bei denen Bestandteile kombiniert sind.

Abb. 23.9
Aerobe Stabilität von Saftfuttermitteln und deren Silagen (Steinhöfel et. al., 2015).

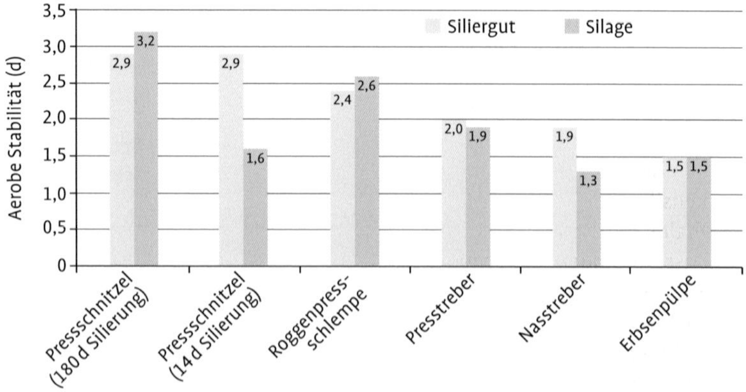

der Silierung dieser Saftfutter ist die schnelle streng anaerobe Einlagerung (innerhalb 24 h bei > 180 kg DM/m³) bei Temperaturen möglichst über 40 °C Guttemperatur und eine langsame Abkühlung im Silierverlauf. Im Siliergut finden bereits auf dem Weg zum Silierort eine geringfügige Abkühlung sowie erste Nährstoffumsetzungen und damit eine Ansäuerung statt. Das frische Siliergut sollte nicht aerob zwischengelagert werden, da dies einen Zuckerabbau und eine weitere Auskühlung provozieren könnte. Ein Zusatz von handelsüblichen Milchsäurekulturen ist aktuell nicht sinnvoll, da die verwendeten Stämme nicht hitzetolerant sind. Bei Temperaturen über 50 °C, aber auch bei zu geringer oder zu rascher Abkühlung während der Silierung, kann die Struktur des Siliergutes zerstört werden. Insbesondere Pektine reagieren sehr empfindlich. Sensorisch ist dies am veränderten Gefüge (schmierig, klebend) erkennbar. Die Abkühlung sollte deshalb ca. 1 °C/d betragen. Wenn die Silageabkühlung zu gering ist, kann die gebildete Milchsäure wieder abgebaut werden, wodurch die Silage umkippt. Es wird, wie für alle anderen Silagen auch, eine Mindestsilierdauer von 4 bis 6 Wochen empfohlen. Keinesfalls darf das Silo geöffnet werden, wenn noch über 20 °C im Futterstapel vorherrschen, da dann eine schnelle Verderbnis eintritt.

Die Gärungsvorgänge können beeinflusst werden durch Zugabe von Hilfsmitteln im Erzeugungsprozess, z. B. zur Unterstützung des Abpressvorganges oder zur Desinfektion. Zur Anwendung kommen insbesondere Ca-Salze, welche sich auch in höheren Ca-Gehalten der Pressschnitzel niederschlagen. Inwieweit die Milchsäuregärung durch den Zusatz dieser Stoffe positiv oder auch negativ beeinflusst wird, ist schwer zu beurteilen, da bisher weder über die Dosierung noch über den qualitativen und quantitativen Verbleib der Mittel bei der Bearbeitung der Schnitzel verlässliche Informationen vorliegen.

Das Wasserbindevermögen von Pressschnitzeln ist sehr hoch. Erst bei Feuchtegehalten von über 85 % ist mit messbarem Sickersaftanfall zu rechnen. Biertreber und Schlempen neigen stärker zur Sedimentation und Wasserabspaltung und somit zu höheren Gärsaftmengen. Dies ist auch mit höheren DM-Verlusten verbunden, welche z. B. bei nassen Biertrebern bis 20 % betragen können.

Sowohl die frischen Siliergüter als auch Silagen aus den genannten Saftfuttermitteln besitzen bei Außentemperaturen von > 8 °C eine geringe aerobe Stabilität (→ Abb. 23.9). Um diese Verderbprozesse zu vermeiden, sind bei der Silierung zunächst alle Maßnahmen darauf auszurichten, die zur Senkung des Anfangskeimbesatzes beitragen. Dazu gehören eine saubere Silobefüllung, zügige Silobefüllzeiten von wenigen Stunden und das luftdichte Lagern. Die Haltbarkeit frischer Saftfuttermittel kann durch den Zusatz von Konservierungsmitteln gesteigert werden. Vorrangig wurden bisher Mittel auf der Basis Propionsäure, Benzoesäure und Sorbinsäure getestet. Beim Einsatz von Silierhilfsmitteln der Wirkungsrichtung „Aerobe Stabilität" ist zu berücksichtigen, dass nur der Einsatz chemischer Siliermittel sinnvoll ist. Den am Markt verfügbaren heterofermentativen Präparaten auf der Basis von Milchsäurebakterien fehlt die notwendige Hitzetoleranz.

23.2.1.3 Trockensilierung von Feuchtheu, Feuchtgetreide, Feuchtkörnerleguminosen

Trockensilierung liegt dann vor, wenn der Wassergehalt bzw. die Wasseraktivität (a_w-Wert) des zu konservierenden Futtermittels so niedrig ist, dass die Osmotoleranz der epiphytischen Milchsäurebakterien überschritten wird und die Milchsäurebildung nicht ausreicht, um konservierend zu wirken. Auch der reduzierte Wassergehalt des Futtermittels reicht nicht aus, um alleinig konservierend zu wirken. Die Hauptkonserviereffekte bei der Lagerung von Futtermitteln mit 55–86 % DM unter Luftabschluss ist deshalb die Kombination aus Trocknung (niedriger a_w-Wert) und CO_2-Milieu, welches durch die geringe Milchsäurebildung mehr oder weniger stark unterstützt wird. Die Stabilität des Produktes ist nur bei luftdichter Lagerung gewährleistet. Die Prozesse des Abbaus leichtlöslicher Kohlenhydrate sowie der Proteolyse und Desmolyse sind im Vergleich zur Kaltsilierung überproportional eingeschränkt (→ Abb. 23.10).

Das Verfahren der Trockensilierung kommt insbesondere bei feuchttrockenen Grünfuttermitteln (Heulagen), feuchten Körnern (Getreide, Mais, Körnerleguminosen), Feuchtmaisprodukten (LKS, CCM) und feuchtkrümligen Futtermischungen (TMR) infrage. In jedem Fall ist für den Konserviererfolg eine zügige, streng anaerobe Einlagerung entscheident. Der Zusatz von osmotoleranten Milchsäurebakterien kann die Konservierung graduell unterstützen. Bei ausreichender Wasserverfügbarkeit und Osmotoleranz der zugesetzten Milchsäurebildner sowie bei ausreichend vergärbaren Kohlehydraten silieren insbesondere Getreide, Mais und Körnerleguminosen auch durch und erreichen stabilisierende pH-Werte. Die Siliergüter sollten dann jedoch mehr als 30 % Feuchte besitzen, was im Grenzbereich durch Rückbefeuchtung unterstützt werden kann. Die Körnerfrüchte können ganz oder mittels Hammermühlen, Kreiselschroter oder Spezialmühlen zerkleinert eingelagert werden. Silagen aus der Trockensilierung besitzen *per se* eine geringe aerobe Stabilität; deshalb sind Futterstockhermetisierung und Silageentnahme besonders sorgfältig vorzunehmen. Zur Verbesserung der aeroben Stabilität könnte zusätzlich der Zusatz von Sorbaten, Propionaten bzw. Benzoaten sinnvoll sein.

23.2.2 Chemische Konservierung

Von chemischer Konservierung spricht man, wenn die konservierende Wirkung ausschließlich durch die zugesetzten chemischen Mittel bewirkt wird, d. h. keine unterstützende Wirkung der bzw. durch mikrobielle Säuerung, Kühlung, DM-Gehalt oder das CO_2-Milieu erfolgt. Chemische

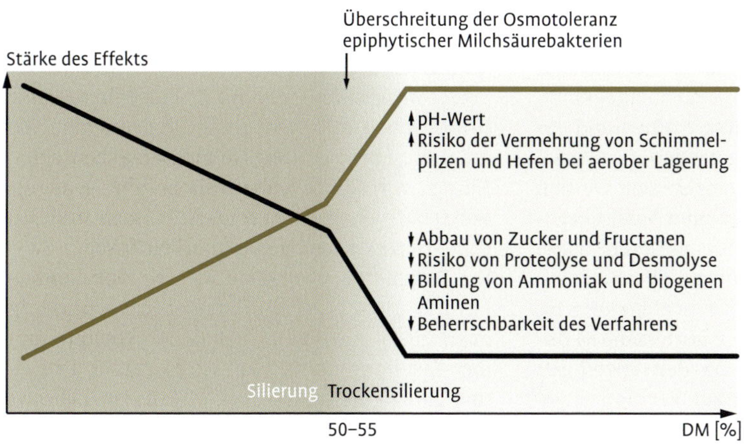

Abb. 23.10 Abgrenzung von Kalt- und Trockensilierung (Zeyner und Steinhöfel, 2017).

Zusätze verhindern neben den Verderbprozessen somit auch die Milchsäuregärung. Aus diesem Grund sind sie *de facto* keine Silierzusatzstoffe, sondern chemische Konservierungsmittel.
Eine Abdeckung mit Folie braucht und darf nicht vorgenommen werden, da sich unter der Folie Schwitzwasser bilden kann. Dadurch kann die oberste Schicht verderben. Zur chemischen Konservierung können organische Säuren bzw. deren Salze, Harnstoff und Natronlauge eingesetzt werden. Es ist zu berücksichtigen, dass mit Natronlauge oder Harnstoff konserviertes Getreide nur an Wiederkäuer verfüttert werden darf. Die genannten Stoffgruppen haben eine breite antimikrobielle Wirkung gegen Pilze, Hefen und Bakterien. Die Keimzahl und Stoffwechselaktivität des gesamten Mikrobioms, d. h. auch der Lactatbildner, wird reduziert. Eine chemische Konservierung ist aufgrund der Aufwandmengen an Konserviermittel nur für Futtermittel im Feuchtebereich zwischen 16 und 40 % sinnvoll. Hauptsächlich findet das Verfahren für Feuchtgetreide, Feuchtmais bzw. CCM und Feuchtkörnerleguminosen Anwendung. Die genannten Siliergüter weisen auch im unverdorbenen und frischen Zustand einen hohen Besatz an Bakterien, Hefen und Schimmelpilzen auf, welche bei Feuchten oberhalb von 16 % explosionsartig aktiv werden. Die Temperaturen von erntefrischem unbehandeltem Getreide mit einen Feuchtegehalt von 30 % steigen bei Erntetemperaturen von < 20 °C innerhalb von wenigen Stunden auf über 30 °C an. Neben hohen Energieverlusten, steigt der Feuchtegehalt und das Getreide ist bereits nach einer Woche vollständig verschimmelt.
Für eine sichere Konservierung mit **organischen Säuren** bzw. deren **Salzen** ist eine definierte Aufwandmenge in Abhängigkeit vom Feuchtegehalt, vom Siliergut, der Aufbereitungsformen und der angestrebten Lagerdauer notwendig, welche gleichmäßig in das Siliergut eingebracht werden muss. Als Konserviermittel kommen Ameisensäure oder Propionsäure alleine oder in Kombination mit anderen organischen Säuren wie Benzoe-, Sorbin- oder Ameisensäure bzw. in abgepufferter Form als Salz zum Einsatz. Die notwendigen Applikationsmengen werden von den jeweiligen Herstellern in Tabellenform zur Verfügung gestellt. Da die aufgebrachte Säuremenge im Verlaufe der Lagerung abnimmt und somit je nach Feuchte des Lagergutes nach einer entsprechenden Lagerdauer die zur sicheren Konservierung notwendige minimale Hemmstoffkonzentration unterschritten wird, ist die konservierende Lagerung begrenzt. Die Propionsäure wird z. B. als Energiequelle von den Mikroorganismen verstoffwechselt. Mit organischen Säuren kann sowohl ganzes Korn als auch geschrotetes Erntegut konserviert werden.
Bei der Konservierung mit 2–2,5 % **Futterharnstoff** wird dem feuchten Getreide der Harnstoff in Form von Prills zugegeben. Die konservierende Wirkung erfolgt nicht durch den Harnstoff selbst, sondern erst nach der Freisetzung von Ammoniak. Unter Einwirkung des korneigenen Enzyms Urease wird dieser freigesetzt. Diesen Prozess kann man zusätzlich absichern und beschleunigen, indem man ureasehaltige Präparate zugibt. Um das Enzym Urease zur Wirkung zu bringen, sind Feuchten > 20 % notwendig, d. h. bei Feuchten kleiner 20 % ist die Zugabe von Wasser erforderlich. Ammoniak hat eine ausgeprägte fungizide und spezifisch bakterizide Wirkung. Gleichzeitig steigt der pH-Wert auf über 8, womit eine Vielzahl von Mikroorganismen ihre Stoffwechselaktivität einstellt. Zudem entstehen bei der Umsetzung von Harnstoff zu Ammoniak hohe Temperaturen, welche eine weitere Keimreduzierung bewirken. Aufgrund dieser Hitze verfärben sich die behandelten Körner oft dunkelbraun. Eine gleichmäßige Dosierung des Harnstoffs ist ebenso notwendig, wie eine möglichst gasdichte Abdeckung des Getreidestapels mit Folie, um ein Entweichen des Ammoniaks zu verhindern.
Momentan ist die Verwendung von Harnstoff als Konservierungsmittel oder als Siliermittel futtermittelrechtlich nicht zugelassen. Der Einsatz von Futterharnstoff als nutritiver Futterzusatzstoff in Betrieben mit Wiederkäuerhaltung ist aber möglich. Hier sind die Bestimmungen für den Einsatz von Futtermittel-Zusatzstoffen im landwirtschaftlichen Betrieb (Teil 2: Harnstoff und seine Derivate) unbedingt zu beachten.
Die Behandlung von Getreide mit **Natronlauge** bewirkt nicht nur eine Konservierung, sondern auch einen Aufschluss der Getreideschale und eine Quellung der Stärke, wodurch die Verdauung ganzer Getreidekörner erheblich verbessert werden kann. Dieses Verfahren ist auch unter dem Begriff „**Sodagrain**“ bekannt. Für einen aus-

reichenden Aufschluss bei gleichzeitiger konservierender Wirkung werden 3–4 % Natronlauge eingesetzt. Alternativ wird ca. 4 % Ätznatron und 300 l Wasser/t Korn intensiv eingemischt. Die dabei entstehende Natronlauge übt den konservierenden Effekt aus. Das so behandelte Getreide ist fast schalenlos, hat einen pH-Wert von ca. 11,0 und lässt sich bei einer Schütthöhe von bis zu 1,5 m mehrere Monate lagern. Als besonderer Vorteil dieses Verfahrens werden der hohe pH-Wert und der langsamere Stärkeabbau im Pansen angeführt. Nachteile sind die relativ aufwendige Aufbereitung, die erhöhte Wasseraufnahme durch die Tiere, die vollständige Zerstörung des Vitamin E und eine leicht verminderte Verdaulichkeit der organischen Substanz.

23.2.3 Trocknung

Bei der Trocknung von Futtermitteln wird die Haltbarkeit durch Wasserentzug auf Feuchtegehalte von < 14 % (entspricht etwa einer Wasseraktivität a_w von < 0,7) erreicht, wofür beträchtliche Energiemengen erforderlich sind. Allein der physikalische Wärmebedarf zur Überführung von 1 kg Wasser in die Wasserdampfphase beträgt 2,3 MJ. Durch das Verdunsten oder Verdampfen von Wasser aus dem Pflanzenmaterial werden die pflanzlichen Enzymaktivitäten und mikrobielle Abbauprozesse deaktiviert. Die Lagerung der Trockenprodukte kann ohne Luftabschluss erfolgen. Die Trockenfuttermittel müssen einen ausreichenden DM-Gehalt (≥ 86 %) besitzen und sind bis zu ihrer Verfütterung vor Wiederbefeuchtung zu schützen. Die Ausnahme besteht bei der Dürrheubereitung. Hier kann das Erntegut schon mit 80 % DM eingelagert werden. Es durchläuft noch eine Nachfermentation (Schwitzprozess), an deren Ende der für die Langzeitlagerung erforderliche DM-Gehalt erreicht sein muss. Ein zu hoher Feuchtegehalt der Trockenfuttermittel führt zur starken Erwärmung, die der Ausgangspunkt für den völligen Verderb des Futters und von Bränden sein können. Während der Lagerung des Trockenfutters sind unabhängig vom Trocknungsverfahren regelmäßige Temperaturkontrollen an einer ausreichenden Zahl von Messstellen vorzunehmen. Als Energiequellen werden Sonnenenergie (Strahlungswärme, Wärmeenergie der Luft), technische Energie (fossile und organische Brennstoffe, Elektroenergie), Abwärme aus der Stromerzeugung (Kraft-Wärme-Kopplung von Blockheizkraftwerken) und Atmungsenergie (aus biologischem Stoffabbau) genutzt. Die Stoffwechselaktivität der Pflanzenzellen endet bei einem Wassergehalt von ca. 35 %. Für die Verhinderung des mikrobiell bedingten Verderbs sind geringere Wassergehalte erforderlich, die unter Berücksichtigung der Osmotoleranz der üblichen Verderbniskeime bei < 14 % liegen sollten. Für die Futterkonservierung gebräuchliche Verfahren sind Heißlufttrocknung, Belüftungstrocknung (Warm- bzw. Kaltluft) und Bodentrocknung.

23.2.3.1 Heißlufttrocknung

Die Heißlufttrocknung kann für verschiedenartige Futtermittel (Grünfutter, Getreideganzpflanzen, Hackfrüchte, Futtergetreide, Pressschnitzel u. a.) angewandt werden. Sie ist das verlustärmste und am wenigsten witterungsabhängige Verfahren der Futterkonservierung. Bei der Heißlufttrocknung wird dem Futter das Wasser durch Verdampfung entzogen. Das erfordert einen hohen Energieaufwand. Energie wird außerdem noch für die Überwindung der Bindungskräfte des Wassers am Trocknungsgut benötigt. Die als Nutzwärmebedarf bezeichnete Energiemenge liegt in Abhängigkeit von verschiedenen Faktoren bei ca. 3 MJ/kg Wasserverdampfung. Je kg Wasserverdampfung sind demnach 4–5 MJ erforderlich.

Technisch werden Kontakt-, Konvektions- und Strahlungstrocknen unterschieden. Beim Kontakttrocknen findet der Trocknungsvorgang auf Heizflächen statt – je nach Bauart als Walzentrockner, Zylindertrockner und Schneckentrockner. Beim Konvektionstrocknen wird das Trockengut direkt mit heißer Trocknungsluft, den Verbrennungsgasen, in Kontakt gebracht – je nach Bauart als Wirbelschichttrockner, Sprühtrockner, Bandtrockner, Stromtrockner, Kammertrockner, Schubwendetrockner oder Trommeltrockner. Verfahren der Strahlungstrocknung sind im Futtermittelbereich bisher nicht üblich. Hauptsächlich findet man in den landwirtschaftlichen Trockenwerken Trommeltrockner. Sie bestehen aus einem rotierenden Rohr, in dem die heißen Verbrennungsgase mit Frischluftbeimischung das Ausgangsmaterial direkt trocknen.

Als Brennstoffe dienen Kohle, Heizöl, Erdgas oder alternative Energiequellen, z. B. Holzhackschnitzel. Es erfolgt eine kontinuierliche Zu- und Abfuhr von frischem und getrocknetem Material über die Prozesssteuerung. Der Trocknungsprozess wird so gesteuert, dass die Endtemperaturen je nach Gutart 70–100 °C nicht überschreiten und DM-Gehalte von 88–92 % erreicht werden. Bei Übertrocknung wird Verdaulichkeit und Futterwert (Maillard-Reaktion) beinträchtigt, und bei unzureichender Trocknung wird die Lagerfähigkeit des Trockengutes nicht gewährleistet. Nach dem Trocknen wird das Trockengut abgekühlt und gegebenenfalls pelletiert.

23.2.3.2 Belüftungstrocknung

Die Belüftungstrocknung kommt bei stark angewelktem Grünfutter (Halbheu mit 50–70 % TM) und bei Getreide zur Anwendung. Sie wird als Zwangsbelüftung mit kalter oder erwärmter Luft betrieben. Die Belüftung beschleunigt den Trocknungsprozess und führt gleichzeitig Atmungswärme ab. Maßgebend für die Trocknungsgeschwindigkeit sind die Belüftungsintensität, der Feuchtegehalt und die Temperatur der Trocknungsluft sowie der DM-Gehalt und die Temperatur des zu trocknenden Gutes. Für die Belüftungstrocknung existieren verschiedene Verfahrensvarianten, die mit Kaltluft und mit mehr oder weniger stark erwärmter Luft betrieben werden. Eine traditionelle Sonderform der Belüftungstrocknung stellt die Gerüsttrocknung dar, die ebenfalls für vorgewelktes Grünfutter geeignet ist. Das Futter wird mit einem DM-Gehalt von ca. 70 % (verfahrensabhängig) auf verschiedenartige Holzgerüste (Dreibockreuter, Heuhütten, Heinzen) gepackt und durch Verdunstungstrocknung unter natürlichen atmosphärischen Bedingungen bis zur Lagerfähigkeit (> 84 % DM) gebracht. Wegen des sehr hohen Handarbeitsaufwandes hat dieses Verfahren nur noch geringe (regionale) Bedeutung.

Warmbelüftung

Bei der Heubereitung unter Dach mit Warmbelüftung, hat die Belüftungsluft eine um ca. 25 K höhere Temperatur als die Außenluft. Der DM-Gehalt des eingefahrenen Halbheus liegt bei ca. 60 %. Der Nutzwärmebedarf zur Verdunstung von 1 kg Wasser wird mit 4–6 MJ/kg Wasser angegeben und liegt demnach tendenziell höher als bei der Heißlufttrocknung. Die Belüftungszeit liegt je nach DM-Gehalt und Schichtdichte bei 40–75 h. Die Temperaturerhöhung kann z. B. durch Luftentfeuchter-Wärmepumpen-Anlagen, Solarkollektoren, Restwärmenutzung von Biogasanlagen und Hackgut- oder Scheitholzfeuerung erreicht werden. Bei einem Luftentfeuchter wird Wasserdampf der Luft entzogen und diese anschließend erwärmt. Solarkollektoren bestehen aus einem Absorber, der die Sonnenenergie aufnimmt und an die Belüftungsluft abgibt. Die Unterdach-Luftabsaugung nutzt die Wärmebildung der Sonneneinstrahlung im Zwischenraum von doppelt gedeckten Dachflächen (Sandwichverfahren). Die Restwärmenutzung von Biogasanlagen als sogenannte Kraft-Wärme-Kopplungsanlagen (KWK-Anlagen) können im Zweikreissystem die Motorabwärme durch das Kühlwasser und die Wärme der Verbrennungsgase mittels eines Wärmetauschers nutzen. Dieses Verfahren wird häufig bei der Trocknung von Rund- und Quaderballen genutzt. Der Aufbau sogenannter Heuboxen – bei der Trocknung von losem Heu – besteht im Wesentlichen aus einem Ventilator, der Steuerung, der Rostelemente und der Stockumwandung. Das Halbheu liegt mit einer Schichtdicke von < 3 m auf Gitterrosten auf und wird durch Warmbelüftung auf mindestens 86 % DM getrocknet.

Kaltbelüftung

Bei der Kaltbelüftung ist der Boxenaufbau wie bei der Warmbelüftung, aber die Belüftungsluft wird nicht erwärmt. Die Schichthöhe des Heus darf maximal 1,50 m hoch sein. Der DM-Gehalt des eingefahrenen Heus liegt mit ca. 75 % höher als bei der Warmbelüftung. Wichtig sind eine gleichmäßige Schichthöhe und eine lockere Lagerung, um eine gleichmäßige Durchlüftung zu gewährleisten.

23.2.3.3 Bodentrocknung

Die Bodentrocknung ist das älteste und am weitesten verbreitete Trocknungsverfahren für Gräser und kleinsamige Leguminosen. Sie ist eine Verdunstungstrocknung und wird zur Bereitung von Dürrheu, Anwelkgut für die Silierung sowie als Vorstufe für die Belüftungs- und Heißlufttrocknung angewandt. Das Erntegut wird gemäht und in breiter Ablage (Belagmasse 2–3 kg/m^2)

auf der Erntefläche abgelegt und durch Sonnenenergie getrocknet. Das für die Wasserverdunstung notwendige Sättigungsdefizit bzw. das theoretische Wasseraufnahmevermögen der Luft ist von der Temperatur und der relativen Luftfeuchtigkeit abhängig. Die Welkgeschwindigkeit wird neben dem Sättigungsdefizit der Luft von der Luftbewegung, der Globalstrahlung, dem Niederschlag, dem DM-Gehalt und der Beschaffenheit (Lignifizierungsgrad, Blätter-Stängel-Verhältnis) sowie von der Belagstärke des zu trocknenden Gutes bestimmt.
Der Trocknungsverlauf kann durch folgende drei Phasen charakterisiert werden:

- Wasserverdunstung an der Oberfläche des Pflanzenmaterials (Stomata der Blätter geöffnet, Verdunstungsgeschwindigkeit hoch).
- Trocknungspegel wandert ins Gutinnere (Stomata der Blätter geschlossen, Verdunstungsgeschwindigkeit nimmt ab).
- Wasserverdunstung aus kleinen Kapillaren und Zellen (erhöhter Diffusionswiderstand am Pflanzenmaterial durch starke Schrumpfung, Verringerung der Oberfläche und Erhöhung der Zellsaftkonzentration; Verdunstungsgeschwindigkeit sehr gering).

Durch mechanische Aufbereitung (Quetschen und Auffaserung bzw. Zetten) des Pflanzenmaterials und der damit verbundenen Reduzierung des Wasserhaltevermögens lässt sich die Geschwindigkeit der Wasserabgabe erheblich steigern.
Bei der **Dürrheubereitung** wird das Erntegut mittels Bodentrocknung bis zur Lagerfähigkeit (> 86 % DM) gebracht und danach in Unterdachlagerstätten (Heuscheunen, Folienumhüllungen, Lagerhallen, Lagerböden) bis zum Verbrauch gelagert. Sie ist besonders witterungsabhängig und mit Risiken behaftet. Das Verfahren ist nur bei ausgesprochenen Schönwetterperioden von > 4 Tagen und sachgerechter Schwadbearbeitung (Zetten, Wenden, Schwadformung), die die Wasserabgabe beschleunigt bzw. die Wiederbefeuchtung durch Tau verringert, erfolgreich zu gestalten. Durch die mehrmaligen Wendevorgänge und dem Schwaden zur Ernte und der langen Feldliegezeit sind die Bröckel- und Atmungsverluste sehr hoch. Für Futterpflanzen mit starker Bröckelneigung, wie zum Beispiel Luzerne oder Rotklee, werden DM-Verluste und demzufolge auch Qualitätsverluste von 20–50 % erwartet, weshalb diese Verfahren hier nicht empfohlen werden können.

23.2.4 Kühlung von Hackfrüchten

Eine Sonderform der Konservierung stellt die kühlende Lagerung dar, bei der die Pflanzenzellen lebensfähig und stoffwechselaktiv bleiben. Sie ist nur für die Haltbarmachung pflanzlicher Speicherorgane, d. h. futtermittelspezifich insbesondere Knollenfrüchte, anwendbar, da diese eine geringe Stoffwechselaktivität besitzen und über eine längere Zeitdauer Verderbprozessen widerstehen. Durch konservierende Maßnahmen – in erster Linie Belüftung mit kühler Luft – wird die Atmungswärme abgeführt und die Atmung als wichtigste Stoffwechselaktivität verringert. Es sollten Lagertemperaturen für alle Hackfrüchte (Kartoffeln, Futterrüben, Zuckerrüben) unter 10 °C mit bzw. ohne Zwangsbelüftung eingestellt werden. Die Atmung ist aber auf einem gewissen Niveau (ATP-Gewinn für die Lebenserhaltung) aufrechtzuerhalten, weil sonst Verderb infolge anaeroben Stoffwechsels und verstärkter mikrobieller Tätigkeit stattfindet. Wasserreiche und deshalb frostempfindliche Futtermittel (Kartoffeln und Rüben) sind vor dem Erfrieren zu schützen.
Für Futterkartoffeln gelten 3–5 °C und eine relative Luftfeuchte von 90–95 % für die Hauptlagerungsphase als optimal. In der davorliegenden etwa 14-tägigen Wundheil- und Abtrocknungsphase sind Temperaturen von 10–15 °C und eine relative Luftfeuchte von 80–90 % anzustreben. Für die Lagerung von Futterkartoffeln sind zwangsbelüftete Großmieten mit kombinierter Stroh-Folien-Zudeckung besonders gut geeignet. Zu beachten gilt, dass in Abhängigkeit der Außentemperatur die Lagerung begrenzt ist. Wie in Abbildung 23.11 dargestellt, nehmen die DM-Verluste bei steigenden Temperaturen im Frühjahr zum Teil drastisch zu. Bei längerer Lagerung ist die Silierung der Hackfrüchte sinnvoller. Bei Rüben steigt die Atmungsintensität und die Anfälligkeit für den Verderb mit der Höhe des Zuckergehalts (Massenrüben < Gehaltsrüben < Futterzuckerrüben < Zuckerrüben). Anderer-

Abb. 23.11
DM-Verluste bei Mietenlagerung und Silierung von Futterkartoffeln in Abhängigkeit von der Jahreszeit.

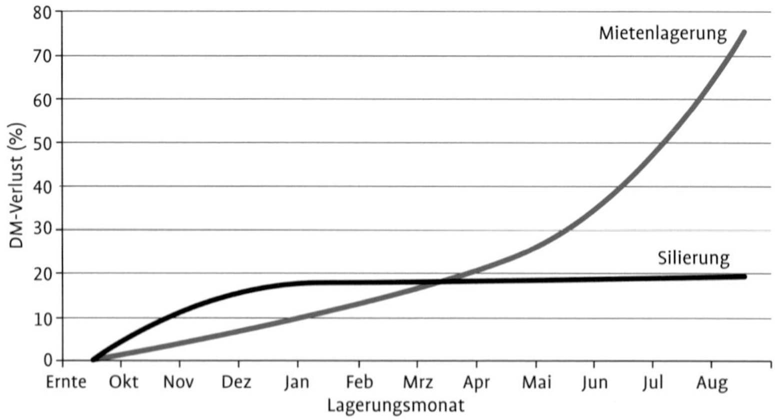

seits verringern sich im gleichen Verhältnis die Empfindlichkeit gegenüber Frost und mechanischen Verletzungen. Als optimale Lagerungsbedingungen gelten Lagerungstemperaturen bei Zuckerrüben von 0–4 °C und bei Futterrüben von 2–5 °C sowie eine relative Luftfeuchte von 90–95 %. Rüben für Futterzwecke werden vor allem in kleinen prismenförmigen Mieten, Großmieten ohne und mit Zwangsbelüftung gelagert. Die Zudeckung erfolgt zweckmäßigerweise durch die Kombination von Strohballen und Folien. Die maximale Lagerungsdauer richtet sich nach den Lagerungseigenschaften der Rüben sowie dem Lagerungsverfahren und schwankt zwischen 4 und 6 Monaten. Keinesfalls darf bei der Verfütterung der Anteil mikrobiell sichtbar veränderter Rübenmasse 10 % überschreiten.

24 Futtermittelbearbeitung und -behandlung

Jürgen Zentek und Heinz Jeroch

Die originär erzeugten bzw. im Rahmen von industriellen Verarbeitungsprozessen anfallenden Futtermittel kommen häufig erst nach einer Bearbeitung bzw. Behandlung zum Einsatz. Ebenso ist die Herstellung von Mischfuttermitteln aus Einzelkomponenten mit vor- bzw. nachgelagerten Bearbeitungsverfahren verknüpft. Für eine ordnungsgemäße Lagerung und Konservierung von Futtermitteln bilden vorgeschaltete Bearbeitungen wesentliche Voraussetzungen.

Nach den zur Anwendung kommenden Verfahrensprinzipien lassen sich die einzelnen Futtermittelbearbeitungen und -behandlungen den folgenden Gruppen zuordnen:

- Reinigungsverfahren,
- mechanische Bearbeitung,
- biologische und chemische Behandlungen,
- thermische, hydrothermische, thermisch-mechanische und hydrothermisch-mechanische Bearbeitung von Einzelfuttermitteln bzw. Futtermischungen.

Die Zielstellung kann bei den unterschiedlichen Verfahren durchaus die gleiche sein, z. B. Beseitigen von antinutritiven Inhaltsstoffen bzw. Nährstoffaufschluss. Die wesentlichen **Ziele der Futtermittelbearbeitung und -behandlung** lassen sich wie folgt zusammenfassen:

- Qualitätserhaltung während der Lagerung,
- Voraussetzung für eine hohe Konservatqualität,
- bessere Mechanisierung von Futtermitteltransport, -umschlag, -lagerung und -darbietung,
- Voraussetzung für homogene Futtermischungen,
- Beseitigung bzw. Reduzierung von antinutritiven Futtermittelbestandteilen,
- Sicherung einer tiergerechten und hohen Futteraufnahme,
- optimale Verdauung der Futterinhaltsstoffe,
- Optimierung pansenphysiologischer Prozesse,
- Erhöhung des Futterwertes,
- verbesserter Hygienestatus.

In den Übersichten der Unterkapitel 24.1 bis 24.5 sind nach oben genannten Einteilungsprinzipien die einzelnen Verfahren und Behandlungen zusammengefasst. Durch diese Vorgehensweise sollen wiederholende Erklärungen bei der Besprechung der Einzel- und Mischfuttermittel weitgehend vermieden werden. Aufgelistet sind neben konventionellen Verfahren auch neuere Bearbeitungs- und Behandlungsmethoden. Ihre derzeitige praktische Anwendung ist unterschiedlich. Neben den Vorteilen können sich aus der Bearbeitung auch Nachteile ergeben, die gleichfalls erwähnt werden. Für ausgewählte Verfahren wird deren Wirkung durch die Darstellung repräsentativer Versuchsergebnisse verdeutlicht.

24.1 Reinigen von Futtermitteln

Futtermittel	Zielsetzung	Verfahrensprinzipien	Nutzen
Körnerfrüchte (Getreide, Leguminosen)	Entfernen von unerwünschten Beimengungen, wie Strohteile, Spreu, Unkrautsamen, Mutterkorn, Schmutz, metallische und nichtmetallische Fremdkörper, mitunter auch des Ausputzes nach der Ernte bzw. Trocknung	Sieben, Behandlung im Luftstrom, magnetische und optische Auslese	Geringerer Keimbesatz, bessere Lagerfähigkeit, Verträglichkeit und Akzeptanz, höherer Futterwert
Mischfutterkomponenten (z. B. Extraktionsschrote, Expeller)	Beseitigen von metallischen und nicht-metallischen Fremdkörpern	Sieben, magnetische Auslese	Vermeiden von Schäden und übermäßigem Verschleiß an den Aggregaten der Mischfutterwerke
Wurzeln und Knollen, Rübenblätter	Entfernen von Erdanlagerungen	Waschen, mechanische Reinigung	Geringerer Keimbesatz, bessere Lagerfähigkeit und Siliereignung, Vermeiden von Verdauungsstörungen, keine Futterwertminderung (→ Tab. 24.1)

24.2 Mechanische Bearbeitung und Behandlung von Futtermitteln

Verfahren	Futtermittel	Aggregate	Zielstellung/Nutzen	Mögliche Nachteile
Häckseln	Grünfutter, Heu, Trockengrün, Stroh	Fahrbare und stationäre Häcksler mit einstellbarer Häckslerlänge	Bessere Mechanisierung von Transport, Umschlag und Lagerung, Voraussetzung für eine optimale Verdichtung des Siliergutes und für Mischrationen in der Wiederkäuerfütterung, beschleunigte Futteraufnahme	Schnelle Erwärmung (Grünfutter) bei Zwischenlagerung; verminderte Strukturwirksamkeit bei zu intensiver Zerkleinerung
Schnitzeln	Rüben, Kartoffeln (Wiederkäuer)	Stationäre Anlagen	Erleichterte Futteraufnahme, erforderlich für Mischrationen	Nährstoffverluste durch Saftaustritt möglich
Musen	Rüben (Schweine)	Stationäre Geräte	Erforderlich für normalen Verzehr, höhere Aufnahme (weniger zellgebundenes Wasser), Verdauung der Kohlenhydrate (Zucker, Stärke) vorrangig enzymatisch im Dünndarm	Nährstoffverlust durch Saftaustritt (deshalb Saft binden)

Verfahren	Futtermittel	Aggregate	Zielstellung/Nutzen	Mögliche Nachteile
Schroten	Körnerfrüchte (Getreide, Leguminosen, Ölfrüchte), Nebenprodukte aus der Verarbeitung pflanzlicher Rohstoffe (z. B. Ölkuchen, Expeller)	Hammermühle, Walzenstuhl	Voraussetzung für Mischfähigkeit und gute Pelletierbarkeit, verbesserte Aufnahme und höhere Verdaulichkeit (deutlich bei Rindern und Schweinen; gering bei Schafen (→ Tab. 24.2)	Bei zu intensiver Zerkleinerung Magenulcera (Schweine) und Akzeptanzprobleme bei Geflügel
Quetschen, Walzen	Getreide	Walzenstuhl	Verbesserte Verdaulichkeit (Rind), gleiche Wirkung wie Schroten aber geringerer Energieaufwand, Verhinderung von Magengeschwüren beim Schwein	–
	Maiskörner siloreifer Maispflanzen (Rinder)	Zusatzeinrichtungen (Reibboden, Quetschwalzen) am Exaktfeldhäcksel	Vermeiden von unverdauten Körnern bzw. Kornbruchstücken im Rinderkot, dadurch höhere Stärkeverdaulichkeit und höherer energetischer Futterwert (→ Tab. 24.3)	
Entspelzen, Schälen	Getreidekörner, Leguminosen, Ölfrüchte	Schälmaschine	Abtrennen der faserreichen Spelzen, Schalen und Hülsen; Verdaulichkeitsanstieg und höherer energetischer Futterwert (→ Tab. 24.4), Reduzierung antinutritiver Inhaltsstoffe (z. B. Tannine in Ackerbohnen und Erbsen), Einsatzerweiterung	Substanzverlust; bei zu intensiver Bearbeitung auch Verluste an Endospermsubstanz
Bröckeln (Granulieren)	Pelletierte Mischfuttermittel	Walzenbröckler	Längere Beschäftigung mit der Futteraufnahme bei gleichem Nutzen wie Pellets	s. Pellets (→ Übersicht 17.5) außer Verhaltensstörungen (z. B. kein Federpicken)
Brikettieren von gehäckseltem Material (Briketts: ∅ 70 mm, mittlere Länge 20–30 mm, Cobs: ∅ 16–25 mm, mittlere Partikellänge 15–25 mm)	Heu, Trockengrün, Stroh	Flachmatrizen-, Ringmatrizenpresse	Bessere Mechanisierung von Transport, Umschlag und Lagerung, geringerer Lagerraum erforderlich, höhere Verzehrsleistung	Verminderte Strukturwirksamkeit
Pressen von gemahlenem Material	Trockengrün	Flachmatrizen-, Ringmatrizenpresse	Bessere Mechanisierung von Transport, Umschlag und Lagerung, weniger Lagerraum erforderlich, geringerer β-Carotin-Abbau	Kaum Strukturwirksamkeit
	Stroh		Verzehrssteigerung, höhere Energieaufnahme mit dem Futtermittel Stroh (Wiederkäuer)	Kaum Strukturwirksamkeit, leichte Verdaulichkeitsabnahme

24.3 Biologische Behandlungsverfahren

Verfahren	Futtermittel	Verfahrensprinzipien	Zielstellung/Nutzen	(mögliche) Nachteile
Ankeimen	Getreidekörner, Leguminosen, Ölsaaten	Aktivierung korneigener Enzyme, Stoffabbau, Stoffaufbau	Proteinanreicherung und -aufwertung, Abbau von antinutritiven Substanzen (u. a. NSP, Glucosinolate), Phytathydrolyse	Nährstoffverluste (Stärke Zucker), Rückgang des energetischen Futterwertes (→ Tab. 24.5)
Einweichen	Getreidekörner (Roggen, Gerste)	Aktivierung korneigener Enzyme	Abbau von NSP, dadurch Qualitätsverbesserung; Phytathydrolyse	–
Enzymatische Vorbehandlung	Getreide, getreidereiche Futtermischungen, Leguminosen, rohfaserreiche Materialien	Behandlung mit substratspezifischen mikrobiellen Enzympräparaten (z. B. β-Glucanase enthaltende Präparate bei der Gerste bzw. gerstenreiche Rationen) unter definierten Bedingungen	Abbau von NSP, Futterwertverbesserung, Einsatzerweiterung von Futtermitteln mit höheren spezifischen NSP-Gehalten (Gerste, Hafer, Roggen)	Trocknungskosten, wenn keine Direktverfütterung

24.4 Chemische Behandlungsverfahren

Futtermittel	Verfahren	Zielstellung/Nutzen	Mögliche Nachteile
Gerste, Roggen	Wasserextraktion	Entfernen von löslichen NSP (β-Glucane, Arabinoxylane), höherer Futterwert	Verlust an weiteren wasserlöslichen Verbindungen (Vitamine, Spurenelemente), Trocknungskosten
Getreidekörner	NaOH-Behandlung (Sodagrain-Verfahren)	Verzicht auf mechanische Aufbereitung (Schroten) durch Aufschluss der Zellwände, Reduzierung des ruminalen Stärkeabbaus (bessere Rohfaserverdauung durch höhere pH-Werte und weites Verhältnis von Essigsäure zu Propionsäure im Pansen, geringere Fermentationsverluste durch Glucosetransfer im Dünndarm), teilweise Neutralisation stark saurer Silagen	Reduzierung der Gesamtstärkeverdauung, Verringerung der mikrobiellen Proteinsynthese, Verringerung der Energiedichte durch Rohasche, Natriumbelastung des Stoffwechsels, hohe Wasseraufnahme, eventuell Verätzungen
Rapsprodukte	Behandlung mit Natriumbicarbonat im Reaktor	Spaltung von Sinapin in Sinapinsäure und Cholin, dadurch begrenzter Einsatz von Rapsprodukten bei Legehennen mit gestörter Trimethylamin-Oxidase-Aktivität (vor allem Braunleger) möglich (→ Tab. 24.6)	Na-Belastung des Stoffwechsels, Ascites bei Geflügel
Stroh	Strohaufschluss mit Laugen (NaOH, KOH, Ammoniakverbindungen u. a.)	Lockerung des Lignin-Hemicellulose-Cellulose-Komplexes, dadurch höhere Verdaulichkeit und höherer energetischer Futterwert, Mehrverzehr von Stroh	Na-Belastung des Stoffwechsels

Tab. 24.1
Einfluss des Verschmutzungsgrades auf die Verdaulichkeit von Zuckerrübenblattsilage beim Schaf.

Verschmutzungsgrad von Zuckerrübenblattsilage	Rohasche (g/kg DM)	Verdaulichkeit (%)		Energiedichte (MJ ME/kg DM)
		DM	OM	
Gering	180	67	75	10,05
Noch vertretbar	240	66	74	9,63
Hoch	280	61	73	8,67
Unzulässig hoch	340	51	66	7,11

Tab. 24.2
Einfluss des Zerkleinerns von Getreidekörnern auf die Nährstoffverdaulichkeit bei verschiedenen Tierarten[1].

Tierart	Getreideart	Kornbeschaffenheit	Verdaulichkeit (%)			
			OM	CP	NfE	NfE + CF
Rind	Weizen	Intakt	55	53	–	43
		Schrot	90	77	–	92
Schaf	Weizen	Intakt	88	77	–	80
		Schrot	89	81	–	91
Schwein	Gerste	Intakt	64–67	58–60	75	–
		Schrot (mittelfein bis fein)	78–85	78–84	88–90	–

1 nach verschiedenen Literaturquellen

Tab. 24.3
Einfluss von Häcksellänge und Nachzerkleinerung der Körner auf Verdaulichkeit und energetischen Futterwert von Maissilagen (Schwarz et al. 1997).

Häcksellänge (mm)	Nachzerkleinerung	Körner und Kornbruchstücke (%)	Verdaulichkeit (%)		NEL (MJ/kg DM)
			OM	Stärke	
4	–	29,5	75	91	6,64
4	+	15,8[1]	77	95	6,84
8	–	38,5	72	83	6,20
8	+	19,1[1]	78	96	7,02

1 Nur Kornbruchstücke

24.5 Thermische, hydrothermische, thermisch-mechanische und hydrothermisch-mechanische Behandlungsverfahren

Verfahren	Verfahrensprinzipien	Futtermittel	Zielstellung/Nutzen	Mögliche Nachteile
Puffen	Rasche Erhitzung ohne Wasserzusatz	Getreide, z. B. Mais, Sorghumhirse	Stärkeaufschluss für Jungtiere (Ferkel, Kälber)	–
Mikronisieren	Schlagartige Erhitzung (100–120 °C) im Infrarotofen bei einer Verweildauer von 20–40 s.	Getreide, Mischfutter	Aufplatzen der Körner mit anschließender Flockierung, Trocknung von Getreide, Stärkeaufschluss, Verdaulichkeitsanstieg, Zerstörung von Inhibitoren	Proteinschädigung
Jet-Sploding	Kurzzeitige Erhitzung durch Einwirkung trockener Wärme (105–120 °C oder auch höher)	Getreide, Eiweißfuttermittel	Getreidetrocknung, Senkung der Proteinlöslichkeit im Pansen (z. B. bei Rapsprodukten), Stärkeaufschluss bei anschließender Flockierung	Rückgang der Proteinlöslichkeit bzw. -verdaulichkeit
Toasten	Behandlung mit überspanntem Wasserdampf	Extrationsschrote (Soja, Raps), aber auch ölreiche Samen, Körnerleguminosen	Entfernen von Extraktionsmitteln (Desolventisierung), Inaktivierung von Verdauungsenzyminhibitoren (dadurch verbesserte Proteinverdaulichkeit und -verwertung bei Monogastriden [→ Tab. 24.7]) und weiteren antinutritiven Substanzen (z. B. Glucosinolate), Verminderung des ruminalen Proteinabbaus (→ Tab. 24.8)	Beeinträchtigung der Proteinlöslichkeit, Lysinverlust
Dämpfen	Behandlung mit feuchter Wärme in Dämpfanlagen	Kartoffel	Aufschluss der Kartoffelstärke und Inaktivierung von Inhibitoren; höhere enzymatische Verdaulichkeit der Stärke und dadurch deutlicher Anstieg des energetischen Futterwertes, höherer Verzehr (Schweine)	–
Dampf-flockung	Dämpfen und Walzen	Getreidekörner (Mais), Haferflocken	Inaktivierung von Lipasen, Peroxidasen, dadurch bessere Lagerfähigkeit, Stärkeaufschluss für Jungtiere (Ferkel, Kälber)	–
Autoklavieren	Wärme-Druck-Behandlung im Autoklaven	Kollagen- und keratinreiche Produkte (z. B. Geflügelschlachtabfälle, Federn)	Zerstörung der Kollagen- und Keratinstruktur (Hydrolyse), damit das Eiweiß im Verdauungstrakt durch Enzyme gespalten werden kann	–

Verfahren	Verfahrensprinzipien	Futtermittel	Zielstellung/Nutzen	Mögliche Nachteile
Dampfsterilisation	Behandlung im Sterilisator mind. 133 °C für mind. 20 min und einem Druck von mind. 3 bar	Ausgangsmaterial für die Fischmehlherstellung	Abtöten pathogener Keime	Beeinträchtigung der Aminosäurenverfügbarkeit
Pelletieren	Konditionieren durch Wasserdampfzugabe, Verdichten in der der Presse mittels Ring- oder Flachmatrizen (Lochdurchmesser 2–12 mm in Abhängigkeit vom Einsatzgebiet [Tierart, Alter]); Kühlen und Trocknen; physikalische Bedingungen, die auf das Futter in der Presse einwirken: bis 80 °C, > 10 s, Umgebungsdruck	Mischfutter, vor allem für Kälber, Ferkel, Mastgeflügel, Fische	Reduzierung der Keimzahl, Inaktivierung antinutritiver Substanzen, kein Entmischen beim Futtertransport, gute Fließeigenschaften der Pellets; vermindertes Volumen, höhere Futteraufnahme und dadurch bessere Nährstoff- und Energieversorgung, Leistungsverbesserung (→ Tab. 24.9), weniger Futterverluste, keine Selektionsmöglichkeit der Tiere, z. T. verbesserte Verdaulichkeit	Vitaminverluste (→ Tab. 24.11), Aktivitätsminderung von Futterenzymen (z. B. Phytase), bedarfsübersteigende Nährstoff- und Energieaufnahme, Förderung von Verhaltensstörungen (z. B. Federpicken)
Expandieren	Förderung des Futters mittels Schnecke durch einen druckfesten Zylinder gegen ein Druckgefälle unter Einleitung von Wasserdampf; hydrothermisch-mechanische Druckkonditionierung; physikalische Bedingungen, die auf das Futter einwirken: 100–130 °C, ca. 5–10 sec ca. 40 bar	Getreide, Leguminosen, Ferkelfutter, Geflügelfutter, Eiweißfuttermittel für Wiederkäuer	Stärkeaufschluss, aber nur geringe Verdaulichkeitsverbesserung (→ Tab. 24.12), Inaktivierung von antinutritiven Substanzen, Keimreduzierung, Salmonellenabtötung, Verbesserung der Pressfähigkeit und damit der Pelletierfestigkeit für Mischungen mit hohen Anteilen schwer pelletierbarer Komponenten	Proteinschädigung, Vitaminabbau (→ Tab. 24.11), Inaktivierung von Enzymen (z. B. Phytase)
Extrudieren	Förderung des Futters durch einen druckfesten Zylinder mit ein oder zwei Schnecken gegen ein Druckgefälle bei Wasserdampfzusatz; hydrothermisch-mechanische Beanspruchung mit abschließender Formgebung; physikalische Bedingungen, die auf das Futter einwirken: 130–160 °C, ca. 5–10 s, ca. 60 bar	Heimtierfutter, Fischfutter, Ferkelfutter, Eiweißfuttermittel für Wiederkäuer	Stärkeaufschluss und deutlich verbesserte Verdaulichkeit (z. B. Fischfutter, s. Tab. 24.10), Zerstörung von Proteaseinhibitoren, Keimreduzierung, Senkung der Proteinlöslichkeit im Pansen, Extrudat (Endprodukt) vergleichbar mit Pellets, jedoch geringere Dichte	Proteinschädigung, Verlust an futterbürtiger Phytaseaktivität, Vitaminabbau (→ Tab. 24.11)

Tab. 24.4
Einfluss des Entspelzens bzw. Schälens auf den Nährstoffgehalt und energetischen Futterwert von Körnerfrüchten und Nebenprodukten ihrer Verarbeitung (Rapssaat) (nach Literaturangaben und eigenen Untersuchungen).

Körnerart	Bearbeitung	Rückgang des Fasergehaltes[1] (%)	Anstieg des Rohproteingehaltes[1] (%)	Anstieg des Gehaltes an umsetzbarer Energie[1]	
				Huhn (%)	Schwein (%)
Gerste	Schälen	75	20	15[3]	15
Hafer	Entspelzen	79	22	27[3]	33
Erbsen	Schälen	41	12	25[3]	7
Rapssaat	Schälen	73 (Rapssaat)	7–13[2]	20[4] (Rapskuchen) 24[4] (Rapsextraktionsschrot)	15 (Rapskuchen) 14 (Rapsextraktionsschrot)

1 Bezugsbasis nichtbearbeitete Körnerfrüchte bzw. Nebenprodukte aus der Verarbeitung intakter Saat,
2 Rapssaat, -kuchen und –extraktionsschrot, 3 Adulte Tiere, 4 Küken

Tab. 24.5
Einfluss des Keimvorganges bei verschiedenen Getreidearten auf die Inhaltsstoffe und den energetischen Futterwert[1] (nach eigenen Untersuchungen und Literaturangaben).

Getreideart	Relative Veränderung[2] (%)						
	Inhaltsstoffe					Umsetzbare Energie	
	Rohprotein	Lysin	Methionin	Rohfaser	Stärke	Broiler	Legehenne
Weizen	−2 bis +11	+71 bis +78	−5 bis +22	+10 bis +128	−1 bis −27	−5	−4
Gerste	+1 bis +15	+23 bis +38	+5	+7	−4 bis −9	−3	+1
Roggen	+2 bis +12	+24 bis +53	0 bis +20	+15 bis +126	−1 bis −7	+3	−1
Hafer	0 bis −3	k. A.[3]	k. A.	+8	−4	−5	+1

1 Länge der Keime ca. 1–3 cm nach einer Keimdauer von 2–5 Tagen,
2 Relative Veränderung im Vergleich zu ungekeimten Chargen (Angaben in %), 3 Keine Angaben

Tab. 24.6
Einfluss der Rapssaatbehandlung mit Natriumbicarbonat auf den Sinapingehalt in Rapsprodukten und den Trimethylamingehalt im Eidotter (nach eigenen Untersuchungen)

Rapsprodukt	Behandlung	Sinapin (g/kg DM)	Rationsanteil (%)	Trimethylamingehalt im Eidotter[1] (μg/g)
Rapssaat	–	6,8	7,5	1,37
	+	1,1	7,5	0,57
Rapskuchen	–	10,6	10	1,90
	+	0,6	10	< 0,20

1 > 0,8 bis 0,9 μg/g Eidotter sensorisch wahrnehmbar (Fischgeschmack)

Tab. 24.7
Einfluss des Toastens von Sojaextraktionsschrot auf Eiweißqualitätsparameter (nach verschiedenen Literaturquellen).

Tierart	Getoastet	CP-Verdaulichkeit (%)	Physiologischer Nutzwert	Biologische Wertigkeit
Laborratte	–	79	49	62
	+	88	60	69
Schwein	–	80	42	–
	+	89	56	–

Tab. 24.8
Einfluss der hydrothermischen Behandlung[1] von Körnerleguminosen und Sojaextraktionsschrot auf deren Proteinkenndaten für Wiederkäuer (Trinkel et al. 2005).

Behandlung	Erbsen		Blaue Süßlupinen		Sojaextraktionsschrot	
	–	+	–	+	–	+
Rohproteingehalt (g/kg DM)	214	219	365	383	480	504
Ruminale Abbaubarkeit des Rohproteins (%)	83	79	68	58	68	49
Unabgebautes Rohprotein (%)	17	21	32	42	32	51
Nutzbares Rohprotein (g/kg DM)	182	189	258	297	278	373

1 Toasten mit vorgeschalteter Feuchtkonditionierung

Tab. 24.9
Einfluss des Pelletierens von Broilermastmischungen bei Einsatz verschiedener Getreidearten auf die Mastleistung (eigene Experimente).

Getreideart	Energiegehalt (MJ AME_N/kg)	Relative Verbesserung (Schrotvarianten = 100 %)		
		Futterverzehr (%)	Mastendmasse (%)	Futteraufwand (%)
Mais	12,0	102	105	97
Sorghumhirse	11,8	103	107	96
Weizen	11,7	106	110	96
Gerste	10,7	108	115	93
Hafer	9,9	117	124	92

Tab. 24.10
Einfluss der Extrusion auf die Verdaulichkeit der Stärke in Futtermischungen für Forellen (nach Toure et al. 1995).

	Stärkeverdaulichkeit (%)					
Weizenanteil (g/kg Mischung)	**150**		**300**		**450**	
Extrusion	**nein**	**ja**	**nein**	**ja**	**nein**	**ja**
Wassertemp. 10 °C						
ohne Enzymzusatz	46	94	34	90	23	69
mit Enzymzusatz	50	94	42	90	30	75
Wassertemp. 15 °C						
ohne Enzymzusatz	64	96	34	92	29	74
mit Enzymzusatz	68	96	51	91	43	76

Tab. 24.11
Einfluss von hydrothermischen Druckverfahren auf den Vitaminabbau bei Geflügelmischfutter (Leeson und Summers 1997).

Vitamin	**Vitaminverluste (%)**		
	Pelletieren (82 °C, 30 s)	**Expandieren (117 °C, 20 s)**	**Extrudieren (120 °C, 60 s)**
A	7	4	12
D_3	5	2	8
E	5	3	9
K	18	30	50
B_1	11	9	21
Folsäure	7	6	14
Cholinchlorid	2	1	3
C	45	40	63

Tab. 24.12
Einfluss des Expandierens und Extrudierens auf die Verdaulichkeit getreidereicher Futtermischungen[1] für Ferkel mit 15 kg LM (nach Literaturquellen und eigenen Untersuchungen).

Getreideart	**Rationsanteil (%)**	**Parameter**	**Verdaulichkeit (%)**		
			Unbehandelt	**Expandiert**	**Extrudiert**
Mais	60	OM-Verdaulichkeit	89	–	90
		Stärkeverdaulichkeit	100	–	99
		Rohproteinverdaulichkeit	81	–	82
Weizen	90	OM-Verdaulichkeit	90	–	91
Roggen	90	OM-Verdaulichkeit	88	88	89
		pc Stärkeverdaulichkeit	88	90	89
Gerste	90	OM-Verdaulichkeit	84	86	85
		pc Stärkeverdaulichkeit	91	93	95

1 Das Expandieren bzw. Extrudieren bezieht sich auf die Getreidekomponente der Ration

25 Futtermittelhygiene

Hans Schenkel und Sven Dänicke

25.1 Allgemeine Vorbemerkungen und Begriffsbestimmungen

Die Vorkommnisse und Krisen, die sich in der jüngeren Vergangenheit auf dem Gebiet der Lebensmittel- und Futtermittelsicherheit im Zusammenhang mit dem BSE-Geschehen und dem Vorkommen von Dioxinen in Lebens- und Futtermitteln ereignet haben, waren Anlass für die Europäische Union, Konzepte für die Lebensmittelsicherheit neu zu definieren (Weißbuch zur Lebensmittelsicherheit[13], Verordnung (EG) Nr. 178/2002[14]). Ausgehend von der Überlegung, dass für die EU der höchste Standard der Lebensmittelsicherheit gelten soll, wurde in diesem Weißbuch der Grundsatz „vom Erzeuger zum Verbraucher", der sämtliche Glieder der Lebensmittelherstellungskette (Futtermittelerzeugung, Primärproduktion, Lebensmittelverarbeitung, Lagerung, Transport und Einzelhandel) einschließt, festgeschrieben. Diesem Konzept folgend, wurde auch ein neuer Rechtsrahmen für Futtermittel geschaffen, der davon ausgeht, dass die Sicherheit von Lebensmitteln tierischen Ursprungs mit sicheren Futtermitteln beginnt. Um die im Weißbuch zur Lebensmittelsicherheit formulierten Ziele zu erreichen, hat die EU die **Europäische Behörde für Lebensmittelsicherheit (EFSA, European Food Safety Authority)** geschaffen. Auf nationaler Ebene wurden die Bundesanstalt für Verbraucherschutz und Lebensmittelsicherheit (BVL) und das Bundesinstitut für Risikobewertung (BfR) gegründet.

Die rechtliche Umsetzung des Grundsatzes „vom Erzeuger zum Verbraucher" erfolgte mit der Zusammenführung des Lebensmittel- und Bedarfsgegenständegesetzes mit dem Futtermittelgesetz zum gemeinsamen Lebensmittel-, Bedarfsgegenstände- und Futtermittelgesetzbuch (LFGB)[15]. Zur weiteren Vereinheitlichung der Europäischen Gesetzgebung zur Lebensmittelsicherheit, die auch Grundregeln für den freien Verkehr mit Futtermitteln erfordert, wurden in der Verordnung (EG) Nr. 183/2005 Vorschriften für die Futtermittelhygiene[16] festgeschrieben.

Im Sinne dieser Verordnung bezeichnet **Futtermittelhygiene** die Maßnahmen und Vorkehrungen, die notwendig sind, um Gefahren zu beherrschen und zu gewährleisten, dass ein Futtermittel unter Berücksichtigung seines Verwendungszwecks für die Verfütterung an Tiere tauglich ist. Das Resultat all dieser Maßnahmen drückt sich im **Futtermittelhygienestatus** aus. Dieser wiederum bestimmt, inwiefern ein Futtermittel tauglich ist im Hinblick auf die Sicherheit des Lebensmittels tierischen Ursprungs, die Tiergesundheit sowie die Umwelt (→ Abb. 25.1). Aus den genannten Definitionen lässt sich ableiten, dass alle Futtermittelbestandteile, welche den Futtermittelhygienestatus und die Futtermittelsicherheit nachteilig beeinflussen, im weitesten Sinne als **unerwünschte Stoffe** anzusehen sind. Im engeren Sinne werden Tierseuchenerreger hiervon ausgenommen. Gemäß der Futtermittelverordnung (§ 8), dürfen Futtermittel, deren Gehalt an unerwünschten Stoffen die im Anhang 1

13 Weißbuch zur Lebensmittelsicherheit: Kommission der Europäischen Gemeinschaften, Brüssel, 12. Januar 2000, KOM (1999) 719 endg.

14 Verordnung (EG) Nr. 178/2002 des Europäischen Parlaments und des Rates vom 28. Januar 2002 zur Festlegung der allgemeinen Grundsätze und Anforderungen des Lebensmittelrechts, zur Errichtung der Europäischen Behörde für Lebensmittelsicherheit und zur Festlegung von Verfahren zur Lebensmittelsicherheit.

15 Lebensmittel- und Futtermittelgesetzbuch in der Fassung der Bekanntmachung vom 26. April 2006 (BGBl. I S. 945).

16 Verordnung (EG) Nr. 183/2005 des Europäischen Parlaments und des Rates vom 12. Januar 2005 mit Vorschriften für die Futtermittelhygiene.

Abb. 25.1
Das Resultat aller Maßnahmen und Vorkehrungen zur Erhaltung der Fütterungstauglichkeit von Futtermitteln (Futtermittelhygiene) drückt sich im Futtermittelhygienestatus aus. Dieser wiederum bestimmt, inwiefern ein Futtermittel sicher ist im Hinblick auf die Lebensmittelsicherheit, die Tiergesundheit und die Umwelt. Die Festlegung von Höchstgehalten bzw. Orientierungswerten für kritische Konzentrationen an unerwünschten Stoffen in Futtermitteln richtet sich nach deren Vorkommen in Relation zu den Elementen der Futtermittelsicherheit.

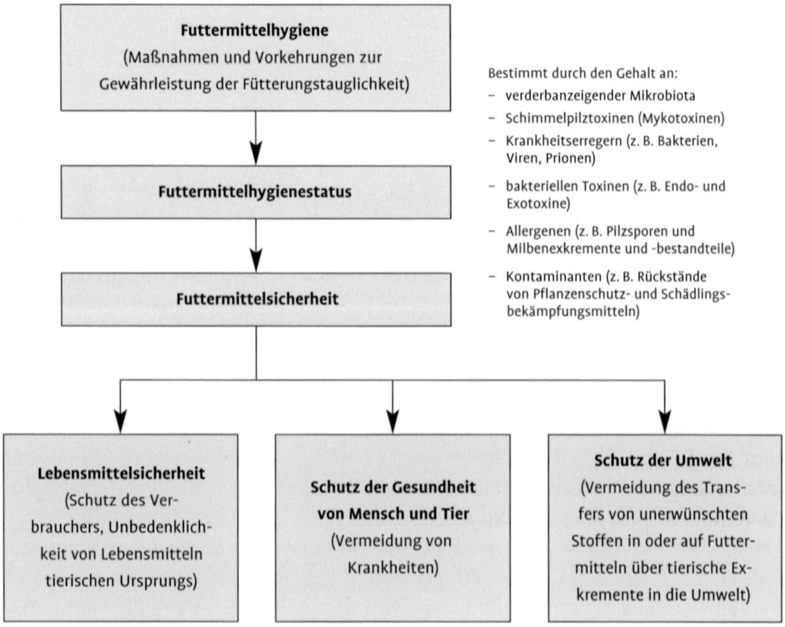

Wichtung der Bedeutung der Elemente der Futtermittelsicherheit für die Festlegung von Höchstgehalten bzw. Orientierungswerten für einige unerwünschte Stoffe in Futtermitteln:

Aflatoxine	++	++	–
Deoxynivalenol	–	++	–
Dioxine	++	+	+
Organochlorpestizide	++	+	+
Blei	+	+	+

++ große Bedeutung, + bedeutungsvoll, – geringe Bedeutung

der Richtlinie 2002/32/EG gegebenen Werte überschreiten, nicht in den Verkehr, verfüttert oder zu Verdünnungszwecken vermischt werden. Die verbotenen Stoffe (FMV §11) sind in der VO (EG) Nr. 767/2009 Artikel 6 bzw. Anhang III geregelt. Die VO (EG) Nr. 395/2005 regelt die Höchstgehalte an Pestizidrückständen in und auf Lebens- und Futtermitteln pflanzlichen und tierischen Ursprungs. Für die in der Richtlinie 2002/32/EG aufgeführten unerwünschten Stoffe sind **Höchstgehalte** (Höchstwerte) festgesetzt, die in Futtermitteln nicht überschritten werden dürfen. Aus praktischer Sicht ist bedeutsam, dass ein Futtermittel mit einem Gehalt an einem unerwünschten Stoff, der den festgesetzten Höchstgehalt überschreitet, zu Verdünnungszwecken mit dem gleichen oder einem anderen Futtermittel nicht vermischt werden darf (sogenanntes **Verschneidungsverbot**). Ferner ist zu berücksichtigen, dass nicht alle Stoffe, denen ein nachteiliger Effekt im Hinblick auf die Futtermittelsicherheit zukommt, in dieser Richtlinie geregelt sind. Für einige dieser Stoffe, wie z. B. die *Fusarium*-Toxine Deoxynivalenol und Zearalenon, wurden sogenannte **Orientierungswerte** (Richtwerte) für kritische Konzentrationen im Futter landwirtschaftlicher Nutztiere veröffentlicht, die im Rahmen von § 17 (Verbote) LFGB[3] zu interpretieren sind, nach dem es verboten ist, Futtermittel an Tiere zu verfüttern, die dazu geeignet sind, die Tiergesundheit nachteilig zu beeinflussen. Für Futtermittel, die Orientierungswerte überschreiten, gilt nicht das Verschneidungsverbot. Vielmehr sollen ein einheitliches Vorgehen bei erhöhten Gehalten dieser unerwünschten Stoffe ermöglicht sowie alle Beteiligten veranlasst werden, das **Minimierungsprinzip** anzuwenden. Dieses Prinzip beinhaltet, auf allen Stufen der Nahrungskette den Eintrag des unerwünschten Stoffes so gering wie möglich bzw. so niedrig wie vernünftigerweise vertretbar zu halten. Letzteres Prinzip wird auch als sogenanntes **ALARA (as low as reasonable achievable)-Prinzip** bezeichnet, welches davon ausgeht, dass häufig mit unvermeidbaren Rest-Spurenkontaminationen zu rechnen ist, deren weitere Verminderung einen unvertretbar hohen Aufwand erfordern würde, wobei die damit erzielbaren Effekte auf die Futtermittelsicherheit vernachlässigbar gering wären.

Bei den in der Richtlinie geregelten unerwünschten Stoffen handelt es sich um eine recht heterogene Gruppe, in der chemische Elemente und Verbindungen sowie Saaten und Früchte von giftigen Pflanzen zusammengefasst sind (→ Tab. 25.1). Die entsprechenden Höchstgehalte für diese unerwünschten Stoffe sind detailliert in der Richtlinie aufgeführt.

Die Festlegung von Höchstgehalten oder Orientierungswerten für kritische Konzentrationen von unerwünschten Stoffen in Futtermitteln erfolgt unter Berücksichtigung der Anforderungen, die an die Futtermittelsicherheit gestellt werden, und betreffen die Lebensmittelsicherheit, den Schutz der Gesundheit von Mensch und Tier sowie der Umwelt (→ Abb. 25.1). Die Wichtung dieser Aspekte bei der Festlegung solcher Werte hängt unter anderem ab vom Vorkommen des betrachteten unerwünschten Stoffes in Futtermitteln in Relation zu seiner toxikologischen oder antinutritiven Bedeutung (Tierschutzaspekt), seinem

Tab. 25.1
In Gruppen unterteilte unerwünschte Stoffe entsprechend Richtlinie 2002/32/EG (Flachowsky 2006)

Gruppe	Unerwünschte Stoffe
Anorganische Stoffe/Kontaminanten	Arsen, Blei, Cadmium, Quecksilber, Fluor, Nitrit/Nitrat
Organische Stoffe/Kontaminanten	Organochlorpestizide [Aldrin/Dieldrin, Camphechlor (Toxaphen), Chlordan, Dichlordiphenyltrichlorethan (DDT), Endosulfan, Endrin, Heptachlor, Hexachlorbenzol, Hexachlorcyclohexan], Dioxine/Furane [Summe aus polychlorierten Dibenzopara-dioxinen (PCDD) und polychlorierten Dibenzofuranen (PCDF) und dioxinähnliche polychlorierte Biphenyle (PCB)]
Pilze und Mykotoxine	Aflatoxin B1, Mutterkorn
Antinutritive Pflanzeninhaltsstoffe	Blausäure, Gossypol, Theobromin, Senföl (flüchtig, berechnet als Allylisothiocyanat) und Vinylthiooxazolidon (Vinyloxazolidinthion)
Pflanzenteile und Pflanzen mit antinutritiven Substanzen	Aprikose (*Prunus armeniaca* L.), Bittermandel (*Prunus dulcis* var. *Amara*), Buchecker, ungeschält (*Fagus silvatica* L.), Rizinussamen (*Ricinus communis*), *Lolium temulentum* L. und *Lolium remotum* Schrank, *Datura stramonium*, *Crotalaria* spp., Leindotter (*Camelina sativa* L.), Mowrah, Purgierstrauch (*Jatropha curcas* L.), Purgierölbaum (*Croton tiglium* L.), Senfe der Brassica-Arten (Indischer Braunsenf – *Brassica juncea* (L.) Czern. et Coss ssp. *integrifolia* (West) Thell., Sareptasenf – *Brassica juncea* (L.) Czern. et Coss ssp. juncea, – Chinesischer Gelbsenf – *Brassica juncea* (L.) Czern. et Coss ssp. *juncea* var. *lutea* Batalin, Schwarzer Senf – *Brassica nigra* (L.) Koch, Abessinischer (äthiopischer) Senf – *Brassica carinata* A. Braun)

Rückstandsverhalten in Lebensmitteln tierischen Ursprungs (Lebensmittelsicherheit, sogenannter Carry over) sowie seiner Persistenz in tierischen Exkrementen (Umweltaspekt). Darüber hinaus ist bei diesem Vorgehen der (mögliche) Verzehr des betreffenden Futtermittels zu berücksichtigen, da sich die absolute Menge der Aufnahme eines unerwünschten Stoffes aus seiner Konzentration im Futtermittel sowie der verzehrten Menge des Futtermittels ergibt.
Weitere Informationen zur Bedeutung von Giftpflanzen und weiteren unerwünschten Futterinhaltsstoffen finden sich in den einzelnen Kapiteln der Futtermittelkunde (Teil 2).

25.2 Futtermittelhygienestatus und Futtermittelverderb

Im Zusammenhang mit dem Futtermittelhygienestatus ist zunächst der Begriff des **Futtermittelverderbs** zu klären. Dabei ist der Verderb von Futtermitteln als ein Prozess anzusehen, der mit einem Futtermittel endet, dessen Fütterungstauglichkeit nicht mehr gegeben ist und damit die Anforderungen an die Futtermittelsicherheit nicht mehr erfüllt und mithin als verdorben anzusehen ist. Somit lässt sich der Grad des Futtermittelverderbs durch den Futtermittelhygienestatus charakterisieren. Ein verdorbenes Futtermittel weist erhöhte Gehalte an verderbanzeigenden Mikroorganismen, Mykotoxinen oder weiteren unerwünschten Stoffen auf; das Futtermittel ist im Hinblick auf seinen Verwendungszweck als nicht mehr sicher einzuschätzen (→ Abb. 25.1). Der Futtermittelverderb lässt sich grob in einen **abiotischen** und einen **biotischen Verderb** einteilen. Der abiotische Verderb ist durch chemische oder physikalische Veränderungen des Futtermittels charakterisiert, welche die Fütterungstauglichkeit beeinträchtigen können. Beispiele hierfür sind peroxidative Veränderungen von Fetten und fettlöslichen Vitaminen, Nährstoffabbau durch pflanzeneigene Enzyme, Proteinschädigung und eine damit verbundene verringerte Proteinqualität durch Maillard-Reaktionen (durch Wärmeeinwirkung verursachte Reaktion von reduzierenden Zuckern mit basischen Aminosäuren).
Am biotischen Verderb sind Organismen beteiligt; dazu gehören vor allem Mikroorganismen, aber auch Milben, Insekten, Vögel und Schadnager. Sie können beispielsweise in unsachgemäß, vor allem zu feucht gelagertem Getreide zusammen mit diesem Substrat ein Ökosystem aufrechterhalten (→ Abb. 25.2), das letztlich zu deutlichen Einbußen der Futtermittelsicherheit führt.
Mikroorganismen benötigen für ihre Entwicklung einen bestimmten Anteil an frei verfügbarem Wasser, welcher sich durch die sogenannte **Wasseraktivität** (a_w) ausdrücken lässt. Diese ist definiert durch den Quotienten zwischen dem Wasserdampfdruck einer Lösung bzw. des gelagerten Futtermittels und dem Dampfruck des reinen Wassers. Im Gleichgewichtszustand entspricht

Abb. 25.2
Ausgewählte Einflüsse auf den Hygienestatus von gelagertem Getreide.

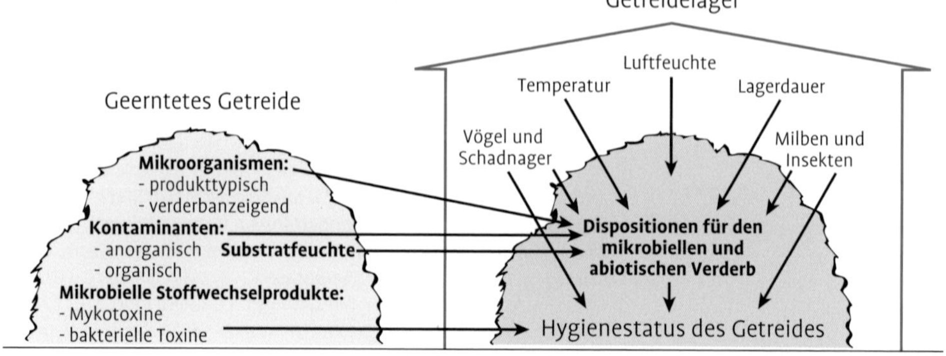

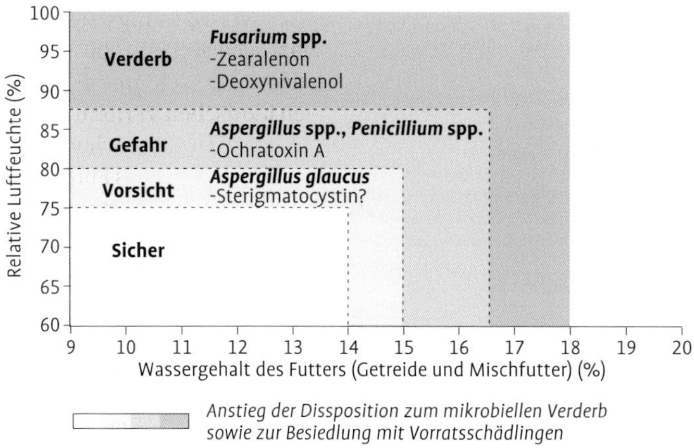

Abb. 25.3
Beziehung zwischen der relativen Luftfeuchte und dem daraus resultierenden Wassergehalt des Futters im Hinblick auf den Verderb (nach DLG 1998, erweitert).

die relative Luftfeuchte diesem Quotienten. Zudem bestehen futtermittelspezifische Zusammenhänge zwischen dem Wassergehalt des Futtermittels und der relativen Luftfeuchte (→ Abb. 25.3), sodass sich aus dem Wassergehalt des gelagerten Futtermittels ableiteten lässt, ob und welche Mikroorganismengruppen wachsen und den Verderb des Futtermittels bewirken können. Daher sind die Verfahren der Trockenfutterherstellung (→ Kap. 23.3 und 23.4) darauf abzustellen, den Wassergehalt des zu trocknenden Futtermittels soweit zu reduzieren, dass eine mikrobielle Aktivität weitestgehend vermieden werden kann. Für Getreide und Mischfutter beträgt dieser kritische Wassergehalt 14% (→ Abb. 25.3). Kann dieser kritische Wert nicht eingehalten werden, muss mit zunehmendem Wassergehalt mit dem Wachstum bestimmter Arten der Schimmelpilzgattungen *Aspergillus*, *Penicillium* und schließlich *Fusarium*, sowie mit den von ihnen gebildeten Mykotoxinen gerechnet werden.

Gleichzeitig verbessern sich die Lebensbedingungen für Milben und Insekten, wobei deren Stoffwechselaktivität zu einer weiteren Erhöhung des Wassergehaltes führen und damit den Verderb weiter forcieren kann. Hinzu kommt, dass zwischen bestimmten Milben- und Pilzarten enge ökologische Wechselbeziehungen bestehen. Mit Milben befallenes Getreide weist keine sichtbaren Veränderungen auf, macht sich aber bei starkem Befall gegebenenfalls durch einen typischen honigartigen, widerlich süßlichen Geruch bemerkbar, der durch Sekrete von Öldrüsen der Milben hervorgerufen wird. Bei der Beurteilung der Folgen eines Milbenbefalls für die Futtermittelsicherheit ist zu berücksichtigen, dass der Milbenbefall häufig nicht isoliert von einem Schimmelpilzbefall und einer damit einhergehenden Mykotoxinbildung auftritt. Beide Prozesse, die ihren Ursprung in einem erhöhten Wassergehalt des Futtermittels haben, können in unterschiedlichem Maße zum Futtermittelverderb beitragen. Insofern ist der Nachweis eines erhöhten Milbenbefalls oder eines erhöhten Schimmelpilzbefalls (Mykotoxinkonzentration) als Indikator eines Futtermittelverderbs anzusehen. Daher können Effekte bei einer gegebenen Indikatorkonzentration beim Tier unterschiedlich ausfallen, was die Festlegung von kritischen Konzentrationen von isoliert betrachteten Indikatoren erschwert. Insofern sind die in Tabelle 25.2 angegebenen Höchstmengen von vermilbtem Getreide nur als grobe Anhaltswerte zu verstehen. In jedem Fall sollten erhöhte Indikatorkonzentrationen im Rahmen der guten fachlichen Praxis bzw. von sogenannten **HACCP (Hazard Analysis and Critical Control Points)-Systemen** Anlass geben, die entsprechenden Schwachstellen zu lokalisieren und Maßnahmen zur Minimierung des identifizierten Risikos einzuleiten.

Häufig bei Getreide vorkommende Fraßschädlinge, wie Kornkäfer (*Sitophilus granarius*), Reiskäfer (*Sitophilus oryzae*) und Getreideplattkäfer (*Oryzaephilus surinamensis*), führen durch ihre

Tab. 25.2
Maximale Einsatzgrenzen von Milbenbefallenem Getreide (kg DM/Tier und Tag); vermilbte Futtermittel nicht an Geflügel und Jungtiere verfüttern (nach Kamphues und Schulze-Becking 1992, Ulbrich et al. 2004, modifiziert)

Befallsstufe	Milben/ kg Futter	Milchkühe (2. und 3. Laktationsdrittel)	Mastbullen (ab 250 kg LM)	Mastschweine (ab 60 kg LM)
Unbedeutend	< 1000	unbedenklich	unbedenklich	unbedenklich
Leicht[1]		< 1	< 0,5	< 0,3
Mittel[1]		–	< 0,5	< 0,2
Stark[1]		–	< 0,2	< 0,1
Verdorben	> 1.000.000	–	–	–

1 Befallsstufen werden hinsichtlich der Zahl von Milben/kg Futter unterschiedlich definiert

Fraßtätigkeit u. a. dazu, dass die Integrität intakter Getreidekörner zerstört und damit die physikalische Schutzfunktion der äußeren Schichten des Korns nicht mehr gegeben ist. Dies wiederum begünstigt mikrobiellen Befall (→ Abb. 25.4), der, wie bereits dargelegt, auch Wegbereiter für Milbenbefall darstellen kann.

25.2.1 Mikrobieller Verderb

Bei der Abschätzung des Risikos von Mikroorganismen auf Futtermitteln für die Fütterungstauglichkeit muss man sich zunächst vergegenwärtigen, dass Futtermittel in der Regel immer mit Bakterien, Schimmelpilzen oder Hefen behaftet sind. Dieser mikrobielle Besatz ist bei pflanzlichen Futtermitteln zum Zeitpunkt der Ernte bereits vorhanden und wird als Feldmikrobiota (mikrobielle Besiedlung auf dem Feld) oder primäre mikrobielle Besiedlung angesprochen. Futtermittel können darüber hinaus im Prozess der Futtermittelbe- und -verarbeitung (technische Behandlung, Konservierung) auf den verschiedenen Prozessstufen mit einer prozessspezifischen sekundären mikrobiellen Besiedlung kontaminiert werden. Primär- und Sekundärmikrobiota werden auch unter dem Sammelbegriff der **produktspezifischen Mikrobiota** zusammengefasst. Im Verlauf der Lagerung der Futtermittel kann es unter ungünstigen Umweltbedingungen, wie z. B. bei erhöhten Umgebungstemperaturen und

Abb. 25.4
Einfluss von Umgebungstemperatur und Wassergehalt des Getreides auf die Stabilität von Getreidekörnern im Hinblick auf Insekten- und Schimmelpilzbefall (modifiziert nach Burges und Burrel, 1964).

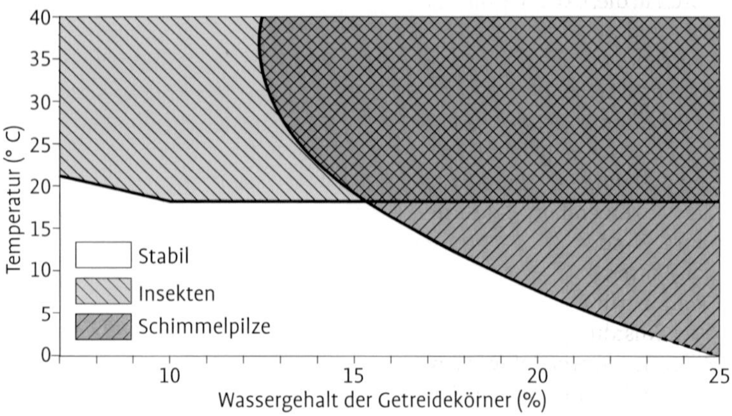

bei erhöhter Luftfeuchte bzw. Wassergehalt des Futtermittels, zu einer selektiven Förderung des Wachstums von saprophytären Keimen kommen, die in ihrer Summe als **verderbanzeigende Mikrobiota** bezeichnet werden. Dies bedeutet, dass im zeitlichen Verlauf des Verderbs eines Futtermittels der Anteil der verderbanzeigenden Mikrobiota im Verhältnis zur produktspezifischen Mikrobiota stetig ansteigt. Der bakterielle Verderb beinhaltet nicht nur eine Erhöhung der verderbanzeigenden Keimzahlen, sondern auch die Bildung bakterieller Stoffwechselprodukte und Toxine, die sich nachteilig auf die Tiergesundheit auswirken können (→ Tab. 25.3). Bakterielle Stoffwechselprodukte des Kohlenhydrat- und Proteinabbaus, wie beispielsweise Essig- und Buttersäure, Ammoniak, Putrescin (aus Ornithin) und Kadaverin (aus Lysin), können zunächst verzehrsdepressiv wirken und nach Aufnahme zusammen mit den Bakterien außerdem zu einer Keimerhöhung bzw. Dysbakterie im Gastrointestinaltrakt und damit verbundenen Beeinträchtigungen der Nährstoffverwertung sowie der Tiergesundheit führen. Andere Abbauprodukte, wie z. B. die Amine Tyramin (aus Tyrosin) und Histamin (aus Histidin), können darüber hinaus pharmakologische Wirkungen auf den Kreislauf ausüben. Daneben sind insbesondere grampositive Bakterien zur Bildung von sogenannten **Exotoxinen** befähigt, die in das umgebende Medium abgegeben werden. Zu ihnen gehören auch die **Enterotoxine**, die von *Clostridium*-Arten und *Escherichia coli* im Verdauungstrakt gebildet werden und toxische Effekte auf das Darmepithel ausüben können. Weiterhin gehören in diese Gruppe die von *Staphylococcus aureus* und *Bacillus cereus* gebildeten Toxine, die Diarrhoe und Leistungsrückgang hervorrufen können. Auch das Botulismus-Toxin, das von *Clostridium botulinum* gebildet wird, ist hier zu nennen, wenngleich sein Vorkommen nicht zwangsläufig mit einem erhöhten Besatz an verderbanzeigenden Bakterien verbunden sein muss, sondern häufig auf eine Kontamination von Futtermitteln mit Tierkadaver-assoziiertem Toxin zurückzuführen ist. Inwieweit der Gülle- oder Mistdüngung von Futterpflanzen, die zur Silierung verwendet werden, eine epidemiologische Bedeutung für das Auftreten von Botulismus zukommt, kann nicht abschließend beurteilt werden. Darüber hinaus wird vermutet, dass eine Botulismus-Toxin-Bildung erst nach Aufnahme des Erregers im Tier stattfinden könnte.

Als **Endotoxine** werden Lipopolysaccharide der Zellwand gramnegativer Bakterien bezeichnet, die bei der Bakterienlyse im Futtermittel oder im Verdauungstrakt freigesetzt werden. Nach Absorption können sie Fieber und Durchfall auslösen, immunsuppressiv wirken und bei sehr hohen Mengen zum sogenannten Endotoxin-Schock führen.

Niedrige Endotoxin-Konzentrationen werden in Konzentratfuttermitteln gesehen, während höhere Gehalte in oberflächlich anhaftenden Stäuben und im Abrieb gefunden werden. Auch Heu und Silagen können höhere Gehalte aufweisen, wobei

Tab. 25.3
Mögliche Folgen des Verderbs von gelagerten Trockenfuttermitteln

Für das Futtermittel:

- Substanz- und Nährstoffverlust (Verringerung des Futterwertes)
- erhöhte Kontaminationen mit:
  - verderbanzeigender Mikrobiota
  - lagerspezifischen Mykotoxinen, wie z. B. Ochratoxin A
  - Krankheitserregern (z. B. Bakterien, Viren, Prionen)
  - bakteriellen Toxinen (z. B. Endo- und Exotoxine)
  - Allergenen (z. B. Pilzsporen, Milbenexkremente und -bestandteile)
- verminderte technologische Eigenschaften (z. B. durch Klumpen- und Nesterbildung und verringerte Fließfähigkeit)

Für das Tier:

- verringerte Futteraufnahme
- verringerte Leistung
- Beeinträchtigung des Immunsystems und erhöhte Krankheitsanfälligkeit
- Auftreten von Allergien (z. B. durch Pilzsporen, Milbenexkremente und -bestandteile)
- Auslösung von Erkrankungen und Vergiftungen

Für den Menschen:

- Anreicherung unerwünschter Stoffe in Lebensmitteln tierischen Ursprungs (z. B. Ochratoxin A)
- Beeinträchtigung des Immunsystems und erhöhte Krankheitsanfälligkeit
- Auftreten von Allergien (z. B. durch Pilzsporen, Milbenexkremente und -bestandteile)
- Auslösung von Erkrankungen und Vergiftungen

Tab. 25.4
Bewertung des Endotoxingehaltes von Futtermitteln (bezogen auf 88 % DM, Ulbrich et al. 2004)

Endotoxin-Gehalt (μg/g)	Bewertung
< 10	Normal
11–15	Leicht erhöht
16–20	Erhöht
21–25	Deutlich erhöht
> 25	Stark erhöht

für Silagen eine besondere Gefahr der Endotoxin-Anreicherung aus der durch Hefen verursachten Nacherwärmung nach Luftzutritt resultiert, die mit einem Anstieg des pH-Wertes sowie einer Vermehrung gramnegativer Bakterien einhergeht.

Zur Bewertung von Endotoxin-Konzentrationen in Futtermitteln kann für die Fütterungspraxis das in Tabelle 25.4 angegebene Schema verwandt werden. Futtermittel mit erhöhten Endotoxin-Gehalten sollten nicht an Jungtiere, tragende Tiere oder Hochleistungstiere verfüttert werden. Auch hier sei noch einmal darauf verwiesen, dass dem Endotoxin-Gehalt eine Indikatorfunktion im Hinblick auf den Futtermittelverderb zukommt und dass mit weiteren negativen Effekten auf den Futtermittelhygienestatus und die Futtermittelsicherheit zu rechnen ist.

Zur verderbanzeigenden Mikrobiota zählen neben Bakterien auch Schimmelpilze und Hefen. Schimmelpilzen kommt nicht nur eine entscheidende Bedeutung bei der Einleitung des mikrobiellen Verderbs (→ Abb. 25.3) zu, sondern durch die von ihnen gebildeten sekundären Stoffwechselprodukte, den Mykotoxinen, kann es zu beträchtlichen Problemen in der Fütterungspraxis (→ Kap. 25.2.2) kommen. Aus diesen Ausführungen wird deutlich, dass die Angabe einer Gesamtzahl an koloniebildenden Einheiten (KBE) von Bakterien oder Pilzen noch relativ wenig aussagt über das Ausmaß des Futtermittelverderbs und die Futtermittelsicherheit. Daher hat der Arbeitskreis „Futtermittelmikrobiologie" der Fachgruppe VI (Futtermittel) des Verbandes Deutscher Landwirtschaftlicher Untersuchungs- und Forschungsanstalten (VDLUFA) ein Orientierungswertschema zur Auswertung der Ergebnisse mikrobiologischer Untersuchungen zwecks Beurteilung von Futtermitteln nach § 17 (Verbote) LFGB (früher § 7 (3) Futtermittelgesetz) erarbeitet (→ Tab. 25.5 bis 25.8).

Das Orientierungswertschema basiert auf 19 Indikator-Mikroorganismen, die mittels Keimplattenverfahren als Kolonien erfassbar sind. Der Arbeitsablauf umfasst das Herstellen dezimaler Verdünnungsreihen nach Einwaage der Futterprobe in Suspendierungslösung. Anschließend wird ein Pepton-Fleischextrakt-Glucose-Agar (nach Schmidt) für Bakterien sowie zwei Agars für Schimmel-/Schwärzpilze und Hefen [Malzextrakt-Hefeextrakt-Glucose-Bengalrosa-Marlophen-Agar (nach Schmidt) sowie Dichloran-Glycerin-Agar (DG18)] beimpft und ausgestrichen, für 2–8 Tage bebrütet und anschließend ausgezählt. Die 19 Indikatorkeime werden dann zu sieben Keimgruppen zusammengefasst, die entweder zur produktspezifischen oder zur verderbanzeigenden Mikrobiota gehören. Die Beurteilung der KBE orientiert sich an der statistischen Auswertung der Häufigkeitsverteilung bisher vorliegender Keimzahluntersuchungen einer Reihe von Futtermitteln. Daher berücksichtigen die in Tabelle 25.8 angegebenen Orientierungswerte einerseits das „normale" Vorkommen der ausgezählten Keime und andererseits aber auch deren biologische und ökologische Besonderheiten sowie deren Bedeutung im Futtermittelverderb. Anschließend erfolgt für jede der sieben Keimgruppen eine Zuordnung in eine Keimzahlstufe (KZS) zwischen KZS I und KZS IV (→ Tab. 25.6) anhand der Futtermittel-spezifischen Orientierungswerte (→ Tab. 25.8), was eine Voraussetzung des Vergleichs des mikrobiologischen Status verschiedener Futtermittel ist. Um letztlich eine Aussage zur mikrobiologischen Qualität des Futtermittels treffen zu können, werden in Abhängigkeit der Zugehörigkeit der sieben Keimgruppen zu den jeweiligen Keimzahlstufen die Qualitätsstufen QS I bis QS IV festgelegt (→ Tab. 25.7).

Zur Vereinheitlichung der Formulierungen bei der Attestierung für einen Prüfbericht werden jeder Qualitätsstufe bestimmte Formulierungen (A bis E) zugeordnet. Mit der Formulierung A beurteilt man die Keimgehalte in Bezug zu den

Tab. 25.5
Zuordnung von Indikatorkeimen zu Keimgruppen (KG) hinsichtlich ihrer Bedeutung für das Futtermittel (produkttypisch, verderbanzeigend)

Gruppe	Bedeutung	Keimgruppe	Indikatorkeime innerhalb der KG	Nr.
Aerobe mesophile Bakterien	Produkttypisch	KG 1	Gelbkeime	1
			Pseudomonas/Enterobacteriaceae	2
			sonstige produkttypische Bakterien	3
	Verderbanzeigend	KG 2	Bacillus	4
		KG 3	*Staphylococcus/Micrococcus*	5
			Streptomyceten	6
Schimmel- und Schwärzepilze	Produkttypisch	KG 4	Schwärzepilze	7
			Verticilium	8
			Acremonium	9
			Fusarium	10
			Aureobasidium	11
			sonstige produkttypische Pilze	12
	Verderbanzeigend	KG 5	*Aspergillus*	13
		KG 6	*Penicillium*	14
			Scopulariopsis	15
			Wallemia	16
			sonstige verderbanzeigende Pilze	17
			Mucorales (Mucoraceen)	18
Hefen	Verderbanzeigend	KG 7	Alle Gattungen	19

Orientierungswerten; mit Formulierung B erfolgt eine generelle Aussage zur Qualität; mit Formulierung C erfolgt eine Aussage darüber, ob die untersuchte Probe noch den Bestimmungen von § 17 (Verbote) LFGB entspricht; Formulierung D beinhaltet eine Empfehlung bezüglich der Fütterungstauglichkeit und mit Formulierung E werden dem Futtermittelunternehmer Empfehlungen bezüglich von Maßnahmen zur Minderung der Keimbelastung sowie zur Analyse von kritischen Kontrollpunkten bei der Futtermittelproduktion gegeben. Somit kommt Formulierung E nur bei geringerer Qualität (QS III und IV) zur Anwendung. Darüber hinaus wird bei Auftreten von *Fusarium* spp. die Untersuchung der Probe auf *Fusarium*-Toxine empfohlen (→ Kap. 25.2.2). Bei Vorliegen der Qualitätsstufe QS IV wird davon ausgegangen, dass die untersuchte Probe nicht mehr den Anforderungen an die Unverdorbenheit entspricht und daher von der Fütterung auszuschließen ist.

Bei Anwendung dieser Formulierungen könnten die Ergebnisse der mikrobiologischen Untersuchungen der in Tabelle 25.9 aufgeführten Soja-

Tab. 25.6
Zuordnung jeder der 7 Keimgruppen zu den Keimzahlstufen

Keimzahlstufen der 7 Keimgruppen	Keimzahl der Keimgruppen (Orientierungswert u. Faktor)
KZS I	$\leq$ OW
KZS II	> OW bis $\leq 5 \cdot$ OW
KZS III	> $5 \cdot$ OW bis $\leq 10 \cdot$ OW
KZS IV	> $10 \cdot$ OW

Für die Abgrenzung von KZS I gegen KZS III gelten für bestimmte Futtermittel (Kleien, Gerste, Hafer sowie einige Mischfuttermittel) Ausnahmen

Tab. 25.7
Zuordnung der Keimzahlstufen der 7 Keimgruppen zu den Qualitätsstufen

QS I	Alle 7 KG in der KZS I
QS II	Mindestens bei einer KG liegt KZS II vor
QS III	Mindestens bei einer KG liegt KZS III vor
QS IV	Mindestens bei einer KG liegt KZS IV vor

Tab. 25.8
Orientierungswerte für in Keimgruppen zusammengefasste Mikroorganismen für Futtermittel

	Aerobe mesophile Bakterien ($\cdot 10^6$ KBE/g)			Schimmel- und Schwärzepilze ($\cdot 10^3$ KBE/g)			Hefen ($\cdot 10^3$ KBE/g)
Keimgruppe (KG)	**1**	**2**	**3**	**4**	**5**	**6**	**7**
Einzelfuttermittel							
Tierische Einzelfuttermittel							
Milchnebenprodukte, getrocknet	0,1	0,01	0,01	1	1	1	1
Fischmehle	1	1	0,01	5	5	1	30
Rückstände der Ölgewinnung							
Extraktionsschrote	1	1	0,1	10	20	1	30
Ölkuchen	1	1	0,1	10	20	2	30
Getreidenachprodukte							
Nachmehle, Grieskleien	5	1	0,1	50	30	2	50
Weizen- und Roggenkleien	8	1	0,1	50	50	2	80
Getreide, Körner und Schrote							
Mais	5	1	0,1	40	30	2	50
Weizen, Roggen	5	1	0,1	50	30	2	50
Gerste	8	1	0,1	60	30	2	50
Hafer	15	1	0,1	70	30	2	50
Silagen[1]	1	1	0,1	5	5	1	1000
Mischfuttermittel							
Milchaustauschfutter	0,5	0,1	0,01	5	5	1	10
Eiweißkonzentrate	1	1	0,05	10	20	1	30
Mehlförmige Mischfutter							
Jung- und Mastgeflügel	3	0,5	0,1	30	20	5	50
Legehennen	5	1	0,1	50	50	5	50
Ferkel	5	0,5	0,1	30	20	5	50
Mast- und Zuchtschweine	6	1	0,1	50	50	5	80
Kälber	2	0,5	0,1	30	20	5	50
Milchkühe, Zucht/Mastrinder	10	1	0,1	50	50	5	80
Gepresste Mischfutter							
Jung- und Mastgeflügel	0,5	0,1	0,05	5	5	1	5
Legehennen	0,5	0,5	0,05	5	10	1	5
Ferkel	0,5	0,1	0,05	5	5	1	5
Mast- und Zuchtschweine	1	0,5	0,05	5	10	1	5
Kälber	0,5	0,5	0,05	5	5	1	5
Milchkühe, Zucht/Mastrinder	1	0,5	0,05	5	10	1	5

1 European Feed Microbiology Organization (EFMO), 2003

Tab. 25.9
Anwendung der mikrobiologischen Orientierungswerte für Sojaextraktionsschrot, bewertet mit der Qualitätsstufe QS III

	Aerobe mesophile Bakterien			Schimmel- und Schwärzepilze			Hefen
Keimgruppe (KG)	1	2	3	4	5	6	7
Vorwiegend nachweisbar sind:	Gelbkeime, *Pseudomonas/ Enterobacteriaceae*, coryneforme Bakterien	*Bacillus, Staphylococcus/ Micrococcus*	Streptomyceten	Schwärzepilze	*Wallemia, Aspergillus, Penicillium*	*Mucorales*	Hefen
Mikroorganismen gelten als:	produkttypisch	verderbanzeigend	verderbanzeigend	produkttypisch	verderbanzeigend	verderbanzeigend	verderbanzeigend
	($\cdot 10^6$ KBE/g)			($\cdot 10^3$ KBE/g)			
Keimzahlen entsprechen KZS	0,12 I	1,25 **II**	0,05 I	1,5 I	165 **III**	5 **II**	25 I

extraktionsschrot-Probe folgendermaßen bewertet werden: Der festgestellte Keimgehalt an verderbanzeigenden Schimmel-/ Schwärzepilzen der Keimgruppe 5 ist als deutlich erhöht zu bewerten (A 3.1). Daneben besteht ein leicht erhöhter Keimgehalt an verderbanzeigenden Bakterien (KG 2) und ein erhöhter Besatz an Schimmelpilzen der KG 6 (A 3.2). Die Qualität ist deutlich herabgesetzt (B 3). Die Probe entspricht noch den Anforderungen von § 17 LFGB (C 3). Probleme bei der Verfütterung sind bei Jungtieren und empfindlichen Zuchttieren nicht auszuschließen (D 3). Dem Hersteller sollten Maßnahmen zur Minderung der Keimbelastung und belegbare Eigenkontrollen aufgegeben werden. Zu gegebener Zeit sind Nachkontrollen zu veranlassen (E).

25.2.2 Mykotoxine

25.2.2.1 Übersicht und rechtliche Regelungen

Schimmelpilze gehören, wie bereits dargelegt, zum natürlichen Keimbesatz von Futtermitteln. Meist führt nur eine übermäßige Schimmelbildung zum Futtermittelverderb, wobei dieser Verderb durch Nährstoffabbau, aber auch durch Bildung von sekundären Stoffwechselprodukten der Pilze charakterisiert sein kann. Wirken sich diese sekundären Stoffwechselprodukte nachteilig auf Tiergesundheit und Leistung aus, so sind sie als Mykotoxine anzusprechen. Von den mehreren hundert gegenwärtig bekannten Mykotoxinen kommt aber nur einigen eine praktische Bedeutung zu, da sie in Konzentrationen vorkommen können, die toxikologisch bedeutsam sind. Dazu zählen unter unseren Produktionsbedingungen insbesondere die Mykotoxine Deoxynivalenol (DON) und Zearalenon (ZON), die durch verschiedene *Fusarium*-Arten gebildet werden (→ Tab. 25.10, → Abb. 25.5).

Pilze der Gattung *Fusarium* werden klassisch den sogenannten **Feldpilzen** zugeordnet, da sie überwiegend auf lebenden Pflanzen wachsen und Toxine bilden. Demgegenüber sind viele Arten der Gattungen *Penicillium* und *Aspergillus* durch eine saprophytische Lebensweise charakterisiert, d. h. sie wachsen hauptsächlich auf abgestorbenem Pflanzenmaterial. Daher bilden diese Pilze ihre Toxine hauptsächlich im Futtermittellager und werden mithin als **Lagerpilze** angesprochen (hauptsächlich Silagen und Konzentratfuttermittel bei unsachgemäßer Lagerung). Demgegenüber ist die Toxinbildung durch Feldpilze zum Zeitpunkt der Ernte im Wesentlichen abgeschlossen. Da ein großer Teil der bereits auf dem Feld gebildeten Mykotoxine den Silierungsprozess unbeschadet übersteht, sind in Silagen neben den Toxinen der Feldpilze auch typische Vertreter der Lagerpilze anzutreffen.

Tab. 25.10
Mykotoxinbildner, deren Mykotoxine, Wirkmechanismen und pathophysiologische Effekte sowie deren Bedeutung in der Fütterung (Auswahl, nach verschiedenen Quellen)

Wichtige Mykotoxinbildner	Mykotoxine	Vorwiegender Ort der Mykotoxinbildung	Wirkmechanismen und pathophysiologische Effekte	Prädisponierte Futtermittel	Hauptsächlich betroffene Tierarten/ Tierkategorien[1]	Relevanz unter praktischen Fütterungsbedingungen der BRD[2]
Fusarium graminearum, *F. culmorum*, *F. avenaceum*, *F. quiseti*	Zearalenon (ZON)	Feld (vor der Ernte)	Östrogenähnlich, Störungen im Reproduktionsgeschehen	Futtermittel aus Mais und Weizen	Schwein > Rind > Huhn	++
F. graminearum, *F. poae*, *F. quiseti*, *F. moniliforme*	**Trichothecene** Typ A: T-2 Toxin, HT-2 Toxin, Diacetoyscirpenol	Feld (vor der Ernte)	Proteinsynthesehemmend; immunmodulierend, verzehrsdepressiv, cytotoxisch, dermatotoxisch, hepatotoxisch	Futtermittel aus Hafer, Gerste, Mais und Weizen	Schwein > Rind ~ Huhn	+
F. graminearum, *F. culmorum*, *F. avenaceum*, *F. moniliforme*	Typ B: Deoxynivalenol (Vomitoxin, DON), 3-Acetyl-DON, 15-Acetyl-DON, Nivalenol, Fusarenon X	Feld (vor der Ernte)	Proteinsynthesehemmend; immunmodulierend, verzehrsdepressiv	Futtermittel aus Hafer, Gerste, Mais und Weizen	Schwein > Rind ~ Huhn	++
F. moniliforme	Fumonisine	Feld (vor der Ernte)	Störungen im Sphingolipid-Stoffwechsel; hauptsächlich in Leber, Lungen (porcines, pulmonales Ödemsyndrom) und Gehirn (equine Leukoencephalomalazie)	Futtermittel	Pferd ~ Schwein > Rind ~ Huhn	–
F. oxysporum, *F. moniliforme*, *F. quiseti*	Moniliformin	Feld (vor der Ernte)	Hemmung von Thiamin-abhängigen Enzymen (Störungen des Energieumsatzes), cardiotoxisch beim Geflügel	Futtermittel aus Mais	Geflügel	?

Tab. 25.10 (Fortsetzung)
Mykotoxinbildner, deren Mykotoxine, Wirkmechanismen und pathophysiologische Effekte sowie deren Bedeutung in der Fütterung (Auswahl, nach verschiedenen Quellen)

Wichtige Mykotoxinbildner	Mykotoxine	Vorwiegender Ort der Mykotoxinbildung	Wirkmechanismen und pathophysiologische Effekte	Prädisponierte Futtermittel	Hauptsächlich betroffene Tierarten/ Tierkategorien[1]	Relevanz unter praktischen Fütterungsbedingungen der BRD[2]
F. solani, *F. verticilloides*, *F. moniliforme*	Fusarinsäure	Feld (vor der Ernte)	Beeinträchtigung der Noradrenalinsynthese durch Inhibition der Dopamin-ß-Hydroxylase → hypotensive Aktivität, verzehrsdepressiv	Körner von Mais, Weizen, Gerste; häufig mit DON und anderen Trichothecenen co-kontaminiert	Schwein, Geflügel	?
F. equiseti	Fusariochromanon	Feld (vor der Ernte)	Cytotoxisch, beteiligt an der Pathogenese der Dyschondroplasie der langen Röhrenknochen	Körner von Getreide	Wachsendes Geflügel	?
Aspergillus flavus, *A. nomius*, *A. parasiticus*	Aflatoxin B1	Feld (vor der Ernte) Lager (nach der Ernte)	Kovalente Bindung von Aflatoxin B1-Metaboliten an zelluläre DNA oder Proteine; diese DNA-Addukte führen zu Mutation und Krebs; Protein-Addukte wirken zellschädigend; Leber besonders prädisponiert	Futtermittel aus Erdnüssen, Baumwollsaat, Sonnenblumenkernen, Sojabohnen sowie daraus hergestellte Futtermittel	Rind Schwein Geflügel	– (weltweit ++)
A. glaucus	Sterigmatocystin	Lager (nach der Ernte)	Hepatotoxisch, karzinogen	Körner von Getreide	Schwein	? ?
A. ochraceus, *A. alutaceus*, *Penicillium verrucosum*	Ochratoxin A	Lager (nach der Ernte)	Proteinsynthesehemmend, Förderung der Lipid-Peroxidation; immunmodulierend, Nieren und Leber als primäre Zielorgane	Körner von Mais, Roggen, Weizen, Triticale und Gerste; häufig mit Citrinin co-kontaminiert	Schwein > Geflügel > Rind	+
P. verrucosum, *P. cirtrinum*	Citrinin	Lager (nach der Ernte)	Verminderung der selektiven Membranpermeabilität, Nieren und Leber als primäre Zielorgane, Polydipsie, Polyurie, wässriger Durchfall	Körner von Mais, Roggen, Weizen, Triticale und Gerste; häufig mit Ochratoxin A co-kontaminiert	Schwein	?

Tab. 25.10 (Fortsetzung)
Mykotoxinbildner, deren Mykotoxine, Wirkmechanismen und pathophysiologische Effekte sowie deren Bedeutung in der Fütterung (Auswahl, nach verschiedenen Quellen)

Wichtige Mykotoxinbildner	Mykotoxine	Vorwiegender Ort der Mykotoxinbildung	Wirkmechanismen und pathophysiologische Effekte	Prädisponierte Futtermittel	Hauptsächlich betroffene Tierarten/Tierkategorien[1]	Relevanz unter praktischen Fütterungsbedingungen der BRD[2]
P. griseofulvum	Cyclopiazonsäure	Lager (nach der Ernte)	Hemmung der Proteinsynthese sowie Ca-abhängiger ATPasen, Inflammation und Ulceration der gastrointestinalen Mucosa, neurotoxisch	Getreidekörner, Futtermittel aus Erdnüssen; häufig mit Aflatoxinen cokontaminiert		?
P. roqueforti, P. chrysogenum	Roquefortin C	Lager (nach der Ernte)	Hemmung von P450-Cytochromen; antibiotisch, neurotoxisch	Silagen	Rind	?
P. roqueforti	Mycophenolsäure	Lager (nach der Ernte)	Hemmung der Lymphozytenproliferation, immunsuppressiv, antibiotisch	Silagen	Rind	?
P. roqueforti	Patulin	Lager (nach der Ernte)	Neurotoxisch, tremorgen	Silagen	Rind	?
Monascus ruber	Monacoline	Lager (nach der Ernte)	Hemmung der Sterolsynthese	Silagen	Rind	?
Alternaria alternata, A. tenuissma	Tenuazonsäure, Alternariol, Altuene, Altuenisol, Fumonisine	Feld (nach der Ernte)	Hämorrhagisch, immunmodulierend, mutagen	Futtermittel aus Getreide, Leguminosen		?
Claviceps purpurea	Mutterkorn (Ergot)-Alkaloide	Feld (nach der Ernte)	Vasokonstriktorisch, gangränöser oder konvulsiver Ergotismus, Hemmung der Prolaktinausschüttung, Agalaktie beim Schwein, verzehrsdepressiv, leistungsmindernd	Körner von Roggen, Weizen, Triticale und Gerste	Schwein Geflügel Rind	+

1 Bei Nennung mehrerer Tierarten wird die empfindlichste zuerst genannt, nicht aufgeführte Tierarten sind weniger empfindlich oder es liegen nur ungenügende experimentelle Daten zur Toxizität bei landwirtschaftlichen Nutztieren vor
2 ++ große Bedeutung + bedeutungsvoll − geringe Bedeutung ? Bedeutung noch nicht hinreichend geklärt

Abb. 25.5
Strukturformeln von Deoxynivalenol (DON) und Zearalenon (ZON).

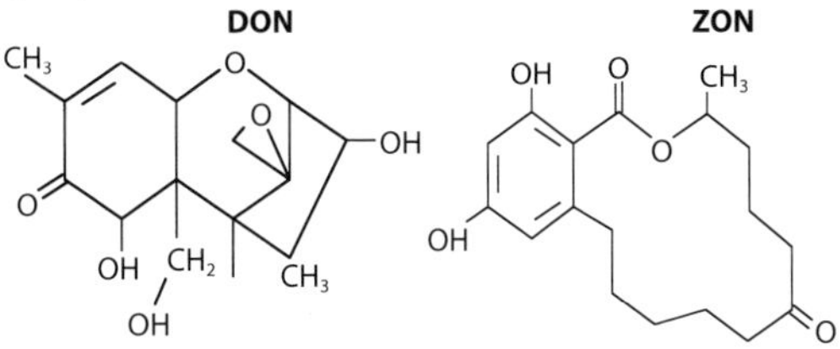

Demzufolge ist bei der Fütterung stets davon auszugehen, dass sowohl Konzentratfuttermittel als auch Grobfuttermittel zur täglichen Mykotoxinexposition von Monogastriern und Wiederkäuern beitragen. Dabei sind die unterschiedlichsten Kombinationen von Mykotoxinen denkbar, was die Einschätzung des gesamten toxischen Potenzials der täglichen Ration nicht erleichtert, da häufig nur ausgewählte Mykotoxine analysiert werden bzw. analysiert werden können. Hinzu kommt, dass der Kenntnisstand zur toxikologischen Bedeutung einzelner Mykotoxine noch recht unzureichend ist.

Entsprechend ihrer unterschiedlichen chemischen Struktur (z. B. wie in → Abb. 25.5) sind auch die Wirkmechanismen und Angriffspunkte der einzelnen Mykotoxine im Organismus recht verschieden. Dies erschwert zusätzlich die Abschätzung des toxischen Potenzials eines Futtermittels oder einer Ration, das sich ohnehin schon aus der Anwesenheit einer Reihe von verschiedenen Mykotoxinen ergibt. Dies schließt auch mögliche Wechselwirkungen zwischen Mykotoxinen ein, welche dann summarisch den gesamten Effekt beim Tier bewirken und denen prinzipiell additiver, synergistischer aber auch antagonistischer Charakter zukommen kann.

Für Deoxynivalenol, Zearalenon, Fumonisine und Ochratoxin A wurden Richtwerte (Orientierungswerte) für Ergänzungs- und Alleinfuttermittel und Futtermittelausgangserzeugnisse durch die EU empfohlen (→ Tab. 25.11). Bei der Festlegung der Richtwerte für Ergänzungs- und Alleinfuttermittel wurde sich an der tierartspezifischen Empfindlichkeit orientiert, während bei Futtermittelausgangserzeugnissen die Bedeutung von Getreide als Eintragsquelle für diese Mykotoxine und von Mais für die einbezogenen *Fusarium*-Toxine besondere Berücksichtigung fanden.

Im Gegensatz zu den *Fusarium*-Toxinen DON und ZON sind für die Analyse von Silage-typischen Mykotoxinen (→ Tab. 25.10) keine umfassenden normierten Methoden verfügbar, sodass eine routinemäßige Kontrolle und Risikoabschätzung derzeitig nicht erfolgen kann. Auch über die toxikologische Bedeutung dieser Toxine in Beziehung zum Vorkommen bestehen noch Wissenslücken, sodass im Wesentlichen nur Pilzkeimzahl und optischer Befund der Silagen als „Grob"-Indikatoren für die Anwesenheit solcher Mykotoxine herangezogen werden können. Daher sollten sichtbar verschimmelte Silagepartien im Sinne des Minimierungsprinzips generell nicht verfüttert werden. Wenn es die betrieblichen Möglichkeiten gestatten, dann sollten auch hier suspekte Partien mit einwandfreien Silagen verschnitten werden.

Futtermittelrechtlich sind in der Richtlinie 2002/32/EG Aflatoxin B1 (0,005–0,02 mg/kg Futtermittel) und Mutterkorn (1000 mg/kg unzerkleinertes Getreide) mit Höchstgehalten geregelt. Wie bereits dargelegt, gilt für diese unerwünschten Stoffe das Verschneidungsverbot.

Mutterkorn nimmt insofern eine Sonderstellung ein, als es als Sklerotium des Schlauchpilzes *Claviceps purpurea* die eigentlichen Mykotoxine beinhaltet. Es handelt sich bei den Sklerotien um das verfestigte Myzel und die Dauerform dieses Pilzes. Der Pilz befällt überwiegend Gramineen, auf denen sich anstelle des Samens die Sklerotien entwickeln. Die Länge der Sklerotien kann bei einem Durchmesser von ca. 1–5 mm zum Teil beträchtlich variieren, wobei die Spannbreite von einigen mm bis mehr als 4 cm reicht. Als toxische Bestandteile des Mutterkorns werden die sogenannten Ergot-Alkaloide (Clavine und Lysergsäurederivate) angesehen.

Symptome einer Intoxikation mit Ergot-Alkaloiden werden unter dem Begriff Ergotismus zusammengefasst (→ Tab. 25.10). Roggen und Triticale sind in der Regel häufiger und mit höheren Gehalten an Sklerotien kontaminiert als Weizen, Gerste und Hafer, wobei Überschreitungen des Höchstgehaltes für Futtergetreide von 1000 mg/kg regelmäßig festgestellt wurden. Dieser Höchstgehalt soll sicherstellen, dass die Tiergesundheit

Tab. 25.11
Empfehlung der Kommission der Europäischen Union ((EU) 2016/1319)) für Richtwerte (Orientierungswerte) von Mykotoxinen in zur Verfütterung an Tiere bestimmten Erzeugnissen[6]

Mykotoxin	Zur Fütterung bestimmte Erzeugnisse	Richtwert (mg/kg) für Futtermittel mit 12 % Feuchtegehalt
Deoxynivalenol	Einzelfuttermittel (*)	
	Getreide und Getreideerzeugnisse (**) außer Maisnebenprodukte	8
	Maisnebenprodukte	12
	Mischfuttermittel außer:	5
	Mischfuttermittel für Schweine	0,9
	Mischfuttermittel für Kälber (< 4 Monate), Lämmer und Ziegenlämmer	2
Zearalenon	Einzelfuttermittel (*)	
	Getreide und Getreideerzeugnisse (**) außer Maisnebenprodukte	2
	Maisnebenprodukte	3
	Mischfuttermittel	
	Mischfuttermittel für Ferkel und Jungsauen	0,1
	Mischfuttermittel für Sauen und Mastschweine	0,25
	Mischfuttermittel für Kälber, Milchkühe, Schafe (einschließlich Lämmer) und Ziegen (einschließlich Ziegenlämmer)	0,5
Ochratoxin A	Einzelfuttermittel (*)	
	Getreide und Getreideerzeugnisse (**)	0,25
	Mischfuttermittel	
	Mischfuttermittel für Schweine	0,05
	Mischfuttermittel für Geflügel	0,1
Fumonisin B1 + B2	Einzelfuttermittel (*)	
	Mais und Maiserzeugnisse (***)	60
	Mischfuttermittel für:	
	Schweine, Pferde (Equidae), Kaninchen	5
	Fische	10
	Geflügel, Kälber (< 4 Monate), Lämmer und Ziegenlämmer	20
	Ausgewachsene Wiederkäuer (> 4 Monate) und Nerze	50

(*) Bei Getreide und Getreideerzeugnissen, die unmittelbar an Tiere verfüttert werden, ist auf Folgendes zu achten: Ihre Verwendung in einer Tagesration sollte nicht dazu führen, dass das Tier einer höheren Menge an diesen Mykotoxinen ausgesetzt ist als bei einer entsprechenden Exposition, wenn in einer Tagesration nur die Alleinfuttermittel verwendet werden.
(**) Der Begriff „Getreide und Getreideerzeugnisse“ umfasst nicht nur die unter der Überschrift 1 „Getreidekörner und daraus gewonnene Erzeugnisse“ des Verzeichnisses der Einzelfuttermittel in Teil C des Anhangs der VO (EU) Nr. 68/2013 der Kommission vom 16. Januar 2013 zum Katalog der Einzelfuttermittel (ABl L 29 vom 30.1.2013, S. 1) aufgeführten Einzelfuttermittel, sondern auch andere aus Getreide gewonnene Einzelfuttermittel, vor allem Getreidegrünfutter und Getreideraufutter.
(***) Der Begriff „Mais und Maiserzeugnisse“ umfasst nicht nur die unter der Überschrift 1 „Getreidekörner und daraus gewonnene Erzeugnisse“ des Verzeichnisses der Einzelfuttermittel in Teil C des Anhangs der VO (EU) Nr. 68/2013 aufgeführten Einzelfuttermittel, sondern auch andere aus Mais gewonnene Einzelfuttermittel, vor allem Maisgrünfutter und Maisraufutter.

durch mit Mutterkorn kontaminiertes Futter nicht beeinträchtigt wird. Diese Regelung ist aus mehreren Gründen nicht befriedigend. Einerseits kann eine visuelle Kontrolle zur Einhaltung dieses Höchstgehaltes bei geschrotetem Getreide oder bei Mischfutter nicht mehr erfolgen und andererseits bleibt unberücksichtigt, dass die Ergot-Alkaloide zum Teil erheblichen Schwankungen unterliegen können, was nicht nur den Gesamtalkaloidgehalt (= Summe der Einzelalkaloide) betrifft, sondern auch das Muster der einzelnen Alkaloide, die hinsichtlich ihrer Toxizität im Zusammenwirken mit anderen Alkaloiden (Synergismen, Antagonismen) unterschiedlich zu bewerten sind.
Von der EU wurde angeregt, in den nächsten Jahren korrespondierende Daten zum Vorkommen sowohl von Mutterkorn als auch von Mutterkornalkaloiden zu erheben. Darüber hinaus sollen auf Alkaloidbasis durchgeführte Fütterungsversuche den Zusammenhang zwischen Alkaloidgehalt im Futter und Tiergesundheit sowie tierischer Leistung näher quantifizieren, bevor Richt- oder Höchstwerte für den Alkaloidgehalt des Futters festgelegt werden, die einen besseren Schutz der Tiere gewährleisten, als dies momentan für den Mutterkorngehalt möglich ist.

25.2.2.2 Management von mit Mykotoxinen kontaminierten Futtermitteln

Selbst bei Anwendung aller verfügbaren pflanzenbaulichen Strategien zur Minimierung des Befalls von Futtermitteln mit Schimmelpilzen (→ Kap. 25.2.3) wird sich eine Kontamination mit Mykotoxinen nie vollständig verhindern lassen, da die Witterung insbesondere bei den Feldpilzen als ein wesentlicher Risikofaktor anzusehen ist. Daher sind Strategien zu entwickeln, um negative Toxineinflüsse auf Tiergesundheit und Leistung, die sich aus mehr oder weniger stark mit Mykotoxinen kontaminierten Futtermitteln ergeben können, zu verhindern.
Prinzipiell sind verschiedene Möglichkeiten denkbar (→ Abb. 25.6):

- *Entsorgung von kontaminiertem Getreide, wenn* ***Höchstwerte*** *(Aflatoxin B1, Mutterkorn) überschritten werden* – Eine solche Vorgehensweise erscheint sowohl betriebswirtschaftlich als auch volkswirtschaftlich kaum gerechtfertigt, da nach z. B. *Fusarium*-Epidemien unter Umständen beträchtliche Getreidemengen vernichtet werden müssten. Eine Alternative stellt die energetische Nutzung oder Kompostierung des kontaminierten Getreides dar.
- *Die FMV sieht vor, dass ein Futtermittel, ein Zusatzstoff oder eine Vormischung mit einem Gehalt an einem unerwünschten Stoff (in diesem Falle Aflatoxin B1 oder Mutterkorn), der den in der Richtlinie 2002/32/EG festgesetzten Höchstgehalt übersteigt, einer geeigneten Behandlung zur Verminderung oder* ***Entfernung (Reinigung)*** *oder zur* ***Inaktivierung (Dekontamination)*** *des unerwünschten Stoffes unterzogen werden kann;* sein Gehalt an diesem Stoff darf nach der Behandlung den in der genannten Richtlinie festgesetzten Höchstgehalt nicht überschreiten.

Eine umfassende Übersicht zu entsprechenden Möglichkeiten für alle in der Richtlinie 5 gelisteten unerwünschten Stoffe findet sich bei Flachowsky (2006).
Reinigung: Wie bereits angesprochen, sollte Getreide vor der Verfütterung prinzipiell gereinigt werden, wobei die Reinigungsrückstände als Schadstoffsenken zu betrachten und daher von der Fütterung auszuschließen sind. Durch die Reinigung von Getreidekörnern kann man beispielsweise eine Reduktion der Deoxynivalenol-Konzentration um ca. 10–20 % erreichen. Die Variationen von Mutterkorn hinsichtlich Farbe, Größe und spezifischer Dichte erfordern die komplexe Anwendung verschiedener Reinigungsprinzipien. Eine Kombination von Sieben (Korngröße), Tischauslesern (spezifische Dichte), Leichtkornauslesern (spezifische Dichte), Trieuren (Form und Größe) sowie Farbauslesern (Farbabweichungen) kann zu einer Separation von 95–99 % des ursprünglich enthaltenen Mutterkorns führen.
Dekontamination: Hierbei ist prinzipiell zwischen einer Futtermittelbehandlung und der Verwendung von Futterzusatzstoffen zu unterscheiden. Mit einer Futtermittelbehandlung wird das Ziel verfolgt, die Toxinkonzentration auf physikalischem, chemischem oder biologischem Wege bereits vor der Verfütterung zu reduzieren, während die Verwendung von Detoxifikationsmitteln als Futterzusatzstoffe (Adsorbenzien, Hefebestandteile, Bakterien, Enzyme) von einer Verhinderung der Toxinwirkung durch Wechselwirkung zwischen

Abb. 25.6
Management von Mykotoxinen in der Tierernährung (Erläuterungen im Text).

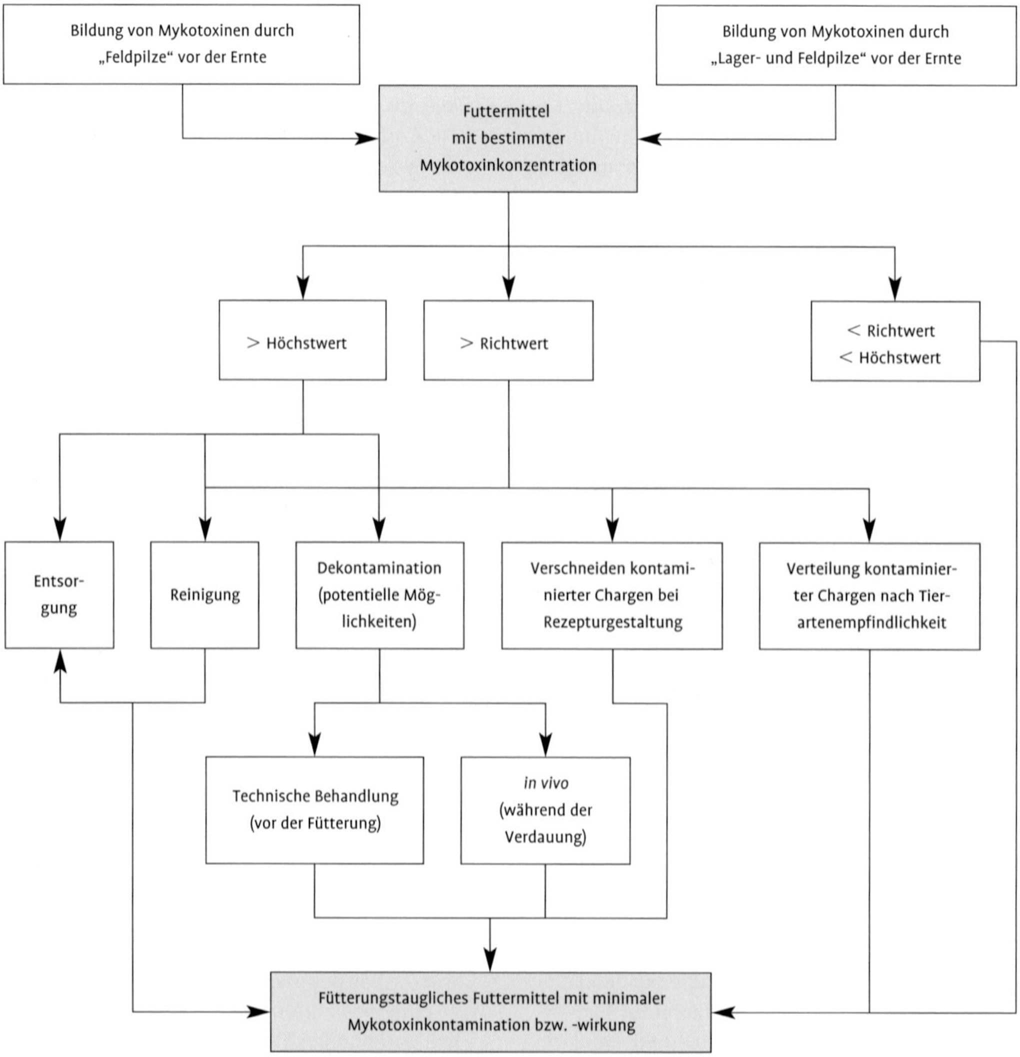

Detoxifikationsmittel und Toxin unter den Bedingungen des Verdauungstraktes (pH, Temperatur, Feuchte) ausgeht. Häufig sind Futtermittelbehandlungsverfahren effektiver als Detoxifikationsmittel – aber oft teurer, nur im Labormaßstab getestet und überwiegend nur auf Konzentratfuttermittel anwendbar. Neben der absorbierenden Wirkung einiger Mittel, bauen neuere Entwicklungen vor allem auf die Zugabe von Enzymen, die Mykotoxine abbauen oder chemisch so modifizieren, dass ihre Wirksamkeit eingeschränkt wird. Neben der Zugabe des isolierten Enzympräparates ist auch die Zugabe von speziellen Mikroorganismen getestet worden.

- *Verfütterung kontaminierter Chargen entsprechend der tierartspezifischen Empfindlichkeit, wenn für das Mykotoxin ein* ***Richtwert (Orientierungswert)*** *festgelegt ist* – Da Schweine beispielsweise sowohl auf Deoxynivalenol als auch Zearalenon im Futter wesentlich empfindlicher reagieren als Hühner und Rinder, sollten kontaminierte Partien in der Rinder- und Hühnerfütterung unter Einhaltung kritischer Toxinkonzentrationen in der Gesamtration eingesetzt werden.
- *Verschneiden von kontaminierten mit nichtkontaminierten Futtermitteln, wenn für das Mykotoxin ein* ***Richtwert (Orientierungswert)*** *festgelegt ist* – Das Ziel besteht hierbei darin, die Gesamtkonzentration des Mischfutters an Mykotoxinen soweit zu verdünnen, dass kritische Toxinkonzentrationen, die zu einer Beeinträchtigung der Tiergesundheit führen könnten, in der täglichen Gesamtration unterschritten werden.

Welche Strategie oder welche Kombination von Strategien angewandt werden kann, hängt von den konkreten betrieblichen Umständen (z. B. Eigenmischer, Mischfutterhersteller) ab.

25.2.3 Maßnahmen zur Vermeidung negativer Einflüsse auf den Futtermittelhygienestatus

Aus den in Abb. 25.6 dargestellten Zusammenhängen wird klar, dass für die Sicherstellung eines Futtermittelhygienestatus, welcher die Fütterungstauglichkeit und damit die Futtermittelsicherheit gewährleistet, ein integrierter Ansatz nötig ist. Einerseits bestimmen sowohl die Wachstumsbedingungen (insbesondere Feuchte und Temperatur) als auch das agrotechnische Management den mikrobiellen Status geernteter Futterpflanzen und andererseits können Umweltkontaminanten (z. B. Dioxine) oder Rückstände von Pflanzenschutzmitteln die hygienische Beschaffenheit frisch geernteter Futtermittel beeinflussen. Dabei kann der Hygienestatus bei der Einlagerung des Futtermittels sein weiteres Schicksal im Verlauf der Lagerung modulieren. Im Hinblick auf den Keimbesatz und den mit ihm assoziierten mikrobiellen Verderb trifft dies insbesondere für den Wassergehalt trocken gelagerter Futtermittel zu.

Daher muss ein integrierter Ansatz zur Sicherstellung der Fütterungstauglichkeit von Futtermitteln sowohl agrotechnische Maßnahmen bei der Futtermittelerzeugung als auch Maßnahmen zum Erhalt der Fütterungstauglichkeit während der Lagerung beinhalten. Wie bereits erwähnt, kommt der Schimmelpilzbildung eine entscheidende Rolle bei der Einleitung des Futtermittelverderbs zu. Daher soll ein solch integrierter Ansatz zur Minimierung des Pilzbefalls – und damit auch der Mykotoxinkontamination – für Getreide und Mischfutter beispielhaft dargestellt werden. Weitere Hinweise sowie spezifische Ausführungen zu anderen Futtermitteln sind den jeweiligen Kapiteln zu entnehmen.

Maßnahmen zur Sicherung der Qualität von Getreide und Mischfutter mit Fokus auf die Minimierung des Schimmelpilzbefalls (modifiziert nach Oldenburg et al., 2000; DLG, 1998):

Vor der Ernte:

- Unterpflügen von Ernterückständen, insbesondere Mais, in den Boden; Verzicht auf pfluglose Bodenbearbeitung,
- Vermeidung von engen Mais-Getreide-Fruchtfolgen,
- vorbeugende, termingerechte Anwendung von geeigneten Fungiziden, wenn enge Mais-Getreide-Fruchtfolgen kombiniert mit pflugloser Bodenbearbeitung praktiziert werden,
- Wahl von standortgerechten, gegen *Fusarium*-Befall weniger anfälligen Sorten, soweit verfügbar,
- Vermeidung von Unter- bzw. Überdosierung von Nährstoffen und
- keine Verzögerung der Ernte über den nutzungsspezifischen Zeitpunkt hinaus.

Ist ein Unterpflügen von Maisrückständen aus Gründen des vorsorgenden Bodenschutzes nicht möglich, sollten zusätzlich Maßnahmen zur Anwendung kommen, die darauf ausgerichtet sind, die gut zerkleinerten Ernterückstände von Mais in die obere umsetzungsaktivste Bodenschicht zu verbringen (Schmidt et al., 2001). Diese sind:

- Rotteförderndes Häckseln/mechanisches Zerkleinern, Stoppelbearbeitung sowie flaches Einmulchen von Maisrückständen,
- bedarfsweise flaches Einpflügen bzw. Einschälen von Maisrückständen (Arbeitstiefe bis 15 cm, evtl. Einsatz von Zweischichtenpflug).

Vor der Lagerung:

- Reinigung der Silos,
- Reinigung des Getreides vor der Einlagerung (Ausputzgetreide und Reinigungsabfälle nicht verfüttern, da sie generell als Schadstoffsenke anzusehen sind),
- sorgfältige Auswahl der Lagerräume, fugenfreie Böden und Wände,
- Gefahr der Kondenswasserbildung vermeiden; Getreide nicht an Außenwänden, Stützpfeilern oder Wasserleitungen lagern,
- Bekämpfung von Kornkäfern, Milben u. a. Schädlingen,
- Konservierung des gesamten Getreides sofort nach der Ernte (trocknen, kühlen, gasdicht lagern, silieren oder durch Zusatz von organischen Säuren konservieren).

Während der Lagerung:

- Regelmäßige Kontrolle des Getreides (Temperatur),
- Wasserdampfentwicklung in der Nähe von gelagertem Getreide vermeiden sowie
- für Möglichkeit der Belüftung zum Entfernen von Feuchtigkeit sorgen (Gebläse, Umlauf).

Getreide ist als ganzes Korn dauerhaft nur bei weniger als 14% Feuchtigkeit und unter 15 °C lagerfähig. Geschrotetes bzw. gemahlenes Getreide sollte nicht mehr als 13% Feuchtigkeit aufweisen, da diese Bearbeitung zu einer erheblichen Oberflächenvergrößerung und einem Verlust der natürlichen Schutzfunktion intakter Körner führt und damit den mikrobiellen Verderb begünstigt. Selbst unter guten Lagerungsbedingungen sollte die Lagerdauer jedoch 3 Wochen nicht übersteigen.

Sicherung der Mischfutterqualität:

- Futter möglichst kühl und trocken sowie nicht im Stall- und Tierbereich lagern,
- Überwachen der Lagerzeiten,
- regelmäßige Totalentleerungen der Silos mit Reinigungs- und Desinfektionsmaßnahmen gegen Milben und Getreideschädlinge,
- Kontrolle auf Milben: Lupe, Ausschütten einer mehlförmigen Futterprobe als Kegel; bei Milbenbefall zerfließt dieser Kegel innerhalb eines Tages,
- Temperatur- und Feuchtigkeitskontrolle im Silo,
- Lüftungsabdeckungen in den Siloabdeckungen vorsehen, damit Wärmeabfuhr und Belüftung möglich sind,
- erwärmtes Futter durch Umlagern belüften und kühlen,
- Kontakt des Futters mit Vögeln und Schadtieren sowie mit deren Ausscheidungen vermeiden,
- Futter nur in sauberen Trögen verabreichen,
- schonende Einlagerung des Pelletfutters aus dem Tankfahrzeug in die Silos durch:
  - geringe Ausblasdrücke,
  - möglichst hohe Materialbeladung der Förderluft,
  - kurze Förderleitungen mit großem Innendurchmesser und wenigen Krümmern,
  - große Krümmerradien,
  - Befüllen des Silos durch den Silodeckel ohne zwischengeschalteten Zyklon,
  - Kontrolle, dass Pellets nicht an Silowände geblasen werden (evtl. Gummischürze einbauen),
  - im Sommer in Außensilos nur Mischfutter mit Konservierungszusätzen lagern.

26 Futterwerttabellen

Hans Schenkel und Heinz Jeroch

Tab. 26.1
Inhaltsstoffe, Verdaulichkeit und Futterwertdaten ausgewählter Futtermittel für Pferde, Wiederkäuer, Schweine und Geflügel.

Futtermittel	DM (g/kg FM)	Inhaltsstoffe (g/kg DM)							Verdaulichkeit der OM (%)				Energetischer Futterwert (MJ/kg DM)					Proteinkenndaten (Wdk)		
		CA	CP	EE	CF	NfE	STC	SUG	Wdk	Pfd	Schw	Gefl	ME				NEL	UDP (%)	nXP (g/kg DM)	RNB (g/kg DM)
													Pfd	Wdk	Schw	Gefl				
Grünfutter																				
Ackerbohne in der Blüte	160	70	181	12	268	469	0	–	(69)	–	–	–	7,69	9,86	–	–	5,83	10	130	+8
Alexandrinerklee Beginn Blüte	190	120	187	34	257	402	0	–	70	–	–	–	7,42	9,72	–	–	5,77	25	146	+6
Erbse in der Blüte	160	95	177	41	282	405	0	–	71	63	–	–	7,57	9,21	–	–	5,40	15	137	+6
Gerste vor/bis Ährenschieben	170	123	180	44	231	422	0	–	81	64	–	–	9,31	11,25	–	–	6,89	20	155	+4
Grünland, 4 und mehr Nutzungen, 1. Aufwuchs																				
Im Schossen	160	95	235	45	172	455	0	–	84	–	–	–	9,47	11,97	–	–	7,38	10	157	+12
Beginn Ähren-/Rispenschieben	170	94	225	49	204	428	0	–	80	–	–	–	8,99	11,48	–	–	6,99	10	151	+12
Volles Ähren-/Rispenschieben	180	97	207	47	231	418	0	–	77	–	–	–	8,42	10,92	–	–	6,58	15	151	+9
Grünland, 4 und mehr Nutzungen, 2. Aufwuchs																				
Unter 4 Wochen	160	104	237	45	207	409	0	71	75	–	–	–	8,56	10,53	–	–	6,30	10	143	+15
4–6 Wochen	180	105	213	45	229	410	0	61	73	–	–	–	8,68	10,23	–	–	6,09	15	144	+11
Grünland, 2–3 Nutzungen, 1. Aufwuchs																				
Beginn Ähren-/Rispenschieben	170	92	180	37	195	496	0	–	80	–	–	–	9,32	11,30	–	–	6,90	15	152	+5
Volles Ähren-/Rispenschieben	180	89	152	39	247	473	0	101	74	–	–	–	8,54	10,45	–	–	6,27	15	139	+2
Grünland, 2–3 Nutzungen, 2. und folgenden Aufwuchs																				
Unter 4 Wochen	180	115	183	35	208	461	0	127	74	–	–	–	8,58	10,21	–	–	6,12	15	140	+7
4–6 Wochen	200	100	166	38	247	449	0	94	72	–	–	–	8,22	10,01	–	–	5,95	15	135	+5

Tab. 26.1 (Fortsetzung)
Inhaltsstoffe, Verdaulichkeit und Futterwertdaten ausgewählter Futtermittel für Pferde, Wiederkäuer, Schweine und Geflügel.

Futtermittel	DM (g/kg FM)	Inhaltsstoffe (g/kg DM)							Verdaulichkeit der OM (%)				Energetischer Futterwert (MJ/kg DM)					Proteinkenndaten (Wdk)		
		CA	CP	EE	CF	NfE	STC	SUG	Wdk	Pfd	Schw	Gefl	ME				NEL	UDP (%)	nXP (g/kg DM)	RNB (g/kg DM)
													Pfd	Wdk	Schw	Gefl				
Grünland, 2–3 Nutzungen, klee- und kräuterreich 1. Aufwuchs																				
Beginn Ähren-/Rispenschieben	160	98	184	48	188	482	0	88	81	–	–	–	9,59	11,48	–	–	7,03	15	153	+5
Volles Ähren-/Rispenschieben	180	90	172	43	229	466	0	–	77	–	–	–	8,84	10,79	–	–	6,50	15	145	+4
Grünland, 2–3 Nutzungen, klee- und kräuterreich 2. u. folgenden Aufwüchse																				
Unter 4 Wochen	170	107	202	48	187	456	0	14	80	–	–	–	10,76	11,27	–	–	6,87	15	153	+8
4–6 Wochen	190	105	185	46	225	439	0	133	75	–	–	–	8,65	10,44	–	–	6,25	15	143	+7
Grünland, 1–2 Nutzungen, späte 1. Nutzung, grasreich																				
1. Aufwuchs	250	60	118	24	288	510	0	80	67	–	–	–	8,11	(9,38)	–	–	(5,48)	15	125	0
2. Aufwuchs	260	83	116	22	266	513	0	–	61	–	–	–	8,08	8,29	–	–	4,76	15	113	+1
Grünland, 1–2 Nutzungen, späte 1. Nutzung, klee- und kräuterreich																				
1. Aufwuchs	250	70	102	22	284	522	0	75	57	–	–	–	7,97	7,97	–	–	4,53	15	106	0
Hafer vor/bis Rispenschieben	170	106	164	40	210	480	0	288	83	67	–	–	8,86	11,41	–	–	7,01	15	152	+2
Klee, persischer Beginn Blüte	190	135	208	30	207	420	0	–	74	–	–	–	–	9,86	–	–	5,89	20	148	+10
Knaulgras, volles Rispensch.	220	98	171	43	252	436	0	89	76	–	–	–	–	10,66	–	–	6,42	15	143	+4
Landsberger Gemenge i. d. Blüte	160	97	148	28	269	458	0	–	71	60	–	–	7,67	9,86	–	–	5,86	15	133	+2
Lupine, gelb, süß i. d. Blüte	140	139	202	32	222	405	0	–	69	–	–	–	8,22	9,62	–	–	5,75	10	125	+12

Tab. 26.1 (Fortsetzung)
Inhaltsstoffe, Verdaulichkeit und Futterwertdaten ausgewählter Futtermittel für Pferde, Wiederkäuer, Schweine und Geflügel.

Futtermittel	DM (g/kg FM)	Inhaltsstoffe (g/kg DM)							Verdaulichkeit der OM (%)				Energetischer Futterwert (MJ/kg DM)					Proteinkenndaten (Wdk)		
		CA	CP	EE	CF	NfE	STC	SUG	Wdk	Pfd	Schw	Gefl	ME				NEL	UDP (%)	nXP (g/kg DM)	RNB (g/kg DM)
													Pfd	Wdk	Schw	Gefl				
Luzerne, 1. Aufwuchs																				
Vor der Knospe	150	105	254	34	178	429	0	–	75	67	64	–	8,74	10,54	8,55	–	6,33	15	154	+16
In der Knospe	170	106	219	31	238	406	0	–	70	62	56	55	7,63	9,83	(7,58)	8,63	5,82	15	141	+12
In der Blüte	200	106	187	29	286	392	0	25	68	59	51	–	6,97	9,37	6,96	–	5,49	20	139	+8
Luzerne, 2. und folgende Aufwüchse																				
In der Knospe	180	97	214	34	247	408	0	40	70	58	–	42	7,72	9,85	–	7,36	5,81	15	141	+12
Beginn Blüte	210	95	204	31	281	389	0	35	67	53	–	–	7,24	9,31	–	–	5,43	20	141	+10
Mais																				
Beginn Kolbenbildung	170	73	104	22	258	543	43	172	72	–	–	–	8,26	10,11	–	–	6,04	25	131	-3
In der Milchreife	210	55	90	21	223	611	120	137	75	65	–	–	10,26	10,70	–	–	6,47	25	136	-6
In der Teigreife	270	48	86	27	205	634	187	142	73	–	–	–	10,04	10,61	–	–	6,39	25	133	-6
Ende Teigreife	350	46	81	29	198	646	277	88	73	–	–	–	9,59	10,61	–	–	6,38	25	131	-7
Markstammkohl frisch	120	140	193	30	123	514	0		85	–	–	–	–	11,38	–	–	7,07	15	155	+6
Raps vor der Blüte	110	147	194	37	133	489	0	111	88	–	–	–	–	11,30	–	–	7,00	15	157	+6
Roggen volles Ährenschieben	170	88	147	35	288	442	0	124	77	60	–	–	7,66	10,79	–	–	6,51	15	142	+1

Tab. 26.1 (Fortsetzung)
Inhaltsstoffe, Verdaulichkeit und Futterwertdaten ausgewählter Futtermittel für Pferde, Wiederkäuer, Schweine und Geflügel.

Futtermittel	DM (g/kg FM)	Inhaltsstoffe (g/kg DM)							Verdaulichkeit der OM (%)				Energetischer Futterwert (MJ/kg DM)					Proteinkenndaten (Wdk)		
		CA	CP	EE	CF	NfE	STC	SUG	Wdk	Pfd	Schw	Gefl	ME				NEL	UDP (%)	nXP (g/kg DM)	RNB (g/kg DM)
													Pfd	Wdk	Schw	Gefl				
Rotklee, 1. Aufwuchs																				
In der Knospe	160	100	193	35	213	459	0	–	76	70	–	47	8,66	10,68	–	7,00	6,44	20	152	+7
Beginn Blüte	220	93	161	28	261	457	0	36	70	62	–	–	7,85	9,82	5,93	–	5,82	20	138	+4
Ende Blüte	250	89	150	29	296	496	0	–	66	57	–	–	8,42	9,43	–	–	5,47	25	135	+2
Rotklee, 2. und folgende Aufwüchse																				
In der Knospe	180	102	207	37	209	445	0	–	74	65	–	36	8,71	10,48	–	5,68	6,29	20	152	+9
Beginn Blüte	220	92	177	34	262	435	0	–	68	61	–	–	7,89	9,64	–	–	5,67	20	138	+6
Rotklee-Gras-Gemenge, 1. Aufwuchs																				
In der Knospe	170	102	178	32	223	465	0	–	75		–	–	8,59	10,52	–	–	6,34	15	143	+6
Beginn Blüte	200	97	155	30	259	459	0	35	72		–	–	7,91	9,84	–	–	5,84	15	134	+3
Ende Blüte	240	87	134	25	300	454	0	41	70		–	–	7,18	9,66	–	–	5,70	20	133	0
Weidelgras, Deutsches 1. Aufwuchs																				
Im Schossen	160	117	240	44	177	422	0	138	83	71	–	–	9,87	11,56	–	–	7,10	15	162	+12
Volles Ährenschieben	180	115	191	43	221	430	0	108	81	67	–	–	8,46	11,16	–	–	6,81	15	151	+6
Weidelgras, Deutsches, 2. und folgende Aufwüchse																				
Unter 4 Wochen	190	125	175	33	195	472	0	–	70	73	–	–	8,64	10,63	–	–	6,42	15	143	+5
4–6 Wochen	220	103	164	41	235	457	0	109	72	64	–	–	8,49	9,98	–	–	5,93	15	135	+5

Tab. 26.1 (Fortsetzung)
Inhaltsstoffe, Verdaulichkeit und Futterwertdaten ausgewählter Futtermittel für Pferde, Wiederkäuer, Schweine und Geflügel.

Futtermittel	DM (g/kg FM)	Inhaltsstoffe (g/kg DM)							Verdaulichkeit der OM (%)				Energetischer Futterwert (MJ/kg DM)					Proteinkenndaten (Wdk)		
		CA	CP	EE	CF	NfE	STC	SUG	Wdk	Pfd	Schw	Gefl	ME				NEL	UDP (%)	nXP (g/kg DM)	RNB (g/kg DM)
													Pfd	Wdk	Schw	Gefl				
Weidelgras, Welsches, 1. Aufwuchs																				
Im Schossen	160	104	211	36	175	475	0	158	85	71	–	40	9,14	11,75	–	6,12	7,25	15	162	+8
Volles Ährenschieben	180	113	168	36	219	464	0	115	79	64	–	–	8,48	10,60	–	–	6,41	15	145	+4
Weidelgras, Welsches, 2. und folgende Aufwüchse																				
4–6 Wochen	210	107	205	33	229	426	0	102	76	63	–	–	8,12	10,47	–	–	6,29	15	147	+9
Weißklee in der Blüte	130	117	229	32	188	434	0		80	71	–	48	8,43	11,05	–	7,82	6,74	20	163	+11
Zuckerrübenblätter, sauber	160	166	159	21	108	546	0	220	82	–	–		9,58	10,48	–	–	6,47	15	141	+3
Grünfuttersilage																				
Gerste in der Teigreife, GPS	450	59	97	21	227	596	268	10	–	67	–	–	9,07	9,58	–	–	5,67	20	124	-3
Grünland, 4 und mehr Nutzungen, 1. Aufwuchs																				
Beginn Ähren-/Rispenschieben	350	111	184	42	214	449	0	–	79	–	–	–	–	10,85	–	–	6,58	15	147	+6
Volles Ähren-/Rispenschieben	350	106	167	41	247	439	0	–	71	–	–	–	–	9,96	–	–	5,92	15	134	+5
Grünland, 4 und mehr Nutzungen, grasreich, 2. und folgende Aufwüchse																				
Unter 4 Wochen	350	143	186	42	213	416	0	27	71	–	–	–	–	9,92	–	–	5,93	15	136	+8
4–6 Wochen	350	113	161	42	246	438	0	27	66	–	–	–	–	9,73	–	–	5,76	15	131	+5
Grünland, 2–3 Nutzungen, 1. Aufwuchs, grasreich																				
Beginn Ähren-/Rispenschieben	350	108	165	44	221	462	0	16	79	–	–	–	–	11,09	–	–	6,69	15	145	+3
Volles Ähren-/Rispenschieben	350	107	148	40	264	441	0	–	71	–	–	–	–	9,91	–	–	5,89	15	132	+3

Tab. 26.1 (Fortsetzung)
Inhaltsstoffe, Verdaulichkeit und Futterwertdaten ausgewählter Futtermittel für Pferde, Wiederkäuer, Schweine und Geflügel.

Futtermittel	DM (g/kg FM)	Inhaltsstoffe (g/kg DM)							Verdaulichkeit der OM (%)				Energetischer Futterwert (MJ/kg DM)					Proteinkenndaten (Wdk)		
		CA	CP	EE	CF	NfE	STC	SUG	Wdk	Pfd	Schw	Gefl	ME				NEL	UDP (%)	nXP (g/kg DM)	RNB (g/kg DM)
													Pfd	Wdk	Schw	Gefl				
Grünland, 2–3 Nutzungen, 2. Aufwuchs, grasreich																				
Unter 4 Wochen	350	119	175	47	219	440	0	38	72	–	–	–	–	10,04	–	–	5,98	15	135	+6
4–6 Wochen	350	113	157	41	260	429	0	44	70	–	–	–	–	9,62	–	–	5,68	15	130	+4
Grünland, 2–3 Nutzungen, 1. Aufwuchs, klee- und kräuterreich																				
Beginn Ähren-/Rispenschieben	350	115	171	46	212	456	0	–	81	–	–	–	–	10,75	–	–	6,51	15	148	+4
Volles Ähren-/Rispenschieben	350	113	158	43	245	441	0	–	78	–	–	–	–	10,62	–	–	6,41	15	142	+3
Grünland 2–3 Nutzungen, 2. und folgende Auswüchse, klee- und kräuterreich																				
Unter 4 Wochen	350	122	183	44	206	445	0	–	76	–	–	–	–	10,43	–	–	6,28	15	142	+7
4–6 Wochen	350	119	163	40	242	436	0	–	72	–	–	–	–	9,80	–	–	5,82	15	133	+5
Grünland, 1–2 Nutzungen, Grasreich																				
2.Aufwuchs über 7 Wochen	350	133	116	17	288	446	0	–	49	–	–	–	–	6,41	–	–	3,55	15	90	+4
Grünland, 1–2 Nutzungen, klee- und kräuterreich																				
1. Aufwuchs	350	70	124	23	272	511	0	–	55	–	–	–	–	7,71	–	–	4,35	15	106	+3
2. Aufwuchs	350	100	161	37	259	443	0	–	60	–	–	–	–	8,38	–	–	4,81	15	117	+7
Hafer in der Teigreife, GPS	400	61	92	40	269	538	198	3	61	58	–	–	8,64	9,0	–	–	5,21	20	114	-2
Landsberger Gemenge in der Blüte	350	109	144	40	289	418	0	–	71	56	–	–	7,32	9,9	–	–	5,88	15	130	+2

Tab. 26.1 (Fortsetzung)
Inhaltsstoffe, Verdaulichkeit und Futterwertdaten ausgewählter Futtermittel für Pferde, Wiederkäuer, Schweine und Geflügel.

Futtermittel	DM (g/kg FM)	Inhaltsstoffe (g/kg DM)							Verdaulichkeit der OM (%)				Energetischer Futterwert (MJ/kg DM)					Proteinkenndaten (Wdk)		
		CA	CP	EE	CF	NfE	STC	SUG	Wdk	Pfd	Schw	Gefl	ME				NEL	UDP (%)	nXP (g/kg DM)	RNB (g/kg DM)
													Pfd	Wdk	Schw	Gefl				
Luzerne, 1. Aufwuchs																				
Vor der Knospe	350	134	211	45	187	423	0	–	71	66	–	–	8,51	10,05	–	–	6,00	15	137	+12
In der Knospe	350	118	207	39	254	382	0	1	66	61	–	–	7,73	9,28	–	–	5,43	15	132	+12
Luzerne, 2. und folgende Aufwüchse																				
In der Knospe	350	101	204	31	269	395	0	1	65	57	–	–	7,16	9,04	–	–	5,25	–	–	–
In der Blüte	350	111	213	48	293	335	0	–	62	52	–	–	6,84	8,95	–	–	5,17	20	135	+13
Mais																				
Beginn Teigreife	270	52	88	33	212	615	203	13	72	–	–	–	9,83	10,51	–	–	6,31	25	131	-6
Ende Teigreife	350	45	81	32	201	641	286	15	73	–	–	–	10,10	10,70	–	–	6,45	25	131	-7
Rotklee, 1. Aufwuchs																				
In der Knospe	350	118	182	44	234	422	0	–	72	65	–	–	8,19	10,10	–	–	6,03	20	142	+6
Beginn Blüte	350	100	155	40	277	428	0	–	68	58	–	–	7,37	9,49	–	–	5,58	20	132	+4
Rotklee-Gras-Gemenge, 1. Aufwuchs in der Knospe	350	92	173	45	246	444	0	–	76	–	–	–	9,58	10,83	–	–	6,55	15	145	+5
Zuckerrübenblätter, sauber	160	171	149	34	159	487	0	16	76	–	–	–	8,59	9,71	–	–	5,86	15	130	+3

Tab. 26.1 (Fortsetzung)
Inhaltsstoffe, Verdaulichkeit und Futterwertdaten ausgewählter Futtermittel für Pferde, Wiederkäuer, Schweine und Geflügel.

Futtermittel	DM (g/kg FM)	Inhaltsstoffe (g/kg DM)							Verdaulichkeit der OM (%)				Energetischer Futterwert (MJ/kg DM)					Proteinkenndaten (Wdk)		
		CA	CP	EE	CF	NfE	STC	SUG	Wdk	Pfd	Schw	Gefl	ME				NEL	UDP (%)	nXP (g/kg DM)	RNB (g/kg DM)
													Pfd	Wdk	Schw	Gefl				
Heu																				
Grünland, 4 u. mehr Nutzungen, 1. Aufwuchs, grasreich																				
Volles Ähren/Rispenschieben	860	79	126	26	275	494	0	–	72	–	–	–	–	10,13	–	–	6,05	20	136	0
Grünland, 4 u. mehr Nutzungen, 2. Aufwuchs, grasreich																				
Unter 4 Wochen	860	94	165	32	238	471	0	–	73	–	–	–	–	10,23	–	–	6,12	20	142	+4
4–6 Wochen	860	94	142	31	273	460	2	–	68	–	–	–	–	9,40	–	–	5,52	20	131	+2
Grünland, 2–3 Nutzungen, 1. Aufwuchs, grasreich																				
Volles Ähren-/Rispenschieben	860	78	106	24	294	498	0	81	65	–	–	–	–	9,11	–	–	5,32	20	121	-1
Grünland, 2–3 Nutzungen, 2. Aufwuchs, grasreich																				
Unter 4 Wochen	860	96	151	31	251	471	0	–	70	–	–	–	–	9,66	–	–	5,71	20	125	+1
4–6 Wochen	860	95	133	30	284	458	0	–	66	–	–	–	–	9,05	–	–	5,28	20	125	+1
Grünland, 2–3 Nutzungen, klee- und kräuterreich																				
1. Aufwuchs Ähren-/Rispenschieben	860	90	123	26	273	486	0	–	68	–	–	–	–	9,41	–	–	5,54	20	127	0
Grünland, 2–3 Nutzungen, 2. und folgende Aufwüchse, klee- und kräuterreich																				
Unter 4 Wochen	860	102	171	37	231	459	0	–	69	–	–	–	–	9,61	–	–	5,67	20	137	+5
4–6 Wochen	860	103	147	35	265	450	0	–	66	–	–	–	–	9,06	–	–	5,28	20	128	+3

Tab. 26.1 (Fortsetzung)
Inhaltsstoffe, Verdaulichkeit und Futterwertdaten ausgewählter Futtermittel für Pferde, Wiederkäuer, Schweine und Geflügel.

Futtermittel	DM (g/kg FM)	Inhaltsstoffe (g/kg DM)							Verdaulichkeit der OM (%)				Energetischer Futterwert (MJ/kg DM)					Proteinkenndaten (Wdk)		
		CA	CP	EE	CF	NfE	STC	SUG	Wdk	Pfd	Schw	Gefl	ME				NEL	UDP (%)	nXP (g/kg DM)	RNB (g/kg DM)
													Pfd	Wdk	Schw	Gefl				
Grünland, 1–2 Nutzungen, grasreich																				
1.Aufwuchs	860	67	97	20	301	515	0	84	61	–	–	–	–	8,44	–	–	4,85	20	113	-2
Grünland, 1–2 Nutzungen, klee- und kräuterreich																				
1. Aufwuchs	860	84	92	22	297	505	0	87	64	–	–	–	–	8,84	–	–	5,14	20	116	-3
Luzerne, 1. Aufwuchs																				
In der Knospe	860	98	192	22	276	412	0	–	64	62	–	–	7,15	8,92	–	–	5,18	25	141	+8
Beginn Blüte	860	88	165	20	326	401	0	–	61	59	–	–	6,42	8,51	–	–	4,89	25	131	+5
Luzerne, 2. und folgende Aufwüchse																				
In der Knospe	860	101	181	20	279	419	0	–	60	65	–	–	7,04	8,31	–	–	4,77	25	133	+8
Rotklee, 1. Aufwuchs																				
In der Knospe	860	96	157	24	258	465	0	–	67	64	–	–	7,80	9,37	–	–	5,51	25	137	+3
Beginn Blüte	860	95	155	26	300	424	0	–	66	55	–	–	7,01	9,01	–	–	5,25	25	134	+3
Ende Blüte	860	88	134	21	336	421	0	–	63	50	–	–	6,30	8,73	–	–	5,05	30	130	+1
Rotklee-Gras-Gemenge 1. Aufwuchs																				
In der Knospe	860	94	136	26	260	484	0	–	71	–	–	–	7,90	9,85	–	–	5,86	20	134	0
Beginn Blüte	860	84	139	25	300	452	0	–	68	–	–	–	7,24	9,51	–	–	5,59	20	132	+1

Tab. 26.1 (Fortsetzung)
Inhaltsstoffe, Verdaulichkeit und Futterwertdaten ausgewählter Futtermittel für Pferde, Wiederkäuer, Schweine und Geflügel.

Futtermittel	DM (g/kg FM)	Inhaltsstoffe (g/kg DM)							Verdaulichkeit der OM (%)				Energetischer Futterwert (MJ/kg DM)					Proteinkenndaten (Wdk)		
		CA	CP	EE	CF	NfE	STC	SUG	Wdk	Pfd	Schw	Gefl	ME				NEL	UDP (%)	nXP (g/kg DM)	RNB (g/kg DM)
													Pfd	Wdk	Schw	Gefl				
Trockengrün																				
Grasgrünmehl	900	111	197	46	209	437	0	92	76	73	51	–	8,62	10,69	6,63	5,56	6,44	40	177	+3
Kleegrünmehl	900	118	209	35	204	434	0	–	74	64	54	–	8,47	10,30	7,17	–	6,18	40	179	+5
Luzernegrünmehl	900	118	218	35	222	407	0	53	70	60	53	–	7,86	9,61	6,80	5,86	5,67	45	184	+5
Stroh																				
Erbsen	860	86	94	18	409	393	0	–	48	48	–	–	4,80	6,57	–	–	3,62	30	96	0
Gerste	860	59	39	16	442	444	0	7	50	38	–	–	4,89	6,80	–	–	3,76	45	82	-6
Hafer	860	66	35	15	440	444	0	14	50	41	–	–	4,80	6,74	–	–	3,73	40	80	-6
Roggen	860	58	37	13	472	420	0	8	44	41	–	–	4,24	6,00	–	–	3,25	45	74	-5
Weizen	860	78	37	13	429	442	0	–	47	33	–	–	4,72	6,37	–	–	3,50	45	76	-5
Wurzeln und Knollen																				
Kartoffeln																				
Roh	220	59	96	4	27	814	710	31	92	88	85	–	12,73	13,08	11.66	–	8,44	20	162	-10
Gedämpft	220	63	98	5	29	805	657	6	84	87	93	88	12,66	11,99	14,98	13,16	7,56	15	150	-7
Gehaltvolle Futterrübe	150	83	77	7	64	769	0	614	89	85	90	–	11,55	11,96	12,46	–	7,57	20	149	-11
Massenrübe	120	101	89	9	69	732	0	537	89	85	82	–	9,30	11,96	11,54	–	7,60	20	150	-9
Zuckerrübe	230	47	62	3	54	834	0	696	89	–	91	–	–	12,56	13,00	–	8,01	20	152	-13

Tab. 26.1 (Fortsetzung)
Inhaltsstoffe, Verdaulichkeit und Futterwertdaten ausgewählter Futtermittel für Pferde, Wiederkäuer, Schweine und Geflügel.

Futtermittel	DM (g/kg FM)	Inhaltsstoffe (g/kg DM)							Verdaulichkeit der OM (%)				Energetischer Futterwert (MJ/kg DM)					Proteinkenndaten (Wdk)		
		CA	CP	EE	CF	NfE	STC	SUG	Wdk	Pfd	Schw	Gefl	ME				NEL	UDP (%)	nXP (g/kg DM)	RNB (g/kg DM)
													Pfd	Wdk	Schw	Gefl				
Maniokmehl/-schnitzel																				
Nicht geschält	880	58	29	7	59	847	671	30	–	85	91	–	13,37	11,95	14,53	14,09	7,55	30	132	-15
Geschält	880	40	26	7	36	891	760	32	85	85	93	–	12,50	12,40	15,32	14,81	7,89	30	133	-16
Körner und Samen																				
Ackerbohnen	880	39	298	16	89	558	422	41	91	85	81	72	11,10	13,62	14,39	12,22	8,53	15	195	+17
Buchweizen																				
Intakt	880	27	132	27	131	683	–	11	(70)	67	77	71	11,76	10,47	(12,86)	12,35	(6,24)	15	136	0
Geschält	880	20	143	32	15	790	–	–	(75)	–	93	86	–	12,08	(15,75)	15,31	–	–	–	–
Erbsen	880	34	251	15	67	633	478	61	90	80	89	74	11,81	13,48	15,49	13,39	8,34	15	187	+10
Gerste (Sommer)	880	27	119	23	52	779	604	24	87	83	83	78	13,27	12.93	14,41	13,55	8,16	25	165	-6
Gerste (Winter)	880	27	124	27	57	765	599	18	85	82	83	76	13,27	12,84	14,35	15,00	8,08	25	164	-5
Hafer	880	33	121	53	116	677	452	16	74	71	70	65	12,59	11,48	12,75	11,56	6,97	15	140	-2
Leinsamen	880	47	249	366	71	267	0	30	83	67	60	–	(19,76)	(17,34)	(13,15)	20,01	(10,75)	15	122	+20
Lupinen, gelb, süß	880	49	438	57	168	288	49	64	90	78	87	68	11,04	14,31	14,64	9,57	8,95	20	232	+33
Mais	880	17	106	45	26	806	694	19	86	86	90	87	14,36	13,29	16,01	15,51	8,39	50	164	-8

Tab. 26.1 (Fortsetzung)
Inhaltsstoffe, Verdaulichkeit und Futterwertdaten ausgewählter Futtermittel für Pferde, Wiederkäuer, Schweine und Geflügel.

Futtermittel	DM (g/kg FM)	Inhaltsstoffe (g/kg DM)							Verdaulichkeit der OM (%)				Energetischer Futterwert (MJ/kg DM)					Proteinkenndaten (Wdk)		
		CA	CP	EE	CF	NfE	STC	SUG	Wdk	Pfd	Schw	Gefl	ME				NEL	UDP (%)	nXP (g/kg DM)	RNB (g/kg DM)
													Pfd	Wdk	Schw	Gefl				
Maiskolbenprodukte																				
Corn-Cob-Mix	880	17	100	40	59	784	613	–	87	–	83	–	(13,74)	13,29	14,87	14,00	8,40	40	161	-9
Maiskolbenschrot (ohne Hüllblätter)	880	19	92	36	82	771	588	–	76	–	81	–	–	11,70	14,17	–	7,17	40	144	-7
Lieschkolbenschrot (mit Hüllblättern)	880	39	84	26	171	680	422	86	72	80	73	–	10,48	10,61	11,89	–	6,38	40	133	-7
Sorghumhirse	880	18	117	34	24	807	724	11	86	83	91	87	13,98	13,12	16,20	14,92	8,28	50	169	-7
Rapssamen	880	43	227	444	75	209	0	52	74	–	73	–	–	17,56	19,84	20,95	10,75	20	100	+20
Reis	880	65	93	23	109	710	642	–	–	71	–	–	11,45	(11,69)	–	12,19	(7,26)	40	146	-7
Roggen	880	21	112	18	27	822	632	68	90	91	89	80	13,79	13,31	15,29	12,78	8,49	15	167	-8
Sojabohne, dampferhitzt	880	54	398	203	62	283	57	81	86	79	83	–	15,09	15,88	17,57	15,43	9,90	20	189	+33
Sonnenblumensamen	880	37	191	495	169	108	–	–	76	–	–	–	–	(17,85)	–	16,30	(10,83)	20	96	+15
Sonnenblumensamen, geschält	880	39	240	591	29	101	–	–	–	–	–	–	–	–	–	21,33	–	–	–	–
Triticale	880	22	145	18	28	787	640	40	89	87	89		13,73	(13,13)	15,46	14,32	(8,32)	15	170	-3
Weizen (Winter)	880	19	138	20	29	794	662	33	89	87	90	85	13,81	13,37	15,67	14,47	8,51	20	172	-4

Tab. 26.1 (Fortsetzung)
Inhaltsstoffe, Verdaulichkeit und Futterwertdaten ausgewählter Futtermittel für Pferde, Wiederkäuer, Schweine und Geflügel.

Futtermittel	DM (g/kg FM)	Inhaltsstoffe (g/kg DM)							Verdaulichkeit der OM (%)				Energetischer Futterwert (MJ/kg DM)					Proteinkenndaten (Wdk)		
		CA	CP	EE	CF	NfE	STC	SUG	Wdk	Pfd	Schw	Gefl	ME				NEL	UDP (%)	nXP (g/kg DM)	RNB (g/kg DM)
													Pfd	Wdk	Schw	Gefl				
Futtermittel aus der industriellen Verarbeitung pflanzlicher Rohstoffe																				
Baumwollsaatextraktionsschrot																				
Aus teilgeschälter Saat	900	69	412	21	185	313	0	55	69	62	51	–	9,64	10,95	(9,25)	–	6.52	35	243	+27
Aus geschälter Saat	900	69	501	23	96	311	0	76	76	74	82	59	11,20	11,85	(13,78)	10,88	7,15	35	285	+35
Citrustrester	900	62	70	35	132	701	0	243	85	71	83	–	11,29	12,29	10,48	–	6,94	25	145	-11
Erbsenfuttermehl	900	38	237	28	79	618	–	–	–	75	92	–	11,97	–	(16,02)	–	–	15	–	–
Erdnussextraktionsschrot																				
Teilentschälte Saat	920	66	521	15	117	281	79	104	85	–	84	–	–	(13,10)	(14,67)	–	(8,09)	25	261	+42
Entschälte Saat	880	65	568	14	57	296	98	116	89	–	87	72	–	13,76	(15,73)	10,98	8,60	25	279	+46
Futterzucker	900	1	1	0	0	998	0	991	96	91	98	–	(14,94)	(14,15)	(15,16)	16,65	(9,30)	0	–	–
Gerstenflocken	877	15	135	18	20	812	638	23	–	89	94	–	14,07	–	16,25	14,98	–	–	–	–
Gerstenfuttermehl	880	43	151	44	89	673	396	69	76	–	79	–	12,73	11,50	13,51	11,49	7,01	25	154	0
Gerstenkleie	880	53	158	45	153	611	148	59	71	61	52	–	11,30	(10,81)	(8,98)	10,30	(6,50)	30	146	0
Gerstenschälkleie	900	67	129	51	207	546	135	104	57	–	43	–	8,77	(8,67)	(7,81)	–	(4,97)	30	121	+1
Haferfutterflocken	910	21	139	72	22	746	630	17	86	84	92	–	14,18	13,64	17,04	16,26	8,58	15	160	-2
Haferfuttermehl	910	25	152	80	59	684	557	17	–	78	84	–	(14,51)	–	–	15,43	–	15	–	–
Haferschälkleie	910	60	68	29	270	573	167	11	61	44	38	–	8,42	8,65	6,20	7,77	4,99	20	108	-5
Kartoffeleiweiß	910	31	841	17	8	103	0	6	–	80	92	–	12,84	–	18,44	–	–	–	–	–

Tab. 26.1 (Fortsetzung)
Inhaltsstoffe, Verdaulichkeit und Futterwertdaten ausgewählter Futtermittel für Pferde, Wiederkäuer, Schweine und Geflügel.

Futtermittel	DM (g/kg FM)	Inhaltsstoffe (g/kg DM)							Verdaulichkeit der OM (%)				Energetischer Futterwert (MJ/kg DM)					Proteinkenndaten (Wdk)		
		CA	CP	EE	CF	NfE	STC	SUG	Wdk	Pfd	Schw	Gefl	ME				NEL	UDP (%)	nXP (g/kg DM)	RNB (g/kg DM)
													Pfd	Wdk	Schw	Gefl				
Kartoffelpülpe	880	31	71	4	216	678	423	2	80	83	80	–	9,46	(11,18)	11,07	–	6,84	20	142	-10
Kartoffelpülpe, eiweißreich	890	162	270	9	96	463	153	131	–	72	81	–	8,67	–	(11,23)	–	–	–	–	–
Kartoffelschlempe, getrocknet	900	142	284	17	106	451	71	13	73	–	72	–	8,97	9,81	9,22	–	5,86	35	194	+14
Maiskleber	900	20	708	52	13	207	146	6	92	80	92	–	14,00	15,27	18,78	15,54	9,52	50	482	+36
Maiskleberfutter																				
Eiweißreich	900	31	497	42	37	393	–	–	–	79	85	–	13,56	(13,47)	(15,93)	12,84	8,29	25	261	+38
Eiweißarm	900	55	189	38	88	630	332	26	82	73	74	–	12,18	12,57	11,96	8,76	7,84	25	171	+3
Melasse	770	105	136	2	0	757	0	629	89	90	90	–	12,40	12,29	13,28	14,10	7,88	20	160	-3
Melasseschnitzel	910	85	125	8	143	639	0	245	88	79	86	–	9,98	11,98	10,44	–	7,53	50	162	-5
Nassschnitzel	140	65	117	21	237	560	0	31	84	79	76	–	8,79	11,70	8,03	–	7,23	50	156	-5
Obsttrester																				
Apfel entpektiniert	910	25	82	57	356	480	61	80	45	–	–	–	–	(6,90)	–	–	(3,77)	40	96	-1
Apfel getrocknet	920	24	61	46	223	646	–	229	64	50	–	–	10,92	8,56	(10,21)	–	(6,04)	40	114	-7
Birne getrocknet	910	16	45	22	323	594	–	–	–	–	–	–	–	–	–	–	–	–	–	–
Palmkernextraktionsschrot	890	43	188	21	199	549	0	21	76	67	54	25	9,72	11,20	7,16	5,44	6,77	45	185	0
Pressschnitzel, siliert	220	71	111	11	208	599	0	31	86	79	79	–	9,01	11,87	8,91	–	7,40	30	157	-6
Rapsextraktionsschrot	890	77	399	25	131	368	0	80	80	68	67	50	9,21	11,99	11,12	9,33	7,31	25	219	+29
Rapskuchen, 8–12 % Fett	900	75	370	101	128	326	0	122	80	–	–	–	–	13,06	–	–	7,99	30	217	+25

Tab. 26.1 (Fortsetzung)
Inhaltsstoffe, Verdaulichkeit und Futterwertdaten ausgewählter Futtermittel für Pferde, Wiederkäuer, Schweine und Geflügel.

Futtermittel	DM (g/kg FM)	Inhaltsstoffe (g/kg DM)							Verdaulichkeit der OM (%)				Energetischer Futterwert (MJ/kg DM)					Proteinkenndaten (Wdk)		
		CA	CP	EE	CF	NfE	STC	SUG	Wdk	Pfd	Schw	Gefl	ME				NEL	UDP (%)	nXP (g/kg DM)	RNB (g/kg DM)
													Pfd	Wdk	Schw	Gefl				
Reisfuttermehl, gelb	900	120	143	167	105	465	240	34	67	64	76	–	14,40	11,04	14,72	11,67	6,56	40	127	+3
Reisfuttermehl, weiß	890	107	145	160	59	529	268	54	85	73	–	–	14,88	(13,26)	(16,33)	15,53	(8,23)	40	151	0
Roggenfuttermehl	880	36	173	35	37	719	376	–	–	84	81	–	13,56	12,37	13,80	13,42	(7,68)	15	164	+1
Roggengrießkleie	880	53	164	37	66	680	208	88	74	78	72	–	12,78	11,05	10,99	12,67	6,69	15	145	+3
Roggenkleie	880	60	163	36	83	658	128	105	73	68	67	–	12,79	(10,67)	10,09	8,18	(6,42)	15	143	+3
Roggennachmehl	880	32	154	32	25	757	472	95		86	–	–	13,92	(13,49)	(15,41)	14,18	(8,59)	15	174	-2
Roggenschlempe	56	53	431	54	56	406	–	–	–	–	–	–	–	–	–	–	–	–	–	–
Sojabohnenextraktionsschrot																				
Aus ungeschälter Saat	880	67	510	15	67	341	69	108	91	86	87	64	11,64	13,75	14,83	11,24	8,63	35	308	+32
Aus geschälter Saat	890	67	548	13	39	333	69	115	92	86	92	–	12,09	(13,73)	16,21	11,81	(8,59)	35	324	+36
Sonnenblumenextraktionsschrot																				
Aus ungeschälter Saat	880	64	524	25	287	300	0	61	60	–	–	–	6,70	9,27	–	–	5,34	25	173	+24
Aus teilentschälter Saat	900	70	379	24	223	304	0	68	63	–	72	–	6,65	10,24	(11,99)	–	6,02	25	193	+30
Aus geschälter Saat	910	79	439	20	135	327	0	103	80	70	–	66	10,28	11,88	–	10,01	7,22	25	229	+33
Traubentrester	900	69	136	72	248	475	0	28	31	–	–	–	–	5,36	–	–	2,84	40	93	+7
Trockenschnitzel	900	54	99	9	205	633	0	68	86	79	82	–	9,30	11,93	9,04	–	7,43	45	156	-8
Weizenfuttermehl	880	43	192	53	52	660	386	62	85	79	82	–	13,46	(13,07)	14,21	13,09	8,18	20	173	+3
Weizengrießkleie	880	56	175	49	97	625	223	67	74	70	71	–	12,29	11,17	11,74	9,38	6,76	20	151	+4

Tab. 26.1 (Fortsetzung)
Inhaltsstoffe, Verdaulichkeit und Futterwertdaten ausgewählter Futtermittel für Pferde, Wiederkäuer, Schweine und Geflügel.

Futtermittel	DM (g/kg FM)	Inhaltsstoffe (g/kg DM)							Verdaulichkeit der OM (%)				Energetischer Futterwert (MJ/kg DM)					Proteinkenndaten (Wdk)		
		CA	CP	EE	CF	NfE	STC	SUG	Wdk	Pfd	Schw	Gefl	ME				NEL	UDP (%)	nXP (g/kg DM)	RNB (g/kg DM)
													Pfd	Wdk	Schw	Gefl				
Weizenkleber	910	13	813	14	5	155	0	–	95	92	97	–	13,64	15,63	(19,67)	14,58	9,81	20	322	+79
Weizenkleberfutter	900	54	167	40	65	674	244	109	80	75	75	–	12,85	12,03	(12,69)	9,48	7,43	15	155	+2
Weizenkleie	880	65	160	43	134	598	149	64	67	62	58	–	11,33	9,92	9,47	7,94	5,85	25	140	+3
Weizennachmehl	880	37	192	51	33	687	504	60	87	83	90	–	13,35	(13,52)	16,18	14,22	(8,53)	20	177	+2
Weizenschlempe	920	55	382	61	75	416	27	35	–	–	68	–	–	12,1	12,1	–	7,3	40	269	+18,1
Futtermittel auf mikrobieller Basis																				
Bakterieneiweiß	920	94	783	81	6	36	0	0	93	–	83	–	–	(14,84)	16,66	14,31	(9,20)	40	434	+56
Bierhefe	900	81	521	16	25	357	0	13	84	78	85	–	12,27	(12,40)	(13,82)	12,80	7,61	40	324	+32
Sulfitablaugenhefe	910	84	502	36	31	347	0	5	78	77	78	–	12,48	12,27	12,59	11,65	7,48	40	307	+31
Futtermittel tierischer Herkunft																				
Buttermilch, frisch	85	78	372	69	0	481	0	432	96	90	94	–	13,06	14,48	–	13,65	9,22	5	180	+31
Kolostralmilch, 1. Tag	143	62	421	262	0	255	0	255	97	–	–	–	–	–	–	–	–	–	–	–
Magermilch																				
Frisch	85	82	368	11	0	539	0	546	96	89	96	–	12,64	13,94	15,77	–	8,96	5	179	+30
Getrocknet	960	83	365	5	0	547	0	512	96	89	96	–	11,49	13,75	15,78	12,22	8,82	5	179	+30
Molke																				
Frisch	60	78	135	25	0	764	0	731	–	89	93	–	13,49	–	14,05	–	–	–	–	–
Milchsauer, frisch	60	113	152	13	0	722	0	610	–	90	92	–	12,43	–	13,69	–	–	–	–	–
Vollmilch frisch	140	54	264	321	0	361	0	362	97	–	96	–	–	(19,31)	22,27	–	(12,47)	5	128	+22

Tab. 26.1 (Fortsetzung)
Inhaltsstoffe, Verdaulichkeit und Futterwertdaten ausgewählter Futtermittel für Pferde, Wiederkäuer, Schweine und Geflügel.

Futtermittel	DM (g/kg FM)	Inhaltsstoffe (g/kg DM)							Verdaulichkeit der OM (%)				Energetischer Futterwert (MJ/kg DM)					Proteinkenndaten (Wdk)		
		CA	CP	EE	CF	NfE	STC	SUG	Wdk	Pfd	Schw	Gefl	ME				NEL	UDP (%)	nXP (g/kg DM)	RNB (g/kg DM)
													Pfd	Wdk	Schw	Gefl				
Fischmehl																				
65–70 % CP	910	177	695	102	8	18	0	3	88	–	87	–	–	13,98	16,41	14,68	8,69	60	504	+31
60–65 % CP	910	229	637	95	13	26	0	0	88	–	85	–	–	12,86	15,81	13,71	7,97	60	464	+28
Fischpresssaft getrocknet	940	154	754	61	4	27	0	0	92	–	96	–	–	(13,10)	(18,52)	13,11	(8,03)	45	455	+48
Nebenprodukte der Backwarenindustrie																				
Brotabfälle	800	22	121	17	19	821	666	47	96	–	–	–	–	(14,35)	–	–	(9,34)	10	177	-8
Keksabfälle	920	11	97	148	13	731	0	169	96	–	–	–	–	(16,07)	–	–	(10,36)	10	160	-9
Knäckebrotabfälle	930	26	121	24	16	813	574	51	96	–	–	–	–	(14,36)	–	–	(9,35)	10	176	-8
Teigwarenabfälle	880	14	162	26	3	795	735	36	96	–	–	–	–	(14,54)	–	–	(9,42)	10	183	-2

DLG-Futterwerttabellen: Wiederkäuer 1997, Schweine 1997, Pferde 1985, DLG-Verlag, Frankfurt am Main;
DLG Futtermitteldatenbank
Autorenkollektiv: DDR-Futterbewertungssystem, 5. Aufl., 1986, VEB Deutscher Landwirtschaftsverlag, Berlin;
European Table of Energy Value for Poultry Feedstuffs. Subc. Energy of the Working Group Nr. 2 Nutrition, European Federation of the WPSA, 1989
Jeroch, H., Flachowsky, G., Weissbach, F. (Hrsg.): Futtermittelkunde, 1993, Gustav Fischer Verlag, Jena, Stuttgart
Die ME für Pferdefuttermittel wurde entsprechend den Ausführungen in den Kapiteln Energiebewertung bzw. Pferdefütterung in der vorliegenden Ausgabe berechnet.

Tab. 26.2
Aminosäurenzusammensetzung ausgewählter Futtermittel sowie praecaecale Rohprotein- und Aminosäurenverdaulichkeit beim Schwein.

Futtermittel	CP (g/kg DM)	Aminosäure (g/kg DM)						Aminosäure (% des CP)						Praecaecale Verdaulichkeit (%)					
		Lys	Met	Cys	Met + Cys	Thr	Trp	Lys	Met	Cys	Met + Cys	Thr	Trp	CP	Lys	Met	Cys	Thr	Trp
Trockengrün																			
Grünmehl	191	8,0	2,8	1,7	4,5	7,5	3,4	4,1	1,5	0,9	2,4	3,9	1,6	48	48	63	33	48	48
Luzernegrünmehl	181	6,5	2,3	1,8	4,1	6,0	2,1	4,2	1,5	1,1	2,6	3,9	1,4	45	44	72	24	53	54
Knollen																			
Tapioka	31	1,3	0,3	0,3	0,8	1,0	0,3	3,8	1,1	1,2	2,4	3,1	1,0	45	37	61	61	54	59
Kartoffelschalen	154	8,0	2,2	1,8	4,0	5,8	1,6	5,2	1,4	1,2	2,6	3,8	1,0	61	65	68	54	64	53
Körner und Samen																			
Ackerbohnen	301	18,4	2,2	3,5	5,7	10,5	2,6	6,1	0,7	1,2	1,9	3,5	0,9	77	82	61	68	75	71
Felderbse	246	17,3	2,2	3,5	5,7	9,1	2,2	7,1	0,9	1,4	2,3	3,7	0,9	79	84	73	66	75	70
Gerste	123	4,4	2,0	2,6	4,7	4,1	1,5	3,6	1,6	2,2	3,8	3,7	1,3	73	73	82	79	76	76
Hafer	121	4,9	1,9	3,5	5,6	1,7	4,0	1,6	2,9	2,9	4,6	3,3	1,4	88	95	88	82	90	71
Lupine, blau	324	15,0	2,0	4,3	6,4	10,9	2,6	4,7	0,6	1,4	2,0	3,4	1,0	85	84	81	91	83	85
Lupine, gelb	361	16,3	2,0	4,8	6,8	11,9	3,0	4,5	0,6	1,3	1,9	3,3	0,8	85	84	81	91	83	85
Lupine, weiß	381	18,2	2,5	6,7	9,2	13,3	3,0	4,8	0,7	1,8	2,4	3,5	0,8	85	84	81	91	83	85
Mais	95	2,8	1,9	2,0	4,0	3,4	0,7	3,0	2,0	2,2	4,2	3,6	0,8	81	84	81	91	83	85
CCM	105	2,7	2,0	2,2	4,2	3,6	0,7	2,6	2,0	2,0	4,0	3,6	0,7	81	70	88	79	79	71
Sorghumhirse	103	2,3	1,8	1,9	3,8	3,4	1,1	2,3	1,8	1,9	3,6	3,3	1,1	74	80	89	86	86	86
Rapssaat	219	13,8	4,3	5,2	9,5	9,8	3,1	6,0	2,0	2,4	4,4	4,5	1,4	73	71	80	70	69	65

Tab. 26.2 (Fortsetzung)
Aminosäurenzusammensetzung ausgewählter Futtermittel sowie praecaecale Rohprotein- und Aminosäurenverdaulichkeit beim Schwein.

Futtermittel	CP (g/kg DM)	Aminosäure (g/kg DM)						Aminosäure (% des CP)						Praecaecale Verdaulichkeit (%)					
		Lys	Met	Cys	Met + Cys	Thr	Trp	Lys	Met	Cys	Met + Cys	Thr	Trp	CP	Lys	Met	Cys	Thr	Trp
Reis	97	3,4	2,5	2,2	4,7	3,3	1,3	3,6	2,6	2,3	4,8	3,5	1,3	85	91	95	91	85	86
Roggen	106	3,9	1,7	2,5	4,1	3,4	1,1	3,6	1,6	2,3	3,9	3,3	1,1	78	80	86	90	75	78
Sojabohnen	408	24,9	5,5	6,3	11,7	15,9	5,5	6,1	1,3	1,5	2,9	3,9	1,4	76	80	78	75	76	74
Triticale	129	4,1	2,0	2,8	4,9	4,0	1,4	3,3	1,6	2,3	3,9	3,1	1,1	84	84	88	87	81	79
Weizen	142	3,8	2,2	3,2	5,3	4,0	1,7	2,7	1,5	2,2	3,7	2,8	1,2	90	88	88	92	90	88
Nebenprodukte der Müllerei																			
Weizenkleie	180	6,9	2,6	3,6	6,3	5,7	2,6	3,8	1,4	2,0	3,5	3,2	1,5	72	71	77	68	66	75
Weizennachmehl	188	7,5	2,7	3,9	6,6	6,0	2,7	4,0	1,5	2,0	3,5	3,2	1,5	76	81	83	83	74	85
Nebenprodukte des Stärkeindustrie																			
Kartoffeleiweiß	856	65,3	18,6	12,0	30.7	48,6	12,2	7,6	2,2	1,8	3,6	5,7	1,4	92	89	90	67	84	80
Maiskleber	689	11,1	16,6	12,0	28,8	22,8	3,6	1,6	2,4	1,8	4,2	3,3	0,5	90	87	97	88	90	86
Maiskleberfutter	235	7,4	3,8	4,8	8,5	8,5	1,3	3,1	1,6	2,0	3,6	3,6	0,5	70	65	81	59	72	66
Weizenkleber	863	13,0	12,7	17,8	30,6	20,8	8.0	1,5	1,5	2,1	3,5	2,4	0,9	(100)	63	90	87	80	82
Weizenkleberfutter	169	4,8	2,4	3,4	5,8	5,3	2,2	4,3	1,4	2,1	3,5	3,1	1,3	80	84	82	76	77	82
Nebenprodukte der Brauerei und Brennerei																			
Bierhefe, getrocknet	483	31,7	7,3	4,9	12,3	22,3	6,1	6,6	1,5	1,0	2,5	4,6	1,2	85	88	83	69	83	85
Weizenschlempe, getrocknet (DDGS)	379	8,4	5,8	7,5	13,3	11,4	3,8	2,2	1,5	2,0	3,5	3,0	1,0	72	69	67	67	82	86

Tab. 26.2 (Fortsetzung)
Aminosäurenzusammensetzung ausgewählter Futtermittel sowie praecaecale Rohprotein- und Aminosäurenverdaulichkeit beim Schwein.

Futtermittel	CP (g/kg DM)	Aminosäure (g/kg DM)						Aminosäure (% des CP)						Praecaecale Verdaulichkeit (%)					
		Lys	Met	Cys	Met + Cys	Thr	Trp	Lys	Met	Cys	Met + Cys	Thr	Trp	CP	Lys	Met	Cys	Thr	Trp
Nebenprodukte der Ölindustrie																			
Baumwollsaatextraktionsschrot	518	19,8	7,3	8,3	15,5	15,7	6,4	3,8	1,4	1,6	3,0	3,0	1,2	77	64	77	65	71	69
Erdnussextraktionsschrot	522	16,6	5,3	6,7	12,0	13,5	5,1	3,2	1,0	1,3	2,3	2,6	1,0	83	78	85	77	77	76
Palmkernextraktionsschrot	160	4,5	3,0	1,9	4,9	4,8	1,3	2,9	1,9	1,2	3,1	3,0	0,8	52	64	75	73	61	79
Rapsextraktionsschrot	408	20,0	7,8	9,7	17,5	17,2	5,5	4,9	1,9	2,4	4,3	4,2	1,3	71	73	82	72	69	68
Sojaextraktionsschrot, CP 44 %	498	30,0	6,7	7,4	14,0	19,4	6,7	6,0	1,3	1,5	2,8	3,9	1,4	82	87	88	79	80	86
Sojaextraktionsschrot, CP 48 %	541	33,1	7,3	8.0	15,2	21,3	7,4	6,1	1,3	1,5	2,8	3,9	1,4	82	87	88	79	80	86
Sonnenblumenextraktionsschrot	380	11,2	7,1	5,2	11,3	11,6	4,3	3,5	2,2	1,6	3,8	3,6	1,3	77	78	88	77	80	85
Futtermittel auf mikrobieller Basis																			
Melassehefe	471	33,0	–	10,4	–	–	–	7,0	–	2,2	–	–	–	–	–	–	–	–	–
Molkenhefe	460	32,7	–	13,8	–	–	–	7,1	–	3,0	–	–	–	–	–	–	–	–	–
Sulfitablaugenhefe	469	34,2	–	11,7	–	–	–	7,3	–	2,5	–	–	–	–	–	–	–	–	–
Futtermittel tierischer Herkunft																			
Trockenmagermilch	357	26,7	8,5	3,5	11,9	15,9	5,8	7,5	2,4	1,0	3,4	4,5	1,5	95	97	97	91	93	91
Trockenmolke	123	9,5	1.8	2,6	4,4	7,5	1,9	7,4	1,4	2,1	3,5	5,9	1,5	82	77	90	90	88	97
Fischmehl CP > 60 %	581	36,3	13,6	4,7	18,4	21,8	5,4	6,2	2,4	0,8	3,2	3,7	0,9	83	87	88	59	88	79
Fischmehl CP < 60 %	729	52,3	19,5	6,5	25,9	29,1	7,5	7,2	2,7	0,9	3,5	4,0	1,0	83	87	88	59	88	79

Quellen: Ausschuss für Bedarfsnormen, GfE : Proc. Soc.Nutr. Physiol, 2005, 14:185 – 205; DLG (Hrsg.): Futterwerttabellen – Schweine, 7. Erw. Auflage, 2014; AMINODAT 3.0 und 5.0 Degussa/Evonik; Jeroch, H., Flachowsky, G., Weissbach, F. (Hrsg.): Futtermittelkunde, Jena und Stuttgart, 1993

–

Tab. 26.3
Praecaecale Rohprotein- und Aminosäurenverdaulichkeit ausgewählter Futtermittel bei Legehennen, Broilern und Puten (%)

	CP	Ala	Arg	Asx	Cys	Glx	His	Ile	Leu	Lys	Met	Phe	Pro	Ser	Thr	Trp	Tyr	Val
Legehennen																		
Weizen	–[1]	80	87	78	88	94	85	86	89	80	84	90	95	88	82	87	84	85
Triticale	–	70	84	73	82	90	80	80	83	73	82	85	92	81	74	81	79	78
Roggen	–	57	73	56	69	81	61	63	68	49	67	76	86	63	45	61	56	67
Mais	–	90	90	83	89	91	87	88	94	79	91	91	94	88	83	90	69	89
Rapsextraktionsschrot	63	78	87	77	73	88	–	80	84	74	86	83	79	78	74	80	–	75
Sojabohnen, getoastet	–	90	96	90	83	96	–	92	93	92	95	95	94	92	86	87	–	91
Sojaextraktionsschrot	70	73	83	80	58	83	–	76	76	80	70	75	79	78	72	72	–	71
Süßlupinen	–	81	96	89	89	94	89	91	92	89	84	92	93	90	87	–	92	88
Erbsen	–	79	93	85	71	90	85	84	86	89	81	88	88	84	82	–	83	83
Maiskleber	92	95	94	90	84	95	–	92	96	86	94	95	96	93	89	84	–	93
Broiler																		
Weizen (mit Xylanase)	85	78	86	71	81	93	–	87	87	87	89	87	–	82	83	–	–	90
Weizen (ohne Xylanase)	78	70	81	60	76	88	–	80	89	82	86	81	–	76	76	–	–	81
Mais	77	77	87	69	69	84	–	79	80	82	88	79	77	77	74	–	–	76
Rapsextraktionsschrot	78	78	87	74	72	88	74	78	80	81	88	80	82	76	73	73	–	77
Rapskuchen	85	83	90	81	74	92	–	84	85	88	93	85	89	79	78	86	–	83
Sojabohnenkuchen	85	80	87	82	66	88	–	84	83	86	85	86	84	82	78	81	–	79
Sojabohnen, getoastet	84	78	87	80	68	91	–	83	82	87	92	84	90	79	78	86	–	82
Sojaextraktionsschrot	80	77	86	76	64	86	–	81	80	84	86	84	84	80	79	82	–	82
Erbsen	80	77	89	78	66	88	–	78	79	88	83	81	–	77	74	–	–	76

Tab. 26.3 (Fortsetzung)
Praecaecale Rohprotein- und Aminosäurenverdaulichkeit ausgewählter Futtermittel bei Legehennen, Broilern und Puten (%)

	CP	Ala	Arg	Asx	Cys	Glx	His	Ile	Leu	Lys	Met	Phe	Pro	Ser	Thr	Trp	Tyr	Val
Weizenschlempe, getrocknet (DDGS)	65	50	76	41	59	75	–	64	66	74	71	71	–	61	60	–	–	69
Weizenkleber	98	97	98	94	94	98	–	98	99	95	98	99	99	99	96	98	–	97
Maiskleber	91	94	93	86	78	93	–	93	95	90	94	95	91	89	87	81	–	92
Kartoffelprotein	67	64	74	65	19	68	–	67	72	72	70	73	64	62	63	55	–	67
Puten																		
Rapsextraktionsschrot	78	75	79	72	67	86	72	75	79	76	86	75	–	74	73	–	–	72
Sojaextraktionsschrot	82	81	86	79	62	86	78	57	83	85	90	85	82	82	81	–	–	81
Sojabohnen, getoastet	79	76	88	79	59	85	72	83	82	86	83	85	75	77	77	78	–	81
Getreideschlempe, getrocknet (DDGS)	71	71	74	60	57	83	67	70	78	55	81	81	82	72	67	–	–	72
Maiskleber	80	89	75	75	45	87	61	78	91	76	86	87	80	79	72	60	–	79

1 Keine Daten verfügbar; Quelle: Rodehutscord, M.; persönliche Mitteilung

Tab. 26.4
Mineralstoffgehalt von Futtermitteln.

Futtermittel	DM	CA	Ca	P	vP (Schwein)	NPP (Geflügel)	Mg	Na
	(g/kg FM)	(g/kg DM)						
Grünfutter								
Ackerbohnen in der Blüte	160	98	15,5	3,5	–	–	3,3	0,9
Futtererbsen	150	105	16,2	3,3	–	–	3,2	0,4
Hafer, im Schossen	170	101	4,4	3,1	–	–	1,7	1,0
Klee, Persischer in der Blüte	190	132	16,9	3,5	1,8	–	2,0	1,4
Knaulgras, im Schossen	220	72	6,3	2,7	–	–	1,6	1,5
Landsberger Gemenge, Beginn der Blüte	160	103	8,6	3,0	–	–	1,8	0,4
Lupine, gelb, süß in der Blüte	140	94	10,2	2,6	–	–	2,3	–
Luzerne, erster Aufwuchs in der Knospe	200	111	18,9	3,0	1,5	–	3,2	0,5
In der Blüte	230	109	20,9	2,8	1,5	–	2,7	1,0
Ende der Blüte	210	101	16,7	2,6	–	–	2,1	2,4
Luzerne, 2. und folgende Aufwüchse in der Blüte	210	108	18,7	2,8	–	–	2,7	0,7
Mais in der Teigreife	270	49	3,8	2,4	1,2	–	1,8	0,1
Markstammkohl, früh geerntet	110	146	19,7	3,5	–	–	2,0	1,7
Raps, vor der Blüte	110	153	16,8	4,6	–	–	2,5	1,3
Roggen, vor dem Ährenschieben	170	96	4,1	4,1	–	–	2,0	1,3
Rotklee, 1. Aufwuchs in der Knospe	160	18	16,2	2,9	1,5	–	3,6	0,4
In der Blüte	220	91	15,3	2,5	1,2	–	3,6	0,4
Rotklee 2. und folgende Aufwüchse in der Knospe	180	99	17,1	2,8	–	–	3,6	–
In der Blüte	220	89	17,3	3,0	–	–	4,0	–
Rotklee-Gras-Gemenge, 1. Aufwuchs, in der Knospe	170	95	13,4	3,2	1,6	–	1,3	–
In der Blüte	200	83	13,0	6,1	–	–	2,4	–
Sonnenblumen, Beginn der Blüte	120	154	15,0	2,4	–	–	4,1	0,4
Weide, 1. Aufwuchs, im Ähren-/Rispenschieben	190	86	6,6	3,9	–	–	1,9	1,2
Weißklee, in der Knospe	130	118	14,7	3,3	–	–	2,8	2,0
Weizen, vor/im Ährenschieben	210	82	2,6	2,3	–	–	1,3	2,3
Weidelgras, Deutsches, 1. Aufwuchs, im Schossen	190	115	5,9	3,3	1,6	–	1,6	1,8
In der Blüte	210	97	5,1	3,2	–	–	1,6	2,5
Weidelgras, Welsches, 1. Aufwuchs, im Ährenschieben	180	119	6,5	3,4	–	–	1,4	1,2
Wiese, 1. Schnitt, im Ähren-/Rispenschieben	180	95	6,8	3,7	–	–	2,2	0,6
In der Blüte	210	85	9,1	2,7	1,8	–	1,9	0,6

Tab. 26.4 (Fortsetzung)
Mineralstoffgehalt von Futtermitteln.

Futtermittel	DM	CA	Ca	P	vP (Schwein)	NPP (Geflügel)	Mg	Na
	(g/kg FM)	(g/kg DM)						
Wiese, 2. und Folgeschnitte, im Schossen	200	101	9,1	3,9	–	–	2,7	1,0
Zuckerrübenblätter, sauber	160	165	12,5	2,5	–	–	4,8	9,4
Grünfuttersilage								
Mais, in der Teigreife	270	52	3,9	2,6	–	–	2,3	0,4
Roggen, im Schossen	170	126	4,3	3,5	–	–	1,5	0,6
Rotklee, 1. Aufwuchs in der Knospe	350	122	15,4	2,7	1,4	–	2,1	–
In der Blüte	350	125	14,7	3,2	–	–	–	–
Rotklee-Gras-Gemenge, 1. Aufwuchs, in der Knospe	350	113	10,9	3,3	1,4	–	1,7	0,5
Weide, 1. Aufwuchs, im Schossen	350	108	9,5	3,8	–	–	2,4	1,2
Weide, 2. Aufwuchs und folgende, im Schossen	350	120	11,1	3,9	–	–	–	–
Wiese, 1.Schnitt, im Schossen	350	112	6,6	3,3	1,3	–	1,6	1,3
Wiese, 2. und folg. Schnitte, im Schossen	359	110	7,7	3,4	–	–	1,8	1,2
Zuckerrübenblätter, sauber	160	168	12,9	2,4	1,2	–	4,1	6,4
CCM	650	160	0,4	3,5	1,7	–	–	0,2
Heu								
Luzerne, 1. Aufwuchs, in der Knospe	860	100	16,9	3,1	–	–	3,1	0,8
In der Blüte	860	85	15,7	2,7	–	–	2,3	0,4
Luzerne, 2. Aufwuchs, in der Knospe	860	95	18,3	3,1	–	–	3,9	2,3
Rotklee, 1. Aufwuchs, in der Knospe	860	111	18,8	2,5	–	–	3,2	0,8
In der Blüte	860	89	15,4	2,6	–	–	3,7	0,4
Rotklee-Gras Gemenge, 1. Aufwuchs, in der Blüte	860	84	10,8	2,7	–	–	1,8	0,13
Weide, 1. Aufwuchs	860	77	5,9	2,8	–	–	1,6	0,6
Weide, 2. Aufwuchs u. folgende	860	76	7,0	3,4	–	–	1,9	0,7
Wiese, 1. Aufwuchs, im Ähren-/Rispenschieben	860	80	9,1	2,8	0,3	–	2,1	0,6
In der Blüte	860	80	7,2	2,7	–	–	2,0	0,75
Wiese, 2. Aufwuchs u. folgende, im Schossen	860	109	11,4	3,1	–	–	2,9	0,8
In der Blüte	860	90	9,5	3,1	–	–	1,7	0,4
Trockengrün								
Luzerne, Beginn Blüte	930	117	20,2	3,2	1,6	–	3,2	19
Rotklee, Beginn Blüte	930	116	11,0	2,8	1,4	–	2,7	0,9
Wiesengras, Beginn Ährenschieben	930	130	7,5	4,3	2,2	–	1,6	0,7

Tab. 26.4 (Fortsetzung)
Mineralstoffgehalt von Futtermitteln.

Futtermittel	DM	CA	Ca	P	vP (Schwein)	NPP (Geflügel)	Mg	Na
	(g/kg FM)	(g/kg DM)						
Stroh								
Gerste (Sommer)	860	60	4,8	0,8	0,1	–	0,9	3,7
Hafer	860	63	4,1	1,4	0,1	–	1,1	2,2
Roggen (Winter)	860	56	2,9	1,0	0,1	–	1,0	1,5
Weizen (Winter)	860	61	3,1	0,8	0,1	–	1,0	1,3
Wurzeln und Knollen								
Gehaltvolle Futterrüben	133	103	2,7	2,4	0,24	–	1,8	4,1
Karoffeln, roh	220	49	0,4	2,5	1,2	–	1,4	0,55
Gedämpft	240	60	0,8	2,5	–	–	1,0	0,04
Gedämpft siliert	220	54	0,5	2,5	–	–	0.9	–
Maniokmehl/-schnitzel	880	35	1,2	1,1	0,11	–	0,7	0,27
Massenrüben	105	127	2,5	2,5	0,25	–	2,5	3,3
Zuckerrüben, frisch	250	52	2,3	1,5	–	–	1,6	0,95
Getrocknet	920	66	6,8	1,0	–	–	–	2,6
Körner und Samen								
Ackerbohnen	890	41	1,6	4,8	1,7	1,5	1,8	0,18
Buchweizen	880	35	1,3	3,8	–	1,5	1,2	0,60
Erbsen	880	36	0,9	4,8	2,2	2,1	1,3	0,25
Gerste (Sommer)	870	28	0,8	3,9	1,8	1,4	1,3	0,32
Gerste (Winter)	860	29	0,7	4,1	1,8	1,5	1,2	0,86
Hafer	880	33	1,2	3,5	0,9	1,4	1,4	0,38
Hirse	900	20	0,3	3,7	0,9	–	1,4	0,09
Leinsamen	880	65	2,8	5,4	2,3	–	5,6	0,93
Lupine, gelb, süß	890	48	2,7	5,1	2,6	2,2	2,4	–
Mais	870	17	0,4	3,2	0,5	0,8	1,0	0,26
Sorghumhirse	870	19	0,9	3,1	0,9	0,9	2,1	0,71
Raps	920	56	4,8	9,5	3,8	–	3,4	–
Reis	900	60	0,5	1,9	–	–	0,5	–
Roggen	860	22	0,9	3,3	1,6	1,3	1,4	0,26
Sojabohne	910	62	2,9	7,1	2,5	–	–	–
Sonnenblume	910	35	2,8	3,8	1,4	–	–	–

Tab. 26.4 (Fortsetzung)
Mineralstoffgehalt von Futtermitteln.

Futtermittel	DM	CA	Ca	P	vP (Schwein)	NPP (Geflügel)	Mg	Na
	(g/kg FM)	(g/kg DM)						
Weizen (Winter)	870	20	0,7	3,8	2,5	1,2	1,3	0,17
Futtermittel aus der industriellen Verarbeitung pflanzlicher Rohstoffe								
Baumwollsaatextraktionsschrot								
Aus teilentschälter Saat	900	75	4,0	12,1	–	–	5,6	–
Aus entschälter Saat	910	60	2,1	11,8	2,4	3,5	5,1	0,13
Biertreber, frisch	250	46	3,8	6,7	2,3	–	2,2	0,43
Siliert	270	48	3,3	5,8	2,0	–	2,2	0,38
Citrustrester getrocknet	900	63	20	1,0	–	–	–	–
Erdnussextraktionsschrot								
Aus teilenthülster Saat	910	62	1,6	6,7	–	–	3,7	0,40
Aus enthülster Saat	890	60	2,5	5,8	1,7	1,8	4,9	0,37
Futterzucker	990	18	0,4	0,1	–	–	0	0,08
Gerstenfuttermehl	880	37	1,0	2,5	–	–	2,0	0,50
Gerstenkleie	890	55	1,6	4,5	–	–	2,1	0,60
Haferflocken	890	22	0,9	4,4	1,1	–	1,9	0,06
Haferfuttermehl	890	28	1,1	5,7	1,1	–	2,0	–
Haferschälkleine	920	52	1,8	2,7	0,6	–	1,8	0,40
Kartoffelflocken	890	58	0,5	2,6	1,3	–	1,0	1,09
Kartoffelschlempe, frisch	60	132	2,8	7,3	3,6	–	–	0,57
Maisfuttermehl	890	19	0,8	5,0	–	–	–	0,51
Maiskleber	890	14	0,9	4,1	1,0	1,1	0,3	0,5
Maiskleberfutter (CP <30 %)	900	63	1,5	9,5	1,9	2,7	4,8	2,76
Melasse	780	118	5,4	0,3	0	–	0,2	7,33
Melasseschnitzel	910	76	8,1	1,0	0,1	–	2,5	2,64
Nassschnitzel, siliert	130	101	9,7	0,9	0,09	–	4,5	3,80
Obsttrester (Apfel), frisch	330	36	7,9	2,7	–	–	1,2	1,39
Palmkernextraktionsschrot	890	44	2,9	7,2	2,2	–	3,9	0,11
Rapskuchen, 4–8 % EE	940	87	6,3	10,0	4,0	–	5,1	0,80
Rapsextraktionsschrot	900	79	6,9	11,9	3,6	3,9	5,5	0,13
Reisfuttermehl, gelb	900	78	1,5	14,7	–	–	7,1	0,22
Roggenfuttermehl	880	35	1,3	9,2	2,7	–	3,8	0,19

Tab. 26.4 (Fortsetzung)
Mineralstoffgehalt von Futtermitteln.

Futtermittel	DM	CA	Ca	P	vP (Schwein)	NPP (Geflügel)	Mg	Na
	(g/kg FM)	(g/kg DM)						
Roggenkleie	880	54	1,7	11,3	3,4	–	3,6	0,79
Roggennachmehl	880	20	0,9	5,2	1,6	–	2,0	0,13
Sojabohnenextraktionsschrot aus ungeschälter Saat	880	66	3,1	7.0	2,4	3,1	3,0	0,23
Aus geschälter Saat	900	66	3,2	7,6	2,7	3,3	2,7	0,34
Sonnenblumenextraktionsschrot								
Aus ungeschälter Saat	900	57	5,5	7.0	–	–	4,6	0,18
Aus teilgeschälter Saat	910	66	4,0	10,7	–	–	5,2	0,50
Aus geschälter Saat	910	66	4,4	9,9	3,5	3,6	5,4	0,12
Trockenschnitzel	910	62	9,7	1,1	0,1	–	2,5	2,41
Weizenfuttermehl	890	36	1,2	8,1	2,4	3,1	2,9	0,35
Weizengrießkleie	880	19	0,5	2,6	3,1	–	0,8	0,07
Weizenkleber	910	88	0,9	2,5	–	–	0,7	–
Weizenkleberfutter (CP < 30 %)	880	96	5,0	6,9	1,7	–	4,4	–
Weizenkleie	870	64	1,8	13,0	3,9	2,2	5,3	0,54
Weizennachmehl	880	49	0,9	7.4	2,3	–	2,9	0,15
Weizenschlempe, frisch	42	95	3,5	5,3	1,6	–	2,4	–
Futtermittel auf mikrobieller Basis								
Bierhefe, getrocknet	900	85	2,6	17,0	8,5	–	2,6	2,44
Sulfitablaugenhefe	890	79	4,4	14,6	–	–	2,0	1,22
Futtermittel tierischer Herkunft								
Buttermilch	102		10,8	8,6	7,7	–	1,1	–
Magermilch, frisch	86	103	13,6	10,9	9,8	–	1,6	3,63
getrocknet	940	86	14,0	10,8	9,7	–	1,6	5,41
Molke, milchsauer, getrocknet	940	107	16,4	10,9	8,7	–	–	8.55
Vollmich, frisch	130	49	8,6	7,2	6,5	–	0,9	3,21
Fischmehl								
55–60 % CP	880	232	54,5	33,6	30,3	–	2,9	6,84
60–65 % CP	900	194	47,5	28,2	24,0	–	2,5	9,74
65–70 % CP	920	157	42,7	27,2	28,1	–	1,9	8,47

Quellen: DLG-Futterwerttabellen (Hrsg.: Universität Hohenheim-Dokumentationsstelle, Mineralstoffgehalte in Futtermitteln, 2. Auflage, 1973, DLG Verlag, Frankfurt/M; DLG Information 1/1999 – Schweinefütterung auf Basis des verdaulichen Phosphors; Jeroch, H., Flachowsky, G., Weissbach, F. (Hrsg.): Futtermittelkunde, G. Fischer Verlag, Jena, Stuttgart, 1993;
Eigene Analysen; National Research Council: Nutrient Requirements of Poultry, 9th rev. ed. National Academy Press Washington DC, 1994; Nehring, K., Beyer, M., Hoffmann, B.: Futtermitteltabelle-Wiederkäuer, 2. Aufl., 1972, VEB Deutscher Landwirtschaftsverlag, Berlin

Teil 3
Fütterung

27 Fütterung der Schweine

Markus Rodehutscord

Die Summe der physiologischen und biochemischen Abläufe im Körper der Schweine resultiert in einem spezifischen Bedarf an Energie und einzelnen Nährstoffen, der durch den Verzehr einer Mischung aus gezielt ausgewählten Einzelkomponenten gedeckt werden kann. In diesem Kapitel werden daher sowohl die quantitativen Aspekte des Bedarfes als auch die Möglichkeiten zu ihrer Deckung erläutert. Unabhängig vom quantitativen Nährstoffbedarf gibt es einige anatomische und physiologische Besonderheiten beim Schwein, die für die Futteroptimierung und die Futterdarbietung relevant sind und die daher zunächst erläutert werden.

27.1 Besonderheiten in Anatomie und Physiologie und Konsequenzen für die Fütterung

Das Hausschwein geht entwicklungsgeschichtlich auf das wildlebende und allesfressende Schwein zurück. Dieses ist auf saisonale Unterschiede im Nahrungsangebot sowie auf Mobilität und Wühlen zur Nahrungsfindung eingestellt. Beim Hausschwein sind Nasenrücken und Rüsselscheibe weniger betont und das Gebiss ist weniger stark als beim Wildschwein. Dennoch ist mit der beweglichen Rüsselscheibe und Zunge eine Veranlagung zum Wühlen und Selektieren vorhanden, der unter Stallhaltungsbedingungen und dem Angebot von Mischfuttermitteln kaum Rechnung getragen werden kann. Bei Außenhaltung von Schweinen und entsprechenden Bodenverhältnissen gehen die Schweine diesem Bedürfnis deutlich erkennbar nach, auch wenn sie ausreichend Futter am Trog angeboten bekommen.

Wühlen und Kauen spielen bei den heutigen Haltungs- und Fütterungsbedingungen keine bedeutende Rolle. Die Zeit, die das Schwein mit Futtersuche und Futteraufnahme beschäftigt ist, ist kurz. Insbesondere dann, wenn das Futter rationiert angeboten und eine Sättigung der Tiere nicht erreicht wird (z. B. bei tragenden Sauen), sollten die Tiere zur Vermeidung von Verhaltensstörungen Beschäftigungsmöglichkeiten haben. Hierunter fällt auch das Angebot von rohfaserreichen Futtermitteln, wie z. B. Stroh oder Heu. Bei der Fütterung von tragenden Sauen ist gemäß den Vorgaben der Tierschutz-Nutztierhaltungsverordnung sicherzustellen, dass der Rohfasergehalt im Futter bis eine Woche vor dem voraussichtlichen Abferkeltermin mindestens 8 % in der DM beträgt, bzw. mindestens 200 g Rohfaser pro Tag von den Sauen aufgenommen werden.

Futteraufnahme und Vorgänge im Maul

Das Schwein hat einen ausgeprägten Geruchssinn und auch das Geruchsempfinden kann den Futterverzehr beeinflussen. Ranzige, faulige oder brandige Gerüche senken die Akzeptanz des Futters. Oxidierte Fette, verdorbene oder stark überhitzte Futtermittel sollen daher nicht zum Einsatz kommen. Auch bittere, verpilzt-muffige Geschmacks- und Geruchsvarianten wirken negativ auf den Verzehr. Ein süßer Geschmack wird hingegen bevorzugt, was man bei Einsatz entsprechender Futterzusatzstoffe gezielt zur Steigerung des Verzehrs nutzt. Auch eine Melassierung des Futters oder die Verwendung von Milchpulvern oder frischen Fetten kann den Futterverzehr fördern. Grundsätzlich kann das Schwein auf plötzliche Umstellung der Zusammensetzung des Futters empfindlich mit einer Veränderung des Futterverzehrs reagieren. Bei geschrotetem Getreide gibt es Präferenzen für Gerste und Weizen. Hinsichtlich der Vorgänge im Maul sind die Partikel-

größe und die Festigkeit der Partikel, die über Vermahlung und Pelletierung des Futters beeinflusst werden, von Bedeutung. Stark quellende oder klebende Futterkomponenten werden weniger gut verzehrt.
Das Gebiss des Hausschweins ist schwächer als das des Wildschweins. Kauvermögen und Kauintensität sind gering ausgeprägt. Grobstängeliges Futter oder ganze Körner werden wegen der mäßigen Kauleistung des Hausschweins oft nicht ausreichend zerkleinert; dies betrifft besonders rohfaserreiches Material. Sehr fein vermahlenes Futter (mittlere Partikelgröße um 1 mm) begünstigt zwar eine hohe Verdaulichkeit der Nährstoffe, erhöht aber die Anfälligkeit der Schweine für Magengeschwüre. Zudem kann staubendes Futter zu Belastungen der Atemwege und Husten führen. Durch Pelletieren des Futters oder Zusatz geringer Mengen an Öl lässt sich die Staubbildung in Stall und Trog vermindern. Die Speicheldrüsen des Schweins sind relativ klein. Ihre Sekretionsleistung genügt aber, wenn die Nahrung konzentriert ist. Bei hoher Futtermenge kann sich Krümelfütterung oder Flüssigfütterung als vorteilhaft zur Sicherung eines hohen Verzehrs erweisen. In Untersuchungen mit ferkelführenden Sauen, die in der Regel sehr hohe Futtermengen verzehren müssen, hat eine häufigere Futtervorlage (viermal im Vergleich zu zweimal täglich) zu einem höheren Futterverzehr geführt.

Verdauung im Magen und Dünndarm
Das Magenvolumen ist begrenzt. Werden in kurzer Zeit hohe Futtermengen aufgenommen, sind die pH-Absenkung im Magen und damit die bakterizide Wirkung sowie die Pepsinwirkung verzögert. Wird das Futter *ad libitum* angeboten, lassen sich große Mahlzeiten vermeiden. Insbesondere beim Aufzuchtferkel ist die Sekretion von Magensäure noch begrenzt, was einem raschen pH-Abfall entgegenwirkt. Unter diesen Bedingungen ist die Reduzierung von puffernd wirkenden Substanzen im Futter wichtig, z. B. durch eine Absenkung des Rohproteingehaltes oder die Vermeidung von Ca-Überschüssen. Grobe Futterbestandteile verweilen länger im Magen als feine. Rohfaserhaltige Bestandteile – insbesondere, wenn sie nicht vermahlen sind – fördern die Magen- und Darmsekretion, beschleunigen die Digestapassage durch den Dünndarm, begünstigen die Umsetzungen im Dickdarm, helfen Verstopfungen vorzubeugen und sind daher prinzipiell als positiv zu bewerten. Allerdings ist Rohfaser kaum verdaulich und sie vermindert die Energiedichte des Futters, weshalb sie keinen hohen Anteil in der Ration von Schweinen ausmachen kann.
Die vielfältigen Funktionen, die unterschiedliche Fraktionen polymerer Kohlenhydrate (einschließlich praecaecal unverdaulicher Stäke) im Zusammenhang mit Verdaulichkeit, Wasserbindungsvermögen, Passagezeit, Fermentation und Gesunderhaltung des Tieres bewirken, lassen sich durch routinemäßig durchgeführte Futtermittelanalytik nicht vollumfänglich erfassen. Dennoch werden als Orientierungswerte weiterhin Rohfasergehalte verwendet. Die Rohfasergehalte sollten im Futter für Saugferkel etwa 3 %, im Futter für Aufzuchtferkel, Mastschweine und säugende Sauen etwa 5 % betragen. Für tragende Sauen gelten die bereits genannten Mindestanforderungen von 8 % Rohfaser in der DM bzw. 200 g Rohfaseraufnahme pro Tag.

Verdauung im Dickdarm
Im Dickdarm findet eine mikrobielle Umsetzung von Nahrungsbestandteilen statt, die praecaecal nicht verdaut wurden. Im Wesentlichen betrifft dies die Kohlenhydrate, insbesondere die Gerüstkohlenhydrate. Je höher die Rohfasergehalte im Futter sind, desto intensiver ist die Fermentation im Dickdarm. Im Gegensatz hierzu ist Stärke in der Regel praecaecal sehr hoch verdaulich (95 % oder höher). Bei einigen Futtermitteln ist jedoch auch die Stärke praecaecal deutlich geringer verdaulich, z. B. bei rohen Kartoffeln. Die praecaecal nicht verdaute Stärke wird dann ebenfalls im Dickdarm fermentiert. Auch praecaecal unverdaute Proteine oder endogene Proteine können durch die Mikroben teilweise abgebaut werden. Wesentliche Endprodukte der Fermentation sind kurzkettige Fettsäuren (Essig-, Propion-, Buttersäure) und Ammoniak. Die Fettsäuren werden absorbiert und vom Stoffwechsel des Schweins genutzt. Ammoniak wird zum Teil zur Neusynthese mikrobiellen Proteins verwendet (und als solches ausgeschieden) oder nach Absorption aus dem Dickdarm in der Leber zu Harnstoff entgiftet. Der Anteil, den die Fermentation an der Gesamtverdaulichkeit ausmacht, ist somit zwischen den Futtermitteln sehr verschieden. Die Ausschei-

dungen von Protein und Aminosäuren mit dem Kot sind bei intensiver Dickdarmfermentation in nennenswertem Maße mikrobiellen Ursprungs. Um diesen Einfluss bei der Futterbewertung auszuschalten, wird zur Beschreibung des Proteinwertes von Futtermitteln und zur Bedarfsableitung die **praecaecale Verdaulichkeit der Aminosäuren** herangezogen.

27.2 Ferkel und Mastschweine

Als Ferkel werden Schweine bis zum Erreichen von etwa 30 kg LM bezeichnet. Bis zum Zeitpunkt des Absetzens sind es Saug-, danach Absetzferkel. Die sich daran anschließende Wachstumsphase wird als Mast bezeichnet. Die Mast endet üblicherweise bei Erreichen von 115–130 kg LM. Börge sind kastrierte männliche Schweine. Die Fleischgewinnung mit Jungebern hat in Deutschland mittlerweile eine viel größere Bedeutung als noch zum Ende der 2000er-Jahre. Die weitere Entwicklung der Jungebermast wird maßgeblich davon abhängen, wie sich der Rechtsrahmen für die Ferkelkastration entwickeln wird.
Grundsätzliches Ziel ist die Erzeugung qualitativ hochwertiger Schlachttiere, weshalb die Geschwindigkeit des Wachstums, ausgedrückt in täglichen Lebendmasse (LM)-Zunahmen, und die chemische Zusammensetzung des LM-Zuwachses maßgeblich vorgeben, wie die Fütterung der Tiere erfolgt. Da z. B. die genetische Herkunft der Tiere oder die Bindung des Tierhalters an bestimmte Produktionsbedingungen (z. B. Richtlinien des ökologischen Landbaus) das Leistungsniveau beeinflussen, beinhalten die Empfehlungen zur Versorgung mit ME und Nährstoffen sowie die Fütterungsempfehlungen eine Flexibilität. Bei der Ableitung der Versorgungsempfehlungen wird dies durch die sogenannte **faktorielle Vorgehensweise** ermöglicht. Hierbei werden die Bestandteile des Bedarfs der Tiere zunächst einzeln quantifiziert (z. B. für Erhaltung und Wachstum), sodass die Empfehlungen letztlich durch Modellierung unterschiedlicher Wachstumsabschnitte und Leistungsniveaus differenziert gegeben werden können. Wegen des Fehlens von Daten ist das faktorielle Vorgehen allerdings nicht bei allen Nährstoffen möglich, sodass in solchen Fällen Versorgungsempfehlungen auf alternativen Wegen abgeleitet werden (z. B. bei Spurenelementen). Für die beiden „Leitmotive" der Fütterung, nämlich die ME und das Lysin, sind die für eine faktorielle Ableitung benötigten Daten jedoch vorhanden.
In Deutschland bilden die Empfehlungen des Ausschusses für Bedarfsnormen der Gesellschaft für Ernährungsphysiologie die wissenschaftliche Grundlage für die Versorgung der Schweine (GfE 2006). Auf diesen Empfehlungen basiert dieses Kapitel zur Schweinefütterung. Ihre Umsetzung in die praktische Anwendung wird von Gremien der Deutschen Landwirtschafts-Gesellschaft in Kooperation und Abstimmung mit Wissenschaft, Offizialberatung und der Wirtschaft vorgenommen.

27.2.1 Entwicklungen während des Wachstums

Geburtsmasse
Die LM der Ferkel bei der Geburt liegt im Optimum bei etwa 1,5 kg im Durchschnitt eines Wurfes. Bei mehr als 12 Ferkeln pro Wurf kann davon ausgegangen werden, dass die durchschnittliche Geburtsmasse der Ferkel um 100 g je zusätzliches Ferkel sinkt. Zusätzlich zu diesem Effekt der Wurfgröße ist auch das Alter der Sau bzw. die Wurfzahl von Bedeutung. Eine Steuerung der LM der Ferkel zur Geburt über die Energieversorgung des Muttertieres ist kaum möglich. Häufig führt eine Sau mehr als 14 Ferkel pro Wurf, sodass eine frühzeitige Ergänzungsfütterung der Ferkel erforderlich wird.

Ansatz von Protein und Fett
Das neugeborene Ferkel besteht zu mehr als zwei Dritteln aus Wasser. Es enthält etwa 17 % Protein und nur sehr wenig Fett und Glykogen. Mit fortschreitendem Wachstum verändert sich die Zusammensetzung der Körpermasse kontinuierlich. Die betrifft insbesondere einen steigenden Fettansatz. Aus dem **Ansatz von Protein und Fett ergibt sich der Bedarf an ME für das Wachstum.** Der Quantifizierung des Ansatzes von Protein und Fett wird daher besondere Aufmerksamkeit gewidmet. Dabei ist es aus Sicht der Fütterung nicht von Bedeutung, in welchen Geweben oder Körperteilen der Ansatz erfolgt.

Für den **Gehalt an Protein** im LM-Zuwachs der Ferkel bis 30 kg LM wird mit einem Wert von 170 g/kg gerechnet. Die Proteinmasse im Körper steigt bei weiterem Wachstum ab einer LM von 30 kg bis zum Ende der Mast in einer Weise an, die sich in Abhängigkeit von der Leerkörpermasse (LKM, in kg) mit folgender Gleichung beschreiben lässt:

$$\text{Proteinmasse (kg/Tier)} = 0{,}168 \cdot \text{LKM} - 0{,}0000914 \cdot \text{LKM}^2$$

Die LKM ist hierbei definiert als die LM des Tieres abzüglich des gesamten Inhaltes von Magen, Darm und Blase. Der Anteil der LKM an der LM kann je nach Futter- bzw. Wasseraufnahme und Nüchterungszeit verschieden sein. Im Mittel macht die LKM 94 % der LM aus.

Der **Gehalt an Fett** im LM-Zuwachs steigt bereits in den ersten Tagen nach der Geburt sehr stark an. Für den LM-Abschnitt zwischen 10 und 30 kg wurde ein Anstieg des Fettgehaltes im LM-Zuwachs von etwa 110 g/kg bei 10 kg LM auf 170 g/kg bei 30 kg LM ermittelt. Mit weiter fortschreitendem Wachstum steigt die Fettmasse im Körper überproportional an, was sich mit folgender Gleichung in Abhängigkeit von der LKM (in kg) beschreiben lässt:

$$\text{Fettmasse (kg/Tier)} = 0{,}1162 \cdot \text{LKM} + 0{,}001389 \cdot \text{LKM}^2$$

In Abbildung 27.1 ist dargestellt, welche Konsequenzen sich hieraus für die Gehalte an Protein und Fett im LM-Zuwachs der Mastschweine ergeben. Der Proteingehalt geht von etwa 170 g/kg bei 30 kg LM auf 145 g/kg bei 120 kg LM zurück. Hiervon abweichend kann bei sehr hohem Proteinansatzvermögen der Schweine, z. B. bei Jungebern, der Proteingehalt im LM-Zuwachs allerdings bis zum Ende der Mast unverändert hoch bleiben. Der Gehalt an Fett im LM-Zuwachs steigt kontinuierlich an und erreicht bei 120 kg LM einen Wert von 420 g/kg. Ein Fettansatz in der gezeigten Größenordnung ist physiologisch normal und nicht die Folge einer überschüssigen Energieversorgung. Die Daten zeigen daher, dass auch in der Mast von Schweinen mit einem hohen Magerfleischanteil ein hoher Aufwand für die Erzeugung von Fett besteht.

Abb. 27.1
Veränderungen der Gehalte an Protein und Fett im LM-Zuwachs von Mastschweinen (GfE 2006).

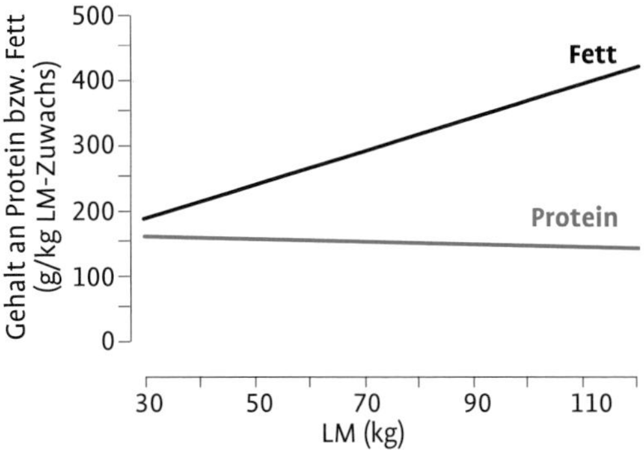

Abbildung 27.1 beschreibt die Verläufe, wie sie für den Durchschnitt der Schweineproduktion angenommen werden. Vergleichbare Ableitungen sind für verschiedene genetische Herkünfte wegen des Fehlens von Daten nicht möglich. Auch Fütterungseinflüsse lassen sich hierbei nicht quantifizieren. Besser beschreibbar sind hingegen Unterschiede in der Entwicklung zwischen weiblichen Tieren und Börgen. Während der Ansatz von Protein bei Börgen nur geringfügig niedriger ist als der von weiblichen Tieren, ist der Gehalt an Fett bei Börgen höher als bei weiblichen Tieren, insbesondere ab einer LM von etwa 70 kg. Dies ergibt sich aus den Unterschieden im endokrinen System und der Höhe des Futterverzehrs und begründet, dass die Futterzuteilung, insbesondere bei Börgen ab einer LM von ca. 70 kg, zur Vermeidung einer übermäßigen Verfettung rationiert werden sollte. Jungeber weisen geringere Fettgehalte und etwas höhere Proteingehalte im Zuwachs auf als weibliche Tiere und Börge.

Ansatz von Mineralstoffen

Für die **Mengenelemente** Ca, P, Mg, Na, K und Cl gibt es Werte zum Gehalt im Zuwachs, die aus Körperanalysen von Tieren mit unterschiedlich hoher LM abgeleitet wurden. Dabei wurde eine Unterscheidung zwischen Schweinen mit weniger oder mehr als 80 kg LM vorgenommen (→ Tab. 27.1). Bei 80 kg LM besteht allerdings kein ein abrupter Wechsel. Es soll eher eine Veränderung zum Ausdruck gebracht werden, die im

Tab. 27.1
Gehalt von Mengenelementen im LM-Zuwachs von Schweinen (in g/kg LM-Zuwachs)

	Ca	P	Mg	Na	K	Cl
Bis 80 kg LM	8,5	5,0	0,3	1,2	1,9	1,6
Über 80 kg LM	7,6	4,5	0,3	1,1	1,7	1,4

Tab. 27.2
Täglicher Erhaltungsbedarf an ME für Ferkel und Mastschweine (in MJ/kg $LM^{0,75}$) (GfE 2006)

Lebendmasse (kg)							
≤ 30	40	50	60	70	80	90	≥ 100
0,550	0,534	0,519	0,503	0,487	0,471	0,456	0,440

Verlaufe der Mast stattfindet, ohne genauer beschrieben werden zu können. Der Ansatz von Ca und P erfolgt zum allergrößten Teil in den Knochen, sodass das Verhältnis von Ca zu P im LM-Zuwachs weitgehend gleichbleibt.
Für **Spurenelemente** gibt es zwar in einigen Fällen Daten zum Ansatz beim wachsenden Schwein. Die Datengrundlage ist aber für die Spurenelemente insgesamt nicht ausreichend, um Versorgungsempfehlungen faktoriell ableiten zu können. Hinzu kommt, dass einzelne Spurenelemente spezifische physiologische Funktionen im Stoffwechsel haben (→ Kap. 2.3).

27.2.2 Bedarf an ME

Der Zuwachs von Protein und Fett während des Wachstums setzt eine angemessene Versorgung mit ME voraus. Hinzu kommt der Erhaltungsbedarf an ME (ME_m). Dieser ist definiert als die ME-Zufuhr, die zur Aufrechterhaltung einer ausgeglichenen Energiebilanz (weder Ansatz noch Mobilisation) im thermoneutralen Bereich bei geringer Bewegungsaktivität nötig ist.

27.2.2.1 Bedarf an ME für Erhaltung

Die grundsätzliche Beziehung zwischen ME_m und der metabolischen Körpergröße ($LM^{0,75}$) ist lange bekannt und wird für das Schwein, unabhängig vom Wachstumsabschnitt, mit folgender Formel berechnet:

$$ME_m = 0{,}44 \cdot LM^{0,75}$$

mit
ME_m = Tagesbedarf an ME für Erhaltung (MJ)
LM = Lebendmasse (kg).

Ist die Bewegungsaktivität hoch, ergeben sich hieraus Konsequenzen für den Bedarf an ME, die nicht dem Erhaltungsbedarf im eigentlichen Sinn zugeschrieben werden können. Aus Gründen der Praktikabilität wird dieser Zusatzbedarf aber dem Erhaltungsbedarf zugeschlagen. Die Bewegungsaktivität ist bei jungen Schweinen höher als bei älteren. Bei der Berechnung des ME_m wird daher bis zu einer LM von 30 kg ein Zuschlag von 25 % vorgenommen. Mit weiter zunehmender LM wird dieser Zuschlag bis zum Erreichen von 100 kg LM kontinuierlich reduziert (→ Tab. 27.2). Für die Erhaltung benötigt ein Schwein mit 20 kg LM demnach täglich 5,2 MJ ME, ein Schwein mit 70 kg LM 11,8 MJ ME und ein Schwein mit 120 kg LM 16,0 MJ ME.
Weitere Zuschläge sind erforderlich, wenn die Umgebungstemperatur der Schweine außerhalb des thermoneutralen Bereichs liegt. Die sogenannte untere kritische Temperatur, ab der zusätzliche Wärmebildung zur Aufrechterhaltung der Körpertemperatur erforderlich wird, liegt beim neugeborenen Ferkel bei 32–35 °C, beim Absetzen bei etwa 27–30 °C und bei 20 kg LM bei 17–19 °C. Mit weiter ansteigender LM wird sie noch geringer und beträgt am Ende der Mast etwa 14–16 °C. Bei Haltung in geschlossenen Ställen wird den unterschiedlichen Temperaturansprüchen in der Regel über die Gestaltung und Einrichtung der Ställe bzw. über Beheizung Rechnung getragen, sodass dann ein zusätzlicher Bedarf nicht zu berücksichtigen ist. Bei Außenhaltung oder Haltung in Offenställen kann aber ein zusätzlicher ME-Aufwand notwendig werden, wenn die untere kritische Temperatur unterschritten wird.

27.2.2.2 Bedarf an ME für Wachstum

Der Bedarf an ME für das Wachstum ergibt sich aus dem Ansatz von Protein und Fett. Die Brennwerte von Körperprotein und Körperfett betragen 23,8 und 39,7 kJ/g. Durch Multiplikation des Gehaltes im Zuwachs gemäß Kapitel 27.2.1 mit dem jeweiligen Brennwert ergibt sich der Energiegehalt im LM-Zuwachs, differenziert nach Protein und Fett. Bei der Umwandlung der ME des Futters in Körperenergie treten Energieverluste auf, die zu einer zusätzlichen Wärmeabgabe der Tiere führen und die sich in den Teilwirkungsgraden der ME widerspiegeln. Dieser Energieaufwand ist die Folge des ATP-Bedarfs von Biosyntheseschritten im Stoffwechsel des Tieres. Hinzu kommt der kontinuierliche Turnover von Geweben, insbesondere der Proteine. Dieser bedingt, dass die in den Geweben neu synthetisierte Proteinmenge deutlich größer als die angesetzte Proteinmenge sein muss, weil ständig auch ein Proteinabbau stattfindet. Die Teilwirkungsgrade der ME für den Energieansatz betragen im Falle des Proteins (k_p) 0,56 und im Falle des Fettes (k_f) 0,74. In der Mast wird mit diesen beiden Teilwirkungsgraden gerechnet. Für die Ferkelaufzucht wird eine Differenzierung zwischen k_p und k_f wegen der vergleichsweise geringen Veränderung in der Körperzusammensetzung nicht vorgenommen. Die Berechnung des ME-Bedarfes erfolgt stattdessen unter Verwendung eines einheitlichen Teilwirkungsgrades für den gesamten Ansatz (k_{pf}) von 0,70.

27.2.2.3 Versorgungsempfehlungen für ME und Einflüsse auf den ME-Aufwand

Der Tagesbedarf an ME eines wachsenden Schweins lässt sich zusammenfassend wie folgt berechnen:

$$\text{ME (MJ/d)} = ME_m + LMZ \cdot (P_{ZW} \cdot 23{,}8/k_p + F_{ZW} \cdot 39{,}7/k_f)$$

mit

ME_m = Bedarf an ME für Erhaltung gemäß Tabelle 27.2 (MJ/d)
LMZ = Zunahme an Lebendmasse (kg/d)
P_{ZW} und F_{ZW} = Gehalte an Protein und Fett im Zuwachs (g/kg)
23,8 und 39,7 = Brennwerte des angesetzten Proteins bzw. Fetts (kJ/g)
k_p und k_f = Teilwirkungsgrade; Mast 0,56 (p) und 0,74 (f), Ferkel 0,70 (Ansatz insgesamt).

Bei gegebener LM und LM-Zunahme lässt sich hiermit berechnen, welche Versorgung mit ME notwendig ist. Dies ist beispielhaft in Tabelle 27.3 für Ferkel und in Tabelle 27.4 für Mastschweine gezeigt.
Als Faustzahlen gelten für die Mast, dass für jedes Mehr an LM-Zunahme von 100 g 2–3 MJ ME mehr benötigt werden und dass mit jedem Anstieg in der LM um 10 kg etwa 2 MJ ME/d mehr benötigt werden.

Tab. 27.3
Empfehlungen zur Versorgung von Ferkeln mit ME (MJ/d) (GfE, 2006)

LM-Zuwachs (g/d)	LM (kg)		
	5	15	25
100	2,9		
200	4,1		
300	5,2	8,0	
400		9,3	11,9
500		10,6	13,4
600		11,8	14,8
700			16,2
800			17,7

Tab. 27.4
Empfehlungen zur Versorgung von Mastschweinen mit ME (MJ/d) (GfE 2006).

LMZ (g/d)	LM (kg)									
	30	40	50	60	70	80	90	100	110	120
500	15									30
600	17	19	21						31	33
700	18	21	23	25			31	32	34	36
800	20	23	25	28	30	31	33	35	37	39
900			27	30	32	34	36	38	40	42
1000				32	34	36	38	40		
1100				34	36	39	40			
1200					38	41				

Wegen des Erhaltungsbedarfs kommt dem Zunahmeniveau der Schweine eine große Bedeutung für den Futteraufwand und damit für die Futterkosten zu, insbesondere in der Mast. In Abbildung 27.2 ist dies exemplarisch für unterschiedliche Niveaus der LM-Zunahme gezeigt. Unterstellt ist, dass die Mast von 30–120 kg erfolgt und somit 90 kg Körpermasse erzeugt werden. Die ME, die hierfür benötigt wird, beträgt etwa 2 GJ je Schwein und ist von der Höhe der Zunahmen kaum beeinflusst. Für einen Zuwachs von 90 kg werden aber bei 500 g/d mittlerer LM-Zunahme 180 Tage und bei 900 g/d mittlerer LM-Zunahme nur 100 Tage benötigt, was einen Unterschied im Aufwand für die Erhaltung von etwa 1 GJ je Schwein ausmacht. So kommt es, dass der Futteraufwand, bezogen auf die gesamte Mast, bei diesen Extremen 3,6 bzw. nur 2,7 kg je kg LM-Zuwachs beträgt. Dies entspräche einer Differenz im Futterverbrauch von etwa 80 kg pro Schwein, was sich in entsprechenden Unterschieden in den Futterkosten niederschlagen würde. Dieser Effekt des Leistungsniveaus auf den ME-Aufwand für Erhaltung ist der entscheidende Grund dafür, dass in der Entwicklung der Schweineproduktion der Steigerung der LM-Zunahmen eine hohe Bedeutung zukommt.

Selbst bei einem hohen Leistungsniveau werden aber noch knapp 40 % der aufgewendeten ME allein zur Deckung des Erhaltungsbedarfes benötigt (→ Abb. 27.2). Lediglich 25–15 % der aufgewendeten ME, abnehmend mit zunehmendem Alter, dienen dem Ansatz von Protein. Auch bei hohen Leistungen besteht daher der größte Energie- und damit Futteraufwand zur Bildung von Körperfett (→ Abb. 27.3).

Abb. 27.2
Bedeutung des Zunahmeniveaus in der Mast von 30 bis 120 kg LM für den ME-Aufwand und den Futteraufwand.

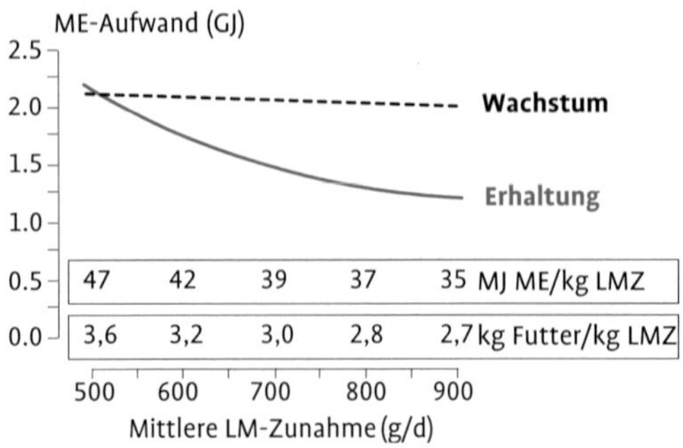

Abb. 27.3
Verteilung des Gesamtbedarfes an ME in der Mast von 30 bis 120 kg bei Annahme einer mittleren LM-Zunahme von 850 g/d.

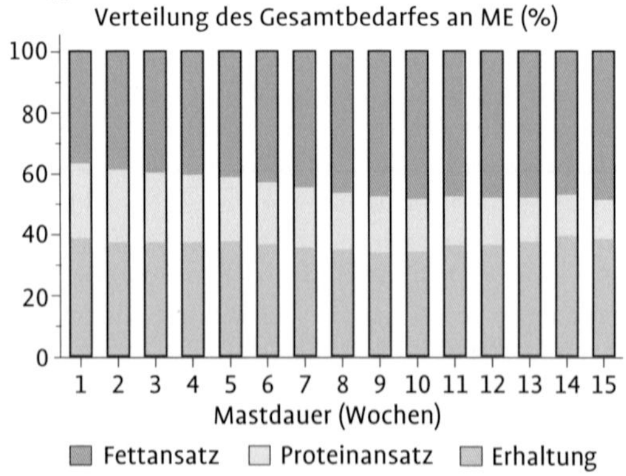

27.2.3 Bedarf an Aminosäuren und Rohprotein

Das wachsende Schwein ist auf die regelmäßige Zufuhr aller essenziellen Aminosäuren und von Amino-N angewiesen. Quantitativ ist der Bedarf vor allem von der Höhe des Proteinansatzes abhängig. Hinzu kommen spezielle physiologische Funktionen, die einzelne Aminosäuren über ihre Baustofffunktion hinaus wahrnehmen (→ Kap. 1.3.2), sowie unvermeidliche Verlust, die es mit der Fütterung auszugleichen gilt. Unter den hiesigen Fütterungsbedingungen ist Lysin (Lys) in der Regel die erstlimitierende Aminosäure. Hierin liegt begründet, dass für Lys deutlich mehr Informationen zu Teilfaktoren des Bedarfes vorliegen als für andere Aminosäuren.

Empfehlungen zur CP-Versorgung werden nur indirekt gegeben. Sie ergeben sich als Summe der Werte für die essenziellen Aminosäuren, multipliziert mit dem Faktor 2,5. Hierdurch wird berücksichtigt, dass die essenziellen Aminosäuren im Körperprotein etwa 40 % der Summe aller Aminosäuren ausmachen.

Der Bewertungsmaßstab sind die **praecaecal verdaulichen** (pcd) Aminosäuren und das pcd CP.

Hiermit wird berücksichtigt, dass sich die Verdaulichkeit sowohl für eine bestimmte Aminosäure zwischen verschiedenen Proteinträgern als auch zwischen verschiedenen Aminosäuren desselben Proteinträgers unterscheiden kann. Mit der pc Verdaulichkeit wird somit ein erheblicher Teil des futtermittelspezifischen Einflusses auf die Gesamtverwertung der AS berücksichtigt. Da die postileale Mikrobentätigkeit die Ausscheidung von Aminosäuren mit dem Kot beeinflussen kann, erfolgt die Messung am Ende des Ileums (→ Kap. 5.3). Diese Messung erfordert ein standardisiertes methodisches Vorgehen, damit die Ergebnisse für verschiedene Einzelfuttermittel vergleichbar sind und in eine Futterwerttabelle eingehen können. Der Ausschuss für Bedarfsnormen hat daher eine Methode festgelegt, die die Einzelheiten der Versuchsdurchführung, insbesondere die Berücksichtigung der endogenen Aminosäurenausscheidungen, beschreibt (GfE, 2005).

27.2.3.1 Erhaltungsbedarf an Aminosäuren

In Analogie zur Definition des Erhaltungsbedarfes bei der ME ist der Erhaltungsbedarf an einer Aminosäure derjenige Aufwand, der dem Schwein eine ausgeglichene N-Bilanz ermöglicht, wenn also Körperprotein weder angesetzt noch mobilisiert wird. Der Erhaltungsbedarf ergibt sich insbesondere aus den Verlusten, die mit dem ständig stattfindenden Proteinturnover verbunden sind, sowie aus den endogenen Ausscheidungen mit dem Kot, die eine Konsequenz des Futterverzehrs sind. Üblicherweise wird der Erhaltungsbedarf auch für die Aminosäuren in Relation zur metabolischen Körpergröße ($LM^{0,75}$) angegeben. Die experimentelle Ermittlung ist nicht einfach, und Angaben aus einzelnen Versuchen sind teilweise sehr verschieden. Die Angaben in Tabelle 27.5 sind vom Ausschuss für Bedarfsnormen festgelegt worden und geben eine Orientierung über die Höhe des Erhaltungsbedarfes. Relativiert wird die Unsicherheit bei der Quantifizierung durch die Tatsache, dass – anders als bei der ME – der Erhaltungsbedarf einen relativ geringen Anteil des Gesamtbedarfes an Aminosäuren ausmacht (meist weniger als 10 %). Lediglich im letzten Drittel der Mast liegt der Anteil des Erhaltungsbedarfes für die Aminosäuren Met+Cys, Thr, Trp und Phe+Tyr deutlich höher und kann bis zu einem Viertel des Gesamtbedarfes ausmachen.

Tab. 27.5
Angaben zum Bedarf an pcd Lys und zur Relation zwischen pcd Lys und weiteren Aminosäuren (GfE, 2006)

Relation (Lys = 100)	Erhaltung 38 mg Lys/kg $LM^{0,75}$	Wachstum 11,4 g Lys/100 g Proteinansatz	
		< 30 kg LM	> 30 kg LM
Met + Cys	118	50	51
Thr	132	60	60
Trp	39	17	16
Ile	47	49	49
Leu	66	100	105
Val	61	62	65
His	37	40	45
Phe	47	k. A.	k. A.
Phe + Tyr	108	90	88

Unter den essenziellen Aminosäuren besteht für Threonin der höchste Erhaltungsbedarf.

27.2.3.2 Bedarf an Aminosäuren für Wachstum

Der Bedarf für Wachstum ergibt sich aus der Höhe der LM-Zunahmen und dem Proteingehalt im LM-Zuwachs, wie er in Kapitel 27.2.1 erläutert wurde. Das Aminosäurenmuster des Proteins ist zwischen verschiedenen Geweben des Körpers unterschiedlich (z. B. Muskelprotein, Kollagen, Skleroprotein). Da sich die Anteile dieser Gewebe während des Wachstums jedoch nicht grundlegend ändern, kann mit dem Aminosäurenmuster des Ganzkörperproteins gerechnet werden. Unter Berücksichtigung der intermediären Verwertung lässt sich dann der Bedarf an pcd Lys für das Wachstum ermitteln.

Der Gehalt an Lys im angesetzten Körperprotein beträgt 7,2 g/100 g. Mit diesem Wert wird im gesamten Wachstumsabschnitt gerechnet. Das pcd Lys kann im Mittel zu 63 % für den Ansatz verwertet werden. Auch dieser Wert wird durchgehend für den gesamten Wachstumsabschnitt verwendet. Es gibt keine Hinweise darauf, dass diese Verwertungskapazität mit zunehmendem Alter der Tiere geringer wird. Eine Versorgung oberhalb des Bedarfes führt hingegen zu einer geringeren

Tab. 27.6
Empfehlungen zur Versorgung von Ferkeln mit pcd Lysin (g/d) (GfE 2006)

LMZ (g/d)	LM (kg)		
	5	15	25
100	2,1		
200	4,0		
300	6,0	6,1	
400		8,1	8,2
500		10,0	10,1
600		11,9	12,1
700			14,0
800			16,0

Lys-Verwertung, was aber nicht Grundlage der Ableitung von Versorgungsempfehlungen sein kann. Für den Ansatz von 100 g Körperprotein benötigt das Schwein daher 11,4 g pcd Lys.
Daten zur intermediären Verwertung der übrigen Aminosäuren sind in nur begrenztem Umfang verfügbar. Für die Versorgungsempfehlungen wurden daher Relationen zum Lys festgelegt, die auf dem Aminosäurenmuster des Körperproteins sowie auf Erkenntnissen aus Fütterungsversuchen beruhen. Die Relationen sind zwischen Ferkeln und Mastschweinen bei einigen Aminosäuren geringfügig unterschiedlich (→ Tab. 27.5).

27.2.3.3 Versorgungsempfehlungen für pcd Aminosäuren und pcd Rohprotein

Ein Ferkel mit einer LM von 25 kg und einem LM-Zuwachs von 600 g/d benötigt demnach täglich 12,1 g pcd Lys. Davon entfallen 0,4 g auf die Erhaltung (25 kg LM; 38 mg/kg $LM^{0,75}$) und 11,7 g auf das Wachstum (0,6 kg LMZ; 170 g Protein/kg LMZ; 11,4 g pcd Lys/100 g Proteinansatz). Ein Mastschwein mit 90 kg LM und einem LM-Zuwachs von 1 kg/d benötigt auf dieser Grundlage täglich 18,3 g pcd Lys. Unter Annahme von unterschiedlichen Werten für die LM und die LM-Zunahme sind die Empfehlungen zur Versorgung mit pcd Lys in der Tabelle 27.6 für Ferkel und Tabelle 27.7 für Mastschweine gezeigt.
Für alle übrigen essenziellen Aminosäuren wurden zunächst basierend auf den zuvor genannten Relationen mit gleicher Differenzierung wie für das Lys Empfehlungen zur täglichen Versorgung abgeleitet. Betrachtet man Lys für die praktische Rationsplanung als Leitaminosäure, empfiehlt es sich, die Relationen einzelner Aminosäuren zu Lys heranzuziehen. Diese Relationen sind geringfügig von der LM der Tiere sowie vom Zunahmeniveau beeinflusst und somit für die gesamte Wachstumsphase nicht völlig konstant. Die Unterschiede sind jedoch gering, so-

Tab. 27.7
Empfehlungen zur Versorgung von Mastschweinen mit pcd Lysin (g/d) (GfE 2006).

LMZ (g/d)	LM (kg)									
	30	40	50	60	70	80	90	100	110	120
500	10,0									9,6
600	11,9	11,7	11,6						11,3	11,3
700	13,8	13,6	13,4	13,3			13,1	13,0	13,0	12,9
800	15,7	15,4	15,2	15,1	15,0	14,9	14,8	14,7	14,6	14,6
900			17,0	16,9	16,8	16,7	16,5	16,4	16,3	16,3
1000				18,7	18,5	18,4	18,3	18,1		
1100				20,5	20,4	20,2	20,0			
1200					22,2	22,0				

Abb. 27.4
Orientierungswerte zum Verhältnis von pcd Aminosäuren zu pcd Lysin in praktischen Rationen bei Gehalten von pcd Lysin entsprechend den Empfehlungen.

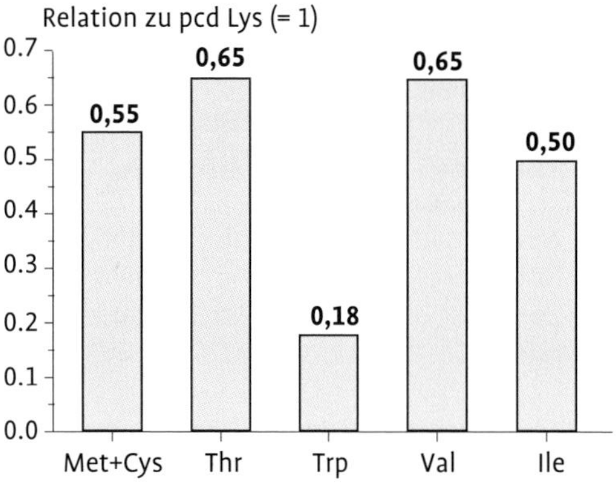

Tab. 27.8
Empfehlungen zur Mindestversorgung von Ferkeln mit pcd CP (g/d) (GfE 2006)

LMZ (g/d)	**LM (kg)**		
	5	**15**	**25**
100	30		
200	58		
300	85	88	
400		116	118
500		143	146
600		171	173
700			201
800			229

dass zur Orientierung für die praktische Fütterung eine einheitliche Relation für die gesamte Wachstumsphase verwendet wird. Demnach ist bei bedarfsgerechter Versorgung mit pcd Lys die Relation zwischen pcd Lys und den nächst limitierenden Aminosäuren wie in Abbildung 27.4 gezeigt.

Die essenziellen Aminosäuren machen ca. 40 % des gesamten Körperproteins aus. Es wird davon ausgegangen, dass der Bedarf an Amino-N für die übrigen Aminosäuren dann gedeckt ist, wenn die Versorgung mit pcd CP insgesamt mindestens um den Faktor 2,5 höher ist als die Summe der essenziellen Aminosäuren. Die Mindestwerte zur Versorgung mit pcd CP sind auszugsweise in Tabelle 27.8 für Ferkel und in Tabelle 27.9 für Mastschweine dargestellt. In der praktischen Fütterung ergeben sich in der Regel deutlich höhere Gehalte an CP, weil die Relationen der essenziellen Aminosäuren zueinander vom Optimum abweichen.

Tab. 27.9
Empfehlungen zur Mindestversorgung von Mastschweinen mit pcd CP (g/d) (GfE 2006).

LMZ (g/d)	**LM (kg)**									
	30	**40**	**50**	**60**	**70**	**80**	**90**	**100**	**110**	**120**
500	145									144
600	172	171	171						169	168
700	200	197	197	197			195	194	193	192
800	227	224	223	223	222	221	220	219	218	216
900			250	249	247	246	245	243	242	240
1000				275	273	271	270	268		
1100				301	299	297	295			
1200					323	321				

27.2.4 Bedarf an Mengenelementen

Im Rahmen der faktoriellen Ableitung besteht bei den Mengenelementen der Nettobedarf aus dem Ansatz des jeweiligen Elementes und den unvermeidlichen Verlusten. Unter Berücksichtigung einer für jedes Element spezifischen Gesamtverwertbarkeit ergibt sich die notwendige Versorgung. Dies wird bei den meisten Elementen mit Ausnahme von P auf der Basis der Gesamtgehalte vorgenommen. Bei dem Element P wird die **futtermittelspezifische P-Verdaulichkeit** berücksichtigt. Dies hängt mit der besonderen ökologischen Bedeutung dieses Elementes zusammen und damit, dass die Variation in der Verdaulichkeit zwischen verschiedenen P-haltigen Futtermitteln sehr groß ist. Für viele Einzelkomponenten liegen Verdaulichkeitswerte vor, die auf Basis einer standardisierten Methode der Gesellschaft für Ernährungsphysiologie ermittelt wurden (GfE, 1994). Aus diesem Grund werden auch die Versorgungsempfehlungen auf der Basis des verdaulichen P (dP) ausgedrückt.
Im Hinblick auf Mg, K und Cl ist es bei Einsatz üblicher Einzelkomponenten unwahrscheinlich, dass die Versorgung zu gering wird. Dies erklärt, warum kaum Daten für eine faktorielle Ableitung von Empfehlungen vorliegen, insbesondere nicht zu den unvermeidlichen Verlusten und zur Gesamtverwertbarkeit.
Bei ausreichender Versorgung mit den Aminosäuren Met + Cys wird dem Körper auch genügend S zugeführt. Dieses Mengenelement wird daher nicht gesondert berücksichtigt.

27.2.4.1 Unvermeidliche Verluste an Mengenelementen

Selbst in der (theoretischen) Situation, dass eine Futterration ein Element überhaupt nicht enthält, findet eine Ausscheidung dieses Elements mit dem Kot und dem Harn statt. Diese Ausscheidung wird als unvermeidlicher Verlust bezeichnet und ist ausschließlich auf endogene Sekretion zurückzuführen. Im Falle von Ca und P sind die unvermeidlichen Verluste von der LM der Tiere abhängig, im Falle von Na, K und Cl vom Futterverzehr der Tiere. Die Werte betragen je 1 kg LM und Tag für Ca 20 mg und für P 10 mg. Je 1 kg DMI werden 350 mg Na, 700 mg K und 500 mg Cl unterstellt. Für Mg ist kein Wert bekannt. Die quantitative Bedeutung ist beim Ca und P nicht groß. Bei einem schnell wachsenden Schwein machen die unvermeidlichen Verluste bei Mastbeginn weniger als 10 % und bei Mastende etwa 20 % des Nettobedarfes aus. Beim Na machen die unvermeidlichen Verluste etwa ein Drittel bis die Hälfte des Nettobedarfes aus.

27.2.4.2 Bedarf an Mengenelementen für Wachstum

Der Nettobedarf für das Wachstum ergibt sich aus der Höhe der LM-Zunahme und den Gehalten im LM-Zuwachs, die in Tabelle 27.1 zusammengefasst sind.

27.2.4.3 Versorgungsempfehlungen für Mengenelemente

Die Berechnung der täglichen Versorgung erfolgt wie folgt:

1. Für P

$$\text{Versorgung mit dP (g/d)} = \frac{\text{Nettobedarf (g/d)}}{0{,}95}$$

Hiermit wird berücksichtigt, dass der verdaute P mit einer sehr hohen Effizienz (95 %) zur Deckung des Nettobedarfes verwertet wird. Empfehlungen zur Versorgung mit Gesamt-P werden nicht gegeben, weil sie sich in Abhängigkeit von den verwendeten Futterkomponenten und deren P-Verdaulichkeit ergeben. Hier ist die Vorgehensweise also dieselbe wie bei den pcd Aminosäuren.

2. Für Ca, Na, K, Cl

$$\text{Gesamtversorgung (g/d)} = \frac{\text{Nettobedarf (g/d)}}{\text{Gesamtverwertbarkeit (\%)}} \cdot 100$$

Bezüglich der Gesamtverwertbarkeit wird für Ca mit 70 % und für Na, K und Cl mit 90 % gerechnet.

27.2.5 Bedarf an Spurenelementen und Vitaminen sowie Versorgungsempfehlungen

Eine faktorielle Bedarfsableitung ist für Spurenelemente und Vitamine nicht möglich, weil sich Teilfaktoren des Bedarfes kaum quantifizieren lassen. Insbesondere die Verwertung ist schwierig zu quantifizieren. Hinzu kommt, dass einzelne Elemente und Verbindungen spezielle physiologische Funktionen erfüllen, die über die rein quantitative Bedeutung für den Ansatz hinausgehen können. Eine quantitative Ableitung des Bedarfes ist daher kaum möglich und die Versorgungsempfehlungen werden direkt als Konzentration im Futter angegeben. Sie beruhen auf Daten aus Wachstumsversuchen, Bilanzstudien oder sonstigen Dosis-Wirkung-Versuchen, in denen unterschiedliche Wirkungskriterien herangezogen wurden.
Für die wichtigsten Spurenelemente sind die Empfehlungen in Tabelle 27.10 zusammengefasst. Die Angaben beziehen sich auf ein Alleinfuttermittel. Reichen für einzelne Elemente die Gehalte in den Hauptkomponenten nicht aus, ist eine entsprechende Ergänzung über ein Mineralfutter notwendig.
Bei Saugferkeln kann infolge von **Fe-Mangel** sehr leicht eine Anämie auftreten, weil die Fe-Gehalte in der Milch und die Körperreserven des neugeborenen Ferkels gering sind. Es ist daher eine gezielte zusätzliche Verabreichung von Fe während der ersten 3 d nach der Geburt erforderlich (→ Kap. 27.2.6).
Bezüglich der Empfehlung für **I** ist die Besonderheit zu beachten, dass Isothiocyanate einen sekundären Mangel hervorrufen können. Enthält eine Futtermischung Rapsextraktionsschrot oder Rapskuchen, sind zur Aufrechterhaltung einer normalen Schilddrüsenfunktion höhere Dosierungen von I erforderlich (ca. 1 mg/kg DM).
In der Praxis überschreiten die Gehalte an **Cu** und **Zn** häufig die in Tabelle 27.10 gemachten Angaben. Dies wird mit positiven Effekten auf Leistung und Durchfallhäufigkeit in Verbindung gebracht, die nichts mit der Deckung des Bedarfes der Schweine an diesen Elementen zu tun haben. Die Angaben für Zn berücksichtigen die relativ geringe Verfügbarkeit, die Zn in pflanzlich basierten Futtermischungen mit hohen Phytatgehalten aufweist. Der Einsatz von Phytase führt zu einer Erhöhung der Verfügbarkeit pflanzlich gebundenen Zn. Für Cu und Zn gibt es futtermittelrechtlich festgelegte Höchstwerte für die Gehalte in Futtermischungen (→ Kap. 20.3.4).
Die Empfehlungen zur Versorgung mit Vitaminen sind in den Tabellen der nachfolgenden Kapitel enthalten. Fett- und wasserlösliche Vitamine werden über Mineralfutter verabreicht. In Futtermischungen aus der Praxis werden häufig Vitamindosierungen festgestellt, die die Versorgungsempfehlungen deutlich überschreiten. Bei einigen Vitaminen lassen sich durch bedarfsüberschreitende Dosierungen Zusatzeffekte erzielen, z. B. bei Vitamin E eine Erhöhung mit der Oxidationsstabilität bei Einsatz von Rationen hohen Gehalten an ungesättigten Fettsäuren. Sehr hohe Überdosierungen bestimmter Vitamine können auch negative Effekte haben, sodass futtermittelrechtlich Höchstwerte festgelegt wurden (z. B. für Vitamin A und D).

Tab. 27.10
Empfehlungen zur Versorgung wachsender Schweine mit Spurenelementen (mg/kg Futtertrockenmasse)[1] (GfE 2006)

Spurenelement	Ferkel	Mastschweine
Eisen (Fe)	80–120[2]	50–60
Iod (I)	0,15	0,15
Kupfer (Cu)	6	4–5
Mangan (Mn)	15–20	20
Selen (Se)	0,20–0,25	0,15–0,20
Zink (Zn)	80–100	50–60

1 Bei den Spannen beziehen sich die höheren Werte jeweils auf den Beginn des jeweiligen Abschnittes.
2 Bei Saugferkeln zusätzlich mindestens 200 mg Fe parenteral am 2.–3. Lebenstag.

27.2.6 Fütterung der Ferkel

Saugferkelentwicklung

Aus mehreren Gründen ist es wichtig, dass das Ferkel möglichst schnell nach der Geburt die erste Milch aufnimmt. Das neugeborene Ferkel ist durch einen sehr geringen Gehalt an Fett und einen hohen Gehalt an Wasser im Körper gekennzeichnet. Die als kurzfristig verfügbare Energiereserven vorhandenen Glykogenspeicher sind gering, sodass die frühe Aufnahme von Kolostrum einer Hypoglykämie vorbeugt. Zudem ist die Immunisierung über das Kolostrum wichtig zur Steigerung der Abwehrbereitschaft gegen pathogene Keime. Die Immunglobuline müssen stall- bzw. bestandsspezifisch sein, damit sie die gewünschte Wirkung beim Ferkel zeigen können. Das bedeutet, dass die Sauen rechtzeitig in das Abferkelabteil umgestallt werden müssen. Bereits während der ersten 24 Stunden nach der Geburt nehmen sowohl der Gehalt an Globulinen in der Sauenmilch als auch die Durchlässigkeit der Darmwand des Ferkels für die großen Moleküle erheblich ab. Der Rückgang im Gehalt der Milch an Immunglobulinen spiegelt sich in einer Veränderung der Proteinkonzentration der Sauenmilch wider. Während der Proteingehalt im Kolostrum etwa 15 % betragen kann, liegt er in der normalen Sauenmilch bei etwa 5 %. Der Fettgehalt der Milch liegt bei etwa 7 %, und der Brennwert bei 5,0 MJ/kg Milch. Abgesehen vom Kolostrum sind bei einer Säugeperiode von 3 bis 4 Wochen (im ökologischen Landbau mindestens 40 Tage) die Veränderungen in der Zusammensetzung der Milch relativ gering, sodass für den Laktationsverlauf eine gleichbleibende Zusammensetzung unterstellt werden kann.

Während der ersten Lebenstage ist die Sauenmilch die einzige Nährstoffquelle für das Ferkel. Die tägliche Milchleistung der Sau liegt bei 8–12 l, ist jedoch nur schwierig zu quantifizieren. Die Milchleistung ist umso höher, je höher die Zahl der saugenden Ferkel ist. Dennoch wird die für jedes Ferkel zur Verfügung stehende Milchmenge mit zunehmender Wurfgröße geringer. Ein Ferkel nimmt etwa 700–900 ml Milch pro Tag auf.

Der Fe-Gehalt der Milch und die Fe-Speicher des Ferkels sind zu gering, um bei schnell wachsenden Ferkeln einer Anämie vorbeugen zu können. Am 2. oder 3. Lebenstag bekommen die Ferkel daher etwa 200 mg Fe oral oder mittels Injektion (als Eisendextran) verabreicht. Für die Ferkelerzeugung im ökologischen Landbau schreibt die EU-Verordnung vor, dass Haltung und Fütterung so gestaltet sein müssen, dass es nicht zu einer Anämie kommen kann.

Tränkwasser muss den Ferkeln auch während der Säugezeit und bereits in den ersten Lebenstagen stets zur freien Aufnahme zur Verfügung stehen. Das Wasser muss frisch und hygienisch unbedenklich sein. Durch den Einsatz höhenverstellbarer Nippeltränken lässt sich dies gut sicherstellen.

Abb. 27.5
Intestinale Enzymaktivität beim wachsenden Ferkel.

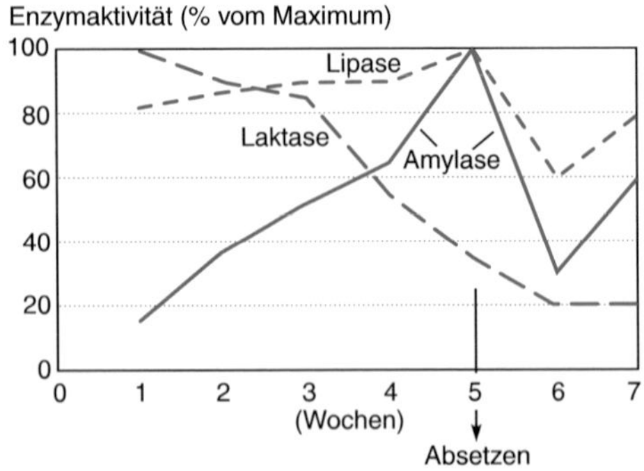

Die Ausstattung des Ferkels mit Verdauungsenzymen ist zunächst auf die Milch als Nahrung ausgelegt. Die Aktivität von Lactase und Lipasen ist vorhanden (→ Abb. 27.5). Aktivitäten von Trypsin und Chymotrypsin sowie insbesondere von Amylase müssen sich jedoch erst entwickeln, bevor eine Umstellung auf die in der Regel stärkereichen Alleinfuttermittel vorgenommen werden kann. Die Entwicklung der Enzymaktivität kann durch frühzeitiges Angebot kleiner Mengen festen Futters stimuliert werden.

Saugferkelbeifütterung

Aus mehreren Gründen ist eine Ergänzungsfütterung während der Säugeperiode sinnvoll. Die Ferkel haben ein hohes Wachstumspotenzial, und der hieraus resultierende Nährstoffbedarf lässt sich nicht vollständig über die Milch der Sau decken. Eine gezielte Ergänzung kommt somit dem Wachstum der Ferkel zugute und kann zudem bewirken, dass eine übermäßig starke Mobilisation von Körperreserven der Sau vermieden wird. Frühzeitige Aufnahme festen Futters ist auch der Anpassung der Aktivität der Verdauungsenzyme und der Gewöhnung an festes Futter zuträglich. Mit der Verabreichung geringer Mengen eines Ergänzungsfuttermittels sollte daher bereits am Ende der ersten Lebenswoche begonnen werden. Dabei reicht es zunächst, kleine Mengen in flachen Schalen oder breit gestreut auf sauberem Boden anzubieten, weil dies dem Futtersuchverhalten der Ferkel entgegenkommt. Mehrmaliges Anbieten kleiner Mengen fördert den Verzehr. Futterreste sind täglich gründlich zu entfernen, damit einem Verderb vorgebeugt wird. Diese Grundsätze gelten auch, wenn zum Ende der Säugephase das Ergänzungsfutter über Futterautomaten angeboten wird. Die Befüllung sollte dann nur mit kleinen Mengen erfolgen. Der Futterverzehr der Ferkel lässt sich wegen des durch Spielen und Wühlen verursachten Futterverlustes nicht genau quantifizieren. Bis zum Absetzen im Alter von etwa 4 Wochen nimmt ein Ferkel etwa 1–2 kg Ergänzungsfuttermittel auf. Dies erscheint zunächst wenig. Unterstellt man einen ME-Gehalt von etwa 14 MJ/kg Futter, ist mit jedem Kilogramm verzehrten Ergänzungsfutters aber ein Anstieg im Wachstum von etwa 1,3 kg LM möglich, weil Saugferkel einen ME-Bedarf für das Wachstum von etwa 11 MJ/kg Zuwachs haben.

Als Komponenten eines Ergänzungsfuttermittels kommen Einzelfuttermittel mit hoher Verdaulichkeit und insbesondere Produkte der Milchverarbeitung infrage. Getreide sind unter Umständen hydrothermisch vorzubehandeln, um die Zugänglichkeit der Stärke für die Verdauungsenzyme zu erhöhen. Die CP-Gehalte liegen bei bis zu 210 g/kg, und der Gehalt an Gesamt-Lysin ist mit etwa 7 % des CP hoch. Ergänzungsfutter für Saugferkel werden industriell hergestellt und in pelletierter Form angeboten.

In den letzten Jahren ist es insbesondere bei Einsatz bestimmter Genotypen zu einem deutlichen Anstieg der Wurfgrößen gekommen. Nicht selten werden mehr als 14 Ferkel pro Wurf lebend geboren, womit die Anzahl der funktionsfähigen Zitzen der Sau überschritten wird und die Möglichkeit eines „Wurfausgleichs“ (Umsetzen von Ferkeln aus sehr großen Würfen in kleinere Würfe im geburtsnahen Zeitraum) kaum noch besteht. In solchen Fällen ist es möglich, sogenannte Ammensauen einzubeziehen, z. B. durch Verlängerung der Laktationsphase frisch abgesetzter Tiere, die nicht für eine weitere Reproduktionsperiode vorgesehen sind. Alternativ kann die Ergänzung von Milchaustauschern oder Ergänzungsfuttermitteln in flüssiger oder breiiger Form mittels spezieller Automaten („technische Ammen“) vorgenommen werden. Hierzu existiert am Markt eine Vielzahl technischer Lösungen. Für die Auswahl von Komponenten für Milchaustauscher und Ergänzungsfuttermittel im ökologischen Landbau macht die EU-Verordnung spezielle Vorgaben.

Absetzferkel

Mit dem Absetzen und der völligen Entwöhnung von der Muttermilch im Alter von etwa 4 Wochen haben die Ferkel eine LM von 8–10 kg. Die täglichen LM-Zunahmen steigen im Verlauf der Aufzuchtperiode kontinuierlich an und betragen im Durchschnitt der Aufzucht bis zu einem Gewicht von 30 kg 400–500 g/d. Bis zum Erreichen von etwa 30 kg LM liegt der Gehalt an Protein im LM-Zuwachs bei 170 g/kg. Der Gehalt an Fett steigt kontinuierlich an (→ Kap. 2.1), was die zuvor erläuterten Veränderungen im Bedarf mit sich bringt und dazu geführt hat, dass in der Ferkelaufzucht zwei Futtertypen eingesetzt werden, die üblicherweise als Ferkelaufzuchtfutter I und II bezeichnet werden. Dies sind Alleinfuttermittel, die definitionsgemäß den Bedarf an ME und allen Nährstoffen decken sollen. Für die Herstellung und Optimierung des Futters ist es notwendig, die Angaben zum täglichen Bedarf in Konzentrationen umzurechnen. Hierzu müsste die Futteraufnahme, die in der Praxis einer hohen Streuung unterliegt, bekannt sein. Alternativ können die Konzentrationen in Relation zur ME ausgedrückt werden, sodass diese Relationen dann die Grundlage für die Futteroptimierung sind.

Für Lysin ergeben sich unter Verwendung der Daten aus den Tabellen 27.3 und 27.6 die folgenden Relationen:
bis etwa 15 kg LM: 0,90–0,85 g pcd Lys/MJ ME und von 15 bis etwa 30 kg LM: 0,80–0,75 g pcd Lys/MJ ME.

Weisen die gewählten Futtermittel eine Lys-Verdaulichkeit von 88 % auf, würde dies bedeuten, dass ein Ferkelaufzuchtfutter I mit 13,5 MJ ME/kg einen Gehalt an Gesamt-Lys von 13–14 g/kg Futter aufweisen sollte. Für das Ferkelaufzuchtfutter II liegt der notwendige Gehalt an Gesamt-Lys bei diesen Annahmen bei 11–12 g/kg Futter. Die Gehalte an den drei nächstlimitierenden Aminosäuren Met + Cys, Thr und Trp können ebenfalls als Relation ausgedrückt werden, hier ist die Bezugsgröße dann das Lys als Leitaminosäure. Solche Verhältnisse haben allerdings nur dann einen Aussagewert, wenn sie eine quantitative Bezugsbasis haben. Insofern gelten die in Tabelle

27.11 genannten Relationen nur dann, wenn die Versorgung mit Lys den Empfehlungen entspricht. Für die Mengenelemente Ca und P gilt in gleicher Weise, dass die Gehalte im Ferkelaufzuchtfutter II geringer sein können als im Ferkelaufzuchtfutter I. Da Futterkalk als mineralische Ca-Quelle eine puffernde Wirkung hat, wird in der Ferkelaufzucht besonders darauf geachtet, dass die Ca-Gehalte im Futter den Bedarf nicht überschreiten. Bei der Auswahl der mineralischen Komponenten sind solche mit einer hohen Verdaulichkeit und möglichst ohne puffernde Wirkung zu bevorzugen.

Tab. 27.11
Richtwerte für einige Inhaltsstoffe in Alleinfuttermitteln für die Ferkelaufzucht (88 % DM)

	Ferkelaufzuchtfutter I	Ferkelaufzuchtfutter II
ME (MJ/kg)	13–14	13–14
Rohprotein (g/kg)	180–210	170–200
Rohfaser (g/kg)	max. 70	max. 70
pcd Lys (g/MJ ME)	0,90–0,85	0,80–0,75
Gesamt-Lys[1] (g/kg)	14–13	12–11
In Relation zu pcd Lys = 100		
pcd Met+Cys	52–54	52–54
pcd Thr	62–64	62–64
pcd Trp	18	18
Verd. Phosphor (g/MJ ME)	0,27–0,25	0,24–0,22
Gesamt-Phosphor[2] (g/kg)	6,0–5,0	5,5–5,0
Calcium (g/kg)	8,5–7,5	7,5–6,5
Natrium (g/kg)	1,2	1,2
Eisen[3] (mg/kg)	100–1202	80–100
Kupfer (mg/kg)	6	6
Mangan (mg/kg)	15–20	15–20
Zink (mg/kg)	80–100	80–100
Selen (mg/kg)	0,20–0,25	0,20–0,25
Iod (mg/kg)	0,15	0,15
Vitamin A (IE/kg)	4000	4000
Vitamin D (IE/kg)	500	500
Vitamin E (mg/kg)	15	15

1 Bei 13,5 MJ ME/kg und einer mittleren pc Verdaulichkeit des Lys aus den Einzelkomponenten von 88 %.
2 Bei 13,5 MJ ME/kg und einer mittleren Verdaulichkeit des P aus den Einzelkomponenten von 50–65 %.
3 Die Angaben für Spurenelemente entsprechen den Angaben in Tab. 27.10. Die Nichtberücksichtigung des Trockenmassegehaltes kommt einem Zuschlag gleich.

Die Anpassungen im Verdauungstrakt an überwiegend pflanzliche Futtermittel sind beim Absetzen noch nicht abgeschlossen, sodass bei der Auswahl der Futterkomponenten weiterhin Sorgfalt geboten ist, insbesondere bei den Kohlenhydratquellen und bei den pflanzlichen Proteinfuttermitteln. Bei der Futteroptimierung wird auf die Vermeidung von CP-Überschüssen und den Einsatz von freien Aminosäuren ein besonderer Wert gelegt. Hierdurch lässt sich nämlich die puffernde Wirkung des Futters im Magen der Ferkel reduzieren. Zur Unterstützung der Absenkung des pH-Wertes im Magen werden dem Futter häufig organische Säuren zugesetzt. Auch andere Futterzusatzstoffe finden Berücksichtigung, z. B. NSP-hydrolysierende Enzyme oder Phytase. Phytase ermöglicht eine Verminderung des Einsatzes mineralischer Phosphate bei gleichbleibender Versorgung mit dP. Wenn Enzyme unter Verwendung spezieller gentechnischer Verfahren gewonnen werden (was der Regelfall ist), ist der Einsatz im ökologischen Landbau nicht zulässig. Auch phytogene Substanzen oder Probiotika sind häufig als Zusatzstoffe in den Aufzuchtfuttern zu finden. Ihre Wirksamkeit wird im Zusammenhang mit einer positiven Beeinflussung der Futteraufnahme, der Leistung und Gesundheit der Ferkel diskutiert. Die Wirkungsmechanismen der Substanzen dieser Stoffgruppe bedürfen noch der weiteren Klärung.
Ferkelaufzuchtfutter weisen in der Praxis häufig höhere Gehalte an bestimmten Spurenelementen, insbesondere Cu auf, die bis an die futtermittelrechtlich festgelegten Höchstgehalte heranreichen können. Dies liegt in leistungssteigernden Effekten der Überdosierung begründet und steht nicht in Zusammenhang mit dem Bedarf des Tieres.
Das Ferkel muss mit seinem sich noch entwickelnden Verdauungstrakt Gelegenheit bekommen, sich auf Änderungen in der Fütterung einzustellen. Eine plötzliche Umstellung in den Inhaltsstoffen und der Zusammensetzung des Futters soll daher vermieden werden. Ein Ansatzpunkt besteht darin, die unterschiedlichen Nährstoffgehalte in Futter I und II lediglich durch Anpassung der

Mischungsanteile bei ansonsten gleichbleibenden Hauptkomponenten einzustellen. Auch kann beim Futterangebot über mehrere Tage ein Verschneiden der beiden Aufzuchtfutter vorgenommen werden. Der Stress, dem die Ferkel durch das Absetzen von der Milch und die Trennung vom Muttertier ausgesetzt sind, sollte nicht durch eine weitere Belastung (Futterumstellung) gesteigert werden. Das Verschneiden vom Saugferkelergänzungsfutter mit dem Aufzuchtfutter sollte daher bereits in den letzten Tagen der Säugeperiode beginnen und gegebenenfalls in den ersten Tagen nach dem Absetzen fortgesetzt werden.

27.2.7 Fütterung der Mastschweine

Der Futterverzehr und die Wachstumsgeschwindigkeit von Mastschweinen sowie die Gehalte an Protein und Fett im Zuwachs sind zwischen Rassen und Geschlechtern verschieden. Zudem können sie zwischen verschiedenen Kreuzungen und Herkünften, die in der Mast eingesetzt werden, verschieden sein. Der Variation in der Futteraufnahme kommt im Zusammenhang mit der Bedarfsdeckung die größte Bedeutung zu, sodass die in diesem Kapitel gegebenen Erläuterungen zur Zusammensetzung des Futters zunächst als allgemeingültig angesehen werden können. Spezifische Anforderungen einer bestimmten genetischen Herkunft können auch Anpassungen bei der Zusammensetzung des Futters erforderlich machen, insbesondere im Hinblick auf die Gehalte an Aminosäuren. Diese Besonderheiten können in diesem Kapitel nicht gesondert erläutert werden. Zudem mangelt es an Daten, die für eine sichere Ableitung von herkunftsspezifischen Versorgungsempfehlungen notwendig wären.

Während der üblichen Mast nimmt die LM der Tiere von etwa 30 auf 115–130 kg zu. In speziellen Produktionsprogrammen kann die Mast auch länger dauern (bis zum Erreichen von 160 kg LM oder mehr). Im Durchschnitt des gesamten Mastabschnittes bis etwa 120 kg LM liegen die LM-Zunahmen gemäß Auswertungen von Erzeugerringen bei etwa 750–820 g/d (Stand 2018), in sehr gut geführten Beständen sind sie um etwa 100 g/d höher. Einzeltiere können Zunahmen erreichen, die noch deutlich höher liegen.

Abb. 27.6
Verlauf der täglichen Zunahme an LM in der Schweinemast, wenn im Mittel der Mast entweder 950 oder 750 g/d realisiert werden sollen.

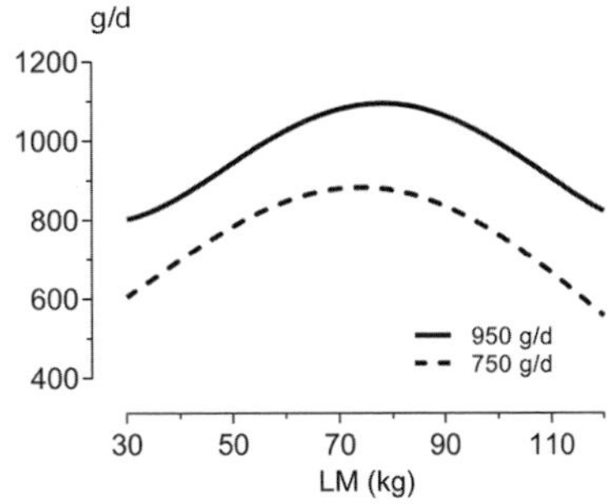

Abbildung 27.6 zeigt beispielhaft für zwei verschiedene Niveaus, in welchem Bereich sich die täglichen LM-Zunahmen im Verlaufe der Mastperiode entwickeln. Sie erreichen ein Maximum im LM-Bereich zwischen 70 und 90 kg und gehen dann wieder zurück. Die kontinuierliche Entwicklung zugunsten eines stetig steigenden Zunahmeniveaus sind zum Teil darin begründet, dass sich der Anteil des Erhaltungsbedarfes und damit der Futteraufwand und die Futterkosten reduzieren lassen (→ Kap. 27.2.2.3 und → Abb. 27.2). Die stoffliche Zusammensetzung des LM-Zuwachses, insbesondere die Gehalte an Protein und Fett, sind neben der Höhe der LM-Zunahmen ausschlaggebend für den Bedarf und die Zusammensetzung des Futters. Der kontinuierliche Anstieg im Fettgehalt (→ Abb. 27.1) bei nur geringfügig verändertem Gehalt an Protein bedingt, dass der Bedarf an ME mit zunehmender LM der Schweine stärker steigt als der Bedarf an Aminosäuren. Konsequenterweise können die Gehalte an Aminosäuren und anderen Nährstoffen im Futter mit zunehmender LM kontinuierlich abgesenkt werden. Aus den Angaben in den Tabellen 27.4 und 27.7 lässt sich errechnen, wie die Relation zwischen pcd Lys und ME im Verlauf der Mast angepasst werden kann. Während bei 30 kg LM etwa 0,7 g pcd Lys/MJ ME im Futter enthalten sein müssen, liegen die Werte bei einer LM von mehr als 90 kg bei 0,5 g pcd Lys/MJ ME (→ Abb. 27.7).

Die Darstellung in Abbildung 27.7 zeigt zudem, dass ein höherer LM-Zuwachs nicht nur mit einer

Abb. 27.7
Notwendige Relation von pcd Lys zu ME im Futter von Mastschweinen bei Annahme unterschiedlicher mittlerer LM-Zunahmen im Mastverlauf.

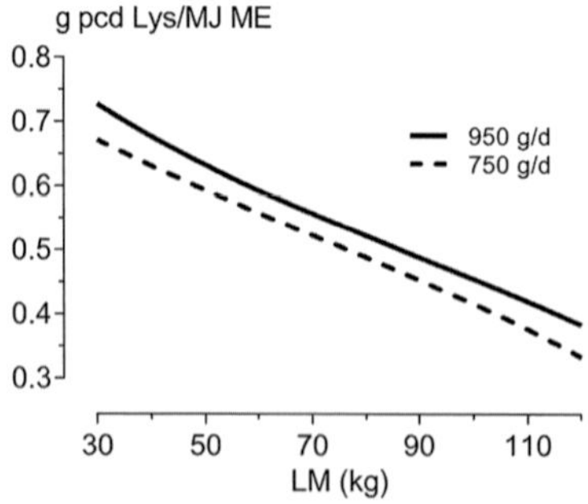

höheren Futteraufnahme erzielt werden kann, sondern auch eine höhere Konzentration von Aminosäuren im Futter erforderlich ist. Hat ein Alleinfutter für Mastschweine einen ME-Gehalt von 13 MJ/kg, so sind beispielsweise für sehr hohe Zuwachsleistungen in diesem Futter Gehalte an pcd Lys von 9,4 g/kg bei 30 kg LM, 7,7 g/kg bei 60 kg LM und 6,5 g/kg bei 90 kg LM notwendig. Bei einer hier angenommenen pc Verdaulichkeit des Lys von 85 % entspräche dies auf Basis des Gesamt-Lysins Werten von 11,0 g/kg bei 30 kg LM, 7,1 g/kg bei 60 kg LM und 7,6 g/kg bei 90 kg LM.

Tab. 27.12
Richtwerte für einige Inhaltsstoffe in Alleinfuttermitteln für die Schweinemast[1] (88 % DM)

	ab 30 kg LM	ab 60 kg LM	ab 90 kg LM
ME (MJ/kg)	12,5–13,5	12,5–13,5	12,0–13,0
Rohprotein (g/kg)	170–200	150–180	140–160
pcd Lys (g/MJ ME)	0,70	0,57	0,50
Gesamt-Lys[2] (g/kg)	10–11	8–9	7–8
In Relation zu pcd Lys = 100			
pcd Met+Cys	53–56	53–56	53–56
pcd Thr	63–66	63–66	63–66
pcd Trp	18	18	18
Verd. Phosphor (g/MJ ME)	0,22	0,18	0,15
Gesamt-Phosphor[3] (g/kg)	4,5–5,5	4,0–5,0	3,5–4,5
Calcium (g/kg)	6,5–7,0	5,5–6,0	4,5–5,0
Natrium (g/kg)	1,1	1,0	0,9
Kupfer[4] (mg/kg)	5	4	4
Mangan (mg/kg)	20	20	20
Zink (mg/kg)	60	50	50
Selen (mg/kg)	0,20	0,15	0,15
Iod (mg/kg)	0,15	0,15	0,15
Vitamin A (IE/kg)	4000	3000	3000
Vitamin D (IE/kg)	300	200	200
Vitamin E (mg/kg)	15	15	15

1 Bei einem hohen Niveau der LM-Zunahme (850 g/d).
2 Verdaulichkeit des Lys aus den Einzelkomponenten: 80–85 %.
3 Bei 13,0 MJ ME/kg und einer mittleren Verdaulichkeit des P aus den Einzelkomponenten von 40–65 %.
4 Die Angaben für Spurenelemente entsprechen den Angaben in Tab. 27.10. Die Nichtberücksichtigung des Trockenmassegehaltes kommt einem Zuschlag gleich.

Herkünfte mit einem sehr hohen Proteinansatzvermögen sind dadurch gekennzeichnet, dass sie bis zum Ende der Mast einen gleichbleibend hohen Proteingehalt im LM-Zuwachs haben und einen geringeren Fettgehalt im LM-Zuwachs als in Abbildung 27.1 gezeigt. Bei diesen Tieren sind in der zweiten Masthälfte deutlich höhere Aminosäurenkonzentrationen im Futter erforderlich. Sie sollten bei 70 kg LM den Wert von 0,6 g pcd Lys/MJ ME und bei Mastende den Wert von 0,5 g pcd Lys/MJ ME nicht unterschreiten. Dies gilt auch für die Fütterung von Jungebern, weil sie ein relativ hohes Proteinansatzvermögen haben und die Futteraufnahme geringer ist als bei weiblichen Tieren und Börgen gleichen Alters.

Die Anforderungen bezüglich der nächstlimitierenden Aminosäuren Met + Cys, Thr und Trp sind in ähnlicher Weise verändert wie für Lys. Daher können hier, wie für die Ferkelaufzucht erläutert, für die Rationsplanung die Relationen zum pcd Lys als Leitaminosäure zugrunde gelegt werden, die in Tabelle 27.12 gezeigt sind. Bei Verminderung des Lys-Gehaltes im Futter mit zunehmender LM der Schweine werden somit auch die Gehalte an den übrigen Aminosäuren reduziert.

Das Arbeiten mit konstanten Relationen der Aminosäuren zueinander erscheint zunächst unlogisch zu sein. Das Muster der Aminosäuren ist im Hinblick auf den Erhaltungsbedarf deutlich verschieden vom Muster für den Proteinansatz, insbesondere für die nach Lys nächstlimitierenden Aminosäuren (→ Tab. 27.5). Da mit zunehmender LM der Anteil des Erhaltungsbedarfes am Gesamtbedarf kontinuierlich steigt (→ Abb. 27.8), müsste sich diese Veränderung auch in der Relation der Aminosäuren auf der Ebene des Gesamtbedarfes niederschlagen. Diese Veränderung konnte in Wachstumsversuchen nicht nachvollzogen werden, weil die Bedeutung des Erhaltungsbedarfes bei den meisten essenziellen Aminosäuren gering ist (→ Abb. 27.8).

Die Relationen der Aminosäuren zueinander haben für die Rationsplanung nur dann einen Aussagewert, wenn sie die richtige quantitative Bezugsbasis haben. Insofern gelten die in Tabelle 27.12 genannten Relationen nur dann, wenn die Versorgung mit Lys den Empfehlungen entspricht. Sind die Gehalte an Lys im Futter beispielsweise höher als empfohlen, kann der Bedarf an den übrigen Aminosäuren auch bei erweiterten Werten für die Verhältnisse gedeckt sein. Mischfutteroptimierung allein mit Verhältnissen ist nicht möglich.

Abb. 27.8
Schätzung des Anteils des Erhaltungsbedarfes am Gesamtbedarf von Mastschweinen für ausgewählte Aminosäuren (hohe LM-Zunahme, Grunddaten gemäß GfE 2006).

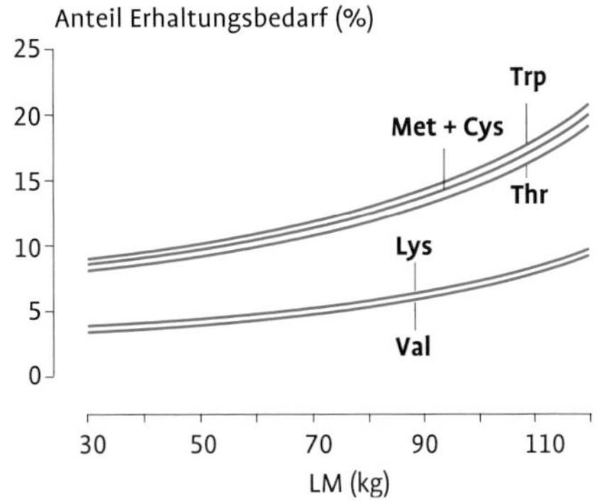

Die Gehalte an **pcd CP und CP** im Futter sind bei Deckung des Bedarfes an pcd Aminosäuren ein Resultat der Auswahl der Protein- und Aminosäurenquellen. Das Muster der Aminosäuren in den Proteinquellen, die pc Verdaulichkeit der einzelnen Aminosäuren sowie möglicherweise der Einsatz freier Aminosäuren sind die Einflussgrößen. Das Schwein hat daher keinen Bedarf an CP *per se*. Empfehlungen zur Versorgung gibt es nur insofern, als eine Mindestversorgung mit pcd CP definiert ist, die eine ideale Versorgung mit allen essenziellen Aminosäuren plus die benötigte Menge an Amino-N für die Neubildung von Aminosäuren berücksichtigt (→ Kap. 27.2.3.3). In üblichen Futterrationen wird diese Mindestversorgung immer überschritten, auch wenn freie Aminosäuren zum Einsatz kommen. Die Angaben zum CP in Tabelle 27.12 sind daher als Orientierungswerte zu verstehen. Sie kennzeichnen den Bereich, der durch die Variabilität bei den Einzelkomponenten und deren Verdaulichkeit bestimmt wird. Die unteren Werte werden zunehmend relevant, weil die Düngegesetzgebung in einigen Regionen im Hinblick auf die Minimierung von N-Ausscheidungen der Schweine eine sehr starke Reduzierung der CP-Gehalte im Futter erforderlich macht. In neueren Merkblättern des DLG-Arbeitskreises Futter und Fütterung

Abb. 27.9
Notwendige Relation von dP zu ME im Futter von Mastschweinen bei Annahme unterschiedlicher mittlerer LM-Zunahmen im Mastverlauf.

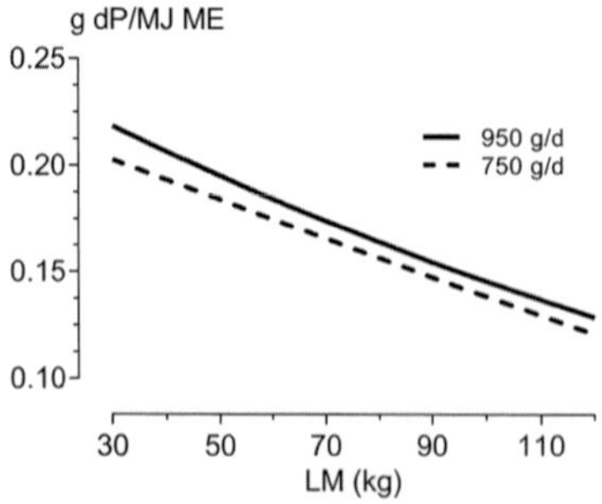

werden diese Fütterungsverfahren ausführlicher beschrieben (z. B. DLG-Merkblatt 418).
Die Veränderungen im Fettansatz während des Wachstums und die Konsequenzen für den ME-Bedarf bedingen, dass auch die Konzentrationen weiterer Nährstoffe, ähnlich wie für die Aminosäuren erläutert, kontinuierlich vermindert werden können. Relevant und gut beschrieben ist dies vor allem für P und Ca. Die Relation von dP zu ME im Alleinfuttermittel kann von 0,22 g/MJ bei 30 kg LM auf etwa 0,15 g/MJ ME bei 90 kg reduziert werden (→ Abb. 27.9).
Die Abbildung verdeutlicht zudem auch für dP den grundsätzlichen Zusammenhang, dass bei einem hohen Leistungsniveau höhere Konzentrationen im Futter benötigt werden als bei einem niedrigen. Die hieraus resultierenden Gehalte an Gesamt-P sind von den verwendeten Einzelkomponenten und deren Gehalten an P sowie den Verdaulichkeiten abhängig. Für Gesamt-P wird also, ähnlich wie für das CP, ein Schwankungsbereich angegeben (→ Tab. 27.12). Ausschlaggebend ist zudem, ob das Futter Phytase enthält. Bei Einsatz von Phytase lässt sich eine Verdaulichkeit des pflanzlichen Phosphors in den Rationen von bis zu 70 % erreichen. Die Gehalte an Gesamt-Ca können in einem Verhältnis zum dP in Höhe von 2,4 : 1 eingestellt werden. Bei Einsatz von Phytase kann das Verhältnis auf 2,0 : 1 reduziert werden.
Die Einstellung der Gehalte an dP und Ca im Futter erfolgt über das Mineralfutter, dessen Gehalte an P- und Ca-haltigen Einzelkomponenten variabel sind. Auch die Verabreichung einiger Spurenelemente sowie der Vitamine erfolgt über spezielle Vormischungen, die ein selbstmischender Schweinehalter als Mineralfutter beziehen kann.

Fütterung in Phasen
Aus den Erläuterungen im vorangegangenen Kapitel ergibt sich, dass die Zusammensetzung des Futters im Verlauf der Mastperiode kontinuierlich verändert werden muss, wenn man den beispielhaft in Abbildung 27.7 und Abbildung 27.9 gezeigten Veränderungen gerecht werden will. In der Fütterungspraxis wird dies in sehr unterschiedlichem Maße getan, weil zusätzlich zu den Kriterien der Futteroptimierung einige andere Rahmenbedingungen über das Vorgehen bei der Fütterung auf dem Betrieb entscheiden. In großen Schweinebeständen, die im Rein-Raus-Verfahren geführt werden, gibt es große und hinsichtlich der LM relativ homogene Tiergruppen. Wenn auf dem Betrieb die Einzelkomponenten gelagert werden und das Futter kontinuierlich selbst angemischt wird, kann man dessen Zusammensetzung in kleinen Schritten häufig anpassen und den Bedarf der Tiere somit möglichst genau treffen **(Multiphasenfütterung).** Dies ist jedoch umso schwieriger, je kleiner die Bestände sind und vor allem dann, wenn eine kontinuierliche Belegung des Stalles erfolgt. Falls industriell hergestellte Alleinfutter eingesetzt werden, ergibt sich zudem die Notwendigkeit zusätzlicher Silokapazität. Unter diesen Bedingungen ist die sogenannte **Universalfütterung** relevant, bei der eine Mischung während der gesamten Mast eingesetzt wird. Diese ist dann so zusammengesetzt, dass sie den Anforderungen für Schweine mit 35–40 kg LM entspricht. Im Verlaufe der Mastperiode ergibt sich hieraus ein ständig größer werdender Überschuss an Nährstoffen. Für das Schwein entstehen durch diesen Überschuss zwar keine unmittelbaren Nachteile, da die physiologischen Regulationsmechanismen greifen. Der Überschuss führt aber zu erhöhten Ausscheidungen, insbesondere von N- und P-haltigen Verbindungen, die eine ökologische Relevanz haben können (→ Kap. 27.11). Zudem kann eine erhöhte N-Ausscheidung der Schweine zu einer erhöhten NH_3-Konzentration in der Stallluft führen, was im Sinne von Tier und Betreuer

vermieden werden sollte. Häufig wird daher in der Praxis eine Fütterung in **2 oder 3 Phasen** realisiert, wobei eine Futterumstellung bei etwa 70 kg LM (2 Phasen) oder bei etwa 60 und etwa 90 kg LM (3 Phasen) vorgenommen wird. Tabelle 27.12 zeigt die Orientierungswerte für Nährstoffgehalte im Alleinfutter für 3 Phasen. Die Nährstoffgehalte entsprechen den Anforderungen zu Beginn der jeweiligen Phase. Bis zum Ende der Phase entsteht zwar auch wieder ein Überschuss, insgesamt wird der Aufwand an Nährstoffen aber deutlich reduziert.

Ermittlung von Mischungsanteilen

Unter Futteroptimierung wird der Prozess verstanden, in dem die Zusammensetzung eines Mischfuttermittels den Versorgungsempfehlungen unter Berücksichtigung der verfügbaren Futtermittel und ihrer Preise angepasst wird. Üblicherweise wird dies mit computergestützten Programmen vorgenommen, die hinsichtlich der Preise und Inhaltsstoffe der Einzelkomponenten ständig aktualisiert werden können. Das Prinzip der Vorgehensweise bei der linearen Optimierung lässt sich an vereinfachten Beispielen gut nachvollziehen (→ Tab. 27.13).
In diesem Beispiel sollen Gerste, Weizen und Sojaextraktionsschrot die Hauptkomponenten des Mischfutters sein. Ein Mineralfutter nicht näher spezifizierter Zusammensetzung soll die Versorgung mit allen Mineralstoffen und Vitaminen sicherstellen und mit 3 % in der Ration enthalten sein. Die Futteroptimierung soll für Schweine mit 30 und 90 kg LM vorgenommen werden und das Optimierungskriterium ist der Gehalt an pcd Lysin je MJ ME. Die Relation von pcd Lys zu ME

Tab. 27.13
Beispiel zur Berechnung der Anteile von Einzelkomponenten in Futtermischungen für Mastschweine

	Angaben zu den Futterkomponenten			
	ME (MJ/kg)	**CP (g/kg)**	**pcd Lys (g/kg)**	**pcd Lys/ME (g/MJ)**
Weizen	13,7	124	2,9	0,21
Gerste	12,6	110	3,2	0,25
Sojaextraktionsschrot	13,1	440	23,3	1,78
Lebendmasse	30 kg		90 kg	
Zielgröße	**0,70** g pcd Lys/MJ ME		**0,50** g pcd Lys/MJ ME	
Vorgaben	x: Mischungsanteil von Getreide (je zur Hälfte Gerste und Weizen) y: Mischungsanteil von Sojaextraktionsschrot Gesetzter Mischungsanteil eines Mineralfutters: 3 %			
Gleichung 1[1]	x + y = 0,97		x + y = 0,97	
Gleichung 2[2]	0,23 x + 1,78 y = 0,70		0,23 x + 1,78 y = 0,50	
	0,23 (0,97 – y) + 1,78 y = 0,70		0,23 (0,97 – y) + 1,78 y = 0,50	
	1,55 y = 0,47		1,55 y = 0,27	
	0,30 = y		0,17 = y	
	0,67 = x		0,80 = x	
ME (MJ/kg)	12,7		12,7	
CP (g/kg)	210		168	
pcd Lys (g/kg)	9,0		6,4	

1 Getreide und Sojaextraktionsschrot stellen in der Summe 97 % der Mischung.
2 Getreide und Sojaextraktionsschrot sollen zusammen einen bestimmten Gehalt an pcd Lys je MJ ME ergeben.
Sojaextraktionsschrot und andere Futtermittel, die unter Verwendung von chemischen Lösungsmitteln erzeugt werden, dürfen im ökologischen Landbau nicht eingesetzt werden.

muss daher für die berücksichtigten Komponenten bekannt sein. Sie können aus den Daten der Futterwerttabellen berechnet werden. Unter Berücksichtigung der Festlegung, dass die Getreidefraktion jeweils zur Hälfte aus Weizen und Gerste bestehen soll, bleiben mit den Mischungsanteilen für Getreide (x) und Sojaextraktionsschrot (y) zwei Unbekannte, die sich nach Formulierung von zwei Gleichungen eindeutig ermitteln lassen. In diesem Beispiel kann der Anteil des Sojaextraktionsschrotes im Futter der Schweine von 30% bei 30kg LM auf 17% bei 90kg LM reduziert werden. Im nächsten Schritt würden die Relationen der übrigen essenziellen Aminosäuren zum pcd Lys geprüft. In den hier berechneten Mischungen wäre die Versorgung mit allen Aminosäuren ausreichend. Die CP-Gehalte, die sich für die Mischungen ergeben, sind hoch. Sie ergeben sich aus der gewählten Kombination der Komponenten und ihrer Verdaulichkeiten. Alternativ könnte die Versorgung mit pcd Lys auch über den Einsatz von Lysin als Einzelkomponente erfolgen. Hierdurch ließe sich der Aufwand an Rohprotein auf das Maß reduzieren, das zur Deckung des Bedarfes an der nächst-limitierenden Aminosäure (hier Threonin) notwendig wäre. Dies ermöglicht eine Reduzierung der CP-Gehalte in einer Größenordnung von 15–20g/kg Futter.

Futterverzehr und -zuteilung

Die Wachstumsintensität hängt in erster Linie von der Energieversorgung und damit von der Höhe der Futteraufnahme ab. Haben die Schweine *ad libitum* Zugang zum Futter, werden daher die höchsten Zunahmen erreicht. Bei Börgen wird zur Vermeidung eines übermäßigen Fettansatzes ab einer LM von ca. 70kg eine Rationierung der Energiezufuhr vorgenommen. Dies kann zum einen über eine moderate Verminderung des ME-Gehaltes des Futters erfolgen (12,5–13,0MJ/kg in der Endmast). Üblicher ist aber die Rationierung der Futtermenge. Eine getrenntgeschlechtliche Aufstallung der Tiere ermöglicht es, weibliche Tiere bis zum Ende *ad libitum* zu füttern und deren Wachstumspotenzial somit vollständig auszunutzen und über eine Rationierung der Futtermenge bei Börgen eine Einschränkung der Verfettung zu erreichen (→ Abb. 27.10). Hinsichtlich der Zusammensetzung des Futters ist eine Unterscheidung zwischen den Geschlechtern

Abb. 27.10
Futterverbrauch in der Schweinemast bei einem hohen Niveau der LM-Zunahme und 13,0–13,5 MJ ME/kg Futter (bei weiblichen Tieren *ad libitum* Aufnahme, bei den Börgen ist die Futtermenge rationiert).

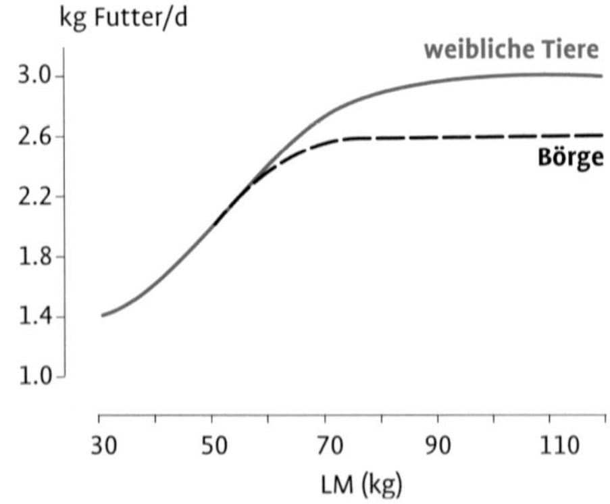

in der Endmast nicht üblich. Jungeber haben eine geringere Futteraufnahmekapazität und werden daher in der Regel nicht rationiert gefüttert.
Für Schweinhaltung im ökologischen Landbau schreibt die Verordnung vor, dass die Futterration frisches, getrocknetes oder siliertes Grobfutter enthält.

Futtervorlage, Fütterungstechnik, Wasserversorgung

Das Futter wird den Schweinen in verschiedener Weise angeboten. Weit verbreitet sind Trockenfutterautomaten oder Flüssigfütterungsanlagen. Dabei wird in einem zentralen und computergesteuerten Anmischbehälter das Futter mit Wasser in eine pumpfähige Konsistenz versetzt und zu den Trögen gepumpt. Die mengenmäßige Zuteilung kann dabei über Ventile für jeden Trog einzeln gesteuert werden, z.B. gemäß einer „Futterkurve" (Zuteilungsliste), oder erfolgt über im Trog installierte Füllstandsensoren (bei *ad libitum* Fütterung). Eine Alternative sind sogenannte Breifutterautomaten. Sie sind mit Trockenfutter befüllt und es erfolgt beim Besuch des Tieres am Automaten eine Zudosierung von Wasser und eine Vermengung durch das Tier.
Ständiger Zugang zu frischem und sauberem Tränkwasser muss gegeben sein, auch bei Einsatz von Flüssigfütterung oder Breifutterautomaten. Ein Mastschwein benötigt bei Trockenfütterung

und üblichen Haltungsbedingungen etwa 4 Liter Wasser pro Tag. Selbsttränken müssen regelmäßig auf Funktionsfähigkeit und Sauberkeit überprüft werden und sind möglichst in der Höhe verstellbar, sodass sie dem Wachstum der Tiere angepasst werden können. Bei Nippeltränken sollte die Flussrate 0,6–0,8 l/min betragen. Ein plötzlicher Rückgang im Futterverzehr kann auf unzureichende Wasserversorgung zurückzuführen sein.

Futterbeschaffung und -herstellung
Es bestehen unterschiedliche Möglichkeiten zur Beschaffung bzw. Herstellung des Futters, die je nach Betriebsstruktur in den Regionen Deutschlands eine unterschiedliche Bedeutung haben.

- Futtermittelhersteller bieten **Alleinfuttermittel** für die Schweinemast an, die Energie und alle Nährstoffe in der für einen bestimmten Wachstumsabschnitt passenden Konzentration enthalten. Für den Tierhalter erübrigt sich der Prozess der Optimierung des Futters und die Beschaffung und Kontrolle der Einzelkomponenten, allerdings nicht die Auswahl des für seinen Bestand passenden Futters und ggf. dessen Kontrolle.
- Wenn hofeigene Futtermittel verwendet werden sollen, wird auf dem Betrieb gemischt **(Eigen- oder Selbstmischer)**. Hierbei ist Getreide eine wichtige Grundlage. Proteinträger können ebenfalls aus dem Betrieb stammen (z. B. Körnerleguminosen) oder werden als Einzelkomponente zugekauft (z. B. Rapsextraktionsschrot, Sojaextraktionsschrot). In allen Fällen ist eine Ergänzung mit Mineralstoffen und Vitaminen über spezielle Mineralfutter notwendig. Diese **Mineralfutter** sind ebenfalls Mischfuttermittel aus spezialisierten Mischfutterwerken. Die Angebotspalette ist groß, sodass eine gezielte Auswahl gemäß den betriebsspezifischen Ansprüchen vorgenommen werden kann. Über das Mineralfutter werden im Bedarfsfall auch spezielle Futterzusatzstoffe verabreicht. Ein Kompromiss für den Selbstmischer kann die Verwendung von **eiweißreichen Ergänzungsfuttermitteln** oder **Eiweißkonzentraten** sein. Auch bei diesen beiden Kategorien handelt es sich um Mischfuttermittel, die hauptsächlich als Proteinträger eingesetzt werden, die aber bereits die notwendigen Ergänzungen von Mineralstoffen und Vitaminen enthalten. In einer Mischung mit Getreide lässt sich dann auf dem Betrieb mit relativ geringem Aufwand die passende Ration erstellen.
- Für Betriebe, die nach den Kriterien des ökologischen Landbaus wirtschaften, gelten spezielle rechtsverbindliche Restriktionen zur Verwendung von Einzelfuttermitteln und Futtermittelzusatzstoffen, die in EU-Verordnungen festgelegt sind. So dürfen beispielsweise keine Futtermittel verwendet werden, bei deren Erzeugung chemische Lösungsmittel verwendet wurden. Es dürfen keine freien Aminosäuren sowie Erzeugnisse eingesetzt werden, bei deren Herstellung bestimmte gentechnische Verfahren verwendet wurden.

27.3 Jungsauen

Die Aufzucht der weiblichen Tiere zur späteren Zuchtnutzung (Jungsauenaufzucht) ist weniger intensiv als die Schweinemast, auch wenn die physiologischen Grundlagen zur Zusammensetzung des LM-Zuwachses und zu Wirkungsgraden bei der Energie- und Nährstoffumsetzung sehr ähnlich sind. Die Ausschöpfung der Wachstumskapazität tritt zugunsten der Sicherstellung hoher Reproduktionsraten, eines stabilen Skeletts und einer langen Nutzungsdauer zurück. Das Alter und die Höhe der LM können bezüglich ihres Einflusses auf das Eintreten der ersten Brunst nicht völlig losgelöst voneinander gesehen werden. Zudem gibt es eine Wirkung des im Fettgewebe gebildeten Hormons Leptin auf die Geschlechtshormone und damit auf die Steuerung der Geschlechtsreife. Während lange davon ausgegangen wurde, dass die LM den dominierenden Einfluss ausübt, scheint auch ein bestimmter Mindestfettgehalt im Körper notwendig zu sein, der sich in Versuchen in einer positiven Beziehung zwischen Rückenfettdicke und dem Eintreten der Geschlechtsreife bzw. der Wurfgröße zeigte. Andererseits führt eine zu starke Verfettung zu verminderter Fruchtbarkeit, sodass ein Optimum hinsichtlich Alter, LM und Körperkondition zu finden ist, das je nach Rasse oder Herkunft von den nachfolgenden Angaben, die als mittlere Orientierungswerte zu verstehen sind, abweichen kann.

Die erste Belegung erfolgt bei der zweiten oder dritten Brunst. Die Jungsauen sollten dann 230–250 Tage alt sein, eine LM von 140–150 kg aufweisen und eine Rückenspeckdicke von 18–20 mm haben. Diese LM-Entwicklung wird erreicht, wenn die täglichen LM-Zunahmen ab 30 kg LM etwa 700 g betragen. Die LM-Entwicklung soll möglichst gleichmäßig verlaufen. Eine höhere Energiezufuhr nach Eintritt der Geschlechtsreife bis zur Belegung kann die Ovulationsrate verbessern. In dem für die Fortpflanzung besonders wichtigen Bereich von 100–140 kg LM sollte der tägliche Ansatz von Protein 100–120 g und der von Fett 250 g betragen.
Eine Quantifizierung des Bedarfes ist nicht mit der gleichen Präzision wie beim Mastschwein möglich, weil die notwendigen Daten fehlen, insbesondere zum Ansatz von Nährstoffen im Verlauf der Aufzucht. Es können aber die Teilwirkungsgrade und Verwertungsfaktoren, wie sie für die Mast dargestellt wurden, auch für die Jungsauenaufzucht unterstellt werden. Danach ergibt sich ein Bedarf an ME und pcd Lys, wie er in Tabelle 27.14 skizziert ist.
Für die übrigen essenziellen Aminosäuren können dieselben Relationen zum pcd Lys zugrunde gelegt werden wie in der Mast (→ Tab. 27.12). Aus dem geringeren Zuwachsniveau und dem höheren Anteil des Erhaltungsbedarfes an ME ergibt sich, dass die Konzentrationen der Aminosäuren im Alleinfutter geringer sein können als im Futter für Mastschweine mit gleicher LM. Im Hinblick auf die Versorgung mit dP und Ca werden in der Mittel- und Endmast etwa 10 % höhere Gehalte eingestellt als in der Mast. Phasenfütterung ist auch in der Jungsauenaufzucht sinnvoll.

Tab. 27.14
Empfehlungen zur Versorgung mit ME und pcd Lysin in der Jungsauenaufzucht (GfE 2006)

LM (kg)	LM-Zunahme (g/d)	ME (MJ/d)	pcd Lysin (g/d)
30–60	650	21	12,6
60–90	700	28	13,2
90–120	700	33	13,0
120–150	700	37	13,0

Zur Sicherstellung eines verhaltenen Wachstums ist eine frühe Restriktion in der Energieversorgung nötig. Daher ist in Betrieben mit geschlossenem System eine gemeinsame Haltung mit den Mastschweinen auch in der Anfangsmast nicht sinnvoll. Eine Restriktion kann über eine Begrenzung der Futtermenge oder durch Einsatz von rohfaserreicheren und damit ME-ärmeren Futterkomponenten erfolgen.
Die grundsätzlichen Möglichkeiten der Fütterung und Futtergestaltung sowie der Kombinationen von betriebseigenen und zugekauften Futtermitteln sind wie für die Mast beschrieben. Im Hinblick auf die Komponentenauswahl ist in der Jungsauenaufzucht ganz besonders auf die Vermeidung solcher Futtermittelpartien zu achten, die das Mykotoxin Zearalenon enthalten, das östrogenähnliche Wirkung hat.

27.4 Tragende Sauen

Der Energie- und Nährstoffbedarf der tragenden Sauen, der sich durch das Heranwachsen der Föten und die Ausbildung sonstiger Konzeptionsprodukte (Placenta, Milchdrüse) ergibt, ist relativ gering. Nur während des letzten Drittels der Trächtigkeit ist er von nennenswerter Bedeutung, weil dann der Zuwachs an Konzeptionsprodukten exponentiell ansteigt. Aus diesem Grunde hat sich eine Einteilung der Trächtigkeit in zwei Abschnitte bewährt: die ersten zwei Drittel („niedertragend“) und das letzte Drittel („hochtragend“) der insgesamt etwa 115-tägigen Trächtigkeit. Der Zuwachs an Konzeptionsprodukten während der gesamten Trächtigkeit beträgt bei 14 bis 16 lebend geborenen Ferkeln etwa 30 kg, wovon zwei Drittel auf die Ferkel und der Rest auf die übrigen Konzeptionsprodukte entfallen. Sauen sind nicht vor dem 4. Reproduktionszyklus ausgewachsen, sodass sich zudem ein Bedarf aus dem LM-Zuwachs der Sauen an sich ergibt („maternaler LM-Zuwachs“), insbesondere während der ersten Trächtigkeit. Bei den heute erreichten Aufzuchtleistungen der Sauen findet während der Säugeperiode ein teilweise erheblicher Abbau von Körperreserven (Protein und Fett) statt, der in der darauffolgenden Trächtigkeit zusätzlich ausgeglichen werden muss. Dennoch ist der Ener-

giebedarf während der ersten zwei Drittel der Trächtigkeit so gering, dass die Versorgung bei *ad libitum* Fütterung leicht den Bedarf überschreiten und zur Verfettung der Tiere führen kann. Diese Verfettung wäre wiederum nachteilig für die Fruchtbarkeit und Aufzuchtleistung und würde den Futterverzehr während der Laktation vermindern, weshalb sie vermieden werden muss. Die Fütterung während der Trächtigkeit erfordert also viel Erfahrung des Tierbetreuers bei der Futterzuteilung, da die individuelle Konstitution des Tieres und dessen Entwicklung über die Zeit im Auge behalten werden muss. Die nachfolgenden Angaben dienen zur Orientierung, von der je nach genetischer Herkunft und vor allem tierindividueller Konstitution abgewichen wird.
Jungsauen nehmen in der ersten Trächtigkeit zwischen 50 und 70 kg LM zu, wovon nur etwa 30 kg auf die Konzeptionsprodukte entfallen. Bei den folgenden Reproduktionszyklen sind die Zuwächse geringer, und ab der 4. Trächtigkeit braucht nur noch der Zuwachs an Konzeptionsprodukten unterstellt werden. Zu Beginn der 2. Trächtigkeit hat eine Sau eine LM von etwa 180 kg. Ausgewachsene Altsauen können zu Beginn der 4. Trächtigkeit 250 kg wiegen. Während einer 4-wöchigen Säugeperiode kann es zu einer Mobilisation von Körpermasse der Sau von mehr als 20 kg kommen. In der darauffolgenden Trächtigkeit muss der LM-Zuwachs dann um diesen Betrag höher ausfallen.

27.4.1 Energie- und Nährstoffbedarf

Die Ableitung von Bedarfswerten ist für ME, pcd Aminosäuren und einige Mineralstoffe auch bei Sauen auf faktoriellem Wege möglich. Nicht alle Teilfaktoren sind aber wegen der begrenzten Datengrundlage gleich gut abgesichert. Dies gilt insbesondere für die Verwertungsgrößen in der Trächtigkeit. Da sich der Ansatz in den Konzeptionsprodukten quantitativ in eher geringem Umfang auf den Gesamtbedarf auswirkt, sind diese Unsicherheiten jedoch unproblematisch.

Energie
Der ME-Bedarf der Sauen für Erhaltung lässt sich ebenso wie beim wachsenden Schwein als eine Funktion der metabolischen Körpergröße beschreiben (27.2.2.1). Eine Sau mit 180 kg LM benötigt demnach zur Deckung des Erhaltungsbedarfes täglich 22 MJ ME.
Ein zusätzlicher Bedarf kann entstehen, wenn sich die Sauen in Gruppenhaltung vermehrt bewegen oder bei Außen- oder Auslaufhaltung mehr Energie zur Aufrechterhaltung der Körpertemperatur aufgewendet werden muss. Dies kann bei einer Umgebungstemperatur von 5–10 °C einen Mehrbedarf an ME von etwa 20 % des Erhaltungsbedarfes ausmachen (etwa 0,4 kg Futter/d).
Der maternale LM-Zuwachs erfolgt relativ gleichmäßig während der gesamten Trächtigkeit. Je Kilogramm LM-Zuwachs sind bei mittleren Gehalten an Protein und Fett 12 MJ Energie enthalten. Die Verwertung der ME für den Ansatz von Protein und Fett ist nicht verschieden von derjenigen anderer wachsender Schweine. Daher wird mit einem Teilwirkungsgrad der ME für den maternalen LM-Zuwachs von $k_{pf} = 0{,}70$ gerechnet. Hieraus ergibt sich ein Bedarf nur für das maternale Wachstum von etwa 6 MJ ME/d, was weniger als 20 % des Gesamtbedarfes an ME ausmacht.
Der Energieansatz in den Konzeptionsprodukten ist während der niedertragenden Phase nicht höher als 1 MJ/d und beträgt in der hochtragenden Phase etwa 3 MJ/d. Hinzu kommt in der hochtragenden Phase ein Ansatz von etwa 1 MJ/d bei der Ausbildung des Gesäuges. Die Verwertung der ME für den Energieansatz in den Konzeptionsprodukten wird mit $k = 0{,}50$ angenommen. Hieraus ergibt sich ein Bedarf von etwa 2 MJ ME/d in der niedertragenden Phase und von etwa 8 MJ ME/d in der hochtragenden Phase.
In Tabelle 27.15 ist dargestellt, welche Bedarfswerte sich bei Annahmen zur LM-Entwicklung ergeben. Demnach braucht eine Sau während der niedertragenden Phase etwa 30–34 MJ ME/d und während der hochtragenden Phase 37–41 MJ ME/d. Diesen Werten liegt die Annahme zugrunde, dass es in der vorangegangenen Säugeperiode nicht zu einer Mobilisation von Körpermasse der Sau gekommen ist. Kommt es zu einer Mobilisation, ist diese in der folgenden Trächtigkeit wieder auszugleichen. Dabei resultiert für 1 kg mobilisierte LM ein Mehrbedarf an ME in der Trächtigkeit von 0,2 MJ/d. Die in Tabelle 27.15 genannten Werte wären also beispielsweise bei einer Mobilisation von 20 kg LM alle um 4 MJ ME/d zu erhöhen.

Tab. 27.15
Empfehlungen zur Versorgung von Sauen in der Trächtigkeit ohne Berücksichtigung von LM-Verlusten in der Laktation[1] (GfE 2006).

Trächtigkeit Nummer	1	2	3	4
LM beim Belegen (kg)	140	185	225	255
Erwartete Ferkelzahl	14	16	16	16
LM-Zuwachs (kg)	70	65	55	25
davon maternal (kg)	45	40	30	0
ME (MJ/d)				
Niedertragend	29	32	34	31
Hochtragend	37	40	41	37
pcd Lysin (g/d)				
Niedertragend	9,7	9,4	8,2	3,7
Hochtragend	14,5	14,6	13,4	8,9
pcd Met+Cys (g/d)				
Niedertragend	6,0	6,1	5,7	3,6
Hochtragend	8,6	8,9	8,5	6,4
pcd Threonin (g/d)				
Niedertragend	6,5	6,6	6,2	3,9
Hochtragend	9,2	9,6	9,1	6,8
pcd CP (mindestens) (g/d)				
Niedertragend	184	189	179	122
Hochtragend	257	269	258	201
dP (g/d)				
Niedertragend	4,0	1,9	2,4	2,7
Hochtragend	6,2	6,6	6,9	6,9
Ca (g/d)				
Niedertragend	9,7	5,3	6,4	7,3
Hochtragend	15,3	16,4	17,3	17,3
Na (g/d)				
Niedertragend	1,6	1,0	1,0	1,1
Hochtragend	1,2	1,2	11,3	1,2

1 Je 1 kg LM-Verlust in der vorangegangenen Säugezeit ist der Bedarf an ME um 0,2 MJ/d und an pcd Lys um 0,16 g/d erhöht.

Aminosäuren und Rohprotein
Zur Quantifizierung des Erhaltungsbedarfes von tragenden Sauen an pcd Aminosäuren wird mit denselben Werten gerechnet wie für wachsende Schweine (→ Tab. 27.5). Insgesamt werden während der Trächtigkeit in den Konzeptionsprodukten plus Milchdrüse etwa 3 kg Protein angesetzt, wovon etwa zwei Drittel auf die Hochträchtigkeit entfallen. Dieses Protein weist einen Lysin-Gehalt von 6–7 g/16 g N auf. Im maternalen LM-Zuwachs beträgt der Gehalt an Protein 158 g/kg und der Gehalt an Lysin 7,1 g/16 g N. Bezüglich der Verwertung des pcd Lysins für den Ansatz (sowohl maternal als auch in Konzeptionsprodukten) wird derselbe Wert wie für das Wachstum (63 %) verwendet. Tabelle 27.15 zeigt den Tagesbedarf, der sich hieraus für pcd Lysin und andere Aminosäuren ergibt. Mit zunehmender Trächtigkeitszahl wird der Bedarf an Aminosäuren kontinuierlich geringer. Dies ist eine Konsequenz des abnehmenden Ansatzes von maternalem Protein und der geringen Bedeutung des Erhaltungsbedarfes an Aminosäuren. Kommt es zur Mobilisation von Körperprotein in der Laktation, so führt dies in der nachfolgenden Trächtigkeit zu einem Mehrbedarf an pcd Lys. Dieser beträgt 0,16 g/d je kg in der Säugezeit mobilisierter LM.

Mengenelemente
Bei der Versorgung mit Mengenelementen ist neben den unvermeidlichen Verlusten der Ansatz zu berücksichtigen, der in Form von Konzeptionsprodukten und dem materialen LM-Zuwachs stattfindet. Die Verwertungsfaktoren für die einzelnen Elemente sind dieselben wie in der Mast. Tabelle 27.15 enthält Angaben zum täglichen Bedarf an dP, Ca und Na.

27.4.2 Fütterung

Infolge des relativ geringen Bedarfs in der Trächtigkeit können Sauen kaum bis zur Sättigung gefüttert werden. Alleinfuttermittel enthalten ME-Gehalte von nur 11–12 MJ/kg (→ Tab. 27.16). Niedrige ME-Gehalte im Alleinfuttermittel werden durch den Einsatz von Komponenten mit geringerer Verdaulichkeit, wie z. B. Trockenschnitzeln oder Kleien erreicht. Gerste ist eine gut geeignete Komponente für die Sauenfütterung.

Die Anpassung an den veränderten Bedarf im Verlaufe der Trächtigkeit bzw. die Anpassung an die tierindividuelle Konstitution erfolgt über die zugeteilte Futtermenge. Das geschulte Body Condition Scoring oder auch Messungen der Rückenfettdicke mittels Ultraschall können zur Beurteilung der Entwicklung des Tieres eingesetzt werden. Bei einer LM von 180 kg und einem ME-Gehalt des Futters von 11,5 MJ/kg ist zu Beginn der Trächtigkeit eine Futtermenge von etwa 2,7 kg/d und in der Hochträchtigkeit von etwa 3,5 kg/d notwendig. Bei stark abgesäugten Sauen (LM-Verlust > 20 kg) ist eine zusätzliche Futtermenge von ca. 0,3–0,4 kg/d erforderlich.

Die Konzentration von pcd Lys im Futter könnte mit zunehmender Zahl von Reproduktionszyklen und mit abnehmendem LM-Verlust ständig geringer ausfallen. Da in einem Bestand in der Regel ein einheitliches Futter für tragende Sauen eingesetzt wird, ist daher in Orientierung an den Werten für Jungsauen eine Konzentration von 0,40 g pcd Lys je MJ ME notwendig, was einer Konzentration von Gesamt-Lys von 6–7 g/kg Futter entspricht. Bei diesem Lys-Gehalt ist eine Relation zum pcd Lys (= 100) von 60 für pcd Met+Cys, 65 für pcd Thr und 18 für pcd Trp notwendig. Da der Lys-Gehalt im CP in der Regel nicht geringer als 5 g/16 g N ist, sind Gehalte an CP im Tragefutter von 130–140 g/kg ausreichend. Es ist daher mit geringem Aufwand möglich, eine bedarfsdeckende Versorgung mit Aminosäuren in der Trächtigkeit sicherzustellen. Eine Ergänzung des Futters mit mineralischen P-Quellen ist, wenn überhaupt, dann nur in geringem Maße notwendig (→ Tab. 27.16). Neben dem Zukauf eines Alleinfuttermittels können auch Ergänzungsfuttermittel (Einzelkomponenten oder Mischfuttermittel) eingesetzt werden, die auf den Betrieben mit hofeigenem Getreide gemischt werden.

Grob- und Saftfuttermittel (Silagen, Heu, Grünfutter) können tragenden Sauen angeboten werden, sofern es Arbeits- und Fütterungstechnik zulassen. Im ökologischen Landbau müssen sie angeboten werden. Die hygienische Unbedenklichkeit muss dabei sichergestellt sein. Dies bedeutet auch das ständige Entfernen von Futterresten aus den Trögen. Der Einsatz dieser rohfaserreichen Futter hat den Vorteil, dass die Sättigung der Tiere erreicht werden kann und zudem die Zeit der Beschäftigung mit dem Futter länger wird. Wenn Silagen eingesetzt werden, muss die verzehrte Menge bekannt sein, damit der Einsatz des Mischfutters bei gegebenem ME-Bedarf entsprechend reduziert werden kann. Rohfaserreiche Futtermittel haben zwar eine deutlich geringere Verdaulichkeit als übliche Mischfutterkomponenten, sie tragen aber dennoch zur Versorgung der Sauen bei. Bei Stroheinstreu kommt es zu einer freiwilligen Aufnahme von Stroh zur Sättigung. Es ist wichtig, dass das

Tab. 27.16
Richtwerte für einige Inhaltsstoffe in Alleinfuttermitteln für Sauen (88 % DM)

	Trächtigkeit	Säugezeit
ME (MJ/kg)	11,0–12,0	13,0–14,0
Rohfaser (g/kg)	80–120	40–70
Rohprotein (g/kg)	130–140	170–190
pcd Lys (g/MJ ME)	0,40	0,60
Gesamt-Lys[1] (g/kg)	6–7	9–10
In Relation zu pcd Lys = 100		
pcd Met+Cys	60	60
pcd Thr	65	65
pcd Trp	18	22
Verd. Phosphor (g/MJ ME)	0,18	0,25
Gesamt-Phosphor[2] (g/kg)	4,0–5,0	5,5–6,5
Calcium (g/kg)	5,0–6,5	7,0–8,0
Natrium (g/kg)	0,6	2,0
Kupfer[3] (mg/kg)	8	8
Mangan (mg/kg)	20	20
Zink (mg/kg)	50	50
Selen (mg/kg)	0,20	0,20
Iod (mg/kg)	0,60	0,60
Vitamin A (IE/kg)	4000	2500
Vitamin D (IE/kg)	200	200
Vitamin E (mg/kg)	15	30

1 Verdaulichkeit des Lys aus den Einzelkomponenten: 75–80 % in der Trächtigkeit und 80–85 % in der Säugezeit.
2 Bei einer mittleren Verdaulichkeit des P aus den Einzelkomponenten von 50–65 %.
3 Die Angaben für Spurenelemente entsprechen den Angaben in Tab. 27.10. Die Nichtberücksichtigung des Trockenmassegehaltes kommt einem Zuschlag gleich.

Stroh trocken ist und keine erkennbaren Verpilzungen aufweist, die einen Eintrag von Mykotoxinen bedingen könnten.
Bei der Umstallung der Sauen in den Abferkelstall wird in der Regel auch eine Umstellung auf das Säugefutter vorgenommen. Die Nährstoffgehalte im Säugefutter sind höher als im Tragefutter (→ Tab. 27.16), die Futtermenge bleibt aber zunächst gleich. Wird das Futter auf dem Betrieb selbst gemischt, sollten möglichst nur die Mischungsanteile der Komponenten, nicht aber die Hauptkomponenten an sich verändert werden.
Im Geburtszeitraum (1–2 Tage vor der Geburt) gehört die Vermeidung von Verstopfungen zu den Vorbeugemaßnahmen gegen postpartale Erkrankungen wie den MMA-Komplex (Mastitis in Verbindung mit Metritis und Agalaktie). Das Futterangebot wird reduziert bzw. teilweise ersetzt durch Futtermittel mit positiven Eigenschaften für Quellvermögen und Motilität, z. B. Trockenschnitzel oder Weizenkleie (nicht mykotoxinbelastet), oder durch spezielle Konzentrate mit hohen Gehalten an Faserfraktionen. Ein solches Vorgehen ist dann besonders angezeigt, wenn mit der Umstallung in den Abferkelbereich bereits die Umstellung vom Tragefutter auf das Säugefutter erfolgte. Mit speziellen „Geburtsvorbereitungsfuttern" wird zudem die Kationen-Anionen-Differenz der Ration vermindert, um Milchfieber vorzubeugen und den pH-Wert des Harns abzusenken. Dies dient der Vorbeuge gegen Infektionen der Harnwege.
Tränkwasser muss den Sauen immer zur freien Aufnahme zur Verfügung stehen.

27.5 Laktierende Sauen

Die Sau ist im Verlaufe eines Reproduktionszyklus sehr starken Schwankungen in der Beanspruchung ihres Stoffwechsels ausgesetzt. Die Säugephase ist nur wenige Wochen lang, und wenn die Spitze der Laktationskurve erreicht ist, steht das Absetzen schon wieder bevor. Hinzu kommt, dass der Geburtsprozess an sich eine Belastung für die Sau und ihren Stoffwechsel darstellt.
Die Säugedauer beträgt 3–5, in den meisten Fällen etwa 4 Wochen und im ökologischen Landbau mindestens 40 Tage. Die Anzahl lebend geborener Ferkel liegt bei etwa 12–16 Ferkeln pro Wurf und kann je nach genetischer Herkunft noch höher sein. Der erste Wurf einer Sau ist im Durchschnitt um ein Ferkel kleiner als die späteren Würfe. Somit ist die Anzahl der Ferkel häufig höher als die Anzahl der funktionsfähigen Zitzen der Sau. Bei einer Synchronisation des Reproduktionsgeschehens ist ein Ausgleich der Größe zwischen verschiedenen Würfen kurz nach der Geburt möglich. Je höher allerdings die durchschnittliche Wurfgröße innerhalb einer Gruppe ist, desto geringer wird die Zahl der Sauen, die noch zugesetzte Ferkel säugen können. Somit kommt dem ergänzenden Angebot von Milchaustauschern (an sogenannten künstlichen Ammen) eine zunehmende Bedeutung für eine ausreichende Versorgung der Ferkel zu.
Die Höhe der Milchleistung von Sauen lässt sich unter praktischen Bedingungen kaum quantifizieren. Daher wird als Indikator für die Milchleistung und damit den Leistungsbedarf der Sau die Anzahl der gesäugten Ferkel herangezogen. Der Futterverzehr ist häufig nicht ausreichend hoch, um den mit der Milchleistung verbundenen Bedarf zu decken. Die Sau kompensiert dies durch die Mobilisation körpereigenen Gewebes, insbesondere von Fett und Protein. Der hiermit verbundene LM-Verlust während der Säugezeit kann 10–20 kg betragen, ohne dass der Sau hieraus ein Nachteil entstehen muss. Ein Verlust, der diesen Bereich deutlich überschreitet, kann die Gesundheit und Fruchtbarkeit beeinträchtigen.

27.5.1 Energie- und Nährstoffbedarf

Sauen können bis zu 12 l Milch am Tag geben, in Einzelfällen auch mehr. Die Milchleistung ist dabei umso höher, je höher die Zahl der Ferkel ist. Der LM-Zuwachs der Ferkel wird aber ohne Ergänzungsfütterung mit zunehmender Wurfgröße geringer. Während der ersten 2–3 Wochen steigt die Milchleistung stetig an. Zur Erzielung von 1 kg LM-Zuwachs der Ferkel werden etwa 4,1 kg Milch benötigt. Sauenmilch enthält etwa 5 % Protein und etwa 8 % Fett und ist somit energiereich (ca. 5 MJ/kg Milch).

Energie
Der Erhaltungsbedarf der laktierenden Sau an ME wird ebenso berechnet wie der der tragenden Sau

und des wachsenden Schweins (→ Kap. 27.2.2.1). Eine Sau mit 160 kg LM benötigt demnach zur Deckung des Erhaltungsbedarfes täglich etwa 20 und mit 220 kg LM täglich etwa 25 MJ ME.

Der Teilwirkungsgrad der ME für Milchbildung (k_l) beträgt 0,70. Für 1 kg Milchleistung mit einem Energiegehalt von 5 MJ/kg benötigt die Sau daher 7,1 MJ ME. Dies entspricht einem ME-Bedarf von 29 MJ für die Erzielung von 1 kg LM-Zuwachs der Ferkel (bei 4,1 kg Milch je kg LM-Zuwachs der Ferkel). Ist die Milchleistung höher als der Futterverzehr es zulässt, wird Körpergewebe mobilisiert. Der Beitrag zur Bedarfsdeckung lässt sich nur schätzen, weil die Zusammensetzung und der Energiegehalt des Sauenkörpers zwischen Einzeltieren sehr unterschiedlich sein können. Man kann im Mittel einen Energiegehalt der mobilisierten LM von 20 MJ/kg unterstellen. Diese Energie kann mit einer hohen Effizienz für die Milchbildung verwertet werden ($k = 0{,}89$). Dies bedeutet, dass sich je kg mobilisierter LM der Sau eine Einsparung an ME aus dem Futter in Höhe von 25 MJ ergibt ($20 \cdot 0{,}89/0{,}70$). In Tabelle 27.17 ist bei Annahme einiger Werte für die Höhe des Ferkelzuwachses, der LM und des LM-Verlustes der Sau beispielhaft dargestellt, welche Versorgung mit ME nötig ist.

Es wird deutlich, dass der Einfluss des Ferkelzuwachses auf den ME-Bedarf größer ist als der auf den Erhaltungsbedarf wirkende Einfluss der Sauenmasse. Bei sehr hoher Leistung ließen sich die Angaben aus Tabelle 27.17 aber selbst bei hoher Mobilisation von Körpersubstanz nur realisieren, wenn die Sauen mehr als 7 kg Futter/d verzehren (bei 13,5 MJ ME/kg Futter). Dies wird in sehr vielen Betrieben nicht erreicht, sodass das skizzierte Ferkelwachstum nur bei zusätzlichem Angebot von Milchaustauschern und Saugferkelergänzungsfutter möglich ist. Je 1 kg Ergänzungsfutter, das von den Ferkeln direkt verzehrt wird, werden etwa 1,7 kg Laktationsfutter ersetzt. In Beständen, in denen die Sauen einen Futterverzehr von 7 kg/d oder mehr aufweisen und in denen die Ferkel beigefüttert werden, ist korrespondierend die Mobilisation von Körpermasse gering, was positiv zu werten ist.

Tab. 27.17
Empfehlungen zur Versorgung von säugenden Sauen bei einer Säugedauer von 25 Tagen (GfE 2006)[1]

LM-Verlust (kg)	**0**		**10**			**20**		
Wurfzuwachs (kg/d)	**1,5**	**2,0**	**1,5**	**2,0**	**2,5**	**2,0**	**2,5**	**3,0**
ME (MJ/d) LM zu Beginn der Laktation (kg)								
185	66	81	56	70	85	60	75	90
225	69	84	59	74	89	64	78	93
265	73	87	63	77	92	67	82	96
pcd Lysin (g/d)	34	44	29	40	50	35	46	56
pcd Met+Cys (g/d)	20	26	18	23	29	21	27	33
pcd Threonin (g/d)	22	28	19	26	32	23	30	36
pcd Tryptophan (g/d)	7,2	9,3	6,6	8,7	10,8	8,1	10,2	12,3
pcd CP (mind.) (g/d)	530	694	466	630	794	567	730	893
dP (g/d)	12,9	16,4	12,9	16,4	19,8	16,4	19,8	23,1
Ca (g/d)	26,2	32,8	26,2	32,8	39,0	32,8	39,0	45,3
Na (g/d)	7,4	9,6	7,4	9,6	11,5	9,6	11,5	13,5

1 Der Verzehr von 1 kg Ergänzungsfutter durch die Ferkel vermindert die nötige ME-Versorgung der Sau um 22 MJ oder den LM-Verlust der Sau um 0,9 kg.

Tab. 27.18
Beispiele für die Berechnung des Bedarfes an ME und pcd Lys in einer 25-tägigen Säugezeit

LM zu Beginn der Säugezeit (kg)	180		260	
Mittlerer Wurfzuwachs (kg/d)	1,5	2,0	2,0	2,5
LM-Mobilisation in der Säugezeit (kg)	0	0	0	10
Milchbildung (kg/d) (4,1 kg/kg Wurfzuwachs)	6,2	8,2	8,2	10,3
Energieabgabe (MJ/d) (5,0 MJ/kg Milch)	31	41	41	52
Lysinabgabe (g/d) (3,7 g Lys/kg Milch)	23	30	30	38
Energiemobilisation (MJ/d (20 MJ/kg LM)	–	–	–	8
Lys-Mobilisation (g/d) (10,7 g/kg LM)	–	–	–	4,3
Erhaltungsbedarf				
ME (MJ/d) (0,44 MJ/kg $LM^{0,75}$)	22	22	29	29
pcd Lys (g/d) (38 mg/kg $LM^{0,75}$)	1,9	1,9	2,5	2,5
Leistungsbedarf				
ME (MJ/d) (Energieabgabe/0,70)	44	59	59	74
pcd Lys (g/d) (Lys-Abgabe/0,74)	31	41	41	51
Einsparung aus Mobilisation				
ME (MJ/d) (Mobilisation · 0,89/0,70)	–	–	–	10
pcd Lys (g/d) (Lys-Mobilisation · 0,85/0,74)	–	–	–	4,9
Gesamtbedarf (Erhaltung + Leistung abzgl. Einsparung)				
ME (MJ/d)	66	81	88	93
pcd Lys (g/d)	33	43	44	49

In Tabelle 27.18 ist anhand von Beispielen zusammengefasst, wie der Bedarf an ME und pcd Lys in der Säugezeit ermittelt werden kann.

Aminosäuren und Rohprotein

Zur Quantifizierung des Erhaltungsbedarfes von Sauen an Aminosäuren wird mit denselben Relationen zur metabolischen Körpergröße gerechnet wie für wachsende Schweine (→ Tab. 27.5). Von großer Bedeutung für den Bedarf an Aminosäuren ist die Bildung des Milchproteins. Das Protein in der Sauenmilch enthält je 16 g N im Mittel 7,4 g Lys, 3,3 g Met + Cys, 4,2 g Thr und 1,3 g Trp. Die Verwertung des pcd Lys für die Milchbildung ist mit 74 % relativ hoch. Bei einem Proteingehalt der Milch von 5 % beträgt der Bedarf an pcd Lys zu Bildung von 1 kg Milch somit 5,0 g. Dies entspricht einem Bedarf an pcd Lys von etwa 21 g für die Erzielung von 1 kg LM-Zuwachs der Ferkel. Ein Ansatz von Körperprotein während der Laktation ist unwahrscheinlich und braucht nicht berücksichtigt zu werden. Ein LM-Verlust während der Säugezeit tritt hingegen, wie bereits beschrieben, häufig auf. Die Freisetzung von Aminosäuren im Zuge der Mobilisation von Körpermasse lässt sich noch schwieriger schätzen als die Freisetzung von Energie. Es kann aber angenommen werden, dass die Mobilisation von 1 kg LM eine Lys-Menge für die Milchbildung liefert, die zu 12 g pcd Lys aus dem Futter äquivalent ist. Bei den übrigen essenziellen Aminosäuren beruht die Bedarfsableitung auf den Relationen, die im Erhaltungsbedarf bzw. im Milchprotein zum Lys bestehen. Zusätzlich wurden Daten aus Fütterungsversuchen herangezogen. In Tabelle 27.17 ist zusammengefasst, welcher Bedarf sich für einzelne Aminosäuren insgesamt ergibt, wenn verschiedene Annahmen zur Leistung und Mobilisation getroffen werden. Eine Differenzierung hinsichtlich der LM der Sauen ist bei den Aminosäuren nicht erforderlich, weil der Erhaltungsbedarf in der Säugezeit quantitativ eine untergeordnete Rolle spielt.

Mengenelemente

Bei der Versorgung mit Mengenelementen ist neben den unvermeidlichen Verlusten die Abgabe mit der Milch zu berücksichtigen. Sauenmilch enthält je kg im Mittel 2,2 g Ca, 1,6 g P und 0,8 g Na. Die Verwertungsfaktoren für die einzelnen Elemente sind dieselben wie in der Mast. Tabelle 27.15 enthält Angaben zum täglichen Bedarf an dP, Ca und Na. Ob bei einem LM-Verlust der Sau auch Mineralstoffe mobilisiert werden und in welchem Umfang die mobilisierten Mineralstoffe für die Milchbildung zur Verfügung stünden, ist nicht bekannt.

27.5.2 Fütterung

Die Zusammensetzung des Futters ist in der Säugezeit anders als in der Tragezeit. Der höhere Bedarf lässt sich nicht allein durch eine höhere Futtermenge decken, sondern das Futter muss auch konzentrierter sein. Die erforderlichen ME-Gehalte (→ Tab. 27.16) sind nur bei Verwendung von Komponenten mit hohen Verdaulichkeiten zu erreichen. Die Rohfasergehalte sind daher deutlich geringer. Eine Möglichkeit zur Erhöhung des ME-Gehaltes ist der Zusatz von Fettquellen. Der Bedarf an ME und an Aminosäuren wird bei der laktierenden Sau in unterschiedlicher Weise von der Höhe des Wurfzuwachses und der LM der Sau beeinflusst (→ Tab. 27.17). Daraus ergibt sich, dass man bei der Futterherstellung mit unterschiedlichen Relationen von pcd Lys zu ME im Futter rechnen könnte. Sauen mit einer noch geringen LM benötigen eine höhere Relation von pcd Lys zu ME als schwere Sauen. Die Differenz bei einem Unterschied in der LM von 100 kg liegt bei etwa 0,06 g pcd Lys/MJ ME. Eine Erhöhung des Wurfzuwachses um 1 kg/d bewirkt eine Erhöhung bei der benötigten Relation in einer Größenordnung von 0,05–0,08 g pcd Lys/MJ ME. In der Praxis wird lediglich ein einheitliches Laktationsfutter eingesetzt und die Gehalte sind dann auf einen hohen Wurfzuwachs auszurichten. Die Relation soll daher 0,60 g pcd Lys/MJ ME betragen (→ Tab. 27.16). Für die übrigen Aminosäuren liegen die Relationen zu pcd Lys (=1) dann bei 0,60 für pcd Met + Cys und 0,65 für pcd Thr. Die Anteile proteinreicher Komponenten in der Mischung müssen höher sein als in der Tragezeit. Der Einsatz freier Aminosäuren mit dem Ziel der Senkung des Rohproteinaufwandes ist ebenso wie in der Ferkelaufzucht und Mast möglich. Die zum Einsatz kommenden Mineralfutter müssen einen ausreichenden Gehalt an dP aufweisen. Wenn das Futter auf dem Betrieb gemischt wird, sollten die gleichen Hauptkomponenten eingesetzt werden wie in der Tragzeit – allerdings in veränderten Anteilen.

Die Futtermengen während der Säugeperiode orientieren sich an der Ferkelzahl. Täglich benötigt die Sau je nach ME-Gehalt des Futters etwa 1,5–2,0 kg Futter plus 0,4–0,5 kg für jedes säugende Ferkel. Bei 14 Ferkeln entspräche dies einer Futtermenge von 7–9 kg/d. Der Verzehr ist aber in den meisten Fällen geringer, was zu der bereits erläuterten Mobilisation von Körpersubstanz führt. Ist der Verlust an LM in der Säugeperiode deutlich höher als 20 kg, können negative Einflüsse auf die Fruchtbarkeit auftreten. Die Sicherung eines möglichst hohen Futterverzehrs in der Laktationsspitze der Sau ist daher eine besondere Herausforderung. Während der ersten Woche wird daher das Futter nicht *ad libitum* angeboten. Stattdessen wird, beginnend mit etwa 1 kg/d, das Futterangebot täglich um etwa 1 kg erhöht, bis die angestrebte Menge oder die Grenze der Sättigung erreicht ist. Dadurch ist zwar während der ersten 5–7 Tage die Versorgung noch deutlich unter dem Bedarf, eine zu schnelle Steigerung der Futtervorlage nach der Geburt erhöht aber das Risiko für Verdauungsstörungen und Futterverweigerung und birgt somit die Gefahr eines dauerhaft unzureichenden Verzehrs. Futterreste dürfen bei der nächsten Mahlzeit nicht mehr im Trog sein.

Üblicherweise wird die Tagesration auf zwei Mahlzeiten verteilt. Neuere Untersuchungen haben gezeigt, dass eine Erhöhung des Verzehrs um 0,3–0,5 kg/d erreicht werden kann, wenn das

Futter verteilt auf vier Portionen angeboten wird. Es hängt von den technischen und arbeitswirtschaftlichen Voraussetzungen auf dem Betrieb ab, ob dieser Vorteil genutzt werden kann. Eine übermäßige Verfettung in der Trächtigkeit führt zu einem verminderten Futterverzehr in der Laktation und muss daher auch aus diesem Grunde vermieden werden (→ Kap. 27.4.2).

Der Futterverzehr der Sau ist auch von der Umgebungstemperatur abhängig. Bei Temperaturen von mehr als 20 °C gehen Verzehr, Milchleistung und Ferkelwachstum zurück. Da die Temperaturansprüche der Sau und der Ferkel verschieden sind, ist eine separate und punktuelle Wärmequelle für die Ferkel wichtig.

Sauen benötigen uneingeschränkt Zugang zu Tränkwasser. Wegen der Milchbildung und der hohen Wärmeproduktion ist der Wasserbedarf hoch. Die durchschnittliche Wasseraufnahme beträgt etwa 20 l/d, die Wasseraufnahme kann aber auch bis zu 40 l/d betragen.

Das frühzeitige Angebot von Milchaustauscher (bei großen Würfen) und Saugferkelergänzungsfutter ermöglicht es, dem steigenden Energiebedarf der Ferkel gerecht zu werden, ohne eine übermäßige Mobilisation maternaler Gewebe in Kauf nehmen zu müssen (→ Kap. 27.2.6). Je Kilogramm verzehrtem Ergänzungsfutter kann mit einer Einsparung an ME für die Sau von etwa 22 MJ oder einer Verminderung der Mobilisation von Körpersubstanz von etwa 0,9 kg gerechnet werden.

Am Tag des Absetzens geht der Bedarf der Sau abrupt zurück. Es kann in der Vorbereitung für die nächste Belegung weiterhin das Säugefutter eingesetzt werden. Die Futtermengen orientieren sich an denen der hochtragenden Phase.

27.6 Zuchteber

Aufzucht

Jungeber haben ein hohes Wachstumspotenzial, das in der Aufzucht nicht voll ausgeschöpft wird, damit die Ausbildung funktionstüchtiger Reproduktionsorgane nicht beeinträchtigt wird. Ziel ist die Sicherung einer hohen Spermamenge mit guter Spermaqualität und eine gute Skelettentwicklung. Allgemein gültige Versorgungsempfehlungen können nur mit Einschränkung gegeben werden, da die Spezifik der Rasse und die Zuchtziele bei der Gestaltung der Eberaufzucht eine besondere Rolle spielen. Je nach Rasse wird die Zuchtreife im Alter von 7 bis 9 Monaten und mit einer LM von 140–180 kg erreicht. Die mittleren LM-Zunahmen in der gesamten Aufzucht betragen 700–800 g/d. Zur Mitte der Aufzucht können allerdings auch mehr als 1000 g Tageszunahmen erreicht werden, entsprechend geringer ist dann die Fütterungsintensität in der letzten Phase der Aufzucht.

Bei den Jungebern ist der Proteingehalt im LM-Zuwachs etwas höher und der Fettgehalt geringer als bei Kastraten. Die Konzentration von pcd Lys sollte daher bis zum Erreichen von etwa 120 kg LM 0,65–0,75 g/MJ ME betragen und kann danach auf etwa 0,50 g/MJ ME vermindert werden. Bezüglich der Relationen der übrigen essenziellen Aminosäuren zum Lys können die Werte für die Schweinemast verwendet werden. Eine Ausnahme bilden die S-haltigen Aminosäuren, denen bei der Spermatogenese eine besondere Bedeutung zukommt. Die Relation von pcd Lys zu pcd Met + Cys beträgt daher in der Eberaufzucht 1 : 0,70.

Zuchtnutzung ausgewachsener Eber

Während der Zuchtphase besteht ein Energiebedarf für Erhaltung, für die Bildung des Ejakulates und den Deckakt sowie evtl. für noch geringfügig stattfindendes Wachstum. Eine ME-Zufuhr von 30–35 MJ/d ist, je nach LM der Eber, ausreichend. Wird das Futter für säugende Sauen verwendet, ist eine bedarfsdeckende Versorgung mit allen Nährstoffen sichergestellt. In Besamungsstationen bieten sich allerdings spezielle Mischungen an, die dann höhere Rohfasergehalte enthalten und in größeren Mengen eingesetzt werden können. Die vermeintlich positiven Effekte sehr hoher Dosierungen bestimmter Vitamine und Spurenelemente im Futter für Zuchteber sind experimentell nicht eindeutig belegt.

27.7 Versorgung von Schweinen mit wasserlöslichen Vitaminen

In Tabelle 27.19 ist zusammengefasst, welche Versorgung mit B-Vitaminen für Schweine empfohlen wird. Die Gehalte an Vitaminen in Einzelkomponenten sind sehr unterschiedlich und können durch die Lagerung oder Behandlung der Futtermittel verändert sein, sodass ihr Beitrag in der Futtermischung normalerweise nicht berücksichtigt wird. Stattdessen wird die Zufuhr von B-Vitaminen vollständig über das Mineralfutter vorgenommen. Sehr häufig sind Mineralfutter oder Alleinfuttermittel im Angebot, die großzügige Sicherheitszuschläge hinsichtlich der Vitamine, auch der fettlöslichen, enthalten. Effekte von Dosierungen, die mehrfach höher sind als die in Tabelle 27.19 genannten, konnten aber in Versuchen nicht reproduzierbar nachgewiesen werden.
Schweine können Ascorbinsäure (Vitamin C) synthetisieren. Die Eigensynthese ist ausreichend hoch, sodass eine Ergänzung durch das Futter nicht erforderlich ist.
Carnitin ist eine vitaminähnliche Substanz. Die biologisch aktive Form (L-Carnitin) ist am Transport langkettiger Fettsäuren in die Mitochondrien sowie an weiteren physiologischen Prozessen beteiligt. L-Carnitin wird von Schweinen unter Verwendung der Aminosäuren Lysin und Methionin synthetisiert. Die Höhe der Eigensynthese scheint, auch bei Einsatz rein pflanzlicher Rationen, für das Wachstum in der Regel ausreichend zu sein. Die Reproduktionsleistung von Sauen kann hingegen positiv beeinflusst sein, wenn L-Carnitin dem Futter zugesetzt wurde. Die Eigensynthese von Sauen scheint also für bestimmte physiologische Prozesse nicht ausreichend zu sein.

27.8 Fütterung und Produktbeschaffenheit

In der Schweinefleischerzeugung ist der Magerfleischanteil ein ökonomisch bedeutendes Kriterium. Für die Maximierung des Proteinansatzes ist eine ausreichende Versorgung mit Aminosäuren wichtig. Im Kapitel 27.2.3.3 sind die Anforderungen spezifiziert. Werden sie eingehalten und die Anforderungen von auf sehr hohen Proteinansatz gezüchteten Schweinen wie erläutert berücksichtigt, ist die Voraussetzung für hohen Proteinansatz gegeben. Der Magerfleischanteil kann dennoch suboptimal sein, wenn der Fettansatz überproportional steigt. Im Zusammenhang mit dem Gehalt an intramuskulärem Fett besteht ein Zielkonflikt. Letzterer ist wegen seiner Bedeu-

Tab. 27.19
Empfehlungen zu den Gehalten an B-Vitaminen im Alleinfutter für Schweine (mg/kg DM) (GfE 2006)

Vitamin	Ferkel	Mastschwein	Zuchtsau
Thiamin (B_1)	1,7	1,7	1,7
Riboflavin (B_2)	4,4[1]/3,7	2,8[2]/2,3	4,2
Niacin[3]	20[1]–15	15	11
Pantothensäure	13	10	13
Pyridoxin (B_6)	3,0	3,0	1,5
Cobalamin (B_{12})	0,040[1]/0,023	0,010	0,017
Biotin[4]	0,09	0,06	0,22
Folsäure	0,33	0,33	1,44
Cholin[5]	1000	800[2]/500	1200

1 bis 10 kg LM, 2 bis 60 kg LM, 3 verfügbares Niacin bei bedarfsgerechter Versorgung mit Tryptophan,
4 verfügbares Biotin, 5 vitaminähnliche Substanz

tung für die sensorischen Eigenschaften gewünscht und sollte etwa 2 % betragen. Häufig liegt er niedriger. Der Gehalt an intramuskulärem Fett kann durch energiereiche Fütterung in der Endmast gesteigert werden, allerdings geht dies nur bei Inkaufnahme einer gleichgerichteten Erhöhung des Fettansatzes insgesamt und somit eines verminderten Magerfleischanteils.

Kenndaten der Fleischbeschaffenheit *post mortem* (pH-Wert, Wasserhaltevermögen etc.) sind teilweise genetisch determiniert und von den Bedingungen beim Schlachttiertransport, bei der Wartezeit im Schlachthof und bei der Schlachtung abhängig. Durch die Fütterung sind sie nicht beeinflussbar, sofern im Vorfeld eine bedarfsdeckende Versorgung sichergestellt war. Auch die Farbe des Fleisches ist nicht direkt von der Fütterung abhängig.

Das Aminosäurenmuster des Proteins ist genetisch determiniert und durch die Fütterung nicht beeinflussbar. Ein Mangel in der Versorgung mit einer einzelnen Aminosäure führt zu einer Verminderung des Proteinansatzes, aber nicht zu einem selektiv nur für diese Aminosäure reduzierten Ansatz. Umgekehrt hat ein Überschuss in der Versorgung mit einer oder mehreren Aminosäuren keinen Einfluss auf das Aminosäurenmuster im Muskelprotein.

Anders verhält es sich mit dem Fettsäurenmuster im Körperfett. Schon bei geringen Fettgehalten im Futter spiegelt sich das Fettsäurenmuster des Futterfettes im Körperfett wider, weil ein Teil der Fettsäuren unmittelbar in das Fettgewebe des Tieres überführt wird. Mehrfach ungesättigte Fettsäuren (vor allem Linol- und Linolensäure) machen den Speck weicher und anfällig gegen Oxidation und damit Verderb. Sie beeinflussen daher Verarbeitungs- und Lagereigenschaften. Weil sich die pflanzlichen Futtermittel und die Öle erheblich in ihrem Anteil an mehrfach ungesättigten Fettsäuren unterscheiden, ist die Kombinationswirkung im Hinblick auf die Gehalte in der Gesamtration im Einzelnen dahingehend zu beachten, dass nicht mehr als 18 g Linol- und Linolensäure je kg Futter enthalten sind. In der Endmast wird daher der Einsatz von Körnermais oder Hafer in größeren Anteilen und insbesondere die Ergänzung mit Pflanzenölen vermieden. Eine Erhöhung der Oxidationsstabilität des Fettes im Futter lässt sich durch gesteigerte und bedarfsüberschreitende Dosierungen von Vitamin E erreichen. Auch im Hinblick auf die Erhöhung der Lagerstabilität der Verarbeitungsprodukte kann eine erhöhte Dosierung von Vitamin E vor der Schlachtung sinnvoll sein, obwohl der Carry-over aus dem Futter in das tierische Gewebe sehr gering ist.

27.9 Fütterungsbeeinflusste Gesundheitsstörungen

Fütterungsfehler sind in gut geführten Beständen mit moderner Fütterungstechnik und bei erfahrenen Schweinehaltern selten. Grundsätzlich sind sie aber möglich und sie können in folgenden Bereichen auftreten: bei der Fütterungsintensität (mit stressbedingten Folgen), in der Futtermitteltechnologie und Fütterungstechnik, bei der Dosierung im Mischprozess und bei der Fütterungshygiene.

Schweineaufzucht und -mast. Stressbedingt (evtl. einhergehend mit knapper Versorgung mit Vitamin E und Selen in Kombination mit einer hohen Aufnahme ungesättigter Fettsäuren) steigt die Neigung genetisch disponierter Tiere zu

- Muskelnekrosen: einseitige Nekrose des *Musculus longissimus dorsi;* wird häufig als „Bananenkrankheit“ bezeichnet,
- Hundesitzigkeit (Beinschwächesyndrom). Bei Hundesitzigkeit ist vor allem für Ruhe (Trennung von den übrigen Tieren der Gruppe), knappe aber regelmäßige Fütterung am Liegeplatz und ausreichend Wasser zu sorgen.
- plötzlichem Herztod: z. B. bei Transportstress, auch bei hoher Fütterungsintensität, hoher Belegungsdichte, hohen Temperaturen und allgemein ungünstigem Stallklima,
- Maulbeerherzerkrankung (in der Anfangsmast): bei dieser Krankheit liegen einzelne Tiere abseits, zeigen Kreislaufschwäche, gestörtes Allgemeinbefinden, blaurot verfärbte Ohren, und verenden unter Umständen. Es handelt sich um eine Mikroangiopathie, eine Erkrankung der kleinen Blutgefäße. In Problembetrieben, in denen gehäuft Maulbeerherzerkrankungen oder Hundesitzigkeit zu beobachten sind, sollten die Gehalte an Vitamin E längerfristig für einen bestimmten Zeitraum auf über

100 mg/kg Futter angehoben und die Gehalte an ungesättigten Fettsäuren bei Minimierung des Ölzusatzes zum Futter reduziert werden.

Stress, Fütterungs- und Haltungsbedingungen können komplexe Ursachen von Kreislauf- und Muskelerkrankungen sein, deren Auftreten durch unzureichende Versorgung mit Vitamin E und Selen begünstigt sein kann.

Fundamentprobleme sind genetisch bedingt und können durch eine hohe Fütterungsintensität gefördert werden. Häufig handelt es sich um Apo- und Epiphyseolysis. Dies sind schwere Lahmheiten infolge der Ablösung der Sitzbeinhöcker bzw. des Oberschenkelkopfes. Von Apophyseolysis sind eher die weiblichen, von Epiphyseolysis eher die männlichen Jungtiere betroffen. Insbesondere in der Jungsauenaufzucht ist das Auftreten dieser Fundamentprobleme infolge einer zu intensiven Fütterung problematisch, weshalb eine submaximale LM-Entwicklung angestrebt wird (→ Kap. 27.3). Zudem kann eine zu intensive Energieversorgung in der Jungsauenaufzucht zu Fruchtbarkeitsstörungen, insbesondere spätem Eintritt der Geschlechtsreife oder gehäuftem Umrauschen führen.

Fundament- und Haltungsschäden sowie Fruchtbarkeitsstörungen der Zuchtschweine können zum Teil durch restriktive Fütterung in der Jugendphase vermieden werden.

Durchfallerkrankungen infolge zu hoher Futteraufnahme und Energiedichte (zu niedrige Rohfasergehalte) treten vor allem beim Absetzen auf. Wesentliche Merkmale der Pathogenese sind Magenüberladung und intensive Gärungsvorgänge im Magen und oberem Intestinum. Es wird ein saurer, teils Gasbläschen enthaltender Kot abgesetzt. Ausreichende Gehalte an Rohfaser verhindern das Überfressen und wirken diätetisch.

Fütterungsintensität in der Sauenfütterung. Eine gewisse Mobilisation von Körperreserven in der Säugezeit als Folge einer unzureichenden Futteraufnahme (10–20 kg LM während einer 4-wöchigen Säugezeit) kann als physiologisch unproblematisch angesehen werden. In der folgenden Trächtigkeit ist auf einen moderaten Ausgleich dieser Verluste zu füttern, ohne dass eine Verfettung der Sauen einsetzt (→ Kap. 27.4.2).

Der sogenannte MMA-Komplex, gekennzeichnet durch das Zusammentreffen von Mastitis (Gesäugeentzündung), Metritis (Gebärmutterentzündung) und Agalaktie (Milcharmut), tritt nach der Geburt bei verfetteten Sauen mit höherer Häufigkeit auf, ist aber mehrfaktoriell bedingt. Die Ödematisierung von Scham und Gesäuge kann durch Mykotoxinwirkung verstärkt sein. Eine hohe Konzentration pathogener Keime begünstigt das Auftreten von Entzündungen, sodass die Stallhygiene ein wichtiges Element der Prophylaxe ist. Die Vermeidung von Verstopfung nach der Geburt durch Einsatz rohfaserreicher Futtermittel im geburtsnahen Zeitraum und allmähliche Gewöhnung an die hohen Futtermengen nach der Geburt ist ein weiterer prophylaktischer Ansatz.

Futtermitteltechnologie, Fütterungstechnik, Dosierung. Entmischungen können bei Flüssigfütterung vorkommen, wenn Rationsbestandteile mit unterschiedlichem spezifischem Gewicht entweder auftreiben (rohfaser- und fettreiche Komponenten) oder sedimentieren (z. B. Mineralstoffe). Auch bei der Beförderung mehlförmigen Futters mit Druckluft kann es zu Entmischungen kommen. Solche Entmischungen können dazu führen, dass das im Trog ankommende Futter bezüglich einzelner Nährstoffe unausgewogen ist, auch wenn die Mischung zunächst bedarfsgerecht zusammengesetzt war.

Zu feine Vermahlung beeinflusst die Futteraufnahme und Magenpassage, was die Sekretion und Fermentation im Magen und damit das Absinken des pH-Wertes im Magen negativ beeinflussen kann. Die Futteroberfläche wird vergrößert, was allerdings zunächst positiv auf die Verdaulichkeit wirken kann. Magenulcera als Folge von Feinvermahlung sind beschrieben. Zusätzliche Faktoren wie Stress können dies begünstigen. Eine unvollständige Stärkeverdauung im Dünndarm und erhöhter Fluss von Stärke in den postilealen Abschnitt des Darms kann die Ursache von fermentativ bedingten Dickdarmdurchfällen sein. Dies betrifft vor allem Stärken, die in unbehandelter Form gering verdaulich sind, z. B. rohe Kartoffelstärke. Bei Verwendung solcher Futtermittel hat vor der Fütterung ein Stärkeaufschluss, z. B. durch Dämpfen, zu erfolgen. Bei Ferkeln, die noch nicht über eine hohe Amylaseaktivität verfügen, kann auch der Aufschluss von ansonsten hoch verdaulichen Getreidestärken sinnvoll sein, weil die enzymatische Hydrolyse hierdurch unterstützt wird.

Nährstoffmangel. Eine Versorgung unterhalb des Bedarfes kann durch Kalkulations-, Dosier- oder Mischfehler sowie durch Lagerverluste und die bereits angesprochenen Entmischungsmöglichkeiten bedingt sein. Mangelsituationen sind aber unter heutigen Fütterungsbedingungen selten. Deshalb sind auch Mangelsymptome oder -krankheiten, wie z. B. die Rachitis als Folge eines Mangels and P und Ca, selten anzutreffen. Eine kurzzeitige Unterversorgung mit diesen Elementen führt nicht zu negativen Effekten, weil das Skelett bezüglich der Mineralisation eine Flexibilität aufweist und nicht immer die maximal mögliche Mineralstoffeinlagerung nötig ist.
Unter den Spurenelementen kommt dem Eisen in der Saugferkelernährung eine besondere Bedeutung zu, was im Kapitel 27.2.6 bereits näher erläutert ist. Ein Mangel an Zink, unter Umständen als Folge eines hohen Phytatgehaltes in der Ration, Ca-Überschuss und chronischer Durchfall, führt mittelfristig zu rauer, borkiger Haut, im ausgeprägten Stadium zu Parakeratose. Diese ist an flächigen, keratinartigen dunklen Hautauflagerungen erkennbar. Durchfälle können aufgrund eingeschränkter Absorption auch bei anderen Spurenelementen eine Unterversorgung verursachen, z. B. bei Kupfer und Mangan. In vielen Fällen sind die Symptome eines Mangels unspezifisch, wie verminderte Futterverwertung oder geringes Wachstum.
Unspezifisch sind auch die Symptome, die bei Vitaminmangel auftreten. Bei Fehlmischungen oder Verwendung von zu lange gelagerten Komponenten sowie bei krankheitsbedingter Verminderung der Absorption sind solche Mangelsituationen möglich. Abgesehen von diesen Ausnahmen ist aber in der Regel über die Verwendung der gängigen Vormischungen und bei Einsatz von Alleinfuttermitteln eine mangelhafte Vitaminversorgung unter Praxisbedingungen nicht zu erwarten.
Eine mangelhafte Versorgung mit Nährstoffen ist bei sachgemäßer Futteroptimierung in der Schweinehaltung selten. Mineralstoffe und Vitamine werden in der Regel über Vormischungen in ausreichender Menge zugeführt. Schwachstellen können bei Transport und Lagerung des Futters auftreten und zur Entmischung des Futters führen. Krankheitsbedingte Störungen in der Nährstoffabsorption oder dem Futterverzehr können die Versorgung auch dann beeinträchtigen, wenn ein bedarfsgerecht konzipiertes Futter verwendet wird.

27.10 Hygiene von Futter, Fütterung und Tränke

Das Futter soll möglichst frei von Stoffen sein, die die Gesundheit des Tieres oder die Beschaffenheit des gewonnenen Produktes negativ beeinflussen können. Hierzu zählen pflanzeneigene Stoffe, die je nach Konzentration giftig oder antinutritiv wirken können. Bestimmte Pflanzen oder Pflanzenteile werden daher in der Fütterung grundsätzlich nicht eingesetzt, oder es werden Obergrenzen für deren Einsatz definiert. Problematischer sind Fremdstoffe, die aus der Umwelt oder durch Behandlungsmaßnahmen in Pflanzen und deren Verarbeitungsprodukte gelangen können. Für viele Substanzen gibt es futtermittelrechtlich festgelegte Höchstgehalte, deren Einhaltung z. B. im Rahmen der amtlichen Futtermittelüberwachung kontrolliert wird.
Ein Besatz des Futters mit Milben, Insekten oder Käfern wird überwiegend als nicht unmittelbar schädlich angesehen, ist jedoch ein Indikator für abnehmende Nährstoffgehalte und für Verderb des Futters. Faktoren einer guten Futterhygiene sind:

- saubere, trockene und kühle Lagerung der Futtermittel,
- Verbrauch mehlförmiger Mischfuttermittel innerhalb von 4 Wochen,
- vollständige Entleerung und Reinigung von Futtersilos vor Neubefüllung,
- beschattete Außensilos, damit die Gefahr der Bildung von Kondenswasser vermindert wird.
- Belüftungsmöglichkeiten ohne Gefahr von Wassereintritt.
- Flüssigfütterungsanlagen bergen ein höheres Risiko. Der Anmischbottich ist regelmäßig gründlich zu reinigen. Restmengen sollten vor allem im Sommer nicht verbleiben. Pumpwege und Fallrohre sollen so kurz wie möglich sein.

Ein verstärkter mikrobieller Besatz kann problematisch werden. Vor allem Pilze und deren Stoffwechselendprodukte, die Mykotoxine, sind in bestimmten Regionen und bei entsprechend förderlichen Umweltbedingungen in einzelnen Jahren ein sehr großes Problem. Wissenschaftliche Untersuchungen hat es in den zurückliegenden Jahren vor allem zum Deoxynivalenol (DON) und zum Zearalenon (ZEA) gegeben. Das Schwein gilt als empfindlichste Nutztierart gegenüber DON. Verminderter Futterverzehr, Erbrechen und Leistungsrückgang sind bei überhöhten Gehalten die Reaktion. ZEA wirkt bei regelmäßiger Aufnahme östrogen-ähnlich und senkt durch die Blockierung der Östrogenrezeptoren die Fruchtbarkeit; weibliche, präpubertäre Schweine sind besonders empfindlich. Eine Schwellung und Rötung der Scheide ist ein Indikator für ZEA-Wirkung, Fruchtbarkeitsprobleme sind zu erwarten. Höchstwerte wurden im rechtlich verbindlichen Sinne bislang nicht definiert. Es gibt jedoch einen Katalog von Orientierungswerten, bei deren Unterschreitung Gesundheit und Leistungsfähigkeit der Tiere nicht beeinträchtigt werden. Dieser Orientierungswert beträgt für DON beim Schwein 1,0 mg/kg Futter. Für ZEA liegt der Wert bei 0,25 mg/kg im Futter für Mastschweine und Zuchtsauen und bei 0,05 g/kg im Futter für Jungsauen vor Eintritt in die Geschlechtsreife. Belastungen mit Mutterkorntoxin führen bei Sauen zu einer Blockierung der Prolaktinsekretion und zum Versiegen der Milch. Für Aflatoxin gibt es einen futtermittelrechtlich festgelegten Grenzwert.

Während gegen Mikroorganismen gezielt vorgegangen werden kann, sind deren Toxine mit üblichen Futterbehandlungsmethoden kaum zu entfernen. Daher ist die Prophylaxe entscheidend. Acker- und pflanzenbauliche Maßnahmen beeinflussen maßgeblich das Auftreten und die Verbreitung von Schimmelpilzen und Toxinen (Bodenbearbeitung, Fruchtfolge, Aussaatstärke, Sortenwahl, Pflanzenschutz, Erntezeitpunkt). Starker Pilzbefall ist in Getreide mit Klein- und Schmachtkorn verbunden, sodass eine Reinigung und Sortierung hilfreich sein kann. Lagerpilze können bei zu hohem Feuchtegehalt des Getreides auftreten. Eine sichere Konservierung des Getreides durch Trocknung (Feuchtegehalte unter 14%) oder alternativ durch Kühlung bzw. Zusatz von Konservierungsstoffen (z. B. Propionsäure) ist unerlässlich.

Zur Futterhygiene gehört auch die Verhinderung der Einschleppung von Tierseuchenerregern. Als vorbeugende Maßnahme ist die Verfütterung von Speiseresten seit 2006 EU-weit verboten, weil ein Zusammenhang mit dem Auftreten von Maul- und Klauenseuche und anderen Seuchen vermutet wird.

Bei Bezug von **Tränkwasser** aus der öffentlichen Wasserversorgung kann von einem hohen Hygienestatus ausgegangen werden. Hofeigene Wasserquellen dürfen nicht durch Einträge mit Oberflächenwasser oder sonstigen Kontaminationen verunreinigt sein. Nippel- oder Zapfentränken gewährleisten die beste Qualität des Tränkwassers für das Tier. Systeme mit Tränkebecken müssen täglich von Futterresten, Kot und Urin befreit werden. Nach einer erfolgten Tränkwassermedikation sind Tränknippel abzuschrauben und zu reinigen und das gesamte Leitungsnetz zu spülen. Ein ausreichender Wasserfluss an einzelnen Tränken muss regelmäßig überprüft werden.

27.11 Umwelt- und ressourcenschonende Fütterung

Ausscheidungen der Schweine können in bestimmten Situationen zur Belastung für die Umwelt werden. Besonderes Augenmerk gilt den Ausscheidungen von N und P sowie von einigen Spurenelementen, insbesondere Cu und Zn. Bei allen Elementen gilt, dass bezüglich des Austrags mit dem Dung ein Problem nur dann auftritt, wenn die Tierzahl und die ausgebrachte Güllemenge nicht in einer angemessenen Relation zur verfügbaren Fläche stehen. Beim N kommen zusätzlich gasförmige Emissionen hinzu, die als Folge der Umsetzung der ausgeschiedenen N-Verbindungen, insbesondere des Harnstoffs, im Stall und während der Lagerung sowie bei der Ausbringung des Dungs (Ammoniak) oder später bei Nitrifikations- und Denitrifikationsvorgängen unter Nutzung reaktiver N-Verbindungen im Boden (Lachgas) auftreten.

Ein Teil der Ausscheidungen über Kot und Harn der Tiere ist unvermeidlich, weil er entweder von den Eigenschaften des Futters (insbesondere der Verdaulichkeit) oder durch den Metabolismus des Tieres verursacht wird. Je höher die Leistung und damit die Futteraufnahme eines Tieres ist, desto mehr Nährstoffe werden auch ausgeschieden. Aus ökologischer Sicht ist dennoch eine hohe Leistung positiv, weil die Ausscheidungen pro Einheit Produkt vermindert sind. Wird beispielsweise eine bestimmte Schlachtkörpermasse bei hohen LM-Zunahmen in geringerer Zeit erreicht als bei niedrigen LM-Zunahmen, so ist für die verkürzte Zeit kein Nährstoffaufwand für Erhaltung erforderlich (→ Abb. 27.2).

Besonderes Augenmerk gilt den Ausscheidungen, die als Folge einer überhöhten Versorgung auftreten und die somit vermeidbar sind.

Die **Ausscheidungen von N** lassen sich vor allem dadurch reduzieren, dass

- das Konzept der Phasenfütterung in Ferkelaufzucht und Mast konsequent umgesetzt wird und die Gehalte an Aminosäuren im Futter kontinuierlich vermindert werden (für die Schweinemast → Kap. 27.2.7). Gegenüber der Universalmast, bei der in der gesamten Mast ein einheitliches Futter eingesetzt wird, wird hierdurch eine Verminderung der N-Ausscheidungen um bis zu 15 % möglich. Tragende Sauen sollen möglichst nicht mit einem Futter für säugende Sauen gefüttert werden. Tragende Sauen kommen mit deutlich geringeren Aminosäurengehalten im Futter aus als säugende.
- die praecaecale Verdaulichkeit der Aminosäuren berücksichtigt wird und die Datenbasis für die Verdaulichkeit von Einzelfuttermitteln und Einflussgrößen auf die Verdaulichkeit kontinuierlich erweitert wird.
- das Aminosäurenmuster im Futterprotein optimiert wird und dem Bedarf an einzelnen Aminosäuren möglichst nahekommt. Wird das Futter auf den Gehalt an der üblicherweise erstlimitierenden Aminosäure Lysin optimiert, ist damit häufig für alle anderen Aminosäuren eine über dem Bedarf liegende Versorgung verbunden. Durch eine gezielte Auswahl und Kombination verschiedener Proteinträger lässt sich in begrenztem Maße die Aminosäurenrelation verbessern. Noch wirkungsvoller lässt sich dies durch den Einsatz von freien Aminosäuren erreichen. Die erstlimitierenden Aminosäuren sind als Futtermittelzusatzstoffe verfügbar und ermöglichen in Kombination mit der Phasenfütterung in der Mast eine Reduzierung der N-Ausscheidungen um bis zu 1/3 im Vergleich zur Universalmast. Auch in der Sauenfütterung hat sich der Einsatz von Aminosäuren zur Verminderung der CP-Gehalte im Futter und damit der N-Ausscheidungen bewährt. Die Einsatzwürdigkeit freier Aminosäuren hängt dabei nicht nur vom Preis der Aminosäuren ab. Werden für einen Betrieb die Restriktionen zur Ausbringung von N mit Wirtschaftsdünger zum begrenzenden Faktor für die Tierhaltung, wird die ökonomische Relevanz von verminderten N-Ausscheidungen anders sein, als wenn lediglich die Futterkosten betroffen sind.

Die Verminderung der N-Ausscheidungen geht nahezu ausschließlich darauf zurück, dass die Schweine weniger Harnstoff mit dem Urin ausscheiden. Dieser Harnstoff kann sehr leicht zu Ammoniak und Kohlendioxid gespalten werden, sodass die Bedeutung der zuvor angesprochenen Maßnahmen für die Verminderung der Ammoniakemissionen größer ist als für die Verminderung der N-Ausscheidungen allgemein.

Betriebe, die nach den Vorgaben des ökologischen Landbaus wirtschaften, dürfen freie Aminosäuren nicht einsetzen und können die damit verbundenen Möglichkeiten zur Erhöhung der Proteinnutzungseffizienz und zur Verminderung von Ammoniakemissionen nicht nutzen.

Die **Ausbringung von P** mit der Gülle auf den Betriebsflächen wird zu einem Problem, wenn sie mittel- bis langfristig den Entzug durch die Kulturpflanzen übersteigt. Eine langfristige Überversorgung bringt die Gefahr des Eintrags von Phosphaten in die Gewässer mit nachteiligen Wirkungen (Eutrophierung) mit sich. Die Düngegesetzgebung sieht daher Restriktionen für P vor. Für Betriebe mit einer hohen Intensität der Tierhaltung und in Relation dazu geringer Flächenausstattung ist die Notwendigkeit zur Minimierung der P-Ausscheidungen daher sehr groß. Als globale Herausforderung kommt hinzu, dass die Lagerstätten für Rohphosphate begrenzt und in nur wenigen Ländern konzentriert sind.

Für die Reduzierung der Ausscheidungen von P kommt ebenfalls der Phasenfütterung die größte Bedeutung zu. Die Gehalte an dP im Futter können im Verlaufe des Wachstums kontinuierlich reduziert werden (→ Abb. 27.9). In der

Abb. 27.11
Kalkulation des Aufwandes an Phosphor bei der Mast eines Schweines von 30 bis 120 kg LM. Unterstellt sind Rationen auf der Basis von Gerste, Weizen und Sojaextraktionsschrot, optimiert entsprechend der Empfehlungen zur Versorgung mit pcd Lys und dP, mit und ohne Berücksichtigung des Einsatzes von Phytase (Phy).

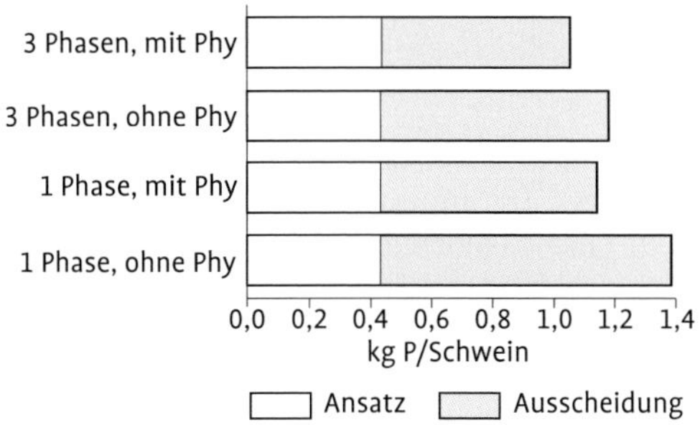

Abb. 27.12
Gegenüberstellung der Mengen an importierten und angesetzten P-Mengen in der Schweinemast von 30 bis 120 kg LM auf der Basis betriebseigen erzeugten Getreides mit und ohne Einsatz von Phytase (Phy).

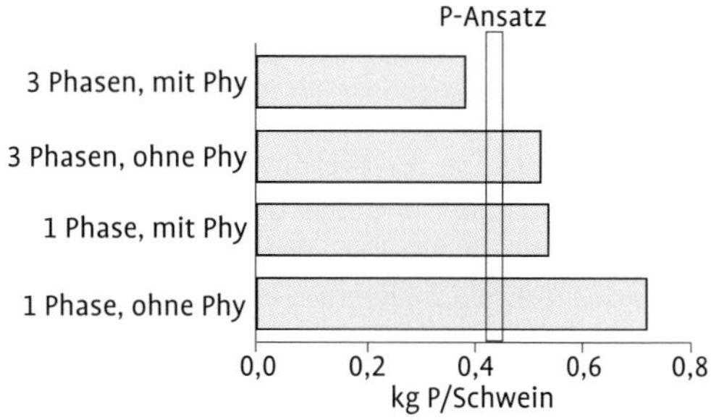

Fütterung der Sauen kann der dP-Gehalt des Futters für tragende Sauen deutlich niedriger sein als für laktierende. Die Variation der P-Gehalte des Futters erfolgt dabei zum überwiegenden Teil über den Einsatz mineralischer P-Quellen. Die Ergänzung mineralischer P-Quellen kann geringer ausfallen oder ganz entfallen, wenn dem Futter Phytase zugesetzt und damit die Verdaulichkeit des pflanzlichen Phosphors gesteigert wird. Dies ist vor allem dann möglich, wenn Einzelkomponenten ohne pflanzeneigene Phytaseaktivität verwendet werden (z. B. Mais, Extraktionsschrote) oder die pflanzeneigene Phytase durch Temperatureinwirkung (ca. > 70 °C) deaktiviert wurde. Bei Einsatz von Phytase lässt sich eine Verdaulichkeit des pflanzlichen Phosphors in den Rationen von bis zu 70 % erreichen. Im ökologischen Landbau darf Phytase dem Futter nicht zugesetzt werden.

Ein Mastschwein, das auf der Basis von Getreide und Sojaextraktionsschrot mit Universalfutter gefüttert wird, scheidet bis zum Erreichen der Schlachtreife insgesamt etwa 1 kg P aus (→ Abb. 27.11). Die Ausscheidung lässt sich um etwa 20 % reduzieren, wenn entweder in drei Phasen mit abgesenkten dP-Gehalten gefüttert wird oder Universalmast mit Phytaseeinsatz praktiziert wird. Werden Phasenfütterung und Phytaseeinsatz miteinander kombiniert, lässt sich die P-Ausscheidung eines Schweins im Vergleich zur Universalmast um etwa 35 % vermindern. Betriebe, die hofeigen erzeugtes Getreide einsetzen, können mit der Phasenfütterung und Phytaseeinsatz auch bei einem hohen Viehbesatz vermeiden, dass es durch den Zukauf von P-haltigen Futterkomponenten zu einem Überschuss in der P-Bilanz des Betriebes kommt (→ Abb. 27.12). Eine hohe Intensität der Schweinehaltung kann daher unter dem Gesichtspunkt der P-Bilanz nicht generell als ökologisch bedenklich eingeschätzt werden. Die Wirkung hängt von der Größe der zur Verfügung stehenden Fläche ab und davon, ob der Betrieb pflanzliche Produkte verkauft.

Bei der Fütterung der laktierenden Sauen und der Aufzuchtferkel bestehen bei Einsatz von Phytase ebenfalls Möglichkeiten zu einer deutlichen Verminderung der P-Ausscheidungen der Tiere. Tragende Sauen haben einen niedrigen Bedarf an dP, sodass häufig weder eine mineralische P-Ergänzung noch ein Phytasezusatz notwendig sind.

28 Fütterung der Pferde

Annette Zeyner und Jürgen Zentek

Die Domestikation des Pferdes begann vor etwa 5000–6000 Jahren im Gebiet des südlichen Russlands bzw. nördlichen Kasachstans. Aufgrund der nomadisierenden Lebensweise dürfte das Nahrungsspektrum der Pferde allenfalls marginale Veränderungen gegenüber dem der direkten wildlebenden Vorfahren erfahren haben. Diese hatten bei der Beweidung von Gras- und Steppenlandschaften einen leistungsfähigen Kauapparat und voluminösen Dickdarm entwickelt. Zu Beginn der Domestikation waren die Pferde vermutlich auch noch deutliche saisonale Unterschiede im Nahrungsangebot gewohnt. Diese Bedingungen änderten sich vor etwa 4000 Jahren zunächst im Vorderen Orient mit der Nutzung des Pferdes durch ackerbaulich kundige Völker. Die Verfügbarkeit von Luzerne und Getreidekörnern sowie Möglichkeiten zur Futterkonservierung und Vorratshaltung erlaubten eine höhere Energieaufnahme bei insgesamt kürzeren Fresszeiten und saisonal wie lokal weitgehend unabhängiger Rationsgestaltung. Damit war die Grundlage für eine weiter intensivierte Nutzung des Pferdes auf der Basis heute noch verbreiteter Rationstypen gelegt.

Das heutige Pferd hat sein entwicklungsgeschichtliches Erbe bewahrt, wenn auch in unterschiedlicher Ausprägung. So variiert nicht nur die Lebendmasse adulter Equiden ganz außerordentlich – vom Falabella mit rd. 90 kg bis zum Shire mit bis zu 1200 kg – sondern auch der Stoffwechseltyp. Pferde sog. robuster Rassen, aber auch Individuen anderer Rassen sind offenbar zu einer außerordentlich effizienten Ausnutzung der Nahrungsenergie befähigt. Dies erhöht bei üppigem Futterangebot die Anfälligkeit für Stoffwechselstörungen und Zivilisationskrankheiten, wie Insulinresistenz und Adipositas. Das konsequent auf sportliche Leitung gezüchtete Englische Vollblutpferd und wiederum einzelne Vertreter anderer Rassen haben im Gegenteil dazu einen besonders hohen Energieumsatz. Die unterschiedlichen Stoffwechseltypen fanden landläufig Niederschlag in Begriffen wie „leichtfuttrig" und „schwerfuttrig". Zudem ist der überwiegende Teil der in Deutschland gehaltenen Pferde adult und auch bei Nutzung im Freizeitbereich und unteren Sportsegment hinsichtlich des Energiebedarfes nicht wesentlich über Erhaltung anzusiedeln. Auch dies unterscheidet Pferde von den meisten anderen landwirtschaftlichen Nutztieren.

28.1 Grundlagen der Verdauungsphysiologie

Die entwicklungsgeschichtliche Ausrichtung des Pferdes als herbivore Spezies mit funktionellem Dickdarm bedingte anatomisch-physiologische Besonderheiten, deren Kenntnis für eine sachgerechte Fütterung erforderlich ist. Der Ablauf von Verdauung und Absorption beim Pferd ist in Abbildung 28.1 schematisch dargestellt. Wesentliche Effekte einer grobfutterbetonten bzw. sehr kraftfutterreichen Fütterung sind in Tabelle 28.1 zusammengefasst.

Maul und Speiseröhre

Pferde nehmen das Futter überwiegend mit den Lippen und der Zunge auf und verfügen dabei über ein beträchtliches Selektionsvermögen. Dieses schützt vor der Aufnahme von Fremdkörpern, führt beim Grasen jedoch zu einem sehr selektiven Verbiss. Weidegras wird vom Pferd mit den Schneidezähnen abgerupft. Der dadurch im Frontbereich verursachte, physiologische Zahnabrieb fehlt bei Fütterung im Stall. Bei der Futteraufnahme aus hängenden Heunetzen kommt es trotz rupfender Bewegung meist zu einer un-

Abb. 28.1
Ablauf von Verdauung und Resorption beim Pferd.

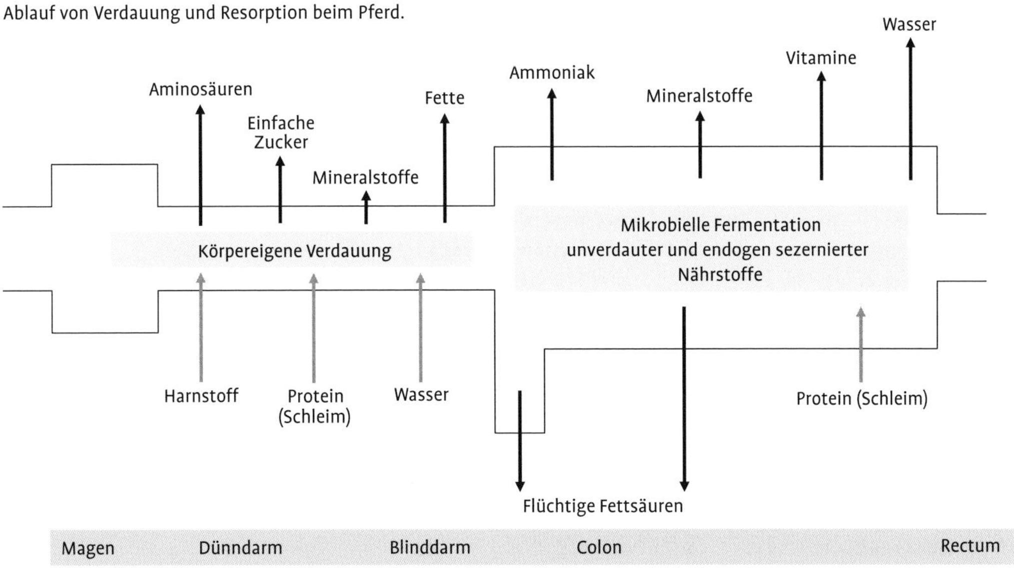

harmonischen Beanspruchung der Zähne und Verwerfungen im Kiefergelenk. Die breiten Kauflächen der Backenzähne weisen harte, widerstandsfähige Schmelzleisten auf. Dazwischen liegt mit Dentin und Zement ein leicht abriebfähiges Material. Unterschiede in der Abnutzung dieser Strukturen auf den Reibeflächen der Zähne erleichtern u. a. die Altersbestimmung nach dem Zahnstatus.

Pferde kauen immer nur auf einer Seite, wechseln diese aber regelmäßig. Der Kauapparat, einschließlich des mächtigen, von einem kaum ermüdenden Muskelfasertyp dominierten Kaumuskels *(Musculus masseter)*, ist auf eine langandauernde Nutzung ausgelegt. Bei zeitlich stark begrenztem Weidegang oder Angebot von Grünschnitt im Stall (hier fehlt der rupfende Zwischenschritt) kauen Pferde das Grüngut mit einer Frequenz von etwa 1,2–1,4 Kauschlägen (KS) pro Sekunde. Ganztägiger oder zumindest mehrstündiger Weidegang führt zu einer Reduktion der Kaufrequenz unter 1 KS/s (→ Abb. 28.2). Der angelsächsische Sprachraum hält für den beim Weiden gezeigten Tätigkeitskomplex aus Suche, Selektion und Aufnahme von Futter den Begriff **„Foraging"** bereit, für welchen es keine zufriedenstellende deutsche Entsprechung gibt. Im Stall wird Heu mit etwa 1,1–1,2 KS/s und Kraftfutter mit ca. 1,2–1,5 KS/s gefressen. Generell ist damit zu rechnen, dass beim Angebot höherer Futtermengen die Kaufrequenz niedriger ausfällt. Für die Aufnahme von 1 kg DM aus Heu, Heulage und Grünschnitt benötigen Pferde etwa 35–40 min, beim Angebot derselben Menge aus Stroh rd. 50 min. Bezogen auf die DM wird getauchtes Heu etwas langsamer gefressen, gedämpftes Heu dagegen offenbar nicht. Kraftfutter (Hafer, Gerste, Mais, Pellets, Müslifutter) wird in etwa 10–15 min/kg DM verzehrt, Kraftfutterpellets üblicher Größe (Durchmesser etwa 5 mm) und Härte innerhalb dieser Spanne besonders schnell. Größere und härtere Presslinge werden langsamer aufgenommen und dabei mit einer höheren Frequenz gekaut. Bei sehr hastig fressenden Pferden – und hier vor allem Ponys – sollte das Risiko einer Schlundverstopfung nicht außer Acht gelassen werden, zumal wenn die Pellets höhere Mengen (ab etwa 10 %) eines stark quellfähigen Materials, wie Trockenschnitzel, enthalten. Die früher an extensiven Pony- und Kleinpferderassen festgestellte langsamere Aufnahme von Kraftfutter hat sich bei Sportponys im Reitpferdetyp nicht bestätigt. Pferde tätigen bei der Aufnahme von Grobfuttermitteln und Kraftfutter etwa 2500–3500 und 600–1200 KS/kg DM. Der deutliche Unterschied

Tab. 28.1
Wirkungen einer einseitig rohfaser- oder stärkereichen Fütterung auf den Futterverzehr sowie auf verschiedene Abschnitte des Verdauungstraktes (Angaben gerundet).

	Rohfaserreiche Fütterung (Grobfutter)	Stärkereiche Fütterung (Kraftfutter)
Futterverzehr		
Verzehrgeschwindigkeit	Langsam (40–50 min/kg)	Hoch (10 min/kg)
Kaufrequenz	Niedrig (< 1,0[1]–1,2 KS/s)	Hoch (≈ 1,4 KS/s)
Kauintensität	Hoch (2500–3500 KS/kg)	Niedrig (800–1200 KS/kg)
Speichelbildung	Hoch (3,0–3,5 kg/kg)	Niedrig (1,0 kg/kg)
DM-Gehalt abgeschluckter Boli	Niedrig (10–15 %)	Hoch (30–40 %)
Magen		
DM-Fluss (Zufluss : Abfluss)	Gemäßigtes Verhältnis (6 : 1[2])	Weites Verhältnis (12 : 1[2])
DM-Gehalt des Mageninhalts	Gemäßigt (< 20 %[2])	(bis zu 28 %[2])
Magensaftsekretion	Physiologisch	Unphysiologisch hoch
Durchsaftung des Futterbreis	Gut	Verzögert, insgesamt unzureichend
pH-Wert-Absenkung im Chymus	Physiologisch (bis ≈ 2)	Verzögert, unvollständig (bis ≈ 4)
Dünndarm		
Mikrobielle Aktivität und Gehalt an organischen Säuren	Niedrig	ggf. erhöht[3]
pH-Wert	Physiologisch (7,0–7,5)	z. T. erniedrigt[4] (6,5–7,0)
Dickdarm		
Mikrobielle Aktivität und Gehalt an organischen Säuren	Moderat hoch	Sehr hoch bis überhöht[5]
pH-Wert	Physiologisch (6,5–7,5)	Erniedrigt (6,5; Lactacidose bis ≈ 4)
Temporäres Reservoire für Wasser und Elektrolyten	Ausgeprägt	Weniger ausgeprägt
Disposition für Schleimhautschäden	Gering	Hoch
Kot		
DM-Gehalt	Geformte Ballen (DM < 22 %)	Feste Ballen (DM > 20–40 %)[6]
pH-Wert	Physiologisch (pH ≈ 6,5–7,5)	Erniedrigt (pH < 6,5)

KS = Kauschläge;
1 bei langandauerndem Weidegang nach Gewöhnung (beim Anweiden können Kaufrequenzen wie für Kraftfutter erreicht werden); 2 1 Stunde nach der Fütterung von 1 kg des jeweiligen Futters; 3 in Abhängigkeit von der praecaecalen Verdaulichkeit der Stärke; 4 ggf. suboptimal im Hinblick auf das pH-Optimum körpereigener Verdauungsenzyme; 5 stark erhöhter Übertritt von Stärke in den Dickdarmbereich; 6 Durchfall erst bei Lactacidose

zwischen den Futtermittelgruppen führt beim Kraftfutter zu einem geringeren und im Querschnitt der Backenzähne unregelmäßigen Zahnabrieb. Futtermittel mit einem sehr niedrigen pH-Wert, wie Maissilage, scheinen die Zahnsubstanz anzugreifen. Die in Deutschland üblichen, sehr trockenen Heulagen (70–75 % DM) weisen dagegen einen höheren pH-Wert von 5–6 auf.

Durch den Kauprozess wird das Futter sehr intensiv zerkleinert. So betrug in einer Untersuchung der Anteil an Partikeln mit einer Größe von > 1,5 mm in den abgeschluckten Boli nach Fütterung von Mischfutter, Wiesenheu und Trockenschnitzeln 3, 28 und 70 %. Bestimmte Futtermittel können die bereits im Zusammenhang mit hastigem Fressen erwähnte Schlundverstopfung (sehr kleine Äpfel, gebröckelte Rüben, stark quellfähige Mischfutterpellets) oder Verstopfungskoliken (große Mengen langstängligen Klees oder Windhalm; Häcksel < 5 cm Länge) verursachen.
Durch den Kauprozess wird täglich eine Sekretion von 3–5 kg Speichel pro 100 kg LM induziert. Dieser enthält puffernde Substanzen, aber keine Verdauungsenzyme. Neben dem DM-Gehalt des

Abb. 28.2
Futteraufnahmedauer und Kaufrequenzen eines Pferdes bei Dauerweidegang (dargestellter Zeitabschnitt 06.30–19.30 Uhr; die durchgezogene Linie verdeutlicht eine Kaufrequenz von 1 Kauschlag [KS] pro Sekunde; nach Bochnia et al. 2016).

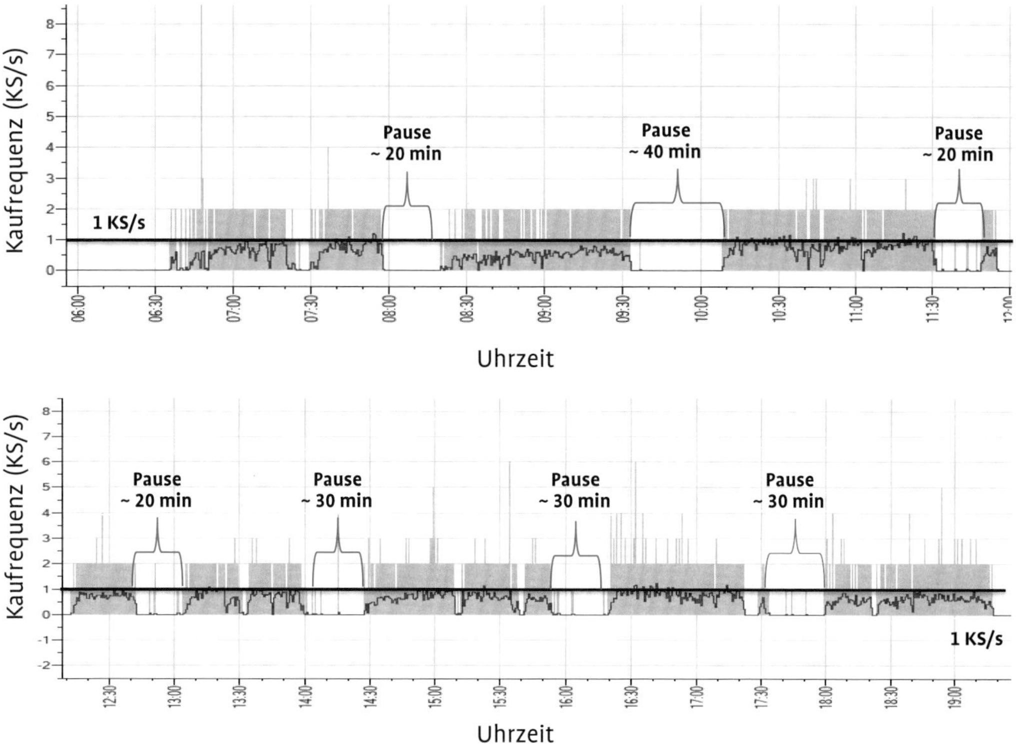

Futters ist die Speichelproduktion für den Feuchtigkeitsgehalt der abgeschluckten Boli maßgeblich. Entsprechend den geschilderten Verzehrcharakteristika ist die Speichelbildung bei der Aufnahme von Grobfuttermitteln (3,0–3,5 kg/kg) deutlich höher als beim Verzehr von Kraftfutter (rd. 1 kg/kg). So wurden im Ösophagus-Chymus nach dem Verzehr von Heu bzw. Kraftfutter DM-Gehalte von 11–15 % bzw. 33–38 % gemessen. Für Grünfutter liegen keine derartigen Messungen vor. Allerdings weist Grünfutter ohnehin einen deutlich höheren Wassergehalt auf als Raufutter und Kraftfutter, womit auch der Feuchtigkeitsgehalt der abgeschluckten Boli bei Weidegang und der Gabe von Grünschnitt im Stall wesentlich höher sein dürfte. Die Art des Futters beeinflusst also die Verzehrgeschwindigkeit, die Kauintensität, die Speichelsekretion und den Feuchtigkeitsgehalt der abgeschluckten Futterbissen maßgeblich.

Magen

Der Magen des Pferdes ist gleichzeitig Speicher- und Verdauungsorgan. Mit 17–20 l Fassungsvermögen bei einem mittelgroßen Pferd ist er allerdings vergleichsweise klein und nur begrenzt dehnungsfähig. Für die Nahrungspassage durch den Magen werden etwa 1–5 h angenommen, wobei besonders fettreiches Futter die Magenentleerung zu verzögern scheint. Allerdings wurde bereits 15–30 min nach der Aufnahme von Kraftfutter ein Anstieg von Glucose und Aminosäuren im Blutplasma gemessen, welcher schlüssig nur aus der abschließenden Verdauung von Stärke und Protein durch körpereigene Enzyme im Dünndarm zu erklären ist. Der Mageneingang ist durch eine Muskelschicht fest verschlossen und durch die schräge Einmündung der Speiseröhre anatomisch so beschaffen, dass eine retrograde Entleerung (Erbrechen) unmöglich ist. Zudem verfügt der Magen nicht über Dehnungsrezeptoren, welche die Futteraufnahme begrenzen könnten. Dementsprechend empfindlich ist der Pferdemagen in Bezug auf eine Überladung. Koliken und Rupturen des Magens sind zudem bei schneller Aufgasung möglich und können fatale Konsequenzen haben. Ein erhöhtes Risiko besteht generell nach der Aufnahme überhöhter Futtermengen oder verdorbener Futtermittel.

Auf die Speiseröhrenmündung folgt ein relativ großer Magenblindsack, die *Pars nonglandularis*. Diese ist mit einer drüsenlosen (kutanen) Schleimhaut ausgekleidet, welche keine Sekretionsfunktion aufweist. Die *Pars nonglandularis* ist regulär mikrobiell besiedelt, wobei Laktobazillen, Streptokokken und Lactat-verbrauchende Bakterien mit einer Dichte von bis etwa $2 \cdot 10^8$ KBE/ml im Mageninhalt dominieren. Durch die mikrobielle Fermentation von Kohlenhydraten aus der Nahrung entstehen flüchtige Fettsäuren, Milchsäure und Gase (v. a. Kohlendioxid und Wasserstoff). In einem gewissen Umfang wurden auch Proteinabbauprodukte im Mageninhalt nachgewiesen. In diesem Teil des Magens ist der pH-Wert mit etwa 4–5 noch vergleichsweise hoch und wird offenbar besonders durch die fermentativ gebildeten organischen Säuren (flüchtige Fettsäuren, Milchsäure) beeinflusst. So führt eine intensivere Fermentation nach Fütterung leicht fermentierbarer Kohlenhydrate – wie Zucker und Stärke – aus Kraftfutter zu einer hohen Säurebildung und niedrigem pH-Wert. Auch Fructooligosaccharide bzw. Fructopolysaccaride, wie Phleintyp-Fructane aus Gras, und Inulin, scheinen zum Teil bereits im Magen fermentiert zu werden. Von besonderer praktischer Relevanz ist, dass offenbar ein Teil der Stärke aus dem Futter im Magen mikrobiell abgebaut wird. Während dadurch die Säurelast und das Risiko für Schleimhautschäden im Magen ansteigen, steht dieser Teil der Stärke dem erwünschten Abbau zu Glucose und der Absorption als solche im Dünndarm nicht mehr zur Verfügung. Umfang und Variationsgrößen des mikrobiellen Abbaus von Stärke im Magen sind derzeit noch nicht sicher kalkulierbar.

In der anatomisch später folgenden Drüsenregion des Magens, der *Pars glandularis,* erfolgt eine weitere Absenkung des pH-Wertes durch die dort sezernierte Salzsäure (HCl). Pro 100 kg Lebendmasse bilden Pferde 5–10 l Magensaft. Dieser enthält als Ausdruck der HCl-Sekretion große Mengen an Natrium (0,6 g/kg) und Chlorid (3,0 g/kg). Die saure Durchsaftung des Mageninhalts leitet durch die Aktivierung von Pepsinogen zu Pepsin die Proteinverdaung ein und führt zu einer gewissen sauren Hydrolyse von Nahrungsbestandteilen, dient aber auch einer erwünschten mikrobiellen Inaktivierung des Futters. Grobfutterreiche Fütterung ermöglicht durch den langsamen Zufluss eines gut durchsafteten, vergleichsweise locker geschichteten Futterbreis eine vorzügliche Durchdringung des Chymus mit saurem Magensaft. So wurden nach der Fütterung von Heu im Mageninhalt DM-Gehalte von maximal 18 % gemessen. Die dadurch realisierte Absenkung des pH-Wertes im Inneren des Futterbreis bis auf etwa 2 am Magenausgang (Pylorus) kann als physiologisch gelten. Kraftfutterreiche Fütterung führt dagegen zu einem schnellen Zufluss vergleichsweise DM-reichen Materials. Der DM-Gehalt im Mageninhalt erreichte nach Mischfuttergabe 28 % und lag damit 10 Prozentpunkte höher als nach Heufütterung. Bei gleichzeitig geringer Partikelgröße in den abgeschluckten Futterbissen kann dieses vergleichsweise fest geschichtete Material weniger gut mit saurem Magensaft durchdrungen werden. Eine verzögerte und unvollständige Säuerung des Mageninhalts mit pH-Werten von 4–5 am Pylorus kann die Folge sein – mit entsprechend negativer Auswirkung hinsichtlich saurer Hydrolyse, Einleitung der Proteinverdauung und mikrobieller Inaktivierung.

Die Regulation der Säuresekretion erfolgt nerval, insbesondere über den *Nervus vagus,* sowie humoral, vor allem durch die Freisetzung von Acetylcholin sowie von Gastrin aus den G-Zellen. Die Säuresekretion ist bei sehr jungen Fohlen noch nicht voll ausgebildet. Das Enterohormon Gastrin ist der stärkste Stimulus der Säuresekretion. Die Magensekretion ist bei Stress und Magenüberladung reduziert, bei Kraftfuttergabe offenbar erhöht. Bei hohen Kraftfuttergaben steigt die Verweildauer des Futterbreis aufgrund des höheren DM-Gehaltes im Mageninhalt und die pH-Absenkung wird wie oben beschrieben verzögert. Die durch protrahierte Gastrinfreisetzung dennoch sehr hohe Magensaftsekretion bewirkt offenbar vor allem wandständig eine Säuerung. Deshalb ist eine langsame und kontinuierliche Beschickung des Magens durch entsprechende

Limitierung des Kraftfutterangebotes (Getreide oder Mischfutter) aus ernährungsphysiologischer Sicht günstiger. Zur Vermeidung von Magenschleimhautschäden sollten Pferde pro Mahlzeit nicht mehr als 1 g Stärke pro kg LM erhalten. Neben gesundheitlichen Störungen an der Magenschleimhaut wird so einer mechanischen Überlastung und ggf. Aufgasungen des Magens mit Koliken vorgebeugt. Eine quantitative Differenzierung einzelner Stärkeherkünfte in Bezug auf dieses Risiko kann derzeit nicht sicher vorgenommen werden.

Dünndarm

Die Länge des Dünndarms (Duodenum, Jejunum, Ileum) von Pferden entspricht fast jener von Wiederkäuern und erreicht bei einem mittelgroßen Pferd 16–24 m bei einem Fassungsvermögen von ca. 2,2 kg/100 kg LM. Für die Nahrungspassage durch den Dünndarm sind etwa 1,5 h zu veranschlagen. Pferde bilden täglich pro 100 kg LM etwa 5–10 l Pankreassekret, 3 l Galle und 2–4 l Darmsaft (gesamter Darmbereich). Aufgrund des Zuflusses von Verdauungssekreten aus den Darmeigendrüsen (Bauchspeicheldrüse, Leber) ist der Dünndarminhalt sehr wässrig. Der DM-Gehalt liegt vor allem bei grobfutterreicher Fütterung bei < 6 %.
Abgesehen von einem noch eher sauren Milieu nach dem Übertritt des Chymus in das Duodenum liegt der pH-Wert im Dünndarm zwischen 7 und 8, was dem Aktivitätsoptimum wichtiger körpereigener Verdauungsenzyme entspricht. Die Bauchspeicheldrüse (Pankreas) ist funktionell eng mit dem Dünndarm verbunden. Das Pankreassekret enthält Vorstufen von eiweißspaltenden Enzymen, welche erst nach der Sekretion aktiviert werden, um eine Selbstverdauung der Bauchspeicheldrüse zu verhindern, sowie fettspaltende und kohlenhydratspaltende Enzyme. Das Pankreassekret weist einen alkalischen pH-Wert auf; neben Bikarbonat-Ionen sind hohe Konzentrationen an Natrium, Chlorid und Kalium enthalten.
Die enzymatische Verdauung von nicht fasergebundenem Protein durch körpereigene Enzyme erfolgt sehr effizient. Dabei sind Equiden auf eine **Absorption essenzieller Aminosäuren** bis zum Ende des Dünndarmes angewiesen.
Zucker wird im Dünndarm ebenfalls sehr schnell und umfangreich verdaut bzw. absorbiert, wobei zu berücksichtigen ist, dass er in gewissem Umfang bereits im Magen mikrobiell fermentiert wird. Im Hinblick auf die Stärkeverdauung im Dünndarm muss stärker differenziert werden. Im Vergleich zu anderen Haustieren ist die Aktivität der körpereigenen, stärkespaltenden Amylase sehr niedrig (10–40 U/g Dünndarmchymus; zum Vergleich Schwein: 400–600 U/g Dünndarmchymus). Der deutlich überwiegende Teil der in der Pferdefütterung eingesetzten Stärke stammt aus Getreidekörnern. In Abhängigkeit von der Herkunft (Getreideart und -sorte; Bearbeitungsverfahren) und der pro Mahlzeit gefütterten Menge wird die Stärke bis zum Ende des Dünndarms (praecaecal) zu etwa 20 bis rd. 100 % verdaut. Nach bisherigen, allerdings nur in geringer Zahl verfügbaren experimentellen Ergebnissen, beträgt die **praecaecale (pc) Verdaulichkeit der Stärke** aus Hafer im Mittel 85 %, die aus Gerste und Mais liegt um etwa 25–30 %-Punkte niedriger (→ Tab. 28.2).
Dabei führt bei stärkeäquivalenter Fütterung Hafer zu einer besonders hohen postprandialen Glucosereaktion, gebrochene Maiskörner dagegen zu einer besonders niedrigen. Unterschiede in der Morphologie der Stärkegranula (Größe, Form, Einbettung in Verbundstrukturen) liefern Erklä-

	n[1]	Stärkemenge pro Mahlzeit (g/kg LM)	Praecaecale Verdaulichkeit der Stärke (%)
Hafer	7	1,0–2,4	85 (62–98)
Gerste	3	1,3–2,0	58 (22–87)
Mais	11	1,1–3,4	57 (20–90)

1 Ergebnisse zu ganzen (Hafer, Mais), zerkleinerten (Hafer, Gerste, Mais), expandierten (Mais) und mikronisierten (Hafer) Getreidekörnern

Tab. 28.2 Praecaecale Verdaulichkeit von Stärke aus Hafer, Gerste und Mais.

rungsansätze für diese Unterschiede. Zudem scheint es auch innerhalb einer Getreideart erhebliche Sortenunterschiede zu geben. Im Hinblick auf die pro Mahlzeit gefütterte Stärkemenge werden bis etwa 2 g Stärke pro kg LM und Mahlzeit zu wenigstens 60 % bis zum Ende des Dünndarmes verdaut. Haferstärke scheint auch in höheren Mengen noch zu einem höheren Prozentsatz praecaecal verdaut zu werden. Ein gewisser, jedoch derzeit nicht sicher quantifizierbarer Anteil der Stärke wird bereits im Magen zu organischen Säuren abgebaut. Da aber gerade die besonders leicht abbaubare Haferstärke nach der Fütterung zu einem besonders hohen Anstieg von Glucose im Blutplasma führt, kann davon ausgegangen werden, dass der überwiegende Teil des Stärkeabbaus tatsächlich erst im Dünndarm erfolgt. In der Pferdefütterung typische mechanische Bearbeitungsverfahren (Quetschen, Brechen, grobes Schroten) scheinen einen eher geringen Einfluss auf die pc Stärkeverdauung zu haben, während die meisten intensiveren Aufschlussverfahren durch die Gelatinisierung der Stärke zu einer verbesserten Angreifbarkeit durch Verdauungsenzyme führt. Kommt es beim Abkühlen zu einer sog. Retrogradierung der Stärke, kann dies die Verdaulichkeit bis zum Dünndarmende sogar reduzieren.
Auch die Leber übernimmt vielfältige Funktionen bei der Verdauung. Die bei anderen Spezies vorhandene Gallenblase fehlt beim Pferd, weshalb es zu einer mehr oder weniger kontinuierlichen Sekretion von Galle kommt. Diese ist aufgrund ihrer emulgierenden Wirkung für eine funktionierende Fettverdauung unerlässlich. Die scheinbare Rohfettverdaulichkeit ist beim Pferd dennoch sehr hoch und erreicht bei linearem Anstieg bis etwa 5 % Rohfett in der DM der Ration mit rd. 75 % ein Maximum, welches bis ca. 8 % Rohfett in der DM etwa konstant bleibt. Bei höheren Fettmengen muss mit einem überproportional hohen Übertritt von Fett in den Dickdarm gerechnet werden, wobei die Rohfettverdaulichkeit abnimmt, vor allem weil die Mikrobentätigkeit im Dickdarm gestört wird. Dies beeinträchtigt die Fermentation von Gerüstkohlenhydraten.
Unter den **Mineralstoffen** werden im Dünndarmbereich vor allem Calcium, Magnesium, Phosphor, Kalium und Spurenelemente absorbiert, weiterhin wird hier der wesentliche Ort der Absorption von **Vitaminen** gesehen.
Bei insgesamt vergleichsweise niedriger mikrobieller Besiedelung im Dünndarm nimmt die Bakteriendichte bis zu dessen Ende zu ($3 \rightarrow 40 \cdot 10^6$ KBE/g Darminhalt). Eine fehlerhafte Rationsgestaltung kann eine intensive mikrobielle Fermentation verursachen, wobei vor allem das gebildete Lactat zu einer Unterschreitung des pH-Optimums für körpereigene Verdauungsenzyme beitragen kann. Die Ursache liegt unter Umständen bereits im Magen, bei Überfütterung mit Kraftfutter, Fehlgärungen, Passagestörungen, zu schneller Verflüssigung des Inhaltes, Verkleisterungen und zu geringer mikrobieller Inaktivierung bei unzureichender Einwirkung von saurem Magensaft. Bis zum Ende des Dünndarmes unverdaute Nahrungsbestandteile können bei Überschreitung der Toleranz im Dickdarm Fehlgärungen auslösen. Ein besonderes Risiko besteht bei sehr hohen Gaben an Gerste oder Mais. Auch krankhafte Störungen der Dünndarmverdauung, z. B. durch Entzündungen der Darmschleimhaut oder Infektionen, kommen vor.

Dickdarm

Der Dickdarm eines mittelgroßen Pferdes weist eine Länge von 7–9 m auf. Er ist mit einem Fassungsvermögen bei kraftfutterreicher bzw. grobfutterbetonter Fütterung von etwa 7 bzw. 16 kg/100 kg LM voluminös. Die Verweildauer des Nahrungsbreis im Dickdarm beträgt zwischen 19 und 46 h. Der physiologische pH-Wert variiert zwischen 6,5 und 7,5 (Caecum) und 6,0 (Colon). Die Verdauung im Dickdarm erfolgt durch mikrobielle Fermentation, wobei die Bakteriendichte mit etwa $3{,}5 \cdot 10^8 - 2{,}5 \cdot 10^9$ KBE je g Darminhalt angegeben wird.
Das Caecum ist als erster Dickdarmabschnitt sehr dehnungsfähig und dient zunächst dem Auffangen des ileocaecal passierenden Chymus und einer Durchmischung von Chymusbestandteilen durch Kontraktionsbewegungen von Caecumkopf und -körper. Die bereits hier einsetzende Separation feiner und gröberer Futterpartikel setzt sich über den gesamten Dickdarmbereich hinweg fort. Im Caecum wird bei der mikrobiellen Bildung organischer Säuren das Milieu unter anderem durch puffernde Substanzen (vor allem Bicarbonat) aus dem Ileumchymus stabilisiert. In

Abhängigkeit von der Fütterung treten pro kg Futter-DM zwischen 7 (Kraftfutter) und 12 (Heu) bzw. 14 (Stroh) Liter Flüssigkeit mit darin gelösten Elektrolyten vom Ileum in das Caecum über, die im Dickdarm sehr effektiv absorbiert werden können. Pferde sind so in der Lage, auf das vor allem bei grobfutterbetonter Fütterung ausgeprägte **Reservoir an Wasser und Elektrolyten** im Dickdarm bei Bedarf, z. B. infolge hohen Schweißverlustes, zurückzugreifen. Dieses Reservoir und die höhere Menge im Dünndarm unverdauter Nahrungsbestandteile erklären den stärkeren Füllungsgrad des Dickdarms (Caecum und Colon) bei grobfutterreicher Fütterung („Heubauch").

Bei der vor allem cellulolytischen **mikrobiellen Fermentation** werden flüchtige Fettsäuren mit hohen Anteilen an Acetat sowie Milchsäure und Gärgase gebildet. Grundsätzlich verläuft die Fermentation ähnlich wie im Pansen von Wiederkäuern. So sind Pferde zur umfangreichen Nutzung von Gerüstkohlenhydraten befähigt, wobei die Fermentation im Caecum eingeleitet wird, der Hauptteil aber in den unteren Colonlagen stattfindet. Die bereits erwähnten Misch- und Separierungsbewegungen werden durch die Poschen der Darmwand unterstützt. Feste Partikel bleiben in der magenähnlichen Erweiterung des Colons zurück und werden intensiv fermentiert, flüssige werden weiter transportiert. Cellulolytische Bakterien haben dadurch Zeit, an faserige Partikel zu adherieren und im Anheftungsbereich Cellulase zu sezernieren. Vorbeiströmender flüssiger Chymus dient dem Stoffaustausch dieser Bakterien. Dabei entstehende flüchtige Fettsäuren können vom Wirt absorbiert und vor allem energetisch genutzt werden. Ein Teil der Fermentationsprodukte wird mit dem Kot ausgeschieden. Bei der Fermentation durch die methanogene Mikrobengemeinschaft im Pansen von Wiederkäuern entsteht als Gas vor allem Methan. Im Pferdedickdarm ist dagegen eine sog. acetogene Mikrobengemeinschaft angesiedelt, wodurch Pferde selbst bei gleich umfangreicher Fermentation von Gerüstkohlenhydraten weniger Methan bilden als Wiederkäuer.

Stickstoffhaltige Verbindungen werden mikrobiell bis zu Ammoniak abgebaut, welcher wiederum für die Proteinsynthese der Mikroben zur Verfügung steht. Überschüssiges Ammoniak kann über die Darmwand absorbiert oder mit dem Kot ausgeschieden werden. Aminosäuren aus dem Mikrobenprotein werden im Dickdarm nicht mehr in einer relevanten Größenordnung absorbiert und tragen daher nicht zur Deckung des Bedarfes von Pferden an essenziellen Aminosäuren bei.

Neben der oben erwähnten, sehr effektiven Absorption von Elektrolyten (Na, K, Cl) im Dickdarmbereich erfolgt bei Equiden in diesem Darmteil auch eine Absorption von P. An Phytinsäure gebundener P aus der Nahrung (z. B. aus Getreide, Ölsaaten und deren Verarbeitungs- bzw. Nebenprodukten) kann durch Mikroorganismen freigesetzt und ebenso wie P anderer Herkunft durch diese genutzt werden bzw. steht zur Absorption zur Verfügung.

Infolge mikrobieller Synthese nimmt die Konzentration an B-Vitaminen und vermutlich auch an einer Form des Vitamin K während der Chymuspassage durch den Dickdarm zu. Es wird daher davon ausgegangen, dass bei ungestörter mikrobieller Tätigkeit im Dickdarmbereich die Versorgung mit den genannten **Vitaminen** ausreichend ist. Über den Umfang der Absorption der Vitamine in diesem Teil des Verdauungstraktes existieren jedoch keine gesicherten Kenntnisse.

Die Zusammensetzung und Aktivität der intestinalen Mikrobiota und die damit assoziierten Milieubedingungen im Dickdarm werden erheblich vom Einstrom praecaecal unverdauter Futterbestandteilen beeinflusst. So beeinträchtigen höhere Fettmengen die Mikrobentätigkeit und schränken so die Verdauung von Gerüstkohlenhydraten ein. Der ileocaecale Einstrom überhöhter Mengen an Stärke, aber auch an Fructanen (Weidegras), führt vor allem bei nicht ausreichend adaptierten Pferden (unzureichendes Anweiden) zu einer überschießenden mikrobiellen Aktivität mit unphysiologisch hoher Bildung organischer Säuren (flüchtige Fettsäuren, aber unter diesen Bedingungen vor allem auch Milchsäure) und einer ggf. erheblichen Absenkung des pH-Wertes. Dies kann über die selektive Förderung bestimmter grampositiver Bakterien und deren Stoffwechselprodukte (biogene Amine, Exotoxine) sowie über Endotoxine aus den unter diesen Bedingungen eingeschränkt lebensfähigen gramnegativen Bakterien massive gesundheitliche Störungen, wie Hufrehe, verursachen. Weiterhin können Koliken infolge verstärkter mikrobieller

Gasbildung im Verdauungsraum die Folge sein. Neben der positiven Wirkung grobfutterreicher Rationen auf Futteraufnahmedauer, Kauintensität und Speichelmenge ist die mikrobielle Tätigkeit auch für die Aufrechterhaltung der Schleimhautintegrität und damit die Barrierefunktion der Darmwand bedeutsam. Störungen der Dickdarmverdauung sind vor allem verursacht durch eine zu stark intensivierte Fermentation infolge der bereits erwähnten überhöhten Passage schnell fermentierbarer, durch körpereigene Enzyme unverdauter (resistenter Stärke) oder durch diese unverdaulicher (Fructane, Oligosaccharide aus großkörnigen Leguminosen und Melasse, Lactose aus Molkenpulver) Futterbestandteile. Ursachen hierfür können Störungen der Verdauung im Magen-Dünndarm-Bereich, Überfütterung oder eine beschleunigte Futterpassage sein. Stress, hohe körperliche Anstrengung und bestimmte Krankheiten wirken diesbezüglich begünstigend.

28.2. Artgerechte Ernährung

Heute gebräuchliche Rationen sind oftmals durch eine hohe Energiedichte und die zum Teil deutlich eingeschränkte Zufuhr strukturwirksamer Futtermittel gekennzeichnet. Dies steht im Widerspruch zu der entwicklungsgeschichtlich erworbenen Disposition des Pferdes für die semi-kontinuierliche Aufnahme und Verdauung eines energiearmen, gerüstsubstanzreichen Futters und kann zu gesundheitlichen Störungen führen. Die Berücksichtigung artgerechter Anforderungen an die Futterauswahl in Art und Menge sowie an die Verfahrensweise bei der Verabreichung des Futters sind neben Aspekten der Futtermittelhygiene besonders geeignet, den anatomisch-physiologischen und ethologischen Bedürfnissen des Pferdes gerecht zu werden.

28.2.1 Empfehlungen zur Versorgung mit Grobfuttermitteln

Die positiven Effekte der Aufnahme strukturwirksamer Grobfuttermittel sind vielfältiger und grundlegender Natur. Im Wesentlichen sind dies die Folgenden:

- ausreichende Beschäftigung des Pferdes und Befriedigung des Kaubedürfnisses,
- ausreichender und regelmäßiger Zahnabrieb,
- Vermeiden von Verhaltensanomalien (in Art und Menge abnormer Appetit, stereotypes Verhalten, Aggressionsverhalten),
- höhere Speichelbildung und Pufferung der Säure im Magen,
- Gewährleistung eines optimalen pH-Wertes für die Aktivität von Verdauungsenzymen im Dünndarm,
- Stabilisation der Milieubedingungen im Verdauungstrakt für die Mikrobiota und deren Stoffwechsel.

Im Hinblick auf die Stimulation der Kautätigkeit mit allen positiven Folgewirkungen sind zerkleinerte Grobfuttermittel, z. B. als Häcksel oder für die Herstellung von Briketts, Cobs und Pellets, nicht geeignet, um langfaseriges Material vollwertig zu ersetzen. Gleichwohl stellen sie unter bestimmten Umständen (z. B. eingeweicht an sehr alte Pferde gefüttert) unverzichtbare Rationsbestandteile dar. Heu- oder Strohhäcksel (Länge > 5 cm zur Vermeidung von Verstopfungskoliken) können zudem eingesetzt werden, um die Futteraufnahmegeschwindigkeit zu reduzieren. Für die Fütterung von Luzerne in gehäckselter Form gibt es Hinweise auf eine mechanische Irritation der Schleimhaut am Magenausgang. Dies tritt jedoch möglicherweise nur beim Einsatz sehr großer Mengen bzw. hoher Gemengeanteile auf. Grünfutter und Grünfutterkonserven haben im Vergleich zu Stroh einen höheren Energie- und Nährstoffgehalt, eine geringere Strukturwirkung und eine bessere Pufferwirkung gegenüber metabolisch säuernden Einflüssen. Zudem kann aggressivem Verhalten von Pferden in Gruppenhaltung durch höhere Heumengen offenbar besser entgegengewirkt werden als durch frei verfügbares Futterstroh.

Grobfuttermittel sind unverzichtbare Rationsbestandteile und sollten daher mit einer Empfehlung hinsichtlich einer nicht zu unterschreitenden Menge versehen werden. Bisherige Bestrebungen, eine solche Untergrenze anhand chemischer und physikalischer Verzehrs- und Verhaltensparameter bzw. daraus berechneter Kenngrößen abzuleiten, waren nicht erfolgreich. Die Vermutung liegt nahe, dass **ethologisch begründbare Bedürfnisse** überwiegen. So scheint für das ursprünglich an karge Habitate angepasste Pferd die Suche, Auswahl und Aufnahme von Nahrung auf der Weide als Tätigkeitskomplex („Foraging") eine hohe Priorität in der Bedürfnisbefriedigung darzustellen. Pferde verbringen bei unbegrenztem Zugang zur Weide immer mindestens 12 h am Tag mit der Nahrungsaufnahme (→ Kap. 28.1). Bei eingeschränktem Futterangebot im Stall wird das nicht ausgeschöpfte Zeitbudget mit der Aufnahme von Streumaterial und Faeces aufgefüllt. Unter Berücksichtigung ethologischer Bedürfnisse ist zu empfehlen, Pferden über die Dauer von wenigstens 12 h am Tag die Möglichkeit zur **Aufnahme von Grobfuttermitteln** zu geben (→ Tab. 28.3). Zur Gesunderhaltung der Pferde kann diese lange Futteraufnahmedauer tatsächlich nur über Grobfuttermittel (Grünfutter, Grünfutterkonserven und Stroh) gewährt werden, wobei das Ausleben des als Foraging bezeichneten Verhaltensmusters vermutlich eine bessere Befriedigung ethologisch begründbarer Bedürfnisse erlaubt als das reine Fressen an der Krippe oder Raufe. Einschränkend gilt jedoch, dass Vertreter robuster Rassen, wie z. B. Shetlandponys, aber auch einzelne Vertreter anderer Rassen, bei einer so langen Fresszeit über Grünfutter bzw. -konservaten energetisch deutlich überversorgt wären. Auch steht intensiv genutzten Pferden tagsüber ein nur eingeschränktes Zeitbudget für die Futteraufnahme zur Verfügung. In den geschilderten Fällen lässt sich ein täglich mindestens 12-stündiger, freier Zugang zu Grobfuttermitteln nicht realisieren. Zumindest sollte der **energetische Erhaltungsbedarf allein über Grobfuttermittel gedeckt** werden (→ Tab. 28.3). Unter Berücksichtigung praxisüblicher Qualitäten entspräche dies am Beispiel Wiesenheu einer täglichen DM-Aufnahme von 1,5–2,0 % der LM, d. h. zwischen 9 und 12 kg DM bei einem 600 kg schweren, normalgewichtigen Warmblutpferd.

Trotz der grundsätzlichen Vorzüglichkeit von Grobfuttermitteln in der Pferdefütterung gilt es auch für diese, futtermittel- und nährstoffspezifische Restriktionen zu beachten. So kann Stroh bei einer Gabe von mehr als etwa 1 kg pro 100 kg LM und Tag zu Verstopfungskoliken führen – und dies vor allem bei wenig mobilen Pferden (vermutlich wegen der eingeschränkten Darmperistaltik infolge Bewegungsarmut), bzw. wenn die Ration nur sehr geringe Mengen leicht fermentierbarer Kohlenhydrate zur energetischen Stimulation der Mikroorganismen im Dickdarm enthält. Der Rationstyp Kraftfutter zu Stroh ist somit obsolet, da Stroh allein in einer viel zu hohen

Tab. 28.3
Empfehlungen zur Versorgung von Pferden mit Grobfuttermitteln sowie futtermittel- und nährstoffspezifische Restriktionen bei der Gestaltung artgerechter Rationen.

Rationsgestaltung	Empfehlung[1]
Versorgung mit Grobfuttermitteln	• Pferde sollten im idealen Fall über die Dauer von mindestens 12 h/d die Möglichkeit zur freien Aufnahme von Grobfuttermitteln (Grünfutter, Grünfutterkonserven, Stroh) erhalten (Beachte: Bei disponierten Pferden Gefahr der Verfettung). • Pferde sollten im Minimum den energetischen Erhaltungsbedarf über Grobfuttermittel decken (Beachte: max. 1 kg Stroh/100 kg LM und Tag).
Futtermittel- und nährstoffspezifische Restriktionen	• Die Aufnahme von Stärke sollte unabhängig von deren Herkunft auf 1 g/kg LM und Mahlzeit begrenzt sein. • Futterfette sollten auf maximal 1 g/kg LM und Tag begrenzt werden, in Abhängigkeit von der Menge verteilt auf mehrere Mahlzeiten. • Pferde sollten maximal 1 kg Stroh/100 kg LM und Tag aufnehmen. • Trockenschnitzel und anderes leicht quellbares Material sollte als Kraftfutterbestandteil maximal 15 %, besser 10 %, ausmachen.

1 Bei Neigung zu bestimmten Erkrankungen sind ggf. Modifikationen erforderlich (→ Kap. 28.8).

Menge gefüttert werden müsste (falls es in dieser Menge überhaupt gefressen wird), um den Energieerhaltungsbedarf zu decken. Zusammen mit anderen Grobfuttermitteln – bzw. vor allem auch als Einstreu mit Futterqualität – ist Stroh als Beschäftigungsmaterial sowie aufgrund seiner Strukturwirksamkeit und bei Bedarf „energieverdünnenden“ Wirkung ein sehr willkommener Rationsbestandteil. Bei chronisch hustenden oder zu Verstopfung neigenden Pferden muss jedoch auf die Verwendung von Stroh ggf. vollständig verzichtet werden.

Die Gehalte an wasserlöslichen Kohlenhydraten, wie Fructane, aber auch mono- und dimere Zucker, können unter bestimmten Wachstumsbedingungen vor allem in hochleistenden Gräsern (Weidelgräser, Schwingelarten) beachtliche Konzentrationen erreichen. Besonders bei Pferden mit gestörter Insulinsensitivität wird die Aufnahme hoher Mengen an wasserlöslichen Kohlenhydraten mit der Entstehung von Hufrehe in Zusammenhang gebracht. Nachweislich reagieren Pferde mit einer reduzierten Insulinsensitivität auf die einmalige Gabe von ≥ 1 g wasserlöslichen Kohlenhydraten pro kg LM mit einem ausgeprägten Insulinanstieg im Blutplasma. Dieser Insulinreaktion wird ein eigenständiger Krankheitswert bei der Entwicklung von Hufrehe zugesprochen. Der Mechanismus des postprandialen Plasmainsulinanstiegs ist zumindest in Bezug auf Fructane noch unklar, da diese an sich obligat mikrobiell zu organischen Säuren abgebaut werden und keine deutliche Insulinreaktion bewirken sollten. Weiterhin wird angenommen, dass sehr hohe Mengen an Fructanen aus Weidegras besonders bei Pferden mit nicht ausreichend an diese Situation adaptierten Darmmikroben Hufrehe infolge einer Dysbiose im Dickdarm auslösen können (z. B. bei Weideaustrieb ohne ausreichende Übergangsfütterung). Während der Heuwerbung nimmt der Gehalt an wasserlöslichen Kohlenhydraten nur wenig ab, bei der Silierung dagegen sehr deutlich. An Pferde werden jedoch meist Heulagen gefüttert. In diesen eher unter Luftabschluss gelagerten, als milchsauer konservierten Produkten ist der Abbau wasserlöslicher Kohlenhydrate weit weniger ausgeprägt als in Silagen. Um dennoch auch an Pferde mit gestörter Insulinsensitivität ausreichend Grobfutter füttern zu können, ohne eine überhöhte Zufuhr an wasserlöslichen Kohlenhydraten befürchten zu müssen, empfehlen sich fructanarme Gräser, wie Knaul- und Lieschgras, Grassamenheu bzw. -stroh und vor allem auch Stroh – Letzteres unter Einhaltung der oben genannten Restriktion. Heu bzw. Stroh aus der Grassamenherstellung sowie Grünfutter von Sport- und Zierrasen sind wegen einer befürchteten Kontamination mit endophytischen Pilzen und deren Toxinen, wie Lolitrem B, in der Kritik.

28.2.2 Futtermittel- und nährstoffspezifische Restriktion in Bezug auf Konzentrate

Die wichtigsten Energieträger in energiereichen Konzentraten für Pferde sind Getreidestärke und Fett. Entwicklungsgeschichtlich sind Pferde weder an hohe Stärke- noch Fettgehalte in der Nahrung adaptiert. Davon zeugen die sehr geringe Aktivität körpereigener Amylase und das Fehlen einer Gallenblase (→ Kap. 28.1). Zur Gesunderhaltung des Pferdes ist es daher ratsam, den Einsatz von Stärke und Fett quantitativ zu begrenzen.

Stärke

Getreidestärke kann zu einem gewissen Anteil bereits im Magen des Pferdes mikrobiell fermentiert werden (→ Kap. 28.1). Die dabei entstehenden organischen Säuren begünstigen Magenschleimhautschäden. Das Risiko für **Magenulcera** steigt bei der Überschreitung einer Stärkemenge von 1 g pro kg LM und Mahlzeit deutlich überproportional an. Es ist daher empfehlenswert, diese Menge als Einsatzgrenze zu berücksichtigen (→ Tab. 28.3). Futterzucker und Melasse sind diesbezüglich ebenfalls kritisch zu sehen.

Zusätzlich können hohe Mengen an wasserlöslichen Kohlenhydraten, wie lösliche Stärke, bei Pferden mit Störungen des Insulinstoffwechsels das Krankheitsgeschehen begünstigen. Zu den betroffenen Pferden zählen solche mit eingeschränkter Insulinsensitivität, wie beim Equinen Metabolischen Syndrom, bei Morbus Cushing und meist auch bei erhöhter Hufreheneigung ohne klare Diagnose. Weiterhin betroffen sind Pferde mit Polysaccharidspeichermyopathie, welche bei krankhaft übersteigerter Einlagerung von Kohlenhydraten in die Muskulatur an sich eine sehr gute Ansprechbarkeit auf Insulin aufweisen. Bei solchen Pferden sollte auf die Zufütterung von Getreidestärke sowie mono- und dimerer Zucker (z. B. aus Futterzucker oder über Melasse) nach Möglichkeit verzichtet werden. Diese Empfehlung stellt dann eine Herausforderung dar, wenn die Situation die Zufuhr von Energie und Nährstoffen ergänzend zum Grobfutter besonders erfordert (z. B. bei alten und mageren Pferden mit gestörter Insulinsensitivität, wie bei vielen Pferden mit Morbus Cushing).

Fette
In der Fütterung von Pferden werden vor allem pflanzliche Öle, nativ oder mitunter teilgehärtet als Mischfutterbestandteil eingesetzt und in beachtlichen Mengen gut vertragen. Zur Vermeidung eines überhöhten Übertrittes praecaecal unverdauter Fette und einer damit einhergehenden Störung der mikrobiellen Fermentation im Dickdarm sollte nach langsamer Gewöhnung **maximal 1 g Futterfett pro kg LM und Tag**, verteilt auf mehrere Mahlzeiten, gefüttert werden (→ Tab. 28.3). Tabelle 28.4 gibt einen Überblick über wichtige Futtermittel für Pferde, welche mit Restriktionen versehen sind. In Abhängigkeit von der Futterart und dem ernährungsphysiologischen Hintergrund der Restriktion sind diese empfohlenen Einsatzbegrenzungen mit Bezug auf die Mahlzeit, die Ration oder den Gemengeanteil im Mischfutter zu verstehen.

28.2.3 Fütterungstechnik

Die Gestaltung stark grobfutterbasierter Rationen zur Gewährleistung eines lang andauernden Verzehrs von Grünfutter bzw. Grünfutterkonserven und Stroh führt – zumindest was die Grobfuttermittel betrifft – zur weitgehenden Aufhebung des herkömmlichen Mahlzeitencharakters in der Pferdefütterung. Werden dennoch sowohl Grobfuttermittel als auch Konzentrate in Mahlzeiten gefüttert, ist es empfehlenswert, zur Gewährleistung stabiler Milieuverhältnisse und Verdauungsprozesse im Magen-Darm-Kanal Grobfutter mit zeitlichem Abstand vor dem Konzentrat zu geben. Auch vor dem Weideaustrieb ist die Vorlage von Heu oder ggf. auch Heulage zu empfehlen.

Tab. 28.4
Restriktionen für den Einsatz von Einzelfuttermitteln bei der Gestaltung artgerechter Rationen[1].

Futtermittel	Höchstmenge		
	(g/100 kg LM und Mahlzeit)	(% im Mischfutter)	(kg/100 kg LM und Tag)
Hafer	250[2,3]	o. A.	0,75[3,4]
Gerste	190[2,3]	o. A.	0,57[3,4]
Mais	160[2,3]	o. A.	0,48[3,4]
Pflanzenöl	100[2]	o. A.	0,30
Trockenschnitzel[5]	o. A.	10	o. A.[6]
Stroh	o. A.	o. A.	1,00

1 Klinisch unauffällige Pferde (bei bestimmten Störungen und Erkrankungen können Modifikationen erforderlich sein);
2 unterstellte Stärkegehalte (in g/kg DM): Hafer 450, Gerste 600 und Mais 700;
3 Stärkereiche Futtermittel sollten zusammen maximal 1 g Stärke pro kg LM und Mahlzeit ausmachen. Die Restriktionen für die einzelnen Getreidekörner gelten daher nur, wenn keine andere stärkereiche Komponente gefüttert wird. Bei der Verwendung mehrerer stärkereicher Futtermittel richtet sich die Mengenbegrenzung nach dem Stärkegehalt der Mischung.
4 bei drei Mahlzeiten täglich;
5 zzgl. weitere stark quellfähige Futtermittel;
6 o. A., ohne Angaben

28.3 Verzehrregulation und Trockenmasseaufnahme

Längerfristig scheint bei freier Verfügbarkeit von Futtermitteln mit hohem Rohfasergehalt, aber geringer Energiedichte die Konstanthaltung der LM bei Pferden möglich zu sein, vorausgesetzt das Futter erlaubt *per se* eine Deckung des Bedarfes an Energie und Nährstoffen. Sowohl bei freiem Zugang zu ertragreichem Weidegras als auch bei einem hohen Konzentratangebot neigen Pferde zu Luxuskonsum und Verfettung. Dabei scheint es eine Rassendisposition und evtl. auch individuelle Neigung zu geben. So verfetten Vertreter sog. Extensivrassen (z. B. Shetlandponys), deren entwicklungsgeschichtliche Adaptation an karge Habitate nicht oder kaum durch eine züchterische Ausrichtung auf höhere Leistung und der daraus resultierenden Erfordernis der Aufnahme eines energiedichteren Futters unterbrochen worden ist, wesentlich schneller als Vertreter sog. Leistungsrassen (v. a. Englisches Vollblutpferd). Auch scheint die Deponierung von Körperfett bei Vertretern extensiver Rassen bereits unter physiologischen Bedingungen stärker ausgeprägt zu sein, bei pathophysiologischer Relevanz einer zu schnellen und dann meist umfangreichen und schwer regulierbaren Fettmobilisation. Dagegen ist die langsame energetische Nutzung dieser Körperfettreserven offenbar vorgesehen, z. B. aufgrund saisonal eingeschränkter Futterverfügbarkeit in natürlichen Habitaten.

Kurzfristig wird die Futteraufnahme von tiereigenen Signalen und Futtereigenschaften bzw. deren Interaktion reguliert. Sensorisch können Fremdgerüche (dumpf, muffig, schimmelig, nicht futtereigen) sowie ein bitterer Geschmack (entwicklungsgeschichtlich etabliert als Hinweis auf Toxine, z. B. aus Giftpflanzen) die Futterakzeptanz einschränken. Ein salziger Geschmack wird dagegen bis zu einem gewissen Grad gut akzeptiert (Leckmassen, evtl. auch Elektrolytlösungen) und die Geschmacksrichtung süß (Früchte, Futterzucker, Melasse) allgemein präferiert. Taktile Reize scheinen beim Pferd von besonderer Bedeutung zu sein. So wird ein rohfaserreiches, im Griff als stängelreich zu charakterisierendes Heu oft besser gefressen als weiche, blattreiche Qualitäten. Dehnungsrezeptoren sind zwar im Magen von Pferden nicht vorhanden, eine mechanische Begrenzung der Futteraufnahme dürfte aber im weiteren Verdauungstrakt die Aufnahme rohfaserreichen, strukturwirksamen Materials innerhalb sehr weiter Grenzen limitieren. Im Hinblick auf die chemische Verzehrregulation beim Pferd besteht noch ein erheblicher Forschungsbedarf. Unter den absorbierten Produkten der Verdauung durch körpereigene Enzyme sowie der mikrobiellen Fermentation scheinen jedoch organische Säuren eher als zentral wirkende Sättigungssignale in Betracht zu kommen als Glucose.

Bisherige Vorstellungen zum DM-Aufnahmevermögen von Pferden tendieren eher zu einer Unterschätzung – selbst unter Berücksichtigung der sehr weiten Variation dieser Kenngröße. Wesentliche Variationsursachen sind, neben dem physiologischen Status des Pferdes, vor allem die Art und Darbietungsform des Futters (vergleichsweise niedrige Aufnahme aus Stroh und hohe aus Konzentraten), aber auch weitere Faktoren wie die Umgebungstemperatur, die Tageslichtlänge und die zur ungestörten Futteraufnahme verfügbare Zeit. Bei freier Verfügbarkeit des Futters nehmen Pferde unter **Erhaltungsbedingungen** im Mittel etwa **100 g DM/kg LM^{0,75}** und Tag auf (→ Tab. 28.5). Dies sind bei einem Pony (rd. 200 kg LM) 2,6 %, einem Warmblutpferd (rd. 600 kg LM) 2,0 % und einem Kaltblutpferd (rd. 800 kg LM) 1,9 % der LM.

Das genannte DM-Aufnahmevermögen befähigt Pferde, ihren energetischen Erhaltungsbedarf über Grünfutter und Grünfutterkonservate zu decken. Bei Vertretern robuster Rassen besteht, wie erwähnt, die Gefahr einer übermäßigen Energieretention. Eine Begrenzung der Futteraufnahme ist in diesen Fällen angezeigt. Da gerade Ponys robuster Rassen in der Lage sind, die Futteraufnahme pro Zeiteinheit kompensatorisch erheblich zu steigern, ist die Begrenzung der Weidezeit ein nur sehr eingeschränkt erfolgreiches Verfahren. Leistungsabforderung stimuliert die Futteraufnahme. Dies kommt aus quantitativer Sicht bei tragenden Stuten weniger, bei laktierenden jedoch sehr deutlich zum Ausdruck (→ Tab. 28.5). Arbeitsleistung erhöht den Energiebedarf und auch die Futteraufnahme. Andererseits reagieren manche Pferde bei hoher körperlicher und nervlicher Beanspruchung (z. B. Transport und Wettkampfeinsatz) mit eingeschränktem Verzehr. Für Renn- und Turniersportpferde ist in der Praxis der freie Zugang zum Futter vom Besitzer oft nicht erwünscht, ungeachtet der ernährungsphysiologischen Sinnhaftigkeit.

Aufgrund der weiten Variation der adulten LM von Equiden ist es ratsam, nicht nur den Bedarf an Energie, sondern auch den an Nährstoffen auf die metabolische LM zu beziehen.

Tab. 28.5
Orientierungswerte[1] zur Aufnahme von Trockenmasse bei freiem Zugang zum Futter durch Pferde unterschiedlicher Nutzungsrichtungen (kg DM je Tier und Tag) (GfE 2014).

	DM-Aufnahme ($g/kg\ LM^{0,75}$)	Lebendmasse (kg)			
		200	400	600	800
Erhaltung, Wachstum[2,3], Trächtigkeit[2]	90–110	5–6	8–10	11–13	13–17
Laktation	130–150	7–8	12–13	16–18	20–23
Arbeit[4]	110–140	6–7	10–12	13–17	17–21

1 Aufgrund der hohen Variabilität des Merkmals sind deutliche Abweichungen nach unten und oben möglich.
2 Dazu liegen nur wenige experimentelle Ergebnisse vor.
3 DM-Aufnahmekapazität beim Saugfohlen etwa 50–60 g/kg $LM^{0,75}$ und Tag
4 Manche Pferde reagieren bei starker körperlicher oder nervlicher Beanspruchung mit einer Einschränkung der Futteraufnahme.

28.4 Pferde im Erhaltungsstoffwechsel

Ein Teil der in Deutschland gehaltenen Pferde wird nicht für Sport, Arbeit oder Zucht genutzt. Dazu zählen Liebhabertiere, nicht mehr genutzte, ältere Pferde und viele Ponys. Die Haltungs- und Fütterungsbedingungen sind sehr unterschiedlich. Neben temporärer oder ganzjähriger Weide- bzw. Auslaufhaltung werden Pferde im Offenstall oder im Warmstall gehalten. Durch die Haltungsform bedingte Unterschiede in der spontanen Bewegungsaktivität sowie der Umgebungstemperatur stellen in der Fütterung zu beachtende Faktoren dar. Da auch geriatrische Pferde und weitgehend inaktiv gehaltene Pferde bzw. Ponys, häufig mit Adipositas und/oder Insulinresistenz, zu der hier angesprochenen Gruppe zählen, sind zudem oft besondere gesundheitliche Anforderungen zu beachten.

28.4.1 Energie- und Nährstoffbedarf

Die in diesem Kapitel enthaltenen Ausführungen zum Bedarf an Energie- und Nährstoffen folgen den Empfehlungen der Gesellschaft für Ernährungsphysiologie (GfE 2014).
Der Bedarf an Energie wird in der Pferdeernährung in Deutschland als umsetzbare Energie (ME) ausgedrückt. Der Energieerhaltungsbedarf nimmt bei Pferden aller Leistungsrichtungen einen beträchtlichen Anteil am Gesamtenergiebedarf ein. Daher sind die folgenden Ausführungen nicht nur für Pferde unter Erhaltungsbedingungen bedeutsam, sondern im Vergleich mit den meisten anderen Nutztierarten überproportional auch für leistende Pferde. Der Energieerhaltungsbedarf pro Einheit metabolische LM variiert in Abhängigkeit von der stofflichen Zusammensetzung des tierischen Organismus erheblich. Proteinsynthese und Proteinumsatz sind energetisch besonders aufwendig, weshalb ein hoher Muskelanteil (eigentlich fettfreie Körpermasse) selbst im Zustand scheinbarer Ruhe mit einem hohen Energieverbrauch verbunden ist. Für die Erhaltung von Körperfett wird dagegen weniger Energie benötigt. Der Anteil an Muskel- und Fettmasse ist bei Equiden außerordentlich variabel. Dabei wird der Körperfettanteil vor allem von der Rassezugehörigkeit und dem Trainingszustand bestimmt, mit einer bisher gemessenen Variation zwischen 5 und 25 %. Vor allem aufgrund dieser großen Unterschiede sieht man den energetischen Erhaltungsbedarf bei Pferden entgegen früheren Annahmen als variabel an. So wird unter Berücksichtigung rassetypischer Ausprägungen der stofflichen Zusammensetzung des Körpers normalgewichtiger, im mittleren Trainingszustand befindlicher Pferde, für **Warmblutpferde, Traber und Ponys im Reitpferdetyp** ein Energieerhaltungsbedarf von **0,52 MJ ME/kg $LM^{0,75}$** und Tag unterstellt (→ Tab. 28.5). Der tägliche energetische Erhaltungsbedarf von Englischen Vollblutpferden liegt wesentlich höher (0,64 MJ

Tab. 28.6
Täglicher Bedarf an umsetzbarer Energie für Pferde im Erhaltungsstoffwechsel.

Rasse bzw. Rassentyp	Energieerhaltungsbedarf[1,2] (MJ ME/kg $LM^{0,75}$)
Englisches Vollblut	0,64
Warmblut, Traber, Reitpony im Sportpferdetyp	0,52
Pony im Robustpferdetyp	0,40
sonstige Pferderassen[3]	0,40–0,50

1 mod. nach Kienzle et al. (2010);
2 Angaben beziehen sich auf Pferde und Ponys mit Normalgewicht (Body Condition Score nach Kienzle und Schramme 2004 von 5/9) und mittlerem Trainingszustand in Boxenhaltung im thermoneutralen Bereich.
3 Ein Bedarf in dieser Größenordnung ist für Islandpferd, Schweres Warmblut, Quarter Horse und Percheron experimentell abgesichert.

ME/kg $LM^{0,75}$), der von Ponys im Robustpferdetyp deutlich darunter (0,40 MJ ME/kg $LM^{0,75}$) und ist bei Vertretern sonstiger Rassen in den meisten Fällen zwischen 0,40 und 0,50 MJ ME/kg $LM^{0,75}$ einzuordnen. Unter Normalgewicht wird in der Regel ein Body Condition Score (BCS) von 5 auf einer Skala von 1 bis 9 (Kienzle und Schramme, 2004) verstanden.

Unter Erhaltungsbedingungen befindet sich ein gesundes, im thermoneutralen Bereich bei geringer spontaner Bewegungsaktivität gehaltenes Pferd im energetischen Gleichgewicht. Modifikationen des Energieerhaltungsbedarfes durch Änderung der stofflichen Zusammensetzung des Tierkörpers sind diesem direkt zuzuordnen (→ Tab. 28.6).

Ein energetischer Mehrbedarf, der aus besonders hohen Aufwendungen für die kauende Zerkleinerung des Futters, intensiver Spontanbewegung (z. B. auf der Weide) sowie Thermoregulation bei Hitze und Kälte entsteht, ist dem Erhaltungsbedarf *per definitionem* nicht zuzuordnen. Da die genannten Aufwendungen jedoch nur sehr schwer quantifiziert und kaum getrennt anderen Leistungen zugeordnet werden können, werden sie als Zuschläge zum Erhaltungsbedarf berücksichtigt (→ Tab. 28.7). Krankhaften Veränderungen stellen eine weitere Variationsgröße dar. Diese finden in den hier gegebenen Ableitungen nur in den Fällen Berücksichtigung, in denen sie zu deutlichen Abweichungen hinsichtlich LM (Adipositas) und Körperzusammensetzung (hoher Körperfettanteil oder sehr starke Bemuskelungen) führen.

Der tägliche Energieerhaltungsbedarf normalgewichtiger, mäßig trainierter Pferde in Boxenhal-

Tab. 28.7
Modifikationen des Energieerhaltungsbedarfes sowie mögliche Zuschläge.

	Veränderung des Energieerhaltungsbedarfes[1,2]
Modifikation	
• Übergewicht (BCS > 5/9[1])	minus 10–15 %
• Sehr guter Trainingszustand	plus ≤ 15 %
Zuschlag	
• Erhöhte Aufwendungen für Thermoregulation (Hitze bzw. Kälte)	plus ≤ 10 %
• Stark erhöhte Aufwendungen für Thermoregulation (extreme Witterungsbedingungen und/oder fehlende Adaptation)	plus ≤ 20 %
• Erhöhte spontane Bewegungsaktivität (Offenstall, Gruppenauslauf, stundenweiser Weidegang auf kleinen Weiden, einzeln oder in Kleingruppen)	plus ≤ 10 %
• Stark erhöhte spontane Bewegungsaktivität (Weidehaltung in der Herde auf großen Flächen, v. a. bei Junghengsten; ggf. Hangkoppeln)	plus ≤ 50 %

1 nach Kienzle und Schramme (2004);
2 Bei der Verwendung mehrerer Modifikationen bzw. Zuschläge ist darauf zu achten, dass für die Berechnung jeder einzelner dieser Korrekturen der rassespezifische Erhaltungsbedarf (siehe Tab. 28.6) als Basis verwendet wird.

		Lebendmasse (kg)			
		200	400	600	800
ME[1]	(MJ)	28	47	63	78
pcd CP[2]	(g)	160	270	365	450
pcd Lys	(g)	7	11	15	19
pcd Met+Cys	(g)	5	8	10	13
pcd Thr	(g)	8	14	19	23
Calcium	(g)	8,7	14,7	19,9	24,7
Phosphor	(g)	6,0	10,1	13,7	17,0
Magnesium	(g)	2,8	4,8	6,5	8,0
Natrium	(g)	1,4	2,4	3,3	4,1
Kalium	(g)	7,4	12,4	16,8	20,9
Chlorid	(g)	0,8	1,3	1,8	2,2
Eisen	(mg)	215	360	485	600
Kupfer	(mg)	55	90	120	150
Zink	(mg)	215	360	485	600
Mangan	(mg)	215	360	485	600
Iod	(mg)	0,80	1,35	1,80	2,25
Selen	(mg)	0,55	0,90	1,20	1,50
Vitamin A	(IE)	8000	13500	18000	22500
Vitamin D	(IE)	1600	2700	3600	4500
Vitamin E	(mg)	270	450	610	750
Vitamin B_1	(mg)	15	25	35	45
Vitamin B_2	(mg)	10	20	25	30

1 Die Angaben beziehen sich auf ein normalgewichtiges Pferd vom Warmbluttyp bzw. Reitpony vom Sportpferdetyp im mittleren Trainingszustand in Boxenhaltung im thermoneutralen Bereich.
2 Die Angaben sind in 5er-Schritten gerundet.

Tab. 28.8
Empfehlungen zur täglichen Versorgung von Pferden im Erhaltungsstoffwechsel mit Energie und Nährstoffen.

tung im LM-Bereich zwischen 200 und 800 kg kann Tabelle 28.8 entnommen werden.

Der Bedarf an Protein für Pferde wird in Deutschland als praecaecal verdauliches Rohprotein (pcd CP) und pcv Aminosäuren (pcd AS) ausgedrückt. Hinweise auf eine Limitierung unter üblichen Fütterungsbedingungen liegen für Lysin, Methionin und Cystin (als Summe ausgewiesen) sowie Threonin vor. Für eine korrekte Beurteilung der Proteinbedarfsdeckung ist es erforderlich, sowohl pcd CP als auch die genannten pcd AS zu berücksichtigen.

Der **täglich Erhaltungsbedarf an pcd CP** ist mit **3 g/kg LM^{0,75}** gedeckt, wobei gegenüber früheren Ableitungen größere fäkale N-Verluste berücksichtigt wurden. Für die Ableitung des Bedarfes an pcd AS wurden bei einer angenommenen 60 %igen Verwertung die folgenden unvermeidlichen Verluste berücksichtigt (endogener ileocaecaler Fluss): 125 mg pcd Lys, 86 pcd Met + Cys und 155 mg pcd Thr pro kg $LM^{0,75}$ und Tag. Basierend auf einer jüngeren Metaanalyse zu unvermeidlichen fäkalen und renalen Verlusten sowie aktuellen Ergebnissen zum Säure-Basen-Haushalt wurden die bisherigen Annahmen über den Bedarf von Pferden an Mengenelementen zum Teil erheblich nach unten korrigiert. Danach benötigt das Tier unter Erhaltungsbedingungen täglich die folgenden Mengen (in mg/kg $LM^{0,75}$): Ca 164, P 113, Mg 53, Na 27, K 139 und Cl 15 (→ Tab. 28.8). Für die Verwertung der mit dem Futter aufgenommenen Mengenelemente wird das Folgende angenommen: Ca 45 %, P 15 % (für Erhaltung; sonstige physiologische Stadien 35 %), Mg 45 %, Na 70 %, K 85 %, Cl 95 %. Für die tägliche Versorgung mit Spurenelementen werden die folgenden Mengen empfohlen (in mg/kg $LM^{0,75}$ und Tag): Fe 4,0, Cu 1,0, Zn, 4,0 Mn 4,0, Se 0,010 und I 0,015. Die Empfehlungen zur Versorgung von Pferden im Erhaltungsstoffwechsel mit Vitaminen betragen pro kg $LM^{0,75}$ 150 IE Vitamin A, 30 IE Vitamin D, 5 (bei fettreicher Fütterung bis 10) mg Vitamin E, 0,3 mg Vitamin B_1 und 0,2 mg Vitamin B_2 (→ Tab. 28.7). Die Essenzialität von Vitamin D für Pferde ist bisher nicht nachgewiesen. Aktivierungsprodukte des Vitamins liegen im Blutplasma von Equiden im Speziesvergleich außergewöhnlich niedrig. Zudem haben diesbezügliche Versuche bislang keine Mangelsymptome ausgelöst. Auch die Versorgung mit B-Vitaminen wird vermutlich durch die mikrobielle Synthese im Verdauungstrakt gedeckt, und Vitamin C kann von Equiden intermediär gebildet werden. Die Empfehlungen für Vitamin D und die Vitamine B_1 und B_2 sind aus Sicherheitsgründen, ggf. auch zum Ausgleich eines sekundären Mangels (Vitamin B_1), formuliert. Die gelegentlich berichtete Verbesserung unbefriedigender Hufhornqualität durch Biotin erfordert Dosierungen, welche in ihrer Höhe eher als pharmakologisch und nicht im Sinne der Deckung eines Ernährungsbedarfes einzustufen sind. Daher wird auf die Angabe eines Biotinbedarfes verzichtet. Tabelle 28.8 enthält beispielhaft den Energie- und Nährstoffbedarf normalgewichtiger Pferde im mittleren Trainingszustand in Boxenhaltung bei einer LM zwischen 200 und 800 kg.

Die Aufnahme ausreichend hoher Wassermengen ist auch bei Pferden unter Erhaltungsbedingungen mit sehr niedrigem Schweißverlust außerordentlich wichtig, um – neben den allgemein bekannten Funktionen – eine ausreichende gastrointestinale Sekretion und Durchfeuchtung des Chymus zu gewährleisten (Speichel, Magensaft, Pankreas, Galle und Darmsekret erreichen zusammen bis zu 32 kg/100 kg LM und Tag). So stellt ungenügende Wasserverfügbarkeit eine wesentliche Kolikursache dar. Bei Mahlzeitenfütterung ist eine gewisse Induktion der Wasseraufnahme im zeitlichen Zusammenhang mit der Aufnahme von Nahrung zu beobachten. Der tägliche Verlust von Flüssigkeit über den Harn beträgt bei üblicher Fütterung und normalen Umgebungstemperaturen 1–3 l/100 kg LM. Ein deutlicher N-Überschuss in der Ration führt zu hohen Harnmengen. Über den Kot werden bei Fütterung gemischter Rationen zwischen 0,5 und 3,5 l Wasser/100 kg LM und Tag ausgeschieden. Die höhere Ausscheidungsmenge ist dabei für sehr grobfutterreich gefütterte Pferde unter Erhaltungsbedingungen typisch. Unter üblichen Haltungs- und Fütterungsbedingungen kann eine **tägliche Wasseraufnahme von 3–4 l/kg Futter-DM** als Orientierung gelten. Bei höheren Körpertemperaturen oder einem gesteigerten Flüssigkeitsbedarf (z. B. aufgrund von Schweißverlust oder Milchsekretion) kann die erforderliche Aufnahmemenge auf 7 l/100 kg Futter-DM ansteigen.

28.4.2 Fütterungspraxis

Weidehaltung kommt vor allem aufgrund der Möglichkeit für Bewegung und oft auch Sozialkontakten sowie für das Ausleben arteigener Verhaltensmuster bei der Nahrungsaufnahme („Foraging") den ethologischen Bedürfnissen von Pferden im Erhaltungsstoffwechsel am nächsten. Im Frühjahr ist das Weidegras reich an Wasser und Protein, zum Ende des Sommers hin nimmt der Gehalt an Rohfaser zu und der an Protein ab. Ganzjährige Weidehaltung ist prinzipiell möglich. Voraussetzungen sind eine langsame Gewöhnung an die kalte Jahreszeit (Entwicklung eines dichten Haarkleides und von ausreichend Unterhautfettgewebe, Adaptation an die Futtergrundlage) und eine ständige Kontrolle der Weide (Weideertrag, Trittschäden) sowie der Körperkondition der Pferde (BCS). Eine Unterstellmöglichkeit sollte den Pferden das ganze Jahr über zur Verfügung stehen. Auch wenn Gras einen hohen Wassergehalt aufweist, erfordert Weidehaltung die Möglichkeit zur freien Aufnahme von sauberem Wasser aus speziell dafür vorgesehenen Tränkeinrichtungen (aus hygienischen Gründen keine natürlichen, stauenden oder fließenden Gewässer).

Die Aufnahme von Weidegras ist aus energetischer Sicht für Pferde unter Erhaltungsbedingungen meist ausreichend. Mehraufwendungen für eine höhere spontane Bewegungsaktivität bzw. Thermoregulation können, wie in Kapitel 28.4.1. beschrieben, veranschlagt werden und sind in den meisten Fällen durch die Aufnahme von Grobfutter zu decken. Im Frühsommer besteht im Gegenteil eher das Problem einer zu starken Energieaufnahme. In einem gewissen Umfang kann eine positive Entwicklung der LM toleriert werden und folgt vermutlich sogar natürlichen Zyklen, wobei bei abnehmendem Weideertrag in der Regel eine langsame kompensatorische Mobilisation der zusätzlich angelegten Körperfettreserven erfolgt. Bei sehr deutlicher Abnahme des Weideertrages ist es ratsam, über eine überdachte Raufe zusätzlich Heu anzubieten. Dies ist auch auf sehr junger Weide im Hinblick auf eine zusätzliche Versorgung mit rohfaserreichem, strukturwirksamen Material hilfreich. In letztgenanntem Fall kann alternativ Futterstroh Verwendung finden. Die Raufen sollten in regelmäßigen Abständen vollständig geleert und gereinigt werden, um zu verhindern, dass sich hygienisch bedenkliches Material am Boden ansammelt. Der Bedarf an den meisten Mengenelementen ist bei freiem Zugang zu Weidegras und ggf. ergänzend Heu bzw. Stroh in der Regel gedeckt. Natrium und Chlorid sollten über einen Salzleckstein zusätzlich zur freien Aufnahme angeboten werden. Eine unzureichende Aufnahme an Spurenelementen ist auf der Ganztagsweide bei fehlender Möglichkeit einer individuellen Fütterung schwer auszugleichen. Häufig werden hierfür Leckmassen verwendet, welche neben Natriumchlorid weitere Mengen- und Spurenelemente enthalten. Inwieweit die Spurenelementkombination in der jeweiligen Leckmasse jedoch zu dem standortspezifischen Spurenelementgehalt des Weidegrases passt, und inwieweit die Aufnahme der weiteren Mengenelemente gemeinsam mit dem in der Leckmasse enthaltenen Natriumchlorid dem Bedarf der Pferde entspricht, bleibt fraglich. Eine Zufütterung von Vitaminen zum Weidegras ist im Frühjahr und Sommer meist nicht erforderlich. Allerdings scheint die Versorgung mit Vitamin E im Hinblick auf die Vorbeugung bestimmter neuronaler und muskulärer, weideassoziierter Erkrankungen besonders beachtenswert zu sein. Bei abnehmender Tageslichtlänge und Weideertrag ist möglicherweise auch eine Ergänzung mit den Vitaminen A und E sinnvoll. Die Ergänzung mit Mineralstoffen und Vitaminen lässt sich bei nächtlicher Aufstallung und individueller Beifütterung der Pferde sehr zielführend gestalten. In diesen Fällen sollte vor dem morgendlichen Weideaustriebt die Aufnahme von Heu oder Heulage ermöglicht werden. Bei Einzel- und/oder Gruppenhaltung im Auslauf bzw. Paddock treffen im Prinzip dieselben Fütterungsgrundsätze zu wie bei Weidehaltung. Als Grobfutterbasis zur Deckung des Energieerhaltungsbedarfes dienen Heu oder Heulage, vorzugsweise mit Stroh von Futterstrohqualität als Streu in der Box bzw. im Ruhebereich (Beispielration → Tab. 28.9).

Auch bei dieser Haltungsform sollte ein Salzleckstein immer zur Verfügung stehen. Weitere Mineralstoffe und Vitamine können über ein vitaminiertes Mineralfuttermittel oder ein Ergänzungsfuttermittel für Pferde zugefüttert werden. Letzteres ist aus energetischer Sicht an sich nicht erforderlich, kann jedoch evtl. dazu dienen, die gezielte Zufuhr weiterer Nährstoffe zu ermöglichen, z. B. von hochwertigem Protein bei Verwendung von Stroh und Grünfutterkonservaten aus sehr spät geschnittenem Gras. In diesen Fällen ist bei meist gedecktem Bedarf an pcd CP oft die Versorgung mit pcd Thr und ggf. anderen essenziellen Aminosäuren grenzwertig niedrig.

Tab. 28.9
Beispielrationen für normalgewichtige Pferde im Erhaltungsstoffwechsel.

	Futtermittel (Futtermenge[1])
Großpferd[2] (600 kg LM)	Wiesenheu (10–12 kg) oder Heulage mit 70 % DM (13–15 kg), Mineralfutter[3], Salzleckstein (zur freien Aufnahme)
Shetlandpony[2] (200 kg LM)	Wiesenheu (4,0–3,5 kg) oder Heulage mit 70 % DM (4,5–5,5 kg), Mineralfutter[3], Salzleckstein (zur freien Aufnahme)

1 Grobfutter mit 6–7 MJ ME/kg DM;
2 Energieerhaltungsbedarf (je kg $LM^{0,75}$): Großpferd 0,52 MJ ME, Pony 0,40 MJ ME (ggf. Modifikationen und Zuschläge berücksichtigen; siehe Tab. 28.6).
3 Der Bedarf an pcd CP und pcd AS sowie Mengenelementen ist bei der hohen Aufnahme von Wiesenheu/Heulage sowie von Salzleckmasse meist gedeckt. Bei stark überständigem Heu müssen höhere Mengen gefüttert und ggf. Kraftfutter (Energie, pcd CP, pcd AS) ergänzt werden. Das Mineralfutter dient hier primär der bedarfsgerechten Zufuhr an Spurenelementen und ggf. Vitaminen.

28.5 Freizeit- und Sportpferde

Körperliche Arbeit verrichten Pferden heute zumeist im Freizeit- und Sportbereich (Reiten und Fahren, Rennbetrieb, Voltigieren). Ein Einsatz in der Landwirtschaft und im Transportgewerbe spielt praktisch keine Rolle mehr und die Zahl forstwirtschaftlich genutzter Pferde ist außerordentlich gering. Während die Fütterung von Pferden im Freizeitbereich meist nicht oder nicht wesentlich von derjenigen unter Erhaltungsbedingungen abweicht, konkurrieren im Hochleistungssport gelegentlich die Anforderungen an eine energiereiche mit denen an eine artgerechte Fütterung. Neben einheitlichen Prinzipien in der Rationsgestaltung bedingen bestimmte Nutzungsformen (z. B. Distanzreiten, Vollblutrennen) spezifische Anforderungen.

28.5.1 Energie- und Nährstoffbedarf

Der Energiebedarf der meisten Freizeitpferde und Sportpferde im unteren Leistungsbereich liegt nicht sehr weit oberhalb des Erhaltungsbedarfes. Hochleistungssportpferde können dagegen einen Gesamtbedarf an Energie erreichen, welcher das Doppelte des Erhaltungsbedarfes übersteigt. Der Bedarf an ME für körperliche Arbeit kann über die Herzschlagfrequenz (Hf) unter Belastung geschätzt werden (Schritt → Renngalopp: ≈ 50 → 240 Schläge/min), unter Abzug der Hf in Ruhe (→ Tab. 28.10). Die Hf ist positiv mit der Sauerstoffaufnahme und damit dem Energiebedarf auf der genannten Energiestufe korreliert. Dies trifft uneingeschränkt auf aerobe Belastung zu, welche bei Pferden allgemein den deutlich überwiegenden Anteil ausmacht (Ausnahme: Galopprennen über sehr kurze Distanz). Für anaerobe Arbeit wird derzeit eine Korrektur in Abhängigkeit von der Lactatkonzentration im Blut zum Belastungsende vorgenommen.

Zur praktischen Handhabung wurde experimentell über die Hf der Energiebedarf für die Grundgangarten abgeleitet, welche in Trab und Galopp stärker variiert als im Schritt, vor allem aufgrund unterschiedlicher Tempi innerhalb der Grundgangarten. Dabei nimmt der Energiebedarf innerhalb einer Gangart mit ansteigender Geschwindigkeit exponentiell zu. Im Mittel benötigen trainierte **Großpferde** im Sportpferdetyp (LM-Bereich 400–650 kg LM; zzgl. Masse von Reiter und Sat-

Tab. 28.10
Berechnung des Energieumsatzes für aerobe Arbeit aus dem Sauerstoffverbrauch und Schätzung über die Herzschlagfrequenz[1].

Unabhängige Variable	Schätzgleichung
O_2-Verbrauch[2] (ml/kg LM min^{-1})	$= 0,002816\ Hf^{1,9955}$
Aerober Energieumsatz[3] (kJ/kg LM min^{-1})	$= 0,0000566\ Hf^{1,9955}$

Hf = Herzschlagfrequenz (Schläge/min); LM = Lebendmasse;
1 nach Coenen (2008);
2 O_2-Verbrauch [ml/kg LM min^{-1}] ohne Anteil für Ruhe (3,5 ml/kg LM min^{-1}) = $0,001674\ Hf^{2,0872}$;
3 bei einem energetischen Äquivalent von 20,1 kJ/l O_2

telzeug in Höhe von 15 % der LM des Pferdes) unter üblichen Reitbahnbedingungen im Mittelschritt 0,19 kJ ME/kg LM min^{-1}, im Arbeitstrab 0,48 kJ ME/kg LM min^{-1} und im Arbeitsgalopp 1,92 kJ ME/kg LM min^{-1} zusätzlich zum Erhaltungsbedarf. Diese Versorgungsempfehlungen können nicht uneingeschränkt auf Ponys übertragen werden, da der ME-Bedarf für Arbeitsleistung der LM nicht linear folgt, sondern in einer ähnlichen Funktion wie der Erhaltungsbedarf. Hintergrund ist, dass beim Zurücklegen einer definierten Strecke kleinere Tiere eine höhere Anzahl an Schritten, Tritten oder Sprüngen aufwenden müssen als Großpferde, und damit auch der Energiebedarf höher ist. Hinzu kommt, dass das Tragen von Lasten – wie das eines Reiters plus Sattelzeug – ebenfalls allometrischen Gesetzmäßigkeiten folgt. Bei Ponys dürfte dies von größerer Bedeutung sein, da es häufiger vorkommt, dass relativ zur eigenen LM schwerere Reiter getragen werden müssen als von Großpferden. Die für das Lastentragen zusätzlich benötigte Energie steigt proportional mit der Masse und dem Bedarf für dieselbe Arbeit ohne Last. Da Ponys also für dieselbe Arbeit bezogen auf die LM mehr Energie benötigen als Großpferde, brauchen sie für das Bewegen derselben Masse ebenfalls mehr Energie als größere Pferde. Eine Berechnung der metabolischen LM aus der Summe der Massen von Pferd plus Ausrüstung wäre daher nicht korrekt. Daher empfiehlt sich für **Ponys** die wie folgt genannte, gesonderte Berücksichtigung linearer und nichtlinearer Leistungsanteile an der körperlichen Arbeit. Als Zwischenschritt wird zunächst für die Grundgangarten die folgende Empfehlung nach allometrischen Gesichtspunkten vom Großpferd abgeleitet (noch ohne Leistungsanteil für das Tragen von Reiter und Ausrüstung): Schritt 0,8 kJ ME/kg $LM^{0,75}$ min^{-1}, Trab 2,0 kJ ME/kg $LM^{0,75}$ min^{-1} und Galopp 8,1 kJ ME/kg $LM^{0,75}$ min^{-1}. Zur Berücksichtigung der Masse von Reiter und Ausrüstung werden die so gewonnenen Ergebnisse anschließend mit dem Quotienten aus der zu tragenden Masse (Pony + Reiter + Ausrüstung), dividiert durch die LM des Ponys, multipliziert. Tabelle 28.11 beinhaltet beispielhaft den kalkulierten Energiebedarf eines Reitponys und eines Warmblutpferdes, welche fiktiv über eine Dauer von 30 min täglich in den Arbeitstempi der Grundgangarten geritten werden, sowie eine dazu gehörige Beispielration. Das gegebene Beispiel entspricht nach tradierter Terminologie etwa leichter Arbeit (Energiebedarf für Arbeitsleistung etwa 20 % des Energieerhaltungsbedarfes).

Eine belastungsbedingt stärkere Entwicklung der Muskulatur, z. B. im Jugendtraining oder bei Trai-

Tab. 28.11
Energiebedarf von Reitpony und Warmblutpferd, welche über 30 min täglich in den Arbeitstempi der einzelnen Grundgangarten geritten werden, sowie dazu gehörige Beispielrationen.

			Reitpony[1] **(400 kg LM)**	**Warmblutpferd**[1] **(600 kg LM)**
Energiebedarf	Erhaltung, pro Tag	(MJ ME)	46,5	63,0
	Schritt, 10 min	(MJ ME)	0,8	1,3
	Arbeitstrab, 15 min	(MJ ME)	3,1	5,0
	Arbeitsgalopp, 5 min	(MJ ME)	4,2	6,6
	Gesamt, pro Tag	(MJ ME)	54,5	75,9
Ration[2]	Wiesenheu[3]	(kg/d)	7,8	10,5
	Kraftfutter[4]	(kg/d)	0,7[5]	1,2[5]
	Mineralfutter Salzleckstein		*ad libitum*	*ad libitum*

1 bei einem Erhaltungsbedarf von 0,52 MJ/kg $LM^{0,75}$ und einer Masse von Reiter und Ausrüstung von 15 % der LM des Pferdes;
2 Futtermengen gerundet; 3 Wiesenheu 6,0 MJ ME/kg; 4 Hafer oder Ergänzungsfutter für Pferde 11,0 MJ ME/kg;
5 Menge je nach Zusammensetzung

ning nach längerer Immobilisation bzw. inadäquater Belastung, verursacht einen höheren Proteinbedarf. Körperliche Arbeit *per se* bietet keinen darüber hinaus gehenden gesicherten Ansatz für die Ableitung eines quantitativen Mehrbedarfes. Eine allenfalls denkbare Steigerung des Bedarfes an pcd CP und pcd AS infolge belastungsbedingt verstärkten Muskelstoffwechsels, inkl. kleinerer Reparaturprozesse, wird vermutlich durch die bei sportlicher Beanspruchung insgesamt höhere Nährstoffdichte des Futters und ggf. Futtermenge ausgeglichen. Unter diesen Bedingungen steigt der Bedarf an pcd Thr vermutlich weniger stark an als der an den weiteren essenziellen pcd AS. Inwieweit der Zufuhr an pcd AS eine besondere Bedeutung im Hinblick auf Regenerationsprozesse nach anstrengender Belastung (belastungsinduzierte Proteolyse) zukommt, bleibt zu prüfen.
Körperliche Arbeit ist mit besonderen Anforderungen an die Thermoregulation verbunden. Beim Pferd spielt dabei die Evaporation die größte Rolle. Das verdunstete Wasser stammt überwiegend aus dem Schweiß und zu einem kleinen Teil aus der Atemluft. Der Schweißverlust bedingt bei arbeitenden Pferden einen Mehrbedarf an Wasser und Mineralstoffen. Der belastungsbedingte **Schweißverlust** variiert unter physiologischen Bedingungen zwischen < 0,5 und 2,5 l/100 kg LM und kann bei sehr schwerer körperlicher Arbeit durchaus 5 l/100 kg LM erreichen. Er hängt wesentlich von der muskulären Beanspruchung ab, jedoch nicht linear vom Energiebedarf für Arbeitsleistung. Zur energetischen Komponente muskulärer Tätigkeit kommen noch weitere Faktoren, wie die Intensität und Dauer der körperlichen Arbeit hinzu. So nimmt bei kurzer, intensiver Beanspruchung auch bei gleich hohem Energiebedarf die Evaporation einen höheren Prozentsatz an der Thermoregulation ein als bei langandauernder, wenig intensiver Arbeit. Weitere wesentliche Einflussfaktoren sind die psychische Inanspruchnahme und der Trainingszustand des Pferdes, die Beschaffenheit des Geläufs, die Sonneneinstrahlung in Kombination mit der Fellfarbe (dunkles Fell absorbiert mehr Wärme) sowie die Länge des Fells und die Effizienz des Schwitzens (Thermoregulation erfolgt durch Verdunsten von Schweiß, nicht durch Abtropfen). So kann nicht nur ein und derselbe, belastungsbedingte Mehrbedarf an Energie aufgrund unterschiedlicher Dauer und Intensität einen unterschiedlichen Schweißverlust induzieren, sondern auch eine in Dauer und Intensität identische Belastung bei unterschiedlichen Pferden bzw. in verschiedenen Situationen. Zur Schätzung des individuellen Schweißverlustes eignen sich äußere Merkmale am belasteten Pferd, welche zu einem sog. **Schweiß-Score** (Zeyner et al., 2014) zusammengefasst werden.
Der belastungsbedingte Mehrbedarf an Mineralstoffen hängt wesentlich von der Menge und der Zusammensetzung des abgegebenen Schweißes ab (→ Tab. 28.12). Die Elektrolyte Na, K und Cl sind im Schweiß in bedarfsrelevanten Konzentrationen enthalten. Die Gehalte an Ca, Mg, P, Fe, Cu, Mn und Se im Schweiß sind hingegen im Hinblick auf eine evtl. notwendige, zusätzliche Zufütterung irrelevant. Bei einer vergleichsweise hohen Zinkkonzentration im Schweiß verdient jedoch die Zinkversorgung stark schwitzender Pferde besondere Beachtung. Der Mineralstoffgehalt im Schweiß scheint innerhalb sehr weiter Grenzen von der Versorgung mit den relevanten Elementen unbeeinflusst zu sein. Bei hoher Schweißbildungsrate sind die Gehalte an Na und Cl jedoch höher, die an Kalium geringer. Körperliches Training und Anpassung an Hitze bedingen das Gegenteil. In diesem Sinne adaptiv kann auch der Umstand gewertet werden, dass die ursprünglich heißen Klimaten entstammenden und für Ausdauerleistungen besonders geeigneten Araberpferde eine allgemein niedrigere Mineralstoffkonzentration im Schweiß aufweisen. Ein belastungsbedingter Schweißverlust von 1 % der LM (Schweiß-Score 2/5) würde bei einem Warmblutpferd (600 kg LM) im Mittel einen **Mineralstoffverlust** in der folgenden Grö-

Tab. 28.12
Mittlerer Gehalt des Pferdeschweißes an Mengen- und Spurenelementen[1].

Mengenelement	(g/l)	Spurenelement	(mg/l)
Chlorid	5,3	Zink	11,4
Natrium	2,8	Eisen	4,3
Kalium	1,4	Kupfer	0,3
Calcium	0,12	Mangan	0,16
Magnesium	0,05	Selen	< 0,005
Phosphor	< 0,01		

1 nach Coenen und Vervuert (2003)

ßenordnung verursachen: 16,8 g Na, 8,4 g K, 31,8 g Cl und 68,4 mg Zn. Der durch sportliche Belastung ggf. forcierte Knochenstoffwechsel führt nach gegenwärtigem Kenntnisstand nicht zu höheren Verlusten an Ca, die über die Fütterung ausgeglichen werden müssten.

Körperliche Arbeit verursacht keinen wesentlich über den Erhaltungsbedarf (→ Kap. 28.4) hinausgehenden Bedarf an Vitaminen. Bei intensiver sportlicher Beanspruchung und fettreicher Fütterung, wie sie häufig bei Sportpferden erfolgt, sollte jedoch unter Berücksichtigung eines evtl. erhöhten antioxidativen Stoffwechsels die Zufuhr an Vitamin E gegenüber den Angaben in Tabelle 28.7 verdoppelt werden. Gleiches trifft bei hoher sportlicher Beanspruchung und damit gesteigertem Kohlenhydratstoffwechsel auf Vitamin B_1 zu.

28.5.2 Fütterungspraxis

Grundsätzlich sollte auch in der Fütterung von Freizeit- und Sportpferden zumindest der Energieerhaltungsbedarf allein über Grobfuttermittel gedeckt werden. Sofern das betreffende Pferd keinen Weidegang hat – was zumindest bei Sportpferden häufig der Fall ist – besteht das Grobfutter vorzugsweise und deutlich überwiegend aus Heu oder Heulage hoher Qualität (→ Tab. 28.11). Einstreu aus Stroh von Futterqualität dient, sofern nicht anderweitig kontraindiziert (chronische Atemwegserkrankungen, erhöhte Obstipationsneigung), der Beschäftigung und bei nervösen Pferden ggf. auch der Entspannung.

Vor allem im Rennsport, aber zum Teil auch der Turnierreiterei bestehen mitunter Bedenken wegen eines hohen „toten Gewichts" aufgrund grobfutterreicher Fütterung. Gefürchtet wird dabei die Erhöhung des Bauchumfangs („Heubauch") und der LM vor allem durch eine hohe Wasserbindungskapazität des faserreichen Materials im Darminhalt. Die Ausprägung des sog. Heubauchs ist jedoch auch von der Bauchmuskulatur abhängig und die verbesserte Magen-Darm- sowie mentale Gesundheit grobfutterreicher Fütterung sollte eventuelle Nachteile einer unwesentlich höheren LM aufheben. Zudem dient dieses Wasserreservoir im Dickdarmbereich zusätzlich als temporärer Elektrolytspeicher. An Springpferden der mittleren Leistungsebene wurde gezeigt, dass die Konzentration an Gesamtprotein (als Indikator für das Plasmavolumen) und Elektrolyten im Blutserum innerhalb von 3 h nach schweißtreibender Springbelastung ohne Zugang zu Wasser und Futter (auch kein Salz) wieder ausgeglichen war, was vermutlich auch auf die Nutzung des angesprochenen Reservoirs zurückzuführen ist.

Unter den Elektrolyten sind bei arbeitenden Pferden mit variablem Schweißverlust Na und Cl ergänzungsbedürftig. Kalium wird meist bereits über Grünfutter und Grünfutterkonserven deutlich über Bedarf aufgenommen. Der K-Status von Pferden ist allenfalls bei sehr hoher Ausdauerbelastung unter ungünstigen Klimabedingungen aufgrund des exzessiven K-Verlustes kritisch niedrig. Da bei arbeitenden Pferden der Elektrolytverlust über den Schweiß auch von Tag zu Tag sehr stark variieren kann, ist ein Ausgleich von Na und Cl über das Kraftfutter nicht zielführend. Die tägliche Gabe losen Salzes kann ab einer Dosierung von etwa 50 g NaCl an Großpferde sogar zu einer unerwünschten kompensierten und bei höherer Gabe (ab etwa 100 g/Pferd und Tag) sogar dekompensierten metabolischen Acidose mit erhöhter Mobilisierung von Ca aus dem Skelett und Ausscheidung über die Niere führen. Zudem gibt es Hinweise darauf, dass die Aufnahme höherer Menge an losem Kochsalz die Entstehung der gerade bei Sportpferden mit hoher Inzidenz auftretenden Magenschleimhautschäden begünstigt. Da arbeitende Pferde in jedem Fall mehr Elektrolyte über den Schweiß verlieren, müssen diese auch ausgeglichen werden. Dazu empfiehlt sich, kontinuierlichen Zugang zu Lecksteinen mit Na und Cl als den einzigen enthaltenen Nährstoffen zu gewährleisten. Falls bei Hochleistungspferden in Ausnahmefällen Elektrolytergänzungen zum Ausgleich höherer Schweißverluste eingesetzt werden sollen, ist anzuraten, diese erst nach der Belastung oder in Belastungspausen anzubieten, was das Risiko einer Acidose reduziert. Besonders bedeutsam ist es bei Pferden mit hohem Wasserverlust, einen Anreiz für die Wasseraufnahme zu schaffen. Hintergrund ist, dass der Wasserhaushalt beim Pferd stärker über das Volumen als die Osmolarität des Blutplasmas reguliert wird. So wird ein Durstgefühl erst bei der Abnahme des Plasmavolumens (z. B. durch sehr starkes Schwitzen) um mehr als 6 % ausgelöst. Sportpferden sollte daher immer Wasser von Trinkwasserqualität zur Verfügung stehen, dessen Aufnahme aus dem Eimer auch in ungewöhnlichen Situationen (in Belastungspausen, auf dem Transport) trainiert und ggf. durch die Beigabe von Äpfeln bzw. etwas Weizenkleie oder wenig Salz animiert werden kann.

Auf niedriger Leistungsebene arbeitende Pferde, deren Energiebedarf nicht wesentlich über Erhaltung liegt, benötigen in der Regel keine Kraftfutterergänzung. Mit zunehmender Leistung wird eine solche energetische Ergänzung jedoch erforderlich. Dafür kommen Getreidekörner, Futterfette (pflanzliche Öle) und unterschiedlich fettreiche Ergänzungsfuttermittel infrage. Daraus ergeben sich grundsätzlich die Rationstypen „Grünfutterkonservate, Getreide ggf. mit Pflanzenöl und Mineralfutter“ oder „Grünfutterkonservate und Ergänzungsfutter für Pferde“. Wenn das Mischfuttermittel eine passende Ergänzung des Grobfuttermittels mit Mineralstoffen und Vitaminen gewährleistet, wird gelegentlich der zweitgenannte Rationstyp zur jeweils aktuellen Anpassung der Energieversorgung mit Getreidekörnern und/oder Pflanzenöl kombiniert. Ein frei zugänglicher Salzleckstein ist in allen Rationen obligat, aus qualitativer Sicht fressbares Stroh als Einstreu wünschenswert.

Bei Sportpferden der höheren Leistungsebene sollte unterschieden werden zwischen Pferden, welche kurzzeitig eine hohe Leistung erbringen und dabei signifikante Energieanteile durch anaerobe Glykolyse generieren (Rennpferde, Springpferde), und Ausdauersportpferden mit deutlich überwiegend aerober Energiegewinnung (Military- und Distanzpferde). Die Auffüllung der Glykogenspeicher kann man durch die Gabe vieler kleiner Portionen stärkereichen Futtermittels über den Tag verteilt erreichen. Die aerobe Energiegewinnung wird besonders gut durch eine in ratsamen Grenzen (→ Kap. 28.2) fettreiche Fütterung unterstützt, welche zudem einen glucosesparenden Effekt hat.

28.6 Zuchtpferde

Zuchtstuten sollten jährlich ein gesundes Fohlen zur Welt bringen. Die realisierten Trächtigkeitsraten je Rosse belaufen sich jedoch auf nur etwa 40 %. Die bedarfsgerechte Versorgung mit Energie und Nährstoffen ist eine wesentliche Voraussetzung für einen guten Zuchterfolg. Die Zuchtperiode kann in die Phase der Belegung (Deckperiode), die Früh- und Hochträchtigkeit (ab dem 7. Trächtigkeitsmonat) sowie Geburt und Laktation eingeteilt werden. In diesen Perioden ändert sich der Bedarf sehr nachhaltig. Zuchtstuten können im Mittel bis zu einem Alter von 15 Jahren sehr gut genutzt werden, danach nimmt die Fruchtbarkeit deutlich ab. Insgesamt ist das Fruchtbarkeitsgeschehen jedoch von vielen individuellen Faktoren abhängig. Bei jüngeren Zuchtstuten sollte zudem ein noch nicht vollständig abgeschlossenes Körperwachstum in Betracht gezogen werden. Die Trächtigkeit und die Laktation verändern die Priorität der Nährstoffflüsse, um den erhöhten Nährstoff- und insbesondere Glucosebedarf von Uterus und Gesäuge zu decken.

28.6.1 Energie- und Nährstoffbedarf

Für tragende und laktierende Stuten liegen gesicherte Erkenntnisse zu den Bedarfsanforderungen in den einzelnen Abschnitten von Trächtigkeit und Laktation vor. Für Zuchthengste mangelt es an solchen belastbaren Daten.

Empfehlungen zur täglichen Versorgung einer hochtragenden und laktierenden Stute mit Energie und Nährstoffen können beispielhaft für 600 kg LM (güst) Tabelle 28.13 entnommen werden.

Tragende Stuten

Eine mindestens durchschnittliche Körperkondition zum Zeitpunkt der Rosse stellt eine gute Voraussetzung für die erfolgreiche Konzeption dar. Dennoch sollte vor und während der Zeit nach dem Decken nicht zu energiereich gefüttert werden, da die Verfettung der Stute die Wahrscheinlichkeit für eine unerwünschte Zwillingsträchtigkeit erhöht. Die sogenannte Flushing-Fütterung (hohe Energiezufuhr bei mageren Stuten wenige Wochen vor dem Decken) hat sich unter anderem

Tab. 28.13
Empfehlungen zur täglichen Versorgung von hochtragenden und laktierenden Stuten mit Energie und Nährstoffen (LM im güsten Zustand 600 kg).

		Trächtigkeitsmonat			Laktationsmonat[1]		
		8.	9.–10.	11.[2]	1.[2]	2. und 3.	ab 4.
ME[3]	(MJ)	70	76	90	126	123	112
pcd CP[4]	(g)	430	500	670	1.000	915	765
pcd Lys	(g)	19	23	35	62	56	45
pcd Met+Cys	(g)	13	15	21	32	29	24
pcd Thr	(g)	21	24	31	46	42	36
Calcium	(g)	27,4	37,2	59,5	61,9	55,2	44,7
Phosphor	(g)	19,0	25,7	42,8	42,6	37,2	29,4
Magnesium	(g)	6,6	6,7	7,2	9,6	9,0	8,2
Natrium[5]	(g)	3,8	4,4	5,2	8,3	8,1	7,2
Kalium[5]	(g)	17,3	17,7	18,3	31,9	31,2	28,6
Chlorid[5]	(g)	2,1	2,3	2,7	7,4	7,2	6,2
Eisen	(mg)	605					
Kupfer	(mg)	120					
Zink	(mg)	545					
Mangan	(mg)	545					
Iod	(mg)	1,80					
Selen	(mg)	1,80					
Vitamin A	(IE)	36500					
Vitamin D	(IE)	6000					
Vitamin E	(mg)	610					
Vitamin B_1	(mg)	35					
Vitamin B_2	(mg)	25					

1 Für die Ableitung der Versorgungsempfehlung an Energie, Protein und Aminosäuren wurde der 30., 60. und 120. Laktationstag herangezogen.
2 Die hohen Versorgungsempfehlungen am Ende der Trächtigkeit bzw. am Anfang der Laktation sind der starken Masseentwicklung der Frucht und der Mineralisation des fetalen Skeletts bzw. der Abgabe über die Milch (v. a. Ca) geschuldet. Insbesondere im peripartalen Zeitraum hat jedoch die Verträglichkeit der Ration Vorrang vor einer vollständigen Deckung des Bedarfs. Eine kurzzeitige marginale Zufuhr kann in Grenzen kompensiert werden, wie durch die Mobilisation von Mengenelementen aus dem Skelett. Ohne tierärztlich begründete Indikation dürfen an gesunde Stuten keinesfalls Mineralstoffe mittels Sonden, Pasten o. ä. verabreicht werden.
3 Die Angaben für den unterstellten Erhaltungsbedarf treffen auf ein normalgewichtiges Pferd im mittleren Trainingszustand in Boxenhaltung im thermoneutralen Bereich zu.
4 Die Angaben sind in 5er-Schritten gerundet.
5 Die Angaben beziehen sich auf eine geringe Bewegungsaktivität im thermoneutralen Bereich. Bei zusätzlichem Schweißverlust ist der Bedarf höher.

aus diesem Grund nicht bewährt. Generell ist es empfehlenswert, frühzeitig auf eine gute Zuchtkondition zu achten und weidende Stuten evtl. im Herbst ergänzend zu versorgen. Stuten werden zum Teil bereits in der Fohlenrosse oder der ersten darauffolgenden Rosse wieder belegt, sodass Laktation und meist etwa die erste Hälfte der Trächtigkeit parallel verlaufen. Eine Trächtigkeit dauert beim Pferd 320–350 Tage. Während dieser Zeit nehmen tragende Stuten etwa 16 % ihrer güsten LM zu. Zum Zeitpunkt der Geburt entfallen rund 52–64 % des trächtigkeitsbedingten Ansatzes auf den Fötus, der weitere Ansatz verteilt sich auf die Adnexe (einschließlich Plazenta), Uterus, Fruchtwasser und maternale Retention. Bis einschließlich dem 7. Trächtigkeitsmonat ist die fetale Energie- und Nährstoffretention unbedeutend, weshalb Zuchtstuten erst ab dem 8. Monat als hochtragend angesehen werden. Während der letzten 3 Monate der Trächtigkeit erfolgt das Fetenwachstum deutlich überproportional. In der niedertragenden Phase bis zum 7. Trächtigkeitsmonat können die Stuten gefüttert werden wie Pferde unter Erhaltungsbedingungen bzw. – falls eine sonstige Leistung erbracht wird – zusätzlich entsprechend dem Teilbedarf für diese Leistung. Beachtung verdient jedoch der Umstand, dass eine Unterversorgung in der frühen Trächtigkeit zu deren Abbruch führen kann, während energetische Defizite in einer späteren Phase eher durch die Mobilisation maternalen Gewebes ausgeglichen werden. Aus energetischer Sicht ist Trächtigkeit außerordentlich ineffizient (Teilwirkungsgrad Anfang bis Ende der Trächtigkeit 0,18 → 0,22). Dies ist vor allem in den speziesübergreifend außerordentlich hohen energetischen Aufwendungen des utero-placentaren Gewebes begründet, welche die des Feten noch übersteigen. Vom Beginn (Erhaltung) bis zum Ende der Hochträchtigkeit steigt der Bedarf an Energie (ME) um 43 %.

Der trächtigkeitsbedingte Anstieg des Bedarfes an pcd CP ist mit 84 % deutlich höher zu veranschlagen und der an pcd AS geht noch weit darüber hinaus (pcd Lys: Erhaltung · 2,33, pcd Met + Cys: · 2,10, pcd Thr: · 1,63). Neben der beträchtlichen Retention ist hierfür eine angenommene Verwertung des pcd CP für den intrauterinen Ansatz von nur etwa 50 % verantwortlich, welche vor allem aus der umfangreichen energetischen Nutzung von Aminosäuren resultiert (etwa 40 % der ATP-Bildung werden in diesem Kompartiment aus dem Abbau von Aminosäuren generiert). Die Entwicklung des Bedarfes an pcd CP und pcd AS verdeutlicht die stark gestiegenen Anforderungen an die Proteinmenge aber vor allem auch die Proteinqualität.

Besondere Beachtung verdienen weiterhin die Mengenelemente mit einem sehr hohen trächtigkeitsbedingten Bedarfsanstieg an Ca (· 3,0) und P (· 3,1), welche u. a. in hohem Umfang für die Skelettentwicklung des Fötus benötigt werden, sowie weiteren Mengenelementen (· 1,1–1,6; → Tab. 28.13). Für Spurenelemente wird davon ausgegangen, dass kein trächtigkeitsbedingter Mehrbedarf besteht. Wie auch bei Pferden im Erhaltungsstoffwechsel ist es dennoch möglich, dass die Ration suboptimale Konzentrationen an bestimmten Nährstoffen enthält. In diesem Zusammenhang sollten vor allem die Gehalte an Cu, Zn und Se im Grobfutter überprüft und die Ration ggf. entsprechend ergänzt werden. Die ausreichende Versorgung der hochtragenden Stute mit Cu ist außerordentlich wichtig für die Cu-Reserve, welche Feten in der Leber anlegen, und von welchen die Knorpelreifung auch in einer postnatalen Phase knapper Cu-Versorgung über die reife Milch profitiert. Eine deutliche Unterversorgung der hochtragenden Stute mit Se kann zur sog. Weißmuskelkrankheit, einer muskulären Erkrankung des neugeborenen Fohlens, beitragen, wie auch ein unbefriedigender diaplazentarer Transfer des Elements, wobei sich Letzterer jedoch der Beeinflussung durch die Fütterung entzieht.

Auch in Bezug auf Vitamine wird davon ausgegangen, dass bezogen auf die metabolische LM Trächtigkeit und Laktation keinen Mehrbedarf induzieren. In Bezug auf Vitamine gilt es zu beachten, dass vor allem im Spätherbst/Winter der Gehalt an ß-Carotin in Grünfutterkonserven deutlich abnimmt. Dies kann durch eine Ergänzung des Futters ausgeglichen werden, wobei Vitamin A die finanziell günstigere Variante darstellt. Eine Steigerung der Stutenfruchtbarkeit durch Zufütterung von ß-Carotin ist wissenschaftlich nicht belegt. Es gibt allerdings erste Hinweise auf eine Unterstützung der Vitalität von Fohlen derart versorgter Stuten, welche in weiteren Experimenten verifiziert werden müssen. Bei Weidehaltung von Stuten ist ohnehin davon auszugehen, dass eine hohe Versorgung mit ß-Carotin über das Weidegras erfolgt.

Laktierende Stuten

Der Energie- und Nährstoffbedarf laktierender Stuten wird wesentlich von der Menge und Zusammensetzung der Milch bestimmt. Aufgrund der sehr kurzen Kolostralmilchperiode ist die gegenüber reifer Milch höhere Energie- und Nährstoffdichte des Kolostrums für die Bedarfsableitung irrelevant. Über die Zusammensetzung reifer Stutenmilch liegen entsprechende Kenntnisse vor. Im Vergleich zu Kuhmilch ist reife Stutenmilch ärmer an Protein (23,2 g/kg) und Fett (13,9 g/kg), aber reicher an Lactose (64,6 g/kg). Das Verhältnis von Casein zu Albumin/Globulin liegt bei etwa 55:45 und ist damit der Frauenmilch sehr ähnlich. Der Gehalt an Lysin, Methionin, Cystein und Threonin kann mit 7,42, 2,17, 1,18 und 4,22 g/100 g Protein angegeben werden. Bei üblicher Fütterung besteht die Fettfraktion der Stutenmilch zu mehr als der Hälfte aus ungesättigten Fettsäuren, deren Profil wiederum deutlich durch die Fütterung beeinflusst wird (höherer Gehalt an α-Linolensäure bei Weidegang vs. typischer Stallfütterung). Mengenelemente sind in den folgenden Konzentrationen enthalten (in g/kg): Ca 1,03, P 0,60, Mg 0,07, Na 0,18, K 0,67 und Cl 0,28. Die Konzentration an bestimmten Spurenelementen (I, Se) und vor allem fettlöslichen (Pro-)Vitaminen (β-Carotin und Vitamin E) wird von der Fütterung beeinflusst. Der Energiegehalt kann mit 2,15 MJ/kg veranschlagt werden und scheint im Laktationsverlauf weitgehend stabil zu bleiben. Hinsichtlich der Milchmengenleistung ist der Einfluss des Milchentzugs zu beachten. So besteht speziesübergreifend ein Bezug der Milchenergieaufnahme von Säuglingen zur LM mit dem Exponenten 0,82, welcher auch für Fohlen gilt. Am Ende des 1. Laktationsmonats erreicht die Milchleistung ihr Maximum. Die maximale Milchmengenleistung wird sehr stark vom Milchentzug durch das Fohlen beeinflusst und liegt bei Großpferden bei etwa 18–20 kg/d. Im Mittel kann davon ausgegangen werden, dass Stuten kleiner Rassen eine relativ höhere Milchmengenleistung aufweisen (rd. 4 % der LM) als Stuten größerer Rassen (rd. 3 % der LM). Stuten sind bei einer Unterversorgung in einem gewissen Maße zur kompensatorischen Mobilisation maternalen Gewebes zur Aufrechterhaltung der Laktation befähigt. Im Laktationsgipfel ist der Energiebedarf im Vergleich zur Erhaltung verdoppelt. Dabei wird eine Verwertung der ME für Milchbildung von 65 % angenommen. Bei angenommener Verwertung des pcd CP für Milchbildung von 70 % erreicht der Bedarf an Protein (pcd CP) in der Hochlaktation sogar das 2,7fache des Erhaltungsbedarfes und der an pcd AS nimmt je nach AS auf das 2,4- bis 4,1fache zu (pcd Lys · 4,13; pcd Met+Cys · 3,20; pcd Thr · 2,42). Damit nimmt der leistungsassoziierte Bedarf an Energie und vor allem auch Protein einer sehr guten Qualität noch einmal wesentlich stärker zu als in der Trächtigkeit. Der Bedarf an Ca und P wird durch den Milchentzug in der Hochlaktation in ähnlichem Umfang gesteigert wie am Ende der Trächtigkeit, für Mg, Na, K und Cl liegt der Bedarf sogar noch höher (→ Tab. 28.13).

Deckhengste

Deckhengste imponieren gegenüber Stuten und Wallachen derselben Rasse durch eine etwas höhere LM (5–10 %), wobei der Geschlechtsdimorphismus jedoch nur bei Kaltblutpferden ausgeprägter erscheint (30 %). Dies und die evtl. höhere spontane Bewegungsaktivität führen zu einem höheren Energieerhaltungsbedarf. Der Deckleistung zuzuordnen sind jedoch nur höhere Aufwendungen für die Spermaproduktion und die mit der Spermaabgabe assoziierte Bewegungsleistung (Führen, Vor- und Nachwarten, Aufspringen, Friktionsbewegungen). Dies und eine evtl. energetische Relevanz der höheren nervalen Erregung im Zusammenhang mit dem Deckakt bzw. dem Absamen sind bisher nicht quantifiziert worden.

28.6.2 Fütterungspraxis

Zuchtstuten erbringen während eines Reproduktionszyklus teils sehr hohe Leistungen mit insgesamt deutlicher Variation der Anforderungen an die Versorgung. In der Praxis erfolgt die Fütterung stark erfahrungsbasiert. Eine regelmäßige Kontrolle der Körperkondition (BCS) ist dringend anzuraten. Deckhengste werden weitgehend empirisch gefüttert. Auch belastbare Daten zur

Beeinflussung der Spermaqualität durch die Fütterung liegen nur in sehr begrenztem Umfang vor. Hierzu werden gelegentlich Anleihen an andere Spezies vorgenommen.

Zuchtstuten

Die Fütterung niedertragender Stuten (1.–7. Trächtigkeitsmonat) ist aus Sicht der Energie- und Nährstoffversorgung unproblematisch. Die Stuten können in dieser Zeit nach den Grundsätzen der Rationsgestaltung für Pferde unter Erhaltungsbedingungen oder – falls sie körperliche Arbeit verrichten – nach den entsprechenden Empfehlungen gefüttert werden. Dennoch kann eine sehr deutliche energetische Unterversorgung in der Anfangsphase zur Fruchtresorption führen, wie auch eine hohe Energiezufuhr in der Zeit vor der Konzeption und danach zu Zwillingsträchtigkeit. Um eine Fruchtresorption in der dafür besonders sensiblen Phase (1. und 2. Trächtigkeitsmonat) zu vermeiden, sollte ein abrupter Futterwechsel vermieden werden. Die hygienischen Anforderungen an das Futter sind jedoch besonders in der Anfangsphase der Trächtigkeit sehr hoch. Verdorbenes Futter mit vermehrt Mikroorganismen, deren Stoffwechselprodukten und auch Mykotoxinen sollte nicht verabreicht werden. In diesem Zusammenhang sind neben sensorisch auffälligen Partien (meist infolge Schimmelbildung) evtl. auch Alkaloide aus endophytischen Mikroorganismen problematisch, wofür deutschlandweit allerdings nur wenige Fälle als abgesicherte Berichte vorliegen. Sensorisch auffällige Futterpartien sollten dementsprechend nicht eingesetzt werden.

Die mittlere Trächtigkeit ist vergleichsweise unkompliziert. Weidehaltung mit ggf. entsprechender mineralischer Ergänzung ist aufgrund der Umwelt- und Bewegungsreize sowie meist auch der Möglichkeit zu Sozialkontakten mit Artgenossen für Stuten in dieser Zeit besonders zuträglich. Mit Beginn der Hochträchtigkeit steigen die Anforderungen an die Energie- und Nährstoffversorgung wie in Kapitel 28.6.1 beschrieben an, was zunächst eine dementsprechende Anpassung der mineralischen Ergänzung, aber in Abhängigkeit vom Futterwert des Grobfutters zumindest im letzten Trimester die Einbeziehung von Kraftfutter erforderlich werden lässt. Bei Stallfütterung ist eine Heu-Hafer-Ration, ergänzt mit vitaminiertem Mineralfutter, in der Regel nicht ausreichend in der Lage, die zuletzt sehr hohen Anforderungen an die Versorgung mit pcd AS (v. a. pcd Lys) zu decken bzw. die Stute auf den außerordentlich hohen Bedarf der Stute an Protein und Energie in der Laktation vorzubereiten. Hinzu kommt, dass peripartal möglichst kein Wechsel der Art des angebotenen Futters erfolgen soll. Daher empfiehlt es sich, Zuchtstuten bereits in der Hochträchtigkeit auf den Rationstyp einzustellen, welchen die Stute in der Laktation erhalten soll. Bei Stallfütterung könnte die Beifütterung zu qualitativ hochwertigen Grünfutterkonservaten aus Hafer und einem proteinreichen Konzentrat (z. B. Sojaextraktionsschrot) oder einem Ergänzungsfuttermittel für Zuchtstuten mit oder ohne Haferzufütterung bestehen. Über das Ergänzungsfuttermittel bzw. das proteinreiche Konzentrat lässt sich die Proteinversorgung gut an das jeweilige Trächtigkeitsstadium anpassen, über den Hafer unabhängig davon auch die Energieversorgung. Grundsätzlich sind auch andere Getreidearten einsetzbar, zu Hafer liegen hierzulande jedoch die meisten Erfahrungswerte vor und zudem spricht die gute Verträglichkeit für die Verwendung dieser Getreideart in der Zuchtstutenfütterung.

Sofern kein Ergänzungsfutter für Zuchtstuten eingesetzt wird, bedarf die Ration der Ergänzung eines vitaminierten Mineralfuttermittels. Ein Salzleckstein sollte immer verfügbar sein. Es ist jedoch zu empfehlen, diesen so hoch aufzuhängen, dass er vom Fohlen nicht erreicht wird. In der allerletzten Phase der Trächtigkeit steigt der Energie- und Nährstoffbedarf exponentiell an, sodass eine hohe Kraftfuttergabe erforderlich ist, um diesen zu decken. Die Verträglichkeit der Ration, d. h. die Magen-Darm- und Stoffwechselgesundheit der Stute, hat jedoch in dem genannten Zeitabschnitt Priorität vor einer vollständigen Deckung des Bedarfes. Stuten reduzieren ohnehin etwa 5 Tage *ante partum* spontan die Trockenmasseaufnahme, was allenfalls als Indiz für die nahende Geburt gewertet werden sollte. In dieser Zeit kann die Entlastung des Verdauungsraumes (leicht laxierende Fütterung) durch eine Mischung aus Weizenkleie, Leinsamen und wenig Salz erwogen werden. Beispielrationen für die Fütterung tragender Stuten können Tabelle 28.14 entnommen werden.

Tab. 28.14
Beispielrationen für eine tragende Stute (LM im güsten Zustand 600 kg).

		8. Trächtigkeitsmonat		9.–10. Trächtigkeitsmonat		11. Trächtigkeitsmonat	
		Ration A	Ration B	Ration A	Ration B	Ration A	Ration B
Wiesenheu	(kg)	10,0	10,0	9,5	9,5	9,0	9,0
Hafer	(kg)	1,0	–	1,5	–	3,0	-
SES	(kg)	–	–	0,05	–	0,4	0,2
Ergänzungsfutter[1]	(kg)	–	1,0	–	1,5	–	3,0
Mineralfutter		[2]	[2]	[2]	[2]	[2]	[2]
Salzleckstein		*ad libitum*	*ad libitum*	*ad libitum*	*ad libitum*	*ad libitum*	*ad libitum*
ME	(MJ)	71	72	75	75	91	91
pcd CP	(g)	498	525	541	560	790	788
pcd Lys	(g)	18	20	21	22	36	36
pcd Met+Cys	(g)	13	13	15	14	24	22
pcd Thr	(g)	20	21	21	22	31	31

SES = Sojaextraktionsschrot (HP);
1 Ergänzungsfuttermittel für Zuchstuten;
2 Einsatzmenge ggf. als Ergänzung der Mineralstoff- und Vitamingabe über die Grundration

Nachgeburtlich steigt mit beginnender Laktation, deren Gipfel bereits am Ende des 1. Laktationsmonats erreicht wird, der Bedarf an Protein, Energie und Mengenelementen sehr schnell und stark an. In den ersten Tagen nach der Geburt sollte aus diätetischen Gründen das Kraftfutterangebot – bei ständiger Grobfutterverfügbarkeit – zunächst sehr zurückhaltend gestaltet werden. Eine zu schnelle Steigerung der Aufnahmemenge birgt das Risiko für Verdauungsstörungen (Kolik) und Hufrehe. Laktierende Stuten haben eine sehr hohe Futteraufnahmekapazität (~ 3 kg/100 kg LM). In Abhängigkeit vom saisonalen Zeitpunkt der Geburt und den lokalen Gegebenheiten können Zuchtstuten auf der Weide gehalten und ggf. zugefüttert werden. Stallfutterrationen sind wie für hochtragende Stuten beschrieben zu gestalten, nur mit höheren Kraftfutteranteilen, sodass dem sehr hohen Bedarf Rechnung getragen wird. In Stallfutterrationen für laktierende Stuten kann durchaus der Bedarf an ME und pcd CP gedeckt sein, der an pcd Lys jedoch nicht (z. B. bei Verzicht auf proteinreiche Futterkomponenten). Energetischen Engpässen sollten normalgewichtige laktierende Stuten nur begrenzt durch die Nutzung von Körperfettreserven begegnen müssen, zumal wenn eine konkurrierende Folgeträchtigkeit in Betracht zu ziehen ist. Häufig werden Stuten nach der Geburt auf der Weide gehalten, was aus den oben genannten Gründen sowohl für die Stute als auch das Fohlen vorteilhaft erscheint. Allerdings sollte die Umstellung auf die Weide langsam erfolgen und in Abhängigkeit vom Weideertrag und der Zusammensetzung des Aufwuchses ggf. gezielt zugefüttert werden. Logistisch gestaltet sich dies bei nächtlicher Aufstallung von Stute und Fohlen am einfachsten. Beispielrationen für die Fütterung laktierender Stuten können Tabelle 28.15 entnommen werden.

Deckhengste

In der Fütterung von Deckhengsten hat die Erhaltung einer guten Zuchtkondition Priorität. Ernährungszustand und körperliche Belastbarkeit sollen eine hohe Fruchtbarkeit gewährleisten. Wichtigste Voraussetzung ist eine optimale Junghengstaufzucht durch eine moderate Wachstumsintensität zur Optimierung der Skelettentwicklung und

Tab. 28.15
Beispielrationen für eine laktierende Stute (600 kg LM).

		1. Laktationsmonat		2. und 3. Laktationsmonat		ab 4. Laktationsmonat	
		Ration A	Ration B	Ration A	Ration B	Ration A	Ration B
Wiesenheu	(kg)	12,0	12,0	12,0	12,0	12,0	12,0
Hafer	(kg)	4,0	–	3,8	–	3,5	–
SES	(kg)	1,0	0,8	0,9	0,6	0,5	0,5
Ergänzungsfutter[1]	(kg)	–	4,3	–	4,0	–	3,0
Mineralfutter		[2]	[2]	[2]	[2]	[2]	[2]
Salzleckstein		*ad libitum*	*ad libitum*	*ad libitum*	*ad libitum*	*ad libitum*	*ad libitum*
ME	(MJ)	126	129	123	124	116	111
pcd CP	(g)	1242	1300	1185	1185	997	1033
pcd Lys	(g)	61	65	57	57	45	49
pcd Met+Cys	(g)	38	37	36	33	30	48
pcd Thr	(g)	51	52	48	47	40	41

SES = Sojaextraktionsschrot (HP);
1 Ergänzungsfuttermittel für Zuchtstuten;
2 Einsatzmenge ggf. als Ergänzung der Mineralstoff- und Vitamingabe über die Grundration

eine stets bedarfsgerechte Versorgung mit den essenziellen Nährstoffen. Der zusätzliche Bedarf in der Deckperiode ist nur gering. Für die Rationsgestaltung bedeutet dies, dass Hengste etwa wie im Erhaltungsbedarf bzw. wie bei leichter körperlicher Belastung zu füttern sind. Je nachdem, in welchem Umfang der Einsatz stattfindet und ob sich die Tiere täglich mehr oder weniger intensiv bewegen bzw. ein gewisser psychischer Stress hinzukommt, ist in der Praxis ein energetischer Zuschlag von 25–50 % gegenüber den Versorgungsempfehlungen für Erhaltung vorzusehen. Von anderen Nutztieren ist bekannt, dass eine gute Methionin- und Lysinversorgung entscheidend für hochwertiges Sperma ist. Die Daten für Hengste sind noch wenig untermauert und können derzeit nur Orientierungshilfe sein. Danach ist eine Ergänzung von 8 g pcd Lys sowie 5 g pcd Met+Cys pro 100 kg LM und Tag anzustreben. Eine Zufütterung von L-Carnitin könnte nach Erfahrungen mit anderen Spezies der Spermaqualität zuträglich sein. Die Versorgung mit Zn sollte überprüft werden, da ein primäres Zn-Defizit in der Ration oder aber ein sekundärer Mangel, z. B. durch einen erheblichen Ca-Überschuss, zu einer beeinträchtigten Spermaqualität führen kann. Wichtig ist zudem eine sichere Versorgung mit den Vitaminen A und E, mit B-Vitaminen und neben Zn weiteren Spurenelementen, insbesondere Mn und Se. Der Bedarf ist bei üblicher Rationsgestaltung durch Verwendung entsprechend ergänzter Mischfuttermittel oder vitaminierter Mineralfuttermittel zu decken. Andere Ergänzungen, z. B. mit ß-Carotin, können unter bestimmten Bedingungen sinnvoll sein. Bei Stallhaltung könnten schonend getrocknetes Trockengrün oder hygienisch einwandfreie rote Möhren besonders im Spätherbst und Winter die Futteraufnahme anregen und ß-Carotin ergänzen. Linolsäurereiche Fette, z. B. Sonnenblumen- oder Sojaöl, können als Energiequellen und aufgrund des Bedarfs an Linolsäure für die Spermienbildung eingesetzt werden. Versuche, eine schlechte Spermaqualität durch weitere Nahrungssupplemente zu verbessern, bleiben meist erfolglos.

Weidegang ist auch Hengsten zuträglich, wird von Hengsthaltern jedoch häufig wegen befürchteter Verletzungen abgelehnt. Eine bedarfsgerechte Hengstfütterung kann mit einer Heu-Hafer-Ration nur eingeschränkt erfolgen. Gutes Heu bildet die Basis jeder Hengstration und sollte auch hier den Energieerhaltungsbedarf decken. Einen Teil davon könnte Luzerneheu bilden, bei älteren Hengsten ist jedoch der hohe Ca-Gehalt in Bezug zur Nierengesundheit ggf. kritisch zu sehen. Durch eine grobfutterbasierte Fütterung wird eine gewisse Beschäftigung und Beruhigung erreicht. Zum Heu sollte eine lysin- und methioninreiche Ergänzung angeboten werden, wofür sich insbesondere Ergänzungsfuttermittel für Zuchtpferde anbieten. Aus energetischer Sicht sind auch Getreidekörner und pflanzliche Öle geeignet. Bei sehr nervösen Tieren ist bei energetischer Äquivalenz ein fettreiches günstiger als ein stärkereiches Kraftfutter. Die Proteinversorgung sollte nicht übermäßig angehoben werden, da ansonsten eine vermehrte Ammoniakbelastung der Stallluft resultiert. Hengste reagieren auf plötzliche Futterwechsel ggf. mit reduzierter Futteraufnahme, möglicherweise auch mit Schwankungen in der Spermaqualität. Kontinuität in der Fütterung ist daher empfehlenswert. Auch Hengste müssen regelmäßig auf die Körperkondition hin überprüft werden (BCS). Verfettete Hengste zeigen eine reduzierte Libido und mangelnde Spermaqualität. Zudem belastet eine höhere LM die Fundamentgesundheit während des Deckaktes. Gewichtsverluste während der Decksaison können in begrenztem Umfang auftreten und stellen im Allgemeinen kein Problem dar. Außerhalb der Decksaison erfolgt die Fütterung je nach Haltungsform und körperlicher Beanspruchung, wobei Optimierung bzw. Konstanz der LM angestrebt wird.

28.7 Wachsende Pferde

Bei der Aufzucht von Pferden werden allgemein Saugfohlen, Absetzfohlen, Jährlinge und Zweijährige unterschieden. Bei den Saugfohlen folgt auf die Kolostralmilchperiode eine Phase in welcher zunächst nur spielerisch Festfutter aufgenommen wird, die Deckung des Energie- und Nährstoffbedarfes jedoch deutlich überwiegend über die Stutenmilch erfolgt. Ältere Saugfohlen können dagegen schon gezielt beigefüttert werden. Der Zeitpunkt des Absetzens liegt in Deutschland bei etwa 6 Monaten. Absetzer und selbst Jährlinge, die nach dem Absetzen zur Aufzucht in eine gänzlich fremde Umgebung verbracht werden, sind einem besonderen Stress ausgesetzt, dem ggf. durch die Fütterung Rechnung getragen werden muss. Der Bedarf älterer, wachsender Pferde gleicht sich weiter demjenigen Adulter an. Für die Aufzucht vorzüglich geeignet ist aus ethologischer Sicht Weidehaltung, wobei jedoch nicht unterschätzt werden darf, dass eine gezielte Zufütterung, Einzeltierkontrolle und Gewöhnung an den Kontakt mit Menschen bei ganztägigem Aufenthalt im Freien eine Herausforderung darstellt.

28.7.1 Energie- und Nährstoffbedarf

Die Geburtsmasse von Fohlen variiert rasseabhängig zwischen etwa 7 und 13 % der LM der Mutterstute. Zum Zweck der Bedarfsableitung können im Mittel 10,6 % angenommen werden. Der weitere Wachstumsverlauf ist vom Kaliber abhängig, das über die Relation von Röhrbeinumfang zu Widerristhöhe (Stockmaß), geschätzt werden kann. So gehören z. B. Warmblutpferde, Traber, und Englische Vollblüter zu den leichtkalibrigen Rassen, Haflinger alten Typs, Kaltblüter, aber auch Minishetlandponys dagegen zu den schwerkalibrigen Rassen. Das Wachstum von Warmblütern hat sich in den letzten 100 Jahren trotz erheblichen züchterischen Fortschritts und Modifikationen in Fütterung und Haltung nicht wesentlich geändert. Danach erreichen die Fohlen im Alter von 60 Tagen etwa 25 % der LM der Mutterstute. Schwerkalibrige Rassevertreter wachsen im Vergleich dazu besonders ab einem Alter von etwa 300 Tagen unterproportional. Für leicht- und schwerkalibrige Pferde gibt es jeweils eine Gleichung, welche die relative LM-Entwicklung vor allem für ältere Fohlen und Jungpferde bis zu einem Alter von etwa 3 Jahren sehr gut beschreibt (Hois et al., 2005). Dieser Wachstumsverlauf und Kenntnisse über die stoffliche Zusammensetzung des Ansatzes bietet die Grundlage für die Ableitung des partiellen Bedarfes.

Von der Geburt bis zum Alter von 36 Monaten werden weitgehend altersunabhängig die folgenden Nährstoffkonzentrationen im Zuwachs unterstellt: CP 170, Ca 15–16, P 7–8, Na 1,7 und K 2 g/kg. Der Gehalt an Rohfett und Energie nimmt während des Wachstums von 49 auf 256 g/kg bzw. von 5,7 auf 13,8 MJ/kg zu. Da die Verwertung der ME aus Stutenmilch wahrscheinlich höher ist als die aus festen Futtermitteln, wurde für die Verwertung der ME für den 1. und 2. Lebensmonat 70 %, für den 3. und 4. Lebensmonat 65 % sowie für die Folgemonate 60 % unterstellt. Für pcd CP wurde eine Verwertung für den Ansatz von 60 % angenommen. Vermutlich sind die endogenen Verluste in den ersten beiden Lebensmonaten, in welchen überwiegend Milch aufgenommen wird, geringer und daher wird die Verwertung unterschätzt. Das Fehlen experimenteller Daten lässt jedoch keine gesicherte, abweichende Ableitung zu. Tabelle 28.16 enthält beispielhaft Empfehlungen zur täglichen Versorgung wachsender Pferde bis zu einem Alter von 36 Monaten (adulte Masse 600 kg) mit Energie und Nährstoffen.

28.7.2 Fütterungspraxis

Fohlen sind nach der Geburt schon sehr selbständig, sie stehen schnell auf und nehmen bald die erste Milch (Kolostrum) auf. In der ersten nachgeburtlichen Phase hat die frühzeitige und hohe Kolostralmilchaufnahme oberste Priorität. Kolostrum weist im Vergleich zu reifer Milch deutlich höhere Konzentrationen an Protein und fettlöslichen (Pro-)Vitaminen auf. Die Qualität des Kolostrums wird durch die Fütterung der Stute nachhaltig beeinflusst. Insbesondere wurden Effekte durch die Versorgung mit fettlöslichen (Pro-)Vitaminen sowie mit einigen Spurenelementen festgestellt. Das Kolostrum ist für das Fohlen die wesentliche Quelle für Immunglobuline. Stuten sollten vor der Geburt ausreichend lange im Stall beziehungsweise in der Umgebung gehalten werden, in denen die Abfohlung erfolgt; 4–6 Wochen ermöglichen eine ausreichende Bildung spezifischer Antikörper. Zur ausreichenden passiven Immunisierung sollte die Kolostralmilch bis zur 6. Stunde nach der Geburt wenigstens 3000 mg Immunglobuline pro 100 ml enthalten. Für die Häufigkeit des Auftretens unzureichender Immunglobulinkonzentrationen liegen keine belastbaren Daten vor. In einer Studie betrug sie immerhin 33 %. Eine wesentliche Anreicherung mit Immunglobulinen erfährt die Stutenmilch erst in den letzten beiden Trächtigkeitswochen, weswegen Frühgeburten auch aus dieser Sicht kritisch sind. Die Immunglobulinkonzentration sinkt nach der Geburt schnell ab. Deshalb ist es wichtig, dass Fohlen nach der Geburt möglichst schnell von der Mutterstute trinken. Normalerweise saugen sie innerhalb von ¼ bis 2 h nach der Geburt zum ersten Mal spontan. Bereits 6 h nach der Geburt beträgt die Immunglobulinkonzentration in der Milch nur etwa 33 % (IgG) und sinkt 12–15 h *post natum* weiterhin auf nur 10–20 % des Ausgangswertes ab. Die Absorptionskapazität des Fohlendarmes für Immunglobuline ist innerhalb der ersten 30–90 min nach der Geburt am höchsten und im Alter von 24 h praktisch nicht mehr vorhanden. In seltenen Fällen kann es infolge Kolostralmilchaufnahme zu einer Unverträglichkeitsreaktion beim Fohlen kommen. Dies beruht darauf, dass die Stute Antikörper gegen vom Fohlen ererbte Antigene des Hengstes gebildet hat, die zu einer Hämolyse beim Fohlen führen können (hämolytischer Ikterus). In derartigen Fällen ist zu empfehlen, für 2–3 Tage Ersatzmilch zu verabreichen. Durch den fortschreitenden Schluss der Darmschranke ist nach dieser Zeit von einer optimalen Verträglichkeit der Muttermilch auszugehen. Ein eingeschränktes mütterliches Verhalten oder Schwäche bzw. Ungeschick des Fohlens beim Trinken in den ersten beiden Stunden nach der Geburt können zu einer ungenügenden Antikörperaufnahme über die Kolostralmilch führen und sind an sich schon interventionsbedürftig. Unter Praxisbedingungen kann der Immunglobulingehalt in der Kolostralmilch mittels Refraktometer und der im Fohlenserum relativ zum Stutenserum mittels Zinksulfattrübungstest geschätzt werden. In seltenen Fällen muss Kolostralmilch zugefüttert werden. Für derartige Situationen ist es ratsam, im pferdehaltenden Betrieb portionsweise tiefgefrorenes (−20 °C) und vorab auf den Immunglobulingehalt überprüftes Kolostrum aus dem eigenen Bestand vorrätig zu halten, welches bei Bedarf schonend aufgetaut und handwarm getränkt werden kann. Die Kolostrumbank muss jährlich erneuert werden. Als weitere Lösung kommt handelsüblicher, nichtspezifischer Kolostrumersatz für Fohlen infrage.

Tab. 28.16
Empfehlungen zur täglichen Versorgung von wachsenden Pferden mit Energie und Nährstoffen (LM des adulten Pferdes 600 kg).

		Lebensalter in Monaten						
		1–2	3–4	5–6	7–12	13–18	19–24	25–36
Mittlere LM in % der LM Adulter[1]		18	31	41	56	73	85	95
ME[2]	(MJ)	31	40	45	54	63	68	74
pcd CP[3]	(g)	400	460	440	420	420	405	395
pcd Lys	(g)	26	26	24	22	20	19	18
pcd Met+Cys	(g)	13	14	14	13	13	12	12
pcd Thr	(g)	16	20	19	19	20	20	20
Calcium	(g)	21,6	24,1	29,7	36,6	32,9	28,3	25,8
Phosphor	(g)	10,1	16,4	19,5	23,5	21,2	18,2	16,6
Magnesium	(g)	1,3	1,9	3,0	4,8	5,6	6,0	6,5
Natrium[4]	(g)	3,3	2,9	3,1	3,5	3,5	3,4	3,4
Kalium[4]	(g)	3,4	4,9	7,9	12,6	14,5	15,6	16,8
Chlorid[4]	(g)	1,8	1,6	1,7	2,0	2,0	2,0	2,0
Eisen[5]	(mg)	340	445	485	565	625	555	520
Kupfer	(mg)	45	60	70	90	100	120	130
Zink	(mg)	190	240	285	360	405	480	525
Mangan	(mg)	190	240	285	360	405	480	525
Iod	(mg)	0,65	0,80	0,95	1,20	1,35	1,60	1,75
Selen	(mg)	0,65	0,80	0,96	1,20	1,35	1,60	1,70
Vitamin A	(IE)	6500	11000	14500	19500	25500	29500	32500
Vitamin D	(IE)	2300	4100	5400	5900	6700	6800	5500
Vitamin E	(mg)	210	370	490	660	840	980	1090
Vitamin B_1	(mg)	7	11	15	20	25	29	32
Vitamin B_2	(mg)	4	7	10	13	17	20	22

1 Es wurde eine mittlere Geburtsmasse von 10,6 % der LM Adulter angenommen.
2 Der Erhaltungsanteil (hier unterstellt: 0,52 MJ ME/kg $LM^{0,75}$ und Tag) wurde in den ersten beiden Lebensmonaten mit einem Zuschlag von 10 % und für die weitere Wachstumsphase mit 15 % versehen.
3 Die Angaben sind in 5er-Schritten gerundet.
4 Die Angaben beziehen sich auf eine geringe Bewegungsaktivität im thermoneutralen Bereich. Bei zusätzlichem Schweißverlust ist der Bedarf höher.
5 Fohlen (v. a. Neonaten) sind Fe-Gaben gegenüber intolerant, dies vor allem bei parenteraler aber auch hoher enteraler Zufuhr.

Fohlen werden mit geringen Fett- und Energiereserven geboren. Das Verdauungssystem ist noch unvollständig entwickelt. Es ist in den ersten Lebenswochen an die Aufnahme von Milch adaptiert, weshalb sehr junge Fohlen über eine hohe Lactaseaktivität verfügen. Insgesamt haben Fohlen eine andere Enzymausstattung als adulte Pferde. In der postnatalen Entwicklungsphase bleibt die Masse des Magens relativ konstant, die Größe des Dünndarms wird durch die Milchaufnahme stimuliert und die Entwicklung des Dickdarms durch die Aufnahme von Festfutter angeregt. Im Magen findet zunächst eine nur geringe Säurebildung statt. Die enzymatische Aktivität im Magen ist durch Chymosin charakterisiert, Pepsin ist dagegen nur in geringem Umfang nachweisbar. Die zur Geburt hohe Lactaseaktivität nimmt nach ca. 4 Monaten ab. Parallel dazu steigen die Aktivitäten der kohlenhydratspaltenden Enzyme Maltase, Saccharase und Trehalase an. Das Niveau adulter Pferde wird nach etwa 7 Monaten erreicht. Fohlen setzen üblicherweise innerhalb von 4 bis 12 h nach der ersten Kolostrumaufnahme den Darminhalt, das sog. Darmpech (Mekonium), ab, wobei das Saugen des Fohlens einen Reflex auslöst, der diesen Vorgang anregt. Ist der Abgang des Mekoniums gestört, kann dies zu einer Behinderung der Nahrungspassage und verstärkter Gasbildung kommen. In diesem Fall muss tierärztlich eingegriffen werden.

Während des ersten Lebensmonats wird der Energie- und Nährstoffbedarf des Fohlens bei regulärem Verlauf offenbar allein über die Milch gedeckt, ggf. zuzüglich der Mobilisation von Spurenelementreserven, welche das Fohlen während der Zeit im Mutterleib angelegt hat (z. B. Kupfer in der Leber). Fohlen trinken an der Mutterstute unter normalen Umständen bis zu 60-mal innerhalb von 24 h. Dabei nehmen Fohlen mittelgroßer Rassen jeweils 150–250 ml Milch auf. Selbst bei so hohem Milchkonsum wird noch spielerisch Grobfutter und evtl. angebotenes Kraftfutter aufgenommen. Die Menge wird jedoch meist überschätzt. Im ersten Lebensmonat beträgt die Kraftfutteraufnahme bei Warmblutfohlen spontan nur etwa 100–150 g Kraftfutter pro Tag. Auch wenn die aufgenommene Grob- und Kraftfuttermenge noch keinen eigentlichen Beitrag zur Versorgung der Tiere leistet, ist sie doch aus Sicht des Verhaltenstrainings und der Adaptation des Verdauungstraktes sehr erwünscht. Häufig wird beobachtet, dass Fohlen den Kot der Mutterstute fressen. Der Hintergrund dieses offenbar physiologischen Verhaltens ist noch nicht sicher bekannt. Diskutiert werden eine Unterstützung der Besiedelung des fohleneigenen Verdauungstraktes mit Mikroorganismen sowie eine zusätzliche Versorgung mit Aminosäuren, B-Vitaminen oder anderen im Stutenkot reichlich vorhandenen Substanzen.

In seltenen Fällen ist es erforderlich, Milchaustauscher zum Ersatz oder der Ergänzung postkolostraler Milch einzusetzen. Sofern eine Ammenstute nicht verfügbar ist, kann Milchaustauscher gegeben werden. Kuhmilch oder Milchaustauscher für Kuhmilch sind wegen ihrer deutlich abweichenden Zusammensetzung nicht zu empfehlen. Allenfalls können diese verdünnt und zusätzlich gesüßt werden (z. B. 640 ml Kuhmilch, 320 ml Wasser, 35 g Lactose oder Glucose; bei längerfristiger Gabe zusätzlich Vitamine geben). Geeignete Milchaustauscher für Stutenmilch sind am Markt verfügbar. Bei mutterlos aufgezogenen Fohlen sollte die Milchaufnahme anfangs nicht über 10 % der LM liegen. Sie kann in Abhängigkeit vom Befinden des Fohlens innerhalb von etwa 10 Tagen auf 20–25 % der LM gesteigert werden, was etwa einer normalen Aufnahmemenge entspricht. Über Tränkflasche und später ggf. Saugeimer sollte das Fohlen in der 1. Lebenswoche alle 1–2 h (nachts max. 4 h Pause), in der 2. Lebenswoche alle 3–4 h (nachts max. 6 h Pause) und weiter in einer Frequenz, die der Verträglichkeit des Milchersatzes und der Entwicklung des Fohlens entspricht, handwarm und später evtl. kalt-sauer (15 °C; pH-Wert 3,8–4,5 über organische Säuren) getränkt werden. Auch bei etwas älteren Fohlen beugt der Saugeimer zu hastigem Trinken, Verschlucken und Magenüberladung besser vor als eine Eimertränke. Aufgrund der besonderen Empfindlichkeit von Fohlen und der verminderten Kapazität zur Säurebildung im Magen ist besonderer Wert auf die Fütterungshygiene zu legen. Futterwechsel sollten beim Fohlen nur allmählich durchgeführt werden.

Nach der Laktationsspitze am Ende des 1. Laktationsmonats nimmt mit abnehmendem Milchertrag und zunehmender Adaptation des Fohlens die Aufnahme an Festfutter deutlich zu. So steigt die Kraftfutteraufnahme von Warmblutfohlen bei *ad libitum* Angebot zu Grobfutter bis zum 4. Lebensmonat auf 2–3 kg/d. Bis zum Absetzen kann daher zunehmend gezielt zugefüttert werden. Weidehaltung oder zumindest Auslaufhaltung sind für Stute und Fohlen zu bevorzugen. Art und Menge des Beifutters (Hafer, Sojaextraktionsschrot und vitaminiertes Mineralfutter oder Ergänzungsfuttermittel für Fohlen) richten sich dabei nach dem aufgenommenen Grobfutter. Letzteres ist mitunter quantitativ schwer zu kalkulieren. Das Absetzen erfolgt in der Regel mit dem 6. Lebensmonat. Ein früheres Absetzen hat sich nicht bewährt. Für den Vorgang des Trennens von der Mutterstute ist ein schonendes Verfahren zu bevorzugen, um den Stress für das Fohlen zu minimieren. Für die weitere Entwicklung ist es zudem bedeutsam, ob das Fohlen in einer im weiteren Sinne vertrauten Umgebung verbleibt oder in einen fremden Aufzuchtbetrieb verbracht wird. In letztgenanntem Fall benötigen die Absetzer offenbar eine besondere Zuwendung, die auch vonseiten der Fütterung größere Defizite auszugleichen vermag. Tabelle 28.17 enthält Beispielrationen für ein 3 Monate altes Saugfohlen vom Warmbluttyp.

Im zweiten Lebenshalbjahr wachsen die Fohlen sehr schnell und haben einen entsprechend hohen Bedarf an Energie, essenziellen Aminosäuren, Mineralstoffen und Vitaminen. Die notwendige Nährstoffzufuhr kann am besten durch eine entsprechende Kraftfutterzuteilung (Zusammensetzung s. o., mit angepasster Relation der Komponenten) erreicht werden. Die Zuteilung möglichst vieler kleiner Mahlzeiten am Tag ist wünschenswert, in Abhängigkeit von der Haltungsform jedoch evtl. problematisch. Die Fütterungsintensität sollte so gestaltet werden, dass die Wachstumsraten nicht maximal ausgeschöpft sind. Überfütte-

Tab. 28.17
Beispielrationen für wachsende Pferde (LM im adulten Zustand 600 kg).

		Saugfohlen (120. Lebenstag, 168 kg LM)			Absetzfohlen (7.–12. Lebensmonat, 226 kg LM)		
		Bedarf	Ration A	Ration B	Bedarf	Ration A	Ration B
Wiesenheu	(kg)		1,5	1,5		4,5	4,5
Hafer	(kg)		0,7	–		2,5	–
SES	(kg)		0,30	0,20		0,15	–
Ergänzungsfutter[1]	(kg)		–	0,7		–	2,3
Stutenmilch	(kg)		10	10		–	–
Mineralfutter			[2]	[2]		[2]	[2]
Salzleckstein			kein Zugang	kein Zugang		*ad libitum*	*ad libitum*
ME	(MJ)	40	41	41	54	56	54
pcd CP	(g)	460	475	261	420	460	469
pcd Lys	(g)	26	31	30	22	20	22
pcd Met+Cys	(g)	14	15	15	13	15	14
pcd Thr	(g)	20	20	19	19	18	18

SES = Sojaextraktionsschrot (HP);
1 Ergänzungsfuttermittel für Fohlen;
2 Einsatzmenge ggf. als Ergänzung der Mineralstoff- und Vitamingabe über die Grundration

rung und daraus resultierendes Übergewicht können zu Störungen der Skelettentwicklung führen, auch wenn bei ausreichend bewegungsfreudiger Haltung erst ab etwa dem 8. Lebensmonat mit einer zu starken Lebendmassezunahme infolge Luxuskonsum von Kraftfutter gerechnet werden muss. Als Grobfuttermittel kommen Weidegras (wenn noch vorhanden), Heu (Wiesenheu, evtl. kombiniert mit Kleegras- oder Luzerneheu) und ggf. qualitativ hochwertige Heulage infrage. Übliche Kraftfutterkomponenten sind wiederum Hafer, Sojaextraktionsschrot und vitaminiertes Mineralfutter bzw. ein Ergänzungsfuttermittel für Fohlen, wobei durch Verschnitt der Komponenten bzw. der Auswahl des Mischfutters den veränderten Anforderungen an Saugfohlenbeifutter Rechnung getragen werden sollte. Nach der ersten Wintersaison sollten Fohlen Gelegenheit zum Weidegang erhalten. Auf der Frühjahrsweide ist damit zu rechnen, dass die Fohlen unzureichend adaptiert große Mengen an jungem Gras aufnehmen, was zu Verdauungsstörungen führen kann. In jedem Fall ist bei Weidefütterung die Entwicklung der Körperkondition zu kontrollieren und ggf. Kraftfutter und eine passende mineralische Ergänzung zu geben. Beispielrationen für einen Absetzfohlen vom Warmbluttyp enthält Tabelle 28.17.

Im Herbst werden die Jährlinge in der Regel aufgestallt und mit hochwertigen Grundfuttermitteln (Heu, evtl. Heulage) und wenig Kraftfutter ernährt. Aufgrund der reduzierten Wachstumsintensität ist der Aufwand in dieser Phase geringer als in der ersten Winterperiode. Kommen die Fohlen als Zweijährige im nächsten Frühjahr auf die Weide, so ist prinzipiell ähnlich zu verfahren wie beschrieben. Es sollte weiterhin darauf geachtet werden, dass die Energie- und Nährstoffzufuhr bedarfsdeckend ist. Eine zu frühe Nutzung von jungen Pferden ist ebenso wie ein zu starkes beziehungsweise sehr ungleichmäßiges Wachstum nachteilig für die Skelettentwicklung.

28.8 Fütterungsbedingte Gesundheitsstörungen

An dieser Stelle können fütterungsbedingte Gesundheitsstörungen nur als Überblick abgehandelt werden. Auf wesentliche fütterungsbedingte Ursachen sowie diätetische Möglichkeiten wird hingewiesen.

28.8.1 Koliken

Als Kolik bezeichnet man schmerzhafte Krankheitsanzeichen mit Genese im gesamten Verdauungstrakt. Kolik ist daher keine Krankheit, sondern ein Anzeichen für Fehlfunktionen im Magen-Darm-Trakt, die verschiedene Ursachen haben können. Der Magen-Darm-Trakt des Pferdes ist durch einen relativ kleinen Magen, den langen Dünndarm, einen großen Blind- und Grimmdarm mit natürlichen Verengungen (Beckenflexur und Bereich hinter der magenähnlichen Erweiterung) gekennzeichnet. Obturationen der Speiseröhre (Speiseröhrenverstopfungen), vor allem im Brustbereich, kommen beim Pferd gelegentlich vor. Sehr schnell und ohne ausreichendes Kauen abgeschluckte sowie quellende, voluminöse Futtermittel mit hoher Wasserbindungskapazität (Trockenschnitzel bzw. Mischfutterpellets mit Trockenschnitzelanteilen oberhalb 10 %, vorzerkleinerte Äpfel, Möhren oder andere Rüben, fein vermahlenes Grasmehl, Kleie, gelegentlich Pellets mit kleinem Durchmesser bei hastigen Fressern) legen hierfür gewisse Dispositionen, auch ist die Fütterungstechnik gelegentlich mitbeteiligt, z. B. hohe Futtergaben oder Futterneid (fördern hastiges Fressen). Fehlgärungen im Magen können Folge ungenügender Durchsäuerung sein, insbesondere, wenn die Sekretion von Speichel und anderen Verdauungssäften durch mangelnde Kauaktivität aufgrund fehlender Futterstruktur unzureichend ist. Hoher Bakterien- und Hefenbesatz sowie Verpilzung von Grob- und Kraftfutter wirken disponierend. Eine Magenüberladung kann Koliken auslösen, insbesondere bei zu hoher oder zu schneller Aufnahme stark quellender Futtermittel sowie bei Passage- oder Motilitätsstörungen. Da Pferde nicht erbrechen, ist eine solche Erkrankung stets als bedrohlich anzusehen. Bei hoher Gasbildung treten sogar Rupturen des Magens auf. Verkleisterungseffekte (Verklumpungen) sollen durch hohe Weizenanteile, Roggenschrot oder evtl. auch bei übermäßiger Gabe von Brot auftreten, eine gesicherte Beschreibung des Geschehens liegt jedoch nicht vor.

Störungen der Magenfunktion können die Verdauungs- und Fermentationsprozesse in den folgenden Darmbereichen stören. Dünndarmkoliken können dabei isoliert oder aber gekoppelt mit Störungen der Magenfunktion auftreten. Gelegentlich kommt es im Bereich des Ileums zu Passagestörungen (Anschoppungen, Fehlgärungen). Eine solche Störung wird vor allem als Folge der Aufnahme größerer Mengen sehr fein geschnittenen Grases gesehen (Rasenmähergras) oder lang abgewachsenen Klees bzw. nach der Aufnahme von Windhalm *(Apera spica-venti)* aus Weidegras, Grünschnitt, Heu oder Heulage. Schwere Dünndarmkoliken können die Folge sein.

Störungen im Dickdarm des Pferdes sind besonders häufig. Die Dickdarmkolik ist mit Fehlgärungen, mikrobiellen Dysbiosen, starker Gasbildung, Passagestörungen und Durchfällen verbunden. Abbildung 28.1 zeigt die typischen Besonderheiten des Pferdedickdarmes, die bekannte Dispositionen für Erkrankungen bieten. Die Ursachen für nutritiv bedingte Dickdarmverdauungsstörungen liegen ebenfalls oft in der Fütterungstechnik, der Futterzusammensetzung und mangelhafter Futterhygiene. Überfütterung – vor allem mit Stärke und Fructanen (aus Weidegras) – unregelmäßige Fütterung, praecaecal schwer verdauliches oder verdorbenes Futter, ungenügende Kauleistung – z. B. bei Gabe von zerfasertem, zerspleißtem oder kurz geschnittenem Stroh –, Zahnschäden, unzureichende praecaecale Verdauung und darauf basierender hoher Einstrom mikrobiell leicht vergärbarer Nährstoffe in den Dickdarm sind mögliche Auslöser von Koliken. Der Caecumacidose liegt ursächlich die Anflutung und intensive Fermentation leicht vergärbarer Kohlenhydrate zugrunde. Neben Stressfaktoren spielen Allgemeinerkrankungen und Futtereigenschaften, die eine geringe Verdaulichkeit im Dünndarm bedingen, eine Rolle in der Entstehung einer Caecumacidose.

Die in den Dickdarm einfließenden Nährstoffe werden intensiv mikrobiell fermentiert. Praecaecal weniger gut verdaulich sind z. B. die Stärkegranula aus Mais, Gerste oder auch Kartoffeln. Bei plötzlich hohen Stärke- aber auch Fructanmengen im Dickdarm werden diese sehr rasch und intensiv mikrobiell fermentiert. Es reichern sich flüchtige Fettsäuren und Milchsäure im Dickdarminhalt an. Wassereinstrom, pH-Wert-Absenkung und Verschiebungen der mikrobiellen Besiedelung von gramnegativen zu grampositiven Bakterien sind die Folge. Die Pferde zeigen Kolik, Krämpfe oder Darmatonie. Wässriger Kot kommt nur bei ausgeprägten Kolitiden vor. Vermutlich sind unter diesen Bedingungen die Durchlässigkeit und der aktive Nährstofftransport der Darmwand erheblich gestört. Durch die beschriebenen Veränderungen in der Zusammensetzung und Aktivität der Mikroorganismen kommt es bei niedrigem pH-Wert im Caecum zur deutlich verstärkten Bildung biogener Amine aus der Decarboxylierung von Aminosäuren, aber auch zur Freisetzung von Exo- und Endotoxinen (Lipopolysacchariden). Der umfängliche Übertritt dieser Substanzen in die Blutbahn wird unter diesen Bedingungen nicht mehr verhindert. Die Rehe (Huflederhautentzündung mit Lahmheiten) als sehr schmerzhafte und äußerlich sichtbare Begleiterscheinung der Acidose kann so erklärt werden.

Für Anschoppungen bietet die Beckenflexur und die Einengung des Lumens nach der magenähnlichen Erweiterung eine anatomische Disposition. Eine unkontrollierte Aufnahme von Stroh kann – besonders wenn es hartstängelig oder zerfasert bzw. auf weniger als 5 cm gehäckselt ist und daher schlecht gekaut wird – zu einer solchen Anschoppung führen. Eine Verstopfungskolik wird unter diesen Bedingungen weiterhin durch zu geringe Mengen leicht fermentierbarer Kohlenhydrate im Dickdarm und eingeschränkte Darmmotilität bei bewegungsarmer Haltung gefördert.

Sandanreicherungen (verstärkte Aufnahme von Pflanzen mit der Wurzel bei karger Weide oder von Sand und Erde bei einem Mangel an Beschäftigungsfutter bei Auslaufhaltung bzw. hypothetisch auch als Ausdruck einer Mangelsituation) können sich im Caecum und vor allem in den Poschen des Colons absetzen. Gleiches trifft auf Enterolithen (Darmsteine) zu, welche oft aus schwerlöslichen Phosphorverbindungen bestehen. Erkrankungen durch Darmsteine sind selten geworden. In früheren Zeiten hat man dadurch bedingte Koliken auch als Müller- oder

Bäckerpferdekrankheit bezeichnet, als Hinweis darauf, dass die Rationen dieser Pferde oft höhere Anteile Getreidekleie enthielten, welche die Entstehung von Darmsteinen aus Magnesiumammoniumphosphat begünstigt. Phytobezoare (Zusammenballungen von Pflanzenteilen, ggf. nachträglich mineralisiert) können Darmpassage und -motilität ebenfalls stören, vor allem am Übergang vom Caecum ins Colon, aber auch am Übergang in die Beckenflexur. Dabei können Zusammensetzung und Stoffwechsel der darmeigenen Mikroorganismen verändert sein und so Anlass zu chronisch-rezidivierenden Koliken bieten. Caecumanschoppungen treten bei Pferden gelegentlich auf (sog. Blinddarmverstopfungen). Häufiger sind Verstopfungen der bekannten Lokalisationen, vor der Beckenflexur und kaudal an der magenähnlichen Erweiterung. Ursachen können die Futterbeschaffenheit, aber auch eine nachhaltige Störung der Dickdarmfermentation mit unzureichendem Abbau faserreicher Substanzen sowie Motilitätsstörungen sein.

28.8.2 Magenulcera

Bei Magenulcera handelt es sich um krankhafte Veränderungen der Magenschleimhaut. In Abhängigkeit von der Lokalisation der betroffenen Schleimhaut innerhalb des Magens erfolgt eine Einteilung in ESGD (Equine Squamous Gastric Disease; kutane Schleimhaut der *Pars nonglandularis* betroffen) und EGGD (Equine Glandular Gastric Disease; Drüsenschleimhaut der *Pars glandularis* betroffen). Die in verschiedenen Studien angegebene Prävalenz für Magenulcera ist mit 53–93 % sehr hoch. Körperlicher und/oder nervlicher Stress scheint begünstigend zu wirken, weshalb Hochleistungspferde im Renn-, Distanz- und Turniersport besonders betroffen sind. Aber auch andere Pferde können erkranken, wie Freizeitpferde und sogar Fohlen. Eine nicht unerhebliche Anzahl von Magenulcera verläuft still bzw. heilt unerkannt wieder ab. Äußerlich erkennbare Hinweise sind Verhaltensauffälligkeiten, wie verstärktes Speicheln, Zähneknirschen und Leerkauen, sowie Leistungseinbußen. Im Hinblick auf die Entstehung von Magenschleimhautschäden wird eine verstärkte Einwirkung von Säuren, wie Salzsäure aus dem Magensaft sowie organische Säuren aus der mikrobiellen Fermentation leichtlöslicher Kohlenhydrate durch die im Magen beheimateten Mikroorganismen (→ Kap. 28.1), besonders kritisch gesehen. Aus Sicht der Ernährung ist die wichtigste vorbeugende Maßnahme die Begrenzung der Stärkegabe pro Mahlzeit auf maximal 1 g/kg LM (→ Kap. 28.2.2; → Tab. 28.3). Beim Überschreiten dieser Menge steigt das Risiko für die Entstehung kritischer Schleimhautschädigungen deutlich überproportional an. Weiterhin wirkt die Einhaltung einer minimal erforderlichen Grobfuttermenge protektiv (→ Kap. 28.2.1; → Tab. 28.3). Bei Mahlzeitenfütterung unterstützt die Gabe des Grobfutters vor dem Kraftfutter die Stabilisation des Magenmilieus. Nüchternzeiten sollten so gering wie möglich gehalten werden. Dies gilt auch und gerade bei Aufstallung auf nicht fressbarer Einstreu sowie auf Transporten, welche an sich schon mit Stress verbunden sind. Zudem ist es ratsam, eine sportliche Belastung von Pferden erst mit größerem zeitlichen Abstand zu einer Hauptmahlzeit vorzunehmen. Schwer betroffene Pferde sollten zunächst vorübergehend nur Grobfutter erhalten (Wiesenheu *ad libitum* oder Weidegang). Wenn die zusätzliche Gabe von Krippenfutter möglich ist, kann das Pferd therapiebegleitend ein Krippenfutter erhalten, welches vor allem im Stärke- und Zuckergehalt deutlich reduziert ist. Nach Möglichkeit sollte auf die Gabe stärkehaltiger Futtermittel sowie von Melasse und Futterzucker gänzlich verzichtet werden. Einbezogen werden können pektinreiche (Trockenschnitzel, Johannisbrot, Obsttrester, Citruspektin; beachte: Restzuckergehalte) und schleimbildende (Leinsamen) Rationskomponenten, Lignocellulose sowie ggf. Pflanzenöl in geringen Mengen, zumindest solange dadurch eventuelle Störungen der Magenentleerung nicht verstärkt werden. Von der Gabe von Luzernehäckseln ist aufgrund der Möglichkeit einer mechanischen Schleimhautschädigung vorläufig abzuraten.

28.8.3 Durchfallerkrankungen und freies Kotwasser

Neben Koliken spielen Durchfallerkrankungen eine besondere Rolle. Fütterungsbedingt tritt ausgeprägter Durchfall beim Pferd eher selten auf, davon ausgenommen sind Probleme bei Fohlen. Als Ursachen für Durchfallerkrankungen kommen Störungen im Bereich der Dickdarm- oder Dünndarmverdauung infrage, z. B. eine zu geringe Absorption von Flüssigkeit oder eine erhöhte Sekretion. Die Ursache kann bereits in einer gestörten Magenverdauung liegen. Im Zusammenhang mit Durchfallproblemen sind häufiger nicht fütterungsbedingte Erkrankungen relevant: Parasitenbefall, bakterielle Infektionen und Viruserkrankungen stellen insbesondere bei Fohlen wichtige Ursachen dar. Bei Saugfohlen können Durchfallerscheinungen bei sehr hoher Milchproduktion der Stute physiologisch auftreten. In hartnäckigen Fällen empfiehlt es sich, die Milchzufuhr zu reduzieren und die Fohlen mit Flüssigkeit beziehungsweise Elektrolytersatz zu versorgen. Profunder Durchfall tritt bei adulten Pferden bei der sog. Typhlokolitis auf – einer ulcerativ, nekrotisch-degenerativen Schleimhautveränderung in Caecum und ventralen Colonlagen – mit Toxinabsorption aus dem Darmlumen und schwerwiegenden Begleitsymptomen. Zu den prädisponierenden Faktoren mit Fütterungsbezug gehören Kolik bzw. enterale Grunderkrankungen, Futterwechsel und Futterentzug (z. B. vor und nach Operationen) sowie ein Wechsel der Einstreu. Weiterhin gilt eine Störung der normalen mikrobiellen Tätigkeit im Verdauungsraum durch Antibiotikaapplikation als Risikofaktor. Häufiger treten weniger spektakuläre Veränderungen der Kotkonsistenz auf jungen Weiden auf, dies vor allem bei zu kurzer Übergangsfütterung. In diesen Fällen spielen Fäulnisprozesse mit Veränderungen des Kot-pH-Wertes in den alkalischen Bereich eine Rolle. Auch andere Futtermittel können eine abführende Wirkung entfalten, so z. B. sehr hohe Mengen an Weizenkleie, Melasse, aber auch hygienisch nicht einwandfreie Rationskomponenten (z. B. verdorbene Silage). Bei adulten Pferden wirkt Lactose in Mengen von etwa 1–2 g/kg LM und Tag laxierend. Bei bewusster Anwendung als Abführmittel ist jedoch Vorsicht vor einer Übersäuerung des Caecuminhalts mit schwerwiegenden gesundheitlichen Folgen geboten (→ Kap. „Kolik“).

Von den Durchfallerkrankungen abzugrenzen ist das Auftreten von freiem Kotwasser. Dieses ist gekennzeichnet durch das Absetzen freier Flüssigkeit bei ansonsten geformten Kotballen. Derzeit ist nicht sicher bekannt, ob es dadurch überhaupt zu einer Belastung des Wasserhaushaltes kommt. Das Auftreten von freiem Kotwasser ist weit verbreitet – und unabhängig davon, ob diesem überhaupt ein Krankheitswert zukommt, ist der Leidensdruck bei Pferdebesitzern auch aufgrund von Verschmutzungen an den Innenseiten der Hinterbeine und Sprunggelenke groß. Möglicherweise ist auch das Wohlbefinden der betroffenen Pferde eingeschränkt, zumindest dann, wenn Hautirritationen aufgrund der abgesonderten Flüssigkeit auftreten. Trotz einer Vielzahl vermuteter fütterungsassoziierter Ursachen (Heulagefütterung, Stärkeüberfütterung, Einschränkungen der Kautätigkeit, zu kaltes Tränkwasser) wurde bislang keine erhärtet. Stattdessen scheint sozialer Stress eine dominierende Rolle zu spielen, welcher möglicherweise psychosomatisch bedingte Änderungen der peristaltischen Bewegungen der Dickdarmwand bewirkt und so zu einer Separation fester und flüssiger Bestandteile beiträgt, ohne dass Letztere noch absorbiert werden können. Besonders betroffen sind rangniedere Tiere (letztes und vorletztes Tier in der Rangfolge), im Geschlechtervergleich Wallache und unter den Rassen Paint Horses, möglicherweise aufgrund ihrer Scheckenzeichnung, die sie in gemischtrassigen Verbänden zu Außenseitern macht. Da die meisten dieser rangniederen Tiere bei Aufstallung im Gruppen- bzw. Herdenverband nicht oder nicht ausreichend um ihr Futter kämpfen, scheint es ratsam, diese Tiere entweder in Einzelboxen (ggf. mit Paddockauslauf) zu halten oder in der Gruppenhaltung verdrängungssichere Einzelfutterplätze anzubieten. Dies stellt nicht nur eine Prophylaxe gegen freies Kotwasser dar, sondern sichert zudem eine bedarfsgerechte Ernährung rangniederer Tiere.

28.8.4 Endokrine Störungen

Unter den endokrinen Störungen sollen hier das Equine Metabolische Syndrom (EMS) und die Pituitary Pars Intermedia Dysfunction (PPID) angesprochen werden. Beide finden in der Praxis starke Beachtung, nicht zuletzt aufgrund der Verbreitung von „Zivilisationskrankheiten" unter meist wenig mobilen, dicken Pferden (EMS) sowie der verbreiteten Haltung auch alter Pferde (PPID). Zudem können Pferde mit PPID auch am EMS erkranken.

Vom **EMS** sind meist zur Verfettung neigende, robuste Ponys, aber auch andere Pferde betroffen, die aufgrund anhaltender energetischer Überversorgung und/oder Bewegungsmangel zu viel Fett angesetzt haben. Die Adipositas kann generalisiert auftreten oder regional an disponierten Stellen. Äußerlich gut erkennbar ist oft verstärktes Kammfett, dessen Vermessung auch der Einteilung in Adipositas-Grade dient. Es treten situativ unterschiedlich auch flächig abgrenzbare, subkutane Fettauflagerungen an anderen, äußerlich erkennbaren Körperregionen (auf der Kruppe, am Schweifansatz, im hinteren Bauchbereich, auf den Augenlidern) auf. Diese erkennbaren Adipositassignale sind hinweisend auf eine zu starke Einlagerung von viszeralem Fettgewebe im Bauchraum, welches an sich dem mechanischen Schutz innerer Organe dient. Das viszerale Fettgewebe ist endokrinologisch besonders aktiv und kann – gemeinsam mit weiteren Fettdepots – bei zu starker Ausprägung im Übermaß sog. inflammatorische Mediatoren freisetzen. Diese Mediatoren beeinflussen die Verzehrregulation, den Glucose- und Fettstoffwechsel, das Entzündungsgeschehen, die Immunfunktion und den Blutdruck. Im Gefolge der Adipositas und der damit einhergehenden endokrinen Veränderung entstehen häufig eine Insulinresistenz und damit das Unvermögen, den Blutglucosespiegel physiologisch zu regulieren. Insulin und proinflammatorische Mediatoren werden mit der Entstehung von Hufrehe in Zusammenhang gebracht, von welcher EMS-Pferde in klinischer oder subklinischer Ausprägung in der Regel betroffen sind. Die diätetischen Maßnahmen bei EMS zielen auf eine Reduktion sowohl der LM als auch der Fütterung wasserlöslicher Kohlenhydrate als Auslöser einer ausgeprägten Insulinreaktion. Letzteres kann durch den Verzicht auf stärkehaltige Futtermittel sowie Futterzucker geschehen, wie auch durch die Auswahl von Rationskomponenten mit einem geringen, nativen Gehalt an wasserlöslichen Kohlenhydraten (→ Kap. 28.2.2). Eine bedarfsdeckende Zufuhr an pcd CP und pcd AS sowie Mineralstoffen und Vitaminen ist zu beachten (Mineralfutter, Salzleckstein). Die Zufütterung geringer Mengen eines hochwertigen Proteinträgers, wie Luzernegrünmehl oder ggf. Sojaextraktionsschrot, kann unterstützend wirken, vor allem wenn das entsprechende Pferd nach den gegebenen Möglichkeiten wieder mobilisiert wird. Bewegung zur Gewichtsreduktion, aber vor allem zur Verbesserung der Insulinsensitivität der Skelettmuskulatur, stellt eine wichtige Managementmaßnahme bei Pferden mit EMS dar.

An **PPID** erkranken meist ältere Pferde (> 15 Jahren), jedoch nicht ausschließlich. Die betroffenen Tiere zeigen oft einen verzögerten Fellwechsel, lange, leicht lockige Haare, Muskelabbau, „Stammfettsucht" (Umverteilung der Fettdepots in Richtung Bauchraum) und Hufrehe. Weitere Körperfunktionen sind in ähnlicher Weise betroffen wie bei der PPID. Die Pferde sind leistungsschwach und immunologisch nur eingeschränkt kompetent. Die Insulinsensitivität ist in ähnlicher Weise eingeschränkt wie beim EMS und entsprechend auch der Blutglucosespiegel dysreguliert. Oft saufen die Pferde viel und setzen auch mehr Harn ab. Funktionell liegt der PPID eine Störung der *Pars intermedia* der Hypophyse zugrunde, die im Idealfall medikamentös behandelt werden kann. Diätetische Maßnahmen sind in jedem Fall erforderlich. Diese entsprechen weitgehend denen beim EMS, wobei erschwerend hinzukommt, dass sehr alte Pferde nicht mehr richtig kauen können und sich daher die Rationsgestaltung auf wenige mögliche Komponenten reduziert, z. B. Trockengrünprodukte. Aufgrund des krankheitsbedingten Muskelproteinabbaus, der bei alten Pferden oft eingeschränkten Kauaktivität sowie einer einseitigen Fixierung des Besitzers von PPID-Patienten auf Kraftfutterverzicht kommt es sehr häufig zu einer bedenklichen LM-Reduktion mit kritischem Muskelproteinabbau. Der Besitzer eines PPID-Pferdes befindet sich daher in dem Dilemma, einerseits einen postprandialen Insulinanstieg vermeiden, andererseits jedoch ein langsames Verhungern des Pferdes verhindern zu müssen. Zur Erhaltung des Lebens und der Lebensqualität des PPID-Pferdes ist es angeraten, möglichst frühzeitig eine Balance zwischen Trockengrünprodukten, proteinreichen und ggf. auch in geringen Mengen energiereichen Konzentraten zu finden.

28.8.5 Hyperlipidämie

Bei der Hyperlipidämie handelt es sich um eine schwere Stoffwechselerkrankung, die durch überschießende Mobilisation von Fett bei Energieunterversorgung und Blutfettanreicherung mit der Folge einer Leberverfettung gekennzeichnet ist. Besonders gefährdet sind Vertreter extensiver Ponyrassen, aber auch Esel. Eine besondere metabolische Disposition besteht in der Hochträchtigkeit und frühen Laktation aufgrund der Anfälligkeit für ein energetisches Defizit sowie bei verfetteten Tieren und genetisch bedingt anfälligen Equiden, die stress- oder krankheitsbedingt schlecht oder gar nicht fressen. Infolge Fettmobilisation können Ponys mit > 5–75 mmol/l eine Triglyceridkonzentration im Blutplasma in einer Höhe aufweisen, wie sie bei Großpferden auch nach Fasten oder belastungsinduziert nicht gemessen werden. Hintergrund ist, dass die Lipolyse bei den genannten Rassevertretern nach Stimulation ein wesentlich höheres Niveau erreicht als bei Großpferden und einmal aktiviert auch kaum einzudämmen ist. Zudem ist die Prognose der Erkrankung schlecht. Ursache ist meist die Umstellung von reichlicher auf eine eher knappe Fütterung bzw. eine sistierende Futteraufnahme, z. B. durch Schmerz. Prophylaktische Maßnahmen sind bei Equiden der Risikogruppen das Vermeiden von Verfettung sowie energiedefizitären Situationen (z. B. auf der Herbstweide ohne Beifütterung oder extensive Fütterung hochtragender, verfetteter Ponystuten). Selbst bei Extensivpferden sind saisonale Schwankungen von Körperfettreserven in bestimmten Grenzen physiologisch (siehe Winterhypermetabolismus des Przewalskipferdes in natürlichen Habitaten). Lebendmasseveränderungen (Abspecken) sollten bei anfälligen Tieren jedoch nur sehr langsam und vorsichtig vorgenommen werden.

28.8.6 Belastungsmyopathien

Belastungsassoziierte Erkrankungen der Skelettmuskulatur sind untergliedert in Rhabdomyolyse, welche mit einer zumindest partiellen Schädigung quergestreifter Muskelfasern (teils „Blutharnen" infolge Myoglobinfreisetzung) und einer oft extrem hohen Aktivität des muskelspezifischen Enzyms Kreatinkinase (CK) einhergeht, und Belastungsmyopathien ohne CK-Anstieg. Zu den Ursachen Letzterer zählen u. a. eine stark defizitäre Vitamin-E-Versorgung. In der Praxis wesentlich präsenter ist jedoch die Rhabdomyolyse, bei welcher man wiederum eine sporadische (extrinsisches tying-up) und eine chronische (intrinsisches tying-up) Form unterscheidet. Beide können vielfältige Ursachen haben. Unter den ernährungsassoziierten Ursachen sind bei der sporadischen Rhabdomyolyse Imbalancen in der Versorgung mit Mineralstoffen und Vitaminen zu nennen. Unter den chronischen Formen haben die wiederkehrende Belastungsrhabdomyolyse (Recurrent Exertional Rhabdomyolysis, RER) und die Polysaccharidspeichermyopathie (PSSM vom Typ 1) einen Ernährungsbezug, kausal sind jedoch jeweils spezifische genetische Defekte.

Die **RER** ist eine typische Erkrankung von Rennpferden (Englische und Arabische Vollblutpferde, Traber) mit einer Fehlfunktion in der Regulation des Ca-Stoffwechsels der Muskelzelle, welche wahrscheinlich zu einer kurzzeitigen Unterbrechung der Muskelkontraktion führt. Zumindest bei Englischen Vollblutpferden wird der Defekt vermutlich autosomal dominant vererbt. Etwa 5–10 % der Tiere sind von der Erkrankung betroffen, wobei sie primär bei jungen, nervösen und oft weiblichen Tieren auftritt. Aus Sicht der Ernährung sind eine zucker- und stärkereiche Fütterung (verstärkt die Nervosität) sowie Mineralstoffimbalancen zu vermeiden. Bei leistungsgerechter Energiezufuhr sollte ein Teil der leichtlöslichen Kohlenhydrate im Kraftfutter der Rennpferde durch Futterfett ersetzt werden. In einer ausreichenden Menge zur Deckung des Energieerhaltungsbedarfes gefüttertes Wiesenheu erweist sich auch bei hohem Energiebedarf als geeignet, einer übermäßigen Nervosität in gewissem Umfang entgegenzuwirken. Die diätetischen Maßnahmen wirken eher unterstützend protektiv als kausal.

Die **PSSM** Typ 1 betrifft vor allem Quarter Horses und genetisch verwandte Rassen (Appaloosa, Paint Horse), wurde aber auch schon bei Warmblutpferden beschrieben. Bei der PSSM kommt es zu einer unphysiologisch hohen Anreicherung von Glykogen in die Skelettmuskelzelle. Diätetisch steht bei grobfutterbasierter Fütterung ein möglichst vollständiger Verzicht auf Zucker und Stärke (Ausnahme: Stärkerest aus Reiskleie) über die ausgewählten Einzel- und Mischfuttermittel im Vordergrund, wobei die Verwendung von Fetten als Energieträger (über pflanzliche Öle bzw. Reiskleie) empfohlen wird. In dementsprechenden Ergänzungsfuttermitteln kommen pektinhaltige (aber möglichst zuckerarme) Futtermittel neben Trockengrün, Pflanzenöl und mitunter Reiskleie zum Einsatz. Bei der PSSM Typ 1 ist eine angepasste Diätetik nicht nur unterstützend, sondern sogar erfolgsnotwendig. Bei vielen betroffenen Pferden lässt sich so eine wesentliche Verbesserung des Muskelstoffwechsels erzielen.

28.8.7 Atypische Weidemyopathie

Von den belastungsassoziierten Muskelerkrankungen klar abzugrenzen ist die meist im Herbst und Frühjahr auftretende Equine Atypische Weidemyopathie (AM). Sie ist gekennzeichnet durch eine akute Zerstörung quergestreifter Muskelfasern (Rhabdomyolyse) bei weidenden und in seltenen Fällen bereits zuvor wieder aufgestallten Pferden. Symptome sind ein steifer Gang ohne vorherige Belastung bzw. Festliegen, starkes Schwitzen, Blutharnen oder aber sistierender Harnabsatz bei gefüllter Harnblase. Der Appetit bleibt häufig erhalten, selbst bei festliegenden Pferden. Auslöser sind nach bisherigem Kenntnisstand die Toxine HGA (Hypoglycin A) und MCPG (Methylencyklopropylglycin), welche in Samen und Schößlingen (in letzteren bisher nur HGA untersucht) von Berg-Ahorn *(Acer pseudoplantanus)* und Eschenblättriger Ahorn *(Acer negundo)* enthalten sind. Andere Ahornarten können als Toxinquelle nicht ausgeschlossen werden. Beide Toxine hemmen über spezifische Metaboliten die β-Oxidation in den Mitochondrien auf verschiedenen Stufen, mit vermuteter additiver Wirkung. Der Toxingehalt in den genannten Pflanzenteilen ist sehr variabel und das Gift offenbar auch nach Trocknung noch wirksam (Vorsicht bei Grünfutterkonserven), sodass in ungünstigen Fällen bereits sehr wenig Pflanzenmaterial für die Vergiftung ausreicht. Die Erkrankung tritt plötzlich auf und kann innerhalb weniger Stunden zum Tod führen. Die Prognose ist außerordentlich schlecht. Allerdings erkranken meist nicht alle Pferde auf einer Weide. Die Ursache hierfür ist nicht bekannt. Neben individuellen Unterschieden in der Futterwahl und damit der aufgenommenen Toxinmenge kommt eine variable Absorption bzw. intestinale/metabolische Entgiftungskompetenz in Betracht. Die wichtigste prophylaktische Maßnahme ist die räumliche Trennung von Pferd und Toxinquelle. Da jedoch Ahornbäume verbreitet sind und die Samen zudem sehr weit fliegen (es muss sich also gar kein Baum auf der Weide befinden, um Pferde zu vergiften) ist dies nicht immer möglich. Allerdings ist es der einzige sichere Schutz. Um die Wahrscheinlichkeit der Aufnahme von toxischem Pflanzenmaterial zu reduzieren, sollten Pferde auf der Weide ausreichend mit Heu und einem zum Mineralstoffgehalt des Weidegrases passenden, vitaminierten Mineralfutter (besonders auf die Versorgung mit Vitamin E und Selen achten) bzw. bei leistenden Pferden einem entsprechenden Kraftfutter sowie einem frei verfügbaren Salzleckstein versorgt werden. Gelegentlich wird die Begrenzung der Weidezeit empfohlen, bei Grobfuttergabe und im Stall. Bei Heuwerbung und Silierung werden die Toxine offenbar nicht (vollständig) zerstört.

28.8.8 Störungen des Bewegungsapparates

Für eine ungestörte Entwicklung des Knochengerüstes, der Gelenke sowie von Sehnen und Bändern sind in Intensität und Dauer angemessene Bewegungsreize sowie eine bedarfsgerechte Ernährung erforderlich.
Störungen am Bewegungsapparat werden häufig bei wachsenden Pferden beobachtet. Die Wachstumsvorgänge in den langen Röhrenknochen sind durch einen kontinuierlichen Auf- und Abbau von Knochenmaterial gekennzeichnet. Die knorpeligen Bereiche des Skeletts (Wachstums-

fuge und Gelenkknorpel) sind besonders empfindlich. Entwicklungsstörungen des Skeletts treten häufig dann auf, wenn junge Tiere zu schnell aufgezogen werden. Eine zu hohe Wachstumsrate kann zur Überlastung des Skelettsystems führen. Bei zu intensiver Bewegung beziehungsweise Beanspruchung von jungen Pferden können vermehrt Skelettschäden beobachtet werden. Gleiches trifft auf eine bewegungsarme Haltung zu, bei welcher zum einen die Gefahr einer zu starken Lebendmasseentwicklung besteht und zum anderen der Belastungsreiz auf den Trageapparat und damit eine wesentliche Stimulanz für dessen regelrechte Entwicklung fehlt. Die Kompetenz für metabolische Reparaturprozesse geht innerhalb des ersten halben Jahres nach der Geburt deutlich zurück. Daher sollten bereits Saugfohlen ausreichende Möglichkeiten für das angemessene Ausleben des natürlichen Bedürfnisses nach Bewegung erhalten.

Als ernährungsassoziierte Ursachen für Störungen am Bewegungsapparat kommt vor allem eine Unterversorgung mit Ca, P oder Cu infrage. Ca und P werden für die Mineralisation des Knochengerüsts benötigt. Vitamin D hat dabei offenbar eine geringere Bedeutung als bei anderen Tierarten. Kupfer fungiert u. a. als Coenzym der Lysyloxidase, welche benötigt wird, um kollagene Fasern in Bändern, Sehnen und Gelenkknorpeln zu vernetzen. Offenbar ist bereits die Cu-Versorgung der hochtragenden Stute von Bedeutung für die Entwicklung von Knorpel und Knochen bzw. die Ossifikation des Skeletts. Während der Hochträchtigkeit legen Feten von ausreichend mit Cu versorgten Stuten zudem beachtliche Cu-Reserven in der Leber an, auf welche sie in der Zeit knapper Versorgung über die vergleichsweise kupferarme, reife Stutenmilch während der Zeit sehr knapper spontaner Beifutteraufnahme im 1. Lebensmonat zugreifen können. Es ist ratsam, diesem natürlichen Vorgang durch eine ausreichende Cu-Versorgung der tragenden Stute und eine den Anforderungen angepasste Cu-Menge im Ergänzungsfuttermittel für Fohlen, welches etwa ab dem 2. Lebensmonat in nennenswerten Mengen gefressen wird, Rechnung zu tragen. Von der oralen Applikation überhöhter Spurenelementmengen an Fohlen ist aufgrund des toxischen Potenzials mancher Elemente und evtl. nachteiliger Wechselwirkungen abzuraten. Grundsätzlich ist zu empfehlen, dass Fohlen eher moderat aufgezogen werden. Bei jungen Tieren sollte die Versorgung mit Mineralstoffen und insbesondere auch mit Spurenelementen überprüft werden.

Im Hinblick auf die Menge, Zusammensetzung und Frequenz der Zuteilung von Kraftfutter empfiehlt es sich, während intensiven Wachstums einen hohen Anstieg des Insulinspiegels nach den Mahlzeiten zu vermeiden. Durch derart hohe Insulinreaktionen nach der Nahrungsaufnahme kann eine Verschiebung des Aktivitätsspektrums der Schilddrüsenhormone Triiodthyronin und Thyroxin mit nachteiligen Folgen für Knorpelreifung und Ossifikation des Skeletts begünstigt werden.

28.8.9 Verhaltensstörungen

Typische Störungen des Verhaltes sind Koppen, Weben und Barrenwetzen, welche gehäuft bei reiz- und bewegungsarmer Haltung beobachtet werden. Beim Koppen schlucken Pferde Luft – häufig verbunden mit einem rasselnd-glucksenden Geräusch – wobei meist die Zähne auf einen festen Gegenstand, wie etwa die Krippe, aufgesetzt werden. Daher kommt auch der Begriff Krippensetzen. Koppen wird mitunter als Indiz für Magenschleimhautschäden angesehen, was jedoch nicht bewiesen ist. Beim Weben stehen Pferde mit den Vorderbeinen sägebockähnlich, der Kopf schwingt in monotonem Rhythmus mit kurzen Unterbrechungen hin und her. Beim Barrenwetzen bewegen Pferde die Schneidezähne auf einem festen Gegenstand, z. B. der Futterkrippe, hin und her. Es kommt zu Schleifspuren an den Schneidezähnen. Barrenwetzen zeigen oft nervöse Pferde. Derartige Verhaltensanomalien sind schwer bis gar nicht abzustellen. Neben der Abklärung evtl. organischer Ursachen ist eine Besserung durch das Angebot hoher Grobfuttermengen sowie eine anderweitige Beschäftigung des Pferdes möglich.

Verhaltensstörungen finden gelegentlich auch Ausdruck in einem abnormen Appetit. Dieser äußert sich meist in der Aufnahme von Kot, Sand oder Erde bzw. an sich nicht zum Fressen vorgesehener Einstreu (z. B. Hobelspäne). Für Fohlen ist die Aufnahme von frischem Stutenkot physiologisch. Bei allen anderen Pferden wird als Ursache für einen derart abnormen Appetit eine Unterversorgung mit rohfaserreichem Material, Mineralstoffen (Sand, Erde) bzw. Aminosäuren oder B-Vitaminen (Kot) vermutet. Diese Annahmen sind hypothetischer Natur. Bekannt ist jedoch, dass eine knappe Fresszeit in Ermangelung anderen verzehrbaren Material von Pferden durch die Aufnahme der geschilderten Materialien ausgeglichen wird, anscheinend um dem arttypischen Bedürfnissen nach Futteraufnahme als Tätigkeit *per se* zu entsprechen.

29 Fütterung der Rinder

Qendrim Zebeli und Markus Rodehutscord

29.1 Kälber

Kälber sind junge Rinder von der Geburt bis etwa 150–200 kg LM. Sie werden aufgezogen, um später als Jungrinder weiter auf die Nutzung als Milchkuh vorbereitet zu werden oder zur Fleischerzeugung in der Rindermast (überwiegend Bullenmast, aber auch Ochsen- und Färsenmast) genutzt zu werden. Eine weitere Nutzungsmöglichkeit ist die Kälbermast bis etwa 260 kg LM. In Abhängigkeit von der späteren Nutzung unterscheidet sich die Ernährung des Kalbes bereits ab der zweiten Lebenswoche. Grundlegende Aspekte der Ernährung des jungen Kalbes sind allerdings von der späteren Nutzungsrichtung unabhängig und werden nachfolgend zuerst besprochen, bevor auf die Kälberaufzucht und abschließend auf Sonderaspekte bei der Kälbermast eingegangen wird.

Das Vormagensystem ist beim neugeborenen Kalb vollständig angelegt, voll funktionsfähig ist anfangs allerdings nur der Labmagen. Somit ist das Kalb von den Funktionen des Verdauungstraktes her zunächst ein Nichtwiederkäuer, bei dem sich die Funktionen und Dimensionen der Vormägen bis zum Absetzen von der Milch erst kontinuierlich ausbilden, bevor das Kalb zum Wiederkäuer wird. Der Schlundrinnenreflex, der mit dem Saugreflex gekoppelt ist, sorgt dafür, dass die aufgenommene Milch direkt in den Labmagen des jungen Kalbes gelangt.

Bereits im Alter von wenigen Wochen lässt sich die Aufnahme strukturierten Futters, z. B. Heu und Stroh, beobachten, mit der eine dynamische Übergangsphase mit der Entwicklung hin zum Wiederkäuer beginnt. Auch der noch nicht voll entwickelte Pansen muss die Anforderungen an Schichtung und Motorik (→ Kap. 29.3.1.2) erfüllen. In dieser Übergangsphase ist ein funktionierender Schlundrinnenreflex noch wichtig, da in den Pansen gelangende Milch fermentiert wird und zu Blähungen und Durchfällen führen kann. Hier sind die Fütterungstechnik und Darreichungsform der Milch, die den Saugreflex ermöglichen müssen, von entscheidender Bedeutung. In Abbildung 29.1 ist visualisiert, wie unterschiedlich das Verhältnis von Labmagen zu Pansen sein kann, wenn Kälber entweder früh von

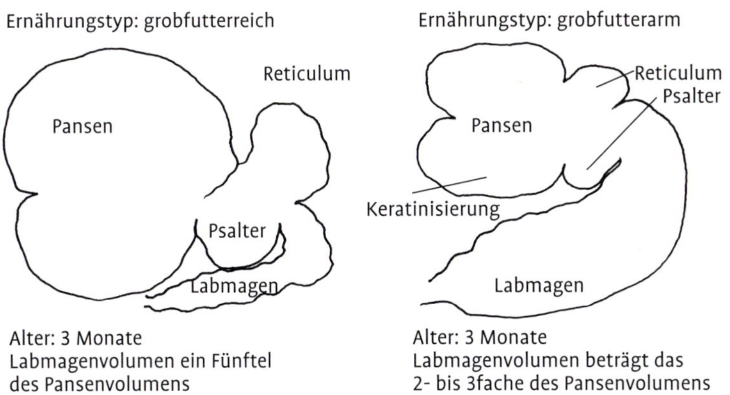

Abb. 29.1
Schematischer Vergleich der Vormagengrößen beim Kalb bei grobfutterreicher und grobfutterarmer Ernährung.

der Milch abgesetzt und grobfutterreich ernährt werden oder über drei Monate Milch erhalten.
Der Verdauungstrakt des Kalbes ist zunächst völlig auf Kuhmilch als Nahrungsgrundlage eingestellt. Im **Labmagen** des mit Milch ernährten Kalbes erfolgt die Labfällung des Caseins, das den allergrößten Teil des Milchproteins ausmacht. Der Caseinkuchen wird langsam durch Pepsin und Salzsäure verflüssigt. Die Funktion des Pförtners wird dabei u. a. durch den pH-Wert im Darm und Magen und den Füllungsgrad des Magens gesteuert. Hier wirken zudem fettspaltende Enzyme, die bereits im Maul sezerniert werden.
Ausreichende Enzymaktivitäten im **Dünndarm** sind Voraussetzung für das Verdauungsvermögen des jungen Kalbes. Die anfangs hohe intestinale Lactaseaktivität fällt innerhalb von 4 Wochen deutlich ab. In dieser Zeit ist auch die Aktivität der Lipasen hoch, die Amylase-, Saccharase- und Maltaseaktivitäten sind hingegen zunächst niedrig; deren Aktivitäten steigen langsam an und erreichen erst später eine mäßige Intensität. In den Dünndarm gelangende Stärke kann daher zunächst kaum und auch später nur in begrenztem Umfang enzymatisch gespalten werden. Proteolytische Enzyme wie Pepsin und Trypsin sind zwar bereits früh entwickelt, dennoch ist pflanzliches Protein zunächst nur begrenzt verdaulich. Eine hohe Nährstoffverdaulichkeit im Dünndarm ist die Basis für eine gute, stabile Mikrobiota in den nachgelagerten Abschnitten des Dünndarms und im Dickdarm, wo ansonsten die Fermentation dort ankommender Nährstoffe zu intensiv wäre.
Das Kalb ist nach der Geburt und in den ersten Lebenswochen sehr empfindlich und reagiert auf Veränderungen in der Umwelt und der Ernährung. Die Fütterung des Muttertieres in der letzten Phase der Trächtigkeit ist für die neonatale Entwicklung des Kalbes von großer Bedeutung, während die Fütterung und das Management in der frühen Phase für die Gesunderhaltung und die Entwicklung zum Wiederkäuer sehr wichtig sind. Zudem gibt es in zunehmender Anzahl Hinweise darauf, dass Details der Ernährung in den ersten Lebenswochen sehr langfristige Wirkungen haben können. Sie beeinflussen nicht nur die Entwicklung in der Färsenaufzucht, sondern wirken wahrscheinlich auch weit in die Phase hinein, in der das Rind später Milch produziert. Sie könnten somit sehr langfristige Effekte auf die Tiergesundheit und die Wirtschaftlichkeit der Milcherzeugung haben. Anscheinend ist es nicht ausreichend, in der Gestaltung der Fütterung allein auf die Entwicklung des Verdauungstraktes, der Futteraufnahme und der Zunahmen der Tiere zu achten. Die Prägung des gesamten Metabolismus des Kalbes beeinflusst später auch den mit der Milchbildung verbundenen Metabolismus. Untersuchungen hierzu sind sehr aufwendig, weil sie äußert lange Versuchszeiträume und hohe Tierzahlen erfordern. Sie liegen bislang nur in begrenztem Umfang vor, werden allerdings an verschiedenen Forschungseinrichtungen weiterverfolgt. Es ist möglich, dass die Ergebnisse mittelfristig zu Konzepten der Kälberaufzucht führen werden, die anders als die gegenwärtigen Standards sind.

29.1.1 Ernährung in der ersten Lebenswoche

29.1.1.1 Physiologische Grundlagen

Die Geburtsgewichte von Kälbern sind rassenabhängig und von der Ernährung und Kondition des Muttertieres beeinflusst. Ein mittleres Geburtsgewicht ist durch optimale Ernährung der hochtragenden Kühe sicherzustellen. Knappe Fütterung vor dem Abkalben kann in der Mutterkuhhaltung, in der die Tiere allein abkalben, zur Vorbeugung gegen Geburtsprobleme notwendig sein.
Neugeborene Kälber sind immuninkompetent, da die Rinderplacenta einen Übergang von Immunglobulinen aus dem Blut des Muttertieres auf den Fötus nicht ermöglicht. Ihr Darmtrakt ist noch wenig ausgereift und weist folgende Besonderheiten auf:

- hohe Absorptionskapazität für intakte Immunglobuline mittels eines speziellen tubulozisternalen Systems (bzw. spezieller Enterozyten),
- Rezeptoren für IGF, „mitogenic growth factor" und Endocytosefaktoren,
- sehr intensiver Proteinturnover und schneller Schluss der Darmporen,
- intensiver Proteinanabolismus.

Das erste Kolostrum unterscheidet sich von reifer Milch durch:

- leicht abführende Inhaltsstoffe, die einen Abgang des Darmpechs ermöglichen,

- einen hohen Gehalt an γ-Globulinen (passive Immunisierung),
- höhere Trockenmasse- und Proteingehalte (bis 14 % CP gegenüber etwa 3,4 % in reifer Milch),
- hohe Gehalte an fettlöslichen Vitaminen, insbesondere an den Vitaminen A und E (je 125–150 IE/g Milchfett gegenüber 20–25 IE/g Milchfett in reifer Milch) und einigen B-Vitaminen, wie Thiamin und Cobalamin,
- höhere Gehalte an Mg, Na und Spurenelementen.

Die Inhaltsstoffe des Kolostrums sichern auch die neonatale Darmentwicklung mit Schluss der Darmschranke. Wichtig ist eine möglichst frühe Verabreichung des Kolostrums, da die maximale γ-Globulin-Konzentration in der Milch sowie die maximale Absorptionskapazität des Kalbes in den ersten 12 Lebensstunden vorliegen und beide innerhalb der ersten 24 Stunden rasch abnehmen. Das Kolostrum von Mehrkalbskühen hat meist breitere Immunglobulinspektren als das von Erstkalbinnen. Die Immunglobuline sind der spezifischen Keimumwelt des Muttertieres angepasst (stall- oder betriebsspezifisch), was dem neugeborenen Kalb in dieser Umwelt zugutekommt. Kurz vor dem Kalben zugekaufte oder umgestallte Kühe haben eine weniger gut stallspezifisch ausgeprägte Immunität.

29.1.1.2 Fütterung

Das neugeborene Kalb sollte mindestens 2 l erstes Kolostrum vom jeweiligen Muttertier möglichst innerhalb der ersten 3–6 Stunden nach der Geburt aufnehmen. Die gleiche Menge an Kolostrum sollte innerhalb von 12 Stunden wiederholt werden. Das ermolkene Kolostrum wird körperwarm als Tränke mittels Nuckeln verabreicht; der Verbleib des Kalbes beim Muttertier allein stellt keine frühzeitige bzw. ausreichende Kolostrumaufnahme sicher. Bei schwachen Kälbern kann man die Milchaufnahme und das aktive Schlucken durch Aufträufeln von Milch auf die Zunge fördern. Für den Fall, dass Kolostrum vom Muttertier nicht zur Verfügung steht bzw. die Mutterkuh erkrankt, sollte eine Kolostrumreserve von Mehrkalbskühen desselben Bestandes tiefgefroren und portioniert eingelagert sein, sodass kurzfristig hierauf zurückgegriffen werden kann.

Die Tränke, zunächst möglichst weiterhin das Kolostrum des Muttertieres, wird im Anschluss *ad libitum* angeboten. Es werden Milchmengen von etwa 6–8 l/d aufgenommen. Die Milch kann entweder dreimal am Tag frisch (körperwarm) aus Nuckeleimern oder alternativ leicht angesäuert (pH 5,5) als Sauertränke bei Raumtemperatur *ad libitum* angeboten werden. Ab etwa dem fünften Lebenstag kann auf ein Milchaustauschfuttermittel (MAT) umgestellt werden. Am Ende der ersten Lebenswoche sollen mengenmäßig etwa 15 % der LM an Tränke pro Tag angeboten werden. Wegen des geringen Fe-Gehaltes der Milch ist eine separate Fe-Gabe in den ersten Lebenstagen notwendig. Für den MAT gibt es rechtliche Vorgaben zum Mindestgehalt an Fe, die im späteren Text präzisiert werden. Für MAT, die im ökologischen Landbau eingesetzt werden, macht die EU-Verordnung zusätzliche Vorgaben für die Auswahl der Komponenten.

29.1.2 Kälberaufzucht

29.1.2.1 Physiologische Grundlagen, Leistungskenndaten

Bereits am Ende der ersten Lebenswoche werden die Kälber entsprechend der angestrebten Nutzungsrichtung (Aufzucht oder Mast) unterschiedlich gefüttert. In der Tabelle 29.1 sind einige Eckdaten vergleichend und zur Orientierung gegenübergestellt. Im Folgenden werden zunächst die Bedingungen in der Kälberaufzucht für die weibliche Nachzucht bzw. die anschließende Rindermast behandelt.
Aufzuchtkälber sollen sich zu gesunden, fruchtbaren Jungtieren mit hohem Leistungsvermögen entwickeln oder zu wüchsigen Mastbullen mit hoher Futteraufnahmekapazität. Deshalb werden über Fütterungsmaßnahmen eine frühzeitige Ausbildung des Pansens sowie eine frühzeitige, intensive Wiederkautätigkeit stimuliert. Die Zuteilung der Milch- bzw. MAT-Menge ist hierbei ein wichtiges Steuerungselement.
Es gibt unterschiedliche Vorstellungen vom Alter der Kälber, bei dem das vollständige Absetzen von der Milch erfolgt sein sollte. Übereinstimmend sind die verschiedenen Vorstellungen dahingehend, dass vor dem Absetzen ein bestimmtes Zunahmeniveau (ca. 800 g/d bei weiblicher Nach-

Tab. 29.1
Übersicht mit Orientierungswerten zum Vergleich von Kälberaufzucht und Kälbermast.

	Kälberaufzucht	Kälbermast
Kolostrum	4 Tage	4 Tage
Milch bzw. MAT in den ersten 2 Wochen	*Ad libitum*	*Ad libitum*
Milch bzw. MAT ab der 3. Woche	Rationiert	*Ad libitum*
Vormagenentwicklung	Fördern	Verzögern
Festfutterangebot	*Ad libitum* ab der 2. Woche	*Ad libitum* ab der 2. Woche
Tageszunahmen	700–900 g	1100–1200 g
Zielgewichte	110–150 kg	220–260 kg
Dauer	2–4 Monate	5–7 Monate

zucht) bei ausschließlicher Festfutteraufnahme (Kraftfutter ca. 1 % der LM pro Tag) gesichert sein soll. Daraus folgt, dass unterschiedlich früh einsetzende und unterschiedlich starke Restriktionen beim Milchangebot praktiziert werden, um die nötige Aufnahme an Grob- und Kraftfuttermitteln ohne erkennbare Nachteile für das Kalb zu erreichen. Weit verbreitet war und ist ein Absetzen im Alter von etwa 3 Monaten. Mit dem Argument einer erhöhten Wirtschaftlichkeit wird das Absetzen allerdings häufig bereits im Alter von etwa 2 Monaten vorgenommen, solange das Kalb genug Festfutter aufnimmt, um den Bedarf zu decken. In zunehmendem Maße wird jedoch diskutiert, ob zur Förderung einer guten Jugendentwicklung und langen Nutzungsdauer als Milchkuh ein Absetzen erst später als nach 3 Monaten vorgenommen werden sollte, auch unter wirtschaftlichen Erwägungen. Für Betriebe, die nach den Richtlinien des ökologischen Landbaus arbeiten, ist für Rinder eine Fütterung mit Vollmilch, bevorzugt Muttermilch, von mindestens 3 Monaten vorgeschrieben.

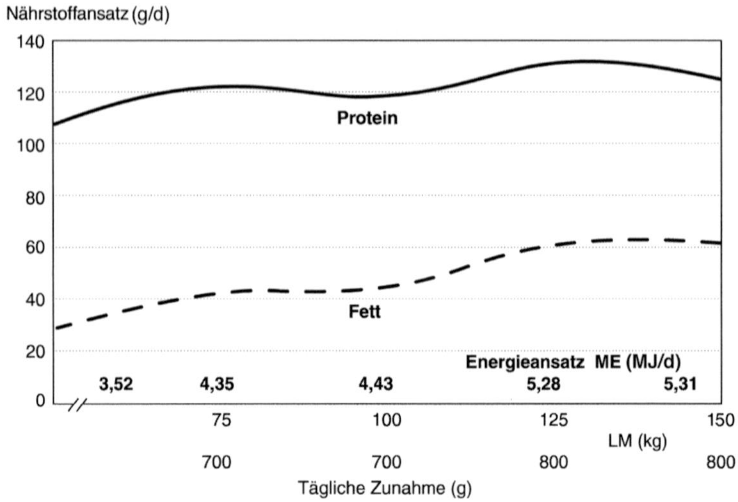

Abb. 29.2
Täglicher Protein- und Fettansatz bei Schwarzbunten Aufzuchtkälbern.

Aufzuchtkälber zur Nachzucht sollen bis zum Erreichen von 150 kg LM durchschnittlich etwa 900 g LM pro Tag zunehmen. Bei vorgesehener Bullenmast sind bei Fleckviehkälbern höhere Zunahmen im Bereich von bis zu 1200 g angestrebt. Aufzuchtkälber mit Zunahmen von etwa 800 g/d setzen etwa 150 g Protein pro Tag an. Der tägliche Fettansatz steigt von etwa 40 g/d bei jungen Tieren auf mehr als 100 g/d zum Ende der Aufzucht an. In Abbildung 29.2 sind die Ergebnisse eines Aufzuchtversuchs dargestellt. Sie verdeutlichen den mit steigendem Gewicht kontinuierlich zunehmenden Fettansatz und die vergleichsweise konstanten Proteinansatzwerte in der Aufzuchtperiode. Der Ansatz von Fett und Protein bei etwa 100 kg LM und bei unterschiedlichen Zunahmen ist in Tabelle 29.2 aufgeführt.

29.1.2.2 Belange der tiergerechten Ernährung

In der Kälberaufzucht wird eine zügige Entwicklung zum Wiederkäuer (oder „Fresser" für die Bullenmast [bis 200 kg LM]) bei angemessener Körperentwicklung angestrebt. Die Adaptation an festes Futter, insbesondere Ergänzungsfutter und Heu, beginnt bereits mit der zweiten Lebenswoche. Die Aufnahme vom Ergänzungsfutter, auch Kälberstarter genannt, stimuliert die frühe morphologische Entwicklung der Pansenzotten. Für eine frühe physiologische Entwicklung des Pansens und damit einer tiergerechten Ernährung des Aufzuchtkalbes ist die Aufnahme von faserreichen Grobfuttermitteln jedoch unerlässlich. Erfahrungsgemäß können Kälber bereits in der zweiten Woche Kälberstarter aufnehmen, während die Aufnahme von Heu etwas später beginnt. Um die Aufnahme von faserreichem Grobfutter zu stimulieren, sollten den Kälber ab der zweiten Woche kleine Portionen vom Heu zur Verfügung stehen. Die Aufnahme von strukturiertem Grobfutter stimuliert das Wiederkauen – mit allen Vorteilen des erhöhten Speichelflusses, vor allem für die pH-Stabilität im sich entwickelnden Pansen. Heu für Kälber soll aromatisch, blätterreich und nicht zu grob strukturiert sein (früher erster Schnitt oder „Grummet" = zweiter und nachfolgende Schnitte). Der beginnende Verzehr wird besonders dann gefördert, wenn das Heu in kleinen Portionen häufig frisch vorgelegt wird und es den Stallgeruch noch nicht angenommen hat.

Der beginnende Verzehr von strukturgebendem Futter führt zu adaptiven Prozessen, insbesondere:

- Förderung der Keratinisierung des Zungenrückens und -grundes,
- Kräftigung der Zähne,
- Stimulierung von Größenwachstum und Sekretionsleistung der Speicheldrüsen,
- Förderung der Ausbildung des Pansenvolumens (→ Abb. 29.1), der Muskulatur und der Pfeiler sowie der Schichtung des Panseninhalts,
- in Kombination mit beginnendem Angebot von Kraftfutter zur Förderung der Zottenbildung im Bereich des ventralen Pansensackes und der Pansenpfeiler.

Bereits früh bildet sich die pansenphysiologisch gewünschte Faserschicht im Pansen aus. Sie erfüllt die Funktion der mechanischen Separierung (Gasabtrennung) und Filterung (Siebfunktion), sodass nur Fraktionen bestimmter Partikelgrößen den Pansen verlassen und gleichzeitig eine ausreichende Gasabtrennung den Ruktus ermöglicht.

Tab. 29.2
Orientierungswerte zum täglichen Fett- und Proteinansatz beim Aufzuchtkalb, Basis 100 kg LM bei unterschiedlichen Zunahmen.

Zunahme (g)	Fett (g)	Pro Δ 25 kg LM[1] (g)	Protein (g)	Pro Δ 25 kg LM[1] (g)
400	22	+ 3	67	− 2
500	29	+ 3	84	− 3
600	37	+ 3	100	− 3
700	46	+ 4	117	− 3
800	56	+ 4	134	− 4

1 Die tabellarische Darstellung erlaubt eine einfache Berechnung der Ansatzverhältnisse bei verschiedenen Lebendmassen. Mit steigender oder fallender LM (ausgehend von 100 kg) um Einheiten von jeweils 25 kg ändert sich der Ansatz bei gegebenen Zunahmen um 3–4 g/d.
Mit steigender LM nimmt also auch beim Aufzuchtkalb bei gleichen Zunahmen (wie bei anderen Nutztieren) der Proteinansatz relativ ab, der Fettansatz aber zu.

29.1.2.3 Energie- und Nährstoffbedarf

Energie

Eine faktorielle Ableitung des Bedarfs an **Energie** ist näherungsweise möglich, allerdings mit experimentellen Daten weniger gut abgesichert als bei anderen Kategorien von Rindern oder anderen

Tierarten. Das Prinzip des faktoriellen Vorgehens bei der Ableitung des Energiebedarfs ist im Kapitel 6 erläutert.

Der **Energiebedarf** kann unter Berücksichtigung der LM sowie der Zunahmen wie folgt geschätzt werden:

$$\text{Energiebedarf ME (MJ/d)} = 0{,}53 \cdot \text{kg LM}^{0{,}75} + 15 \cdot \text{LM-Zuwachs (kg/d)}$$

Der Faktor für den Erhaltungsbedarf entspricht dem für Jungrinder in der späteren Aufzucht (siehe 29.2.2) und berücksichtigt einen gewissen Zuschlag für die Bewegungsaktivität der Kälber. In den Faktor für das Wachstum fließen sowohl Werte zur Zusammensetzung des Zuwachses (Ansatz von Protein und Fett, → Tab. 29.2) als auch der Teilwirkungsgrad der ME für das Wachstum ein (k_{pf} = 0,40–0,43). Wiederkäuerspezifische Verluste (Fermentationswärme, niedriger Ausnutzungsgrad der Essigsäure gegenüber Glucose im Intermediärstoffwechsel) werden mit fortschreitender funktionaler Ausbildung des Vormagensystems zunehmend bedeutend. Der Teilwirkungsgrad nimmt auch deswegen ab, weil mit zunehmenden Anteilen von Grob- und Kraftfuttermitteln und abnehmenden Anteilen von Milch in der Ration die Umsetzbarkeit der Energie abnimmt. Der mit der Formel näherungsweise ausgedrückte lineare Zusammenhang ist also eine Approximation. Er kann zu geringen Unterschätzungen der Verwertung zu Beginn und zu Überschätzungen gegen Ende der Aufzucht führen. Bei später Entwöhnung könnte die Verwertung der ME höher sein. In der Tabelle 29.3 sind die derart abgeleiteten Empfehlungen zur ME-Versorgung zusammengestellt.

Die zunehmende Fermentation im Pansen bedingt ebenfalls, dass sich die Proteinumsetzungen und die Proteinverwertung kontinuierlich von der eines Nichtwiederkäuers hin zu einem Wiederkäuer entwickeln. Abbau von Futterrohprotein und Neusynthese von mikrobiellen Proteinen und die damit verbundenen Änderungen in der Proteinverwertung, die im Kapitel zur Milchkuhernährung ausführlicher erläutert sind, werden damit kontinuierlich bedeutsamer.

Tab. 29.3
Orientierungswerte für die tägliche Energie- und Nährstoffversorgung in der Kälberaufzucht.

Zunahme (g/d)	**LM (kg)**			
	50	**80**	**110**	**140**
		ME (MJ)		
500	17			
600	19	23		
700		25	29	32
800		26	30	34
900			32	35
		CP (g)[1]		
500	190			
600	220	245		
700		270	330	410
800		300	360	445
900			400	480
		Ca (g)		
500	9			
600	10	11		
700		13	13	14
800		14	15	16
900			16	17
		P (g)		
500	4			
600	5	6		
700		6	7	8
800		7	8	9
900			8	9

1 Basierend auf einer Verdaulichkeit des CP von 90 % (50 und 80 kg LM), 80 % (110 kg LM) und 70 % (140 kg LM)

Rohprotein

Bei der faktoriellen Ableitung für den Bedarf an Rohprotein wird wie folgt verfahren:

$$\text{CP-Bedarf (g/d)} = (CP_m + CP_{re}) \cdot 100/\text{Proteinverwertung (\%)}$$

CP_m = Erhaltungsbedarf an Rohprotein (g/d)
CP_{re} = Retention an Protein (g/d)

Der Bedarf für Erhaltung setzt sich wie folgt zusammen:

- endogener Harn-N: 0,16 g N/kg $LM^{0,75}$,
- Verluste von Haut-N: 0,02 g N/kg $LM^{0,75}$,
- Endogener Kot-N: 1,9 g N/kg DMI (leicht ansteigend mit zunehmender Aufnahme an Grobfutter).

Die Verluste von Haut-N sind vergleichsweise gering, sodass sie oft vernachlässigt werden.
Der **Proteinansatz** zwischen 60 und 160 kg LM beträgt etwa 190 g pro kg LM-Zuwachs. So setzt ein Kalb mit 800 g Tageszunahmen etwa 150 g Protein pro Tag an.
Die Verwertung der absorbierten Aminosäuren beträgt bei weitgehender Ernährung mit Milch und MAT auf der Basis von Milchprotein etwa 75 %. In diesen Fällen kann eine Verdaulichkeit des Rohproteins von 90 % unterstellt werden. Auf diesen Annahmen beruhen die Orientierungswerte zum CP-Bedarf in der Tabelle 29.3 für die LM bis ca. 110 kg. Bei Verwendung anderer Proteinquellen im MAT oder bei Hitzeschädigung infolge des Trocknungsprozesses kann die Verdaulichkeit des Proteins geringer sein und der Bedarf folglich höher als in Tabelle 29.3 angegeben. Mit zunehmender Bedeutung der mikrobiellen Proteinumsetzungen im Pansen wird die Kenngröße der Proteinverwertung kontinuierlich geringer, bis die Werte erreicht und die Einflussgrößen wirksam sind, die für Milchkühe und Mastrinder in späteren Kapiteln ausführlich dargelegt sind (→ 29.3.5 und → 29.4.3).

Mineralstoffe

Der Bedarf an **Mengenelementen** lässt sich mit ähnlicher Vorgehensweise wie beim Protein faktoriell ermitteln. Die Schätzwerte für die endogenen Ausscheidungen im Gewichtsabschnitt von 50–180 kg LM betragen für Ca 0,8–2,8 g und für P 0,6–2,6 g pro Tier und Tag. Für Mg und Na sind keine Werte bekannt. Der Ansatz pro kg LM-Zuwachs beträgt 8–10 g Ca, 4–5 g P, 0,3–0,4 g Mg und 1,3–1,4 g Na. Die Verwertbarkeit wird mit 60 % für Ca, 70 % für P, 20 % für Mg und 85 % für Na angenommen. Diese niedrigen Werte für Ca und P berücksichtigen bereits, dass ein Anteil der Mengenelemente aus Grob- und Kraftfuttermitteln kommt. Bei überwiegender Milch- oder MAT-Ernährung ist die Verwertbarkeit auch für Ca und P deutlich höher und der Bedarf weitgehend über die Milch gedeckt. Die Werte zur Verwertbarkeit von Mg und Na beinhalten eine Sicherheit, mit der auch die in ihrer Höhe unbekannten unvermeidlichen Ausscheidungen abgedeckt sein sollten.
Für die **Spurenelemente** werden die Versorgungsempfehlungen nicht faktoriell, sondern meist aus Dosis-Wirkungs-Beziehungen abgeleitet und beziehen sich auf den MAT (→ Tab. 29.4). In der Ergänzung ist zur Vermeidung von Anämie insbesondere auf die Fe-Gehalte zu ach-

Tab. 29.4
Empfohlene Gehalte an Mineralstoffen und Vitaminen im Milchaustauscher für Aufzuchtkälber (pro Kilogramm).

Calcium (g)	10
Phosphor (g)	6
Magnesium (g)	1
Natrium (g)	4
Kalium (g)	7
Eisen (mg)	100
Mangan (mg)	40
Zink (mg)	40
Kupfer (mg)	10
Iod (mg)	0,5
Cobalt (mg)	0,1
Selen (mg)	0,3
Vitamin A (IE)	10000
Vitamin D (IE)	1000
Vitamin E (mg)[1]	20

1 Bei hohen Fettgehalten auch höher

ten. Ein Mangel an Zn kann beim Kalb als Folge chronischen Durchfalls und eingeschränkter Absorption auftreten. Ihm kann durch Gaben von 20–40 mg Zn pro kg Futtermittel vorgebeugt werden. Die Cu-Gehalte müssen im MAT sorgsam eingestellt werden (10–25 mg/kg), weil sowohl Mangel- als Überschussprobleme auftreten können.

Vitamine

Die Vitaminversorgung des Kalbes muss berücksichtigen, dass zunächst nur unbedeutende Mengen an mikrobiell gebildeten Vitaminen verfügbar sind. **Vitamin-A**-Gehalte von 8000–12000 IE pro kg DM der Futtermittel und von 800–1000 IE für **Vitamin D** stellen den Bedarfsrahmen dar, der auch für andere Nutztierarten gilt. Die **Vitamin-E**-Zufuhr sollte auf die Menge und Zusammensetzung des Futterfetts ausgerichtet werden. Meist muss zusätzlich ein Antioxidans eingesetzt werden. Eine Dosierung von 20 mg α-Tocopherol pro kg MAT genügt bei begrenzten Fettmengen und geringen Gehalten an ungesättigten Fettsäuren. Gewisse native Gehalte an **B-Vitaminen** werden mit Milchpulver oder Molkenpulver in die Ration eingebracht. Die Bedarfswerte für die Vitamine B_2, Pantothensäure, Nicotinsäure und Vitamin B_{12} orientieren sich vornehmlich an Praxiserhebungen. Man kann davon ausgehen, dass die Versorgung mit 3,0 mg Vitamin B_2, 10 mg Pantothensäure und 12–20 mg Nicotinsäure pro kg MAT ausreichend ist. Die üblichen Bedarfswerte für Vitamin B_{12} variieren. Die Dosierungen liegen zwischen 10 und 20 μg/kg MAT.

29.1.2.4 Fütterung

Nach der Kolostralmilchphase bleibt die Vollmilch oder der MAT zunächst die entscheidende Futtergrundlage. Ab der 2. Woche wird jedoch zusätzlich festes Futter angeboten, um eine möglichst frühzeitige morphologische und physiologische Entwicklung des Pansens und seiner Funktionen zu fördern. Trinkwasser muss separat und von der Geburt an zur Verfügung stehen, auch bei *ad libitum* Angebot von Milch.

Zum Ende der 1. Lebenswoche wird Ergänzungsfutter und in kleinen Portionen **Heu** von sehr guter Qualität (blattreich, einwandfreier hygienischer Status) angeboten. Erfahrungsgemäß nehmen Kälber etwa 50–100 g Ergänzungsfutter pro Tag am Ende der 3. Woche auf. Zur Förderung der physiologischen Pansenentwicklung hat die Heuaufnahme trotzdem Vorrang und soll stimuliert werden. Alternativ zum Heu kann auch nach wenigen Wochen mit der Vorlage von sehr guten Silagen begonnen werden, bei der Aufzucht für die anschließende Bullenmast beispielsweise mit der Vorlage sehr guter Maissilage ab einer LM von ca. 80 kg. Auch eine sehr gute Grassilage kann vorgelegt werden. Kälber von Mutterkühen beginnen bei Weidehaltung mit dem Verzehr von Weideaufwuchs.

Bei dem **Ergänzungsfutter** handelt es sich um ein Mischfuttermittel mit besonderen Anforderungen an die Zusammensetzung. Dieses soll proteinreich (min. 18 % CP), schmackhaft und sehr gut verdaulich sein (max. 10 % CF und CA). Ergänzungsfutter können ab der 8. Woche *ad libitum* gefüttert werden. In dieser Zeit können sie etwa 500 g täglich aufnehmen. Die Vorlage von kleinen Portionen fördert die Aufnahme. Danach soll die Ergänzungsfutteraufnahme an die Heuaufnahme gekoppelt werden. Es soll die Umstellung des Verdauungssystems des Kalbes von der reinen Milchernährung hin zur Verdauung pflanzlicher Substrate und mikrobieller Fermentationsprodukte unterstützen. So kann die Auswahl des Getreides aufgrund der unterschiedlichen Beschaffenheit der Stärke sinnvoll sein. Haferstärke beispielsweise ist besonders gut verdaulich; auch Gerste wird gut vertragen. Eine hydrothermische Vorbehandlung von Komponenten, mit der Stärke teilweise aufgeschlossen wird, kann vorteilhaft sein. Pelletiert und in Müsliform wird das Futter besser aufgenommen als geschrotet oder mehlig. Körnerleguminosen und Extraktionsschrote, vorzugsweise Sojaextraktionsschrot, können als Proteinquellen eingesetzt werden. Weitere mögliche Komponenten von Ergänzungsfuttermitteln zeigt Tabelle 29.5. Bei Einsatz betriebseigen hergestellter Ergänzungsfuttermittel ist ein spezielles Mineralfuttermittel zu berücksichtigen. Mit den Energie- und Nährstoffgehalten orientiert man sich am angestrebten Absetzalter. Wenn im Alter von 2 Monaten abgesetzt werden soll, werden ME-Gehalte von mindestens 11,0 MJ ME pro kg Ergänzungsfutter und eine Aufnahme von etwa 1,5–2 kg Ergänzungsfutter benötigt, bei späterem Absetzen kann der ME-Gehalt niedriger sein (10,2–11,0 MJ ME pro kg). Die

CP-Gehalte im Ergänzungsfutter betragen etwa 20 %.

Ähnlich wie bei ausgewachsenen Rindern kann das feste Futter für das Aufzuchtkalb auch in Form einer **Gesamtmischration (total mixed ration, TMR)** vorgelegt werden. Da bei getrennter Vorlage Kälber – ähnlich wie Kühe – weniger Grobfutter aufnehmen, ermöglicht die Kälber-TMR eine gleichzeitige Aufnahme von Grobfutter und Kraftfutter. Die Vorbereitung einer Kälber-TMR verlangt einen Mischwagen für kleine Futtermengen, was für kleine Betrieben ein Hindernis ausmachen kann. Kälber-TMR wird aber häufig auch kommerziell angeboten. Anders als bei Kühen wird Kälber-TMR trocken angeboten. Die Kälber-TMR enthält fein gehäckselte, qualitativ hochwertige Grobfuttermittel, vorzugsweise Grasheu, aber auch Luzerneheu, und Kraftfutter. Der Grobfutteranteil soll zunächst mindestens 25 % (später am besten > 40 %) der Kälber-TMR ausmachen. Einige Untersuchungen weisen auf sehr niedrige pH-Werte im Pansen des Kalbes bei hohen Kraftfutteranteilen hin. Zunächst sollen die qualitativ hochwertigen Grobfutterkomponenten in 2–3 cm Partikelgröße gehäckselt werden. Melasse kann in kleinen Mengen (etwa 3–5 %) als Bindemittel eingesetzt werden. Auf eine Mineralisierung (etwa 4 % eines passenden vitaminisierten Kälbermineralfutters) ist zu achten. Der Kraftfutteranteil kann als letztes im Mischwagen zugesetzt werden. Eine gute Homogenität der TMR ist sehr wichtig, um Futterselektion zu meiden. Eine Kälber-TMR soll in der Frischmasse etwa 10,1–10,4 MJ ME und 18–19 % CP enthalten, die in der Praxis nur mit hochwertigen Einzelkomponenten zu erreichen sind. Kälber-TMR kann bereits ab der 1. Lebenswoche angeboten werden. Gegen Ende der Tränkeperiode können Aufnahmen von bis zu 2,5 kg Kälber-TMR pro Tier und Tag erzielt werden. Etwa 2–3 Wochen nach dem Abtränken kann langsam auf eine Jungrinderration umgestellt werden.

Zuvor wurde bereits angesprochen, dass es unterschiedliche Vorstellungen davon gibt, bei welchem Alter des Kalbes das Absetzen von der Milch abgeschlossen sein soll. Dementsprechend wird der Grad der Rationierung von Milch oder MAT bemessen, um das Kalb mehr oder weniger intensiv zum Verzehr von festem Futter zu bewegen. Nach dem *ad libitum* Angebot der Milch in den ersten 2–3 Lebenswochen wird die Tränkemenge auf etwa 6 l/d (2-mal am Tag portioniert) begrenzt. Bei kaltem Wetter, insbesondere bei Außenhaltung, ist ein zusätzlicher Bedarf zu berücksichtigen, sodass die Tränkemenge zu erhöhen ist. Bis zum endgültigen Absetzen mit einem Alter von frühestens 2 Monaten wird die Tränkemenge stufenweise reduziert. Die Kälber sollen dann 1,0–1,5 % der LM in Form von Kraftfutter pro Tag, in Ergänzung zum Grobfutter, aufnehmen.

Tab. 29.5 Komponenten für Kälberergänzungsfuttermittel, empfohlene maximale Einsatzgrenzen.

Komponente	**Einsatzgrenze (%)**	**Komponente**	**Einsatzgrenze (%)**
Getreide (Hafer, Gerste, Weizen)	50	Reisnachprodukte	20
Roggen	20	Mais	30
Sojaschalen	20	Molkenpulver (vereinzelt)	10
Sojaextraktionsschrot	25	Proteinhydrolysate	10
Sojaproteinisolate	15	Melasse	5
Futterfette (pflanzlich)	8	Trockenschnitzel	10
Leinsamenschrot	20	Leinkuchen	20
Weizenkleie	20	Mineralstoffvormischung	2–3
Luzerne-/ Grasgrünmehl	10		

Bei Verwendung von **Vollmilch** und einer Aufnahme von 6 l/d nimmt das Kalb knapp 18 MJ ME und etwa 200 g CP allein mit der Milch auf. Tageszunahmen von etwa 600 g sind hierbei möglich. Vollmilch muss körperwarm verabreicht werden. Alternativ kann sie nach Zusatz von organischen Säuren bzw. Vorfermentation auch als Kalttränke eingesetzt werden. Bei Verwendung von Vollmilch allein kann es zur Unterversorgung des Kalbes mit Spurenelementen und Vitaminen kommen. Es ist daher der Einsatz von Ergänzungsfuttermitteln zur Aufwertung der Tränke sinnvoll.
Nach der Kolostralmilchphase kann alternativ zur Vollmilch ein **MAT** eingesetzt werden. Dosierung und Einsatzmenge hängen von der Zusammensetzung des MAT ab. Bei einem Tränkevolumen von 8 l/d empfehlen sich Konzentrationen von 120 g MAT/l Wasser, bei einer Begrenzung des Tränkevolumens auf 6 l/d können bis 160 g MAT je Liter Wasser eingesetzt werden. In den ersten 4 Lebenswochen liegt die verzehrte MAT-Menge somit bei etwa 0,8–1,0 kg/d. MAT enthalten 18–22 % CP und 10–20 % EE. Der Lysingehalt des Proteins sollte mindestens 8 g pro 100 g CP ausmachen und der Gehalt an Methionin plus Cystein sollte 55 % des Lysingehalts betragen. Die MAT sollten so zusammengesetzt sein, dass auch der Bedarf an Spurenelementen und Vitaminen gedeckt ist. Empfohlene Gehalte sind in Tabelle 29.4 aufgeführt.
Magermilch- oder Molkenpulver sind bewährte **Komponenten im MAT**, wobei ein Mindestanteil an Magermilchpulver von etwa 30 % einzuhalten ist. Molkeprotein soll entmineralisiert und teilentzuckert sein, um Verdauungsstörungen zu vermeiden. Die Inhaltsstoffe sind hochverdaulich, das Protein weist ein günstiges Aminosäurenmuster auf. Zudem ist die darin enthaltene Lactose eine wichtige Energiequelle für das Kalb. Hydrolysate oder Isolate bestimmter pflanzlicher Proteine wie Soja können grundsätzlich eingesetzt werden, wenn sie eine hohe Verdaulichkeit aufweisen, jedoch nicht in den ersten 4 Lebenswochen. Fette sind zur Nachahmung der Milch zum Erreichen der notwendigen Energiegehalte separat zu ergänzen, wobei Fette tierischen Ursprungs nicht zulässig sind. Bei Fettgehalten von 10–20 % kommt auch den Fettquellen eine große Bedeutung zu. Palmkernöl und Kokosnussfett mit hohen Anteilen von kurz- und mittelkettigen Fettsäuren sind für das Kalb gut verdaulich und unter technologischen Aspekten von Vorteil.

29.1.3 Kälbermast

Die Kälbermast ist eine gesonderte Variante der Nutzung, bei der letztlich Kalbfleisch gewonnen wird. Sie erfolgt überwiegend mit männlichen Kälbern milchbetonter Rassen. Der Markt und die Erzeugungsbedingungen haben sich stark gewandelt. Die Tiere werden mit regionalen Unterschieden bei Erreichen einer LM von bis zu 260 kg geschlachtet und dürfen dann nicht älter als 8 Monate sein. Es werden Tageszunahmen von im Durchschnitt 1100–1200 g/d angestrebt. Die Kälbermast findet zum überwiegenden Teil in spezialisierten Betrieben statt, die integriert sind und spezifische Fütterungskonzepte verfolgen. Über das aktuelle Vorgehen in der Fütterung auf den Betrieben liegen keine detaillierten Informationen vor, sodass dieses Kapitel in Bezug auf die Fütterung und verwendeten Milchprodukte vage bleibt.
Verbraucherpräferenzen liegen bei hellem und fettarmem Fleisch. Insbesondere der Wunsch nach hellem Fleisch bringt es mit sich, dass die Ernährung mit MAT in der gesamten Mastperiode dominiert, weil sich dadurch die Fe-Versorgung sehr gut steuern lässt. Diese MAT-basierte Fütterung ermöglicht zudem eine Energie- und Nährstoffversorgung, aus der hohe Tageszunahmen resultieren. In der Kälbermast wird die Entwicklung des Vormagensystems nicht gezielt gefördert. Für ein Mindestangebot von Grobfutter gibt es jedoch gesetzliche Vorgaben aus der Tierschutz-Nutztierhaltungsverordnung, die einen freien Zugang der Kälber zu Grobfutter ab dem 8. Lebenstag festlegt. Es gibt jedoch auch Mischvarianten aus Kälber- und Jungrindermast (rosa Fleischfarbe), in denen bei Restriktion der MAT-Gabe mehr Grob- und Kraftfutter verwendet wird, mit besonderer Beachtung der Fe-Gehalte in den Futtermitteln. Der Markt ist dabei flexibel und regional unterschiedlich ausgerichtet.

29.1.3.1 Energie- und Nährstoffbedarf

Milchmastkälber werden, da sie Monogastrier bleiben sollen, ausschließlich oder weit überwiegend mit Milchersatz ernährt.

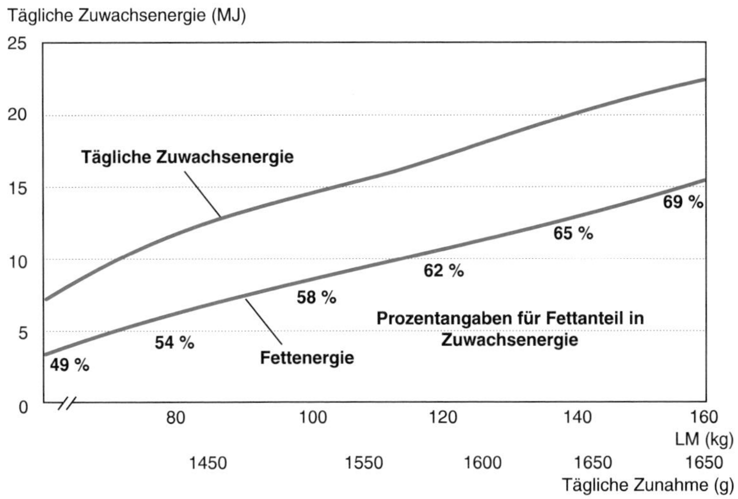

Abb. 29.3
Relativer Anteil der Fettenergie an der Zuwachsenergie beim Kalb.

Energie

Die Ableitung des Energiebedarfs folgt demselben faktoriellen Vorgehen wie bei der Kälberaufzucht. Zuschläge auf den Erhaltungsbedarf, z. B. für Bewegungsaktivität, können allerdings geringer ausfallen. Ein Unterschied zur Kälberaufzucht ist zudem, dass der Fettanteil im Zuwachs der Mastkälber mit zunehmender LM stärker ansteigt. Dies hat wegen des hohen Energiegehalts des Körperfetts Auswirkungen auf den Energieansatz der Tiere und damit auf den Bedarf an ME (→ Abb. 29.3). Es bleibt anzumerken, dass es keine aktuellen Daten zur chemischen Körperzusammensetzung gibt. Diese Ausführungen beruhen daher auf älteren Daten und decken den hinteren Mastabschnitt in der deutlich länger gewordenen Mastperiode nicht mit gleicher Aussagegenauigkeit ab. Im LM-Abschnitt von 60 kg bis etwa 170 kg LM verdreifacht sich der Energiegehalt des täglichen LM-Zuwachses. Wegen dieser deutlichen Veränderungen im Fett/Protein-Verhältnis lässt sich die Verwertung der ME für den Energieansatz nur bedingt durch die Verwendung eines Teilwirkungsgrades für den Gesamtansatz (k_{pf}) von 0,7 ermitteln. Die Verwendung von Werten spezifisch für Fett- und Proteinenergieansatz (k_f und k_p) wäre sinnvoller. Sie liegen im Bereich von 0,85 für k_f und 0,45 für k_p.

Näherungsweise lässt sich der Bedarf an ME im LM-Bereich von 60–180 kg wie folgt schätzen:

Bedarf an ME (MJ/d) = $0{,}46 \cdot \text{kg LM}^{0{,}75}$ + LM-Zuwachs (kg/d) · (2,58 + 0,08 · kg LM)

In der Tabelle 29.6. sind so abgeleitete Empfehlungen zur täglichen Versorgung mit ME gezeigt.

Tab. 29.6
Orientierungswerte für die tägliche Versorgung in der Kälbermast.

Zunahme (g/d)	LM (kg)				
	50	100	150	200	250
			ME (MJ)		
600	13	21	28	36	42
800	14	23	31	39	47
1000	15	25	34	43	52
1200	17	27	37	47	56
1400	18	29	40	50	61
1600	19	31	43	54	65
			CP (g)		
600	219	251	281	300	319
800	275	308	337	354	369
1000	331	364	394	407	420
1200	388	420	450	460	470
1400	444	476	506	514	520
1600	500	533	563	567	571

Rohprotein

Auch hier ist das Vorgehen zur Ableitung des Bedarfes wie für die Kälberaufzucht. Der **Proteingehalt** im Zuwachs liegt im LM-Bereich von 60 bis 160 kg LM bei etwa 190 g pro kg Zuwachs. Der Proteinansatz steigt somit mit zunehmenden Tageszunahmen an. Die Verwertung der verdauten Aminosäuren zur Deckung des Nettobedarfs an Protein beträgt 75 % und ist relativ konstant, da die Ernährung über weitgehend standardisierte MAT erfolgt. Für die Verdaulichkeit des Rohproteins wird bei Ernährung mit MAT ein Wert von 90 % unterstellt. Ergänzend ist auf die Versorgung mit einzelnen Aminosäuren zu achten. Im Protein des MAT sollte der Gehalt an Lysin mindestens 9 g/100 g betragen. Der Gehalt an Methionin plus Cystein sollte 55 % des Lysingehalts erreichen.

Mineralstoffe und Vitamine

Das Vorgehen bei der Ableitung des Bedarfs entspricht dem für Aufzuchtkälber. Die Verwertbarkeit der Mengenelemente in Magermilchpulver-basierten MAT ist hoch. Die Versorgung mit Ca und P ist durch die hohen Gehalte in der Milch und deren hohe Verwertbarkeit bei solchen MAT gesichert. Die Na- und insbesondere K-Gehalte können höher sein als vom Tier benötigt, was unproblematisch ist, wenn die Kälber den notwendigen freien Zugang zu Tränkwasser haben.

Die **Eisen**versorgung des Mastkalbes erfordert besondere Aufmerksamkeit als Reaktion auf den Wunsch der Verbraucher nach hellem Fleisch. Diesem Wunsch kommt man entgegen, indem der Fe-Gehalt im MAT möglichst niedrig eingestellt wird, allerdings ohne dass die Gesundheit des Tieres eingeschränkt wird. Zu beachten ist, dass die Tierschutz-Nutztierhaltungsverordnung einen Mindestgehalt an Fe von 30 mg/kg MAT beim Einsatz bis zu 70 kg LM vorschreibt. Für die Zeit danach gibt es keine Festlegung zu Mindestgehalten im MAT; allerdings ist die Fe-Versorgung so zu bemessen, dass der Hämoglobingehalt im Blut der Kälber mindestens 6 mmol/l beträgt.

Die **Vitamin-E**-Zufuhr sollte auf die Menge und Zusammensetzung des Futterfetts ausgerichtet werden. Meist muss zusätzlich ein Antioxidans eingesetzt werden. Die häufig vorgesehenen 20 mg α-Tocopherol können als Mindestwert nur genügen, wenn begrenzte Fettmengen mit wenig ungesättigten Fettsäuren vorliegen.

29.1.3.2 Fütterung

Die Kälbermast erfolgt überwiegend mit Einsatz von MAT oder Milchersatzprodukten mit betriebseigener Mischung von Einzel- und Mischfuttermitteln. Ergänzend werden Grob- und Kraftfuttermittel vorgelegt. In den spezialisierten Betrieben werden die 1–2 Wochen alten Kälber zugekauft und zunächst zur Minderung eines Durchfallrisikos mit Elektrolytlösung bei nur geringer MAT-Gabe und freiem Zugang zu Tränkwasser versorgt. Die MAT-Mengen werden dann ab dem 2. Tag kontinuierlich gesteigert.

Falls MAT eingesetzt werden, sollten sie im Verlaufe der Mast **unterschiedlich zusammengesetzt** sein. Aufgrund der veränderten Relation von Protein- und Fettansatz steigt der ME-Bedarf der Kälber mit zunehmender LM stärker an als der Bedarf an CP, Aminosäuren und Mengenelementen. Dementsprechend können die CP-Gehalte in den mittleren und späten Mastabschnitten gesenkt werden. Zur Praxis des Flüssigfuttereinsatzes sind kaum Informationen zugänglich. Beispielhaft ist in der Tabelle 29.7 gezeigt, welche Anforderungen an MAT für die Kälbermast zugrunde gelegt werden können. Wird die Mast mit Endgewichten von 250 kg oder mehr durchgeführt, soll-

Tab. 29.7
Beispiele für die Zusammensetzung von Milchaustauschern für die Kälbermast (pro Kilogramm).

	Mastbeginn	Ab ca. 100 kg LM
Rohprotein min. (g)	220	170
Lysin min. (g)	18	13
Rohfett (g)	120–300	150–300
Rohasche max. (g)	100	100
Ca (g)	10	9
P (g)	6	6
Na (g)	4	4
Mg (g)	1	1
Cu (mg)	10	10
Vitamin A min. (IE)	10000	8000
Vitamin D min. (IE)	1000	800
Vitamin E min. (mg)	20	20

te sie in mehr als zwei Phasen mit entsprechend angepassten Inhaltsstoffen unterteilt sein, damit eine bedarfsorientierte Versorgung erfolgen kann und Überschüsse in der Versorgung vermindert werden können.

Tabelle 29.8 zeigt beispielhaft einen **Tränkeplan** für die Kälbermast für hohe Zunahmen. Die Gesamtflüssigkeitsaufnahmekapazität des Mastkalbes kann limitierend wirken. In dem beschriebenen Tränkeplan wird bereits mit 90 kg LM eine Menge von 10 l erreicht. Bei ggf. limitierter Flüssigkeitsaufnahme sind also die Konzentrationen an MAT in der Tränke anzupassen.

Das Angebot von Grobfuttermitteln für Kälber ab Ende der ersten Lebenswoche ist gesetzlich vorgeschrieben. Neben der Beeinflussung der Vormagenentwicklung unterstützt ein Zugang zu Grobfutter die Vermeidung des gegenseitigen Besaugens der Kälber und der Ausbildung von Trichobezoaren (Haarbällchen) im Pansen. Eine ausreichende Schichtung der Faserfraktionen im Pansen und eine wirkliche Stimulation der Pansentätigkeit kann durch die geringen Mengen an Grobfutter, bei denen es ohne Restriktion des Flüssigfutters bleibt, nicht erreicht werden. Ob die Grobfuttergabe an Tiere, die eigentlich Nichtwiederkäuer sind, Störungen des Schlundrinnenreflexes fördern kann, ist ungeklärt.

Die mittlerweile recht lange Kälbermast geht mit Gaben von Kraftfuttermitteln mit geringen Fe-Gehalten einher. Ohne eine angemessene Vormagenentwicklung und die gleichzeitige Aufnahme strukturwirksamer Grobfuttermittel kommt es zu Pansenacidose und einem vermehrten Fluss unvollständig fermentierten Materials in den Labmagen und folgende Abschnitte des Verdauungstraktes. Als Folge können Labmagenentzündungen, Geschwüre, intensive Fermentation in den hinteren Abschnitten des Verdauungstraktes und Durchfälle auftreten. Hohe Kraftfuttermengen ohne eine insgesamt wiederkäuergerechte Ration sind daher nicht zu empfehlen.

Die **Schlachtkörperfettqualiät** ist durch Nahrungsfette direkt beeinflussbar. Zu hohe Anteile an ungesättigten Fettsäuren mindern die Festigkeit des Fleisches. Milchmastkälber reagieren auf Unterschiede im Fettsäurenmuster des Futters deutlicher und direkter als Tiere mit aktivem Pansenstoffwechsel. Langkettige ungesättigte Fettsäuren und Abbauprodukte der mehrfach ungesättigten Fettsäuren sind als negative Faktoren des Fleischgeschmacks bekannt. Eine gute Fettqualität, kurze Lagerungszeiten des Futters, Begrenzung des Gehaltes ungesättigter Fettsäuren im Futter und ausreichende Vitamin-E-Gehalte (20–40 mg/kg MAT) unterstützen die Einhaltung der Fettqualität; für eine verbesserte Lagerfähigkeit des Fettes sind sogar höhere Vitamin-E-Gehalte zu empfehlen. Als **Fettfarbe** wird ein weißes, helles Fett gewünscht, was die Auswahlmöglichkeiten bei den eingesetzten Fetten im MAT einschränkt.

Tab. 29.8
Beispiel für einen Tränkeplan für Mastkälber (Konzentrationen im MAT zu Beginn: 24 % CP, 20 MJ ME/kg, ab 120 kg LM: 18 % CP, 20 MJ ME/kg).

LM (kg)	Zunahme (g/d)	MAT (kg/d)	MAT (%)	Flüssigkeit (kg) (ca.)
60	1000	1	16	6,5
80	1450	1,6	18	9,0
100	1550	1,9	18	10,5
120	1600	2,2	20	11,0
140	1650	2,55	22	11,6
160	1650	2,85	23	12,4

29.1.4 Fütterungsbeeinflusste Gesundheitsstörungen

Durchfälle als Folge von Fehlern in Haltung oder Fütterung

Fehler, die zu Verdauungsstörungen des Kalbes führen, können bereits bei der Ernährung des Muttertieres gemacht werden. Haltungs- und Fütterungsfehler können die Menge und Spezifität der Immunglobuline im Kolostrum beeinträchtigen. Die Aspekte genügender stallspezifischer Immunität sind zu beachten durch ausreichenden Kontakt zur stallspezifischen Keimumwelt.

Die Bildung des Kolostrums setzt eine Trockenstehzeit voraus, ein sogenanntes Durchmelken ist unter diesem Gesichtspunkt nicht förderlich. Fehlerhafte Fütterung vor der Kalbung betrifft vor allem die Menge und Qualität des Kolostrums. Auch in der Extensivrinderhaltung kann zu knappe Nährstoffversorgung Ursache für quantitativ und qualitativ unzureichendes Kolostrum sein. So reagieren die Gehalte an Fett, Eiweiß, vor allem aber an den Vitaminen E, A und D auf die Fütterung.

Direkt nach der Geburt benötigen Kälber eine frühzeitige Energiezufuhr und eine „energiesparende“, ausreichend warme Umgebung. Anders als für das Muttertier, liegt die Optimaltemperatur für neugeborene Kälber deutlich höher. Die geringen Reserven an braunem Fett (zur zitterfreien Thermogenese) und an Muskelglykogen sind anderenfalls schnell verbraucht. In den ersten Lebenstagen zu kühl und feucht gehaltene Kälber verlieren bei geringer Milchaufnahme ggf. schnell an Vitalität und Abwehrkraft.

Kälberverluste sind vorrangig Folge von Atemwegserkrankungen und Durchfällen. Fütterungsfehler wirken sich zunächst auf den Magen-Darm-Trakt aus, Durchfälle sind die Folge. Bei längerer Dauer schwächen sie den Organismus schnell und nachhaltig (Wasserverlust, allgemeine Schwäche). Atemwegserkrankungen treten dann oft als Sekundärerkrankungen mit Beteiligung stallspezifischer Infektionserreger auf.

Der Ersatz verfügbarer Energie und der Elektrolyte (Na, Cl, K) ist in der Situation länger anhaltenden Durchfalls essenziell. 10–30 g Glucose und je 2 g NaCl, KCl, Bicarbonat und Kaliumhydrogenphosphat werden pro Liter Flüssigkeit verabreicht. Milchersatzpräparate mit schleimbildenden Stoffen sowie Proteinträger nicht laktogener Herkunft können dazu beigetragen, stoffabhängige Unverträglichkeiten zu vermeiden. Diesbezügliche Spezialpräparate sind im Handel verfügbar.

Sensible Bereiche bei Milchaustauscherfütterung

Folgende Probleme sind zu vermeiden bzw. im Falle eines Mangels zu beseitigen:

- Rations- und Hygienemängel: Verwendung ansaurer Milch, Einsatz von verpilztem, verkeimtem MAT oder verschmutzte Tränkevorrichtung, Verabreichung schwerverdaulicher Stärke in zu großer Menge, Einsatz von ungeeignetem Eiweiß mit schlechten Labfällungseigenschaften,
- Futterunverträglichkeiten (Nitrat, Lectine, Na- und K-Überschuss), Verdaulichkeitsmängel (Stärke, Protein), Futterallergien, schädliche Inhaltsstoffe,
- unregelmäßige Fütterungszeiten und lange Futterkarenzzeiten,
- unkontrollierte Variation der Futtermengendosierung,
- unzureichende Anmischqualität, dadurch Klumpenbildung,
- zu niedrige Tränketemperatur, Abkühlung z. B. bei zögerlicher Milchaufnahme,
- Dosierfehler, überhöhte Konzentration von MAT oder Fett, Überfütterung,
- Wasserversorgungsprobleme, insbesondere bei Na- und K-reichem MAT. Molkeprodukte sind besonders K-reich. Na-Intoxikation von Mastkälbern bei hohen Na- und K-Gehalten in der Tränke können immer dann auftreten, wenn die Na-Konzentration im Milchaustauscher in der DM bei mehr als 6 g/kg liegt, die K-Gehalte entsprechend groß sind und gleichzeitig die verfügbare Flüssigkeitsmenge limitiert ist.

Ungünstig ist das **Abschlucken von Milch** und Milchaustauschersediment in den Pansen, was bei Störung oder Ausbleiben des Schlundrinnenreflexes auftreten kann. Ursachen sind Stress, Überfütterung oder Entmischung der Tränke. Es bilden sich käsige, klumpige, fermentierende Milchreste im Pansen, die Säure und Gas bilden und den pH-Wert senken. Zudem stören sie auch die Verdauung im Dünn- und Dickdarm.

Gaben von Heu und anderer qualitativ hochwertiger Grobfuttermittel werden von den überwiegend noch monogastrischen Kälbern gut toleriert. Eine monogastrisch orientierte Verdauung, die nach der Schlundrinnenpassage mit der peptolytischen Labmagenverdauung einsetzt und ein Wiederkäuersystem, das auf einer normalen Pansenfermentation beruht, bestehen in der Kälberaufzucht zeitweise parallel. Letzteres ist in der Mastkälberfütterung gering entwickelt und gegenüber Störungen empfindlich. Mechanische Reizungen der Schleimhäute von Pansen und Labmagen, bedingt durch harte Fasern und Trichobezoare, können vereinzelt auch Verdauungsstörungen wie beispielsweise Motilitätsstörungen verursachen.

Spurenelementmangel

Trotz sorgfältiger Überprüfung der Tränke kommt es bei Kälbern häufig zu Spurenelementmangel. Das ist damit begründet, dass Vollmilch sehr arm an den Spurelementen Fe, Cu und Se ist. Wenn die

Leberreserven gering sind und die Versorgung über Kolostrum unzureichend ist, kann es auch bei einer *ad libitum* Vollmilchtränke zu einem Mangel beim neugeborenen Kalb kommen. Ein Fe-Mangel wurde oben bereits angesprochen. Hier soll der **Se-Mangel** beispielhaft für Spurenelementmangel näher erläutert werden. Bei Kälbern führt ein Se-Mangel zu Neugeborenenmyodystrophie (Trinkschwäche direkt nach der Geburt), paralysierender Myoglobinurie und enzootischer Myodystrophie **(Weißmuskelkrankheit)**, die sowohl in kardiorespiratorischer Form als auch in Skelettmuskelform ausgedrückt wird. Somit verursacht ein Se-Mangel große Schäden bei Kälbern. Neueste Untersuchungen weisen auf Se-Mangel bei Kälbern in Deutschland (28 % der untersuchten Kälber wiesen ein Se-Gehalt < 50 mg/l auf), Österreich (36 %) und in der Schweiz (47 %) hin. Dieser Se-Mangel ist sowohl regional (Vollmilch und grasbetonte Fütterung) als auch saisonal (in Sommermonaten mehr) ausgeprägt. Die hohe Inzidenz weist auf die Notwendigkeit der Se-Supplementierung sowohl bei Kühen als auch bei Kälbern hin. Sinnvoller ist dabei die Supplementierung der Vorbereitungsration der tragenden Kuh, sodass am Ende der Trächtigkeit eine Aufnahme von etwa 3 mg Se pro Tag gesichert ist. Wie oben beschrieben, sind gängige Futtermittel Se-arm und der Rückgang der DMI der Kuh am Ende der Trächtigkeit kann ein Se-Unterversorgung bei der Kuh verschärfen. Das Mineralfutter ist auf den Se-Gehalt und die tägliche Aufnahme zu überprüfen. Bei kleinen Betrieben, Weidekühen und Kälbern kann die Verabreichung von Se-Boli eine Alternative sein, falls die Vorlage des Mineralfutters nicht möglich ist. Bei erkrankten Kälbern ist neben der Supplementierung eine Injektion von Se-Präparaten/Vitamin E notwendig (pro 50 kg Kalb: 5 mg Selen, 250 mg Vitamin E).

29.2 Jungrinder für die Nachzucht

Unter Aufzuchtrindern versteht man die weibliche und männliche Nachzucht mit einer LM ab etwa 150 kg bis zum Erreichen des Reproduktionsalters bzw. Erstkalbealters bei der weiblichen Nachzucht. Die Futterkosten für die Nachzucht beeinflussen die Wirtschaftlichkeit der Milchviehbetriebe erheblich. Durch den gezielten Einsatz von betriebseigenen Futterressourcen zur Erzielung einer angemessenen LM-Entwicklung ist es möglich, die Kosten zu senken. Bedingt durch eine relativ hohe Remontierungsrate und hohe Produktionskosten in der Milchviehhaltung wurde in den letzten Jahren eine Reduzierung des Erstkalbealters angestrebt. Hauptziel in der Fütterung von Aufzuchtrindern ist somit die Unterstützung eines angemessenen Wachstums, sodass Färsen (geschlechtsreife weibliche Rinder vor der ersten Kalbung) in einem Alter von etwa 14–15 Monaten den nötigen Körperrahmen und die LM für die Erstbesamung erreichen. Die Versorgung mit adäquaten Mengen an Energie und Nährstoffen in unterschiedlichen Wachstumsphasen des Aufzuchtrindes und insbesondere am Ende der ersten Trächtigkeit nimmt dabei eine wichtige Rolle ein.

29.2.1 Tiergerechte Ernährung

Färsen und Zuchtbullen sollen bei ausreichend früher Zuchtreife gesund, fruchtbar und langlebig sein. Die Aufzuchtintensität und die LM-Zunahmen sind so einzustellen, dass – rassenabhängig – die erwünschte LM erreicht wird. Neben der Entwicklung von Skelett, Muskeln und Reproduktionsorganen muss das Erreichen und Aufrechterhalten von einem optimalen Körperahmen und einer optimalen Körperkondition sowie die Euterdrüsenentwicklung beim Erstabkalben sichergestellt werden. Das Erreichen einer guten Körperkondition bei Erstkalbinnen ist wichtig, um Stoffwechselstörungen nach der Kalbung vorzubeugen. Da sich sowohl zu niedrige als auch zu hohe LM-Zunahmen negativ auf Entwicklung, Leistung, Gesundheit und Langlebigkeit auswirken, sind mittlere Aufzuchtintensitäten die Basis für eine tiergerechte Ernährung des Aufzuchtrindes. Die angestrebte LM bei der Erstbesamung, kurz vor und unmittelbar nach der Abkalbung ist etwa 60 % bzw. 94 und 85 % der LM des ausgewachsenen Tieres (ALM). Eine langsamere Jugendentwicklung wirkt nachteilig auf Leistungsfähigkeit, Fruchtbarkeit und Zuwachs. Besonders Weiderinder zeigen bei mäßigem Witterungsverlauf und geringem Grasaufwuchs zu geringen Zuwachs. Bei untergewichtigen Tieren kommt es zu Stillbrünstigkeit und Fruchtresorption, sie gebären kleine Kälber und zeigen geringe Milcheinsatzleistungen. Auch das sogenannte kompensatorische Wachstum kann unter solchen Bedingungen nur begrenzt stattfinden, da ein hoher LM-Zuwachs nach längerfristig restriktiver Fütterung eine frühzeitige Verfettung fördert. Von einem kompensatorischen Wachstum können geringgradig restriktiv gefütterte Färsen bei Beschleunigung von Pubertät, Einsetzen von Östrus oder später am Ende der Trächtigkeit bei der Euterentwicklung profitieren.

Eine zu hohe Aufzuchtintensität in der ersten Wachstumsphase (Präpubertät, zwischen dem 3. und 10. Lebensmonat) und insbesondere in der zweiten Wachstumsphase (ab dem 3. Monat nach der Besamung) führt zu:

- Euterverfettung, verbunden mit einem geringeren Milchleistungspotenzial,
- frühem Einsetzen der Brunst, ggf. gefolgt von erhöhter Frequenz von Eierstockzysten; diese Zusammenhänge sind jedoch unklar,
- starker Verfettung mit Geburtsschwierigkeiten bei Erstkalbinnen (in der Mutterkuhhaltung besonders gefürchtet, da hier geburtshilfliche Maßnahmen schwierig sind). Diese erhöht außerdem das Risiko für das Auftreten von Stoffwechselerkrankungen nach der Kalbung.

Fälle von Epiphyseolysis (Abtrennung der Epiphysenfugenzone vom Knochenschaft) und auch Haltungsschäden als Begleiterscheinung zu intensiver Energiezufuhr in der Aufzucht wurden vor allem bei großwüchsigen, genetisch disponierten Fleischrinderrassen beobachtet.

Die Zusammenhänge zwischen Aufzuchtintensität, späterer Leistung, Langlebigkeit und Tiergesundheit werden kontrovers diskutiert. Forschungsprojekte hierzu liegen wegen der Langfristigkeit der Untersuchungen bislang nicht in ausreichendem Maße vor, werden aber weiterhin durchgeführt. Hierbei wird zunehmend deutlich, wie wichtig die Betrachtung der gesamten Aufzucht (beginnend nach der Geburt) bis weit in die produktive Phase als Milchkuh hinein ist, damit mögliche Zielkonflikte zwischen Aufzuchtintensität, Leistungserbringung und Erhalt der Tiergesundheit vermieden werden können.

Färsen von Rassen mit relativ hohem Wachstumspotenzial sollen im Alter von 12 Monaten 50 %, mit 15 Monaten 60–65 % und mit 24 Monaten 80–85 % ihrer ALM erreichen. Um Färsen in einem Alter von 14–15 Monaten mit 60–65 % der ALM besamen zu können, müssen sie in einem Alter von 12–13 Monaten bereits die Pubertät erreicht haben, damit genug Zeit für die erfolgreiche Besamung bleibt. Die ALM ist individuell verschieden und abhängig von der Rasse und damit nicht einfach vorherzusagen. Die Einbeziehung des geschätzten Zuchtwertes ist eine Möglichkeit, die ALM der Färsen zu schätzen.

In der Abbildung 29.4 sind modellhaft die notwendigen Tageszunahmen in unterschiedlichen Wachstumsphasen dargestellt, um bestimmte Erstbesamungsalter bzw. -gewichte zu erreichen. Sowohl ein zu hohes als auch ein zu geringes Wachstum sollen vermieden werden. Wird dies grundsätzlich berücksichtigt, zeigt die Abbildung 29.4, dass die erforderliche Wachstumsrate vom angestrebten Erstkalbealter und der LM bei der Kalbung abhängig ist. Beispielsweise sind bei 650 kg ALM in der ersten Jahreshälfte des ersten Aufzuchtjahres tägliche LM-Zunahmen um 850 g und in der zweiten von etwa 700 g anzustreben, damit Färsen mit 15 Monaten 60–65 % des ALM und damit das Erstbesamungsalter erreichen. Im zweiten Jahr reichen 500–550 g LM-Zuwachs pro Tag (plus Fötus) aus. Mit knapp 24 Monaten Erstkalbealter werden damit etwa 550 kg LM erreicht.

Färsen benötigen am Ende der Trächtigkeit besondere Aufmerksamkeit in der Fütterung. Dabei gilt es, zusätzlich zum erhöhten Bedarf an Energie und Nährstoffen für Reproduktion und Wachstum des Tieres, auch das Vormagensystem auf die Änderungen vorzubereiten, die mit der bald einsetzenden Laktation einhergehen. Letzteres ist vor allem in Hinblick auf die Strukturversorgung und die fermentierbaren Kohlenhydrate zu beachten. Es ist außerdem bekannt, dass die Färsen eine geringere DMI sowie ein ungünstigeres Futteraufnahmeverhalten im Vergleich zu trächtigen multiparen Kühen zeigen. Daher ist im Rahmen einer tiergerechten Fütterung auch auf einen adäquaten Fressplatzzugang für Erstkalbinnen zu achten.

Der Förderung der **Pansenentwicklung** kommt eine besondere Rolle zu. Sowohl Größe als auch Morphologie müssen sich noch entwickeln, da die Pansenzotten noch wachsen und ihre volle Funktionsfähigkeit ausbilden. Je besser dieser Prozess

Abb. 29.4
Angestrebte Tageszunahmen von Aufzuchtfärsen in Abhängigkeit von den zu erzielenden Erstbesamungs- und Abkalbealtern bei Milchrassen

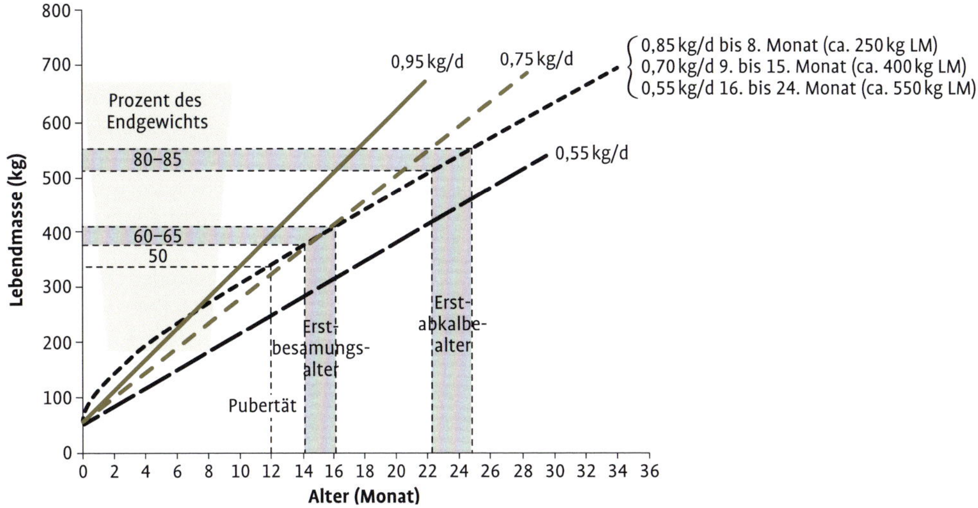

Tab. 29.9
Täglicher Ansatz von Protein und Fett sowie Energie bei Aufzuchtrindern von 250 kg und 450 kg LM (Bsp. Schwarzbunte).

Zunahme (g/d)	Protein[1]		Fett		Energie	
		+ 50 kg LM		+ 50 kg LM		+ 50 kg LM
	(g/d)	(g/d)	(g/d)	(g/d)	(MJ/d)	(MJ/d)
Bei 250 kg LM						
400	66	+ 1	47	+ 11	3,32	+ 0,41
500	80	+ 2	63	+ 17	4,27	+ 0,60
600	93	+ 3	83	+ 23	5,35	+ 0,81
700	106	+ 4	105	+ 32	6,52	+ 1,13
800	117	+ 6	130	+ 40	7,71	+ 1,38
Bei 450 kg LM						
400	61	+ 2	96	+ 15	5,12	+ 0,55
500	71	+ 4	136	+ 23	6,88	+ 0,80
600	78	+ 5	184	+ 30	8,95	+ 1,08
700	85	+ 7	238	+ 41	11,23	+ 1,43
800	89	+ 9	299	+ 50	13,67	+ 1,76

1 Der Proteinansatz von Beginn der Aufzucht (mit 150 kg LM) bis etwa 250 kg LM ist nur geringfügig höher als die für 250 kg angegebenen Werte. Er sinkt mit steigender LM nur mäßig ab. Diese Beziehung ist nicht linear und dabei von der Ansatzhöhe und Ansatzqualität der jeweiligen Rassen und z. B. auch von der Intensität der Kälberzucht abhängig. Näherungsweise lassen die Angaben für 50 kg-Stufen eine ausreichend genaue Berechnung des Ansatzes für steigende Lebendmassen zu. Danach werden bei 350 kg LM und 600 g täglicher Zunahme zusätzlich 6 g insgesamt also 99 g Protein angesetzt. Der Fettansatz ist stärker von Lebendgewicht und täglicher Zunahmehöhe abhängig. Bei 500 kg LM und 600 g Zunahme werden also beispielsweise 184 + 30 g = 214 g Fett täglich angesetzt. Energieansatz ist entsprechend zu berechnen.

abläuft, desto höher ist die Aufnahme von Grobfutter. Beim Absetzen nehmen Aufzuchtkälber in der Regel relativ geringe Mengen an faserreichen Futtermitteln, vornehmlich Heu oder strukturarme Heu-TMR, und hauptsächlich Kraftfutter auf. Somit sind Aufzuchtkälber eher an Kraftfutter und Heufütterung mit wenig Strukturfutter adaptiert. Dies steht einer normalen morphologischen Entwicklung des Pansens entgegen. Daher ist es nötig, bald nach dem Absetzen vermehrt Grobfuttermittel zu füttern. Eine mögliche Strategie ist die Fütterung einer TMR mit einwandfreien Grobfuttermitteln, um Aufzuchtkälber an die Aufnahme von Grobfutter zu gewöhnen, wobei eine langsame Adaptation an die TMR über 3–4 Wochen erforderlich ist.

29.2.2 Energie- und Nährstoffbedarf

Für die Bedarfsableitung ist der Nährstoffansatz des Tieres von vorrangiger Bedeutung. Der Protein- und Fettansatz von Aufzuchtrindern ist rassenabhängig (Holstein haben ein niedrigeres Proteinansatzpotenzial als z. B. Fleckvieh). Mit steigender LM steigt jedoch grundsätzlich der Fettanteil am Gesamtansatz. In Tabelle 29.9 sind die Ansatzwerte bei 250 kg und 450 kg LM für verschiedene Zunahmen aufgeführt.

Energie

Der **Erhaltungsbedarf** des wachsenden Rindes dient der Aufrechterhaltung sämtlicher Körperfunktionen im energetischen Gleichgewicht des Körpers und enthält zudem Zuschläge für Bewegung (Weide, Laufstall) oder ungünstige Umgebungstemperaturen. Er kann zudem von der Rasse (Haarkleid, Fettabdeckung) abhängig sein. Der Bedarf wird in ME angegeben und entspricht – bezogen auf die metabolische Körpergröße – dem Erhaltungsbedarf für Aufzuchtkälber:

$$\text{Erhaltungsbedarf Jungrinder (MJ/d)} = 0{,}53\,\text{MJ ME je kg LM}^{0{,}75}$$

So beträgt der Erhaltungsbedarf bei 250 kg LM 33 MJ ME/d und bei 500 kg LM 56 MJ ME/d.

Der Schätzwert für den Erhaltungsbedarf der Jungrinder liegt etwas höher als der für Milchkühe. Hierdurch wird der höheren Bewegungsaktivität jüngerer Tiere Rechnung getragen.

Der ME-Bedarf für das Wachstum ergibt sich aus dem Ansatz des Tieres an Energie in Form von Protein und Fett sowie dem Teilwirkungsgrad (k) der ME für den Energieansatz. Die in Tabelle 29.9 dargestellten Orientierungswerte für den täglichen Protein- und Fettansatz basieren auf Daten von Schwarzbunten, sollten jedoch auch bei derzeitigen Rassen noch gültig sein. Der Fettansatz steigt mit zunehmender LM kontinuierlich an und macht den weit überwiegenden Anteil am

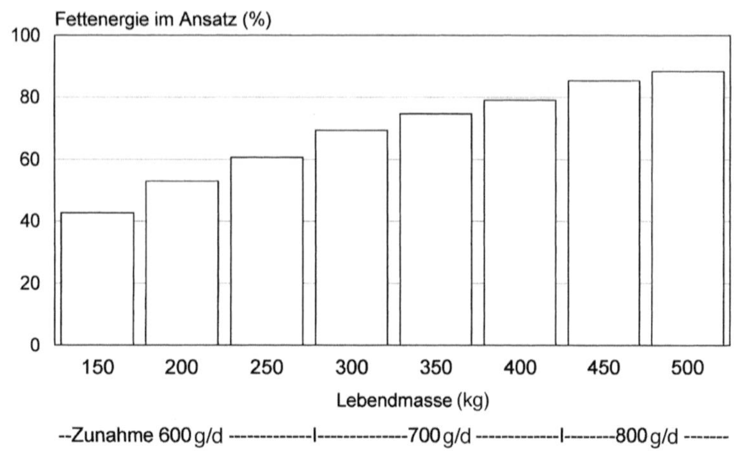

Abb. 29.5 Fettenergie im Zuwachs von Aufzuchtrindern bei üblichen Zunahmen.

gesamten Energieansatz aus, wie auch die Abbildung 29.5 zeigt.

Als Teilwirkungsgrad wird beim wachsenden Jungrind k_{pf} = 0,4 verwendet, unabhängig von der Veränderung in der Körperzusammensetzung im Verlaufe des Wachstums. In der Tabelle 29.10 sind Angaben zum Gesamtbedarf an ME (Erhaltung plus Wachstum) für verschiedene Kombinationen aus LM und täglicher LM-Zunahme zusammengestellt.

Für die praktische Anwendung, wo Protein- und Fettansatz nicht genau bekannt sind, kann der ME-Bedarf von weiblichen Jungrindern näherungsweise mit der folgenden Formel berechnet werden:

$$\text{ME-Bedarf (MJ/d)} = 0{,}53 \cdot \text{kg LM}^{0{,}75} + \text{LM (kg)} \\ [(0{,}125 \cdot \text{LM-Zunahme [kg/d]}) - 0{,}022]$$

Diese Formel unterschätzt den Bedarf in niedrigen LM-Bereichen und bei mäßigen LM-Zunahmen geringfügig. Bei sehr guter Grobfutterqualität (hohe Umsetzbarkeit der ME) und guten Zuwachsleistungen kann ein Abschlag vom so errechneten ME-Bedarf von 5–10 % vorgenommen werden. Wegen der relativ geringen Wachstumsintensität der Färsen ist der Anteil des Erhaltungsbedarfs hoch und beträgt im Durchschnitt der Färsenaufzucht etwa 70 % der insgesamt aufgewendeten ME.

Zwischen dem 3. und 10. Monat findet das erste allometrische Wachstum statt. Dabei wächst das Eutergewebe relativ stärker als der restliche Körper. Eine Energieüberversorgung mit einem folglich sehr schnellen Wachstum (mehr als 1 kg pro Tag) muss in dieser Phase vermieden werden, um einer Euterverfettung vorzubeugen. Nach dem 3. Trächtigkeitsmonat setzt das zweite allometrische Wachstum ein. Das Erreichen von Wachstumsraten von 500–600 g/d (plus Fötus) sind in dieser Phase mit betriebseigenen Grobfuttermitteln leicht zu erreichen. Ein *ad libitum* Futterangebot bei hohen Energiegehalten des Grobfutters (z. B. Maissilage oder Grassilage 1. Schnitt) kann zu einer Verfettung führen. Eine restriktive Fütterung ist daher eine Möglichkeit zur Steuerung des Wachstums von Aufzuchtrindern. Neue Forschungsergebnisse lassen eine verbesserte Futterverwertungseffizienz restriktiv gefütterter Färsen ohne Nachteile für das Pansenvolumen sowie Reproduktions- und Produktionskenndaten erkennen, wenn die Restriktion bis zu 80 % der *ad libitum* Aufnahme beträgt. Eine restriktive Fütterung stellt allerdings erhöhte Anforderungen an das Management, weil ohne Sättigung vermehrte Unruhe in der Herde, Stress und kompetitives Verhalten mit Verletzungsgefahren auftreten können. Bleibt man daher bei der *ad libitum* Fütterung, sollten Futtermittel mit hohen Energiegehalten, auch Grobfuttermittel, vermieden bzw. nur in begrenztem Umfang eingesetzt werden. Dies fördert zudem die Aufnahme hoher DM-Mengen.

Tab. 29.10
Orientierungswerte des täglichen Energie- und Proteinbedarfs von Aufzuchtrindern in Abhängigkeit von Lebendmassen und Zunahmen (nach GfE 2001, geändert).

Lebendmasse (kg)	Zunahme (g)[1]							
	500		600		700		800	
	(MJ ME)	(g CP)	(MJ ME)	(g CP)	(MJ ME)	(g CP)	(MJ ME)	(g CP)
150	30	40[2]	32	440	34	480	–	–
250	44	540	47	540	50	565	53	595
350	–	–	60	690	65	735	70	785
450	–	–	74	765	80	825	86	880
500	–	–	81	925	88	1000	94	1070

1 Zu hohe Zunahmen gegen Ende der Aufzucht (z. B. > 600 g/d), insbesondere bei Deutschen Holstein (Milchrassen) vermeiden, um einer zu frühen Verfettung vorzubeugen.
2 minimale Proteinbedarfswerte resultieren aus dem Mindestbedarf an Rohprotein für die Pansenmikroorganismen.

Die **Energiezulagen für gravide Färsen** beginnen 6–8 Wochen vor dem errechneten Abkalbetermin. Sie betragen zunächst 20 MJ ME und in den letzten 3 Wochen 30 MJ ME/d. Die Energie- und Nährstoffzulagen sollen einerseits das Wachstum des Fötus unterstützen, andererseits das Wachstum von Euterdrüsengewebe fördern und den Stoffwechsel für die Laktation vorbereiten.

Protein
Der Proteinbedarf der Jungrinder wird faktoriell aus Erhaltungsbedarf (N-Verluste über Harn, Kot, Haut) und Leistungsbedarf (Proteinansatz) berechnet. Bei niedrigen Proteinansatzwerten, die zwischen 60 g und 120 g/d liegen, ist der Gesamtbedarf der Jungrinder an Protein oft geringer als der N-Bedarf der Mikroorganismen in ihrem Pansen, weshalb letzterer zur Bemessung der Proteinversorgung herangezogen wird. Je MJ zugeführter ME werden etwa 10 g mikrobielles Protein gebildet. Eine ausreichende Versorgung der Mikroorganismen mit N gilt als gesichert, wenn je MJ ME 12 g CP in der Ration enthalten sind, davon können bis zu 20 % aus Harnstoff stammen. Ein Überschreiten dieses Wertes führt zu einem zunehmenden N-Überschuss und entsprechend steigenden N-Ausscheidungen mit dem Harn.
Diese für die Mikroorganismen ausreichende Rohproteinmenge reicht nach differenzierter Kalkulation für Jungrinder ab 200 kg LM und mit einem Wachstum zwischen 600 und 800 g/d qualitativ und quantitativ aus.

Mineralstoffe
Der Bedarf an Mengenelementen resultiert aus unvermeidlichen Verlusten, Ansatz beim Wachstum und Verwertungsverlusten. Die endogenen Verluste pro kg LM liegen bei 16 mg Ca, 24 mg P, 4 mg Mg und 11 mg Na. Versuchsdaten für den Ansatz der Elemente sind nur begrenzt verfügbar. Sie dürften von der Rasse, dem Typ und der Zuwachshöhe abhängig sein. Die Höhe der Verwertung ist vom Versorgungsniveau abhängig und für die Elemente unterschiedlich (→ Kap. 29.3.5). Eine Beispielkalkulation für den Ca-und P-Bedarf ist in der Tabelle 29.11 zusammengestellt.
Die täglichen Bedarfswerte für Mg steigen von 4 g mit 150 kg LM auf 10 g mit 500 kg LM und für Na entsprechend von 3 g auf 9 g. In der Regel ist der Bedarf an Ca, P und zum Teil auch Mg von Aufzuchtrindern durch übliche pflanzliche Futtermittel gut gedeckt bzw. es kann ein leichter Überschuss an Ca bei Gras- und Leguminosen-betonter Fütterung bestehen. Die Versorgung mit Na und teilweise mit Mg, insbesondere bei hoher K-Versorgung, soll über Mineralfutter oder Leckmassen (Na) ergänzt werden. Werte zur Aufnahme bei bestimmten Leistungshöhen in der Aufzucht sind in Tabelle 29.12 aufgeführt.
Die Versorgung mit **Spurenelementen** kann bei extensiver Haltung und je nach Bodentyp in einer

Tab. 29.11 Faktorielle Berechnung des Calcium- und Phosphorbedarfs beim Jungrind.

Man kann pro kg Zuwachs mit einem Bedarf von 13,5 g Ca und 7,4 g P rechnen.

Für ein 150 kg schweres Jungrind (700 g Zunahme pro Tag) errechnen sich somit **für Ca** folgende Bedarfswerte:

Endogene Verluste	150 kg LM	· 0,016 g Ca/kg LM	=	2,4 g Ca
Zuwachs	0,85 kg	· 13,5 g Ca/kg	=	11,5 g Ca
Summe				13,9 g Ca
Verwertung	50 %			13,9 g : 0,50 = **27,8 g Ca**

und **für P** resultiert:

Endogene Verluste	150 kg LM	· 0,024 g P/kg LM	=	3,6 g P
Zuwachs	0,85 kg	· 7,4 g P/kg	=	6,3 g P
Summe				9,9 g P
Verwertung	70 %			9,9 g : 0,70 = **14,1 g P**

Tab. 29.12
Rationsbeispiele für Aufzuchtrinder und eine Vorbereitungsration bei unterschiedlicher Lebendmassen (LM) und angestrebten Tageszunahmen (TGZ).

	150 kg LM, ca. 850 g TGZ	350 kg LM, ca. 700 g TGZ	500 kg LM (tragend), ca. 550 g TGZ	Vorbereitungsration[2]
Rationskomponente (kg/d)				
Grassilage mit 30 % DM	4 (32,4 %)[1]	13 (55,5 %)	24 (84,1 %)	8 (25,4 %)
Maissilage, körnerreich mit 30 % DM	4 (31,5 %)	8 (33,2 %)	2 (6,8 %)	14 (43,1 %)
Wiesenheu, spät			1 (8,6 %)	1 (7,8 %)
Weizenkleie	0,3 (6,1 %)	1 (10,8 %)		
Maisschrot	1 (20,4 %)			1,5 (12,0 %)
Rapsschrot	0,4 (8,2 %)			1,3 (10,5 %)
Vitaminiertes Mineralfutter	70 (1,4 %)	50 (0,5 %)	50 (0,5 %)	150 (1,2 %)
Tägliche Nährstoffaufnahme				
DM (kg)	4,0	7,2	8,7	10,0
ME (MJ)	43	72	83	106
CP (g)	570	960	1230	1410
NDF (g)	1530	3610	4980	4260
Ca (g)	28	50	78	86
P (g)	16	30	28	45
Mg (g)	10	12	14	22
Na (g)	7	9	11	14

1 Zahlen in Klammen drücken den Anteil in der DM in der Tagesration bei einer *ad libitum* Fütterung aus.
2 Diese Ration kann ab 8 Wochen vor der Abkalbung gefüttert werden.

Region knapp werden. Rationen für Aufzuchtrinder sollten etwas niedriger eingestellt werden als für Milchkühe, jedoch je 40–50 mg Zn, Fe und Mn, 10–15 mg Cu, 0,15–0,2 mg Co und 0,15 mg Se pro kg DM enthalten. Insbesondere der Versorgung mit Cu und Se, aber auch zum Teil Zn, muss in unterschiedlichen Wachstumsphasen und der Vorbereitungsphase Beachtung geschenkt werden. Mitunter kann eine gezielte Supplementierung erforderlich werden.

In Hinblick auf die **Vitaminversorgung** sind verschiedene Aspekte spezifisch für Jungrinder relevant. Die Zufuhr von Vitamin A und Carotin ist unter besonderen Bedingungen (mäßige Qualität des Grobfutters) aufzubessern. Eine Vitamin-A-unabhängige Wirkung des β-Carotins auf Ovulationszeitpunkt und Progesteronsynthese wird diskutiert. Zur Sicherheit kann für Jungrinder im zweiten Aufzuchtjahr eine tägliche Carotinzufuhr von 70–80 mg vorgesehen werden. Vitamin-A-Gehalte zwischen 4000 und 8000 IE pro kg DM sind empfohlen, insbesondere für die Phase der Zuchtreife und der Konzeption. Die notwendigen Vitamin-D-Gehalte liegen zwischen 300 und 500 IE pro kg DM. Mit Ausnahme von der Fütterung frischen Grases oder anderer Carotin-reicher Futtermittel ist bei Aufzuchtrindern Vitamin A, D und E nach Bedarf durch vitaminiertes Mineralfutter zu ergänzen. Für weitere Erläuterungen zur Versorgung mit Spurenelementen und Vitaminen wird auf die entsprechenden Kapitel zur Milchkuhfütterung verwiesen.

29.2.3 Fütterung

Eine angepasste Fütterung in der gesamten Aufzuchtphase ist wichtig für gesunde und langlebige Kalbinnen. Angestrebt wird die Übergabe eines gesunden und wachstumsdynamischen Aufzuchtkalbes mit einem gut entwickelten Pansen bei einer LM von etwa 150 kg. Aufzuchtkälber mit einem gut entwickelten Pansen zeichnen sich in der Regel durch ein hohes Aufnahmevermögen an Grobfutter und entsprechend hohe LM-Zunahmen aus. Dabei soll immer ein Grobfutter von guter Qualität wie Grasanwelksilage (1. Schnitt), Maissilage und früh geschnittenes, blattreiches Heu eingesetzt werden. Durch gezielten Einsatz von Kraftfuttermitteln – am besten in Form einer TMR – kann die Futteraufnahme gefördert werden und es können die gewünschten Tageszunahmen erreicht bzw. Mangelzustände besser vermieden werden.

In der Praxis werden die Aufzuchtrinder nach der Entwöhnung meistens in Gruppen gehalten. In kleinen und mittleren Betrieben werden sie während der Vegetationsperiode häufig auf der Weide gehalten und ansonsten im Stall. Weidehaltung bringt viele Vorteile, benötigt aber oft eine angepasste Ergänzungsfütterung, um Unausgewogenheiten aufgrund stark variabler Nährstoffkonzentrationen im Aufwuchs Rechnung zu tragen und Wachstumseinbußen und Verdauungsstörungen vorzubeugen.

Fütterungshinweise für das 1. und 2. Jahr

Zu Beginn der Aufzucht werden Tageszunahmen von etwa 850 g angestrebt, was mit einer CP- und ME-Konzentration von etwa 13 % bzw. 10,2–10,5 MJ ME pro kg DM und einer DMI von etwa 6,5 kg/d möglich ist. Bei geringerer DMI sind energie- und nährstoffreichere Komponenten wie Getreideschrot und Proteinfuttermittel zu ergänzen. In der Regel haben Jungrinder je nach Entwicklung des Pansens eine limitierte DMI aus Grobfutter. Als Faustregel können Färsen mit einer LM von etwa 130–630 kg etwa 1 % (0,9–1,1 %) ihrer LM als NDF aufnehmen (d. h. bei 450 kg LM kann eine Färse etwa 4,5 kg NDF/d aufnehmen), sodass an Faserfraktionen reiches Grobfutter bei jungen Rindern limitierend auf die DMI wirken kann. Andererseits ist diese faserbedingte Beschränkung der DMI bei der *ad libitum* Fütterung von Färsen im 2. Jahr ein Vorteil bei der Vermeidung der Verfettung und bei der Vorhersage der DMI.

Bei Weidegang ist die Deckung des Proteinbedarfs unproblematisch. Zur Deckung des ME-Bedarfs müssten aber etwa 40 kg Gras pro Tag verzehrt werden, was in der ersten Aufzuchtphase sehr schwierig ist. Oft werden in der Praxis Futterreste von Milchkühen an Aufzuchtrinder verfüttert. Aufgrund möglicher Probleme mit der Schmackhaftigkeit und variablen Futterselektion ist dies im Hinblick auf die adäquate Versorgung der Aufzuchtrinder mit Protein und Mikronährstoffen im 1. Jahr kritisch zu bewerten. Für Färsen im 2. Aufzuchtabschnitt können die Futterreste zu energiereich sein und benötigen eine entsprechende Verdünnung mit Heu oder Stroh.

In der Tabelle 29.12 sind Rationsbeispiele für Aufzuchtrinder unterschiedlicher Phasen und Tageszunahmen für ein Erstkalbealter von knapp 24 Monate angegeben. Durch die Vorlage von Grobfutter guter Qualität, wie etwa Grassilage vom 1. Schnitt und körnerreiche Maissilage, aufgewertet mit ca. 20 % Getreideschrot und Mineralfutter, ist es möglich, die hohe NDF-Aufnahme auch bei Jungrindern bereits in der zweiten Erstjahreshälfte zu erreichen. Somit können bis knapp 65 % der DM in der Ration als Grobfutter eingesetzt werden. Diese wirkt fördernd auf die Pansenentwicklung. Bei Jungrindern soll das Heu relativ früh geerntet werden, damit die Aufnahme nicht beeinträchtigt wird. Maissilage ist ein gutes Aufzuchtfutter, muss jedoch durch ein proteinreiches Futter ergänzt werden, insbesondere, wenn zusätzlich Maisschrot gefüttert wird. Zur Ergänzung eignen sich beispielsweise Weizenkleie und Rapsextraktionsschrot. Allerdings ist auf die oben erläuterte Obergrenze beim NDF-Gehalt zu achten (ca. 1 % der LM).

Im 2. Jahr ist es möglich, zunehmend Grassilage von Folgeschnitten oder ähnliche Grobfuttermittel einzusetzen und dabei Kraftfutter und insbesondere eine Proteinsupplementierung zu sparen. Um die Energiedichte der Ration zu regeln und einen Zuwachs im Bereich von etwa 700–750 g/d zu gewährleisten, bieten sich Nebenprodukte wie Weizenkleie und Trockenschnitzel sehr gut an. In der letzten Aufzuchtphase sind die Ansprüche an die Konzentrationen in der Ration niedrig und die Fähigkeit der Färsen zur Verwertung von Grob-

futter am höchsten. Somit können Grassilagen, Heu und eventuell Stroh ohne jegliche Kraftfutterergänzung eingesetzt werden. Die Energieversorgung zur Gewährleistung einer Tageszunahme von etwa 550–600 g kann durch geringfügigen Einsatz von Maissilage eingestellt werden.
In allen Wachstumsphasen ist eine Mineralfuttersupplementierung notwendig, wobei die Menge und Zusammensetzung je nach Grundrationsangebot eingestellt werden kann.

Vorbereitungsfütterung hochtragender Färsen
Die letzten zwei Trächtigkeitsmonate zeichnen sich durch einen steigenden Bedarf an Energie und Nährstoffen aus. Das ist vor allem damit begründet, dass im letzten Trächtigkeitsdrittel der Nährstoffbedarf für Fötuswachstum und Eutergewebeentwicklung exponentiell zunimmt und auch die Synthese von Kolostrum einsetzt. Hingegen nimmt die Futteraufnahme in den letzten 2–3 Wochen aufgrund der zunehmenden Massen von Fötus und Fruchtwasser ab, was die Vorlage einer etwas nährstoffreicheren und weniger voluminösen Ration erforderlich macht. Gleichzeitig soll der Stoffwechsel des Tieres auf die unmittelbar bevorstehende Laktation mit den einhergehenden Veränderungen vorbereitet werden. Die Fütterung im letzten Trächtigkeitsdrittel ist entscheidend für die Leistung, Gesundheit und Lebensdauer der primiparen Kühe. Färsen sollen zur Abkalbung in einer normalen Körperkondition mit einem BCS von 3,5 sein, damit sowohl einer Störung des Geburtsverlaufs als auch einer verstärkten Körperfettmobilisierung und Ketose nach der Kalbung vorgebeugt werden kann. Das Pansenepithel und die Pansenmikrobiota sind bei Färsen zunächst noch weitgehend unangepasst an hohe Kraftfuttergaben, weshalb eine Vorbereitungsfütterung in den letzten Wochen der Trächtigkeit besonders wichtig ist. Es wird eine nicht zu abrupte Steigerung der Energiezufuhr von zunächst 15–20 MJ ME/d auf 30–35 MJ ME/d in den letzten 3 Wochen vor dem Kalben empfohlen. In den letzten 3–5 Tagen vor dem Abkalben geht die Futteraufnahme der Färsen deutlich zurück.
In der Tabelle 29.12 ist ein Beispiel für eine Vorbereitungsration für Färsen ab der 8. Woche vor der Abkalbung gezeigt. Der steigende Bedarf an Energie kann durch den Einsatz von einer guten Maissilage und etwa 10 % Getreideschrot erreicht werden. Es ist sinnvoll, jene Futterkomponenten einzusetzen, die auch in der Laktation zum Einsatz kommen. Als Proteinfuttermittel können Rapsextraktionsschrot oder Biertrebersilage und andere proteinreiche Nebenprodukte eingesetzt werden. In den letzten 2–3 Wochen der Trächtigkeit kann den Färsen auch die Laktationsration des Betriebes gefüttert werden. Dies hilft bei der Verminderung des Umstellungsstresses der Färsen in der Transitphase, weil der Pansen und dessen Mikrobiota dann bereits angepasst sind. Da primipare Kühe ein geringes Risiko für subklinische Hypocalcämie aufweisen, ist die Fütterung von Ca-reichem Laktationsfutter – anders als bei multiparen Kühen – unproblematisch. Da Färsen meist nicht erfahren und bei Integration in die Herde niedrigranging sind, sollte dafür gesorgt werden, dass mindestens 1 m Fressplatz pro Färse sowie eine Wassertränke zur Verfügung stehen und eine höhere Frequenz der Futtervorlage erfolgt, damit die Färsen ihre Futtermenge mit geringer Konkurrenz aufnehmen können.
Auf der Weide ist eine Zulage von energiereichen Futtermitteln nicht einfach durchführbar. Die zum Abkalben kommenden Färsen müssen von der Herde separiert oder aufgestallt werden, um sie gezielt zufüttern zu können.

Weidehaltung und extensive Aufzucht
Während der Vegetationsperiode ist eine Jungrinderhaltung auf der Weide sinnvoll. Weidehaltung bietet eine gute Basis für eine wiederkäuergerechte, arbeitswirtschaftlich günstige Ernährung der Jungrinder. Ein früher Austrieb im Frühjahr und ein später Abtrieb im Herbst sind möglich, wenn die Tiere trockene Liegeplätze haben. Allerdings hat junges Weidegras hohe CP-Gehalte, sodass daraus eine überschüssige Versorgung resultiert. Diese ist zwar grundsätzlich vom Tier tolerierbar, kann jedoch zu Verdauungsstörungen insbesondere bei wenig entwickelten Rindern führen. Rinder sollten daher erst mit einem voll entwickelten Verdauungssystem und mit einer LM von etwa 200 kg auf eine Weide mit jungem Aufwuchs gebracht werden. Eine Beifütterung von Heu und eventuell energiereichem Kraftfutter ist zum Erreichen des angestrebten Wachstums notwendig. Bei Standweidehaltung ist außerdem eine regelmäßige Behandlung gegen Parasiten notwendig.

Die Weidefutteraufnahme ist von der Wuchshöhe abhängig und bei 16–20 cm am höchsten. Leguminosen fördern die Aufnahme. Der Gehalt an Faserfraktionen reicht bei Weidehaltung von Jungrindern (im Gegensatz zur Milchkuhfütterung) aus. Bei altem Aufwuchs ist die Aufnahme vermindert. „Weidereifes" Gras vor der Blüte kann dagegen mit bis zu 10 % der LM als Frischsubstanz aufgenommen werden.

Mit dem Weidegang wird eine Mineralstoffergänzung notwendig. Dabei ist die Versorgung mit Mineralstoffen über Lecksteine allein kaum möglich (siehe auch Milchviehfütterung). Die relativ niedrigen Bedarfswerte erlauben im 2. Jahr auch im Herbst meist noch eine ausreichende Nährstoffversorgung, selbst bei nur mäßiger Bestandshöhe. Bei spätem Weideabtrieb ist jedoch für eine rechtzeitige Zufütterung zu sorgen. Bei längerfristig zu knapper Weide entwickeln sich die Jungrinder unzureichend. Fruchtbarkeitsmängel und niedrige Milcheinsatzleistungen sind die Folge. Ihre Kälber sind untergewichtig, schlecht entwickelt und anfällig für Krankheiten.

Die Fütterung im **Laufstall** im Winter hat eher extensiven Charakter. Häufig werden qualitativ weniger gute Silagen oder Heupartien eingesetzt, Reste aus dem Milchviehbereich verwertet und nur mäßige Kraftfuttermengen gegeben. In der Winterfütterung kann gute Grassilage den Bedarf für Erhaltung und 600 g LM-Zunahmen pro Tag decken. Bei kaltem und nassem Wetter ist eine Ergänzung notwendig. Mit Fressgitterfütterung direkt aus dem Fahrsilo (Selbstfütterung) wird Arbeit gespart. Es ist auf saubere Lauf- und Anschnittflächen zu achten (frei von Harn, Kot, Schadnagern, Entfernen verschimmelter Partien etc.), auch darauf, dass keine Auswaschung über Regenwasser stattfindet und dass genügend „Vorschub" gewährleistet ist (Vermeidung von Nachgärung oder Fäulnis). Als Ergänzung zu Grassilage oder Maissilage eignet sich gute Rübenblattsilage. In Jahren mit knapper Grobfutterversorgung kann mit Ammoniak oder NaOH aufgeschlossenes Stroh 30–50 % des Grobfutters ersetzen. Genaues Beobachten der Einzeltiere, ggf. auch eine spezielle Versorgung schwächer entwickelter Tiere, sind Vorbedingung für eine erfolgreiche Nachzucht unter Extensivbedingungen. Der Ernährungszustand von Jungvieh ist regelmäßig zu erheben. Hierzu sind Wägungen zwar am einfachsten, bei Weidehaltung aber kaum möglich. Zur Unterstützung kann die bei der Milchkuh bewährte Beurteilung der Körperkondition mittels BCS herangezogen werden. Beurteilt wird im zweiten Lebensjahr nach mehreren Stufen (→ Tab. 29.13). Tiere der Stufe 2 sollten eine Futterzulage für etwa 30 kg Gewichtsansatz erhalten, solche der Stufe 1 für etwa 40–60 kg.

In der **Rationsgestaltung** ist die sachgerechte Ergänzung des für die Jungrinderaufzucht verfügbaren Grobfutters eine zentrale Aufgabe. Grundprinzipien sind:

- einfache Gestaltung (arbeitswirtschaftliche Aspekte),
- hoher Anteil preisgünstigen Grobfutters,
- sachgerechte Ergänzung (u. a. Aufwertung durch Nebenprodukte und Mineralstoffergänzung).

Bei Rinderhaltung gemäß den Richtlinien des ökologischen Landbaus schreibt die EU-Verordnung vor, dass Weidegang ermöglicht werden

Tab. 29.13
Beurteilung des Ernährungszustandes von Kühen und Jungrindern[1] im LM-Bereich zwischen 400 und 700 kg.

BCS (Body Condition Score)
1 = Kachektisch, extrem schlechter Körperzustand, weit fortgeschrittene Abmagerung, Rippenzwischenräume und Zwischenräume der Lendenwirbel stark eingesenkt.
2 = Schlecht, stark hervorstehende Darmbeinschaufeln und Sitzhöcker, Rückenfettdicke um 10 mm, Schwanzwurzelbereich eingefallen.
3 = Guter bis mäßiger Körperzustand, Darmbeinschaufeln und Sitzbeine deutlich hervorgehoben, Kniefalte ohne Fett palpierbar, Einzelrippen deutlich abgesetzt zu erkennen, Rückenfettdicke um 20 mm.
4 = Körperzustand fett, Fettauflage auf Rippen, an der Schwanzwurzel im Triel- und Sitzbeinbereich deutlich zu palpieren, Rückenfettdicke um 30 mm.
5 = Verfettet bis extrem verfettet, Rippenfettauflage ausgeprägt, im Wirbelsäulenbereich überdeckt das Fett die Quer- und Dornfortsätze, Schwanzwurzel in Fett eingebettet, mit dem Kniefaltengriff ist eine erhebliche Fetteinlagerung palpierbar. Rückenfettdicke über 35 mm.

1 Jungrinder vergleichbaren Alters

soll, wann immer die Umstände es gestatten. Dies ist insbesondere in der Jungrinderaufzucht der Fall. Die Sicherung der Bedarfsdeckung und eine entsprechende Zufütterung sind jedoch auch unter diesen Haltungsbedingungen wichtig.

Grobfuttermittel

Bei Umstellung von Kälber- auf Jungrinderfütterung wird hochwertiges Kälberheu durch energieärmeres ersetzt. Gras-, Rübenblatt- und Maissilage mittlerer Qualität können schon früh und in steigenden Mengen angeboten werden. Auf guter Weide können Jungtiere bis zu 1,8% der LM (bezogen auf die DM) als Gras aufnehmen. Bis etwa 250kg LM benötigen Kälber und Jungrinder jedoch höherwertige Grobfutter. In der ersten Aufzuchtphase bis 200kg LM hat sich die Zufütterung von täglich 1kg Kraftfutter als sinnvoll erwiesen, auch um Unterschiede in der Grobfutteraufnahme auszugleichen.

Bei Jungrindern ab etwa 250kg LM ist auch der Einsatz von Grobfuttermitteln mit geringem Energiegehalt möglich. Grundsätzlich gilt, auch bei älteren Tieren, dass die eingesetzten Futtermittel, insbesondere Silagen und Heu, eine ausreichende mikrobiologische Qualität haben müssen, und dass zu prüfen ist, ob zur Bedarfsdeckung eine Ergänzung des Grobfutters erforderlich ist. Das Angebot von Lecksteinen oder -schalen zur Mineralstoffergänzung in Gruppenfütterung sichert wegen tierindividueller Variation der Aufnahme nicht automatisch bei jedem Tier die Bedarfsdeckung. Im Spätherbst und Winter ist insbesondere die Versorgung mit Vitamin A und Carotin zu beachten.

Ergänzungsfuttermittel für Jungrinder

Jungrinder benötigen im ersten Lebensjahr stets eine Ergänzung des Grobfutters, damit Tageszunahmen um 850g erreicht werden. In der Tabelle 29.14 sind Kraftfutter mit deren möglichen Einsatzmengen als Bestandteil eines Mischfutters bei Jungrindern angegeben. In Abhängigkeit vom verwendeten Grobfutter können Einzelfuttermittel oder Mischfuttermittel eingesetzt werden. Preisgünstige Kleien, Nachmehle, Grasmehle, melassierte Trockenschnitzel, Ölschrote, vor allem aber auch Sojaschalen und andere Nebenprodukte der Sojaverarbeitung sowie Nachprodukte der Nassmüllerei (Stärkeindustrie) können verstärkt in Er-

Tab. 29.14
Empfohlene Einsatzgrenzen von Einzelfuttermitteln in Mischfuttermitteln für Jungrinder (in %).

Getreide	60	Sojaschalen	20
Kleien	40	Maniok	35
Rapskuchen glucosinolatarm	30	Luzernegrünmehl	30
Palmkern-, Kokos-, Babassukuchen	30	Melasseschnitzel	30
Sojaextraktionsschrot	30	Erbsen, Ackerbohnen	20

Nährstoffempfehlungen für Ergänzungsfuttermittel für Aufzuchtrinder pro kg:

Rohprotein	100–150 g[1]	Ca	7 g	ggf. β-Carotin	80–160 mg[2]
Rohfaser	100–150 g	P	5 g	Se	0,5 mg
Energie	13–14 MJ ME	Vitamin A	10000 IE	Zn	30 mg
		Vitamin D	1000 IE	Cu	20 mg
				Mn	20 mg

1 Der Proteingehalt richtet sich nach dem Grobfuttermittel. Weide und Grassilage enthalten meist mehr als ausreichend Protein, sodass mit einem proteinarmen Mischfutter supplementiert werden muss.

2 Dosierung je nach Carotingehalt des Grobfutters. Vieles spricht für eine Vitamin-A-unabhängige Wirkung des β-Carotins am Ovar. Eine längerfristige gute Versorgung muss jedoch gewährleistet sein, um ausreichende Carotin-Spiegel im Blut und Ovar zu erreichen; die notwendige Tagesdosis hierfür dürfte zwischen 100 mg und 300 mg pro Tier liegen.

Bei der Auswahl von Futterkomponenten sind besondere Anforderungen zu beachten, wenn Rinderhaltung gemäß den Kriterien des ökologischen Landbaus erfolgt.

gänzungsfuttermitteln für Jungrinder eingesetzt werden. Nebenprodukte der Brauerei und Brennerei (Treber, Schlempen) sind arbeitswirtschaftlich nur bei hohen Rationsanteilen und bei Verwendung in silierter Form geeignet. Sie sind in getrockneter Form aus Preisgründen ohnehin meist nicht konkurrenzfähig. Wichtig ist immer eine befriedigende hygienische Qualität und weitgehendes Freisein von unerwünschten Stoffen.

29.3 Milchkühe

Eine gesunde und ausgewogene Ernährung ist für Gesundheit, Wohlbefinden und Lebensleistung der Kühe und damit für eine erfolgreiche Milchproduktion unabdingbar. Dies impliziert die Zufuhr adäquater Mengen energie- und nährstoffliefernder Futtermittel und Zusatzstoffe sowie eine ausreichende Aufnahme strukturgebender Futtermittel. Die Herstellung von Rationen, die den Ansprüchen an die Energie- und Nährstoffdichte entsprechen und dennoch eine adäquate Menge an strukturgebenden Faserstoffen enthalten, um die Wiederkäuergerechtheit zu gewährleisten, ist die wohl größte Herausforderung in der Milchviehfütterung. Die wiederkäuergerechte Ernährung wird daher nachfolgend gesondert erläutert.

29.3.1 Wiederkäuergerechte Ernährung

Bedingt durch die steigende Leistung und den damit verbundenen Anstieg im Energiebedarf werden Milchkühe mit großen Mengen an Getreide oder anderen im Pansen schnell abbaubaren, faserarmen Futtermitteln gefüttert. Wenngleich dies unter dem Primat der Bedarfsdeckung unvermeidbar ist, wird es den verdauungsphysiologischen Vorgängen der Wiederkäuer nicht gerecht. Eine ausreichende Versorgung mit **strukturwirksamen Futter** ist für eine stabile Ausprägung der Pansenschichtung und des Pansenmilieus unabdingbar, da diese eine entsprechende Wiederkautätigkeit bewirken soll, um über den Speichel ausreichend Puffersubstanzen zur Steuerung des pH-Wertes im Pansen zu liefern. Es bedarf daher einer Balance zwischen schnell abbaubaren Kohlenhydraten und strukturwirksamen Futter in der Ration. In verschiedenen Abschnitten des Verdauungstraktes haben die strukturgebenden Bestandteile des Futters jeweils spezifische Bedeutung.

29.3.1.1 Maulhöhle, Schlund

Das **Maul** der Rinder ist durch einen feuchten, sensiblen, aber wenig beweglichen Nasenspiegel (Flotzmaul), eine kräftige Mandibel-Schneidezahnreihe (maxillär fehlend), durch kräftige, breite Mahlflächen bietende Backenzähne und große Speicheldrüsen gekennzeichnet. Die wenig beweglichen Lippen eignen sich kaum zur Selektion von Nahrungsbestandteilen, anders als bei Ziege und Schaf. Die Backenzähne gehören zum schmelzfaltigen Typus. Sie müssen kontinuierlich und gleichmäßig abgerieben werden, was durch strukturwirksames Futter gefördert wird.

Die kräftige Zunge eignet sich mit ihren festverhornten Papillen und ihrer starken Muskulatur gut zum Umfassen faserreicher Pflanzen, die beim Grasen mithilfe der schaufelartig gestalteten Schneidezähne des Unterkiefers abgerissen werden. Die Bewirtschaftung von Weideflächen muss sich dieser Futteraufnahmebesonderheit anpassen. Langes Gras wird in Einzelbüscheln abgerissen und mit Heben des Kopfes langsam unter Kauen und Einspeicheln in die Maulhöhle eingezogen. Der ausgewachsene Wiederkäuer hat zudem auch einen feinen Geruchssinn, der Abweichungen registriert. Er benötigt also nicht nur strukturwirksames Futter, sondern auch eines mit guten olfaktorischen Eigenschaften.

Das **Wiederkauen** ist ein Ausdruck des Wohlbefindens beim Wiederkäuer. Neue Auswertungen zeigten, dass eine Milchkuh etwa 4,5 h/d (2,4–8,5) mit Fressen und etwa 7 h/d (2,5–10,5) mit Wiederkauen verbringt, bei einer Gesamtkauzeit von etwa 16 h/d.

Die Kauaktivität ist durch das Futtervolumen, insbesondere Futterhärte und Gehalt an Faserfraktionen, Benetzbarkeit, Wassergehalt und Partikelgröße bestimmt. Kurz gehäckseltes Grobfutter wird zwar schneller von der Kuh aufgenommen und führt zu steigenden Trockenmasseaufnahmen und dadurch zu höheren Fresszeiten, wirkt sich aber auf die Wiederkauzeit und die Zahl der Wiederkauschläge negativ aus. Die Wiederkauzeit wird daher oft als ein Indikator der Strukturversorgung bei der Milchkuh herangezogen. In der Regel sinkt die Wiederkauzeit bei ungenügender Strukturwirkung des Futters unter 6 h/d. Pro Bolus (Bissen) liegt die Zahl der Kauschläge bei gesunden Tieren recht konstant bei 55–60. Die Anzahl an Kauschlägen pro Zeiteinheit kann jedoch irreführend für die Bewertung der Kaufähigkeit eines Futters sein, da auch bei feinstrukturiertem Futter Boli noch intensiv wiedergekaut werden, anscheinend um die kürzere Gesamtkauzeit zu kompensieren. Der Wiederkäuer hat demnach einen Mindestkaubedarf.

Futteraufnahme bzw. Fresszeit und Wiederkauen zeigen bei tiergerechter Fütterung eine ausgeprägte diurnale und von der Futteraufnahme abhängige Rhythmik. In der Abbildung 29.6 ist der diurnale Verlauf der Fress- und Wiederkauzeiten sowie der retikuläre pH-Wert bei Hochleistungsmilchkühen dargestellt. Es ist ersichtlich, dass die Kühe die Fresszeiten insbesondere tagsüber und die Wiederkauphasen in der Nacht haben. Mit knapp 10 min Fresszeit pro Stunde ist die Futteraufnahme der Kühe nachts deutlich geringer als tagsüber, während Kühe nachts durchschnittlich 50 % der Zeit mit dem Wiederkauen verbringen. Auch zwischen den Futtervorlagen verbringen Kühe knapp die Hälfte der Zeit mit dem Wiederkauen. Nach der Futtervorlage sind die Fresszeit und dadurch die Futteraufnahme am höchsten. Daher kann durch eine mehrmalige Vorlage von frischem Futter die Futteraufnahme der Kühe gefördert werden, was die Mahlzeithäufigkeit erhöht und sich positiv auf die Mahlzeitgröße, das Pansenmilieu und die Gesamtfutteraufnahme auswirkt. In der Abbildung 29.6 ist auch ersichtlich, dass rasch steigende Fresszeiten bzw. große Mahlzeiten und kürzere Wiederkauzeiten mit einem Absinken der pH-Werte im Retikulorumen einhergehen, was das Risiko einer subakuten Übersäuerung des Panseninhalts stark erhöht.

Das Kauen und Wiederkauen spielt eine sehr wichtige Rolle beim Wiederkäuer. Es wird nicht nur das Futter zerkleinert, ein intensives Kauen führt auch zu verstärkter Speichelbildung der Ohr- und Unterkieferspeicheldrüsen. Die sezernierte Speichelmenge liegt bei Milchkühen zwischen 70 und 200 l/d. Das Pufferungspotenzial ist eine besondere Eigenschaft des Speichels. Zudem dient der Speichel der Bildung abschluckbarer Bissen sowie der Rezyklierung von Bicarbonat, Phosphat, Harnstoff und Wasser. Mit der Speichelsekretion hat der Wiederkäuer somit eine Anpassungsmöglichkeit an eine wechselnde

Abb. 29.6
Diurnaler Verlauf der Fress- und Wiederkauzeit sowie des retikulären pH-Wertes bei Milchkühen, die mit einer TMR gefüttert wurden (zwei Futtervorlagen jeweils um 8 und 15 Uhr und 60 % Kraftfutter in der DM der TMR)

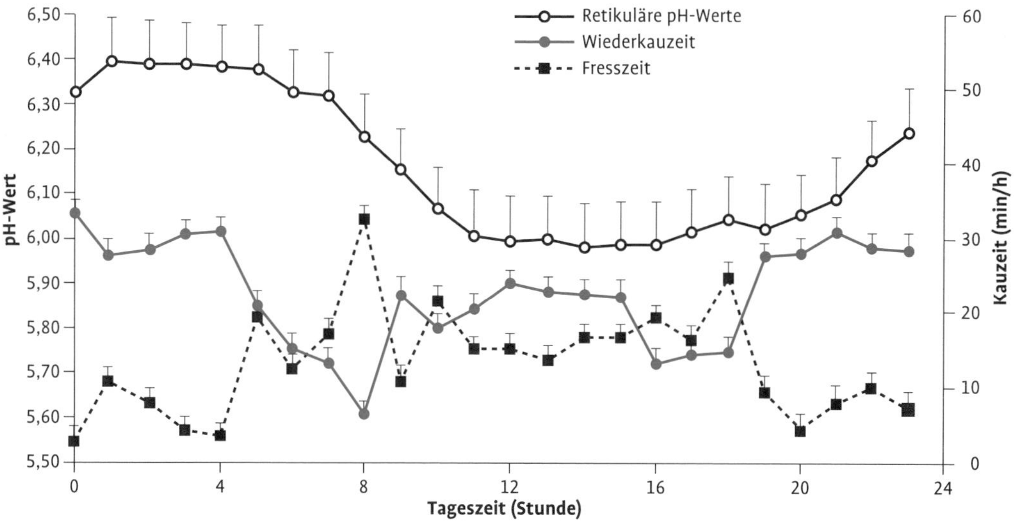

Versorgung mit Wasser, P und N zur Sicherung der Aktivität der Mikroorganismen im Pansen, was insbesondere den frei lebenden Tieren bei unzureichender oder wechselnder Futterqualität sehr zugute kommt.
Bei strukturarmer Ernährung geht die Kauzeit insgesamt stark zurück, was nicht nur pansenphysiologisch nachteilig ist (Puffermangel), sondern auch die Beschäftigungszeit verkürzt. Dies führt insbesondere bei Mastbullen oft zu Verhaltensanomalien, wie etwa Zungenschlagen, Kot- bzw. Einstreufressen oder Harnsaufen.

Eine wiederkäuergerechte Ration muss eine ausreichende Kauaktivität und Speichelbildung ermöglichen.

29.3.1.2 Haube und Pansen

Die Haube bildet zusammen mit dem Pansen eine physiologische Einheit und sie machen den Hauptteil des Vormagensystems mit einer zentralen Rolle in der Verdauungsphysiologie beim Wiederkäuer aus. Gemeinsam werden sie auch als Retikulorumen bezeichnet. Aufgrund des großen Volumens wird oft nur vom Pansen gesprochen, auch wenn beide Kompartimente gemeint sind. Mit einem Volumen von etwa 180 l bei einem ausgewachsenen Rind dient der Pansen zunächst der Aufnahme großer Futtermengen und deren Mischung. Des Weiteren findet hier die mikrobielle Fermentation, Gasseparierung und Ruktus, Synthese und Absorption sowie Stoffwechsel und Weitertransport von Nährstoffen und Metaboliten in die systemische Zirkulation statt. Nährstoffe und nicht fermentierte Futterbestandteile sowie Mikroben werden in den nachgelagerten Verdauungstrakt weitertransportiert (→ Abb. 29.7). Der Pansen beherbergt ein äußerst vielfältig zusammengesetztes mikrobielles Ökosystem. In Verbindung mit der großen Epitheloberfläche übt dies Ökosystem einen starken Einfluss auf den systemischen Stoffwechsel des Tieres aus. Immer mehr Forschungsergebnisse zeigen, wie wichtig ein intaktes Mikrobiom im Pansen auch für die Gesundheit des Tieres ist.
In Abbildung 29.7 ist eine stabile faserreiche Schicht als Kern eines funktionierenden Pansens zu sehen. Diese Schicht muss von ventral nach dorsal eine solide Konsistenz besitzen, gleichzeitig aber durchströmbar sein, damit an den Strukturpartikeln anheftende Bakterien von genügend Flüssigkeit umspült werden können und somit die Prozesse der enzymatischen Hydrolyse gesichert sind. Die spezifischen Enzyme der Bakterien werden im Grenzbereich der Anheftungsstelle abgegeben. Eine Sekretion in die Pansenflüssigkeit findet nur begrenzt statt.

Abb. 29.7
Pansenfunktion und Pansenleistungen.

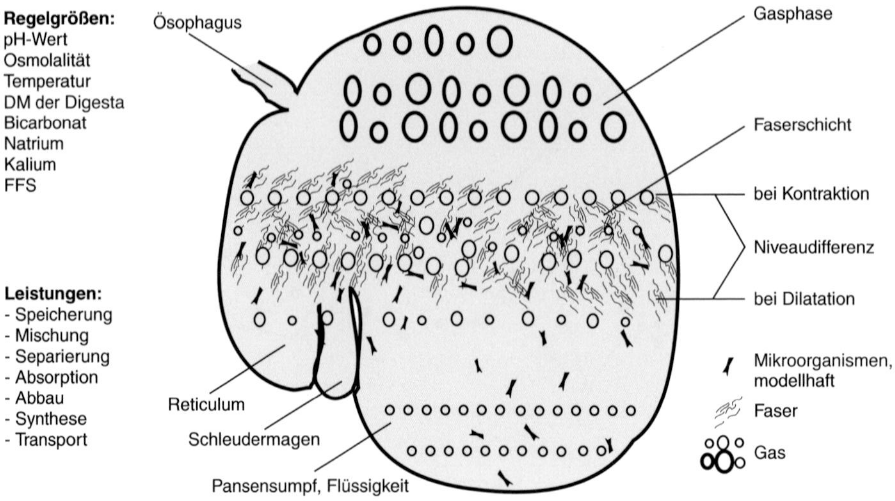

Der Versorgung mit strukturwirksamen Futter kommt eine wichtige Funktion bei der Schichtbildung im Panseninhalt zu, die wiederum eine adäquate Verweildauer der Futterpartikel und damit eine gute Fermentation gewährleisten soll. Ist die Fasermenge und -länge der Ration ausreichend, bildet sich eine Schicht fester, noch weitgehend unverdauter Bestandteile in der Mitte des Pansens, die auf dem „Pansensee", dem flüssigen Panseninhalt mit bereits stark fermentierten kleinen Partikeln, schwimmt. In dieser festen Schicht, der „Pansenmatte" findet der Großteil der Faserfermentation statt, aber auch stärkereiche Partikel werden durch die Fasermatte solange gehalten, bis sie hier vollständig fermentiert sind. Ist die physiologische Konsistenz der Pansenmatte nicht gewährleistet, wird diese Funktion beeinträchtigt und die Verdaulichkeit sinkt durch die erhöhte Passagerate der Digesta im Pansen. Darüber hinaus bewirkt das faserige Material der Pansenmatte eine mechanische Reizung der Pansenzotten, welche sowohl die Pansenkontraktionen als auch die Wiederkautätigkeit anregt und damit die Verdaulichkeit verbessert und den Fluss von Puffersubstanzen über den Speichel fördert. Die Pansenkontraktionen erhöhen außerdem die Absorption von FFS über die Pansenzotten und leisten damit einen weiteren wichtigen Beitrag zum Erhalt eines physiologischen pH-Wertes. Flüchtige Fettsäuren machen den größten Anteil unter den Energiequellen für den Wiederkäuer aus und dienen als Vorstufen für Syntheseprozesse, z. B. der Milchfettsynthese. Daher ist eine entsprechende Ausbildung und Konsistenz der festen Phase entscheidend, um sowohl die Retention unverdauter Bestandteile und damit deren Verdaulichkeit, als auch die Versorgung des Wirtstieres mit Energie und die Stabilität des ruminalen pH-Wertes zu gewährleisten.

Die Pansenkontraktionen beeinflussen die Abtrennung von Gasbläschen aus der Flüssigkeit und die Bildung der dorsalen (rückenseitigen) Gasblase. Sie ermöglichen den rhythmischen Ruktus, ohne den die großen Gasvolumina nicht abgeführt würden und es sehr schnell zu einer Pansenblähung käme. Der Pansen ist darüber hinaus ein Absorptionsorgan für Ammoniak und Magnesium. Nur bei ausreichender Faserschicht erfolgen genügend Durchmischungskontraktionen, die die Absorption fördern. Hierzu ist eine Vergrößerung der Pansenzottenoberfläche von Bedeutung, was durch gezielte Anpassungsfütterung über einen Zeitraum von mindestens 2–3 Wochen unterstützt werden kann.

Die Faserschicht selbst weist von oben nach unten einen Fermentations- und Temperaturgradienten auf. Im unteren Bereich ist die Fermentation weit fortgeschritten und auch die Absorption der FFS findet dort statt, sodass niedrigere Konzentrationen von FFS als im oberen Bereich auftreten. Die FFS-Konzentration und deren Absorption aus der Pansenflüssigkeit ist insbesondere bei hochleistenden Tieren von Bedeutung, da eine typische FFS-Akkumulation nach der Futteraufnahme mit einer raschen Absenkung des pH-Wertes verbunden ist. Daher ist der pH-Wert im ventralen Pansen 0,2–0,4 pH-Einheiten höher als in der dorsalen Pansenschicht.

Regelkreisläufe sollen isoacide, isoosmotische, isotherme und anaerobe Konditionen sichern, damit sich die Mikrobengemeinschaft in einem vorteilhaften Gleichgewicht befindet (Eubiose). Auch wenn die Gehalte an DM, FFS und – mit mehr Variationsbreite – auch Ammoniak weitgehend stabil gehalten werden, ändern sie sich im Laufe des Tages in Abhängigkeit von Fütterungszeiten und Futtermitteln. Je höher die Versorgung mit schnell fermentierbaren Kohlenhydraten zur Deckung des Energiebedarfs bei hoher Milchleistung sein muss, desto größer wird die Gefahr, dass das mikrobielle Gleichgewicht gestört wird. Dieser Aspekt wird später noch eingehender erläutert (→ Kap. 29.3.4).

Stärke-, zucker- und pektinreiche Futtermittel können im Pansen schnell fermentiert werden. Um hohe Leistungen zu erzielen, werden Milchkühe im Allgemeinen mit großen Mengen an stärkereichen Kraftfuttermitteln gefüttert oder mit solchen, die reich sind an Pektin oder anderen Faserbestandteilen, die aber kaum strukturwirksam sind. Den verdauungsphysiologischen Vorgängen der Wiederkäuer ist dies nicht zuträglich. Dies liegt daran, dass die Fütterung großer Mengen schnell fermentierbarer Kohlenhydrate zu einem schnellen Anstieg der Konzentration von FFS im Panseninhalt und dadurch zu einem Absinken des pH-Wertes führt. Bestehen diese Bedingungen im Pansen über einen längeren Zeitraum, kann dies zu einer subakuten Pansenacidose (SARA, engl. sub-acute rumen acidosis) führen. Die SARA ist

eine Stoffwechselkrankheit, die mit schwer erkennbaren klinischen Zeichen assoziiert ist und eine Verminderung von Futteraufnahme und Verdaulichkeit mit sich bringen kann.
Allerdings variiert die Wirkung der in Futtermitteln enthaltenen Stärke auf den ruminalen pH-Wert zum Teil beträchtlich, sowohl zwischen einzelnen Getreidearten als auch in Abhängigkeit von deren Verarbeitung. Dies liegt daran, dass die chemische Struktur der Stärke zwischen Getreidearten und -sorten unterschiedlich ist und der Grad der Gelatinisierung der Stärkegranula durch die Verarbeitung verändert wird, was schließlich zu einer erheblichen Variation in der Pansenabbaubarkeit der Stärke führt. Generell wird Stärke aus unbehandeltem Körnermais deutlich langsamer im Pansen abgebaut als Stärke aus Weichgetreiden wie Gerste und Weizen, wobei verschiedene Verarbeitungstechnologien einen Einfluss ausüben können. Roggen weist hingegen einen besonders schnellen Stärkeabbau auf, wie die Ergebnisse des Forschungsprojektes GrainUp zeigten. Auch die Qualität, die Konservierungsart, der Zerkleinerungsgrad und die gefütterte Menge der Stärke sowie die Passagerate im Pansen beeinflussen den Stärkeabbau. Während beispielsweise die Stärke aus unbehandeltem Körnermais eine Abbaubarkeit von ca. 60 % aufweist, ist diese in Maisganzpflanzensilage mit 85 % deutlich höher. Je schneller der Abbau des Futtermittels verläuft, desto stärker säuernd wirkt es, was zum Ausgleich des pH-Wertes zu einem erhöhten Bedarf an Struktur in der Ration führt. Wird der Anteil der in den Dünndarm gelangenden pansenstabilen Stärke jedoch zu hoch, besteht die Gefahr einer unvollständigen Stärkeverdauung im Dünndarm. Dies kann sowohl zu einer Dysfermentation bereits im distalen Dünndarmbereich als auch zu einer Stärkeanflutung und Dysfermentation im Dickdarm führen. Zudem ist bei Fütterung von pansenstabiler Stärke die Versorgung der Mikroorganismen mit fermentierbarer Energie und damit die Bildung von mikrobiellem Protein vermindert. Zur Vermeidung von negativen Effekten wird in der Rationsplanung mit einer Obergrenze von 2,0 kg pansenstabiler Stärke pro Tag gearbeitet. Stärke in Kombination mit speziellen verkleisternden Proteinen kann zu einer „mikrobenfeindlichen Verkittung" der Faserschicht führen. Hierdurch können die Abtrennung der Gasbläschen und die Intensität der Kontraktionen vermindert sein. Dies kann die Absorption mindern – vor allem bei ungünstiger Zottenoberflächengröße. Tiere haben hierdurch eine hohe Disposition zur schaumigen Tympanie.
Zucker ist hier der Sammelbegriff für **niedermolekulare Kohlenhydrate.** Sie kommen in den Rationen meistens in Form von wasserlöslichen Kohlenhydraten in zuckerreichem Heu, teilweise auch in Grassilagen sowie bei bestimmten Nebenprodukten der Zucker- und Obstindustrie vor. Zucker werden rasch im Pansen fermentiert und sorgen je nach Menge in der Ration für einen Abfall des pH-Wertes im Pansen. Bedingt durch veränderte Witterungseinflüsse kommen von Jahr zu Jahr unterschiedlich hohe Gehalte an wasserlöslichen Kohlenhydraten in Heu und Grassilage vor, die man bei der Rationsplanung in Hinblick auf die Strukturwirksamkeit berücksichtigt. Bei Einsatz von pektinreichen Nebenprodukten der Lebensmittelindustrie wie Trockenschnitzeln oder Obsttrester kommt auch Pektin eine Bedeutung zu. Pektin wird zwar wie Stärke rasch fermentiert, die Fermentation liefert jedoch mehr Butyrat anstatt Lactat und hat damit eine geringere acidotische Wirkung als Stärke.
Fette und Öle können nur in sehr begrenztem Umfang in der Wiederkäuerfütterung eingesetzt werden. Insgesamt haben Wiederkäuer eine begrenzte Fetttoleranz und Fette können die mikrobielle Aktivität und den Abbau der Faserfraktionen vermindern, wenn es zur Ausbildung eines Films um die Faserbestandteile kommt („Coating") und die Flüssigkeitsumspülung der Partikel hierdurch behindert wird. Systemisch wirken Fette (je nach Fettsäurezusammensetzung der eingesetzten Fette) vor allem auf die Milchfettsynthese und können gegebenenfalls den Milchfettgehalt senken. Bei den Obergrenzen des Fetteinsatzes wird unterschieden zwischen ungeschützten (maximal 4 % EE in der DM der Ration) und pansengeschützten Produkten (maximal 6 % EE in der DM der Ration; d. h. in der Regel 2 % natives Fett, 2 % pflanzliche Öle und 2 % pansengeschützte Fettprodukte).

Nährstoffungleichgewichte im Pansen
In der Fütterung sollen fermentierbare Energie und von den Mikroorgansimen benötigte Nährstoffe stets möglichst synchron bereitgestellt wer-

den. Insbesondere bei Weidegang, aber auch bei unzureichender Rationsplanung bei der Stallfütterung kommt es jedoch zu Ungleichgewichten bei der Zufuhr von einzelnen Nährstoffen. Diese kann die Pansenfunktion, insbesondere die Fermentation und Absorption anderer Stoffe mit antagonistischer Wirkung stören bzw. zu starkem Überschuss oder sekundärem Mangel führen. Ein Beispiel ist der durch hohe Molybdängehalte im Gras verursachte sekundäre Cu-Mangel bei weidenden Rindern. Auch infolge intensiver Bewirtschaftung mit hoher Düngungsintensität sind die Konzentrationen von K, teils auch von N, in Grobfuttermitteln deutlich erhöht. Während zu hohe N-Gehalte im Pansen nicht verwertet werden können und eine Belastung für Leber und Umwelt darstellen, sind hohe K-Gehalte deswegen problematisch, weil sie die Löslichkeit und Absorbierbarkeit bestimmter Moleküle in der Pansenflüssigkeit (Mg) und die Anionen-Kationen-Bilanz stören. Letzteres trägt zu Störungen des Ca-Stoffwechsels der Milchkuh im geburtsnahen Zeitraum bei. Ein K-Überschuss bei Gramineen und Cruciferen kann unter Umständen auch zu Störungen der Gasseparierung und zur Tympanieneigung bei weidenden Kühen beitragen.

29.3.1.3 Verdauung im Psalter und Labmagen

Der **Psalter** gilt als Wasserpumpe und dient wohl auch der Eindickung der Digesta. Psalterkontraktionen und die absorbierende Oberfläche der Psalterblätter können durch Anschoppungen von bestimmten Fasermaterialien gestört werden. Insbesondere feine Fasern, wie jene der Baumwollsaat, können sich an Papillen der Psalterblätter heften und die Passage nachhaltig beeinträchtigen.

Im **Labmagen** beginnt die tiereigene Proteinverdauung. Durch HCl-Einwirkung dient er auch als Barriere gegen pathogene Mikroorganismen. Bei Wiederkäuern ist die zum Labmagen gelangende Digesta ein Resultat der Futterbeschaffenheit, der Wiederkauaktivität, der Pansenfermentation und der ruminalen Absorption. Störungen der Fermentation im Pansen können Passage und Nährstoffanflutung erheblich beeinflussen. Die Inzidenz von Labmagenverlagerungen im postpartalen Zeitraum hat in den letzten Jahren bei Milchkühen stark zugenommen. Diese ist eine der kostspieligsten Erkrankungen des Milchrindes und die Fütterung spielt eine wichtige Rolle bei der Vorbeugung (→ Kap. 29.3.10).

29.3.1.4 Dünndarm und Dickdarm

Der lange Dünndarm und der Dickdarm des Rindes sind für die Nachverdauung eines durch Mikroorganismen bereits vorfermentierten Substrates eingerichtet. Die intestinale Amylase- und Lipaseaktivität ist im Vergleich zu Nichtwiederkäuern niedrig. Das Verdauungsvermögen für Fett und pansenstabile Stärke ist daher begrenzt. Der Proteingehalt des Duodenalchymus ist vor allem durch die mikrobiellen Proteine bestimmt, deren Verdaulichkeit ziemlich konstant hoch ist. Im Grundsatz kann auch für das im Pansen nicht abgebaute Futterrohprotein eine hohe intestinale Verdaulichkeit angenommen werden. Allerdings kann die Verdaulichkeit auch deutlich eingeschränkt sein, wenn im Bestreben um hohe Gehalte an UDP eine zu intensive Behandlung der Proteinquellen vorgenommen wird und dann auch die Verdaulichkeit im Dünndarm geringer ist.

Die Nährstoffanflutung aus dem Labmagen zum Dünndarm erfolgt kontinuierlich und im diurnalen Rhythmus recht gleichmäßig. Bei einer hohen Futteraufnahme und damit verbundener hoher Passagerate sowie hoher Disposition zu Verdauungsstörungen im Pansen erhöht sich die Anflutung der Substrate im Dünndarm. Hierdurch dürfte das Risiko für Fehlfunktionen im Dünndarm erhöht sein. Die Eindickung des Kotes bei hohem Proteinüberschuss und mangelnder Strukturversorgung reicht bei großen Rindern gelegentlich nicht aus und es kommt zu Durchfällen. Strukturreiches Material fördert auch die Pufferung im Dickdarm.

Die Effekte der Rationszusammensetzung wirken sich bis in den Dickdarm aus. Bei hohen Gehalten an strukturwirksamen Futter gelangt mehr organische Substanz in den Dickdarm als bei kraftfutterreicher Fütterung. Der Wassergehalt dieses Substrates steigt, die Na-Mengen, die in den Dickdarm eintreten, sind erhöht. Insgesamt ist die Pufferkapazität verbessert. Durch die am Ileumende angeflutete, im Pansen nicht fermentierte Cellulose wird ein schwer fermentierbares Substrat in den Dickdarm transportiert, das wenig Disposition zum Abbau durch Mikroorganismen zeigt. Faserreiche Fütterung kann so die Kotkonsistenz stabilisieren.

29.3.2 Leistungsentwicklung

Bei der Milchkuh kann der Bedarf an Energie und Nährstoffen sehr unterschiedlich sein. Die Höhe der Milchleistung ist der hauptsächlich bestimmende Faktor. Der allgemeine Trend weist in Deutschland seit vielen Jahren einen kontinuierlichen Anstieg der Milchleistung von etwa 100 kg pro Jahr aus, der maßgeblich auf züchterischen Maßnahmen beruht. Das bedeutet, dass viele Kühe in der Laktationsspitze über viele Wochen eine tägliche Milchleistung von mehr als 40 kg erbringen, die einen entsprechenden Bedarf des Tieres nach sich zieht. Es gibt aber auch Phasen, in denen die Milchleistung deutlich niedriger ist oder die Kühe trockenstehen. Je nach Prioritätensetzung der Zuchtorganisationen gibt es Unterschiede im Milchleistungsniveau zwischen Rassen bzw. Regionen, und auch zwischen verschiedenen Produktionssystemen (z. B. ökologischer und konventioneller Landbau) unterscheiden sich die Ziele. Ungeachtet dessen gilt bei der Milchkuh grundsätzlich, dass die Höhe des genetischen Leistungspotenzials die Milchleistung und den Bedarf vorgibt und im Umkehrschluss die Milchleistung eben nicht allein von der Höhe der Energie- und Nährstoffversorgung abhängt.

Hieraus ergeben sich besondere Herausforderungen, weil mit einem Anstieg im Leistungspotenzial der Tiere keine entsprechend notwendige Steigerung im Futteraufnahmepotenzial einhergeht. So wird es besonders wichtig, die Futtermittelbewertung und die Fütterung so zu gestalten, dass insbesondere in Phasen der hohen Leistung eine Deckung des Energie- und Nährstoffbedarfs möglich wird, ohne dass die Tiere Nachteile für die Gesundheit haben. Diese Ausgewogenheit in der Fütterung sicherzustellen ist zu einer herausfordernden Gratwanderung geworden. Sie ergibt sich aus dem primären Bestreben nach Deckung des Bedarfs der Tiere, das auf eine Begrenzung bei der Futteraufnahmekapazität stößt und daher die Notwendigkeit des Einsatzes hoher Kraftfuttermengen bedingt. Letztere birgt das Risiko, dass die Vorgänge in den Vormägen der Tiere negativ beeinflusst werden und sich hierdurch Nachteile für die mikrobielle Gemeinschaft und die Tiergesundheit ergeben können (→ Kap. 29.3.1).

Diese Zusammenhänge haben dazu geführt, dass die Höhe der Futteraufnahme und die Sicherung der Wiederkäuergerechtheit der Ration eine besondere Aufmerksamkeit in der Forschung erfahren haben. In dieser Auflage sind daher die Kapitel zur Futteraufnahme und zur Bewertung der Strukturwirksamkeit von Rationen völlig überarbeitet.

29.3.3 Futteraufnahme

Kenntnisse über die Futteraufnahmekapazität der Milchkuh sind neben den Kenntnissen über die Nährstoffkonzentration der Futtermittel in der Ration sowie der Leistung eine Grundvoraussetzung für eine bedarfsgerechte Rationsgestaltung. Eigentlich sollte die Futteraufnahme so hoch sein, dass der Bedarf der Milchkuh gedeckt ist, was allerdings häufig nicht der Fall ist. Zeitweise haben Kühe eine geringe Futteraufnahmekapazität, insbesondere am Ende der Trächtigkeit, die noch mehrere Wochen in der folgenden Laktation anhält. Nach Überschreiten der Laktationsspitze tendieren Kühe dazu, mehr Futter aufzunehmen als sie benötigen, was ohne Gegensteuerung in der Rationsplanung zu einer Verfettung der Kühe führen kann. Insbesondere bei Hochleistungsmilchkühen (mehr als 40 l Milch pro Tag) stellt das niedrigere Futteraufnahmevermögen in der Frühlaktation, zumal wenn es mit einer Verfettung der Kuh in der vorausgehenden Trächtigkeit gekoppelt ist, ein großes Bestandsproblem dar. Hochleistungskühen fehlt in den ersten 3–4 Laktationswochen etwa ein Drittel der DMI, um den Bedarf über das Futter zu decken, was zu einem enormen Energie- und Nährstoffdefizit führt. Dieses Defizit setzt Regulationsmechanismen in Gang, die Energie aus Glykogen- und Proteinreserven und vor allem durch den Fettabbau endogen bereitstellen, damit die Milchproduktion aufrechterhalten wird. Bei einem großen und länger andauernden Defizit erfolgt diese Mobilisation auf Kosten der Gesundheit mit Konsequenzen für die Fruchtbarkeit und Lebensdauer der Kuh.

Die **Futteraufnahmekapazität** der Milchkuh liegt im Durchschnitt bei hoher Milchleistung und 600 kg LM etwa bei 20–25 kg DM/d. Die Variation in der Futteraufnahme ist zum einen laktationsbedingt. Kurz nach der Abkalbung nehmen Kühe etwa 12–15 kg DM/d auf und das höchste Niveau erreichen sie kurz nach der Laktationsspitze zwischen der 6. und 10. Woche. Beachtlich sind aber auch die Unterschiede, die zwischen Einzeltieren trotz gleicher Milchleistung bestehen. Faktoren wie Körpermasse und -kondition, Bewegungsaktivität, Laktationsstadium bzw. Trächtigkeit, Alter, aber auch futterbedingte Faktoren wie DM-Gehalt, Kraftfutteranteil, Wasserversorgung, Energiekonzentration, Partikelgröße sowie Umweltfaktoren wie Hitze oder Stallklima beeinflussen die Futteraufnahme. Kühe haben in der ersten Laktation eine um 20–40 % geringere Futteraufnahme als in Folgelaktationen. Auch Futtermanagementfaktoren wirken auf die Futteraufnahme und können gezielt eingesetzt werden, um die Futteraufnahme zu steigern. Dazu gehören insbesondere die Futtervorbereitungstechnik (TMR oder getrennte Vorlage), die Häufigkeit des Futterangebots, das Vorschieben des Futters in den Trogbereich, die Futterhygiene, das Tier-Fressplatz-Verhältnis und die Homogenität der Ration zur Vermeidung einer Futterselektion.

Neben Geruch und Geschmack sind das Futtervolumen und der Pansenfüllungsdruck limitierende Faktoren für die Futteraufnahme. Der Füllungsdruck des Pansens wird durch die DM, aber auch durch die Struktur, Wasserbindung und Gasbildungsintensität des Panseninhalts beeinflusst. So lässt sich erklären, dass im Vergleich zu einer Nasssilage die DMI durch Anwelken von Grassilage bis zu einem DM-Gehalt von 35 % ansteigt. Bei einem weiteren Anstieg des DM-Gehaltes ist allerdings wieder mit einem Rückgang der DMI zu rechnen. Auch eine deutliche Überschreitung des Bedarfes an strukturwirksamen Futter bewirkt einen Rückgang der DMI. Daher kann eine mäßige Zerkleinerung des Grobfutters die DMI steigern. Mehrfach wurde gezeigt, dass eine Reduzierung der theoretischen Häcksellänge von 25 auf etwa 8 mm bei Maissilage bzw. 11 mm bei Grassilage die Futteraufnahme der Hochleistungskühe um 2 kg DM/d erhöht, ohne die Nährstoffverdaulichkeit und die Strukturwirksamkeit der Ration zu beeinträchtigen. Eine weitere Nachzerkleinerung auf etwa 5 mm verbesserte die DMI nicht weiter und führte zugleich zu einer Senkung der Faserverdaulichkeit und einer erhöhten Passage.

Auf die Futteraufnahme hemmend wirken auch die meisten Bitterstoffe, Glucosinolate, Senföle, Nitrile, S-Methyl-Cystein der Cruciferen, Mimosin in Leucaena, Tannine, Saponine und cyanogene Glucoside. Gelegentlich entwickelt sich die Abneigung gegen bestimmte Futtermittel erst nach längerer Fütterungsdauer, z. B. bei buttersäurereichen Silagen.

Aufgrund dieser Vielzahl von Einflussgrößen ist es schwierig, die Futteraufnahme eines Einzeltieres genau vorherzusagen. Für Gruppen von Tieren lässt sich jedoch unter Verwendung von Formeln, die wesentliche Einflussgrößen aufgreifen, die Höhe der **Futteraufnahme schätzen.** Die Vorhersage der Futteraufnahme ist insbesondere bei getrennter Fütterung (Grobfutter und Kraftfutter separat) noch wichtiger als bei TMR-Fütterung, da meist eine dosierte Kraftfuttergabe mit Grobfutter zur freien Aufnahme kombiniert wird.

In der Tabelle 29.15 sind Formeln zur Vorhersage der Futteraufnahme von Gruber et al. (2004) angegeben. Diese Formeln haben sich im internationalen Vergleich als robust und genau erwiesen. Mithilfe dieser Formeln kann die Futteraufnahme der Kühe sowohl bei getrennter Vorlage als auch bei einer TMR-Fütterung geschätzt werden. Wie der Tabelle 29.15 zu entnehmen ist, werden Faktoren wie Rasse, Laktationszahl und -stadium, LM, Milchmenge und Futtereinflüsse wie Grobfutterqualität sowie Kraftfutteranteil bzw. -menge berücksichtigt. Mit einer Streuung von etwa 1,3–1,5 kg DM/d ist eine tierindividuelle Vorhersage der Futteraufnahmen jedoch schwer zu treffen, was mit den oben genannten Einflussfaktoren zusammenhängen dürfte. Für die Abschätzung der DMI einer Gruppe der Kühe bietet die Schätzformel jedoch eine gute Möglichkeit. Dabei ist auch noch eine gewisse Korrektur der DMI um Managementfaktoren nötig, die mit den zuvor genannten Faktoren nicht abgedeckt sind (→ Tab. 29.15). Mit dem Korrekturfaktor kann somit die geschätzte Futteraufnahme erhöht oder erniedrigt werden. Eine Erhöhung ist sinnvoll, wenn die Futtervorlagetechnik oder die Qualität der Futtermittel zeigt, dass die errechneten Futtermengen von Kühen im Betrieb übertroffen werden. Eine Korrektur nach unten kann z. B. durch Hitze im Sommer, schlechte Silagequalitäten und Überbelegung erforderlich werden.

Wie die Beispielberechnung zeigt, schätzt die Formel eine deutlich geringere DMI bei TMR-Fütterung als bei getrennter Fütterung, auch wenn sowohl tier- als auch futterbezogene Faktoren gleich sind. Dies hängt offensichtlich damit zusammen, dass bei getrennter Fütterung und steigendem Kraftfutteranteil eine damit einhergehende Grobfutterverdrängung durch die Formel nicht ausreichend berücksichtigt werden kann. Mit steigenden Kraftfuttergaben steigt zwar die gesamte DMI der Kuh, die Grobfutteraufnahme hingegen sinkt zunehmend, was als **Grobfutterverdrängung** bezeichnet wird.

Diese macht eine Schätzung der Grobfutteraufnahme bei getrennter Fütterung schwierig und stellt in der Praxis oft ein Problem dar. Grobfutterverdrängung kann zu einer Senkung der Strukturfutteraufnahme und damit zu einer Erschwernis bei der Schätzung der Strukturversorgung führen. Der Verdrängungswert ist von vielen Faktoren abhängig, wobei Grobfuttertyp und -qualität, Kraftfuttermenge und -zusammensetzung sowie deren tägliche Verteilung, aber auch kuhspezifische Faktoren wie Laktation und Energiebilanz eine Rolle zu spielen scheinen. Überschlägig liegt der Grobfutterverdrängungswert zwischen 0,3 und 0,8 kg DM aus Grobfutter je zusätzlich eingesetztes Kilogramm Kraftfutter-DM. Allerdings tritt eine Grobfutterverdrängung erst ab einer Kraftfuttergabe von 2–3 kg/d ein. Bei Vorliegen acidotischer Pansenverhältnisse dürfte weniger Grobfutter verdrängt werden, um dadurch eine Säureneutralisierung im Pansen zu fördern. Bei stärkereichem Kraftfutter scheint die Grobfutterverdrängung zunächst höher (0,6) zu sein als bei faserreichem (0,3). Je weniger verdaulich das Kraftfutter ist, desto weniger wird das Grobfutter verdrängt. Maissilage wird mehr als Grassilage und Heu verdrängt. Andererseits wird das Ausmaß der Grobfutterverdrängung mit steigender Milchleistung und sinkender Energiebilanz geringer.

In der Tabelle 29.16 sind **Orientierungswerte für die DMI** angegeben, die nötig ist, um den Energiebedarf in Abhängigkeit von der Milchleistung und dem Energiegehalt der Ration zu decken. Aus dieser Tabelle ist zu entnehmen, dass Kühe eine Aufnahme von 15,2–18,5 kg DM/d realisieren, wenn die Milchleistung eher gering (20 kg/d) ist und der Energiegehalt der Ration 6,8 bzw. 5,6 MJ NEL/kg DM beträgt. Diese Größenordnung der DMI bzw. Energiegehalte ist mit typischen grobfutterbasierten Rationen bzw. mit einer geringfügigen Aufwertung der Ration durch Kraftfutter leicht zu erreichen. Steigen die Leistungen auf 40 kg Milch/d, benötigen Kühe etwa 23,6–25,0 kg DMI/d bei einem Energiegehalt des Futters von 7,2 bzw. 6,8 MJ NEL/kg DM. Letztere Energiegehalte sind meistens nur durch den Einsatz hochwertiger Grobfutter guter Qualität wie Maissilage, Grassilage des 1. Schnittes, früh geerntetes Heu und einen Kraftfutteranteil von etwa 50 % der DM in der Ration möglich. Aus dieser Konstellation ist abzuleiten, dass fütterungstechnische und züchterische Maßnahmen zur Erhöhung des Futteraufnahmepotenzials der Kühe, insbesondere vom Grobfutter, weitgehende positive Auswirkungen auf die Energieversorgung, die Gesundheit der Kühe und die Wirtschaftlichkeit der Milchviehhaltung haben. Dadurch könnten Kraftfutteranteile eingespart werden, ohne die Energieversorgung zu beeinträchtigen und es fiele leichter, die Rationen wiederkäuergerecht zu gestalten. Tatsächlich sind Rationen mit mehr als 7,2 MJ NEL/kg DM nur durch hohe Kraftfutteranteile (>50 % der DM) zu gestalten und somit wird die Aufrechterhaltung der Strukturwirksamkeit der Ration erheblich erschwert, was im nächsten Kapitel ausführlich dargelegt wird.

29.3.4 Strukturbewertung und Strukturversorgung

Die besondere Bedeutung einer ausreichenden Versorgung mit strukturwirksamem Futter bei hochleistenden Milchkühen wurde zuvor bereits erläutert. Die Berechnung einer adäquaten Strukturmenge in der Ration bzw. die Ableitung eines Bedarfes an strukturiertem Futter ist jedoch sehr komplex. Einerseits bedarf es der Definition geeigneter physiologischer Kriterien, die einen Strukturmangel definieren, andererseits müssen die Eigenschaften des Futters entsprechend quantifizierbar sein. Als physiologische Kriterien werden häufig die Kau- und Wiederkauaktivität, der Milchfettgehalt oder der pH-Wert im Pansen herangezogen. Als futtermittelspezifischen Faktor nutzte man in der Vergangenheit häufig den Gehalt an CF und zunehmend auch den Gehalt an NDF. Erfahrungen der letzten Jahre haben aber gezeigt, dass der CF- oder NDF-Gehalt zur Definition der Strukturwirksamkeit eines Futtermittels bzw. einer Ration für Wiederkäuer allein

Tab. 29.15
Schätzgleichungen mit Berechnungsbeispielen für die Futteraufnahme bei getrennter Vorlage von Grob (GF)- und Kraftfuttermitteln (KF) sowie einer TMR (Beispiel: Rasse Holstein, 650 kg LM, 2. Laktation, 120. Laktationstag, 35 kg Milch/d; KF entweder 13 kg DM/d oder 50 % in der TMR, GF mit 6,4 MJ NEL/kg DM).

Einflussfaktoren	**Parameter**	**Koeffizienten bzw. Berechnungen**		**Beispiel**[1]		
		Getrennte Vorlage	**TMR**	**Annahmen**	**Getrennte Vorlage**	**TMR**
	Intercept	3,878	2,274		3,88	2,27
Rasse	FV	−2,631	−2,169			
	BS	−1,826	−1,391	**HF**	−2,72	−2,00
	HF	−2,720	−1,999			
Laktationszahl	1	−0,728	−0,658			
	2–3	0,218	0,236	**2**	0,22	0,24
	>3	0	0			
Laktationstag (d) *Modell:* $a + b \cdot [1 - exp(-c \cdot d)]$	a	−4,287	−5,445			
	b	4,153	5,298	**120**	−0,83	−0,73
	c	0,01486	0,01838			
LM (kg) *Modell:* $a + b_1 \cdot d + b_2 \cdot d^2$	a	0,0148	0,0173			
	b_1	$-4{,}74 \cdot 10^{-5}$	$-5{,}14 \cdot 10^{-5}$	**650**	6,77	8,17
	b_2	$9{,}04 \cdot 10^{-8}$	$9{,}99 \cdot 10^{-8}$			
Milchleistung (kg/d) *Modell:* $a + b_1 \cdot d + b_2 \cdot d^2$	a	0,0825	0,201			
	b_1	0,0008098	0,000808	**35**	5,80	9,77
	b_2	$-9{,}66 \cdot 10^{-7}$	$-1{,}299 \cdot 10^{-6}$			
KF-Menge (kg DM/d) *Modell:* $a + b_1 \cdot d + b_2 \cdot d^2$	a	0,6962				
	b_1	−0,0023289		**13**	6,18	
	b_2	$4{,}0634 \cdot 10^{-6}$				
KF-Anteil (% der DM) *Modell:* $a + b_1 \cdot d + b_2 \cdot d^2$	a		0,0631			
	b_1		-0,0002096	**50**		1,99
	b_2		$1{,}213 \cdot 10^{-7}$			
NEL von GF (MJ/kg DM)		0,858	0,609	**6,4**	5,49	3,90
				Summe:	24,8	23,6
				Geschätzte DMI (kg/d)[2]	**23,5**	**22,4**

1 Vorgehensweise bei der Berechnung: Innerhalb eines Blocks werden zunächst die Parameter (a, b, c, bzw. a, b_1, b_2) und der Wert für den Laktationstag (hier 120) in das Modell eingesetzt. Das Ergebnis wird mit dem Wert des jeweiligen Einflussfaktors (z. B. Block LM: 650 kg) multipliziert. Abschließend werden die Konstanten für Intercept, Rasse und Laktationszahl und die in jedem Block ermittelten Produkte innerhalb der Spalte summiert.

2 Modell für die Schätzung der DMI: a + b · Summe; bei getrennter Vorlage werden die Konstanten a = 0,47 und b = 0,93 in das Modell eingesetzt, bei TMR-Fütterung die Konstanten a = 0,71 und b = 0,92.

nicht ausreicht. Wenngleich der Gehalt an NDF den Gehalt an Gerüstsubstanzen wiedergibt, genügt dieser Wert zur Charakterisierung der Wiederkäuergerechtheit einer Ration alleine noch nicht, da Gerüstsubstanzen *per se* wenig Einfluss auf die Schichtenbildung im Pansen haben. Neben dem chemisch-analytisch erfassbaren Faseranteil muss man auch die Zusammensetzung der Kohlenhydratfraktionen der Gesamtration und vor allem die physikalischen Eigenschaften der Futterpartikel (Länge, Steifheit) sowie die ruminale Abbaubarkeit und den Kraftfutteranteil berücksichtigen.

Infolge dieser Erfordernisse hat es in den letzten Jahren eine Reihe von **Entwicklungen und Neuerungen** gegeben. Frühere Faustzahlen für die Rationsgestaltung waren z. B. mindestens 400 g „strukturwirksame" Rohfaser pro 100 kg LM, ein „kritischer Strukturwert" von mindestens 1, oder mindestens 40–45 % „Halmfutter" in der Gesamt-DM und 18 % CF in der DM, davon 2/3 mit 3,7 cm oder mehr Faserlänge. Unter den Rahmenbedingungen der Fütterung, die aufgrund des kontinuierlichen Leistungsanstiegs heute beachtet werden müssen, sind diese Kriterien und Faustzahlen nicht mehr hinreichend differenzierend. Daher wurden diese Angaben aufgrund neuer wissenschaftlicher Erkenntnisse über das Zusammenspiel von Fütterung, Pansenphysiologie und Leistung relativiert und darauf basierend neue Empfehlungen für die Bewertung der Strukturwirksamkeit der Ration und Rationsgestaltung der Milchkuh abgeleitet. Diesbezüglich hat die GfE im die Beurteilung der Rationen für Milchkühe hinsichtlich der Strukturversorgung mit dem System der **„physikalisch effektiven NDF" (peNDF)** eingeführt (GfE, 2014).

Bei der **Bestimmung der peNDF** wird zunächst die Partikelgröße der Ration erfasst. Da die Charakterisierung der Partikellänge aufgrund der theoretischen Häcksellänge irreführend sein kann, erfolgt eine Beurteilung der Partikellänge in der Praxis mittels des Penn State Particle Separator, auch als „Schüttelbox" bezeichnet. Dafür werden üblicherweise drei Siebe (19 mm, 8 mm Rundloch und 1,18 mm Quadratloch) verwendet, was im Zuge einer definierten Schüttelbewegung (17 cm Hublänge, Frequenz ≥ 1,1 Hz, 40 Bewegungen, 2 × 5 in jede Richtung) die Fraktionen auf die Siebe mit definierter Lochung und die darunter befindliche Wanne aufteilt. In der Tabelle 29.17 werden die Empfehlungen für die Partikellängenverteilung einer Ration angegeben. Wie der Tabelle 29.17 zu entnehmen ist, sind je nach Kraftfutter- und Rationstyp unterschiedliche Fraktionierungen der Futterpartikel zu empfehlen. Für die Festlegung einer optimalen Partikelgröße sind auch der NDF- und Stärkeanteil der Ration sowie die technologischen Gegebenheiten bei der Herstellung und Fütterung der Ration (TMR, aufgewertete Grobfutterration) relevant. Jedoch bieten die Empfehlungen der Tabelle 29.17 einen ersten Ansatzpunkt, zunächst die Verteilung der Partikel

Tab. 29.16 Orientierungswerte zur notwendigen DMI einer Milchkuh (650 kg LM) zur Deckung des Bedarfs an Energie für unterschiedliche Milchleistungen bzw. Trächtigkeitsphasen und in Abhängigkeit des Energiegehaltes der Ration (nach GfE, 2001).

Energiegehalt (MJ NEL/kg DM)	Milchleistung (kg fettkorrigierte Milch)					Woche vor Abkalben	
	10	20	30	40	50	6.–3.	Ab 3.
5,2	13,6					9,8	
5,6	12,6	18,5				9,0	9,9
6,0	11,8	17,3	22,8			8,4	9,3
6,4	11,0	16,2	21,4	26,5		7,9	8,7
6,8		15,2	20,1	25,0	29,8		8,1
7,2			19,0	23,6	28,2		
7,6[1]			18,0	22,3	26,7		

1 Rationen mit mehr als 7,2 MJ NEL/kg DM sind in der Praxis schwer erreichbar. Sie benötigen sehr hohe Kraftfutteranteile und fettreiche Komponenten, was die Aufrechterhaltung der notwendigen Strukturwirksamkeit der Ration erheblich erschwert.

in Abhängigkeit der Rationsform zu überprüfen. Es ist dabei darauf zu achten, dass alle Partikelfraktionen in der Ration einzuhalten sind. Wenn eine Ration einen zu hohen Anteil an groben Partikeln (>19 mm) zulasten der mittelgroßen (8–19 mm) aufweist, dann hat diese Ration theoretisch mehr Struktur, ist aber für die Kühe leichter selektierbar. Eine mögliche selektive Futteraufnahme der Tiere, vor allem eine Selektion des Kraftfutteranteils, ist insofern problematisch, da Kühe bei steigenden Kraftfutteranteilen diese vermehrt zulasten des Grobfutteranteils aufnehmen und das aufgenommene Futter daher der bereits errechneten Strukturmenge in der Ration nicht mehr entspricht. Ein Vorteil der gleichmäßigen Verteilung der Partikelgrößen ist folglich auch eine bessere Homogenität der Ration mit geringerer Selektion einzelner Komponenten. Eine geringere Selektion der Ration hat positive Auswirkungen auf die Verteilung der Futteraufnahme im Tagesverlauf, was sich sowohl positiv auf die Pansenfermentation als auch auf die Futteraufnahme auswirken kann. Ziel der Berücksichtigung der Partikelgröße bei der Rationsplanung ist es daher, dass die Ration die richtige Verteilung der Partikelgrößen bzw. Struktur hat und Kühe die Rationskomponenten nicht selektieren.

Im zweiten Schritt werden die chemisch analysierten Gehalte an NDF herangezogen und mit den Daten zur Partikelgröße kombiniert. Dadurch können zwei wichtige Einflussgrößen der Strukturwirksamkeit in einem Wert zusammengeführt werden, und zwar als peNDF. Dementsprechend kann der peNDF-Gehalt einer Ration in Funktion der Partikelgrößenverteilung und des NDF-Gehalts berechnet werden:

$$\text{peNDF (\% in der DM)} = \text{pef} \cdot \text{NDF (\% in der DM)}$$

Anhand des NDF-Gehalts und des prozentualen Anteils der Fraktionen auf dem 19-, 8- und 1,18-mm-Sieb kann der physikalische Effektivitätsfaktor (pef) als $\text{pef}_{>8}$ (Inhalte auf den 8- und 19-mm-Sieben), oder $\text{pef}_{>1,18}$ (Inhalte auf den 1,18-, 8- und 19-mm-Sieben) errechnet werden. Somit lassen sich sowohl $\text{peNDF}_{>8}$ als auch $\text{peNDF}_{>1,18}$ in der Ration erfassen. In den letzten Jahren wurde das System auch mit einem Sieb mit 4 mm Porengröße ($\text{peNDF}_{>4}$) statt 1,18 mm ergänzt, eine Validierung dieser Alternative blieb aber bisher aus.

Der Gehalt an peNDF kann zur **Schätzung des pH-Wertes** im Pansen herangezogen werden. Als Faustregel sollen etwa 18 % $\text{peNDF}_{>8}$ oder 32 % $\text{peNDF}_{>1,18}$ in der Ration enthalten sein, wobei dies später noch spezifiziert wird. Die Adaptation des Pansens an veränderte Fütterung spielt eine Rolle, ebenso wie tierindividuelle Unterschiede. Bei derselben strukturarmen Ration gibt es Kühe, die einen geringeren Abfall des ruminalen pH-Wertes zeigen als andere. Im Allgemeinen kommt es jedoch bei einer anhaltend ungenügenden Aufnahme an peNDF zu deutlich reduzierten pH-Werten im Panseninhalt (pH-Werte <5,8 für mehr als 5–6 h/d oder pH-Wert <5,6 für mehr als 3 h/d) und somit zu einem Risiko zur Entstehung einer SARA. Andererseits kommt es zu einer Verminderung der DMI, wenn zu viel peNDF in der Ration enthalten ist (→ Abb. 29.8). Daher ist nicht nur ein Mindestgehalt, sondern auch ein Maximalgehalt an peNDF bedeutsam, zwischen denen die Kühe ein geringeres Risiko einer SARA haben und gleichzeitig ihr Futteraufnahmepotenzial ausschöpfen können. Die Abbildung 29.8 gibt zu erkennen, dass Rationen mit 19 % $\text{peNDF}_{>8}$ zwar einen stabilen pH-Wert im Pansen ermöglichen, es bei diesem Wert allerdings bereits zu

Tab. 29.17
Empfehlungen zur Partikelgrößenverteilung in der Ration, wenn diese als Gesamtmischration mit geschrotetem Kraftfutter (TMR Schrot), mit pelletiertem Kraftfutter (TMR pelletiert) oder als aufgewertete Grundration (AGR) angeboten werden.

Partikelgrößenfraktion	Porengröße	TMR Schrot (%)	TMR pelletiert (%)	AGR (%)
Grob	>19 mm	3–8	3–8	15–25
Mittel	8–19 mm	30–40	35–45	35–65
Fein	1,18–8 mm	30–40	40–50	15–25
Sehr fein	<1,18 mm	<20	<10	<8

einer reduzierten DMI kommt. Den Überschneidungsbereich bilden Rationen, deren $peNDF_{>8}$-Gehalt zwischen 14 und 19 % liegt, in dem zwar der pH-Wert noch unterhalb des Optimums liegt, die Futteraufnahme jedoch nur wenig beeinträchtigt ist. Kühe, die solche Rationen erhalten, haben ein deutlich geringeres Risiko, eine SARA zu entwickeln. Daraus ergibt sich, dass zwischen pansenphysiologisch optimalem peNDF-Gehalt und der für die Kuh erforderlichen Energieaufnahme ein nur enger Überlappungsbereich besteht und die Formulierung von wiederkäuergerechten Rationen für hochleistende Milchkühe eine besondere Herausforderung ist. Diesen Bereich kann man durch Beachtung der Mengen an leichtlöslichen bzw. fermentierbaren Kohlenhydraten und langsamer Adaptation der Kühe beeinflussen.

So ist ein weiterer Bestandteil des peNDF-Systems, dass nicht nur Partikelgröße und NDF-Gehalt gemeinsam berücksichtigt werden, sondern auch, dass die Stärke und die Höhe der Futteraufnahme als Einflussgrößen für den pH-Wert im Pansen einbezogen werden können. Die in den Tabellen 29.18 und 29.19 dargestellten Empfehlungen beziehen sich auf die notwendigen Gehalte an $peNDF_{>8}$ bzw. $peNDF_{>1,18}$, um einen tagesdurchschnittlichen pH-Wert von 6,2 im Pansen aufrechtzuerhalten und damit das Risiko einer SARA minimal zu halten. Wie den Tabellen zu entnehmen ist, sind für die notwendige Versorgung mit peNDF auch der Gehalt an Stärke bzw. an im Pansen abbaubarer Stärke sowie das Niveau der DMI von entscheidender Bedeutung. Die notwendige Menge an peNDF in der Ration ist daher keine feste Größe. Aus Tabelle 29.19 geht hervor, dass die notwendigen Gehalte an $peNDF_{>1,18}$ sowohl bei steigender DMI als auch bei höheren Gehalten an im Pansen abbaubarer Stärke steigt, da die Menge an fermentierbarer Substanz größer ist. Reichen 25 % $peNDF_{>1,18}$ in der Ration bei einer DMI von 18 kg/d und 16 % pansen-abbaubarer Stärke aus, um die Strukturversorgung zu gewährleisten, sind sie nicht mehr ausreichend wenn die Ration 20 % pansen-abbaubare Stärke enthält; dann werden bei derselben DMI 32 % $peNDF_{>1,18}$ benötigt.

Die Ableitung der nötigen Versorgung mit peNDF bezieht sich auf die Fütterung einer TMR, deren Einsatz in der Praxis jedoch nicht genereller Standard ist. Bei Verwendung einer Teilmischration bzw. AGR kann nur die Siebfraktion >8 mm als Bezugsgröße verwendet werden (→ Tab. 29.18), d. h. es kann auf die Verwendung eines dritten Siebes verzichtet werden. Dies hängt damit zusammen, dass die separat angebotenen Kraftfuttermittel keine Partikel mit >8 mm Größe liefern. Somit kann unter diesen Bedingungen auch mit dem in der Teilmischration erforderli-

Abb. 29.8
Zusammenhang zwischen peNDF-Gehalt in der Ration (Partikel über 8 mm) und der täglichen mittleren resultierenden Trockenmasseaufnahme; täglicher mittlerer pH-Wert (—) und DMI (---) bei Milchkühen (Zebeli et al. 2012)

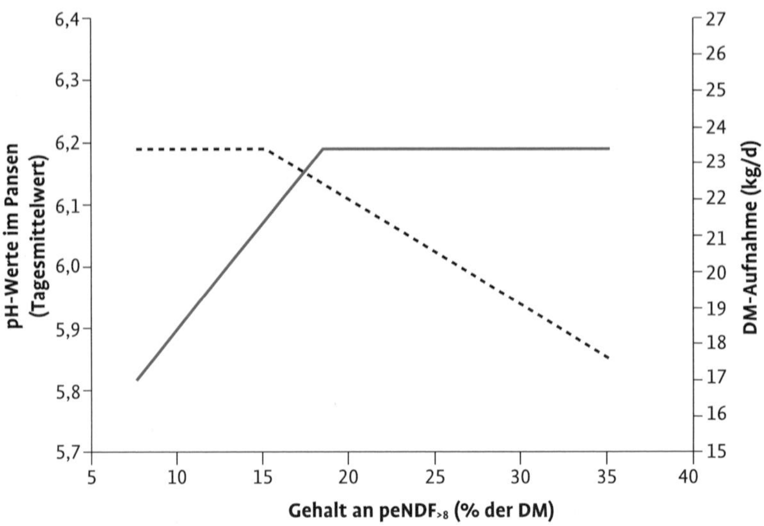

chen Wert für die peNDF kalkuliert werden. Dabei muss wiederum der Stärkegehalt der Gesamtration berücksichtigt werden. Der Gehalt an NDF des Kraftfutters kann dem gesamten NDF-Gehalt der Ration anteilsmäßig angerechnet werden. Es ist insgesamt erstrebenswert, eine optimale Menge pansenabbaubarer Stärke bereitzustellen, wobei sich das empfohlene Ausmaß des Anteils pansenabbaubarer Stärke aus Getreide an einer TMR nach der peNDF-Versorgung und dem Niveau der DMI gemäß Tabelle 29.19 ergibt. Als Faustzahl gilt, dass die Ration nicht mehr als 25 % Stärke plus Zucker in der DM enthalten soll. Stammt ein höherer Anteil hiervon aus Mais, so sind insgesamt evtl. auch 30 % Stärke plus Zucker zu tolerieren.

Auch bei Rationen, die pelletierte Kraftfutter enthalten, ist die Verwendung von $peNDF_{>8}$ von Vorteil. Je nach Pelletierverfahren und Pelletgröße wird das pelletierte Kraftfutter auf dem Sieb >1,18 mm verbleiben ohne jeglichen Beitrag für die Strukturwirksamkeit, jedoch wenig auf dem Sieb 8 mm. Kraftfutterpellets vom Ober- bzw. Mittel- und Untersieb sind separat zu erfassen. Die bei einer aufgewerteten Grundration verabreichten Kraftfuttermengen über den Transponder werden berücksichtigt, indem sie dem Untersieb prozentual zugerechnet werden. Je kg Kraftfutter sind 2 % anzusetzen, d. h. eine Gabe von 5 kg Kraftfutter pro Kuh und Tag über den Transponder erhöht den Anteil im Untersieb um 10 %. Die Anteile im Obersieb werden folglich entsprechend um 10 % vermindert. Dasselbe gilt auch für den Gehalt an peNDF>8.

Tab. 29.18
Notwendige Gehalte an peNDF inklusive Partikel >8 mm ($peNDF_{>8}$; % der DM) in Abhängigkeit der DM-Aufnahme und des Stärkegehaltes (GfE, 2014).

Stärkegehalt (% der DM)	DMI (kg/d)			
	18	20	22	24
14	12	13	15	16
18	14	15	17	18
22	16	17	19*	21*
26	18	20*	22*	22*

* $peNDF_{>8}$ Gehalte über 18 % können die DMI begrenzen, weshalb dann die vorhergesagte DMI möglicherweise nicht erreicht werden kann.

Die Werte wurden auf der Basis eines mittleren Tages-pH-Wertes im Pansen von 6,2 mittels folgender Gleichung ermittelt: ruminaler pH-Wert = $6{,}19 + 0{,}0438 \cdot x_1 - 0{,}000847 \cdot x_1^2 - 0{,}00928 \cdot x_2 - 0{,}01341 \cdot x_3$, mit $x_1 = peNDF_{>8}$ (% der DM), x_2 = Stärke (% der DM), x_3 = DMI (kg/d) ($R^2 = 0{,}65$, $P < 0{,}001$) (Zebeli et al., 2010).

29.3.5 Energie- und Nährstoffbedarf

Energie

Der NEL-Bedarf wird faktoriell abgeleitet. Die Ableitungen werden nachfolgend erläutert. Grundsätzlich basiert das NEL-System auf dem Teilwirkungsgrad der ME für Milchbildung (k-Wert), der im Durchschnitt 0,60 beträgt. Andere Arten der Leistungserbringung, z. B. die Gravidität, sind mit hiervon abweichenden k-Werten verbunden, verändern sich jedoch bei unterschiedlich hoher Leistung in gleicher Relation wie der k-Wert für Milchbildung.

Erhaltungsbedarf Milchkühe

Dies ist der Bedarf zur Aufrechterhaltung sämtlicher Lebensfunktionen im thermoneutralen Be-

Tab. 29.19
Notwendige Gehalte an peNDF inklusive Partikel >1,18 mm ($peNDF_{>1,18}$; % der DM) in Abhängigkeit der DM-Aufnahme und des Gehaltes an pansenabbaubarer Stärke aus Getreide (GfE, 2014).

Pansenabbaubare Stärke aus Getreide (% der DM)	DMI (kg/d)			
	18	20	22	24
8	18	20	21	23
12	21	23	25	28
16	25	28	32	>32*
20	32	>32*	>32*	>32*

* peNDF>1,18 Gehalte über 32 % können die DMI limitieren, weshalb dann die vorhergesagte DMI möglicherweise nicht erreicht wird.

Die Bedarfszahlen wurden auf Basis eines ruminalen pH-Wertes von 6,2 mittels folgender Gleichung ermittelt: ruminaler pH-Wert = $6{,}05 + 0{,}0444 \cdot x_1 - 0{,}0006 \cdot x_1^2 - 0{,}017 \cdot x_2 - 0{,}016 \cdot x_3$, mit $x_1 = peNDF_{>1,18}$ (% der DM), x_2 = pansenabbaubare Stärke aus Getreide (% der DM), x_3 = DM-Aufnahme (kg/d); ($R^2 = 0{,}66$, $P < 0{,}001$) (Zebeli et al., 2008).

reich bei geringer Bewegungsaktivität, jedoch ohne Leistungserbringung. Besonderheiten bestimmter Rassen oder Haltungsbedingungen können die Wärmeabgabe beeinflussen und daher Zuschläge zum Erhaltungsbedarf erforderlich machen.

Grundsätzlich beträgt der **tägliche Erhaltungsbedarf:**

$$0{,}293 \cdot \text{kg LM}^{0{,}75}\ (\text{MJ NEL/d})$$

Dies ergibt beispielsweise bei einer LM von 500 kg einen Erhaltungsbedarf von 31 MJ NEL/d und bei 750 kg LM von 42 MJ NEL/d. Für extensiv gehaltene Rassen (z. B. Galloway, Scottish Highland) sind Zuschläge vor allem im Winter von bis zu 25 % erforderlich. Auch bei extensiver Weidehaltung von Milchrindern, z. B. Almweidehaltung, sind Zuschläge (u. a. für die Bewegung) von 10–15 % angemessen.

Leistungsbedarf

Allgemeines

Im NEL-System entspricht die Energieabgabe mit der Milch dem NEL-Bedarf für Milchbildung. Der Energiegehalt der Milch beträgt etwa 3,2 MJ pro kg, hängt jedoch von den Gehalten der Milch an Protein, Fett und Lactose ab und kann unter Verwendung der Brennwerte dieser Inhaltsstoffe spezifiziert werden. Wegen des hohen Brennwertes von Fett ist der Fettgehalt die wesentliche Determinante des Energiegehalts der Milch. Der Proteingehalt hat ebenfalls einen Einfluss, während der energetische Beitrag der Lactose recht konstant ist. Näherungsweise kann der Energiegehalt der Milch bei bekannten Fett- und Proteingehalten mit der folgenden Formel berechnet werden:

$$\text{Energiegehalt der Milch (MJ/kg)} = 0{,}38 \cdot \text{Fettgehalt (\%)} + 0{,}21 \cdot \text{Proteingehalt (\%)} + 0{,}95$$

Für Milch mit verschiedenen Fett- und Proteingehalten gelten die in Tabelle 29.20 berechneten Energiewerte.

Bei der Berechnung des Bedarfs für Milchbildung wird noch ein Zuschlag vorgenommen. Dies ist dadurch begründet, dass die Umsetzbarkeit der Energie mit jedem Vielfachen des Ernährungsniveaus (Erhaltungsumsatz = Ernährungsniveau 1) um

Tab. 29.20
Energiegehalte von Kuhmilch (MJ/kg) in Abhängigkeit von Protein- und Fettgehalt[1].

Fettgehalt (%)	Proteingehalt (%)			
	2,9	3,2	3,5	3,8
3,00	2,67	2,73	2,80	2,86
3,25	2,76	2,82	2,89	2,95
3,50	2,86	2,92	2,99	3,05
3,75	2,95	3,01	3,08	3,14
4,00	3,04	3,10	3,17	3,23
4,25	3,13	3,19	3,26	3,32
4,50	3,22	3,28	3,35	3,41
4,75	3,32	3,38	3,45	3,51
5,00	3,41	3,47	3,54	3,60

1 Für die Berechnung wird der Brennwert für 1 g Milchfett mit 38 kJ, für 1 g Protein mit 21 kJ angesetzt. Für den Lactosegehalt wird mit einer Konstanten von 950 kJ pro Liter Milch gerechnet

0,8 % sinkt. Da Milchleistung und Futteraufnahmeniveau korreliert sind, wird der damit gekoppelte Rückgang des energetischen Futterwertes durch einen Bedarfszuschlag von 0,07 MJ NEL pro kg Milch berücksichtigt. Dieser Korrekturwert orientiert sich an einer mittleren täglichen Leistung von 20 kg Milch (bei 600 kg LM). Dieser Zuschlag ist eine Besonderheit des NEL-Systems. Das Vorgehen erscheint zwar zunächst als inkonsistent, weil ein Aspekt der energetischen Futterbewertung dem Bedarf des Tieres zugeordnet wird. Allerdings wäre die Alternative, dass jedem Futtermittel in Abhängigkeit vom Ernährungsniveau unterschiedlich hohe ME-Gehalte zugeschrieben würden. Dies würde den Umgang mit Futterwerttabellen und die Futteroptimierung erheblich komplizierter gestalten. Die Berücksichtigung des Effektes bei der Kalkulation des Bedarfs kommt zu demselben Ergebnis, ist jedoch wesentlich einfacher zu handhaben. Allerdings ist die Korrektur bei niedrigen Milchleistungen leicht überhöht, bei sehr hohen leicht unterschätzend. Für variierende Milchleistungen und einen mittleren Fettgehalt von 4 % ist in Tabelle 29.21 der tägliche NEL-Bedarf (Erhaltung plus Leistung) von Milchkühen berechnet.

Tab. 29.21
Täglicher Energiebedarf für Erhaltung und Leistung von Kühen mit 650 kg LM (Milch mit 4 % Fett), Orientierungswerte zur erforderlichen Futteraufnahme.

	DM-Aufnahme (kg/d)	Energiebedarf (MJ NEL/d)
Hochtragend		
8. Monat	10,0	62
9. Monat	9,0	72
Milchleistung (kg)		
10	12	70
15	14	87
20	16	103
25	18	120
30	20	136
35	22	153
40	24	169
45	26	186

Neben der LM des Tieres sind also Milchmenge und -zusammensetzung bedarfsrelevant. Die Fett- und Proteingehalte können stark variieren, weshalb Milchmengen zum Vergleich häufig auf den gleichen Energiegehalt bei 4,0 % Fett und 3,4 % Eiweiß standardisiert werden (englisch „energy-corrected milk; ECM):

$$\text{ECM (kg)} = \text{Milch gemessen (kg)} \cdot [0{,}38 \cdot \text{Fettgehalt (\%)} + 0{,}21 \cdot \text{Proteingehalt (\%)} + 1{,}05] / 3{,}28$$

Beispiel: 30 kg Milch mit 3,2 % Fett und 3,0 % Protein entsprechen 26,5 kg ECM.

Bedarf während der Trächtigkeit

Während der Endphase der Trächtigkeit ab der 6. Woche vor dem Kalben benötigen Kühe zusätzliche Energie für die Bildung der Konzeptionsprodukte. Der Teilwirkungsgrad der ME für den Energieansatz im Fruchtgewebe ist niedrig und liegt im Bereich von 0,1– 0,2. Differenzen für die Bildung von Euter- und Uterusgewebe bleiben unberücksichtigt. Unter Verwendung von Schätzwerten für den Ansatz von Energie in den Konzeptionsprodukten und einem mittleren k-Wert von 0,15 lässt sich der NEL-Bedarf für die Trächtigkeit wie in Tabelle 29.22 dargestellt berechnen.

Tab. 29.22
Energieansatz in der Hochgravidität und der Bedarf an NEL.

	Ansatz (MJ/d)			k_g [1]	NEL-Bedarf für Ansatz (MJ/d) [2]
	Uterus	Euter	Gesamt		
Wochen *ante partum*					
6.–4.	2,7	1,0	3,7	0,15	25
3.–1.	3,8	1,5	5,3	0,15	35

1 Teilwirkungsgrad für Gravidität
2 NEL-Bedarf für Ansatz (MJ/d) = Gesamtbedarf für Ansatz (MJ/d) : k_g

Protein

Die Proteinbewertung für die Milchkuh wird auf der Basis des nutzbaren Rohproteins am Duodenum (nXP) vorgenommen. Diese Bewertung berücksichtigt die Prozesse des Abbaus und Aufbaus von Protein durch Mikroorganismen in den Vormägen. Das nXP ergibt sich aus der Summe des gebildeten Mikrobenrohproteins und dem in den Vormägen nicht abgebauten Futterrohprotein (UDP). Ebenso wie bei der Energie wird auch der nXP-Bedarf faktoriell abgeleitet. In Ergänzung zum nXP wird in der Rationsplanung stets die ruminale Stickstoffbilanz (RNB) berechnet. Durch die Berücksichtigung der RNB soll einerseits ein N-Mangel der Mikroorganismen ausgeschlossen und andererseits eine überschüssige N-Aufnahme des Tieres möglichst vermieden werden.
Bei der Ermittlung des nXP-Bedarfs wird zunächst der Nettobedarf an Protein wie folgt berechnet:
1. Unvermeidliche Verluste im Harn, Kot und über die Körperoberfläche (geprüft über N-freie Rationen oder Kalkulation durch Regressionen mit Interpolieren auf eine N-Aufnahme von Null):

- Endogener Harn-N (g/d): $5{,}9206 \cdot \log \text{LM (kg)} - 6{,}76$,
- Oberflächenverlust an N (g/d): $0{,}018 \cdot \text{LM}^{0{,}75}$ (kg),
- Endogener Kot-N (g/d): $2{,}19 \cdot \text{DMI (kg/d)}$.

Während die LM des Tieres als Einflussfaktor für die unvermeidlichen N-Verluste im Harn und den Oberflächenverlusten berücksichtigt wird, ist bei den unvermeidlichen Verlusten im Kot die Menge an aufgenommener Futtertrockenmasse die Einflussgröße. Der Verlust mit dem Kot macht den größten Anteil an den unvermeidlichen Verlusten aus. Die unvermeidlichen N-Verluste werden mit dem üblichen Faktor von 6,25 in Protein umgerechnet. In Tabelle 29.23 ist anhand eines Beispiels der Nettobedarf an Protein einer Milchkuh berechnet und es werden dabei die Relationen der einzelnen Bestandteile des Nettobedarfs deutlich.

2. Proteinabgabe über die Milch: Sie lässt sich bei Kenntnis des Proteingehalts der Milch und der Milchmenge leicht berechnen. Veränderungen in Abhängigkeit vom Laktationsstadium oder Einflüsse der Rasse und der Fütterung können berücksichtigt werden. Der Nettoproteinbedarf für Milchbildung wird folgendermaßen berechnet:

$$\text{Nettobedarf für Milchbildung (g)} = \text{Milch (kg)} \cdot \text{Proteingehalt der Milch (g/kg)}$$

Das Beispiel in Tabelle 29.23 zeigt, dass bei einer Milchleistung von 40 kg/d die Milchproduktion einen Anteil von etwa 78 % am Nettobedarf für Protein ausmacht.

Ist der Nettobedarf an Protein bekannt, wird der nXP-Bedarf unter Berücksichtigung folgender Zusammenhänge berechnet:

- Für die Bedarfsdeckung des Tieres sind die Aminosäuren relevant. Von dem gesamten N, der zum Duodenum gelangt, liegen jedoch nur 75 % als Aminosäuren-N vor.
- 85 % dieser Aminosäuren sind im Dünndarm absorbierbar.
- Von den absorbierten Aminosäuren werden im Stoffwechsel des Tieres 75 % zur Deckung des Nettobedarfs verwertet.

In Kombination dieser Einzelfaktoren ergibt sich ein Umrechnungsfaktor von $0{,}73 \cdot 0{,}85 \cdot 0{,}75 = 0{,}47$. Wird der Nettobedarf an Protein durch diesen Faktor geteilt, ergibt dies den Bedarf an nXP. Danach errechnet sich für das Beispiel aus der Tabelle 29.23 ein **nXP-Bedarf** von:

$$1737\,\text{g} : 0{,}47 = 3696\,\text{g/d}$$

In Tabelle 29.24 sind Werte für den nXP-Bedarf für verschiedene Leistungen beispielhaft zusammengestellt. Als Erhaltungsbedarf wird dabei summiert, was auf die unvermeidlichen N-Verluste zurückzuführen ist. Von diesem Beispiel abweichende Proteingehalte der Milch beeinflussen den nXP-Bedarf. Ist der Proteingehalt der Milch um 0,1 % höher oder niedriger, bedeutet dies ein mehr oder weniger beim nXP-Bedarf von 22 g/l Milch. Unterschiede in der Höhe der Milchleistung wirken sich in zweifacher Hinsicht auf den nXP-Bedarf aus: Zu dem direkten Einfluss der Milchproteinmenge kommt hinzu, dass mit zu-

Tab. 29.23
Täglicher Nettoproteinbedarf einer Kuh mit 650 kg LM und 40 kg Milchleistung.

	Berechnungsbasis (A)	Faktor (B)	N-Bedarf für Teilgröße (C = A · B)	Nettoproteinbedarf (g) (D = C · 6,25)[1]
Unvermeidliche Verluste				
N-Verluste über die Körperoberfläche	129 kg $LM^{0,75}$	0,018[2]	2,3	14,4
Endogener Kot-N	22 kg DMI	2,19[2]	48,2	301,3
Endogener Harn-N[3]			9,8	61,3
Zwischensumme				377
Bedarf für Milchprotein	40 kg Milch	34[4]		1360
Gesamtsumme				**1737**

1 6,25 ist der Umrechnungsfaktor von N (g) in CP (g), 2 siehe Text,
3 endogener Harn-N (g/d) = 5,90206 logLM – 6,76 (GfE, 2001) 4 Proteingehalt der Milch (g/kg)

nehmender Milchleistung grundsätzlich auch die Futteraufnahme steigt und damit die unvermeidlichen N-Verluste im Kot zunehmen. Dies wird bei der zuvor erläuterten ausführlichen Bedarfsberechnung berücksichtigt.

Näherungsweise kann eine Schätzung des nXP-Bedarfs auch mit der folgenden vereinfachten Formel vorgenommen werden, in diesem Beispiel für die Annahme von 3,4 % Protein in der Milch und 650 kg LM:

$$\text{Schätzung des Bedarfs an nXP (g)} = 431\,\text{g} + 85\,\text{g} \cdot \text{Milchmenge (kg)}$$

Berechnung der Versorgung mit nutzbarem Rohprotein (nXP) am Duodenum

In Analogie zur Ermittlung des Bedarfs am Duodenum wird kalkuliert, welche Mengen an nXP in das Duodenum gelangen. Die Herkünfte des nXP sind das in den Vormägen neu gebildete Mikrobenrohprotein und das UDP.

Die Menge des **Mikrobenrohproteins** ist in erster Linie von der Energieversorgung des Tieres abhängig. Diese beeinflusst die Menge an Substanzen, die von den Mikroorganismen im Pansen fermentiert werden kann und ihnen somit als Energiequelle dient. Im Mittel werden 10,1 g Mikrobenrohprotein pro MJ ME gebildet (± 1,5 g) bzw. 156 g je kg verdaulicher organischer Masse (DOM) (± 24). Dies entspricht bei einer hohen Futteraufnahme einer Menge von 2,5–3,0 kg Mikrobenrohprotein, die pro Tag gebildet werden. Der hohe Schwankungsbereich um diese Mittelwerte ist gut bekannt, allerdings ist es trotz vieler Forschungsarbeiten bislang nicht möglich, ihn zu erklären. Die gebildete Menge an Mikrobenrohprotein ist bei Fütterungsfehlern, insbesondere bei zu hohen Anteilen an leicht fermentierbaren Kohlenhydraten oder einer zu geringen Strukturwirksamkeit der Ration, aber z. B. auch bei einer zu geringen Ammoniumkonzentration im Pansen vermindert.

Das **UDP** ist der Teil des gefütterten Rohproteins, der im Pansen nicht abgebaut wird und zum Duodenum gelangt. Die Bedeutung des UDP wird in der Fütterung umso größer, je höher die Milchleistung der Kühe ist. Definiert ist das UDP als Differenz zwischen Rohprotein (bereinigt um Ammoniak) und der Summe von endogenem Rohprotein und Mikrobenrohprotein.

$$\mathbf{UDP} = \text{NAN} \cdot 6{,}25 - (\text{Mikrobenrohprotein} + \text{endogenes Protein})$$

NAN = Nichtammoniak-N

Bei bekannten UDP-Gehalten ist die Schätzung der Menge an nXP mit Regressionsformeln möglich (GfE, 2001):

$$\mathbf{nXP} = \{187{,}7 - [115{,}4\ (\text{UDP/CP})]\} \cdot \text{DOM} + 1{,}03\ \text{UDP}$$

In den seltenen Fällen, in denen der Rohfettgehalt der Ration größer als 7 % ist, wird eine andere Formel verwendet, die die zuvor erläuterten Wirkungen hoher Fettgehalte im Pansen berücksichtigt:

Tab. 29.24
Tagesbedarf von Milchkühen (650 kg LM, 4 % Fett, 3,4 % Protein in der Milch)

Milchmenge (kg)	Aufnahme		Nettobedarf Protein (g)			nXP (g)
	(MJ ME)	DMI (kg)	Erhaltung	Leistung	Summe	
10	120	12,5	247	340	587	1230
20	170	16,0	295	680	975	2050
25	195	18,0	323	850	1173	2460
30	220	20,0	350	1020	1370	2880
35	240	21,5	371	1190	1561	3280
40	265	23,0	391	1360	1751	3680

$$\textbf{nXP} = \{196{,}1 - [127{,}5\ (UDP/CP)]\} \cdot (DOM - DEE) + 1{,}03\ UDP$$

nXP = nutzbares Rohprotein (g)
CP = Rohprotein (ohne Harnstoff) (g)
DOM = verdauliche organische Masse (kg)
DEE = verdauliches Rohfett (kg)
UDP = unabgebautes Futterrohprotein (g)

Ruminale N-Bilanz

Für die Fermentation im Pansen ist eine ausreichende N-Versorgung der Mikroorganismen wichtig. Die Zufuhr erfolgt über das Futter sowie aus der N-Rezyklierung. Das Potenzial der N-Rezyklierung zur Deckung des N-Bedarfs der Mikroorganismen ist vermutlich groß. Es lässt sich jedoch nicht einfach quantifizieren, weshalb es derzeit als N-Quelle im Bewertungssystem unberücksichtigt bleibt. Die RNB wird daher nur unter Berücksichtigung der mit dem Futter zugeführten N-Verbindungen (XP) sowie des den Pansen verlassenden nXP errechnet. Die RNB berechnet sich aus

$$\textbf{RNB} = (XP - nXP)/6{,}25$$

Ist die RNB leicht negativ (nicht weniger als −50 g N/d), kann eine Beeinträchtigung der mikrobiellen Syntheseleistung ausgeschlossen werden. Eine noch geringere RNB sollte vermieden werden. Ist die RNB positiv, muss das Tier vermehrt Ammoniak-N zu Harnstoff metabolisieren und diesen ausscheiden. Der ausgeschiedene Harnstoff ist dann ein Potenzial für Ammoniakemissionen. In der Ration sollte die RNB daher möglichst ausgeglichen sein und Werte von 50 g/d nicht überschreiten.

Das Bewertungssystem auf der Basis von nXP und RNB basiert auf einer Reihe von Konstanten. Mit dem anhaltenden Trend zu steigender Milchleistung wird es jedoch schwieriger, den Bedarf der Milchkuh an praecaecal verdaulichen Aminosäuren zu decken (denn um diesen geht es), ohne die Variation zu berücksichtigen, mit denen die Konstanten verbunden sind. Zu dieser Variation wird daher sowohl mit Blick auf Umsetzungen im Pansen als auch zu den Prozessen im Dünndarm und im Intermediärstoffwechsel des Tieres intensiv geforscht. Die hohe und bislang kaum erklärte Variation in der Effizienz der mikrobiellen Rohproteinsynthese (g pro MJ ME) wurde oben bereits angesprochen. Zusätzliches Augenmerk wird auf die Aminosäuren gelegt. So kann nach gegenwärtigem Wissensstand zwar angenommen werden, dass das Aminosäurenmuster des mikrobiellen Rohproteins relativ konstant ist. Das Aminosäurenmuster des UDP ist jedoch je nach Herkunft verschieden und die Aminosäuren sind im Pansen unterschiedlich schnell abbaubar. Somit steigt bei hoher Milchleistung die Wahrscheinlichkeit, dass eine einzelne Aminosäure zum begrenzenden Faktor für die Milchleistung wird. Unter bestimmten Bedingungen, die sich noch nicht konkretisieren lassen, kann dann der Einsatz sogenannter pansenstabiler Aminosäuren in der Fütterung sinnvoll sein. Variationen gibt es außerdem bei der Verdaulichkeit des UDP und der Aminosäuren im Dünndarm. Insbesondere beim Bemühen, eine möglichst hohe UDP-Versorgung durch Auswahl von Proteinfuttermitteln mit sehr niedriger Abbaubarkeit zu erzielen, steigt die Wahrscheinlichkeit für eine verminderte Verdaulichkeit im Dünndarm. Letztlich ist auch die Verwertung der absorbierten Aminosäuren im Stoffwechsel des Tieres nicht so konstant, wie bislang unterstellt wird. Eine Überarbeitung des Proteinbewertungssystems wird daher deutlich differenzierter ausfallen als das nXP/RNB-System.

Mengenelemente

Der Bedarf an Mengenelementen wird wie folgt faktoriell errechnet:

$$\text{Bedarf (g/d)} = \frac{\text{Nettobedarf (g/d)}}{\text{Verwertbarkeit (\%)}} \cdot 100$$

Die nachfolgenden Tabellen zeigen die Faktoren des Bedarfs der Milchkuh an den wichtigsten Mengenelementen (→ Tab. 29.25) sowie Bedarfswerte für Milchkühe (650 kg LM) mit unterschiedlichen Leistungsniveaus (→ Tab. 29.26). Für Kalium werden keine Angaben gemacht. Die K-Gehalte in pflanzlichen Futtermitteln, insbesondere Grobfuttermitteln wie Gräser und Leguminosen sowie deren Konservate, sind in jedem Fall viel höher (1,5–3,5 % in der DM) als der Bedarf des Tieres. Mit der Ausnahme von Kühen in der Transitphase ist ein solcher K-Überschuss von Tieren gut tolerierbar, solange die Na- und Mg-Versorgung angemessen ist (siehe unten). Nutritive Hypokalämie ist bei Milchkühen selten zu beobachten und kommt vor allem

Tab. 29.25
Ableitung des täglichen Mengenelementbedarfs von Milchkühen.

	Ca	P	Mg	Na
Endogene Verluste (g/kg DMI)	1	1		
(g/kg LM)			0,004	0,011
Ansatz Konzeptionsprodukt (g/Tier)	3,5	2,25	0,125	0,75
Abgabe über Milch (g/kg)	1,25	1,0	0,12	0,5
Verwertbarkeit (%)	50	70	25	85
Verwertungsfaktor (100 : Verwertbarkeit)	2,0	1,43	4	1,18
Für Milchkühe mit 650 kg LM und 40 l Milchleistung (DMI 22 kg/d) errechnen sich somit folgende Bedarfswerte (g/Tier):				
Endogene Verluste	22	22	2,4	6,6
40 kg Milch	50	40	4,8	20,0
Summe Nettobedarf	72	62	7,2	26,6
Nettobedarf · Verwertungsfaktor = Bruttobedarf	144	89	29	31

Tab. 29.26
Täglicher Mengenelementbedarf von Milchkühen (g/Tier) (Nettobedarf · Verwertungsfaktor).

	Ca	P	Mg	Na
Erhaltung	20	20	9,6	7,9
+ Bedarf hochgravid	7,0	3,0	0,5	0,9
Summe (Bruttobedarf)	27	23	10,1	8,8
Erhaltung + 10 kg Milch	49	31	14,4	13,9
Erhaltung + 15 kg Milch	66	41	16,8	16,9
Erhaltung + 20 kg Milch	82	51	19,2	19,9
Erhaltung + 25 kg Milch	98	61	21,6	22,9
Erhaltung + 30 kg Milch	114	71	24,0	25,9
Erhaltung + 35 kg Milch	130	80	26,4	28,9

bei einer akuten Nahrungskarenz der Tiere vor, insbesondere in Verbindung mit Störungen, die die DMI stark einschränken. Auch für Schwefel ist eine gesonderte Ableitung eines Bedarfs nicht erforderlich, weil Grobfutter und CP-reiche Futtermittel S-reich sind (0,11–0,45 % S in der DM), sodass die Bedarfsdeckung bei angemessener nXP-Versorgung und üblichen Aminosäurengehalten in den Futterproteinen gesichert ist (0,2 % S in der DM). Sollte jedoch ein hoher Anteil von NPN-Verbindungen oder gegebenenfalls sehr hohe Getreideanteile in der Ration enthalten sein, ist es möglich, dass eine Ergänzung von Schwefelquellen zur Vermeidung eines Mangels für die Mikroorganismen im Pansen notwendig ist. Zu beachten ist aber auch die hohe S-Toxizität beim Wiederkäuer, die sowohl zu einem akuten sekundären Cu-Mangel als auch zu Verdauungs- und systemischen Störungen führen kann. Insbesondere Nebenprodukte wie Rapsextraktionsschrot (0,8 %) und Trockenschlempe (0,6 %), die typischerweise als Proteinergänzung in den Milchkuhrationen vorkommen, enthalten hohe S-Mengen. Beim Einsatz von Melasse (0,6 %) als Bindemittel in Pellets, Verwendung von S-haltigem Wasser (bis zu 1 g/l möglich) oder durch Ergänzungen von S-haltigen sauren Salzen in der Vorbereitungsfütterung, kommen sehr hohe S-Aufnahmen zustande. In der Regel darf der S-Gehalt in der Gesamtration 0,4 % der DM nicht übersteigen.

Die Bestandteile des **Nettobedarfs** sind die unvermeidlichen Verluste, die Gehalte in der Milch sowie der Ansatz in Trächtigkeitsprodukten und möglicherweise noch stattfindendem Wachstum. Die unvermeidlichen Verluste von Ca und P sind von der Höhe der DMI der Tiere abhängig, während die unvermeidlichen Verluste von Mg und Na mit der LM des Tieres in Beziehung gesetzt werden. Für die Milch sind durchschnittliche Konzentrationen unterstellt, die die Bedingungen in der Praxis gut abbilden. Allerdings ergeben sich bei stark schwankenden Proteingehalten in der Milch auch Veränderungen bei den Mengenelementen, insbesondere beim Ca. Zudem gibt es bei den Rindern rassespezifische Unterschiede in der Milchzusammensetzung, die auch die Mengenelemente betreffen.

Unter Berücksichtigung der elementspezifischen Verwertbarkeit wird aus dem Nettobedarf der Gesamtbedarf berechnet. Die Werte für die Verwertbarkeit berücksichtigen sowohl die Prozesse bei der Verdauung als auch den Metabolismus der absorbierten Elemente. Bei einer den Bedarf überschreitenden Versorgung wird die Verwertung infolge der Regulation des Tieres geringer. Dies ist jedoch nicht bedarfsrelevant, da diese Regulation lediglich eine Anpassung an die überschüssige Versorgung ist. Eine Differenzierung zwischen Futtermitteln oder Gruppen von Futtermitteln wird bei den Werten für die Verwertbarkeit nicht vorgenommen.

Die **Ca-Gehalte** vieler pflanzlicher Futtermittel sind relativ gering, sodass in Milchkuhrationen in der Regel eine Ergänzung von Ca über ein Mineralfutter erforderlich ist. Die Gehalte von Ca und anderen Mengenelementen im Grobfutter variieren in Abhängigkeit vom Vegetationsstadium und sind bei Mischbeständen auch durch die botanische Zusammensetzung beeinflusst (Kräuter, Leguminosen und Cruciferen sind beispielsweise Ca-reich). Ca-Seifen werden im Labmagen hydrolysiert, das freie Ca wird so intestinal verfügbar. Die Aufnahme mit dem Tränkwasser ist in der Regel nicht hoch, kann jedoch in Regionen mit entsprechenden Bodenverhältnissen relevant sein. Beispielsweise resultiert bei einem Gehalt von 300 mg Ca/l Wasser und einer Aufnahme von 80 l Wasser eine Ca-Aufnahme von 24 g Ca. Bei bedarfsdeckender Versorgung mit Ca und P resultiert ein bestimmtes Ca/P-Verhältnis im Futter. Das Verhältnis an sich hat jedoch keine Bedeutung für den Wiederkäuer, da es das Verhältnis, in dem diese beiden Elemente im Duodenum vorliegen, nicht widerspiegelt. Ursächlich hierfür sind die großen P-Mengen, die mit dem Speichel sezerniert werden. Sie können mehr zum P-Eintrag in den Pansen beitragen als die Futtermittel. Da entsprechende Ca-Mengen im Speichel nicht enthalten sind, ist das Ca/P-Verhältnis im Futter ohne Aussage für das Ca/P-Verhältnis im Duodenum. Die Ca-Versorgung im geburtsnahen Zeitraum ist zur Vorbeuge gegen Gebärparese von besonderer Bedeutung und wird später gesondert behandelt (→ Kap. 29.3.10).

Die **P-Gehalte** in pflanzlichen Futtermitteln sind sehr unterschiedlich und variieren sowohl zwischen Futtermitteln als auch zwischen verschiedenen Partien desselben Futtermittels bei Grob- und Kraftfuttermitteln. Angesichts der großen Bedeutung, die P nicht nur für die Bedarfsdeckung des Tieres und die Kosten, sondern auch für die Umweltwirkung hat, sind daher regelmäßige Futtermittelanalysen erforderlich, um eine sachgerechte Rationsplanung vornehmen zu können. Unter den in Deutschland üblichen Fütterungsbedingungen ist jedoch in den meisten Fällen die Bedarfsdeckung über die pflanzlichen Komponenten der Ration sichergestellt und eine P-Ergänzung über ein Mineralfutter nicht erforderlich. Insbesondere die zur Proteinversorgung eingesetzten Extraktionsschrote enthalten viel P. Bei sehr hohen Anteilen von Maisprodukten in der Ration, möglicherweise noch in Kombination mit Rübenverarbeitungsprodukten, kann eine P-Ergänzung über ein Mineralfutter erforderlich werden. Die Mikroorganismen im Pansen haben einen eigenen P-Bedarf für ihre Aktivität. Dieser Bedarf ist aber mit Sicherheit gedeckt, wenn die Ration für die Milchkuh bedarfsdeckend gestaltet wird.

Für alle P-Quellen wird einheitlich mit einer Verwertbarkeit von 70 % gerechnet. Dieser Wert ist sowohl für pflanzliche als auch für mineralische Quellen mit einer angemessenen Sicherheit verbunden, abgesehen von schwer verwertbaren mineralischen Phosphaten, die in der Fütterung keine Rolle spielen. Dem phytatgebundenen P kommt eine besondere Bedeutung zu. Grundsätzlich können die Mikroorganismen im Pansen die Phosphate weitgehend vollständig vom Inositolring abspalten und somit für das Tier verwertbar machen. Neuere Untersuchungen zeigen, dass bei sehr hoher Leistung und schneller Passage durch den Pansen ein unvollständiger Phytatabbau angenommen werden muss und es hierbei Unterschiede zwischen verschiedenen Futtermitteln gibt, die ähnlich sind wie die beim Proteinabbau. Wegen der Veränderungen bei der Passagerate durch die Änderung der Milchleistung muss diese Entwicklung weiter beobachtet werden. Allerdings gilt bis auf Weiteres, dass die angesprochenen Unterschiede im Phytatabbau für die Bedarfsdeckung nicht relevant sind, weil sie sich vom Niveau her oberhalb des Wertes für die P-Verwertbarkeit von 70 % bewegen.

Magnesium wird im Gegensatz zu anderen Elementen überwiegend im Pansen absorbiert und der Umfang der Absorption wird vom Pansenmilieu beeinflusst. Die Verwertbarkeit ist bereits unter günstigen Bedingungen mit 20–30 % niedrig. Hohe Gehalte an K und Ammoniak im Panseninhalt, insbesondere, wenn diese mit einer knappen Na-Versorgung gekoppelt sind, wie sie z. B. bei Aufnahme hoher Mengen junger Weideaufwüchse ohne Heubeifütterung auftreten können, wirken mindernd auf die Mg-Absorption und können zu akutem Mg-Mangel führen. Dieser ist als Ursache für das Auftreten von Weidetetanie bekannt. Auch wenn kausale Zusammenhänge bislang nicht aufgezeigt werden konnten, wird ein Mg-Mangel auch als Ursache der peripartalen Hypocalcämie bei Kühen diskutiert. Bedingt auch durch intensive K-Düngung (mit anschließender Mg-Verdrängung in der Pflanze) kommen in den letzten Jahren immer höhere K-Gehalte (zum Teil auch >3,5 % der DM) in Pflanzen und damit in den Gras- und Leguminosensilagen vor. Dies kann die Verwertbarkeit von Mg bei solchen grobfutterbetonten Rationen stark beeinträchtigen und zu einem sekundären und subklinischen Mg-Mangel führen. Neben Strukturfutterbeifütterung und Na-Ergänzung können hier Mineralfutter mit speziell angepassten Mg-Gehalten und -quellen vorbeugend eingesetzt werden.

Natrium ist unabhängig von der Quelle gut verwertbar. Pflanzliche Futtermittel, mit Ausnahme von Rübenprodukten, enthalten jedoch sehr geringe Na-Konzentrationen. Somit ist eine Ergänzung der Ration über ein Mineralfutter oder Lecksteine zur Bedarfsdeckung in der Regel immer erforderlich.

Spurenelemente

Der Bedarf an Spurenelementen kann im Prinzip ebenso wie der der Mengenelemente faktoriell abgeleitet werden. Beispiele gibt das NRC (2001). Allerdings stehen diesem Vorgehen vor allem zwei Erwägungen entgegen: Die wesentliche Funktion der Spurenelemente ist ihre Beteiligung an vielfältigen Stoffwechselprozessen und weniger das Ausmaß der Retention in verschiedenen Organen. Zum anderen ist der Faktor für die Verwertbarkeit unsicher und kann über einen weiten Bereich variieren. Daher haben sich die GfE und andere wissenschaftliche Gremien für eine Ableitung aus Dosis-Wirkungs-Versuchen entschieden. Bei der Interpretation solcher Versuche muss berücksichtigt werden, dass verschiedene Elemente in der Ration sich wechselseitig in ihrem Stoffwechselverhalten beeinflussen können. Außerdem unterscheiden sich die aus Dosis-Wirkungs-Beziehungen abgeleiteten Optima je nach ausgewähltem Wirkungskriterium (Enzymaktivität, Metabolitenkonzentration, etc.). Daher ist letztlich in den publizierten Empfehlungen (→ Tab. 29.27) in der Regel ein gewisser Sicherheitszuschlag enthalten. Für die meisten essenziellen Spurenelemente sind homöostatische Regelungsprozesse bekannt, die dafür sorgen, dass in verschiedenen Körperkompartimenten über einen weiten Versorgungsbereich hinweg ausgeglichene Konzentrationen eingehalten werden. Die Regulation erfolgt im Wesentlichen über eine Steuerung der Absorption aus dem Verdauungstrakt (z. B. Eisen und Zink) oder der Exkretion (z. B. Iod und Mangan) bzw. einer Kombination beider Prozesse.

In vielen Fällen reichen die nativen Gehalte in den eingesetzten pflanzlichen Futtermitteln nicht aus, sodass eine Ergänzung über eine Supplementation erfolgen muss, um die Versorgungsempfehlungen zu erfüllen. Hierfür wurden entsprechende Verbindungen als Futtermittelzusatzstoffe zugelassen.

Die Versorgungsempfehlungen für **Eisen** sind mit ausreichend Sicherheit versehen. In den Grobfuttermittel, die in der Rinderfütterung üblicherweise eingesetzt werden, liegen die Fe-Gehalte zum Teil deutlich über dieser Konzentration. Marginale Fe-Versorgung ist allenfalls ein Thema bei der Milchernährung der Kälber. Bei Kühen könnte eine ernsthafte Erkrankung (Parasitose) zu einem Einbruch des Eisenstatus führen.

Kupfer ist ein Element, bei dem die bedarfsgerechte Versorgung über das Grobfutter im Regelfall nicht gegeben ist und eine Supplementierung erfolgen muss. Zu beachten sind hier mögliche Antagonisten im Futter, insbesondere Mo und S, die über die Bildung von entsprechenden Thiomolybdat-Komplexen die Cu-Verwertung beeinträchtigen können. Aber auch hohe Ca- und Fe-Konzentrationen im Futter können die Cu-Absorption beeinträchtigen. Auch wenn sehr hohe Ca-Gehalte in der Fütterung der Milchkuh eher unwahrscheinlich sind, sind hohe Fe-Gehalte in der Grassilage und Rübenblattsilage (bis 1500 mg/kg DM), meist durch Erdverschmutzung, durchaus möglich. Im Hinblick auf die Cu-Toxizität sind Milchkühe gegenüber einer erhöhten Cu-Zufuhr weit weniger empfindlich als Schafe und Ziegen.

Tab. 29.27
Empfohlene Gehalte an Spurenelementen und Vitaminen in Rationen für weibliche Aufzuchtrinder und Milchkühe (pro kg Futtertrockenmasse).

	Spurenelementgehalte (mg)
Eisen	50
Zink	50
Mangan	50
Kupfer	15
Iod	0,25 (Aufzuchtrinder) 0,50 (Milchkühe)
Selen	0,20
Cobalt	0,20
	Vitamingehalte (IE)
Vitamin A	5000–10000 (1 IE = 0,3 µg Retinol = 2,5 µg β-Carotin)
Vitamin D	500 (1 IE = 0,025 µg Cholecalciferol)
Vitamin E	25–50 (1 IE = 1 mg DL-α-Tocopherolacetat)

Trotzdem ist zu beachten, dass der futtermittelrechtlich geregelte Höchstwert in der Gesamtration mit 35 mg/kg DM nur etwas mehr als das Doppelte der Versorgungsempfehlungen beträgt.

Der **Mangan**gehalt der Futtermittel schwankt über einen weiten Bereich. Auch hier ist zu berücksichtigen, dass einige Futterinhaltstoffe die Mn-Verwertung erheblich beeinträchtigen können, beispielsweise erhöhte Ca- oder Fe-Gehalte im Futter. Diese negativen Einflüsse werden in den meisten Fällen aber durch die Versorgungsempfehlungen abgefangen.

Der Versorgung mit **Selen** wird seit Längerem erhöhte Aufmerksamkeit geschenkt, da die meisten Grobfuttermittel Se-Gehalte aufweisen, die deutlich unter den Versorgungsempfehlungen liegen. Ursache ist in vielen Regionen der sehr geringe Se-Gehalt der Böden, insbesondere, wenn sie einer Versauerung ausgesetzt sind. Für die Supplementierung steht eine Reihe von Se-Verbindungen zur Verfügung. Hier ist zu beachten, dass bei einer Se-Gabe in organischer Bindungsform (Selenoaminosäure) futtermittelrechtlich eine Begrenzung vorgegeben ist. Zwischen der Versorgungsempfehlung und dem futtermittelrechtlichen Höchstwert in der Gesamtration liegt lediglich der Faktor 2.

Die **Iod**gehalte in den Futtermitteln variieren über einen erheblichen Bereich. Um die Versorgungsempfehlungen einzuhalten, ist in vielen Fällen eine Supplementierung nötig. Bei der Verfütterung größerer Anteile glucosinolathaltiger Futtermittel (z. B. Rapsprodukte) ist besonders auf eine ausreichende Supplementierung zu achten. Ein erheblicher Anteil des aufgenommenen Iods wird über die Milch abgegeben.

Ein Mangel an **Cobalt** war in der Vergangenheit auf Verwitterungsböden des Granits relativ häufig (z. B. im Südschwarzwald). Heute wird Co in der Regel in verschiedenen Verbindungen supplementiert, um insbesondere die Synthese des Vitamin B_{12} sicherzustellen.

In der Literatur ist eine Reihe weiterer Elemente als essenziell für den tierischen Organismus beschrieben, wie zum Beispiel **Molybdän, Chrom** und **Silicium.** Einige Cr- und Mo-Verbindungen sind auch als Futtermittelzusatzstoffe zugelassen. Es gibt zwar Hinweise, dass eine Cr-Supplementierung positive Auswirkungen auf die DMI und Milchleistung haben kann, jedoch liegen insgesamt noch zu wenig experimentelle Daten vor, um Versorgungsempfehlungen für diese Elemente ableiten zu können. Zudem sind die Gehalte in den meisten Futtermitteln so hoch, dass unter den hiesigen Fütterungsbedingungen eine Unterversorgung als unwahrscheinlich gelten kann. Zu erwähnen ist die hohe Mo-Toxizität, die wie bereits erwähnt durch Thiomolybdat-Komplexbildung die Cu-Verwertung senkt. Wiederkäuer tolerieren etwa bis 5 mg Mo/kg DM, was einem Mo : Cu-Verhältnis von ungefähr 0,5 : 1,0 entspricht. Auch wenn unter praktischen Fütterungsbedingungen die Mo-Gehalte 2 mg/kg DM selten übersteigen, können Pflanzen und insbesondere Leguminosen (Klee, Luzerne, Soja) höhere Mo-Gehalte aufweisen. In der Wachstumsphase (Folgeschnitte haben höhere Konzentrationen) und bei Anbau in nassen und alkalischen Böden steigt der Mo-Gehalt in der Pflanze ebenfalls.

Vitamine

Auch die Versorgungsempfehlungen für Vitamine orientieren sich an den Kriterien der physiologischen Wirkung, d. h. Versorgungsempfehlungen werden im Wesentlichen anhand von Dosis-Wirkungs-Beziehungen abgeleitet. Die Konzentration an Vitaminen bzw. verschiedenen Metaboliten im Blut und anderen Organen werden als weitere Indikatoren herangezogen. Bei der Ableitung der Versorgungsempfehlungen ist zu berücksichtigen, dass einzelne Vitamine auch im Organismus synthetisiert werden können (z. B. in der Haut und im Verdauungstrakt) und wesentlich zur Versorgung beitragen.

Wiederkäuer sind von einer Zufuhr an wasserlöslichen Vitaminen weitgehend unabhängig, da diese durch mikrobielle Synthese im Pansen gebildet werden. Bei Hochleistungskühen kann eine Supplementierung insbesondere bei Stoffwechselstörungen (z. B. Acidose) sinnvoll sein. Allerdings ist darauf zu achten, dass die als Futtermittelzusatzstoff verabreichten wasserlöslichen Vitamine in einer pansenstabilen Form gegeben werden. Beispiele sind die Verabreichung von Thiamin bei hohem Kraftfuttereinsatz oder von Niacin bei Ketose-gefährdeten Milchkühen.

Supplementiert werden Milchkuhrationen meist mit fettlöslichen Vitaminen (A, D und E). Vitamin K wird in der Regel mit den pflanzlichen Futtermitteln in ausreichenden Mengen aufgenommen bzw. mikrobiell synthetisiert. In der Tabelle 29.27 sind daher die in der Praxis empfohlenen Supplementierungen an den Vitaminen A, D und E genannt. Unter bestimmten Bedingungen (z. B. Ganzjahresstallhaltung) ist auch eine Supplementierung mit **β-Carotin** sinnvoll, da neben einer Wirkung als Provitamin A auch eine eigenständige Funktion im Reproduktionsgeschehen der Milchkuh nachgewiesen wurde. Hier werden in der Regel Konzentrationen von 15–30 mg/kg DM der Ration empfohlen. Soweit in den aufgenommenen Futtermitteln, insbesondere im Grobfutter, β-Carotin vorhanden ist, können Teile des **Vitamin-A**-Bedarfs durch die Umwandlung dieses Provitamins A abgedeckt werden.

Vitamin D kann bei entsprechender UV-Exposition in der Haut der Tiere selbst gebildet werden. Bei einer Haltung ohne Weidegang und Sonneneinstrahlung ist jedoch eine Supplementierung der Ration erforderlich.

Vitamin E ist ein wichtiges Antioxidans. Daher besteht eine enge Beziehung zur Versorgung mit Se aber auch mit Vitamin A bzw. Carotin.

Für die Vitaminergänzung stehen verschiedene Vitaminverbindungen und Zubereitungen als Futtermittelzusatzstoffe zur Verfügung.

29.3.6 Wasserversorgung

Milchkühe haben einen hohen Wasserbedarf und besondere Anforderungen an die Qualität und Hygiene des Tränkwassers. Allerdings lässt sich dieser Bedarf nicht wie für andere Nährstoffe faktoriell ableiten. Für die Produktion von 1 l Milch benötigt die Kuh durchschnittlich etwa 2,0–2,3 kg Wasser. Leicht trübes oder durch Kot- und Futterreste verschmutztes Wasser wird nicht in ausreichender Menge aufgenommen. Die Wassermenge und vor allem der Zugang zum Wasser, seine Qualität und Hygiene sind daher für die Leistung, die Gesundheit und das Wohlbefinden der Milchkühe unabdingbar. Ebenso wie die Konkurrenz beim Zugang zum Futtertrog ist auch die Anzahl der Kühe pro Tränkevorrichtung zu beachten, um das kompetitive Verhalten zu mindern. Je nach Rationszusammensetzung decken Kühe knapp 80 % des Wasserbedarfs durch Tränkwasser. Durchschnittlich verbringen sie 18 min/d mit der

Wasseraufnahme, was deutlich kürzer als die Fress- und Wiederkauzeit ist. Die aufgenommene Wassermenge variiert zwischen 15 und 170 l/d, je nach Umweltbedingungen, Wassertemperatur, DMI, DM-Gehalt des Futters, Milchleistung, Laktationstag, LM und der Aufnahme von Na und K. Beispielhaft ist nachfolgend eine Gleichung von Meyer et al. (2004) genannt, mittels derer die Wasseraufnahme geschätzt werden kann:

$$\text{Wasseraufnahme (kg/d)} = -26{,}12 + 1{,}516 \cdot \text{mittlere Umgebungstemperatur (°C)} + 1{,}299 \cdot \text{Milch (kg/d)} + 0{,}058 \cdot \text{LM (kg)} + 0{,}406 \cdot \text{Na-Aufnahme (g/d)}.$$

Mangelnde Wasserqualität, schlechte Wasserhygiene aufgrund von Verschmutzungen, Probleme mit Wasserleitungen sowie unzureichende Anzahl an Wassertrögen (am besten 1 Wassertrog pro 10 Kühe) sind in Milchviehbetrieben oft Hauptgründe für unzureichende Wasseraufnahme und damit verbundener geringerer Leistung, erhöhtem Stress und Inzidenz von Verdauungsstörungen.

29.3.7 Rationsgestaltung

29.3.7.1 Prinzipien der Rationsgestaltung

Bei der bedarfsgerechten Rationsplanung greifen die zuvor erläuterten Maßnahmen ineinander: Die Ration soll den aus der Leistung des Tieres resultierenden Bedarf an Energie und Nährstoffen decken und Überschüsse in der Versorgung vermeiden. Zudem soll sichergestellt sein, dass die Ration:

- wiederkäuergerecht ist, das Wiederkauen stimuliert und die mikrobielle Gemeinschaft im Pansen fördert,
- aufnehmbar ist und die DM-Aufnahmekapazität des Tieres ausschöpft,
- Gesundheit und Wohlbefinden des Tieres fördert,
- Produktqualität und Umweltwirkung berücksichtigt,
- (betriebseigene) Grobfuttermittel bestmöglich verwertet und kostengünstig ist.

Der Ausgangspunkt ist eine sorgfältige Auswahl von Futtermitteln in der Ration, die durch möglichst gut abgestimmte Nährstoffgehalte die genannten Ansprüche erfüllen. Prinzipiell zielt die Rationsplanung auf einen höchstmöglichen Einsatz von (betriebseigenen) Grobfuttermitteln ab. Grobfuttermittel entsprechen der physiologischen Anpassung der Milchkuh zur Verwertung von Gerüstkohlenhydraten am besten und sind auch aus ökologischer und ökonomischer Sicht für die Milchproduktion besonders geeignet. Der Einsatz von Kraftfuttermitteln soll dabei dem Zweck einer Ergänzung dienen, vor allem von Energie, hochwertigem Protein und Mikronährstoffen, aber auch von essenziellen und nichtessenziellen Zusatzstoffen. Der Einsatz von Kraftfuttermitteln sollte auf ein Mindestmaß beschränkt bleiben. Grobfuttermittel sind allerdings sowohl in ihrer Qualität als auch in der mengenmäßigen Verfügbarkeit von vielen Faktoren abhängig. Sie sind durch eine insgesamt große Variation in den Nährstoffgehalten und den Futterwertgrößen gekennzeichnet. Außerdem sind Grobfuttermittel in ihrer Beschaffenheit stark von Gewinnungs- und Konservierungsverfahren abhängig. So können beispielsweise Verschmutzungen und damit verbundene Hygienemängel die Einsatzmenge in der Ration einschränken. Entscheidungshilfen beim Einsatz von Grobfuttermitteln in der Rationsplanung bieten die Ergebnisse aus chemischen, grobsinnlichen, physikalischen und mikrobiologischen Futteranalysen.

29.3.7.2 Ziele beim Einsatz von Grobfuttermitteln

In der Milchkuhfütterung dienen Grobfuttermittel **primär** der **Strukturversorgung** und sind ernährungsphysiologisch unersetzlich. Sie sind reich an Faserfraktionen und bei einer angemessenen Partikelgröße auch strukturreich (→ Kap. 29.3.4). Je nach Region und Verfügbarkeit finden Gras- und Maissilage die weiteste Verbreitung in Milchkuhrationen. Meist werden sie in Kombination miteinander bzw. in Kombination mit anderen Grobfuttermitteln wie Wiesenheu, Stroh, Luzerneheu bzw. -silage, Rübenblattsilage oder auch als alleiniges Grobfutter eingesetzt. In Regionen, in denen Maisanbau nicht sinnvoll ist, bieten Ganzpflanzensilagen von Weichgetreiden (z. B. Gerstensilage) aufgrund der hohen Energiegehalte eine gute Alternative zur Maissilage. Auch frisches Gras, gemäht oder bei Weidegang, ist ein wertvolles Grobfutter. Grasfütterung und Weidegang erfordern aber mitunter noch eine Ergänzung um weitere Strukturfutter, insbesondere bei jungen Weideaufwüchsen. Aufgrund einer geringeren Akzeptanz und Verdaulichkeit spielt Stroh in der Milchkuhfütterung quantitativ eine untergeordnete Rolle. In der Trockenstehration kann Stroh jedoch bis zur Hälfte eingesetzt und mit anderen Grobfuttermitteln (z. B. Grassilage oder Heu) gut kombiniert werden. Es dient dabei primär der Verminderung des Energiegehaltes der Ration, um die Energieaufnahme bei *ad libitum* Fütterung zu begrenzen. In den Rationen für laktierende Kühe können maximal etwa 5 % Stroh zur Erhöhung der Strukturwirkung eingesetzt werden. Dabei können etwa 7–8 % Heuanteil bzw. anteilmäßig weitere Grobfuttermittel in der Ration ersetzt werden, ohne die Strukturwirksamkeit der Ration zu beeinträchtigen. Gerstenstroh wird aufgrund besserer Akzeptanz und Verdaulichkeit bevorzugt verwendet. Um die Homogenität der Ration zu verbessern und damit der Aussortierung von Stroh vorzubeugen, ist eine mäßige Häckselung des Strohs ratsam. Maisstroh spielt aufgrund des hohen Arbeitsaufwandes bei der Gewinnung, geringer Verdaulichkeit und Akzeptanz keine Rolle in der Fütterung von Milchkühen in Europa, wird aber in anderen Regionen der Welt, in denen Grobfutter grundsätzlich knapp ist, eingesetzt.

In Ergänzung zu ihrer Strukturwirkung dienen Grobfuttermittel in der Milchkuhfütterung der **Energie- und Nährstoffversorgung.** Durch einen gut geplanten Einsatz und die Kombination von Grobfuttermitteln, vor allem aber durch den Einsatz von Grobfuttermitteln hoher Qualität, können diese einen erheblichen Beitrag zur Energie- und Nährstoffversorgung der Milchkuh leisten. Grobfuttermittel generieren eine auf Wiederkäuer abgestimmte Form der Futterenergie. Nicht nur, weil deren Einsatz den Kraftfutteranteil in der Ration gering hält und ein gutes Pansenmilieu fördert, sondern auch, weil die Zellwandbestandteile langsamer fermentiert werden und die Energie somit langsamer in FFS überführt wird. Auch die Futterkosten in der Milchproduktion lassen sich durch den Einsatz qualitativ hochwertiger Grobfuttermittel senken. Mithilfe pflanzenzüchterischer Maßnahmen sowie infolge einer verbesserten Silier- bzw. Trocknungstechnik für Heu ist es in den letzten Jahren möglich gewesen, hochwertige und energiereiche Gras- und Maissilagen sowie Heu zu produzieren.

Durch den höheren Gehalt an fermentierbaren Kohlenhydraten, insbesondere Stärke, weist Maissilage unter den Grobfuttermitteln einen besonders hohen Energiegehalt auf. Außerdem ist Maissilage relativ leicht silierbar, schmackhaft und lässt sich sehr gut in der Milchkuhration mischen, was wichtig für die Homogenität einer TMR ist. Allerdings ist Maissilage relativ arm an CP, Mengen- und Spurenelementen und insbesondere aufgrund der intensiven Zerkleinerung während der Silierung und der hohen Stärkegehalte strukturärmer als Gräser und Leguminosen. Daher kann Maissilage als alleiniges Grobfutter nicht eingesetzt werden. Stattdessen ist die Kombination mit anderen Grobfuttermitteln erforderlich, wie z. B. Grassilage, Heu oder Leguminosensilage. Diese weisen zwar in der Regel einen geringeren Energiegehalt auf, enthalten jedoch mehr CP, insbesondere die Leguminosen. Bei guter Siliertechnik und optimalen DM-Gehalten werden diese Silagen gut verzehrt und ermöglichen hohe DMI (16–18 kg Grobfutter pro Tag) und somit relativ hohe Aufnahmen von NEL und nXP aus Grobfutter. Der Einsatz von Leguminosenprodukten wie Gras-Klee-Silage oder Luzerne leistet einen großen Beitrag zur betriebseigenen CP-Versorgung und zur Senkung des Kraftfuttereinsatzes in der Milchproduktion. Da die Qualität dieser Proteine aber nur mäßig ist (geringe UDP-Anteile), ist bei der Rationsplanung immer der Einsatz von fermentierbaren Kohlenhydraten zu berücksichtigen, damit der freigesetzte N in Mikrobenmasse eingebaut und verwertet werden kann.

Grobfutter sind zudem sehr bedeutsam für die Versorgung der Milchkuh mit **Mengen- und Spurenelementen sowie weiteren Mikronährstoffen.** Mit Ausnahme von Maisprodukten sind alle Grobfuttermittel meist reich an Mengenelementen, insbesondere an K, Ca, Cl und S, häufig auch P, sodass ein erheblicher Anteil des Bedarfs der Kuh aus dem Grobfutter gedeckt wird. Bei K sind die Gehalte häufig deutlich bedarfsüberschreitend. Außerdem leisten Grobfuttermittel einen wichtigen Beitrag zur Deckung des Bedarfs an Fe, Mn und Zn sowie unterschiedlichen Provitaminen.

Zu Letzteren gehören Carotin und Vitamin-E-Analoga im frischen Gras sowie Vitamin-D-Analoga im in der Sonne getrockneten Heu. Allerdings weisen Grobfuttermittel eine sehr hohe Variation der Gehalte an diesen Substanzen und teilweise auch eine geringe Verwertbarkeit auf, was die genaue Rationsplanung erschwert, wenn keine Futteranalyse durchgeführt wurde. Regelmäßige Grobfutteranalysen hinsichtlich der Mineralstoffe sollten ebenso zum Standard gehören wie die Analysen der Gehalte von Energie, CP und Faserfraktionen.

29.3.7.3 Ziele beim Einsatz von Kraftfuttermitteln

In der Milchkuhfütterung kommen sowohl Getreide als auch Nebenprodukte der Lebensmittelindustrie, Ölsamenprodukte und industriell hergestellte Ergänzungsfuttermittel zum Einsatz. Im Vergleich zu Grobfuttermitteln zeichnen sich Kraftfutter durch eine geringere Variation der Nährstoffgehalte aus. Sie sind weniger voluminös und haben höhere Konzentrationen an Energie und vielen Nährstoffen. Allerdings haben die meisten Kraftfuttermittel in der Ration keine strukturgebende Wirkung, was den Einsatz in der Milchkuhration einschränkt. Grundsätzlich dienen Kraftfuttermittel der Ergänzung des Grobfutters und sollten nicht den überwiegenden Anteil in der Ration ausmachen.

Futtergetreide sind stärkereich und werden als Energieträger eingesetzt. Sie leisten jedoch bei höheren Einsatzmengen in Milchkuhrationen auch einen erheblichen Beitrag zur Protein- und Mineralstoffversorgung, insbesondere Weizen, Triticale, Gerste und Roggen. Getreide werden in der Regel zerkleinert und trocken gefüttert, bei Mais ist auch der Einsatz als Maiskornsilage verbreitet. Um die physikalische Struktur der Getreide zu verbessern ohne die Verdaulichkeit nennenswert zu beeinträchtigen, hat bei Weichgetreiden das Quetschen Vorteile gegenüber dem Schroten.

Nebenprodukte gibt es viele und sie können in der Milchkuhration sehr sinnvoll als Energieträger (z. B. Pressschnitzel aus der Zuckerrübenverarbeitung, Nachmehlprodukte, Obsttrester, Kartoffelpülpe), als Proteinträger (z. B. Kleberfutter, Schlempe, Biertreber, Hefeprodukte) sowie als Mineralstoffträger eingesetzt werden. Manche Nebenprodukte eignen sich in nasser Form, während die meisten zur Verbesserung von Lagerfähigkeit, Transport und Einsatz getrocknet werden. Nasse Nebenprodukte werden frisch oder in silierter Form gefüttert. In der Milchkuhfütterung sind insbesondere die Pressschnitzel- und Biertrebersilagen bedeutsam. Nebenprodukte sind insgesamt eine kostengünstige Alternative zu teureren Energie- und Proteinquellen, können diese aber meist aufgrund des größeren Volumens nicht völlig in der Ration von Milchkühen ersetzen. Bei niedrigen und teilweise auch bei mittleren Milchleistungen ist es allerdings möglich, nur Nebenprodukte als ergänzende Energie- und Proteinquellen einzusetzen. Auch muss beachtet werden, dass manche Nebenprodukte mit bestimmten Nährstoffen angereichert sind (z. B. ist Schlempe reich an S), was den Einsatz begrenzt. Da die meisten Nebenprodukte relativ hohe Gehalte an Faserfraktionen aufweisen, steigt ihre Einsatzwürdigkeit in Jahren mit Grobfutterknappheit zusätzlich. Allerdings sind Nebenprodukte strukturarm und müssen entsprechend mit einem strukturreichen Grobfuttermittel kombiniert werden. So kann z. B. 1 kg Maissilage durch 0,3 kg Trockenschnitzel plus etwa 0,1 kg Wiesenheu ersetzt werden.

Als Nebenprodukte der Verarbeitung **ölhaltiger Samen** werden primär Raps- und Sojaextraktionsschrote als hochwertige Proteinquellen eingesetzt. Lange Zeit wurde Sojaextraktionsschrot als unverzichtbar in Rationen für Hochleistungskühe erachtet. Dies ist nicht mehr zeitgemäß. Rapsextraktionsschrot hat sich als sehr gut geeignete Proteinquelle erwiesen und kann, bei Beachtung der Unterschiede auch in den Energiegehalten, Sojaextraktionsschrot in Milchkuhrationen vollständig ersetzen. Regional wird auch Leinsamen- oder Sonnenblumenextraktionsschrot eingesetzt. Presskuchen und Expeller können ebenfalls eingesetzt werden, wegen ihres höheren Fettgehalts allerdings nur in geringeren Mengen als Extraktionsschrote. Sie sind als Proteinfuttermittel insbesondere dann interessant, wenn Extraktionsschrote nicht eingesetzt werden dürfen (ökologischer Landbau) oder die Zusammensetzung des Milchfettes gezielt beeinflusst werden soll (Vermarktungsstrategien). Proteinreiche Körnerleguminosen, insbesondere Lupinen, sind ebenfalls für die Fütterung gut geeignet, allerdings am Markt kaum verfügbar, sodass ein betriebseigener Anbau notwendig ist. Zudem setzt ein hoher Proteinwert für die Milchkuhfütterung eine Vorbehandlung der Leguminosensamen zur Verminderung des ruminalen Proteinabbaus voraus, z. B. durch Hitze.

Industrielle **Ergänzungsfuttermittel** sind vielfältig und werden in der Milchkuhfütterung meist als Milchleistungsfutter (MLF), abgestimmt für einen bestimmten Einsatzweck bzw. ein bestimmtes Leistungsniveau, angeboten. Ergänzungsfutter können energiereich oder proteinreich sein, sind mit Vitaminen und Mineralstoffen supplementiert und werden ohne oder mit weiteren Zusatzstoffen angeboten. Meist sind Ergänzungsfutter für Rinder pelletiert, was im Hinblick auf die Vermeidung von Entmischung und die Vorlage Vorteile mit sich bringt. In der Milchkuhfütterung ist es außerdem möglich, Mischungen von Kraftfuttermitteln auf dem Betrieb selbst herzustellen bzw. verschiedene Kraftfuttermittel einzusetzen und diese lediglich mit einem Mineralfuttermittel zu ergänzen.

29.3.7.4 Vorgehen bei der Rationsplanung

Bei der Rationsberechnung müssen die oben genannten Prinzipien der Rationsgestaltung und die einzelbetrieblich vorhandenen Futtermittel berücksichtigt werden. Die Größe des Betriebes und die mit der Größe zusammenhängenden technischen Fütterungsmöglichkeiten bestimmen maßgeblich das Vorgehen bei der Fütterung und damit die Rationsberechnung und -planung.

Berechnung einer Ration

Kenntnisse über die Mengen, Nährstoffgehalte und sonstige Qualitätseigenschaften der Grobfuttermittel, Möglichkeiten für Futtermittelzukauf sowie Daten zu den Kühen (Rasse, Leistung, LM, Körperkondition) sind die Ausgangspunkte für die Berechnung und spätere Kontrolle der Rationen. Entsprechende Analysen der zur Verfügung stehenden Futtermittel sind notwendig. Softwareanwendungen und Apps bieten Unterstützung bei den Berechnungen von Rationen, können aber ein profundes Fachwissen des Anwenders nicht ersetzen.

Eine „klassische Form" der Rationsplanung sowohl einer **aufgewerteten Grobfutterration (AGR)** als auch einer TMR beinhaltet die drei folgenden Schritte bei der Berechnung:

1. Berechnung einer Grobfutterration,
2. Berechnung und Festlegung der Einsatzmengen von Ausgleichsfuttermitteln zur Aufwertung der Grobfutterration,
3. Bemessung der für die angestrebte Leistung benötigten Kraftfuttermittel im Hinblick auf den Milcherzeugungswert (bezogen auf NEL und nXP).

In der Tabelle 29.28 wird die Rationsberechnung anhand eines Beispiels illustriert. Zunächst muss der zu deckende Bedarf an Energie und Nährstoffen definiert werden. Wenn eine AGR zum Einsatz kommt, legt man eine durch die AGR zu deckende Milchleistung fest, die etwa 2–4 kg niedriger als die durchschnittliche Milchleistung der Herde ist. Der Grund hierfür ist, dass die AGR an alle Milchkühe der Herde unabhängig von der Milchleistung *ad libitum* gefüttert wird. Eine Milchleistung von etwa 20 kg Milch pro Tag kann hierbei ein üblicher Wert für viele Betriebe sein. Ist die durchschnittliche Milchleistung der Herde höher, dann muss auch dieses Niveau angehoben werden.

Im ersten Schritt soll die Grobfutterration berechnet werden. Die Grobfutterauswahl wird von der mengenmäßigen Verfügbarkeit und den hygienischen und nutritiven Eigenschaften bestimmt. Eine möglichst breite Auswahl von Grobfuttermitteln erleichtert das Vorgehen beim Rationsausgleich und verbessert die Grobfutteraufnahme der Kühe. Das Grobfutter besteht in diesem Beispiel (→ Tab. 29.28) hauptsächlich aus einer relativ spät geernteten Grassilage des 1. Schnitts mit etwa 35 % DM und einer körnerreichen bzw. stärkereichen Maissilage. Ein spät geerntetes Heu (30 % CF) dient als zusätzliche Strukturquelle. Die Einsatzmengen der drei Grobfuttermittel orientieren sich vor allem an deren nutritiven Eigenschaften, der geschätzten Grobfutteraufnahme sowie der Strukturwirkung. Bei der Zusammenstellung der Grobfutterration ist außerdem auf die Mischfähigkeit der Grobfutterkomponenten im Mischfutterwagen zu achten. Eine gute Durchmischung vermindert eine Selektion von Komponenten durch die Kühe und erhöht die DMI. Andererseits vermindert eine starke Vermusung im Futtermischwagen die Partikelgröße und damit die Strukturwirksamkeit der Grobfutterration. Die Struktur der Grobfutterration ist daher

in der den Tieren vorgelegten Form mittels Schüttelbox zu prüfen.
Im zweiten Schritt wird die Ration mit Ausgleichsfutter und gegebenenfalls mit speziellen Mineralfuttermitteln ergänzt. Wie der Tabelle 29.28 zu entnehmen ist, deckt die Grobfutterration die bereits festgelegte Leistung von 20 kg mit Energie und Nährstoffen bei Weitem nicht. Als Ausgleichfuttermittel kommen Getreideschrote, Nebenprodukte der Lebensmittelindustrie und Mineralfutter infrage. In diesem Beispiel wird ein **Ausgleichsfutter** mit 40 % Getreide und etwa 56 % Nebenprodukte wie Trockenschnitzel und -schlempe als Energie- bzw. Proteinträger verwendet. Die Einsatzmenge und die genaue Zusammensetzung des Ausgleichsfutters hängen vom Grobfutteranteil und dem Bedarf ab. Das hier gewählte Beispiel für ein Ausgleichsfutter kann im Betrieb gemischt werden. Auf die homogene Mischung bei relativ kleinen Mineralfuttermengen ist zu achten. Durch den Einsatz von vitaminisiertem Mineralfutter, Futterkalk und Viehsalz sowie eventuell weiterer Mineralstoffträger kann dieses Ausgleichsfutter die AGR mit sämtlichen Mineralstoffen, Spurenelementen und Vitaminen aufwerten bzw. diese zur Deckung des entsprechenden Bedarfs ausgleichen. In der Tabelle 29.28 werden 3 kg Ausgleichsfutter pro Kuh und Tag (etwa 17 % der AGR und

Tab. 29.28
Beispiel einer aufgewerteten Grobfutterration (AGR) für eine Milchkuh (650 kg LM) bei einer Tagesleistung von 20 kg Milch mit 4,0 % Fett und 3,4 % Protein, die dann mit Kraftfutter über Transponder supplementiert werden soll für eine Tagesleistung von etwa 40 kg Milch (Angaben pro Tag).

Futtermittel	FM/DM	NEL	nXP	RNB	Ca	P	Na	Mg
	(kg)	(MJ)	(g)	(g N)	(g)	(g)	(g)	(g)
Bedarf f. Erhaltung + 20 kg Mich		104	2150	0–50	84	52	23	25
Grobfutterration								
Grassilage, Rispenspreizen	23/8	48,3	1088	37	50	30	6	18
Maissilage, Teigreife körnerreich	12/4	27,2	544	−35	8	9	2	5
Wiesenheu, Mitte der Blüte	1,7/1,5	8	182	0	7	4	1	3
Zwischensumme Grobfutterration	**36,7/13,5**	**84**	**1814**	**2**	**65**	**44**	**9**	**26**
Ausgleichsfutter[1]	3/2,7	20	500	5	26	10	21	7
Zwischensumme AGR[2]	**39,7/16,2**	**104**	**2314**	**7**	**91**	**54**	**30**	**33**
Bedarf Erhaltung + 40 kg Mich		170	3850	10–50	148	90	39	37
MLF[3]	10/8,8	72	1690	18	70	40	20	20
Endsumme[4]	**49,7/25,0**	**176**	**4003**	**25**	**161**	**94**	**50**	**53**
Milcherzeugungswert in kg		41,9	41,8					

1 Ausgleichsfutter bestehend aus 20 % Gerste, 20 % Mais, 20 % Trockenschnitzel, 36,2 % Maistrockenschlempe (DDGS), 1,0 % Viehsalz, 0,8 % Futterkalk, 2,0 % vitaminiertes Mineralfutter für Rinder mit 12 % Ca. Chemische Zusammensetzung auf DM-Basis: 6,9 MJ NEL, 16,9 % nXP, 68 % des CP als UDP, 7,9 % CF, 26,1 % Stärke + Zucker, 3,3 % beständige Stärke, 4,2 % EE.

2 Chemische Zusammensetzung der AGR auf DM-Basis: 41 % DM, 6,4 MJ NEL, 14,6 % CP, 14,3 % nXP, 22,1 % des CP als UDP, 8 g RNB, 21,4 % CF, 14,5 % Stärke + Zucker, 1,8 % beständige Stärke, 3,8 % EE, 0,56 % Ca, 0,33 % P, 0,21 % Mg, 1,9 % Na.

3 Milchleistungsfutter mit 8,2 MJ NEL/kg DM, 20,5 % CP, 19,2 % nXP, 30 % des CP als UDP, 2,1 g RNB, 7,5 % CF, 56,5 % Stärke + Zucker, 10,5 % beständige Stärke, 4,3 % EE, 0,8 % Ca, 0,46 % P, 0,23 % Mg, 0,23 % Na auf DM-Basis.

4 Nährstoffwerte der Gesamtration (auch im Fall, dass diese als TMR angeboten würde): 50 % DM, 7,0 MJ NEL, 16,7 % CP, 16,1 % nXP, 25,5 % des CP als UDP, 1 g RNB, 16,9 % CF, 29,3 % Stärke + Zucker, 4,8 % beständige Stärke, 4,0 % EE, 0,65 % Ca, 0,38 % P, 0,22 % Mg, 2,0 % auf DM-Basis.

Bei der Auswahl von Futterkomponenten sind besondere Anforderungen zu beachten, wenn Rinderhaltung gemäß den Kriterien des ökologischen Landbaus erfolgt.

11 % der TMR) eingemischt, um den entsprechenden Bedarf an Energie und Nährstoffen zu decken. Voraussetzung dafür ist eine Futteraufnahme von mindestens 39,6 kg Frischmasse bzw. 16,2 kg DM/d. Die Futteraufnahme kann durch die Formel der Tabelle 29.15 geschätzt werden.

Der dritte Schritt der Rationsberechnung beinhaltet die Berücksichtigung einer für die angestrebte Milchleistung ausreichenden Menge eines **ausgeglichenen Kraftfutters,** das denselben Milcherzeugungswert nach Energie und Protein aufweist. In der Tabelle 29.28 wird für eine Kuh mit einer täglichen Milchleistung von etwa 40 kg mit 4 % Fett und 3,4 % Protein ausgegangen. Dies ergibt einen Bedarf der Kuh, der nicht mehr durch die AGR gedeckt ist. Das Defizit an Energie und Protein von 66 MJ NEL bzw. 1536 g nXP kann durch den Einsatz eines ausgeglichenen Kraftfutters (in diesem Beispiel 23,3 g nXP/MJ NEL) gedeckt werden. Die Menge richtet sich dann nach der Spezifikation dieses Kraftfutters (NEL-Gehalt). Allerdings gibt es Obergrenzen beim Kraftfuttereinsatz zu beachten, die zur Sicherung der Strukturversorgung nicht überschritten werden dürfen. Es ist dabei die gesamte Strukturmenge der Ration zu prüfen – unter Berücksichtigung der Stärkeaufnahme und der DMI (→ Kap. 29.3.4). Wie zuvor erläutert, kommt es bei AGR-Fütterung durch Einsatz von Kraftfutter zur Verdrängung von Grobfutter. Dies ist ebenfalls zu berücksichtigen. Als Faustzahl wird angenommen, dass 1 kg eines ausgeglichenen Kraftfutters den Bedarf für etwa 2,2 kg Milch deckt. Am häufigsten werden hierbei angepasste bzw. ausgeglichene MLF eingesetzt. In diesem Beispiel wird ein MLF mit 17 % nXP und 7,2 MJ NEL pro kg unterstellt. Bei Einsatz von 10 kg MLF ergibt sich ein Milcherzeugungswert der Gesamtration von 41,9 kg bzw. 41,8 kg Milch nach NEL bzw. nach nXP. Die Summe von Ausgleichsfutter und MLF beträgt in diesem Fall 11,5 kg DM. Dies macht etwa 46 % der DM in der Ration aus bei einem CF-Gehalt von 16,9 % und einer RNB von 25 g/d. Bei höheren Milchleistungen sind höhere Kraftfutteranteile nötig. Auch eine Erhöhung des Anteils an beständiger Stärke – etwa durch mehr Mais anstatt Gerste – wäre bei einer höheren Leistung möglich. In dieser Ration beträgt der Anteil der beständigen Stärke 4,8 % und eine Erhöhung bis 6–8 % ist möglich. Hierdurch könnte die Fermentation im Pansen bei einem höheren Kraftfutterniveau begünstigt werden. Maßnahmen des Fütterungsmanagements werden dabei zunehmend wichtiger, um die DMI der Kühe zu erhöhen. Die Futtervorlagefrequenz spielt dabei eine ebenso wichtige Rolle wie der Fressplatz und das Stallklima.

In der Milchkuhfütterung werden die Ausgleichsfutter meist im Betrieb gemischt, während die MLF in spezialisierten Mischfutterwerken hergestellt werden und typischerweise pelletiert sind. Es gibt mehrere Typen von MLF, welche im Folgenden eingehender behandelt werden. Je nach Bedarf des Einzeltieres bzw. der AGR-Zusammensetzung wird die tägliche MLF-Menge bemessen. Die MLF werden üblicherweise über computergesteuerte Transponder zugeteilt, bei kleinen Betrieben auch per Hand im Melkstand. Betriebe mit Melkroboter bieten MLF während des Melkvorganges an. Bei der Milchkuhhaltung gemäß den Kriterien des ökologischen Landbaus schreibt die EU-Verordnung vor, dass mindestens 60 % der DM aus frischem, getrocknetem oder siliertem Grobfutter bestehen muss. Lediglich in der Frühlaktation darf der Anteil auf 50 % der DM für höchstens 3 Monate reduziert werden.

Mischfutterrezeptur

Wie oben angesprochen, wird für laktierende Kühe in aller Regel ein MLF eingesetzt, das sich am Energie- und nXP-Bedarf für die Milchproduktion orientiert. Auch die Mineralstoffgehalte, die für die entsprechende Milchleistung erforderlich sind, werden eingestellt. Sicherheitszuschläge für die Mengenelemente sind nicht erforderlich und sollten, so sie vorgenommen werden, vorsichtig kalkuliert werden; Überschüsse bei sehr hohen Milchleistungen summieren sich erheblich auf.

Die Deutsche Landwirtschafts-Gesellschaft unterscheidet zwischen vier Typen von MLF, gestaffelt nach den Protein- und Energiegehalten (→ Tab. 29.29).

- Typ I ist als Ergänzungsfutter zu eiweißreichem Grobfutter konzipiert. Es könnte auch als sogenanntes Ausgleichsfutter Verwendung finden, gelegentlich ist dazu Verschneiden mit eiweißarmen Futtermitteln (z. B. Melasseschnitzeln) sinnvoll.
- Typ II nimmt als das eigentliche Milchleistungsfutter 80 % des Mischfuttermarktes für

Milchkühe ein. In Hochleistungsherden sind grundsätzlich bei vergleichbaren Energiekosten die energiereicheren Mischfutter (Energiestufe 3) vorzuziehen.

- Die Typen III und IV dienen dem Verschneiden mit wirtschaftseigenem Getreide. Je nach Marktpreisen für Getreide kann das Aufwerten hofeigenen Getreides sinnvoll sein, vor allem an marktferneren Standorten. Diese Mischfuttertypen haben ihren Platz also dort, wo die alternative Vermarktung des Getreides Preisnachteile gegenüber der Eigenverwertung hat.

Einsatz von TMR

Die gleichzeitige Vorlage aller Rationskomponenten als Mischung (TMR) ist weit verbreitet. Art und Menge des Kraftfutters in einer TMR orientieren sich am Grobfutter und dem Ziel der Fütterung, die das Verhältnis von Grobfutter zu Kraftfutter in der Ration bestimmen. TMR werden u. U. in höherer Menge aufgenommen als Rationen mit getrennter Vorlage der Komponenten. Ein weiterer Vorteil einer TMR-Fütterung ist die synchrone Versorgung der Kuh mit Struktur- und energieliefernden Substanzen, sofern die Kühe die TMR nicht selektieren. Damit erreicht man eine gleichbleibende Versorgung der Pansenmikroben, vermeidet pH-Schwankungen durch portionierte Kraftfuttergaben sowie schwankende Verhältnisse von Grob- zu Kraftfutter.

Ein Nachteil des TMR-Einsatzes besteht darin, dass eine bedarfsgerechte Fütterung der Kühe schwierig ist. So können Kühe mit geringer Leistung am Ende der Laktation überversorgt sein und verfetten. Um diesen Nachteil abzuschwächen, empfiehlt sich die Gruppenbildung mit Einsatz von mindestens zwei, besser drei unterschiedlichen TMR. Zusätzlich sind zwei Rationen für die trockenstehenden Kühe notwendig. Bei Betrieben mit Leistungen von mehr als 10000 kg Milch pro Kuh und Jahr und angemessener Herdengröße empfiehlt sich die Bildung von drei Leistungsgruppen. In der Tabelle 29.30 sind Vorschläge zur Gruppeneinordnung gegeben. Wenn in Hochleistungsherden lediglich zwei Leistungsgruppen gebildet werden können, ist zu erwägen, Hochleistungstieren individuell eine zusätzliche Kraftfuttermenge über einen Transponder zu geben.

Angemischte TMR ist umgehend zu verfüttern, um Erwärmung zu vermeiden; am besten sind 2 Futtervorlagen pro Tag. Im Trog verbleibende Reste können unter diesen Bedingungen direkt an Jungrinder verfüttert werden.

Fütterung bei getrenntem Angebot an Grobfutter und Kraftfutter

Bei geringen Tierzahlen ist es in kleinen und mittelgroßen Betrieben schwer möglich, sämtliche Milchkühe mit einer TMR zu füttern. Eine Gruppenbildung ist nicht sinnvoll und der Aufwand wäre sehr groß. Daher bietet sich eine getrennte Vorlage von Grobfutter- und Kraftfutterkomponenten an. Bei dieser Variante der Fütterung wer-

Tab. 29.29 Milchleistungsfutter (Ergänzungsfutter) Standard.

Nährstoff	Typ			
	I	II	III	IV
CP (%)	13–17	18–22	23–30	> 31
NEL (MJ/kg)	6,4–6,9	6,4–6,9	5,9–6,4	5,9
CP (g/MJ)	20–26	27	45	50
EE max. (%)	6	6	8	8
CF (%)	12	12	14	14
Asche max. (%)	9	9	12	12
Ca min. (g/kg)	5	5	15	22
P min. (g/kg)	5	5	6	7
Na min. (g/kg)	2	2	4	6

den Grobfutter und Ausgleichsfutter gemischt als AGR angeboten und MLF getrennt und individuell nach Leistung durch Transpondertechnik zugeteilt. Diese Variante mit AGR und Transpondersystem ist nicht nur in kleinen und mittleren Milchviehbetrieben verbreitet, sondern auch in größeren, wenn mit einem Melkroboter gearbeitet wird. Die Vorgehensweise bei der Kalkulation der AGR wurde zuvor beschrieben.
Ein wesentlicher Vorteil dieses Verfahrens besteht darin, dass die Transponderprogrammierung eine Verteilung der Kraftfuttermengen auf mehrere Abrufzeiten pro Tag ermöglicht. Ein weiterer Vorteil ist die tierindividuell an den Bedarf angepasste Fütterung der Milchkühe und somit die Vermeidung einer Unter- bzw. Überversorgung. Ein Nachteil ist die Grobfutterverdrängung und die Schwierigkeit der Einschätzung der Strukturversorgung.

29.3.7.5 Einbeziehung von Weide

Das Grasen beim Weidegang ist die naturnaheste Variante der Fütterung des Wiederkäuers. Neben den günstigen Nährstoffgehalten der Weideaufwüchse ist Weidegang auch unter ethologischen Aspekten vorteilhaft (Bewegungsmöglichkeit, Sonneneinstrahlung, freie Wahl des Aufenthaltsbereiches). Kühe auf der Weide werden in der Bevölkerung positiv wahrgenommen und dementsprechend wurden Angebote für „Weidemilch" entwickelt.

Weideaufwüchse unterliegen allerdings einer hohen Variation der Nährstoffgehalte, was eine bedarfsgerechte Ernährung der Milchkuh erschwert. Die erreichbare Futter- bzw. Energieaufnahme, insbesondere die Aufnahme bestimmter Nährstoffe, unterstützt die Ansprüche von Hochleistungskühen im Zeitraum des Laktationspeaks nicht. Auch die Strukturversorgung ist unter Umständen nicht gesichert, selbst wenn die aufgenommene Menge an Faserfraktionen rechnerisch hoch ist. Die großen Unterschiede hinsichtlich des Ertrages und der Inhaltsstoffe der Weide im Verlauf der Vegetationsperiode sind eine besondere Herausforderung im Hinblick auf die Organisation der Beweidung und die Beifütterung. Die Umstellung von Stall- auf Weidefütterung muss langsam erfolgen und eine Zufütterung von Kraftfutter- und Strukturkomponenten kann erforderlich sein. Wichtig für eine ausreichende Futteraufnahme ist die Weidereife des Grases (gleichmäßiger Bestand, 18–20 cm durchschnittliche Wuchshöhe). Standweiden, bei denen die Aufwuchshöhe durch den Tierbesatz gesteuert wird, haben niedrigere Wuchshöhen (5–10 cm, sogenannte Kurzrasenweide). Die erreichbaren Futteraufnahmemengen schwanken zwischen 60 und 80 kg Frischmasse.
Junges Gras ist wasser- und proteinreich. Ersteres limitiert die Futteraufnahme (bei hoher Eiweißversorgung). Längerfristig werden 75 kg Frischmasse pro Tag nicht überschritten. Bei extensiveren Haltungsformen bietet man große

Tab. 29.30
Mögliche Leistungsgruppen bei Einsatz von TMR in Abhängigkeit von der Herdenleistung (energiekorrigierte Milch in kg/d).[1]

	Jahresleistung der Herde (kg Milch/Kuh)		
	8000	**10000**	**12000**
Zwei Gruppen (Betriebe bis etwa 200 Kühe)			
Milchleistung 1. Gruppe	>26 (>19)	>30 (>25)	>37 (>30)
Milchleistung 2. Gruppe	<26 (<19)	<30 (<25)	<37 (<30)
Drei Gruppen (Betriebe mit > 200 Kühe)			
Milchleistung 1. Gruppe	>30 (>26)	>35 (>30)	>40 (>33)
Milchleistung 2. Gruppe	22–30 (16–22)	30–35 (25–30)	30–40 (25–33)
Milchleistung 3. Gruppe	<22 (<20)	<30 (<25)	<30 (<25)

1 Werte in Klammern sind für erstlaktierende Kühe gültig.

Weideflächen pro Tier an. Die Tiere haben so die Möglichkeit der Selektion. Bei sehr hohen Milchleistungen ist eine Zufütterung notwendig. Die früher öfter empfohlene Zufütterung von Stroh oder Heu hat sich wegen unzureichender Aufnahmen oft nicht bewährt. Die Eiweißgehalte sind bei jungem Gras und Leistungen um 30 kg Milch pro Tag ausreichend.

Der Bedarf an Ca, P und Mg ist für Leistungen im Bereich von 25–30 kg/d theoretisch gedeckt, der Bedarf an Na dagegen nicht, weshalb Na supplementiert werden muss. Junge Weide ist auch reich an K und Nitrat, was zu einer erhöhten Passage, durchfallartigem Kot und möglicherweise zu reduzierter Nährstoffverwertung führen kann. Insbesondere in Kombination mit einem Na-Mangel und geringer Strukturwirksamkeit kann es zu einem Mg-Mangel kommen. Auch bei der Versorgung mit Spurenelementen sind zum Teil Defizite zu erwarten, insbesondere bei Zn, Cu, Se, Co und I. Der Bedarf an den Vitaminen A und E wird in der Regel gedeckt, bei Sonneneinstrahlung möglicherweise auch der Bedarf an Vitamin D. Erfahrungsgemäß nehmen Kühe bei Weidegang nicht ausreichend Mineralstoffe auf, wenn lediglich Lecksteine angeboten werden. Daher sollte dann ein vitaminiertes Mineralfutter eingesetzt werden. Beifutter für Milchkühe mit Weidegang sollte also energiereich, proteinarm und ausreichend mit Mineralstoffen ausgestattet sein. Falls es die Fütterungstechnik und das Management ermöglichen, ist die Zufütterung von Maissilage und Pressschnitzeln sinnvoll. Bei mittlerer Milchleistung (etwa 20 kg pro Tier und Tag) ist die Energie- und Proteinversorgung meist ausreichend, nur bei geringer Qualität des Aufwuchses ist mit 2–3 kg Mischfutter oder Getreide pro Tag zu ergänzen.

Es gibt geregelte und ungeregelte **Nutzungsformen** der Weide. Geregelte Nutzung dient der saisonalen Abschöpfung von Ertragsüberschüssen, und damit dem stetigen Angebot eines weidereifen Grases und einer hohen Futteraufnahme. Hofferne Weiden sind dann durch Milchkühe nutzbar, wenn sie durch Melkstand und Fütterungstechnik so ausgerüstet sind, dass eine gezielte Zufütterung möglich ist. Hofnahe Weiden können u. a. in Kombination mit Laufstallhaltung als **Stundenweiden** oder auch **Mähstandweiden** (intensive Form der Standweide) genutzt werden. Die verschiedenen Weidenutzungssysteme sind in Tabelle 29.31 aufgeführt. Im Frühjahr kann durch einfache Abtrennung (Elektrozaun) das überschüssige Wachstumspotenzial partiell durch Silage- oder Heugewinnung abgeschöpft werden. Als **Besatzstärke** wird die pro ha der Gesamtweidefläche vorgesehene Nutzvieh-LM bezeichnet, die **Besatzdichte** bezieht sich auf die pro ha Weide jeweils zugeteilte Nutzvieh-LM.

Bei der **Standweide** handelt es sich um ein großes Areal, das der Herde ohne Ruhezeiten für die Fläche zur Verfügung steht. Im Frühjahr bestehender Aufwuchsüberschuss wird in Kauf genommen. Bei Koppel- und Umtriebsweiden wird die Ruhezeit nach der Aufwuchsintensität gewählt. In sogenannten Vollweidesystemen wird nicht nur die Beweidung als Standweide betrieben, sondern das Management der Herde auf saisonale Abkalbung im späten Winter ausgerichtet. Auf diese Weise wird versucht, die Phase der hohen Milchleistung auf den Zeitraum der intensivsten Vegetation abzustellen und einen möglichst hohen Anteil der Milch aus dem Grünlandaufwuchs zu erzeugen.

Bei der **hofnahen partiellen Weidehaltung** werden die Tiere im Stall zugefüttert, die Kraftfuttergabe

Tab. 29.31 Nutzungsformen des Dauergrünlands in der Milchviehhaltung.

Intensitätsstufe	Besatzstärke (dt/ha)	Besatzdichte (dt/ha)	Weidedauer	Bemerkungen
Standweide	5–10	5–10	dauernd	extensiv
Mähstandweide	15–18	15–18	parzellenweise	düngungsintensiv
Koppelweide	10–15	50–100	2–3 Wochen	
Umtriebsweide	15	150–250	4–6 Tage	
Portionsweide	20–25	500–1000	1–2 Tage	

erfolgt tierindividuell über ein Transpondersystem. Die Zufütterung orientiert sich an der Bestandsentwicklung und der zur Verfügung stehenden Weidefläche. Bei hofnahen Mähstandweiden können zu Beginn der Vegetationsperiode hohe Aufwuchsmengen durch partielle Nutzung zur Silage- oder Heugewinnung genutzt werden. Intensive Düngungs- und Pflegemaßnahmen auf Teilstücken der Weide sind so möglich. Bei knapper Weidefläche wird die Weide eher die Funktion einer Auslaufkoppelweide haben. Dann dominiert die Fütterung im Stall.

29.3.8 Trockenstehende Kühe und Kühe am Beginn der Laktation

Die Trockenstehphase ist mit etwa sechs Wochen zwar relativ kurz, sie ist jedoch mit gravierenden Veränderungen im Metabolismus des Tieres verbunden, denen man mit einer in **zwei Phasen** unterteilten Fütterung entspricht. Die erste Phase beginnt direkt nach dem Trockenstellen und dauert bis etwa 3 Wochen vor dem Abkalbetermin. Ab der dritten Woche beginnt die zweite Phase bis zum Abkalben bzw. die sogenannte Transitphase, die bis etwa zur vierten Woche nach dem Abkalben andauert. Die Fütterung in den letzten 3 Wochen vor der Abkalbung wird auch Vorbereitungsfütterung genannt.

In der **ersten Trockenstehphase** kann zur Deckung des Energiebedarfs eine relativ energiearme Ration bestehend aus Grobfutter (5,2–5,6 MJ NEL und 110–120 g nXP/kg DM) eingesetzt werden. Sie kann z. B. aus einem Drittel Stroh, ergänzt mit Grassilage oder Heu und einem Mineralfuttermittel zusammengesetzt sein. Diese erste Phase eignet sich sehr gut zur Anpassung der Körperkondition der Kühe. Überkonditionierte Kühe sollen in dieser Phase möglichst abnehmen. Eine Restriktion der Futtermenge ist für diese Zwecke jedoch ungeeignet. Abgemagerte Kühe sollten andererseits so gefüttert werden, dass sie die optimale Körperkondition für den Abkalbezeitraum erreichen. Als optimale Körperkondition wird in der Trockenstehphase ein BCS von 3,5 für Holstein- und Braunviehkühe und 4,0 für Fleckviehkühe erachtet (→ Tab. 29.13).

In der **zweiten Phase (Vorbereitungsfütterung)** ist der Bedarf an Energie und Nährstoffen höher als in der ersten, während die DMI zurückgeht. Um diesen Änderungen gerecht zu werden, sind die Energie- und Nährstoffgehalte der Ration in der zweiten Phase höher als in der ersten (6,5–6,7 MJ NEL und 140–150 g nXP pro kg DM). Es werden höherwertige Futterkomponenten eingesetzt, möglichst solche, die auch in der anschließenden Laktation verwendet werden. Dadurch kann mit einer Futterumstellung verbundener Stress vermindert und die Futteraufnahme erhöht werden. Eine höhere DMI vor der Kalbung korreliert positiv mit der DMI nach der Kalbung. Dazu gehört, dass auch Kraftfutter in der Ration enthalten ist. Durch den Einsatz von etwa 2–3 kg eines stärke- und proteinreichen Kraftfutters kann nicht nur der steigende Energie- und Proteinbedarf gedeckt, sondern auch der Pansen und der Stoffwechsel vorbereitet werden. Der Einsatz von stärkereichem Getreide fördert die Anpassung der Mikrobiota des Pansens sowie den Aufbau der Pansenzotten. Diese sind nicht nur zur Vorbeugung einer Pansenacidose besonders wichtig, sondern auch für die schnelle Absorption der Nährstoffe und der Stoffwechselanpassung der Kuh zu Beginn der Laktation (→ Kap. 29.3.1). Hochwertige Proteinkomponenten können den steigenden Bedarf an nXP der Kuh für Kalb- und Euterwachstum sowie Kolostrumsynthese decken.

Bei den Trockensteherrationen ist besondere Sorgfalt bei der Auswahl von Grobfutterkomponenten geboten. Ca- und K-reiche Grobfuttermittel erhöhen das Risiko für eine Hypocalcämie. Auch die Versorgung mit Vitaminen und Mineralstoffen ist in dieser Phase wichtig. Mineralfuttermittel sollen möglichst geringe Ca-Gehalte aufweisen. Eine ausreichende Versorgung mit Spurenelementen und fettlöslichen Vitaminen ist am Ende der Trächtigkeit von großer Bedeutung für die Kolostrumqualität und somit für die Versorgung des neugeborenen Kalbes. Gleichzeitig ist die Versorgung mit Spurenelementen und Vitaminen zur Verbesserung des Immunstatus der Kuh wichtig, welcher in dieser Periode beeinträchtigt ist.

Anfütterung bei Laktationsbeginn

Die Anfütterungsphase umfasst in der Regel die ersten 30–40 Tage der Laktation. Die Kalbung ist für die Kuh eine Stressphase, weshalb die Rationsumstellung langsam stattfinden sollte, um diesen

Stress nicht zusätzlich zu erhöhen. Gleichzeitig steigt der Energie- und Nährstoffbedarf der Kuh durch die steigende Milchmenge in kurzer Zeit stark an. Innerhalb weniger Tagen nach der Abkalbung verdreifacht sich der Bedarf. Um dieser Steigerung Rechnung zu tragen, soll eine Anfütterungsration gefüttert werden, die etwa 7 MJ NEL und 160–170 g nXP/kg DM beinhaltet. In den ersten Tagen nach der Abkalbung soll das Kraftfutterniveau täglich und langsam (ca. 300 g/d) angehoben werden. In der Praxis wird in der ersten Woche die Anfütterungsration langsam mit der Vorbereitungsration verschnitten, sodass in der zweiten Woche nur noch die Anfütterungsration vorgelegt wird. Die graduelle Steigerung der Kraftfuttermenge erfolgt während der Anfütterungszeit unabhängig vom Bedarf, damit negative Wirkungen einer zu schnellen Steigerung vermieden werden. Hierbei wird das kleinere Übel hingenommen, dass die Kühe in der Anfütterungsphase zunächst eine negative Energie- und Nährstoffbilanz entwickeln. Das übergeordnete Ziel der Anfütterung ist es, die gesamte DMI im Zeitraum der Hochlaktation, insbesondere die Grobfutteraufnahme, zu maximieren. Die wenigen Wochen der Anfütterung sind daher besonders bedeutsam. Neben einer häufigen Futtervorlage (am besten dreimal pro Tag) ist ein ausreichend großer Fressplatz wichtig. Frisch laktierende Kühe brauchen mehr Platz als andere Kühe. Auch ein freier Zugang zum Tränkwasser und die Vermeidung von Hitzestress im Sommer sind für die Kühe in dieser Phase besonders wichtig. Durch die Erhöhung der Kraftfuttermenge wird die Strukturversorgung schwieriger, weshalb die Strukturversorgung und die Pansengesundheit aufmerksam zu beobachten und zu überprüfen sind (→ Kap. 29.3.4). Der Einsatz sogenannter nichtessenzieller Futterzusatzstoffe, die die Pansengesundheit und den systemischen Stoffwechsel verbessern sollen, kann in dieser Anfütterungsphase zur Unterstützung sinnvoll sein.

29.3.9 Fütterung und Milchinhaltsstoffe

Einige Inhaltsstoffe der Milch können durch Fütterungsmaßnahmen beeinflusst werden.

Der **Milchfettgehalt** ist vorrangig eine Folge der Essigsäureproduktion im Pansen. Unter den im Pansen gebildeten FFS macht Essigsäure stets den größten Anteil aus. Der Anteil von Essigsäure ist jedoch dann besonders hoch, wenn durch hohe Cellulosegehalte in der Ration die Essigsäurebildner gefördert werden und dann mehr Acetyl-CoA für die Neusynthese von Fettsäuren im Euter zur Verfügung steht.

Futterfette (insbesondere solche mit langkettigen ungesättigten Fettsäuren) wirken mindernd auf den Milchfettgehalt. Auch dies hängt mit der Essigsäureproduktion im Pansen zusammen, die vermindert ist, wenn Fette die mikrobielle Aktivität an den cellulosehaltigen Partikeln einschränken. Ungesättigte Fettsäuren können von den Mikroben im Pansen hydriert oder zu Trans-Fettsäuren umgewandelt werden (vor allem Vaccensäure). Solche Transfettsäuren können in geringem Maße ins Milchfett eingebaut werden und hemmen zudem Fettsäuretransferasen im Gewebe des Tieres. Unerwünschte Wirkungen werden vermieden, wenn Obergrenzen für den Fettgehalt der Gesamtration eingehalten werden.

Unabhängig vom Fettgehalt der Milch ist auch das **Fettsäurenmuster** in der Milch verändert, da Fettsäuren nach der Absorption aus dem Dünndarm, z. B. bei Einsatz geschützter Fette, teilweise direkt in das Milchfett eingebaut werden. Dies ist auch der Fall, wenn Presskuchen aus der Verarbeitung von Ölsaaten eingesetzt werden, Frischgräser gefüttert oder Weidegang praktiziert wird. Gräser sind zwar nicht fettreich, die Fette enthalten allerdings viel Öl-, Linol- und Linolensäure, die letztlich das Butterfett weicher und auch bei niedrigen Temperaturen streichfähig machen. Diese Beeinflussungsmöglichkeiten macht man sich in bestimmten Qualitätsprogrammen mittels angepasster Fütterung gezielt zunutze. Eine zunehmend größere Bedeutung erlangen Fettsäuren, die ihren Ursprung in der Mobilisation von Körperfett in Phasen einer energetischen Unterversorgung haben und von denen ebenfalls ein Teil in die Milch transferiert wird. Im Verlauf der Laktation bzw. in Abhängigkeit vom Ausmaß des Energiedefizits ist somit das Fettsäurenmuster in der Milch von den aus dem Körperfett mobilisierten Fettsäuren beeinflusst. Im Körperfett ist der Anteil von Ölsäure relativ hoch, sodass grundsätzlich eine Beziehung zwischen Fettmobilisation und Ölsäuregehalt in der Milch besteht. Es gibt daher Bestrebungen, das Fettsäurenmuster in der

Milch als Indikator für das Auftreten und die Höhe eines Energiedefizits heranzuziehen, sobald dieses mit Schnellverfahren zuverlässig bestimmt werden kann. Hierbei besteht eine Herausforderung allerdings darin, bei den Indikatorfettsäuren in der Milch bezüglich ihrer Herkunft (Körpermobilisation oder Futter) differenzieren zu können.
Der **Proteingehalt** der Milch und das Aminosäurenmuster der Milch sind hauptsächlich genetisch determiniert. Ist die nXP-Versorgung bedarfsdeckend, lässt sich der genetisch determinierte Proteingehalt durch eine Steigerung der nXP-Versorgung nicht weiter erhöhen. Ist die nXP-Versorgung unzureichend oder eventuell eine einzelne Aminosäure limitierend, sinkt der Proteingehalt. Insofern kommt der Energieversorgung des Tieres, welche die Bildung des Mikrobenrohproteins im Pansen determiniert, und dem UDP Bedeutung zu. Sinkende Milchproteingehalte können auf einem Energiemangel beruhen, könnten aber auch das Resultat von unzureichender UDP- oder Gesamt-N-Versorgung sein. Zur Differenzierung dieser möglichen Einflussfaktoren kann zusätzlich zum Milchproteingehalt der Milchharnstoffgehalt herangezogen werden. Dieser korreliert eng mit der Harnstoffkonzentration im Blut. Geht ein niedriger Proteingehalt mit einem hohen Harnstoffgehalt in der Milch einher, ist die Ursache eher in einer Unterversorgung mit Energie zu suchen. Die Beratungsdienste bieten Instrumente und Raster an, mit denen aus der Kombination von Milchprotein- und Milchharnstoffgehalten erste Hinweise auf Probleme mit der Ration gewonnen werden, denen dann mit gezielter Rationskontrolle nachzugehen ist (DLG 2020).
Die **Spurenelementgehalte** der Milch sind gering und nur bedingt durch die Fütterung beeinflussbar. Cobalt, Iod und mit Einschränkungen Selen und Zink sind jene Elemente, bei denen Veränderungen der Zufuhr Veränderungen in der Milch bewirken. Viele Schwermetalle können aus dem Futter in die Milch übergehen, z. B. Blei und Cadmium, weshalb besondere Vorkehrungen getroffen und Grenzwerte in Futtermitteln festgelegt wurden.
Futtereinflüsse auf die **Vitamingehalte der Milch** gibt es bei den fettlöslichen Vitaminen. Carotin-, Vitamin A- und Vitamin-D-Gehalte der Milch reagieren deutlich auf die Gehalte im Futter. Grob sinnlich erkennbar an der Gelbfärbung ist beispielsweise sogenannte Sommerbutter nach Weidefütterung, die auf erhöhte Carotinaufnahme aus Frischgras zurückzuführen ist. Bekannt ist auch ein Zusammenhang zwischen Vitamin-D-Gehalt und Weidegang, wobei dies mit der durch UV-Strahlung geförderten Synthese des Vitamin D zusammenhängt.
Indirekte und direkte **Geschmacksbeeinflussungen** der Milch durch Komponenten der Luft (z. B. Buttersäure der Silage) sind bekannt. Ein direkter Kontakt der Milch zu derart beeinträchtigter Luft wird daher vermieden. Auch geschmackliche Beeinflussungen durch Futterkomponenten können bei direktem Transfer in die Milch oder bei Transfer nach Metabolisierung auftreten. Ein leicht fischiger Geruch wurde nach Verfütterung von Betain-reichen Futtermitteln wie Vinasse (Nebenprodukt der Weiterverarbeitung von Melasse) und nach höheren Melassegaben selbst festgestellt. In Einzelfällen kann auch der Einsatz von Zwiebelnacherntеprodukten (lauchiger Geschmack) oder die Fütterung hoher Mengen an Cruciferen (Senfölgeschmack) zu Geschmacksveränderungen führen.
Die **Keimkonzentration** in der Milch kann durch die Fütterung indirekt beeinflusst ein. Bedenklich sind Clostridien, die in Silagen bei ungünstigen Silierprozessen (Fehlgärungen, Buttersäurebildung) angereichert sein können. Gelangen sie aus dem Verdauungstrakt über den Kot und Euterkontamination in die Milch, so können sie Geschmacks-, Geruchs- und Verarbeitungseigenschaften beeinträchtigen. Eine sachgemäße Futterkonservierung hilft bei der Vorbeugung.

29.3.10 Fütterungsbeeinflusste Gesundheitsstörungen

In diesem Kapitel werden die häufigsten fütterungsbeeinflussten Gesundheitsstörungen der Milchkuh behandelt. Schwerpunktmäßig werden die folgenden Ursachen angesprochen: Energiemangel, Fermentationsstörungen und peripartale Hypocalcämie. Bei der Besprechung dieser Problemfelder ist generell zu berücksichtigen, dass selbst dann, wenn in der Rationsplanung und Fütterung alles richtig gemacht wird, ernährungsrelevante Probleme, insbesondere ein Energiemangel, nicht ausgeschlossen sind. Dies hängt damit zusammen, dass der kontinuierliche Leistungsanstieg der Milchkühe nicht mit dem entsprechend notwendigen Anstieg im Futteraufnahmevermögen der Tiere verbunden war und ist. Dies erfordert die in den vorangegangenen Kapiteln erläuterte ständige Gratwanderung zwischen Bedarfsdeckung und Sicherung der Wiederkäuergerechtheit der Ration. Auch bei sehr guter Fütterung sind Phasen eines Energiemangels oder pH-Werte im Pansen im Grenzbereich einer Acidose nicht mehr generell vermeidbar. Ein Ziel ist es daher, die Fütterung so zu gestalten, dass einer Beeinträchtigung der Gesundheit bestmöglich vorgebeugt wird und Schäden für das Tier so gering wie möglich gehalten werden.

Energiemangel und Ketose

Aufgrund unzureichender DMI-Kapazität und damit verbunden zu geringer NEL-Aufnahme weisen Milchkühe einen Energiemangel im ersten Laktationsdrittel auf, der als negative Energiebilanz (NEB) bezeichnet wird. Die NEB muss in dieser Zeit durch die Mobilisation von Körperreserven ausgeglichen werden. Eine geringgradige NEB ist in der Biologie weit verbreitet. Sie ist die Konsequenz sinnvoller physiologischer Anpassungen und daher für das Tier in der Regel problemlos. Problematisch wird die Situation allerdings bei Kühen, die eine stark unzureichende Energieaufnahme bei zunehmender Milchleistung haben, oft in den ersten drei Wochen nach der Abkalbung. Es resultiert eine sehr hohe NEB, bei manchen Kühen beträgt das Defizit mehr als 80 MJ/d. Unter der Annahme, dass durch die Mobilisation von 1 kg Körpermasse etwa 25 MJ generiert werden, erfordert ein solches Defizit die Mobilisation von 3–4 kg Körpermasse. Mobilisiert werden Energiereserven in Form von Glykogen, Aminosäuren und Fett. Ein massives Heranziehen von Aminosäuren aus dem Muskelabbau zur Energiegewinnung verschlechtert die Proteinbilanz der Kuh *post partum,* während die Fettmobilisation zu einer starken Freisetzung von nicht veresterten Fettsäuren (NEFA) führt. Hohe Konzentrationen von NEFA im Blut (> 0,4 mmol/l) im peripartalen Zeitraum werden als Risikoindikator für Stoffwechselerkrankungen angesehen. Durch den Glucosemangel bzw. die unzureichende Gluconeogenese, gekoppelt mit einem hohen Glucosebedarf der Kuh für Milchbildung, kommt es zu einem Defizit an Oxalacetat und damit einem Überschuss an aktivierter Essigsäure im Citratzyklus. Dadurch können die NEFA nicht effizient oxidiert werden und werden stattdessen zu Ketonkörpern wie β-Hydroxybutyrat (BHB), Acetoacetat und Aceton umgebaut. BHB-Konzentrationen im Blutserum von mehr 1,2 bzw. 4 mmol/l werden als Indikator einer subakuten bzw. akuten Ketose verwendet. Neben einer Ketonkörperanreicherung im Blut bzw. der Entwicklung einer Ketose werden NEFA in der Leber verestert und als Triglyceride in das Lebergewebe eingelagert. Die sogenannte Fettleber ist die Folge. Somit erhöht ein Energiemangel nicht nur das Risiko einer subklinischen oder gar klinischen Ketose, sondern führt auch zu einer Leberverfettung nach der Abkalbung. Das Vorkommen von Fettleber und Ketose ist also miteinander verbunden. Diese Stoffwechselstörungen treten häufig auf und gelten als Hauptursache für weitere schwerwiegende Stoffwechsel- und Reproduktionsstörungen bei Hochleistungsmilchkühen.

Wichtige Maßnahmen zur Prophylaxe sind:

- Fütterung in der Trockenstehphase (siehe oben). Dabei ist insbesondere die Vermeidung von Verfettung wichtig, da Verfettung vor der Kalbung und Fettabbau nach der Kalbung die Futteraufnahme reduzieren.
- Vorbereitungsfütterung zur Anpassung des Pansens und des Stoffwechsels (siehe oben). Es ist bekannt, dass die Futteraufnahme vor und nach der Kalbung positiv korrelieren. Maßnahmen zur Verbesserung der DMI in den letzten drei Wochen vor der Abkalbung tragen somit zu einer verbesserten DMI nach der Kalbung bei. Kraftfuttergaben in den letzten Wochen vor dem Abkalben stimulieren die Ausbildung aktiver Zottenoberfläche und bewirken eine Stoffwechselanpassung der Mikrobiota im Pansen.
- Ausreichende Stimulation der Propionatbildung im Pansen (Stärkeanteil optimieren, ggf. Gabe glucoplastischer Substanzen, wie Propylenglykol, Glycerin oder direkt Propionat). Dabei ist allerdings zu beachten, dass der Stärkeanteil die Strukturversorgung nicht beeinträchtigt und die glucoplastischen Substanzen die Futteraufnahme nicht senken. Daher ist eine Dosierung der Gaben und Überwachung der Futteraufnahme der Einzelkühe wichtig.

- Monensin-Produkte haben ebenfalls die Fähigkeit, die Propionatbildung im Pansen zu unterstützen und sind als Bolus für Milchkühe zugelassen. Monensin ist ein Ionophor, dessen Einsatz in der Öffentlichkeit kritisch bewertet wird. Auch hier gilt ernährungsphysiologisch, dass diese Substanz die Futteraufnahme nicht senken soll.
- Förderung der duodenal angefluteten Stärke- und Proteinmengen zur Stimulation der Gluconeogenese und Verbesserung der Proteinbilanz.
- Unterstützung der Pansen- bzw. Leberfunktion mit speziellen Futterzusatzstoffen kann in der Transitphase unterstützend wirken.

Fermentationsstörungen

Pansenacidose

Pansenacidose kommt insbesondere in ihrer subakuten Form (SARA) vor. Mit einer zunehmenden Inzidenz von rund 17–40 % ist SARA eine der häufigsten Stoffwechselerkrankungen der Milchkuh. Das ist vor allem damit zu erklären, dass mit der Erhöhung der Milchleistung und damit des Energiebedarfs die Rationen immer ärmer an Struktur geworden sind. Die akute Pansenacidose ist hingegen eine Einzelkuherkrankung und kommt eher als Ursache einer versehentlichen zu hohen KF-Gabe vor. Während bei einer akuten Acidose der pH-Wert im Pansen in einen Bereich um 4,8 fällt und die Kuh tierärztliche Betreuung benötigt, verläuft eine SARA meist ohne offensichtliche Symptome. Einige recht untypische Zeichen einer SARA sind kurzfristig anhaltender pH-Abfall des Panseninhaltes (5,8 über 5–6 Stunden), verminderter Milchfettgehalt und herabgesetzte Kauaktivität. Die Forschung der letzten Jahre hat wiederholt gezeigt, dass SARA mit Störungen der mikrobiellen Aktivität und des Pansenepithels verbunden ist. Das führt nicht nur zu einer Herabsetzung der Nährstoffumsetzung im Pansen, sondern beeinträchtigt die Schutzfunktion des Pansenepithels mit Konsequenzen für die allgemeine Gesundheit des Tieres.

Die **Prophylaxe** beruht auf der Beachtung der Prinzipien der wiederkäuergerechten Fütterung der Milchkuh, insbesondere einer angemessenen Strukturversorgung sowie einem Fütterungsmanagement. Dies wurde in Kapitel 29.3.4 ausführlich behandelt.

Pansenalkalose

Die Pansenalkalose kommt selten vor. Sie ist charakterisiert durch einen Anstieg des ruminalen pH-Wertes auf über 7,2 und wird meist durch einen hohen Überschuss an N verursacht. Dieser kann die Folge zu hoher Proteinversorgung, zu geringer Mengen an fermentierbaren Kohlenhydraten, aber auch einer zu intensiven Freisetzung von N (NPN-Verbindungen, Harnstoff) sein. Alkalosen führen zu NH_3-bedingten Leberschäden mit Leistungseinbußen.

Die **Prophylaxe** besteht in der Limitierung der N-Zufuhr, bei gleichzeitig gutem Angebot an fermentierbaren Kohlenhydraten, sodass die mikrobielle N-Bindung im Pansen hoch ist. Zudem ist zur Vorbeugung auch gegen diese Stoffwechselstörung eine angemessene Strukturversorgung zur Stabilisation der Pansenfunktionen wichtig.

Pansenfäulnis wird als eigenes Krankheitsbild mit ruminaler Fermentationsstörung und Dominanz proteinspaltender, fäulniserregender Mikroorganismen beschrieben.

Pansenblähung (Tympanie)

Die Tympanie ist eine durch übermäßige Gasbildung im Pansen und gestörten Ruktus bedingte Blähung des Pansens. Selten tritt diese Störung in Form einer übermäßig schnellen Bildung einer großen Gasblase im Pansen auf. Am häufigsten kommt die sogenannte schaumige Gärung mit mangelnder Separierung des Gases vor, was durch einen enormen Druckanstieg zu Kreislaufkollaps und Exitus führen kann.

Tympanieursachen sind Verlegungen der Speiseröhre oder Adaptationsmangel, Strukturmangel und Überschuss an emulgierenden oder schleimbildenden Substanzen. Lösliche Proteine der Futtermittel, z. B. aus Chloroplasten der Leguminosen, aber auch Schleime von Streptokokken und anderen Mikroorganismen (z. B. bei getreidereicher Fütterung) können die feinen Gasbläschen im Pansen umhüllen und die Bildung der Gasphase behindern. Die mechanische Gasseparierung kann durch mangelnde physikalische Struktur der Fasermatte beeinträchtig sein. Speichelinhaltsstoffe (Bicarbonat und Muzine) können andererseits die Aggregation der löslichen Proteine fördern. Gut wiederkauende Tiere zeigen deshalb meist keine Tympanie.

Prophylaxe: Eine vorsichtige und erst nach Adaptation zu steigernde Fütterung von blähenden Futtermitteln ist zu beachten (Getreide, Leguminosengrünfutter). Ausreichende Gabe strukturierter Futtermittel ist die effizienteste Prophylaxe.

Löserdürre (Psalteranschoppung)
Die Löserdürre ist eine seltene, kausal nicht völlig aufgeklärte Erkrankung mit Anreicherung feinster Faserstoffe im Psalter und schweren Passage- und Wasserhaushaltsstörungen. Eine Rolle spielen Stabilität, Benetzungsvermögen und spezifisches Gewicht der Fasern. An Baumwollsamen anhaftende Reste aus Baumwollfädchen (Linters der Baumwollsaatkuchen) bieten z. B. eine Disposition zur Anheftung an die Psalterpapillen.

Labmagenverlagerung
Die Labmagenverlagerung ist eine der kostspieligsten Erkrankungen des Milchrinds und betrifft etwa 5–6 % aller Kühe, in der Regel innerhalb der ersten 2–3 Wochen nach der Abkalbung. Die Inzidenz hat in den letzten Jahren zugenommen. Die Erkrankung äußerst sich mit einer Aufgasung des Labmagens mit – meist linksseitigem – Aufstieg des tympanisch erweiterten Organs und Störungen von Motilität und Passage. Die Ursachen sind nicht eindeutig geklärt. Als Prädispositionen für Labmagenverlagerungen werden verschiedene Zusammenhänge diskutiert: geringere Futteraufnahme gekoppelt mit einer Störung der Faserschicht, partielle Pansenatonien, ggf. gekoppelt mit Abfluss von nährstoffreichem und gasbildendem flüssigem Substrat (unter Umständen bedingt durch erhöhten ruminalen Kohlenhydrat-Bypass). Hochleistende Milchkühe scheinen bei hohen Kraftfutteranteilen in der Ration und geringer Grobfutteraufnahme eine besondere Disposition für derartige Störungen der Labmagenfunktion zu haben. Eine Häufung der Erkrankung bei kraftfutterreich und strukturarm ernährten Hochleistungskühen weist auf eine kausale Beziehung zwischen SARA und Labmagenverlagerung hin. Die Labmagenverlagerung geht meist mit einer Ketose einher und auch eine Hypocalcämie im peripartalen Zeitraum scheint prädisponierend zu sein. Prophylaktisch hat sich eine strukturreiche Fütterung bei ausreichender Partikelgröße der strukturierten Grobfutterkomponenten bewährt.

Störungen des Mineralstoffwechsels
Unter üblichen Fütterungsbedingungen bzw. bei angemessener Rationsgestaltung sind Störungen des Mineralstoffwechsels selbst bei einer sehr hohen Milchleistung eher unwahrscheinlich. Mögliche Störungen wurden bereits im Kapitel zur Mengenelementversorgung behandelt (→ 29.3.5). Daher wird hier nicht erneut auf alle eingegangen. Vielmehr soll hier nur eine typische und sehr bedeutende Störung des Mineralstoffwechsels der Milchkuh nochmals aufgegriffen werden.
Die **peripartale Hypocalcämie** (syn. Gebärparese, auch Milchfieber oder „Festliegen" genannt) zählt zu den häufigsten und am besten beschriebenen Störungen des Ca-Stoffwechsels und tritt üblicherweise um den Geburtszeitraum (kurz davor und innerhalb der ersten 24–48 Stunden nach der Geburt) auf. Auch wenn sich eine peripartale Hypocalcämie mit einem geringen Ca-Spiegel im Blut äußert, ist sie **nicht** die Ursache einer Ca-Unterversorgung, sondern resultiert aus einer kurzfristigen Überforderung der Ca-Regulationsmechanismen, insbesondere der Funktionalität der Parathormonachse. Studienergebnissen zufolge ist bei fast allen multiparen Kühen eine leichte Senkung des Ca-Spiegels im Blutserum kurz nach der Abkalbung zu beobachten. Sinkt die Ca-Konzentration auf einen Bereich zwischen 1,3–2,0 mmol/l, so gilt dies als subklinische Hypocalcämie, die ca. 60 % der multiparen und etwa 20 % der primiparen Kühe betrifft. Anhaltende subklinische Hypocalcämie beeinträchtigt die Immunität und kann peripartal weitere Erkrankungen fördern.
Etwa 5 % der multiparen Kühe zeigen einen Ca-Blutspiegel unter 1,3 mmol/l, gefolgt von Symptomen einer akuten Hypocalcämie wie Festliegen mit allgemeiner Schwäche, Auskühlung des Körpers, Apathie, schlaffe Lähmung. Erstkalbinnen sind seltener betroffen als ältere Kühe und es gibt auch Rassenunterschiede in der Inzidenz der Erkrankung. Eine akute Hypocalcämie ist ein Notfall und benötigt tierärztliche Behandlung.
Auch wenn die genauen Ursachen nicht gänzlich geklärt sind, scheint eine Ca- und K-reiche Fütterung in der Zeit vor der Abkalbung die Ca-Regulationsmechanismen herabzusetzen, sodass die plötzlich hohe Ca-Abgabe mit dem Kolostrum kurzfristig nicht durch die Aktivierung der notwendigen Regulationsmechanismen ausgegli-

chen werden kann. Eine durch einen Kationenüberschuss verursachte Alkalose genauso wie eine Mg-Unterversorgung scheinen die Aktivität des Parathormons herabzusetzen.
Zur **Prophylaxe** werden mehrere Präventionsstrategien vorgeschlagen. Diese können in Kombination miteinander oder allein verfolgt werden. Der Erfolg hängt vor allem von den Gegebenheiten im Betrieb ab. Der Vorbereitungsfütterung kommt in der Prophylaxe eine wichtige Rolle zu (siehe 29.3.8). In der Regel zielt die Prophylaxe darauf ab, gut funktionierende Ca-Regulationsmechanismen im Abkalbezeitraum zu gewährleisten. Daher sollten in der Fütterung in den letzten 2–3 Wochen vor der Kalbung:

- Ca-reiche Grobfuttermittel wie Leguminosen und kräuterreiches Heu sollte möglichst nicht vorgelegt werden. Intensiv gedüngte Gräser und deren Konservate sind in dieser Zeit möglichst verhalten zu füttern. Die Tiere sollten nicht mehr als 40 g Ca/d verzehren. Eine derartig Ca-reduzierte Fütterung ist in der Praxis allerdings schwer durchführbar, da die Vorbereitungsration verdauliche und schmackhafte Grobfuttermittel enthalten soll und diese meist Ca-reich sind. Maissilageeinsatz bietet in diesem Sinne eine gute Kompromissmöglichkeit.
- Es sollten K-arme Grobfuttermittel eingesetzt werden, möglichst mit K-Gehalten von weniger als 15 g/kg DM. Auch dies ist bei den meisten Grobfuttermitteln, insbesondere Gräsern und Leguminosen, schwierig umzusetzen. Auch hier bieten Maissilage und Getreidestroh gute Möglichkeiten zur Reduzierung.
- Die Mg-Versorgung sollte überprüft werden. Auch wenn es wissenschaftlich noch nicht belegt ist, besteht laut Ergebnissen von Metaanalysen eine enge Korrelation zwischen einer Erhöhung des Mg-Gehaltes in der Vorbereitungsration und einem geringeren Risiko einer akuten Hypocalcämie bei Milchkühen. Danach scheint es so, dass bei etwa 0,4 % Mg in der DM die Ca-Homöostase verbessert wird und die Inzidenz von Gebärparese um 60 % gesenkt werden kann. Da meist der Mg- und Ca-Gehalt in den Grobfuttermitteln korrelieren, ist es nicht möglich, diesen Bedarf über Grobfuttermittel zu decken. Eine Mg-Supplementierung ist dann erforderlich.
- Die Kationen-Anionen-Bilanz im Futter (Dietary Cation-Anion Balance, **DCAB**) sollte beachtet und zugunsten der Anionen verbessert werden. Im Wesentlichen dient es der Kompensation von (unvermeidbar) hohen K-Gehalten in der Ration. Dieser **zusätzliche** Präventionsansatz bedarf der gesonderten Berechnung der DCAB und der Aufmerksamkeit in der Umsetzung, da eine anionenreiche Fütterung nur durch den Einsatz von **sauren Salzen** zu erreichen ist. Diese sollen eine leichte metabolische Acidose herbeiführen, die Aktivität des Parathormons stimulieren und somit die Ca-Mobilisation aus den Knochen sowie die Absorption aus dem Darm begünstigen. Ein Problem bei der Verwendung von sauren Salzen ist deren geringe Schmackhaftigkeit. Möglich ist der Zusatz zur TMR oder die Vorlage eines speziellen anionischen Kraftfutters zum Anfüttern in den letzten 3 Wochen vor der Abkalbung. Eine langsame Gewöhnung der Tiere an die Anionenmischung über 4 Tage (beginnend mit 1/4 der erforderlichen Menge) ist notwendig. Nach der Abkalbung werden sie nicht mehr eingesetzt. Die Auswahl von sauren Salzen ist ein Kompromiss zwischen Ansäuerungsgrad, Schmackhaftigkeit, Korrosivität sowie den Kosten. Magnesiumsulfat wird – mit Kraftfutter gemischt – besser aufgenommen als Ammoniumsulfat, Ammoniumchlorid oder Calciumchlorid. Am Markt sind auch saure Salze als Anionen-Mischung zu beziehen. Die Einsatzmenge der Salze richtet sich nach dem Ansäuerungsgrad bzw. dem DCAB-Wert der Gesamtration und der eingesetzten Salze. Die DCAB kann mit der einfachen Formel wie folgt berechnet werden (Angaben in % der DM):

$$\text{DCAB (mEq/kg DM)} = (435 \cdot \text{Na [\%]} + 256 \cdot \text{K [\%]}) - (282 \cdot \text{Cl [\%]} + 626 \cdot \text{S [\%]});$$

- Der Zielbereich der DCAB in der Vorbereitungsration ist -100 bis 0 mEq/kg DM. Bei Rationen mit sehr hohen K-Gehalten (z. B. >25 g/kg DM) sind daher sehr hohe Salzmengen notwendig (zum Teil auch über 500 g Kuh/d), was praktisch kaum umzusetzen ist. Zum einen kann dann die Futteraufnahme vermindert sein, zum anderen muss zur Vermeidung von S-Toxizität eine zu hohe S-Aufnahme vermieden werden. Der Erfolg des Einsatzes der sauren Salze kann über den pH-Wert (optimal im Bereich 6,2–7,8) bzw. den Säure-Basen-Haushalt (-50 bis 50 mmol/l) und die Ca-Konzentration (7–15 mmol/l) im Harn überprüft werden. Da die metabolische Acidose zu einer erhöhten Ca-Exkretion über den Harn führt, sollte die metabolische Acidose so gering wie möglich gehalten werden und direkt nach der Abkalbung abgestellt werden, um eine starke Knochenmobilisation zu vermeiden und die Ca-Exkretion halbwegs zu kompensieren.

Weitere Präventionsmöglichkeiten sind:

- Hohe Vitamin-D-Gaben (*ante partum* mehrere Tage 30 Mio. IE/d oral bis zum Abkalben). Bei Herdenhaltung ist eine einmalige intramuskuläre Gabe in der Zeit vom 8. bis 3. Tag *ante partum* mit 20 Mio. IE wirksam;
- Ca-Zufuhr *post partum*. Orale Gaben von etwa 50–100 g Ca/d als langsam verfügbare Ca-Quelle (Ca-Chlorid + Ca-Sulfat als Bolus) können verabreicht werden. Es sind unterschiedliche Ca-Präparate am Markt verfügbar. Es bedarf jedoch einer Verabreichung von mindestens vier Boli. Der erste wird verabreicht, sobald die Kuh erste Zeichen der Kalbung zeigt, der zweite direkt nach der Kalbung, die anderen Boli 12–15 bzw. 24–30 Stunden nach der Abkalbung.

29.4 Mastbullen

29.4.1 Wiederkäuergerechte Ernährung

Mastbullen sind zur Fleischerzeugung gehaltene männliche Jungrinder. Die Mast schließt sich an die Kälberaufzucht an. In spezialisierten Rindermastbetrieben werden **Kälber** mit etwa 80 kg LM oder sogenannte **Fresser** mit einer LM von etwa 200 kg zugekauft. Das Ende der Mast wird bei etwa 650–750 kg LM erreicht und ist von der Rasse und dem Verfettungsgrad abhängig. Bei Holstein-Bullen werden eher niedrigere Mastendgewichte praktiziert, Bullen der Fleischrassen und der Rasse Fleckvieh können mit hohen Mastendgewichten vermarktet werden. Auch die Futtergrundlage und die Haltungsform sowie regional besondere Anforderungen oder Gewohnheiten bei der Vermarktung und bei den Anforderungen an die Schlachtkörperbeschaffenheit können die Anfangs- und Endmassen der Tiere beeinflussen. Wegen des hohen Futteraufwandes zur Deckung des Erhaltungsbedarfs und der damit verbundenen Kosten werden in der Bullenmast hohe LM-Zunahmen angestrebt, die eine hohe Energie- und Nährstoffkonzentration im Futter erforderlich machen. Wenn Sonderwege der Vermarktung mit höheren Erlösmöglichkeiten erschlossen werden, kann die Bullenmast auch unter eher extensiven Bedingungen mit geringeren LM-Zunahmen rentabel sein.

Auch der Mastbulle ist ein Wiederkäuer. Daher gelten die generellen Aspekte zur Förderung eines voll funktionsfähigen Vormagensystems und zur Wiederkäuergerechtheit der Ration wie für die anderen Kategorien von Rindern, die bereits behandelt wurden. Auf eine ausführliche Erläuterung der Zusammenhänge wird daher an dieser Stelle verzichtet und stattdessen auf das Kapitel 29.3.1 verwiesen. Bei der Festlegung der üblichen Rationskriterien orientiert man sich teilweise an der Milchkuhfütterung. Mastbullen sollen, falls fütterungstechnisch möglich, das faserreiche Grobfutter vor den Konzentraten vorgelegt bekommen. Die TMR-Fütterung bietet jedoch in vielen Betrieben produktionstechnische Vorteile und ermöglicht höhere DMI. Auch wenn Versuchsdaten hierzu weitgehend fehlen, liegt die Vermutung nahe, dass bei Mastbullen etwas geringere Gehalte an strukturwirksamen Komponenten (d. h. peNDF) als bei Milchkühen möglich sind. Dies hängt wohl mit der relativ zu Milchkühen deutlich geringeren Futteraufnahme und der damit verbundenen geringeren Produktion von FFS im Pansen bei einem relativ gleichbleibenden Pansenvolumen zusammen. Ausgehend von den Ableitungen für Milchkühe (→ Kap. 29.3.4) ist in der Tabelle 29.32 der Bedarf an $peNDF_{>8}$ für Mastbullen abgeleitet, der notwendig wäre, um einen Tagesdurchschnitt des pH-Wertes im Pansen im Bereich von 6,2 nicht zu unterschreiten. Auch hier ist der Bedarf immer in Abhängigkeit vom Stärkegehalt und der Höhe der DMI zu sehen. Bei einer DMI von 6–8 kg/d und Verwendung einer Maissilage-betonten Ration mit etwa

Tab. 29.32
Notwendige Versorgung mit peNDF inklusive Partikel >8 mm ($peNDF_{>8}$; % der DM) bei Mastbullen in Abhängigkeit von der DMI und dem Stärkegehalt der Ration (modifiziert nach GfE, 2014).

Stärkegehalt (% der DM)	DMI (kg/d) 4	6	8	12
20	6	8	9	11
26	8	10	11	14
32	10	11	12	15
38	12	14	15	17
44	14	15	16	20

Die Bedarfszahlen wurden auf Basis eines mittleren ruminalen Tages-pH-Wertes von 6,2 mittels folgender Gleichung ermittelt: Ruminaler pH-Wert = 6,19 + 0,0438 · x_1 − 0,000847 · x_1^2 − 0,00928 · x_2 − 0,01341 · x_3, mit, x_1 = $peNDF_{>8}$ (% der DM), x_2 = Stärke (% der DM), x_3 = DMI (kg/d) (R^2 = 0,65, P < 0,001) (Zebeli et al., 2010).

50–60 % Kraftfutter (ca. 40 % Stärke in der Ration) sind etwa 14–16 % $peNDF_{>8}$ nötig. Eine ausreichende Strukturversorgung und damit verbundene Wiederkauaktivität sichert nicht nur die Aufrechterhaltung der Pansenfunktionen, sondern trägt auch zur Beschäftigung und damit zum Wohlbefinden der Tiere bei. Sie unterstützt vorbeugend gegen das Auftreten von Verhaltensanomalien wie Zungenschlagen und gegenseitiges Besaugen.

29.4.2 Leistungskenndaten

Die in der Mastbullenfütterung erzielbaren Tageszunahmen liegen im Durchschnitt der Mast bei 1000–1500 g. Sie steigen im Verlauf der Mast zunächst an, erreichen etwa zur Mitte der Mast das Maximum und gehen danach wieder kontinuierlich zurück. Bullen der Rasse Fleckvieh können in der Mitte der Mast Tageszunahmen von bis zu 1700 g erreichen.

Während der tägliche Proteinansatz im Verlaufe der Mast weitgehend gleich bleibt, nimmt der tägliche Fettansatz kontinuierlich zu. Bullen von reinen Milchrassen neigen zum Ende der Mast früher zur Verfettung als Bullen von Zweinutzungsrassen. Diese Zusammenhänge werden für Schwarzbunte Bullen in Abbildung 29.9 verdeutlicht. Die Abbildung zeigt, dass bei dem vorgegebenen Fütterungsregime ein konstanter Proteinansatz bis etwa 400 kg LM erreicht werden kann. Bei Zunahmen von mindestens 1300 (1100) g/d bei Fleckvieh (Holstein) liegt der Proteinansatz bis 400 kg LM bei 230 (195) g/d. Mit weiter steigender LM sinkt dieser Ansatz wegen der zurückgehenden Tageszunahmen leicht ab. Fleckviehbullen setzen auch im letzten Mastabschnitt grundsätzlich noch hohe Proteinmengen an. Die Quantifizierung von Protein- und Fettansatz für die aktuellen Genotypen und hohen Leistungsniveaus, die sie erreichen, ist allerdings schwierig, weil Daten aus Körperanalysen fehlen. An verschiedenen Einrichtungen wird hieran gearbeitet, sodass bald eine Präzisierung der Datengrundlage möglich sein dürfte.

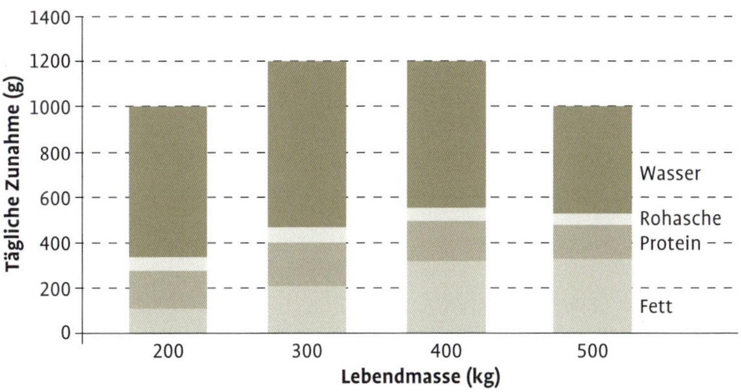

Abb. 29.9
Zusammensetzung des Zuwachses in Abhängigkeit von Lebendmasse und Zuwachshöhe bei Schwarzbunten Bullen.

29.4.3 Energie- und Nährstoffbedarf

Energie

Wie beim weiblichen Jungrind beträgt der **Erhaltungsbedarf** bei Mastbullen 0,53 MJ ME/kg $LM^{0,75}$ und Tag. Bei steigender LM ergeben sich die in Tabelle 29.33 aufgeführten Werte.

Der **Leistungsbedarf** ergibt sich aus der Energie, die als Protein und Fett angesetzt wird, und dem Teilwirkungsgrad (k) der ME für den Energieansatz.

Die ME wird für Protein- und Fettansatz grundsätzlich unterschiedlich verwertet. Für die Mastrinder ist jedoch die Datengrundlage nicht ausreichend, um eine getrennte Schätzung von k-Werten für den Protein- und Fettansatz vorzunehmen. Die GfE hat bei der Ableitung der Versorgungsempfehlungen daher einen k-Wert für den nicht weiter differenzierten Energieansatz gewählt und einen Wert von k = 0,4 festgesetzt.

Die auf diese Weise faktoriell abgeleiteten Werte zum Gesamtbedarf an ME (Erhaltung plus Wachstum) sind in der Tabelle 29.34 zusammengestellt. Diesen Daten liegen die von der GfE für Mastbullen verwendeten Faktoren zugrunde. Allerdings konnten von der GfE noch keine Daten zum Protein- und Fettansatz im Bereich sehr hoher LM berücksichtigt werden. Für diesen Bereich wurden zur Ableitung der Daten in der Tabelle 29.34 bestmögliche Schätzungen zur Entwicklung der Körperzusammensetzung im Verlaufe des Wachstums vorgenommen.

Ausgehend von einem üblichen Niveau der DMI und mittleren Tageszunahmen von 1300 g wird in der Gesamtration eine Konzentration von 11,8–12,0 MJ ME/kg DM zu Beginn der Mast benötigt. Dieser Zielbereich fällt bis zum Ende der Mast kontinuierlich leicht auf 11,3–11,5 MJ ME/kg DM ab.

Von der in der Bullenmast insgesamt aufgewendeten ME entfällt – selbst bei einem sehr hohen Niveau der Tageszunahmen – etwa **die Hälfte auf den Erhaltungsbedarf.** Je geringer die Tageszunahmen sind, desto höher wird der Anteil des Erhaltungsbedarfs am Gesamtbedarf an ME. Da die Futterkosten einen sehr hohen Anteil an den variablen Kosten ausmachen, erklärt dies die Bestrebungen um Erreichen hoher Tageszunahmen in der Bullenmast. Je höher die Tageszunahmen sind, desto weniger Energie und damit Futter ist zur Deckung des „unproduktiven“ Erhaltungsbedarfs erforderlich.

Protein

Der Bedarf an Protein wird in Analogie zum Vorgehen bei der Milchkuh als nXP-Bedarf ermittelt. Auch die faktorielle Ableitung ist sehr ähnlich wie bei der Milchkuh.

Der **Nettobedarf an Protein** ergibt sich aus den unvermeidlichen Verlusten und dem Proteinansatz beim Wachstum. Die unvermeidlichen Verluste werden mit folgenden Formeln berechnet:

- endogener Harn-N (g/d): 5,9206 · log LM (kg) – 6,76,
- Verluste von Haut-N (g/d): 0,018 · $LM^{0,75}$ (kg),
- endogener Kot-N (g/d): 2,19 · DMI (kg/d).

Umgerechnet in Protein (N · 6,25) ergeben sich aus den nach obigen Formeln errechneten Summen bei 200 kg LM etwa 120 g CP, bei 400 kg LM etwa 180 g und bei 600 kg LM etwa 220 g CP/d für unvermeidliche Verluste. Hierzu wird der Wert für den Proteinansatz addiert, beispielsweise 210 g/d bei 200 kg LM und einer LM-Zunahme von 1200 g/d.

Der Bedarf an nXP errechnet sich aus dem Nettobedarf unter Berücksichtigung der Faktoren, die auch bei der Milchkuh verwendet werden. Allerdings wird mit 70 % eine etwas geringere Verwertung der absorbierten Aminosäuren unterstellt als bei der Milchbildung. In der Tabelle 29.35 ist ein Berechnungsbeispiel gezeigt.

Die bereitgestellte Menge an nXP wird errechnet aus dem mikrobiellen Rohprotein (10,5 g/MJ ME ·

Tab. 29.33
Erhaltungsbedarf an ME von Mastbullen mit steigender Lebendmasse.

LM (kg)	150	250	350	450	550	650	750
ME-Bedarf für Erhaltung (MJ/d)	23	33	43	52	60	68	76

Tab. 29.34
Gesamtbedarf an umsetzbarer Energie von Mastbullen (Fleckvieh) (MJ/d).

LM (kg)	Tägliche LM-Zunahme (g)							
	1000	1100	1200	1300	1400	1500	1600	1700
200	52	55	57	60	62	64		
300		68	70	73	76	78	81	84
400			83	86	89	92	95	98
500				99	103	106	109	
600			109	113	117	120		
700		119	123	127	131			
800	128	133	138					

Berechnung: Proteingehalt im LM-Zuwachs 175 g/kg; Fettgehalt im LM-Zuwachs (g/kg): 105 · e(0,00165 · kg LM); Energiegehalt im Körperprotein: 22,6 kJ/g; Energiegehalt im Körperfett: 39,0 kJ/g; Teilwirkungsgrad der ME für das Wachstum: 0,4; Erhaltung: 0,53 MJ ME · kg $LM^{0,75}$

ME-Aufnahme in MJ/d) und dem UDP (g/d). Nun ist die Besonderheit in der Bullenmast, dass der ME-Bedarf der Tiere aufgrund des steigenden Fettanteils im Zuwachs mit zunehmender LM stärker steigt als der nXP-Bedarf. Hieraus ergibt sich, dass das Verhältnis von nXP zu ME in der Ration von etwa 13,0 g/MJ bei 200 kg LM auf 9,0 g/MJ bei 650 kg LM reduziert werden könnte. Dem steht allerdings entgegen, dass der N-Bedarf der Mikroorganismen im Pansen für eine uneingeschränkte Fermentation durchgehend gedeckt sein muss und somit die RNB nicht negativ sein soll. Unter der Annahme, dass den Mikroorganismen nicht weniger N zur Verfügung stehen soll als sie in mikrobielles Protein einbauen, wird geschlussfolgert, dass eine Konzentration von mindestens 10,5 g CP je MJ ME in der Ration von Mastbullen enthalten sein muss, damit der N-Bedarf der Mikroorganismen gedeckt ist. Weil die Mikroorganismen einen Teil ihres N-Bedarfs aus rezykliertem endogenen Harnstoff decken können, ist dies möglicherweise noch eine Überschätzung. Allerdings ist der quantitative Beitrag der Harnstoffrezyklierung noch nicht bekannt, sodass er bei der Ableitung der Empfehlungen nicht berücksichtigt werden kann.

Anders als bei der Milchkuh kommt dem UDP keine leistungsabhängige Bedeutung zu, sodass es bei der Rationsplanung nicht speziell berücksichtigt werden muss. Der Beitrag zur Bedarfsdeckung ist gering und mit den üblichen Rationskomponenten stets abgedeckt. Der UDP-Anteil soll nicht mehr als 25 % des CP ausmachen, was bei Einsatz der üblichen Grobfuttermittel und

Tab. 29.35
Faktoren zur Berechnung des nXP-Bedarfs von Mastbullen aus dem Nettobedarf.

Verwertung der absorbierten Aminosäuren von 70 %	(100 : 70 = 1,43)
Absorbierbarkeit des Aminosäurenstickstoffs (AAN) von 85 %	(100 : 85 = 1,18)
Anteil des AAN am Nichtammoniak-N (NAN) in der Duodenaldigesta von 73 %	(100 : 73 = 1,37)
Alle drei Faktoren werden zusammengefasst:	1,43 · 1,18 · 1,37 = 2,3

Bei 400 kg LM und 1400 g Tageszunahme errechnet sich ein Nettobedarf von 245 g + 174 g (Ansatz + unvermeidliche Verluste) = 419 g/d. Die entspricht einem nXP-Bedarf von: 419 · 2,3 = 964 g/d

Tab. 29.36
Bedarf von Mastbullen an Mengenelementen (g/d).

LM (kg)	Tägliche LM-Zunahme (g)							
	1000	1100	1200	1300	1400	1500	1600	1700
				Calcium				
200	34	37	39	41	44	46		
300		40	42	44	47	49	52	54
400			45	47	50	52	55	57
500				49	52	54	57	
600			50	52	55	57		
700		49	51	53	56			
				Phosphor				
200	17	18	18	19	20	21		
300		20	21	22	22	23	24	25
400			23	24	25	26	27	27
500				25	26	27	28	
600			26	27	28	29		
700		26	27	28	29			
				Magnesium				
200	7	7	7	7	7	8		
300		8	9	9	9	9	9	9
400			10	10	10	11	11	11
500				11	11	12	12	
600			13	13	13	13		
700		13	13	13	13			
				Natrium				
200	5	5	5	5	5	6		
300		6	6	6	6	7	7	7
400			7	7	7	8	8	8
500				8	8	8	8	
600			9	9	9	9		
700		9	9	9	9			

einem relativ geringen Bedarf an Ergänzung durch Proteinfuttermittel in der Rationsplanung problemlos ist. Unter Berücksichtigung dieser Zusammenhänge ist es möglich, bei der Rationskalkulation die Bemessung der Proteinversorgung auf der Basis des CP vorzunehmen.
Ausgehend von einem üblichen Niveau der DMI und einer mittleren Tageszunahme von 1300 g wird in der Gesamtration zu Beginn der Mast eine Konzentration von 140 CP/kg DM benötigt. Bis zum Erreichen von etwa 500 kg LM kann die Konzentration stetig auf 120 g CP/kg DM reduziert werden, darüber hinaus mit weiter steigender LM allerdings nicht mehr. Bei sehr hohen mittleren Tageszunahmen werden jeweils noch 10 g CP/kg DM mehr benötigt.

Mineralstoffe

Die Zufuhr an Mengelementen resultiert aus dem Nettobedarf für unvermeidliche Verluste über Kot und Harn, den Gehalten im Zuwachs und der Verwertbarkeit. Wie bei den Milchkühen und wachsenden weiblichen Jungrindern können ähnliche Faktoren für Verwertbarkeit und endogene Verluste angenommen werden. Dabei ist die Höhe der endogenen Verluste mit dem Kot überwiegend durch die DMI bedingt.
Der endogene Mineralstoffverlust wird mit je 1 g/kg DMI für Ca und P und mit 0,2 g für Mg und 0,55 g für Na angesetzt. Die Gehalte im Zuwachs sind von der Zuwachshöhe und vom Fettanteil im Zuwachs abhängig. Es wird mit mittleren Gehalten pro 1 kg LM-Zuwachs von 12,1 g Ca, 6,6 g P, 0,35 g Mg und 1,1 g Na gerechnet. Die Verwertbarkeit beträgt 50 % (Ca), 70 % (P), 20 % (Mg) und 80 % (Na). Die sich somit für unterschiedliche Kombinationen aus LM und Tageszunahmen ergebenden Bedarfswerte für diese Elemente sind in Tabelle 29.36 zusammengestellt. Da die Versorgung mit ME die das Wachstum und damit den Mineralstoffbedarf primär bedingende Größe ist, ist die Relation eines Elements zur ME eine sinnvolle Bezugsgröße für die Rationsplanung. Diese Relation ist von der Höhe der Tageszunahmen weitgehend unabhängig. Mit zunehmender LM von 200 auf 700 kg kann die Relation zur ME in der Ration für Ca von 0,70 auf 0,45 g/MJ ME und für P von 0,33 auf 0,20 g/MJ ME vermindert werden. Diese Veränderung ist ein wichtiger Ansatzpunkt für eine nährstoffangepasste Phasenfütterung. Für Mg (0,12–0,10 g/MJ ME) und Na (0,09–0,07 g/MJ ME) ist das Verhältnis weniger stark von der LM oder den Tageszunahmen abhängig.
Eine faktorielle Ableitung des Spurenelementbedarfes für Mastbullen wäre zwar grundsätzlich möglich, wird jedoch wegen der vielfältigen physiologischen Funktionen der Spurenelemente und der Ausdifferenzierung von Absorptions- und Sekretionsvorgängen zwischen einzelnen Spurenelementen nicht vorgenommen. Anders als bei Mengenelementen ist der Ansatz von Spurenelementen kein durchweg sicheres Kriterium des Bedarfs. Die Empfehlungen werden daher als Konzentrationen angegeben und entsprechen in der Größenordnung denen der Milchkuhfütterung (→ Tab. 29.37).

Vitamine

Eine Zufütterung von wasserlöslichen Vitaminen ist in aller Regel nicht nötig, da die ruminale Synthese ausreicht. In Ausnahmefällen wird eine zusätzliche Gabe von B-Vitaminen (insbesondere Thiamin) empfohlen, z. B. wenn Konditionen chronischer Acidose zu befürchten sind. Von den fettlöslichen Vitaminen sollen je kg DM mindestens 4000 IE Vitamin A, 200 IE Vitamin D und 30 mg Vitamin E enthalten sein. Für die Gehalte an Vitamin A und Vitamin D gelten, ebenso wie

Tab. 29.37
Empfohlene Gehalte an Spurenelementen und Vitaminen in Rationen für Mastbullen (pro kg Futtertrockenmasse).

	Spurenelementgehalte (mg)
Eisen	50
Zink	40
Mangan	40
Kupfer	15
Iod	0,25
Selen	0,15
Cobalt	0,10
	Vitamingehalte
Vitamin A (IE)	4000–8000
Vitamin D (IE)	200–400
Vitamin E (mg)	30–50

für einige Spurenelemente, futtermittelrechtliche Höchstgehalte, die bei der Rationsplanung und ggf. Rationsergänzung beachtet werden müssen.

29.4.4 Fütterung

In der Mastbullenfütterung ist die Futteraufnahme der begrenzende Faktor. Die Kälber- und Fresseraufzucht dient daher der Vorbereitung auf hohe Grobfutteraufnahmen. Das Grobfutter wird *ad libitum* angeboten und je nach Inhaltsstoffen und Wachstumsabschnitt spezifisch so ergänzt, dass der Bedarf der Tiere für die angestrebten Tageszunahmen gedeckt wird.
Nicht jedes Grobfutter sichert in gleicher Weise die Wiederkäuergerechtheit der Ration. Ergänzend zur Beurteilung der Energie- und Nährstoffversorgung ist es daher notwendig, die Strukturwirksamkeit der Ration zu beurteilen und Mindestanforderungen zu beachten.
Für die Bemessung der Ergänzung ist es notwendig, die Futteraufnahme der Tiergruppe zu kennen oder schätzen zu können. Das Futteraufnahmevermögen hängt maßgeblich von der LM bzw. der Körpergröße des Tieres ab, aber auch von der Pansenentwicklung und damit von der Vorbereitungsfütterung in der Aufzucht. Die DM- und Energiegehalte der Grobfuttermittel sowie physikalische Eigenschaften des Futters sind diesbezüglich ebenfalls von großer Bedeutung. Differenzierende Schätzformeln stehen nicht zur Verfügung, jedoch gibt es Orientierungswerte, die auf Erfahrungen aus Fütterungsversuchen beruhen (→ Tab. 29.38.).
Für Mastbullen mit *ad libitum* Vorlage von Grobfutter wird die Kraftfuttergabe nach Tageszunahme und LM eingestellt. Eine maximale Aufnahme des Grobfutters wird angestrebt.
Bei der Rationsgestaltung wird wie folgt vorgegangen:

- Schätzung der für den LM-Abschnitt erreichbaren Grobfutteraufnahme und der angestrebten Tageszunahmen,
- Kalkulation der Energie- und Nährstoffversorgung aus dem Grobfutter sowie der Strukturwirksamkeit,
- Auswahl passender Ergänzungsfuttermittel (Energie, Protein, spezielle Mineralfuttermittel).

Tab. 29.38
Orientierungswerte zur Trockenmasseaufnahme in der Rindermast (Bsp. Fleckvieh) (kg/d).

LM (kg)	Niveau der Tageszunahmen in der gesamten Mast (g)		
	1200	1350	1500
200	4,5	4,9	5,3
300	6,3	6,6	7,0
400	7,9	8,1	8,4
500	9,1	9,4	9,7
600	10,2	10,4	10,6
700	10,8	11,0	11,2

nach LfL (2014)

Die Fütterungsverfahren sind unterschiedlich. Grob- und Ergänzungsfuttermittel können getrennt vorgelegt werden. Hierbei ist es möglich, gemeinsam in einer Gruppe gehaltenen Bullen eine im Verlaufe der Mast mehrfach angepasste Ration vorzulegen. Alternativ wird auch die Futtervorlage als TMR praktiziert. Hier hängt es von der Größe des Bestandes ab, ob eine Fütterung in Phasen möglich ist oder lediglich eine TMR für alle Tiere des Bestandes eingesetzt wird. Kann nur eine TMR in einem Bestand mit unterschiedlich alten Mastbullen eingesetzt werden, orientiert man sich bei den Energie- und Nährstoffgehalten sinnvollerweise an den Empfehlungen für die Mitte der Mast.
In der Endmast von Holstein-Bullen (ab ca. 500 kg LM) ist ggf. bei hohen Energiekonzentrationen ein restriktives Angebot des Grobfutters sinnvoll. Maissilage mit DM-Gehalten um 25 % und Grassilage können aber auch unter diesen Bedingungen ohne weiteres *ad libitum* angeboten werden. Die Tageszunahmen und die Verfettung sind in der Endmast dann überwiegend von der Kraftfuttermenge abhängig.
Bei Rindermast gemäß den Kriterien des ökologischen Landbaus schreibt die EU-Verordnung vor, dass mindestens 60 % der DM in der Ration aus frischem, getrocknetem oder siliertem Grobutter bestehen. Über ein Jahr alte männliche Rinder müssen Zugang zu Weide oder Freigelände haben. Ansonsten soll Zugang zu Weide wann immer möglich gewährt werden.

Mast mit Maissilage

Maissilage ist ein sehr gut geeignetes Grobfuttermittel für die Bullenmast. In der Teigreife geernteter Silomais weist DM-Gehalte (je nach Witterung) von 30–35 % auf, ist energiereich (>10,8 MJ ME/kg DM) und wird gerne gefressen. Die Körner müssen bei der Ernte angeschlagen sein. Ganze Maiskörner werden von großen Wiederkäuern nur begrenzt verdaut und im Kot wieder ausgeschieden. Mittels genauer Kotbeobachtung oder Kotsiebung lässt sich daher beurteilen, ob die Futterbestandteile ausreichend zerkleinert wurden oder ob es zu erhöhten Energieverlusten mit dem Kot kommt. In solchen Fällen ist es wahrscheinlich, dass die angestrebte Leistung der Tiere trotz scheinbar guter Futterqualität (beurteilt allein anhand von chemischen Analysen) nicht erreicht wird.

Eine feine Häckselung (6–8 mm mittlere Häcksellänge) kann das gezielte „Anschlagen" der Körner nicht ersetzen. Häcksler moderner Bauart leisten die notwendige Kornzerkleinerung mit hoher Zuverlässigkeit mittels Reibe- und Quetschtechniken. Eine zu kurze Häckselung birgt das Risiko eines Verlustes an Strukturwirkung, sodass die Schichtbildung im Pansen und das Pansenmilieu gestört sein können. Wiederkauverhalten und Kotkonsistenz sollten also kontrolliert werden, wenn kurz gehäckselte Maissilage ohne weiteres Grobfutter eingesetzt wird.

Die Siliereignung gehäckselter Maisganzpflanzen ist sehr gut. Allerdings besitzen Maissilagen eine geringe aerobe Stabilität. Deshalb bestehen hohe Anforderungen an die Verdichtung beim Einsilieren, an luftdichte Lagerung sowie an die Entnahme (zügiger und regelmäßiger Vorschub).

Die Futteraufnahme bei *ad libitum* Angebot von Maissilage kann bei mittleren bis guten Silagequalitäten recht genau geschätzt werden. Die Verdrängung von Maissilage durch Kraftfutter ist von vielen Faktoren abhängig. Überschlägig lässt sich kalkulieren, dass je 1 kg DM aus Kraftfutter die DM-Aufnahme aus Maissilage um etwa 0,7 kg sinkt.

Selbst bei guter Qualität der Maissilage und hohen Energiegehalten (mehr als 10,5 MJ ME/kg DM) ist zur Bedarfsdeckung eine energetische Ergänzung über ein Kraftfutter erforderlich. Die Kombinationsmöglichkeiten sind sehr vielfältig, sodass Rationsberechnungen hier lediglich Beispielcharakter haben können. In der Tabelle 29.39 ist ein solches Beispiel für ein mittleres Niveau der Tageszunahmen von 1300 g gezeigt. In diesem Beispiel ist ein „Ergänzungsfuttermittel für Mastrinder" als gemischtes Kraftfutter vorgesehen. Dieses soll den gesamten Bedarf an Energie und Nährstoffen, der nicht mit der Maissilage aufgenommen werden kann, decken. Hierzu ist in diesem Beispiel eine leicht ansteigende tägliche Kraftfuttergabe im Verlauf der Mast erforderlich. Sind die Mengen bekannt, lässt sich berechnen, welche CP-Gehalte im Kraftfutter erforderlich sind. In diesem Beispiel sind es 220 g CP/kg Kraftfutter. Bei dieser CP-Dosierung über das Kraftfutter wird im gesamten Mastverlauf die erforderliche CP-Aufnahme zur Bedarfsdeckung des Tieres bzw. der Mikroorganismen erreicht.

In der Tabelle 29.39 ist auch gezeigt, welche Konzentrationen an Ca und P im Ergänzungsfutter enthalten sein müssen, damit der Bedarf des Tieres ohne eine zusätzliche Ergänzung in mineralischer Form gedeckt werden kann. Man erkennt, dass – anders als beim CP – die Konzentrationen von Ca und P im Ergänzungsfuttermittel im Verlauf der Mast kontinuierlich gesenkt werden könnten. Dies ist unter den Bedingungen der Praxis nicht einfach umsetzbar; bei zunehmenden Vorgaben durch das Düngerecht kann es aber in Regionen mit hoher Viehdichte und großen Beständen eine sehr sinnvolle Maßnahme sein, die P-Gehalte im Futter im Verlauf der Mast zu reduzieren. Dem sind bei der Mischfutteroptimierung allerdings Grenzen gesetzt, weil bei Verwendung der üblichen Proteinträger auch P in größeren Mengen in das Mischfutter eingetragen wird. So sind P-Gehalte in Ergänzungsfuttermitteln für Mastrinder von mehr als 6 g/kg die Regel. Eine Verminderung der P-Gehalte ist daher nicht nur eine Frage des Einsatzes von mineralischen P-Quellen, sondern auch der Auswahl von Proteinträgern. Bei Ca ist ebenfalls eine Reduzierung der Gehalte im Verlaufe der Mast möglich, allerdings ist bei maissilagebasierten Rationen der Ergänzungsbedarf für Ca durchweg höher als für P.

Ebenso üblich wie der Einsatz eines Ergänzungsfuttermittels im Beispiel der Tabelle 29.39 ist die Verwendung von Einzelfuttermitteln zur Ergänzung von Maissilage. Zur Ergänzung von Energie eignen sich beispielsweise Getreideschrote (Weizen oder andere Weichgetreide und Körner-

Tab. 29.39
Beispiel für Rationen auf der Basis von Maissilage und einem Ergänzungsfuttermittel (EF) für Mastrinder bei einem mittleren Niveau der Tageszunahmen von 1300 g.

LM (kg)	200	300	400	500	600	700
Zuwachs (g/d)	1200	1300	1450	1450	1300	1200
ME-Bedarf (MJ/d)	57	73	91	105	113	123
CP-Bedarf (g/d)	700	850	980	1130	1250	1300
Maissilage[1] (kg/d)	8,8	12,4	16,5	19,5	21,0	23,0
EF[2] (kg/d)	2,0	2,2	2,4	2,6	2,8	3,0
Zur Bedarfsdeckung notwendige Konzentration im EF:						
Ca	13,9	12,9	11,9	10,4	8,3	6,8
P	5,1	4,8	4,4	3,7	2,9	2,0

1 Maissilage: 35 % DM, 11,0 MJ ME/kg DM, 80 g CP/kg DM
2 Ergänzungsfutter für Mastrinder: 88 % DM, 11,5 MJ ME/kg, 220 g CP/kg

mais) oder melassierte Trockenschnitzel. Zur Ergänzung von CP kommen Rapsextraktionsschrot oder andere Extraktionsschrote ebenso infrage wie Körnerleguminosen oder proteinreiche Saftfuttermittel (z. B. Biertrebersilage). Die Rationskalkulation berücksichtigt dann spezifisch die ME- und CP-Gehalte der vorgesehenen Einzelfuttermittel. Nachdem die Mischungsanteile feststehen, kann das noch bestehende Defizit in der Versorgung mit Mengenelementen kalkuliert werden. Die Mengenelemente können auch als Einzelkomponenten zugesetzt werden, z. B. Futterkalk zur Ca-Versorgung oder Viehsalz zur Na-Versorgung. Diese sind kostengünstig, erfordern aber Sorgfalt bei der Dosierung relativ kleiner Mengen. Ansonsten kann man auf ein breites Angebot an Mineralfuttern zurückgreifen, die spezifische Mengenelementgehalte aufweisen und in ihrer Zusammensetzung den auf dem Betrieb eingesetzten Futtermitteln angepasst sein sollen.

Die Mineralfutter enthalten auch die Gehalte an Spurenelementen und Vitaminen, die zur Bedarfsdeckung erforderlich sind. Ein Beispiel für die Inhaltsstoffe eines Mineralfutters zeigt die Tabelle 29.40. Werden einzelnen Mengenelemente als Einzelkomponenten eingesetzt, z. B. Futterkalk als Ca-Quelle, soll das ausgewählte Mineralfutter hierauf angepasst sein. Zunehmend bedeutend wird es, verschiedene Mineralfutter in unterschiedlichen Phasen der Mast einzusetzen. Insbesondere die Gehalte an P im Mineralfutter können im Verlauf der Mast deutlich abgesenkt werden. Je nach Wachstumsabschnitt und eingesetzten Energie- und Proteinfuttermitteln kann auf eine mineralische P-Ergänzung in der Bullenmast völlig verzichtet werden.

Mast mit anderen Grob- und Saftfuttermitteln
Je nach Region und Verfügbarkeit von Maissilage bzw. anderen Futtermitteln können auch Rationen verwendet werden, die nicht ausschließlich Maissilage als Grobfutter enthalten. Mischungen aus Mais- und **Grassilage** sind ebenfalls gut geeignet, Grassilage kann aber auch die alleinige Grob-

Tab. 29.40
Beispiel für Inhaltsstoffe eines Mineralfutters für Mastbullen (Gehalte pro kg Mineralfutter).

23 % Ca	500000 IE Vitamin A	5000 mg Zn	30 mg I
2 % P	50000 IE Vitamin D_3	4000 mg Mn	20 mg Se
10 % Na	1000 mg Vitamin E	1000 mg Cu	15 mg Co
2 % Mg			

Einsatzempfehlung: 80–120 g/d

futterquelle sein. Die Ergänzung ist in diesem Fall allerdings anzupassen, damit der Bedarf der Tiere gedeckt werden kann. Sehr gute Grassilagen (aus frühem 1. Schnitt) weisen ebenso hohe ME-Gehalte wie gute Maissilagen auf (35 % DM, 10,8 MJ ME und 22 % CF in der DM). Die Erzielung solcher Qualitäten ist für hohe Tageszunahmen in der Bullenmast mit Grassilage eine Voraussetzung. Häufig sind die ME-Gehalte in Gras- oder Gras/Leguminosen-Mischsilagen jedoch geringer, sodass der ME-Ergänzung über das Kraftfutter eine größere Bedeutung zukommt. Grassilagen haben andererseits deutlich höhere CP-Gehalte als Maissilagen (14–18 % CP in der DM). Wenn eine Ergänzung von Grassilage mit Getreideschrot vorgenommen wird, ist somit eine separate Ergänzung eines Proteinfuttermittels häufig nicht mehr nötig. Grassilagen tragen zudem mehr Ca und P in die Ration ein als Maissilagen. Die Ergänzung mineralischer Einzelkomponenten oder die Zusammensetzung des Mineralfutters sollten daher bei Einsatz von Grassilage anders sein als bei Einsatz von Maissilage.

Auf trockenen Standorten kann der Anbau und die Fütterung von Luzerne sinnvoll sein. Gut vergorene **Luzernesilage** kann dann, ähnlich wie Grassilage, Maissilage in der Ration ergänzen. Der ME-Gehalt der Luzernesilage ist geringer und der CP-Gehalt höher als bei Grassilage. Allerdings hat Luzerne positive Verzehrseigenschaften und eine hohe Strukturwirksamkeit. Luzerne enthält sehr viel Ca, wohingegen die P-Gehalte eher in der Größenordnung von Maissilage liegen und daher die Notwendigkeit einer P-Ergänzung geprüft werden muss.

Künstlich getrocknetes und **gepresstes Grüngut** („Cobs“ oder „Pellets“) hat hohe Gehalte an ME und CP, ist aufgrund des in der Regel frühen Schnittes des Grünlandaufwuchses sowie der Kompaktierung allerdings weniger strukturwirksam als Grassilage oder Heu.

In der Bullenmast kann auch **Rübenblattsilage** von hoher Qualität eingesetzt werden. Voraussetzung ist, dass bei der Gewinnung der Eintrag von Erde vermieden und die Rohaschegehalte somit gering gehalten werden. Rübenblattsilage wird in Kombination mit Mais- oder Grassilage oder anderen strukturgebenden Grobfuttermitteln eingesetzt. Der Ergänzungsbedarf an Energie ist bei Einsatz von Rübenblattsilage höher als bei Maissilage.

Silierte **Pressschnitzel** aus der Zuckerrübenverarbeitung haben eine gute Fermentationseignung im Pansen und weisen mit etwa 11,5 MJ ME/kg DM sehr hohe Energiegehalte auf. Auch der CP-Gehalt ist etwas höher als der von Maissilage, jedoch geringer als der von Grassilage. Bei guter Silagequalität werden Pressschnitzel gerne verzehrt, sie haben allerdings keine hohe Strukturwirksamkeit. Ideal sind sie daher in Ergänzung mit Grassilage, sie sind jedoch auch für Rationen mit Maissilage geeignet. Bei Einsatz von Pressschnitzeln und anderen Rübennachprodukten muss für die Ergänzung berücksichtigt werden, dass sie sehr niedrige P-Gehalte aufweisen.

Protein- bzw. N-Ergänzung von Rationen in der Bullenmast

Je nach eingesetzten Grob- und Saftfuttermitteln ergibt sich ein unterschiedlich hoher Ergänzungsbedarf für Protein. Für die Ergänzung kommen beispielsweise Lupinen, Ackerbohnen oder Erbsen infrage – falls verfügbar. Als Handelsfuttermittel eher verfügbar und sehr gut geeignet sind Extraktionsschrote (Raps-, Sonnenblumen-, Sojaextraktionsschrot). Da in Rationen für Mastbullen selbst bei hohen Tageszunahmen dem UDP keine so hohe Bedeutung zukommt wie in Milchkuhrationen, ist eine Notwendigkeit für den Einsatz von Extraktionsschroten bei Mastbullen nicht gegeben. Es ist auch nicht erforderlich, Proteinfuttermittel gegen den Abbau in Pansen gezielt zu schützen.

Stattdessen kann zur Versorgung der Mikroorganismen des Pansens auch **Futterharnstoff** zur teilweisen Deckung des Bedarfs eingesetzt werden, und zwar in zunehmendem Maße mit höherer LM der Tiere. Die Tiere sollen langsam an den Einsatz von Harnstoff in der Ration gewöhnt werden. Ebenso ist darauf zu achten, den Harnstoff wegen der sehr hohen N-Konzentration (45 %) sehr gleichmäßig in die Ration einzumischen. In Abhängigkeit der CP-Mengen, die aus den übrigen Rationskomponenten stammen, wird die Harnstoffmenge so bemessen, dass die Versorgungsempfehlungen mit CP gedeckt und nicht überschritten werden. Eine Überversorgung mit N aus Harnstoff hat dieselben negativen Folgen wie eine Überversorgung mit Protein aus pflanzlichen Futtermitteln. Als Orientierungswert für den Harnstoffeinsatz in Rationen gilt ein Bereich

von etwa 0,5–1,0 % der DM. Aufgrund des sehr schnellen Abbaus im Pansen ergänzt Harnstoff insbesondere solche Rationen gut, die hohe Anteile an schnell fermentierbaren Kohlenhydraten enthalten.
Silierte **Biertreber** können eine maissilagebasierte Ration für Mastbullen gut als Proteinquelle ergänzen, sind jedoch auch relativ energiereich. Aufgrund des niedrigen Gehaltes an schnell fermentierbaren Kohlenhydraten hat Biertreber günstige Eigenschaften im Hinblick auf die Wiederkäuergerechtheit der Ration. Biertrebersilage enthält relativ viel P. Mischungen aus Maissilage und Biertrebersilage werden zur Erzielung hoher Tageszunahmen zusätzlich mit Kraftfuttermitteln ergänzt. Frische (unsilierte) Biertreber können ebenfalls verwendet werden. Allerdings ist dabei besonderes Augenmerk auf die Vermeidung mikrobiellen Verderbs zu legen. Dies erfordert den regelmäßigen Antransport der frischen Treber (alle 2–3 Tage) und den restlosen Verbrauch jeder Lieferung vor der Neubeschickung der Lagervorrichtung.
In der Bullenmast werden mitunter auch frische **Schlempen** in flüssiger Form in der Fütterung verwendet. Traditionell resultiert dies aus der Verknüpfung von Bullenmast und dem früheren landwirtschaftlichen Brennrecht. Ziel ist es, bei kontinuierlichem Brennereibetrieb laufend das Koppelprodukt Schlempe in der Bullenmast zu verwerten. In der Regel handelt es sich um Weizen- oder andere Getreideschlempen. An die Fütterungstechnik und das Fütterungsmanagement stellt dies spezielle Anforderungen, da die Schlempen direkt in die Tröge gepumpt und passend dosiert werden müssen. Zudem ist bei den hohen Wassergehalten und Lagertemperaturen der Schlempe die Vermeidung mikrobiellen Verderbs besonders wichtig. Der DM-Gehalt der Schlempen ist gering, in erster Linie liefern die Schlempen Protein. Bei Einsatz größerer Mengen an Schlempen ist es besonders wichtig, die Strukturwirksamkeit der Ration durch die Auswahl und Menge der Grobfuttermittel sicherzustellen.

Weidemast

Die Weidemast von Bullen ist zwar grundsätzlich möglich, die Anforderungen an die Weidehaltung, insbesondere die sichere Einfriedung der Flächen, sind bei Bullen jedoch hoch. Ochsen sind in Weidenutzungssysteme besser integrierbar als Bullen.
Grundsätzlich unterliegt die Weidehaltung den Folgen der Variation in der Aufwuchsqualität und den Unwägbarkeiten der Witterung. Rationsplanung oder Konzepte der Ergänzungsfütterung sind daher weniger gut planbar und umsetzbar als unter Bedingungen der Stallhaltung mit bekannten Futterqualitäten. Die Weide variiert in Aufwuchshöhe, Bestandesdichte und Nährstoffzusammensetzung, was die Futteraufnahmekapazität beeinflusst. Die Qualität der Weide ist zudem stark abhängig vom Witterungsverlauf, sodass das Risiko einer zu geringen Aufwuchsintensität und damit zu geringer Zunahmen in schlechten Weidejahren groß ist. Eine Endmast mit Kraftfutterzulagen, die ausreichende Zunahmen und eine gute Fettabdeckung des Schlachtkörpers erlaubt, ist auf der Weide schwierig durchzuführen. Sie ist eigentlich nur mit der Stallendmast erreichbar.
Bei Weideaustrieb sollten die Bullen etwa 200 kg LM aufweisen. Junge Tiere brauchen in der ersten Zeit nach dem Austrieb unbedingt einen witterungsgeschützten Liegeplatz. In der ersten Weidesaison sind Zunahmen von 700 g/d möglich, wenn das Anfangsgewicht ausreichend ist, die Tiere an Grünfutter und Gruppenhaltung gewöhnt sind, eine hervorragende Weide zur Verfügung steht und der Umtrieb dem Aufwuchs gut angepasst ist. Die Ergänzungsfütterung auf der Weide ist aufwendig, da sie tierindividuell erfolgen sollte und daher zusätzliche Haltungseinrichtungen zur zeitweisen Trennung oder Fixierung der Tiere vorhanden sein müssten. An die Weideperiode schließt sich die Fortsetzung der Mast unter Stallhaltungsbedingungen an. Für diese Variante der Mast eignen sich also im Herbst geborene Kälber besonders gut, weil sie zum Weideaustrieb die geeignete LM erreicht haben. Die Futteraufnahme solcher „Weidebullen" im zweiten Jahr nach dem Weideabtrieb ist sehr hoch. Im Frühjahr geborene Kälber hingegen müssten im zweiten Jahr evtl. auf der Weide zur Schlachtreife ausgemästet werden. Dies wird mit dem Einsetzen der Geschlechtsreife und zunehmend aggressivem Verhalten der Tiere sehr problematisch und daher nicht empfohlen.

Kraftfuttermast (Feedlot-Mast)
Hierbei wird bei weitgehendem Verzicht auf Grobfuttermittel eine Maximierung der Tageszunahmen der Tiere durch Kraftfuttereinsatz angestrebt. Die Strukturwirksamkeit der Ration ist unzureichend und die Wiederkäuergerechtheit ist nicht gegeben. In Deutschland spielt dies daher keine Rolle; in anderen Regionen der Welt, in denen den Bedürfnissen des Tieres und der Tiergesundheit wenig Bedeutung beigemessen wird, ist Kraftfuttermast hingegen weit verbreitet. Häufig wird hierbei versucht, der Ausprägung von Acidose durch Einsatz von Natriumbicarbonat in der Ration vorzubeugen. Mastbullen entwickeln unter derartigen Bedingungen dennoch chronische Acidosen und Entzündungen der Schleimhaut des Pansens, unter Umständen auch Vitaminstoffwechselstörungen infolge veränderter mikrobieller Aktivität. Vor allem aber werden Verhaltensstörungen (z. B. Zungenschlagen) beobachtet, da Futteraufnahmezeiten und Wiederkauzeiten deutlich verringert sind.

29.4.5 Schlachtkörperqualität, Fleischqualität

Ein weitgehend standardisierter **Schlachtkörper** ist bei der Vermarktung von Teilstücken (z. B. Größe des Roastbeefstückes, der Hochrippe, der Keule) von Bedeutung. Auch die mechanische Zerlegung (Hälftentrennung etc.) im Schlachthaus erfordert Schlachtkörper von möglichst standardisierter Größe.
Das **Fleisch/Fett-Verhältnis** und die Fettauflage des Schlachtkörpers sind Folge der genetischen Veranlagung und der Fütterungsintensität. Der Bullenmäster wird also – auch bei Zukauf – versuchen, die genetisch möglichen Zunahmen zu erreichen, dabei aber zu frühzeitige Verfettung der Schlachtkörper zu vermeiden. Zu hohen Fettauflagen bei Holstein Bullen kann durch knappe Fütterung in der Endmast vorgebeugt werden. Tageszunahmen von nicht mehr als 1000 g am Ende der Mast erlauben hier genügend intramuskuläres Fett bei Vermeidung übermäßiger Fettauflagen.
Die **Zartheit** des Fleisches ist in erster Linie vom Alter des Tieres bei der Schlachtung sowie den Reifebedingungen des Schlachtkörpers abhängig.
Der Anteil des **intramuskulären Fetts** wird in erster Linie von der Genetik vorgegeben. Die Fütterung spielt keine besondere Rolle.
Fettkonsistenz und Fettfarbe sind hingegen fütterungsabhängig. Ein großer Teil der Futterfette wird im Pansen hydriert. Der Einsatz von Ölsaaten oder Fetten in der Ration führt zu einer Veränderung des Fettsäurenmusters und damit der Konsistenz des Körperfettes. Hohe Carotingehalte in Grünlandaufwüchsen färben das Depotfett gelblich. Die zusätzliche Gabe von Vitamin E (über den Bedarf des Tieres hinaus) erhöht die Oxidationsstabilität ungesättigter Fettsäuren und die Intensität der Färbung des Fleisches.

29.4.6 Fütterungsbeeinflusste Gesundheitsstörungen

Prinzipiell können Verdauungs- und Fermentationsstörungen bei Mastbullen in ähnlicher Form wie bei Milchkühen auftreten, insbesondere, wenn kraftfutterreich gefüttert wird. Im Vordergrund steht die **Pansenacidose.** Beim Mastbullen ist die Koppelung der Acidose mit Tympanie (Aufblähen) und schaumiger Gärung möglich. Chronische Acidose beruht weniger auf Lactatanreicherung, als auf hohen Konzentrationen an Säuren bei mäßig erniedrigten pH-Werten des Panseninhaltes. Keratinauflagerungen auf den Pansenzotten, Ulcera (Geschwüre) und Sekundärinfektionen werden beobachtet. Bei der chronischen Form der Acidose wird zudem die Hirnrindennekrose (CCN = Cerebro-Cortical-Nekrose) als eine Folgeerkrankung beschrieben, die kausal auf Vitamin-B_1-Mangel beruht. Die Ursachen sind nicht vollständig geklärt. Als Acidosefolgen gelten Klauenrehe, Schleimhautnekrose und Clostridiose.
Zu einer **Alkalose** (anhaltender pH-Wert über pH 7,2 im Pansensaft) kann es bei übermäßigem Einsatz von Futterharnstoff kommen. Ggf. liegen auch Folgen eines unsachgemäßen Ammoniakaufschlusses der Futtermittel oder Entmischungen bei Harnstoffeinsatz vor. Die Folge einer andauernden Alkalose kann „Pansenfäulnis" sein. Hierbei dominieren eiweißspaltende, fäulniserregende Mikroorganismen die Pansenmikrobiota.
Bei besonders getreidereicher Fütterung kann es zu Dispositionen für **Aufblähen (Tympanie)** kommen. Bei geringer Strukturwirkung der Ration ist

das Wiederkauen eingeschränkt, der Puffereintrag in den Pansen mit dem Speichel ist vermindert und die Motilität des Pansens ist verschlechtert. Zudem ist die Gasseparierung im Pansen behindert. Sie wird durch fehlende Speichelinhaltsstoffe, aber auch durch besondere Proteine von Mikroorganismen (u. a. Streptokokken) zusätzlich erschwert. Tiere, die ohne Adaptation viel Klee erhalten, neigen zum Aufblähen. Hierfür sind u. a. die Kohlenhydrate und emulsionsfördernde Chloroplastenproteine verantwortlich.

Mastbullen zeigen – eher als weibliche Tiere – eine Neigung zur Ausbildung von **Harnröhrensteinen.** Die Umschlagstelle des Penis im Becken weist eine Verengung der Harnröhre auf, sodass Harnröhrensteine hier vorrangig zu finden sind. Harnstau und Urämie sind die Folge. Für die Prophylaxe ist die Diagnose des Steintyps bedeutsam. Bei Proteinüberschuss und hoher P- und Mg-Zufuhr können Struvitsteine vorliegen (Mg-Ammoniumphosphat-Steine). Vereinzelt scheinen auch Carbonatsteine und in den trockenen Gebieten der Tropen und Subtropen sogar Silicatsteine eine Rolle zu spielen. Neben Rationskorrektur muss vor allem auf die Wasserversorgung geachtet werden. Hochwertiges Tränkwasser muss stets in ausreichender Menge angeboten werden.

29.5 Jungrindermast in der Mutterkuhhaltung

Eine extensive Form der Jungviehmast ist die Mutterkuhhaltung. Notwendig sind hierfür gute Weidebedingungen. Pro Jahr wird pro Mutterkuh ein marktfähiges Kalb aufgezogen. Die Grasaufnahme der mit den Müttern laufenden Kälber beginnt zwar im Alter von 3 Monaten, ist aber auch mit 9 Monaten noch recht niedrig, wenn genügend Milch aufgenommen werden kann. Eine Beifütterung der Saugkälber auf der Weide ist nur sinnvoll, wenn der Aufwuchs knapp ist und Perioden geringen Aufwuchses (z. B. Trockenperioden im Sommer) überbrückt werden müssen. Weibliche Tiere erzielen 5–15 % niedrigeren Zuwachs als männliche.

Im Rahmen von Extensivierungsmaßnahmen wird mitunter mit besonderen Rassen gearbeitet. Die Zuwachsleistung dieser Kälber ist jedoch oft gering, sodass die Mast auch bei gutem Futter meist nicht wirtschaftlich ist. Galloways und Highlands haben daher in Landschaftspflege und in der Hobbytierhaltung ihren Platz. Auch die Schlachtkörpergrößen kleiner Extensivrassen sind so begrenzt, dass nur Direktvermarktung und hohe Preise oder Zuchtviehverkauf Marktchancen eröffnen.

Geburtsgewichte und Anteil der Ausschlachtung der verschiedenen Rassen, die in der Mutterkuhhal-

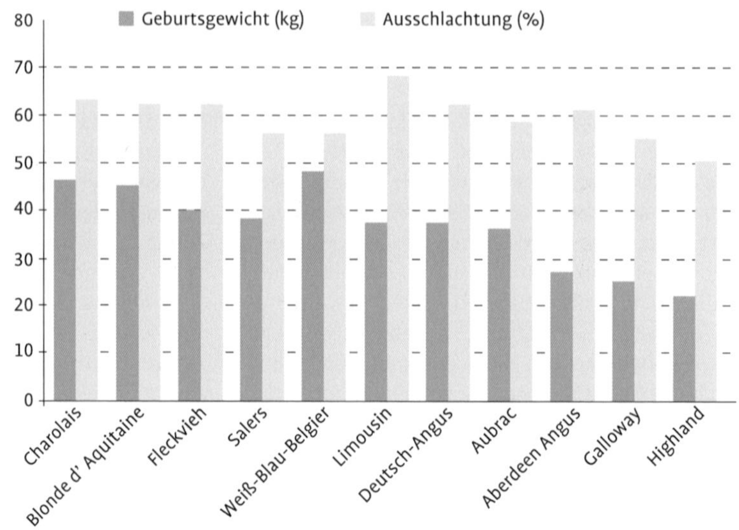

Abb. 29.10 Geburtsgewicht und Ausschlachtung verschiedener Rassen.

tung eingesetzt werden, gehen aus Abbildung 29.10 hervor. Die Zunahmekapazität ist bei den großrahmigen Rassen Charolais und Blonde d'Aquitaine am günstigsten. Gute Ausschlachtungsergebnisse erzielen Limousin, die zudem leichtkalbig sind. Weideaußenhaltung ohne genügenden Witterungsschutz ist auch bei Extensivrassen im Winter für mitteleuropäische Verhältnisse unsachgemäß. Auch gut genährte Tiere verlieren bereits in mittleren Wintern viel Gewicht. Dichtes Fell täuscht oft über mangelnde Kondition hinweg.

29.6 Mast von Färsen und Ochsen

Ochsen sind in Weide- oder Laufstallhaltung leichter zu halten als Bullen. Das Fleisch ist gut marmoriert und saftiger als bei Bullen und damit besser vermarktbar. Ochsen und Färsen verfetten jedoch früher als Bullen. Die Zunahmen sind mäßig. Zur Färsen- und Ochsenmast eignen sich nur die typischen Fleischrassen mit gutem Proteinansatzvermögen. Die in einigen Regionen der Welt übliche hormonelle Behandlung von Ochsen zur Verbesserung des Fleischansatzes ist in der EU verboten. Als Faustregel kann gelten, dass Ochsen zu Beginn der Mast etwas weniger Fett und etwas mehr Protein ansetzen als Mastbullen, dass also ihr Energiebedarf zunächst etwa 10 % unter jenem der Bullen liegt. Bis etwa 400 kg LM gleicht sich diese Energiebedarfsdifferenz weitgehend aus. In Gewichtsabschnitten darüber setzen Ochsen deutlich mehr Fett an als Bullen. Der Energiebedarf ist dann für gleiche Zunahmen höher. Die Ausmästung von Ochsen auf schwere Gewichte (über 600 kg LM) ist möglich. Wachstumsintensität und Markt bestimmen den tolerierbaren Verfettungsgrad. Gegebenenfalls ist eine restriktive Endmast anzuraten.
Die Mast weiblicher Jungrinder ist in Ausnahmefällen sinnvoll. Sie spielt in der Mutterkuhhaltung oder bei Zweinutzungsrassen eine gewisse Rolle, wenn die Nachzucht nicht in vollem Umfang für die Remontierung benötigt wird. Zunahmen von zunächst 900 g zu Beginn der Mast können zwischen 350 und 500 kg LM auf 1100 g gesteigert werden (Fleckvieh). Höhere Ausmästungsgewichte sind nur nach Erschließung entsprechender Märkte möglich. Die Verfettungsneigung schwerer weiblicher Tiere ist überproportional.

29.7 Altkühe

Eine Ausmästung von Altkühen wird kaum empfohlen, zumal ihr Proteinansatz begrenzt ist. Daten für Milchrassen fehlen. Erfahrungen zeigen jedoch, dass trockene Altkühe sogar bei reinem Weidegang und ohne jegliche Zufütterung gute Zunahmen zeigen. Man muss dabei auch mit einem gewissen Proteinansatz rechnen. Eine vorsichtige Ausmästung ist also sinnvoll, wenn vor der Vermarktung ein mittlerer Ernährungszustand der Kuh angestrebt wird. Ziel muss sein, den Fettansatz zu limitieren und das Proteinansatzvermögen auszuschöpfen. Dies kann durch moderate Zunahmen (z. B. nicht über 800 g/d), gute Proteinzufuhr und mäßiges Endgewicht (z. B. nicht über 650–700 kg LM) erreicht werden.

29.8 Zuchtbullen

Zuchtbullen, die zum Einsatz als Vatertiere (Besamungsstation, Natursprung) vorgesehen sind, sollen nicht zu schnell wachsen. Zunahmen über 1000 g pro Tier und Tag sollten vermieden werden.
Die Deckfähigkeit ist etwa mit einem Alter von einem Jahr erreicht. Bei guter Entwicklung ist dann ein mäßiger Einsatz möglich. Hohe Zunahmen führen zu Verfettung, oft gekoppelt mit mangelnder Libido, bei Fleischrassen oft auch mit Skelettmängeln. Diese Schäden können aber meist durch gezielte Mineralstoff-, Protein- und restriktive Energiezufuhr vermieden werden (→ Tab. 29.41). Die Na- und Mg-Versorgung ist den Bedarfswerten bei Mastbullen anzupassen. Ausgewachsene Zuchtbullen benötigen ein hochwertiges Futter mit mäßiger Energiekonzentration. Die Faustzahl von 100 MJ ME mit 900 g CP muss bei geringem Einsatz in der Samengewinnung oder bei gemäßigtem Deckeinsatz reduziert werden, um Gewichtskonstanz zu erreichen.
Zuchtbullen sollen ein vielseitig zusammengesetztes, strukturreiches Futter erhalten. Die

Tab. 29.41
Täglicher Nährstoffbedarf von Jungbullen (und Zuchtbullen).

Alter (Monate)	Zunahme (g)	ME (MJ)	CP (g)	Ca (g)	P (g)
5–6	≤ 1000	44	580	35	17
7–9	≤ 1000	54	650	36	18
10–11	≤ 1000	67	820	39	20
		Einsatz im Natursprung bzw. für die Samengewinnung			
12–17	800	75[1]	860	43	22
18–23	800	100	900	43	22
24–35	500	100	900	43	22
36–47	350	100	900	43	22
48					

1 Zulage von 10 % an Energie und Nährstoffen, wenn hohe Beanspruchung durch Zuchtnutzung gegeben ist.

Ansprüche an die Qualität von Heu und Silage sind hoch. Die Zufütterung von Mineralfuttermittel muss quantitativ kontrolliert erfolgen.
Die Bedarfswerte für viele Nähr- und Wirkstoffe wurden überwiegend empirisch festgelegt. Entsprechend variieren sie zwischen den Quellen. Bewährt haben sich **Vitamin-A**-Gaben von 50000 IE und von 5000 IE **Vitamin D** pro Tag sowie **Vitamin-E**-Gaben von 100 mg α-Tocopherol. Die Notwendigkeit einer zusätzlichen Carotinversorgung ist umstritten. Diskutiert werden Gaben zwischen 100 und 200 mg pro Tier und Tag. Hierzu eignen sich Beifutter, die in Einzelfütterung angeboten werden, besser als Lecksteine oder ein Mineralfutterangebot *ad libitum*.
Fütterungsbedingte Samenqualitätsmängel sind bisher nicht systematisch untersucht. Vitamin-A-Gehalt und Zinkgehalt des Spermas können durch die Ernährung beeinflusst werden. Spermabildung und Reifung erfordern lange Zeiträume, was bei der Auswahl der Fütterungsstrategien beachtet werden muss. Plötzliche Futterumstellungen sind in der Zuchtbullenfütterung zu vermeiden.
Gewünscht werden:

- eine frühe Nutzung und
- eine geringe Verfettung.

Eine frühe Nutzung wird besonders in Mutterkuhherden, aber auch bei Natursprung in der Milchviehherde angestrebt (Deckeinsatz mit ca. 14 Monaten Alter). Ausreichende Zunahmen im ersten Lebensjahr sind hierfür Vorbedingung, dabei ist aber ein zu schnelles Wachstum zu vermeiden. Besonders bei schnellwüchsigen Fleischrassen können sich sonst Skelettentwicklungsstörungen einstellen.
Die Folgen von übermäßiger Verfettung sind Deckmüdigkeit, Schwerfälligkeit und Fruchtbarkeitsmängel. Der Nährstoffaufwand für Ejakulat und Energieverbrauch für den Deckakt sind gering. Nur bei intensiver Decktätigkeit sind Zuschläge zum Bedarf für Erhaltung und Wachstum von 10 % zu dem errechneten jeweiligen Wert vorzusehen. Bei Deckeinsatz in Weidehaltung kann andererseits der Zuwachs zu gering sein, hier ist vor allem im Spätsommer eine Zufütterung sinnvoll.
Altbullen sollten ein vielseitig zusammengesetztes, vollwertiges Futter erhalten. Ihr Endgewicht ist rassenspezifisch vorgegeben, aber auch durch den individuellen Typ bedingt. Zunahmen auf Werte um 1000 kg LM sind üblich, die Tiere sind dann allerdings oft älter als 4 Jahre. Auch bei ihnen ist auf eine ausreichende Strukturwirksamkeit der Ration sowie eine bedarfsdeckende Nährstoffversorgung zu achten. Da Altbullen kaum noch wachsen, ist so zu füttern, dass weitgehende Gewichtskonstanz vorliegt.

30 Fütterung der Schafe

Herbert Steingaß

30.1 Einleitende Bemerkungen

Schafe werden gehalten sowohl zur Erzeugung von Fleisch, Wolle, Milch und Fellen als auch zur Pflege der Landschaft, besonders von Biotopen, Nationalparks und Brachland, von Flug- oder Truppenübungsplätzen und von Deichen. Die natürlichen und die wirtschaftlichen Bedingungen bestimmen den Umfang und die Struktur der Schafbestände, die Auswahl der Rassen und deren Zuchtziele sowie die jeweilige Ausnutzung ihres genetischen Leistungsvermögens. Dabei gibt es Bedingungen, unter denen die Hütehaltung dominiert, und andere mit vorwiegender Koppel- und Einzelschafhaltung.

Wegen der gegenwärtigen Erlösrelationen zwischen Wolle (minimal) und Fleisch (mehr als 90 % des Erlöses) und der vorhandenen Absatzchancen ist die Erzeugung von Qualitätsfleisch aus fettarmen Schlachtkörpern von jungen Mastlämmern mit gut ausgebildeten fleischreichen Teilstücken (Keule, Rücken) anzustreben. Dazu sind Mutterschafe mit hoher Fruchtbarkeit und asaisonaler Brunst von Vorteil, um gleichmäßig über das Jahr verteilte Ablammungen zu erreichen. Sowohl die tragenden und laktierenden Mutterschafe als auch die Mastlämmer stellen hohe Anforderungen an die Fütterung, unabhängig davon, ob sie im Stall oder auf der Weide gehalten werden.

Eine ganz andere Situation liegt bei der Landschaftspflege durch extensive Beweidung vor. Das Beweiden mit Schafen stellt die wirksamste Pflegemaßnahme dar, um Verwilderungen und Verbuschungen von Flächen zu verhindern und Biotope zu pflegen. Es ist allerdings wirtschaftlich nicht attraktiv und muss als eine Dienstleistung durch die öffentliche Hand gefördert werden.

Somit können die Fütterungsintensität und die Ansprüche an die Versorgung bei Schafen große Unterschiede zwischen Nutzungsrichtungen und Beständen aufweisen. Eine der Schafhaltung oft nachgesagte generelle Anspruchslosigkeit an die Futterversorgung besteht bei Weitem nicht und diese Annahme sorgt immer wieder für Probleme bei der Fütterung und Gesunderhaltung der Bestände.

30.2 Anforderungen an die Fütterung

30.2.1 Besonderheiten des Schafes hinsichtlich Futteraufnahme und Verdauungsleistung

Verdauung und Stoffwechsel der Schafe unterscheiden sich nur wenig von denen anderer Wiederkäuer. Demzufolge gleichen sich auch die grundlegenden Anforderungen an die Fütterung. Wegen dieser Ähnlichkeit dient das Schaf häufig als Modelltier für die ernährungsphysiologische Forschung am Wiederkäuer (z. B. Verdaulichkeitsversuche). Dennoch sind einige tierartspezifische Besonderheiten zu beachten:

- **Futterselektion:** Das Schaf hat ein ausgeprägtes Vermögen und die Neigung zur Futterselektion. Dadurch ist es den Tieren auf kargen Weiden möglich, ein im Vergleich zur Qualität des gesamten Aufwuchses wesentlich nährstoffreicheres Futter aufzunehmen. Voraussetzung dafür ist natürlich, dass das Futterangebot deutlich höher ist als die aufgenommene Futtermenge. Aus Tabelle 30.1 ist ersichtlich, dass die Tiere trotz deutlicher Unterschiede in der Zusammensetzung der Aufwüchse ein recht einheitliches Futter aufgenommen haben mit wesentlich höherem CP-Gehalt, niedrigerem CF-Gehalt und höherer Verdaulich-

Tab. 30.1
Nährstoffselektion von Schafen bei Beweidung von Leguminosen.

	Hornklee		Schwedenklee		Rotklee		Luzerne	
	A	S	A	S	A	S	A	S
CP (g/kg DM)	182	274	194	279	182	267	199	254
CF (g/kg DM)	300	161	256	160	251	149	297	255
dOM (%)	66	77	72	79	72	79	69	79

A = Aufwuchs, S = selektiert

keit im Vergleich zum Aufwuchs. In der Stallfütterung ist diese Eigenschaft dagegen eher unerwünscht. Hier müssen Maßnahmen getroffen werden, die Selektierbarkeit von Rationen zu vermindern. In größeren Beständen kann dies beispielsweise mithilfe von Mischrationen erfolgen.

- **Einfluss des Vlieses auf die Futteraufnahme:** Über die thermische Regulation der Futteraufnahme wirkt sich der Wollbesatz ungünstig auf den Verzehr aus. Nach der Schur fressen Schafe deutlich mehr als vorher.
- **Einfluss des Leistungsniveaus auf die Futteraufnahme:** Da Hammel und güste Mutterschafe einen niedrigen Energiebedarf haben (Ernährungsniveau 1), ist ihr Futteraufnahmevermögen – metabolisch reguliert – niedrig. Somit sind Ergebnisse aus Futteraufnahmeversuchen mit Hammeln nicht ohne Weiteres auf wachsende oder laktierende Schafe oder gar Rinder übertragbar.
- **Fähigkeit zur Anpassung an energiearme Rationen:** Einige Schafrassen können unter kargen Fütterungsbedingungen ihr Pansenvolumen erweitern. Dadurch wird die Retentionszeit des Futters im Magen-Darm-Trakt verlängert und die Verdaulichkeit erhöht sich. Vor allem Extensivrassen, wie z. B. Heidschnucken, sind dazu in der Lage, während dies bei Intensivrassen weit weniger ausgeprägt ist. Abbildung 30.1 verdeutlicht dies: Bei einer energiereichen Ration liegt die Energieaufnahme über dem Bedarf und das Pansenvolumen sinkt bei beiden Rassen. Nach Umstellung auf das energiearme Futter sind die Landschafe in der Lage, das Flüssigkeitsvolumen um ca. 50 % zu steigern, während die Merinofleischschafe das ursprüngliche Volumen zu Versuchsbeginn kaum erhöhen.
- **Verzehrs- und Wiederkauverhalten:** Das Schaf kann im Gegensatz zum Rind ganze Getreidekörner rejektieren und beim Wiederkauen zerkleinern. Deshalb kann in der Schaffütterung

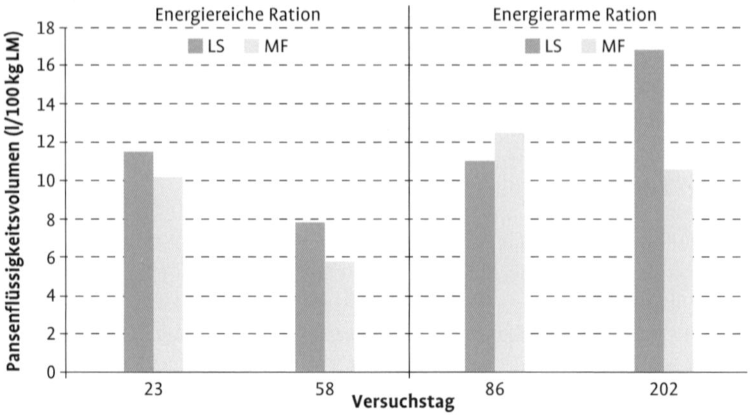

Abb. 30.1
Pansenflüssigkeitsvolumen von Landschafen (LS) und Merinofleischschafen (MF) nach *ad libitum* Fütterung energiereicher (1.–58. Versuchstag) und energiearmer Rationen (59.–202. Versuchstag).

z. B. auch unzerkleinertes Getreide gefüttert werden, ohne eine Verdaulichkeitsdepression bzw. einen Verlust potenziell verdaulicher Nährstoffe befürchten zu müssen. Weiterhin kann das Wiederkauen auch bei stark zerkleinertem Raufutter noch länger aufrechterhalten werden, wenn das Rind dazu nicht mehr in der Lage ist. Dadurch kann der verzehrssteigernde Effekt der Raufutterkompaktierung wesentlich besser genutzt werden. Trockensubstanzreiche und kurz gehäckselte Silagen werden vom Schaf besser aufgenommen und wiedergekaut als lange Nasssilagen.

- **Verdaulichkeit:** Abgesehen von Futtermitteln mit ganzen Körnern (Getreide, DM-reiche Mais- und Getreide-Ganzpflanzensilagen) sind die Unterschiede in der Verdaulichkeit der Nährstoffe zwischen Schaf und Rind bei vergleichbarem Fütterungsniveau gering. Somit ist es zulässig, die am Schaf bestimmte Verdaulichkeit auf andere Wiederkäuerspezies zu übertragen.

30.2.2 Energie- und Proteinbedarf

Wegen der weitgehenden Übereinstimmung der Verdaulichkeit der Nährstoffe und deren energetischen Verwertung bei Rind und Schaf können und sollten für beide Tierarten gleiche energetische Futtereinheiten und Proteinbewertungssysteme genutzt werden.

In Deutschland gilt seit 1996 für Schafe die umsetzbare Energie (ME) als Maßstab der energetischen Futterbewertung.

Die Beschreibung des Proteinbedarfs der Schafe erfolgt bisher nur auf der Basis Rohprotein (CP). Es ist zu erwarten, dass in Zukunft wie bei Milchkühen und Aufzuchtrindern die Kenngröße „nutzbares Rohprotein am Duodenum" (nXP) verwendet wird. Um die Proteinversorgung besser beurteilen zu können, wird an dieser Stelle empfohlen, auch für Schafe den Proteinwert der Futtermittel auf der Basis nXP auszudrücken und für den Bedarf an nXP den zurzeit offiziell angegebenen Bedarf an CP zu übernehmen.

Die Bedarfsangaben und Einsatzempfehlungen für Energie und Nährstoffe, einschließlich Mineralstoffe und Vitamine, gründen auf Angaben des Ausschusses für Bedarfsnormen der Gesellschaft für Ernährungsphysiologie (GfE, 1996) und des Rostocker Futterbewertungssystems. Für Energie und CP (nXP) sind die Basisdaten in Tabelle 30.2 zusammengestellt.

Angaben zum energetischen Erhaltungsbedarf schwanken von 0,29–0,37 MJ/kg $LM^{0,75}$. In dem angegebenen Wert von 0,43 MJ/kg $LM^{0,75}$ ist ein Zuschlag für normale Bewegungsaktivität sowie für ein mittleres Wollwachstum enthalten. Darüber hinaus erforderliche Bewegung (v. a. bei Hütehaltung) wird mit 0,38 kJ/100 kg LM und km berücksichtigt. Im Erhaltungsbedarf ist auch ein mittleres Wollwachstum von 3 kg Reinwolle im Jahr enthalten. Abweichungen davon sind mit

Tab. 30.2
Grundlagen zum Energie- und Proteinbedarf von Schafen.

Bedarfskomponente	Bezug	ME (MJ)	CP (nXP) (g)[1]
Erhaltung (inkl. mittlerer Wollertrag und normale Bewegungsaktivität)	kg $LM^{0,75}$ u. Tag	0,43	4,7
Fortbewegung (Triftweg, Weidegang)	100 kg LM u. km	0,38	1,4
Abweichung im Wollertrag von 3 kg/Jahr je 1 kg Reinwolle u. Jahr	pro Tag	0,19	15
Trächtigkeit	Letzte beiden Trächtigkeitsmonate		
Einling		200	4300
Zwilling		270	5400
Milchproduktion (6–9 % Fett, 4–6 % Protein)	kg Milch	8	130
Lebendmassezuwachs	kg Zuwachs	24–36	300–500

1 Erläuterungen siehe Text S. 557–558

0,19 MJ/d pro kg Wolle energetisch wenig bedeutend. Im Proteinbedarf für die Erhaltung ist ebenfalls eine mittlere Wollsynthese von 3 kg pro Jahr eingeschlossen. Bei abweichendem Wollertrag pro 1 kg Reinwolle und Jahr, dies entspricht einer täglichen Proteinsynthese von ca. 3 g, ergibt sich eine Änderung des Bruttobedarfs von ca. 15 g CP (nXP) pro Tag. Dieser recht bedeutende Betrag resultiert aus der niedrigen Proteinverwertung aufgrund der stark abweichenden AS-Zusammensetzung des Wollproteins gegenüber der des nXP.

Der Energiegehalt der Konzeptionsprodukte beträgt 5 MJ/kg. Multipliziert mit der bei der Geburt vorhandenen Masse der Konzeptionsprodukte und unter Berücksichtigung einer Verwertung der ME von 0,2 ergibt sich ein Zusatzbedarf bei Einlings- bzw. Zwillingsträchtigkeit von insgesamt 200 bzw. 270 MJ ME, die sich auf die letzten beiden Trächtigkeitsmonate verteilen.

Schafmilch ist sehr nährstoffreich und enthält 6–9 % Fett und 4–6 % Eiweiß. Entsprechend hoch ist der Energiegehalt, der im Mittel 4,8 MJ/kg beträgt. Bei einer Verwertung der ME für die Milchproduktion von 0,6 ergibt sich ein ME-Bedarf von 8 MJ/kg Milch. Der Bruttobedarf an CP (nXP) wird mit 130 g/kg Milch sehr hoch angesetzt. Er berücksichtigt einen Gehalt von 60 g Milchprotein/kg, was sicherlich die obere Grenze des physiologisch normalen Bereiches darstellt. Um unnötig hohe Rohproteinaufnahmen bzw. geringe N-Nutzungseffizienzen zu vermeiden, sollte bei bekanntem Milchproteingehalt der Bedarf an CP (nXP) entsprechend angepasst werden (Milchproteingehalt [g/kg] · 2,1 = Bedarf an CP [nXP] pro kg Milch).

Die Zusammensetzung des LM-Zuwachses verändert sich mit steigender LM und höheren täglichen Zunahmen stark. Der Fettanteil steigt auf Kosten des Wassers an. Der Energiegehalt des Zuwachses liegt zwischen 7,5 und 11,5 MJ/kg. Bei einem Teilwirkungsgrad von 0,4 ergibt sich daraus ein ME-Bedarf von 19–29 MJ/kg Zuwachs. Auch der Proteinansatz ist abhängig von Lebendmasse und Leistungshöhe. Der Bedarf liegt zwischen 300 und 500 g CP (nXP) pro kg Zuwachs. Einflüsse von Rasse und Geschlecht bleiben bei den Bedarfsableitungen für Schafe unberücksichtigt.

30.2.3 Mineralstoffbedarf und -versorgung

In Tabelle 30.3 sind Empfehlungen zur Versorgung mit Mengenelementen zusammengefasst. Je nach Leistungsrichtung ergibt sich ein notwendiges Ca : P-Verhältnis von ca. 1,6 : 1. P-Überschüsse begünstigen das Auftreten von Harn- und Blasensteinen (→ Kap. 30.9). Andererseits sind viele Grobfuttermittel phosphorarm, besonders wenn sie von extensiv bewirtschafteten Standorten stammen. Ein subklinischer P-Mangel senkt die Futteraufnahme und beeinträchtigt Stoffwechselprozesse. Unter diesen Bedingungen wird weniger und wesentlich feinere Wolle gebildet.

Wegen des hohen Anteils an schwefelhaltigen Aminosäuren im Wollprotein wird mitunter eine Schwefelsupplementierung empfohlen. Ist der Pansen ausreichend mit Schwefel versorgt (≥1 g/kg Futter DM) ist davon auszugehen, dass die mikrobielle Synthese schwefelhaltiger AS den Bedarf für die Wollproteinsynthese zu decken vermag. Die Schwefelgehalte der Futtermittel liegen meist über diesem Wert. Lediglich bei Einsatz von Harnstoff und Stroh in der Ration könnte eine Schwefelergänzung erforderlich werden.

Das Futter für Mutterschafe und Zuchtböcke sollte folgende Spurenelementgehalte je kg DM aufweisen: 50 mg Eisen, 8 mg Kupfer, 60 mg Mangan, 40 mg Zink, 0,08 mg Cobalt, 0,3 mg Iod und 0,15 mg Selen. Für wachsende Schafe werden für Zink mit 30 mg/kg DM und für Iod mit 0,2 mg/kg DM etwas niedrigere Werte angegeben. Diese Konzentrationen gelten bei einem ausgewogenen Angebot an den einzelnen Mineralstoffen. Schafe haben eine geringe Cu-Toleranz. Deshalb besteht leicht die Gefahr einer Überversorgung (→ Kap. 30.9) aber auch eines Cu-Mangels, wenn aufgrund dieses Überschussproblems eine konsequent niedrige Cu-Zufuhr praktiziert wird. Zudem kann durch Wechselwirkungen mit anderen Elementen die Cu-Versorgung stark beeinflusst werden. So führen Überschüsse an S, Ca, Cd, Fe, Pb und Mo zu einer geringeren Absorption von Cu. Dieses Problem ist vor allem in Gebieten mit Industrie-Imissionen zu beachten. Dann können typische Mangelerscheinungen auch bei Einhaltung der angegebenen Versorgungsempfehlungen auftreten.

		Ca	P	Mg	Na
Mutterschafe					
Erhaltung		4	3	0,6	1,0
Hochtragend		6	5	0,8	1,5
Laktation	1. und 2. Monat	12	8	2,1	2,5
	3. und 4. Monat	8	5	1,5	2,0
Zuchtböcke		6	5	0,8	1,5
Wachsende Schafe					
10–20 kg LM	100 g LMZ/d	3,0	1,8	0,4	0,4
	300 g LMZ/d	7,0	4,0	1,0	0,7
20–30 kg LM	100 g LMZ/d	3,5	2,0	0,5	0,5
	300 g LMZ/d	7,5	4,7	1,1	0,8
30–40 kg LM	100 g LMZ/d	4,5	3,0	0,8	0,6
	300 g LMZ/d	9,5	5,5	1,6	0,9
40–50 kg LM	100 g LMZ/d	5,5	3,4	1,0	0,8
	200 g LMZ/d	7,5	4,7	1,4	0,9
50–60 kg LM	100 g LMZ/d	6,0	3,9	1,0	0,9
	200 g LMZ/d	8,0	5,1	1,4	1,0

Tab. 30.3 Empfehlungen zur Versorgung mit Mengenelementen von Schafen (in g je Tier und Tag).

30.2.4 Vitaminbedarf und -versorgung

Ein Mutterschaf benötigt je Tag 2000–6000 IE Vitamin A und 200–600 IE Vitamin D. An der unteren Grenze liegen die güsten und niedertragenden Tiere, an der oberen die hochtragenden und laktierenden. Bei ausgedehntem Weidegang ist ein Vitaminmangel nicht zu befürchten. Dagegen sollte während längerer Stallfütterungsperioden die Vitaminversorgung bilanziert und gegebenenfalls durch den Einsatz eines Vitaminkonzentrates oder eines vitaminisierten Mineralfutters abgesichert werden.
Schafe mit funktionsfähigem Pansen sind infolge mikrobieller Synthese von der Zufütterung wasserlöslicher Vitamine unabhängig, wobei sich in einigen Versuchen Niacinsupplementationen in hohen Dosen günstig auf Stoffwechselkennzahlen hochtragender und laktierender Mutterschafe auswirkten. Für Lämmer gilt folgender Bedarf je 10 kg LM und Tag: 1000 IE Vitamin A, 150 IE Vitamin D, 5 mg Vitamin E, 1 mg Vitamin B_1, 1 mg Vitamin B_2, 1 mg Vitamin B_6, 6 µg Vitamin B_{12}, 8 mg Niacin und 4 mg Pantothensäure.

Mischfuttermittel für die Lämmeraufzucht und für die intensive Lämmermast enthalten Zusätze an den Vitaminen A, D und E. Darüber hinaus werden Lämmeraufzuchtfuttermitteln die Vitamine B_1, B_2, B_6 und B_{12}, Pantothensäure, Nicotinsäure (Niacin) und K zugesetzt.

30.2.5 Futterdarbietungsformen

Die Anforderungen, die in der Schaffütterung an die Futterdarbietungsformen gestellt werden müssen, zielen letzten Endes auf die weitgehende Ausschöpfung des Futteraufnahmevermögens und die günstige Gestaltung der ruminalen Verdauungsvorgänge hin. Sie unterscheiden sich nicht wesentlich von denen in der Rinderfütterung. So ist der erforderliche Gehalt an strukturwirksamen Gerüstsubstanzen bei vergleichbaren Kategorien der Schafe und Rinder ähnlich, d. h. bei Jungschafen 14–18 % und für Mutterschafe 18–24 % CF in der DM. An dieser Stelle soll erwähnt sein, dass die häufig praktizierte Intensivmast von Lämmern mit Kraftfutter mit einem minimalen Angebot an Raufutter als nicht wiederkäuergerecht anzusehen ist.

Zum Erhalt der Tiergesundheit ist auch bei intensiven Mastformen ein Mindestanteil von 20–25 % strukturiertem Grobfutter zu fordern. Auf die tierartspezifischen Besonderheiten bei der Fütterung unzerkleinerter Körner, kompaktierter Raufuttermittel und lang gehäckselter Silagen wurde schon im Kapitel 30.2.1 hingewiesen.

Häufige Futtergaben (hohe Fütterungsfrequenz) steigern den Verzehr und führen zu einem ausgeglichenen Verdauungsablauf im Pansen. Der pH-Wert schwankt in einem engeren Bereich und sinkt nicht so tief ab wie bei ein oder zwei Futtergaben. Das ist beim Einsatz von Futtermitteln mit einem hohen Anteil leicht fermentierbarer Kohlenhydrate besonders wichtig. Häufige Futtergaben schaffen außerdem bessere Bedingungen für die Absorption der Nährstoffe und die mikrobiellen Synthesen.

Bei Fütterungsverfahren mit Tier-Fressplatz-Verhältnissen von 2 : 1 und mehr, aber auch beim Hüten, ist auf eine ausreichende Fütterungsdauer zu achten. Unter *ad libitum* Bedingungen nehmen die Schafe täglich etwa 7 (3–16) Mahlzeiten in 6 (3–13) Stunden Fresszeit ein. Vor allem im Sommer wird am aktivsten am frühen Morgen, am späten Nachmittag und abends gefressen, da liegen die „großen" Mahlzeiten. Wenn das Futteraufnahmevermögen ausgeschöpft werden soll, benötigen die Schafe auch Zeit für „kleine" Mahlzeiten. Bei geringen Flächenerträgen bzw. minderwertigen Futteraufwüchsen wenden die Tiere lange Zeiträume zum Selektieren und Fressen auf. Das gilt auch, wenn der Energie- und Nährstoffbedarf durch Trächtigkeit oder Laktation erhöht ist und deshalb eine maximale Futteraufnahme erzielt werden soll.

Die mittlere tägliche Wiederkaudauer liegt bei Rationen mit guter Strukturwirksamkeit zwischen 8 und 9 Stunden, sodass die Schafe insgesamt etwa 15 Stunden am Tag kauen. Rationen mit geringer Strukturwirksamkeit führen zu verlängerter Fressdauer und zu verkürzter Wiederkaudauer. Dann versuchen die Tiere durch eine große Anzahl kürzerer Mahlzeiten und Wiederkauperioden einen Ausgleich zu schaffen. Bei sehr faserreichem Grobfutter verschieben sich die Kauaktivitäten zugunsten des Wiederkauens. Aufgrund der begrenzten Gesamtkauaktivität führt dies zu einem Rückgang der Futteraufnahme. Rationen mit günstiger Futterstruktur verursachen ausgeprägte Häufungen des Fressens (morgens und gegen Abend) und Wiederkauens (vormittags, nachts).

Im Hinblick auf die Futtersequenz, die Gestaltung von Futterwechseln und die Gewöhnung an leichtverdauliche Rationen oder NPN-Verbindungen gelten für das Schaf die gleichen Prinzipien wie für das Rind. Zwar haben Störungen der Pansenfermentation bei Hammeln oder bei güsten Mutterschafen seltener akute Erkrankungen und drastische Leistungseinbußen zur Folge, als dies bei hochtragenden und laktierenden Tieren der Fall ist. Aber allein die Forderung nach einem wiederkäuergerechten Futterangebot gebietet auch dort eine sachgerechte Rationsgestaltung.

Durch zweckmäßige Futterdarbietungsformen und Fütterungsverfahren ist im Stall der ausgeprägten Neigung der Schafe zur Futterselektion zu begegnen. Vorlage von Mischrationen, Kompaktierung sowie Bereitstellung von ausreichend Fressplätzen dienen dazu, eine unerwünschte Futterselektion in Grenzen zu halten.

30.3 Fütterung der Mutterschafe

30.3.1 Empfehlungen zur Energie- und Nährstoffversorgung

Für eine sachgerechte Rationsplanung ist die Abschätzung der Futteraufnahme eine wichtige Voraussetzung. Die Schätzung vom DM-Aufnahme erfolgt in Anlehnung an die vom AFRC (1993) angegebenen Gleichungen. Aufgrund des niedrigen Energiebedarfs güster und niedertragender Schafe wird auf die Angabe einer Schätzformel verzichtet, da der Bedarf dieser Tiere bereits durch Grobfuttermittel mäßiger Qualität gedeckt werden kann, solange genügend Futter zur Verfügung steht. Für tragende Schafe ab etwa 10 Wochen *ante partum* wird folgende Gleichung vorgeschlagen:

$$\text{DM-Aufnahme (kg/d)} = 0{,}1557 \cdot \text{MEgf} - 0{,}096 \cdot \text{LZ} + 0{,}01891 \cdot \text{LM-8} + \text{KF} - 1{,}44$$

MEgf = ME im Grundfutter (MJ/kg DM)
LZ = Zahl der Lämmer
LM-8 = Lebendmasse 8 Wochen *ante partum* (kg)
KF = Kraftfutter (kg DM/d)

Bei Einsatz von Silage als Grobfutter ist je nach Silagequalität ein Abzug von 0,1–0,2 kg DM vorzunehmen. Bei Einsatz von kompaktiertem Futter (Pellets, Cobs) erfolgt ein Zuschlag von 0,2 kg DM. Die Formel gilt für ein Mutterschaf mit Einlingsträchtigkeit. Die zu erwartende DM-Aufnahme bei Mehrlingsträchtigkeit reduziert sich um jeweils ca. 0,1 kg DM pro Lamm.
Nach dem Ablammen steigt die Futteraufnahme durch den erhöhten Bedarf für die Milchproduktion sowie auch aufgrund des nunmehr wieder größeren Verdauungsraumes. Bei laktierenden Schafen gilt die nachstehende Schätzformel:

$$\text{DM-Aufnahme (kg/d)} = 0{,}00115 \cdot \text{LM} \cdot [\text{IGF} - 0{,}0691 \cdot (\text{IGF} \cdot \text{C})] + \text{KF}$$

LM = Lebendmasse (kg)
IGF = Grobfutteraufnahme (g DM/kg LM); Berechnung: IGF = 3,06 · MEgf – 5,25
MEgf = ME Grobfutter (MJ/kg DM)
C = Kraftfutteraufnahme (g/kg LM)
KF = Kraftfutteraufnahme (kg DM/d)

Die Gleichung gilt für ein Mutterschaf mit Zwillingslämmern. Für Mutterschafe mit Einlingen wird die nach obiger Gleichung ermittelte DM-Aufnahme mit 0,94 multipliziert. Bei Drillingen und gemolkenen Milchschafen wird die DM-Aufnahme aus der Gleichung mit 1,1 multipliziert.
Die Empfehlungen für die Energie- und Proteinversorgung der Mutterschafe sind nach den Stadien im Reproduktionszyklus (→ Abb. 30.2), der Anzahl und der Geburtsmasse der Föten bzw. Lämmer und der Lebendmasse differenziert (→ Tab. 30.4). Die Angaben für Erhaltung schließen die Wollproduktion sowie eine mittlere Bewegungsaktivität ein. Sie gelten für güste und niedertragende Mutterschafe sowie für Hammel. Somit unterscheiden sich bedarfsdeckende Rationen zwischen diesen Tierkategorien nicht.

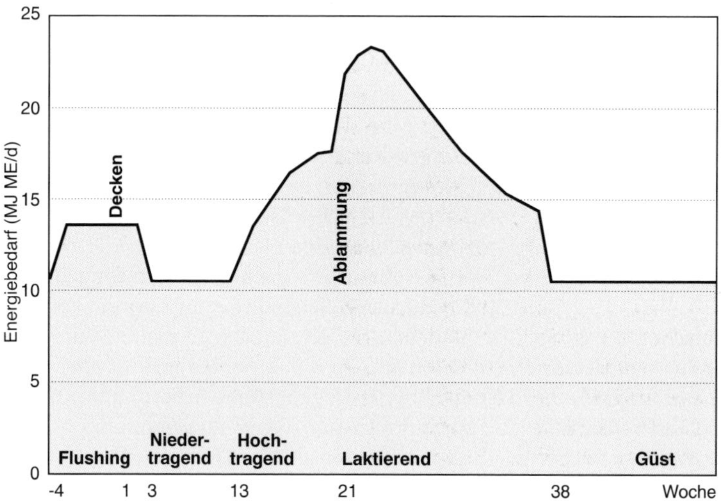

Abb. 30.2
Energiebedarf von Mutterschafen im Verlauf des Produktionszyklus (70 kg LM; Zwillinge).

Tab. 30.4
Empfehlungen für die Energie- und Proteinversorgung von Mutterschafen je Tag (nach GfE, 1996, Autorenkollektiv, 1986, ergänzt)

Stadium	Lebendmasse[1] (kg)	Umsetzbare Energie (MJ)	CP (nXP) (g)	Geschätzte max. DM-Aufnahme (kg)
Güst, 1.–3. Monat tragend	70	10,4	115	1,3
Flushing[2]	70	13,5	135	1,4
4. Trächtigkeitsmonat	75	13,7	170	1,5
5. Trächtigkeitsmonat				
Einlinge (5 kg)	80	14,6	200	1,5
Zwillinge (je 4 kg)	80	17,1	235	1,5
1. und 2. Laktationsmonat				
Einlinge (1,0 kg Milch)	70	18,4	245	1,7
Zwillinge (1,4 kg Milch)	70	21,6	295	2,0
3. und 4. Laktationsmonat				
Einlinge (0,5 kg Milch)	70	14,4	180	1,6
Zwillinge (0,7 kg Milch)	70	16,0	205	1,8

1 pro 10 kg Unterschied in der Lebendmasse ca. 1,1 MJ ME, 10 g CP (nXP) und 0,2 kg DM-Aufnahme,
2 3 bis 4 Wochen vor und während der Belegung

Die Produktivität der Mutterschafe wird durch die genetisch veranlagte Fruchtbarkeit und den Grad ihrer Ausnutzung bestimmt. Dazu tragen eine gute Kondition und ein um 30 % höheres Fütterungsniveau 3 bis 4 Wochen vor und während der Deck- bzw. Besamungsperiode bei. Diese „Flushing-Fütterung" steigert die Ovulationsrate und damit den Anteil an Mehrlingsgeburten. Ihre Wirkung beruht auf:

- einem statischen Effekt, d. h. Einfluss der Kondition schlechthin, unabhängig davon, wann sie erreicht wurde;
- einem dynamischen Effekt, d. h. Auswirkungen der Lebendmassezunahme unmittelbar vor und während der Konzeption.

In Versuchen trat ein dynamischer Flushing-Effekt sowohl bei guter als auch bei schlechter Kondition auf und erhöhte die Zwillingsrate um etwa 10 %. Zusätzlich betrug der statische Effekt 5–10 %. Andere Autoren erreichten bei Mutterschafen mittlerer Kondition mit Flushing deutlich höhere Ovulationsraten (2,6 gegenüber 1,8) infolge verminderter Atresie bei großen Follikeln in den letzten 30 Stunden vor der Ovulation. Der dynamische Flushing-Effekt ist aber bei Tieren, die sich in sehr gutem Futterzustand befinden, nicht immer nachweisbar.

Die Flushing-Fütterung als plötzlich erhöhte Energieaufnahme ab mindestens einem Brunstzyklus, besser zwei Zyklen vor der Konzeption, wird am leichtesten mit Kraftfutterzugaben realisiert. Eine deutliche Verbesserung der Grobfutterqualität oder -aufnahme kann die gleiche Wirkung hervorrufen. Futtermittel- oder nährstoffspezifische Effekte sind bisher experimentell nicht nachgewiesen worden.

Die Fortpflanzungsleistung beeinträchtigen können eine unzureichende Versorgung mit Vitamin A und/oder ß-Carotin, Mangel an den Spurenelementen Mn, Zn, Cu, I, Se, Mo und Ni, aber auch hohe Phytoöstrogengehalte in bestimmten Grünfuttermitteln und ihren Konservaten (→ Kap. 30.9). Eine energetische Überversorgung zu Beginn der Trächtigkeit erhöht die embryonale Mortalität. Deshalb wird die Flushing-Fütterung

beendet, sobald eine Trächtigkeit vermutet werden kann (Tiere „bocken nicht um"). Generell ist darauf zu achten, dass niedertragende Tiere, die leicht überfüttert werden können, nicht überkonditioniert werden, denn verfettete Schafe haben in der Hochträchtigkeit und zu Beginn der Laktation ein geringeres Futteraufnahmevermögen. Dadurch wird die Realisierung des in dieser Zeit hohen Energie und Nährstoffbedarfes (→ Abb. 30.2) erschwert.
Folgen von Energiedefiziten während der Hochträchtigkeit sind:

Beim Mutterschaf

- Abbau von Körpersubstanz,
- damit verbunden Ketosen, die gehäuft mehrlingstragende Tiere in guter Kondition betreffen (→ Kap. 30.9),
- verminderte Wollproduktion und -qualität („Wollknick", verminderte Reißfestigkeit),
- geringere Milcherträge.

Beim Lamm

- niedrigere Geburtsmassen und beeinträchtigte Vitalität,
- verzögertes Wachstum,
- vermindertes Wollproduktionsvermögen über längere Zeiträume hinweg durch eine gestörte Ausbildung der Sekundärfollikel.

Um derartige Schäden zu verhindern, sollte in Beständen mit einem größeren Anteil an mehrlingstragenden Mutterschafen die gesamte Herde oder Gruppe nach entsprechenden Versorgungsempfehlungen gefüttert werden. Dabei muss man berücksichtigen, dass die Futteraufnahme in der Hochträchtigkeit bei Mehrlingsmutterschafen nicht höher als bei Einlingstragenden ist (→ Abb. 30.3). Dem ist durch eine erhöhte Energiekonzentration der Ration Rechnung zu tragen, die in diesem Stadium 10–10,5 MJ ME/kg DM betragen sollte.
Die Laktation stellt quantitativ die höchsten Anforderungen an die Energie- und Nährstoffversorgung. Da die Futteraufnahme hier gegenüber derjenigen in der Trächtigkeit zwar deutlich ansteigt (→ Abb. 30.3), der Energiebedarf sich aber mindestens in gleichem Umfang erhöht (→ Tab. 30.4), muss die Energiekonzentration der Ration ähnlich hoch wie für hochtragende Tiere eingestellt sein (≥ 10,5 MJ ME/kg DM). Voraussetzung ist, dass tatsächlich so viel DM aufgenommen

Abb. 30.3
Einfluss der Zahl der Föten bzw. Lämmer auf die Trockenmasseaufnahme von Mutterschafen vor und nach der Geburt (relativ).

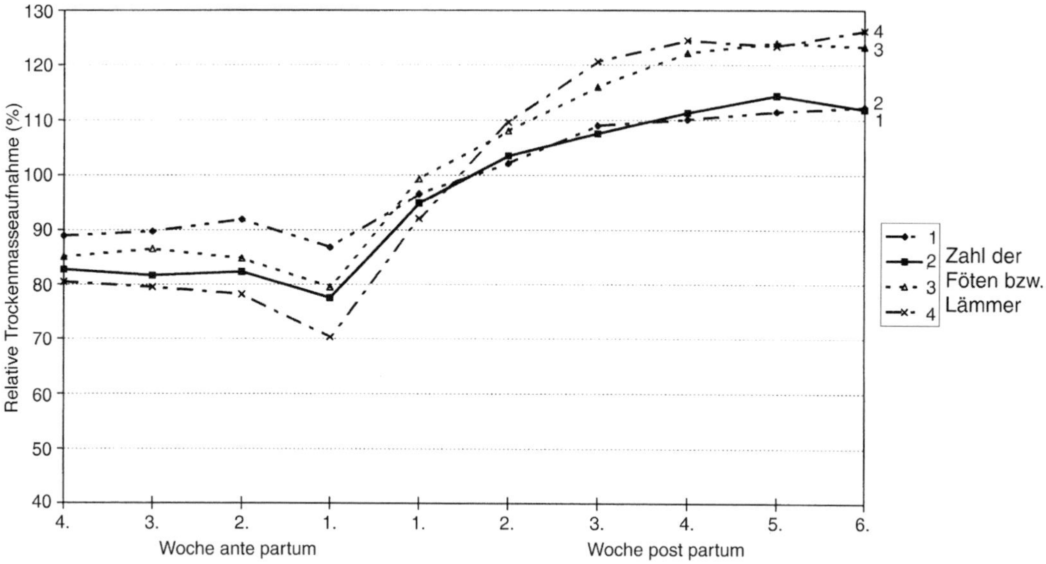

wird, wie unterstellt wurde (→ Tab. 30.4). Schon geringe Abweichungen in der Futteraufnahme vom angenommenen Wert wirken sich deutlich auf die benötigte Energiekonzentration aus. Schafmilch ist wesentlich nährstoffreicher als Kuhmilch. Sie enthält 5–9 % Fett, 4–6 % Eiweiß und 4–5 % Lactose. Milchmenge und -zusammensetzung variieren sowohl zwischen als auch innerhalb der Rassen stark und hängen auch vom Laktationsstadium ab. So wurden am 50. Laktationstag je Mutterschaf 2,5 kg Milch mit 4,9 % Fett ermolken und 150 Tage später 1 kg Milch mit 7,8 % Fett. Da diese Daten nur selten erfasst werden, ist eine über pauschalierte Werte hinausgehende spezifische und bedarfsdeckende Rationsgestaltung für die Laktation – obwohl dringend erforderlich – praktisch nicht möglich. Der spezielle Fall der Schafmilchproduktion, wo Milchleistungsdaten bekannt sind, bietet diesbezüglich günstigere Voraussetzungen.

Die in Tabelle 30.4 enthaltenen Empfehlungen zur Energie- und Proteinversorgung sind auf mittlere Milcherträge von 1,1 kg Milch je Tag im ersten, 0,9 kg im zweiten, 0,6 kg im dritten bzw. 0,4 kg im vierten Laktationsmonat bei Einlingsmutterschafen ausgelegt. Bei Zwillingsmutterschafen rechnet man mit 40 % höheren Milcherträgen. Bei gemolkenen Schafen ist meist mit einer noch höheren Milchleistung zu rechnen. Aufgrund der erfassten Milchmenge ist hier auch eine bedarfsgerechte Rationskalkulation exakter möglich. Für diesen Fall sei auf die Angaben in Tabelle 30.2 verwiesen (8 MJ ME; 130 g CP (nXP) pro kg Milch zuzüglich des Erhaltungsbedarfs).

Die Anforderungen an die Proteinversorgung innerhalb des Reproduktionszyklus sind noch stärker als die für Energie differenziert. Am Ende der Trächtigkeit und in der Laktation sollte die Konzentration an CP (nXP) in der DM, ähnlich wie bei der Milchkuh, etwa 15 % betragen. Dabei werden über 70 % des Proteinbedarfs über das mikrobielle Rohprotein gedeckt, was aber auch bedeutet, dass bis zu 30 % des nXP aus unabgebautem Futterrohprotein stammen sollte. Bei güsten und niedertragenden Tieren ist die erforderliche Konzentration an CP (nXP) wesentlich niedriger. Hier deckt das mikrobielle Rohprotein den gesamten nXP-Bedarf, solange eine bedarfsdeckende Energieversorgung gegeben ist und die Ration ca. 10 g CP/MJ ME enthält.

30.3.2 Fütterung mit Grünfutter

Nach wie vor stellt die Beweidung die wichtigste Futtergrundlage für Mutterschafe dar. Dabei führen große Unterschiede in den örtlichen Bedingungen (Klima, Nutzflächenverhältnis, Schafbesatz und Herdenstruktur), in den im Verlauf der Weideperiode zur Verfügung stehenden Pflanzenarten sowie in den jeweiligen Futterqualitäten zu einer Vielfalt von Futterrationen. Um die Futterkosten niedrig zu halten, wird angestrebt, einen möglichst großen Anteil der Energie- und Nährstoffversorgung aus absolutem Schaffutter bzw. von anderen Tierarten nicht genutztem Futter abzudecken.

Bei der Schafhaltung auf vorwiegenden grünlandarmen Ackerbaustandorten treten häufig folgende Probleme auf:

- zeitlich und territorial diskontinuierliches Futteraufkommen,
- abrupte Futterwechsel,
- erforderliche Ergänzungsfütterung
  - bei zu hohen Gehalten an leicht fermentierbaren Kohlenhydraten bzw. zu geringen Anteilen an Gerüstsubstanzen oder Rohprotein, wenn Ernterückstände des Getreidebaus und anderer Feldfrüchte beweidet werden,
  - bei hohen Gehalten an CP und marginalen Fasergehalten bei Nutzung von Zwischenfrüchten oder Rübenblatt.

Deshalb erfordert eine erfolgreiche Nutzung solcher Futtermittel und die Prophylaxe gegen Pansenstörungen (Pansenacidose, Tympanie) oft eine Ergänzung mit Futterstroh oder Heu.

In der auf Grünland basierenden Schafhaltung wird das Grünfutter vorwiegend als Weide genutzt. Dabei sind die Menge und die Qualität des verzehrten Futters schwer einschätzbar, zumal sich durch selektives Fressen die aufgenommene Ration vom angebotenen Bestand stark unterscheiden kann (→ Kap. 30.2.1). Der Futterverzehr auf der Weide wird durch zahlreiche Faktoren beeinflusst. So fressen laktierende Tiere mehr als tragende oder güste, magere mehr als fette. Die Verzehrsleistung ist bei niedrigen Weideerträgen, jungen, rohfaserarmen und bei überständigen Futtermitteln wesentlich geringer als bei optimalem Aufwuchs (→ Tab. 30.5 und 30.6).

Tab. 30.5
Rationsbeispiele mit Grünfutter für Mutterschafe bei Weidegang (in kg DM je Tier und Tag)[1].

	Güst/ nieder-tragend	Hochtragend		Laktierend Zwilling
		4. Monat	5. Monat	
Günstiges Reifestadium				
• Weidegras intensiv, Ähren-/Rispenschieben (pro kg DM: 11 MJ ME; 160 g CP; 240 g CF)	1,2	1,5	1,5	2,1
• Kraftfutter (Getreide)	–	–	0,1	–
Rohfaserarmes Grünfutter				
• Herbstweide oder Rotklee in der Knospe (pro kg DM: 10,5 MJ ME; 200 g CP; 180 g CF)	1,0	1,3	1,1	1,6
• Stroh	0,2	0,2	0,2	0,2
• Kraftfutter (Getreide)	–	–	0,3	0,3
Überständiges Grünfutter				
• Weidegras extensiv, Ende der Blüte (pro kg DM: 9 MJ ME; 100 g CP; 300 g CF)	1,3	1,3	1,0	1,4
• Kraftfutter (pro kg DM: 12,5 MJ ME; ca. 220 g CP)	–	0,2	0,6	0,7

1 Mineralfutterergänzung ist obligatorisch

Auch durch die Hütetechnik (Reihenfolge bei verschiedenen Futterarten, Weidedauer und Verteilung im Tagesverlauf, Pausengestaltung, unterschiedliche Futterqualitäten bei Wechsel der Weiden, Futterselektion, Herdengröße) sowie durch das Weideverfahren werden die Menge und die Zusammensetzung der aufgenommenen Ration beeinflusst.

Wenn Grünfutter *ad libitum* zur Verfügung steht, können zur Abschätzung der DM-Aufnahme die eingangs des Kapitels 30.3.1 angegebenen Schätzformeln benutzt werden. Für eine grobe Abschätzung der DM-Aufnahme güster und tragender Schafe bei ausreichendem Angebot gelten je nach Futterqualität zwischen 50 und 80 g DM/kg $LM^{0,75}$, im Mittel 65 g, dies entspricht ca. 1,5 kg DM pro Tier und Tag. In der Laktation erhöht sich die DM-Aufnahme auf 70–110 g/kg $LM^{0,75}$, was absolut etwa 2,0–2,5 kg DM entspricht. Die Futteraufnahme kann bei hochwertigem Weidegras in der Hochträchtigkeit und in der Laktation ausreichen, um den Bedarf an Energie und Protein ohne Beifutter zu decken. Dagegen sind minderwertige Bestände ohne Pflege und Düngung, überständiges Futter oder Heide- und extreme Moorstandorte für hochtragende und laktierende Schafe ungeeignet. Selbst für güste Mutterschafe und Hammel kann die Energie- und Proteinversorgung nur dann gewährleistet werden, wenn durch ausreichenden Futteraufwuchs und lange Weidezeit den Tieren die Möglichkeit der Futterselektion und damit die Aufnahme einer höherwertigen Ration ermöglicht ist.

In frühen Vegetationsstadien entspricht die Strukturwirksamkeit des Grünfutters nicht den Anforderungen. Deshalb erhalten die Schafe 200–300 g

Tab. 30.6
Trockenmasse- und Energieaufnahme aus frischem und konserviertem Grünfutter (relativ, optimales Frischfutter = 100).

	Aufnahme an	
	DM	ME
Frischfutter		
Optimal	100	100
Sehr jung	90	85–95
Überständig	75	55–65
Im optimalen Stadium konserviert		
Getrocknet	90	75–80
Angewelkt siliert	80	70–75
Direkt siliert	70	60–65

Stroh oder älteres Heu als Beifutter, was besonders angezeigt ist, wenn zusätzlich noch Kraftfutter verabreicht wird. Ein Teil davon sollte vor dem Weidegang aufgenommen werden. Damit kann ein zu hastiges Fressen auf der Weide vermieden werden. Dies kann gleichzeitig einer Pansenblähung vorbeugen, die durch bestimmte Grünfuttermittel, vor allem einige Leguminosen wie Luzerne und Rotklee hervorgerufen wird.
Mineralfutter und Salzlecksteine, am besten mit Mn, Zn, Cu und Co angereichert, sollten immer zur Verfügung stehen. Zur Ergänzung grobfutterreicher Rationen, die für Mutterschafe und Hammel typisch sind, haben sich Mineralfutter mit einem Ca : P-Verhältnis von 2–3 : 1 bewährt. Diese speziellen Mineralfutter für Schafe enthalten meist noch ca. 10 % Na und 2–3 % Mg. Bei den üblicherweise enthaltenen Spurenelementen ist ein niedriger Cu-Gehalt zu fordern. Meist sind auch Se und I enthalten. Zur bedarfsgerechten Versorgung sollten güste Mutterschafe täglich etwa 10 g, hochtragende 15 g und laktierende 30 g Mineralfutter aufnehmen. Bei kraftfutterreichen Rationen ist eine andere Zusammensetzung mit höheren Ca- und niedrigeren P-Gehalten angebracht. Genauere Empfehlungen zur Zusammensetzung können jedoch nur gegeben werden, wenn die spezifischen Rationskomponenten bekannt sind.

30.3.3 Fütterung mit Konservaten

Die Fütterungsperiode mit Konservaten wird für Mutterschafe und Hammel so kurz wie möglich gehalten. Unter günstigen Bedingungen benötigen die Schafe weniger als 60 Stallfuttertage, in klimatisch sehr günstigen Lagen auch gar keine. In vielen Herden liegen aber mit der Hochträchtigkeit und der frühen Laktation die anspruchsvollsten Phasen in dieser Fütterungsperiode.
In der Herdenschafhaltung enthalten die Futterrationen vorwiegend Gras- oder Kleegrassilagen. Diese haben eine geringere Energiekonzentration als ihr Ausgangsmaterial. Viel stärker aber ist infolge der chemischen und der physikalischen Veränderungen des Futters die Trockenmasseaufnahme vermindert (→ Tab. 30.6). Stärker angewelkte und kurz gehäckselte Silagen eignen sich hier besser, solange die Silagestabilität sichergestellt ist. Auch weisen sie eine höhere Strukturwirksamkeit auf. Je nach Qualität der zur Verfügung stehenden Silagen müssen die benötigten Mengen an Energie und Rohprotein durch Kraftfutter ergänzt werden (→ Tab. 30.7).
Bei hohen Anteilen Silage, vor allem, wenn sie schlecht vergoren und einen niedrigen DM-Gehalt aufweisen, besteht die Gefahr der Listeriose (→ Kap. 30.9). Daher eignen sich Silagen nur bedingt als Alleinfuttermittel für Mutterschafe.
Die erforderlichen Ergänzungsfuttermittel können auch in gepresster Form zum Einsatz kom-

Tab. 30.7
Rationsbeispiele mit Grassilage und Heu für Mutterschafe (in kg DM je Tier und Tag)[1].

	Güst/ nieder-tragend	Hochtragend		Laktierend Zwilling
		4. Monat	5. Monat	
Grassilage angewelkt, Ähren-/Rispenschieben				
(pro kg DM: 10,2 MJ ME; 150 g CP; 250 g CF)	0,9	0,9	0,9	1,1
• Heu Beginn der Blüte (pro kg DM: 9 MJ ME; 120 g CP; 300 g CF)	0,3	0,3	0,3	0,3
• Kraftfutter (pro kg DM: 12,5 MJ ME; 160 g CP)	–	0,2	0,4	0,6
Heu gut, Ende Ähren-/Rispenschieben				
(pro kg DM: 9,5 MJ ME; 130 g CP; 270 g CF)	1,2	1,2	1,0	1,3
• Kraftfutter (pro kg DM: 12,5 MJ ME; 180 g CP)	–	0,2	0,6	0,7
Heu mäßig, Ende der Blüte				
(pro kg DM: 8,5 MJ ME; 100 g CP; 300 g CF)	1,2	1,0	0,8	0,9
• Kraftfutter (pro kg DM: 12,5 MJ ME, 200 g CP)	–	0,4	0,8	1,1

1 Mineralfutterergänzung obligatorisch

men. Da diese nicht selektierbar sind, stellen sie eine günstige Darbietungsform dar, weil damit auch Futterzusätze (Mineralfutter) sicher aufgenommen werden. Wenn es ökonomisch vertretbar ist, kann man die Vorteile der Trockenfütterung bei Schafen mit Presslingen als Alleinfutter nutzen. Bei diesen Futtermitteln wird eine außerordentlich hohe Futteraufnahme erreicht (bis 2 kg DM in der Trächtigkeit und bis 3 kg DM in der Laktation), deshalb können 40–60 % Trockengrünfutter und 10–30 % Stroh in der Rezeptur enthalten sein.

In der Einzelschafhaltung bzw. in kleineren Beständen werden vorwiegend Rationen auf der Basis von Heu eingesetzt. Wie aus Tabelle 30.7 hervorgeht, hängen die benötigten Konzentratgaben von der Heuqualität ab. Es wird deutlich, dass bei hochtragenden und laktierenden Schafen für eine bedarfsgerechte Versorgung bis über 50 % Kraftfutter in der Ration notwendig werden, wenn eine nur mäßige Heuqualität vorliegt. Da ein derartiges Heu meist CP-Gehalte unter 100 g/kg DM aufweist, sollte das Kraftfutter einen Rohproteingehalt von 200–220 g/kg DM haben. Bei entsprechend höherwertigem Grobfutter (Grassilage, gutes Heu) reicht ein CP-Gehalt im Kraftfutter von ca. 160 g/kg DM zumeist aus.

Auch bei den Rationen auf der Basis von Grobfutterkonservaten muss die Versorgung mit Mineralfutter abgesichert werden. Dafür gelten die gleichen Prinzipien wie beim Einsatz von Frischfutter.

30.4 Fütterung der Zuchtböcke

Die Fütterung der Zuchtböcke außerhalb der Deckperiode kann sich an derjenigen für niedertragende Mutterschafe orientieren (→ Tab. 30.4), unter Berücksichtigung der wesentlich höheren Lebendmasse der männlichen Tiere. Eine Überfütterung ist zu vermeiden, um einer übermäßigen Verfettung vorzubeugen.

Der Zusatzbedarf während der Deckperiode ergibt sich hauptsächlich durch die wesentlich erhöhte (Bewegungs-)Aktivität und betrifft daher primär den Energiebedarf. Dieser zusätzliche Bedarf ist nicht unerheblich, da sich die Deckperiode auf einen relativ kurzen Zeitraum konzentriert. Zum Grobfutter (Grünfutter, Silagen, Heu, ca. 2 kg DM) sind je nach Zuchtbeanspruchung und Grobfutterqualität 0,5 bis über 1 kg Kraftfutter erforderlich. Um die Vitalität und Spermaqualität sicherzustellen, ist dabei ein mit Eiweiß und Mineralstoffen ergänztes Kraftfutter, wie es für laktierende Schafe eingesetzt wird, einer reinen Getreidegabe vorzuziehen. Stark verausgabten Böcken wird auch nach Ende der Deckperiode Kraftfutter verabreicht, bis die Tiere wieder ihre normale Kondition erlangt haben. Bei einer Schafhaltung gemäß den Richtlinien des **ökologischen Landbaus** schreibt die EU-Verordnung vor, dass mindestens 60 % der DM der Tagesration aus frischem, getrocknetem oder siliertem Grobfutter besteht. Weidegang soll ermöglicht werden, wann immer die Umstände es gestatten. Erfolgt ein Umtrieb auf eine andere Fläche, ist für eine kurze Übergangsphase auch die Beweidung von Flächen erlaubt, die nicht gemäß den Kriterien des ökologischen Landbaus bewirtschaftet werden.

30.5 Fütterung der Lämmer

30.5.1 Energie- und Nährstoffbedarf

In der Aufzucht und Mast von Lämmern und Jungschafen werden sehr unterschiedliche Anforderungen an die benötigten Rationen zur Ausnutzung des Wachstumsvermögens gestellt. Deshalb sind die Fütterungsempfehlungen (→ Tab. 30.8) in weiten Bereichen nach Lebendmasse und Zunahmen gestaffelt.

30.5.2 Kolostralmilchversorgung

Bei allen Lämmeraufzuchtverfahren ist die Aufnahme von Kolostralmilch in den ersten Lebensstunden Voraussetzung für eine sichere und ungestörte Entwicklung. Auf drei bis vier Mahlzeiten verteilt, soll ein Lamm mindestens 200 g Kolostrum aufnehmen. In der Regel steht dem Lamm die Kolostralmilch der eigenen Mutter zur Verfügung. Die Milch eines anderen frisch abgelammten Mutterschafes ist ein vollwertiger, Rinderkolostrum ein relativ wirksamer Ersatz.

Tab. 30.8
Empfehlungen für die tägliche Energie- und Rohproteinversorgung wachsender Schafe.

Lebendmasse (kg/Tier)	LM-Zuwachs (g/d)	Umsetzbare Energie (MJ)	Rohprotein (g)	Geschätzte max. DM-Aufnahme (g)
15	100	5,2	70	600
	200	7,6	110	700
	300	10,4	150	800
25	100	6,8	90	900
	200	9,3	130	1000
	300	12,3	170	1100
	400	15,8	210	1200
35	100	8,3	110	1100
	200	11,0	145	1200
	300	14,1	195	1300
	400	17,7	245	1400
45	100	9,8	130	1300
	200	12,5	155	1400
	300	15,8	210	1500
55	100	11,1	140	1500
	200	14,0	160	1600

30.5.3 Lämmeraufzucht am Mutterschaf

Von wenigen Ausnahmen abgesehen erfolgt die Lämmeraufzucht in den ersten Lebenswochen an der Mutter. Die Enzymaktivitäten im Verdauungstrakt des Lammes sind in den ersten drei Lebenswochen auf die Verdauung der Milchinhaltsstoffe eingestellt. Später können andere Eiweißquellen das Milcheiweiß teilweise ersetzen. Gewöhnlich dauert die Säugeperiode länger als drei Wochen, und die Lämmer erhalten die gesamte Milch, die in den 90 bis 150 Laktationstagen produziert wird. Im Mittel bleiben sie 100 bis 120 Tage bei der Mutter. Besonders bei saisonalen Rassen, die nur einmal im Jahr zur Zucht benutzt werden, wird dieses Verfahren angewandt. Voraussetzung ist, dass die Mutterschafe durch die lange Säugeperiode nicht wesentlich in ihren Fruchtbarkeitsleistungen bzw. in ihrer Wollproduktion (Qualität) beeinträchtigt werden.

Eine Verkürzung der Säugezeit ist von Vorteil, wenn die Mutterschafe wegen einer schlechten Kondition geschont werden müssen, die Schafmilch gewonnen werden soll, oder wenn eine höhere Ablammfrequenz angestrebt wird. In der Praxis werden sowohl Zucht- als auch Mastlämmer häufig nach ca. 60 Tagen mit einer Lebendmasse von 18–20 kg abgesetzt. Eine noch frühere Entwöhnung nach 5 bis 6 Wochen ist durchaus möglich und praktikabel. Die Lämmer sollten zu diesem Zeitpunkt allerdings mindestens 15 kg LM erreicht haben, damit eine ausreichende Festfutteraufnahme gewährleistet ist.

Im Extremfall ist eine Verkürzung der Säugezeit auf 21 bis 30 Tage möglich. Diese Form ist nur dann sinnvoll, wenn sie zur deutlichen Erhöhung der Reproduktionsleistung der Mutterschafe führt. Am Ende der Säugezeit sollten die Lämmer 10 kg Lebendmasse aufweisen. Das Problem bei diesem Verfahren ist jedoch eine zumeist unge-

Tab. 30.9
Beispiele für Kraftfuttereigenmischungen für Schafe (Anteile in %).

Futtermittel	Zuchtschafe (Mutterschafe)		Mast Bsp. I	Mast Bsp. II	„Ökofutter" (Zucht u. Mast)
	gutes Grobfutter	proteinarmes Grobfutter			
Gerste[1]	20	28	24	26	22
Hafer	–	–	–	–	22
Mais[1]	30	20	24	25	–
Weizen[1]	–	–	–	25	22
Melasseschnitzel	30	20	23	–	–
Rapsextraktionsschrot[3]	17	14	24	–	–
Sojaextraktionsschrot[3]	–	14	–	18	–
Ackerbohnen	–	–	–	–	20
Leinkuchen	–	–	–	–	10
Pflanzenöl	–	–	2	2	–
Mineralfutter[2]	2	3	2	3	3
$CaCO_3$	1	1	1	1	1
ME (MJ/kg DM)	**12,3**	**12,3**	**12,6**	**12,8**	**12,3**
CP (g/kg DM)	**160**	**206**	**178**	**180**	**172**

1 Mais/Gerste/Weizen/Triticale sind austauschbar,
2 16 % Ca, 4 % P, 3 % Mg, 10 % Na
3 Extraktionsschrote sind im ökologischen Landbau nicht zugelassen.

nügende Futteraufnahme der kleinen Lämmer, verbunden mit ausgeprägten Wachstumsdepressionen.

Bei Schafhaltung nach den Kriterien des ökologischen Landbaus schreibt die EU-Verordnung eine Säugezeit von mindestens 45 Tagen vor.

Die Lämmer saugen in kurzen Abständen. Wenn die Mutterschafe ohne Lämmer weiden, sollen die Säugepausen nicht länger als 6 bis 8 Stunden sein. Um die Entwicklung des Verdauungstraktes und seiner Funktionen zu fördern, erhalten die Lämmer ab Ende der zweiten Lebenswoche Heu und Kraftfutter *ad libitum*. Als Kraftfutter werden energiereiche Mischungen mit einem CP/ME-Verhältnis von 14–15 : 1 auf der Basis von Getreide oder Melasseschnitzeln und Extraktionsschroten (→ Tab. 30.9) eingesetzt oder auf Mischfutter (Lämmeraufzuchtfutter) zurückgegriffen.

Frühes Absetzen erfordert eine ausreichend hohe Kraftfutteraufnahme. Deshalb wird Mischfutter in pelletierter Form und Getreide entweder grob gequetscht oder mit Ausnahme von Mais unzerkleinert verabreicht. Lämmer zerkauen ganze Getreidekörner, sodass Verdaulichkeitsdepressionen nicht zu befürchten sind. Mehlförmiges Futter wird dagegen ungern aufgenommen. Die Kraftfutteraufnahme hängt von der zur Verfügung stehenden Milchmenge ab. Wenn viel Raufutter aufgenommen werden soll, sperrt man die Lämmer zeitweise vom Mutterschaf ab.

Zuchtlämmern im Stall wird als Grobfutter zunächst Heu *ad libitum* angeboten. Ab dem dritten Lebensmonat kann auch Anwelksilage guter Qualität eingesetzt werden. Ab diesem Zeitpunkt ist die Kraftfutteraufnahme auf etwa 500 g pro Tier und Tag zu begrenzen. Abgesetzte Zuchtlämmer auf der Weide kommen bei sehr guter Futterqualität ohne Kraftfutter aus.

30.5.4 Lämmeraufzucht mit Milchaustauschern

Die Lämmeraufzucht mit Milchaustauschern stellt ein Ergänzungsverfahren dar. Diese „mutterlose Lämmeraufzucht“ wird angewendet, wenn die Milchproduktion der Mutterschafe nicht für ihre Lämmer ausreicht (z. B. bei Krankheit des Mutterschafes, bei Mehrlingsgeburten), die Zwischenlammzeit stark verkürzt oder die Schafe gemolken werden sollen. Gegenüber der Aufzucht am Mutterschaf ist sie mit einem erhöhten Aufwand und mit größeren hygienischen Anforderungen verbunden.

Bei Schafhaltung gemäß den Kriterien des ökologischen Landbaus beinhaltet die EU-Verordnung besondere Vorgaben für die Auswahl der Komponenten von Milchaustauschern.

Die Aufzucht erfolgt ab dem 2. oder 3. Lebenstag mit einem Milchaustauscher, nachdem die Lämmer zuvor mit Kolostrum versorgt worden sind. Die Fütterung des Milchaustauschers dauert etwa 6 Wochen, danach sollen die Lämmer 14 kg Lebendmasse aufweisen und täglich mindestens 100 g Kraftfutter aufnehmen.

In der Lämmeraufzucht werden Tränken mit 15–26 % DM, d. h. 170–300 g Substrat je Liter Wasser verwendet. Die Tränke kann warm (36–38 °C) oder kalt (4–10 °C) verabreicht werden. Warmtränken ergeben eine stabilere Emulsion und können problemlos in größeren Mengen aufgenommen werden. Das ist bei rationierter Fütterung von Vorteil. Sie müssen aber zu jeder Mahlzeit frisch zubereitet oder durch Zusatz von Konservierungsmitteln vor dem Verderb geschützt werden. Gut homogenisierte Kalttränken eignen sich am besten zur *ad libitum* Fütterung aus Tränkautomaten. Sie werden in kleinen Teilmengen aufgenommen, die sich im Körper schnell erwärmen. Sie sollten mindestens 20 % DM enthalten.

Bei rationierter Fütterung ist die erforderliche Fütterungsfrequenz einzuhalten. In den ersten beiden Wochen benötigen die Lämmer 3 bis 5 Mahlzeiten am Tag, die nicht länger als 8 Stunden auseinander liegen sollten. Später genügen (2 bis) 3 Mahlzeiten, deren Abstand voneinander maximal 12 Stunden betragen darf.

Für die Aufzucht eines Lammes werden 8–10 kg Milchaustauscher benötigt. Als Beifutter werden Heu und Kraftfutter *ad libitum* angeboten.

Anstelle von Milchaustauschertränke ist auch der Einsatz von Kuhmilch möglich. Dabei gelten im Wesentlichen die für Milchaustauscher beschriebenen Fütterungsprinzipien. Aufgrund der niedrigeren Nährstoffkonzentration der Kuhmilch ist eine *ad libitum* Fütterung vorteilhaft.

30.6 Fütterung der Mastlämmer

30.6.1 Energie- und Nährstoffbedarf

Zur Lammfleischproduktion dienen verschiedene Mastverfahren, die sich nach der zur Verfügung stehenden Futtergrundlage, den zu mästenden Tieren (Rasse, Alter, Geschlecht) sowie dem gewünschten Produkt (Mastendmasse, Verfettungsgrad) wesentlich unterscheiden können. Daraus leiten sich die jeweils zweckmäßigen Fütterungsintensitäten ab. So kann ein breiter Bereich der Versorgungsempfehlungen für wachsende Schafe (→ Tab. 30.8) für die Mastlämmer infrage kommen.

30.6.2 Milchlämmermast

Die Milchlämmermast ist eine intensive Mastform zur Erzeugung eines hochwertigen Schlachtkörpers. Mit 4 Monaten sollen die Lämmer 35–45 kg Lebendmasse erreicht haben. Dazu sind tägliche Lebendmassezunahmen von mindestens 300 g erforderlich.

Für derartige Zunahmen sind eine hohe Milchproduktion während der gesamten Laktationsperiode und in der Regel eine intensive Beifütterung der Lämmer ab der zweiten Lebenswoche Voraussetzung (→ Abb. 30.4). Damit die Lämmer neben der Milch ausreichend Beifutter aufnehmen, müssen bestes Heu sowie Kraftfutter in günstigen Darbietungsformen *ad libitum* zur Verfügung stehen. In den letzten Wochen verzehren die Lämmer täglich etwa 300–400 g Heu und 1000–1200 g Kraftfutter.

Gegenüber der „intensiven Lämmermast“ kann der direkte Kraftfutteraufwand in der Milchlämmermast etwas niedriger liegen. Allerdings wird die erforderliche Milchmenge nur bei einer bedarfsdeckenden Fütterung der Mutterschafe erreicht, wozu neben einer hohen Grobfutter-

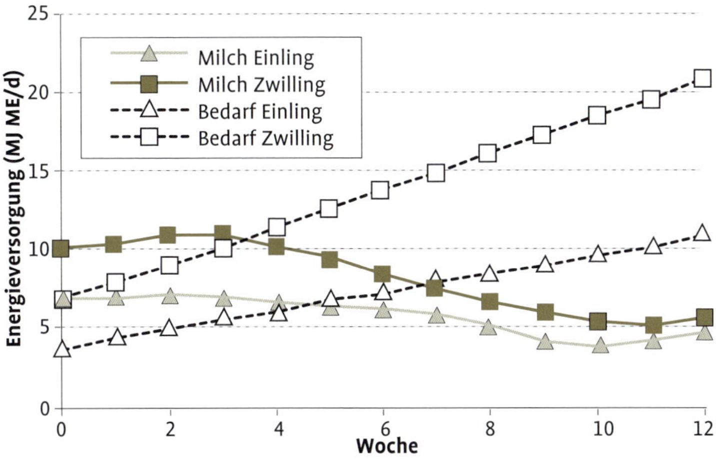

Abb. 30.4
Energieversorgung von Lämmern bei Milchernährung.

qualität auch Kraftfutter benötigt wird (→ Tab. 30.5 und → Tab. 30.7).
Eine verbreitete Form der Milchlämmermast stellt die Weidemast dar. Bei diesem Verfahren werden die Mutterschafe mit ihren 4 bis 6 Wochen alten Lämmern im Frühjahr auf die Weide gebracht. Die hohen Anforderungen, die säugende Mutterschafe an die Futterqualität stellen, erfüllen nur gut gepflegte Weiden. Die Lämmer weiden entweder mit ihren Mutterschafen auf derselben Fläche und erhalten zusätzlich Kraftfutter, das nur ihnen zugänglich ist, oder sie grasen den Mutterschafen voraus. Durch einen Lämmerschlupf im Weidezaun haben sie dann die Möglichkeit, den frischen Aufwuchs vor den Mutterschafen zu nutzen („creep grazing"). Bei dieser Form können Lämmer 250 g tägliche Zunahmen ohne Kraftfutterzulagen erreichen. Wenn die Lämmer am Ende der Weideperiode eine hohe Schlachtkörperqualität aufweisen, kann dieses Verfahren der intensiven Lämmermast im Stall ökonomisch überlegen sein.

30.6.3 Intensive Lämmermast

Die intensive Lämmermast ist das gebräuchlichste Verfahren zur Lammfleischerzeugung.
Die Mastlämmer, die mit 40 bis 60 Tagen abgesetzt werden, sollen so schnell wie möglich, d. h. mit 120 (bis 150) Lebenstagen, die vorgesehene Mastendmasse erreichen. Männliche Lämmer sind bei 60–65 % der Körpermasse des adulten Mutterschafes schlachtreif. Bei weiblichen Lämmern liegt die Schlachtreife 3–5 kg niedriger. Je nach Verbraucherwünschen bzw. Marktlage sind auch niedrigere Mastendmassen möglich.
Stets wird ein hochwertiges, fettarmes Fleisch bei günstigem Energieaufwand (unter 50 MJ ME je kg LMZ) angestrebt. Das erfordert tägliche Lebendmassezunahmen von mehr als 300 g. Angaben zum Energie- und Proteinbedarf sind in Tabelle 30.8 dargestellt. Der Bedarf an ME und CP (nXP) lässt sich auch mit folgenden Formeln berechnen:

$$\text{ME (MJ/d)} = 0{,}43 \cdot \text{LM}^{0{,}75}\ \text{(kg)} + [(14{,}6 + 0{,}13 \cdot \text{LM} + 23{,}9 \cdot \Delta\text{LM}) \cdot \Delta\text{LM}]$$

$$\text{CP (g/d)} = 4{,}7 \cdot \text{LM}^{0{,}75} + [(330 + 2{,}2 \cdot \text{LM}) \cdot \Delta\text{LM}]$$

$\text{LM}^{0{,}75}$ = metabolische Lebendmasse (kg)
LM = Lebendmasse (kg)
ΔLM = lebendmasseänderung (kg/d)

Diese günstigen Zunahmen können nur durch eine hohe Aufnahme an *ad libitum* angebotenen pelletierten Mischfuttermitteln oder betriebsspezifischen Futtermischungen (→ Tab. 30.9) gewährleistet werden. Die tägliche Futteraufnahme steigt von etwa 0,5 kg im 2. Lebensmonat bis auf ca. 1,5 kg am Ende der Mast an. Sie kann mit folgender Formel abgeschätzt werden:

$$\text{DM-Aufnahme (kg/d)} = 0{,}022 \cdot \text{LM (kg)} + \Delta\text{LM (kg/d)} + 0{,}21$$

Abb. 30.5
Einfluss der Proteinquelle auf die Mastleistung bei männlichen und weiblichen Lämmern (eigene Untersuchungen). Der Anteil der jeweiligen Proteinergänzung betrug 42–55 % des Gesamt-CP.

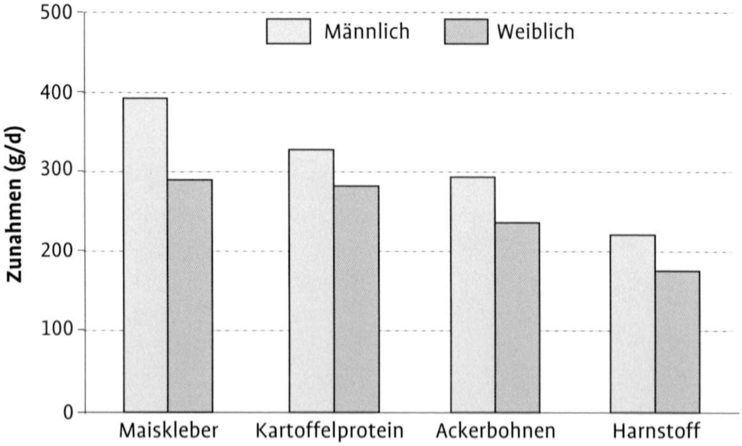

Die hohen Anforderungen an die Energie- und Nährstoffkonzentration dieser Futtermittel werden im Wesentlichen mit Getreide realisiert. Anteile bis 30 % Melasseschnitzel sind möglich. In der Intensivmast ist ein CP/ME-Verhältnis (g/MJ) von 13–14 : 1 notwendig. Bei energiereichen Kraftfuttermischungen erfordert dies einen CP-Gehalt von 16–18 % in der DM (→ Tab. 30.9). In eigenen Untersuchungen ergaben sich deutlich höhere Mastleistungen, wenn Eiweißfuttermittel mit einer relativ niedrigen Proteinabbaubarkeit eingesetzt wurden, was den Einsatz von Rapsextraktionsschrot nahelegt. Dies kann als Folge einer besseren Aminosäurenversorgung und einer günstigeren energetischen Verwertung interpretiert werden (→ Abb. 30.5). Aus dieser Darstellung ist außerdem das deutlich höhere Wachstumsvermögen männlicher Tiere bei Intensivmast zu erkennen.

Zur Maximierung der Energieaufnahme wird häufig empfohlen, den Lämmern nur minimale Mengen an strukturwirksamen Futtermitteln (ca. 100 g Heu) als Ergänzung anzubieten. Dies ist aus ernährungsphysiologischer Sicht abzulehnen und es ist ein Mindestanteil von 20 % strukturwirksamem Grobfutter zu fordern. Auch Intensivmast-

Abb. 30.6
Einfluss des Kraftfutteranteils (KF) und des CP-Gehaltes der Ration auf die Mastleistung beim Lamm (Ringdorfer, 1997).

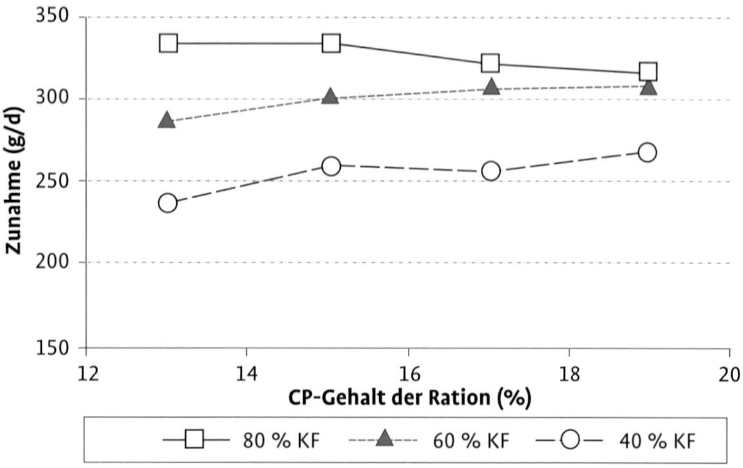

lämmer benötigen eine wiederkäuergerechte Ration. Im ökologischen Landbau sind mindestens 60 % Grobfutteranteil in der DM der Ration vorgeschrieben. Dass auch mit 20 und 40 % Grobfutteranteil sehr gute Mastleistungen erzielt werden können, geht aus Abbildung 30.6 hervor. Diese Untersuchungen zeigen auch die Bedeutung der CP-Versorgung für die Mastleistung.

30.6.4 Wirtschaftsmast

Die Mast der in der Regel erst mit etwa 30 kg LM abgesetzten Lämmer erfolgt in verschiedenen Formen, wie:

- **Absetzermast:** Nach einer verlängerten Aufzuchtphase von bis zu 4 Monaten erreichen die Tiere in der weiteren Zeit 45–55 kg Lebendmasse bei Tageszunahmen von ca. 250 g. Bei dieser Mastform enthält die Ration höhere Grobfutteranteile in Form von guter Grassilage oder auch Maissilage. Der Kraftfutteranteil wird auf 50 % oder weniger in der DM der Ration begrenzt.
- **Weidemast:** Mit 7 bis 10 Monaten werden 50–60 kg Lebendmasse erreicht. Voraussetzung für diese Mastform sind intensive Weiden bzw. Koppelschafhaltung. Dann können die Lämmer nach dem Absetzen auch ohne Konzentratbeifutter auskommen. Bei dieser Mastform, besonders bei verzögertem Wachstum aufgrund marginaler Futterqualität, ist bereits mit deutlichen Abstrichen in der Schlachtkörperqualität zu rechnen.

Je älter die Tiere und je höher die Mastendmassen werden, umso stärker fällt die Schlachtkörperqualität gegenüber der intensiven Mast ab. Das auf diese extensive Weise erzeugte Fleisch trägt nicht dazu bei, den leider hierzulande ohnehin nicht optimalen Ruf des Schaffleisches zu heben. Außerdem wird der Energie- und Nährstoffaufwand ungünstiger. Derartige Mastformen haben nur unter bestimmten ökonomischen und lokalen Bedingungen ihre Berechtigung, z. B. bei hohen Wollpreisen, wenn spätreife oder aus Zuchtbeständen selektierte Lämmer zu mästen sind und eine geeignete Grobfutterbasis dafür zur Verfügung steht.

30.7 Fütterung der Jungschafe

30.7.1 Energie- und Nährstoffbedarf

Das Ziel bei der Aufzucht weiblicher Jungschafe besteht in der Bereitstellung von Tieren, die zum geplanten Zeitpunkt der Erstkonzeption mindestens 75 % der Lebendmasse des erwachsenen Mutterschafes aufweisen. Das sind bei den Rassen mit der stärksten Verbreitung etwa 50–60 kg. Je nach Rasse und Zuchtrhythmus der Herde kann dieser Termin zwischen dem 7. bis 8. und 18. Lebensmonat variieren. Daraus ergeben sich sehr differenzierte Anforderungen an die Aufzuchtintensität und die Versorgungsempfehlungen für wachsende Schafe (→ Tab. 30.8).

30.7.2 Praktische Fütterung

Nach dem Absetzen wird zunächst noch das hohe Wachstumsvermögen der Lämmer ausgenutzt. Sie erhalten deshalb beste Weide, im Winter gute Silagen, Raufutter und 250–300 g Kraftfutter.
Im zweiten Lebenshalbjahr richtet sich die Fütterung nach der jeweils vorgesehenen Aufzuchtintensität, der Grobfutterqualität und -aufnahme. Da diese Periode bei Zuchtschafen vorwiegend im Winterhalbjahr liegt, ist der Grünfuttereinsatz begrenzt. Unter Beibehaltung mäßiger Kraftfuttergaben in Höhe von 200–300 g kann der zunehmende Bedarf durch steigende Grobfuttermengen gedeckt werden (400–800 g DM in Form von Heu oder angewelkter Grassilage). Grünfutterkonservate guter Qualität liefern ausreichend Rohprotein, sodass die Kraftfutterergänzung aus Getreide oder Melasseschnitzeln bestehen kann.
Im zweiten Lebensjahr werden Jungschafe auf der Weide aufgezogen. Eine Kraftfutterzufütterung ist nicht erforderlich – es sei denn, die Lebendmasseentwicklung reicht für die vorgesehene Zuchtbenutzung noch nicht aus.
Trächtige Jungschafe werden prinzipiell wie Mutterschafe gefüttert. Es wird empfohlen, sich an den Versorgungsempfehlungen für adulte Mutterschafe zu orientieren. Somit wird dem Zusatzbedarf für deren Wachstum bei gleichzeitig geringerer Körpermasse Rechnung getragen. Da die Futteraufnahme der Jungschafe im Vergleich zu ausgewachsenen Tieren etwa 20 % niedriger ist,

sollte die Energie- und Nährstoffkonzentration der Ration entsprechend höher sein.
Männliche Zuchtschafe sollten etwas intensiver gefüttert werden. Tägliche Zunahmen von 200–250 g sind aber ausreichend, damit die Tiere der gebräuchlichen Rassen im Alter von 12 Monaten eine Lebendmasse von 80–90 kg aufbringen. Eine zu hohe Fütterungsintensität, vergleichbar mit der Intensivmast, ist abzulehnen, wird aber häufig praktiziert. Immer wieder werden daher bei Auktionen überkonditionierte Jungböcke angetroffen, die bei einem anschließenden Deckeinsatz dann völlig einbrechen.
Die Mineralstoffsupplementation hängt auch in der Jungschafaufzucht von den eingesetzten Rationstypen ab. Rationen, die reich an Getreide, Körnerleguminosen oder Extraktionsschroten sind, werden mit einem P-armen und Cu-freien, aber Ca-reichen Mineralfutter ergänzt. Bei Rationen auf der Basis von Grünfutter und Grünfutterkonservaten sowie Hackfrüchten wird dagegen ein übliches Mineralfutter für Schafe verwendet. Wachsende Schafe benötigen täglich etwa 25–35 g Mineralfutter je 100 kg Lebendmasse.

30.8 Fütterung und Wollbildung

Reinwolle besteht aus dem schwefelhaltigen Protein Keratin, das im Vergleich zu anderen Proteinen etwa die 10fache Menge an Cystin enthält. So stellt die Wollbildung im Wesentlichen einen Proteinansatz dar und wird bestimmt von der Menge an Aminosäuren, die im Dünndarm absorbiert werden. In Versuchen ergab sich zwischen dem postruminalen Proteinfluss und dem Wollwachstum eine sehr enge Beziehung. Obwohl der Energiebedarf für die Wollbildung im Vergleich zu anderen Leistungen gering ist (→ Kap. 30.2.2), zeigt sich eine starke Auswirkung der Energieversorgung auf die Wollproduktion, was mit der Abhängigkeit der mikrobiellen Proteinproduktion von der Zufuhr an fermentierbarer organischer Masse zu erklären ist.
Auch die Schwefelversorgung beeinflusst die Wollproteinsynthese. Besonders bei Einsatz von NPN-Verbindungen ist auf ein ausreichendes Schwefelangebot zu achten.
Bei gleicher Größe der Schafe können Unterschiede im Wollertrag auf der Anzahl an Wollhaaren je Einheit Körperoberfläche oder auf Differenzen der Faserlänge und der Faserstärke beruhen. Demzufolge stehen bei der Wollbildung quantitative und qualitative Merkmale im Zusammenhang.
Die Anzahl der angelegten Wollfollikel wird durch die Versorgung des Fötus sowie des neugeborenen Lammes über die Energie- und Nährstoffversorgung der Muttertiere beeinflusst.
Der Faserdurchmesser (Wollfeinheit) ist ein wichtiges Merkmal für die Verarbeitung der Wolle und wird in erster Linie genetisch bestimmt. Feine Wollen sind wertvoller als grobe. Alle Fütterungsfaktoren, die den Wollertrag erhöhen, führen zu etwas dickeren Wollfasern, während eine Unterversorgung an nutzbarem Rohprotein oder an Phosphor geringere Haardurchmesser nach sich ziehen. Im Extremfall kann es in Perioden mit Energie- und Proteinmangel zu starken Einschnürungen der Faser kommen, sodass ihre Reißfestigkeit beeinträchtigt wird. Die Kontinuität der Energie- und Nährstoffversorgung spiegelt sich in der Reißfestigkeit, aber auch in der Dehnbarkeit und in der Elastizität der Wolle deutlich wieder.
Kupfer ist Bestandteil eines Enzyms, das die Verbindung der Thiolgruppen des Cystins kontrolliert. Kupfermangel führt daher zu ungekräuselter Wolle. Schließlich wirkt sich ein Mangel an Cobalt oder Selen ungünstig auf den Haardurchmesser und die Reißfestigkeit aus.

30.9 Fütterungsbedingte Gesundheitsstörungen

Die direkt oder indirekt durch die Fütterung bedingten Erkrankungen sind bei Schaf und Rind ähnlich. Deshalb wird auch auf die entsprechenden Ausführungen im Kapitel „Fütterung der Rinder“ hingewiesen. Im Folgenden werden einige auf die Ernährung bezogene Aspekte zur Ätiologie, Pathogenese und Prophylaxe der für Schafe spezifischen bzw. besonders wichtigen Erkrankungen angesprochen. Hinsichtlich klinischer, pathologischer, diagnostischer und therapeutischer Gesichtspunkte sei auf spezielle Literatur verwiesen.

Ketose (Trächtigkeitstoxikose)
Die Ketose tritt beim Schaf, im Gegensatz zur Milchkuh, vorwiegend in der Hochträchtigkeit auf. Besonders Mehrlingsmutterschafe sowie in der Güstzeit energetisch überversorgte Tiere sind betroffen. Eine energetische Unterversorgung der hochtragenden Schafe aufgrund zu niedriger Futteraufnahme und/oder Energiekonzentration der Ration bewirkt einen starken Fettabbau. Dieser führt im Stoffwechsel zu einem erhöhten Verbrauch an Glucose, die aber auch für die Entwicklung der Föten benötigt wird. Bei ungenügender Aufnahme glucoplastischer Substanzen kommt es zur Hypoglykämie sowie zu einer Anhäufung von Aceton, Acetoacetat und β-Hydroxybutyrat (85 % der Ketonkörpergehalte im Blut). In der Folge sinkt die Futteraufnahme weiter und es kommt zum akuten Krankheitsverlauf mit zentralnervösen Störungen und Festliegen. Prophylaktisch ist seitens der Ernährung durch Verabreichung ausreichender Kraftfuttergaben für die Energiebedarfsdeckung zu sorgen. Dadurch wird die Gluconeogenese aus Propionsäure und/oder beständiger Stärke erhöht. Auch höhere Gaben an pansenstabilem CP können von Vorteil sein. Buttersäurehaltige Silagen wirken dagegen ketogen und sollten nicht verfüttert werden.

Pansenacidose
Die Aufnahme zu großer Mengen an leicht vergärbaren Kohlenhydraten, z. B. bei Nachweiden auf Mais-, Kartoffel-, Rüben- und Lagergetreideflächen oder in verbreiteten Formen der Lämmermast, führt zum Absinken des pH-Wertes im Pansen von normal 6,2–6,8 auf unter 5,5. Da derartige Rationen wenig gekaut und wiedergekaut werden, sinkt zudem die Speichel- und damit die Puffermenge. Mit fallendem pH-Wert steigen die Milchsäurekonzentration und der osmotische Druck, wodurch dem Blut Wasser entzogen wird. Außerdem verändert sich die Bakterienzusammensetzung, u. a. wird nicht genügend Thiamin gebildet bzw. es wird durch Thiaminasen zerstört. Dieser Vitamin-B_1-Mangel kann die **Cerebrocorticalnekrose (CCN)** auslösen.
Zur Vorbeugung der Pansenacidose ist eine ausreichende Versorgung mit strukturiertem Futter obligatorisch – auch bei Mastlämmern. Wichtige vorbeugende Maßnahmen sind zudem die Gewöhnung an leicht fermentierbare Futtermittel, die Vermeidung krasser Futterwechsel, eine höhere Fütterungsfrequenz (mehrere kleine Mahlzeiten) und die richtige Fütterungssequenz (erst Raufutter, dann im Pansen schnell abbaubare Futtermittel).

Pansentympanie
Bei Schafen wird die Tympanie überwiegend durch eine kleinschaumige Gärung des Panseninhaltes, seltener durch Ansammlung großer Gasmengen im dorsalen Pansenraum hervorgerufen. Während man in der Vergangenheit die Saponine als Hauptursache ansah, wird inzwischen bestimmten Proteinfraktionen, die vor allem in jungen Leguminosen, Cruciferen, Gräsern und Getreidepflanzen vorliegen, die größere Bedeutung beigemessen. Auch nasse, mit Reif behaftete und gefrorene Futtermittel wirken blähend. Vor der restriktiven Beweidung suspekter Flächen wird den Schafen Raufutter und ausreichend Tränkwasser angeboten und die Tiere sollten nicht getrieben werden, um eine hastige Futteraufnahme zu vermeiden.

Listeriose
Die Listeriose ist zwar eine Infektionskrankheit, hervorgerufen durch die ubiquitären Stäbchenbakterien *Listeria monocytogenes,* sie wird aber häufig mit Silagefütterung in Beziehung gebracht. Zu erklären ist dieser Zusammenhang durch die Verminderung der Abwehrbereitschaft infolge einer ungenügenden Energie- und Nährstoff- (einschließlich Vitamin- und Mineralstoff-) Aufnahme bei vielen Silagerationen als prädisponierender Faktor. Ungünstige hygienische Bedingungen im Stall (Restfutter, Feuchtigkeit) und schlecht vergorene, instabile Silagen gelten als Hauptinfektionsquelle. Deshalb verbietet sich ein Einsatz von verdorbenen Silagepartien grundsätzlich. Da das Auftreten der Listeriose häufig mit nassen, stark durchsäuerten Silagen, insbesondere Maissilage, in Verbindung gebracht wird, sind für Schafe DM-reiche aber stabile Silagen zu empfehlen, die gegebenenfalls unter Einsatz geeigneter Silierhilfsmittel konserviert wurden.

Störungen der Mineralstoffversorgung
Urolithiasis. Die Bildung von Harngrieß und Harnsteinen ist bei intensiv gefütterten Bocklämmern und bei Zuchtböcken häufig anzutreffen.

Sie kann zu Harnstau mit Urämie und Tod führen. Als Ursache kommt bei diesen Tieren in erster Linie eine P- und Si-reiche sowie Ca-arme Fütterung in Betracht; auch Mg-Überschuss und ungenügende Wasseraufnahme tragen wesentlich zur Harnsteinbildung bei. Deshalb ist bei Tieren, die auf Basis von Getreide und Extraktionsschroten kraftfutterreich gefüttert wurden, stets auf eine ausreichende Ca-Versorgung zu achten. Zur Vorbeugung sollte das Ca : P-Verhältnis der Ration deutlich weiter als 2 : 1 sein. Dazu ist ein auf die Ration abgestimmtes Ca-reiches Mineralfutter oder auch eine zusätzliche Gabe von $CaCO_3$ notwendig. Frisches Trinkwasser muss ständig verfügbar sein. Die Wasseraufnahme kann durch begrenzte Gaben von Kochsalz oder Natriumhydrogencarbonat erhöht werden.

Mangel an Mengenelementen. In der Ernährung der Schafe kommen Na-, P- und Mg-Mangellagen vor. Zur Absicherung der Na-Versorgung sind ständig Salzlecksteine anzubieten. Die Phosphorversorgung der Schafe ist bei Einsatz von Kraftfutter auf Basis von Getreide und Extraktionsschroten zumeist abgedeckt, sie ist aber auf der Weide nach trockener Witterung und Nutzung extensiv bewirtschafteter Futterflächen nicht immer gesichert. Da sich bereits ein subklinischer P-Mangel auf die Futteraufnahme auswirkt, verursacht er immer Leistungsminderungen, die durch Mineralfuttergaben zu vermeiden sind. Der Tierkörper kann nur unbedeutende Magnesiummengen speichern. Deshalb wirkt sich eine unzureichende Mg-Versorgung (Weidetetanie), die vorwiegend durch eine niedrige Absorptionsrate verursacht wird, rasch auf das Tier aus. Wie bei der Milchkuh ist deshalb neben Mg-Zusätzen auf die Strukturwirksamkeit der Rationen und langsame Futterwechsel zu achten. Rationen mit Grünfutter, insbesondere, wenn dieses reich an CP und Kalium ist, sollten aufgrund der niedrigen Mg-Verwertung mindestens 1,5 g Mg/kg DM enthalten und ggf. mit Mg supplementiert werden. Bei Stallfütterung genügt die Hälfte dieser Konzentration, was in den meisten Rationen der Fall ist.

Fehlerhafte Spurenelementversorgung. Bei Schafen kommen – wie bei den anderen Wiederkäuerarten – Krankheiten durch Cu-, Co-, Zn-, I- und Se-Mangel vor. Ein tierartspezifisches Problem stellt die Kupferversorgung dar. Während bei grobfutterreichen Rationen – verstärkt durch Antagonisten – mit verlustreichen Mangelerscheinungen, wie Fruchtbarkeitsstörungen, Störungen der Entwicklung des ZNS im Fetus, Lähmungen der Lämmer („sway back“) und verminderter Kräuselung der Wolle zu rechnen ist, führt bereits eine längerfristige Gabe in Höhe des 2- bis 3fachen Bedarfes zur chronischen Kupfervergiftung. Die geringe Cu-Toleranz ist zudem bei bestimmten Rassen, wie z. B. den Texelschafen, besonders ausgeprägt. Deshalb ist die Fütterung von Cu-kontaminierten Futtermitteln (z. B. durch Kupferleitungen und -behälter, Pflanzenschutzmittel u. a.) und Misch- oder Mineralfuttermitteln, die für andere Tierarten bestimmt sind, zu unterlassen. Außerdem sollte der Kupfergehalt von suspekten Futtermitteln analytisch überprüft werden.

Giftige Pflanzen

Auf der Weide meiden die Schafe bei ausreichendem Futterangebot und langen Weidezeiten giftige Pflanzen, sodass es kaum zu Schädigungen kommt. Bei Stallfütterung erkennen die Tiere schädliche Pflanzen nicht immer. Besonders in Grobfuttermischungen, die ja eigentlich zur Verminderung der Futterselektion eingesetzt werden, kann dies zu Problemen führen. Bostedt und Dedié (1996) beschreiben Vergiftungen durch eine Vielzahl von Pflanzen und Pflanzenteilen: Sumpf- und Ackerschachtelhalm, Kreuzkraut, Sauerampfer, Johanniskraut, Goldhafer, Hahnenfußarten, Steinklee, Saatmohn, Bingelkraut, Farnkräuter, Rhododendron, Eibe, Zypressengewächse, Eichenblätter und Eicheln, Bucheckern, Ginsterarten, Herbstzeitlose, Goldregen, Rhabarber, Kartoffelkraut und -keime sowie Tabak. In der Praxis ist vor allem in Süddeutschland der Goldhafer von größerer Relevanz. Goldhafer enthält ein aktives Vitamin-D_3 Analogon. Da er als schmackhaftes Futtergras von den Schafen nicht gemieden wird, kann es bei längerfristiger Aufnahme zu einer Calcinose kommen. Bei Mutterschafen tritt dann nach der Geburt häufig eine Gebärparese auf.

Phytöstrogene

Fruchtbarkeitsstörungen infolge von östrogen aktiven Pflanzeninhaltsstoffen (Isoflavone, Coumestane, Lignane) spielen weltweit bei Schafen eine große Rolle. Bekannt wurde vor allem die sogenannte „Clover disease“, die in Australien nach Beweidung von Subterranklee schwere

Fortpflanzungsstörungen hervorgerufen hat. Die wichtigsten Symptome des hyperöstrogenen Syndroms bei weiblichen Tieren sind Zyklusstörungen (< 17 bzw. > 23 Tage) bzw. Anöstrie, Vergrößerung von Vulva, Uterus, Zitzen und Euter auch bei Jungtieren, gerötete Schleimhäute und starke Sekretion von klarem Schleim; um die Geburt Wehenschwäche verbunden mit Schwergeburten und Scheidenvorfällen.

Phytoöstrogene sind Bestandteile in vielen Grünfutterleguminosen wie Luzerne, Weiß- und Rotklee, Subterranklee und vor allem Steinklee. Auch in vielen Gräsern, Getreide und Ölsaaten kommen sie vor, jedoch ist dort die Konzentration wesentlich niedriger und unbedenklich. Durch die Konservierung von Grünfutter (silieren, trocknen) gehen die Gehalte etwas zurück, verschwinden aber nicht. Ein analytischer Nachweis ist aufwendig und schwierig. Daher sind bei Verdachtsfällen die zumeist leguminosenreichen Rationen zunächst abzusetzen bzw. bei Beweidung die Tiere von den betreffenden Flächen fernzuhalten und die Reaktionen der Tiere zu beobachten.

31 Fütterung des Geflügels

Heinz Jeroch

Zum landwirtschaftlichen Geflügel zählen insbesondere **Hühner, Puten, Enten** und **Gänse.** Kaum Bedeutung haben Fasane, Perlhühner, Strauße, Tauben und Wachteln. Für die Eiererzeugung werden praktisch nur **Legehennen** genutzt. Mehr als 70 % der inländischen Geflügelfleischproduktion entfallen auf **Jungmasthühner (Broiler).** An zweiter Stelle folgen **Mastputen,** deren Anteil derzeit 20 % beträgt. Die restlichen 10 % liefern fast ausschließlich **Mastenten, Mastgänse und Schlachthühner.**

Entsprechend der wirtschaftlichen Bedeutung werden in den folgenden Kapiteln Hühner, Puten, Enten und Gänse abgehandelt, wobei auch auf Besonderheiten und Herausforderungen der Fütterung unter den Bedingungen des ökologischen Landbaus eingegangen wird. Zur Fütterung weiterer Geflügelarten enthält das Fachbuch „Geflügelernährung" Informationen[17].

31.1 Einflussfaktoren auf die Futter- und Wasseraufnahme

Verhalten nach dem Schlupf. Die Futtersuche ist eine angeborene Verhaltensweise von Küken. Sie ist durch entsprechende Anordnung der Futtergefäße in der Nähe der Wärmequellen und tiergemäße Futterbeschaffenheit zu unterstützen. Zwischen den einzelnen Geflügelarten bestehen im Futteraufnahmeverhalten nach dem Schlupf jedoch Unterschiede. So weisen z. B. Putenküken ein zögerliches Verhalten auf, dem aber durch spezifische Maßnahmen entgegengewirkt werden kann (→ Kap. 31.9.2).

Sensorische Kontrolle. Bei der Futtermittelauswahl reagiert das Geflügel vorwiegend auf taktile und optische Reize. Form, Farbe, Härte, Größe und Konsistenz der Futtermittel bzw. der Futterpartikel sind maßgebliche Einflussfaktoren. Geschmack und Geruch haben demgegenüber kaum oder geringere Bedeutung, wobei gewisse Speziesunterschiede bestehen. Wassergeflügel besitzt gegenüber dem Hühnergeflügel ein ausgeprägteres Geschmacksempfinden.

Bei gleichzeitigem Angebot verschiedener Getreidekörner wurden für einzelne Geflügelarten unterschiedliche Beliebtheitsreihen ermittelt (Engelmann, 1957) (> bedeutet Abnahme in der Beliebtheit): **Hühner:** Weizen > Mais > Gerste > Roggen > Hafer; **Enten:** Mais > Weizen, Gerste > Hafer > Roggen; **Gänse:** Hafer > Weizen > Gerste > Roggen > Mais. Dieses Auswahlverhalten wird maßgeblich durch Schnabelausbildung und Schlundweite bestimmt. Während Hühner mit ihrem spitzen Schnabel die ovalen Weizenkörner bevorzugt verzehren, ist es für Enten mit dem löffelartigen Schnabel kein Problem, die größeren Maiskörner aufzunehmen. Dennoch würden z. B. Legehennen bei einer zugemessenen Getreidekörnermischung (Weizen, Gerste, Roggen) im Rahmen der kombinierten Fütterung zwar zunächst Weizen bevorzugen, später jedoch auch Gerste- und Roggenkörner verzehren.

Bei gleichzeitigem Angebot von Körnern, Weichfutter und Schrotfutter sind zunächst Körner die bevorzugte Futterart; es folgen Weichfutter und Schrotfutter. Pellets und Bröckelfutter (zerkleinerte Pellets, Granulat) werden gegenüber Schrotfutter bevorzugt verzehrt. Beim Schrotfutter ist eine feine gegenüber einer gröberen Beschaffenheit nachteilig, insbesondere bei abrupter Umstellung von schrotförmig auf mehlförmig. Eine

17 Heinz Jeroch, Annette Simon, Jürgen Zentek (Hrsg.): Geflügelernährung, 2. Auflage, Verlag Eugen Ulmer KG, Stuttgart, 2019.

variierende Teilchengröße von Schrotfutter führt zu selektivem Fressverhalten der Tiere. Die gröberen Bestandteile (z. B. Maiskornbruchstücke) werden zuerst verzehrt.

Auch die **Futterfarbe** kann das Verzehrsverhalten beeinflussen. Jedoch sind die Ergebnisse über bevorzugte Farben nicht eindeutig. Da Putenküken nach dem Schlupf ein relativ passives Futteraufnahmeverhalten zeigen, kann durch Anfärben bestimmter Futterpartikel oder mit intensiv pigmentierten Komponenten (z. B. Rotmaisschrot) der Futterverzehr angeregt werden.

Energiegehalt des Futters. Der Energiegehalt der Futtermischung (MJ AME_N/kg bei 88 % DM) hat bei allen Nutzungsrichtungen des Geflügels Einfluss auf die verzehrte Menge. Legetiere und auch wachsendes Geflügel vermögen ihre Futteraufnahme in einem gewissen Bereich auf den Energiegehalt der Futtermischung einzustellen. Von energieärmeren Mischungen wird mehr, von energiereicheren weniger gefressen. Diese Anpassungsfähigkeit ist bei Hennen vom Legetyp deutlicher ausgeprägt als bei Broilerhennen, aber bei allen Geflügelarten und Nutzungsformen bzw. Produktionsrichtungen nur in gewissen Grenzen vorhanden. Allerdings vermindert sich bei Anstieg des Futterenergiegehaltes die Aufnahme nicht im gleichen Umfang. Dies kann beim Legegeflügel eine bedarfsüberschreitende Energieaufnahme (gleichzeitig auch Nährstoffaufnahme) zur Folge haben, wenn die Tiere ein sehr energiereiches Futter erhalten. Die Gefahr eines sogenannten „Luxuskonsums" wird bei pelletiertem Futter gegenüber Schrotfutter noch verstärkt. Bei Aufzucht- und Legetieren kann dem gegebenenfalls durch Futterrestriktion entgegengewirkt werden. In der intensiven Geflügelmast (z. B. Broiler- und Putenmast) sind diese Effekte in der Regel erwünscht, um durch die höhere Energieaufnahme bei gleichzeitig entsprechendem Nährstoffangebot die Wachstumskapazität optimal auszuschöpfen. Bei Rückgang der Energiekonzentration sind dem Futtermehrverzehr durch das Fassungsvermögen des Verdauungstraktes und die Futterdurchgangszeit aber Grenzen gesetzt. Bei hochproduktivem Geflügel ist deshalb der optimale Bereich des Futterenergiegehaltes zur Absicherung des Energiebedarfs relativ eng. Langsam wachsende Masttiere und weniger produktive Legetiere sind hingegen in der Lage, auch bei mittlerem bzw. mäßigem Energiegehalt durch entsprechenden Mehrverzehr ihren Bedarf zu decken.

Futtervolumen. Die Bedeutung des Futtervolumens für die Verzehrleistung zeigt sich beim Vergleich von Futtermischungen mit unterschiedlichem Gehalt an umsetzbarer Energie, wenn den Tieren entweder Schrot oder Pellets angeboten werden. Da die Pelletierung das Futtervolumen herabsetzt (höhere Energiedichte je Volumeneinheit), erhöhen sich mit pelletierten energieärmeren Futtermischungen der Futterverzehr und die Aufnahme an umsetzbarer Energie deutlich. Nach einer gewissen Anpassungsperiode können Legehennen dadurch mit einer energieärmeren Haferration ihren Energiebedarf decken.

Nährstoffimbalancen und -defizite. Aminosäurenimbalancen (d. h. starke Über- oder Unterversorgung mit einzelnen Aminosäuren) können den Verzehr vermindern. Hierzu liegen u. a. Versuchsergebnisse an Broilerküken mit Lysin vor. Die Ursache für dieses Verhalten ist vermutlich die bei imbalantem Aminosäurenmuster zwangsläufig anfallende höhere Menge an Abbauprodukten. Tryptophanmangel verursacht ebenfalls eine Futterverzehrsdepression. Als eine Ursache wird der Mangel an dem aus Tryptophan gebildeten Neurotransmitter Serotonin im Gehirn angesehen. Auch Unter- oder Überversorgung mit Mineralstoffen und Vitaminen können sich nachteilig auf den Futterverzehr auswirken. Beispielsweise ist bereits bei einem leichten Phosphordefizit der Futterverzehr rückläufig und damit das erste Mangelsymptom.

Wahlvermögen/Wahlverhalten. Wenn Geflügel anstelle einer ausgewogenen Futtermischung die Wahlmöglichkeit zwischen Mischungen mit unterschiedlichem Energie- und Nährstoffgehalt (z. B. Energie- und Proteinmischung) gegeben wird, scheinen die Tiere „bestrebt" zu sein, von den verschiedenen Mischungen solche Mengen zu verzehren, die in der Summe einer annähernd ausbilanzierten Gesamtmischung entsprechen. Dieses Prinzip bildet die Grundlage für die Wahlfütterung. Bei der praktischen Überprüfung hat sich aber gezeigt, dass mit einer Wahlfütterung nicht immer die gleichen Leistungen wie mit einem optimierten Alleinfutter erzielt werden. In dieses Verzehrsmuster ist auch der spezifische Ca-Appetit legender Hühner einzuordnen. In Zeiträumen eines erhöhten Ca-Bedarfes (während der Eischalenbildung) bevorzugen die Hennen eine getrennt angebotene Ca-reiche Futtermischung, sodass der stark erhöhte Ca-Bedarf direkt aus dem Futter und nicht zusätzlich durch die Ca-Mobilisation aus den Röhrenknochen gedeckt wird.

Antinutritive Futterinhaltsstoffe. Eine ungünstige Wirkung auf den Futterverzehr ist von verschiedenen antinutritiven Futterinhaltsstoffen bekannt. Gelbildende Nicht-Stärke-Polysaccharide, wie lösliche β-Glucane und Pentosane, verursachen vor allem bei wachsendem Geflügel einen Viskositätsanstieg des Darminhalts, der den Digestatransit verzögert und dadurch die Futteraufnahme verringert. Durch Ergänzung von Futtermischungen mit NSP-spaltenden Enzymen (Futterzusatzstoffe, → Kap. 20.3) lässt sich jedoch dieser nachteilige Effekt beseitigen. Depressiv auf die Futteraufnahme wirken auch Glucosinolate. Sie sind in bestimmten Konzentrationen selbst in Doppelqualitätssorten des Rapses bzw. in Verarbeitungsprodukten aus entsprechenden Rapssorten noch enthalten und beeinträchtigen die Futteraufnahme, wenn bestimmte Grenzkonzentrationen in den Futtermischungen überschritten werden. Weitere Hinweise auf verzehrsmindernde antinutritive Substanzen sind im Teil 2 dieses Buches (Futtermittelkunde) aufgeführt.

Futterzusatzstoffe. Sensorische Futterzusatzstoffe, vor allem phytobiotische Präparate, werden verschiedentlich auch beim Geflügel zur Steigerung der Futteraufnahme empfohlen. In Experimenten konnte eine Wirksamkeit allerdings nur vereinzelt nachgewiesen werden. Auch dem Futter zugesetzte Enzyme können den Verzehr steigern.

Umweltfaktoren. Die Futteraufnahme wird durch Umgebungstemperatur, Dauer und Intensität der Beleuchtung, relative Luftfeuchtigkeit und Schadgasgehalt der Luft beeinflusst. Für diese Umweltfaktoren sind in den Managementprogrammen für die einzelnen Geflügelarten und Nutzungsrichtungen Optimalbereiche bzw. Grenzwerte festgelegt. Die Umgebungstemperatur beeinflusst den Verzehr besonders stark, wobei die Regulation des Futterverzehrs eng mit dem Energiewechsel verbunden ist.

Wasseraufnahme. Die Wasseraufnahme müssen Küken nach dem Schlupf erlernen. Dies erfolgt durch Nachahmung, teils auch durch Zufall. Für einen schnellen Kontakt mit den Wasserstellen ist es erforderlich, dass diese sich in ausreichender Zahl in unmittelbarer Nähe der Futtergefäße befinden und dass das Wasserangebot in tierartgerechter und gut erreichbarer Form erfolgt. Die Wasseraufnahme variiert in Abhängigkeit von der Umgebungstemperatur und der Futterzusammensetzung. Proteinreicheres Futter sowie Futter mit höheren Salzgehalten führt zu höherer Wasseraufnahme. Aus Gründen des Tierschutzes sollte Wasser ohne Einschränkungen ständig zur Verfügung stehen. Die Folgen einer unzureichenden Aufnahme an Tränkwasser sind Leistungsabfall, verminderte Futteraufnahme sowie eine vermehrte Retention harnpflichtiger Stoffe. Eine zu geringe Wasseraufnahme schränkt auch die Fähigkeit der Tiere zur Temperaturregulation ein. Bei Temperaturen über 30 °C setzt eine verstärkte Atmung (Hecheln) ein, die zu erheblichen Flüssigkeitsverlusten führt. Der Wasserkonsum der Tiere steigt in dieser Situation deutlich an (weitere Informationen insbesondere zur Wasserqualität → Kap. 31.6).

31.2 Besonderheiten des Verdauungstraktes und Konsequenzen für die Fütterung

Der **Aufbau des Verdauungstraktes** des Geflügels ist in Abbildung 5.1 (→ Kap. 5) am Beispiel des Hühnergeflügels schematisch dargestellt. Er unterscheidet sich in einigen wesentlichen Merkmalen von dem der Säugetiere, wie der folgenden Übersicht zu entnehmen ist:

Merkmal	Funktion bzw. Konsequenz
Schnabel anstelle der Lippen bei den Säugetieren, Fehlen der Backen bzw. Backenmuskeln und der Zähne	Aufnahme des Futters, nur grobe und ungenügende Zerkleinerung des Futters, Abschlucken des Futters
Spindelförmige Erweiterung der Speiseröhre (Ente, Gans) oder Ausbildung eines Kropfsackes bzw. mehrerer Kropfsäcke (Körnerfresser)	Futterspeicherung, Einweichen des Futters, Regulation der Magenfüllung, begrenzte Wirksamkeit der pflanzeneigenen Enzyme und dem Futter zugesetzten Enzymen
Zwei aufeinander folgende Mägen: • Drüsenmagen • Muskelmagen	 • Beginn der enzymatischen Verdauung durch Sekrete des Drüsenmagens • Futterzerkleinerung durch intensive Magenmuskelkontraktionen, wobei Grit (Steinchen) zur reibenden Wirkung beiträgt („Zahnersatz des Geflügels“)
Ausbildung von zwei Blinddärmen	Hauptort der Verdauung durch mikrobielle Enzyme; jedoch nur ein geringer Teil der Digesta gelangt in die Blinddärme
Vorhandensein einer Kloake, bestehend aus Kotraum, Harnraum und Endraum	Harn-Kot-Behälter, Passage von Geschlechtsprodukten (Eier, Sperma)

Beim **Verdauungsvermögen** sind **folgende Besonderheiten** gegenüber den anderen Nutztieren herauszustellen:

Merkmal	Konsequenz
Länge und Volumen des Verdauungstraktes sind – bezogen auf die Lebendmasse – am geringsten	Kurze Verweildauer des Futters im Verdauungstrakt (ca. 24 Stunden), deshalb sind, von wenigen Ausnahmen abgesehen, Futtermittel mit hoher Nährstoffdichte und Verdaulichkeit erforderlich
Fehlen des Enzyms Lactase und geringe Saccharaseaktivität	Restriktionen für den Einsatz bestimmter Futtermittel erforderlich (→ Kap. 31.4)
Niedrige Verdaulichkeit der Kartoffelstärke	Kartoffel und Kartoffelprodukte müssen vor der Verfütterung hydrothermisch aufgeschlossen werden (Stärkeaufschluss)
Geringere Verdaulichkeit von Futterfetten mit vorwiegend gesättigten Fettsäuren (Tierfette) bei Küken in den ersten Lebenswochen	Einsatz von Futterfett vorwiegend über ungesättigte Fettsäuren pflanzlichen Ursprungs
Begrenzte mikrobielle Verdauungskapazität im Blinddarmbereich, da nur ein geringer Teil der Digesta (~10 % beim Hühnergeflügel) in die Blinddärme gelangt	Geringe mikrobielle Verdauung von NSP, dadurch nur minimaler Beitrag der gebildeten kurzkettigen Fettsäuren zur Energieversorgung; kaum Resorption der mikrobiell gebildeten Vitamine des B-Komplexes; deshalb ist eine exogene Versorgung mit B-Vitaminen wichtig.

Im Aufbau und bei den Funktionen des Verdauungstraktes sowie im Verdauungsvermögen bestehen auch **Unterschiede** zwischen den **Geflügelarten**, die darüber hinaus **altersabhängig** sind. Neben der bereits angesprochenen unterschiedlichen Kropfausbildung sind zu nennen:

- Taubenelterntiere bilden für die Jungtiere in den ersten Lebenstagen die sogenannte Kropfmilch als ausschließliche Nahrung. Sie besteht aus abgesonderten Zellschichten der faltigen Oberfläche des Kropfes.
- Beim Wassergeflügel, vor allem bei Gänsen, ist der Muskelmageninnendruck deutlich höher als bei anderen Geflügelarten. Dies befähigt Gänse, die Zellwände von Grünfutterpflanzen intensiver zu perforieren und damit im Vergleich zum Hühnergeflügel die Nährstoffe des Zellsaftes besser zu nutzen.
- Beim Strauß sind Dickdarm und Blinddärme hinsichtlich Länge und Volumen wesentlich stärker als bei allen anderen Geflügelarten entwickelt. Daraus resultieren große Räume für mikrobielle Verdauungsprozesse. Faserreiche Futtermittel werden deshalb deutlich besser verwertet als bei allen anderen Nutzgeflügelarten.
- Die Fettverdauung steigt nach den ersten Lebenswochen an, bei Putenküken stärker als bei Hühnerküken.
- Der Verdauungstrakt von ausgewachsenen Tieren weist gegenüber wachsenden Tieren höhere mikrobielle Enzymaktivitäten auf.

Aus den Besonderheiten des Verdauungstraktes ergeben sich folgende Konsequenzen für die Fütterung:

- Das Geflügel beansprucht mit wenigen Ausnahmen Futtermittel mit hoher Energie- und Nährstoffkonzentration und leicht abbaubaren Inhaltsstoffen.
- Futtermittel, die bezogen auf die Originalsubstanz viel zellgebundenes Wasser und wenig Nährstoffe enthalten (z. B. Kartoffeln und Rüben), sind zur Fütterung hochleistender Tiere ebenso wenig geeignet wie faserreiche Futtermittel.
- Die Ausstattung mit Verdauungsenzymen begrenzt den Einsatz verschiedener Futtermittel bzw. ermöglicht ihre Verwendung erst nach nährstoffaufschließender Behandlung.
- Aus den artspezifischen und verdauungsphysiologischen Gegebenheiten sowie den Leistungsunterschieden der einzelnen Nutzungsrichtungen sollte die Verdaulichkeit der organischen Substanz des Futters für Mastgeflügel (Intensivmast) 80–85 %, für Eltern- und Zuchttiere 75–80 % und für legende Tiere ca. 80 % betragen.

31.3 Bemerkungen zum Energie- und Nährstoffbedarf sowie zu Versorgungsempfehlungen

Das Geflügel benötigt **Energie** (Maßstab: N-korrigierte, scheinbar umsetzbare Energie (englisch: Apparent Metabolisable Energy, N corrected; AME_N) und **Nährstoffe** zur

- Aufrechterhaltung aller Lebensfunktionen,
- Gewährleistung der Leistungsbereitschaft sowie
- Realisierung der verschiedenen Leistungen (Wachstum, Federbildung, Eiproduktion, Spermaproduktion, Bewegung).

Energieliefernde Futterinhaltsstoffe sind vor allem Stärke, Zucker und Fette. In der Regel ist Stärke die Hauptenergiequelle. An Nährstoffen sind Protein bzw. essenzielle Aminosäuren, Mengenelemente, Spurenelemente, Vitamine und essenzielle Fettsäuren erforderlich. Diese sind Inhaltsstoffe in Einzelfuttermitteln bzw. werden als Zusatzstoffe zu den Futtermischungen/Futterrationen ergänzt. Außerdem ist die Aufnahme an **Wasser** für Erhaltung und Leistungen lebensnotwendig. Weiterhin sei noch die **Rohfaser** genannt, die im herkömmlichen Sinne zwar kein essenzieller Nährstoff ist, jedoch verschiedene positive Effekte bewirkt.

Der ständige Versorgungsanspruch der Tiere an Energie und lebensnotwendigen Nährstoffen wird als **Bedarf** bezeichnet. Er definiert die erforderliche Aufnahme an Energie und Nährstoffen (Rohprotein, Aminosäuren, Mineralstoffe, Vitamine, essenzielle Fettsäuren) für eine bestimmte **tägliche Leistung**, z. B. für die Produktion von 100 g Eimasse oder für 100 g LM-Zunahme einschließlich für Erhaltung (nur in wenigen Fällen ausschließlich für Erhaltung). Der aus wissen-

schaftlichen Untersuchungen abgeleitete Bedarf an Energie und Nährstoffen wird für die praktische Fütterung aus verschiedenen Gründen (→ Tab. 31.1). mit einem **Sicherheitszuschlag** versehen. Bedarf plus Sicherheitszuschlag ergeben die **Bedarfsnorm.** Zur Ermittlung des Energie- und Nährstoffbedarfs (Rohprotein, Aminosäuren, Mengenelemente) für Legetiere und wachsendes Geflügel wird seit einigen Jahrzehnten die **faktorielle Methode** angewendet (→ Kap. 31.7.2 und 31.9.1). Der Bedarf an essenziellen Aminosäuren kann außerdem nach dem Konzept des **Idealproteins** ermittelt werden. Für eine Bedarfsermittlung von Spurenelementen, Vitaminen und essenziellen Fettsäuren kann die faktorielle Methode bisher nicht genutzt werden, weil hierzu erforderliche Ausgangsdaten noch fehlen. Die **Bedarfsdeckung** mit Energie und Nährstoffen erfordert eine entsprechende Futteraufnahme je Tier und Tag. Da die Höhe der Futteraufnahme jedoch begrenzt ist, muss das Futter genau definierte Gehalte an Energie und Nährstoffen aufweisen, damit die täglich verzehrbare Futtermenge auch den Bedarf deckt. Diese erforderlichen Gehalte werden auch als **Konzentrationsnormen** bezeichnet. Auch diese enthalten Sicherheitszuschläge (→ Tab. 31.1). Die Ermittlung der Konzentrationsnormen kann auf Basis der faktoriell abgeleiteten Bedarfswerte sowie mittels Leistungs- und Bilanzversuchen nach dem **Dosis-Wirkungs-Prinzip** erfolgen. Da die Futteraufnahme in erster Linie vom Energiegehalt der Futterration/Futtermischung beeinflusst wird, werden die Konzentrationsnormen für die Nährstoffe entweder für den konkreten Energiegehalt im Futter angegeben oder die Angaben beziehen sich auf eine Energieeinheit (z. B. g Rohprotein bzw. g Aminosäure je 1 MJ AME_N). Die später mitgeteilten Konzentrationsnormen haben immer Futtermischungen mit 88 % Trockensubstanz zur Grundlage, was international in der Geflügelfütterung üblich ist.
Tabelle 31.1 enthält wichtige Gründe für Sicherheitszuschläge. Ihre Höhe ist unterschiedlich und variiert zwischen 10 % (Energie) und 200 % (Vitamine). Für die Bemessung der Zuschläge bilden Ergebnisse aus Praxisversuchen und Erfahrungswerte die vorrangige Basis.
Beim Geflügel werden in der Regel Herden mit zum Teil recht hohen Tierzahlen gefüttert. Die Fütterung muss dabei sicherstellen, dass auch die leistungsstärksten Tiere einer Herde/eines Tierbestandes immer ausreichend mit Energie und Nährstoffen versorgt werden. Dieser Aspekt ist ein weiterer Grund für Sicherheitszuschläge.

Anforderungen an den Rohfasergehalt

Die Rohfaser als Fraktion der Weender Futtermittelanalyse (→ Kap. 1.1.7) ist kein essenzieller Nährstoff. In älteren Fütterungsempfehlungen wird verschiedentlich auf einen oberen Rohfasergrenzwert im Futter hingewiesen, weil mit steigendem Rohfasergehalt die Verdaulichkeit ansonsten hochver-

Tab. 31.1
Gründe für Sicherheitszuschläge zu wissenschaftlich ermittelten Bedarfswerten.

Energie/Nährstoff	Gründe für notwendige Sicherheitszuschläge
Energie	Variabler Gehalt in Futtermitteln, Genotypdifferenzen, Verwertungsunterschiede, unterschiedliche Haltungsbedingungen, Umwelteinflüsse (z. B. Temperatur)
Rohprotein, Aminosäuren	Variabler Gehalt in Futtermitteln, Unterschiede in der praecaecalen Verdaulichkeit, Verwertungsdifferenzen, antinutritive Substanzen, Aminosäurenschädigungen durch Be- und Verarbeitung von Rohstoffen
Mengen-elemente	Herkunft, Verwertungsunterschiede, antagonistische Einflüsse, Alterseffekte, Angebotsform
Spurenelemente	Variabler Gehalt in Futtermitteln, Bindungsform, unterschiedliche Verwertung der Spurenelemente aus Futtermitteln und Futterzusätzen, Variation beim Nettobedarf, Interaktionen zwischen Spurenelementen selbst und zu weiteren Futterinhaltsstoffen
Vitamine, essenzielle Fettsäuren	Variabler Gehalt in Futtermitteln, Verluste, Umweltfaktoren, Futterfaktoren, Antagonisten, Verfügbarkeit, unsichere Bedarfswerte, Leistungsanstieg

daulicher Futterinhaltsstoffe (Eiweiß, Fett, Stärke) durch den sogenannten Käfigeffekt vermindert wird. Andererseits werden der Rohfaser auch nützliche Effekte zugesprochen. Hierzu zählen insbesondere:

- Positiver Einfluss auf die Entwicklung des Verdauungstraktes einschließlich des Muskelmagens bei Aufzuchttieren (z. B. Junghennen), wodurch sich das Fassungsvermögen erhöht und die Muskelmagentätigkeit intensiviert wird. Dies steigert u. a. die Futteraufnahmekapazität in der kritischen Phase von Beginn der Legetätigkeit bis zur Legespitze, ermöglicht also eine ausreichende Futteraufnahme zur Sicherstellung des Energie- und Nährstoffbedarfs.
- Begünstigung der Entwicklung einer stabilen Darmmikrobiota mit dem Effekt, dass weniger Verdauungsstörungen auftreten.
- Unterstützung der Darmgesundheit durch die mikrobiell gebildeten flüchtigen Fettsäuren.
- Optimierung der Exkrementkonsistenz (bessere Einstreuqualität, weniger Schmutzeier).
- Verringerte Neigung zu Feder-/Zehenpicken, Federfressen und Kannibalismus.

Diese Wirkungen erfordern jedoch einen bestimmten Rohfasergehalt in den Futtermischungen, der auch als Rohfaseroptimum bezeichnet wird. Bei der Formulierung der Futterrezepturen für hochproduktives Geflügel werden vor allem Rohstoffe berücksichtigt, die energiereich sind und relativ wenig Rohfaser enthalten (sowohl Energie- als auch Proteinfuttermittel). Des Weiteren sind die Rezepturen z. T. mit beachtlichen Futterfettanteilen ausgestattet. Dadurch können sich Rohfasergehalte ergeben, die 30 g/kg unterschreiten und nicht mehr optimal sind. Deshalb werden Empfehlungen für Rohfaseroptima (g Rohfaser/kg Futtermischung) für erforderlich gehalten, die der Tabelle 31.2 zu entnehmen sind. Diese Gehalte bzw. Gehaltsspannen sind abhängig vom Tieralter, der Geflügelart und der Nutzungsrichtung und sollten nicht wesentlich überschritten werden, weil dann die Nährstoffverdaulichkeit vermindert wird und die Energie- und Nährstoffdichte des Futters als begrenzender Faktor für eine ausreichende Versorgung auftreten kann. Davon ausgenommen sind Fütterungsverfahren, in denen gezielt hohe Rohfasergehal-

Tab. 31.2 Rohfaseroptima für Geflügelfuttermischungen.

Geflügelart	Nutzungsrichtung	Rohfasergehalt (g/kg)
Hühner	Küken	35–40
	Junghennen	50–60
	Legehennen	40–50
	Broilerhennen	40–45
	Intensiv wachsende Broiler	35 (40–45 ab 3. Woche)
	Langsam wachsende Broiler	40 (60 ab 4. Woche)
Puten	Küken	35–40
	Jungputen	50–60
	Legetiere	40–45
Wassergeflügel	Küken	35–40
	Jungtiere	50–60
	Legetiere	45–50 (Legeperiode) ~100 (Legeruhe)
	Mastenten	35–40 (40–45 ab 4. Woche)
	Mastgänse (Jungtiermast)	40–45 (50–60 ab 4. Woche)

te für eine Energierestriktion genutzt werden (z. B. Broilerelterntiere). Auch bei extensiven Fütterungsverfahren (Weidemast der Gänse) sowie während der Legeruhe enthält das Futter höhere Rohfasergehalte.

31.4 Futtermittel und Futterzusatzstoffe

Futtermittel

Die moderne Geflügelfütterung basiert fast ausschließlich auf industriell hergestellten Mischfuttermitteln, vorrangig Alleinfuttermitteln (→ Kap. 31.5). Die Rohstoffe für die Herstellung sind insbesondere Getreidekörner, verschiedene Nebenprodukte aus der Getreideverarbeitung, ölreiche Samen, Pflanzenöle (alles sog. Energiefuttermittel), Nebenprodukte der Ölindustrie und weiterer Verarbeitung von pflanzlichen Rohstoffen, Leguminosensamen (jeweils Proteinfuttermittel), technisch getrocknete Grünfuttermittel (faserreiche Futtermittel) und mineralische Einzelfuttermittel (→ Teil 2 Futtermittelkunde). Die ehemals in Geflügelmischfutter stärker vertretenden Eiweißfuttermittel tierischer Herkunft werden aus unterschiedlichen Gründen nur noch sehr begrenzt oder nicht mehr als Komponenten verwendet. Des Weiteren erfolgt eine Ergänzung der Geflügelmischfuttermittel mit Futterzusatzstoffen der verschiedenen Kategorien (→ Teil 2, Futtermittelkunde, → Kap. 20).

Die einzelnen Rohstoffe unterscheiden sich bei den futterwertbestimmenden Inhaltsstoffen, Futterwertparametern und weiteren Eigenschaften (→ Teil 2 Futtermittelkunde). Diese sind für ihren Einsatz als Rohstoffe in Geflügelrezepturen bedeutsam. Tabelle 31.3 enthält ausgewählte Qualitätsmerkmale von vorrangig in Geflügelrezepturen zum Einsatz kommenden Einzelfuttermitteln.

Aus verschiedenen Gründen sind bei zahlreichen Einzelfuttermitteln (Rohstoffe für Mischfutterrezepturen) Einsatzgrenzen in unterschiedlichem Umfang zu beachten (→ Tab. 31.4). Die Ursachen für Höchstmengen liegen vor allem in der Nährstoffzusammensetzung, den Gehalten an antinutritiven Substanzen, möglichen Kontaminationen mit unerwünschten Stoffen, der Proteinqualität, den Faser- und Energiegehalten und der Futterbeschaffenheit. Für nicht in Tabelle 31.4 aufgeführte Futtermittel können aus der Literatur (→ weiterführende Literatur) Hinweise zu geeigneten Einsatzhöhen entnommen werden.

Futterzusatzstoffe

Ernährungsphysiologische Zusatzstoffe (Spurenelemente, Vitamine, freie Aminosäuren) sind ständige Supplemente von Geflügelfuttermischungen. Außerdem kommen weitere Zusatzstoffe zum Einsatz, wie die folgende Übersicht (→ Tab. 31.5) zeigt. Auf Einsatzverbote dieser Zusatzstoffe in ökologischen Futtermischungen wird im folgenden Kapitel hingewiesen.

Futtermittel und Futterzusatzstoffe für die ökologische Geflügelfütterung

Die gesetzlichen Regelungen zur Fütterung und zum Management in der ökologischen Geflügelhaltung finden sich in der VO (EG) Nr. 834/2007 zum ökologischen Landbau und in den entsprechenden Nachfolgeverordnungen. Die EG-Öko-Verordnung enthält den in der EU geltenden Mindeststandard für die ökologische Produktion. Sie kann durch nationale Regelungen ergänzt werden. Darüber hinaus haben in Deutschland einzelne Öko-Verbände (Anbau- bzw. Erzeugerverbände) weitere (zusätzliche) Regelungen insbesondere zu Futtermitteln und Futterzusatzstoffen für ihre Mitgliedsbetriebe getroffen. Nachfolgend sind wesentliche **EU-Festlegungen** für die Geflügelfütterung und -haltung aufgelistet:

- Die Futtermittel müssen aus der ökologischen Landwirtschaft stammen, dabei mindestens 20 % aus dem eigenen Betrieb.
- Es sind nur Nebenprodukte (z. B. Futtermehle, Kleien, Ölkuchen) von verarbeiteten ökologisch erzeugten Rohstoffen zulässig.
- Der Einsatz folgender Produkte ist grundsätzlich nicht erlaubt: gentechnisch veränderte Futtermittel und deren Derivate, mit gentechnisch veränderten Mikroorganismen hergestellte Futterzusatzstoffe, Extraktionsschrote (z. B. Soja- und Rapsextraktionsschrot), synthetisch gewonnene freie Aminosäuren und Carotinoide, weitere chemisch hergestellte Futterzusatzstoffe, wie z. B. Antioxidanzien, chemisch-synthetische allopathische Tierarzneimittel (z. B. Kokzidiostatika).

Tab. 31.3
Ausgewählte Qualitätsmerkmale von Einzelfuttermitteln für Geflügelrezepturen.

Futtermittelgruppe	Einzel-futtermittel	Positive/spezifische Eigenschaften	Kritische Eigenschaften/mögliche Probleme
Energiefuttermittel	Mais	Hochverdaulich und energiereich, reich an essenziellen Fettsäuren und Carotinoiden, geringe Konzentration an löslichen NSP	Fettoxidation (insbesondere bei Maisschrot), Mykotoxinkontamination, geringe Proteinqualität, Proteinschädigung bei der Nachtrocknung (u. a. verminderte AS-Verdaulichkeit), Pelletstabilität
	Sorghumhirse	Hochverdaulich und energiereich, geringe Konzentration an löslichen NSP	Variabler Tanningehalt, geringe Proteinqualität
	Weizen	Hochverdaulich und energiereich, hohe Phytaseaktivität	Variabler Gehalt an löslichen Pentosanen, Schnabeldeformation (Küken) bei proteinreichen (kleberreichen) Weizenherkünften möglich
	Triticale	Energiereich, hohe Phytaseaktivität	Variabler Gehalt an löslichen Pentosanen
	Roggen	Sehr hohe Phytaseaktivität	Relativ hoher Gehalt an löslichen NSP, Mutterkornalkaloide
	Gerste	Mittlere Phytaseaktivität	Relativ hoher Gehalt an löslichen ß-Glucanen, mäßiger Energiegehalt
	Hafer	Reich an essenziellen Fettsäuren und Vitamin E, im Vergleich zu anderen Getreidearten AS-Zusammensetzung günstiger	Hoher Rohfasergehalt, relativ niedriger Energiegehalt, hoher Gehalt an löslichen ß-Glucanen
	Weizenfuttermehl	Optimaler Energiegehalt	Mehlförmige Beschaffenheit, begrenzt lagerfähig,
	Weizenkleie	Insbes. Faserquelle	Mäßiger Gehalt an umsetzbarer Energie, Konsistenz, sehr begrenzt lagerfähig
	Rapssamen, Sojabohnen, Sonnenblumensamen	Gut verdaulich, energiereich, potenzielle Quelle für essenzielle Fettsäuren	Zerkleinerte Samen sehr begrenzt lagerfähig (Fettqualitätsveränderungen)
	Pflanzliche Öle (Raps-, Soja-, Sonnenblumenöl)	Sehr energiereich, Quelle für essenzielle Fettsäuren, Verbesserung der Schrotfutterkonsistenz	Verminderung der Pelletstabilität, mögliche stärkere Verfettung der Masttiere und Qualitätsbeeinträchtigung des Schlachtkörperfettes

Tab. 31.3 (Fortsetzung)
Ausgewählte Qualitätsmerkmale von Einzelfuttermitteln für Geflügelrezepturen.

Futtermittelgruppe	Einzel-futtermittel	Positive/spezifische Eigenschaften	Kritische Eigenschaften/mögliche Probleme
Proteinfuttermittel	Ackerbohnen	Neue Sorten haben nur noch minimale Konzentrationen an antinutritiven Faktoren (ANF), auch an Vicin und Convicin	Mäßiger SAS-Gehalt (erstlimitierende AS-Bausteine), ANF bei konventionellen Sorten
	Erbsen	Aktuelle Sorten sind tanninarm, stärkereich, lysinreich; haben eine gute praecaecale AS-Verdaulichkeit	Mäßiger SAS-Gehalt (erstlimitierende AS-Bausteine), Tannine (buntblühende Sorten)
	Süßlupinen	Neue Sorten enthalten nur noch Spuren an Alkaloiden, ansonsten keine weiteren ANF, gute praecaecale AS-Verdaulichkeit, reichlicher Arginingehalt	Hoher Fasergehalt, relativ niedriger Gehalt an umsetzbarer Energie, mäßiger Gehalt an SAS (erstlimitierende AS-Bausteine), Vorkommen von Oligosacchariden
	Sojaextraktions-schrot (SES)	Getoastetes SES ist wertvollstes pflanzliches Eiweißfuttermittel, hohe praecaecale AS-Verdaulichkeit, nach Dampferhitzung (Toasten) praktisch frei von ANF	Mäßiger Gehalt an SAS (erstlimitierende AS-Bausteine), sehr reichliche K-Konzentration
	Sonnenblumen-extraktionsschrot	Praktisch frei von ANF, Faserquelle	Hoher Fasergehalt, relativ niedrigerer Gehalt an umsetzbarer Energie und Lysin
	Rapsextraktionsschrot (RES), Rapskuchen (aus „00“-Sorten)	Lysinreich	Sinapin- und Glucosinolatgehalt, relativ faserreich, mäßiger Gehalt an umsetzbarer Energie (RES)
	Maiskleber	Sehr proteinreich, hoher Anteil an SAS, hohe Carotinoidkonzentration	Unausgewogenes AS-Muster, sehr niedrige Lysin- und Tryptophan- und reichliche SAS-Gehalte
	Getreidetrocken-schlempe	Reich an Spurenelementen, Vitaminen des B-Komplexes (außer Vit. B_{12}), Carotinoiden (Maisschlempe)	Relativ faserreich, mäßiger Gehalt an umsetzbarer Energie und mäßige pc AS-Verdaulichkeit
	Kartoffeleiweiß	Sehr protein- und lysinreich, hohe praecaecale AS-Verdaulichkeit	Übertrocknung verschlechtert Proteinqualität
	Fischmehl	Protein- und fettreich (jedoch variabel), gute Herkünfte reich an Spurenelementen (insbes. Iod, Selen) und Vitaminen (insbesondere Vitamin B_{12})	NaCl- und Sandgehalt, hoher Gehalt an mehrfach ungesättigten Fettsäuren, Gehalte an Trimethylamin, Histamin und Gizzerosin
Faserreiche Futtermittel	Grasgrünmehl, Luzernegrünmehl	Hohe Konzentrationen an ß-Carotin, Vitaminen (außer A, D, B_{12}) und Farbstoffen (Carotinoiden)	Sehr faserreich, geringer Gehalt an umsetzbarer Energie, Saponine (in Luzerne, Kleearten)

Tab. 31.4
Höchstmengen (Richtwerte)[1] für Einzelfuttermittel in Geflügelalleinfutter.

Futtermittel	Anteil in % im Alleinfutter für								
	Zuchthennen/ Legehennen	Wachsendes Hühnergeflügel	Zuchtputen	Mastputen		Zuchtenten	Mastenten	Zuchtgänse	Mastgänse
				1.-4. Woche	ab 5. Woche				
Gerste	40/40	10–20[2]/ 30–40[3]	45	10	20	60	20–30	60	30–40
Hafer	20/20	10–20[2]/ 20–30[3]	20	10	10	20	10	30	50
Sorghumhirse	20/30	20	25	20	20	20	10	25	25
Roggen	20/10	5[2]/15[3]	10	5	5	10	5	10	5
Triticale	30/30	20[2]/30[3]	30	15	20	25	20	25	20
Weizen (Herkünfte mit erhöhtem Gehalt an Arabinoxylanen)	o. B.[7]	20[2]/30[3]	o. B.	20	30	o. B.	60	o. B.	60
Roggenfuttermehl	10/10	5[2]/15[3]	5	0	5	10	0	10	10
Weizenfuttermehl	15/20	15	20	15	15	25	15	25	20
Roggenkleie	10/10	0[2]/5[3]	5	0	5	10	0	10	10
Weizenkleie	15/20	5/10	5	0	5	30	15	35	35
Sojabohnen (getoastet)	25/25	15	25	10	10	20	7,5	20	7,5
Pflanzliche Öle	3–6/3–6	3–5[2]/9[3]	3–6	3–5	9	3–6	2–4	3–6	0
Ackerbohnen	20[6]/10[4,5], 20[6]	15[4,5], 20[6]	5[4,5], 20[6]	10[4], 15[5]	15[4], 20[5]	5[4], 20[5]	15[4], 20[5]	5[4], 20[5]	15[4], 20[5]
Erbsen	20[4], 30[5]/ 20[4], 30[5]	20[4], 30[5]	15[4], 25[5]	15[4], 20[5]	20[4], 30[5]	20[4], 30[5]	20[4], 30[5]	20[4], 30[5]	20[4], 30[5]
Süßlupinen	10/15	15[2]/20[3]	10	10	15	15	15	10	10
Sojaextraktionsschrot	o. B./o. B.	o. B.	30	o. B.	o. B.	o. B.	o. B.	o. B.	o. B.
Rapsextraktionsschrot	10[8]/10[8]	15	7,5	10	15	7,5	10	7,5	10
Rapskuchen	5[8]/5[8]	10	5	5	7,5	7,5	5	5	5
Sonnenblumenex. schrot aus teilgeschälten Samen	15/15	5/10–15	15	5	10–15	15	5–10	15	5–19
Maiskleber	20/25	15	20	15	20	20	20	20	20
Fischmehl	8/8	8	10	8	6	10	8	10	8
Grünmehl	10/10	0–5[2]/10[3]	10	3	5	15	5	20	10–25

1 Richtwerte für die Getreidearten Gerste, Hafer, Roggen, Triticale und pentosanreicher Weizen sind nur verbindlich, wenn keine weitere Körnerfrucht mit kritischem Gehalt an spezifischen NSP (löslicher Anteil) verwendet wird.
2 Aufzuchtküken, 3 Junghennen, 4 Buntblühende Sorten, 5 Weißblühende Sorten,
6 Sorten mit deutlich reduziertem Gehalt an Vicin und Convicin, 7 Ohne Beschränkungen,
8 Nur für Weißleger und braune Legehennen mit TMA-Oxidaseaktivität, bei Braunlegern mit Taintern (ohne oder unzureichende TMA-Oxidaseaktivität) kein Einsatz

Tab. 31.5
Empfehlungen für Futterzusatzstoffe in konventionellen Futtermischungen.

Zusatzstoffe	Alleinfutter für				Empfehlungsgrund
	Aufzucht tiere	Mast-tiere	Lege-hennen	Eltern-tiere	
Antioxidanzien[1]	x[5]	x	x	x	Bei Futterfettergänzung, Mais und fettreichen Samen als Komponenten
Carotinoide[2]	–[6]	–	x	–	Zur Einstellung der gewünschten Eidotterpigmentierung
Phytobiotika[2]	x (Küken)	x (Küken)	–	–	Möglicher positiver Effekt auf Darmmikrobiota und Immunstatus
NSP-spaltende Enzyme[3]	x	x	x	x	Bei Weizen (NSP-reichere Herkünfte), Gerste, Triticale und Roggen als Komponenten
Phytasen[3]	x	x	x	x	Zur Steigerung der Phytin-P-Verwertung aus pflanzlichen Rohstoffen
Probiotika[3]	x (Küken)	x (Küken)	(x)	(x)	Zur Optimierung und Stabilisierung der Darmmikrobiota
Kokzidiostatika[4]	x		–	–	Zur Kokzidioseprophylaxe

1 Technologische Zusatzstoffe, 2 Sensorische Zusatzstoffe, 3 Zootechnische Zusatzstoffe, 4 Einsatz nach gesetzlichen Vorgaben, 5 Einsatzempfehlung, 6 keine Einsatzempfehlung

- Den Tieren ist täglich frisches, getrocknetes oder siliertes Raufutter anzubieten. Auch bei der Fütterung mit Alleinfutter ist täglich eine zusätzliche Körnergabe vorgeschrieben.
- Sobald die Befiederung der Jungtiere abgeschlossen ist, muss ein ständiger Zugang zu Freigelände (Auslauf), vorzugsweise zu Weideland, möglich sein, wann immer die Witterungsbedingungen und der Zustand des Bodens dies erlauben. Für Enten und Gänse ist außerdem ein Zugang zu Wasserflächen vorgeschrieben.

Als Beispiele für weitere Vorgaben zu Futtermitteln und Futterzusatzstoffen in den Richtlinien von Öko-Verbänden sind zu nennen:

- Mindestens 50 % der Futtermittel müssen vom eigenen Hof oder aus einer regionalen Kooperation stammen.
- Bei der Verwendung von Proteinfuttermitteln sind die Vorschriften noch restriktiver.
- Der Einsatz von Futterenzymen ist nicht gestattet.

Einige Regelungen können zu kritischen Situationen in der Nährstoffversorgung der Tiere führen sowie nachteilig auf Verdauungsprozesse, Nährstoffverwertung, Tiergesundheit und Produktqualität wirken. Im Vergleich zur konventionellen Fütterung ist die verfügbare Palette an Eiweißfuttermitteln eingeschränkt. Durch das Einsatzverbot freier Aminosäuren gestaltet sich eine bedarfsgerechte Versorgung mit Aminosäuren vor allem beim Junggeflügel schwierig, zumal bei Rapsfuttermitteln und Körnerleguminosen aus ökologischer Herkunft aufgrund ihres Gehaltes an antinutritiven Substanzen Einsatzrestriktionen gelten. Vorhandene Aminosäurendefizite könnten zwar durch überhöhte Futterproteingehalte ausgeglichen werden, aber dadurch wird die Protein-/Aminosäurenverwertung verschlechtert, und die N-Exkretion erhöht sich. Bei einem richtlinienkonformen Verzicht auf Futterenzyme können durch höhere Gehalte an löslichen NSP in verschiedenen Getreidearten Störungen im Verdauungsprozess auftreten, die neben Leistungsminderungen zu klebrigen und wasserreicheren Exkrementen führen und damit die Einstreuqualität beeinträchtigen. Mögliche Folgeerscheinung sind höherer Schmutzeieranteil und Fußballenschäden. Durch das Einsatzverbot von synthetischen Carotinoiden kann die von den Konsumenten häufig gewünschte goldgelbe Eidotterpigmentiereng nicht erreicht werden.

31.5 Fütterungstechnik

Die Fütterungstechnik kann als Brücke zwischen dem Futter (Futtermischungen, Futterrationen) und der Fütterung bezeichnet werden. Von der Fütterungstechnik hängt es mit ab, ob das Geflügel bedarfs- und tiergerecht mit Energie und Nährstoffen versorgt wird.

Futterarten

Das Futter kann dem Geflügel in verschiedener Art angeboten werden. Die wichtigste Futterart ist heute das **Alleinfutter.** Weitere sind **Ergänzungsfutter, Körnerfutter, Weichfutter, Weide** und **Wasserauslauf.** Die folgende Übersicht vermittelt einige Erklärungen zu den verschiedenen Futterarten.

Futterart	Definition	Zusätzliche Bemerkungen
Alleinfutter	Futtermischungen, die alle für eine bedarfsgerechte Versorgung erforderlichen Inhaltsstoffe in der notwendigen Menge und im optimalen Verhältnis zueinander enthalten	Verschnitt mit anderen Futterarten/Futtermitteln würde optimale Energie-, Rohprotein- bzw. Aminosäurengehalte und -verhältnisse stören sowie die Konzentrationen an Mineralstoffen, Vitaminen und weiteren Zusatzstoffen verdünnen. Ergebnis: Leistungsminderung, erhöhter Futteraufwand, mögliche Gesundheitsstörungen, Qualitätsmängel bei Bruteiern und Schlachtkörpern
Ergänzungsfutter	Eiweiß-, mineralstoff- und vitaminreiche Futtermischungen (Konzentrate, Ergänzungsfutter), die erst in Kombination mit energiereichen Futtermitteln (z. B. Getreidekörnern) eine vollwertige Ration ergeben	Ist kein vollwertiges Alleinfutter; alleinige Verfütterung bewirkt Imbalance bei der Versorgung mit Energie und Nährstoffen, bei Zusatzstoffen werden gesetzlich vorgeschriebene Grenzwerte überschritten, Leistungsdepressionen können auftreten, gesteigerte N- und Mineralstoffexkretion
Körnerfutter	Besteht entweder nur aus einer Getreideart (z. B. Weizen) oder aus einem Gemisch verschiedener Getreidearten	Ist kein Alleinfutter, ansonsten sehr einseitige Nährstoffversorgung, Folge bei Alleinfütterung: drastische Leistungsdepressionen und Mangelsymptome, Ausnahme: Gänseausmast bei der Weidegänsemast
Weichfutter	Bedeutsame Futterart vor allem bei häuslicher Kleintierhaltung; Futtermischung aus mehreren Komponenten in feuchtkrümeliger Beschaffenheit	Nutzung von zugelassenen Lebensmitteln und deren Nebenprodukten als Nährstofflieferanten
	Mit Wasser vermischte lufttrockene, nicht pelletierte Futtermischungen (Alleinfutter, Ergänzungsfutter) für Wassergeflügel	Besserer Verzehr, deutliche Einschränkung der Futterverluste gegenüber Schrotfutter
	Futtermischungen aus Maiskörner-Maisspindel-Silage oder Getreidekörnerfeuchtsilage und Ergänzungsfutter	Vollwertige Mischungen, die eine optimale Energie- und Nährstoffversorgung sicherstellen; Futterhygiene besonders beachten, deshalb Futterreste stets entfernen
Weide (Grasauslauf, Waldweide)	Zusätzliche Futterquelle bei Auslaufhaltung bzw. wichtiger Nährstofflieferant bei der Weidemast der Gänse	Beitrag zur Nährstoffversorgung bei Leistungsgeflügel ist sehr begrenzt, wichtige Futterart bei der Gänsespätmast (Weidemast); bei ökologischer Geflügelhaltung notwendige Komponente im Haltungssystem
Wasserauslauf (u. a. Fischteiche, flachgründige Seen, Gräben, Fließe)	Zusätzliche Futterquelle (insbesondere Zooplankton, Wasserkräuter, Insekten, Kaulquappen) für Wassergeflügel, insbesondere für Pekingenten	Zulässige Besatzstärke pro m^2 ist unbedingt einhalten, ansonsten Beeinträchtigung des ökologischen Gleichgewichts durch ausgeschiedene Exkremente

Fütterungsmethoden
Als Fütterungsmethoden sind Alleinfütterung, kombinierte Fütterung, Mahlzeitenfütterung und Wahlfütterung zu nennen, wobei die Alleinfütterung eindeutig in der Anwendung vorherrscht. Bei der **Alleinfütterung** erhalten die Tiere ausschließlich eine Futtermischung (Alleinfutter), die entweder stets zur freien Aufnahme (*ad libitum*) zur Verfügung steht oder rationiert wird. Die **kombinierte Fütterung** besteht in der Regel aus zwei Futterarten: Körnerfutter und Ergänzungsfutter. Die traditionale Variante sieht den getrennten Einsatz von Körnerfutter (rationiert) und Ergänzungsfutter *(ad libitum)* vor. Eine abgewandelte Form der kombinierten Fütterung ist die gemeinsame Verabreichung von Körnerfutter und pelletiertem Ergänzungsfutter als Mischung. Bei der **Mahlzeitenfütterung** werden mehrmals täglich abgemessene Futtergaben verabreicht. Diese Fütterungsmethode war früher bei Einsatz von Weichfutter stark verbreitet. Durch die heute möglichen Steuerungsmöglichkeiten der Futterzuteilung hat die Mahlzeitenfütterung in der Junghennen-, Legehennen- und Broilerfütterung wieder an Bedeutung gewonnen. Sie kommt z. B. beim Einsatz von Maiskörner-Maisspindel-Silage und Maiskornsilage zur Anwendung. Die **Wahlfütterung** (Cafeteria-Fütterung), auch als „System der freien Futterwahl" bezeichnet, ist verschiedentlich in der ökologischen Hühnerhaltung (Aufzucht, Legeperiode) anzutreffen. Getreidekörner, Eiweiß- und Mineralstoffergänzer (enthält auch Vitamine) sowie Grobfutter (z. B. Grünfutter) stehen den Tieren dann zur Selbstauswahl zur Verfügung.

Futterdosierung
Bei der Futterdosierung gibt es die folgenden Varianten: *ad libitum* Fütterung, restriktive Fütterung und kontrollierte Fütterung. Bei der ***ad libitum* Fütterung** steht den Tieren das Futter mengenmäßig und zeitlich unbegrenzt zur Verfügung. Sie wird u. a. bei Legehennen und in der Intensivmast angewandt. Mit der **restriktiven Fütterung** verfolgt man das Ziel, die Energie- und/oder Nährstoffaufnahme einzuschränken. Dies ist bei verschiedenen Geflügelarten/Nutzungsrichtungen in der Aufzucht, Legeperiode und auch während der Legeruhe generell erforderlich, um ein zu intensives Wachstum der Jungtiere zu vermeiden oder bei Hennen die Verfettung möglichst gering zu halten. Die Restriktion kann mit verschiedenen Methoden erfolgen. Heute wird vor allem die Mengenbegrenzung angewandt (quantitative Restriktion), z. B. bei Broilerelterntieren (Aufzuchtperiode, Legeperiode). Bei der **kontrollierten Fütterung** handelt es sich um eine bedarfsangepasste tägliche Futterzuteilung, die den bei einer *ad libitum* Fütterung möglichen „Luxuskonsum" an Futter in bestimmten Wachstums- bzw. Legeabschnitten ausschließen soll.

Futterformen
Alleinfutter und Ergänzungsfutter können entweder als Mehl bzw. Schrot, pelletiert oder granuliert (gebrochene Pellets, Bröckel) eingesetzt werden. Bei **Mehlfutter** sollten die Komponenten annähernd gleiche Partikelgröße aufweisen, damit eine selektive Aufnahme weitgehend vermieden wird. Eine zu feine Struktur kann jedoch die Futteraufnahme erschweren und damit vermindern.
Durch das **Pelletieren** (Pressen) des Futters erhöht sich die Energie- und Nährstoffkonzentration je Volumeneinheit. Bei Pellets liegt die Futteraufnahme höher als bei Mehlfutter, was in der Mast von Vorteil ist, aber in der Aufzucht und Legehennenhaltung zu einer bedarfsübersteigenden Energie- und Nährstoffaufnahme führen kann. Pellets fördern außerdem die Langeweile der Tiere und begünstigen das Federpicken. Als **Granulat** werden Pelletbruchstücke bezeichnet, die man nach dem Zerkleinern der Pellets mittels Walzen und Absieben der Feinfraktion erhält. Sie werden anstelle von 2-mm-Pellets in den ersten Wochen der Mast eingesetzt. Ab der 3. Lebenswoche gelangen Pellets mit 4–5 mm Durchmesser zur Verfütterung. Beim Wassergeflügel sollten die Mischfuttermittel stets pelletiert sein. Schrotförmiges Futter verursacht bei trockener Beschaffenheit infolge der Schnabelanatomie und des ständigen Wechsels von Futter- und Wasseraufnahme beachtliche Verluste. Wenn beim Wassergeflügel die Futtermischungen nicht in pelletierter Form bzw. als Bröckel (Granulat) verfügbar sind, dann sollte der Einsatz des Schrotfutters unbedingt in feuchtkrümeliger Beschaffenheit (Weichfutter) erfolgen.

Physikalische Beschaffenheit und Zerkleinerungsgrad

Der Zerkleinerungsgrad der Komponenten im Schrotfutter ist aus mehrfacher Sicht wichtig. Insbesondere die folgenden Aspekte sind zu nennen:

- Um Entmischungen von der Herstellung bis zum Futtertrog weitgehend auszuschließen, sollten keine extremen Partikelgrößen vorliegen.
- Eine zu starke Variation in der Partikelgröße bis hin zu Kornbruchstücken (z. B. beim Mais) führen zu selektiver Futteraufnahme und damit zu ungleichmäßiger Nährstoffaufnahme.
- Sehr feine Beschaffenheit (mehlartiges Futter) erschwert die Futteraufnahme, sodass es zur Unterversorgung mit einzelnen Nährstoffen kommen kann. Sie bewirkt Futterstäube bei Transport und Verzehr, was für Tiere und Betreuungspersonal nachteilig sein kann.
- Bei Mehlfutter wird der Muskelmagen als Zerkleinerungsorgan kaum beansprucht. Er entwickelt sich auch weniger gut, wenn die Tiere während der gesamten Aufzuchtperiode Mehlfutter erhalten. Des Weiteren erfolgt keine intensive Vermischung mit den Verdauungsenzymen aus dem vorgelagerten Drüsenmagen.
- Bei Mehlfutter ist die Verweildauer des Futters im Muskelmagen verkürzt. Dadurch kann die Verdauungskapazität im Dünndarm infolge des schnelleren Digestatransits überfordert sein. Es gibt Hinweise auf eine Abnahme der Stärkeverdaulichkeit bei sehr stärkereichen Futtermischungen.

Für Hühnergeflügel (Aufzucht-, Legeperiode) wird die in Tabelle 31.6 mitgeteilte Korngrößenverteilung für Alleinfutter in Schrotform empfohlen.

Fütterungs- und Tränkeinrichtungen

Für das Futter- und Tränkwasserangebot existieren vielfältige technische Möglichkeiten, die vom einfachen Futtertrog bzw. der herkömmlichen Stülptränke mit manueller Futterbefüllung bzw. Wasserbeschickung bis zu computergesteuerten automatischen Systemen reichen. An Fütterungs- und Tränkeinrichtungen sind grundsätzlich folgende Anforderungen zu stellen:

- tiergerechte Gestaltung (unbedingte Berücksichtigung des Futter- und Wasseraufnahmeverhaltens bei den verschiedenen Geflügelarten und Nutzungsrichtungen) (→ Abb. 31.1),
- minimale Futterverluste und wenig Spritzwasser,
- keine Futter- und Tränkwasserverschmutzung durch Exkremente, Einstreu, Erde u. a. Materialien.

Um eine ungehinderte und optimale Futter- und Wasseraufnahme für jedes Tier zu ermöglichen, ist entsprechend dem Alter, der Körperform und der Lebendmasse ausreichend Fressseitenlänge und Tränkplatz zu gewährleisten. In den Managementprogrammen der Geflügelzuchtunternehmen sind die Anforderungen an Fütterungs- und Tränkeinrichtungen für Legegeflügel, Aufzuchtgeflügel und Mastgeflügel enthalten. Des Weiteren gibt es hierzu Vorgaben in Tierschutzverordnungen. Es handelt sich bei den Angaben

Tab. 31.6 Empfehlungen zur Korngrößenverteilung in Alleinfutter des Hühnergeflügels[1].

Siebgröße (mm)	Passierender Anteil (%)	Siebgrößenintervall (mm)	Anteil im Intervall (%)
0,5	19	0–0,5	19
1,0	40	0,51–1,0	21
1,5	75	1,01–1,5	35
2,0	90	1,51–2,0	15
2,5	100	> 2,0	10[2]

1 Lohmann Tierzucht (2016),
2 Einzelpartikel nicht größer als 3 mm in Kükenstarter/Kükenaufzuchtfutter und 5 mm in Alleinfutter für Junghennen/Legehennen

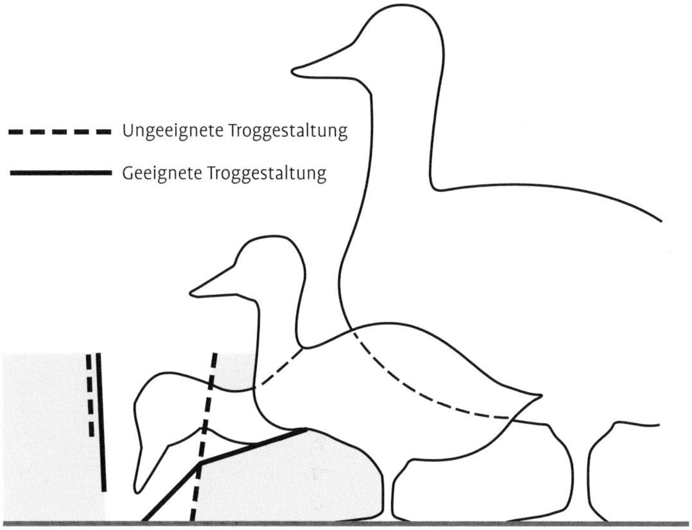

Abb. 31.1 Bewegungsablauf der Futteraufnahme von Pekingmastenten und davon abgeleitete Futtertroggestaltung (nach Reiter, 1991).

immer um Richtwerte. Sie können sich in Abhängigkeit von technischen Weiterentwicklungen ändern.

31.6 Wasserbedarf, -versorgung und -qualität

Das Geflügel muss den überwiegenden Teil des Wasserbedarfs über die Tränkwasseraufnahme abdecken. Unter optimalen Haltungsbedingungen (Temperatur, Luftfeuchtigkeit) beträgt die tägliche Wasseraufnahme die 2- bis 2,5fache Menge des Trockenfutterverzehrs. Die Wasseraufnahme steigt jedoch an, wenn der optimale Temperaturbereich überschritten wird. Zum Beispiel erweitert sich das Verhältnis von Wasser zu Futter bei Legehennen auf etwa 3 : 1 bzw. 4,5 : 1, wenn die Umgebungstemperatur ca. 30 °C bzw. 35 °C beträgt. Dann wird mehr Wasser zur Aufrechterhaltung einer konstanten Körpertemperatur benötigt. Des Weiteren bewirken bedarfsübersteigende Gehalte an Rohprotein, Aminosäuren und Mengenelementen (z. B. Na, Cl, K) in den Futtermischungen eine erhöhte Wasseraufnahme bei den Tieren, da mehr Wasser zur Exkretion der Eiweißabbauprodukte bzw. der überschüssigen Elemente über die Nieren erforderlich ist. Damit ist gleichzeitig ein erhöhter Wassergehalt in den Exkrementen verbunden. Das Wasser sollte stets frisch sein und in den ersten Wochen eine Temperatur von +20 °C nicht unterschreiten. Bei manueller Versorgung ist wichtig, dass das Wasser in regelmäßigen Abständen erneuert wird und keine Verunreinigungen auftreten. Die Wasserversorgungssysteme müssen auf tageszeitlich unterschiedliche Wasseraufnahme (Legetiere) und vor allem auf einen drastischen Anstieg bei hohen Umgebungstemperaturen eingestellt sein. Wassermangel wirkt sehr schnell leistungsmindernd. Bereits eine suboptimale Aufnahme führt zu verringertem Wachstum und Rückgang der Legeleistung. Ein stärkeres Defizit verursacht vor allem bei Küken erhöhte Verluste durch Verdursten und schränkt die Legetätigkeit bei den Legetieren stark ein.

Bei der Bewertung der Wasserqualität wird zwischen Trink- und Tränkwasser unterschieden. Für Trinkwasser liegen rechtlich verbindliche Kriterien vor (Trinkwasserverordnung in der Fassung 2016), die die Wasserqualität für den menschlichen Gebrauch regeln. Wasser, das den Vorschriften der Trinkwasserverordnung entspricht, ist grundsätzlich für das Geflügel geeignet. In Managementprogrammen von Geflügelzuchtunternehmen wird auf die Bereitstellung von Tränkwasser in Trinkwasserqualität hinge-

Tab. 31.7
Empfehlungen für Orientierungswerte der Tränkwasserqualität.

Parameter	Orientierungswerte für Tränkwasser[1]	Mögliche Störungen, Bemerkungen	Grenzwerte für Trinkwasser nach Trinkwasser-VO[2]
pH-Wert	> 5, < 9	Korrosionen im Leitungssystem	6,5–9,5
Elektrische Leitfähigkeit (µS/cm)	< 3000	evtl. Durchfälle bei höheren Werten, Schmackhaftigkeit	2790 bei 25 °C
Lösliche Salze, gesamt (g/l)	<2,5		
Oxidierbarkeit (mg O_2/l)	<15	Maß für Belastung mit oxidierbaren Stoffen	5
Ammonium (mg/l)	< 3	Hinweis auf Verunreinigung	0,5
Arsen (mg/l)	< 0,05	Gesundheitsstörungen, Minderleistung	0,01
Blei (mg/l)	< 0,1	Vermeidung von Rückständen	0,01
Cadmium (mg/l)	< 0,02		0,005
Calcium (mg/l)	500	Funktionsstörungen, Kalkablagerungen in Rohren und Ventilen	–[4]
Chlorid (mg/l)	< 250[3]	Feuchte Exkremente	250
Eisen (mg/l)	< 3	Antagonist zu anderen Spurenelementen, Eisenablagerung in Rohren, Biofilmbildung, Geschmacksbeeinflussung	0,2
Fluor (mg/l)	< 1,5	Störungen an Knochen	1,5
Kalium (mg/l)	<250[3]	Feuchte Exkremente	-
Kupfer (mg/l)	< 2,0		<2,0
Mangan (mg/l)	< 4	Ausfällungen im Verteilersystem, Biofilme möglich	0,05
Natrium (mg/l)	< 250[3])	Feuchte Exkremente	200
Nitrit (mg/l)	< 30	Risiken für Methämoglobinbildung	0,5
Nitrat (mg/l)	< 200		50
Quecksilber (mg/l)	< 0,003	Allgemeine Störungen	0,001
Sulfat (mg/l)	< 500	Laxierender Effekt	250
Zink (mg/l)	< 5	Schleimhautalteration	-
Salmonella, Campylobacter	frei	Infektionen mit gastrointestinalen Störungen	frei
E. coli	Weitgehend frei von *E. coli*		frei
Aerobe Gesamtkeimzahl/ml	< 10000 KBE bei 20 °C, < 1000 KBE bei 37 °C		100 (bei 22 °C) 100 (bei 36 °C)

1 Nach Kamphues et al. (2007), ergänzt;
2 Nach Trinkwasserverordnung in der Fassung der Bekanntmachung vom 10. März 2016
3 Empfehlungswert für Geflügel, 4 Kein Grenzwert vorhanden

wiesen, was bei einer Wasserentnahme aus dem öffentlichen Versorgungsnetz sichergestellt ist. Zur Tränkwasserversorgung des Geflügels werden aber auch betriebseigene Anlagen benutzt. Für diese Variante und weitere Quellen der Wasserversorgung existieren inzwischen Empfehlungen für Orientierungswerte/-parameter zur biologischen, chemischen und physikochemischen Qualität von **Tränkwasser** (→ Tab. 31.7). Dieser Orientierungsrahmen berücksichtigt die spezifischen Anforderungen von landwirtschaftlichen Nutztieren einschließlich Geflügel bei der Tränkwasserversorgung, die in verschiedenen Punkten von der Trinkwasserverordnung abweichen. Das Tränkwasser muss die Qualitätsanforderungen bis zur Aufnahme durch die Tiere aus den Tränkgefäßen gewährleisten. In Tabelle 31.7 sind außerdem mögliche Störungen bei abweichenden Werten von den Vorgaben aufgelistet.
Bei der Verwendung von Wasser aus betriebseigenen Versorgungseinrichtungen und weiteren Wasserquellen (z. B. Fließgewässser bei Wassergeflügel) sind kontinuierlich Analysen zur biologischen, chemischen und physiko-chemischen Qualität durchzuführen, um Kenntnis vom Zustand der Wasserqualität zu erhalten. Festgestellte Qualitätsmängel erfordern schnelle Maßnahmen zur Stabilisierung der Wasserqualität.

31.7 Fütterung der Legehennen einschließlich Aufzuchttiere (Küken, Junghennen)

Mit der in den USA entwickelten Hybridzuchtmethode wurde das genetische Leistungspotenzial der Legehennen in den letzten Jahrzehnten enorm gesteigert. Aktuelle Leistungsdaten von weißschalige und braunschalige Eier legenden Hybridhennen enthält Tabelle 31.8.
Zwischen weißschalige und braunschalige Eier legenden Hybridhennen (auch als Weißleger bzw. Braunleger bezeichnet) bestehen nur noch geringe Unterschiede in den Leistungsmerkmalen (→ Tab. 31.8). Aufgrund der höheren Lebend-

Tab. 31.8
Leistungsdaten von Legehybriden am Beispiel von Lohmann LSL-Classic und Lohmann Brown-Classic[1].

Parameter	Weißschalige Eier legende Hybriden	Braunschalige Eier legende Hybriden
Alter bei 50 % Legeleistung (d)	140–150	140–150
Spitzenlegeleistung (%)	94–96	93–95
Eizahl je AH[2] in 14 Legemonaten (Stück)	365–370	358–363
Eizahl je AH[2] in 17 Legemonaten (Stück)	435–440	428–433
Produzierte Eimasse je AH in 14 Legemonaten (kg)	23–24	23–24
Produzierte Eimasse je AH in 17 Legemonaten (kg)	27–28	27,5–28,5
Mittleres Eigewicht in 14 Legemonaten	62,5–63,5	64,0–65,0
Mittleres Eigewicht in 17 Legemonaten	63,5–64,5	65,0–66,0
Futterverzehr je AH (g/d)	105–115	110–120
Futteraufwand (kg Futter/kg Eimasse)	1,95–2,05	2,0–2,1
Lebendmasse mit 20 Wochen (kg/Tier)	1,33–1,44	1,6–1,7
Lebendmasse am Produktionsende (kg/Tier)	1,7–1,9	1,9–2,2

1 Lohmann Tierzucht (2016),
2 AH = Anfangshenne (Bezugsbasis für die Berechnung sind die eingestallten Hennen/Anfangsbestand)

masse verzehren Braunleger etwas mehr Futter als Weißleger (höherer Erhaltungsbedarf der Braunleger). Dadurch ist auch der Futteraufwand (kg Futter/kg Eimasse) leicht höher (→ Tab. 31.8). Gegenwärtig entfallen in Deutschland von den insgesamt gelegten Eiern etwa 60 % auf braunschalige und 40 % auf weißschalige Eier. Im Öko-Landbau kamen in der Vergangenheit ausschließlich „Braunleger“ zum Einsatz. Inzwischen werden auch „Weißleger“ mit steigender Tendenz für die Eierproduktion gehalten. Der Anteil der ökologischen Eiererzeugung an der Gesamterzeugung beträgt derzeit rund 10 %.

31.7.1 Aufzuchttiere (Küken, Junghennen)

Das Schlupfgewicht von Hühnerküken beträgt 36–40 g und ist in erster Linie vom Bruteigewicht abhängig. Die Nährstoffreserven im Dottersack (insbesondere Fett, Mineralstoffe, Vitamine) und auch eine frühzeitige Futteraufnahme beeinflussen das Wachstum unmittelbar nach dem Schlupf. Vor langeren Transportzeiten der Kuken hat sich eine unmittelbare Futterung nach dem Schlupf (in der Bruterei) als vorteilhaft erwiesen. Die Aufzucht der Küken und Junghennen umfasst den Zeitraum ab 1. Lebenstag bis zum Legebeginn (≈ 5 % Legeintensität), der in Abhängigkeit vom Genotyp zwischen der 18. und 20. Lebenswoche liegt. Während der Aufzuchtperiode müssen die Grundlagen für eine hohe und stabile Legeleistung geschaffen werden.

Die Zuchtunternehmen geben für das Wachstum ihrer Herkünfte genaue Verläufe (Wachstumskurven) mit konkreten **Ziellebendmassen** für die Junghennen am Ende der Aufzuchtperiode (18./20. Lebenswoche) vor. In Abbildung 31.2 sind die Wachstumskurven von Aufzuchttieren einer leichten und einer mittelschweren Legehennenherkunft dargestellt. Sie zeigen, dass das Wachstum erst intensiver, danach verhaltener erfolgt und vor Legebeginn wieder etwas ansteigt. Das Erreichen der Ziellebendmasse ist insbesondere für die Einzeleimasse bedeutsam. Bei Legebeginn zu leichte Hennen können während der Legeperiode die Differenz zu Hennen mit optimaler Lebendmasse nicht vollständig aufholen. Neben kleineren Eiern in den ersten Legewochen legen solche Hennen auch später leichtere Eier. Außerdem ist das **Durchhaltevermögen** der Hennen wegen kaum vorhandener Körperreserven vermindert. Es ist deshalb von Vorteil, wenn sich die Lebendmasseentwicklung im oberen Bereich der Spannweite bewegt (→ Abb. 31.2). Darüber hinaus soll der Junghennenbestand zu Legebeginn ausgeglichen sein, d. h. eine **Uniformität** von ≥ 85 % aufweisen. Die Uniformität beschreibt, wie viele der in einer Stichprobe gewogenen Tiere bezüglich des Körpergewichtes im Bereich von

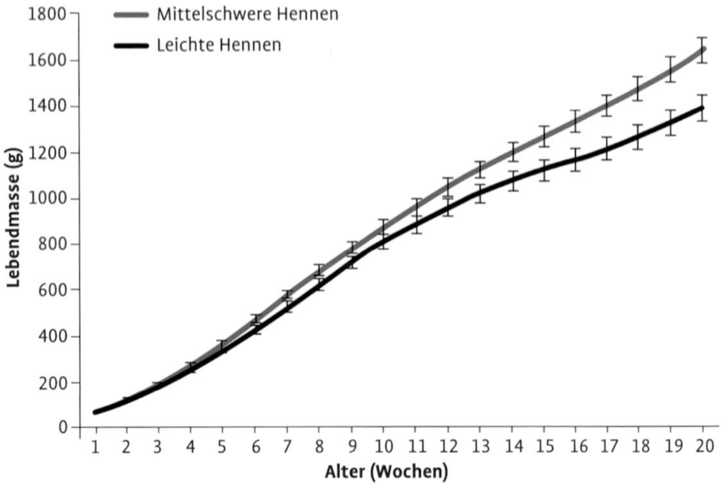

Abb. 31.2 Lebendmasseentwicklung von Küken und Junghennen am Beispiel eines leichten und eines mittelschweren Legehennentyps; jeweils mittlere Werte und Spannweiten (Lohmann Tierzucht, 2016).

± 10 % zum gemessenen Mittelwert einer Stichprobe liegen und wird an 1 % der Tiere eines Bestandes durch Einzeltierwägungen erfasst.
Für die spätere Leistungsfähigkeit, insbesondere in den ersten Lebenswochen, ist neben der vorgegebenen Körpermasse auch die Körperzusammensetzung zu Legebeginn wichtig. Bei optimaler Ernährung der Tiere steigt während der Entwicklung zur Legereife der Fett- und Ca-Gehalt im Junghennenkörper deutlich stärker als der Proteingehalt an. Das Fett ist eine Energiereserve, die zur Kompensation einer möglichen marginalen Energieaufnahme zu Beginn der Legeperiode beiträgt. Das im Skelett gespeicherte Ca kann eine suboptimale Ca-Aufnahme über das Futter in den ersten Legewochen nach erfolgter Mobilisation ausgleichen.
Diese Fütterungsziele lassen sich nur realisieren, wenn auch die Anforderungen an die Haltungsbedingungen, insbesondere an das Lichtprogramm, erfüllt werden. Hierzu vermitteln die Managementprogramme der Zuchtfirmen konkrete Empfehlungen.

Empfehlungen zur Energie- und Nährstoffversorgung

Die gesamte Aufzuchtperiode wird in der Regel in drei bis vier Altersabschnitte unterteilt, um damit den sich verändernden Anforderungen der Jungtiere an die Energie- und Nährstoffversorgung im Verlauf ihres Wachstums und zur Vorbereitung auf die Legeperiode gerecht zu werden. Tabelle 31.9 enthält Werte zum erforderlichen Gehalt an **umsetzbarer Energie** in Aufzuchtfutter für Küken und Junghennen. Die Anforderung an die Energiekonzentration verringert sich von der Küken- zur Junghennenphase. Bei Energiegehalten im unteren Grenzbereich benötigen die Tiere mehr Zeit zur Futteraufnahme. Dies kann sich günstig auf das Verhalten der Junghennen auswirken. Des Weiteren wird der Verdauungstrakt stärker ausgebildet (höheres Fassungsvermögen). Da solche Futtermischungen auch faserreicher sind, fördern sie die Muskelmagenentwicklung. Daraus ergeben sich Vorteile für die spätere Legeperiode, weil solche Hennen in der kritischen Anfangsphase der Legeperiode mehr Futter verzehren.
Wegen der Abhängigkeit der Futteraufnahme von der Energiekonzentration des Futters sind die

Tab. 31.9
Empfehlungen zum Gehalt an umsetzbarer Energie in Alleinfutter für Küken und Junghennen der Legerichtung.

Alter (Woche)	Empfohlener Gehalt AME_N (MJ/kg)	Mögliche Spannweite[1] AME_N (MJ/kg)
Schlupf bis 6./7.	11,5	11,0–12,1
7./8. bis 13./14.	11,0	10,5–11,9
14./15. bis Legebeginn	11,0	10,5–12,2

1 nach internationalen Normen (Jeroch et al., 2019)

Empfehlungen zum Gehalt an **Rohprotein** und **essenziellen Aminosäuren** auf 1 MJ umsetzbare Energie der Futtermischung bezogen (→ Tab. 31.10). Dadurch ist es möglich, die Gehalte an Rohprotein und Aminosäuren der jeweiligen Energiekonzentration anzupassen, um somit eine Unter- bzw. Überversorgung zu vermeiden. Tabelle 31.10 enthält außerdem als Beispiel die erforderlichen Aminosäurenkonzentrationen für Aufzuchtmischungen bei den empfohlenen Gehalten an umsetzbarer Energie entsprechend Tab. 31.9.
Die Empfehlungen für Rohprotein und Aminosäuren sollten annähernd eingehalten werden. Niedrigere Futterkonzentrationen wirken sich nachteilig auf das Wachstum, die Gefiederausbildung, den Legebeginn und die Leistungsparameter während der Legeperiode aus. Ein Defizit an S-haltigen Aminosäuren begünstigt außerdem Federpicken und weitere Verhaltensstörungen (→ Kap. 31.10). Auch eine Überversorgung mit Rohprotein ist zu vermeiden. Sie beschleunigt den Legebeginn und bewirkt ähnlich ungünstige Effekte, wie die Nichteinhaltung des Lichtprogramms. Außerdem steigt dadurch die N-Ausscheidung.
Versorgungsempfehlungen für **Mengenelemente** enthält Tabelle 31.11. Zur Verbesserung der Ca-Versorgung nach Legebeginn hat sich in der Endphase der Aufzucht eine Futtermischung mit erhöhtem Ca-Gehalt (sogenanntes Vorlegefutter) als vorteilhaft erwiesen. Dadurch wird die Möglichkeit, Calcium in begrenztem Umfang in den Röhrenknochen der Junghennen zu speichern, voll ausgeschöpft.

Tab. 31.10
Empfehlungen zur Aminosäurenversorgung von Küken und Junghennen der Legerichtung[1].

Alter (Wochen)	AME_N (MJ/kg Futter)	Rohprotein (g/MJ AME_N)/ (g/kg Futter)	Aminosäuren im Alleinfutter (g/MJ AME_N)					(g/kg)				
			Lys	Met	Met + Cys	Thr	Trp	Lys	Met	Met + Cys	Thr	Trp
1–6	11,5	16/185	0,83	0,36	0,66	0,63	0,17	9,5	4,1	7,6	7,2	2,0
7–12	11,0	15/165	0,66	0,32	0,58	0,53	0,15	7,3	3,5	6,4	5,8	1,7
13–16/18	11,0	14/155	0,61	0,26	0,47	0,43	0,13	6,6	3,0	5,2	4,7	1,4
>16/18	11,0	15/165	0,64	0,29	0,52	0,48	0,14	7,0	3,2	5,8	5,3	1,6

1 Jeroch et al. (2019)

Tab. 31.11
Empfehlungen zur Versorgung von Küken und Junghennen mit Mengenelementen (g/kg Alleinfutter)[1].

Alter (Wochen)	Ca (g)	Verfügbarer P (g)	Nicht-Phytin-P (g)	Mg (g)	Na (g)	Cl (g)	K (g)	AME_N (MJ/kg Futter)
1–6	9	4,5	4,0	0,55	1,7	1,5	2,5	11,5
6–12	8	4,2	3,5	0,5	1,5	1,2	2,5	11,0
12–18	8	4,0	3,0	0,35	1,5	1,2	2,4	11,0
ab 18 bis zum 1. Ei	20	4,0	3,2	0,35	1,5	1,5	2,5	11,0

1 Jeroch et al. (2019)

Während der native Futtergehalt an Kalium den Bedarf mehr oder weniger übersteigt, sind bei Ca, P, Mg und Na Futterergänzungen erforderlich, um Differenzen zu den Empfehlungen auszugleichen.

Zur optimalen Versorgung von Küken und Junghennen mit **Spurenelementen** werden folgende Gehalte je kg Alleinfutter empfohlen (GfE, 1999) (Gehalte an AME_N entsprechend Tab. 31.9): 90 (1–6 Wochen)/60 (>6 Wochen) mg Eisen, 6,5/5,5 mg Kupfer, 45/40 mg Zink, 55/45 mg Mangan, 0,45/0,40 mg Iod, 0,15/0,15 mg Selen. Für deren Absicherung sind Futterzusätze mit anorganischen oder organischen Spurenelementverbindungen üblich. Die Supplemente bewegen sich häufig in der Größenordnung der Versorgungsempfehlungen, d. h. die Gehalte in den Rohstoffen der Futterrezepturen bleiben unberücksichtigt. Dies hat eine erhöhte Exkretion zur Folge (→ Kap. 31.11).

Die **Vitaminversorgung** von Küken und Junghennen reicht bei den folgenden Alleinfuttergehalten sicher aus (je kg Alleinfutter bei Gehalten an AME_N entsprechend Tab. 31.9 (Leeson und Summers, 2005; PAS, 2018): 80000–13000 (Küken) /8000–10000 (Junghennen) IE Vitamin A, 2500–3000/2000–2500 IE Vitamin D_3, 20–50/20–50 mg Vitamin E (höhere Gehalte bei Futterfett in den Rezepturen), 2,0–3,0/2,0–3,0 mg Vitamin K_3, 1,5–2,0/1,5–2,0 mg B_1, 5,0/4,5–5,0 Vitamin B_2, 3,0–4,0/3,0–3,5 mg Vitamin B_6, 12–15/10–12 µg Vitamin B_{12}, 40–60/30–40 mg Niacin, 12–14/10–13 mg Pantothensäure, 0,75–1,5/0,5–0,75 mg Folsäure, 0,10–0,20/0,10–0,15 mg Biotin, 300–500/250–500 mg Cholin. In der Regel werden alle aufgelisteten Vitamine in den Aufzuchtmischungen ergänzt.

Zur Sicherstellung des Bedarfs an **essenziellen Fettsäuren** sind je kg Alleinfutter die folgenden Gehalte erforderlich: 9 g Linolsäure und 0,55 g α-Linolensäure (GfE, 1999). Im Vorlegefutter sollte der Linolsäuregehalt auf 15–20 g/kg erhöht werden, um den positiven Effekt dieser Fettsäure auf das Eigewicht nach Legebeginn zu nutzen.

Fütterungsempfehlungen

Die Fütterung von Küken und Junghennen erfolgt entweder mit **Alleinfutter** oder nach der **kombinierten Methode.** In der Praxis dominiert die erstgenannte Fütterungsmethode. Bei der Alleinfuttermethode sollte die **Phasenfütterung** angewandt werden. Dadurch ist es möglich, den Energie- und Nährstoffgehalt der Futtermischungen dem sich verändernden Bedarf während des Wachstums und bei der Vorbereitung auf die Legeperiode (Vorlegefutter) anzupassen. Mit Ausnahme der ersten Wochen erhalten die Jungtiere die Alleinfutter in Schrotform. Pelletiertes Futter vermindert die Zeitdauer für die Futteraufnahme und im Zusammenwirken mit weiteren Faktoren wird dadurch das Auftreten von Federpicken und weiteren Verhaltensstörungen begünstigt. In der Regel wird das Futter zur beliebigen Aufnahme angeboten.

Die erste Futteraufnahme nach dem Schlupf sollte schnellstmöglich erfolgen – auf jeden Fall innerhalb von 24 h. Eine deutliche Verzögerung der ersten Futteraufnahme, u. a. infolge längerer Transportzeiten der Küken, wirkt sich ungünstig auf das Wachstum aus und kann eine Ursache für höhere Verluste sein. Deshalb ist den Küken vor einem längeren Transport unmittelbar nach dem Schlupf Futter anzubieten Die Futteraufnahme wird wesentlich über die Futterstruktur beeinflusst. Um eine möglichst optimale Futteraufnahme in den ersten Wochen zu erzielen, sollte das pelletierte Starterfutter gebröckelt werden.

Durch regelmäßige Wägungen repräsentativer Stichpropen wird die LM-Entwicklung der Aufzuchttiere kontrolliert. Bei Abweichungen vom Normverlauf ist die Fütterung zu korrigieren. Wenn beispielsweise die Junghennenherde am Ende der 6. Lebenswoche unter dem Normgewicht liegt, ist der Futterwechsel erst dann vorzunehmen, wenn das Normgewicht wieder erreicht ist. Die LM-Entwicklung des Jungtierbestandes wird durch Weiterfütterung des höher konzentrierten Aufzuchtfutters korrigiert, bis sie wieder in den herdenspezifischen Wachstumsverlauf eingeschwenkt ist (= kompensatorisches Wachstum).

Das Fütterungsprogramm kann nur bei gleichzeitiger Sicherstellung der Anforderungen an wichtige Haltungsbedingungen, insbesondere an das Beleuchtungsprogramm, optimal realisiert werden. Hierzu enthalten die Managementprogramme der Zuchtfirmen konkrete Empfehlungen.

Beispielrezepturen für Küken- und Junghennenalleinfutter vermittelt Tabelle 31.12. Bei Weizen als Getreidekomponente sind zur Vermeidung von Schnabelverklebungen keine proteinreichen (kleberreichen) Weizensorten zu verwenden. Über Vormischungen erfolgt die Ergänzung mit Spurenelementen und Vitaminen sowie weiteren Futterzusatzstoffen (→ Kap. 31.4).

Das **Vorlegefutter** unterscheidet sich vom Junghennenfutter insbesondere durch einen doppelt so hohen Ca-Gehalt und etwas höhere Konzentrationen an Rohprotein, Aminosäuren sowie durch einen erhöhten Gehalt an essenziellen Fettsäuren. Der Einsatz erfolgt kurzfristig (~ 10 Tage) und nur bis zu einer Legeintensität von 5 %. Damit soll die begrenzte Möglichkeit zur Ca-Speicherung in den Röhrenknochen genutzt werden, ohne die Junghennen durch ein noch höheres Calciumangebot zu einem frühzeitigen Legebeginn anzuregen. Danach wird Legehennenstarterfutter verfüttert.

Die **kombinierte Fütterung** bietet sich an, wenn Futtergetreide aus der eigenen Produktion zur Verfügung steht oder nach der Ernte kostengünstig angeboten wird. In beiden Fällen sind ausreichende Getreidelagerkapazitäten erforderlich. Als Körnerfutter eignet sich besonders Weizen, aber auch Triticale und Gerste können verwendet werden. Zusätzlich kommen Ergänzungsfutter zum Einsatz, die auch als Küken- und Junghennenmehle bezeichnet werden (dabei ist der Begriff Mehl hier nicht identisch mit Mehl als Produkt der Getreidevermahlung). Die Ergänzungsfutter sind gegenüber den Alleinfuttermischungen reicher an Rohprotein, Aminosäuren, Mineralstoffen und Vitaminen, aber etwas energieärmer. Beide Futterarten können getrennt oder als Mischung verfüttert werden. Bei der herkömmlichen Methode sollten die Ergänzungsfutter zur ständigen Aufnahme zur Verfügung stehen, während die Körnergabe (in den ersten Wochen als Grütze [grob geschrotet], danach als Ganzkorn) restriktiv erfolgt. Dadurch wird vor allem bei Weizen ein bevorzugter Körnerverzehr verhin-

Tab. 31.12
Beispielrezepturen für Küken -, Junghennen- und Vorlegefutter[1].

Komponenten (g/kg)	Kükenstarter-futter		Küken-futter		Junghennen-futter		Vorlegefutter	
	I[2]	II[3]	I	II	I	II	I	II
Weizen	350	300	324	400	233	416	168	201
Triticale	–	–	100	100	300	150	300	150
Mais	275	358	191	172	100	132	100	291
Gerste	–	–	–	50	–	50	–	–
Weizenkleie	31	50	50	50	74	50	99	56
Sojaextraktionsschrot	–	149	–	–	–	–	–	–
Sojaextraktionsschrot (Hoch-Protein)	146	43	29	65	–	6	76	70
Sojabohnen	–	50	-	50	–	–	–	20
Rapsextraktionsschrot	50	–	75	50	80	80	80	80
Sonnenblumenextraktionsschrot	–	–	40	20	61	80	27	50
Erbsen	100	–	150	–	117	–	50	–
Calciumcarbonat, fein	11,5	13	11,5	11	10,5	9,5	25	25
Calciumcarbonat, grob	–	–	–	–	–	–	21	21
Monocalciumphosphat	14,4	14,9	10,9	11,6	6,8	7,2	7,8	8,5
Natriumchlorid	3,4	4	3,1	3,6	2,1	3,4	2,9	3,0
Mischöl (20 % Linolsäure)	5	5	5	5	5	5	33	14
DL-Methionin	1,4	1,7	0,8	0,75	0,3	0,2	0,4	0,25
L-Lysin-HCl	0,8	1	–	0,5	–	1,25	–	–
L-Threonin	0,7	0,6	–	–	–	–	–	–
Vormischung	10	10	10	10	10	10	10	10

1 Energie- und Nährstoffgehalte entsprechend den Empfehlungen,
2, 3 Die Rezepturbeispiele I und II unterscheiden sich insbesondere durch die verwendeten Eiweißfuttermittel.

dert und somit eine ausgewogene Energie- und Nährstoffversorgung sichergestellt. Zur optimalen Verdauung der Körner ist zusätzlich unlöslicher Grit anzubieten.

Die Anforderungen an die Fütterung unter **ökologischen Bedingungen** unterscheiden sich nicht grundsätzlich von der konventionellen Fütterung, denn wie in der konventionellen Haltung werden ebenfalls Hybridhennen zur Eiererzeugung verwendet. Die bereits beschriebene Gestaltung der Fütterung ist deshalb auch bei den Aufzuchttieren anzuwenden. Es dominiert die Fütterung mit **Alleinfutter** im Rahmen eines Phasenfütterungsprogramms. Beispielrezepturen für die einzelnen Futtertypen vermittelt Tabelle 31.13. Sie enthalten den lt. Ausnahmegenehmigung noch zulässigen Anteil an konventionellen Eiweißfuttermitteln und zwar jeweils Kartoffelprotein (5 % bezogen auf organische Komponenten). Ernährungsphysiologisch vertretbare Öko-Kükenfutter sind ohne

Tab. 31.13
Beispielrezepturen für ökologische Küken- und Junghennenfutter[1].

Komponenten (g/kg)	Kükenstarter-futter	Küken-futter	Junghennen-futter	Vorlege-futter
Mais	150	100	100	140
Weizen	515	604	491	457
Weizenkleie	–	–	74	14
Erbsen	–	–	50	–
Sojakuchen	83	53	47	112
Sonnenblumenkuchen	75	83	130	150
Sesamkuchen	50	30	–	–
Fischmehl	40	28	–	–
Sonnenblumensamen	–	–	10	–
Luzernegrünmehl	–	15	15	10
Sonnenblumenöl	5	4	–	–
Kartoffelprotein, konventionell	47	47	47	46
Calciumcarbonat	12	12	16	48
Monocalciumphosphat	12	12	8	9
Natriumchlorid	1	2	2	2
Natriumcarbonat	–	–	–	2
Vormischung	10	10	10	10

1 Energie- und Nährstoffgehalte entsprechend den Empfehlungen

Kartoffelprotein und Fischmehl (aus nachhaltiger Produktion) nicht zu realisieren. Bei sehr feiner Futterbeschaffenheit infolge von Eiweißfuttermitteln mehliger Konsistenz ist eine Pelletierung oder Krümelung des Starterfutters zwecks ausreichender Futteraufnahme zu empfehlen. Bei einer **kombinierten Fütterung** gelten die für die konventionelle Aufzucht gegebenen Hinweise.
Bei der ökologischen Aufzucht ist ein Auslauf verbindlich, soweit es Tieralter und Witterung erlauben. Die Öko-Richtlinien schreiben außerdem ein ganzjähriges Grobfutterangebot (Weidegras, junges Mähfutter – insbesondere Luzerne- und Klee-Gras-Gemische –, hochwertige Gras- und Maissilagen) und eine geringe tägliche Körnergabe auch bei der Alleinfuttermethode vor.

31.7.2 Legeperiode (Hennen)

Den Verlauf der Leistungsparameter von **Legehybriden** während der Legeperiode zeigt Abbildung 31.3. Die ersten Eiablagen erfolgen im Mittel in der 18. Lebenswoche (konventionelle Aufzucht; ökologische Aufzucht etwas später). Der erste Legemonat, der gewöhnlich für eine mittlere Legeleistung (Legeintensität) des Bestandes von ~10 % gilt, liegt etwa bei 19 Lebenswochen. Die Legeintensität steigt nach Legebeginn schnell an und erreicht im Alter von ca. 30 Wochen ihr Maximum. Sie verbleibt etwa 8–10 Wochen auf hohem Niveau. Danach sinkt die Leistung kontinuierlich ab. Durch die züchterisch verbesserte Legepersistenz der Legehybriden ist eine Nutzungsdauer von 17–18 Monaten (17–18 Vierwochen) möglich. Mit fortschreitender Legeperiode nimmt das mittlere

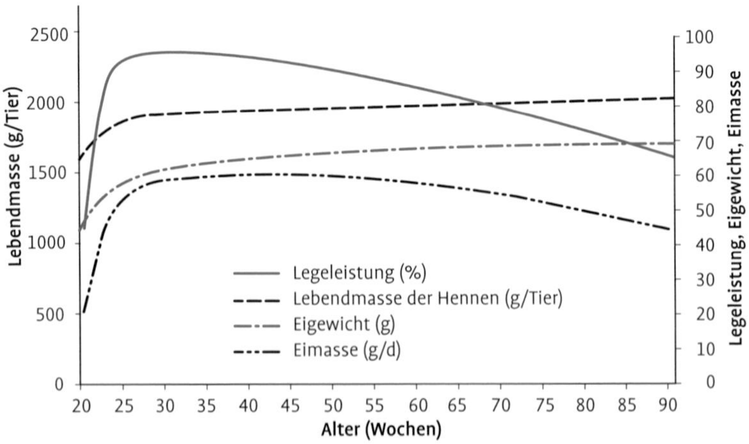

Abb. 31.3 Verlauf der Leistungsparameter (Produktionsziele) von Legehybriden am Beispiel der Herkunft „Lohmann Brown Classic“ (Lohmann Tierzucht, 2016).

Eigewicht ständig zu, von etwa 45 g zu Legebeginn auf 65–70 g am Ende der Legeperiode. Dieser Anstieg hat zur Folge, dass die tägliche Eimasseproduktion (g/Henne) als Resultante aus Legeintensität und Eigewicht weniger stark zurückgeht als die Legeintensität. Das Maximum der Eimasseproduktion – nahezu 60 g/d – wird dadurch zeitlich später erreicht als die Legespitze. Zu Legebeginn ist das Wachstum der Hennen noch nicht abgeschlossen. Bei den weißen und auch den braunen Legehybriden beträgt der Zuwachs bezogen auf die gesamte Legeperiode etwa 400 g. Der überwiegende Anteil der LM-Zunahme erfolgt allerdings in den ersten 4–6 Legewochen. In den ersten Legewochen steigern die Hennen ihre Futteraufnahme deutlich und erhalten so ausreichend Nährstoffe für Eibildung und Wachstum. Später ist der Futterverzehranstieg nur noch gering. Der ökonomisch wichtige Parameter Futteraufwand (kg Futter pro kg erzeugte Eimasse), ist bei den heutigen Legehybriden mit 2,0–2,3 kg sehr günstig. Zwischen der 30. und 50. Lebenswoche ist der Aufwand am niedrigsten, danach erfolgt ein moderater Anstieg. In der Regel werden Legehybriden nur eine Legeperiode gehalten.

Empfehlungen zur Energie- und Nährstoffversorgung

Energiebedarf und -versorgung

Der tägliche Gesamtenergiebedarf einer Legehenne ist die Summe aus Erhaltungs- und Leistungsbedarf. Diese beiden Bedarfsgrößen werden jeweils von verschiedenen Faktoren beeinflusst. Die Höhe des **Erhaltungsbedarfs** bestimmt in erster Linie die Lebendmasse der Hennen, wobei die Bezugsbasis die metabolische Körpermasse (kg $LM^{0,75}$), bildet. Im Erhaltungsbedarf eingeschlossen ist der **Grundumsatz** (Minimalbedarf), der als Energiebedarf im Ruhezustand, bei Nüchternheit (keine Futteraufnahme) und bei thermoneutralen Bedingungen definiert wird. Hinzu kommen der Energiebedarf für die Futteraufnahme und Verdauungsarbeit, für motorische Aktivität und Homöostase der Körpertemperatur. Daraus resultiert z. B. ein unterschiedlicher Energieerhaltungsbedarf von Legehennen bei den verschiedenen Haltungsformen (traditioneller Käfig, ausgestalteter Käfig, Bodenhaltung, Volierenhaltung, Freilandhaltung) nicht nur durch die unterschiedlichen Bewegungsmöglichkeiten, sondern auch durch unterschiedliche Aufwendungen für die Wärmebildung bzw. -ableitung und die Futteraufnahme. Die Höhe der energetischen Aufwendungen zur Aufrechterhaltung der Körpertemperatur wird außerdem beeinflusst vom Befiederungszustand der Hennen und dem Anteil unbedeckter Teile an der gesamten Körperoberfläche, wie

Kamm, Kehllappen und Beine. Einen gewissen Einfluss auf den Erhaltungsbedarf haben auch das Tierverhalten und der Genotyp. In Auswertung der Literatur hat die GfE (1999) den täglichen Erhaltungsbedarf auf **480 kJ AME_N/kg $LM^{0,75}$** festgelegt. Dieser Bedarf gilt für eine Umgebungstemperatur von 15–28 °C (thermoneutraler Bereich) und bei traditioneller Käfighaltung (nicht mehr zulässig in der EU). Bei der Boden- und Freilandhaltung liegt der Bedarf infolge bereits genannter Einflussgrößen um 10 bzw. 15 % höher. Für eine Legehenne mit 1800 g LM im thermoneutralen Bereich beträgt der tägliche Erhaltungsbedarf an Energie pro Henne 0,75 MJ AME_N für traditionelle Käfighaltung, 0,82 MJ AME_N für Bodenhaltung und Volierenhaltung sowie 0,86 MJ AME_N für Freilandhaltung.

Bei Umgebungstemperaturen unter 15 °C ist zur Aufrechterhaltung der Körpertemperatur der Hennen je Grad Temperaturabnahme eine zusätzliche tägliche Energiezufuhr von **7 kJ AME_N/kg $LM^{0,75}$** erforderlich. Dieser Zusatzbedarf kann vor allem bei der Freilandhaltung auftreten. Wenn die Umgebungstemperatur den thermoneutralen Bereich (> 28 °C) überschreitet, besteht gleichfalls ein zusätzlicher Energiebedarf für eine gesteigerte Wärmeabgabe. Solche Situationen sind vor allem für subtropische und tropische Klimaräume typisch. Sie treten aber auch unter unseren Bedingungen (gemäßigte Klimazone) in den letzten Jahren häufiger und länger auf. Es fehlen bisher jedoch konkrete Daten für diesen Bedarfsanstieg.

Die wichtigste Größe des energetischen **Leistungsbedarfs** von Legehennen ist der **Energiebedarf** für die **Eibildung**. Er wird vom Energiegehalt der produzierten Eimasse und dem Verwertungsfaktor der umsetzbaren Energie für diese Leistung bestimmt. Die GfE (1999) hat in Auswertung der Literatur zur Berechnung des Teilbedarfs für die Eibildung einen durchschnittlichen Energiegehalt je g Eimasse von 6,5 kJ und eine mittlere Verwertung der umsetzbaren Energie von 68 % festgelegt. Danach beträgt der Bedarf für **1 g produzierte Eimasse 9,6 kJ** und somit für ein 60 g schweres Ei 576 kJ umsetzbare Energie.

Das Wachstum der Henne ist zum Legebeginn noch nicht abgeschlossen. Es besteht daher ein weiterer **Bedarf** für die **tägliche Zunahme,** vor allem in den ersten Legewochen (→ Abb. 31.3). Später ist der Zuwachs nur noch gering. Die GfE (1999) geht zur Berechnung des Energiebedarfs für diese Leistung von 10 % Protein und 40 % Fett im Körpermassezuwachs sowie von Verwertungsfaktoren für den Ansatz von Protein- und Fettenergie von 52 % und 84 % aus. Danach ergibt sich ein Energiebedarf von **23 kJ AME_N für 1 g LM-Zunahme.** Zu erwähnen ist noch ein **Bedarf** für die **Federneubildung.** Er wird durch einen Zuschlag zum Erhaltungsbedarf berücksichtigt.

Der Gesamtbedarf an umsetzbarer Energie der Legehenne berechnet sich wie folgt (GfE, 1999):

$$AME_N \text{ (kJ/d)} = (480 + (15 - UT) \cdot 7) \cdot LM^{0,75} + 23 \cdot \Delta LM + 9,6 \cdot O$$

UT = Umgebungstemperatur (°C) (Korrektur bei einer UT < 15 °C)
$LM^{0,75}$ = metabolische LM ($kg^{0,75}$/Henne)
ΔLM = Tägliche LM-Zunahme (g/Henne)
O = Eimasse (g/d)

Für eine Legehenne mit 1800 g Lebendmasse und 60 g täglicher Eimasseproduktion (> 15 °C, < 28 °C, > 30 Lebenswochen) beträgt der Gesamtbedarf an **AME_N/d** bei den verschiedenen Haltungsformen 1,33 MJ (Käfighaltung), 1,40 MJ (Bodenhaltung, Volierenhaltung) und 1,44 MJ (Freilandhaltung). Vom Gesamtbedarf entfallen bei dieser Beispielkalkulation 56, 58,5 bzw. 60 % auf den Erhaltungs- und 44, 41,5 bzw. 40 % auf den Leistungsbedarf. Der Erhaltungsanteil am Gesamtbedarf ist selbst bei Hochleistungshennen sehr hoch. Deshalb sollte das Leistungspotenzial von Legehybriden bestmöglich ausgeschöpft werden.

Die erforderliche **Energiekonzentration** im Alleinfutter ergibt sich aus der Höhe der möglichen täglichen Futteraufnahme der Legehenne und dem zu deckenden täglichen Gesamtenergiebedarf im Verlauf der Legeperiode (→ Abb. 31.3). Für praktische Bedingungen und optimale Umgebungstemperaturen werden Gehalte von 11,0–12,5 MJ AME_N/kg Alleinfutter empfohlen. Höhere Konzentrationen (> 12,5 MJ/kg) können zu Luxuskonsum an Energie führen, weil die Hennen dann ihren Futterverzehr nicht ausreichend reduzieren. Bei einem Alleinfutter mit 12,0 MJ/kg ist ein täglicher Futterverzehr von ca. 120 g erforderlich, um den Bedarf an umsetzbarer Energie (~ 1,45 MJ/d) in der Leistungsspitze zu decken. Problematisch gestaltet sich die Energieversorgung bei hohen Umwelttemperaturen, worauf später eingegangen wird.

Bedarf und Versorgung mit Rohprotein und Aminosäuren

Bei der Bedarfsableitung mittels faktorieller Methode sind wiederum der Erhaltungsbedarf und der Bedarf für die verschiedenen Leistungen zu berücksichtigen. Sie ergeben in der Summe den Gesamtbedarf der Hennen. Die Ableitung erfolgt zunächst für Rohprotein, danach für die essenziellen Aminosäuren.

Der **Erhaltungsbedarf** an Rohprotein wird von der metabolischen Körpermasse bestimmt und beträgt 3 g CP je kg $LM^{0,75}$ (GfE, 1999). Er ist bei allen Haltungsformen gleich. Eine Henne mit 1,8 kg LM benötigt demnach täglich 4,6 g CP für die Erhaltung.

Der **Leistungsbedarf** an CP wird durch die Eibildung bestimmt. Zur Kalkulation sind der CP-Gehalt im Ei (11,2 %) und die Verwertung des Futterproteins für die Eiproteinbildung (= 45 %) zu berücksichtigen. Danach ergibt sich ein Bedarf von 0,25 g CP/ g produzierte Eimasse. Des Weiteren besteht noch ein CP-Bedarf für das Wachstum der Hennen, vor allem in den ersten Legewochen. Er beträgt pro g Zunahme im Mittel 0,17 g CP. Da der Bedarf für den minimalen Proteinansatz einschließlich Federneubildung nach den ersten 4 bis 6 Legewochen schwierig zu ermitteln ist, erfolgt ein Zuschlag zum Erhaltungsbedarf (3,1 g anstelle 3,0 g CP/kg $LM^{0,75}$).

Der Gesamtbedarf an CP pro Legehenne berechnet sich wie folgt (GfE, 1999):

$$\text{Rohproteinbedarf (g/d)}^1 = 3{,}1 \cdot LM^{0,75} + 0{,}17 \cdot \Delta LM + 0{,}25 \cdot O$$

$LM^{0,75}$ = Metabolische LM ($kg^{0,75}$/Henne)
ΔLM = Tägliche LM-Zunahme (g/Henne); wird bis einschließlich 32. Lebenswoche berücksichtigt
O = Eimasse (g/d)

[1] errechneter Bedarf nur verbindlich bei idealer Zusammensetzung des Rohproteins an essenziellen AS

Für eine Legehenne mit 1800 g LM und 60 g täglicher Eimasseproduktion beträgt der Gesamtbedarf an CP für alle Haltungsformen 19,8 g/d. Vom Gesamtbedarf entfallen bei dieser Beispielkalkulation 23 % auf den Erhaltungs- und 77 % auf den Leistungsbedarf. Der Erhaltungsanteil am Gesamtbedarf ist im Vergleich zur umsetzbaren Energie deutlich niedriger.

Analog zum Vorgehen bei der Ableitung des Rohproteinbedarfs kann gleichfalls der Bedarf der Legehenne an **essenziellen Aminosäuren** mittels folgender Gleichung kalkuliert werden (GfE, 1999):

$$AS_I = k_M \cdot W + C_{AS}/\ k_{AS} \cdot O$$

AS_I = Aminosäurenbedarf (mg/d),
k_M = Erhaltungsbedarf an Aminosäuren (mg/kg LM),
LM = Lebendmasse (kg)
C_{AS} = Aminosäurenkonzentration (mg/g Ei),
k_{AS} = Verwertungskoeffizient der Futteraminosäuren,
O = Eimasse (g/d)

Wie beim CP-Bedarf bestehen die gleichen Einflussfaktoren auf den Erhaltungs- und Leistungsbedarf an essenziellen Aminosäuren. Der Erhaltungsbedarf variiert innerhalb der essenziellen Aminosäuren. Er ist mit 76 mg bzw. 70 mg je kg LM beim Valin bzw. Methionin + Cystein am höchsten und beim Tryptophan bzw. Histidin mit 11 bzw. 13 mg je kg LM am niedrigsten. Die Verwertungskoeffizienten der einzelnen Aminosäuren für die Eiproduktion liegen im Bereich von 0,74 (Methionin) bis 0,83 (Valin).

Für eine Henne mit 1800 g LM und 60 g täglicher Eimasse errechnet sich mit obiger Gleichung folgender täglicher AS-Bedarf: 730 mg Lysin, 365 mg Methionin, 635 mg Methionin + Cystein, 520 mg Threonin und 170 mg Tryptophan. Es handelt sich hierbei um die Bruttowerte der essenziellen Aminosäuren, die in der praktischen Fütterung zur bedarfsgerechten Versorgung im Vordergrund stehen. Die Daten für weitere essenzielle Aminosäuren können der GfE-Broschüre (1999) entnommen werden. Den größten Einfluss auf den AS-Bedarf hat die Leistung der Hennen (täglich produzierte Eimasse). Für das Wachstum in den ersten Legewochen ist der Bedarf mit einem Zuschlag von 5 % zu versehen. Für den Bedarf an praecaecal verdaulichen Aminosäuren (pcd AS, → Teil 1, Kap. 7.5) liegen bisher für Legehennen

und weitere Nutzungsrichtungen beim Geflügel noch keine Versorgungsempfehlungen von wissenschaftlichen Gremien (z. B. GfE) vor.
Neben der faktoriellen Ableitung kann der Aminosäurenbedarf auch unter Nutzung des idealen AS-Musters (Idealprotein) kalkuliert werden. Bei dieser Vorgehensweise ist lediglich der Bedarf an einer Referenzaminosäure, in der Regel ist es Lysin, zu bestimmen. Dies kann mittels verschiedener Methoden erfolgen, u. a. faktoriell, in Bilanzversuchen und durch Dosis-Wirkungs-Studien. Aus den Relationen zu der Bezugsaminosäure Lysin kann dann der Bedarf an allen weiteren Aminosäuren berechnet werden. Eine Übersicht zu idealen Aminosäurenprofilen von Futterprotein für Legehennen vermittelt Tabelle 31.14. Bestehende Unterschiede sind in erster Linie den unterschiedlichen Bestimmungsmethoden geschuldet. Weitere Untersuchungen zur Präzisierung idealer ASProfile für Legehennen sind erforderlich, wobei die Grundlage für die Ableitung idealer AS-Muster die pcd Aminosäuren sein müssten. Nach bisherigen Untersuchungen ist das ideale AS-Muster während der Legeperiode weitgehend konstant.
Für die praktische Fütterung sind Angaben zum Rohprotein- und zum Aminosäurengehalt im Futter erforderlich. Dabei ist es notwendig, diese in Beziehung zum Energiegehalt des Futters zu setzen, um Unter- wie auch Überversorgung zu vermeiden, denn der Energiegehalt des Futters beeinflusst die Futteraufnahme. Aus den Angaben zum Energiebedarf sowie zum Rohprotein- bzw. Aminosäurenbedarf lassen sich die erforderlichen Mengen an Rohprotein und Aminosäuren je MJ AME_N errechnen. Mithilfe dieser Daten ist es dann möglich, die Gehalte für eine vorgegebene Energiekonzentration des Futters zu kalkulieren. Tabelle 31.15 enthält als Beispiel Daten für Hennen mit 1800 g LM und 60 g tägliche Eimasseproduktion bei unterschiedlichem Energiegehalt des Alleinfutters.

Bedarf und Versorgung mit Mengenelementen
Für alle Mengenelemente außer Schwefel (Bedarfsdeckung ist über S-haltige AS sichergestellt) existieren Bedarfsangaben, die nach der faktoriellen Methode ermittelt wurden (GfE, 1999). Der Gesamtbedarf ist wiederum die Summe aus dem partiellen Bedarf für Erhaltung (= unvermeidliche Verluste), Eibildung und Ansatz im Lebendmassezuwachs unter Berücksichtigung der spezifischen Verwertung. Der Leistungsbedarf leitet sich bei Legetieren fast ausschließlich aus dem mit den gelegten Eiern abgegebenen Mengenelementen ab. Zum Beispiel beläuft sich der tägliche Mengenelementbedarf einer Henne mit 60 g täglicher Eimasseproduktion und 1800 g LM auf 3,95 g Ca, 0,37 g NPP, 0,05 g Mg, 0,12 g Na, 0,14 g K und 0,16 g Cl. Der höchste Bedarf besteht mit Abstand für Calcium, dem Hauptbestandteil der Eischale. Er ist fast ausschließlich leistungsab-

Tab. 31.14 Empfehlungen für ideale Aminosäurenmuster[1] des Futterproteins für Legehennen.

Aminosäure	**Relativwerte**	
	Basierend auf Bruttoaminosäuren[2]	**Basierend auf verdaulichen Aminosäuren[3, 4]**
Lysin	100	100
Methionin	43–51	47–49
Methionin + Cystein	84–88	90–94
Threonin	68–80	70–79
Tryptophan	16–23	21–23
Arginin	82–103	100–107
Isoleucin	76–94	78–80
Valin	64–101	88–93

1 Lysin=100 %, 2 NRC (1994), Jais et al. (1995), GfE (1999) Leeson und Summers (2005),
3 Bregendahl et al. (2008), Lemme (2009), Rostagno (2011),
4 keine praecaecal verdaulichen Aminosäuren

Tab. 31.15
Rohprotein- und Aminosäurenbedarf je MJ AME_N und erforderliche Alleinfutterkonzentrationen bei unterschiedlichem Energiegehalt des Alleinfutters[1].

Kriterium	AME_N (MJ/kg)	Rohprotein (g)	Lys (mg)	Met (mg)	Met +Cys (mg)	Thr (mg)	Trp (mg)
Bedarf (je MJ AME_N)	–	15,0	550	275	480	395	125
Gehalt (g/kg Alleinfutter)	11,5	170	6,3	3,2	5,5	4,5	1,4
	12,0	180	6,6	3,3	5,8	4,7	1,5
	12,5	185	6,9	3,4	6,0	4,9	1,6

1 GfE (1999), dort auch Daten für weitere Leistungen

Tab. 31.16
Mengenelementbedarf je MJ AME_N und Mengenelementkonzentrationen je kg Alleinfutter (11,5 MJ AME_N/kg) (Legehenne mit 1,8 kg LM, Eimasseproduktion 60 g/d).

Bezugsbasis	Ca (g)	Nicht-Phytin-P (g)	Mg (g)	Na (g)	Cl (g)	K (g)
je MJ AME_N	3,00	0,27	0,038	0,09	0,10	0,12
je kg Alleinfutter	34,5	3,1	0,440	1,0	1,2	1,4

Tab. 31.17
Versorgungsempfehlungen für Vitamine bei praxisüblichen Gehalten an AME_N (je kg Alleinfutter).

Vitamin	GfE (1999)[1]	Leeson u. Summers (2005), PAS (2018), Kleyn (2013)
Vitamin A (IE)	9900	8000–11000
Vitamin D_3 (IE)	1200	1600–3500
Vitamin E (mg)[2]	16	20–50
Vitamin K_3 (mg)	1,5	1–3
Vitamin B_1 (mg)	3	0,5–2
Vitamin B_2 (mg)	5	3–5
Vitamin B_6 (mg)	5	2–3
Vitamin B_{12} (µg)	18	10–20
Niacin (mg)	38	20–40
Pantothensäure (mg)	10	4–10
Folsäure (mg)	1	0,5–1
Biotin (mg)	0,1	0,05–0,1
Cholin (mg)	440	200–500

1 einschließlich Sicherheitszuschläge,
2 DL-α-Tocopherolacetat

hängig, denn der Anteil des Ca-Erhaltungsbedarfs am Gesamtbedarf erreicht nur 5 %.
Die Kalkulation der erforderlichen Mengenelementgehalte im Alleinfutter für Legehennen erfolgt wiederum in Bezug zum Gehalt an umsetzbarer Energie. In Tabelle 31.16 werden die erforderlichen Konzentrationen an Mengenelementen für ein Alleinfutter mit 11,5 MJ AME_N/kg aufgeführt.

Versorgung mit Spurenelementen, Vitaminen und essenziellen Fettsäuren
Zur optimalen Versorgung mit Spurenelementen sollte das Alleinfutter bei den empfohlenen Gehalten an AME_N die folgenden Konzentrationen aufweisen (je kg) (GfE, 1999): 90 mg Fe, 6 mg Cu, 45 mg Zn, 45 mg Mn, 0,45 mg I, 0,15 mg Se. Die in Tabelle 31.17 genannten Vitamingehalte gewährleisten eine reichliche Versorgung. Bei den essenziellen Fettsäuren werden 9 g Linolsäure und 0,55 g α-Linolensäure je kg Alleinfutter als optimal angesehen (GfE, 1999). Diese Gehalte berücksichtigen nicht den positiven Effekt höherer Futterkonzentrationen auf das Eigewicht nach Legebeginn. Hierzu werden 20–30 g Linolsäure/kg empfohlen.

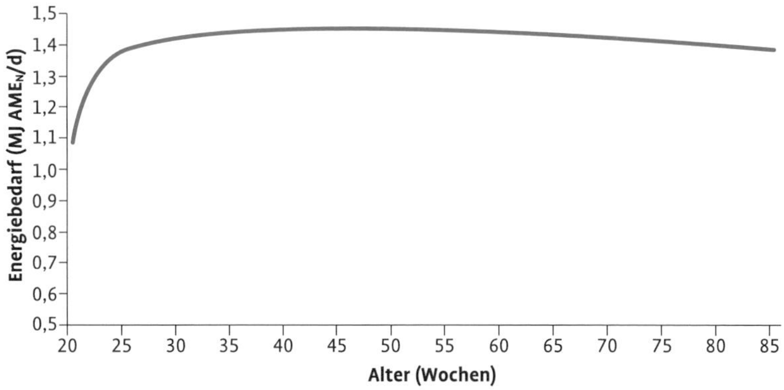

Abb. 31.4
Veränderung des Energiebedarfs von Hennen während der Legeperiode am Beispiel der Herkunft Lohmann Brown Classic in Bodenhaltung.

Energie- und Nährstoffbedarf im Verlauf der Legeperiode

Auf der Grundlage der täglichen Eimasseproduktion und der Lebendmasseveränderung während der Legeperiode (→ Abb. 31.3) erfolgte die Berechnung des täglichen Bedarfs an umsetzbarer Energie, Rohprotein und Aminosäuren für eine Braunlegerherkunft bei Bodenhaltung. Die Veränderungen während des gesamten Legezeitraums vermitteln die Abbildungen 31.4 und 31.5.
Nach Einsetzen der Legetätigkeit steigt der Energiebedarf innerhalb weniger Wochen infolge des steilen Anstiegs der Legekurve, der deutlichen Zunahme des Eigewichtes und des noch stattfindenden Wachstums schnell an. Er verbleibt dann über einen längeren Zeitraum auf einem annähernd konstanten Niveau. Vom höchsten täglichen Gesamtbedarf mit ~1,45 MJ AME$_N$/d auf dem Leistungsplateau der Hennen (~60 g tägliche Eimasse) vermindert sich der tägliche Bedarf bis zum Legeende auf 1,38 MJ; das ist ein Rückgang von lediglich 5 %. Diese relativ geringe Abnahme ist vor allem dem hohen Anteil des Energieerhaltungsbedarfs am Gesamtbedarf geschuldet.
Der Rohprotein- und Aminosäurenbedarf nimmt nach Legebeginn noch stärker zu als der Energiebedarf. Die Bedarfsmaxima liegen pro Henne und Tag bei 20 g Rohprotein, 740 mg Lysin, 365 mg

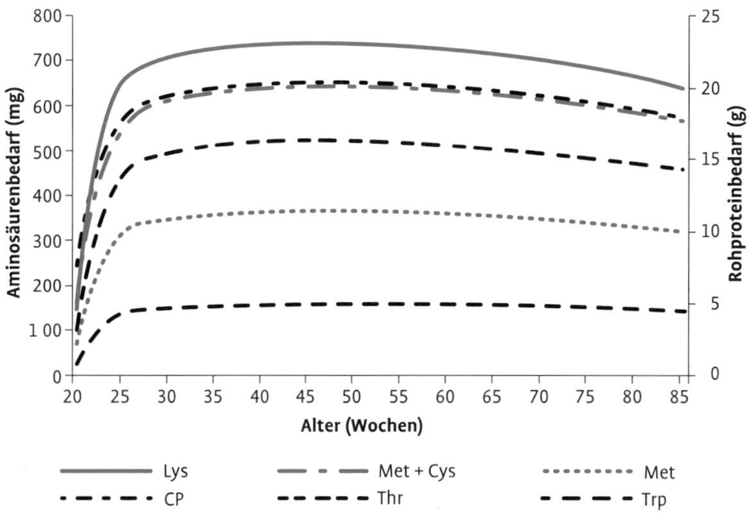

Abb. 31.5
Veränderung des Rohprotein- und Aminosäurenbedarfs während der Legeperiode von Hennen am Beispiel der Herkunft Lohmann Brown Classic.

Methionin, 645 mg Methionin + Cystein, 525 mg Threonin und 160 mg Tryptophan. Über einen langen Zeitraum ist der Bedarf weitgehend konstant und vermindert sich dann stärker bis zum Legeende. Der Rückgang liegt bei 11,5–13,5 %. Dieser relativ große Unterschied zum Energiebedarf resultiert aus dem höheren Leistungs- und geringeren Erhaltungsanteil von Rohprotein und Aminosäuren am Gesamtbedarf.
Weitere Veränderungen betreffen den Bedarf an Ca und NPP. In den letzten Legemonaten ist der Ca-Bedarf höher als vorher, aber der P-Bedarf niedriger. Das Eigewicht kann durch den Linolsäuregehalt des Futters beeinflusst werden. Eine höhere Konzentration im Legestarterfutter (2–3 %) steigert das Eigewicht; ein reduzierter Gehalt im Legefutter II (~0,6 %) verhindert andererseits eine weitere Zunahme der Einzeleimasse, was den Anteil schalengeschädigter Eier vermindert.

Fütterungsverfahren und -empfehlungen
In der Praxis dominiert eindeutig die Phasenfütterung. Infolge der guten Legepersistenz heutiger Legehybriden (→ Abb. 31.3) hat die kontrollierte Fütterung (→ Kap. 31.5) keine Berechtigung mehr. Die Universalfütterung ist wenig anzutreffen. Von den Fütterungsmethoden kommt weitgehend die Fütterung mit industriell hergestelltem Mischfutter (Alleinfutter) zur Anwendung.

Allgemeine Anforderungen
Die Basis für hohe Legeleistungen wird während der Aufzuchtperiode geschaffen. Zu Legebeginn ist sehr wichtig, dass die Hennen das Normgewicht aufweisen bzw. leicht darüber liegen und die Herde sehr ausgeglichen ist (hohe Uniformität). Damit besitzen die Tiere eine gewisse Nährstoffreserve. Die Umstellung in die Legeställe sollte vor Legebeginn erfolgen. Dort sind alle Möglichkeiten zu nutzen, damit die Hennen sofort zügig und ausreichend Futter aufnehmen und kein Lebendmasseverlust auftritt.

Phasenfütterung
Ausgehend von den Veränderungen beim Bedarf (→ Abb. 31.4 und 31.5) ist es sinnvoll, die gesamte Legeperiode in drei Phasen zu unterteilen:
- Phase 1 (= Starterphase): Legebeginn bis ~30. Lebenswoche,
- Phase 2: ab 30. bis 65. Lebenswoche (tägliche Eimasseproduktion bis ~60 g/Henne),
- Phase 3: ab 65. Lebenswoche (tägliche Eimasseproduktion < 57 g/Henne) bis Legeende.

In den einzelnen Phasen sind Futtermischungen einzusetzen, die bezüglich ihres Nährstoffgehaltes den sich ändernden Bedarfsanforderungen (insbesondere Rohprotein, Aminosäuren, Calcium, Phosphor, essenzielle Fettsäuren) angepasst sind. Dies erfolgt in Abhängigkeit vom Futterenergiegehalt, weil dieser die Priorität bezüglich der Futteraufnahmeregulation hat. Mit dieser Nährstoffversorgung dichter am Bedarf können außerdem die N- und P-Ausscheidungen im Vergleich zur Universalfütterung vermindert werden. Des Weiteren ist es mit diesem Fütterungssystem möglich, die Einzeleimasse zu beeinflussen und die Eischalenstabilität zu verbessern.
In Abbildung 31.6 ist die Phasenfütterung schematisch dargestellt. Die Energie- und Nährstoffanforderungen an die verschiedenen Alleinfuttertypen bei dem vorgestellten Phasenfütterungskonzept enthält Tabelle 31.18. Beispielrezepturen für die Phasenfütterung auf der Basis dieser Inhaltsstoffanforderungen vermittelt Tabelle 31.19. Über die Vormischung erfolgt die Ergänzung der Alleinfutter mit Spurenelementen, Vitaminen und weiteren Zusatzstoffen (→ Kap. 31.4).

Universalfütterung
Bei diesem Verfahren erhalten die Hennen während der gesamten Legeperiode eine einheitliche Mischung. Die Inhaltsstoffe des Alleinfutters sollten auf die Anforderungen der Hennen im Zeitraum der Legespitze ausgerichtet sein (→ Tab. 31.18, Legehennenalleinfutter I). Dies hat u. a. eine den Bedarf übersteigende Aufnahme an Rohprotein und Aminosäuren insbesondere in den letzten Legemonaten zur Folge. Auch bei der Versorgung mit den Mengenelementen Ca und P sowie mit essenziellen Fettsäuren bestehen im Vergleich zur Phasenfütterung Nachteile.
Die **Alleinfutter** bei Phasen- und Universalfütterung sollten den Hennen in Schrotform verabreicht werden. Bei pelletiertem Futter verkürzt sich die Zeit für die Futteraufnahme, was Fehlverhalten wie Federpicken und weitere Verhaltensstörungen begünstigen kann. Vor allem zu Beginn der Lichtphase und am Ende der Hell-

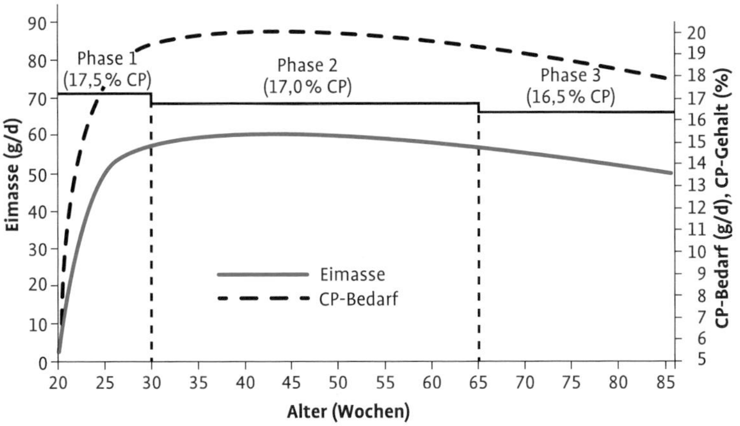

Abb. 31.6
Phasenfütterungsprogramm für Legehybriden.

phase ist für ein ausreichendes Futterangebot zu sorgen, um damit der erhöhten Fressaktivität der Hennen in genannten Zeiten zu entsprechen.

Neben der Fütterung mit industriell hergestelltem Alleinfutter kommen gelegentlich auch selbst produzierte Alleinfutter, auch als **hofeigene Mischungen** bezeichnet, zum Einsatz. Bei ihrer Herstellung sind die in Tabelle 31.18 ausgewiesenen Empfehlungen bezüglich der Energie- und Nährstoffgehalte in Alleinfutter zu berücksichtigen. Dies erfordert genaue Kenntnisse zu den Inhaltsstoffen der verwendeten Einzelfuttermittel (Getreideschrote) und den zugekauften Ergänzungsfuttermitteln für Legehennen (z. B. eiweißreiche Ergänzungsfuttermittel, Eiweißkonzentrat, Mineralfutter).

Die früher stärker verbreitete **kombinierte Fütterung** ist in der konventionellen Legehennenhaltung kaum noch anzutreffen. Bei dieser Fütterungsmethode erhalten die Hennen in getrennten Futtergefäßen Legemehl (Legehennenergänzungsfutter) und Getreidekörner. Während das Legemehl *ad libitum* angeboten wird, ist die Körnergabe zu rationieren und abends zu verabreichen. Dadurch steht mehr Zeit für die Körnerverdauung zur Verfügung. Ein Teil der Körnergabe ist breitwürfig auf die Einstreu zu verteilen. Durch das Scharren während der Aufnahme wird die Einstreu durchgearbeitet. In den Wintermonaten sollte ein Teil dieser Gabe auf den Morgen verlegt werden, um die Hennen zur Bewegung anzuregen. Eine Körnerrationierung ist erforder-

Tab. 31.18
Empfehlungen zum Energie- und Nährstoffgehalt in den Alleinfuttermischungen für Legehennen bei Phasenfütterung.

Gehalte (je kg Alleinfutter)	Phase 1	Phase 2	Phase 3
	bis ca. 30. LW[1]	ca. 30–65 LW	ab 65. LW
AME_N (MJ)	11,6–12,0	11,5	11,5
Rohprotein (g)	175	170	165
Lysin (g)	7,6	7,2	6,8
Methionin (g)	3,8	3,6	3,4
Methionin + Cystein (g)	6,6	6,3	6,0
Threonin (g)	5,4	5,2	4,9
Tryptophan (g)	1,8	1,7	1,6
Calcium (g)	37	35	40
Gesamt-P (g)	5,5	5,0	4,5
Nicht-Phytin-P (g)	3,4	3,2	3,0
Natrium (g)	1,5	1,3	1,3
Magnesium (g)	0,45	0,40	0,40
Linolsäure (g)	20	10	7,5

1 Lebenswoche

Tab. 31.19
Beispielrezepturen für Legehennenalleinfutter bei Phasenfütterung[1].

Komponenten (g/kg)	Legestarter		Legehennenfutter 1		Legehennenfutter 2	
	I[2]	II[3]	I	II	I	II
Weizen	340	471	422	510	465	443
Mais	100	100	115	100	100	162
Sojaextraktionsschrot (Hoch-Protein)	53	66	66	83	61	79
Sojabohnen, getoastet	–	64	–	–	–	–
Rapsextraktionsschrot	50	50	–	80	–	80
Sonnenblumenextraktionsschrot	34	80	80	80	77	80
Sonnenblumenkerne	50	–	–	–	–	–
Erbsen	150	–	124	–	100	–
Blaue Süßlupinen	64	–	50	–	50	–
Calciumcarbonat, fein	25	25	25	25	22	20
Calciumcarbonat, grob	55	56	52	51	75	70
Calcium-Natrium-Phosphat	12	12	11	10	10	9
Natriumchlorid	1,7	1,7	1,3	1,35	1,4	1,5
Mischöl (20 % Linolsäure)	55	63	37	49	–	–
Mischöl (0 % Linolsäure)	–	–	–	–	38	45
DL-Methionin	1,05	0,9	0,8	0,55	0,65	0,4
L-Lysin-HCl	–	0,55	–	0,50	–	–
Vormischung	10	10	10	10	10	10

1 Energie- und Nährstoffgehalte nach Empfehlungen in Tab. 31.18,
2 Beispiel I, 3 Beispiel II (unterscheiden sich insbesondere bei den Eiweißfuttermitteln)

lich, weil bei einem *ad libitum* Angebot zu viele Körner aufgenommen werden könnten und daraus eine unausgewogene Nährstoffaufnahme resultieren würde. Dem sich mit fortschreitender Legeperiode verändernden Energie- und Nährstoffanspruch der Hennen ist durch zunehmende Körnermenge und abnehmenden Ergänzungsfutteranteil an der Gesamtration zu entsprechen (→ Tab. 31.20). Wegen des Körneranteils in der Futterration ist außerdem unlöslicher Grit (Basaltgrit, Quarzkies) gesondert anzubieten. Dadurch erhöht sich die Nährstoffverdaulichkeit bei den Körnern um etwa 10 %.

Fütterung unter ökologischen Bedingungen
In Öko-Betrieben werden neben braunen Legehybriden seit wenigen Jahren auch weiße Legehybriden verwendet. Die leistungsbezogenen Versorgungsempfehlungen (Energie, Nährstoffe) für die konventionelle Fütterung sind auch die Grundlage der ökologischen Fütterung. Bei der Rezepturgestaltung ist zu beachten, dass Ökogetreide gegenüber Getreide aus konventionellem Anbau in der Regel weniger Rohprotein und Aminosäuren enthält. Dadurch müssen zur Sicherstellung der Konzentrationsnormen die Proteinfuttermittel etwas höhere Anteile liefern, zumal der Einsatz freier Aminosäuren durch die EU-Öko-Verordnung nicht

Tab. 31.20
Richtwerte für die täglichen Mengen an Legemehl und Getreidekörnern in verschiedenen Abschnitten der Legeperiode von Braunlegern (g/Tier).

Futterart	Legeabschnitt (Alter in Lebenswochen)		
	Bis ~30. Woche	Ab ~31. bis 65. Woche	Ab 65. Woche
Legemehl/ Ergänzungsfutter	60	55	50
Getreidekörner	60	75	85

erlaubt ist. Alleinfutterrezepturen mit ausschließlich Bio-Rohstoffen sind, um annähernd die Anforderungen an den Gehalt an Methionin bzw. Methionin plus Cystein zu erfüllen, insbesondere im Gehalt an Rohprotein, Lysin und weiteren essenziellen Aminosäuren deutlich überhöht. Ihr Einsatz würde der Zielstellung einer umweltschonenden Fütterung nicht entsprechen. Tabelle 31.21 enthält deshalb nur Rezepturen mit dem laut Ausnahmeregelung noch zulässigen Anteil von 5 % konventionellen Eiweißfuttermitteln (bezogen auf den Anteil organischer Komponenten). Die vorgegebenen Inhaltsstoffe entsprechen annähernd konventionellem Alleinfutter für die Phasenfütterung (→ Tab. 31.18).

Tab. 31.21
Beispielrezepturen für Öko-Legehennenalleinfutter.

	Legestarterfutter	Legehennenfutter I	Legehennenfutter II
Komponenten (g je kg Alleinfutter)			
Mais	200	100	100
Weizen	350	441	469
Sojakuchen	113	104	78
Sonnenblumenkuchen	100	136	150
Leinkuchen	30	30	–
Sesamkuchen	26	–	–
Sonnenblumensamen	30	23	30
Luzernegrünmehl	–	10	10
Kartoffelprotein, konventionell	44	44	43
Calciumcarbonat	85	89	98
Monocalciumphosphat	10	9	8
Natriumchlorid	2	2	2
Natriumcarbonat	2	2	2
Vormischung	10	10	10

Soweit die Witterungsbedingungen es erlauben, ist entsprechend der EG-Öko-Verordnung den Legehennen Auslauf zu gewähren. Während der Vegetationsperiode sollte es ein Grasauslauf (Hühnerweide) sein. Im Winter ist die Zufütterung von Grobfutter (z. B. Silagen) obligatorisch. Des Weiteren ist immer eine geringe Körnergabe erforderlich.

Fütterung bei hohen Umwelttemperaturen
Bei Überschreiten des optimalen Temperaturbereiches geht die Futteraufnahme der Hennen zurück. Durch sehr energiereiche/fettreiche Futtermischungen ist es möglich, den Rückgang zu begrenzen. Dies ist vor allem auf die besseren Verzehrseigenschaften solcher Mischungen und den reduzierten Anfall an Stoffwechselwärme (Extrawärme) zurückzuführen.

31.7.3 Fütterung und Konsumeierqualität

Die folgenden Ausführungen beziehen sich auf **Hühnereier** als Nahrungsmittel (Schaleneier, Aufschlageier zur Weiterverarbeitung in der Nahrungsmittelindustrie). Die Eiqualität wird anhand äußerer und innerer Eigenschaften bewertet. Bei der Mehrheit der Qualitätsmerkmale besteht ein geringer bis starker Fütterungseinfluss.

Einflüsse auf äußere Qualitätsmerkmale
Zu den äußeren Qualitätsmerkmalen zählen Eigewicht (Einzeleimasse), Form, Farbe, Aussehen und Schalenstabilität. Die Merkmale Form, Farbe und Aussehen werden durch die Fütterung kaum oder nicht verändert. Ein nutritiver Einfluss besteht beim Eigewicht und besonders deutlich bei der Eischalenstabilität. Wichtige Fütterungseinflüsse sind bezüglich ihrer Wirkung sowie Bewertung/Anwendung in Tabelle 31.22 dargestellt.

Die **Einzeleimasse** korreliert positiv mit der Lebendmasse der Junghennen zu Legebeginn. Des Weiteren kann der biologisch bedingte Verlauf einer ansteigenden Einzeleimasse in gewissen Grenzen durch Fütterungsfaktoren variiert werden. Das betrifft insbesondere die Gehalte an essenziellen Aminosäuren und Fettsäuren im Futter. Suboptimale Konzentration (S-haltige Aminosäuren, Linolsäure) verringert die Einzeleimasse bzw. kann einen weiteren Gewichtsanstieg aufhalten, sodass man damit in den letzten Legemonaten regulierend auf das Eigewicht Einfluss nehmen kann (weniger sehr große und schalengeschädigte Eier). Deutlich nachteilig wirkt sich eine Unterversorgung mit essenziellen Fettsäuren auf das Eigewicht aus. Andererseits ist experimentell belegt, dass durch eine sehr reichliche Versorgung zu Legebeginn und in den ersten Legewochen das Eigewicht gesteigert werden kann und sich dadurch der Kleineieranteil vermindert. Einen nachteiligen Effekt auf das Eigewicht bewirken in Ackerbohnen enthaltene Pyrimindinglycoside (insbesondere Vicin und Convicin) wegen ihres negativen Ef-

Tab. 31.22
Fütterungseinflüsse auf äußere Eiqualitätsmerkmale.

Merkmal	Faktor	Effekt/Wirkung	Bewertung/Anwendung
Eigewicht	Aufzuchtfütterung	Sicherstellung des Normalgewichts der Junghennen zu Legebeginn	Junghennen mit Untergewicht legen kleinere Eier
	Essenzielle Fettsäuren	Unterversorgung reduziert Eigewicht, sehr reichliche Versorgung steigert Eigewicht nach Legebeginn	Vorlegefutter und Legestarterfutter mit deutlich erhöhtem Linolsäuregehalt, reduzierter Linolsäuregehalt im Legehennenfutter II, um Eigewicht konstant zu halten
	Pyrimidinglucoside (Vicin, Convicin) in Ackerbohnen	Eidotteranteil wird vermindert (kleinere Eier)	Einsatzrestriktion bei Ackerbohnen mit hohem Gehalt, kein negativer Effekt bei Sorten mit deutlich reduzierter Konzentration an Pyrimidinglucosiden
	S-haltige Aminosäuren	Suboptimale Versorgung reduziert Eigewicht	Nutzung des Effekts, um Eigewicht im letzten Legedrittel konstant zu halten bzw. leicht zu vermindern
Schalenstabilität	Ca-Mangel	Schalendefekte Eier, höherer Knickeieranfall	Ca-Versorgung entsprechend den Empfehlungen
	Ca-Quelle		Auf ausreichenden Anteil an langsam absorbierbaren Ca-Quellen achten
	P-Überschuss		Geringere Anforderung an den P-Gehalt im Legehennenfutter II beachten
	Cl-Gehalt		Versorgungsempfehlung einhalten
	Na-Cl-Verhältnis		Optimal 1 : 0,8
	Unzureichende Vitamin-D_3-, Mangan- und Zn-Versorgung		Versorgungsempfehlungen einhalten
	Vitamin C		Erhöhter Bedarf bei Hitzestress, der durch Eigensynthese nicht gedeckt wird, deshalb zusätzlich Vitamin C verabreichen (über Tränkwasser)

fekts auf den Fettstoffwechsel und den dadurch verminderten Eidotteranteil.

Für eine optimale **Eischalenstabilität** hat der Ca-Gehalt im Futter eine entscheidende Bedeutung. Denn mit jedem gelegten Ei werden ca. 2 g Calcium ausgeschieden, und die Henne verfügt im Normalfall nur über eine geringe Menge (≈ 5 g) an mobilisierbarem Calcium im Skelett. Ein Ca-Defizit im Hennenfutter wirkt sich sehr schnell nachteilig auf die Eischalenbildung aus. Damit die im Futter verabreichte Ca-Menge effektiv für die Eischalenbildung konvertiert werden kann, sind weitere Nährstoffe bedeutsam. Während Vitamin D_3 insbesondere für eine optimale Absorption des Calciums erforderlich ist, ist ein entsprechendes Na-Cl-Verhältnis im Zusammenhang mit der Bereitstellung der für die Schalenbildung notwendigen Carbonationen in den Uteruszellen aus der Sicht des Säure-Basen-Gleichgewichtes von Bedeutung. Auch zu niedrige oder zu hohe P-Gehalte im Futter wirken sich durch regulatorische Änderung des Säure-Basen-Gleichgewicht negativ auf die Eischalenbildung aus. Weiterhin ist auf eine entsprechende Hydrolysierbarkeit des Futtercalciums zu achten. Ca-Granulat oder Muschelkalk versprechen Vorteile, da die Freisetzung des Calciums im Verdauungstrakt kontinuierlicher erfolgt als bei pulverförmiger Ca-Verabreichung. Letztere Variante bewirkt einen temporären Überschuss, der nicht effektiv für die Eischalenbildung genutzt werden kann. Damit im Zusammenhang ist die Fütterungsfrequenz zu sehen. Auf Möglichkeiten der Wahlfütterung Ca-armer und Ca-reicher Futtermischungen wurde bereits bei der Regulation der Futteraufnahme (→ Kap. 31.1) eingegangen.

Einflüsse auf innere Qualitätsmerkmale

Zu den **inneren Qualitätsmerkmalen** zählen Frischegrad, Fremdkörperbesatz (z. B. Blutflecken), Eiinhaltsstoffe sowie sensorische und funktionelle Eigenschaften. Bei Frischegrad und Fremdkörperbesatz der Eier besteht kaum eine oder keine Beziehung zur Fütterung der Hennen, während bei den weiteren Merkmalen Fütterungseinflüsse vorliegen.

Unter **Eiinhaltsstoffen** sind Rohnährstoffe, Aminosäuren, Fettsäuren, Mineralstoffe, Vitamine sowie Cholesterol zusammengefasst. Deren Gehalt kann unterschiedlich durch die Fütterung beeinflusst werden (→ Tab. 31.23).

Die **Nährstoffzusammensetzung** des Eies ist weitgehend konstant und unterliegt kaum fütterungsbedingten Einflüssen. Dies betrifft auch das **Aminosäurenmuster** der einzelnen Proteinmoleküle, die genetisch determiniert sind. Infolge einer Rohprotein- bzw. Aminosäurenunterversorgung kann es jedoch zu einem Anstieg des Dotteranteils im Ei kommen, was eine gewisse Modifikation der Nährstoffzusammensetzung des Eiinhaltes zur Folge hat (leichte Fettzunahme, geringe Protein- und Aminosäurenabnahme). Eine Eidotterreduzierung bewirkt demgegenüber einen leichten Rückgang des Fettanteils und einen geringen Anstieg von Protein- und Aminosäurengehalten. Weitere Eiinhaltsstoffe (→ Tab. 31.23 links) sind nicht, kaum oder nur gering (z. B. Cholesterol) durch die Fütterung modifizierbar.

Die **Fettsäurenzusammensetzung** des Eidotterfettes wird durch den Fettanteil in der Futtermischung und dessen Fettsäurenmuster beeinflusst. Bei kohlenhydratreichen, aber fettarmen Futterra-

Tab. 31.23
Fütterungseinflüsse auf den Gehalt an Eiinhaltsstoffen.

Kein oder nur geringer Einfluss	Deutlicher Einfluss
Trockensubstanz	Ölsäure
Rohnährstoffe, Aminosäuren	Omega-6- und Omega-3-Fettsäuren (z. B. Linol- und α-Linolensäure)
Palmitin- und Stearinsäure	Verschiedene Spurenelemente (z. B. Mn, Zn, Se, I)
Mengenelemente (Ca, P, Na, K, Cl, Mg, S)	Vitamine A, D, E, K
Vitamin B_6, Cholin, Vitamin C	Fast alle Vitamine des B-Komplexes
Cholesterol	

tionen (z. B. Rezepturen auf der Basis von Weizen, Triticale, Gerste, Extraktionsschroten) besteht das Eifett vorrangig aus den im Stoffwechsel gebildeten Fettsäuren. Diese sind überwiegend C_{16}- und C_{18}-Fettsäuren, wobei Palmitin- (16:0) und besonders Ölsäure (18:1; ~50%) vorherrschen. Eine Ergänzung der Futtermischungen mit linolsäurereichen Ölen (z. B. Soja-, Sonnenblumen- und Maiskeimöl) bewirkt eine Anreicherung von Omega-6-Fettsäuren im Eifett, vor allem zulasten der Ölsäure, während der Gehalt an gesättigten Fettsäuren ($C_{16:0}$, $C_{18:0}$; 30–35 %iger Anteil an den Gesamtfettsäuren) wenig verändert wird. Ebenso wie der Gehalt an Linolsäure lässt sich der Gehalt an Omega-3-Fettsäuren (z. B. α-Linolensäure) im Eifett u. a. durch Leinöl erhöhen. Diese physiologischen Zusammenhänge werden bei der Erzeugung von sog. Designer-Eiern genutzt (→ „Designer-Eier"). Auch ernährungsphysiologisch bedenkliche Fettsäuren (z. B. Erucasäure in Rapsöl aus Rapssaat alter Sorten, Malvalia- und Sterculiasäure in Baumwollsaatöl) werden bei Verfütterung in das Eifett überführt. Futtermittel mit solchen Ölen bzw. die Öle selbst sind deshalb in Futtermischungen nicht einzusetzen.

Bei verschiedenen **Spurenelementen** besteht eine Abhängigkeit zwischen dem Gehalt im Futter (Versorgungshöhe) und der Konzentration im Eiinhalt, insbesondere bei niedrigem Versorgungsniveau. Für einige Spurenelemente (z. B. Iod, Selen) konnte auch bei einem Futtergehalt, der die Versorgungsempfehlung überschreitet, eine weitere Anreicherung im Ei nachgewiesen werden (→ „Designer-Eier"). Da ein Verbraucherrisiko besteht, über mit Iod angereicherte Hühnereier zu viel Iod aufzunehmen, ist aus Sicht des vorbeugenden Verbraucherschutzes nach Verordnung (EG) Nr. 1831/2003 der Iodgehalt in Legehennenfutter auf maximal 5 mg/kg Alleinfutter zu begrenzen.

Bei zahlreichen **Vitaminen** lässt sich der Gehalt im Eiinhalt durch den Gehalt im Futter beeinflussen. Diese Beziehung ist in der Regel nichtlinear, da sich mit steigender Futterkonzentration der Transfer in das Ei verlangsamt. Die Transferrate ist bei den einzelnen Vitaminen jedoch sehr unterschiedlich. Sie reicht von sehr hoch (60–80%) beim Vitamin A bis gering (5–15%) bei den Vitaminen K, B_1 und Folsäure bei jeweils bedarfsangepasster Aufnahme durch die Hennen. Beta-Carotin (Vitamin-A-Vorstufe) wird im Unterschied zu den Carotinoiden nur in sehr geringer Menge im Eidotter eingelagert und nach der Aufnahme fast ausschließlich in Vitamin A umgewandelt.

Sensorische Eigenschaften

Zu den sensorischen Eigenschaften, die Fütterungseinflüssen unterliegen, zählen die **Dotterfarbe**, nicht erwünschte **Farbveränderungen** bei Eiklar und Eidotter sowie **Geschmack** und **Geruch** des Eiinhalts.

Die **Dotterfarbe** als optisches Qualitätsmerkmal ist ausschließlich fütterungsabhängig. Sie beruht auf Verbindungen, die zur Gruppe der sauerstoffhaltigen Carotinoide (Xantophylle) zählen. Dabei ist zwischen gelbfärbenden (Lutein [gelb], Zeaxanthin [goldgelb]) und rotfärbenden (Capsanthin, Capsorubin) Carotinoiden zu unterscheiden. Erstere sind in grünen Pflanzenteilen, Körnermais und Maisprodukten enthalten. Rotfärbende Carotinoide enthält z. B. Paprika reichlich. Die Verbrauchervorstellungen bezüglich der Eidotterfarbe sind weltweit nicht einheitlich; sie reichen von blassgelb (z. B. USA) bis orange (z. B. Belgien). Neben natürlichen Pigmentquellen und Carotinoidextrakten aus pflanzlichen Produkten sind technisch hergestellte Carotinoide in standardisierten Präparaten für die Dotterfärbung verfügbar.

Bedeutsam ist, dass gelbfärbende und rotfärbende Carotinoide in einem bestimmten Verhältnis im Futter vorliegen müssen, wenn eine optisch ansprechende sowie eine stabile, für die Weiterverarbeitung wichtige Färbung erreicht werden soll. Im Mischfutter wird dieses Verhältnis über synthetische, den natürlichen Carotinoiden entsprechende Farbstoffträger, aber auch über natürliche Pigmente (→ Teil 2, Kap. 20.3.3) eingestellt.

Verschiedene antinutritive Futtermittelinhaltsstoffe können unerwünschte **Farbveränderungen** beim Eiklar und beim Eidotter verursachen. Hierzu zählen insbesondere:

- **Gossypol** in Baumwollextraktionsschrot: olivgrüne bis bräunliche Eidotterverfärbung,
- **Malvalia-** und **Sterculiasäure** in Baumwollsaatöl: rosa-weiße Eiklarfärbung, Gossypol verstärkt unerwünschten Effekt,
- **Tannine** in Sorghumhirse: Grünverfärbung des Eidotters.

Ca-Mangel bewirkt helle bis rötliche Flecken im Eiklar. Bei Beachtung der Einsatzrestriktionen für Baumwollsaatprodukte und Sorghumhirse ist sichergestellt, dass Farbveränderungen nicht auftreten.
Eier nehmen sehr leicht **fremden Geruch** und **Geschmack** an. Sie dürfen deshalb nicht in der Nähe stark riechender Stoffe gelagert werden. Dies betrifft verschiedene Futtermittel (z. B. Fischmehl, Futterhefe, ranzige/verdorbene Fette), Einstreumaterial (muffiges Stroh), Desinfektions- und Schädlingsbekämpfungsmittel sowie Exkremente. Ein weiteres Problem ist der mitunter auftretende **fischartige Geschmack** bei Hühnereiern, der insbesondere durch Trimethylamin und Fettabbauprodukte (→ Teil 2, Kap. 15.7, 17.3.1 und 18.4) verursacht werden kann.

Funktionelle Eigenschaften
Hierzu zählen Merkmale, die für die Weiterverarbeitung bedeutsam sind. In erster Linie handelt es hierbei um Schaumbildungsvermögen, Viskosität, Gelbildung und Emulsionseignung vom gesamten Eiinhalt als auch gesondert von Eiklar und Eigelb. Fütterungseinflüsse auf Verarbeitungseigenschaften sind bisher kaum bekannt, aber nicht auszuschließen. Eine Veränderung des Fettsäurenmusters des Eidotterfettes durch höhere Anteile Rapsöl im Futter wirkte nicht nachteilig auf funktionelle Eigenschaften.

Nährstoffangereicherte Eier (Designer-Eier)
Das Hühnerei ist grundsätzlich ein sehr wertvolles Nahrungsmittel. Darüber hinaus werden verschiedentlich die fütterungsseitigen Einflüsse auf Eiinhaltsstoffe genutzt, um den Gehalt an einigen Nährstoffen zusätzlich anzureichern. Dadurch will man bei entsprechendem Eierverzehr eine mögliche suboptimale Versorgung mit einigen Nährstoffen ausgleichen und zusätzliche gesundheitliche Effekte erzielen. Auch ungünstige Verhältnisse zwischen Nährstoffen sollen dadurch korrigiert werden, z. B. das Verhältnis von Omega-6- zu Omega-3-Fettsäuren. Solche nährstoffangereicherten Eier – auch als **Designer-Eier** bezeichnet – werden den sogenannten **funktionellen Nahrungsmitteln** (functional foods) zugeordnet. Inzwischen gibt es ein gewisses Sortiment an Designer-Eiern im In- und Ausland. Hierzu zählen insbesondere mit Omega-3-Fettsäuren angereicherte Eier (Omega-3-Eier), die auch auf dem deutschen Markt zu finden sind. Zur Erzeugung solcher Eier werden an Legehennen Futtermischungen verfüttert, die Produkte bzw. Präparate mit hoher Konzentration an Omega-3-Fettsäuren enthalten (Fischöle, Algenpräparate, fettreiche Lein- und bedingt auch Rapsprodukte). Mittels Algenpräparaten (reich an Eicosapentaensäure [EPA] und Docosahexaensäure [DHA]) wurde der EPA- und DHA-Gehalt im Eifett um das 3- bis 3,5fache gegenüber Normaleiern erhöht. Mit steigendem Anteil dieser Fettsäuren im Futter verminderte sich ihre Transferrate in die Eier, die maximal 20 % erreicht. Eine Anreicherung von Hühnereiern mit diesen mehrfach ungesättigten Fettsäuren erhöht die Oxidationsempfindlichkeit des Eifettes deutlich. Deshalb sind zum Schutz zusätzliche Vitamin-E-Ergänzungen zum Legehennenfutter erforderlich. Mit Vitaminen oder Spurenelementen zusätzlich angereicherte Eier (z. B. sogenannte Iodeier) sind derzeit nicht im Eierangebot.

31.8 Fütterung der Elterntiere

Die nachfolgenden Ausführungen berücksichtigen die Elterntiere (Aufzucht- und Legeperiode) von Masthühnern (Broilerelterntiere), Puten (Truthühner) und Wassergeflügel (Pekingenten, Moschusenten, Gänse). Die Fütterung der Elterntiere von Legehybriden entspricht weitgehend derjenigen von Legehybriden, sowohl in der Aufzucht- als auch Legeperiode. Höhere Anforderungen bestehen lediglich bei Spurenelementen und Vitaminen; sie entsprechen denen von Broilerelterntierhennen.
Die wichtigsten Leistungsparameter für weibliche Elterntiere sind die Zahl der bruttauglichen Eier, die Befruchtungs- und Schlupfrate bei den Bruteiern, die Zahl geschlüpfter Küken und ihre Vitalität (minimale Anfangssterblichkeit, zügiges Wachstum). Zu aktuellen Leistungsparametern von weiblichen Elterntieren vermittelt Tabelle 31.24 einen Überblick.
Die Energie- und Nährstoffversorgung der weiblichen Elterntiere muss eine hohe „Bruteiqualität" sicherstellen (→ Kap. 31.8.5). Der Befruchtungserfolg bei den Bruteiern wird maßgeblich durch

Tab. 31.24
Leistungsparameter von weiblichen Elterntieren[1].

Tiermaterial	Alter bei Legebeginn (Wochen)	Lege-wochen	Bruteier/ eingestalltes Elterntier (Stück)	Befruchtung der Bruteier (%)	Mittlere Schlupf-fähigkeit[2] (%)	Verkaufsfähige Küken (Stück)
Elterntiere weißer Legehybriden	20	52	280	k. A.[5]	80–83	114 (weiblich)
Elterntiere brauner Legehybriden	20	52	273	k. A.	80–83	111 (weiblich)
Broilerhennen	24	60	150	k. A.	85	128
	24	65	164	k. A.	85	140
Putenhennen (schwere Herkünfte)	30–32	26	120	95	80	96
Pekingenten	23	50–52	260	90–92	77–81	200–210
Moschusenten	29[3]/69[4]	24/24	125/107	90–92	82/82	102/88
Gänse	28–36	26	75	90	76	57

1 nach aktuellen Angaben von Zuchtunternehmen,
2 bezogen auf eingelegte Eier, 3 1. Legeperiode, 4 2. Legeperiode, 5 keine Angaben

Libido und Spermaqualität der männlichen Elterntiere bestimmt. Diese Parameter werden auch durch die Fütterung beeinflusst.

31.8.1 Broilerelterntiere

Broilerelterntiere sind speziell gezüchtete Hennen- und Hahnenherkünfte zur Erzeugung intensiv wachsender Küken (männliche und weibliche Broilerküken) für die anschließende Mast. Zur Sicherstellung hoher Reproduktionsergebnisse sind für Hennen und für Hähne spezifische Fütterungsregime erforderlich.

31.8.1.1 Aufzuchtperiode

In der Regel erfolgt die Aufzucht von Broilerjunghennen und -hähnen getrennt. Dadurch können geschlechtsspezifische Fütterungsprogramme angewandt werden.

Broilerjunghennen

Die ständige züchterische Verbesserung der Wachstumsleistung der weiblichen Ausgangslinien für die Broilerkükenproduktion hat dazu geführt, dass die Junghennen bei freiem Zugang zum Futter (konventionelle Mischungen bzw. Rationen) sehr intensiv wachsen und die Ziellebendmasse (≈2300–2400 g/Tier) zum vorgesehenen Legebeginn (≈22. Lebenswoche) deutlich übertreffen. Die derzeitigen Genotypen erreichen diese bereits mit ca. 8–10 Lebenswochen. Solche Junghennen beginnen früh mit dem Legen, haben ein geringes Durchhaltevermögen und eine unbefriedigende Legeleistung. Hinzu kommt ein höherer Anteil an Eiern, der die Bruteieranforderung nicht erfüllt (Untergewicht, schalengeschädigt, Doppeldotter). Infolge verstärkten Fettansatzes sind außerdem höhere Verluste bei den Hennen zu verzeichnen. Insgesamt ist die Kükenzahl pro Broilerhenne sehr mäßig. Deshalb muss das Junghennenwachstum unbedingt gebremst werden. Die notwendige Wachstumsverlangsamung in Verbindung mit normalem Körperfettgehalt lässt sich nur durch eine Begrenzung der Energie- und Nährstoffaufnahme erreichen, die als „Restriktionsfütterung“ bezeichnet wird. Hierzu wurden verschiedene Verfahren entwickelt, die den folgenden Hauptgruppen zuzuordnen sind:

- **Zeitrestriktion der Futteraufnahme:** Drastische Einschränkung des täglichen Zugangs zum Futter oder Wechsel von Futtertagen mit futterfreien Tagen (Skip-a-day-Methode), um dadurch den Futterverzehr stark zu begrenzen.
- **Qualitative Restriktion:** Verfütterung von Mischfutter mit vermindertem Energie- und/oder Rohproteingehalt bzw. herabgesetztem Gehalt an einer essenziellen Aminosäure (z. B. Lysin) bei freiem Futterzugang (*ad libitum* Fütterung).
- **Quantitative Restriktion:** Futtermengenbemessung auf der Grundlage des Energie- und Nährstoffbedarfs und der Futterinhaltsstoffe entsprechend dem vorgegebenen Wachstumsverlauf.

In der Praxis wird derzeit die **quantitative Restriktion** (Futtermengenbemessung) angewandt, wobei bei der Futterverabreichung verschiedene Varianten existieren, z. B. täglich oder jeden 2. Tag (Skip-a-day-Fütterung).

Broilerjunghähne. Bei freiem Zugang zum Futter wachsen Junghähne noch intensiver als Junghennen. Auch deren Wachstum muss deshalb stark verhalten erfolgen, um eine hohe sexuelle Kondition und Befruchtungsfähigkeit zu gewährleisten. Bei den Hähnen wird zur Limitierung der Energie- und Nährstoffaufnahme ebenfalls die quantitative Restriktion angewandt.

Empfehlungen zur Energie- und Nährstoffversorgung

Die Empfehlungen beziehen sich auf die Inhaltsstoffe von Aufzuchtmischungen im Rahmen der quantitativen Restriktion. Während der gesamten Aufzuchtperiode werden in der Regel vier Mischungen eingesetzt, die sich insbesondere im Gehalt an Rohprotein und Aminosäuren unterscheiden: Starterfutter, Wachstumsfutter I, Wachstumsfutter II und Vorlegefutter. Über erforderliche Inhaltsstoffe in diesen Alleinfuttertypen informiert Tabelle 31.25.

Für Spurenelemente und Vitamine werden je kg Aufzuchtmischung folgende Gehalte empfohlen (Leeson und Summers, 2005): 30 mg Fe, 6 mg Cu, 60 mg Zn, 60 mg Mn, 0,5 mg I, 0,3 mg Se, 8000 IE Vitamin A, 3000 IE Vitamin D_3, 50 mg Vitamin E, 3 mg Vitamin K, 2 mg Vitamin B_1, 10 mg Vitamin B_2, 4 mg Vitamin B_6, 15 µg Vitamin B_{12}, 40 mg Niacin, 12 mg Pantothensäure, 0,75 mg Folsäure, 0,1 mg Biotin, 500 mg Cholin.

Die Aufzucht der **Junghähne** erfolgt zwar getrennt von den Junghennen, für ihre Fütterung werden jedoch Futtermischungen vorgeschlagen, deren Inhaltsstoffe den Empfehlungen für Broilerjunghennen entsprechen (→ Tab. 31.25).

Fütterungsprogramme und -empfehlungen

Broilerjunghennen

Bei den derzeitigen Fütterungsprogrammen beginnt die Restriktionsfütterung ab der 2. bis 3. Lebenswoche. Nach dem Schlupf erhalten die Küken das Starterfutter als Granulat zunächst *ad libitum*. Dadurch wird ein problemloser Übergang von der Dottersackernährung zur exogenen Nährstoffversorgung erreicht. Die Küken entwickeln sich gleichmäßig. Bei der anschließenden Restriktionsfütterung wird entweder eine Futterdosierung pro Tag (Beispiel → Tab. 31.26) vorgenommen oder es erfolgt ein Wechsel von Futtertag mit futterfreiem Tag (Beispiel → Abb. 31.7). Bei letzterem Programm ist als Anpassungsmaßnahme eine kurzzeitige tägliche Futterzuteilung zwischen *ad libitum* Fütterung nach dem Schlupf und Skip-a-day-Fütterung eingeschoben. Der Übergang zum Fütterungsregime in der Legeperiode (tägliche Futterrestriktion) ist gleitender, wenn am Ende der Aufzuchtperiode die Zahl der futterfreien Tage reduziert wird.

Die tägliche Futterzuteilung (→ Tab. 31.26) erfordert eine Fütterungstechnik, die allen Tieren einer Stalleinheit ermöglicht, die zugemessene Futtermenge zur gleichen Zeit aufzunehmen. Dies setzt u. a. einen Fressplatz für jedes Tier voraus, zumal die geringen Futtermengen in etwa 30 Minuten verzehrt werden. Durch entsprechende Fütterungseinrichtungen ist es möglich, die Fresszeit zu verlängern. Bei unzureichendem Fressplatzangebot verzehren ranghöhere Tiere mehr Futter als rangniedere und es verschlechtert sich die Uniformität der Herde. Dies hat nachteilige Auswirkungen auf die Leistungsparameter in der Legeperiode. Bei der Futtergabe an jedem 2. Tag haben auch rangniedere Tiere ausreichend Zeit zur Futteraufnahme. Die Herde ist dann ausgeglichener. Futterfreie Tage haben jedoch zur Folge, dass die Tiere an den Nüchterungstagen zur Bedarfsdeckung zusätzlich Nährstoffe aus dem Körper-

Tab. 31.25
Empfehlungen zum Energie- und Nährstoffgehalt von Aufzuchtmischungen für Broilerjunghennen (Angaben je kg Alleinfutter)[1].

Inhaltsstoffe	Starterfutter 1.–4. Woche	Aufzuchtfutter I 5.–12. Woche	Aufzuchtfutter II 13.–20. Woche	Vorlegefutter 21. und 22. Woche
AME_N (MJ)	11,9	11,9	11,9	11,9
Rohprotein (g)	185	170	160	160
Lysin (g)	10,0	9,0	8,0	7,7
Methionin (g)	4,2	3,5	3,2	3,7
Methionin + Cystein (g)	8,0	7,2	6,5	6,4
Threonin (g)	7,2	6,7	6,0	5,8
Tryptophan (g)	2,0	1,8	1,6	1,5
Calcium (g)	9,5	9,2	8,9	22,5
Nicht-Phytin-P (g)	4,5	3,5	3,0	3,5
Verfügbarer P (g)	4,5	4,0	3,8	4,2
Natrium (g)	2,0	1,9	1,7	1,7

1 NRC (1994), Leeson u. Summers (2005), PAS (2018)

bestand abbauen. Dieser Vorgang ist mit Verlusten verbunden. Dadurch fällt im Vergleich zur täglichen Futtergabe bei der Skip-a-day-Fütterung die Energie- und Nährstoffbilanz ungünstiger aus. An den Futtertagen ist im Vergleich zur täglichen Futterzuteilung deshalb die etwa 2,2fach höhere Futtermenge erforderlich. An den futterfreien Tagen hat sich die breitwürfige Verteilung geringer Mengen an Getreidekörnern (bevorzugt Hafer) auf die Einstreu bewährt. Dadurch werden die Tiere beschäftigt und der Bestand verhält sich ruhiger.

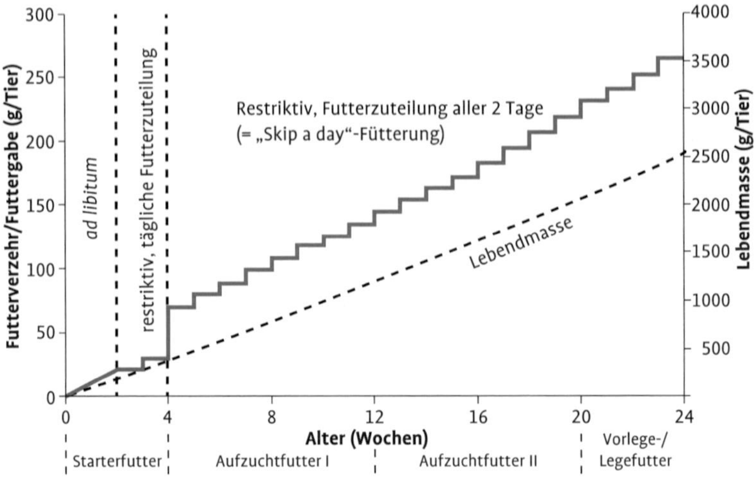

Abb. 31.7
Fütterungsprogramm nach der Skip-a-day-Methode für Broilerelterntierjunghennen.

Tab. 31.26
Beispiel für ein 4-Phasenfütterungsprogramm (tägliche Futtergabe) für Broilerjunghennen und Broilerjunghähne[1].

Alter (Wochen)	Vorgegebene Lebendmasse (g/Tier)[2]		Futtermenge (g/d)[3]		AME_N-Aufnahme (kJ/d)[3]		Futtertyp
	Junghennen	Junghähne	Junghennen	Junghähne	Junghennen	Junghähne	
1	120	150	*Ad lib.*	*Ad lib.*			Starterfutter I[4]
2	235	310	25	26	293	305	
3	340	505	30	36	352	423	
4	440	720	34	44	398	515	Starterfutter II[5]
5	535	900	38	54	444	633	
6	630	1075	41	61	482	716	
7	725	1230	45	66	490	721	Wachstumsfutter[6]
8	820	1375	48	67	524	729	
9	915	1510	49	70	532	763	
10	1010	1640	51	72	557	783	
11	1105	1770	52	75	566	817	
12	1200	1900	54	77	587	838	
13	1295	2030	55	79	599	859	
14	1390	2160	57	81	620	884	
15	1485	2290	58	84	633	913	
16	1595	2430	60	86	704	1010	Vorlegefutter[7]
17	1715	2575	63	95	737	1115	
18	1850	2725	68	98	796	1148	
19	1990	2880	74	101	867	1186	
20	2135	3035	80	106	939	1244	
21	2285	3195	88	113	1030	1324	
22	2435	3345	96	120	1127	1408	
23 bis 60/62	2580	3490	104	126	1219	1479	Legefutter/ Hahnenfutter[8]

1 Aus Ross Management Handbuch 2 am Ende der jeweiligen Woche 3 in der jeweiligen Woche, keine daten für die 1. Woche;
4 Starterfutter enthält pro kg: 11,7 MJ AME_N, 200 g CP, 10,7 g Lys, 8,3 g Met + Cys, 10 g Ca;
5 Starterfutter 2 enthält pro kg: 11,7 MJ AME_N, 180 g CP, 8,4 g Lys, 6,8 g Met + Cys, 10 g Ca;
6 Wachstumsfutter enthält pro kg: 10,9 MJ AME_N, 140 g CP, 6,2 g Lys, 5,1 g Met + Cys, 9 g Ca;
7 Vorlegefutter enthält pro kg: 11,7 MJ AME_N, 145–155 g CP, 6,5 g Lys, 5,8 g Met + Cys, 15 g Ca;
8 Legefutter/Hahnenfutter enthält pro kg 11,7 MJ AME_N

Broilerjunghähne
Bei der Aufzucht der Junghähne ist analog zu den Junghennen eine restriktive Fütterung erforderlich. Als Beispiel vermittelt Tabelle 31.26 ein Fütterungsprogramm nach dem Prinzip der täglichen Futterdosierung.

31.8.1.2 Legeperiode

Weibliche Elterntiere (Hennen)
Bei normgerechter Aufzucht beginnt die Legetätigkeit der Junghennen mit etwa 22 Lebenswochen und steigt danach sehr schnell an (→ Abb. 31.8). Nach Erreichen der Legespitze (28.–32. Lebenswoche, Legeintensität ~85 %) geht die Legeintensität im Vergleich zu Legehybriden stärker zurück. Die Legeperiode wird in der Regel bei einer Legeleistung von ~50 % beendet. Weitere Leistungsdaten sind Tabelle 31.24 und Abbildung 31.8 zu entnehmen.
Auch während der Legeperiode muss der Wachstumsverlauf kontrolliert werden, d. h. er ist für die einzelnen Genotypen vorgegeben und sollte eingehalten werden (→ Abb. 31.8). Nach Legebeginn ist zunächst eine stärkere Lebendmassezunahme bis zur Leistungsspitze vorgesehen und danach nur noch ein flacher Anstieg bis zum Ende der Legeperiode. Dieser Verlauf der Lebendmasseentwicklung nach der Legespitze ist eine wichtige Voraussetzung für optimale Leistungen. Er kann analog zur Aufzucht nur mittels Futterrestriktion eingehalten werden, denn die Hennen nehmen bei freiem Futterangebot mehr Energie und Nährstoffe auf, als zur Deckung des Erhaltungs- und Leistungsbedarfs erforderlich ist. Der Mehrkonsum bewirkt überhöhte Lebendmassezunahmen, wobei der Zuwachs vorrangig aus Fett besteht (Verfettung der Hennen). Die Folge ist eine verminderte Lege- und Reproduktionsleistung, d. h. weniger Küken pro Broilerhenne. Aber auch eine zu starke Futterrestriktion wirkt nachteilig. Die Folgen sind Lebendmassestagnation bis zur Lebendmasseabnahme und schneller Leistungsabfall, da die Hennen nur über geringe Körperreserven verfügen.
Bis zum Erreichen der Legespitze ist zur Bedarfsabsicherung inzwischen eine weitgehende *ad libitum* Fütterung üblich, denn innerhalb einer Herde verläuft die individuelle Leistungssteigerung nach Legebeginn nicht einheitlich. Wenn die Futterzuteilung aber auf die mittlere Herdenleistung ausgerichtet ist, werden die leistungsfähigsten Hennen unter ihren Bedarfsanforderungen gefüttert.

Bedarf und Versorgung mit Energie und Nährstoffen
Analog zur Kalkulation des Gesamtbedarfs für Legehybriden (→ Kap. 31.7.2) erfolgte die Bedarfsberechnung für Broilerhennen auf der Basis des Verlaufs der Leistungsparameter entsprechend Abbildung 31.8. Die so erhaltenen Daten für den Energiebedarf sind in Abbildung 31.9 dargestellt. Mit Einsetzen der Legetätigkeit und dem raschen Anstieg der Legeintensität steigt der Bedarf an

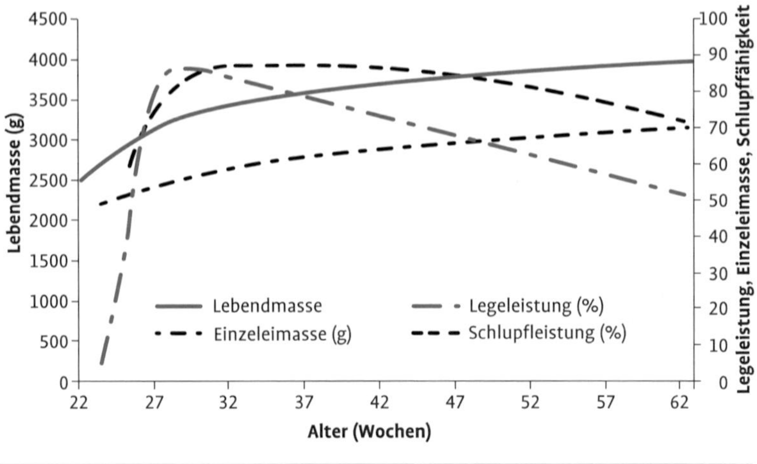

Abb. 31.8
Verlauf der Leistungsparameter von Broilerhennen (Herkunft Ross 308, Aviagen, 2017).

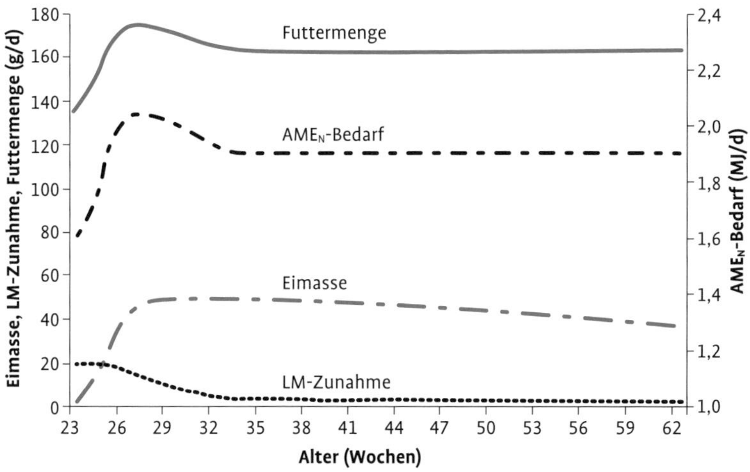

Abb. 31.9 Fütterungsprogramm für Broilerelterntierhennen.

Energie, Rohprotein und Aminosäuren für die Eiproduktion schnell an. Hinzu kommt der Bedarf für die Lebendmassezunahme entsprechend dem vorgegebenen Verlauf. Mit dem Anstieg der Körpermasse erhöht sich gleichzeitig der Erhaltungsbedarf. Zum Zeitpunkt der Legespitze (28.–30. Lebenswoche) haben die Hennen den höchsten Gesamtbedarf, sowohl an Energie als auch an Rohprotein und Aminosäuren. Der tägliche Energiebedarf nimmt nach Überschreiten der Leistungsspitze zunächst leicht ab und bleibt danach bis zum Ende der Legeperiode praktisch konstant. Demgegenüber vermindert sich der tägliche Rohprotein- bzw. Aminosäurenbedarf kontinuierlich über die gesamte Legeperiode. Dieser Unterschied ist im variierenden Anteil des Erhaltungsbedarfs am jeweiligen Gesamtbedarf begründet, der bei der Energie deutlich höher ausfällt. Daraus folgt mit fortschreitender Legetätigkeit ein abnehmender Bedarf an Rohprotein bzw. Aminosäuren je MJ AME_N.

Konzentrationsempfehlungen für Alleinfutter enthält Tabelle 31.27. Diese sind bei der umsetzbaren Energie während der gesamten Legeperiode konstant, aber bei den Gehalten an Rohprotein und Aminosäuren rückläufig, da sich die Futtermengen in den Fütterungsprogrammen an dem Energiegehalt des Alleinfutters und dem Energiebedarf der Hennen orientieren. Es wird somit im Prinzip eine Form der Phasenfütterung angewandt. Dadurch erfolgt auch beim Rohprotein und bei den Aminosäuren eine Anpassung an die sich verändernden Bedarfsanforderungen im Legeverlauf.

Tab. 31.27 Empfehlungen zum Gehalt an Energie, Rohprotein, essenziellen Aminosäuren und Mengenelementen in Alleinfutter für weibliche Broilerelterntiere (Angaben je kg Alleinfutter).

Inhaltsstoffe	Legephase/Lebenswochen		
	I/22–34	II/35–54	III/55–64
AME_N (MJ)	11,9	11,9	11,9
Rohprotein (g)	160	150	140
Lysin (g)	8,0	7,4	6,8
Methionin (g)	3,6	3,2	3,0
Methionin + Cystein (g)	6,5	6,2	5,9
Threonin (g)	6,2	6,1	5,7
Tryptophan (g)	1,8	1,6	1,4
Calcium (g)	30	32	34
Nicht-Phytin-P (g)	3,2	3,0	3,0
Verfügbarer P (g)	4,1	3,8	3,4
Magnesium (g)	0,5	0,5	0,5
Natrium (g)	1,8	1,8	1,8
Chlorid (g)	1,7	1,7	1,7

Auf der Grundlage des ebenfalls faktoriell abgeleiteten Bedarfs an Mengenelementen wurden die Konzentrationsnormen berechnet, die in Tabelle 31.27 ausgewiesen sind. Um den Bedarf an Ca und P unter den Bedingungen der quantitativen Futterrestriktion optimal zu decken, steigt der Ca-Gehalt im Alleinfutter mit zunehmender Legedauer an und der P-Gehalt ist rückläufig.

Die Alleinfutter sollten nach verschiedenen Quellen (insbesondere Leeson und Summers, 2005; PAS, 2018) die folgenden Gehalte an **Spurenelemente** je kg aufweisen: 100 mg Zn, 90 mg Mn, 30 mg Fe, 12 mg Cu, 0,5 mg I, 0,3 mg Se. Diese Empfehlungen enthalten einen reichlichen Sicherheitszuschlag. Bei der Futtersupplementierung werden aus verschiedenen Gründen die nativen Gehalte in den Komponenten nicht berücksichtigt. Dadurch erhöht sich das Angebot zusätzlich.

Die folgenden **Vitaminempfehlungen** (Leeson und Summers, 2005/ PAS, 2018) fallen in der Höhe z. T. unterschiedlich aus: 9000/12000 IE Vitamin A, 3500/4000 IE Vitamin D_3, 100/70 mg Vitamin E, 4/3 mg Vitamin K, 3/3 mg Vitamin B_1, 8/8 mg Vitamin B_2, 5/6 mg Vitamin B_6, 0,016/0,040 mg Vitamin B_{12}, 70/70 mg Niacin, 18/25 mg Pantothensäure, 1/3 mg Folsäure, 0,3/0,5 mg Biotin, 900/1400 mg Cholin. Mit wenigen Ausnahmen liegen die Empfehlungen der PAS (2018) höher. Generell gewährleisten alle empfohlenen Gehalte eine reichliche Versorgung; nur die Sicherheitszuschläge sind unterschiedlich.

Bei den **essenziellen Fettsäuren** sind im Hinblick auf einen möglichst hohen Bruteieranteil in den ersten Legewochen die Konzentrationen auf 25 g Linolsäure und 2,5 g α-Linolensäure/kg Futter einzustellen. Später reichen 15 bzw. 1,5 g je kg Alleinfutter aus.

Fütterungsempfehlungen/ Fütterungsprogramme

Aus den grundsätzlichen Bemerkungen zum Fütterungsregime von Broilerhennen ergibt sich, dass es zweckmäßig ist, vom Legebeginn bis zur Legespitze die Futterzuteilung nahe dem *ad libitum* Verzehr vorzunehmen. Danach wird die Futtermengenbemessung am weiteren Leistungsverlauf, den Vorgaben der Lebendmasseentwicklung und dem daraus resultierenden Bedarf einschließlich eines Sicherheitszuschlages angepasst. Durch den Einsatz von Futtermischungen mit weitgehend konstantem Energiegehalt, aber abnehmendem Rohprotein- und Aminosäurengehalt wird eine bedarfsorientierte Versorgung gewährleistet. Die variierenden Anforderungen an die Ca- und P-Konzentrationen lassen sich dadurch ebenfalls umsetzen. Ein auf diesen Anforderungen ausgerichtetes Fütterungsprogramm für Broilerhennen vermittelt Abbildung 31.9. Die täglichen Futtermengen basieren auf Futtermischungen mit 11,9 MJ AME_N/kg (→ Tab. 31.27). Mit den in dieser Tabelle empfohlenen Gehalten an Rohprotein und Aminosäuren je kg Alleinfutter ist eine reichliche Versorgung gewährleistet. Die Hennen erhalten das Alleinfutter in Schrotform gemäß Fütterungsprogramm verteilt auf zwei Tagesgaben über die Hennenfütterungseinrichtung. Die rationierte Fütterung erfordert, dass jeder Henne eine ausreichende Trogseitenlänge zur Verfügung steht. Verschiedentlich wird eine geringe Körnergabe (Weizen) breitwürfig auf die Einstreu verteilt. Sie dient zur Beschäftigung der Tiere und hat als zusätzlichen Effekt eine Einstreubearbeitung.

Broilerelterntiere/Hähne

Die Fütterung hat große Bedeutung zur Sicherstellung einer hohen sexuellen Aktivität, die an einer hohen Befruchtungsfähigkeit der Bruteier messbar ist. Aus Bedarfsstudien und praktischen Erfahrungen lassen sich für die Fütterung der Hähne die folgenden Empfehlungen ableiten:

- Die **Energieversorgung** muss auf die Sicherstellung und Erhaltung einer optimalen Zuchtkondition (sexuelle Aktivität) ausgerichtet sein. Übermäßige Energieaufnahme bewirkt eine Verfettung der Hähne, bei denen es dann zu folgenden Veränderungen kommt: deutlich verringerte Hodenmasse, starke Abnahme der Spermienkonzentration in Hoden und Samenleiter, verändertes Fettsäurenprofil des Spermas (u. a. verringerter Linolsäureanteil) und Rückgang der Plasmatestosteronkonzentration. Aber auch Energiemangel beeinflusst die Fruchtbarkeit sehr nachteilig und kann bis zur Sterilität führen. Die Lebendmasseentwicklung soll entsprechend den Vorgaben der Zuchtunternehmen erfolgen.
- Mit dem **Rohprotein-** und **Aminosäurengehalt** im Hennenalleinfutter wird bei praxisüblichen Fütterungsprogrammen auch der Bedarf der

Hähne reichlich gedeckt. Bei ausgewogenem AS-Verhältnis sind bereits 120 g CP/kg Futter ausreichend. Höhere Gehalte (> 180 g CP/kg Alleinfutter) wirken sich u. U. nachteilig auf Spermamenge, Spermienkonzentration und Befruchtungsrate bei den Bruteiern aus.

- Der Bedarf an einigen **Mineralstoffen** (insbesondere Ca und Se) ist geringer als bei Hennen, was bei den Versorgungsempfehlungen berücksichtigt werden sollte.
- Die Anforderungen an den **Vitamingehalt** im Alleinfutter sind im Vergleich zu den Hennen insgesamt geringer, jedoch nur z. T. exakt bekannt. Zusätzliche Vitamingaben, z. B. in Form von Multivitamingaben über das Tränkwasser, erübrigen sich in der Regel (Ausnahmen bei Verdauungsstörungen). Lediglich die Applikation von Vitamin C kann bei sehr hohen Umwelttemperaturen die Spermaproduktion und Befruchtungsfähigkeit verbessern.

Versorgungsempfehlungen

Für Hähnealleinfutter werden folgenden Gehalte an Energie und Nährstoffen (je kg) empfohlen: 11,5 MJ AME_N, 120 g Rohprotein, 5,5 g Lysin, 2,8 g Methionin, 5,5 g Methionin + Cystein, 5,1 g Threonin, 1,3 g Tryptophan, 7,5 g Ca, 2,5 g Nicht-Phytin-P, 3,0 g verfügbarer P, 1,8 g Na. Damit wird den geringeren Anforderungen im Vergleich zum Hennenfutter entsprochen. Bei Spurenelementen und Vitaminen orientieren sich die Konzentrationsnormen mit wenigen Ausnahmen an denen im Hennenfutter. Die Gehalte an Mn (90 mg/kg), Zn (100 mg/kg) und Vitamin E (75 mg/kg) sollten im Hahnenfutter höher als im Hennenfutter liegen, wobei der experimentelle Nachweis für diese relativ hohen Dosierungen aussteht. Die Selenempfehlung ist mit 0,3 mg/kg Futter sowohl für Hennen als auch Hähne reichlich. Damit wird die besondere Rolle dieses Spurenelements in der Fütterung der Hähne ausreichend berücksichtigt.

Fütterungsempfehlungen

Bei der üblichen gemeinsamen Bodenintensivhaltung von Hennen und Hähnen während der Legeperiode setzt die Verabreichung verschiedener Mischungen entsprechende Fütterungseinrichtungen voraus, um damit den teilweise unterschiedlichen Anforderungen gerecht zu werden. Die Futterautomaten sind deshalb so zu gestalten, dass der Zugang zum Futter nur geschlechtsspezifisch erfolgen kann. Dies wird durch geringe Gitterweiten an den Automaten des Hennenfütterungssystems, die zu eng für die Köpfe der Hähne sind, und durch höher gestellte Automaten für die Hähne erreicht. Des Weiteren sind beide Fütterungssysteme im Stall deutlich voneinander getrennt anzuordnen. Die Hähne sind ebenso wie Hennen restriktiv zu füttern. Dabei ist die tägliche Futtermenge so zu bemessen, dass die vorgegebene Lebendmasseentwicklung für den jeweiligen Genotyp gewährleistet wird. Dies hat durch

Tab. 31.28
Fütterungsprogramm für Hähne während der Reproduktionsperiode (Beispiel)[1].

Alter (Wochen)	Lebendmasse (g/Tier)	Futtermenge (g/d)[2, 3]	Energieaufnahme (kJ AME_N/d)
24	3600	115	1230
26	3850	120	1284
28	3950	120	1284
30	4000	120	1284
32	4050	125	1338
34	4100	130	1391
36	4150	135	1445
38	4200	140	1498
40	4250	145	1552
42	4300	150	1605
44	4360	155	1658
46	4420	160	1712
48	4490	160	1712
50	4570	160	1712
52	4650	165	1766
54	4730	165	1766
56	4810	170	1802
58	4900	170	1802
60	5000	175	1872

1 Ross (Aviagen, 2013)
2 Alleinfutter mit 10,7 MJ AME_N, Gehalt pro kg 120–130 g Rohprotein, 5,5 g Lysin, 4,6 g Methionin + Cystein, 2,2 Methionin, 4,6 g Threonin, 1,7 g Tryptophan, 10 g Ca, 3,5 g verfügbarer P
3 Korrektur der Futtermenge bei Abweichung von der Lebendmassevorgabe

kontinuierliche Lebendmassekontrollen zu erfolgen. Ein Fütterungsprogramm vermittelt Tabelle 31.28. Das Alleinfutter erhalten die Hähne ebenso wie die Hennen in Schrotform.

31.8.2 PuteneIterntiere

Die Putenzucht und -produktion hat in den letzten Jahrzehnten auch in Deutschland eine starke Entwicklung erfahren. Der Schwerpunkt liegt eindeutig bei schweren Putentypen, deren Schlachtkörper zu den verschiedensten Produkten verarbeitet werden. Außerdem werden von den Putenzuchtunternehmen auch mittelschwere und kleinere Putentypen für die Mast zur Verfügung gestellt. Generell handelt es sich um Tiere mit weißer Gefiederfarbe. Für die Freilandhaltung und Bioproduktion gibt es mittelschwere und leichte Herkünfte mit anderer Federfarbe (z. B. schwarz/bronze, rotbraun, bronze). In der kommerziellen Putenhaltung kommt ausschließlich die technische Besamung zur Anwendung. Deshalb werden Puten und Puter während der Reproduktionsperiode getrennt gehalten. In der Regel erfolgt dies auch in der Aufzuchtperiode, wodurch auch eine geschlechtsspezifische Fütterung möglich ist.

31.8.2.1 Aufzuchtperiode

Jungputen und Jungputer werden meisten getrennt aufgezogen. Für den Wachstumsverlauf existieren von den Zuchtunternehmen für die verschiedenen Genotypen konkrete Vorgaben (Beispiel → Abb. 31.10). Diese Ziele lassen sich nur durch eine kontrollierte Fütterung erreichen. Bei *ad libitum* Fütterung hätten die Jungtiere ein deutliches Übergewicht, das sich nachteilig auf die spätere Reproduktionsleistung auswirken würde.

Empfehlungen zur Energie- und Nährstoffversorgung

Während der relativ langen Aufzuchtperiode verändern sich die Anforderungen an den **Energie-, Rohprotein- und Aminosäurengehalt** in den Alleinfuttermischungen (→ Tab. 31.29). Diese Empfehlungen gelten für weibliche und männliche Aufzuchttiere. Außerdem enthält diese Tabelle Angaben für ein Vorlegefutter.

Empfehlungen für die Gehalte an **Mengen-** und **Spurenelementen** in den Aufzuchtmischungen sind in Tabelle 31.30 aufgezeigt. Auch diese Angaben gelten für beide Geschlechter (Ausnahme der Ca-Gehalt im Vorlegefutter).
Empfehlungen zum **Vitamingehalt** im Aufzuchtfutter werden in Tabelle 31.31 mitgeteilt. Diese Gehalte gewährleisten eine sehr sichere Versorgung. Angaben zu **essenziellen Fettsäuren** fehlen in der Literatur. Die Empfehlungen für Mastputen (→ Kap. 31.9.2) sollten deshalb auch für die Aufzuchttiere verwendet werden.

Fütterungsempfehlungen

Die Fütterung wird so gestaltet, dass die Entwicklung entsprechend den Vorgaben verläuft. Gleichzeitig ist eine hohe Uniformität der Herde sicherzustellen. Eine zu frühe Reife und Verfettung durch zu intensives Wachstum der Tiere muss vermieden werden. Die negativen Auswirkungen entsprechen denen von Broilerelterntierjunghennen. Deshalb werden auch Jungputen restriktiv gefüttert. Die sich verändernden Anforderungen an die Futterinhaltstoffe (→ Tab. 31.29) erfordern eine Phasenfütterung. Die Rezepturen für die einzelnen Altersabschnitte ergeben sich aus den Versorgungsempfehlungen. In den ersten Lebenswochen erhalten die Tiere das Alleinfutter als Pellets oder Bröckel. Die Zuchtfirmen haben spezielle Fütterungsprogramme für die Aufzucht entwickelt. Als Beispiel dient in Tabelle 31.32 das Programm für die Herkunft Nicholas.
Ebenso wie bei den **Jungputen** hängt bei den **Jungputern** die Fütterungsstrategie vom Ziellebendmasseverlauf des jeweiligen Genotyps ab (→ Abb. 31.10). Insbesondere bei den schweren Herkünften, die über 30 kg LM erreichen können, ist eine Futterrestriktion erforderlich, damit die Hähne nicht zu schwer werden und ihre sexuelle Kondition sichergestellt ist. Analog zu den Jungputen wird die Phasenfütterung mit Inhaltsstoffen der Alleinfutter nach den Empfehlungen in Tabelle 31.28 ausgerichtet. Die Anforderung an den Rohproteingehalt ab 18. Lebenswoche ist mit 120 g/kg relativ niedrig und könnte z. B. über Weizen sichergestellt werden. Jedoch werden dann die Konzentrationen an verschiedenen essenziellen Aminosäuren (z. B. Lysin) nicht erfüllt. Die unausgewogene Aminosäurenversorgung bei reiner Getreidefütterung wirkt sich sehr nachteilig

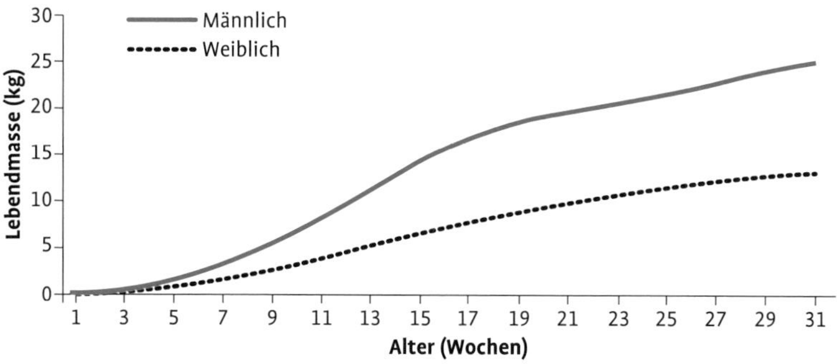

Abb. 31.10
Vorgegebener Wachstumsverlauf von Jungputen und Jungputern der Herkunft B.U.T. 6 (Aviagen Turkeys).

Tab. 31.29
Empfehlungen zum Gehalt an Energie, Rohprotein und essenziellen Aminosäuren in Jungputenaufzuchtfutter und Vorlegefutter (Angaben je kg Alleinfutter)[1].

Alter (Wochen)	AME_N (MJ)	CP (g)	Lys (g)	Met (g)	Met +Cys (g)	Thr (g)	Trp (g)
1–3	11,5	255	15,8	6,0	10,5	9,5	2,5
4–6	11,5	220	12,0	4,8	8,1	7,5	2,0
7–11	11,7	175	9,5	4,0	6,7	6,0	1,7
12–15	11,5	130	6,0	3,0	5,0	4,3	1,4
16–28	11,5	110	4,5	2,5	4,1	3,0	1,2
> 28[2]	11,7–12,1	160–190	7,5–9,5	3,4–5,0	5,8–8,5	4,0–6,0	1,6–2,0

1 PAS (2018), 2 Vorlegefutter

Tab. 31.30
Empfehlungen für die Gehalte an Mengen- und Spurenelementen im Jungputenaufzuchtfutter (je kg Alleinfutter)[1].

Alter (Wochen)	Ca (g)	vP[2]/NPP[3] (g)	Na (g)	Zn (mg)	Mn (mg)	Fe (mg)	Cu (mg)	I (mg)	Se (mg)
1–3	13,5	7,5/6,0	1,7	90	110	60	15	2	0,3
4–6	13,0	6,6/5,0	1,7	90	110	60	15	2	0,3
7–11	12,0	6,0/4,2	1,6	60	90	60	12	2	0,3
12–15	10,5	5,2/3,8	1,6	60	80	50	10	2	0,3
16–28	9,0	4,5/3,2	1,6	50	70	50	10	2	0,3
ab 29[4]	27,0–30,0	4,5–5,0/3,3	1,6–2,0	50	110	50	15	2	0,3

1 PAS (2018), 2 vP = verfügbarer Phosphor, 3 Nicht-Phytin-Phosphor (NRC, 1994)
4 Vorlegefutter

Tab. 31.31
Empfehlungen zum Gehalt an Vitaminen (je kg Alleinfutter)[1].

Alter (Wochen)	Vitamin								Niacin (mg)	Pantothensäure (mg)	Folsäure (mg)	Biotin (mg)	Cholin (mg)
	A (IE)	D_3 (IE)	E (mg)	K (mg)	B_1 (mg)	B_2 (mg)	B_6 (mg)	B_{12} (µg)					
1–6	12500	5000	100	5	4	15	6	30	85	15	3	0,4	650
7–12	11000	4500	70	4	3	10	5	20	65	15	2	0,3	600
>12	8000	4000	50	3	2,5	8	4	20	55	15	2	0,2	650

1 PAS (2018)

Tab. 31.32
Fütterungsprogramm für Jungputen und Jungputer (Beispiel Herkunft Nicholas).

Alter (Wochen)	Jungputen			Jungputer		
	Futtertyp	Lebendmasse (kg/Tier)	Futterverzehr (kg/Woche)	Futtertyp	Lebendmasse (kg/Tier)	Futterverzehr (kg/Woche)
1	Starter-futter[1]	0,12	0,12	Starter-futter[1]	0,13	0,13
2		0,25	0,19		0,41	0,31
3	Aufzucht-futter[2]	0,53	0,42		0,73	0,45
4		0,87	0,54		1,16	0,71
5		1,27	0,68	Aufzucht-futter[2]	1,68	0,94
6		1,70	0,78		2,31	1,20
7	Wachstums-futter 1[3]	2,18	0,95	Wachstums-futter 1[3]	3,05	1,52
8		2,67	1,09		3,89	1,87
9		3,18	1,22		4,94	2,22
10		3,70	1,38		5,99	2,39
11	Wachstums-futter 2[4]	4,21	1,49	Wachstums-futter 2[4]	7,04	2,39
12		4,72	1,53		8,19	2,79
13	Wachstums-futter 3[5, 6]	5,22	1,61		9,46	3,12
14		5,70	1,69		10,82	3,52
15		6,16	1,73		12,29	3,93
16		6,60	1,76		13,49	3,97
17		7,00	1,76	Wachstums-futter 3[5]	14,70	4,05
18		7,38	1,79		15,65	4,15
19		7,72	1,80		16,59	4,31
20		8,03	1,83		17,18	4,38
21		8,31	1,91		17,78	4,45
22		8,56	1,93		18,37	4,59
23		8,78	1,95		18,96	4,64
24		8,97	1,97		19,55	4,79
25		9,14	1,98		20,14	4,84
26		9,29	2,00		20,73	4,87
27		9,41	2,00		21,33	4,90
28		9,50	2,01		21,92	5,05
29		9,59	2,02		22,51	5,07
30	Vorlegefutter	9,70	2,02		23,10	5,20

1 Starterfutter: 11,55 MJ AME_N, 250–260 g CP, 15,5 g Lys, 5,6 g Met, 10,0 g Met + Cys, 2,7 g Trp, 9,9 g Thr,
2 Aufzuchtfutter: 11,55 MJ AME_N, 210–220 g CP, 11,5 g Lys, 4,5 g Met, 8,0 g Met + Cys, 2,3 g Trp, 7,4 g Thr,
3 Wachstumsfutter 1: 11,75 MJ AME_N, 160–170 g CP, 9,0 g Lys, 3,8 g Met, 6,8 g Met + Cys, 2,1 g Trp, 6,1 g Thr,
4 Wachstumsfutter 2: 11,55 MJ AME_N, 120–140 g CP, 6,5 g Lys, 2,9 g Met, 5,2 g Met + Cys, 2,0 g Trp, 4,2 g Thr,
5 Wachstumsfutter 3: 11,75 MJ AME_N, 90–120 g CP, 4,5 g Lys, 2,5 g Met, 4,5 g Met + Cys, 1,9 g Trp, 2,9 g Thr
6 Wachstumsfutter 4: 11,75 MJ AME_N, 80–100 g CP, 3,0 g Lys, 1,9 g Met, 3,5 g Met + Cys, 1,8 g Trp, 2,2 g Thr (Fütterung anstelle Wachstumsfutter 3, wenn Lebendmasse mit 12 Wochen über den Normwert liegt)

auf die spätere Spermaproduktion aus. Deshalb müssen die Gehalte an essenziellen Aminosäuren eingehalten und Imbalancen vermieden werden. Das Beispiel eines Fütterungsprogramms zeigt Tabelle 31.32.

31.8.2.2 Legeperiode

Bei den schweren Putenherkünften setzt die Legetätigkeit nach optimaler Aufzucht im Alter von 30–32 Wochen ein. Die Legeperiode dauert 24–26 Wochen.

Empfehlungen zur Energie- und Nährstoffversorgung

Tabelle 31.33 enthält Konzentrationsempfehlungen für **Energie, Rohprotein** und **essenzielle Aminosäuren** in Alleinfuttermischungen für Puten und Puter. Im Vergleich zu den Puten stellen die Puter geringere Anforderungen an die Rohprotein- und Aminosäurengehalte.
Konzentrationsnormen für **Mengen- und Spurenelemente** vermittelt Tabelle 31.34. Alleinfutter für Puter erfordert im Vergleich zu dem für Putenhennen einen deutlich niedrigeren Ca-Gehalt, während bei den weiteren Elementen kaum oder – wie generell bei den Spurenelementen – keine Unterschiede bestehen.
Bei den Empfehlungen zur **Vitaminversorgung** wird nicht zwischen Putenhennen und -hähnen differenziert. Die Alleinfutter sollten die folgenden Gehalte je kg aufweisen (PAS, 2018): 12 000 IE Vitamin A, 5000 IE Vitamin D_3, 120 mg Vitamin E, 5 mg Vitamin K, 4 mg Vitamin B_1, 8 mg Vitamin B_2, 6 mg Vitamin B_6, 0,040 mg Vitamin B_{12}, 80 mg Niacin, 30 mg Pantothensäure, 2 mg Folsäure, 0,4 mg Biotin, 1000 mg Cholin. Diese Konzentrationen gewährleisten eine reichliche Versorgung, d. h. sie sind mit beachtlichen Sicherheitszuschlägen versehen. Obwohl auch Puten in der Regel ausreichend Vitamin C im Organismus bilden, werden vor allem bei hohen Umwelttemperaturen zusätzliche Vitamin-C-Gaben empfohlen (Applikation über das Trinkwasser).

Fütterungsempfehlungen

Etwa 2 Wochen vor dem voraussichtlichen Legebeginn ist bei den Legeputen vom Aufzuchtfutter auf Legefutter umzustellen. Parallel dazu wird nach den Empfehlungen im Haltungsprogramm der Lichttag verlängert. Nährstoffreicheres Vorlegefutter ist nur dann zu füttern, wenn die Lebendmasse unter den Vorgaben liegt. Ein spezifisches Phänomen bei Putenhennen ist ihr Futterverzehrsverhalten nach Einsetzen der Legetätigkeit. Wenn die Legeintensität ansteigt, ist die Futteraufnahme rückläufig. Dadurch entsteht ein Energie- und Nährstoffdefizit, das durch einen Abbau von Körpersubstanz kompensiert werden kann, wenn die Hennen zu Legebeginn in sehr guter körperlicher Verfassung sind und über eine gewisse Nährstoffreserve verfügen. Durch Verfütterung von energie- und nährstoffangereicherten Futtermischungen (u. a. Futterfettanteile bis 80 g/kg) ist es in diesem Zeit-

Geschlecht	AME_N (MJ)	Rohprotein (g)	Lys (g)	Met (g)	Met + Cys (g)	Thr (g)	Trp (g)
Hennen	12,3	160	8,0	3,4	5,8	6,0	1,8
Hähne	11,9	130	6,0	2,8	4,2	4,5	1,5

1 Leeson und Summers (2005)

Tab. 31.33 Empfehlungen zum Gehalt an Energie, Rohprotein und essenziellen Aminosäuren im Alleinfutter für Putenhennen und -hähne (Angaben je kg Alleinfutter)[1].

Geschlecht	Ca (g)	vP[2]/NPP[3] (g)	Na (g)	Cl (g)	Mg (g)	Zn (mg)	Mn (mg)	Fe (mg)	Cu (mg)	I (mg)	Se (mg)
Hennen	28	3,5–4,0/3,5	1,7	1,1	0,35	80	80	40	12	0,45	0,3
Hähne	8,5	2,5/2,4	1,7	0,8	0,2	80	80	40	12	0,45	0,3

1 Leeson und Summers (2005), WPSA (1984)
2 vP = verfügbarer Phosphor, 3 NPP = Nicht-Phytin-Phosphor

Tab. 31.34 Empfehlungen zum Gehalt an Mineralstoffen im Alleinfutter für Putenelterntiere (Angaben je kg Alleinfutter)[1].

raum möglich, die Aufnahme an Energie- und Nährstoffen zu steigern. Dadurch werden die Defizite vermindert, d. h. der Körpersubstanzabbau kann geringer ausfallen. Die Hennen erhalten schrotförmiges Futter zur freien Aufnahme.

Die Anforderungen der **Puter** an die Futterinhaltsstoffe unterscheiden sich im Vergleich zu den Hennen insbesondere bei Rohprotein, Aminosäuren und Mengenelementen (→ Tab. 31.33 und 31.34). Deshalb sollten Puter eine auf diese Anforderungen ausgerichtete Futtermischung erhalten und nicht mit Hennenfutter versorgt werden. Analog zur Fütterung der Jungputer ist darauf zu achten, dass der Aminosäurengehalt im Alleinfutter sichergestellt wird. Für eine hohe Spermaproduktion ist es notwendig, dass die Energie- und Nährstoffversorgung nur eine geringe Lebendmassezunahme ermöglicht, aber andererseits auch keinen Körpersubstanzverlust verursacht. Deshalb kann eine Futtermengenbemessung erforderlich sein. Die tägliche Futtermenge wird auf 450–500 g eingestellt.

31.8.3 Entenelterntiere

Hierzu zählen Pekingenten amerikanischer Zuchtrichtung und Moschusenten (Barbarieenten). Aus der Kreuzung beider Arten entstehen nicht fortpflanzungsfähige Nachkommen. Seit einigen Jahren wird gezielt die Anpaarung von Moschuserpel × Pekingente genutzt, um mit diesen Küken, die als Mularden bezeichnet werden, Fleisch und Fettlebern (Frankreich) zu produzieren. Der Geschlechtsdimorphismus ist bei Moschusenten deutlich stärker ausgeprägt als bei Pekingenten. Die adulten männlichen Tiere sind mehr als doppelt so schwer wie die ausgewachsenen weiblichen Tiere.

31.8.3.1 Pekingenten

Die Elterntiere werden in der Regel ein Legejahr (50–52 Wochen) genutzt. Die Legetätigkeit beginnt im Alter von etwa 23 Lebenswochen; sie steigt danach sehr schnell an. In der Legespitze liegt die Legeleistung bei 90 % und darüber. Die Legekurve sowie die Entwicklung der Bruteierbefruchtung und Schlupffähigkeit zeigt Abbildung 31.11 (weitere Reproduktionsdaten → Tab. 31.24).

Bei zwei Legeperioden wird die 1. Legeperiode auf etwa 40 Wochen beschränkt und danach die Mauser durch ein spezielles Fütterungs- und Lichtprogramm ausgelöst. Nach etwa 10 Wochen Legeruhe und Federerneuerung folgt eine 2 Wochen dauernde Vorbereitungsphase für die 2. Legeperiode. Diese dauert ebenfalls rund 40 Wochen. Im Vergleich zum 1. Legejahr ist im 2. Legejahr die Kükenzahl pro Legeente etwa 20 % geringer.

Aufzuchtperiode

Die Aufzuchtperiode der **Jungenten** und **-erpel** (etwa 23 Wochen) umfasst drei Abschnitte: Kükenphase 1.–3. Woche, Jungtierphase 4.–20. Woche und Umstellungsphase 21.–23. Woche. Nach einem intensiven Wachstum in den ersten drei Lebenswochen sollte sich eine längere Phase mit kontrolliertem Wachstum anschließen. Dieses

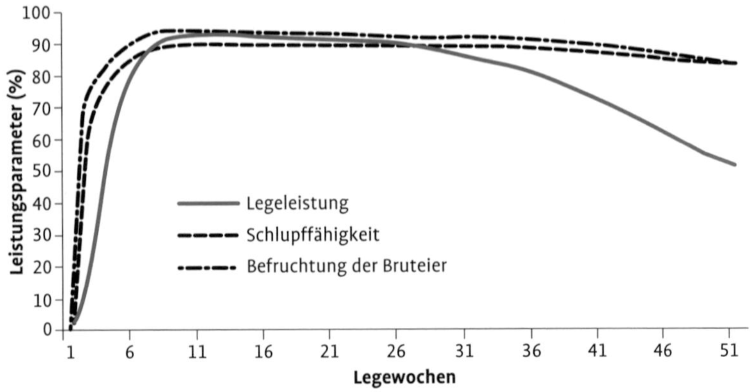

Abb. 31.11 Entwicklung von Legeleistung, Befruchtung der Bruteier und Schlupffähigkeit (bezogen auf befruchtete Bruteier) bei Pekingenten bei einjähriger Nutzung (Orvia, 2015).

verhaltene Wachstum ist für eine optimale Entwicklung der Reproduktionsorgane notwendig. Es ist nur in Verbindung mit einem entsprechenden Fütterungsprogramm (Restriktionsfütterung) zu realisieren und wird bei fensterloser Stallhaltung durch ein Lichtprogramm unterstützt. Freier Zugang zu den Aufzuchtmischungen (*ad libitum* Fütterung) bewirkt demgegenüber ein intensives Wachstum bei den Nachzuchtenten. Die *ad libitum* gefütterten Jungenten sind deutlich schwerer, fettreicher und in der späteren Reproduktionsleistung den Tieren mit verhaltenem Wachstum unterlegen. Ebenso wie bei weiblichen Tieren bewirkt eine *ad libitum* Fütterung der Jungerpel eine erhebliche Beeinträchtigung der späteren Reproduktionsfähigkeit.

Empfehlungen zur Energie- und Nährstoffversorgung

Für die Kükenphase sind die Versorgungsempfehlungen **(Energie, Rohprotein, Aminosäuren)** für Masttiere zu befolgen (→ Kap. 31.9.3). Danach werden für Alleinfutter die in Tabelle 31.35 ausgewiesenen Energie-, Rohprotein- und Aminosäurengehalte empfohlen. In den ersten Wochen der Jungtierphase liegen die Gehalte höher als danach. Damit soll dem zunächst noch stärkeren Wachstum und dem Bedarf für die Federbildung nach der Juvenalmauser entsprochen werden. Der Einsatz der Aufzuchtfutter erfolgt restriktiv. Für die Gehalte an **Mengen-** und **Spurenelementen** in den Aufzuchtmischungen gelten die in Tabelle 31.36 enthaltenen Empfehlungen.

Empfehlungen zum **Vitamingehalt** in Aufzuchtfuttermischungen enthält Tabelle 31.37. Diese Gehalte gewährleisten eine sehr sichere Versorgung.

Tab. 31.35 Empfehlungen zum Gehalt an Energie, Rohprotein und essenziellen Aminosäuren im Entenaufzuchtfutter (Angaben je kg Alleinfutter)[1].

Alter (Wochen)	AME_N (MJ)	Rohprotein (g)	Lys (g)	Met (g)	Met + Cys (g)	Thr (g)	Trp (g)
4–10	11,9	180	8,0	4,0	7,0	6,0	1,6
11–20	11,3	150	7,0	3,0	6,0	4,5	1,5
21–22[2]	11,1	175	9,4	5,0	8,0	6,0	1,8

1 PAS (2018); 2 Vorlegefutter

Tab. 31.36 Empfehlungen zum Gehalt an Mengen- und Spurenelementen im Entenaufzuchtfutter (Angaben je kg Alleinfutter)[1].

Alter (Wochen)	Ca (g)	vP[2]/NPP[3] (g)	Na (g)	Cl (mg)	Mg (mg)	Fe[4] (mg)	Cu[4] (mg)	Zn (mg)	Mn (mg)	I (mg)	Se (mg)
4–10	9,5	3,5/3,0	1,6	1,8	0,5	36	7	60	65	0,35	0,20
ab 11	7,5	3,5/3,0	1,6	1,8	0,5	32	6,5	60	45	0,30	0,15

1 PAS (2018); 2 vP = verfügbarer Phosphor
3 NPP = Nicht-Phytin-Phosphor, NRC (1994); 4 Leeson und Summers (2005)

Tab. 31.37
Empfehlungen zum Gehalt an Vitaminen im Entenaufzuchtfutter (je kg Alleinfutter)[1].

Alter (Wochen)	Vitamin								Niacin (mg)	Pantothensäure (mg)	Folsäure (mg)	Biotin (mg)	Cholin (mg)
	A (IE)	D_3 (IE)	E (mg)	K (mg)	B_1 (mg)	B_2 (mg)	B_6 (mg)	B_{12} (µg)					
4–10	15000	3000	20	1	1,8	4,5	3	5	70	11	0,25	0,1	1000
ab 11	10000	2000	15	1	1,8	3,0	3	5	50	10	0,25	0,1	600

1 PAS (2018)

Daten zu **essenziellen Fettsäuren** fehlen in der Literatur. Die Empfehlungen für Pekingmastenten sollten deshalb auch bei der Aufzuchtfütterung von Elterntieren verwendet werden.

Fütterungsempfehlungen

Die für Reproduktion des Elterntierbestandes vorgesehenen Entenküken werden bis zum 21. Lebenstag wie Mastenten gefüttert. Sie erhalten eine Futtermischung, die hinsichtlich der Inhaltsstoffe einem Entenstarterfutter entspricht. Dieses sollte in pelletierter Form *ad libitum* angeboten werden. Danach ist eine restriktive Fütterung erforderlich. Die Fütterungsprogramme für die Aufzuchtperiode von Enten und Erpel bei getrennter Haltung bis kurz vor Legebeginn vermittelt Tabelle 31.38.

Bei den Tagesfuttermengen handelt es sich um Richtwerte. Durch wöchentliche Stichprobenwägungen ist festzustellen, ob das Wachstum der Tiere entsprechend den Vorgaben des jeweiligen Managementprogramms erfolgt. Bei Abweichungen sind Korrekturen bei den Futtermengen erforderlich. Es ist darauf zu achten, dass alle Tiere einer Herde gleichmäßig Futter aufnehmen können. Deshalb muss für jedes Tier genügend Trogseitenlänge bei den Fütterungseinrichtungen vorhanden sein

Neben der Stallhaltung, ohne bzw. mit begrenztem Auslauf, wird bei der Jungtieraufzucht verschiedentlich auch die Weidehaltung angewandt. Dadurch kann ein Teil des Konzentratfutters eingespart werden.

Drei Wochen vor Legebeginn wird auf das Elterntierfutter umgestellt, wobei der Futterwechsel erst nach dem Wechsel der Tiere in die Elterntierställe erfolgen sollte. Weitere praktische Hinweise sind: erstes Elterntierfutterangebot nach erfolgter Wasseraufnahme, die Futtergabe am 1. Tag auf 100 g pro Tier begrenzen und danach schrittweise auf *ad libitum* Fütterung umstellen.

Legeperiode

Empfehlungen zur Energie- und Nährstoffversorgung

Um den **Energiebedarf** zu decken, sollte das Alleinfutter 11,0–12,0 MJ AME_N/kg enthalten. Auch Pekingenten passen in einem gewissen Be-

Tab. 31.38
Fütterungsprogramme für die Jungenten- und Jungerpelaufzucht[1].

Alter (Wochen)	Futterangebot	Futtermengen (g/d)		Futtertyp (Inhaltsstoffe je kg Futter)
		Enten	Erpel	
1–3	*Ad libitum*	50 → 150	50 → 150	Starterfutter (12,15 MJ AME_N; 190 g CP)
4	Restriktiv	170–180	160–170	Wachstumsfutter I (11,5 MJ AME_N; 175 g CP)
5		160–150	160–170	
6		120–150	160–170	
7		120–150	160–170	
8		120–150	160–170	
9–16		120–150	160–170	Wachstumsfutter II (11,5 MJ AME_N; 155 g CP)
17		120–150	180–200	
18		120–150	200–220	
19		120–150	220–240	
20		120–150	240–260	
21	Restriktiv/ *Ad libitum*	200	*Ad libitum*	Legeentenfutter (11,3 MJ AME_N; 175 g CP)
22–23	*Ad libitum*	~ 220	~ 280	

1 Orvida (2010)

reich ihre Futteraufnahme dem Energiegehalt der Futtermischung an. Für **Rohprotein** und **essenzielle Aminosäuren** im Elternfutter werden folgende Gehalte bei 11,5 MJ AME_N je kg lufttrockenem Alleinfutter empfohlen: 170 g Rohprotein, 8,5 g Lysin, 4,5 g Methionin, 7,5 g Methionin plus Cystein, 6,0 g Threonin, 1,7 g Tryptophan. Bei höherer bzw. niedrigerer Energiekonzentration ist eine Anpassung erforderlich, um Unter- aber auch Überversorgung zu vermeiden.
Zur Deckung des **Mengenelementbedarfs** in der Legeperiode sollte das Alleinfutter (je kg) die folgenden Gehalte aufweisen: 31 g Ca, 4,0 g verfügbarer P, 2,2 g Nicht-Phytin-P, 0,6 g Mg, 1,6 g Na, 1,8 g Cl. Der Bedarf an **Spurenelementen** wird bei folgenden Gehalten des Alleinfutters (je kg) optimal abgedeckt: 40 mg Eisen, 8 mg Kupfer, 60 mg Zink, 60 mg Mangan, 0,3 mg Iod, 0,2 mg Selen. Bei der Futterergänzung mit Spurenelementen werden die nativen Gehalte in den Mischungskomponenten häufig nicht berücksichtigt.
Für **Vitamine** wird empfohlen (je kg Alleinfutter): 12000–15000 IE Vitamin A, 2500 IE Vitamin D_3, 30–40 mg Vitamin E, 2 mg Vitamin K_3, 2 mg Vitamin B_1, 6 mg Vitamin B_2, 3 mg Vitamin B_6, 20 µg Vitamin B_{12}, 40 mg Niacin, 15 mg Pantothensäure, 1,0 mg Folsäure, 0,15 mg Biotin, 600 mg Cholin. Die Versorgung mit essenziellen Fettsäuren (Linolsäure, α-Linolensäure) ist optimal sichergestellt, wenn im Alleinfutter 9 g Linolsäure und 0,55 g α-Linolensäure je kg Alleinfutter) enthalten sind.
Für **Erpel** liegen kaum Untersuchungen zum Energie- und Nährstoffbedarf und zur Versorgung vor. Die für Enten mitgeteilten Versorgungsempfehlungen werden gleichfalls für Erpel angewandt, da Letztere bedingt durch die gemeinsame Haltung auch mit Legeentenfutter versorgt werden.

Fütterungsempfehlungen
Die Fütterung der Elterntiere erfolgt in erster Linie mit **Alleinfutter.** Neben der Alleinfütterung kann die **kombinierte Fütterung** angewandt werden, insbesondere, wenn kostengünstig Getreidekörner zur Verfügung stehen. Das Alleinfutter (pelletiert, 4–5 mm Pelletdurchmesser) erhalten die Tiere *ad libitum* über entsprechende Fütterungseinrichtungen.
Auch bei Legeenten ist – analog zu Legehennen – eine dem Legeleistungsverlauf angepasste Fütterung empfehlenswert. Hierzu bieten sich die folgenden Varianten an:

- Phasenfütterung, d. h. Einsatz von mindestens zwei, besser drei Alleinfuttertypen,
- Verschnitt des Alleinfutters mit Getreidekörnen in den letzten Legemonaten bei zusätzlichem Ca-Gritangebot oder
- Zusätzliche Grünfutter- und Ca-Gaben.

Bei diesen Verfahren sind die Bedarfsanforderungen der Legetiere und auch die zunehmende Variation bei den Einzeltierleistungen einer Herde zu berücksichtigen.
Die Futterration besteht bei der **kombinierten Fütterung** aus Ergänzungsfutter und Getreidekörnern. Für diese Futterarten werden in Abhängigkeit von der Legeleistung folgende Mengen pro Tier empfohlen:

Legeleistung (%)	90	70	50
Ergänzungsfutter (g/d)	130	110	90
Getreide (g/d)	100	120	140

Mit dem Rückgang beim Ergänzungsfutter und dem Anstieg bei der Getreidemenge wird den sich verändernden Anforderungen insbesondere an den Rohprotein- und Aminosäurengehalt der Gesamtration entsprochen. Wenn die Futtermischungen nicht pelletiert sind, sollten sie in feuchtkrümeliger Konsistenz verfüttert werden, um die Aufnahme zu erleichtern und die Futterverluste gering zu halten.
Bei zwei Legeperioden wird die 1. Legeperiode auf etwa 40 Wochen beschränkt und danach die Mauser durch ein spezielles Fütterungs- und Lichtprogramm gezielt ausgelöst. Sie ist mit einer schnellen Einstellung der Legetätigkeit verbunden. Während der **Legepause** besteht ein Bedarf an Energie und Nährstoffen für Erhaltung, Federneubildung und geringe Zunahme, der insgesamt im Vergleich zur Legeperiode niedriger ausfällt. Deshalb reichen bei 9,4 MJ AME_N/kg Alleinfutter folgende Gehalte aus: 120 g CP, 4,5 g Lysin, 1,9 g Methionin, 3,6 g Methionin + Cystein, 2,7 g Threonin, 0,9 g Tryptophan, 10 g Ca (jeweils je kg Futter). Diese Futtermischung wird *ad libitum* angeboten. Des Weiteren sind noch folgende Fütterungsvarianten möglich: Weide oder Grünfutter und restriktive Körnergabe sowie zusätzlich

granuliertes Mineralfutter, Legeentenfutter im Verschnitt mit Hafer.

31.8.3.2 Moschusenten

Die Nutzungsdauer der Elterntiere erstreckt sich in der Regel über zwei Legeperioden. Die 1. Legeperiode beginnt etwa in der 29. Lebenswoche und dauert 24 Wochen. Durch eine induzierte Mauser wird eine Legepause von etwa 16 Wochen eingelegt. Die folgende 2. Legeperiode umfasst gleichfalls 24 Wochen. In der Legespitze können ~95 % (1. Legeperiode) bzw. ~85 % Legeintensität (2. Legeperiode) erreicht werden. Bei der Fütterung ist zwischen den Legeperioden und der Mauserperiode zu differenzieren.

Aufzuchtperiode

Die Aufzuchtperiode umfasst 28–30 Wochen. Am Ende der Aufzucht sollen die weiblichen Tiere eine mittlere LM von 2,9–3,0 kg und die Erpel von rund 5,5 kg aufweisen. Analog zu den Nachzuchttieren von Pekingenten ist die Aufzuchtperiode in drei Abschnitte gegliedert. Nach einer intensiven Wachstumsphase (entsprechend der Mast, → Kap. 31.9.3.2) folgt eine längere Periode einer verhaltenen Entwicklung. Dieser schließt sich eine kurze Vorbereitungsphase für die Legeperiode an.

Empfehlungen zur Energie- und Nährstoffversorgung

Im 1. Abschnitt (3–4 Lebenswochen) gelten die für Masttiere gegebenen Versorgungsempfehlungen für **Energie, Rohprotein, Aminosäuren** und **Rohfaser** (→ Kap. 31.9.3.2). Anschließend werden für Moschusentennachzuchttiere die für die Pekingentenaufzucht ausgewiesenen Gehalte an Energie und Nährstoffen für Alleinfutter empfohlen (→ Kap. 31.8.3.1).

Fütterungsempfehlungen

In den ersten 3 bis 4 Lebenswochen sind die Nachzuchtenten und -erpel wie Masttiere zu füttern. Sie erhalten eine Futtermischung, die hinsichtlich ihrer Inhaltsstoffe einem Entenstarterfutter entspricht und in pelletierter Form *ad libitum* verabreicht wird. Danach ist eine restriktive Fütterung erforderlich. Sie entspricht einem Richtwert von 70–75 % der Verzehrsmenge bei *ad libitum* Fütterung. Entscheidend für die konkrete Futtermengenbemessung ist jedoch der für den jeweiligen Genotyp vorgegebene Lebendmasseverlauf, der durch wöchentliche Stichprobenwägungen kontrolliert wird. Bei der restriktiven Fütterung ist darauf zu achten, dass die Tiere einer Herde gleichmäßig Futter aufnehmen können. Die Fütterungseinrichtungen müssen deshalb ausreichend Fressseitenlänge für jedes Tier gewährleisten. Die täglichen Futtermengen liegen im Bereich von 150–180 g je Tier und Tag.

Legeperiode

Empfehlungen zur Energie- und Nährstoffversorgung

Für das Elterntierfutter werden die folgenden Konzentrationen an **Energie, Rohprotein** und **Aminosäuren** (je kg Alleinfutter) empfohlen (PAS, 2018): 11,7 MJ AME_N, 170 g CP, 7,5 g Lysin, 3,5 g Methionin, 6,5 g Methionin + Cystein, 5,5 g Threonin, 1,6 g Tryptophan. Auch Moschusenten passen ihre Futteraufnahme in einem gewissen Bereich dem Futterenergiegehalt annähernd an. Bei Abweichungen des Futterenergiegehaltes von der Empfehlung ist die Rohprotein- und Aminosäurenkonzentration dieser Veränderung anzupassen.

Die Konzentrationsnormen für **Mengenelemente** betragen je kg Alleinfutter: 31/3 (Enten/Erpel) g Ca, 4,0 g verfügbarer P, 3,0 g Nicht-Phytin-P, 0,6 g Mg, 1,6 g Na, 1,8 g Cl. Die für Pekingenten-Elterntiere mitgeteilten Gehaltswerte an **Spurenelementen, Vitaminen** und **essenziellen Fettsäuren** im Alleinfutter gelten auch für Moschusenten-Elterntiere, da versuchsgestützte Empfehlungen für diese Entenspezies nicht vorliegen.

Fütterungsempfehlungen

Etwa 2 bis 3 Wochen vor dem voraussichtlichen Legebeginn wird schrittweise vom Aufzuchtfutter auf das Legefutter umgestellt. Dabei erfolgt der Übergang von der restriktiven Futterzuteilung zum freien Futterangebot gleitend. In der Regel wird Alleinfutter zur freien Aufnahme eingesetzt; es sollte pelletiert sein. Schrotfutter verursacht hohe Futterverluste und ist deshalb nur in feuchtkrümeliger Beschaffenheit zu verfüttern. Im letzten Drittel der Legeperiode ist ein Verschnitt des Alleinfutters mit Getreidekörnern (80 % Alleinfutter, 20 % Getreide) zu empfehlen, weil insbesondere der Rohprotein- und Aminosäurenbedarf durch den Rückgang der Legetätigkeit niedriger liegt. Für die kombinierte Fütterung bieten sich die bereits für Pekingelterntiere mitgeteilten Varianten an. In der 2. Legeperiode werden die Moschusenten analog zur 1. Legeperiode gefüttert. Während der Legeruhe (Mauserperiode) erfolgt die Fütterung analog zu der von Pekingelterntieren.

31.8.4 Gänseelterntiere

Gänse werden mehrjährig zur Zucht benutzt, im Mittel 4–5 Jahre. Die Legeperiode beträgt bei natürlichem Lichttag etwa 20–25 Legewochen. In der überwiegenden Zeit des Jahres befindet sich die Gans in der Legeruhe. In der Legespitze erreicht die Legeintensität 50–55 % (Leistungsparameter → Tab. 31.24).
Bei der Haltung in Dunkelställen und Anwendung eines 10-h-Lichttages kann die Legeperiode auf 6–7 Legemonate verlängert werden. Dadurch fallen mehr Bruteier an und es erhöht sich die Gösselzahl pro Legegans. Die weiblichen und männlichen Elterntiere werden während der Aufzucht, Legeperiode und Legeruhe gemeinsam gehalten und gleich gefüttert. Die Futterinhaltsstoffe orientieren sich am Bedarf der weiblichen Tiere.

31.8.4.1 Aufzuchtperiode

Die Aufzuchtperiode ist bei Gänsen relativ lang. Bei Legebeginn sind die Tiere 8–9 Monate alt. Die gesamte Aufzuchtperiode unterteilt sich in zwei Abschnitte, die durch eine sehr unterschiedliche Wachstumsintensität charakterisiert sind. In der 1. Phase vom Schlupf bis zum Ende der Jungtiermauser (10.–12. Lebenswoche) wird die Energie- und Nährstoffversorgung auf die weitgehende Ausschöpfung des Wachstumspotenzials und die Federneubildung ausgerichtet. Danach folgt die 2. Phase mit einer sehr verhaltenen Entwicklung. In diesem Abschnitt muss die Fütterung Folgendes sicherstellen: keine Verfettung der Tiere und kein zu früher Legebeginn, optimale Skelettentwicklung, Ausbildung und Reifung der weiblichen bzw. männlichen Geschlechtsorgane, Erreichen der Ziellebendmasse für die jeweilige Herkunft. Insgesamt ist die Lebendmassezunahme im 2. Abschnitt gering; die Wachstumskurve flacht gegenüber dem 1. Abschnitt deutlich ab.

Empfehlungen zur Energie- und Nährstoffversorgung sowie zur Fütterung
Für die Fütterung in der 1. Phase gelten die Versorgungsempfehlungen und das Fütterungsmanagement für Jungmastgänse (→ Kap. 31.9.4). Danach erfolgt der Übergang zur Weidehaltung mit restriktiver Körnergabe. Diese kann entfallen, wenn ausreichend Weidegras sehr guter Qualität zu Verfügung steht. Wenn nur Auslaufflächen ohne bzw. mit wenig Grasbestand vorhanden sind, eignet sich auch junges Grünfutter als Futterbasis (Angebot als Langgut in Raufen). In den Wintermonaten sind Mohrrüben und hochwertige Kleegras- und Luzernegrassilagen geeignete Futtermittel. Zusätzlich ist eine geringe Körnergabe (30–50 g/d Hafer oder Gerste) anzubieten. Auch das für Gänse in der Legeruhe empfohlene energieärmere Alleinfutter (→ folgendes Kapitel) ist für die Aufzuchttiere geeignet.

31.8.4.2 Legeperiode und Legeruhe

Empfehlungen zur Energie- und Nährstoffversorgung
Eine ausreichende **Energie**versorgung während der **Legeperiode** wird mit 10,5–11,5 MJ AME_N/kg Alleinfutter sichergestellt (Jamroz et al., 1985; PAS, 2018). Auch Gänseelterntiere richten ihren Futterverzehr in einem bestimmten Bereich nach dem Energiegehalt in der Futtermischung aus. Allerdings vermindert sich bei steigendem Energiegehalt in der Futtermischung die Futteraufnahme nicht im gleichen Umfang wie der Energiegehalt ansteigt. Ein Energieüberschuss beeinträchtigt nachhaltig die Reproduktionsleistung, d. h. es fallen weniger Gössel an. Während der relativ langen Periode der **Legeruhe** reichen ~8,50 MJ AME_N/kg Alleinfutter aus.
Für eine optimale Versorgung mit **Rohprotein** und **Aminosäuren** werden bei einem Energiegehalt von ~11,0 MJ AME_N je kg lufttrockenem Alleinfutter folgende Gehalte empfohlen (PAS, 2018): 160 g Rohprotein, 6,4 g Lysin, 2,8 g Methionin, 5,4 g Methionin + Cystein, 5,8 g Threonin, 1,5 g Tryptophan. Die entsprechenden Empfehlungen für das Alleinfutter während der **Legeruhe** betragen (je kg Futter): ~8,5 MJ AME_N, 120 g Rohprotein, 4,5 g Lysin, 1,9 g Methionin, 3,6 g Methionin + Cystein, 2,7 g Threonin, 0,9 g Tryptophan. Zur Deckung des Bedarfs an **Mengenelementen** sollte das Alleinfutter während der Lege-

periode folgende Konzentrationen je kg aufweisen (WPSA, 1984; PAS, 2018): 30 g Ca; 2,8 g verfügbarer P; 2,5 g Nicht-Phytin-P; 0,4 g Mg; 1,5 g Na, 1,4 Cl bei 10,5–11,1 MJ AME_N/kg Alleinfutter. Der Bedarf an **Spurenelementen** wird mit nachstehend empfohlenen Gehalten je kg Alleinfutter gedeckt (Leeson und Summers, 2005; PAN, 2005): 40 mg Fe, 8 mg Cu, 60 mg Zn, 50–60 mg Mn, 0,4–1,0 mg I, 0,3 mg Se bei 11,1–11,5 MJ AME_N/kg.

Zur optimalen **Vitaminversorgung** der Gänseelterntiere sollte das Alleinfutter die folgenden Gehalte an Vitaminen je kg aufweisen (nach Larbier und Leclercq, 1994; Leeson und Summers, 2005): 12000 IE Vitamin A, 2000 IE Vitamin D_3, 30 mg Vitamin E, 2 mg Vitamin K_3, 2 mg Vitamin B_1, 6 mg Vitamin B_2, 3 mg Vitamin B_6, 20 µg Vitamin B_{12}, 40 mg Niacin, 15 mg Pantothensäure, 1 mg Folsäure, 0,1 mg Biotin, 600 mg Cholin. Es gibt keine Versorgungsempfehlungen für **essenzielle Fettsäuren.** Deshalb sollten die für Hennen mitgeteilten Werte verwendet werden (9 g Linolsäure und 0,55 g α-Linolsäure/kg Alleinfutter).

Fütterungsempfehlungen

Bei der Fütterung ist zwischen Legeperiode und Legeruhe zu unterscheiden. Für die **Legeperiode** wird pelletiertes Alleinfutter empfohlen. Wenn Gänseelterntierfutter nicht verfügbar ist, kann auch Legeentenalleinfutter verwendet werden. Vom Aufzuchtfutter bzw. Futter während der Legeruhe ist etwa 3 Wochen vor Legebeginn schrittweise auf das Legefutter umzustellen. Der Mischfutterverzehr beträgt 250–300 g pro Tier und Tag. Aus dem Verlauf der Legekurve resultiert, dass der Energie- und Nährstoffbedarf mit fortschreitender Dauer der Legeperiode abnimmt und somit bei gleichen Futterinhaltsstoffen während der gesamten Legeperiode eine zunehmende bedarfsüberschreitende Aufnahme erfolgt. Durch zusätzliche Grünfuttergaben oder Weidefutter und restriktive Fütterung des Elterntierfutters ist eine Anpassung an den sich verändernden Bedarf möglich. Dabei darf jedoch keine Unterversorgung auftreten.

Neben der Alleinfuttermethode ist auch die kombinierte Fütterung geeignet. Die Gänse erhalten tagsüber Ergänzungsfutter und abends pro Tier etwa 100 g Getreidekörner (bevorzugt Weizen und Hafer). Zusätzlich ist Grit anzubieten, auch wenn Getreidekörner während der Legeruhe gefüttert werden.

Während der **Legeruhe** muss die Fütterung verhalten erfolgen, um die Reproduktionskondition zu gewährleisten. Für diesen relativ langen Zeitraum besteht im Prinzip nur ein Energie- und Nährstoffbedarf für Erhaltung und Federbildung. Soweit Weide zur Verfügung steht, sollte Weidegras die wesentliche Futterbasis sein. Ansonsten eignet sich auch junges Grünfutter. Bei eingetretenem Lebendmasseverlust in der Legeperiode ist noch zusätzlich Konzentratfutter erforderlich, z. B. Gänseelterntier- oder Entenelterntierfutter im Verschnitt mit Getreidekörnern. Konzentratfuttermenge und Zufütterungsdauer müssen sich nach dem Ausmaß des Lebendmasseverlustes richten. Zu Legebeginn sollten Elterntiere die erforderliche Lebendmasse aufweisen. Während der vegetationsarmen oder -losen Periode eignen sich Mohrrüben sowie Anwelksilagen als Futtermittel, die durch geringe Hafergaben (höherer energetischer Erhaltungsbedarf in den Wintermonaten) und Mineralfutter zu ergänzen sind. Des Weiteren kann die Fütterung auch auf der Basis von pelletiertem Alleinfutter (Elterntierfutter für die Legeruhe) mit höherem Anteil faserreicherer Futtermittel (z. B. Grünmehl, Weizenkleie, Trockenschlempe) erfolgen. Für diesen Futtertyp werden folgende Gehalte empfohlen (je kg Futter): 8,5 MJ AME_N, 120 g Rohprotein, 4,5 g Lysin, 1,9 g Methionin, 3,6 g Methionin + Cystein, 2,7 g Threonin, 0,9 g Tryptophan.

31.8.5 Einfluss der Elterntierfütterung auf Bruteiqualität, embryonale Entwicklung, Schlupffähigkeit und Kükenentwicklung

Weibliche Elterntiere

Die Eiinhaltsstoffe sind während der Brutzeit die Nährstoffe der Geflügelembryonen. Ihr Gehalt in den Bruteiern ist zum Teil abhängig von den Futterinhaltsstoffen, sodass Mängel in der Elterntierfütterung zwangsläufig embryonale Entwicklung, Schlupfleistung und Kükenqualität beeinträchtigen können. Die Zahl möglicher Nachkommen hängt vom Anteil brutfähiger Eier ab. Auch dieser Parameter wird von der Elterntierernährung beeinflusst. Neben der Nährstoffversorgung sind ferner nachteilige Effekte antinutritiver Substanzen auf die Reproduktionsparameter möglich. Einfluss hat auch die Aufzuchtfütterung. Für den Befruchtungserfolg bei den Bruteiern ist in erster Linie die Spermaqualität der Hähne (Erpel, Ganter) verantwortlich. Nachfolgend werden einige ausgewählte Einflussfaktoren dargelegt.

Energie. Von den Normvorgaben abweichende Wachstumskurven während der Aufzucht, z. B. übergewichtige Broilerelterntierjunghennen infolge überhöhter Energieaufnahme, führen zu weniger bruttauglichen Eiern und somit weniger Küken. Auch während der Legeperiode und der Legeruhe ist die Energieversorgung so zu gestalten, dass ein übermäßiger Fettansatz vermieden wird. Verfettete weibliche Elterntiere sind insgesamt leistungsschwächer, legen leichtere Eier, womit sich die Zahl an bruttauglichen Eiern und damit an Küken deutlich vermindert. Energiemangel bei gleichzeitig hoher Rohproteinaufnahme kann die Schlupfleistung beeinträchtigen.

Protein- und Aminosäuren. Aufgrund der genetischen Determination ist das Aminosäurenmuster der einzelnen Eiproteine durch die Fütterung nicht beeinflussbar. Jedoch hat das AS-Versorgungsniveau einen Einfluss auf den Anteil der Eikomponenten Eiklar und Eidotter. Ein Methionindefizit vermindert das Eiklargewicht, ohne den Dotteranteil zu verändern. Dieser verringert sich demgegenüber bei einer Unterversorgung mit Lysin. Diese differenzierte Einflussnahme resultiert aus dem unterschiedlichen Aminosäurenmuster der Proteine beider Eikomponenten. Veränderte Anteile beider Komponenten im Brutei können die Embryogenese beeinflussen. Ein reduzierter Eiklaranteil bewirkt in der letzten Phase der embryonalen Entwicklung ein verhaltenes Wachstum mit der Folge eines verminderten Schlupfgewichts.

Mineralstoffe. Die Eischalenbeschaffenheit beeinflusst eindeutig die Embryonalentwicklung und die Schlupffähigkeit. Deshalb müssen analog zur Produktion von Konsumeiern alle Ernährungsfaktoren (neben Mineralstoffen auch Vitamine, → Kap. 31.7.3), die die Eischalenqualität beeinflussen, optimal gestaltet werden. Die Konzentration verschiedener Spurenelemente im Brutei ist abhängig von der Versorgung der weiblichen Elterntiere. Sie muss neben einer optimalen Versorgung des Embryos außerdem eine Reservebildung in Leber und Dottersack des Eintagskükens sicherstellen. Auf das Spurenelement Iod wird im Zusammenhang mit antinutritiven Inhaltsstoffen eingegangen.

Vitamine. Der Vitamingehalt im Brutei kann sowohl die embryonale Entwicklung als auch das Wachstum nach dem Schlupf beeinflussen. Insbesondere bei den wasserlöslichen Vitaminen wirkt sich ein Futterdefizit bei den Elterntieren relativ schnell ungünstig aus, denn diese Vitamine werden im Körper, mit Ausnahme von Vitamin B_{12}, kaum gespeichert. Der Gehalt im Ei vermindert sich dadurch sehr rasch. Ein deutliches Defizit steigert die embryonale Mortalität und bewirkt Missbildungen. Im Ergebnis wird die Schlupfleistung gemindert (→ Tab. 31.39, → Abb. 31.12). Bei mäßiger Unterversorgung wird zwar die embryonale Entwicklung nicht oder kaum beeinträchtigt, aber bei den geschlüpften Küken können Entwicklungsstörungen auftreten, z. B. vermindertes Wachstum und eine erhöhte Perosisinzidenz (insbesondere bei Folsäure- und Biotinunterversorgung). Außerdem ist eine gewisse Vitaminreserve im Dottersack und in der Leber für ein ungestörtes Wachstum nach dem Schlupf wichtig.

Essenzielle Fettsäuren. Auf die Veränderung des Fettsäurenmusters im Eidotterfett durch Menge und Fettsäurenzusammensetzung des Futterfettes wird bereits im Kapitel 31.7.3 hingewiesen. Diese Abhängigkeit betrifft insbesondere essenzielle Fettsäuren, die für Embryonen lebensnotwendig sind. Ein Defizit im Elterntierfutter und demzufolge eine niedrige Konzentration im Brutei verursacht folgende negative Effekte: erhöhte embryonale Sterblichkeit, Mangelsymptome, Wachstumsstörungen und erhöhte Verluste bei den geschlüpften Küken. Eine unzureichende Versorgung der weiblichen Elterntiere mit essenziellen Fettsäuren vermindert außerdem das Eigewicht. Daraus ergibt sich ein geringerer Bruteieranteil und weniger Küken pro weiblichem Elterntier.

Antinutritive Futterinhaltsstoffe. Verschiedene antinutritive Inhaltsstoffe können die Reproduktionsparameter nachteilig beeinflussen (insbesondere schlechtere Schlupfleistung durch erhöhte Embryonensterblichkeit). Hierzu zählen die Pyrimidinglucoside Vicin und Convicin in Ackerbohnen, Glucosinolate in Rapsfuttermitteln, Gossypol in Baumwollsaatextraktionsschrot und Eruca-

Tab. 31.39
Einfluss von Broilerelterntierfutter (Hauptkomponenten Mais und Sojaextraktionsschrot) ohne Ergänzung von Vitaminen des B-Komplexes auf die Schlupffähigkeit der Küken (in % der befruchteten Eier)[1].

Versuchswoche	Kontrolle[2]	Ohne Ergänzung von					
		Vitamin B_2	Vitamin B_{12}	Niacin	Pantothensäure	Folsäure	Biotin
1	95	95	97	96	94	97	86
3	97	55	95	87	81	89	83
5	98	19*	84	61*	74*	30*	63*
7	92	1*	61*	69	26*	19*	54*
13	88	0*	27*	50	54	38*	52
15[3]	90	0*	21*	38*	56	70	96
17	95	57*	50	61	40*	85	90
19	97	96	99	98	97	99	99

1 Leeson und Summers (2005), 2 kein Vitaminentzug, 3 Vitamine wieder ergänzt, * signifikante Differenz zur Kontrolle

säure im Rapsöl früherer Sorten. Bei erhöhter Glucosinolatkonzentration im Elterntierfutter gelangt infolge gestörten Iodstoffwechsels weniger Iod in die Bruteier. Dies verursacht bei den geschlüpften Küken Wachstumsstörungen und Schilddrüsenhyperthrophie. Um antinutritive Effekte auf Reproduktionsparameter auszuschließen, sind die Einsatzgrenzen von Futtermitteln mit kritischen Inhaltsstoffen einzuhalten (→ Kap. 31.4).

Männliche Elterntiere

Grundsätzlich muss die Fütterung eine optimale Reproduktionskondition gewährleisten. Energie- und Nährstoffversorgung orientieren sich an den Vorgaben zur Entwicklung der Körpermasse während der Aufzucht und an ihrem weiteren Verlauf im reproduktiven Alter. Eine durch übermäßige Energieaufnahme induzierte Verfettung der Tiere führt zu folgenden negativen Effekten: deutlich verringerte Hodenmasse, starke Abnahme der Spermienkonzentration, verändertes Fettsäurenprofil des Spermas (u. a. verringerter Linol-

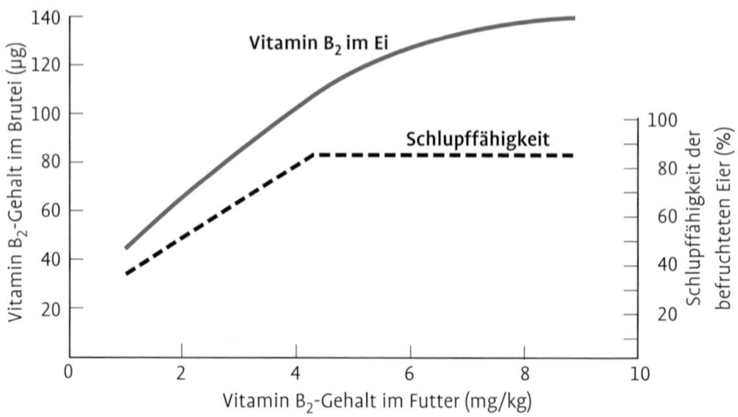

Abb. 31.12
Beziehung zwischen Vitamingehalt im Brutei und Schlupffähigkeit bei Hennen am Beispiel von Vitamin B_2 (Jeroch, 1970).

säureanteil) und Rückgang der Plasmatestosteronkonzentration. Auch Energiemangel beeinflusst die Fruchtbarkeit negativ und kann bis zur Sterilität führen. Mängel in der Versorgung mit Aminosäuren, Vitamin A, Vitamin E und Selen führen zu Störungen in der Spermaproduktion. Zusätzliche Vitamin-C-Gaben zeigten bei Hitzestress positive Wirkungen auf die Leistungsmerkmale von Hähnen. Die Eigensynthese reicht in dieser Situation zur Bedarfsdeckung nicht aus. Bei unzureichender Versorgung mit essenziellen Fettsäuren während der Aufzucht von Leghornhähnen wurden folgende Störungen beobachtet: reduziertes Hodengewicht, verminderte Samenmenge, Spermienkonzentration und -beweglichkeit sowie herabgesetzte Befruchtungsfähigkeit. Nachteilige Wirkungen wurden auch bei Futtermischungen mit erhöhten Gehalten an antinutritiven Inhaltsstoffen beobachtet. Deshalb sind grundsätzlich die Höchstanteile für kritische Rohstoffe einzuhalten (→ Kap. 31.4). Auch ein schroffer Futterwechsel kann nachteilig wirken und sollte vermieden werden. Die Rezepturen sollten bei der Hahnenfütterung stabil sein.

31.9 Fütterung des Mastgeflügels

Zum Mastgeflügel zählen vor allem **Broiler (Jungmasthühner), Mastputen, Mastenten** und **Mastgänse.** Darüber hinaus werden in sehr geringem Umfang die Jungtiere weiterer Geflügelarten **(Perlhühner, Fasane, Tauben, Wachteln, Strauße)** gemästet (sogenannte Nischen- oder Spezialitätenproduktion). Eine Übersicht zu Mast- und Schlachtleistungsdaten von Broilern, schweren Mastputen und Wassergeflügel vermittelt Tabelle 31.40. Die angegebenen Leistungen sind im Mittel erzielbar. Durch eine Reihe von Einflussfaktoren (Fütterung, Genetik, Umwelt, Management) können sie modifiziert werden.

Tab. 31.40
Mast-und Schlachtleistungsdaten von Mastgeflügel[1].

Mastgeflügel	Geschlecht	Mastdauer	Lebendmasse (kg/Tier)	Futteraufwand (kg Futter/ kg Zunahme)	Schlachtausbeute (% der Mastend-Masse)	Brustfleisch (% des Schlachtkörpers)	Abdominalfett (% des Schlachtkörpers)
Broiler, schnell wachsend	m[4] + w[5]	29–32[2]	1,5–1,6	1,55	73–74	35	1,5
	m + w	36–38[2]	2,0–2,2	1,65	74–75	37	1,7
Schwere Mastputen	m	22[3]	23,7	2,65	83–84	36	1,5
	w	16[3]	11,2	2,45	83–84	39	1,5
Pekingenten	m + w	7[3]	3,8	2,3	70–74	19	1,5
Moschusenten	m	11–12[3]	4,6–4,9	2,4–2,5	74	24,5	1,7
	w	9–10[3]	2,6–2,8	2,5–2,6	74	23,5	1,9
Gänse, Jungtiermast	m + w	16[3]	6,5	2,70–2,90	58	18	4,5
Gänse, Weidemast	m + w	21–33[3]	6,5		62	20	6,5

1 aus aktuellen Managementprogrammen von Zuchtunternehmen, Leistungsprüfungen, Geflügeljahrbuch und Versuchen, 2 Tage, 3 Wochen, 4 männliche Tiere, 5 weibliche Tiere

31.9.1 Broiler (Jungmasthühner)

Bei **Broilern** handelt es sich um Jungmasthühner männlichen und weiblichen Geschlechts unterschiedlicher Wachstumsintensität. Die Mast schnellwachsender Tiere erfolgt über die Kurzmast und Mittellangmast:

- **Kurzmast:** Endprodukt „Grillbroiler", Mastdauer 29–32 Tage, Mastendmasse im Mittel beider Geschlechter ~1500–1600 g/Tier,
- **Mittellangmast:** Schwerere Schlachtkörper für die Teilstückevermarktung, gemeinsame Mast beider Geschlechter 36–38 Tage, mittleres Mastendgewicht ~2000–2200 g/Tier.

Derzeit dominiert die Mittellangmast. Des Weiteren gibt es noch die **Langmast,** die als Freilandmast mit langsamer wachsenden Genotypen (Markenfleischprogramme, Öko-Mast) durchgeführt wird. Die Mastdauer beträgt 10–12 Wochen bzw. bei der Öko-Mast sind mindestens 81 Masttage vorgeschrieben. In Abhängigkeit vom Genotyp wird eine Mastendmasse von ~2500–3500 g/Tier erreicht.

Wachstum und chemische Körperzusammensetzung

Den Wachstumsverlauf und die Veränderungen bei der Tageszunahme mit fortschreitendem Alter schnell wachsender männlicher und weiblicher Broiler zeigt Abbildung 31.13. Die Lebendmassedifferenz zwischen beiden Geschlechtern erhöht sich mit zunehmendem Tieralter kontinuierlich. Bis zur 6. Lebenswoche steigen die mittleren Tageszunahmen an und sind danach rückläufig. Zu diesem Zeitpunkt haben die Masttiere etwa 40 % ihrer Endlebendmasse erreicht.

Während des Wachstums verändert sich die chemische Zusammensetzung des Broilerganzkörpers (→ Tab. 31.41). Die Veränderungen lassen sich wie folgt zusammenfassen:

- deutliche Abnahme des Wassergehaltes bzw. Zunahme des Trockensubstanzgehaltes,
- Anstieg des Rohproteingehaltes,
- deutliche Erhöhung des Rohfettgehaltes (bei weiblichen noch stärker als bei männlichen Broilern),
- leichter Anstieg des Rohaschegehaltes.

Im Vergleich zu Broilern vor rund 50 Jahren mit deutlich geringerer Wachstumsintensität sind die Ganzkörper des derzeitigen Tiermaterials bedeutend fettreicher. Insbesondere sind die Fettablagerungen in der Haut und im Abdomen angestiegen und zwischen den Muskeln befinden sich sogenannte „Fettschleier". Bei den langsam wachsenden Herkünften ist der Fettgehalt gegenüber den intensiv wachsenden Broilern etwas geringer. Der Fettgehalt im Broilerkörper ist außerdem fütterungsabhängig (→ Kap. 31.9.5).

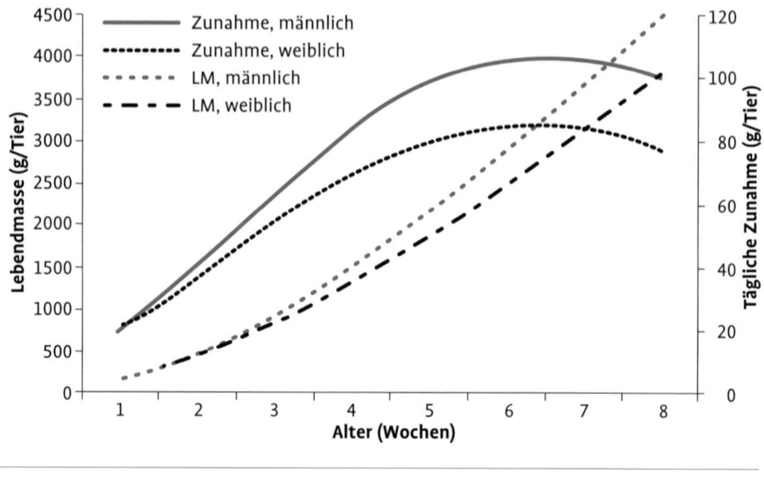

Abb. 31.13 Lebendmasseentwicklung und tägliche Zunahme von Broilern in Abhängigkeit von Alter und Geschlecht (Anfangslebendmasse 40–42 g), Quelle: Ross (2008).

Tab. 31.41
Chemische Zusammensetzung und Energiegehalt intensiv wachsender männlicher und weiblicher Broiler in Abhängigkeit vom Alter (Angaben bezogen auf Frischsubstanz)[1]

Alter	Wasser (%)		Protein (%)		Fett (%)		Asche (%)		Energie (kJ/g)	
	m[2]	w[3]	m	w	m	w	m	w	m	w
Eintagsküken	75,3	75,3	16,0	16,0	5,5	5,5	3,2	3,2	6,0	6,0
2 Wochen	69,5	68,6	17,0	17,0	10,0	11,0	3,5	3,4	8,0	8,4
5 Wochen	64,4	63,2	19,8	19,4	12,2	14,0	3,5	3,4	9,6	10,2
6 Wochen	60,5	57,5	20,8	20,5	15,5	18,9	3,2	3,1	11,1	12,4
8 Wochen	58,7	56,3	21,1	20,8	17,2	20,0	3,0	2,9	11,9	12,9

1 nach Dänicke und Jeroch (2008), Kirchgessner et al. (2008) sowie weiteren Quellen, 2 männliche Broiler, 3 weibliche Broiler

Empfehlungen zur Energie- und Nährstoffversorgung

Der Energie- und Nährstoffbedarf (Rohprotein, Aminosäuren, Mengenelemente) schnellwachsender Broiler wird mit der **faktoriellen Methode** ermittelt (GfE, 1999).

Umsetzbare Energie

Der Broiler benötigt Energie für Erhaltung und Leistung in Form von Wachstum (Teilbedarfswerte), die zusammen den Gesamtbedarf ergeben. Beide Bedarfsgrößen hängen jeweils von verschiedenen Faktoren ab. Die Höhe des energetischen **Erhaltungsbedarfs** wird in erster Linie von der Lebendmasse der Tiere bestimmt, wobei die Bezugsbasis die metabolische Körpermasse (kg $LM^{0,75}$) bildet. In Auswertung der Literatur hat die GfE (1999) den täglichen Erhaltungsbedarf (AME_N) mit **480 kJ/kg $LM^{0,75}$** festgelegt. Dieser Bedarfswert gilt für den altersabhängigen thermoneutralen Temperaturbereich, dem die Umgebungstemperatur in der herkömmlichen Broilermast angepasst werden sollte. Abweichungen von der optimalen Umgebungstemperatur verändern den Erhaltungsbedarf. Dies kann z. B. bei der ökologischen Langmast der Fall sein, wenn die Tiere im Auslauf niedrigeren Temperaturen ausgesetzt sind oder eine Hitzebelastung vorliegt. Aber auch bei ausschließlicher Stallhaltung sind in den späteren Mastwochen bei hohen Außentemperaturen während der Sommermonate deutlich höhere Temperaturen im Maststall möglich. Die stärkere Bewegungsaktivität bei der Auslaufhaltung (alternative Mastformen) im Vergleich zur Bodenhaltung (herkömmliche Mast) erhöht gleichfalls den Erhaltungsbedarf; die Größenordnung kann jedoch derzeit infolge fehlender Untersuchungsergebnisse nicht quantifiziert werden.

Zur Kalkulation des **Leistungsbedarfs** sind als Ausgangsdaten der Energieansatz in Form von Körperprotein und -fett sowie die jeweiligen Teilwirkungsgrade der umsetzbaren Energie für beide Ansatzleistungen (Körperproteinenergie, Körperfettenergie) erforderlich. Die Ansatzdaten errechnen sich aus der Zunahme, dem Protein- und Fettgehalt im Zuwachs und dem Energiegehalt je Mengeneinheit Protein bzw. Fett. Da sich die chemische Körperzusammensetzung während des Wachstumsverlaufs verändert (→ Tab. 31.41) und außerdem Geschlechterunterschiede bestehen (weibliche Tiere sind fettreicher), sind solche Berechnungen für kurze Altersabschnitte (Lebenswoche) notwendig, und sie werden für männliche und weibliche Broiler getrennt vorgenommen. Den Ansatzverlauf für Fett und Protein bei männlichen und weiblichen Broilern vermittelt Tabelle 31.42. Diese Daten beziehen sich auf die gleichfalls in dieser Tabelle genannte Lebendmasseentwicklung männlicher und weiblicher Broiler. Die Teilwirkungsgrade der umsetzbaren Energie für die retinierte Protein- bzw. Fettenergie betragen 0,52 (entspricht 1,94 kJ umsetzbare Energie/kJ Proteinenergieansatz) bzw. 0,84 (entspricht 1,19 kJ umsetzbare Energie/kJ Fettenergieansatz).

Tab. 31.42
Ausgangsdaten für die Ermittlung des Energiebedarfs männlicher und weiblicher Broiler und kalkulierte Bedarfswerte.

Alter Woche	LM am Ende der Woche[1, 2] (g)		Proteinansatz (g/100g LM-Zunahme)		Fettansatz, gesamt (g/100g LM-Zunahme)		AME_N-Gesamtbedarf (MJ/d)	
			Federn	Tierkörper ohne Federn				
	m	w	m/w	m/w	m	w	m	w
1	170	150	1,1	14,5	11,5	11,5	0,32	0,28
2	400	360	1,2	15,9	13,4	14,0	0,65	0,62
3	750	690	2,6	16,1	15,9	16,5	1,14	1,07
4	1230	1110	3,0	16,3	16,4	17,5	1,60	1,46
5	1770	1560	3,8	16,4	16,8	18,9	1,98	1,77
6	2330	2000	4,3	16,4	17,2	20,1	2,24	1,94
7	2870	2400	4,5	16,5	17,5	21,5	2,36	1,99
8	3350	2740	4,5	16,5	17,8	23,0	2,38	1,96

m = männlich, w = weiblich, Anfangsmasse 42 g (m/w),
1 mittlere LM in der Mastwoche = $(LM_{n-1} + LM_n)$: 2 ist notwendig für die Berechnung des Erhaltungsbedarfes,
2 täglicher LM-Zuwachs in der Mastwoche $(LM_n - LM_{n-1})$: 7

Auf der Grundlage der Ausgangsdaten für den Erhaltungs- und Leistungsbedarf lässt sich der Gesamtbedarf an umsetzbarer Energie mit folgender Gleichung berechnen:

$$AME_N\ (MJ/d) =$$
$$480 \cdot LM\ kg^{0,75} + (1/0,52) \cdot RPE + (1/0,84) \cdot RFE$$

$LM\ kg^{0,75}$ = Metabolische LM ($kg^{0,75}$)
RPE = Retinierte Proteinenergie (kJ/d) = Proteinansatz in Federn und Tierkörper (g/d) · 23,86
RFE = Retinierte Fettenenergie (kJ/d) = Fettansatz (g/d) · 39,77

Der Bedarf männlicher und weiblicher Broiler an umsetzbarer Energie (AME_N) unterscheidet sich mit fortschreitendem Alter infolge der zunehmendem Wachstumsdifferenzierung immer stärker (→ Tab. 31.42). Der höhere Fettansatz bei den weiblichen Tieren bewirkt, dass die Unterschiede zwischen den Geschlechtern nicht noch deutlicher ausfallen. Mit zunehmendem Alter steigt der Anteil des Erhaltungsbedarfs am Gesamtbedarf und beträgt in der 8. Lebenswoche mehr als 50 %.

Zur Deckung des Energiebedarfs schnellwachsender Broiler sind in den Futtermischungen (vorrangig Alleinfutter) die in Tabelle 31.43 ausgewiesenen **Energiekonzentrationen** erforderlich. Geringe Abweichungen von den Empfehlungen können die Tiere durch Veränderungen im Futterverzehr kompensieren, nicht jedoch größere Unter- bzw. Übergehalte in den Futtermischungen. Diese haben unterschiedliche Auswirkungen. Ein stärkerer Rückgang im Futterenergiegehalt hat geringeres Wachstum infolge vermindertem Proteinansatz zur Folge. Ein überhöhter Gehalt an umsetzbarer Energie in den Mastmischungen bewirkt fettreichere Broiler, aber kaum höheres Wachstum. Zur Erzielung eines gebremsten Fettansatzes wird für die Mastperiode 3 bei der Mittellangmast eine leichte Reduktion des Futterenergiegehaltes empfohlen (→ Tab. 31.43).
Die Empfehlungen zur Energiekonzentration in den Futtermischungen (→ Tab. 31.43) sind für die gemischtgeschlechtliche Mast formuliert. Sie orientieren sich aber an den Anforderungen der männlichen Tiere. Bereits aus älteren Untersuchungen ist bekannt, dass das Wachstumspotenzial weiblicher Broiler mit etwas geringerem

Tab. 31.43
Empfehlungen zum Gehalt an umsetzbarer Energie in Alleinfutter für intensiv wachsende Broiler[1].

	Mastperiode		
	1	2	3
Alter (d)	1–14	15–35	>35
AME_N (MJ/kg)	12,5	13,0	13,4 (13,0)[2]

1 Jeroch und Dänicke (2016),
2 Empfohlene Reduktion des Energiegehaltes bei der Mittellangmast und Langmast

Energiegehalt in den Mastmischungen (~5 %) bei leicht vermindertem Körperfettansatz optimal ausgeschöpft wird. Bei getrennter Mast der weiblichen Tiere sollten deshalb die Empfehlungen nach unten korrigiert werden.
Die Anforderungen **langsam wachsender Broilerherkünfte** an den Energiegehalt des Alleinfutters sind im Vergleich zu den intensiv wachsenden Broilern geringer. Außerdem kann eine durch mäßigen Futterenergiegehalt bewirkte Wachstumsverlangsamung später kompensiert werden (kompensatorisches Wachstum). Die Alleinfutter sollten altersabhängig folgende Energiegehalte aufweisen:

- 1–4 Wochen 11,0–12,0 MJ AME_N/kg Alleinfutter
- 5–8 Wochen 11,5–12,5 MJ AME_N/kg Alleinfutter
- 9 Wochen bis Mastende 11,5–12,5 MJ AME_N/kg Alleinfutter

Rohprotein und essenzielle Aminosäuren
Der Gesamtproteinbedarf ist die Summe aus dem Bedarf für Erhaltung und Proteinansatz (Leistung). Dabei wird zwischen dem Ansatz im Tierkörper und in den Federn unterschieden.
Der deutlich unterschiedliche Proteingehalt in Federn und Tierkörper, das sehr verschiedene AS-Profil in beiden Fraktionen (Federprotein: sehr reich an Cystin, wenig Lysin und Methionin; Körperprotein: reich an Lysin und Methionin) sowie die sich verändernden Anteile am Gesamtkörper im Wachstumsverlauf erfordern eine getrennte Bedarfskalkulation für beide Ansatzleistungen. Die Ableitung erfolgt zunächst für Rohprotein, danach für die essenziellen Aminosäuren.
Der **Erhaltungsbedarf** wird mit 2,8 g Rohprotein je kg $LM^{0,67}$ veranschlagt (GfE, 1999). Er berücksichtigt eine gewisse genetisch bedingte Variation. Vergleichsweise zum Energieerhaltungsbedarf hat die Haltungsform in der Regel keinen Einfluss auf diesen Parameter. Den Proteinansatz in Federn und Ganzkörper ohne Federn vermittelt Tabelle 31.44. Diese Daten beziehen sich auf den gleichfalls mitgeteilten Lebendmasseverlauf männlicher und weiblicher Broiler. Der mittlere Verwertungsgrad des Futterrohproteins für den Ansatz beträgt 0,6 g/g (bzw. 60 %). Auf der Grundlage dieser Ausgangsdaten kann der tägliche Gesamtproteinbedarf mit der folgenden Gleichung kalkuliert werden:

$$\text{Rohproteinbedarf (g/d)} = 2{,}8\,\text{g/LM kg}^{0,75} + (CP_F + CP_{TK}) \cdot 0{,}6$$

CP_F = Rohproteinansatz in den Federn (g/d)
CP_{TK} = Rohproteinansatz im Tierkörper ohne Federn (g/d)

Der so berechnete Gesamtbedarf an Rohprotein (g/d) ist für männliche und weibliche Broiler für die einzelnen Mastwochen in Tabelle 31.44 ausgewiesen.
Die Beziehung zum Energiebedarf (→ Tab. 31.43) wird über die Angabe des Quotienten Rohprotein : AME_N (g CP/MJ AME_N) hergestellt (→ Tab. 31.44). Danach benötigen Broiler beiderlei Geschlechts in den ersten Mastwochen ein ähnliches Protein/Energie-Verhältnis in den Futtermischungen. Im weiteren Mastverlauf treten zunehmend stärkere Unterschiede zwischen männlichen und weiblichen Broilern auf. Aufgrund des intensiveren Wachstum und des geringeren Fettansatzes ist für männliche Tiere in den letzten Mastwochen ein engeres Verhältnis von Rohprotein zu Energie im Futter erforderlich. Für die empfohlenen altersabhängigen Energiegehalte in Alleinfuttermischungen für Broiler (→ Tab. 31.44) errechnen sich die in Tabelle 31.45 ausgewiesenen Rohproteingehalte je kg Alleinfutter (mit 5–10 % Sicherheitszuschlag).
Im letzten Altersabschnitt ist die Differenz zwischen männlichen und weiblichen Broilern bei der Rohproteingehaltsempfehlung größer. Die Konsequenz für die praktische Fütterung wird später erörtert. Die Angaben zum Rohproteinbedarf unterstellen ein Idealprotein, d. h. die Aminosäurenzusammensetzung des Futterproteins

Tab. 31.44
Ermittlung des Rohproteinbedarfes männlicher und weiblicher Broiler.

Alter Woche	LM am Ende der Woche[1, 2] (g)		Proteinansatz (g/100g LM-Zunahme)		CP-Bedarf (g/d)		CP : AME_N (g/MJ)	
			Federn	Tierkörper				
	m	w	m/w	m/w	m	w	m	w
1	170	150	1,1	14,5	5,3	4,6	16,8	16,5
2	400	360	1,2	15,9	10,4	9,9	16,1	16,0
3	750	690	2,6	16,1	17,9	16,4	15,7	15,4
4	1230	1110	3,0	16,3	24,4	21,7	15,3	14,8
5	1770	1560	3,8	16,4	29,7	25,1	15,0	14,2
6	2330	2000	4,3	16,4	32,1	25,7	14,4	13,3
7	2870	2400	4,5	16,5	32,1	24,6	13,6	12,3
8	3350	2740	4,5	16,5	30,1	22,1	12,7	11,3

m = männlich, w = weiblich, Anfangsmasse 42 g (m/w),
1 mittlere LM in der Mastwoche = (LM_{n-1} + LM_n) : 2 ist notwendig für die Berechnung des Erhaltungsbedarfes,
2 täglicher LM-Zuwachs in der Mastwoche (LM_n − LM_{n-1}) : 7

sollte hierbei optimal auf den Bedarf an jeder essenziellen Aminosäure abgestimmt sein (→ Teil 1 Ernährungsphysiologie, Kap. 7.5.2). Des Weiteren nehmen die Tiere mit diesen Proteinmengen ausreichend Amino-N zur Synthese von nichtessenziellen Aminosäuren auf. Grundsätzlich gibt es aber keinen Bedarf an Rohprotein, sondern einen Bedarf an **essenziellen Aminosäuren** sowie an Aminostickstoff.
Analog zur faktoriellen Ableitung des Proteinbedarfs kann der Bedarf an den einzelnen essenziellen Aminosäuren abgeleitet werden. Diese Methode berücksichtigt wiederum die Anforderungen für Erhaltung und Leistung nach der folgenden Gleichung:

$$\text{Aminosäurenbedarf (g/d)} = \frac{AS_m + AS_F + AS_{TK}}{\text{AS-Verwertung}}$$

AS_m = Aminosäurenerhaltungsbedarf (g/d),
AS_F = Ansatz der Aminosäure im Federprotein (g/d),
AS_{TK} = Ansatz der Aminosäure im Tierkörperprotein ohne Federprotein (g/d),
AS-Verwertung = Mittlerer Verwertungsgrad der Futteraminosäure für ihren Ansatz

Die für die AS-Bedarfsableitung erforderlichen Ausgangsdaten sind in Tabelle 31.46 zusammengestellt. Beim Erhaltungsbedarf bestehen durchaus Unterschiede zwischen den Aminosäuren. Von den aufgeführten AS ist der Bedarf an S-haltigen AS am höchsten und beim Tryptophan am niedrigsten. Lysin wird hauptsächlich im federfreien Tierkörper angesetzt. Demgegenüber enthält das Federprotein einen hohen Anteil an S-haltigen AS, vorrangig Cystin.
Ausgehend vom LM-abhängigen AS-Ansatz im Broilerkörper (ohne Federn) und in den Federn (errechnet jeweils aus den Proteinansatzdaten, → Tab. 31.44) und deren AS-Zusammensetzung

Tab. 31.45
Empfohlener Rohproteingehalt für männliche und weibliche Broiler (g/kg Alleinfutter)[1].

Geschlecht	Alter in Wochen		
	1 + 2	3–5	6–8
Männlich	230	215	200
Weiblich	225	210	190

1 Bei gemeinsamer Mast sind die Gehalte für die männlichen Broiler verbindlich.

Aminosäure	AS-Erhaltungsbedarf (mg/kg LM)	AS-Zusammensetzung (g/100 g CP)		Gesamtverwertung[2]
		Tierkörper (ohne Federn)	Federn	
Lys	41	7,0	1,8	0,68
Met	38	2,5	0,6	0,70
Met + Cys	72	3,8	8,8	0,66
Thr	65	3,9	4,8	0,65
Trp	10	1,0	0,7	0,66

1 GfE (1999),
2 Produkt aus intermediärer Verwertung und wahrer praecaecaler Verdaulichkeit (Einzeldaten s. GfE, 1999)

Tab. 31.46
Ausgangsdaten für die Bedarfsableitung von ausgewählten essenziellen Aminosäuren bei Broilern[1].

(→ Tab. 31.46), dem LM-abhängigen AS-Erhaltungsbedarf und der jeweiligen AS-Gesamtverwertung ist mittels bereits mitgeteilter Gleichung (→ Seite 642) der AS-Bedarf kalkuliert worden. Die Daten für die sogenannten Eckaminosäuren sind in Tabelle 31.47 zusammengestellt.
Für die praktische Fütterung sind konkrete Angaben zu den AS-Gehalten im Futter erforderlich. Diese müssen immer in Beziehung zum Energiegehalt des Futters gesetzt werden, um Unter- wie auch Überversorgung zu vermeiden. Denn wie mehrfach ausgeführt, variiert der Energiegehalt des Futters die Futteraufnahme, d. h. er ist auch beim Broiler die bestimmende Einflussgröße für den Futterverzehr. Aus den Angaben zum Energiebedarf (→ Tab. 31.42) und zum AS-Bedarf (→ Tab. 31.47) lassen sich die Mengen (in g) an den einzelnen essenziellen AS je MJ AME_N errechnen (in Analogie zum Rohprotein), die in Tabelle 31.48 für die Mastabschnitte 1 + 2, 3–5 und 6–8 Wochen zusammengestellt sind. Mithilfe dieser Daten ist es dann möglich, die erforderlichen Gehalte an Aminosäuren für vorgegebene Energiegehalte in Alleinfutter zu kalkulieren (→ Tab. 31.48). Diese Übersicht zeigt, dass sich der Bedarf an den einzelnen essenziellen Aminosäuren je MJ AME_N

Tab. 31.47
Gesamtbedarf an ausgewählten essenziellen Aminosäuren von männlichen und weiblichen Broilern[1].

Lebenswoche	Aminosäure (mg/g Lebendmassezuwachs einschließlich Erhaltungsbedarf)				
	Lys	Met	Met + Cys	Thr	Trp
1	15,5[2]/15,5[3]	5,6/5,6	10,4/10,5	10,1/10,2	2,4/2,4
2	17,2/17,2	6,2/6,3	11,7/11,6	11,3/11,3	2,7/2,7
3	18,0/18,0	6,6/6,6	13,9/14,0	12,7/12,7	2,9/2,9
4	18,5/18,5	6,9/6,9	15,0/15,0	13,5/13,5	3,0/3,0
5	19,1/19,2	7,2/7,3	16,6/16,8	14,5/14,7	3,2/3,2
6	19,6/19,8	7,6/7,8	17,9/18,2	15,5/15,8	3,3/3,4
7	20,3/20,6	8,1/8,4	19,1/19,7	16,6/17,1	3,5/3,6
8	21,0/21,5	8,7/9,2	20,3/21,2	17,6/18,5	3,7/3,8

1 Bedarfswerte für weitere essenzielle Aminosäuren sind der GfE-Broschüre (1999) zu entnehmen, 2 männlich, 3 weiblich

analog zum Rohproteinbedarf im Verlauf der Mast, d. h. mit ansteigender Lebendmasse verringert. Der wesentliche Grund für diesen Rückgang ist der zunehmende Fettansatz der Tiere. Auch bestehen Unterschiede zwischen den Geschlechtern; der Bedarf (g AS/MJ AME_N) liegt ebenso wie beim Rohprotein mit zunehmendem Alter bei den weiblichen Broilern niedriger. Dieser Aspekt ist bei getrennter Mast der Geschlechter wichtig. Bei der dominierenden gemeinsamen Mast basieren die Fütterungsprogramme auf den AS-Versorgungsempfehlungen für männliche Tiere.

Neben dem Bedarf verändern sich mit fortschreitendem Alter der Tiere bzw. mit zunehmender Mastdauer (→ Tab. 31.48) auch die AS-Relationen zur Bezugsaminosäure Lysin (=100). Das Verhältnis von Methionin + Cystein und Threonin zu Lysin verengt sich z. B. sehr deutlich. Nur bei Tryptophan und Histidin bleibt die Relation während der gesamten 8 Wochen konstant. In den einzelnen Alters- bzw. Mastabschnitten sind somit unterschiedliche AS-Muster beim Futterprotein erforderlich bzw. die Anforderungen an die ideale AS-Zusammensetzung des Futterproteins (Idealprotein) ändern sich im Verlauf der Mast. Ein Idealprotein mit konstanten AS-Verhältnissen für die gesamte Mast ist somit vergleichsweise zur Eierproduktion nicht möglich. Die Ursache für die genannten Veränderungen liegt in dem zunehmenden relativen Anteil der benötigten Aminosäuren für Erhaltung und Federbildung gegenüber dem Muskelansatz. Denn für jede dieser Leistungen wird ein sehr verschieden zusammengesetztes Futterprotein benötigt. Generell eignet sich das Konzept des idealen Proteins zur Optimierung der AS-Versorgung von Broilern; es ist auf der Basis der pcd AS weiter zu entwickeln und zu präzisieren.

Die in Tabelle 31.49 für männliche Broiler mitgeteilten **Versorgungsempfehlungen** für Alleinfutter berücksichtigen die Altersabschnitte 1 + 2, 3–5 und 6–8 Wochen. Bei der dominierenden gemeinsamen Mast beider Geschlechter sind diese dann auch für die weiblichen Tiere verbindlich. Diese

Tab. 31.48
Empfehlungen zur Aminosäurenversorgung von männlichen und weiblichen Broilern in g/MJ AME_N[1].

Aminosäure	Lebenswochen					
	1 + 2[2]		3–5[2]		6–8[2]	
	(g/MJ AME_N)	Lys = 100[5]	(g/MJ AME_N)	Lys = 100[5]	(g/MJ AME_N)	Lys = 100[5]
Lys	0,89[3]/0,87[4]	100	0,81[3]/0,79[4]	100	0,70[3]/0,64[4]	100
Met	0,32/0,31	36	0,30/0,29	37	0,27/0,25	39
Met + Cys	0,59/0,58	66	0,62/0,61	77	0,64/0,59	91
Thr	0,58/0,57	65	0,57/0,56	70	0,56/0,51	80
Trp	0,14/0,13	16	0,13/0,13	16	0,12/0,11	17
Arg	0,93/0,91	104	0,90/0,88	111	0,84/0,77	120
Val	0,83/0,81	93	0,82/0,81	101	0,79/0,73	113
Ile	0,60/0,59	67	0,59/0,58	73	0,57/0,52	81
Leu	0,97/0,95	109	0,94/0,93	116	0,90/0,83	129
Phe	0,57/0,56	64	0,55/0,54	68	0,49/0,45	70
Phe + Tyr	1,01/1,00	113	1,01/0,99	125	1,01/0,93	144
His	0,29/0,28	33	0,26/0,26	32	0,23/0,22	33

1 Bedarfswerte für die einzelnen Wochen sind der GfE-Broschüre (1999) zu entnehmen,
2 Angaben betreffen die erste Woche des jeweiligen Abschnittes, 3 männlich, 4 weiblich,
5 Werte bei männlichen Broilern

Alter Wochen	CP (g/kg)	Aminosäurengehalt (g/kg)					AME_N (MJ/kg)
		Lys	Met	Met + Cys	Thr	Trp	
1 + 2	230	12,8	4,6	8,5	8,3	2,0	12,5
3–5	215	11,6	4,3	8,9	8,2	1,9	13,0
6–8	205	10,5	4,1	9,2	8,0	1,8	13,4

1 Gehalte für weitere essenzielle Aminosäuren sind der GfE-Broschüre (1999) zu entnehmen.

Tab. 31.49
Empfehlungen zum Aminosäurengehalt in Alleinfutter für männliche Broiler.

Konzentrationsnormen sind gegenüber den GfE-Empfehlungen mit einem Sicherheitszuschlag von 10–15 % versehen. Damit werden unter praktischen Bedingungen mögliche bedarfserhöhende Faktoren berücksichtigt (→ Kap. 31.3).

Inzwischen gibt es auch Versorgungsvorschläge für **praecaecal verdauliche Aminosäuren** (pcd AS), die Tabelle 31.50 enthält. Beim Vergleich mit den Empfehlungen für Bruttoaminosäuren ist festzustellen, dass keine oder nur geringe Unterschiede bestehen (männliche Tiere), obgleich die Empfehlungen für die pcd AS normalerweise niedriger liegen müssten. Daraus ist abzuleiten, dass die Empfehlungen für pcd AS sehr reichlich bemessen sind, d. h. einen erheblichen Sicherheitszuschlag beinhalten.

Mengenelemente

Der **Mengenelementbedarf** des wachsenden Geflügels ist abhängig vom Erhaltungsbedarf, von den im Körper angesetzten Mengen und der Verwertung der Elemente für diese Leistungen. Der erste Schritt bei der faktoriellen Bedarfsableitung ist zunächst die Ermittlung des Nettobedarfs, der sich aus den unvermeidlichen Verlusten, d. h. den endogenen Ausscheidungen bei den einzelnen Mengenelementen pro Tag (g/kg LM), sowie den im Körper angesetzten Mineralstoffmengen (g/kg Zuwachs) zusammensetzt. Im zweiten Schritt sind Kenntnisse zur Höhe der Verwertung der aufgenommenen Mengenelemente für diese Leistungen erforderlich, um schließlich den Bruttobedarf zu berechnen. Für beide Teilleistungen

Tab. 31.50
Empfehlungen für die praecaecal verdaulichen Aminosäuren in Alleinfutter für Broiler[1].

Geschlecht	Alter (d)	Aminosäuren (g/kg)					AME_N (MJ/kg)
		Lys	Met	Met + Cys	Thr	Trp	
Männlich	1–12	12,7	5,0	9,2	8,0	2,0	12,7
	13–22	10,9	4,4	8,1	7,0	1,8	12,9
	23–35	10,0	4,2	7,6	6,5	1,6	13,0
	36–48	9,5	4,0	7,4	6,3	1,6	13,2
	>49	8,9	3,9	7,0	6,0	1,5	13,4
Weiblich	1–12	12,5	5,0	9,1	7,9	2,0	12,7
	13–22	10,4	4,2	7,7	6,7	1,7	12,9
	23–35	9,3	3,9	7,0	6,1	1,5	13,0
	36–48	8,3	3,5	6,4	5,5	1,4	13,2
	>49	7,3	3,1	5,7	4,9	1,2	13,4

1 Evonik (2016)

Tab. 31.51
Ausgangsdaten zur Ableitung des täglichen Mengenelementbedarfs von Broilern[1].

Parameter	Ca	NPP[2]	Mg	Na	Cl	K
Erhaltung (g/kg LM)	0,069	0,080	0,003	0,013	0,013	0,028
Ansatz (g/kg Zuwachs)	6,9	5,0	0,33	1,3	1,3	2,8
Verwertung (%)	55	70	60	80	80	80

1 GfE (1999), 2 Nicht-Phytin-P

werden die gleichen Verwertungskoeffizienten unterstellt. Die für die Ableitung verwendeten Faktoren sind in Tabelle 31.51 zusammengefasst. Die damit kalkulierten Bedarfswerte enthält Tabelle 31.52. Sie beziehen sich auf die ebenfalls in dieser Tabelle mitgeteilten Lebendmassen im Mittel beider Geschlechter.
Der nächste Schritt ist die Kalkulation der erforderlichen Mengenelementgehalte im Alleinfutter für Broiler (Konzentrationsnormen). Analog zum Vorgehen beim Rohprotein und bei den Aminosäuren werden zunächst mit den Energiebedarfsdaten von Tabelle 31.42 und den Bedarfsangaben für Mengenelemente in Tabelle 31.52 die erforderlichen Mengen je MJ AME_N berechnet. Danach können die notwendigen Konzentrationen im Alleinfutter für definierte AME_N-Gehalte kalkuliert werden. Die hierbei erhaltenen altersabhängigen Konzentrationsnormen sind in Tabelle 31.53 ausgewiesen. Mit fortschreitendem Alter sind die Anforderungen an die Futtergehalte rückläufig, was insbesondere aus dem Anstieg der Futteraufnahme je Zunahmeeinheit resultiert.

Spurenelemente
Zur Deckung des Spurenelementbedarfs sollten die Futtermischungen folgende Gehalte (je kg Alleinfutter) aufweisen (GfE,1999): 85 mg Eisen, 6 mg Kupfer, 45 mg Zink, 55 mg Mangan, 0,45 mg Iod, 0,15 mg Selen. Die Angaben beziehen sich auf die gesamte Mastperiode und für die empfohlenen Gehalte an umsetzbarer Energie in den Futtermischungen (→ Tab. 31.54).

Vitamine und essenzielle Fettsäuren
Für die **Vitaminversorgung** werden die folgenden Gehalte je kg Alleinfutter empfohlen (Leeson und Summers, 2005; PAS, 2018): 8000–10000 IE Vitamin A, 2500–3000 IE Vitamin D_3, 40–50 mg Vitamin E, 2–3 mg Vitamin K_3, 2–4 mg Vitamin B_1, 4–6 mg Vitamin B_2, 3–4,5 mg Vitamin B_6, 0,02 mg Vitamin B_{12}, 30–40 mg Niacin, 10–15 mg

Tab. 31.52
Bedarf von Broilern an Mengenelementen pro Tag (g/Tier)[1].

Alter (Woche)	LM am Ende der Woche (kg/Tier)	Ca	NPP[2]	Mg	Na	Cl	K
1	0,160	0,24	0,14	0,01	0,03	0,03	0,07
2	0,380	0,44	0,27	0,02	0,06	0,06	0,12
3	0,720	0,70	0,43	0,03	0,09	0,09	0,20
4	1,170	0,95	0,59	0,04	0,12	0,12	0,27
5	1,670	1,11	0,70	0,05	0,14	0,14	0,31
6	2,170	1,17	0,76	0,05	0,15	0,15	0,33
7	2,630	1,15	0,77	0,05	0,15	0,15	0,32
8	3,050	1,14	0,78	0,05	0,15	0,15	0,32

1 GfE (1999), 2 Nicht-Phytin-P

Tab. 31.53
Empfehlungen zur Konzentration an Mengenelementen in Broileralleinfutter[1].

Alter (Wochen)	AME_N (MJ/kg)	Mengenlement (g/kg Alleinfutter)					
		Ca	NPP[2]	Mg	Na	Cl	K
1–2	12,5	10,3	6,2	0,45	1,3	1,3	2,9
3–5	13,0	8,2	5,1	0,35	1,1	1,1	2,3
6–8	13,4	7,5	4,8	0,31	0,9	0,9	2,1

1 GfE (1999), 2 Nicht-Phytin-P

Pantothensäure, 1–2 mg Folsäure, 0,1–0,2 mg Biotin, 600–1000 mg Cholin. Den Bedarf an essenziellen Fettsäuren sichern folgende Gehalte je kg Alleinfutter (GfE, 1999; Leeson und Summers, 2001): 9–10 g Linolsäure und 0,55 g α-Linolensäure.

Fütterungsempfehlungen

Bei der relativ kurzen Mastdauer, insbesondere bei der Kurzmast, ist sofort nach dem Schlupf ein schnelles Wachstum der Küken notwendig. Hierzu sind vitale Küken mit optimalem Schlupfgewicht sowie eine rasche Futter- und Wasseraufnahme nach dem Schlupf erforderlich. Jede Verzögerung in der Futter- und Wasseraufnahme begünstigt einen unausgeglichenen Bestand und wirkt sich nachteilig auf die Mastendmasse aus. Deshalb sind die entsprechenden Hinweise in den Managementprogrammen zu beachten. Hierzu zählt u. a. die Beleuchtungsdauer, die in den ersten 3 Tagen 24 Stunden und danach täglich 20 Stunden betragen sollte. Dabei ist eine geringe Lichtintensität notwendig, um einen ruhigen Tierbestand sicher zu stellen und Federpicken bzw. Federfressen zu verhindern.

Tab. 31.54
Anforderungen an ausgewählte Inhaltsstoffe im Alleinfutter für Broiler[1].

Inhaltsstoffe	Mastfuttertyp		
	Starterfutter 1. und 2. Woche	Mastfutter I 3.–4./5. Woche	Mastfutter II Ab 4./5. Woche 5/6.–8. Woche
Umsetzbare Energie (MJ/kg)	12,5	13,0	13,5/13,0[2]
Rohprotein (g/kg)	230	215	205
Lysin (g/kg)	12,8	11,6	10,5
Methionin (g/kg)	4,6	4,3	4,1
Methionin + Cystein (g/kg)	8,5	8,9	9,2
Threonin (g/kg)	8,3	8,2	8,0
Tryptophan (g/kg)	2,0	1,9	1,8
Calcium (g/kg)	10,3	8,2	7,3
Nicht-Phytin-P (g/kg)	6,2	5,1	4,7
Natrium (g/kg)	1,3	1,1	0,9

1 basierend auf den Empfehlungen der GfE (1999) plus Sicherheitszuschlägen, 2 Zur Einschränkung des Fettgehaltes im Schlachtkörper verbunden mit etwas geringerer Mastendmasse und leicht erhöhtem Futteraufwand.

Mast mit Alleinfutter

Die Fütterung der Broiler erfolgt fast ausschließlich mit industriell hergestelltem Alleinfutter. Dabei kommen **Phasenfütterungsprogramme** zur Anwendung. Die Inhaltsstoffe der Alleinfuttertypen sind den altersabhängigen Anforderungen anzupassen. Tabelle 31.54 enthält Anforderungen an die Inhaltsstoffe von Broilermastalleinfutter nach Maßgabe der GfE-Versorgungsempfehlungen (1999). In Abhängigkeit von der Mastdauer (Kurzmast, Mittellangmast) kommen zwei bis drei verschiedene Futtertypen zum Einsatz. Bei der **Kurzmast** erhalten die Tiere in den ersten 10 bis 14 Tagen ein Starterfutter und danach Mastfutter (I). Dabei ist mindestens 3 Tage vor dem Schlachttermin das Mastfutter I ohne Kokzidiostatikumzusatz zu verfüttern; präparateabhängig kann die Absetzfrist auch 5 Tage betragen. Verschiedentlich wird für die ersten Tage ein Prästarterfutter empfohlen. Bei der dominierenden **Mittellangmast** wird ab der 4.–5. Lebenswoche bis zum Mastende das Mastfutter II gefüttert; in den letzten 3 Tagen (mindestens) wiederum ohne Kokzidiostatikumergänzung. Die genannten Futtertypen unterscheiden sich in ihren Inhaltsstoffen entsprechend den dargelegten Versorgungsempfehlungen. Die Alleinfutter sollten in pelletierter Form (Pelletdurchmesser: 2–3 mm bei Starterfutter und 4–5 mm bei Mastfutter) bzw. beim Starterfutter auch als Bröckel (gebrochene größere Pellets) eingesetzt werden. Bei Schrotfutter ist die Futteraufnahme geringer und demzufolge auch die Zunahme. Außerdem treten Futterverluste auf, sodass sich insgesamt der Futteraufwand erhöht. Für die einzelnen Futtertypen sind in Tabelle 31.55 Beispielrezepturen ausgewiesen. Für Mastfutter II enthält diese Tabelle auch Rezepturen mit vermindertem Gehalt an umsetzbarer Energie, um dadurch den Fettansatz zu reduzieren.

Kombinierte Fütterung

Bei der verschiedentlich zur Anwendung kommenden **modernen Variante** der **kombinierten Fütterung** erhalten die Broiler Mischungen aus Getreide, in der Regel Weizen, und Ergänzungsfutter. Für optimale Mastergebnisse sind folgende Aspekte zu beachten:

- Der **Weizen** sollte von einheitlicher, guter Qualität und hygienisch unbedenklich sein. Die Rationsberechnung erfolgt auf Basis von Nährstoffanalysendaten sowie dem AME_N-Gehalt (berechnet mittels Schätzgleichung). Wenn möglich, sind pentosanärmere Weizenherkünfte zu verwenden.
- Im Verlauf der Mastperiode verändern sich die Anforderungen an die Inhaltsstoffgehalte der Gesamtmischung. Dem kann durch steigenden Weizenanteil und rückläufigen Ergänzungsfutteranteil in der Mischung entsprochen werden.
- Bei Beginn dieser Fütterungsvariante ab 1. Lebenstag sollten in den ersten Wochen gebrochene Weizenkörner und Ergänzungsfutter mit 2–3 mm Pelletdurchmesser verwendet werden. Danach kommen intakte Weizenkörner und Ergänzungsfutterpellets (4–5 mm Durchmesser) als Mischung zur Verfütterung. Die Mastküken können in den ersten 10–14 Tagen auch zunächst mit pelletiertem oder gebröckeltem Starterfutter gefüttert werden und danach dann mit der Mischung aus Weizen und Ergänzungsfutter.
- Ein Verschnitt herkömmlichen Broileralleinfutters mit Weizen ist grundsätzlich abzulehnen, weil dann die Inhaltsstoffe von den Anforderungen der Masttiere abweichen. Neben Leistungsminderungen bewirkt diese Fütterung vor allem fettreichere Schlachtkörper.
- Die Ergänzungsfutter sind so zu gestalten, dass in Kombination mit den jeweils empfohlenen Weizenanteilen vollwertige Futterrationen entstehen. Dies betrifft sowohl den Energie- als auch den Nährstoffgehalt (Beispiel für einen Fütterungsplan → Tab. 31.56).

Beispielrezepturen für Ergänzungsfutter mit den erforderlichen Inhaltsstoffen sind Tabelle 31.57 zu entnehmen Diese berücksichtigen die Mischungsverhältnisse beider Futterarten (Weizen, Ergänzungsfutter) (→ Tab. 31.56). Die für Alleinfutter erfolgten Hinweise bezüglich Futterzusatzstoffen sind auch beim Ergänzungsfutter zu beachten.

Proteinreduzierte Futtermischungen

Die Verwendung freier Aminosäuren in Futtermischungen für Broiler ist seit langem etabliert. Schon vor mehr als fünf Jahrzehnten wurde der Nachweis geführt, dass eine deutliche Proteinreduzierung im Broilermastfutter ohne nachteiligen Effekt auf die Mastleistung möglich ist, wenn Lysin, Methionin, Threonin und Tryptophan aus-

Tab. 31.55
Beispielrezepturen für Broileralleinfutter[1].

Komponenten (g/kg)	Starterfutter	Mastfutter I	Mastfutter II	Mastfutter II, energiereduziert
Weizen	321	331	264	429
Mais	200	200	250	100
Sojaextraktionsschrot	11	96	–	–
Sojaeextraktionsschrot (Hoch-Protein)	208	156	168	143
Sojabohnen	150	–	50	–
Rapsextraktionsschrot	–	50	42	50
Rapskuchen	–	–	80	80
Sonnenblumenextraktionsschrot	30	50	25	80
Calciumcarbonat fein	6,5	2,5	2,5	2,5
Monocalciumphosphat	16,3	11,8	13,7	14,5
Calcium-Natrium-Phosphat	5,0	5,0	2,0	1,0
Natriumchlorid	2,2	1,7	–	–
Mischöl (20 % Linolsäure)	37	82	90	86
DL-Methionin	1,2	1,75	2,1	1,8
L-Lysin-HCl	1,4	1,4	0,6	1,5
L-Threonin	-	0,5	0,4	0,7
Vormischung[2]	10	10	10	10

1 Energie- und Nährstoffgehalte entsprechen den Empfehlungen in Tab. 31.54,
2 enthält Spurenelemente, Vitamine und weitere Zusatzstoffe

reichend supplementiert werden. Neben genannten Aminosäuren sind inzwischen weitere freie essenzielle Aminosäuren als Futterzusatzstoffe zugelassen (→ Kap. 31.4). Bei der Ergänzung proteinreduzierter Futtermischungen mit freien Aminosäuren sollten insbesondere folgende Aspekte beachtet werden:

- Die freien Aminosäuren werden fast vollständig verdaut, während die pc Verdaulichkeit der proteingebundenen Aminosäuren futtermittelspezifisch zwischen ~60 % und 90 % variiert. Dieser Aspekt ist bei der Rezepturformulierung zu beachten. Hier zeigt die Verwendung der pcd verdaulichen Aminosäuren Vorteile.
- Da weniger Energie für den Proteinstoffwechsel benötigt wird, steigt der Körperfettansatz. Deshalb sollte der Energiegehalt AS-ergänzter und proteinreduzierter Futtermischungen etwas vermindert werden.

Tab. 31.56
Fütterungsplan für die Mittellangmast mit Ergänzungsfutter plus Weizen.

Alter (d)	Ergänzungsfuttertyp[1]	Ergänzungsfutteranteil (%)	Weizenanteil (%)
1–8	A	95	5
9–18	B	80	20
19–25	C	70	30
>26	D	55	45

1 Zusammensetzung → Tab. 31.57

Tab. 31.57
Beispielrezepturen für Ergänzungsfutter bei Weizeneinsatz in der Mittellangmast (Komponenten in g/kg Futter).

Komponenten	Ergänzungsfuttertyp			
	A	B	C	D
Weizen	300	216	210	175
Mais	205	200	100	100
Sojaextraktionsschrot	–	–	–	41
Sojaextraktionsschrot (Hoch-Protein)	287	233	282	80
Sojabohnen	53	80	–	150
Rapsextraktionsschrot	–	60	80	80
Rapskuchen	–	–	100	100
Sonnenblumenextraktionsschrot	55	77	60	100
Calciumcarbonat, fein	7,5	5,5	6,0	5,5
Monocalciumphosphat	17,6	15,5	19,5	19,4
Calcium-Natrium-Phosphat	5,0	5,0	5,0	10,0
Natriumchlorid	2,3	2,3	2,5	1,9
Mischöl	54	90	119	113
DL-Methionin	1,3	2,5	2,9	6,3
L-Lysin-HCl	1,9	2,1	2,4	5,2
L-Threonin	0,3	0,7	0,7	2,5
Vormischung	10	10	10	10
Gehalte (je kg Futter)				
AME_N (MJ/kg)	12,5	13,0	13,1	13,2
Rohprotein (g)	235	238	255	246
Rohfaser (g)	36	45	50	61
Lysin (g)	13,3	13,6	15,1	16,3
Methionin (g)	5,0	6,5	7,2	10,4
Methionin + Cystein (g)	8,8	10,4	11,6	14,5
Threonin (g)	8,6	9,4	10,2	11,7
Tryptophan (g)	3,0	3,0	3,4	3,1
Calcium (g)	10,8	10,1	11,5	12,8
Nicht-Phytin-P (g)	6,5	6,2	6,9	7,8
Natrium (g)	1,3	1,3	1,5	1,5
Magnesium (g)	1,8	2,0	2,2	2,5
Linolsäure (g)	23	33	29	42

- Bei der Proteinabsenkung muss darauf geachtet werden, dass weitere essenzielle Aminosäuren nicht ins Minimum geraten. Ansonsten sind Wachstumsstörungen die Folge. Deshalb gelten bei der Rezepturberechnung die Empfehlungen zur idealen AS-Zusammensetzung.
- Bei zu deutlicher Proteinreduzierung ist nicht auszuschließen, dass ein Defizit an Amino-N zur Synthese nichtessenzieller AS entsteht.

Fütterung der Broiler bei hohen Temperaturen
Die Empfehlungen zum Temperaturregime in der praktischen Broilermast sind dem thermoneutralen Temperaturverlauf weitgehend angepasst. Bei sehr hohen Außentemperaturen kann die Stalltemperatur mehr oder weniger stark den optimalen Bereich für ältere Broiler überschreiten. Hohe Umgebungstemperaturen vermindern den Futterverzehr, die Zunahme und die Mortalität steigt. Zur Begrenzung der negativen Auswirkungen eines Hitzestresses werden fütterungsseitig insbesondere folgende Maßnahmen empfohlen:

- Vermeidung von Rohproteinüberschuss im Futter und Sicherstellung optimaler Aminosäurenrelationen im Futterprotein (Idealprotein), um den Anfall an Extrawärme einzuschränken.
- Energiereiche Futtermischungen mit hohem Futterfettanteil verwenden, die den Rückgang im Futterverzehr einschränken.
- Nur hochverdauliche Futterkomponenten verwenden.
- Vitamin C dem Futter zusetzen (250 mg/kg) oder über das Tränkwasser verabreichen (erhöhter Bedarf bei Hitzestress, der durch Eigensynthese nicht abgedeckt wird).
- Futterentzug im Zeitraum der höchsten Stalltemperatur (Verminderung der Hitzebelastung des Geflügelorganismus), ausreichendes Futterangebot während der kühleren Tageszeit in Verbindung mit zusätzlicher Beleuchtungsdauer.

Broilerlangmast im Rahmen von Markenfleischprogrammen
Diese Form der Junghühnermast ist insbesondere in Frankreich verbreitet. Sie erfolgt mit langsam wachsenden Herkünften. Empfehlungen für Futterinhaltsstoffe bei der dominierenden Phasenfütterung enthält Tabelle 31.58. Die Versorgung mit Mineralstoffen und Vitaminen sollte sich an den Empfehlungen für intensiv wachsende Broiler orientieren.
Die Alleinfutter sind in pelletierter Form zu verfüttern. Anstelle Alleinfutter kann auch Getreide plus Ergänzungsfutter die Futterbasis bilden. Bei dieser Fütterungsvariante muss zusätzlich Grit bereitgestellt werden.

Ökologische Junghühnermast
Für die ökologische Junghühnermast werden bei der vorgeschriebenen Mastdauer von mindestens 81 Tagen langsam wachsende Herkünfte verwendet. Diese stellen an die Energie- und Nährstoffgehalte der Futtermischungen nicht so hohe Anforderungen wie die intensiv wachsenden Broilerherkünfte. Bei der relativ langen Mastdauer besteht die Möglichkeit zur Kompensation von verminderten Zunahmen in den Anfangswochen als Folge niedrigerer Energie- und Nährstoffgehalte im Futter. Dies kommt der begrenzten Verfügbarkeit von Proteinfuttermitteln und dem nicht erlaubten Ein-

Tab. 31.58
Anforderungen an das Alleinfutter bei Mehrphasenfütterung in der Langmast[1].

Alter (Wochen)	Inhaltsstoffe (je kg)						
	AME_N (MJ)	Rohprotein (g)	Lys (g)	Met (g)	Met+Cys (g)	Thr (g)	Trp (g)
1–4	11,5	200	10,5	4,0	8,0	7,4	1,8
5–8	11,75	190	10,0	3,7	7,5	7,0	1,6
9–12	12,0	180	9,0	3,3	6,9	6,3	1,4

1 nach eigenen Untersuchungen

satz von freien Aminosäuren entgegen. Die empfohlenen Aminosäurenrelationen (Idealprotein) sind jedoch annähernd einzuhalten, anderenfalls werden Federpicken und Kannibalismus begünstigt und die N-Ausscheidungen steigen. Die relativ lange Mastdauer untergliedert sich in der Regel in mehrere Fütterungsabschnitte als Folge sich verändernder Anforderungen an die Futterinhaltsstoffe im Wachstumsverlauf. Beispielrezepturen für eine 3-Phasenmast mit Angaben zum Energie- und Nährstoffgehalt der Alleinfutter vermittelt Tabelle 31.59. Die Empfehlungen zum Rohprotein- und Aminosäurengehalt können nur durch ökologisches Fischmehl und den noch zulässigen Anteil von 5 % an konventionellen Eiweißfuttermitteln (bezogen auf die nach EU-Öko-Verordnung erzeugten und verwendeten Komponenten) annähernd eingehalten werden. Mit ausschließlich verfügbaren ökologischen Rohstoffen und ohne Fischmehl aus nachhaltiger Fischproduktion lassen sich selbst bei vertretbaren Kompromissen keine geeigneten Rezepturen berechnen. Die Vormischung enthält Spurenelemente und Vitamine. Außerdem wird bei diesen Rezepturen eine Ergänzung mit NSP-Enzymen und Phytase (nach EU-Öko-Verordnung zulässig, wenn zur Produktion keine GVO verwendet wurden) empfohlen.

31.9.2 Mastputen

Für die Mast werden derzeit ca. 95 % Küken von schweren Herkünften verwendet. Die übliche Langmast dauert in der Regel bei den männlichen Tieren 20–23 Wochen und bei den weiblichen Tieren 15–17 Wochen. Die Vermarktung der schweren Schlachtkörper erfolgt in Form von Teilstücken und Verarbeitungsprodukten. Die Kurzzeit- oder Mittellangmast von leichten bzw. mittelschweren Herkünften über einen Zeitraum von 9 bis 12 Wochen wird nur saisonal oder als sogenannte Nischenproduktion durchgeführt. Des Weiteren erfolgt in sehr geringem Umfang die Erzeugung von Putenfleisch nach den Rahmenbedingungen des ökologischen Landbaus mit langsam wachsenden Putenherkünften (Breitbrüstige Bronzeputen, Farbputen [schwarz, bronze]).

Den Wachstumsverlauf und die Veränderungen bei den Zunahmen mit fortschreitendem Alter von männlichen und weiblichen Mastputen einer schweren Herkunft vermittelt Abbildung 31.14. Mit ansteigendem Alter vergrößert sich die Differenz zwischen den weiblichen und männlichen Tieren. Bei den Hennen steigt die tägliche Zunahme bis zur 11. Woche an, d. h. nach 10 Wochen

Abb. 31.14
Entwicklung der Lebendmasse und Lebendmassezunahme von weiblichen und männlichen Mastputen eines schweren Genotyps der Herkunft B. U.T. 6.

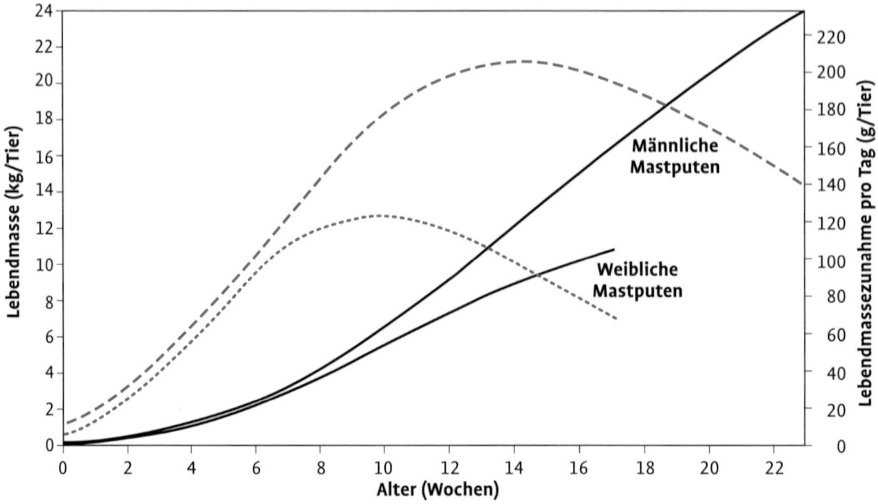

Tab. 31.59 Beispielrezepturen für Alleinfuttermischungen in der ökologischen Mast von langsam wachsenden Masthühnern.

	Starterfutter	Mastfutter I	Mastfutter II
Komponenten (g/kg Futter)			
Mais	200	150	150
Weizen	364	415	455
Sojakuchen	105	94	93
Sonnenblumenkuchen	83	77	82
Sesamkuchen	50	40	40
Erbsen	53	93	60
Fischmehl	44	29	17
Sonnenblumenöl	15	17	20
Kartoffelprotein, konventionell	47	47	47
Calciumcarbonat	11	12	11
Monocalciumphosphat	16	13	12
Natriumchlorid	1	2	2
Natriumcarbonat	1	1	1
Vormischung	10	10	10
Gehalte (je kg Futter)			
AME_N (MJ)	11,4	11,5	11,6
Rohprotein (g)	210	200	190
Rohfaser (g)	45	45	45
Lysin (g)	10,0	9,0	9,0
Methionin (g)	4,0	3,6	3,4
Methionin + Cystein (g)	7,4	6,8	6,5
Threonin (g)	8,1	7,6	7,2
Tryptophan (g)	2,4	2,3	2,2
Calcium (g)	10	9	9
Gesamtphosphor (g)	8,6	7,6	7,1
Nicht-Phytin-Phosphor (g)	6,0	5,0	4,5
Natrium (g)	1,6	1,5	1,4
Magnesium (g)	1,6	1,7	1,7
Linolsäure (g)	23	25	26

ist das Maximum erreicht. Bei den Hähnen liegt der Zeitpunkt der höchsten täglichen Zunahme im Alter von 14 Wochen.
Während des Wachstums verändert sich die chemische Körperzusammensetzung der Putenkörper (→ Tab. 31.60). Auch bestehen Unterschiede zwischen männlichen und weiblichen Tieren, vor allem im Trockensubstanz- und Fettgehalt. Im Vergleich zu weiteren wirtschaftlich bedeutsamen Geflügelarten enthält der Putenkörper mehr Protein und weniger Fett.

Empfehlungen zur Energie- und Nährstoffversorgung

Umsetzbare Energie

Zur Deckung des Bedarfs an umsetzbarer Energie in den einzelnen Altersabschnitten werden die in Tabelle 31.61 mitgeteilten Konzentrationen im Alleinfutter empfohlen. Die angegebenen Spannweiten berücksichtigen unterschiedliche Fütterungs- und Haltungsprogramme. Aufgrund des zunehmenden Energiebedarfs für Erhaltung und wegen des Anstiegs des Energiegehaltes pro Zunahmeeinheit (steigender Fettgehalt) mit zunehmendem Alter der Tiere steigen die Anforderungen an die Energiekonzentration im Alleinfutter bzw. der Futterration (kombinierte Fütterung) an.

Rohprotein und Aminosäuren

Analog zu Jungmasthühnern (Broiler) liegt auch für Mastputen neueres Datenmaterial zum faktoriell abgeleiteten Rohprotein- und Aminosäurenbedarf von schweren Mastputen vor (GfE, 2004). Dieses bildet die Basis für die Kalkulation der Relationen von Rohprotein (g) und Aminosäuren (g) zur umsetzbaren Energie (MJ AME_N). Hieraus lassen sich die notwendigen Gehalte für Rohprotein und Aminosäuren in den Futtermischungen (→ Tab. 31.62) bei den empfohlenen Energiekonzentrationen (MJ AME_N/kg; → Tab. 31.61) berechnen. Die AS-Angaben beschränken sich auf die sogenannten Eckaminosäuren. Daten für weitere Aminosäuren können den Mitteilungen der GfE (2004) entnommen werden. Es handelt sich hierbei um die Bruttogehalte der Aminosäuren. Die Ansprüche an die Futtergehalte verringern sich mit fortschreitendem Alter der Tiere deutlich. Des Weiteren unterscheiden sich viele der Werte für die beiden Geschlechter. In der Literatur existieren jedoch keine geschlechtsspezifi-

Tab. 31.60
Chemische Zusammensetzung und Energiegehalt männlicher und weiblicher Mastputenkörper in Abhängigkeit vom Alter[1, 2].

Alter (Wochen)	DM (%)		Protein (%)		Fett (%)		Asche (%)		Energie (kJ/g)	
	w[3]	m[4]	w	m	w	m	w	m	w	m
0 (nach dem Schlupf)	24,6	22,6	14,8	14,8	6,9	6,9	2,0	2,0	6,3	6,3
1	26,3	23,5	18,2	18,2	3,6	3,6	2,9	2,7	5,8	5,8
3	28,0	26,7	20,2	20,4	3,5	3,4	3,3	3,2	6,2	6,2
5	28,5	28,1	21,2	21,3	3,8	3,1	3,5	3,7	6,7	6,3
7	28,8	29,0	20,5	21,5	4,5	3,5	3,3	3,7	6,7	6,5
9	29,7	30,0	20,1	21,7	6,3	5,0	3,3	3,3	7,3	7,1
11	31,6	31,3	20,3	21,8	8,3	6,4	3,0	3,1	8,2	7,8
13	36,1	33,4	20,8	21,1	12,4	9,2	2,9	3,1	9,9	8,7
15	39,9	35,6	20,6	20,7	16,2	12,0	3,1	2,9	11,4	9,7
17	40,4	35,8	19,8	20,2	17,6	12,8	3,1	2,8	11,7	9,9
19	–	36,9	–	19,9	–	14,4	–	2,6	–	10,5
21	–	38,0	–	19,6	–	15,9	–	2,5	–	11,0
23	–	37,0	–	19,4	–	15,2	–	2,4	–	10,7

1 Die DM-Gehalte ergeben sich aus der Summe der Fraktionen Protein, Fett und Asche. Bei Berücksichtigung der durch die Rohnährstoffanalyse nicht erfassten Substanzen (z. B. Glucolipide) liegen die DM-Gehalte um 2–3 Prozentpunkte höher;
2 Gramzow et al. (1998), Jeroch et al. (2004); 3 weiblich; 4 männlich.

Tab. 31.61
Empfehlungen zum Energiegehalt in Alleinfuttermischungen für männliche und weibliche Mastputen (MJ AME_N/kg)[1].

Geschlecht	Altersabschnitt (Wochen)					
	1 + 2	3 + 4	5–8	9–12	13–16	ab 17
Männlich	11,2–11,7	11,5–12,0	11,8–12,3	12,3–12,8	12,8–13,2	13,2–13,6[2]
Weiblich	11,2–11,7	11,5–12,0	12,3–12,8	12,8–13,2	13,2–13,6[3]	

1 GfE (2004), 2 bis Mastende, 3 ab 13. Woche bis Mastende

Tab. 31.62
Konzentrationsnormen für Rohprotein und essenzielle Aminosäuren in Putenmastmischungen (g/kg Alleinfutter)[1].

Alter (Wochen)	Rohprotein		Lysin		Methionin		Methionin + Cystein		Threonin		Tryptophan	
	m[2]	w[3]	m	w	m	w	m	w	m	w	m	w
1 + 2	268	266	18,0	17,9	6,0	6,0	8,8	8,8	9,9	9,8	2,9	2,9
3 + 4	254	250	16,0	17,0	5,6	5,9	8,4	8,9	8,8	9,4	2,7	2,7
5–8	247	249	14,7	16,3	5,1	5,8	8,0	8,8	8,2	9,0	2,5	2,5
9–12	219	220	13,4	15,3	4,7	5,5	7,6	8,6	7,4	8,6	2,1	2,1
13–16	185	162	12,8	12,0	4,2	4,1	6,8	6,7	6,8	6,6	1,9	1,9
17–20	160		10,5		3,6		5,9		5,9		1,7	
> 20	120		8,6		2,8		4,7		5,7		1,5	

1 GfE (2004) (enthalten einen 5 %igen Sicherheitszuschlag), 2 männlich; 3 weiblich

schen Konzentrationsnormen; die diesbezüglichen Untersuchungen erfolgten fast ausschließlich mit männlichen Tieren und die daraus abgeleiteten Empfehlungen werden gleichfalls für die weiblichen Masttiere vorgeschlagen.

Von allen Mastgeflügelarten stellen Mastputen die höchsten Anforderungen an die Rohprotein- und Aminosäurengehalte im Alleinfutter bis zur 8. Lebenswoche. Diese übertreffen deutlich die Ansprüche von Jungmasthühnern (Broiler). Als eine wesentliche Ursache sind die höheren Proteingehalte im Putenkörper zu nennen, d. h. der höhere Proteinansatz. Auch Verwertungsunterschiede sind nicht auszuschließen. Analog zu Broilern sind die Aminosäurenrelationen zur Bezugsaminosäure Lysin (=100) während des Wachstums nicht konstant (→ Tab. 31.63), wenngleich die Unterschiede zwischen den Altersstufen geringer ausfallen als beim Broiler.

Tab. 31.63
Aminosäurenrelationen im Futter für männliche Mastputen[1].

Aminosäure	Alter (Lebenswochen)						
	1 + 2	3 + 4	5–8	9–12	13–16	17–20	> 20
Lysin	100	100	100	100	100	100	100
Methionin	38	35	35	35	35	34	33
Methionin + Cystein	50	53	54	56	56	55	54
Threonin	55	55	55	56	56	55	55
Arginin	87	90	92	93	92	91	89

1 GfE (2004)

Mineralstoffe

Konzentrationsnormen für **Mengenelemente** vermittelt Tabelle 31.64. Sie gewährleisten insgesamt eine optimale Versorgung. Bei Phytaseergänzung der Futtermischungen können die P-Gehalte um 25–30 % reduziert werden.
Für eine optimale Spurenelementversorgung werden folgende Alleinfuttergehalte empfohlen (mg/kg; 1.–6./7.–12./ab 13. Wo.; PAS, 2018): Eisen 60/60/50, Kupfer 15/12/10, Zink 90/60/50, Mangan 110/90/70, Iod 2/2/2, Selen 0,3/0,3/0,3.

Vitamine und essenzielle Fettsäuren

Die Versorgungsempfehlungen für fettlösliche Vitamine und wasserlösliche Vitamine sind altersabhängig (je kg Alleinfutter; 1.–6./7.–12./ab 13. Wo.; PAS, 2018): 12500/11000/8000 IE Vitamin A, 5000/4500/2500 IE Vitamin D_3, 100/70/40 mg Vitamin E, 5,0/4,0/3,0 mg Vitamin K, 4/3/2 mg Vitamin B_1, 8/6/5 Vitamin B_2, 6/5/4 mg Vitamin B_6, 0,03/0,02/0,02 mg Vitamin B_{12}, 65/60/40 mg Niacin, 15/15/15 mg Pantothensäure, 3/2/1 mg Folsäure, 0,4/0,3/0,2 mg Biotin, 650/600/550 mg Cholin. Zur Absicherung des Bedarfs an essenziellen Fettsäuren werden je kg lufttrockenem Alleinfutter empfohlen (GfE, 2004): 1.–8. Woche 12 g Linolsäure und 1,5 g α-Linolensäure; danach bis Mastende 10 g Linolensäure und 1,25 g α-Linolensäure.

Fütterungsempfehlungen

Hinweise für die ersten Lebenstage

Putenküken nehmen in den ersten Tagen nach dem Schlupf zögernd Futter auf. Dadurch besteht die Gefahr einer erhöhten Frühsterblichkeit. Die Futteraufnahme muss deshalb angeregt werden. Hierzu bieten sich die folgenden Maßnahmen an:

- Aufstellen der Futtereinrichtungen in unmittelbarer Nähe der Wärmequellen.
- Kleine Futterautomaten zur Anfütterung in roter Farbe (diese Farbe wird deutlich besser angenommen als andere Farben), die leicht erhöht zu platzieren sind, um eine Verunreinigung durch Einstreumaterial und Exkremente zu verhindern.
- Zusätzliche Futterflächen (z. B. Eierhöcker) mit Futter bestreuen. Hellgelbe Futterfarbe, die durch hohe Anteile an Mais, Weizen sowie Sojaextraktionsschrot erreicht wird.
- Grob strukturiertes, festes Futter (Granulat oder sehr kurz geschnittene Pellets von ~2 mm Länge) im Gemisch mit fein strukturiertem Material.

Neben einer schnellen Futteraufnahme muss die Wasseraufnahme stimuliert werden. Die Tränkgefäße werden analog den Futtergefäßen um die Wärmequelle im Kükenring angeordnet. Zweimal täglich ist für frisches, temperiertes Wasser zu sorgen; abgestandenes Wasser wird schlecht an-

Tab. 31.64
Empfohlene Gehalte an Mengenelementen in Alleinfutter für Mastputen (je kg Alleinfutter)[1].

Alter (Wochen)	Ca[2] (g)		Verfügbarer P[3] (g)	Nicht-Phytin-P[4] (g)	Mg[2] (g)		Na[2] (g)		Cl[2] (g)	
	m[5]	w[6]	m + w	m + w	m	w	m	w	m	w
1 + 2	13,0	13,0	7,0–7,2	6,0	0,6	0,6	1,3	1,3	1,3	1,3
3 + 4	13,0	13,0	6,5–6,7	5,0	0,6	0,6	1,3	1,3	1,3	1,3
5–8	12,0	11,0	6,0–6,6	4,2	0,55	0,55	1,2	1,2	1,2	1,2
9–12	10,0	9,0	5,8–6,4	3,8	0,5	0,45	1,1	1,0	1,1	1,0
13–16	9,0	7,0	5,2–5,7	3,5	0,45	0,35	1,1	0,8	1,1	0,8
17–20	7,0	–[7]	5,9–5,5	3,2	0,4	–	1,0	–	1,0	–
> 20	5,0	–	4,8–5,3	3,0	0,35	–	0,9	–	0,9	–

1 AME_N-Gehalte entsprechend Tab. 31.62, 2 GfE (2004), 3 PAS (2018), 4 NRC (1994),
5 männliche Tiere, 6 weibliche Tiere, 7 keine Angaben

genommen. Die Beachtung der Hinweise für die ersten Lebenstage schränkt nicht nur Anfangsverluste ein, sondern sichert auch eine gleichmäßige Entwicklung aller Küken.

Konventionelle Mast schwerer Herkünfte

Die Fütterung der Masttiere erfolgt vorrangig mit pelletiertem **Alleinfutter** (spezifische Anforderungen für die ersten Lebenstage siehe oben). Den Veränderungen bei den Anforderungen an die Futterinhaltsstoffe (Energie, Nährstoffe) im Verlauf der Langmast wird in der Fütterung durch **Phasenfütterungsprogramme** entsprochen. Bei der Phasenzahl und -länge bestehen zwischen den einzelnen Programmen gewisse Unterschiede, die durch das Kompensationsvermögen der Tiere während der langen Mastdauer jedoch kaum von Bedeutung sind. Männliche und weibliche Küken werden entweder sofort getrennt eingestallt oder es folgt eine Geschlechtertrennung nach gemeinsamer Haltung bis spätestens 6. Lebenswoche. Das deutlich stärkere Wachstum der Hähne erfordert eine getrennte Haltung von männlichen und weiblichen Masttieren, zumal auch bei Letzteren die Mast früher beendet wird.

Konzentrationsnormen für Futterinhaltsstoffe in Phasenfütterungsprogrammen mit sieben Abschnitten für Hähne und fünf Abschnitten für Hennen gehen aus Tabelle 31.65 hervor (GfE, 2004). Sie enthalten Sicherheitszuschläge, insbesondere bei Rohprotein und Aminosäuren. Das Programm sieht neben einer getrennten Haltung auch eine geschlechtsspezifische Fütterung vom 1. Lebenstag an vor. In den Putenmastbetrieben erhalten die weiblichen Masttiere in der Regel jedoch die gleichen Alleinfutter wie die männlichen Tiere. Obwohl dieses Vorgehen kein gravierender Fehler ist, kann ausgehend von den geschlechtsdifferenzierten Empfehlungen der GfE (2004) ein spezielles Fütterungsprogramm für weibliche Masttiere den Anforderungen der Tiere besser entsprechen.

Für die einzelnen Futtertypen finden sich in Tabelle 31.66 Beispielrezepturen. Die Ergänzung mit Spurenelementen und Vitaminen erfolgt über spezielle Prämixe (Vormischungen). Mit den Vormischungen werden außerdem nichtessenzielle

Tab. 31.65
Empfehlungen für Futterinhaltsstoffe (je kg Alleinfutter) in den einzelnen Mastabschnitten von männlichen und weiblichen Masttieren.

Futtertyp	PM 1[1]		PM 2		PM 3		PM 4		PM 5		PM 6		PM 7	
Einsatz (Wochen)	1 u. 2		3 u. 4		5–8		9–12		13–16		17–20		> 20	
	m[2]	w[3]	m	w	m	w	m	w	m	w	m	w	m	w
AME_N (MJ)	11,5	11,5	11,8	11,8	12,1	12,6	12,6	12,3	13,0	13,4	13,2	–	13,4	–
Rohprotein (g)	268	266	254	250	247	249	219	220	185	162	160	–	120	–
Lysin (g)	18,0	17,9	16,0	17,0	14,7	16,3	13,4	15,3	12,8	12,0	10,5	–	8,6	–
Methionin (g)	6,0	6,0	5,6	5,9	5,1	5,8	4,7	5,5	4,2	4,1	3,6	–	2,8	–
Met + Cys (g)	8,0	8,0	8,4	8,9	8,0	8,8	7,6	8,6	6,8	6,7	5,9	–	4,7	–
Threonin (g)	9,9	9,8	8,8	9,4	8,2	9,0	7,4	8,6	6,8	6,6	5,9	–	4,7	–
Tryptophan (g)	2,9	2,9	2,7	2,7	2,5	2,5	2,1	2,1	1,9	1,9	1,7	–	1,5	–
Calcium (g)	13,0	13,0	13,0	13,0	12,0	11,0	10,0	9,0	9,0	7,0	7,0	–	5,0	–
Nicht-Phytin-P (g)	6,0	6,0	6,0	6,0	5,0	5,0	4,2	4,2	3,8	3,8	3,2	–	2,8	–
Magnesium	0,6	0,6	0,6	0,6	0,55	0,55	0,5	0,45	0,45	0,35	0,4	–	0,35	–
Natrium (g)	1,3	1,3	1,3	1,3	1,2	1,2	1,1	1,0	1,1	0,8	1,0	–	0,9	–
Chlorid (g)	1,3	1,3	1,3	1,3	1,2	1,2	1,1	1,0	1,1	0,8	1,0	–	0,9	–

1 Putenmastfutter, 2 männliche Tiere, 3 weibliche Tiere

Futterzusatzstoffe entsprechend futtermittelrechtlichen Vorgaben ergänzt (→ Kap. 31.4).

Die für die Broilermast gegebenen Hinweise für **proteinreduzierte Mastmischungen** sind gleichfalls für die Putenmast gültig. Grundlage für die Formulierung solcher Rezepturen bilden die Anforderungen von Mastputen an das ideale Aminosäurenmuster in den einzelnen Altersabschnitten.

Wenngleich die Fütterung mit Alleinfutter bei Mastputen vorherrscht, lässt sich auch die **kombinierte Fütterung** erfolgreich anwenden. Sie basiert auf dem Einsatz von Ergänzungsfutter plus Getreide. Diese beiden Futterarten können sowohl getrennt als auch als Mischung angeboten werden. Für letztere Variante liegen die meisten experimentellen und praktischen Erfahrungen vor. Sie kann ab Mastbeginn oder auch später angewendet werden, wenn der Getreideanteil in der Gesamtration dominiert. Dieser Zeitpunkt wird allgemein favorisiert. Bei dieser Fütterungsmethode sind die folgenden Aspekte zu beachten, um hinsichtlich Zunahme und Schlachtkörperqualität gleichwertige Ergebnisse wie bei der Alleinfuttermethode zu erzielen:

- Die bevorzugte Getreideart ist Weizen. Auch Körnermais eignet sich, jedoch nur in gebrochenem Zustand, um eine hohe Nährstoffverdaulichkeit sicherzustellen. Zusätzlich ist Grit anzubieten. Gleichfalls können Maiskornsilagen und Maiskorn-Maisspindel-Silagen (geringer Spindelanteil) verwendet werden. Vor

Tab. 31.66
Beispielrezepturen für Putenmastalleinfutter (PM) im Rahmen der Phasenfütterung (Komponenten in g/kg)[1].

Komponenten	PM 1	PM 2	PM 3	PM 4	PM 5	PM 6	PM 7
Weizen	380	350	325	394	476	540	470
Mais	100	150	150	150	150	150	250
Weizenkleie	–	–	–	–	–	–	80
Sojaextraktionsschrot	–	–	110	–	–	–	–
Sojaextraktionsschrot (Hoch-Protein)	291	300	237	233	120	41	–
Sojabohnen	100	50	–	–	–	–	–
Rapsextraktionsschrot	–	–	30	40	60	80	25
Sonnenblumenextraktionsschrot	35	50	50	80	80	80	89
Kartoffeleiweiß	30	20	–	–	–	–	–
Calciumcarbonat fein	18	15,5	11,0	8,0	8,5	4,5	5,0
Monocalciumphosphat	18,7	15,1	8,7	3,4	7,5	5,2	7,5
Calcium-Natrium-Phosphat	–	5,0	10,0	10,0	4,0	4,0	–
Natriumchlorid	1,1	0,3	–	–	–	–	–
Mischöl (20 % Linolsäure)	–	29	55	67	76	79	81
Sojaöl	11	–	–	–	–	–	–
DL-Methionin	1,6	1,5	1,2	1,0	1,0	0,75	0,5
L-Lysin-HCl	4,2	3,3	2,5	3,8	6,3	5,6	5,7
L-Threonin	–	–	–	–	0,5	0,45	0,6
Vormischung	10	10	10	10	10	10	10

1 Energie- und Nährstoffgehalte je kg entsprechend den Empfehlungen in Tab. 31.65

der Silierung sind diese Maisfuttermittel grob zu zerkleinern.

- Bei Weizeneinsatz sollte das Ergänzungsfutter NSP-spaltende Enzyme enthalten. Bei Verwendung von Maisfuttermitteln ist eine Ergänzung mit Phytase vorzunehmen.
- Grundsätzlich müssen die verwendeten Getreidefuttermittel hygienisch einwandfrei sein.
- Die Inhaltsstoffe und der Energiegehalt des Weizens und der Maisfuttermittel sollten bekannt sein, um Art und Menge des Ergänzungsfutters richtig festlegen zu können.
- Die entsprechenden technischen Voraussetzungen müssen vorhanden sein; vollautomatische Verfahren sind dabei möglich.

Eine Weizenzufütterung zum Alleinfutter entsprechend dem Phasenfütterungsprogramm führt bei Mastputen zu schlechteren Mast- und Schlachtleistungen (Zunahme, Brustmuskelanteil, Fettansatz). Diese Variante der Getreidezufütterung ist generell abzulehnen.

Anforderungen an die Fütterung bei hohen Temperaturen

Zu Mastbeginn stellen Putenküken sehr hohe Anforderungen an die Umgebungstemperatur (34–36 °C), die danach kontinuierlich gesenkt werden kann. Nach 6 Wochen reichen bereits 20 °C aus. Ab 12. Lebenswoche gelten 12–16 °C als optimaler Temperaturbereich. Höhere Temperaturen beeinflussen Futterverzehr, Lebendmassezunahme und Brustfleischanteil negativ, wie das folgende Versuchsergebnis zeigt (Veldkamp et al., 2000):

Parameter	Umgebungstemperatur	
	Optimal (15 °C)	Hoch (25 °C)
Lebendmasse am 134. Tag (kg/Tier)	18,8 (100)	17,7 (94)
Futterverzehr (kg/Tier)	49,0 (100)	43,6 (89)
Futteraufwand (kg Futter/kg Zunahme)	2,53 (100)	2,41 (95)
Brustfleisch (% des Schlachtkörpers)	33,3 (100)	31,9 (94)

Zur Begrenzung der negativen Auswirkungen von Hitzestress sind die bereits für Broiler mitgeteilten Fütterungsmaßnahmen zu empfehlen (→ Kap. 31.9.1).

Ökologische Putenmast

Für die ökologische Mast werden bevorzugt langsam wachsende Herkünfte verwendet. Nach der 6. Lebenswoche, wenn die Befiederung weitgehend abgeschlossen ist und damit auch die Wärmeansprüche deutlich geringer sind, werden die Tiere an den Grasauslauf gewöhnt. Häufig ist damit auch eine Umstallung vom Aufzuchtstall in Einfachställe (z. B. Scheunen, Lagerhallen) verbunden. Bei jungem Weidegras und optimaler Weidebewirtschaftung decken die Mastputen einen Teil des Nährstoffbedarfs aus dieser Futterquelle. Anstelle von Grasland können auch angesäte Futterflächen, z. B. Luzerne-Gras- oder Rotklee-Gras-Gemische, als Weide genutzt werden.

In der Regel kommt eine 3- bzw. 4-Phasenfütterung zur Anwendung, wobei die letzte Phase nur für die Hähne zutrifft. Futtermischungen für die ökologische Putenmast zeigt Tabelle 31.67. Der Energie- und Nährstoffgehalt dieser Alleinfutter orientiert sich an den Versorgungsempfehlungen für die konventionelle Mast. Die hohen Anforderungen an den Aminosäurengehalt des Aufzuchtfutters können nur durch beachtliche Anteile an Kartoffeleiweiß und Maiskleber annähernd realisiert werden. Mit Rohstoffen ausschließlich ökologischer Herkunft können trotz gewisser Kompromisse keine geeigneten Rezepturen berechnet werden. Unter Beachtung der Anforderungen an das Idealprotein wäre es durchaus möglich, die Rohprotein- und Aminosäurengehalte im Aufzuchtfutter zu reduzieren. Eine dabei eintretende Wachstumverzögerung wird später kompensiert. Keinesfalls darf die Reduzierung jedoch zu Aminosäurenimbalancen führen, da diese Wachstum und Befiederung beeinträchtigen und zu Federpicken und Kannibalismus führen können. Auch die kombinierte Fütterung ist bei der ökologischen Mast anwendbar. Sowohl Alleinfutter als auch Ergänzungsfutter sind als Pellets einzusetzen (2–3 mm, später 4–5 mm Pelletdurchmesser).

Tab. 31.67
Beispielrezepturen für Putenmastalleinfutter bei Phasenfütterung in der ökologischen Mast[1].

Komponenten (g/kg)	Aufzuchtfutter (1.–6. Woche)		Mastfutter 1 (7.–12. Woche)	Mastfutter 2 (13.–18. Woche)	Mastfutter 3 (ab 19. Woche)
	A[2]	B[3]			
Mais	109	160	300	350	450
Weizen	–	–	118	116	100
Gerste	140	155	–	–	–
Kartoffeleiweiß	110	70	50	–	–
Maiskleber	63	58	–	–	–
Erbsen	150	150	150	200	200
Sojabohnen	150	100	100	150	150
Sojakuchen	100	50	140	150	75
Sonnenblumenkuchen[4]	130	150	100	–	–
Calciumcarbonat	17	17	15	14	11
Mineralstoffmischung[3]	31	30	27	20	14

1 Joost-Meyer zu Bakum (2004), 2 Beispiel A, 3 Beispiel B,
4 aus teilentschälten Samen, 5 enthält Mengenelemente, Spurenelemente und Vitamine

31.9.3 Mastenten

Für die Fleischproduktion verwendet man Pekingenten amerikanischer Zuchtrichtung, Moschusenten und Mularden (sterile Nachkommen aus der Kreuzung von Moschuserpel mit Pekingenten). Die kommerzielle Mast erfolgt als Schnellmast; vor Beginn der 1. Mauser (Juvenalmauser) gelangen die Tiere zur Schlachtung. Die Haltung der Masttiere ist bodenintensiv in Ställen ohne bzw. mit begrenztem Auslauf.

31.9.3.1 Pekingmastenten

Zwischen männlichen und weiblichen Masttieren bestehen nur geringe Unterschiede im Wachstumsverlauf (männliche Tiere sind zu Mastende nur etwa 5 % schwerer als weibliche Tiere), im Futteraufwand und in der Schlachtkörperzusammensetzung. Pekingmastenten beider Geschlechter haben praktisch die gleichen Anforderungen an die Energie- und Nährstoffgehalte der Futtermischungen; sie werden deshalb gemeinsam gemästet.

Gegenüber Masthühnern und -puten weisen Pekingmastenten arteigene Besonderheiten auf, die bei der Fütterung zu berücksichtigen sind:

- Die Brustfleischbildung erfolgt zeitlich verzögert. Der höchste tägliche Brustfleischzuwachs liegt in der Mitte der 6. Lebenswoche und bleibt danach auf einem relativ hohen Niveau. Durch Hinausschieben der Juvenalmauser (Fütterung) und insbesondere durch eine reichliche Lysinversorgung kann der Brustfleischanteil am Schlachtkörper erhöht werden.
- Der Fettansatz (Hautfett, Abdominalfett) ist höher als bei Broilern und Mastputen und durch die Fütterung nur begrenzt beeinflussbar. Er ist in hohem Maße genetisch bedingt und das Hautfett ist als Isolierschicht für das Leben im/am Wasser notwendig.

Die chemische Köperzusammensetzung reflektiert den stärkeren Fettansatz bei Pekingmastenten (→ Tab. 31.68). Die wichtigsten Schlachtkörperfraktionen Brust- und Schenkelmuskel (jeweils ohne Haut) sind analog zu anderen Schlachtgeflügelarten proteinreich und fettarm.

Alter (Tage)	Wasser (%)	Protein (%)	Fett (%)	Asche (%)	Energie (kJ/g)
Eintagsküken	74,3	15,3	8,3	2,1	7,0
7	71,3	16,1	10,4	2,2	7,8
14	68,1	16,8	12,7	2,4	9,1
21	64,7	17,4	15,3	2,6	10,2
28	61,2	18,2	17,6	3,0	11,4
35	58,8	18,7	19,4	3,1	12,2
42	57,9	18,6	20,3	3,2	12,5
49	56,5	18,7	21,4	3,4	12,6
49 (Brustmuskel)	75,7	21,9	1,0	1,4	5,6
49 (Schenkelmuskel)	74,9	22,0	1,8	1,3	6,0

1 Fütterung entsprechend Versorgungsempfehlungen

Tab. 31.68 Veränderung des Nährstoff- und Energiegehaltes von Pekingmastenten (Ganzkörper) im Wachstumsverlauf sowie in Brust- und Schenkelmuskel am 49. Tag[1].

Empfehlungen zur Energie- und Nährstoffversorgung

Energie, Rohprotein und Aminosäuren

Für Starter- und Mastfutter werden folgende Gehalte an AME_N/kg empfohlen: 12,2 MJ (Starterfutter, 1.–3. Woche) bzw. 12,6 MJ (Mastfutter, 4.–7. Woche). Die modernen Hybriden können niedrigere Futterenergiegehalte durch Futtermehrverzehr nur begrenzt kompensieren. Deshalb sollte der Energiegehalt die Empfehlungen nur wenig unterschreiten. Auch höhere Futterenergiekonzentrationen sind zu vermeiden, weil dadurch die Fettbildung (insbesondere Abdominal- und Hautfett) verstärkt wirkt.

Die Empfehlungen zum Aminosäurengehalt (g/kg Alleinfutter) in Tabelle 31.69 sind für die mitgeteilten Energiekonzentrationen (MJ AME_N je kg Futter) verbindlich und berücksichtigen unterschiedliche Anforderungen für einzelne Leistungsparameter. So beansprucht z. B. eine maximale Brustmuskelentwicklung im Vergleich zu optimaler Lebendmassezunahme und Futterwertung eine höhere Lysinkonzentration im Alleinfutter. Bei abweichenden Konzentrationen ist entsprechend den Angaben in g AS/MJ AME_N (→ Tab. 31.69) die jeweils erforderliche Anpassung des Aminosäurengehalts vorzunehmen. Sowohl eine weitere als auch eine engere Relation von Aminosäure : AME_N wirkt sich nachteilig auf das Wachstum und die Schlachtkörperqualität aus. Federbildung und -wachstum werden bei suboptimaler Versorgung mit S-haltigen Aminosäuren beeinträchtigt. Für weitere essenzielle Aminosäuren liegen bisher kaum neuere Ergebnisse vor. Zur Sicherstellung der Versorgung sollten die Alleinfutter deshalb im Abschnitt 1–3 Wochen bzw. 4–7

Tab. 31.69
Anforderungen an den Aminosäurengehalt des Alleinfutters für Pekingmastenten[1].

Alter (Wochen)	AME_N (MJ/kg)	Aminosäurengehalt (g/MJ AME_N)					Aminosäurengehalt (g/kg Alleinfutter)				
		Lys	Met	Met + Cys	Thr	Trp	Lys	Met	Met + Cys	Thr	Trp
1–3	12,2	0,95	0,33	0,62	0,68	0,17	11,6	4,0	7,6	8,3	2,1
4–7	12,6	0,74	0,39	0,63	0,50	0,17	9,3	4,9	7,9	6,3	2,1

1 Jeroch und Dänicke (2017)

Wochen 180–200 g bzw. 160–180 g Rohprotein je kg enthalten.

Mineralstoffe

Konzentrationsnormen für Mengenelemente vermittelt Tabelle 31.70. Die Alleinfutter sollten zur Bedarfsabsicherung mit Spurenelementen folgende Gehalte (Starterfutter/Mastfutter) aufweisen (je kg): 40/35 mg Eisen, 8/7 mg Kupfer, 70/60 mg Zink,75/65 mg Mangan, 0,35/0,35 mg Iod, 0,30/0,25 mg Selen.

Tab. 31.70
Empfehlungen zum Gehalt an Mengenelementen im Alleinfutter für Mastenten (je kg Futter)[1].

Alter (Wochen)	Ca (g)	P (g)	Mg (g)	Na (g)	Cl (g)
1–2/3	9–11	4,5[2]/4,8[3]	0,5	1,6	1,1
3/4–7	8–9	4,0[2]/3,9[3]	0,5	1,6	1,2

1 Leeson und Summers (2005), NRC (1994), PAS (2018), 2 verfügbarer P, 3 Nicht-Phytin-P

Vitamine und essenzielle Fettsäuren

Eine optimale Vitaminversorgung wird durch folgende Alleinfuttergehalte sichergestellt: (je kg; 1.+2./ab 3. Wo.; Jeroch et al., 2019): 8000/8000 IE Vitamin A, 1000/1000 IE Vitamin D_3, 20/15 mg Vitamin E, 4/4 mg Vitamin K, 2/1 mg Vitamin B_1, 5/4 Vitamin B_2, 3/2 mg Vitamin B_6, 0,03/0,02 Vitamin B_{12}, 35/25 mg Niacin, 20/15 mg Pantothensäure, 1/0,5 mg Folsäure, 0,1/0,1 mg Biotin, 300/30 mg Cholin. Bei der Versorgung mit essenziellen Fettsäuren gelten die Normen für Broiler.

Tab. 31.71
Beispielrezepturen für Pekingentenstarter- und Pekingentenmastfutter[1].

Komponenten (g/kg)	Starterfutter 1–2/3 Wochen	Mastfutter 3/4–7 Wochen
Weizen	300	400
Mais	242	199
Triticale	100	100
Erbsen	–	50
Sojaextraktionsschrot (Hoch-Protein)	168	20
Sojabohnen	50	70
Rapsextraktionsschrot	30	33
Sonnenblumen-extraktionsschrot	36	57
Calciumcarbonat, fein	12,5	7,0
Monocalciumphosphat	7,4	–
Calcium-Natrium-Phosphat	5	10
Natriumchlorid	2,6	1,9
Mischöl (20 % Linolsäure)	30	–
Mischöl (10 % Linolsäure)	–	35
DL-Methionin	1,0	2,3
L-Lysin-HCl	3,1	3,4
L-Threonin	2,4	0,8
Vormischung	10	10

1 Energie- und Nährstoffgehalte je kg entsprechend den Empfehlungen

Fütterungsempfehlungen

Die Fütterung der Pekingmastenten erfolgt in der Regel mit **Alleinfuttermischungen**, die in pelletierter Form (bis 2./3. Woche 2–3 mm Pelletdurchmesser, danach 4–5 mm) oder in der Anfangsmast (bis 2./3. Woche) als gebrochene Pellets (Bröckelfutter) zu verabreichen sind. Schrotfutter verursacht aufgrund der Schnabelausbildung beachtliche Futterverluste. Wenn eine Pelletierung nicht möglich ist (z. B. bei hofeigenen Mischungen), wird das Futter in feuchtkrümeliger Beschaffenheit verabreicht. Die wissenschaftlichen Versorgungsempfehlungen sind überwiegend auf ein **2-Phasenfütterungsprogramm** ausgerichtet, das sich in Anfangs- (1–2/3 Wochen) und Endmast (3/4 Wochen bis Mastende) gliedert. Durch stufenweisen Verschnitt von Starterfutter mit Mastfutter innerhalb einer Woche wird ein gleitender Futterwechsel sichergestellt. Bei einer **3-Phasenfütterung** kommt neben Starter- und Endmastfutter außerdem ein Mittelmastfutter zum Einsatz, dessen Gehalt an Rohprotein und Aminosäuren zwischen Starterfutter und Mastfutter liegt (→ Tab. 31.70). Eine Alternative für das Endmastfutter bei der 3-Phasenfütterung ist eine Getreidezufütterung zum Mittelmastfutter, die ab 30. Lebenstag empfohlen wird. Die Zufütterung beginnt zunächst mit 10 % und wird dann gegen Mastende langsam auf 25–30 % erhöht (jeweils 90 bzw. 70–75 % Mittelmastfutter). Bevorzugte Getreideart ist Weizen, aber auch Triticale kann verwendet werden.

Tabelle 31.71 zeigt Beispielrezepturen auf der Basis der Energie- und Nährstoffempfehlungen. Über den jeweiligen Prämixanteil erfolgt die Supplementierung der Futtermischungen mit Spurenelementen, Vitaminen und weiteren Zusatzstoffen (→ Kap. 31.4).

Bei Verfügbarkeit von Getreide oder Silagen aus Körnermaisprodukten bietet sich auch die **kombinierte Fütterung** an: entweder als herkömmliche Variante (getrenntes Angebot von Energiefuttermittel und pelletiertem Ergänzungsfutter) oder als Mischung beider Komponenten. Besonders letztere Variante ist zu empfehlen, denn durch Variation der mengenmäßigen Anteile der beiden Futterarten in der Gesamtration kann den sich ändernden Anforderungen der Masttiere entsprochen werden. Bei den jüngeren Enten sind gebrochene Getreidekörner einzusetzen, wobei Weizen die bevorzugte Getreideart ist. Zusätzlich muss unlöslicher Grit bereitstehen.

Bei der **ökologischen Pekingentenmast** ist ein zusätzlicher Einsatz von Grobfutter vorgeschrieben. Während der Vegetationszeit bietet sich Weidegang an und als Alternative junges Mähgrünfutter. In den Wintermonaten werden hochwertige Silagen (Grassilage, Klee-Gras-Silage, Maissilage, Getreideganzpflanzensilage) eingesetzt. Ansonsten basiert die Fütterung analog zur konventionellen Mast in der Regel auf Alleinfuttermischungen nach dem Prinzip der Phasenfütterung. Durch die Grobfutterverabreichung verlängert sich die Mastperiode gegenüber der 7-wöchigen konventionellen Mast um 3–4 Wochen. Bei dieser längeren Mastzeit ist es möglich, den Effekt des kompensatorischen Wachstums zu nutzen. Dazu können in der Starterphase Futtermischungen mit 10–15 % geringerem Gehalt an Energie und Nährstoffen eingesetzt werden. Die daraus resultierenden niedrigeren Lebendmassezunahmen werden von den Masttieren später kompensiert. Der Vorteil liegt insbesondere in einem geringeren Anteil an Proteinfuttermitteln im Starterfutter.

31.9.3.2 Moschusmastenten

Diese Entenart zeichnet sich durch einen großen Geschlechtsdimorphismus bei der Lebendmasse aus (→ Abb. 31.15). Die Mastdauer der männlichen und weiblichen Tiere beträgt 11–12 bzw. 9–10 Wochen. Im Vergleich zu Pekingenten ist bei Moschusmastenten der Brustfleischanteil am Schlachtkörper höher und die Anteile an Haut- sowie an Abdominalfett sind niedriger, d. h., der gesamte Schlachtkörper ist fettärmer.

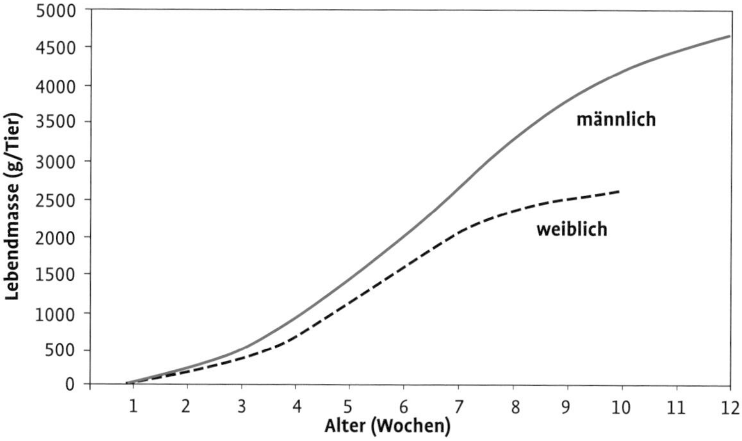

Abb. 31.15 Wachstumskurven von männlichen und weiblichen Moschusmasttieren einer schweren Linie (Orvia, 2018).

Empfehlungen zur Energie- und Nährstoffversorgung

Die Anforderungen an die Inhaltsstoffe der Futtermischungen verändern sich im Verlauf der Mast. Die Mastperiode wird deshalb in der Regel in die folgenden drei Altersabschnitte eingeteilt: 1–3, 4–6/7 und >6/7 Wochen. Für die **Energiekonzentration** je kg Alleinfutter werden empfohlen: 1–3 Wochen 11,5–11,9 MJ, 4–6 Wochen 12,0–12,5 MJ, >6 Wochen 12,5–12,9 MJ. Für den notwendigen **Rohproteingehalt** gelten nachstehende Orientierungswerte je kg Alleinfutter: 210 g (1–3/4 Wochen), 190 g (4/5–6/7 Wochen) und 175 g (>6/7 Wochen). Tabelle 31.72 enthält **Aminosäurenempfehlungen.** Die Konzentrationsnormen je kg Alleinfutter sind für die mitgeteilten Energiekonzentrationen verbindlich.

Für Moschusmastenten gibt es kaum Versorgungsempfehlungen für Mineralstoffe, Vitamine und essenzielle Fettsäuren. Es werden deshalb die für Pekingmastenten mitgeteilten Normen zur Anwendung empfohlen (→ Kap. 31.9.3.1).

Fütterungsempfehlungen

Aufgrund des ausgeprägten Geschlechtsdimorphismus verbunden mit unterschiedlicher Wachstumsgeschwindigkeit der einzelnen Körperkompartimente wird allgemein eine geschlechtsgetrennte Mast mit entsprechender Phasenfütterung vorgeschlagen, da sich die Ansprüche an die Futterinhaltsstoffe im Verlauf der Mast geschlechtsspezifisch verändern. Die Angaben zur Energie-, Protein- und Aminosäurenversorgung sind jedoch für beide Geschlechter gleich, wobei die Untersuchungen in der Regel an männlichen Tieren erfolgten. Analog zu Pekingmastenten sind den Tieren die Futtermischungen als Pellets oder Bröckel (Anfangsmast) in geeigneten Fütterungseinrichtungen zu verabreichen. Neben der Fütterung mit Alleinfutter kann man die kombinierte Fütterung durchführen – analog zu Pekingenten (→ Kap. 31.9.3.1).

Bei der **ökologischen Moschusentenmast** werden die gleichen Tierherkünfte wie bei der konventionellen Mast verwendet. Die Fütterung sollte ebenfalls auf einem 3-Phasenfütterungsprogramm basieren. Dabei ist der Effekt des kompensatorischen Wachstums zu nutzen. Die Tiere können in der Starterphase ein Alleinfutter mit um 10–15 % reduziertem Gehalt an Energie und Nährstoffen (insbesondere Rohprotein und Aminosäuren) gegenüber den Empfehlungen für die konventionelle Fütterung erhalten. Dabei ist zu gewährleisten, dass die erforderlichen Aminosäurenrelationen eingehalten werden. Die daraus resultierenden geringeren Lebendmassezunahmen gleichen die Tiere in den späteren Phasen wieder aus. Neben den Alleinfuttermischungen muss den Masttieren zusätzlich junges Grünfutter angeboten werden, oder es steht ihnen Weideland zur Verfügung. In den Wintermonaten sind hochwertige Silagen als Grobfutter zu füttern.

31.9.3.3 Mularden

Seit wenigen Jahrzehnten verwendet man die Kreuzung von Moschuserpeln mit Pekingenten zur Erzeugung von Mularden (oder Mulardenten) für die Fleisch- und Fettleberproduktion (Frankreich). Die sterilen männlichen und weiblichen Hybriden weisen einen deutlich geringeren Geschlechtsdimorphismus als Moschusenten und -erpel auf. Beide Geschlechter können bei gleicher Mastdauer gemeinsam gemästet werden, da die Anforderungen an die Inhaltsstoffe

Tab. 31.72
Empfehlungen zur Aminosäurenversorgung von Moschusmastenten[1].

Alter (Wochen)	Aminosäuren (g/MJ AME_N)					Aminosäuren (g/kg Alleinfutter)				
	Lys	Met	Met + Cys	Thr	Trp	Lys	Met	Met + Cys	Thr	Trp
1 + 2	0,91	0,41	0,70	0,62	0,21	11,0	5,0	8,5	7,5	2,5
3–7	0,75	0,35	0,63	0,53	0,16	9,5	4,5	8,0	6,5	2,0
> 7	0,61	0,27	0,50	0,49	0,14	8,0	3,5	6,5	5,5	1,8

1 PAS (2018)

der Futtermischungen annähernd gleich sind. Gegenüber Pekingenten weisen Mularden einen höheren Brustfleischanteil auf und sind fettärmer. Die Versorgungsempfehlungen für Pekingenten (Energie, Nährstoffe) sind auch für Mularden geeignet, gleichfalls die Fütterungsempfehlungen sowohl für eine konventionelle als auch für eine ökologische Mast (→ Kap. 31.9.3.1).

31.9.4 Mastgänse

Bei der Gänsemast wird zwischen Früh-, Jungtier- und Spätmast unterschieden. Die **Frühmast** – auch als Broiler- und Kurzmast bezeichnet – dauert bis zur ersten Federmauser (8 bis maximal 10 Wochen). Dieses Mastverfahren nutzt das hohe Jugendwachstum der Gänse sehr gut aus. Jedoch ist am Mastende der Brustmuskel unzureichend entwickelt, und das Fleisch weist noch nicht die typischen Gänsefleischeigenschaften auf. Die Frühmast wird derzeit kaum angewendet. Die **Jungtiermast** (auch als Fleisch- und Mittelmast bezeichnet) wird bis zur 2. Federmauser durchgeführt und dauert etwa 16–18 Wochen. Nach der 9. Lebenswoche setzt das entwicklungsbedingt stärkere Brustmuskelwachstum ein. Der Schlachtkörper ist schwerer und vor allem fleischreicher. Bei der **Spätmast** – auch als Weide- und Langmast bezeichnet – kommen die Gänse ab der 3. Federreife zur Schlachtung. In Abhängigkeit vom Schlupftermin der Gössel und der späteren Schlachtung in den Monaten November und Dezember variiert die Haltungszeit. Bei der Spätmast handelt es sich um ein traditionelles, extensives Mastverfahren, bei dem vor allem Weidegras über einen längeren Zeitraum das wichtigste Futtermittel ist. Dem folgt eine Ausmast mit konzentratreicher Fütterung. Das Ziel dieser Mastform besteht in der Erzeugung von Schlachtgänsen für Martini- und vor allem für Weihnachtsgänse mit der typischen Gänsefleischnote.

Die Gans zeichnet sich durch ein sehr intensives Wachstum aus (→ Abb. 31.16). Im Vergleich zu den Geflügelarten Huhn und Pute wird die maximale tägliche Zunahme deutlich früher und zwar bereits in der 4./5. Lebenswoche erreicht. Zum Zeitpunkt der ersten Federmauser, d. h. im Alter von 8–10 Wochen, weist die Gans 70–80 % ihrer adulten Lebendmasse auf. Gegenüber dem Scharrgeflügel ist der Muskelanteil jedoch deutlich geringer, die Anteile an Federn, Haut und Körperfett aber beachtlich höher. Insbesondere das Brustmuskelwachstum erfolgt erst verstärkt nach dem ersten Federwechsel. Aber insgesamt verlangsamt sich dann die Wachstumsintensität. Die nachfolgenden Ausführungen behandeln die Jungtiermast und Spätmast.

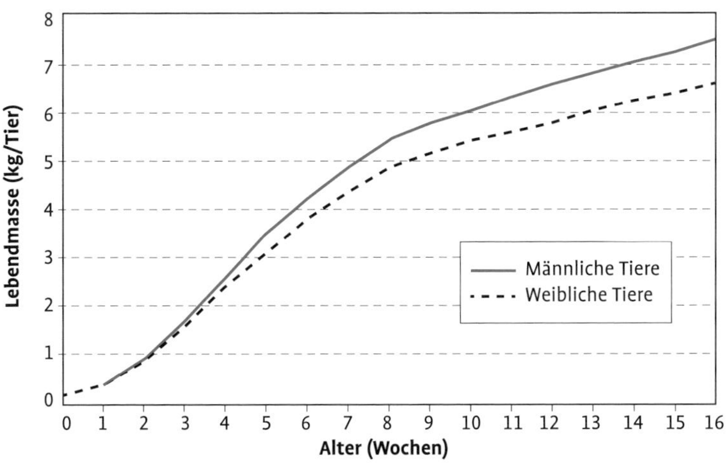

Abb. 31.16 Wachstumsverlauf männlicher und weiblicher Mastgänse eines schweren Genotyps (Schneider, 2010).

Tab. 31.73
Empfehlungen zur Versorgung von Mastgänsen mit umsetzbarer Energie, Rohprotein und Aminosäuren[1].

Alter (Wochen)	AME_N (MJ/kg)	Rohprotein (g/kg)	Aminosäure (g/kg)				
			Lysin	Methionin	Methionin + Cystein	Threonin	Tryptophan
1–3 (Starterfutter)	11,5	200	10	4,1	7,5	6,9	2,0
4–8/10 (Mastfutter)	10,0	170	7,5	3,3	6,0	5,2	1,6
8/10–16 (Endmastfutter)	9,0	155	6,8	3,0	4,9	4,7	1,5

1 Timmler (1995), Timmler und Jeroch (1997); Gehaltswerte beziehen sich auf die angegebenen Energiegehalte

Empfehlungen zur Energie- und Nährstoffversorgung

Jungtiermast

Die Anforderungen an den Energie-, Rohprotein- und Aminosäurengehalt in den Alleinfuttermischungen gehen mit zunehmendem Alter der Mastgänse zurück (→ Tab. 31.73). Empfehlungen zur Versorgung mit Mineralstoffe und Vitamine enthält Tabelle 31.74. Bei der Versorgung mit essenziellen Fettsäuren sind die Angaben für Pekingmastenten (→ Kap. 31.9.3.1) zu verwenden.

Spätmast/Weidemast

Bei dieser extensiven Form der Gänsemast entspricht die Aufzuchtperiode der Starterphase in der Jungtiermast. Für die Inhaltsstoffe des Aufzuchtfutters gelten deshalb die entsprechenden Empfehlungen für die ersten Lebenswochen. Danach bildet vorrangig Weidegras die Futterbasis; es muss von hoher Qualität sein, d. h. jung und damit relativ proteinreich und faserarm.

Fütterungsempfehlungen

Jungtiermast

Aufgrund geringerer Anforderungen an die Energie- und Nährstoffdichte der Futterrationen nach der Starterphase ist bei diesem Mastverfahren der Einsatz von Grünfutter (frisch oder technisch getrocknet) möglich. Dadurch reduziert sich der Mischfutterbedarf. Die Gössel erhalten in den ersten 3 Wochen Starterfutter analog den Empfehlungen für diesen Altersabschnitt (→ Tab. 31.73 und 31.74). Zusätzlich wird junges Grünfutter angeboten, damit sich die Masttiere frühzeitig an die Grünfutteraufnahme gewöhnen. Danach bildet Grünfutter ein wichtiges Futtermittel, das die Gänse neben dem rationierten Gänsemastfutter zur beliebigen Aufnahme erhalten. In der etwa 2- bis 3-wöchigen Endmastperiode wird ausschließlich Gänsemastfutter gefüttert (→ Tab. 31.75). Neben frischem Grünfutter eignet sich auch **Grasgrünmehl** als Komponente in den Mastmischungen. Handelsübliche Gänsestarter- und Gänsemastfutter werden vor dem Pelletieren mit etwa 10–15 % (Starterfutter) bzw. 20–25 % (Mastfutter) an hochwertigem Grasgrünmehl verschnitten. Das Starterfutter wird in den ersten 4 Lebenswochen und das Mastfutter bis zum Mastende verfüttert. Mit diesen Rationstypen erreicht man hohe Endgewichte bei gleichzeitig optimaler Schlachtkörperqualität (hoher Brust- und Schenkelfleischanteil, mäßiger Fettanteil).

Spätmast (Weidemast)

Ein Fütterungsprogramm für die Spätmast zeigt Tabelle 31.76. Voraussetzung für diese Mastform ist ausreichend Weidefläche (qualitätsabhängig ca. 100–250 m^2 Weideland pro Gans), damit der Konzentratfuttereinsatz gering gehalten werden kann. Nach einer 3-wöchigen Aufzuchtperiode mit pelletiertem Starterfutter, in der die Gössel bereits im Stall an die Grünfutteraufnahme gewöhnt werden, beginnt die eigentliche Weidehaltung. Mit steigender Grünfutteraufnahme in den folgenden Wochen erhalten die Tiere zur Optimierung der Nährstoffversorgung neben Getreidekörnern noch pelletiertes Mastfutter. In der anschließenden sogenannten „Magergänsephase" (ab 8. Lebenswoche bis 4 Wochen vor dem vorgesehenen Schlachttermin), ist zunächst Weidegras das Hauptfuttermittel. Für die Weide-

Tab. 31.74
Empfehlungen zur Versorgung von Mastgänsen mit Mineralstoffen und Vitaminen (je kg Alleinfutter) bei praxisüblichen Gehalten an AME_N (entsprechend Tab. 31.73)[1].

Nährstoff	**Alter in Wochen**		
	1–3/4 (Starterfutter)	**4/5–8 (Mastfutter)**	**über 8 (Endmastfutter)**
Calcium (g)	9	7,5	6,5
Nicht-Phytin-Phosphor (g)	3,5	3,0	2,5
Magnesium (g)	0,5	0,4	0,4
Natrium (g)	1,4	1,2	1,0
Chlorid (g)	1,2	1,0	0,8
Eisen (mg)	40	35	30
Kupfer (mg)	8	6,5	5,5
Zink (mg)	60	50	40
Mangan (mg)	70	60	50
Iod (mg)	0,4	0,3	0,2
Selen (mg)	0,15	0,1	0,1
Vitamin A (IE)	10000	5000	5000
Vitamin D_3 (IE)	1200	1000	1000
Vitamin E (mg)	35	30	30
Vitamin K_3 (mg)	2	2	1,5
Vitamin B_1 (mg)	2	1,5	1,5
Vitamin B_2 (mg)	4	3,5	3
Vitamin B_6 (mg)	3,5	3,0	2,5
Vitamin B_{12} (µg)	15	10	7,5
Niacin (mg)	40	35	30
Pantothensäure (mg)	15	10	7,5
Folsäure (mg)	1,0	0,7	0,5
Biotin (µg)	100	100	100
Cholin (mg)	300	300	300

1 Jeroch (1987), Leeson und Summers (2005), PAS (2018)

Tab. 31.75
Fütterungsprogramm für die Jungtiermast von Gänsen mit frischem Grünfutter (Angaben je Tier und Tag)[1].

Alter (Wochen)	**Futterart**	**Getreidekörner**	**Mähgrünfutter/ Weidegras**
1–3	Starterfutter *ad libitum*	–	~50–100 g
4–8	Mastfutter restriktiv, ~100 g	~100 g	~400 g
9–13	Mastfutter restriktiv, ~150 g	~100 g	~500 g
14–16/17	Endmastfutter *ad libitum*	–	–

1 nach verschiedenen Literaturquellen (u. a. Schneider, 2010)

Tab. 31.76
Fütterungsprogramm für die Spätmast von Gänsen (Richtwerte pro Tier und Tag).

Fütterungsabschnitt	Mischfutter (g)	Getreidekörner (g)	Weidegras oder Mähgrünfutter (g)
Aufzucht (1–3 Wochen)	90[1]	–	150
4–7 Wochen	50[2]	100	500
Ab 8. Woche bis 4 Wochen vor Mastende	–	80–100	1000–1300
Ausmast (4 Wochen vor Mastende)	–	500	–

1 Starterfutter, 2 Mastfutter

nutzung bietet sich die Portionsweide mit Elektrozaun oder Gatter (Pferch) als effektives Verfahren an. Selbst bei hohen Verzehrsmengen an qualitativ hochwertigem Grünfutter wird der Energiebedarf nicht gedeckt. Deshalb sind auch während der Weideperiode zusätzlich Energiefuttermittel erforderlich, z. B. Getreidekörner. Der Zuwachs in diesem Mastabschnitt besteht vor allem aus Protein und wenig Fett.
Etwa 4 Wochen vor dem Schlachttermin wird die Weidehaltung bzw. die Grünfutterperiode beendet und es beginnt die Ausmast der Magergänse. Die Tiere sollten zu diesem Zeitpunkt 80–85 % der Endmasse erreicht haben. Der Zuwachs in der Ausmast besteht überwiegend aus Fett. Um eine günstige Fettbeschaffenheit zu erzielen, eignen sich Weizen, Triticale, Gerste oder Hafer. Mais bewirkt demgegenüber ein sehr weiches und gelb aussehendes Fett.
Von allen Geflügelarten eignet sich die Gans am besten für eine **ökologische Mast.** Lediglich in der Aufzuchtperiode ist die Energie- und Nährstoffversorgung fast ausschließlich über ein pelletiertes Starterfutter abzudecken, dessen Inhaltsstoffe einem konventionellen Starterfutter entsprechen sollen. Danach gewinnt Weidegras, bei rückläufigem Konzentratfutteranteil, zunehmend an Bedeutung an der Gesamtration.

31.9.5 Einfluss der Fütterung auf Schlachtkörperwert, Fleisch- und Fettqualität

Der **Schlachtkörperwert** beim Geflügel wird bestimmt durch

- das Aussehen des Schlachtkörpers,
- die Schlachtausbeute,
- die grobgewebliche Zusammensetzung des Schlachtkörpers,
- den Anteil der fleischreichen Teilstücke Brust und Schenkel sowie
- den Verfettungsgrad.

Diese Merkmale sind mehr oder weniger durch die Fütterung beeinflussbar.
Aussehen des Schlachtkörpers. Dieses Merkmal bezieht sich insbesondere auf die **äußere Beschaffenheit** der **Haut** und die **Hautfarbe.** Die Haut darf keine Schäden und Federrückstände aufweisen. Zu den Hautschäden zählen Brustblasen, die bei Broilern und Mastputen u. a. durch eine schlechte Einstreubeschaffenheit (feucht, klebrig, festgetreten) auftreten können. Letzteres kann die Folge von Fütterungsfaktoren sein, z. B. durch erhöhte Gehalte an löslichen NSP im Futter. Durch Fütterungsmängel ausgelöste Beinschwäche bei den Masttieren begünstigt sowohl das Auftreten von Brustblasen als auch von Druckstellen am Schlachtkörper. Insbesondere sehr energiereiche Fütterung sowie suboptimale Versorgung mit S-haltigen Aminosäuren bewirken beim Wassergeflügel eine ungleichmäßige Federentwicklung. Die Schlachtkörper solcher Tiere weisen verstärkt Federstoppeln auf, die beim normalen Schlachtprozess nicht entfernt werden. Die Hautfarbe

wird ebenso wie die Eidotterpigmentierung beeinflusst durch die Carotinoidkonzentration in den Futtermitteln (z. B. reichlich in Körnermais und Grünfutter) bzw. durch Carotinoidsupplemente zu den Futtermischungen. Diese fettlöslichen Farbstoffe werden im subkutanen Fettgewebe eingelagert. Bei Masthühnern führen hohe Futtercarotinoidgehalte zu einer starken Gelbfärbung der Haut (z. B. Maisbroiler), während bei Puten kaum Farbstoffe in die Haut eingelagert werden. Bei Weidehaltung oder Grünfuttereinsatz während der Mast haben die Schlachtkörper generell ein gelbes Aussehen (z. B. Weidemastgänse). Analog zur Farbe des Hautfettgewebes werden auch weitere Fettablagerungen im Schlachtkörper (z. B. Abdominalfett) in ihrer Farbe vom Futtercarotinoidgehalt beeinflusst.

Fleischfülle und Fleisch-Knochen-Verhältnis. Die Brustfleischbildung ist insbesondere bei den modernen Broiler- und Mastputenherkünften sehr stark ausgeprägt. In den letzten Jahrzehnten wurde auch beim Wassergeflügel, insbesondere bei Pekingmastenten, der Brustfleischanteil deutlich erhöht. Um die genetische Veranlagung für dieses Merkmal optimal auszuschöpfen, ist nicht nur eine nach Menge und Qualität ausreichende Proteinversorgung wichtig, auch die Energieversorgung muss den Anforderungen entsprechen, denn die Proteinsynthese ist ein energieaufwendiger Prozess. In neueren Versuchen mit Broilern, Mastputen, Peking- und Moschusmastenten wurde nachgewiesen, dass die Anforderungen an die Aminosäurenversorgung, insbesondere mit Lysin, für eine maximale Brustmuskelausbildung höher sind als für ein maximales Wachstum. Wenn die Lysinzufuhr statt auf maximale Mastendmasse auf höchsten Brustmuskelertrag ausgerichtet wird, erhöht sich dieser um folgende Größenordnungen: Broiler 3–5 %, Mastputen 3–4 %, Pekingmastenten ~5 %. Bei vermindertem Fleischansatz nimmt der relative Knochenanteil zu und das Verhältnis beider Schlachtkörperfraktionen verengt sich.

Verfettungsgrad. Einen deutlichen Einfluss auf dieses Merkmal, das anhand des Abdominalfettanteils gut beurteilt werden kann, haben der Energiegehalt des Futters und vor allem das Energie-Protein-Verhältnis. Insbesondere bei Broilern ist dieser Zusammenhang intensiv untersucht worden. Sehr energiereiches Mastfutter stimuliert bei Masthühnern besonders die Fettbildung im Abdomen, am Verdauungstrakt und an den Organen. Dieses Fett ist Abfall und muss entsorgt werden (verschwendete Futternährstoffe). Des Weiteren werden Fettschleier zwischen den Muskelpartien gebildet, die die visuelle Qualität mindern.

Die Qualitätsbewertung von **Geflügelfleisch** und **Geflügelfett** erfolgt auf der Grundlage von sensorischen Eigenschaften (Geruch, Geschmack, Zartheit, Saftigkeit), Haltbarkeit, Koch- und Bratverlusten sowie Nährwertparametern (Nährstoffgehalt). Bei allen genannten Qualitätsmerkmalen bestehen geringe bis mäßige Fütterungseinflüsse.

Sensorische Eigenschaften. Das Fleisch**aroma** (Geruch, Geschmack) prägen insbesondere folgende, überwiegend fettlösliche Substanzen, die bei der Zubereitung freigesetzt werden: Phospholipide, spezielle Fettsäuren, Ketone, Aldehyde, Esterverbindungen und schwefelhaltige Verbindungen. Deshalb hängt das Fleischaroma ganz wesentlich von Gehalt und Zusammensetzung des Fettes ab. Nach bisherigen Erfahrungen haben keinen messbaren Einfluss auf das Fleischaroma: die Getreideart und deren Anteil im Mastfutter, der Futterproteingehalt, fast alle Proteinquellen, Mengen- und Spurenelemente sowie Vitamine. Abweichungen vom arttypischen Geruch und Geschmack des Geflügelfleisches sind bei Nichteinhalten von Obergrenzen für bestimmte Futtermittel (→ Kap. 31.4) möglich, wie beispielsweise durch Fischmehl (hoch ungesättigte Fettsäuren), Leinsamenprodukte (sehr hoher Anteil an α-Linolensäure im Öl) und Rapsprodukte (Sinapin). Auch eine Überversorgung mit Cholin kann einen fischartigen Geruch und Geschmack verursachen.

Auf die **Zartheit** des Geflügelfleisches hat die Fütterung nur einen geringen Einfluss. Lediglich bei extremer Rezepturgestaltung wurden Effekte festgestellt. Sehr energiereiche Fütterung wirkt positiv auf dieses Merkmal, weil mehr zartheitsförderndes intramuskuläres Fett eingelagert wird, während Futterrestriktionen nachteilig wirken können. Ein gesicherter Einfluss der Fütterung auf das **Safthaltevermögen** des Geflügelfleisches wurde bisher nicht nachgewiesen.

Haltbarkeit. Ein Teilaspekt der Haltbarkeit ist die **oxidative Stabilität** der Fettfraktion des Geflügelfleisches. Durch den beachtlichen Anteil von Ölen als Energieträger in den Mastmischungen (Broiler, Puten) liegt ein höherer Anteil an ungesättigten Fettsäuren im Geflügelfett vor. Bereits nach wenigen Tagen können auch bei Kühlschranktemperaturen oxidative Veränderungen beginnen, womit gleichzeitig Geruchs- und Geschmacksveränderungen verbunden sind. Diese lassen sich durch Vitamin-E-Zusätze in den Endmastmischungen in Höhe von 150–200 mg/kg Futter verhindern. Die verstärkte Depotbildung von Vitamin E im Fleisch schützt das Fett vor oxidativen Veränderungen und stabilisiert gleichzeitig die Fleischfarbe. Diese Schutzwirkung ist sowohl für frische Schlachtkörper als auch für Geflügelprodukte (z. B. Geflügelwurst) bedeutsam.

Koch- und Bratverluste. Substanzverluste bei den verschiedenen Zubereitungsarten sollen möglichst gering ausfallen. Bei übermäßiger Verfettung des Schlachtkörpers steigen die Koch- und Bratverluste an. Dies betrifft insbesondere auch Broiler, bei denen sehr energiereiche Fütterung zu verstärkter Fetteinlagerung im Unterhautbindegewebe und zur Bildung von Fettschleiern zwischen den Muskelpartien führt.

Nährstoffgehalt. Die Inhaltstoffe des Geflügelfleisches sind zum Teil durch die Fütterung beeinflussbar. Deutliche Effekte bestehen bei folgenden Inhaltsstoffen: Wasser, Fett, einfach und mehrfach ungesättigte Fettsäuren, Selen, Vitamine A und E sowie Carotinoide. Zu den Inhaltsstoffen, die keiner oder nur einer geringen Variation durch die Fütterung ausgesetzt sind, zählen u. a. der Proteingehalt wie auch das Aminosäurenmuster des Fleischproteins. Sie sind genetisch determiniert. Für Muskelfleisch plus Haut (= essbarer Anteil des Geflügelschlachtkörpers) trifft diese Aussage nur bedingt zu. Die Höhe des Hautanteils beeinflusst sowohl den Proteingehalt des essbaren Anteils als auch dessen Aminosäurenzusammensetzung, weil Haut- und Muskelproteine nicht das gleiche Aminosäurenprofil aufweisen. Die Konzentration an Mengenelementen, den meisten Spurenelementen und an Vitaminen des B-Komplexes im Geflügelfleisch ist nicht oder kaum durch eine Variation des Futtergehaltes veränderbar.

Abb. 31.17
Nährstoffgehalt des Fleisches männlicher Broiler (Muskel plus Haut) in Abhängigkeit vom Energie- und Rohproteingehalt des Mastfutters (je kg) (Jeroch und Peter, 1987).

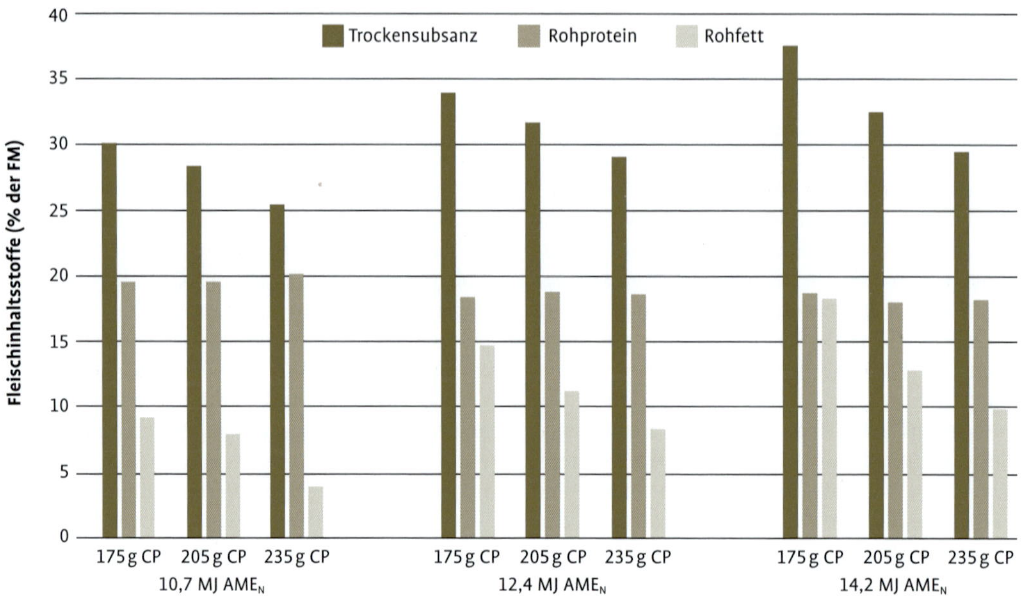

Insbesondere bei Broilern bestehen eindeutige Effekte des Energie- und Proteinniveaus im Mastfutter bzw. des Energie-Protein-Verhältnisses auf den Fettgehalt (→ Abb. 31.17). Das Fleisch (Muskel plus Haut) von Broilern, die ein Mastfutter mit einem engen Energie-Rohprotein-Verhältnis (10,7 MJ AME_N und 235 g CP/kg Futter) erhielten, ist ausgesprochen fettarm, während bei energiereicher und rohproteinarmer Fütterung (14,2 MJ AME_N und 175 g CP, sehr weites Verhältnis) das Fleisch um das 4,5fache fettreicher ist. Bei Mastputen wirkt sich die Variation des Energie-Protein-Verhältnisses im Mastfutter auf den Fleischfettgehalt nicht so stark aus wie bei Broilern.

Das **Fettsäurenmuster** des Fleischfettes (ebenso des Abdominal- und Organfettes) kann wesentlich durch die Fütterung beeinflusst werden. Bei fettarmen Futterrationen bilden die einzelnen Geflügelarten arttypisches Fett, da die Fettsäuren für die Fettbildung im Stoffwechsel synthetisiert werden. Sobald die Mastmischungen fettreichere Getreidearten enthalten (z. B. Körnermais) und/oder zusätzlich aufgefettet sind, ist die Fettsäurensynthese im Körper herabgesetzt und die resorbierten Futterfettsäuren werden verstärkt zur Fettbildung verwendet. Je nach Fettart (Fettsäurenmuster) und integrierter Fettmenge ergibt sich ein unterschiedliches Fettsäurenmuster des gebildeten Körperfettes. Insbesondere der Anteil an ungesättigten Fettsäuren im Geflügelfett steht in enger Beziehung zur jeweiligen Konzentration im Futter. So bewirkte ein jeweils 10 %iger Anteil von Rindertalg (40 % Ölsäure), Sonnenblumenöl (68 % Linolsäure) und Leinöl (57 % α-Linolensäure) im Broilermastfutter sehr starke Anreicherungen der jeweils dominieren Futterfettsäuren im Schlachtkörperfett. Ähnliche Zusammenhänge wurden auch bei den Masttieren weiterer Geflügelarten nachgewiesen.

Die Überführung nativer und supplementierter Carotinoide in das Körperfett ist bereits im Zusammenhang mit der Hautfärbung dargestellt worden. Höhere Vitamin-E-Gehalte im Futter führen zu verstärkter Anreicherung im Körperfett. Der Mischfuttergehalt an Vitamin A beeinflusst deutlich dessen Konzentration vorrangig in der Leber. Aus der Sicht des Verbraucherschutzes sollte jedoch eine zusätzliche Vitamin-A-Anreicherung in der Geflügelleber nicht erfolgen, weil bereits die Leber von normal versorgten Masttieren eine gute Vitamin-A-Quelle ist. Demgegenüber wird Vitamin D_3 mit geringerer Effizienz eingelagert.

Aufgrund der aufgezeigten Möglichkeiten zur Einflussnahme auf verschiedene Inhaltsstoffe des Geflügelfleischs bietet es sich an, gezielt bestimmte Nährstoffe anzureichern. Bisherige Untersuchungen zu dieser Thematik konzentrierten sich vor allem auf eine Fettsäurenmodifizierung mit dem Ziel, Omega-3-Fettsäuren im Geflügelfett zu erhöhen und dabei gleichzeitig eine Verengung des Verhältnisses von Omega-6- : Omega-3-Fettsäuren zu erreichen. Durch Leinöl gelingt es, den Gehalt an Omega-3-Fettsäuren im Brust- und Schenkel erheblich zu steigern. Dabei erhöht sich jedoch die Oxidationsanfälligkeit des modifizierten Geflügelfettes deutlich, dem durch erhöhte Vitamin-E-Gehalte im Futter entgegengewirkt werden kann. Von dieser Möglichkeit wird verschiedentlich auch Gebrauch gemacht, um generell den Oxidationsschutz des Geflügelfleisches zu erhöhen. Bei reichlicher Aufnahme von Grünfutter, z. B. im Rahmen der Weidemast von Gänsen, steigt der Anteil an Omega-3-Fettsäuren im Körperfett gegenüber einer ausschließlichen Verfütterung von Mischfutter deutlich an. Vergleichsweise zu Hühnereiern sind derzeit keine Schlachtkörper oder Schlachtkörperprodukte mit gezielt über die Fütterung angereicherten Nährstoffen auf dem deutschen Markt.

31.10 Fütterungsassoziierte Gesundheitsstörungen

Klassische Mangelsymptome, die z. B. durch unzureichende Versorgung oder Defizite mit Mineralstoffen und Vitaminen verursacht werden, wurden bereits in den Kapiteln 2.2, 2.3, 3.5 und 3.6. beschrieben. Tabelle 31.77 gibt eine Übersicht zu aktuellen Gesundheitsstörungen, die durch nutritive Ursachen ausgelöst oder begünstigt werden.

Tab. 31.77
Aktuelle fütterungsassoziierte Gesundheitsstörungen beim Geflügel.

Störung/Krankheit	Symptome	Mögliche nutritive Ursachen	Gegenmaßnahmen
Verdauungsprobleme	Durchfall, verstärkte Gasbildung, veränderte Exkremente	Erhöhter Mischungsanteil kritischer Futtermittel, oxidierte (ranzige) Fette, mit Mykotoxinen kontaminiertes Futter, Hygienemängel	Einhaltung der Futtermittelrestriktionen, keine Verfütterung verdorbener Fette, Einsatz verdauungsfördernder Futterzusatzstoffe (NSP-spaltende Enzyme, Probiotika, Phytobiotika, organische Säuren), optimale Futtermittelhygiene
Immunschwäche	Immunreaktion ↓, Immunsuppression, Krankheitsanfälligkeit ↑ Leistungsminderungen	Mangel an Protein, essenziellen Aminosäuren, Vitamin A, Vitamin E, B-Vitaminen, Spurenelementen	Nährstoffversorgung optimieren, reichliche Versorgung mit Linolsäure, optimale Futterhygiene
Verhaltensstörungen (insbesondere bei Hühnerküken und Junghennen, Legehennen, Moschusenten)	Federpicken, Zehenpicken, Federfressen, Kannibalismus und Übererregbarkeit (Hysterie)	Natriumdefizit, NaCl-Überschuss, AS-Imbalancen (z. B. Unterversorgung mit Methionin und Cystein), ungünstige Futterstruktur, rohfaserarme Futtermischungen	Mangelbeseitigung, Picktrieb befriedigen (Schrotfutter), Angebot an Beschäftigungsmaterial (Grünfutter, Raufutter, Picksteine), kurzfristig hohe Gehalte an Methionin (2 g/kg), Niacin (200 mg Zusatz/kg) oder Tryptophan (bis 5 g Zusatz/kg) bei Hysterie
Skeletterkrankungen (insbesondere bei intensiv wachsenden Masttieren)	Femurkopfnekrose, Dyschondroplasie der Tibia, Tibia-Torsionen (Verdrehungen)	Gestörter Säuren-Basen-Status, Unterversorgung mit Mengen- und Spurenelementen sowie Vitamin D_3	Gabe von Vitamin D_3 insbesondere 25-Hydroxy-Vitamin D, optimale Mineralstoffversorgung,
Fußballenentzündungen („Foot Pad Dermatitis", FPD), insbesondere betroffen Mastputen, aber auch Broiler und Legehennen	Hautschäden unterschiedlicher Stärke, die gleichzeitig Infektionen begünstigen	Erhöhte Futtergehalte an NSP und Oligosacchariden, NaCl- und K-Überschuss, überhöhte CP-Aufnahme, schlechtere AS-Verdaulichkeit, sehr feine Mischfutterstruktur	Einhaltung der Futtermittelrestriktionen, Vermeidung von Überschüssen in den Futtermischungen, erhöhte Wasser- und Nährstoffexkretion vermeiden, normale Futterstruktur
Muskelmagenerosionen (besonders bei wachsendem Geflügel)	Defekte der Muskelmagenhornhaut durch zu hohe Säuresekretion, Funktion des Muskelmagens beeinträchtigt, Leistungsminderungen	Histamin und Gizzerosin (unerwünschte Inhaltsstoffe im Fischmehl), Mykotoxine verstärken Schadwirkung	Fischmehl freie Rationen; S-haltige Aminosäuren, Zink und Biotin stimulieren den Heilungsprozess

31.11 Umwelt- und ressourcenschonende Fütterung

Die vom Geflügel nicht verdauten bzw. nicht absorbierten Nährstoffe und die intermediär nicht für Leistungen verwendeten Nahrungsbestandteile gelangen beim Geflügel gemeinsam über die Kloake als Exkremente (Kot-Harn-Gemisch) zur Ausscheidung. Geflügelexkremente (als Exkrement-Wasser-Gemisch [Gülle] oder Einstreu-Exkrement-Gemisch [Mist]) sind grundsätzlich wertvolle Düngerstoffe. Die betriebliche und regionale Konzentration der Geflügelbestände sowie eine flächenunabhängige Geflügelhaltung haben dazu geführt, dass zu viel Geflügeldung anfällt, der Abfall- und Umweltprobleme verursacht. Zu den negativen Auswirkungen zählen insbesondere:

- Überdüngung der Böden und dadurch Nährstoffausträge aus den Böden in Gewässer und Atmosphäre (insbesondere N und P) und damit einhergehend Versauerung und Eutrophierung von Böden und Gewässern,
- Emissionen klimawirksamer Spurengase (NH_3, NO, N_2O, N_2) aus den Ställen, bei der Lagerung und Ausbringung der Dünger sowie direkt aus dem gedüngten Boden, die die Luftqualität in der Umgebung der Geflügelanlagen sowie die Erdatmosphäre negativ beeinflussen,
- Überfrachtung von Auslaufflächen mit Geflügelexkrementen (bei herkömmlicher wie auch ökologischer Produktionsweise).

Neben Stickstoff und Phosphor sind auch Spurenelemente, insbesondere die Schwermetalle Kupfer und Zink, umweltrelevante Substanzen im Geflügeldünger. Durch verschiedene Maßnahmen der Fütterung (→ Tab. 31.78) kann ein Beitrag zu verminderter Ausscheidung von Stickstoff, Phosphor und Spurenelementen geleistet werden. Damit können gleichzeitig Spareffekte für begrenzt verfügbare Ressourcen, z. B. Rohphosphate, verbunden sein.

Tab. 31.78
Maßnahmen zur Verminderung von Stickstoff, Phosphor- und Spurenelementausscheidungen beim Geflügel.

Hauptstrategie	Einzelverfahren	Beurteilung der einzelnen Maßnahmen
Verbesserung der Futterqualität	Neue pflanzliche Genotypen mit reduziertem Phytin-P-Gehalt bzw. höherem Gehalt an pflanzeneigener Phytase	Erste gentechnische Zuchtprodukte sind vorhanden, Nutzung ist von der GVO-Akzeptanz abhängig
	Neue Sorten mit stark reduzierten Konzentrationen an Inhaltstoffen mit verdauungshemmender Wirkung	Tanninarme Ackerbohnen- und Erbsensorten sind bereits vorhanden (haben eine deutlich höhere Aminosäurenverdaulichkeit), aber die Verfügbarkeit von Körnerleguminosen ist weiterhin gering; gelbschalige Rapssaat mit deutlich vermindertem Fasergehalt (höhere Aminosäurenverdaulichkeit) ist beim Sommerraps bereits vorhanden (Kanada), beim Winterraps in der Entwicklungsphase
Fütterung bzw. Nährstoffversorgung dichter am Bedarf	Vermeidung von Überangebot	Starke Wirkung, leicht durchführbar, beim Phosphor bestehen noch beachtliche Reserven insbesondere wegen der derzeitigen P-Bewertungsmaßstäbe
	Verminderung der Sicherheitszuschläge	In der Praxis kaum realisierbar, weil Umsetzung konkrete Kenntnisse über die Gehalte in den Futterkomponenten erfordert
	Bedarfsangepasste Fütterung, Phasenfütterung	Geringere Effekte bei Legehybriden, weil nur noch eine geringe Leistungsdifferenzierung innerhalb der Legeperiode besteht; wirksamer in der Aufzucht und Mast, ist u. a. im Rahmen der Fütterung mit Getreide und Ergänzungsfutter gut durchführbar
	Kontrollierte/restriktive Fütterung	Wirksam vor allem bei Elterntieren
Verbesserung der Nährstoffverwertung	Hochverdauliche Proteinfuttermittel	Maßnahme erhöht Futterkosten, hätte Beschränkung oder Verzicht auf inländische Eiweißfuttermittel zur Folge
	Einsatz freier Aminosäuren	Sehr wirksam, durchgehende Anwendung ist von den Preisen für Eiweißfuttermittel und Aminosäurenpräparate abhängig, derzeit nicht realisierbar bei der ökologischen Fütterung
	Konzept des idealen Proteins auf Basis praecaecal verdaulicher Aminosäuren	Bisher auf Broiler beschränkt
	Hochwertige Phosphorfuttermittel	Bedeutsam bei höheren Versorgungsempfehlungen, z. B. Mastputenfutter
	Phytaseeinsatz	Starke Wirkung und durchgängig anwendbar
	Darmstabilisatoren	Gewisse Wirkung bei jungem Geflügel durch Verhinderung von Resorptionsstörungen
	Futterbehandlungen, Futterenzyme (außer Phytase)	Bedeutung bei Futtermischungen, die Komponenten mit antinutritiven Inhaltsstoffen enthalten
	Organische Spurenelementverbindungen	Höhere Bioverfügbarkeit, dadurch Reduktion von Futtersupplementen möglich, jedoch noch Forschungsbedarf
Tierzüchterische Maßnahmen	Weitere Anhebung des Leistungsniveaus	Erfolgt immer noch in kleinen Schritten, deshalb bestehen weiterhin Effekte
	Selektion auf höhere Nährstoffverwertung	Möglicher Ansatzpunkt, da eine beachtliche individuelle Variabilität sowohl auf der Ebene der Verdauung als auch der Verwertung vorhanden ist

Weiterführende Literatur

AFRC (1993): Energy and Protein Requirements of Ruminants. CAB International, Wallingford.

Coenen, M., Vervuert, I. (2019): Pferdefütterung. 6., aktualisierte Auflage. Enke Verlag, Stuttgart.

DLG (1993): Fütterungshinweise für Rinder. DLG-Merkblatt 142

DLG (2016): Mengenmäßige Erfassung des wirtschaftseigenen Futters. DLG-Merkblatt 416 (www.dlg.org)

DLG (2019): Leitfaden zur nachvollziehbaren Umsetzung stark N-/P-reduzierter Fütterungsverfahren bei Schweinen. DLG-Merkblatt 418 (www.dlg.org)

DLG (2020): Berücksichtigung N- und P-reduzierter Fütterungsverfahren bei den Nährstoffausscheidungen von Milchkühen. DLG-Merkblatt 444 (www.dlg.org)

DLG (2020): DLG-Futtermitteldatenbank. www.http://datenbank.Futtermittel.net

DGL (2020): Milchkontrolldaten zur Fütterungs- und Gesundheitskontrolle bei Milchkühen. DLG-Merkblatt 451 (www.dlg.org)

Evonik Industries, Evonik Nutrition and Care GmbH (2016); AminoDat®5.0 – Animal Nutritionist's Information Edge, Book I, II; Plexus Verlag Amorbach

GfE (1994): Mitteilungen des Ausschusses für Bedarfsnormen der Gesellschaft für Ernährungsphysiologie: Die Bestimmung des verdaulichen Phosphors beim Schwein. Proc. Soc. Nutr. Physiol. 2, 113-119

GfE (1996): Mitteilungen des Ausschusses für Bedarfsnormen der Gesellschaft für Ernährungsphysiologie: Energie-Bedarf von Schafen. Proc. Soc. Nutr. Physiol. 5, 153-155

GfE (1999): Empfehlungen zur Energie- und Nährstoffversorgung der Legehennen und Masthühner (Broiler). DLG-Verlag, Frankfurt am Main

GfE (2001): Empfehlungen zur Energie- und Nährstoffversorgung der Milchkühe und Aufzuchtrinder. DLG-Verlag, Frankfurt am Main

GfE (2004): Empfehlungen zur Energie- und Nährstoffversorgung der Mastputen. Proc. Soc. Nutr. Physiol. 13, 199-233.

GfE (2005): Communications of the Committee for Requirement Standards: Standardised precaecal digestibility of amino acids in feedstuffs for pigs - methods and concepts. Proc. Soc. Nutr. Physiol. 14, 185-205

GfE (2006): Empfehlungen zur Energie- und Nährstoffversorgung von Schweinen. DLG-Verlag, Frankfurt am Main

GfE (2014): Empfehlungen zur Energie- und Nährstoffversorgung von Pferden. DLG-Verlag, Frankfurt am Main.

GfE (2014): Evaluation of structural effectiveness of mixed rations for dairy cows – status and perspectives. Proc. Soc. Nutr. Physiol. 23, 166–179.

Gruber, L., Schwarz, F. J., Erdin, D., Fischer, B., Spiekers, H., Steingaß, H., Meyer, U., Chassot, A., Jilg, T., Obermaier, A., Guggenberger, T. (2004): Vorhersage der Futteraufnahme von Milchkühen – Datenbasis von 10 Forschungs- und Universitätsinstituten Deutschlands, Österreichs und der Schweiz. VDLUFA-Schriftenreihe 60, 482-504.

Hoffmann, M., Steinhöfel, O. (2018): Futtermittelspezifische Restriktionen. 6. Auflage. Deutscher Landwirtschaftsverlag GmbH, München.

Jeroch, H. Simon, A., Zentek, J. (Hrsg.) (2019) Geflügelernährung. 2., aktualisierte Aufl., Verlag Eugen Ulmer KG Stuttgart (Hohenheim).

LfL (Bayerische Landesanstalt für Landwirtschaft) (2014): Gruber Tabelle zur Fütterung in der Rindermast. 19. Auflage.

NRC (2001): Nutrient requirements of dairy cattle. National Academy Press, Washington, D.C.

NRC (2012): Nutrient Requirements of Swine. National Academy Press, Washington, D.C.

Zentralausschuss der Deutschen Landwirtschaft, Normenkommission für Einzelfuttermittel (2019): Positivliste für Einzelfuttermittel. 13. Auflage.

Abkürzungen

AAS Atomabsorptionsspektrometrie
ADF Saure Detergensfaser (acid detergent fibre)
ADL Saures Detergenslignin (acid detergent lignin)
ADP Adenosindiphosphat
AGR Aufgewertete Grobfutterration
Ala Alanin
ALM Lebendmasse des ausgewachsenen Tieres
AME_N Scheinbare umsetzbare Energie, N-korrigiert
AMP Adenosinmonophosphat
ANF Antinutritive Faktoren
Arg Arginin
AS Aminosäure(n)
Asn Asparagin
Asp Asparaginsäure
ATP Adenosintriphosphat
Asx Asparagin oder Asparaginsäure
BCS Body Condition Score
BSE Bovine spongiforme Encephalopathie
BVL Bundesanstalt für Verbraucherschutz und Lebensmittelsicherheit
BW Biologische Wertigkeit
CA Rohasche (crude ash)
CCM Corn cob mix (Maiskorn-Spindel-Gemisch)
CF Rohfaser (crude fibre)
CLA Konjugierte Linolsäure(n)
CP Rohprotein (crude protein)
Cys Cystein
DCAB Kationen-Anionen-Bilanz (dietary cation-anion balance)
DCF Verdauliche Rohfaser (digestible crude fibre)
DCP Verdauliches Rohprotein (digestible crude protein)
DE Verdauliche Energie (digestible energy)
DEE Verdauliches Rohfett (digestible ether extract)
DLG Deutsche Landwirtschafts-Gesellschaft
DM Trockensubstanz (dry matter)
DMI Trockensubstanzaufnahme (dry matter intake)
DNA Desoxyribonucleinsäure
DNfE Verdauliche stickstofffreie Extraktstoffe (digestible nitrogen free extractives)
DOM Verdauliche organische Substanz (digestible organic matter)
DON Deoxynivalenol
dP Verdaulicher Phosphor
DVN Darmverluststickstoff
ECM Energy-corrected milk
EE Rohfett (ether extract)
FFS Flüchtige Fettsäuren
EHN Endogener Harnstickstoff
ELOS Enzymlösliche organische Substanz
FAD Flavinadenindinucleotid
FM Frischmasse
FMN Flavinmononucleotid
FMV Futtermittelverordnung
FS Fettsäuren
FTU Phytaseeinheit
GABA γ-Aminobuttersäure
GE Bruttoenergie (gross energy)
Gefl Geflügel
GfE Gesellschaft für Ernährungsphysiologie
Gln Glutamin
Glu Glutaminsäure
Glx Glutamin oder Glutaminsäure
Gly Glycin
GPS Ganzpflanzensilage
GVO Gentechnisch veränderte Organismen
His Histidin
HPLC Hochleistungs(-druck)-Flüssigkeits-Chromatographie

IE	Internationale Einheit (International unit)
Ile	Isoleucin
JH	Junghennen
KBE	Koloniebildende Einheiten
k_f	Teilwirkungsgrad für Fettansatz
k_m	Teilwirkungsgrad für Erhaltung
k_p	Teilwirkungsgrad für Proteinansatz
k_{pf}	Teilwirkungsgrad für Protein- und Fettansatz
Leu	Leucin
LFGB	Lebensmittel- und Futtermittelgesetzbuch
LH	Legehennen
LKM	Leerkörpermasse
LKS	Lieschkolbenschrotsilage
LM	Lebendmasse
$LM^{0,75}$	Metabolische Lebendmasse
LMZ	Lebendmassezunahme
Lys	Lysin
MAT	Milchaustauscher
ME	Umsetzbare Energie (metabolizable energy)
ME_m	Bedarf an ME für Erhaltung
Met	Methionin
MLF	Milchleistungsfutter
MP	Mikrobielles Protein
n	Stichprobenumfang
NAN	Nicht-Ammoniak-Stickstoff
NAD	Nicotinsäureamidadenindinucleotid
NADP	Nicotinsäureamidadenindinucleotid-Phosphat
NDF	Neutrale Detergensfaser (neutral detergent fibre)
NE	Nettoenergie
NEB	Negative Energiebilanz
NEFA	Nicht veresterte Fettsäuren
NEL	Nettoenergie Laktation
NfE	Stickstofffreie Extraktstoffe (nitrogen free extractives)
NPN	Nicht-Protein-Stickstoff
NPP	Nicht-Phytin-P
NPU	Nettoproteinverwertung (net protein utilisation)
NRC	National Research Council (USA)
NSP	Nicht-Stärke-Polysaccharide (non starch polysaccharides)
nXP	Duodenal nutzbares Rohprotein
OM	Organische Substanz (organic matter)
PAS	Polish Academy of Sciences
pc	Praecaecal
pcd AS	praecaecal verdauliche Aminosäuren
pcd CP	praecaecal verdauliches Rohprotein
Pfd	Pferde
Phe	Phenylalanin
PK	Pufferkapazität
Pro	Prolin
PUFA	Mehrfach ungesättigte Fettsäuren (polyunsaturated fatty acids)
r	Korrelationskoeffizient
RNA	Ribonucleinsäure
RNB	Ruminale N-Bilanz
SAS	Schwefelhaltige Aminosäuren
SARA	Subakute Pansenacidose (sub-acute rumen acidosis)
Schw	Schweine
Ser	Serin
STC	Stärke (starch)
SUG	Zucker (sugar)
Thr	Threonin
TMR	Gesamtmischration (total mixed ration)
Trp	Tryptophan
Tyr	Tyrosin
UDP	Im Pansen nicht abgebautes Protein (undegraded protein)
Val	Valin
VK	Verdaulichkeit
VO	Verordnung
Wdk	Wiederkäuer
WPSA	World's Poultry Association
$\bar{x}$	Mittelwert
Z	Zucker
ZON	Zearalenon

Autorenverzeichnis

Prof. Dr. agr. habil. Dr. med. vet. Sven Dänicke
Friedrich-Loeffler-Institut
Bundesforschungsinstitut für Tiergesundheit
Institut für Tierernährung
Bundesallee 37
38116 Braunschweig
sven.daenicke@fli.de

**Prof. em. Dr. agr. Dr. med. vet. Dr. h.c.
Winfried Drochner**
ehemals Universität Hohenheim
Institut für Nutztierwissenschaften
Emil-Wolff-Straße 10
70593 Stuttgart
winfrieddrochner@gmx.de

Univ.-Prof. Dr. agr. Martin Gierus
Universität für Bodenkultur
Institut für Tierernährung, Tierische Lebensmittel
und Ernährungsphysiologie
Muthgasse 11
A-1190 Wien
martin.gierus@boku.ac.at

Prof. Dr. habil. agr. Dr. h.c. Heinz Jeroch
ehemals Institut für Tierernährung
und Vorratshaltung
Martin-Luther-Universität Halle-Wittenberg
Lise-Meitner-Straße 3
04178 Leipzig
heinzjeroch@hotmail.com

Prof. Dr. med. vet. Klaus Männer
Freie Universität Berlin
Institut für Tierernährung
Königin-Luise-Straße 49
14195 Berlin
Klaus.maenner@fu-berlin.de

Univ.-Prof. Dr. agr. Markus Rodehutscord
Universität Hohenheim
Institut für Nutztierwissenschaften
Emil-Wolff-Straße 10
70593 Stuttgart
markus.rodehutscord@uni-hohenheim.de

Prof. Dr. sc. agr. Hans Schenkel
Universität Hohenheim
Institut für Nutztierwissenschaften
Emil-Wolff-Straße 10
70593 Stuttgart
h.schenkel@uni-hohenheim.de

Priv.-Doz. Dr. agr. habil. Annette Simon
Humboldt-Universität zu Berlin
Albrecht Daniel Thaer-Institut für Agrar-
und Gartenbauwissenschaften
Philippstraße 13
10115 Berlin
a.simon@agrar.hu-berlin.de

Univ.-Prof. a.D. Dr. habil. rer. nat. Ortwin Simon
Freie Universität Berlin
Institut für Tierernährung
Königin-Luise-Straße 49
14195 Berlin
osimon@zedat.fu-berlin.de

Akad. Oberrat Dr. agr. Herbert Steingaß
ehemals Universität Hohenheim
Institut für Nutztierwissenschaften
Emil-Wolff-Straße 10
70593 Stuttgart
steingass.h@web.de

Hon.-Prof. Dr. agr. Olaf Steinhöfel
Martin-Luther-Universität Halle-Wittenberg
Institut für Agrar- und Ernährungswissenschaften
Theodor-Lieser-Straße 11
06120 Halle (Saale)
ost.ist@gmx.de

Univ.-Prof. Dr. agr. Qendrim Zebeli
Veterinärmedizinische Universität Wien
Institut für Tierernährung und
funktionelle Pflanzenstoffe
Veterinärplatz 1
A-1210 Wien
qendrim.zebeli@vetmeduni.ac.at

Univ.-Prof. Dr. med. vet. Jürgen Zentek
Freie Universität Berlin
Institut für Tierernährung
Königin-Luise-Straße 49
14195 Berlin
juergen.zentek@fu-berlin.de

Univ.-Prof. Dr. agr. Annette Zeyner
Institut für Agrar- und Ernährungswissenschaften
Theodor-Lieser-Straße 11
06120 Halle (Saale)
annette.zeyner@landw.uni-halle.de

Sachverzeichnis

B

H

N

Q

R

T